KB116392

산야초백과

우리 땅에서 나고 자라는 산야초백과

지은이 장준근
펴낸이 임상진
펴낸곳 (주)넥서스

초판 1쇄 발행 1990년 3월 1일
초판 12쇄 발행 2003년 5월 23일

2판 1쇄 발행 2009년 11월 10일
2판 2쇄 발행 2009년 11월 15일

3판 1쇄 인쇄 2020년 1월 10일
3판 1쇄 발행 2020년 1월 30일

출판신고 1992년 4월 3일 제311-2002-2호
10880 경기도 파주시 지목로 5 (신촌동)
Tel (02)330-5500 Fax (02)330-5555

ISBN 979-11-6165-738-7 13480

가격은 뒤표지에 있습니다.
잘못 만들어진 책은 구입처에서 바꾸어 드립니다.

www.nexusbook.com

우리 땅에서 나고 자라는

산야초 백과

장준근 지음

넥서스BOOKS

산야초 자연건강학

급격한 산업화로 현대인들은 바쁜 일상을 보내고 있다. 따라서 음식물의 조리도 쉽고 간편한 것이 요구되어 주변에서 흔히 구할 수 있는 가공식품을 즐겨 먹게 된다. 하지만 이는 신체의 조화를 무너뜨리고 건강을 해치는 요인이 된다. 또한 문명의 발달로 인한 대기 오염과 토양·수질 오염이 갈수록 심각해지면서 과거에는 볼 수 없었던 각종 질병은 현대인의 건강을 심각하게 위협하고 있다. 현대 의약으로도 치료하기 어려운 이런 각종 질병을 자연약으로 치료하는 경우가 점차 증가하면서 산야초에 대한 관심이 높아지고 있다. 뿐만 아니라 요즘은 숲에서 쉽게 찾을 수 있는 자연의 약인 산야초의 섭취가 늘고 있다. 산야초의 섭취는 양약의 해독뿐만 아니라 건강을 지키는 중요한 출발점이다.

산야초는 재배 채소에 비해 영양 성분이 월등하며 약초의 효능도 있다. 약초라고 따로 정해져 있는 것이 아니라 산과 들의 모든 풀은 유용한 약으로서의 가치가 있다. 그러나 식물의 약성을 조금씩 밝혀내고 있을 뿐 그 효능에 대해서는 아직까지 파악이 미흡한 실정이다. 우리 조상들은 많은 경험을 토대로 하여 맑고 깨끗한 환경에서 자란 자생의 산야초를 섭취하며 건강한 생활을 유지해왔다. 또한 몸에 이상이 생겼을 때에는 초근 목피를 약으로 삼아 질환을 다스려왔다. 따라서 산야초는 고도의 건강 식품이라 할 수 있다.

현대 과학에 의해 만들어진 양약은 국소적인 치료에는 탁월한 효과가 있지만 질병의 원인을 해소하는 데는 어려움이 있다. 그러나 산야초의 식용 생약은 질병의 근본 원인을 다스린다. 효과 면에서도 지속적인 것으로 양약보다 훨씬 우수하다는 것을 인정받고 있다. 따라서 현재 의학계에서는 잡풀처럼 취급하여 그 동안 등한시했던 산야초의 생약을 연구하며 재평가하는 움직임이 일어나고 있다.

사람이 사는 참 지혜는 자연을 배우는 데서부터 얻어진다. 산야초의 활용은 바로 자연의 이치를 깨닫게 하는 지름길이다. 자연의 효용과 유익함을 알게 되면 그 크나큰 혜택에 또 다른 감사를 느끼게 될 것이다. 관상 가치가 있는 산야초를 가꾸면서 그것을 음식으로 섭취할 수 있으며 약효까지 있음을 알게 된다면 생활은 윤택해지고 희열과 건강은 극치에 달하게 된다. 야생화의 독특한 아름다움을 날마다 감상하는 기쁨 그 자체가 건강의 활력소가 된다.

의학 전문가들은 채소 섭취가 성인병 예방에 도움이 된다고 강조하고 있다. 그렇다면 재배하는 채소보다 자연약인 식용 산야초가 훨씬 뛰어난 효험이 있다는 것은 두말할 나위가 없다. 들과 산에서 함초롬히 자라는 산야초가 건강 증진과 암을 비롯한 성인병 예방과 치유에 가장 효과적이라는 것을 확신한 필자는 이 책의 집필과 편집에 온힘을 쏟았다. 모든 사람이 건강하면 건전한 사회의 밑거름이 될 거라는 믿음과 더욱 많은 사람들에게 폭넓게 보급해야겠다는 의무감으로 집필에 몰두하였다. 여기에서 다루게 될 몸에 좋은 산야초는 우리나라에 자생하는 산야초 중에서 약용 148종, 약용과 식용 196종, 식용 128종을 비롯하여 야생 수목 중에서도 약용과 식용으로 쓰이는 144종을 포함한 616종의 식물이다. 즉 각 항목을 가나다 순으로 배열한 '약용·식용 식물도감'인 것이다. 이런 유용식물을 우리의 건강생활에 합리적으로 활용할 수 있는 갖가지 방안을 종합적으로 해설하여 책의 앞부분에 실었다.

이 책이 발간되기까지 오랜 세월 많은 고생을 했다. 특히 故 윤국병 박사님의 지도에 많은 도움을 받았음에 감사를 금치 못한다. 또 사진작가 김정명 님이 귀중한 사진 100여 점을 제공하여 주신 후의에 깊이 감사드린다. 간추린 1천여 매의 필름 가운데서 선택하여 사진 상태가 미흡한 것 중 일부는 보다 좋은 사진 편집을 위해 외서의 자료를 활용하였다.

필자는 이 책의 발간으로 우리나라 산야초에 대한 관심을 더욱 드높이는 계기가 마련되었음을 자부한다. 1990년에 초판을 발간하여 많은 인기와 화제를 모았으며, 책의 판매량 증가에 놀라움을 감추지 못했다. 그런 가운데 사진상의 미흡함과 잘못된 부분을 바로잡아 다시 수정판을 펴내게 되었다. 건강 악화 및 만성질환인 경우에는 산야초를 매일 생식하고 녹즙, 야초차, 무침나물 등을 이용한 지속적인 섭취를 권장하며 건강한 생활에 조그마한 도움이라도 되었으면 하는 바람이다.

독자 여러분의 건강을 충심으로 기원한다.

장준근

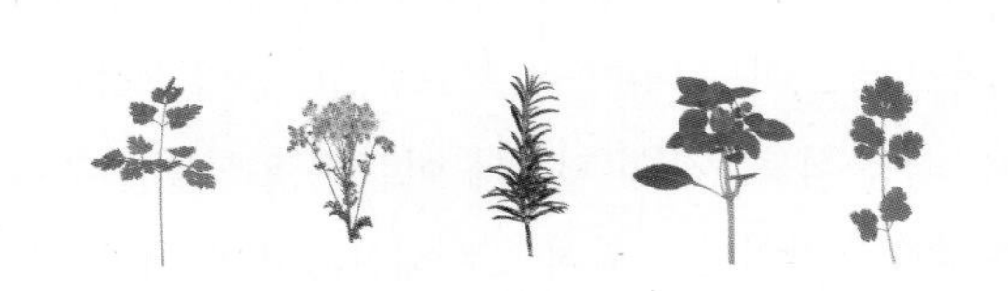

산야초로 건강을 되찾는다

1. 이 책은 영양분이 풍부하게 들어 있는 각종 산야초(산나물)를 통하여 질병을 예방하고 건강한 생활을 유지하는 데 도움이 되는 정보를 수록했다.
2. 산야초를 먹을 때는 한두 가지보다는 가능하면 여러 종류를 섞어서 먹는 게 좋다.
3. 취미로 산야초를 가꾸면서 그 활용 범위를 넓혀 가는 것이 바람직하다.
4. 주변에서 쉽게 구할 수 있거나 자신이 알고 있는 식물부터 먹는다. 널리 알려지고 쉽게 찾을 수 있는 식물일수록 효능이 크다는 사실을 유념해야 한다.
5. 먹을 수 있는 식물부터 시작하여 점차로 약용 식물의 효용에 대해 분석해본다.
6. 다양한 식물에 대한 설명을 충분히 숙지한 다음에는 반드시 식물의 모양새를 확인하도록 한다.
7. 신속히 치료해야 할 급성질환일 경우에는 약초를 이용하면서 지체하지 말고 반드시 병원에서 전문의의 치료를 받아야 한다.
8. 성인병 등 만성질환에 대해서는 건강 증진을 목표로 유용한 식물을 장기적으로 복용하도록 한다.
9. 마지막 부분의 병증에 맞는 약초명 찾아보기는 개괄적으로 정리했으며 종기, 옴, 버짐, 습진, 임질 등은 생략했다. 찾아보기를 통해 앞쪽의 사진 해설에서 적합한 식물을 선택하여 이용할 수 있도록 했다.
10. 식물이 갖는 약효는 증상에 따라 쓰이는 범위가 넓고 다양할수록 건강 증진과 치료 효능이 더 뛰어나다.
11. 독성이 있는 식물은 주의 사항을 각별히 숙지하도록 한다.
12. 이 책의 식물 용도 구분은 다음과 같다.
    - ◎ 색 갈피에는 약용이 되는 산야초
    - ◎ 색 갈피에는 약용 식용의 산야초
    - ◎ 색 갈피에는 식용이 되는 산야초
    - ◎ 색 갈피에는 약용과 식용의 수목

산나물을 먹을 때는 책에 설명되어 있는 내용을 반드시 숙독한다. 식물의 모양새 확인은 물론, 잘 모를 경우에는 전문가에게 상담을 의뢰한다.

1장 | 몸에 좋은 산야초 백과

2장 | 몸에 좋은 산야초

3장 | 몸에 좋은 산야초 찾아보기

1장

몸에 좋은 산야초 백과

약용이 되는 산야초

가래 외 148종

약용·식용의 산야초

가락지나물 외 196종

식용이 되는 산야초

가는장대 외 128종

약용·식용의 수목

개나리 외 144종

가래

Potamogeton franchetii BENN. et BAAG | 가래과

물 속에서 자라는 여러해살이풀이다. 물 바닥의 흙 속을 뻗어나가는 뿌리줄기로부터 10~60cm 길이의 가느다란 줄기가 자란다. 물 속에 가라앉는 잎과 물에 뜨는 잎이 있으며 물 속의 잎은 가늘고 얇다. 물위에 뜨는 잎은 길쭉한 타원형이며 긴 잎자루를 가지고 있다. 잎의 표면은 윤기가 나는 푸른빛을 띠며 뒷면은 갈색빛이 감돈다. 평행으로 배열되어 있는 잎맥이 두드러져 있다. 잎겨드랑이로부터 가늘고 긴 꽃대가 자라 지름 2mm 정도 되는 작은 꽃이 막대기 모양으로 뭉쳐 핀다. 꽃잎이 없고 꽃가루주머니의 일부가 날개 모양으로 변해 꽃잎처럼 보인다. 꽃의 빛깔은 초록빛이다.

개화기 7~8월

분포 전국 각지에 널리 분포하며 논이나 연못, 늪 등에서 난다.

약용법 생약명 안자채(眼子菜)

사용부위 잎과 줄기를 모두 쓴다.

채취와 조제 8~9월에 채취하여 물에 씻은 다음 그대로 햇볕에 잘 말린다. 종이주머니에 넣어 갈무리해 두었다가 사용할 때에 알맞은 크기로 썰어서 쓴다. 비닐봉투에 넣어두면 곰팡이가 생겨 변질되므로 비닐봉투의 사용은 피해야 한다.

약효 함유 성분은 알 수 없으나 이수(利水), 해독 등에 효능이 있어 비장이 부었을 때 쓰이며 소화가 잘 되지 않을 때, 소변이 잘 나오지 않을 때, 간염, 황달, 치질 등의 질환에 쓰인다.

용법 1회에 2~5g을 200cc의 물에 넣어 달여서 복용한다.

참고 일본에서는 뿌리를 말려 생선이나 돼지고기로 인한 식중독과 주독을 다스리는 데 달여서 복용한다고 한다. 또한 눈꺼풀이 부어 올랐을 때에 생잎을 그대로 붙여 열을 가시게 하는 데 쓴다. 그 밖에 데었을 때 말린 잎을 가루로 빻아 간장과 설탕을 섞어 잘 이겨 덴 자리에 붙인다고 한다.

갈대 달

Phragmites communis TRIN | 벼과

여러해살이풀이며 거친 땅속줄기를 가지고 있다. 마디에서 노란빛을 띤 흰 수염뿌리가 많이 난다. 높이 2m 이상으로 곧게 치솟아 자라는 줄기는 빳빳하며 한자리에서 여러 대가 뭉쳐 자란다. 잎은 두 줄로 서로 어긋나게 배열되며 피침처럼 좁고 길게 뻗어 길이는 50cm에 이른다. 밋밋하게 보이는 잎 가장자리를 만져보면 잔잔한 모양의 톱니가 있어 거칠게 느껴진다. 줄기 끝에 길이 15~50cm쯤 되는 큰 원뿌리 모양의 꽃차례를 구성하면서 많은 꽃이 촘촘하게 뭉쳐 핀다. 보랏빛으로 피기 시작한 꽃은 갈색을 띤 보랏빛으로 변한다.

개화기 9월 중

분포 제주도를 비롯한 전국 각지에 널리 분포한다. 늪 근처와 강가 등에 난다.

약용법

생약명 여근

사용부위 갈대의 뿌리줄기

채취와 조제 가을에 뿌리줄기를 캐내어 잔뿌리를 제거한 다음 물로 깨끗이 씻고 햇볕에 잘 말린다. 굵기는 1cm 안팎이고 마디가 있으며 곳곳에 갈라진 뿌리가 돋아나 있다. 윤기가 나는 표면은 담황색이고 밋밋하나 세로의 방향으로 약간의 주름이 나 있다.

성분 각종 당 성분과 단백질, 아스파라긴(Asparagin), 아르기닌(Arginin) 등이 함유되어 약간의 단맛이 난다.

약효 발열현상과 번열증(煩熱症)을 다스리고 구토를 멎게 한다. 또한 이뇨, 해독 등의 효능이 있어 부기(浮氣)를 다스리기 위한 이뇨제로 쓰이며 열이나 가슴이 답답하고 목이 마르는 증세에 효과가 있다. 그 밖에 소변이 잘 나오지 않을 때, 토할 때, 당뇨병 등에도 쓰인다. 또한 돼지고기, 게, 생선 등의 중독에 해독제로 쓰이며 주독에도 효과가 있다고 한다.

용법 1회에 5~10g을 200cc의 물에 넣어 달여서 복용한다. 계속 복용하면 황달에도 효과가 있다.

갈퀴완두 덩굴연리초

Lathyrus quinquenervius LITV | 콩과

여러해살이풀이며 가느다란 땅속줄기를 가지고 있다.
줄기는 다른 풀에 기대어 60cm 정도의 높이로 자라며 양가에 좁은 날개와 같은 조직이 붙어 있다.
깃털 모양으로 생긴 잎은 1~3짝의 잎 조각을 가지고 있으며 잎 조각은 줄 꼴 또는 피침 꼴로 생겼다. 가장자리가 밋밋한 잎의 길이는 5~8cm 정도이며 줄기로부터 잎자루가 갈라져 나가는 부분에는 피침 꼴의 작은 받침잎이 2장 붙어 있다.
꽃은 잎겨드랑이로부터 자라는 긴 꽃대 끝에 3~8송이가 핀다. 꽃의 생김새는 나비 모양이며 위로 치솟는 꽃잎은 넓고 크다. 꽃의 길이는 1.5~2cm 정도이고 빛깔은 붉은 빛을 띤 보랏빛이다.

개화기 5~6월
분포 중부 이북의 지역에 분포하며 산의 양지 쪽 풀밭에 난다.

약용법

생약명 산려화(山黎花). 연리초(連理草)라고도 한다.

사용부위 꽃을 포함한 모든 부분을 약재로 쓰는데, 북쪽 지방에 나는 연리초(Lathyrus palustiris var. pilosus LEDEB)도 함께 쓰인다.

채취와 조제 꽃이 신선하게 피어났을 때에 채취하여 햇볕에서 잘 말린다. 쓰기에 앞서 잘게 썬다.

성분 함유 성분에 대해서는 아직 밝혀진 것이 없다.

약효 혈액 순환을 활발하게 하며 지혈과 이뇨 등에 효능이 있어 소변이 잘 나오지 않을 때나 신장염의 이뇨제로 쓰인다. 또한 월경불순, 월경곤란, 적대하(赤帶下, 피가 섞인 물이 흐르는 병), 백대하(흰빛의 분비액이 흐르는 병) 등 각종 부인병의 치료에 쓰인다.

용법 말린 약재를 1회에 2~5g씩 200cc의 물에 천천히 달여서 복용한다. 생풀을 달여서 복용할 때에는 1회 사용량을 20~40g 정도로 한다.

개감수 참대극

Galarhoeus Sieboldianus HARA | 대극과

수염처럼 가늘고 흰 뿌리를 가진 여러해살이풀이다. 가냘픈 줄기는 20~40cm 정도의 높이로 곧게 자란다. 약간의 가지를 치며 불그스레한 빛을 띤다.
잎은 서로 어긋나게 자리하며 길쭉한 주걱 꼴 또는 피침 꼴로 끝이 뭉뚝하고 짤막한 잎자루를 가진다. 잎 가장자리는 밋밋한 모양이다. 줄기 끝에 5장의 잎이 둥글게 배열되며 줄기와 잎을 자르면 흰 즙이 스며 나온다. 줄기 끝에서 다섯 대의 꽃대가 자라 다시 두 개로 갈라진 끝에 조개껍데기처럼 생긴 2장의 꽃받침이 마주 붙고 그 속에 몇 개의 작은 꽃이 핀다. 꽃잎은 없고 꽃받침이 꽃처럼 보이며 꽃받침의 크기는 1~3cm이다. 지름이 3mm 정도인 꽃은 노란빛을 띤 초록빛이다.

개화기 7월 중

분포 전국적으로 분포되어 있으며 산과 들판의 양지바른 풀밭에 난다.

약용법

생약명 감수(甘遂). 원래 감수는 중국에만 나는 Euphorbia kansui LIOU를 가리키는 것인데 우리나라에 나는 개감수도 비슷한 약효를 가지고 있기 때문에 중국산 감수의 대용품으로 쓰이는 듯하다. 감수와 같으면서도 참된 감수가 아니라는 뜻으로 개자를 붙여 개감수라고 한다.

사용부위 땅 속에 묻혀 있는 굵은 뿌리줄기 부분을 쓴다.

채취와 조제 늦가을부터 이듬해 이른 봄 사이에 캐내어 흙을 턴 다음 햇볕에 잘 말린다. 마른 것은 어두운 갈색빛이 난다.

성분 강한 유독 성분을 함유하고 있으나 그 본체는 분명치 않다.

약효 이뇨작용이 뛰어나며 막힌 변을 통하게 하고 부기를 가시게 한다. 적용 질환은 대소변을 보지 못할 때나 배가 부풀어오르고 가슴이 아플 때 또는 간질, 삼출성늑막염 등을 다스리는 데 쓰인다.

용법 말린 것은 그대로 썰거나 또는 뜨거운 재 속에 묻어서 구운 것을 1회에 1~3g씩 200cc의 물에 넣어 달여서 복용한다.

개구리밥 부평초·머구리밥

Lemna polyrhiza L | 개구리밥과

물위에 떠다니는 아주 작은 여러해살이풀이다. 늦가을에 타원 꼴로 생겨난 겨울눈이 물 바닥에 가라앉아 겨울을 나고 이듬해 봄에 물위로 떠올라 번식된다. 잎은 둥글거나 타원 꼴의 모양이며 길이는 5~6mm 정도이다. 잎의 표면은 푸르고 윤기가 나며 뒷면은 보랏빛을 띤 붉은 빛이다. 잎은 3~4개씩 뭉쳐 물위를 떠다니며 가장자리는 밋밋하다.

뭉쳐 있는 한가운데에서 가느다란 실오라기와 같은 뿌리를 많이 늘어뜨리며 뿌리가 붙어 있는 부분의 좌우에서 새로운 식물체가 생겨나 빠른 속도로 퍼져간다. 꽃이 피기는 하나 매우 작아서 눈에 잘 띄지 않는다. 꽃은 초록빛이다.

개화기 7~8월

분포 전국에 널리 분포하고 있으며 논이나 늪 등에서 자란다.

약용법

생약명 부평(浮萍)

사용부위 풀 전체를 쓰는데 좀개구리밥도 함께 쓰인다. 좀개구리밥을 청평(靑萍)이라 하여 구별하는 경우도 있지만 약효는 같다.

채취와 조제 7~9월에 채취하여 협잡물을 제거한 다음 햇볕에 말린다.

성분 함유 성분은 분명하지 않다.

약효 땀이 나게 하고 소변을 잘 보게 하며 부기를 가시게 하고 해독작용을 한다. 적용 질환은 해열제나 부종을 가시게 하는 이뇨제로 쓴다. 뱀에 물렸을 때나 종기가 났을 때, 단독(丹毒), 화상 등에도 효과가 있다고 한다. 그 밖에 가려움증이나 두드러기, 부스럼 등의 피부질환에도 쓰인다.

용법 해열제로 쓸 때는 1회에 말린 것 2~4g을 200cc의 물에 넣어 달여서 복용한다. 피부질환에는 생것을 짓이겨 환부에 붙이거나 또한 말린 것을 물에 넣어 달여 환부에 김을 쐬고 달인 물로 닦아내기도 한다.

참고 일본에서는 종기를 빠르게 터뜨리기 위해 좀개구리밥을 짓이겨 초를 가해서 환부에 붙인다고 한다.

개구리자리 놋동우

Ranunculus Sceleratus L | 미나리아재비과

희고 가느다란 뿌리를 많이 가지고 있는 두해살이풀이다. 줄기는 연하지만 곧게 서며 높이 50m 안팎으로 자라 많은 가지를 친다. 뿌리에서 나는 잎은 여러 장이 한자리에 뭉쳐 자란다. 긴 잎자루를 가지고 있는 잎의 몸은 세 갈래로 깊게 갈라지며 잎 가장자리에는 무딘 톱니가 나 있다. 줄기에서 나는 잎은 서로 어긋나게 자리하는데 역시 세 갈래로 갈라져 있다. 갈라진 잎 조각은 줄 꼴이고 끝은 무디다. 잎자루는 점차 짧아진다. 줄기와 가지 끝에서 자라는 긴 꽃대마다 한 송이의 꽃이 핀다. 노랗게 피는 꽃은 지름 8mm 안팎인 5장의 꽃잎으로 이루어지며 유별나게 윤기가 흐른다. 꽃이 핀 뒤에는 길쭉한 타원을 이루는 솔방울 모양의 열매를 맺는다. 열매의 크기는 8~10mm이다.

개화기 5~6월

분포 전국 각지에 분포하며 들판의 웅덩이나 습지 등에 난다.

약용법

생약명 석용예(石龍芮). 일명 고근(苦菫)이라고도 한다.

사용부위 줄기와 잎, 꽃 등 모든 부분을 쓴다.

채취와 조제 꽃이 필 때 채취하여 그대로 햇볕에 잘 말린다.

성분 줄기와 잎의 즙 속에는 유독물질인 휘발성자극성분 프로토아네모닌(Protoanemonin)이 함유되어 있다. 또한 줄기와 잎을 증류하면 소량의 강한 자극성을 가진 기름이 나오는데 이것을 미나리아재비유라고 한다.

약효 열을 내리고 종기를 낫게 하며 해독작용을 한다. 학질이나 간염, 황달, 결핵성 임파선염, 악성종기 등 각종 내외 질환에 쓰인다.

용법 학질이나 간염, 황달, 임파선염 등의 내과 질환에는 말려서 썬 것을 1회에 2g씩 200cc의 물에 넣어 달여서 복용한다. 외과질환에는 생잎을 찧어 환부에 붙이거나 달여서 고약처럼 농축된 것을 환부에 바른다.

참고 일본에서는 류머티즘을 치료하기 위해 생잎을 불에 쬐어서 환부에 붙인다고 한다.

개맨드라미 들맨드라미

Celosia argentea L | 비름과

맨드라미와 일가가 되는 한해살이풀이다.

줄기는 곧게 서서 80cm 정도의 높이로 자라며 윗부분에서 약간의 가지를 친다. 잎은 서로 어긋나게 자리하는데 계란 꼴 또는 피침 꼴이며 짧은 잎자루를 가지고 있다. 잎의 길이는 3cm부터 긴 것은 15cm나 되며 끝은 뾰족하나 연하며 가장자리는 밋밋하다. 꽃은 가지와 줄기 끝에 이삭 모양으로 뭉쳐 원기둥 꼴을 이룬다. 꽃잎은 없으나 길이 8mm 안팎의 꽃받침이 꽃잎처럼 보이며 연한 분홍빛으로 물든다. 타원형의 열매는 익으면 윗부분이 뚜껑처럼 떨어져나가 4~5 개의 검고 윤기 나는 작은 씨가 쏟아진다.

개화기 8월 중

분포 동인도 지역이 원산지인 귀화식물로 중부 이남과 제주도에 야생한다. 인가 가까운 곳에 난다.

약용법 생약명 청상자

사용부위 꽃씨를 약재로 쓴다.

채취와 조제 가을에 열매가 익으면 씨가 쏟아지기 전에 거두어 햇볕에 말린다. 잎과 줄기를 청상이라 하여 약재로 쓸 때가 있는데 이것은 꽃이 질 무렵에 채취하여 햇볕에 말린 것이다.

성분 지방유(脂肪油)가 함유되어 있는 이외에는 밝혀진 것이 없다.

약효 풍을 없애고 간을 맑게 하며 염증을 가시게 하는 효능이 있다고 한다. 적용 질환은 고혈압이나 부스럼, 종기, 눈 질환, 피부 풍열에 의한 가려움증 등에 쓰인다.

용법 내과질환과 피부병에는 1회에 3~5g을 200cc의 물에 달여 복용하고 안질의 경우에는 달인 물로 눈을 씻는다. 잎과 줄기는 부스럼이나 외상출혈을 막는 데 쓰인다. 용법은 1회 5~10g을 달여서 복용하거나 생잎을 찧어 환부에 붙인다.

참고 일본에서는 씨를 달여서 강장제와 지혈, 해열제로 복용하며 눈과 귀를 밝게 한다고도 한다. 꽃과 뿌리를 말린 것은 월경불순에 효과가 있다고 한다.

개쑥갓

Senecio vulgaris L | 국화과

유럽이 원산지인 한해살이풀이며 쑥갓과 흡사한 외모를 가지고 있다.
줄기는 30cm 정도의 높이로 곧게 서거나 또는 비스듬히 자라 올라간다. 밑동에서 여러 개의 가지를 쳐서 더부룩하게 자란다.
잎은 서로 어긋나게 자리하는데 아래쪽의 잎은 피침 꼴 또는 계란 꼴이고 위쪽의 잎은 길쭉한 타원형이다. 모든 잎이 깃털 모양으로 얕게 갈라지며 가장자리는 고르지 않은 톱니처럼 생겼다. 두텁고 연하며 많은 수분을 함유한 잎은 잎자루가 없고 밑동부분은 줄기를 약간 감싼다.
줄기와 가지 끝에 많은 꽃은 술 모양으로 모여 노랗게 피는데 꽃잎은 없고 지름은 7mm 안팎이다. 꽃이 다 지고 난 뒤에는 흰솜털이 뭉친다.

개화기 5~8월

분포 귀화식물이며 전국 각지에 퍼져 있다. 인가 주위나 밭 가장자리 등에서 흔히 볼 수 있다.

약용법

생약명 생약명은 없다.

채취와 조제 봄부터 가을 사이에 채집하여 햇볕에 잘 말려 바람이 잘 통하는 상태로 갈무리한다.

성분 잎에 세네시오닌(Senecionin)과 세네신(Senecin)이라는 두 종류의 알칼로이드를 함유하고 있으며, 그 밖에 이눌린(Inulin)도 함유한다고 한다.

약효 위에 소개한 두 종류의 알칼로이드가 진통작용을 하므로 프랑스에서는 허리 통증이나 월경통에 쓸 수 있게 약방문에 실려 있다고 한다. 그러나 이 알칼로이드는 간장에 해로운 작용을 하므로 가급적이면 복용하지 않는 것이 바람직하다.

용법 프랑스에서는 요통이나 월경통의 경우 말린 것을 1회에 4~6g씩 200cc의 물에 달여서 복용한다고 한다. 또한 달인 물을 치질에 바르면 효과가 있다고도 한다. 근육통이나 요통이 있는 사람이 말린 개쑥갓을 목욕물에 띄워 목욕을 하면 효과가 크다.

개연꽃 개구리연

Nymphozenthus japonica FERN | 수련과

물에 나는 여러해살이풀이다. 물 바닥의 흙 속에 굵게 살찐 뿌리줄기가 옆으로 누워 있다. 해면(海綿)과 같은 조직으로 이루어졌으며 곳곳에 잎자루가 붙어 있던 자국이 있어 우툴두툴하다. 잎은 뿌리줄기로부터 자라며 긴 잎자루는 물위로 떠오른다. 잎은 길쭉한 계란형 또는 긴 타원형으로 생겼으며 끝이 무디고 잎자루가 붙어 있는 쪽은 깊게 갈라져 있다. 약간 두터우면서 질이 연한 잎의 길이는 20cm 정도이며 가장자리는 밋밋하다. 꽃 역시 뿌리줄기로부터 긴 꽃대가 자라 한 송이씩 핀다. 꽃의 크기는 5cm 안팎이고 윤기 나는 노란 꽃잎이 5장 있는데 이것은 꽃잎이 아니라 꽃받침이 꽃잎처럼 변한 것이다.

개화기 8~9월

분포 중부와 남부 지방에만 분포하며 연못이나 늪에 난다.

약용법

생약명 천골(川骨)

사용부위 개연꽃의 뿌리줄기

채취와 조제 8~9월에 뿌리줄기를 캐어 잔뿌리를 따버리고 세로로 2~3쪽으로 쪼갠 다음 햇볕에 말린다.

성분 뿌리줄기에 누파리딘(Nupharidin)과 누파린(Nupharin)이라는 알칼로이드와 덱스트로즈(Dextrose), 파라라빈(Pararabin), 전분 등을 함유하고 있다.

약효 강장, 이뇨, 건위, 월경 조절 등의 효능을 가지고 있다. 적용 질환은 신체가 허약하거나 피로, 소화불량, 장염, 월경불순, 산전 산후의 여러 증세, 부종 등에 쓰인다. 이뇨 효과가 있어 소변이 잘 나오지 않을 때에도 쓴다. 산전 산후에 쓰는 것은 파혈 및 지혈 효과를 노린 것이다. 그 밖에 신경쇠약에도 효과가 있다.

용법 말린 뿌리줄기를 1회에 3~7g씩 200cc의 물에 넣어 달여서 복용한다. 하루 용량은 10~20g이다. 타박상을 입었을 때 달인 물로 찜질하면 효과가 크다.

참고 일본에서는 젖멍울이 생겼을 때 생뿌리를 갈아 종이나 헝겊에 펴서 환부에 붙인다고 한다.

갯메꽃

Calystegia soldanella ROEM. et SCHULT | 메꽃과

주로 모래땅에 나는 여러해살이 덩굴풀이다.
굵고 실한 땅속줄기는 모래 속으로 길게 뻗으며 땅위의 줄기는 모래 위에 누워 뻗어나가거나 다른 물체를 감아 올라간다.
긴 자루를 가진 잎은 줄기 위에 서로 어긋나게 자리하며 신장 꼴이다. 잎 끝은 뭉뚝하거나 약간 패여 있으며 살이 두텁고 윤기가 난다. 잎 가장자리는 밋밋하다.
꽃은 잎겨드랑이로부터 자라는 꽃대에 한 송이씩 핀다. 꽃대의 길이는 잎자루의 길이와 비슷하다. 분홍빛의 꽃은 나팔꽃처럼 생겼으며 지름이 4~5cm이다.

개화기 5~6월
분포 전국적으로 널리 분포하고 있으며 해변의 모래땅에 많이 난다.

약용법

생약명 신천검(腎天劍). 일명 사마등(沙馬藤)이라고도 부른다.

사용부위 뿌리를 포함한 모든 부분을 약재로 쓴다.

채취와 조제 5~6월 중 꽃이 한창 피는 시기에 채취하여 햇볕에 잘 말린 뒤 알맞은 크기로 썰어 종이 봉지에 담아 갈무리해 두었다가 필요에 따라 쓴다.

성분 함유 성분은 알려져 있지 않으나 메꽃과 유사한 것으로 추측된다.

약효 주 효능은 진통작용이며 그 밖에 소변이 잘 나오게 하고 몸 속의 염증을 가시게 하는 작용도 한다. 적용 질환은 풍이나 습종(濕腫)에 의한 관절염의 치료제, 이뇨제로 사용한다. 또한 인후염이나 기관지염 등 몸 속에 생기는 염증을 다스리는 약재로도 흔히 사용된다.

용법 말린 약재를 1회에 7~13g씩 200cc의 물에 넣어 달여서 복용한다. 하루 3회 복용하기 때문에 하루의 용량은 20~40g이 되는 셈이다.

결명자 결명차·긴강남차

Cassia tora L | 콩과

한해살이풀로 온몸에 잔털이 있다. 줄기는 곧게 가지를 치면서 1m 안팎의 높이로 자란다. 깃털 모양의 잎은 마디마다 서로 어긋나게 자리잡고 있으며 2~4짝의 잎 조각을 가지고 있다. 잎 조각의 생김새는 끝 쪽이 넓은 계란 꼴이며 끝은 무디고 가장자리는 밋밋하다. 잎 조각의 길이는 3cm 안팎이다. 잎겨드랑이에 생겨난 짤막한 꽃대에 두 송이의 꽃이 핀다. 둥근 5장의 꽃잎으로 이루어져 있는 꽃의 지름은 1.5cm쯤이며 선명한 노란빛을 띠고 있다.
꽃이 지고 난 뒤에 길이 15cm쯤 되는 가늘고 긴 꼬투리가 달린다.

개화기 6~8월

분포 북미가 원산지이나 약용 또는 음료로 하기 위해 각지에서 가꾸고 있다.

약용법

생약명 결명자(決明子). 초결명(草決名), 강남두(江南豆), 양각(羊角), 마제초(馬蹄草)라고도 한다.

사용부위 씨를 약재로 쓴다.

채취와 조제 씨가 익을 무렵에 풀을 베어 햇볕에 말린 뒤 씨를 털어 협잡물을 제거하여 다시 햇볕에 말린다. 쓰기에 앞서 불에 볶는다.

성분 씨 속에 에모딘(Emodin)과 포도당으로 변하는 배당체가 함유되어 있다.

약효 체내의 신진대사와 혈액순환을 왕성하게 하며 눈을 밝게 해주고 장의 연동을 촉진시킨다. 또한 이뇨작용에 의한 백혈구 증가로 식균작용을 하여 각종 부인병, 방광염, 임질, 심장병, 당뇨병, 각기, 복막염, 맹장염, 간염, 고혈압, 산전 산후의 각종 질환 등에 효능이 있다. 또한 만성적인 변비와 결막염에 의한 눈병의 세안제로도 쓰인다.

용법 말린 씨를 1회에 2~4g씩 200cc의 물에 천천히 달이거나 가루로 빻아 복용한다. 또한 달인 것을 차로 꾸준히 마시면 고혈압 예방과 건강 유지, 위장병의 치료에 큰 효과가 있다. 결명자는 시장에서도 판매한다.

고사리삼 꽃고사리

Sceptridium ternatum LYON | 고사리삼과

여러해살이 고사리 종류의 하나로 짤막한 뿌리줄기와 살찐 잔뿌리를 가지고 있다. 잎의 줄기는 곧게 서서 자라는데 밑동에서 두 갈래로 갈라져 하나는 보통의 잎을 가지고 또 하나는 홀씨만을 가지게 된다. 보통의 잎은 3개로 갈라지고 다시 두세 번 깊게 갈라져 가장자리에 톱니 모양을 하고 있다. 잎몸의 길이는 10~15cm이고 전체적인 생김새는 세모꼴이다. 홀씨만을 가지는 줄기는 보통 잎의 줄기보다 훨씬 길고 윗부분이 잘게 갈라져서 각 가지에 좁쌀 같은 홀씨주머니가 달린다. 홀씨주머니가 달린 부분의 전체 생김새는 원뿌리 꼴이고 그 길이는 5cm 안팎이다. 겨울철에 잎과 홀씨주머니가 생겨나고 여름에는 말라죽어 버린다.

분포 전국적으로 분포하고 있으며 양지바른 산의 풀밭에 난다.

약용법 생약명 음지궐(陰地蕨)

사용부위 뿌리와 지상부가 함께 약재로 쓰인다.

채취와 조제 잎과 홀씨가 생겨났을 때 채취하여 햇볕에 잘 말린다. 잘게 썰어 사용한다.

성분 함유 성분에 대해서는 밝혀진 것이 없다.

약효 복통을 다스리고 설사를 멈추게 하는 작용을 한다. 따라서 배를 차게 하여 생긴 복통과 지사제로 쓰며 또한 부인병으로 인한 복통과 요통을 치료하는 데에도 사용된다.

용법 말린 약재를 1회에 3~6g씩 200cc의 물에 달여서 복용한다.

참고 일본에서는 고사리삼에 가까운 나도고사리삼(Ophioglossum vulgatum L)을 잎과 뿌리를 함께 달여서 유창제(癒瘡劑, 부스럼을 치료하는 약)와 간질의 치료에 사용한다. 나도고사리삼은 제주도의 산지에 나며 줄고사리삼이라고도 한다. 이 풀은 1장의 넓은 계란 꼴의 약간 빳빳한 잎과 홀씨가 생겨나는 긴 자루만을 가지고 있다.

고삼 너삼·도둑놈의지팡이

Sophora flavescens AIT | 콩과

굵고 긴 뿌리를 가지고 있는 여러해살이풀이다. 뿌리 못지 않게 굵고 실한 줄기는 곧게 서서 가지를 치며 1m 안팎의 높이로 자라는데 줄기를 비롯한 온몸에 작은 털이 나 있다. 잎은 깃털 모양이며 줄기와 가지 위에 서로 어긋나게 자리한다. 잎을 구성하는 잎 조각은 10여 쌍이고 길쭉한 계란처럼 생겨 밑동은 둥글고 끝은 뾰족하다. 가장자리는 톱니가 전혀 없이 밋밋하다. 줄기와 가지 끝에 나비처럼 생긴 꽃이 이삭 모양으로 뭉쳐 핀다. 꽃의 길이는 15~18mm이고 연한 노랑빛을 띤다. 꽃이 피고 난 뒤 7cm쯤 되는 염주와 같은 열매를 맺는다.

개화기 6~8월

분포 전국 각지에 분포하고 있으며 산과 들판의 양지바른 풀밭에 난다.

약용법

생약명 고삼(苦蔘). 고골(苦骨) 또는 야괴(野槐)라는 명칭도 있다.

사용부위 뿌리를 약재로 쓴다.

채취와 조제 꽃이 끝날 무렵에 캐내 세로로 쪼개 외피를 제거한 후 햇볕에 말린다. 매우 굵고 실하므로 1cm 정도의 두께로 쪼개 5~15cm 길이로 잘라서 말린다.

성분 마트린(Matrin)이라는 알칼로이드를 2%가량 함유하고 있다. 이 성분은 동물의 운동신경과 호흡근을 마비시키는 작용을 일으킨다.

약효 매우 쓴맛을 지니고 있어서 건위작용이 크며 해열, 이뇨 등의 효과가 있다. 그 밖에 살충효과도 있다. 적용 질환은 소화불량과 식욕부진을 치유시키는 데에 쓰이며 운동신경을 마비시키는 효능을 살려 신경통에도 쓰인다. 또한 소변이 잘 나오지 않을 때를 비롯하여, 간염, 황달, 편도선염, 폐렴, 이질, 대장출혈 등의 증세를 다스리는 데에도 효과가 있다. 그 밖에 습진이나 옴에 달인 물로 환부를 씻어낸다.

용법 1회에 2~4g을 200cc의 물에 넣어 달여서 복용한다. 하루의 용량은 6~12g 정도로 적당히 이용한다.

골무꽃

Scutellaria indica L | 꿀풀과

키 작은 여러해살이풀로 온몸에 잔털이 나 있다. 높이 30cm 안팎인 줄기는 모가 나 있고 가지를 치지 않으며 한자리에 여러 대가 모여 서는 버릇이 있다. 잎은 마디마다 2장이 마주 자리하며 넓은 계란 모양으로 잎자루를 가지고 있다. 밑동은 심장 꼴이고 끝은 무디며 가장자리에는 무딘 톱니가 배열된다. 줄기 끝에 입술 모양의 꽃이 이삭 모양으로 뭉쳐 피는데 모든 꽃이 같은 방향으로 향한다. 꽃은 윗입술과 아랫입술로 갈라지는데 윗입술은 투구 꼴이고 아랫입술은 넓게 펼쳐진다. 꽃의 길이는 18~22mm이며 연한 보랏빛으로 피는데 아래위 꽃잎에 짙은 보랏빛 점무늬가 산재한다.

개화기 5~6월

분포 강원도와 경기도 이남의 지역과 제주도에 분포한다. 숲가의 약간 그늘진 자리에 난다.

약용법 **생약명** 한신초(韓信草)

사용부위 뿌리를 포함한 모든 부분을 약재로 쓴다.

채취와 조제 5~6월에 꽃 피고 있을 때 채취하여 햇볕에 말려 썰어서 쓴다. 때로는 생으로 쓰기도 한다.

성분 뿌리에 배당체(配糖體)인 스쿠텔라린(Scutellarin)을 함유하고 있다.

약효 진통과 지혈작용이 있고 종기를 가시게 하는 효과도 있다. 적용 질환은 치통과 두통의 치료에 쓰이며 토혈이나 각혈의 증세에도 복용한다. 또한 목구멍이 부어서 아플 때나 장염, 이질 등의 질병에도 쓴다. 생으로 쓸 때는 짓찧어서 부스럼이나 악성종기 또는 뱀에게 물렸을 때에 환부에 붙인다.

용법 내복하는 경우에는 말린 것을 1회에 2~4g씩 200cc의 물에 넣어 달여서 마신다.

참고 일본에서는 뿌리를 달여서 진통제, 통경제, 강장제 등으로 복용한다고 하며 월경불순, 자궁출혈, 복통, 관절통 등에 효과가 크다고 한다.

골풀 등심초

Juncus decipiens NAKAI | 골풀과

습한 땅에 나는 여러해살이풀이다. 뿌리줄기가 땅속을 뻗으며 늘어난다. 줄기는 둥글고 밋밋하며 30~90cm 정도 자란다. 잎은 없고 줄기의 밑동에 비늘과 같이 생긴 어두운 갈색의 잎자루가 있을 뿐이다. 꽃은 줄기의 중간 부분에 어느 한쪽으로 치우쳐 둥글게 뭉쳐 핀다. 꽃은 매우 작아 1.5~2.5mm밖에 되지 않으나 지름 1.5cm 정도로 둥글게 뭉쳐 피기 때문에 눈에 잘 띈다. 꽃을 이루는 비늘잎은 피침 꼴이다. 꽃의 색깔은 갈색을 띤 녹색이다.

개화기 5~6월

분포 전국 각지에 널리 분포하고 있으며 들판의 습한 곳에 많은 줄기가 둥글게 뭉쳐서 자란다.

약용법 생약명 등심초(燈心草). 등초(燈草)라고도 한다.

사용부위 줄기 속의 조직을 약재로 쓰며 때로는 줄기 전체를 쓰기도 한다.

채취와 조제 8~9월경에 베어서 그대로 햇볕에 말리거나 또는 줄기를 쪼개 속에 들어 있는 연한 조직을 떼어 햇볕에 말린다.

성분 크실란(Xylan), 아라반(Araban), 메틸펜토산(Methylpentosan) 등이 주로 함유되어 있다.

약효 이뇨작용을 하며 해열, 진정의 효과가 있다고 한다. 가슴이 아프거나 심신이 불안한 증세, 소변을 잘 보지 못하는 경우, 산후의 부종, 살갗에 물집이 돋은 경우 등에 복용한다. 그 밖에 가슴이 답답할 때, 가슴이 뛸 때, 어린아이의 경풍이나 야제증(원인 없이 밤중에 발작적으로 우는 병) 등의 증세에도 쓰인다.

용법 줄기 속 조직을 이용할 경우에는 1회에 1~2g을 200cc의 물에 넣어 달여서 복용한다(풀 전체를 쓸 때에는 2~4g).

참고 일본에서는 각기나 임질에 달여서 복용한다고 한다. 옛날에 등잔불을 밝힐 때 이 풀의 속골을 심지로 썼기 때문에 등심초라는 이름이 생겨났다.

구슬봉이

Gentiana squarrosa LEDEB | 용담과

두해살이풀로 높이는 3~8cm 밖에 되지 않으나 여러 개의 줄기가 함께 서며 많은 가지를 친다. 잎은 마디마다 2장이 마주 난다. 밑동에 자리한 두 쌍의 잎은 큰 피침 모양으로 땅거죽에 붙어 자리하고 있어 마치 십자형으로 배열된 듯이 보인다. 줄기와 가지에 생겨나는 잎은 넓은 계란 모양이지만 매우 작고 서로 인접하고 있기 때문에 마치 기와를 잇대어 배열해 놓은 듯이 보인다. 매우 작은 꽃이 가지 끝마다 한 송이씩 피며 그 생김새는 종 모양으로 끝이 다섯 갈래로 갈라진다. 그러나 아래에 또 하나의 꽃잎이 있어 이것이 겹쳐져 있기 때문에 마치 열 갈래로 갈라져 있는 것처럼 보인다. 꽃의 지름은 6mm 안팎이고 연한 보랏빛이다.

개화기 4~6월

분포 전국 각지에 분포하며 산과 들판의 양지바른 풀밭에 난다.

약용법

생약명 석룡담(石龍膽)

사용부위 잎과 줄기 모두를 한꺼번에 약재로 쓰고 있다.

채취와 조제 꽃이 피는 시기에 채취하여 햇볕에 잘 말린 다음 적당한 크기로 잘게 썰어 사용한다.

성분 성분에 대해서는 별로 밝혀진 것이 없다.

약효 해열작용과 해독작용 그리고 종기를 가시게 하는 효과가 있다고 한다. 임파선염과 위장염의 치료에 주로 쓰이는데 쓴맛을 강하게 품고 있어 소화불량을 다스리는 데에도 쓰인다. 쓴맛이 나는 약재는 일반적으로 건위제로 쓰이는데 구슬봉이에도 그와 같은 성분이 함유되고 있는 것으로 보인다. 또한 종기를 가시게 해주므로 눈이 빨갛게 부어 아플 때와 악성종기 등에도 쓰인다.

용법 내복하기 위해서는 말린 것을 1회에 1~4g씩 200cc의 물에 넣어 달여서 복용한다. 종기의 경우에는 생것을 짓찧어서 환부에 붙여준다.

구절초 선모초

Chrysanthemum zawadskii HERB | 국화과

여러해살이풀로서 줄기는 곧게 서서 약간의 가지를 치거나 전혀 가지를 치지 않는다. 뿌리에서 자라는 잎과 줄기 밑동에 생겨나는 잎은 모두 깃털 모양으로 두 번 되풀이해서 깊게 갈라진다. 줄기에서 자라는 잎은 서로 어긋나게 자리하며 중간 부분에 자리하는 잎은 한 번만 깃털 모양으로 갈라지고 위쪽으로 자라는 잎은 세 갈래로 갈라지거나 또는 갈라지지 않고 피침 꼴을 이룬다. 꽃은 가지 끝 또는 줄기 끝에서 자라난 몇 개의 꽃대 위에 한 송이씩 핀다. 꽃의 지름은 5cm 안팎이고 일반적으로 희게 피는데 연분홍색의 꽃이 피는 것도 있다.

개화기 9~10월

분포 전국 각지에 분포하고 있으며 산지의 풀밭 등 양지바른 자리에 난다.

약용법

생약명 구절초(九節草) 또는 구절초(九折草)라 한다.

사용부위 줄기와 잎 모두를 한꺼번에 약재로 쓴다.

채취와 조제 늦가을에 꽃 피지 않은 것을 채취하여 햇볕에 말린다. 음력 9월 9일에 꺾어 모은다 하여 구절초라는 이름이 생겨났다고 한다. 약으로 쓸 때에는 마른 것을 알맞은 크기로 썰어서 사용하거나 식초에 담근 것을 냄비에 볶아 쓰기도 한다.

성분 함유 성분에 대해서는 별로 밝혀져 있지 않다.

약효 몸 속을 따뜻하게 해주고 월경을 고르게 해주며 소화에도 도움을 준다. 적용 질환은 월경불순을 비롯하여 자궁냉증, 불임증 등 주로 부인병을 다스리는 데에 쓰인다. 그 밖에도 위가 냉하거나 소화가 잘 되지 않을 때에도 복용한다.

용법 내복용으로만 쓰이며 1회에 말린 것 10~20g을 200cc의 물에 넣어 달여서 복용한다. 옛날에는 잘 끓여서 환약으로 만들어 복용했다고 하며 경기도 용인시는 이름난 산지로 손꼽혔다.

금방망이

Senecio ovatus WILLD | 국화과

여러해살이풀로 온몸이 밋밋하며 줄기는 곧게 서서 90cm 안팎의 높이로 자라 끝부분에서 약간의 가지를 친다. 잎은 서로 어긋나게 자리하며 넓은 피침 꼴 또는 타원 꼴이다. 잎의 가장자리에는 날카롭게 생긴 톱니가 규칙적으로 배열되어 있으며 아주 짧은 잎자루를 가지고 있다. 많은 꽃이 가지 끝에 우산 모양으로 모여 피는데 색깔은 노랗고 지름은 1.7~2.5cm이다. 꽃잎은 5~9장으로 모양이 보잘것없으나 우산 꼴로 모여 필 때에는 사람의 눈길을 끌기에 충분하다. 몸에는 털이 없으나 꽃대에는 약간의 털이 나 있다.

개화기 8~9월

분포 주로 북한에 분포하며 남한에서는 제주도에 분포하고 있을 뿐이다. 산의 양지바른 풀밭에 나는데 우리나라뿐만 아니라 만주 지방을 비롯하여 시베리아, 유럽 등지에 넓게 분포하고 있다.

약용법

생약명 황원

사용부위 잎과 줄기 모두를 한꺼번에 약재로 쓴다.

채취와 조제 7~9월에 꽃과 함께 풀 전체를 채취하여 햇볕에 잘 말린 뒤 알맞은 크기로 썰어서 쓴다.

성분 함유 성분에 대해서는 별로 밝혀진 것이 없다.

약효 열을 내리게 하는 작용을 하며 장 질환에 대한 해독작용을 한다. 또한 종기를 아물게 하는 효과도 있다. 적용 질환은 대장염과 같은 장 질환과 이질, 설사 등을 다스리기 위하여 내복하며 간염에도 쓰인다. 그 밖에 안질에도 좋고 악성종기를 가라앉히는 데에도 사용된다.

용법 간염이나 장 질환, 이질, 안질 등에는 말린 것을 1회에 1~3g씩 200cc의 물에 넣어 달여서 마시면 된다. 종기의 경우에는 말리지 않은 잎을 찧어서 하루에 서너 차례 환부에 바꿔 붙이면 효과가 크다고 한다.

깽깽이풀 깽이풀 · 황련

Plagiorhegma dubia MAX | 매자나무과

여러해살이풀이며 짤막한 줄기는 땅 속에 묻혀 있고 땅 위에는 나타나지 않는다. 굵은 뿌리는 빳빳하고 많은 잔뿌리를 가지고 있다. 5~6장의 잎이 뭉쳐나며 25cm가량 되는 긴 잎자루 끝에 둥근 잎이 달려 있다. 잎의 밑동은 심장처럼 생겼고 끝은 움푹 패인다. 잎 가장자리는 물결 모양이다. 꽃은 잎이 자라기 전에 뿌리로부터 1~2개의 꽃대가 자라 각기 한 송이씩 핀다. 꽃대는 잎자루보다 짧으며 꽃은 지름이 2cm 안팎이고 6~8장의 계란형의 꽃잎을 가진다. 꽃은 연한 보랏빛이다.

개화기 4~5월

분포 경기도와 강원도 이북의 지역에 분포하며 남쪽에서는 광주의 무등산에서만 볼 수 있다. 깊은 산 속의 양지바른 풀밭에 난다.

약용법

생약명 모황련(毛黃蓮). 일명 선황련(鮮黃蓮)이라고도 부른다.

사용부위 줄기와 뿌리를 약재로 쓴다.

채취와 조제 9~10월에 채취하여 잎을 따 버린 다음 햇볕에 잘 말리고 협잡물을 제거하여 갈무리한다. 사용할 때에는 알맞은 길이로 썬다.

성분 같은 과인 매자나무에 함유되어 있는 것과 같은 베르베린(Berberin)이라는 알칼로이드를 함유하고 있으며 쓴맛이 매우 강하다.

약효 베르베린으로 인한 쓴맛이 건위작용을 하며 그 밖에 설사를 멈추게 하고 열을 내리게 한다. 또한 해독작용이 있다고 알려져 있다. 소화불량과 식욕감퇴를 다스리는 약으로 쓰이며 지사와 해독 등의 작용이 있으므로 설사, 이질, 장염 등의 증세가 있을 때에 복용한다. 그 밖에 구내염이나 안질 등에도 쓰이는데 이 경우에는 외용한다.

용법 복용하기 위해서는 1회에 2~4g의 약재를 200cc의 물에 넣어 반 정도의 양이 되게 달여서 마신다. 외용인 경우에도 위와 같은 요령으로 달여서 그 물로 환부를 닦아낸다. 황련의 대용품으로 쓰이기도 한다.

꼬리풀

Veronica angustifolia FISCH | 현삼과

여러해살이풀로 80cm 안팎의 높이로 곧게 서서 자라는 줄기는 가지를 치지 않고 일반적으로 한자리에 여러 대가 서서 한 집단을 이룬다. 잎은 마디마다 2장이 마주 자리하지만 때로는 서로 어긋나게 자리잡고 있을 때도 있다. 잎은 줄 꼴에 가까운 피침 모양으로 생겼으며 양끝이 뾰족하고 잎자루는 없다. 잎의 가장자리는 작고도 날카로운 생김새의 톱니가 규칙적으로 배열된다. 줄기 끝에서 많은 꽃이 이삭 모양으로 뭉쳐 아래로부터 위를 향하여 차례로 피어오른다. 꽃의 지름은 6mm 안팎이고 네 개로 갈라져서 거의 수평으로 펼쳐진다. 꽃의 빛깔은 보랏빛을 띤 하늘빛이다. 꽃이 지고 난 뒤에 맺는 많은 열매는 둥글면서 납작하고 꼭대기 부분이 약간 패인다. 간혹 흰색의 꽃이 피는 것이 있는데 이것은 흰꼬리풀이라고 한다.

개화기 7~8월

분포 전국적으로 널리 분포하고 있으며 양지바른 산비탈의 풀밭에 난다.

약용법

생약명 지향(枝香). 낭미화(狼尾花)라고도 한다.

사용부위 꽃을 포함한 모든 부분을 약재로 쓴다. 산꼬리풀(Veronica komarovii MONJUS), 긴산꼬리풀(V. pseudolongifolia PRINTZ)도 함께 쓰인다.

채취와 조제 꽃이 피고 있을 때 채취하여 햇볕에 잘 말려 쓰기 전에 잘게 썬다.

성분 함유 성분에 대해서는 아직 밝혀진 것이 없다.

약효 진통, 진해, 거담, 이뇨, 통경, 사하(瀉下)의 효능이 있다. 감기, 기침, 천식, 기관지염, 신경통, 중풍, 류머티즘, 편두통, 변비, 각기 등의 질환에 사용한다. 그 밖에 월경이 잘 나오지 않는 증세나 안면신경마비에도 효과가 있다.

용법 말린 약재를 1회에 2~5g씩 200cc의 물에 달여서 복용한다.

꿩의바람꽃

Anemone raddeana REGEL | 미나리아재비과

여러해살이풀로 짤막하고 굵은 뿌리줄기를 가지고 있다. 기다란 잎자루를 가지고 있는 잎은 꽃이 진 다음 뿌리줄기로부터 자라 나오는데 잎몸은 깃털 모양으로 두 번 갈라지며 전체적인 생김새는 세모꼴이다. 미끈하고 털이 없으며 가장자리는 밋밋하다. 꽃대는 15~20cm의 높이로 처음에는 긴 털이 생기는데 꽃 필 무렵에는 없어진다. 꽃은 한 송이만 피어나며 8~13장의 꽃잎을 가진다. 꽃의 지름은 3~4cm이고 꽃잎의 안쪽은 흰빛이지만 바깥쪽은 연한 보랏빛이다. 꽃의 바로 아래에는 세 갈래로 깊게 갈라진 3장의 받침 잎이 붙어 있다.

개화기 3~5월

분포 중부 이북 지역에 분포하며 산지의 나무 그늘에 난다.

약용법

생약명 은연향부(銀蓮香附). 죽절향부(竹節香附)라고도 한다.

사용부위 뿌리줄기를 약재로 쓴다.

채취와 조제 여름에 채취하여 줄기와 잔뿌리를 제거하고 햇볕에 말린다. 쓰기 전에 잘게 썬다.

성분 함유 성분에 대해서는 아직 밝혀진 것이 없다.

약효 풍을 없애주는 한편 진통과 소종 등의 효능을 가지고 있다. 적용 질환은 풍이나 류머티즘으로 인한 통증과 관절이 쑤시고 아픈 병 등의 치료에 사용한다. 또한 종기를 가시게 하는 효능을 가지고 있기 때문에 종기와 부스럼의 치료약으로도 쓴다.

용법 각종 통증에는 내복약으로 쓰는데 말린 약재를 1회에 0.5~3g을 달이거나 가루로 빻아 하루 3회로 나눠서 복용해도 좋다. 종기와 부스럼을 치료하기 위해서는 약재를 부드럽게 빻아 환부에 뿌리거나 또는 기름에 개어서 바른다.

꿩의비름

Sedum alboroseum BAKER | 돌나무과

살이 많은 여러해살이풀이다. 굵은 줄기는 곧게 서서 50cm 정도의 높이로 자라며 거의 가지를 치지 않는다. 온몸에 흰 가루를 쓰고 있는 듯 보인다.
잎은 마주 나거나 어긋나게 난다. 잎의 생김새는 타원 또는 계란 모양으로 잎몸이 두터우며 짤막한 잎자루를 가지고 있다. 잎 가장자리는 물결 모양으로 이루어진 얕은 톱니를 가지고 있다.
줄기 끝에 여러 개의 꽃대가 생겨나 별 모양의 작은 꽃이 많이 뭉쳐 우산 모양을 이룬다. 5장의 꽃잎은 하얗고 수술은 연분홍 빛으로 꽃 전체는 분홍빛이 감도는 흰빛으로 보인다.

개화기 8~9월

분포 전국적인 분포를 보이는 것으로 알려져 있으나 매우 드물다. 산지의 양지바른 풀밭이나 모래땅 등 건조한 땅에 난다.

약용법

생약명 경천(景天). 일명 신화(愼火) 또는 구화(救火)라고도 한다.

사용부위 잎과 줄기를 한꺼번에 약재로 쓴다.

채취와 조제 8~9월에 꽃이 피고 있을 때 채취하여 햇볕에 잘 말린다. 살이 많고 수분이 많기 때문에 여러 날 말려야만 제대로 건조된다. 쓸 때에는 말린 것을 알맞은 크기로 썬다. 그 밖에 생잎을 그대로 쓰는 경우도 있다.

성분 함유 성분으로는 칼슘말라트(Calciummalat)와 글루코스(Glucose) 등이 주로 알려져 있다.

약효 해열과 지혈 효능을 가지고 있으며 종기를 가시게 하는 작용도 한다고 한다. 적용 질환은 열이 날 때나 피를 토할 때에 복용한다. 그 밖에 상처를 입어 피가 날 때나 종기, 습진, 안질 등을 다스리기 위해서도 쓰인다.

용법 복용하기 위해서는 말린 것을 1회에 7~10g씩 200cc의 물에 넣어 천천히 달여서 마신다. 또한 즙을 내어 적당량을 복용하기도 한다. 종기나 습진에는 생잎을 짓찧어 환부에 붙이고 안질은 달인 물로 씻어 낸다.

끈끈이주걱

Drosera rotundifolia L | 끈끈이주걱과

습한 땅에 자라는 여러해살이풀이다. 작은 벌레를 잡아 주 영양원으로 삼는 우리나라에 몇 안 되는 대표적인 식충식물의 하나다.
뿌리로부터 자라난 잎은 둥글게 배열되어 땅을 덮는다. 긴 잎자루를 가진 잎은 둥근 꼴로 길이와 너비 1cm 안팎이고 표면에 붉은빛을 띤 많은 털이 나 있다. 털에서 끈기 있는 액체가 분비되어 작은 벌레가 들러붙으면 서서히 소화시켜 양분으로 흡수해버린다. 잎이 뭉친 한가운데로부터 10cm 안팎의 꽃줄기가 자라 끝부분에 5~10송이의 꽃이 한쪽으로 치우쳐서 핀다. 하얗게 피는 꽃은 5장의 꽃잎으로 구성되어 있으며 매화꽃과 흡사한 외모를 가지고 있다. 꽃의 지름은 5mm 안팎이다. 꽃이 핀 뒤에는 4~5mm의 길이를 가진 타원 모양의 열매를 맺으며 익으면 세 개로 갈라진다. 씨는 아주 작고 양끝에 꼬리와 같은 것이 붙어 있다.

개화기 7월 중

분포 거의 전국적으로 분포하고 있으며 산지의 양지쪽 골짜기에 흐르는 시냇가나 땅이 낮고 습기가 많은 곳에 난다. 서울 근교에서는 도봉산이나 불암산 등에서 볼 수 있다.

약용법 생약명 모전초(毛氈草)

사용부위 잎, 줄기, 꽃, 뿌리 등 모든 부분을 약재로 쓴다.

채취와 조제 여름철에 채취하여 햇볕에 말려서 그대로 쓴다.

성분 하이드록시납토퀴논(Hydroxynaphthoquinone), 플룸바긴(Plumbagin), 드로세론(Droserone) 등이 함유되어 있다. 보랏빛 색소를 함유하고 있어 이로 인해 일반적으로 잎이 적갈색을 띤다.

약효 거담 효능을 가지고 있으며 가래가 끓는 증세나 천식을 치료하는 약으로 쓰인다. 미국과 프랑스의 약방문에는 나라에서 인정하는 약으로 기재되어 있으며, 미국의 경우에는 준약국방약으로 다루어지고 있다. 옛날에는 폐병의 치료에 쓰였다고 한다.

용법 말린 약재를 1회에 0.5~1g씩 물에 달여서 복용한다.

나도송이풀

Phtheiropermum japonicum KANITZ | 현삼과

식물 스스로의 뿌리만으로는 살아갈 수 없고 다른 풀에 기생하며 살아가는 한해살이풀이다. 온몸에 끈적이는 잔털이 있으며 줄기는 곧게 서고 가지를 치면서 30~50cm 정도의 키로 자란다. 계란 모양의 잎은 마디마다 2장이 마주 자리하며 깃털처럼 깊게 갈라진다. 갈라진 잎 조각의 가장자리에는 깊이 패어 들어간 톱니가 있으며 보랏빛을 띤다. 줄기와 가지의 끝에 가까운 잎겨드랑이마다 1~2송이의 꽃이 핀다. 꽃은 대롱 모양이고 입술처럼 끝이 두 갈래로 갈라진다. 윗입술은 짧고 두 갈래로 갈라져 뒤로 말려 있다. 아랫입술은 넓고 세 갈래로 갈라진다. 길이 2cm 안팎의 꽃은 보랏빛을 띤 분홍빛으로 대단히 아름답다. 꽃이 진 뒤에 계란 모양의 열매가 맺는데 익으면 작은 구멍이 뚫려 검은색의 씨가 쏟아진다.

개화기 8~9월

분포 전국 각지에 널리 분포하고 있으며 산의 양지 쪽 풀밭이나 약간 그늘지는 자리에 난다.

약용법

생약명 송호(松蒿). 나호, 토인진(土茵陳)이라고도 부른다.

사용부위 꽃을 포함하여 잎과 줄기의 모든 부분을 약재로 쓴다.

채취와 조제 꽃이 피고 있을 때 채취하여 햇볕에 말리고 쓰기에 앞서 잘게 썬다.

성분 함유 성분에 대해서는 별로 밝혀진 것이 없다.

약효 해열과 이뇨의 효능을 가지고 있다 한다. 적용 질환은 감기로 인한 열, 수종, 황달, 콧속에 생겨나는 염증 등이다.

용법 말린 약재를 1회에 5~10g씩 알맞은 양의 물로 달이거나 가루로 빻아서 복용한다.

나팔꽃

Pharbitis nil CHOISY | 메꽃과

한해살이 덩굴풀이다. 온몸에 잔털이 산재해 있는 줄기는 시곗바늘과 같은 방향으로 돌아가면서 다른 물체를 감아 올라간다. 약간의 가지를 치는 줄기는 2m 정도의 길이로 자라는데 땅이 기름진 경우에는 더 길게 자란다. 잎은 서로 어긋나게 자리하며 심장 모양으로 보통 세 개로 갈라지고 갈라진 끝부분은 뾰족하다. 갈라진 가운데 조각은 타원 모양으로 넓고 양가의 조각은 작고 짧다. 잎겨드랑이로부터 하나의 꽃대가 자라 올라와 크고 아름다운 꽃이 1~3송이가 핀다. 꽃의 지름은 6cm 안팎이고 색채는 보랏빛을 띤 남색인데 흰색이나 분홍색으로 피는 것도 있다.

개화기 7~9월

분포 열대아세아가 원산인데 꽃을 즐기기 위해 널리 가꾸며 야생상태가 되어버린 것도 있다.

약용법 생약명 견우자(牽牛子)

사용부위 나팔꽃의 씨를 약재로 쓰는데 검은 씨를 흑축, 흰 씨를 백축이라고 부르기도 한다.

채취와 조제 8~10월에 잘 익은 씨를 채집하여 햇볕에 말린다. 물에 푹 담가 부풀게 하거나 불에 볶아서 사용하기도 한다.

성분 수지배당체인 파르비틴(Pharbitin) 2%와 지방유 11%를 함유한다. 지방유는 주로 올레인(Olein)으로 이루어지며 그 밖에 소량의 팔미틴(Palmitin)과 스테아린(Stearin)을 함유한다. 파르비틴은 설사를 나게 하는 작용을 한다.

약효 설사를 나게 하는 이외에 이뇨 작용을 한다. 적용 질환은 음식물에 체했을 때, 즉 오랜 체증이나 대소변을 보지 못할 때에 달여서 복용하며 그 밖에 복수(腹水)나 몸에 부기가 있을 때에도 쓴다.

용법 1회에 2~4g의 씨를 200cc의 물에 달여 마신다. 사하작용(瀉下作用)이 매우 강하므로 절대 과용하면 안 된다.

낙지다리

Penthorum chinense PURSH | 돌나물과

70cm 정도의 높이로 곧게 자라는 여러해살이풀로 약간의 가지를 친다.
잎은 서로 어긋나게 자리하고 있으며 좁은 피침 모양으로 양끝이 뾰족하고 잎자루를 가지지 않는다. 잎 가장자리에는 미세한 톱니가 규칙적으로 생겨 있다.
꽃은 줄기와 가지 끝에 5~6개의 꽃대가 사방으로 펼쳐지면서 같은 간격을 두고 규칙적으로 배열되며 일정한 방향을 향하여 핀다. 꽃잎은 없고 1개의 암술과 10개의 수술이 둥글게 뭉쳐 꽃을 이룬다. 위에서 내려다본 모습이 꼭 낙지가 다리를 사방으로 펼친 것과 같기 때문에 낙지다리라고 부른다. 꽃이 달려 있는 꽃대의 길이는 10cm 안팎이고 꽃의 빛깔은 노란빛을 띤 흰색이다.

개화기 7~8월

분포 전국 각지에 분포하며 양지바른 들판의 습한 자리에 난다.

약용법

생약명 차근채. 수택란(水澤蘭)이라고도 한다.

사용부위 꽃과 잎, 줄기의 모든 부분을 약재로 쓴다.

채취와 조제 꽃이 피는 시기에 채취하여 햇볕에 잘 말려 갈무리해 두었다가 쓸 때 잘게 썬다. 증세에 따라서는 생잎을 그대로 쓰기도 한다.

성분 함유 성분에 대해서는 분명하지 않다.

약효 피를 잘 돌게 하고 월경을 순조롭게 하는 작용을 한다. 적용 질환은 월경이 불순하거나 없을 때에 쓰이며 그 밖에 월경이 멈추지 않을 때나 대하 등의 증세에도 쓰인다. 또한 타박상을 입거나 수종(水腫)이 생겼을 때에도 사용한다.

용법 부인병의 경우에는 1회에 말린 것을 5~10g씩 200cc의 물에 넣어 달여서 복용하며 하루 용량은 15~30g이다. 타박상이나 수종의 치료에 쓸 경우에는 생잎을 짓찧어 종이나 헝겊에 발라서 환부에 붙이며 하루에 서너 차례 갈아준다.

노랑어리연꽃

Nymphoides peltata KUNTZ | 용담과

물에 나는 여러해살이풀이다. 뿌리줄기는 물 바닥의 흙 속을 옆으로 길게 뻗어 나가며, 줄기는 가늘고 길다. 마디마다 2~3장의 잎이 자라며 긴 잎자루를 가지고 있어서 물 표면에 뜬다. 잎의 생김새는 넓은 타원 모양이고 잎자루와 연결되어 있는 쪽이 깊게 패여 있다. 잎의 가장자리에는 물결 모양의 무딘 톱니가 배열되어 있으며 잎 표면은 푸른데 뒷면은 갈색을 띤 보라색이다. 잎의 길이는 10cm 안팎이고 잎몸이 약간 두텁다. 꽃은 잎겨드랑이에서 2~3송이가 자라 물 표면에 떠서 핀다. 오이의 꽃과 같이 생긴 꽃의 지름은 3~4cm이며 가장자리에 털이 나 있다. 꽃의 빛깔은 노랗다.

개화기 7~9월
분포 경기도 이남의 지역에 분포하며 늪이나 연못, 도랑 등에 난다.

약용법 생약명 행채. 접여(接余)라고도 한다.

사용부위 잎과 줄기, 뿌리의 모든 부분을 약재로 쓴다.

채취와 조제 꽃이 필 때에 채취하여 햇볕에 잘 말린다. 쓸 때에는 이것을 알맞은 크기로 잘게 썬다. 병에 따라서는 생잎을 그냥 이용하기도 한다.

성분 함유 성분에 대해서는 별로 알려진 것이 없다.

약효 간과 방광에 이롭다고 하며 해열과 이뇨, 해독 등의 효능이 있다. 그 밖에도 종기를 가시게 하는 작용을 한다. 적용 질환은 소변이 잘 나오지 않는 증세나 임질을 치료하는 데 쓰이며, 그 밖에 앓을 때의 한기와 열기를 다스리기 위해서도 사용된다. 종기를 가시게 하므로 부스럼이나 악성종기에 외용으로 사용하기도 한다.

용법 부스럼과 종기에는 생잎을 짓찧어 종이나 헝겊에 발라 환부에 붙인다. 그 밖의 병에 대해서는 내복약으로 쓰는데 1회에 말린 것을 0.5~5g씩 200cc의 물에 달여 복용하면 된다.

노루발풀

Pyrola japonica KLENZ | 노루발풀과

사철 푸른 잎을 가지는 여러해살이풀이다.
잎은 뿌리에서만 자라므로 줄기가 서지 않으며 4~5장의 잎이 한자리에 뭉친다.
잎의 생김새는 둥글거나 넓은 타원 모양으로 밑동과 끝이 모두 둥글다. 잎 가장자리에는 뚜렷하지 않은 작은 톱니가 생겨 있고 잎몸이 두터우며 잎 뒤는 보랏빛이다.
잎 한가운데로부터 20cm 안팎의 높이로 꽃대가 자라 5~6송이의 꽃이 이삭 모양으로 아래에서부터 차례로 피어 올라간다. 5장의 흰 꽃잎으로 이루어진 꽃의 크기는 12~15mm이다. 꽃잎이 안쪽으로 오므라져 있어서 마치 흰 방울처럼 보인다.

개화기 6~7월

분포 전국적으로 널리 분포하고 있으며 산지의 나무 그늘에서 난다.

약용법

생약명 녹제초(鹿蹄草). 일명 녹함초(鹿含草) 또는 파혈단(破血丹)이라고도 한다.

사용부위 모든 부분을 약재로 쓴다.

채취와 조제 꽃이 필 때 채취하여 햇볕에 말려서 갈무리한다. 알맞은 크기로 썰어 사용한다.

성분 아르브틴을 비롯하여 메틸아르브틴, 에리콜린, 타닌산 등이 함유되어 있다고 한다.

약효 강장, 보신(補腎), 이습(利濕), 진통, 진정, 양혈(凉血), 해독 등의 효능을 가지고 있다. 적용 질환은 과다한 성관계로 인해 허리가 아픈 증세라든가 발기력이 쇠약해졌을 때에 주로 쓰인다. 또한 관절의 통증이나 만성 류머티즘, 경계(驚悸, 놀라고 두려워 마음이 몹시 두근거리는 증세), 고혈압, 요도염, 월경과다 등의 질환을 치료하는 데에 사용된다. 그 밖에 타박상을 입거나 음낭이 습한 증세에도 효과가 있다고 한다.

용법 말린 것을 1회에 4~8g씩 200cc의 물에 달여서 복용한다. 경우에 따라서는 생잎을 소주에 담가 두었다가 적당량을 복용하기도 한다.

노루오줌

Astilbe chinensis var. typica FRANCH | 범의귀과

여러해살이풀로 줄기와 잎자루에는 갈색의 털이 산재해 있다.
줄기는 곧게 서서 70cm 정도의 높이로 자라며 가지를 치지 않는다.
잎은 서로 어긋나게 자리하고 있으며 잎자루가 두세 번 갈라져 나가면서 각기 세 개의 작은 잎을 가진다. 잎의 생김새는 길쭉한 계란 또는 계란 모양에 가까운 긴 타원 모양이며 끝이 뾰족하고 가장자리에 크고 작은 톱니가 배열되어 있다.
꽃은 줄기 끝에 많은 꽃이 뭉쳐 원뿌리 모양을 이루며 그 길이는 30cm쯤 된다. 하나의 꽃은 5장의 꽃잎으로 구성되어 있고 지름은 3mm 안팎이다. 분홍색의 꽃이 핀다.

개화기 7~8월

분포 전국 각지에 분포하며 산지의 약간 그늘진 자리에 난다.

약용법

생약명 소승마(小升麻). 일명 구활(求活) 또는 마미삼(馬尾蔘)이라고도 한다.

사용부위 꽃과 잎, 줄기의 모든 부분을 약재로 쓰며 뿌리는 별도로 적승마(赤升麻)라는 이름으로 사용한다.

채취와 조제 꽃과 잎, 줄기는 여름부터 가을 사이에 채취하여 햇볕에 말려 두었다가 잘게 썰어서 쓴다. 뿌리는 가을에 캐어 씻은 다음 햇볕에 말린다.

성분 분명치 않으나 쓴맛을 느끼게 하는 베르게닌(Bergenin)과 타닌질이 함유되어 있는 것으로 추측된다.

약효 꽃과 잎, 줄기 즉 소승마는 해열, 진해작용을 한다. 적승마 즉 뿌리는 진통작용을 비롯하여 혈액순환을 돕고 어혈(瘀血, 멍든 것을 가리키는 말)을 없애준다. 적용 질환은 소승마는 감기에 걸려 열이 나거나 기침을 할 때를 비롯하여 두통이나 온몸이 쑤시고 아플 때에 달여서 마신다. 적승마는 관절이나 근육이 쑤시고 아플 때, 타박상으로 인해 멍이 들었을 때에 쓰인다.

용법 소승마는 1회에 5~10g을 200cc의 물에 달여서 복용한다. 적승마는 1회에 4~8g을 역시 200cc의 물로 달여서 마시는데 그 요령은 거의 비슷하므로 개의할 필요는 없다.

대극 우독초

Galarhoeus pekinensis HARA | 대극과

굵고 실한 뿌리를 가진 여러해살이풀이다.
줄기는 곧게 서서 80cm 정도의 높이로 자라며 일반적으로 가지를 치지 않는다.
잎은 피침 모양으로 서로 어긋나게 생겨나며 잎자루를 가지지 않는다. 잎 가장자리에는 매우 작은 톱니가 규칙적으로 배열되어 있으며 잎 끝은 무디다.
잎의 표면은 초록색인데 뒷면은 흰빛이 감돌고 있으며 짧은 털이 약간 생겨 있다. 줄기 끝에 5장의 잎이 둥글게 자리하고 있으며 그 한가운데로부터 4~8개의 꽃대가 자라 조개껍데기처럼 생긴 푸른빛의 꽃이 핀다. 꽃의 크기는 1.5cm 안팎이다.

개화기 6월 중
분포 전국적인 분포를 보이며 산과 들판의 양지바른 풀밭에 난다.

약용법

생약명 대극(大戟). 또는 택경(澤莖), 공거(功鉅)라고도 부르고 있다.

사용부위 뿌리 부분을 약재로 쓴다.

채취와 조제 가을에 뿌리를 캐어 흙을 털고 잔뿌리를 제거한 다음 햇볕에 말린다. 말린 것을 그대로 잘게 썰어서 쓰거나 또는 잘게 썬 것을 식초에 적셔 볶아서 쓴다.

성분 식물 체내 모든 부분에 유독 성분인 황갈색의 즙을 함유하고 있다. 그 즙의 주성분은 유포르빈(Euphorbin)이다.

약효 대소변을 잘 통하게 하고 체내의 물기를 빼주며 종기나 부기를 가시게 하는 작용을 한다. 적용 질환은 배에 물이 차 부어 올랐을 때를 비롯하여 급·만성 신장성 수종(水腫) 등을 다스리는 데에 쓰인다. 또한 종기를 가시게 하므로 악성종기나 종독(腫毒)의 치료약으로도 쓴다.

용법 하루 사용량은 2~4g으로 이것을 300cc 정도의 물에 달여 3회로 나누어 복용한다. 독성이 강하므로 절대로 과용하지 말아야 하며 임산부가 복용할 때에는 유산의 위험성이 있음을 유의해야 한다.

참고 일본에서는 타박상에 의한 멍을 가시게 하거나 월경불순이나 변비 치료약으로도 사용한다고 한다.

더위직이 산쑥·부덕쑥

Artemisia sacrorum subsp. laxif-lora var. lacinaformis form. platyphylla PAMPAN | 국화과

1m 정도의 높이로 자라는 여러해살이풀로 관목류처럼 더부룩하게 자라며 줄기 밑동은 나무처럼 굳어진다.
잎은 서로 어긋난 자리에 달리며 두 번 깃털 모양으로 갈라진다. 처음에는 잎 양면에 거미줄과 같은 털이 생기며 표면에는 오목한 점이 산재하여 있다. 길이 2~3cm 정도의 잎자루를 가진다.
줄기와 가지 끝에서 작은 꽃이 이삭 모양으로 뭉쳐 핀다. 꽃은 종 모양으로 생겼으며 꽃잎을 가지지 않으며 황갈색이다. 꽃의 크기는 4mm 안팎이다.

개화기 8월 중

분포 분포 중부 이북의 지역에 분포하며 산지의 풀밭이나 바위틈에 난다.

약용법

생약명 인진(茵陳) 또는 백호(白蒿), 석인진(石茵陳)이라고도 한다.

사용부위 뿌리를 제외한 잎과 줄기를 약재로 쓴다.

채취와 조제 6~7월경 줄기가 굳어지기 전에 채취하여 햇볕에 말린다. 사용할 때에는 알맞은 크기로 잘게 썬다.

성분 함유 성분에 대해서는 알려진 것이 없다.

약효 간을 맑게 하고 쓸개에 이로우며 (담즙의 분비를 촉진한다) 강한 해열작용과 이뇨작용을 한다. 적용 질환은 각종 간장질환과 담낭염, 황달 등의 증세에 복용한다. 그 밖에 소변이 잘 나오지 않는 증세나 소화불량, 각종 열성질환(熱性疾患) 등을 다스리기 위해서 쓰인다.

용법 1회에 7~20g씩 200~300cc의 물에 반 정도가 될 때까지 달여서 복용한다. 맛이 대단히 쓰므로 건위작용을 하며 이로 인해 소화가 잘 되지 않을 때와 속이 쓰릴 때에 복용한다.

참고 일본에서는 황달 증세를 치료하기 위해 쓰이는데, 꽃이 피었을 때에 꽃과 함께 잎, 줄기를 채취하여 햇볕에 말린 후 달여 마신다고 한다.

도꼬마리 창이자

Xanthium strumarium var. japonicum HARA | 국화과

한해살이풀로 온몸에 짧고 빳빳한 털이 빽빽하게 깔려 있다.
줄기는 곧게 서서 1m 안팎의 높이로 자라 약간의 가지를 친다.
잎은 서로 어긋나게 자리하는데 넓은 세모꼴로 가장자리가 얕게 3~5개로 갈라진다. 갈라진 조각의 끝은 뾰족하고 뒷면에는 세 개의 잎맥이 뚜렷하게 보인다.
잎 가장자리에는 거친 톱니가 나 있고 긴 잎자루를 가지고 있다.
꽃은 암꽃과 수꽃이 따로 핀다. 수꽃은 둥글고 줄기와 가지 끝에 많이 뭉쳐 핀다.
암꽃은 곤봉과 같이 길쭉하며 잎겨드랑이에 뭉쳐 핀다. 꽃의 빛깔은 노랗다.
꽃이 지고 난 뒤에 길이 1cm가량의 많은 가시를 가진 열매가 달리고 그 속에 두 개의 씨가 들어 있다.

개화기 8~9월
분포 전국 각지에 널리 분포하고 있으며 길가나 황폐한 곳 등에 난다.

약용법

생약명 창이자(蒼耳子). 또는 이당, 저이(猪耳)라고도 부르고 있다.

사용부위 씨를 약재로 사용한다.

채취와 조제 씨가 완전히 익은 뒤 채취하여 햇볕에 잘 말린다. 쓸 때에는 열매 껍데기와 협잡물을 제거하여야 한다. 때로는 볶아서 쓰기도 한다.

성분 씨 속에 지방유와 노란 빛깔의 크산토스트루마린(Xanthostrumarin)이라는 배당체가 함유되어 있다.

약효 진통, 산풍(散風), 거습(祛濕), 소종(消腫) 등의 효능을 가지고 있다. 적용 질환은 두통이나 치통을 비롯하여 팔다리가 쑤시고 아플 때, 풍과 냉기로 인한 관절통, 누런 콧물이 흐르는 증세 등에 내복한다. 그 밖에 간지러운 발진이나 급성 두드러기, 마른버짐 등을 다스릴 때 달인 물로 환부를 씻어준다.

용법 1회에 2~4g을 200cc의 물에 넣어 양이 절반쯤 되게 달여서 복용한다.

참고 일본에서는 학질에 걸렸을 때 볶은 씨를 빻아 1회에 2~5g의 가루를 술에 타서 복용한다.

독말풀 네조각독말풀

Datura tatula L | 가지과

높이 1~1.5m로 자라며 낮은 위치에서 여러 개의 가지를 치면서 넓게 퍼진다. 일반적으로 줄기와 가지는 보랏빛을 띤다. 잎은 서로 어긋나게 자리하며 계란 모양으로 잎자루를 가지고 있다. 잎 가장자리에는 고르지 않은 크고 작은 톱니를 가진다. 가지 끝에 나팔 모양의 큰 꽃이 핀다. 꽃의 밑 부분은 대롱과 같은 생김새의 꽃받침이 감싸고 있다. 꽃의 길이는 8cm 정도이고 지름은 4cm 안팎이다. 꽃의 빛깔은 연한 자줏빛이다. 꽃이 핀 뒤에는 지름 2.5cm쯤 되는 많은 가시가 돋친 계란 모양의 열매가 맺고, 익으면 네 개로 갈라져 검은 씨가 쏟아진다. 잎과 씨에 강한 독성분이 함유되어 있다.

개화기 6~7월
분포 원래 열대아메리카에서 나는 풀인데 전국 각지에 야생하고 있다. 마을 부근의 황폐한 곳에 난다.

약용법

생약명 씨를 만다라자(曼陀羅子) 또는 천가자(天茄子). 잎을 만다라엽(曼陀羅葉). 꽃을 양금화(洋金花) 또는 산가화(山茄花)라 한다.

사용부위 씨와 잎 그리고 꽃을 약재로 쓰는데 각기 효능을 달리한다.

채취와 조제 씨는 열매가 잘 익은 것을 기다려서 채취하여 햇볕에 말린다. 쓸 때에는 그대로 이용하거나 또는 빻아서 쓴다. 잎은 수시로 채취하여 말린다. 꽃은 피는 대로 바로 채취하여 그늘에서 말린다.

성분 주성분은 히요스시아민(Hyoscyamin)이고 소량의 아트로핀(Atropin)을 함께 함유하고 있다.

약효 씨는 진통, 경련이나 천식을 다스리는 효능이 있다. 적용 질환은 위통, 복통, 월경통, 어린아이의 경기(驚氣), 대장염, 진해, 거담 등이다. 잎은 천식과 기침, 복통, 류머티즘 등의 통증을 치료하는 데에 쓴다. 꽃도 천식과 기침을 비롯하여 어린이의 경기, 복통, 월경통 등의 치료에 사용된다.

용법 말린 것 0.2~0.4g을 300cc의 물로 반 정도의 양이 되게 달여 세 번에 나눠 복용한다. 용량을 엄수해야 한다.

돌콩

Glycine soja SIEB. et ZUCC | 콩과

덩굴성의 한해살이풀로서 온몸에 갈색의 짧고 거친 털이 나 있다.
줄기는 가늘고 길며 다른 물체를 감으면서 자라 올라간다.
잎은 서로 어긋나게 자리하며 세 개의 작은 잎 조각으로 이루어지고 있다. 잎 조각의 생김새는 계란에 가까운 타원 또는 피침 모양으로 잎 가장자리는 밋밋하다. 잎겨드랑이로부터 자라는 짤막한 꽃대 끝에 4~5송이의 나비와 같은 생김새의 꽃이 뭉쳐서 핀다. 꽃의 크기는 6mm 안팎이고 보랏빛 기운이 감도는 분홍빛이다. 꽃이 피고 난 뒤에는 2~3cm 정도의 길이를 가진 콩깍지가 생겨나는데 그 속에는 두세 개의 갈색 콩이 들어 있다.

개화기 7~8월

분포 중부 이남의 지역과 제주도에 분포하며 들판의 양지바른 풀밭에 난다.

약용법

생약명 야두등(野豆藤). 일명 야황두(野黃豆) 또는 야모두(野毛豆)라고도 쓴다. 씨는 야료두(野料豆)라고 하여 역시 약재로 쓴다.

사용부위 잎과 줄기를 함께 약재로 쓰는 경우 이것을 야두등이라 하고 씨만 쓸 때에는 야료두라고 부른다.

채취와 조제 잎과 줄기는 꽃이 질 무렵에 채취하여 햇볕에 말려 잘게 썰어 쓴다. 씨는 완전히 익은 뒤 거두어 그대로 쓰거나 또는 빻아서 쓴다.

성분 함유 성분에 대해서는 상세하지 않다.

약효 잎과 줄기는 신체가 허약한 경우와 비장이 허한 경우에 복용하며 식은땀이나 아무런 이유 없이 땀이 흐를 때(自汗)에 치료제로 쓴다. 씨도 잎과 줄기의 경우와 비슷한 효능을 가지고 있으며 눈을 밝게 해준다고 한다. 따라서 씨는 신체가 허약하거나 산후의 회복이 시원치 않을 때, 신장이 허해서 허리가 아플 때, 근육과 뼈가 쑤시고 아플 때, 현기증이 일 때 등에 쓰인다.

용법 1회에 4~8g을 200cc의 물로 달여 복용한다.

동의나물 동이나물

Clatha minor NAKAI | 미나리아재비과

습지나 물가에 나는 여러해살이풀로서 흰 수염뿌리를 많이 가지고 있다.
줄기는 연하고 꺾어지기 쉬우며 곧게 서서 50cm 안팎의 높이로 자란다.
대부분의 잎이 뿌리로부터 자라 나오며 줄기에는 2~3장의 잎이 붙어 있을 뿐이다. 잎은 심장 모양으로 가장자리에는 무딘 톱니가 있으며 아주 기다란 잎자루를 가지고 있다.
줄기 끝에서 1~2 대의 긴 꽃대가 자라 각기 한 송이의 꽃이 핀다. 꽃잎은 없고 5~7장의 둥근 꽃받침이 꽃잎처럼 보인다. 꽃의 지름은 2cm 안팎이고 한가운데에 많은 수술이 뭉쳐 있다. 꽃받침의 빛깔은 선명한 노란빛이다.

개화기 4~5월
분포 전국적으로 분포하고 있으며 산지의 습한 땅이나 물가에 난다.

약용법

생약명 여제초(驢蹄草). 수호로(水葫蘆)라고도 한다.

사용부위 뿌리를 포함한 모든 부분을 약재로 쓴다.

채취와 조제 여름에 채취하여 햇볕에 말린다. 쓰기에 앞서 잘게 썬다.

성분 독성 식물의 하나로 잎과 줄기에 베라트린(Veratrin), 베르베린(Berberin), 헬레보린(Helleborin), 아네모닌(Anemonin), 퀘르세틴(Quercetin), 이소람네틴(Isorhamnetin) 등의 다양한 알칼로이드가 함유되어 있다.

약효 진통, 최토(催吐), 거풍 등의 효능을 가지고 있다. 가래가 많이 끓는 증세, 팔 · 다리가 쑤시고 아픈 증세, 머리가 혼미하고 어지러운 증세, 식중독 등의 질환에 사용한다. 그 밖에 어린아이의 이질에도 유효하다.

용법 말린 약재를 1회에 3~5g씩 200cc의 물로 달여서 복용하며 경우에 따라서는 생즙을 내어 복용하기도 한다. 어린아이의 이질에도 생즙을 먹이는데 양이 지나치면 위장염을 일으키거나 신장을 자극하는 일이 있으므로 주의해야 한다. 유독성분이 있어 사용량이 적어야 함을 유의한다.

둥근바위솔 응달바위솔

Orostachys malacophyllus FISCH | 돌나물과

바위에 붙어사는 여러해살이풀이다. 뿌리줄기는 짧고 굵으며 잎이 뭉쳐나고, 꽃이 피어 열매를 맺으면 말라 죽어버리는 습성을 가지고 있다.
살이 풍부하고 수분이 많은 잎은 주걱처럼 생겨 끝이 뭉뚝하거나 둥글고 길이는 3~7cm, 너비는 0.7~2.8cm이다. 잎의 빛깔은 연한 푸른빛으로 흰 가루를 쓰고 있는 것처럼 보인다.
성숙하게 자라고 나면 잎이 뭉친 한가운데로부터 5~20cm의 길이를 가진 꽃대가 자라 올라 완전히 많은 꽃으로 덮여버린다. 꽃잎과 꽃받침이 5장씩이고 10개의 수술을 가지고 있다. 꽃잎의 길이는 5~7mm로 꽃받침보다 2배 정도 길다. 꽃의 빛깔은 푸른빛을 띤 흰색이다. 수술은 꽃잎보다 약간 길고 꽃밥은 자줏빛이 도는 붉은 색이다.

개화기 8~9월

분포 제주도와 중부 이북의 지역에 분포한다. 제주도에서는 바닷가의 바위에 붙어사는데 중부 이북의 지역에서는 산의 바위틈과 같은 곳에 난다.

약용법

생약명 와송(瓦松). 암송(岩松), 탑송(塔松), 석탑화(石塔花)라고도 부른다.

사용부위 뿌리 이외의 모든 부분을 약재로 쓰는데, 바위솔(Orostachys japonicus BERGER)도 함께 쓰인다.

채취와 조제 여름부터 가을 사이에 채취하여 뿌리를 제거한 다음 햇볕에 말린다. 쓰기 전에 잘게 썬다.

성분 함유 성분에 대해서는 아직 밝혀진 것이 없다.

약효 해열, 지혈, 소종 등의 효능을 가지고 있다. 적용 질환은 학질, 간염, 습진, 치질에 생긴 부스럼, 적리(赤痢), 코피 흐르는 증세, 종기, 화상 등이다.

용법 말린 약재를 1회에 5~10g씩 200cc의 물로 세지 않은 불에 달여서 복용한다. 외과적인 질환에는 생풀을 찧어 환부에 붙이거나, 약재를 태워 숯으로 만들어 빻은 가루를 환부에 뿌린다. 증세에 따라서는 기름에 개어 바르기도 한다.

들현호색

Corydalis ternata NAKAI | 양귀비과

여러해살이풀로 땅속줄기가 옆으로 뻗어나가 곳곳에 둥근 덩이줄기[塊莖]를 만들며 번식되어 나간다.

일반적으로 줄기는 홀로 자라지만 때로는 뭉쳐 나는 경우도 있다.

높이 15cm 정도로 솟아오르는 잎은 서로 어긋나게 자리하는데 세 개의 잎 조각이 모여 한 잎을 구성한다. 잎 조각은 계란 모양으로 끝이 둥그스름하며 가장자리에는 고르지 않은 톱니가 있다.

꽃은 줄기 끝에 7~8송이가 이삭 모양으로 뭉쳐 피는데, 꽃잎의 한쪽은 입술처럼 아래 위 두 갈래로 갈라졌고 반대쪽은 새의 발톱과 같은 모양을 하고 있다. 분홍색으로 피는 꽃의 길이는 1.5cm 안팎이다.

개화기 4월 중

분포 전국적으로 분포하고 있으며 산과 들판의 양지바르고 흙이 약간 습한 자리에 난다.

약용법

생약명 현호색(玄胡索). 현호 또는 연호라고도 부른다.

사용부위 땅속에 묻혀 있는 덩이줄기를 약재로 쓴다.

채취와 조제 6~7월에 잎이 말라죽는데 그때 채취하여 물로 씻은 다음 햇볕에 말리거나 끓는 물에 넣어 가볍게 데친 후 햇볕에 말린다. 쓸 때에 잘게 썰든지 또는 썬 것을 식초에 적셔 볶아서 쓰기도 한다.

성분 함유 성분은 알려져 있지 않다.

약효 진통과 진정작용이 있으며 그 밖에 진경(鎭痙), 활혈(活血), 자궁수축 등의 작용도 한다. 또한 멍든 것을 없애주기도 한다. 적용 질환은 속이 거북하게 아플 때와 월경통이나 월경불순, 산후 어혈(瘀血)로 배가 아플 때, 산후 출혈로 정신이 혼미할 때에 쓰인다. 그 밖에 허리와 무릎이 아플 때나 고환과 음낭 등의 질환으로 일어나는 신경통 그리고 요통 및 타박상 등에도 효과가 있다.

용법 1회에 2~4g을 200cc의 물로 달여 복용하거나 또는 같은 양을 가루로 빻아 복용한다.

뚜껑덩굴 합자초

Actinostemma lobatum var. racemosum MAKINO | 박과

덩굴로 자라는 한해살이풀이다.

2m 안팎의 길이로 자라는 가느다란 줄기는 군데군데에 생겨나는 덩굴손으로 다른 물체에 감아 올라간다.

잎은 계란 모양에 가까운 길쭉한 세모꼴로 생겼으며 밑동은 심장 모양으로 깊게 패여 있고 끝은 뾰족하다. 잎 가장자리에는 큰 톱니가 배열되어 있다.

꽃은 잎겨드랑이에 이삭 모양으로 뭉쳐 피는데 가느다란 꽃잎과 꽃받침이 각기 5장씩 겹쳐져 있으며 모두 초록색이다. 그러므로 마치 10장의 꽃잎으로 이루어진 것처럼 보인다. 꽃의 크기는 7~8mm 정도다.

열매는 계란처럼 생겼고 익으면 열매껍질의 절반이 뚜껑을 열듯이 떨어져 나가 2개의 수박씨와 같은 생김새의 씨가 떨어진다.

개화기 8~9월

분포 제주도에서 야생하는데 충청도 이북 쪽에도 분포한다. 냇가나 도랑 등 물기가 많은 곳에서 난다.

약용법 생약명 합자초(合子草). 수여지라고도 한다.

사용부위 줄기와 잎의 모든 부분을 약재로 쓴다.

채취와 조제 10월경에 채취하여 그대로 햇볕에 말린다.

성분 함유 성분에 대해서는 연구된 것이 없다.

약효 몸 속에서 물의 움직임을 순조롭게 해주고 독기를 풀어주며 종기를 가시게 하는 작용을 한다. 적용 질환은 신장염과 배에 물이 차는 증세를 다스리는 데에 쓰인다. 또한 살갗에 생긴 물집 치료와 영양부족 또는 기생충으로 인해 생긴 빈혈의 치료제로도 사용된다. 그 밖에 뱀에 물렸을 때에는 생잎을 찧어 붙인다.

용법 말려서 잘게 썬 것을 1회에 6~10g씩 200cc의 물에 넣어 양이 반 정도가 될 때까지 달여서 복용한다. 뱀에 물렸을 경우에는 생잎을 찧어 물린 자리에 붙이거나 또는 달인 물로 닦아낸다.

맥문동 알꽃맥문동 · 넓은잎맥문동

Liriope muscari BALL | 백합과

여러해살이풀로 뿌리 곳곳에 살찐 작은 덩어리가 붙어 있다. 줄기는 없고 짤막한 뿌리줄기로부터 난초 잎과 같은 생김새를 가진 잎이 자란다. 잎의 길이는 50cm 안팎, 너비는 1cm가량 되며 반 이상의 부분은 아래로 처진다. 검푸른 빛깔이면서도 윤기가 난다. 잎 사이로부터 30~50cm쯤 되는 기다란 길이를 가진 꽃대가 자라서 그 끝에 작은 꽃이 이삭 모양으로 뭉쳐 핀다. 지름 6mm 안팎의 꽃은 6장의 꽃잎으로 이루어지며 빛깔은 연한 보랏빛이다. 꽃이 지고 난 뒤에 둥근 열매가 생기고 그 열매는 익어감에 따라 검은빛을 띤 짙은 보랏빛으로 물든다.

개화기 5~6월

분포 중부 이남의 지역과 제주도 및 울릉도에 분포한다. 산 속의 음습한 곳에 난다.

약용법

생약명 맥문동(麥門冬). 맥동(麥冬) 또는 양구, 인능(忍凌)이라고도 한다.

사용부위 뿌리에 달려 있는 살찐 덩어리를 약재로 쓴다.

채취와 조제 늦가을이나 이른봄에 채취하여 깨끗이 씻은 다음 햇볕에 말린다. 쓸 때에는 물에 담가 연하게 한 다음 중심부의 심을 제거한 후 사용한다.

성분 뿌리에 배당체인 오피오포고닌(Ophiopogonin)과 점액질이 함유되어 있다.

약효 자양작용을 하고 폐와 위를 보해주며 침이 생겨나게 한다. 그 밖에 기침을 그치게 하는 작용도 가지고 있다. 적용 질환은 신체가 허약할 때에 널리 쓰이며 폐결핵, 만성기관지염, 당뇨병 등의 치료약으로도 쓰인다. 또한 마른기침이 나거나 목구멍과 입안이 마르는 증세를 다스리는데 쓰이며, 젖이 잘 나오지 않을 때나 여성의 급성임질 또는 변비 등에도 사용한다.

용법 말려서 심을 뺀 것을 1회에 2~5g씩 200cc의 물에 달여 복용한다. 때로는 같은 양의 약재를 가루로 빻아 가루약으로 복용하기도 한다.

며느리주머니 금낭화·등모랑

Dielytra spectabilis G. DON | 양귀비과

여러해살이풀로 온몸에 흰 가루를 쓰고 있는 듯이 보인다.
줄기는 곧게 서서 60cm 정도의 높이로 자라 매우 연해서 꺾어지기 쉽다.
잎은 서로 어긋나게 자리하며 기다란 잎자루를 가지고 있다. 잎몸은 깃털 모양으로 갈라져 잎 조각이 한자리에 3개씩 모이며 하나의 잎 조각은 얕게 세 갈래로 갈라진다. 잎 가장자리는 밋밋하다.
가지 끝에서 꽃대가 자라 10여 송이의 꽃이 이삭 모양으로 피는데 꽃의 무게로 인하여 아래로 처진다. 꽃은 심장 모양으로 납작하며 한가운데에 흰 암술이 돌출되어 있다. 꽃의 길이는 2cm 안팎이고 분홍빛으로 물든 모양이 매우 아름답다.

개화기 5~8월

분포 중국에 나는 풀로 알려져 있으나 우리나라에서도 자란다는 사실이 알려지고 있으며 뜰에 심어 가꾸는 일이 많다.

약용법

생약명 금낭근(錦囊根). 일명 토당귀(土當歸)라고도 부르고 있다.

사용부위 뿌리줄기[根莖]를 약재로 쓰고 있다.

채취와 조제 봄이나 가을에 캐어 올려 흙을 씻어 없앤 다음 햇볕에 말린다. 쓸 때에 잘게 썬다.

성분 뿌리줄기에는 프로토핀(Protopin)이라는 성분을 1%가량 함유하고 있다.

약효 혈액의 성분을 고르게 하고[和血] 종기를 가시게 하는 효능을 가지고 있다. 적용 질환은 넘어져서 상처를 입거나 타박상을 입었을 때에 치료제로 쓰이고, 악성종기의 치료에 쓴다.

용법 복용하거나 또는 외용한다. 복용하기 위해서는 말려서 잘게 썬 것을 1회에 2~4g씩 200cc의 물에 넣어 천천히 달여서 마신다. 외용의 경우에는 생잎을 찧어서 환부에 붙이거나 또는 말린 것을 가루로 빻아 종이나 헝겊에 발라 환부에 붙인다.

문주란 문주화

Crinum maritimum SIEB | 수선과

사철 잎이 푸른 여러해살이풀로 극히 짧은 뿌리줄기를 가지고 있다.
몸집이 크고 웅장하며 높이 50cm 정도의 줄기를 가지고 있으나 이것은 잎자루가 감싸 줄기처럼 보이는 것으로 거짓줄기[僞莖]라고 한다.
잎은 거짓줄기의 끝에서 사방으로 넓게 펼쳐지며 기다란 피침 모양으로 길이 1m를 넘는 것도 흔히 있다. 잎 가장자리는 밋밋하고 잎 표면은 윤기가 난다.
잎 사이로부터 높이가 70cm쯤 되는 굵은 꽃대가 자라 10여 송이의 꽃이 우산처럼 모여 핀다. 6장의 흰 꽃잎은 가늘고 길며 지름은 15cm 안팎이다. 약하기는 하나 좋은 향기를 풍긴다.
꽃이 지고 난 뒤에 밤알만 한 크기의 둥근 열매를 맺는다.

개화기 6~7월

분포 제주도의 토끼섬에 자생하며 바닷가의 모래밭에 난다.

약용법 생약명 나군대(羅裙帶). 수초(水蕉), 우황산(牛黃傘), 만년청(萬年靑)이라고도 한다.

사용부위 잎을 약재로 쓴다.

채취와 조제 식물이 생장하고 있는 동안에는 어느 때나 채취할 수 있으며 햇볕에 말린다. 말린 것은 쓰기에 앞서 잘게 썬다. 때로는 생잎을 쓰기도 한다.

성분 리코린(Lycorin)과 크리나민(Crinamin) 등의 알칼로이드를 함유하고 있다.

약효 진통, 해독, 소종 등의 효능을 가지고 있으며 멍든 피를 풀어주는 작용도 한다. 적용 질환은 두통이나 관절통을 가시게 하고 타박상으로 인한 멍을 풀어주며 각종 종기를 다스려 준다. 또한 벌레 물린 자리에 붙이면 아픔이 쉽게 가신다고 한다.

용법 두통, 관절통, 멍든 것 등에 대해서는 말린 약재를 1회에 7~10g씩 200cc의 물로 달여서 복용한다. 종기와 벌레 물린 상처에는 생잎을 찧어서 붙이거나 또는 말린 약재를 달인 물로 환부를 자주 씻어준다.

물달개비 물닭개비

Monochoria vaginalis PRESL | 물옥잠과

물에 나는 한해살이풀이다.
수분과 즙이 많이 나는 4~5개의 줄기가 함께 뭉쳐 자라며 20cm 안팎의 높이에 이른다.
잎의 수는 적으며 뿌리로 이어지는 잎이 3~4장 정도 자라고 줄기에는 단 1장의 잎만이 생겨난다. 잎의 밑동은 짤막한 줄기를 감싼다. 잎의 생김새는 계란 꼴이고 밑동은 심장 꼴로 끝은 뾰족하다. 잎 가장자리는 밋밋하고 잎맥이 평행인 상태로 고르게 배열된다. 잎몸이 두텁고 윤기가 난다.
잎 사이로부터 꽃대를 뽑아 올려 4~5송이의 꽃이 이삭 모양으로 뭉쳐 핀다. 꽃은 6장의 꽃잎으로 이루어져 있고 지름은 1.5~2cm이다. 꽃의 빛깔은 하늘빛을 띤 연보라색이다.

개화기 7~8월

분포 경기도와 강원도 이남의 지역에 분포하며 논이나 늪지 등에 난다.

약용법

생약명 곡채. 영(榮), 흑채(黑菜)라고도 한다.

사용부위 잎과 줄기를 함께 약재로 사용한다.

채취와 조제 꽃이 필 때에 채취하여 햇볕에 말린다. 잘게 썰어 사용한다.

성분 함유 성분에 대해서는 분명치 않다.

약효 간을 맑게 하고 피를 식혀 주는 작용을 하며 종기를 가시게 하는 등의 효능을 가지고 있다. 적용 질환은 기관지염을 비롯하여 각혈이나 소변에 피가 섞여 나오는 증세를 다스리는 데 쓰인다. 또한 각종 안질에도 효과가 있고 종기를 가시게 하는 효능을 살려 단독(丹毒)과 악성종기, 부스럼 등의 치료제로 사용한다.

용법 내복하는 경우와 외용하는 경우가 있는데 기관지염, 각혈, 혈뇨, 안질 등은 내복하고 피부질환인 종기나 부스럼 등에는 외용한다. 내복할 때에는 말린 것을 1회에 3~8g씩 200cc의 물로 뭉근하게 달여 복용한다. 외용의 경우에는 생잎을 찧어서 환부에 붙이는데 하루에 3~4차례 갈아붙이면 효과가 크다.

물옥잠

Monochoria korsakowii REGEL et MAACK | 물옥잠과

물에 나는 한해살이풀이다. 높이 30cm 정도로 자라며 뿌리에 가까운 잎은 긴 잎자루를 가졌는데 줄기에 나는 잎의 잎자루는 짧다. 줄기와 잎은 연하고 수분과 즙이 풍부하다. 잎의 생김새는 완벽한 심장 꼴이고 잎몸이 두터우며 윤기가 흐른다. 잎 가장자리는 톱니가 없이 밋밋하다.

꽃은 줄기 끝에 여러 송이가 이삭 모양으로 뭉쳐서 피는데 전체 생김새는 원뿌리 모양이다. 꽃은 6장의 꽃잎으로 이루어져 있으며 지름은 3cm 안팎이다. 꽃의 빛깔은 하늘빛이 감도는 보라색이다.

꽃이 핀 뒤 끝이 뾰족한 계란 모양의 열매가 맺혀 익어감에 따라 아래로 처지는 습성이 있다.

개화기 7~8월

분포 제주도를 비롯한 전국 각지에 분포하며 도랑이나 논 또는 늪 등에 난다.

약용법

생약명 우구. 우구화(雨久花)라고도 하며 때로는 부장(浮薔)이라고도 부른다.

사용부위 잎과 줄기 모두를 한꺼번에 약재로 쓴다.

채취와 조제 가을에 채취하여 물로 씻어 불순물을 제거한 다음 햇볕에 말린다. 쓰기에 앞서 알맞은 크기로 썬다. 증세에 따라서는 생잎을 쓰기도 한다.

성분 함유 성분에 대해서는 밝혀진 것이 없다.

약효 열을 가시게 하고 천식을 가라앉게 하며 해독과 소종 즉 종기를 치유시켜 주는 등의 효능을 가지고 있다. 적용 질환은 열이 나거나 천식 또는 기침이 심할 때에 복용한다. 땀구멍이나 기름기가 스며 나오는 피부에 화농균이 침입하여 생기는 부스럼에 외용한다.

용법 복용하기 위해서는 말린 것을 1회에 2~4g씩 200cc의 물에 넣어 양이 반 정도가 되게 달인다. 외용의 경우에는 생잎을 찧어 환부에 붙이거나 또는 말린 것을 가루로 빻아 이겨서 환부에 붙인다.

민족도리풀 조리풀

Asiasarum heteropoides var. seoulense F. MAEKAWA | 쥐방울과

여러해살이풀로 가늘고 긴 뿌리줄기를 가지고 있다.
살찐 뿌리가 많으며 뿌리를 씹어 보면 아주 매운맛이 난다.
줄기는 없고 뿌리줄기로부터 단 2장의 잎이 자란다.
길이 15cm나 되는 긴 잎자루는 보랏빛 기운이 감도는 갈색이다. 잎몸은 신장꼴이고 밑동은 깊게 패여 있으며 살이 얇고 잎 가장자리는 밋밋하다.
꽃은 잎이 완전히 펼쳐지기 전에 잎 사이로 짤막한 꽃대를 뽑아 올려 단 한 송이만 핀다. 꽃의 생김새는 지름이 1.5cm쯤 되는 종 모양으로 끝이 세 갈래로 갈라져 있다. 꽃의 빛깔은 보랏빛이 감도는 어두운 갈색이다.
열매는 둥글게 생겼으며 해면질로서 그 속에 20개 안팎의 씨가 들어 있다.

개화기 4~5월

분포 제주도를 비롯한 전국 각지에 분포하며 산의 숲 속 그늘진 자리에 난다.

약용법

생약명 세신(細辛). 소신(少辛) 또는 세삼(細參)이라고도 부른다.

사용부위 뿌리 또는 잎과 함께 채취한 뿌리를 약재로 쓴다.

채취와 조제 여름에 채취하여 그늘에서 말리며 쓰기에 앞서 잘게 썬다.

성분 뿌리에 그 주성분이 메틸-에우게놀(Methyleugenol)인 기름을 3%가량 함유하고 있다. 그 밖에 적은 양의 아사릴케톤(Asarylketon)과 파르미틴스레(Parmitinsre), 아사리닌(Asarinin), 에우카르본(Eucarvon) 등의 페놀(Phenol) 성분을 함유하고 있다.

약효 냉기를 가시게 하고 진통, 진해, 거담 등의 작용을 하며 신진대사 기능을 촉진시킨다. 적용 질환은 찬바람에 의한 두통이나 배꼽 언저리가 딱딱하며 누르면 아픈 증세, 가슴과 옆구리가 아픈 증세 등에 쓰인다. 그 밖에도 기침이 나거나 소화가 잘 되지 않을 때, 피나 고름이 섞인 콧물이 흐를 때에 복용한다.

용법 말린 것을 1회에 0.5~1.3g씩 200cc의 물로 뭉근하게 달여서 복용한다.

바위손

Selaginella involvens SPRING | 부처손과

사철 잎이 푸른 여러해살이풀이다.
뿌리줄기는 극히 짧고 딱딱하며 많은 잔뿌리를 가지고 있다.
줄기는 밑동에서 갈라져 10cm 안팎의 길이로 자라면서 수많은 가지를 친다. 가지는 평면적으로 펼쳐지고 비늘과 같은 생김새의 작은 잎이 기와를 덮듯이 가지를 감싼다. 가지의 표면은 푸른빛이고 뒷면은 흰빛이 감도는 푸른빛이다. 잎의 길이는 2mm 안팎이다.
홀씨주머니는 가지 끝에 생겨나는데 큰 홀씨주머니와 작은 홀씨주머니의 두 가지가 있다. 홀씨주머니의 생김새는 모가 난 기둥 모양이다. 가뭄이 들어 심하게 마르면 안쪽으로 감기고, 수분을 얻으면 다시 활짝 펼쳐지는 습성을 가지고 있다.

분포 제주도를 포함한 전국 각지에 분포하며 산지의 바위벽에 붙어산다.

약용법 생약명 권백(卷柏). 불사초(不死草), 회양초(回陽草), 석련화(石蓮花), 표족(豹足), 교시(交時)라고도 한다.

사용부위 잎, 줄기, 뿌리 전체를 약재로 쓴다.

채취와 조제 가을 또는 봄에 채취하여 햇볕에 말린다. 쓰기에 앞서 불순물을 제거하고 잘게 썬다.

성분 함유 성분에 대해서는 별로 밝혀진 것이 없다.

약효 피를 멈추게 하고 천식을 다스리는 한편 혈액의 순환을 활발하게 해준다. 또는 이뇨효과도 있다고 한다. 적용 질환은 토혈을 비롯하여 육혈(코피 나는 것), 혈변, 혈뇨, 천식 등의 각종 질병을 다스리는 약으로 쓰인다. 그 밖에 월경불순이나 월경통 또는 월경이 나오지 않는 증세에도 사용되고 복통을 치료하는 데에도 쓴다.

용법 잘게 썬 약재를 1회에 1~4g씩 200cc의 물로 천천히 달이거나 또는 곱게 가루로 빻아 복용한다.

참고 일본에서는 탈항(脫肛, 항문 속의 점막이 외부로 빠져나오는 병)과 칼에 베인 상처의 치료를 위해서 쓴다.

바위솔 오송·지붕지기

Orostachys japonicus BERGER | 돌나물과

여러해살이풀로 피침 모양의 살찐 잎이 서로 밀착한 상태로 둥글게 배열되어 탑 모양을 이룬다.
잎 끝에는 작은 가시가 나 있고 흰빛을 띤 푸른빛인데 때로는 보랏빛을 띠는 일도 있다. 줄기의 밑동에서 자라난 짧은 곁가지에 어린 묘가 생겨나 대를 이어 나간다. 줄기 끝에서 길이가 15cm쯤 되는 꽃대가 자라 무수히 많은 자그마한 꽃이 이삭 모양으로 모여 피는데 워낙 수가 많아 꽃대를 완전히 덮어 꽃방망이가 되어버린다. 꽃은 5장의 꽃잎을 가지고 있으며 지름은 7mm 안팎이고 흰빛으로 핀다.

개화기 9~10월

분포 전국적으로 널리 분포하고 있으며 산지의 양지쪽 바위 틈새나 전통가옥의 기와 틈 등에 붙어산다.

약용법

생약명 와송(瓦松). 암송(岩松), 옥송(屋松), 탑송(塔松), 와상(瓦霜), 석탑화(石塔花)라고도 한다.

사용부위 꽃을 포함한 모든 부분을 약재로 쓰는데 둥근바위솔(Orostachys malacophyllus FISCH)도 함께 쓰인다.

채취와 조제 여름부터 가을 사이에 채취하여 뿌리를 잘라버리고 햇볕에 말린다. 쓰기에 앞서 잘게 썬다.

성분 함유 성분에 대해서는 확실하게 밝혀진 것이 없다.

약효 해열, 지혈, 소종, 이습(利濕) 등의 효능이 있다. 적용 질환은 학질과 간염, 습진, 이질설사, 치질, 악성 종기, 화상 등의 치료에 쓴다. 종기에 붙이면 고름을 빨아내는 효과가 크다. 또한 해독제로 벌레나 독사에 물린 상처에 붙인다. 근래에 각종 암 치료에도 효과가 있다는 소식이 전해지고 있다.

용법 내과적인 증세에는 말린 약재를 1회에 5~10g씩 200cc의 물로 달여서 복용한다. 때로는 생즙을 내서 복용하기도 한다. 외과적인 질환일 경우에는 생잎을 찧어서 환부에 붙이거나 또는 불에 볶아 숯으로 만들어 가루로 빻은 것을 환부에 뿌리거나 기름에 개어 바른다.

박새

Veratrum grandiflorum LOESN | 백합과

여러해살이풀로 짧고 굵은 뿌리줄기와 거친 뿌리를 많이 가지고 있다.
굵고 살찐 줄기는 속이 비어 있으며 1.5m 정도의 높이로 곧게 자란다. 가지를 전혀 치지 않는다. 넓은 타원 모양의 큰 잎은 좁은 간격으로 서로 어긋나게 자리한다. 잎의 밑동은 줄기를 감싸고 있고 평행인 수많은 잎맥에 따라 주름이 잡힌다. 잎 가장자리는 밋밋하고 잔털이 나 있다.
꽃은 줄기 끝에 원뿌리 모양으로 모여 피는데 6장의 꽃잎과 6개의 수술을 가지고 있다. 꽃의 지름은 2.5cm 안팎이고 넓은 깔때기 꼴을 이루며 노란빛을 띤 흰색이다.

개화기 6~7월

분포 전국적으로 분포하며 깊은 산 속 양지바른 풀밭에 난다.

약용법

생약명 여로(藜蘆). 산총, 총염이라고도 한다.

사용부위 뿌리줄기와 뿌리를 함께 약재로 쓰는데, 흰여로(Veratrum versicolor form. albidum NAKAI), 여로(V. japonicum LOESN), 참여로(V. nigrum L), 파란여로(V. maximowiczii BAKER), 큰박새(V. maakii REGEL)의 뿌리줄기와 뿌리도 함께 쓰이고 있다.

채취와 조제 꽃대가 자라기 전에 채취하여 햇볕에 말린다. 쓰기 전에 잘게 썬다.

성분 독성이 강한 풀로 뿌리줄기와 뿌리에 제르빈(Jervin), 루비제르빈(Rubijervin), 프세우도제르빈(Pseudojervin), 프로토베라트린(Protoveratrin), 베라트린(Veratrin) 등의 알칼로이드를 함유한다.

약효 최토(催吐)와 살충의 효능을 가지고 있다. 적용 질환은 가래가 목구멍에 막히는 증세, 간질병, 오래된 학질, 황달, 이질, 악성종양, 옴 등이다.

용법 말린 약재를 1회에 0.1~0.2g씩 곱게 가루로 만들어 복용한다. 하루의 용량은 0.3~0.6g으로 절대로 과용해서는 안 된다. 피부질환에는 가루로 빻은 것을 기름에 개어 환부에 바른다.

참고 일본에서는 농업용 살충제로 쓰고 있으며 약재로는 쓰지 않는다.

박하

Mentha canadensis var. piperascens HARA | 꿀풀과

온몸에 잔털이 덮여 있는 여러해살이풀로 시원스럽고 좋은 향기를 풍긴다.
땅속줄기를 뻗으면서 번식되어 나가기 때문에 하나의 집단을 이룬다.
모가 나 있는 줄기는 곧게 서서 가지를 치면서 60cm 안팎의 높이로 자란다.
잎은 길쭉한 타원 꼴의 모습이며 마디마다 2장의 잎이 마주난다. 양끝이 뾰족하고 잎 가장자리의 상반부는 거친 톱니를 가지고 있다.
4장의 꽃잎을 가진 아주 작은 꽃이 잎겨드랑이마다 둥글게 뭉쳐 핀다. 꽃의 빛깔은 연한 보랏빛이다.

개화기 7~9월

분포 전국 각지에 분포하고 있으며 도랑과 같은 습한 땅에 무성하게 난다.

약용법

생약명 박하(薄荷). 일명 영생(英生), 번하채(蕃荷菜)라고도 부른다.

사용부위 잎과 줄기 모두를 한꺼번에 약재로 이용한다.

채취와 조제 여름부터 가을 사이에 두 번에 걸쳐 채취하여 햇볕 또는 그늘에서 말린다. 쓰기 전에 잘게 썬다.

성분 1% 안팎의 기름을 함유하고 있으며 그 주성분은 멘톨(Menthol) 즉 박하뇌로서 70~90%에 이른다. 그 밖에 멘톤(Menthon), 이소멘톤(Isomenthon), 캄펜(Camphen), 리모넨(Limonen) 등을 함유하고 있다.

약효 풍을 몰아내고 위를 실하게 해주며 열이나 종기를 가시게 하는 작용을 한다. 적용 질환은 소화불량을 비롯하여 가슴과 배가 부풀어오를 때, 두통, 치통, 감기 그리고 목구멍이 붓고 아플 때, 눈이 빨갛게 충혈되었을 때, 부스럼이 났을 때 등이다.

용법 1회에 2~4g의 말린 약재를 200cc의 물에 넣어 양이 반 정도가 되도록 달여서 복용한다. 하루의 용량은 6~12g이 한도이다. 경우에 따라서는 말린 것을 고운 가루로 빻아 복용하기도 한다.

반하 끼무릇

Pinellia ternata TENORE | 천남성과

여러해살이풀이며 독성 식물의 하나이다. 땅 속에 지름이 1~2cm쯤 되는 알줄기(球莖)를 가지고 있다.

하나 또는 두 개의 잎이 알줄기로부터 자라며 잎몸이 세 개로 갈라져 있다. 잎 조각의 생김새는 계란 꼴에 가까운 타원 모양으로 끝이 뾰족하고 가장자리는 밋밋하다. 가늘고 긴 잎자루의 중간부에 하나의 주아(珠芽)가 생겨나 어느 정도 굵어지면 땅에 떨어져 새로운 식물체로 자란다.

알줄기로부터 하나의 꽃대가 자라 통과 같은 길쭉한 꽃이 한 송이 핀다. 이 통 속에 살찐 막대기와 같은 조직이 자리하는데 그 위쪽에는 작은 수꽃들이 자리하고 아래쪽에는 암꽃이 위치한다. 통을 구성하는 조직의 일부가 회초리 모양으로 길게 자란다. 꽃의 길이는 10cm 안팎이고 초록빛을 띤 흰색의 꽃이 핀다.

개화기 6~7월

분포 전국적으로 분포하고 있으며 논두렁이나 풀밭 또는 밝은 나무 그늘 등에 난다.

약용법

생약명 반하(半夏). 수옥(水玉), 화고(和姑), 지문(地文), 야우두(野芋頭), 천락성(天落星)이라고도 부른다.

사용부위 땅 속에 묻혀 있는 둥근 덩이줄기(塊莖)를 약재로 쓴다.

채취와 조제 7~9월에 채취하여 껍질을 벗겨 햇볕에 말리거나 불에 쬐어 말린다. 쓸 때에는 그대로 잘게 썬다.

성분 덩이줄기 속에 향기 나는 기름과 지방유를 함유하며 그 밖에 코니인(Koniin)과 니코틴(Nicotin)에 흡사한 알칼로이드가 들어 있다. 또한 진해작용을 하는 피토스테린(phytosterin)이라는 성분이 있다.

약효 토하는 것을 가라앉히고 기침을 머물게 한다. 그 밖에 거담 작용과 음식이 가슴에 걸려 내려가지 않는 증세 등을 다스려준다. 속이 더부룩할 때, 구토, 구역질이 날 때 기침, 가래 끓을 때, 가슴이 뛸 때, 급성위염 등의 치료약으로 쓴다.

용법 말려서 썬 것을 1회에 1.3~3g씩 200cc의 물로 달여서 복용한다.

백리향

Thymus quinquecostatus var. ibukiensis HARA | 꿀풀과

개화기 6월 중

분포 전국적으로 분포하고 있으며 높은 산의 꼭대기나 바닷가의 바위 틈과 같은 자리에 난다.

겨울에 잎이 떨어지는 키 작은 관목이다.

가지는 많이 갈라져 옆으로 퍼져 나가며 키가 10cm 정도 되는 아주 나즈막한 식물이다.

마디마다 2장이 마주나는 잎은 계란 꼴 또는 타원 꼴의 모습이다. 잎의 양면에는 선점(腺點)이 산재하여 있고 가장자리에는 톱니가 없고 밋밋하다.

꽃은 가지 끝에 여러 송이가 뭉쳐 피는 외에 잎겨드랑이에도 2~4송이씩 핀다. 그래서 전체적으로는 짧은 이삭과 같은 외모를 가진다. 입술 모양의 꽃은 길이 7~9mm, 지름 5mm 안팎이다. 꽃의 빛깔은 보랏빛을 띤 분홍색이고 잎에서는 좋은 향내가 난다.

약용법 생약명 백리향(百里香). 일명 사향초(麝香草)라고도 부르고 있다.

사용부위 꽃을 포함한 잎과 줄기의 모든 부분을 약재로 쓴다.

채취와 조제 꽃이 피었을 때에 채취하여 그늘에서 말린다. 쓰기에 앞서 잘게 썬다. 때로는 생것을 그대로 쓰기도 한다.

성분 줄기와 잎에 정유를 함유하고 있는데 그 주성분은 티몰(Thymol)과 카르바크롤(Carvacrol)이다.

약효 기침을 그치게 하고 경련 증상을 풀어주며 풍기를 몰아낸다. 그 밖에 몸 속의 기생충을 구제(驅除)해 주기도 한다. 적용 질환은 기침이 날 때, 백일해, 기관지염 등의 질환에 걸렸을 때 치료제로 쓴다. 또한 위장의 질환, 예컨대 소화불량이나 복통 또는 위장염 등을 다스리는 데에 쓰이며, 가슴과 배가 몹시 더부룩하여 숨이 가쁠 때에 복용하면 효과가 크다.

용법 1회에 말린 것 1~4g씩 200cc의 물로 달여 복용한다. 때로는 생잎으로 즙을 내어 복용하기도 한다.

백선

Dictamnus dasycarpus TURCZ | 산초과

여러해살이풀로 희고 굵은 뿌리를 가지고 있다. 가지를 거의 치지 않는 굵은 줄기는 곧게 서서 50~80cm 높이로 자란다. 줄기의 상반부에는 잔털이 나 있다.
잎은 깃털 꼴로 서로 어긋나게 자리하는데 좁은 간격으로 모여 나는 습성이 있다. 잎자루에는 좁은 날개와 같은 조직이 붙어 있고 잎 조각은 계란 또는 타원처럼 생겼다. 양끝이 뾰족하고 잎몸 곳곳에 작고 투명한 점이 산재한다. 잎 가장자리에는 작은 톱니가 규칙적으로 배열되어 있다.
줄기 끝에서 자라난 긴 꽃대에 10여 송이의 꽃이 이삭 모양으로 뭉쳐 핀다. 흰색에 지름 2.5cm 정도인 꽃에는 꽃잎이 5장씩 달려 있다. 꽃대에 기름기가 스며 나오는 조직이 있어 좋지 못한 냄새를 강하게 풍긴다.

개화기 5~6월

분포 전국적인 분포를 보이며 산기슭의 양지바른 풀밭에 난다.

약용법

생약명 백선피(白鮮皮) 또는 백전, 백양피(白羊皮)라고도 부른다.

사용부위 뿌리껍질을 약재로 쓴다.

채취와 조제 가을 또는 이른봄에 뿌리를 캐내 속의 딱딱한 부분을 빼낸 다음 햇볕에 말린다. 쓸 때에는 외피를 제거하고 잘게 썬다.

성분 뿌리에 디크탐닌(Dictammnin), 디담노탁톤(Didamnotakton), 사포닌(Saponin), 정유 등을 함유하고 있다.

약효 조습(燥濕)을 조절해주고 독기를 풀어주며 또한 해열작용을 한다. 적용 질환은 주로 피부질환의 치료약으로 쓰인다. 풍 또는 신열에 의한 부스럼과 가려움증, 만성습진, 마른버짐, 풍과 습기로 인해 배꼽 언저리가 딴딴하여 누르면 아픈 증세 등의 치료에 적합하다. 그 밖에 두통의 치료제로도 쓰인다.

용법 1회에 2~5g의 백선피를 200cc의 물로 달여 복용한다. 때로는 생뿌리를 찧어 환부에 붙이거나 또는 달인 물로 환부를 닦아낸다.

벌노랑이 노랑들콩

Lotus corniculatus var. japonicus form. typicus NAKAI | 콩과

여러해살이풀이며 한자리에서 여러 개의 줄기가 자라 옆으로 눕거나 비스듬히 기울어 30cm 정도의 높이로 자란다.
토끼풀과 같이 생긴 잎은 서로 어긋나게 자리한다. 잎 조각은 타원 꼴이고 가장자리는 밋밋하다. 줄기로부터 잎자루가 갈라져 나간 자리에 2장의 받침잎이 붙어 있는데 그 생김새는 잎 조각과 흡사하다.
줄기와 가지의 끝에 가까운 부분의 잎겨드랑이로부터 긴 꽃대가 자라 그 끝에 3~4송이의 꽃이 뭉쳐 핀다. 노란빛의 꽃은 나비 모양이고 길이가 1.5cm쯤 된다. 꽃이 지고 난 뒤에 3cm 안팎의 길이를 가진 꼬투리가 생겨난다.

개화기 5~7월

분포 전국 각지에 널리 분포하며 들판의 양지바른 풀밭이나 밭의 가장자리 등에 난다.

약용법 생약명 금화채(金花菜)

사용부위 꽃을 포함한 모든 부분을 약재로 쓴다.

채취와 조제 5~6월 무렵에 채취하여 햇볕에 잘 말린다. 쓰기에 앞서 알맞은 크기로 잘게 썬다.

성분 함유 성분에 대해서는 별로 알려진 것이 없다.

약효 해열과 지혈작용이 있어 감기에 걸렸을 때, 인후염, 대장염 등의 치료약으로 쓴다. 또한 대변에서 피가 섞여 나올 때, 치질에도 사용한다. 우리나라에서만 쓰이고 있는 일종의 민간약이며 다른 나라에서 발간된 생약학 책자에는 이 이름이 보이지 않는다.

용법 위에 소개한 각종 적용 질환을 치료하기 위해서는 꽃과 잎을 말려 잘게 썬 것을 1회에 5~10g씩 200cc의 물에 넣어 반 정도의 양이 될 때까지 천천히 달여서 복용한다. 하루의 용량은 15~30g 정도이다.

범꼬리

Bistorta vulgaris HILL | 여뀌과

여러해살이풀로 옆으로 누운 굵고 검은 뿌리줄기를 가지고 있다.
줄기는 가늘게 홀로 서서 80cm 정도의 높이로 자란다.
봄에 뿌리줄기에서 나오는 잎은 한자리에 여러 개가 뭉쳐 자라는데 줄기에서 자란 잎은 서로 어긋나게 자리하며 자란다. 또한 줄기에서 나는 잎은 잎자루가 없거나 있어도 매우 짧다. 잎의 생김새는 피침 모양이며 밑동은 심장 모양에 가깝다. 끝이 매우 뾰족한 잎의 길이는 10~25cm쯤 된다. 잎 표면은 짙은 푸른색이고 뒷면은 약간 흰빛을 띤다. 줄기 끝에 원기둥 꼴로 많은 꽃이 뭉쳐 피는데 그 생김새는 강아지풀의 이삭을 보는 듯하다. 꽃 이삭의 길이는 3~8cm이고 분홍색이다.

개화기 7~8월

분포 전국에서 자라고 있는데 깊은 산 속의 양지바른 풀밭에서만 볼 수 있다.

약용법

생약명 권삼(拳蔘). 일명 자삼(紫蔘) 또는 회두삼(回頭蔘)이라고도 한다.

사용부위 뿌리줄기를 약재로 쓰며 큰범꼬리(Bistorta vulgaris var. yezoensis NAKAI)의 뿌리줄기도 함께 쓰인다.

채취와 조제 가을 또는 봄에 캐내 잔뿌리를 따낸 다음 햇볕에 말린다. 쓰기 전에 잘게 썬다.

성분 뿌리에 타닌산과 옥시안테라치논글리코시드(oxyantherachinonglycosid), 녹말, 당분, 고무질 등이 함유되어 있으며 매우 떫고 쓰다.

약효 열을 내리게 하고 경련을 풀어주며 종기를 가시게 한다. 적용 질환은 고열에 의한 어린아이의 경련, 어린아이들이 놀라 발작하는 간질 등의 치료약으로 쓴다. 그 밖에도 파상풍이나 장염, 이질을 다스리는 데 사용되고 임파선종이나 악성종기 등의 피부질환을 치료하는 약이 되기도 한다.

용법 내과질환에는 1회에 2~4g을 200cc의 물로 달이거나 또는 가루로 빻아 복용한다. 피부질환에 대해서는 생뿌리를 찧어 환부에 붙이거나 달인 물로 닦아낸다.

범부채

Belamcanda chinensis LEMAN | 붓꽃과

여러해살이풀로 짧고 굵은 뿌리줄기를 가지고 있으며 기는가지가 뻗어나간다. 줄기는 곧게 서서 1m 안팎의 높이로 자라고 윗부분에서 약간의 가지를 친다. 두 줄로 배열된 잎은 서로 어긋나게 자리하며 밑부분을 서로 얼싸안는다. 잎의 생김새는 넓은 칼 모양으로 끝부분이 뾰족하며 흰빛을 띤 초록색이다.
가지 끝에 가지런한 높이로 피는 3~4송이의 꽃은 6장의 꽃잎으로 이루어져 있고 지름이 5~6cm쯤 된다. 꽃잎은 주황색이고 표면에 어두운 붉은 점이 많이 산재해 있다.
꽃이 지고 난 뒤에 길이 2.5~3.5cm 정도의 타원 모양의 열매를 맺는데 그 속에는 검고 둥근 씨가 들어 있다.

개화기 7~8월

분포 제주도를 비롯하여 전국적인 분포를 보인다. 산과 들판의 풀밭에 나는데 그리 흔한 것은 아니다.

약용법

생약명 사간(射干). 오선(烏扇), 황원(黃遠), 야간(夜干), 초강(草薑)이라고도 부른다.

사용부위 뿌리줄기를 약재로 쓴다.

채취와 조제 봄부터 가을 사이에 캐어 올려 잔뿌리와 줄기를 잘라낸 다음 햇볕에 말린다. 쓰기에 앞서 잘게 썬다.

성분 뿌리줄기 속에 벨람칸딘(Belamcandin)이라는 배당체와 이리딘(Iridin)이라는 물질을 함유하고 있어 특수한 향기가 나고 매운맛을 지니고 있다.

약효 거담, 진해, 소염의 효능이 있으며 몸 속의 화기를 풀어내는 작용을 한다. 적용 질환은 기침을 할 때를 비롯하여 목구멍이 막혀 숨쉴 때 거친 소리가 날 때 사용한다. 그 밖에 목구멍이 붓고 아플 때, 편도선염, 결핵성 임파선염 등의 증세를 다스리는 데에 쓴다. 또한 악성종기에도 사용한다.

용법 1회에 1~2g씩 200cc의 물로 달여서 복용한다. 종기의 경우에는 가루로 빻아 환부에 뿌리거나 또는 생잎을 찧어서 환부에 붙인다.

벗풀

Sagittaria trifolia var. typica MAKINO | 택사과

물에 나는 여러해살이풀이다.
땅속줄기의 끝에 작은 덩이줄기가 생겨나 증식되어 나간다.
잎은 뿌리에서만 자라 나오며 긴 잎자루는 곧게 선다. 화살촉과 비슷한 모양으로 매우 길쭉하고 끝이 뾰족한 잎은 가장자리에 톱니가 없고 밋밋하며 뒷면에는 잎맥이 부풀어올라 있다.
잎 사이로부터 길이 20~80cm가 되는 꽃줄기가 자라 윗부분에 꽃의 층을 지으면서 둥글게 배열된다. 암꽃은 꽃줄기의 아래쪽에 피고 수꽃은 윗부분에 핀다. 모두 3장의 둥근 꽃잎을 가지고 있으며 지름은 1cm가 채 안 된다. 꽃의 빛깔은 흰빛이다. 꽃이 지고 난 뒤에 양쪽에 넓은 날개가 달린 열매를 맺는다.
쇠귀나물(Sagittaria obtusa THUNB)과 비슷하게 생겼으나 잎이 약간 작으며 쇠귀나물의 덩이줄기는 식용하지만 벗풀의 덩이줄기는 먹지 않는다.

개화기 8~9월

분포 일본이 원산지인 풀이다. 꽃이 아름답기 때문에 관상용으로 가꾸었는데 사람 손을 벗어나 연못이나 도랑 등에서 야생하는 것을 볼 수 있다.

약용법

생약명 야자고(野慈姑). 수자고(水慈姑), 전도초(剪刀草)라고도 부른다.

사용부위 모든 부분을 약재로 쓴다.

채취와 조제 여름에서부터 가을 사이에 채취하여 햇볕에 말린다. 쓰기에 앞서 잘게 썬다.

성분 함유 성분에 대해서는 밝혀진 것이 없다.

약효 해독과 소종의 효능이 있고, 간에 이롭다고 한다.

용법 말린 약재를 1회에 7~10g씩 200cc 정도의 물로 달여서 복용한다. 뱀에 물렸거나 종기가 났을 때에는 생풀을 찧어서 환부에 붙이거나 가루로 빻아 기름에 개어 환부에 붙이기도 한다.

복수초 눈색이꽃

Adonis amurensis var. uniflora MAKINO | 미나리아재비과

많은 뿌리를 가지고 있는 여러해살이풀이다.
줄기는 곧게 자라 25cm 정도의 높이에 이른다.
잎은 줄기 위에서 서로 어긋나게 자리하는데 두 번 반복해서 깃털 모양으로 깊게 갈라지고 있다. 그 갈라진 조각은 끝이 뾰족한 줄 모양에 가까운 피침 모양이다.
지름 3~4cm인 꽃은 줄기와 가지 끝에 한 송이씩 핀다. 길쭉한 타원형의 꽃잎을 많이 가지고 있으며 꽃잎의 끝은 톱니 모양으로 갈라져 있다. 꽃잎의 표면은 황금빛을 띠고 있으며 뒷면은 푸르다.
꽃이 지고 난 뒤에는 작은 씨가 둥글게 뭉치는데 표면에 약간의 잔털이 산재해 있다.

개화기 4~5월

분포 제주도를 비롯한 전국 각지에 분포하며 산의 나무 그늘 등 음습한 자리에 난다.

약용법

생약명 복수초(福壽草), 일명 설련(雪蓮) 또는 장춘화(長春花)라고도 한다.

사용부위 뿌리를 포함한 모든 부분을 함께 약재로 쓴다.

채취와 조제 봄철을 맞이해 꽃이 필 때에 채취하여 그늘에서 잘 말린다. 쓰기에 앞서 잘게 썬다.

성분 아도닌(Adonin)이라는 강심성배당체(强心性配糖體)를 함유하고 있다.

약효 강심작용(强心作用)을 하며 이뇨 효과도 있다. 또한 가슴이 두근거리는 증세, 정신쇠약 증세에 대한 치료약으로 쓴다. 그 밖에도 살갗에 물집이 돋았을 때나 소변이 잘 나오지 않을 때에도 사용한다.

용법 말린 것을 1회에 0.6~1g씩 200cc의 물에 넣어 달여서 복용하거나 또는 같은 양을 50cc 정도의 물에 담가 서너 시간 지난 다음 물만 마신다. 단, 독성이 있으므로 1주일 이상 계속 복용하지 않도록 주의한다.

참고 일본에서는 설사를 하게 하는 약으로도 쓰고 있으며 1회 용량은 0.6g이다.

부채마 단풍잎마·박추마

Dioscorea nipponica MAKINO | 마과

여러해살이 덩굴풀이며 원기둥 꼴의 살찐 뿌리줄기를 가지고 있다.
줄기는 가늘고 길며 다른 물체를 감아 올라간다.
넓은 계란 모양을 한 잎은 서로 어긋나게 자리하며 가장자리가 5~11개로 얕게 갈라져 있다. 밑동은 심장 모양이다. 잎 뒷면에는 잎맥이 두드러져 보이며 줄기와 함께 잔털이 나 있다.
꽃은 이삭 모양의 꽃차례를 형성하는데 수꽃이 뭉친 꽃차례는 두세 갈래로 갈라지면서 꼿꼿이 서는데, 암꽃의 꽃차례는 갈라지지 않고 아래로 처진다. 꽃차례는 모두 잎겨드랑이로부터 자란다. 꽃은 종 모양으로 6장의 꽃잎으로 이루어진다. 꽃의 지름은 4mm 안팎이고 초록색이다.

개화기 6~7월

분포 전국적인 분포를 보이며 산지의 덤불 속에 난다.

약용법

생약명 천산룡(穿山龍), 웅강(雄薑), 지용골(知龍骨)이라고도 부른다.

사용부위 뿌리줄기를 약재로 쓴다.

채취와 조제 가을에 채취하여 잔뿌리와 외피를 제거하고 햇볕에 말린다. 쓰기에 앞서 잘게 썬다.

성분 함유 성분에 대해서는 분명하지 않으나 마와 같을 것으로 추측된다.

약효 혈액 순환을 도우며 진해, 거담 등의 효능이 있고 종기를 가시게 한다. 적용 질환은 풍습성의 기관지염과 요통, 타박상 등의 치료에 쓰인다. 또한 기침이나 천식, 만성기관지염을 다스리는 약으로 사용된다. 그 밖에 갑상성 질환이나 악성종기의 치료약으로도 쓴다.

용법 내과적인 질환에는 말린 약재를 1회에 4~8g씩 200cc의 물로 달여서 복용한다. 종기는 말리지 않은 뿌리줄기를 찧어서 환부에 붙인다. 말린 것을 가루로 빻아 환부에 뿌리거나 개어서 바르기도 한다.

참고 단풍마(Dioscorea quinqueloba THUNB)의 뿌리줄기도 천산룡(穿山龍)이라는 이름으로 함께 쓰이고 있다.

부처꽃

Lythrum salicaria subsp. anceps MAKINO | 부처꽃과

여러해살이풀이며 줄기는 곧게 서서 60~80cm 정도의 높이로 자라며 윗부분에서 약간의 가지를 친다.
마디마다 2장의 마주나는 잎은 피침 모양이며 잎자루를 가지고 있지 않다. 잎의 밑동은 무디고 끝은 뾰족하며 가장자리에는 전혀 톱니가 없다.
긴 꽃대 위에 많은 꽃이 층을 지어 뭉치면서 이삭 모양의 꽃차례를 형성한다. 많은 꽃이 피어남에도 불구하고 꽃대는 무게를 받지 않고 곧게 선다. 꽃은 6장의 꽃잎으로 이루어져 있으며 지름 2cm 안팎의 짙은 분홍빛으로 핀다.

개화기 8~10월

분포 제주도를 비롯한 전국 각지에 널리 분포한다. 도랑이나 논두렁 등 물기가 많은 곳에 난다.

약용법

생약명 천굴채(千屈菜). 또는 대아초(對牙草)라고도 부르고 있다.

사용부위 잎과 줄기 그리고 꽃 등 모든 부분을 약재로 쓴다.

채취와 조제 8~9월에 채취하여 햇볕에 말린다. 쓰기 전에 잘게 썰어서 쓴다.

성분 배당체인 살리카린(Salicarin)을 0.87~1.92%, 타닌1.5%를 함유하고 있다. 그 밖에 콜린(Choline)도 함유한다.

약효 혈관조직을 수축시키는 수렴작용을 하는 한편 설사를 그치게 하는 지사작용도 한다. 또한 혈액을 식혀주는 작용을 한다. 적용 질환은 설사와 이질을 다스리는 데에 쓰이며 월경이 멈추지 않는 증세와 피부궤양의 치료약으로도 사용한다.

용법 내과적인 질환 즉 설사와 이질, 월경이 멈추지 않는 증세에는 말려서 잘게 썬 약재를 1회에 5~10g씩 200cc의 물로 달여서 복용한다. 하루 용량은 15~30g이다. 피부궤양에는 말린 것을 가루로 빻아 기름에 개어서 환부에 바르거나 또는 생잎을 찧어서 붙인다.

부처손

Selaginella tamariscina SPRING | 부처손과

사철 푸른 잎을 가지는 여러해살이풀이지만 추운 고장에서는 겨울에 지상부(잎, 줄기)가 죽어 없어진다. 길게 뻗어나가는 가느다란 뿌리줄기를 가지고 있으며 곳곳에 잔뿌리가 자란다. 줄기는 곧게 서거나 또는 비스듬히 기울어져 15cm 안팎의 높이로 자란다. 여러 개의 곁가지를 평면적으로 쳐 나가 전체적인 모양은 길쭉한 계란 형태를 이룬다. 평면적으로 펼쳐지는 가지의 표면은 녹색 또는 녹갈색이고 뒷면은 흰빛을 띤 녹색이다. 정상적인 잎은 없고 비늘처럼 생긴 작고 딱딱한 잎이 기와를 덮어가듯이 가지를 덮는다. 가지 끝에 큰 홀씨주머니와 작은 홀씨주머니의 두 가지가 생겨나는데 그 생김새는 모기둥 꼴이다. 바위손과 같이 마르면 오그라드는 습성을 가지고 있다.

분포 전국적으로 분포하며 산지의 양지 쪽 바위틈에 난다.

약용법

생약명 석권백(石卷柏). 금편백(金扁柏), 지측백(知側柏), 천년백(千年柏)이라고도 한다.

사용부위 잎, 줄기, 뿌리의 전체를 약재로 쓴다.

채취와 조제 가을에 채취하여 햇볕에 말린다. 쓰기에 앞서 잘게 썬다.

성분 함유 성분에 대해서는 아직 밝혀진 것이 없다.

약효 지혈, 이뇨, 거담, 소종 등의 효능이 있고 천식을 가라앉힌다. 토혈, 육혈, 혈변, 대하증, 붕루(崩漏, 월경이 멈추지 않는 증세로 적대하라고도 한다) 등의 치료에 주로 사용된 된다. 그 밖에 천식과 기침, 신장염, 간염, 황달, 수종(水腫, 살갗에 물집이 돋는 증세) 등을 다스리기 위해서 쓰인다.

용법 말린 약재를 1회에 3~6g씩 200cc의 물로 달여서 복용한다. 소종(消腫)에 대해서는 생잎을 짓찧어서 환부에 붙이거나 또는 곱게 가루로 빻아 환부에 뿌린다.

참고 일본에서는 이 약재를 월경이 잘 나오게 하는 통경약으로만 쓰고 있다.

분홍노루발풀 분홍노루발

Pyrola incarnata FISCH | 노루발풀과

깊은 산에 나는 상록성의 여러해살이풀로 뿌리줄기가 옆으로 뻗어 나가는 습성이 있어 한자리에 여러 포기가 자라는 일이 많다. 잎은 넓은 타원형 또는 계란 모양에 가까운 타원형이며 3~5장이 뿌리줄기로부터 자란다. 잎의 양끝은 둥글고 윤기가 나며 황록색이다. 가장자리에는 얕은 톱니가 생겨나 있다.
잎 한가운데로부터 20cm 정도의 높이로 꽃대가 자라 올라와 7~15송이의 방울과 같은 꽃이 아래를 향해 핀다. 꽃잎과 꽃받침이 각기 5장씩이고 수술은 10개이다. 꽃잎의 끝은 둥근 타원 꼴이고 꽃의 지름은 1.2~1.5cm이며 연한 분홍빛으로 핀다. 지름 7~8mm인 약간 편평한 둥근꼴의 열매가 맺는다. 익으면 끝으로부터 5개로 갈라져 씨가 쏟아진다.

개화기 6~7월
분포 중부 이북의 지역에 분포하며 깊은 산 속의 나무 밑에 군락을 이룬다.

약용법 생약명 녹제초(鹿蹄草). 녹수초(鹿壽草)라고도 한다.

사용부위 모든 부분을 함께 약재로 쓰는데 노루발풀(Pyrola japonica KLENZ), 주걱노루발풀(P. minor L)도 함께 쓰이고 있다.

채취와 조제 꽃이 필 무렵에 채취하여 햇볕에 말린다. 쓰기에 앞서 잘게 썬다.

성분 베타-사이토스테롤(β-Sitosterol), 2.7-디메틸납토퀴논(2.7-Dimethylnaphtoquinone), 헤모아르부틴(Hemoarbutin), 치마필린(Chimaphilin), 타락세롤(Taraxerol) 등이 함유되어 있다.

약효 강장, 진통, 진정, 해독, 보신(補腎) 등의 효능을 가지고 있다. 적용 질환은 요통, 관절류머티즘, 관절통증, 고혈압, 임포텐츠, 요도염, 월경과다 등이다.

용법 말린 약재를 1회에 4~8g씩 200cc의 물로 서서히 반 정도의 양이 되게 달여서 복용한다. 술에 담가서 3개월 정도 묵혔다가 조금씩 복용하는 방법도 있다. 줄기와 잎을 짓찧은 생즙은 독충에 쏘였을 때 바른다.

붓꽃

Iris nertschinskia LODD | 붓꽃과

여러해살이풀로 옆으로 뻗어나가는 뿌리줄기를 가지고 있으며, 해를 거듭할수록 큰 포기로 자란다.
줄기는 곧게 서서 60cm 안팎의 높이로 자라고 줄기 밑동은 붉은빛이 감돈다.
잎은 좁고 긴 줄 모양으로 줄기와 함께 곧게 서며 한가운데의 잎맥이 두드러져 보인다.
꽃은 줄기 끝에 2~3송이가 차례로 피어나며 지름이 7~8cm쯤 된다. 꽃잎은 모두 6장인데 3장은 둥글게 옆으로 펼쳐지고 한가운데에 노란 털이 길게 나 있다. 나머지 3장은 홀쭉하며 꽃의 한가운데에 꼿꼿이 서 있다. 꽃은 짙은 보랏빛이다.

개화기 5~6월

분포 전국 각지에 분포하며 산이나 들판의 양지바른 풀밭에 난다.

약용법

생약명 연미(鳶尾)

사용부위 뿌리줄기를 약재로 쓰는데 부채붓꽃(Iris setosa PALL)의 뿌리줄기도 연미(鳶尾)라는 이름으로 함께 쓰고 있다.

채취와 조제 가을에 채취하여 흙을 씻어 없앤 다음 햇볕에 말린다. 쓰기에 앞서 잘게 썬다.

성분 함유 성분에 대해서는 별로 알려진 것이 없다.

약효 소화를 도와주고 타박상에 의해 맺힌 피를 풀어주며 종기를 가시게 하는 등의 효능을 가지고 있다. 적용 질환은 소화불량이나 배가 부풀어오르는 증세, 체증이 오래 되어 덩어리지는 증세 등에 대한 치료약으로 쓰인다. 그 밖에 멍든 데, 치질, 옴, 헌 데[癰腫] 등을 다스리는 데에도 사용한다.

용법 내과적인 질환에는 1회에 말린 것을 0.5~1g씩 200cc의 물에 넣어 달이거나 또는 가루로 빻아 복용한다. 외과적인 질환의 경우에는 생잎을 짓찧어서 환부에 붙이거나 또는 말린 것을 가루로 빻아 개어서 환부에 바른다.

참고 일본에서는 사지가 냉해서 관절의 움직임이 자유롭지 못할 때에 말린 것을 달여서 복용한다고 한다.

비수리 공겡이대

Lespedeza cuneata G. DON | 콩과

관목과 흡사한 상태로 자라는 여러해살이풀이다.
온몸에 작고 부드러운 털이 나 있는 줄기는 곧게 서서 1m 정도의 높이로 자라며 윗부분에서 많은 가지를 친다.
잎은 좁은 간격으로 서로 어긋나게 자리하는데 잎몸이 3개로 갈라져 있고 잎자루는 아주 짧다. 잎 조각은 줄 꼴에 가까운 쐐기 모양이고 끝은 둥그스름하다. 잎의 길이는 3m 안팎이다. 꽃은 잎겨드랑이로부터 자라는 짧은 꽃대 위에 몇 송이씩 이삭 모양으로 뭉쳐 피는데 잎보다 짧게 뭉친다. 꽃은 나비 모양으로 길이는 7mm쯤 되며 노란빛을 띤 흰색으로 피는데 보라색 줄이 가늘게 들어 있다.

개화기 7~8월
분포 전국 각지에 널리 분포하고 있으며 들판의 양지바른 풀밭에 난다.

약용법

생약명 철소파(鐵掃把). 마추, 삼엽초(三葉草), 백마편(白馬鞭)이라고도 부른다.

사용부위 뿌리를 포함한 모든 부분을 약재로 쓴다.

채취와 조제 꽃이 피고 있을 때에 뿌리째로 캐내 햇볕에 말리거나 생잎을 찧어서 쓰기도 한다. 쓰기 전에 잘게 썬다.

성분 함유 성분에 대해서는 밝혀진 것이 없다.

약효 콩팥을 보해주고 간에 도움을 주며 천식을 가라앉힌다. 그 밖에도 진해와 소종 등의 효능을 가지고 있다. 따라서 유정(遺精, 성행위도 없이 모르는 사이에 정액이 흐르는 증세), 야뇨증, 소변이 희고 걸쭉한 증세, 위통, 아랫배가 붓고 아픈 증세, 기침과 천식, 어린아이의 빈혈증, 안질, 젖에 생기는 악성종기 등의 질환을 다스리는 데 쓴다.

용법 1회에 말린 것 5~10g을 200cc의 물로 달여 복용한다. 하루 3회 복용하는 것으로 하루 용량은 15~30g이 되는 셈이다. 젖에 생긴 악성종기는 생잎을 짓찧어서 붙이고 안질은 약재를 달인 물로 닦아낸다.

사마귀풀 애기달개비

Aneilema japonicum KUNTH | 달개비과

습한 땅에 나는 한해살이풀이다.
줄기는 땅에 엎드려 가지를 쳐 나가며 마디마다 잔뿌리를 내린다. 줄기의 윗부분은 비스듬히 일어서며 잎과 같이 연보랏빛이 감도는 초록빛을 띠고 있다.
잎은 서로 어긋나게 자리하며 줄 꼴에 가까운 피침 꼴이다. 질이 연하고 밋밋하며 잎자루는 없고 밑동이 줄기를 감싼다. 꽃은 가지 끝과 그에 가까운 잎겨드랑이에 한 송이씩 핀다. 꽃의 지름은 1cm도 채 안 되며 6장의 꽃잎으로 이루어져 있다. 꽃의 빛깔은 흰 바탕에 연분홍빛이 감돈다.
꽃이 지고 난 뒤에 길이 6mm쯤 되는 타원형의 열매를 맺는다.

개화기 6~8월

분포 제주도를 비롯한 전국 각지와 특히 평북에도 분포한다. 논이나 연못, 늪 등 물가의 습한 땅에 난다.

약용법

생약명 수죽채(水竹菜). 일명 수죽초(水竹草) 또는 죽두채(竹頭菜)라고도 한다.

사용부위 잎과 줄기 모두를 약재로 이용한다.

채취와 조제 여름부터 가을 사이에 채취하여 햇볕에 잘 말린다. 쓰기에 앞서 잘게 썬다.

성분 함유 성분에 대해서는 별로 연구된 것이 없다.

약효 해열과 이뇨 그리고 뜨거운 피를 식혀주는 효능을 가지고 있으며 종기를 가시게 하는 작용도 한다. 폐의 열기에 의한 기침과 간염, 고혈압, 인후염 등을 치료하는 약으로 쓴다. 또한 위에 열기가 있을 때에도 복용하고 악성종기의 치료약으로도 사용한다.

용법 내과적인 질환에는 말린 약재를 1회에 4~8g씩 200cc의 물로 달여 내복하거나 또는 생잎을 찧어 즙을 내어서 조금씩 복용한다. 악성종기는 생잎을 짓찧어서 환부에 붙이는데 하루에 두세 번씩 갈아붙이면 효과가 크다.

산국 들국·개국화

Chrysanthemum boreale MAKINO | 국화과

여러해살이풀로 온몸에 짧은 털이 생겨나 있다. 줄기는 곧게 서서 60~90cm 정도의 높이로 자라며 상반부에서 여러 개의 가지를 친다.
얇고 연한 잎은 서로 어긋나게 자리하고 넓은 계란 꼴이며 깃털 모양으로 깊게 갈라진다. 잎 가장자리에는 결각(缺刻)과 같은 생김새의 날카로운 톱니가 배열되어 있다.
가지 끝에 많은 꽃이 우산 모양으로 모여 핀다. 꽃의 지름은 1.5cm 안팎이고 주위에는 꽃잎이 둥글게 배열되어 있으며 중심부에는 많은 수술과 암술이 뭉쳐 있다. 꽃은 노랗게 핀다.

개화기 9~10월

분포 전국 각지에 널리 분포하고 있으며 산과 들판의 양지바른 풀밭에 난다.

약용법

생약명 야국화(野菊花). 고의(苦薏) 또는 의화(薏花)라고도 부른다.

사용부위 꽃을 약재로 쓴다.

채취와 조제 꽃이 피어 뭉쳐 있는 것을 손으로 훑어 모아 햇볕에 말린다. 쓸 때에는 부스러뜨리거나 썰지 않고 그대로 이용한다.

성분 꽃 속에 0.8% 정도의 정유를 함유하고 있으며 주성분은 일종의 알코올인 테르펜알코올(Terpenalcohol)과 크리산톤(Chrysanthon)이다.

약효 해열작용을 비롯하여 진정, 해독, 소종 등의 효능을 가지고 있다. 적용 질환은 감기로 인한 고열과 폐렴, 기관지염, 두통, 현기증, 고혈압, 위염, 구내염, 임파선염 등 각종 질환의 치료약으로 쓴다. 또한 눈이 붉게 충혈되어 부었을 때, 악성종기 및 땀구멍이나 기름 구멍을 통해 피부에 화농균이 침입하여 생기는 부스럼에도 효과가 있다.

용법 내과 질환에는 1회에 3~5g의 약재를 200cc의 물로 뭉근하게 달여서 복용한다. 피부 질환에는 생잎을 짓찧어서 환부에 붙이거나 또는 달인 것으로 환부를 씻어낸다. 안질도 역시 달인 물로 씻는다.

산자고 물구·물굿

Amana edulis HONDA | 백합과

여러해살이풀이며 땅 속에 지름 5mm쯤 되는 계란 꼴의 비늘줄기[鱗莖]가 연한 갈색의 껍질을 쓰고 있다.

가늘고 길쭉한 2장의 연한 잎이 비늘줄기에서 자란다. 흰색의 잎은 길이 15~20cm, 너비 4~6mm이다.

연하여 휘어지기 쉬운 꽃대 하나가 20cm 정도의 높이로 자라 끝이 3~4개로 갈라져 각기 한 송이씩 꽃을 피운다. 꽃은 종 모양으로 곧게 서며 6장의 꽃잎으로 이루어진다. 꽃의 크기는 2~2.5cm이고 흰빛으로 피는데 꽃잎의 바깥쪽에는 진한 보라색의 가느다란 줄이 나 있다.

개화기 4~5월

분포 중부 이남의 지역과 제주도에 분포하는데 드물게 볼 수 있다. 산과 들판의 양지바른 풀밭에 난다.

약용법

생약명 자고(慈姑). 산자고(山慈姑) 또는 광고라고도 부른다.

사용부위 비늘줄기를 약재로 쓴다.

채취와 조제 가을 또는 봄에 캐내 깨끗이 씻은 뒤에 햇볕에 말린다.

성분 비늘줄기에는 얼레지에 함유되어 있는 것과 흡사한 질이 좋은 녹말이 함유되어 있다.

약효 시퍼렇게 멍이 들어 피가 엉겨 있는 것을 풀어주고 종기를 가시게 하는 효능을 가지고 있다. 적용 질환은 목구멍이 부어서 아픈 증세, 임파선염, 산후의 어혈로 인한 갖가지 증세, 관절이 붓고 아픈 증세[通風], 화농성 종양 등의 치료약으로 쓴다.

용법 내과적인 질환에는 1회에 1~2g을 200cc의 물로 달여서 복용한다. 화농성의 종양은 말리지 않은 비늘줄기를 잘 찧어서 종이나 헝겊에 발라 환부에 붙인다.

참고 일본에서는 산자고의 비늘줄기를 자양강장제로 이용하여 몸을 튼튼히 한다고 하며 달여 마시거나 불에 구워 먹기도 한다고 한다.

삼백초

Saururus loureiri DECAIS | 삼백초과

습한 땅에 자라는 여러해살이풀이다.
줄기는 곧게 50~100cm의 높이로 자란다. 흰 뿌리줄기가 진흙 속을 옆으로 길게 뻗어 나간다. 잎은 마디마다 서로 어긋나게 자리하며 계란 모양의 타원형으로 길이는 10cm 안팎이다. 5~7개의 잎맥이 고르게 배열되어 있으며 밑동은 심장처럼 패여 있고 끝이 뾰족하다. 잎 가장자리에는 톱니가 없이 밋밋하다. 잎의 표면은 연한 녹색이고 뒷면은 연한 흰색이다. 줄기와 가지의 끝에 자리한 2~3장의 잎은 표면도 희다. 잎줄기의 밑동은 약간 넓어져서 줄기를 안는다.
잎겨드랑이에서 자라난 10~15cm 정도의 길이를 가진 꽃대에 작은 꽃이 이삭 모양으로 뭉쳐 핀다. 꽃의 지름은 2mm 안팎이고 희며 꽃잎은 가지지 않는다. 잎과 꽃 그리고 뿌리가 희기 때문에 또는 끝에 달린 2~3장의 잎이 희기 때문에 삼백초(三白草)라고 한다.

개화기 6~8월
분포 제주도 협재 지방에 분포하며 습한 땅에 난다.

약용법 생약명 삼백초(三白草). 삼점백(三點白), 전삼백(田三白), 백화연(白花蓮)이라고도 한다.

사용부위 꽃을 포함한 잎과 줄기를 약재로 쓴다.

채취와 조제 여름부터 가을 사이에 채취하여 햇볕에 잘 말린다. 쓰기 전에 잘게 썬다.

성분 함유 성분에 대해서는 밝혀진 것이 없다.

약효 해열, 이뇨, 거담, 건위, 소종 등의 효능을 가지고 있다. 적용 질환은 소변이 잘 나오지 않는 증세, 수종, 각기, 임질, 위장병, 간염, 황달 등이다. 그 밖에 뱀에 물렸을 때나 종기의 치료를 위해서도 쓴다.

용법 말린 약재를 1회에 4~6g씩 200cc의 물로 달이거나 또는 생즙을 내어 복용한다. 뱀에 물리거나 종기가 났을 때에는 생풀을 짓찧어서 환부에 붙인다. 사람에 따라서는 복용 후 구토를 일으키는 경우가 있어 주의할 필요가 있다.

상사화

Lycoris squamigera MAX | 수선과

알뿌리를 가진 여러해살이풀이다. 알뿌리를 둘러싸고 있는 껍질은 어두운 갈색이고 밑바닥에 많은 뿌리가 나 있다.
난초잎과 비슷한 연한 잎이 뭉쳐 자라는데 잎 끝은 둥그스름하다.
여름철에 접어들면서 잎이 말라버린 후에 60cm 정도의 높이를 가진 꽃대가 자란다. 꽃대의 끝에 4~8송이의 꽃이 뭉쳐 피는데 완전히 핀 꽃은 모두 옆을 향한다. 지름 7cm 안팎의 꽃은 6장의 피침 모양의 꽃잎으로 이루어져 있다. 꽃이 뭉친 상태는 우산 형태이다. 꽃의 빛깔은 약간의 보랏빛 기운이 감도는 연한 분홍색이다.

개화기 8월 중

분포 일본이 원산인 풀로 곳곳에서 관상용으로 가꾸고 있다.

약용법

생약명 상사화(相思花). 꽃이 필 때 잎은 없고 잎이 자랄 때는 꽃이 피지 않으므로 서로 볼 수 없다 하여 상사화라는 이름이 지어졌다.

사용부위 알뿌리 즉 비늘줄기를 약재로 쓴다.

채취와 조제 언제든지 채취할 수 있으며 흙과 잔뿌리를 제거한 후 햇볕에 말린다. 쓰기에 앞서 잘게 썬다.

성분 비늘줄기 속에는 라이코린(Lycorin)과 알칼로이드(Alkaloid)라는 성분을 함유하고 있다.

약효 체내 수분의 흐름을 다스리며 종기를 가라앉게 하는 작용을 한다. 그러므로 살갗에 돋는 물질을 없애는 데 쓰이며 그 밖에 악성종기와 옴[疥癬]의 치료약으로도 사용한다.

용법 살갗에 돋은 물집을 없애기 위해서는 1회에 1~2g의 약재를 200cc의 물에 넣어 달인 것을 복용한다. 피부질환에는 말리지 않은 비늘줄기를 찧어서 환부에 붙인다.

참고 일본에서는 이 약재를 녹총이라 하여 주근깨와 여드름을 없애기 위해 즙액을 환부에 바른다고 한다.

새삼

Cuscuta japonica CHOISY | 메꽃과

겨우살이처럼 다른 나무에 붙어사는 한해살이 덩굴풀이다.
줄기는 굵으며 노랗거나 붉다. 땅 위에서 처음 싹이 터 바로 나무에 달라붙어 기생의 대상이 되는 나무의 즙액을 빨아들여 살아간다. 그러므로 잎은 가지고 있지 않다.
줄기의 곳곳에 짤막한 꽃대가 생겨 작은 꽃이 이삭 모양으로 뭉쳐 핀다. 꽃은 종 모양이고 끝이 다섯 갈래로 갈라져 넓게 펼쳐진다. 꽃의 길이는 4mm 안팎이며 희게 핀다.
꽃이 지고 나서 계란 모양의 열매가 맺는데 완전히 익으면 윗부분이 뚜껑처럼 열려 약간의 씨가 쏟아진다.

개화기 8~9월

분포 제주도를 포함하여 전국 각지에 분포한다. 들판의 양지바른 풀밭에 서 있는 관목류에 기생한다.

약용법 생약명 꽃과 줄기를 토사라 하고 씨를 토사자라고 하며 각기 다른 병을 다스리기 위해 쓰인다.

채취와 조제 9~10월에 채취하여 씨를 털고 씨는 씨대로, 줄기는 줄기대로 각기 햇볕에 말린다. 말린 줄기는 쓰기에 앞서 잘게 썰고 씨는 그대로 이용한다.

성분 씨 속에 수지와 같은 배당체가 들어 있다는 이외에는 분명치 않다.

약효 줄기를 말린 것은 토혈이나 각혈, 코피, 혈변, 산후 출혈, 장염, 간염, 황달, 소변이 잘 나오지 않는 증세, 이질 등을 다스리기 위해 쓴다. 씨는 강장, 강정 그리고 태반을 튼튼히 해주는 효능을 가지고 있다. 따라서 신체가 허약하거나 유정(遺精), 임포텐츠, 빈뇨(頻尿), 당뇨, 습관성 유산 등의 치료약으로 쓰인다.

용법 줄기를 말린 것을 1회에 4~6g씩 200cc의 물에 달여 복용한다. 씨도 1회에 4~5g씩 역시 200cc의 물에 달여 복용하거나 또는 가루로 빻아 냉수로 복용한다. 말린 씨 150~230g을 250g의 설탕과 함께 1.8 *l* 의 소주에 담가 2개월 이상 묵힌 것은 자양 · 강장에 도움을 주며 이것을 토사자주라고 한다. 하루 세 번 작은 잔으로 한 잔씩 마신다.

새우난초

Calanthe discolor LINDL | 난초과

여러해살이풀이며 염주처럼 서로 이어진 땅속줄기를 가지고 있다.
잎은 항상 새로운 땅속줄기로부터 2~3장이 자라며 그 수명은 두 해이다. 잎은 길쭉한 타원 꼴이고 양쪽 끝은 뾰족하다. 잎 뒷면에는 잔털이 산재해 있고 평행 상태로 배열된 잎맥에 따라 많은 주름이 형성된다.
잎 사이로부터 길이 30~40cm의 꽃대가 자라 10송이 안팎의 꽃이 이삭 모양으로 달린다. 지름이 2~3cm가량인 꽃은 난초에서만 볼 수 있는 독특한 모습을 하고 있다. 꽃은 연한 보랏빛을 띠고 있다.
외국의 난초 애호가들에 의하여 개량한 빛깔이 다채롭고 화려한 다양한 품종들이 우리나라에 들어오고 있다.

개화기 4~5월
분포 제주도 한라산의 나무가 우거진 숲 속에서 청초하게 자란다.

약용법 생약명 구절충. 야백계(夜白鷄) 또는 연환초(連環草)라고도 한다.

사용부위 모든 부분 또는 땅속줄기를 약재로 쓴다.

채취와 조제 꽃이 지고 난 뒤 즉 6~7월에 채취하여 햇볕에 말린다. 쓰기에 앞서 잘게 썬다.

성분 뿌리에 인디고(Indigo)를 함유하고 있다는 것 이외는 분명치 않다.

약효 피의 순환을 도와주고 해독작용을 하며 종기를 가시게 하는 효능을 가지고 있다.적용 질환은 편도선염과 임파선염, 타박상에 따른 각종 질환 그리고 치질, 종기 등의 치료약으로 쓰인다.

용법 내과 질환에는 말려서 썬 약재를 1회에 4g씩 200cc의 물에 넣어 반 정도의 양이 될 때까지 달여서 복용한다. 외과 질환에는 말린 것을 곱게 가루로 빻아 개어 환부에 붙이거나 말리지 않은 생뿌리를 찧어서 붙이기도 한다.

참고 일본에서는 말린 것을 달여서 각종 부인병의 치료약으로 복용한다고 한다.

석곡 석곡란

Dendrobium moniliforme SWARTZ | 난초과

사철 푸른 잎을 가진 여러해살이풀이다.
짤막한 뿌리줄기에서 빳빳한 뿌리가 사방으로 뻗어가며 바위틈이나 나무 줄기에 붙어산다.
높이 20cm 안팎의 줄기는 녹갈색을 띠고 여러 대가 뭉쳐 자라며 대나무 줄기처럼 많은 마디를 가지고 있다. 그래서 죽란(竹欄)이라고도 한다.
잎은 마디마다 서로 어긋나게 자리하며 넓은 피침 모양을 하고 있으며 수명은 2~3년이다. 잎의 밑동은 줄기를 감싸는 모습이고 잎 가장자리는 밋밋하다.
꽃은 잎이 없어진 줄기의 끝에 가까운 마디에서 2~3송이씩 피는데 흰빛 또는 연분홍빛으로 피고 지름은 3cm 안팎이다.

개화기 5~6월

분포 제주도와 육지의 남해안에 분포하며 바위틈이나 나무 줄기에 붙어산다.

약용법

생약명 석곡(石斛). 금생(禁生), 임란(林蘭), 장생초(長生草)라고도 부른다.

사용부위 줄기를 약재로 쓴다.

채취와 조제 가을에 채취하여 햇볕에 말린다. 쓰기에 앞서 잘게 썬다.

성분 줄기 속에 덴드로빈(Dendrobin)이라는 알칼로이드를 10% 정도 함유하고 있다.

약효 침이 생기게 하고 위를 맑게 하며 진통효과도 가지고 있다. 적용 질환은 입안이 몹시 마를 때, 가슴이 몹시 답답할 때, 병후의 허열(虛熱), 관절통 등의 증세를 다스리는 약으로 쓰인다.

용법 말려서 잘게 썬 것을 1회에 2~6g씩 200cc의 물로 뭉근하게 달여 복용하는데 때로는 같은 양의 약재를 곱게 빻아 가루약으로 복용하기도 한다.

참고 일본에서는 말린 것을 달여서 강장약으로 복용한다. 주로 음경이 위축되어 발기되지 않는 경우와 식은땀을 흘리는 경우 등이다. 그 밖에 건위약으로도 쓰인다고 한다. 그리고 잎과 꽃을 술에 담가 마시기도 한다.

석류풀

Mollugo stricta L | 번행과

한해살이풀이며 밑동에서 줄기가 갈라져 넓게 퍼지며 많은 가지를 친다. 줄기에는 모가 나 있고 20cm 안팎의 높이로 자란다.
마디마다 3~5장의 잎이 둥글게 배열되어 있고 피침 꼴로 생겼으며 크기가 고르지 않다.
잎 가장자리는 밋밋하며 석류나무의 잎과 매우 비슷하게 생겼기 때문에 석류풀이라고도 한다. 가지 끝에 많은 꽃이 흐트러져 피는데 꽃잎은 없고 5개의 꽃받침이 꽃잎처럼 보인다. 꽃의 지름은 2mm 안팎으로 매우 작으며 황갈색으로 핀다. 꽃이 지고 난 뒤에는 타원 꼴의 작은 열매를 맺고 익으면 세 개로 갈라진다.

개화기 8~9월
분포 거의 전국적으로 분포하고 있으며 밭 가장자리나 길가 등에 난다.

약용법

생약명 속미초(粟米草). 또는 지마황(地麻黃)이라고도 부른다.

사용부위 꽃을 포함한 모든 부분을 약재로 쓴다.

채취와 조제 여름과 가을에 채취하여 그대로 햇볕에 말린다. 쓰기에 앞서 알맞은 크기로 썬다.

성분 함유 성분에 대해서는 밝혀진 것이 없다.

약효 해열과 해독작용을 하며 종기를 가시게 하는 효능도 가지고 있다고 한다. 따라서 복통 증세에 대한 치료약으로 쓰이며 그 밖에 간염이나 설사를 다스리는 데에도 사용된다. 외과 질환으로는 습진이 치료 대상이 된다.

용법 내과 질환에는 내복약으로 쓰고 외과 질환의 경우에는 외용약으로 사용한다. 내복하기 위해서는 말린 약재를 1회에 7~10g씩 200cc의 물에 넣어 반 정도의 양이 될 때까지 달인다. 피부 질환에는 말리지 않은 잎과 줄기를 짓찧어 즙을 내어 환부에 바른다.

참고 일본에서는 안질인 경우에 뿌리를 말려 갈무리한 것을 물에 담가 우린 물로 눈을 닦아낸다.

석송

Lycopodium clavatum L | 석송과

깊은 산에 나며 사철 푸른 잎을 가지는 여러해살이풀이다.
줄기는 철사처럼 생겼으며 땅을 기어가며 2m 안팎의 길이로 자란다. 줄기의 곳곳에서 가지가 갈라져 비스듬히 자라면서 다시 잔가지를 친다. 땅에 붙어 뻗어나가는 줄기에서는 군데군데 흰 뿌리가 자란다. 잎은 길이 4~6mm로 송곳과 같이 생겼으며 줄기와 가지를 완전히 덮어버릴 정도로 매우 빽빽하게 난다. 잎의 끝은 뾰족하고 가장자리에는 아주 작은 톱니가 규칙적으로 배열되어 있다. 잎은 푸르고 윤기가 나며 빳빳하다. 꽃은 피지 않고 홀씨로 번식되는데 가지 끝에 원기둥 모양의 홀씨주머니가 생겨난다. 홀씨주머니의 길이는 3~4cm이고 약간의 잎을 가지고 있으며 연한 노란빛이다.

분포 거의 전국적으로 분포하고 있으며 깊은 산의 양지 쪽에 난다.

약용법

생약명 석송(石松). 신근초(伸筋草), 통신초(通伸草)라고도 부른다.

사용부위 잎, 줄기, 뿌리의 모든 부분을 약재로 쓴다.

채취와 조제 여름부터 가을 사이에 어느 때든지 채취하여 햇볕에 말린다. 사용하기에 앞서 잘게 썬다.

성분 스포로폴레닌(Sporopollenin), 아크리폴린(Acrifoline), 안노필린(Annofiline), 안노티닌(Annotinine), 클라볼로닌(Clavolonine), 라이코딘(Lycodine), 알파-오노세린(α-Onocerin), 라이코클라우아놀(Lycoclauanol) 등 다양한 성분이 함유되어 있다.

약효 진통, 거풍, 이뇨 등의 효능이 있으며 심줄(힘줄)을 풀어주는 작용을 한다. 적용 질환으로는 풍증으로 인한 마비통증, 관절이 저리고 아픈 증세, 좌골신경통, 소아마비, 근육이 굳어지고 감각이 없어지는 증세, 수종(水腫, 물종기) 등이다.

용법 말린 약재를 1회에 4~8g씩 200cc의 물로 달여서 복용한다. 그 밖에 약재를 술에 담가서 3개월 정도 묵혀 두었다가 하루 세 번 소량씩 마시는 방법도 있다.

석위

Pyrrosia lingua FARWELL | 고란초과

여러해살이풀로 사철 푸른 잎을 가지고 있으며 길게 뻗어나가는 뿌리줄기가 있다. 피침 모양의 적갈색 비늘조각에 덮여 있는 뿌리줄기의 곳곳에서 잎이 자란다. 잎자루는 10cm 안팎이고 별 모양의 작은 비늘조각이 흩어져 있다. 잎은 피침 꼴이고 가죽처럼 두텁고 빳빳하며 끝이 뾰족하고 가장자리는 밋밋하다. 깃털처럼 생긴 잎맥이 두드러져 보이는 잎 뒷면에는 작고 둥근 홀씨주머니가 전체적으로 퍼져 있다. 잎 표면은 짙은 녹색이고 뒷면에는 연한 갈색의 미세한 비늘조각이 치밀하게 깔려 있어 담갈색으로 보인다.

분포 제주도와 남쪽의 따뜻한 고장에 분포한다. 산지의 나무 그늘에 자리한 바위에 붙어사는데 담장 위에 덮어놓은 기와 틈에 붙어사는 것도 있다.

약용법

생약명 석위(石韋). 석피(石皮), 석란(石蘭), 석검(石劍)이라고도 부른다.

사용부위 잎을 약재로 쓰는데 애기석위(Pyrrosa petiolosa CHING)와 세뿔석위(P. hastata CHING)의 잎도 함께 쓰이고 있다.

채취와 조제 봄부터 가을 사이에 채취하여 뿌리줄기와 잔뿌리를 따버리고 햇볕에 말린다. 잎 뒤의 비늘을 깨끗이 닦고 잘게 썬다.

성분 잎에는 디플로프텐(Diplopten)과 베타-사이토스테롤(β-Sitosterol)을 함유하고 있다.

약효 이뇨와 청폐 즉 폐를 맑게 하는 효능을 가지고 있으며 종기를 가시게 하는 작용도 한다. 따라서 임질을 비롯하여 요로결석, 신장염, 혈뇨 등을 다스리는 약으로 쓰이며 폐의 열기로 인한 기침이나 기관지염 등의 치료에도 사용된다. 그 밖에 악성종기와 월경이 멈추지 않는 증세 등에 쓰인다.

용법 말린 약재를 1회에 1.5~3g씩 200cc의 물로 달이거나 또는 곱게 가루로 빻아 복용한다.

참고 일본에서는 정기를 돋구는 데에도 효과가 있는 것으로 다루고 있다.

석잠풀 민석잠화·배암배추

Stachys riedri var. *japonica* HARA | 꿀풀과

여러해살이풀로 땅 속을 옆으로 뻗어나가는 흰 땅속줄기를 가지고 있다.
네 개의 모를 가지고 있는 줄기는 곧게 서서 1m 안팎의 높이로 자라며 약간의 가지를 친다.
잎은 길쭉한 타원 꼴에 가까운 피침 꼴로 잎자루가 있으며 마디마다 2장의 잎이 마주 자리한다. 밑동은 둥글고 끝이 뾰족하며 가장자리에는 무딘 톱니를 가지고 있다.
꽃은 층층으로 뭉쳐 피는데 전체적으로는 이삭처럼 보인다. 꽃은 입술처럼 생겼고 아랫입술이 세 개로 갈라진다. 분홍빛으로 피는 꽃의 크기는 12~15mm이다.

개화기 6~9월

분포 제주도를 포함한 전국 각지에 분포하며 다소 습한 풀밭에 난다.

약용법

생약명 초석잠(草石蠶). 개조, 향소(香蘇), 야지잠(野地蠶)이라고도 한다.

사용부위 꽃을 포함한 모든 부분을 약재로 쓴다.

채취와 조제 꽃이 피고 있을 때에 채취하여 그대로 햇볕에 말린다. 쓰기에 앞서 알맞은 크기로 썬다.

성분 함유 성분에 대해서는 분명하게 알려진 것이 없다.

약효 온몸에 땀이 나게 하고 호흡을 조절해주며 지혈과 종기를 가시게 하는 효능이 있다. 적용 질환은 감기를 비롯하여 두통, 인후염, 기관지염, 폐병을 치료하는 데 쓴다. 또한 피를 머물게 하는 작용을 하기 때문에 코피나 토혈, 소변과 대변에 피가 섞이는 증세, 월경과다와 월경불순, 자궁염 등을 다스리는 약으로도 쓰인다. 그 밖에 종기가 났을 때에도 치료약으로 사용한다.

용법 내과 질환에 대해서는 1회에 말린 것 3~6g을 200cc의 물로 달여 복용한다. 하루 용량은 10~20g이다. 경우에 따라서는 같은 양의 약재를 가루로 빻아 물로 복용하기도 한다. 종기에는 생잎을 찧어 환부에 붙이거나 달인 물로 환부를 닦아낸다.

석창포 석향포 · 창포

Acorus graminens SOLAND | 천남성과

사철 푸른 잎을 가진 여러해살이풀이다. 뿌리줄기는 굵고 딱딱하며 많은 마디를 있으며 잔뿌리를 내어 바위틈과 같은 자리에 붙어산다.

잎은 뿌리줄기로부터 밑동이 서로 겹친 상태로 자란다. 좁은 줄 꼴로 질기며 윤기가 난다. 잎 끝은 칼처럼 뾰족하고 가장자리는 밋밋하며 항상 좋은 향기를 풍긴다.

꽃은 잎과 같은 생김새를 가진 꽃대의 중간부에 둥근 막대기 모양으로 뭉쳐 핀다. 꽃이 뭉친 막대기의 길이는 5cm 안팎이고 빛깔은 노란빛을 띤 푸른색이다.

개화기 6~7월

분포 남부의 따뜻한 고장과 제주도에 분포한다. 산속의 시냇가에 나는데 습한 바위틈에 붙어산다.

약용법 생약명 석창포(石菖蒲). 백창(白菖), 창포(菖蒲), 석상초(石上草), 경포(莖蒲)라고도 한다.

사용부위 뿌리줄기를 약재로 쓴다.

채취와 조제 가을에 채취하여 잎과 수염뿌리를 따버리고 햇볕에 말린다. 쓰기에 앞서 잘게 썬다.

성분 뿌리줄기에 0.5~0.8%의 정유를 함유한다. 성분은 아사론(Asaron)과 팔미틴소레(Palmitinsaure), 페놀(Phenol) 등이다.

약효 호흡을 조절해주고 혈액순환을 원활하게 해주는 이외에 풍기를 흩어지게 해주며 건위, 거습, 소종 등의 효능을 가지고 있다. 적용 질환은 속이 몹시 답답한 증세와 정신이 혼미한 증세, 건망증, 간질병 등을 치료하는 데에 쓴다. 또한 소화불량이나 위통, 복통, 악성종기, 타박상에 의한 멍, 눈이 붉게 충혈되는 증세 등에 사용한다.

용법 말린 약재를 1회에 1~3g씩 200cc의 물로 달이거나 가루로 빻아 복용한다. 외과 질환인 경우에는 달인 물로 환부를 씻거나 가루로 빻아 기름에 개어서 바른다. 말리지 않은 뿌리줄기와 잎을 3배 정도의 소주에 담가 6개월 이상 묵혀 복용하면 건강 유지에 많은 효과가 있다. 말린 뿌리줄기라면 5배의 소주에 담근다.

선이질풀

Geranium Japonicum FR et SSAV | 쥐손이풀과

여러해살이풀로 온몸에 잔털이 나 있다.
줄기는 곧게 서서 1m 정도의 높이에 이르며 가지를 친다.
잎은 마디마다 서로 어긋나게 자리하는데 마디는 다른 부분에 비해 약간 굵다.
잎은 손바닥을 펼쳐 놓은 것처럼 3~7갈래로 깊게 갈라져 있으며 갈라진 조각은 길쭉한 계란 꼴이다. 잎자루의 밑동에는 작은 받침잎이 붙어 있다.
잎겨드랑이로부터 2~3갈래로 갈라진 꽃대가 자라 올라와 각기 2cm 안팎의 지름을 가진 꽃이 한 송이씩 핀다. 꽃은 5장의 꽃잎으로 이루어져 있고 연한 보랏빛이 감도는 분홍빛을 띠고 있다.

개화기 7~8월

분포 제주도를 비롯한 전국 각지에 널리 분포하며 산과 들판의 양지바른 풀밭에 난다.

약용법

생약명 노학초(老鶴草), 노관초(老官草), 오엽초(伍葉草), 현초(玄草)라고도 한다.

사용부위 열매를 포함한 모든 부분을 약재로 쓴다.

채취와 조제 열매가 맺기 시작할 무렵에 채취하여 햇볕에 말린다. 쓰기에 앞서 잘게 썬다.

성분 타닌 함량이 매우 높으며 그 밖에 호박산(琥珀酸)과 퀘르세틴(Quercetin) 및 그 배당체를 함유하고 있다.

약효 타닌의 함량이 높기 때문에 강한 수렴작용을 하며 풍을 없애주고 혈액순환을 돕는다. 그 밖에 해독작용도 하는 것으로 알려져 있다. 따라서 장염과 이질, 설사 등을 다스리는 약으로 쓰이며 풍습(風濕)으로 인한 아픔과 손발이 굳어져 감각이 없어지는 증세를 치유하는 데에도 사용된다.

용법 말린 약재를 1회에 2~8g씩 200cc의 물로 달여 복용한다. 이 약재는 양이 지나쳐도 부작용을 일으키는 일이 없다.

참고 일본에서는 위와 같은 증세 이외에 감기와 냉증, 고환이나 음낭 등의 질환으로 일어나는 신경통을 다스리는 데에도 쓰고 있다.

세뿔석위

Pyrrosia hastata CHING | 고란초과

바위 위에서 자라는 사철 푸른 잎을 가진 여러해살이풀이다.
옆으로 뻗어나가는 굵은 뿌리줄기를 가지고 있다. 뿌리줄기는 갈색의 비늘로 덮여 있으며 한자리에서 여러 개의 잎이 자란다.
잎줄기는 딱딱하고 철사처럼 생겨 곧게 서는데 길이는 10cm쯤 된다. 잎은 두텁고 가죽처럼 빳빳하며 3~5갈래로 갈라진다. 갈라진 조각은 가운데에 위치한 것이 가장 크고 그 생김새는 피침 꼴에 가까운 세모꼴이다. 잎의 길이는 7cm 안팎이고 표면은 윤기 나는 초록빛이며 뒷면은 잎자루와 함께 갈색의 가루와 같은 비늘로 덮여 있다. 잎 뒤에는 깃털 모양으로 갈라진 잎맥이 자리하며 잎맥 사이에 9~12줄로 작은 홀씨주머니가 배열된다.

분포 제주도와 중부 이남의 지역에 분포하며 양지 쪽 바위 위나 또는 나무 줄기에 붙어서 산다.

약용법 **생약명** 석위(石韋)

사용부위 석위(Pyrrosia lingua FARWELL)와 함께 잎을 약재로 쓴다.

채취와 조제 봄부터 가을 사이에 언제든지 채취할 수 있으며 뿌리줄기를 따버리고 햇볕에 잘 말린다. 쓰기에 앞서 잎 뒷면의 비늘을 깨끗이 닦아내고 잘게 썬다.

성분 함유 성분에 대해서는 별로 밝혀진 것이 없으나 석위와 흡사한 성분일 것으로 추측된다.

약효 약효는 석위의 경우와 같이 소변을 잘 나오게 하고 폐 속을 맑게 하는 효능을 가지고 있으며, 종기를 가셔주는 작용도 있다. 따라서 요도결석, 임질, 신장염, 혈뇨 등을 다스리는 약으로 쓰이며, 폐의 열기로 인한 기침이나 기관지염 등의 치료에도 사용된다. 그 밖에도 악성종기와 월경이 멈추지 않는 증세 등에 쓰인다.

용법 석위와 마찬가지로 말린 약재를 1회에 1.5~3g씩 200cc의 물로 달이거나 또는 곱게 빻아 복용한다.

세잎쥐손이 큰세잎쥐손이

Geranium knuthii NAKAI | 쥐손이풀과

여러해살이풀이며 줄기는 눕거나 비스듬히 자라 높이 80cm에 이른다.
마디 부분이 굵으며 잎은 서로 마주 자리한다. 기다란 잎자루를 가지고 있으며 잎몸은 세 개로 깊게 갈라진다. 갈라진 조각은 넓은 피침 꼴로 가장자리에는 규칙적인 톱니가 생겨나 있고 끝이 뾰족하다. 잎의 앞뒷면에는 약간의 털이 돋아나 있다.
꽃은 가지 끝에 가까운 잎겨드랑이로부터 긴 꽃대가 자라 각기 두 송이의 꽃을 피운다. 꽃은 위를 향해 피어나며 5장의 꽃잎으로 이루어져 있다. 꽃의 지름은 1~1.5cm이고 연한 분홍빛으로 물든다.
꽃이 지고 난 뒤에 학의 부리와 같은 길쭉한 열매를 맺는다.

개화기 8~9월

분포 울릉도와 육지 전지역에 고루 분포하며 산지의 양지바른 풀밭에 난다.

약용법

생약명 노학초(老鶴草), 현초(玄草), 노관초(老官草), 태양화(太陽花)라고도 한다.

사용부위 꽃과 열매를 포함한 식물체의 모든 부분을 약재로 쓴다.

채취와 조제 열매를 맺기 시작할 무렵에 채취하여 햇볕에 잘 말린다. 쓰기에 앞서 잘게 썬다.

성분 함유 성분에 대해서는 밝혀진 것이 없으나 이질풀과 같은 성분이 함유되어 있을 것으로 추측된다.

약효 수렴작용이 강하며 풍을 없애고 원활한 혈액순환과 해독작용을 한다. 이런 효능으로 이질, 설사, 장염의 치료약으로 널리 쓰이며 또한 풍습(風濕)으로 인한 뼈마디의 통증을 다스리는 약으로도 사용한다. 그 밖에 손발의 근육이 굳어져 감각이 없어지는 증세에 대해서도 쓰인다. 적용 질환이 이질풀의 경우와 같으나 이질풀에 비해 약효가 다소 약하다고 한다.

용법 말린 약재를 1회에 2~8g씩 200cc의 물로 달여 복용한다. 사용량이 다소 과해도 아무런 부작용이 생겨나지 않는다.

소엽맥문동 겨우살이맥문동

Ophiopogon japonicus KER-GAWL | 백합과

여러해살이풀로 사철 푸른 잎을 가지고 있다. 뿌리줄기는 짧지만 많은 잔뿌리를 가지고 있으며 잔뿌리의 곳곳에 염주와 같은 혹이 있다.
많은 잎이 뿌리줄기로부터 뭉쳐 자라며 잎의 길이는 15~30cm이다. 잎은 줄 꼴로 맥문동과 흡사하나 그 보다는 좁고 짧다. 잎의 끝은 뾰족하고 빳빳하며 가장자리에 톱니는 없으나 만져보면 까칠한 느낌이 난다. 잎 사이로 10cm 안팎의 꽃줄기가 자라 여러 송이의 꽃이 이삭 모양으로 모여 핀다. 어느 한쪽을 향해 달려 있는 꽃은 고개를 숙인 상태로 핀다. 모든 꽃이 약간의 간격을 갖고 배열되는데 제일 아래에서는 2~3송이의 꽃이 한자리에 모여 있기도 한다. 길쭉한 타원꼴인 6장의 꽃잎은 완전히 펼쳐져 약간 뒤쪽으로 감긴다. 꽃의 지름은 6mm 안팎이고 빛깔은 연한 보랏빛이다. 꽃이 진 뒤에는 지름이 7mm 정도의 둥근 열매가 맺는데 가을에 익으면 남빛을 띤 짙은 보랏빛으로 물든다.

개화기 5월 중

분포 중부 이남의 지역과 제주도 및 울릉도에 분포하며 산의 나무 그늘에 난다.

약용법

생약명 맥문동(麥門冬)

사용부위 뿌리에 붙어 있는 살찐 혹을 약재로 쓰는데 맥문동(Liriope muscari BALL), 개맥문동(L. koreana NAKAI)도 함께 쓰이고 있다.

채취와 조제 봄에 굴취하여 햇볕에 말린다. 심을 제거하여 그대로 쓴다.

성분 스테로이드(Steroid)배당체인 오피오포고닌(Ophiopogonine)이 함유되어 있다.

약효 자양, 진해의 효능이 있다. 적용 질환은 신체허약, 폐결핵, 마른기침, 당뇨병, 만성기관지염, 변비, 젖이 잘 나오지 않는 증세 등이다.

용법 말린 약재를 1회에 2~5g씩 200cc의 물로 뭉근하게 달이거나 약재를 가루로 빻아 복용한다.

속새

Equisetum hyemale L | 속새과

사철 푸른 잎의 여러해살이풀이다. 짤막하면서도 여러 갈래로 갈라진 땅속줄기[地下莖]를 가지고 있다. 잎은 전혀 없고 가늘고 긴 원기둥 꼴의 줄기가 한자리에 여러 개 뭉쳐 60cm 정도의 높이로 자란다. 줄기 속은 비어 있고 가지를 치지 않으며 많은 마디와 세로 방향으로 패인 8~30개의 가느다란 홈을 가지고 있다. 줄기의 굵기는 5~6mm 정도이다.
각 마디는 짧고 검은 피막으로 둘러싸여 있는데 이 피막은 퇴화된 잎이 서로 이어진 것으로서 딱딱하다. 홀씨주머니는 줄기 끝에 형성되는데 짤막한 타원 꼴이고 녹갈색이던 빛깔은 노란빛으로 변한다.

분포 제주도와 중부 이북의 지역에 분포하며 깊은 산의 나무 그늘에 난다.

약용법 생약명 목적(木賊). 찰초(擦草), 좌초, 절골초(節骨草)라고도 부른다.

사용부위 줄기 전체를 약재로 쓴다.

채취와 조제 여름부터 가을 사이에 땅 위의 것을 베어 그대로 햇볕에 말리거나 그늘에 말린다. 쓰기에 앞서 잘게 썬다.

성분 줄기에 다량의 규산염을 함유하고 있어 이로 인해 줄기가 딱딱해져 공예품 제조의 연마재로 쓰인다. 그 밖에 염기물질인 에퀴세틴(Equisetin)이 함유되어 있다.

약효 해열, 이뇨, 소염 등의 효능이 있다. 따라서 대장염, 장출혈, 인후염 등의 증세를 치료하는데 쓴다. 그 밖에 탈항증과 악성종기의 치료약으로도 사용한다.

용법 탈항과 악성종기의 치료에는 말린 약재를 곱게 가루로 빻아 환부에 뿌린다. 그 밖의 질병에는 말린 약재를 1회에 2~4g씩 200cc의 물로 천천히 달이거나 또는 가루로 빻아 복용한다. 다량을 복용하면 중독 현상이 일어나 설사를 하게 된다.

참고 일본에서는 월경과다와 설사의 치료약으로도 쓴다.

손바닥난초

Gymnadenia conopsea R. BROWN | 난초과

개화기 6~7월

분포 제주도와 중부 이북의 지역에 분포하며 산의 습한 풀밭에 난다.

여러해살이풀이며 살찐 뿌리의 생김새가 사람의 손바닥과 비슷하다고 해서 손바닥난초라고 부른다.

줄기는 곧게 일어서서 50cm 정도의 높이에 이르며 5~6장의 잎들이 줄기 위에 서로 어긋나게 자리한다. 잎의 생김새는 줄 꼴에 가까운 피침 꼴이고 길이는 6~10cm 정도가 되며 잎의 밑동이 줄기를 감싼다. 잎맥은 평행인 상태로 고르게 배열되어 있고 잎 가장자리는 밋밋하다.

줄기 끝에 지름 1cm 안팎인 작은 꽃이 이삭처럼 뭉쳐 핀다. 꽃은 6장의 꽃잎으로 이루어져 있으며 뒤쪽에는 닭의 발톱과 같은 생김새의 조직이 붙어 있다. 꽃의 빛깔은 연보랏빛을 띤 연분홍색이다.

약용법 생약명 수장삼(手掌蔘). 또는 장삼(掌蔘)이라고도 부르고 있다.

사용부위 손바닥처럼 생긴 뿌리를 약재로 쓴다.

채취와 조제 가을에 채취하여 줄기와 잎 그리고 잔뿌리를 제거한 다음 햇볕에 말린다. 쓰기 전에 알맞은 크기로 썬다.

성분 함유 성분에 대해서는 별로 알려진 것이 없다.

약효 보혈작용과 기운을 왕성하게 해주는 강장 효능을 가지고 있으며 목이 마르는 증세를 다스려 준다. 이러한 효능으로 인해 신체허약과 신경쇠약, 폐결핵 등을 치료하는 데 쓰인다. 그 밖에 계속 기침을 할 때나 간염 등의 증세가 있을 때에도 쓰이며 젖이 잘 나오지 않을 때 사용한다.

용법 말린 약재를 1회에 3~6g씩 200cc의 물로 달여 복용한다. 때로는 고운 가루로 빻아 냉수로 복용하기도 하며 술에 담가 두었다가 하루에 1~2회씩 적당량을 마시기도 한다.

송장풀 개속단

Leonurus macranthus MAX | 꿀풀과

여러해살이풀이며 온몸에 갈색의 잔털이 빽빽하게 자라 있다.
네 개의 모가 나 있는 줄기는 곧게 자라 1m 안팎의 높이에 이르는데 거의 가지를 치지 않는다.
잎은 마디마다 2장이 서로 마주 자리한다. 잎의 생김새는 계란 꼴이며 위로 올라감에 따라 점차 피침 꼴로 변한다. 잎의 양끝은 뾰족하고 가장자리에는 고르지 않은 거친 톱니가 생겨나 있다.
꽃은 줄기의 끝부분의 잎겨드랑이에 여러 송이가 둥글게 배열되어 여러 단계로 층을 지으며 핀다. 꽃의 생김새는 입술 꼴이고 아랫입술은 세 개로 갈라진다. 꽃의 길이는 2.5~3cm이고 연분홍빛이다.

개화기 8~9월

분포 제주도를 포함한 전국 각지에 분포하며 산과 들판의 양지바른 풀밭에 난다.

약용법 생약명 참채

사용부위 잎과 줄기의 모든 부분을 함께 약재로 쓴다.

채취와 조제 꽃이 필 무렵에 채취하여 햇볕에 잘 말린다. 쓰기 전에 알맞은 크기로 썬다.

성분 잎과 줄기에 사포닌(Saponin)이 함유되어 있으나 상세한 것은 알 수 없다.

약효 한약재로는 쓰이고 있지 않으나 이뇨작용과 강정 효과가 있다고 하여 민간요법으로 쓰는 경우가 있다. 소변이 잘 나오지 않거나 시원스럽지 못할 때에 뭉근하게 달여서 복용하며, 그 밖에 신체가 허약할 경우 또는 음경의 발기상태가 시원치 않을 때에 이를 다스리기 위해 사용한다고 한다.

용법 말린 약재의 적당량을 물로 달여 복용한다. 사용양은 정확히 알 수가 없으나 너무 지나치지 않는 것이 안전하다. 전하는 말에 의하면 썰어 놓은 약재 한 줌을 큰 대접 하나 정도가 되는 물로 서서히 달여서 복용한다고 한다.

수선 수선화

Narcissus tazetta var. Chinensis ROEM | 수선과

여러해살이의 알뿌리식물이다.
갈색 피막으로 싸인 계란 모양의 비늘줄기[鱗莖] 즉 알뿌리를 가지고 있다.
비늘줄기로부터 4~6장의 잎이 자라는데 그 생김새는 좁고 긴 줄 꼴로 살이 두터우며 끝은 둥글고 가장자리는 밋밋하다. 이른봄에 잎 사이로부터 20~30cm 정도의 높이를 가진 꽃대가 자라서 네 송이의 꽃이 핀다. 꽃은 모두 옆을 향해 피며 6장의 흰 꽃잎으로 이루어지는데 그 한가운데에 얕은 컵과 같이 생긴 노란빛의 또 하나의 꽃잎이 있다. 이 꽃잎을 부관(副冠)이라고 하며 흰 바탕에 노란 컵과 같은 것이 붙어 있으므로 중국 사람들은 이것을 금잔은대라 표현하였다.

개화기 2~3월

분포 원래 중국 본토에 나는 식물인데 바다를 통해 제주도에 닿아 야생 상태를 이루고 있다.

약용법

생약명 수선근(水仙根)

사용부위 비늘줄기 즉 알뿌리가 약재로 쓰인다.

채취와 조제 봄 또는 가을에 채취하여 잎과 잔뿌리를 따내고 깨끗이 씻은 다음 햇볕에 말린다. 쓰기 전에 잘게 썬다.

성분 비늘줄기에 리코린(Lycorin)과 클루코만난(Glukomannan)을 함유하고 있다. 리코린은 일명 나르시신(Narcissin)이라고도 하며 알칼로이드의 일종이다.

약효 부스럼으로 인한 부기를 가라앉혀 주고 또한 배농(곪은 자리에서 고름을 빼내는 것)작용을 한다. 그러므로 모든 종기의 치료약으로 쓰이며 어깨 결림이나 관절염에도 효과가 있다.

용법 약재를 찧어서 환부에 붙이거나 즙을 내어 바른다. 밀가루에 개어 붙이면 한층 더 고름을 잘 빨아낸다.

참고 일본에서는 유방이 붓고 아픈 데에 찧은 것을 붙이고 치통이 심할 때에는 아픈 쪽의 뺨에 붙인다고 한다. 또한 어린아이의 경기(驚氣)와 간질병을 고치기 위해 짓찧은 것을 발바닥에 붙인다.

수염가래꽃

Lobelia chinensis LOUR | 초롱꽃과

키가 작은 여러해살이풀이다.
줄기는 땅에 엎드려 가지를 치면서 20cm 안팎의 길이로 자란다. 땅에 닿은 줄기의 마디에서 뿌리를 내린다.
잎은 마디마다 서로 어긋나게 자리하며 잎자루를 가지지 않는다. 길쭉한 타원꼴에 가까운 피침 모양의 잎은 가장자리에 미세한 톱니를 가지고 있다.
꽃은 잎겨드랑이로부터 자라는 긴 꽃대에 한 송이씩 피는데 통처럼 생겨 끝이 다섯 갈래로 갈라진다. 갈라진 조각은 가느다란 피침 꼴이고 꽃 전체는 좌우대칭을 이룬다. 꽃의 길이는 1cm 안팎이고 연보랏빛을 띤다.

개화기 5~7월

분포 중부 이남의 지역과 제주도에 분포하며 도랑이나 냇가, 논두렁 등 습한 곳에 난다.

약용법

생약명 반변련(半邊蓮), 반변란(半邊蘭) 또는 급해색(急解索)이라고도 한다.

사용부위 꽃을 비롯해 잎과 줄기의 모든 부분을 약재로 쓴다.

채취와 조제 꽃이 필 무렵에 채취하여 그대로 햇볕에 말리는데 때로는 생풀을 그대로 쓰기도 한다. 말린 것은 쓰기 전에 잘게 썬다.

성분 몸집 속에 에스-로벨린(S-Lobelin)이라는 염기성 성분이 함유되어 있다고 한다. 이 성분은 로벨린(Lobelin)과 흡사하며 호흡을 촉진시키는 작용을 가지고 있다고 한다. 독성 식물의 하나이다.

약효 이뇨, 소염, 소종, 해독 등의 효능을 가지고 있다. 적용 질환은 신장염을 비롯하여 간염, 간경화에 따른 복수(腹水), 황달, 천식, 간암, 위암, 직장암 등의 치료약으로 쓰인다. 그 밖에 종기를 가시게 하고 해독 작용이 있으므로 악성종기와 습진, 옴, 외상출혈 등을 다스리는 데에도 사용된다. 또한 뱀이나 벌레에 물렸을 때에도 생잎을 짓찧어서 상처에 붙인다.

용법 내과 질환에는 말린 약재를 1회에 7~20g씩 200cc의 물로 달여서 복용한다. 외과 질환에는 생풀을 짓찧어 붙이거나 즙을 내어 바른다.

술패랭이꽃 수패랭이꽃

Dianthus superbus L | 석죽과

여러해살이풀로 꽤 굵은 뿌리를 가지고 있다.
줄기는 곧게 서서 1m에 가까운 높이로 자라고 약간의 가지를 친다.
잎은 줄 꼴에 가까운 피침 꼴의 모습을 하고 있으며 마디마다 2장이 마주 자리하는데 밑동이 서로 이어진다.
줄기와 가지 끝이 2~3개로 갈라져 각기 한 송이의 꽃을 피운다. 꽃의 지름은 4cm 안팎이고 연분홍빛이다. 꽃잎은 5장으로 끝부분이 가늘게 갈라져 약간 아래로 처진다. 꽃받침은 길쭉한 통 모양을 하고 있으며 길이는 3cm쯤 된다. 열매는 꽃받침 속에 묻혀 있고 익으면 끝이 네 갈래로 갈라진다.

개화기 7~8월

분포 제주도를 비롯하여 전국 각지에 널리 분포하고 있다. 산이나 들판의 양지바른 풀밭에 난다.

약용법 생약명 구맥(瞿麥). 석죽(石竹), 대란(大蘭), 거구맥(巨句麥)이라고도 부른다.

사용부위 꽃을 포함한 잎과 줄기의 모든 부분을 약재로 쓴다.

채취와 조제 꽃이 필 때에 채취하여 그대로 햇볕에 말린다. 쓰기에 앞서 잘게 썬다.

성분 함유 성분에 관해서는 특별히 밝혀진 것이 없다.

약효 이뇨작용을 하며 멍든 피를 풀어준다. 또한 월경을 원활하게 해주고 소염 효과도 있다. 적용 질환은 소변이 잘 나오지 않을 때, 살갗에 물집이 돋았을 때, 임질 등의 치료약으로 쓴다. 또한 월경을 통하게 하는 작용을 하기 때문에 월경불순의 경우에 요긴하게 쓰인다. 그 밖에도 타박상이나 눈이 붉게 부어 아플 때 및 악성종기의 해독 등에 사용한다.

용법 내과적 질환에 대해서는 1회에 2~4g의 약재를 200cc의 물로 달이거나 또는 곱게 가루를 내어 복용한다. 외과적인 질환의 경우에는 가루로 빻아 개어서 환부에 바른다.

참고 일본에서는 출산 시 분만을 촉진시키기 위한 약으로도 쓴다고 한다. 과용하면 낙태 또는 유산할 위험성이 있다.

숫잔대 잔대아재비 · 잔들도라지

Lobeliase ssilifolia LAMB | 초롱꽃과

여러해살이풀로 줄기는 곧게 서고 1m 정도의 높이로 자란다. 가지를 치지 않는 줄기는 몸에 털이 나 있지 않아 매끈하다.
피침 꼴인 잎은 서로 어긋나게 자리하고 있으며 잎자루를 가지지 않는다. 끝이 뾰족하고 가장자리에 작으면서도 날카로운 톱니가 규칙적으로 배열되어 있다. 잎의 표면과 뒷면은 약간 희게 보인다.
꽃은 줄기 끝의 여러 잎겨드랑이에 한 송이씩 피는데 전체적으로 이삭 모양을 하고 있다. 길쭉한 꽃은 입술처럼 아래위 두 개로 갈라져 있으며 윗입술은 다시 두 갈래로 갈라지고 아랫입술은 세 갈래로 갈라져 있다. 꽃의 길이는 2.5cm 안팎이고 빛깔은 하늘빛을 띤 보라색이다.

개화기 7~8월

분포 전국 각지에 분포하며 산이나 들판의 양지바르고 습한 자리에 난다.

약용법 생약명 산경채(山梗菜). 고채(苦菜), 수현채라고도 부른다.

사용부위 뿌리를 포함한 모든 부분을 약재로 쓴다.

채취와 조제 여름부터 가을 사이에 채취하여 말리거나 또는 생풀을 쓴다. 말린 것은 쓰기 전에 잘게 썬다.

성분 뿌리를 포함한 모든 부분에 로벨린(Lobelin)과 흡사한 에스-로벨린(S-Lobelin)이라는 성분이 함유되어 있다. 이 성분은 유독성이며 호흡을 촉진시키는 작용을 한다.

약효 진해, 거담, 해독, 소종(消腫) 등의 효능이 있다. 적용 질환은 기관지염이나 편도선염 또는 기침을 다스리기 위한 약으로 쓰이며 그 밖에 악성종기나 뱀 · 벌레에 물렸을 때 상처에 붙인다.

용법 내과 질환에는 1회에 2~4g의 약재를 200cc의 물로 달이거나 또는 생잎으로 즙을 내어 복용한다. 외과 질환의 경우에는 생풀을 짓찧어서 환부에 붙이거나 즙을 내어 바른다.

참고 일본에서는 뿌리를 달여서 이뇨, 최토(催吐), 사하(瀉下) 약으로 쓴다.

시호 참시호·외대시호

Bupleurum falcatum L | 미나리과

여러해살이풀로 가늘고 딱딱한 줄기를 가지고 있으며 약간의 가지를 친다.
키가 40~70cm쯤 되는 짧고 굵은 살찐 뿌리줄기를 가지고 있다.
줄 꼴 또는 넓은 줄 꼴을 한 잎은 서로 어긋나게 자리하고 있으며 밑동이 줄기를 감싸고 있다. 잎 끝은 둥그스름하고 가장자리는 밋밋하며 잎맥이 고르게 배열되어 있다.
줄기 끝이 3~15개로 갈라져 작은 꽃이 뭉쳐 피며 우산 꼴의 꽃차례를 이룬다.
2mm 안팎의 꽃은 노란빛을 띠고 있다.
꽃이 지고 난 뒤에는 길이 3mm쯤 되는 납작한 타원 꼴의 씨를 맺는다.

개화기 8~9월

분포 거의 전국 각지에 분포하며 산과 들판의 양지바른 풀밭에 난다.

약용법

생약명 시호(柴胡). 자호, 여초(茹草), 시초(柴草), 자초(紫草), 산채(山菜)라고도 부른다.

사용부위 굵게 살찐 뿌리줄기를 약재로 쓴다.

채취와 조제 늦가을이나 이른봄에 캐내어 줄기와 잔뿌리를 제거하고 햇볕에 말린다. 쓰기에 앞서 잘게 썰거나 또는 식초에 담근 후 볶아서 쓴다.

성분 뿌리줄기에 0.5%의 사포닌(Saponin)과 2%의 지방유를 가지고 있다. 지방유의 주성분은 리놀소레글리세리드(Linolsaureglycerid)이고 피토스테롤(Phytosterol)을 함유한다. 이는 항염작용(抗炎作用)을 한다.

약효 해열, 진통, 소염, 항병원(抗病原) 등의 작용을 하며 간을 맑게 하고 양기를 돋우어 주는 효능이 있다. 따라서 말라리아의 특효약으로 쓰이며 고혈압, 귀울음, 현기증, 간염, 담낭염, 황달, 자궁하수, 탈항(치질의 하나로서 항문 안의 점막이 노출되는 증세) 등의 치료약으로 쓰인다. 그 밖에 갑작스런 오한과 가슴과 겨드랑이 밑이 아프고 결리는 증세에도 사용한다.

용법 1회에 2~4g의 약재를 200cc의 물로 달이거나 또는 곱게 가루로 빻아 복용한다.

실새삼

Cuscuta australis R. BROWN | 메꽃과

한해살이 덩굴풀로 겨우살이처럼 다른 풀을 감아 올라 양분을 빼앗아 살아나가는 기생식물이다.

50cm 안팎의 줄기는 실처럼 가늘며 노란빛을 띤다. 잎은 없고 작은 비늘잎이 줄기 위에 드문드문 붙어 있다.

가지 위의 곳곳에 아주 작은 꽃이 덩어리져 핀다. 꽃은 종 꼴이고 끝이 다섯 갈래로 갈라져 있으며 다소 다육질이다. 꽃의 지름은 3mm 안팎이며 흰빛이다.

꽃이 지고 난 뒤에는 지름 4mm쯤 되는 납작하고 둥근 열매를 맺는데 그 속에는 갈색의 작은 씨가 네 개씩 들어 있다.

개화기 7~8월

분포 전국적으로 분포하고 있으며 밭 가장자리와 양지바른 풀밭에 난다.

약용법 **생약명** 새삼과 함께 풀 전체를 말린 것을 토사라 하고, 씨를 말린 것을 토사자라고 한다. 토사는 노루, 호사, 금사초, 무근초 등의 별명을 가지고 있고 토사자는 토사실, 황승자, 토사자(吐絲子)라고도 한다.

사용부위 풀과 씨를 구분하여 각기 다른 병을 다스리기 위한 약재로 쓴다.

채취와 조제 토사는 가을에 채취하여 햇볕에 잘 말려 갈무리해 두었다가 쓰기에 앞서 잘게 썬다. 토사자는 씨가 쏟아지기 전에 풀 전체를 거두어 씨를 분리하여 햇볕에 말려 그대로 쓰거나 또는 술에 적신 다음 볶아서 쓴다.

성분 씨 속에 수지와 같은 배당체가 함유되어 있다는 사실 이외는 분명치 않다.

약효와 용법 실새삼의 약효와 용법은 새삼의 경우와 같으므로 새삼을 참조해 주기 바란다. 자양 · 강장을 위해서는 토사자 60~90g을 720cc의 소주와 100g의 설탕에 담가 수개월 동안 어둡고 찬 곳에 두어 잠자리에 들기 전에 20~30cc를 복용하면 효과가 크다.

쓴풀

Swertia japonica MAKINO | 용담과

한해살이 또는 두해살이풀이다. 뿌리에는 쓴맛이 강한 성분을 함유하고 있다. 모가 져 있는 줄기는 위로 곧게 서서 위쪽 부분에서 가지를 친다. 줄기는 자줏빛이 돌며 높이는 15~30cm가량이다.

잎은 피침 꼴이고 잎자루를 가지지 않으며 마디마다 2장이 마주 난다.

꽃은 줄기 끝에 원뿌리 꼴로 모여 피는데 위에서부터 아래로 차례로 피어 나가는 습성을 가지고 있다. 길쭉한 타원 꼴인 5장의 꽃잎을 가지고 있으며 꽃잎은 피어남에 따라 완전히 펼쳐진다. 꽃의 지름은 1.5~2cm이며 흰 바탕에 자주색 줄이 나 있기 때문에 연보랏빛으로 보인다. 꽃의 한가운데에는 5개의 수술이 자리하고 있는데 꽃가루주머니는 짙은 보랏빛이다.

개화기 9~10월

분포 제주도와 남부지방에만 분포하고 있으며 산과 들판의 양지바른 풀밭에 난다.

약용법

생약명 당약(當藥). 고초(苦草)라고도 한다.

사용부위 꽃을 포함한 잎과 줄기 모두를 약재로 쓴다. 전국적으로 분포하고 있는 자주쓴풀도 같은 내용으로 쓰인다.

채취와 조제 꽃이 피었을 때 채취하여 햇볕에 말려 쓰기 전에 잘게 썬다.

성분 온몸에 결정성고미배당체(結晶性苦味配糖體)인 스웨르티아마린(Swertiamarin)을 2~4%가량 함유하고 있으며 쓴맛이 대단히 강하다.

약효 함유 성분인 스웨르티아마린은 위장이 허약한 사람에게 건위작용을 하여 소화를 돕는다. 적용 질환은 소화불량과 식욕부진을 다스리는 약으로 쓰인다.

용법 말린 약재를 1회에 0.3~1g씩 200cc의 물로 달이거나 또는 곱게 빻아 가루를 복용한다.

참고 일본에서는 건위제, 지사제, 회충 · 요충 등의 구충약으로도 쓰고 있으며 기타 복통이나 태독과 매독의 치료에도 효과가 있다고 한다.

애기땅빈대

Chamaesyce supina MOLD | 대극과

한해살이의 작은 풀이다.
온몸에 흰털이 나 있는 가느다란 줄기는 옆으로 기면서 여러 차례 가지를 쳐서 땅을 덮는다. 줄기와 가지는 붉은 빛을 띤다.
잎은 매우 작은 편이며 길쭉한 타원 모양의 위쪽 가장자리에는 미세한 톱니가 생겨나 있다. 잎의 표면은 어두운 녹색이고 그 한가운데에 어두운 보랏빛 무늬가 보인다. 잎은 2장이 마주 자리한다.
잎겨드랑이에 술잔처럼 생긴 꽃받침이 생겨나 그 속에 하나의 수술로 된 수꽃과 하나의 암술로 된 암꽃이 함께 자리한다. 꽃의 크기는 2mm 안팎이고 빛깔은 붉은빛이다.

개화기 6~8월

분포 원래 미국에 나는 풀인데 귀화하여 중부 이남의 지역에 분포하고 있으며 밭가나 길가 등에 난다.

약용법

생약명 지금(地錦). 승야(承夜), 혈풍초(血風草), 포지금(鋪地錦)이라고도 한다.

사용부위 잎과 줄기의 모든 부분을 약재로 쓰며 같은 무리인 땅빈대(Chamaesyce humifusa PROK)도 함께 쓰인다.

채취와 조제 여름부터 가을 사이에 채취하여 햇볕에 말린다. 쓰기에 앞서 적당한 크기로 썬다.

성분 풀 전체에 유산(Gerobsaure)을 함유하고 있으며 흰 즙 속에 몰식자산(沒食子酸 Gallussaure), 겔브스토프(Gerbstoff), 수지 등을 함유한다.

약효 혈액순환을 돕고 지혈작용을 하며 젖의 분비를 촉진시킨다. 또한 종기의 치료에도 쓰인다. 적용 질환은 토혈, 각혈, 혈변, 월경과다, 피오줌이 나오는 임질, 황달, 이질, 장염, 젖이 나오지 않는 증세 등이다. 기타 타박상이나 외상 출혈, 악성종기, 땀구멍으로 화농균이 침입하여 생기는 부스럼 등의 치료에도 쓰인다.

용법 내과 질환에는 1회에 말린 약재를 4~6g씩 200cc의 물로 달이거나 또는 가루로 빻아 복용한다. 피부질환의 경우에는 생풀을 짓찧어서 환부에 붙인다.

애기부들 좀부들

Typha angustata BORY. et CHAUF | 부들과

물에서 자라는 여러해살이풀이다. 옆으로 뻗는 흰 뿌리줄기를 가지고 있으며 줄기는 곧게 서서 1.5m 안팎의 높이로 자란다.
잎은 좁고 긴 줄 꼴로서 80~130cm의 길이로 자라는데 두텁고 질기며 밋밋하다. 칼자루와 같이 생긴 잎의 밑동은 줄기를 감싼다.
줄기 끝에 굵은 막대기처럼 생긴 두 개의 꽃차례가 아래위로 이어진다. 위에 자리한 꽃차례는 수꽃의 집단이고 노란빛이다. 아래 것은 암꽃의 집단으로 녹갈색이다. 부들에 비하여 수꽃의 꽃차례는 훨씬 긴 편이다. 암꽃의 꽃차례는 길이 10~20cm, 지름 1.5cm 정도이며 수꽃과 암꽃 모두 꽃잎이 없다.

개화기 6~7월
분포 중부 이남의 지역과 제주도에 분포하며 냇가나 연못가에 난다.

약용법

생약명 포황(蒲黃). 포화(蒲花), 감포(甘蒲)라고도 한다.

사용부위 꽃가루를 약재로 쓰는데 큰부들(Typha latifolia L)과 부들(T. orientalis PRESL)의 꽃가루도 함께 쓰인다.

채취와 조제 꽃이 폈을 때 수꽃의 꽃차례를 채취하여 털어서 꽃가루를 분리한다. 그대로 쓰거나 또는 검게 볶아서 쓰는데 이것을 포황탄(蒲黃炭)이라 한다.

성분 꽃가루에 이소람네틴(Isorhamnetin)과 10% 안팎의 지방유를 함유하고 있다.

약효 지혈과 통경작용을 하며 이뇨효과도 있다. 말린 꽃가루는 월경이 나오지 않아서 배가 아픈 증세와 산후의 어혈로 인한 통증, 월경불순 등을 다스리기 위해 쓴다. 기타 악성종기, 소변이 잘 나오지 않을 때에 사용한다. 꽃가루를 검게 볶은 포황탄은 각종 출혈과 대하증, 음낭습진 등을 다스리기 위해 쓰인다.

용법 말린 꽃가루나 볶은 꽃가루를 1회에 2~4g씩 200cc의 물로 달여서 복용하거나 또는 가루로 빻아 복용한다. 악성종기와 음낭습진에는 가루를 개어서 환부에 붙이거나 또는 그대로 뿌린다.

약난초 정화난초

Cremastra variabilis NAKAI | 난초과

여러해살이풀로 굵게 살찐 계란 꼴의 가덩이줄기를 가지고 있다. 줄기는 없고 1~2장의 잎이 가덩이줄기로부터 자란다.
잎은 피침 꼴에 가까운 긴 타원 꼴로 밑동과 끝이 뾰족하다. 긴 잎자루를 가지고 있으며 잎 가장자리는 밋밋하다. 잎은 길이 20cm 안팎이고 잎맥이 고르게 배열되어 있으며 질긴 편이다.
가덩이줄기의 곁에서 40cm 정도의 길이를 가진 꽃대 하나가 자라 그 끝에 15~20송이의 꽃이 이삭 모양으로 매달린다. 꽃은 모두 같은 쪽을 향해 반 정도만 핀다. 꽃잎의 길이는 3cm쯤 된다. 연한 황갈색으로 핀다.

개화기 5~6월

분포 남부의 따뜻한 지방에 분포하고 있으며 산의 그늘진 자리에 난다.

약용법

생약명 산자고(山慈姑). 주고(朱姑), 백지율(白地栗), 산자고(山茨菰)라고도 한다.

사용부위 가덩이줄기를 약재로 쓴다.

채취와 조제 6~7월에 채취하여 잎, 꽃대, 잔뿌리를 따버린 다음 햇볕에 말린다. 쓰기에 앞서 잘게 썬다.

성분 가덩이줄기에 다량의 점액과 녹말을 함유하고 있는데 점액의 구성 성분에 대해서는 밝혀진 것이 없다.

약효 진해와 해독, 소종 등의 효능을 가지고 있다. 인후염, 임파선종, 외과질환인 악성종기, 뱀이나 벌레 또는 미친개에 물렸을 때의 치료약으로 쓰이고 있다.

용법 내과 질환에는 말려서 썬 가덩이줄기를 1회에 1~3g씩 200cc의 물로 달이거나 또는 가루로 빻아 복용한다. 외과 질환의 경우에는 말리지 않은 가덩이줄기를 짓찧어서 환부에 붙이거나 또는 말린 것을 가루로 빻아 개어서 바른다.

참고 일본에서는 위장카타르의 치료약으로 쓴다. 또는 말리지 않은 가덩이줄기를 짓찧어서 손발이 튼 자리에 바른다고 한다.

어저귀 오작이·청마

Abutilon avicennae GAERT | 무궁화과

한해살이풀로 짧은 털이 온몸을 덮고 있다.
줄기는 곧게 서서 1.5m 정도의 높이로 자라며 여러 개의 가지를 친다.
잎은 완전한 심장 꼴로 서로 어긋나게 자리하며 긴 잎자루를 가지고 있다. 잎의 끝은 갑자기 뾰족해지며 가장자리에는 작고 둔한 톱니가 규칙적으로 배열되어 있다. 지름 1.5cm 안팎의 꽃은 줄기와 가지의 끝에 가까운 잎겨드랑이에서 1~2송이씩 피는데 5장의 꽃잎을 가지고 있다. 꽃잎은 둥그스름하며 노란빛이다.
꽃이 지고 난 뒤에는 여러 개의 모를 가진 둥글면서 꼭대기가 납작한 열매를 맺는다.

개화기 7~8월

분포 인도가 원산인 풀로 과거에는 섬유작물로 가꾸어졌으나 지금은 야생하여 인가 근처 폐경지 등에 난다.

약용법

생약명 백마실(白麻實), 맹실, 임실(檾實)이라고도 한다.

사용부위 씨를 약재로 쓴다.

채취와 조제 가을에 열매가 익으면 채취하여 씨를 분리한 다음 햇볕에 말린다. 쓰기에 앞서 깨뜨려 부스러뜨린다.

성분 함유 성분에 대해서는 별로 밝혀진 것이 없다

약효 눈을 밝게 해주고 설사를 그치게 하며 살충효과도 있다. 눈을 밝게 해주는 효능이 있으므로 눈이 흐리고 어두운 증세를 치유시키기 위한 약으로 쓴다. 또한 설사를 그치게 하기 때문에 장염과 설사 증세를 다스리기 위해 사용한다.

용법 내과 질환 즉 눈이 흐리고 어두운 증세와 설사, 장염에 대해서는 부스러뜨린 씨를 1회에 3~6g씩 200cc의 물로 달이거나 또는 곱게 가루로 빻아서 복용한다. 외과적인 질환의 경우에는 씨를 가루로 빻아 물에 개어서 환부에 바른다.

여뀌바늘 물풀·개좆방망이

Ludwigia prostrata ROXB | 바늘꽃과

물가에 나는 여러해살이풀이다.
줄기는 곧게 서서 60cm 정도의 높이로 자라며 많은 가지를 친다. 세로 방향으로 여러 개의 줄이 있고 불그스레한 빛을 띤다.
잎은 피침 꼴 또는 계란 모양에 가까운 피침 꼴의 모습으로 양쪽 끝이 뾰족하며 서로 어긋나게 자리잡고 있다. 짤막한 잎자루를 가지고 있고 잎 가장자리는 밋밋하다. 가을이 되면 때때로 붉게 물들기도 한다.
꽃은 잎겨드랑이마다 한 송이씩 피는데 하늘을 향하여 꼿꼿하게 서며 4~5장의 꽃잎을 가지고 있다. 꽃의 지름은 1cm 안팎이고 노란빛이 선명하다.
꽃이 핀 뒤에 1.5~3cm의 길이의 막대기와 같이 생긴 열매를 맺는다.

개화기 9월 중

분포 중부 이남의 지역과 제주도에 분포하며 논이나 도랑 등의 양지바르고 습한 땅에서 난다.

약용법

생약명 정향류(丁香蓼), 수정향(水丁香), 전료초(田蓼草), 정자초(丁子草)라고도 한다.

사용부위 꽃과 열매를 포함한 모든 부분을 약재로 쓴다.

채취와 조제 9~10월에 채취하여 밝은 그늘이나 햇볕에서 말린다. 쓰기에 앞서 적당한 크기로 잘게 썬다.

성분 함유 성분에 대해서는 밝혀진 것이 아직 없다.

약효 이뇨작용을 비롯하여 해열, 해독, 소종 등의 효능을 가지고 있다. 적용 질환은 소변이 잘 나오지 않는 증세를 비롯하여 살갗에 물집이 돋는 증세, 임질, 대하증, 인후염 등을 다스리는데 쓰인다. 기타 악성종기의 치료약으로도 이용된다.

용법 말려서 썬 약재를 1회에 5~10g씩 200cc의 물로 달여서 복용한다. 악성종기는 말리지 않은 풀을 짓찧어서 환부에 붙이거나 또는 말린 약재를 달여서 환부를 여러 차례 닦아낸다.

왕바랭이 왕바래기·길잡이풀

Eleusine indica GAERT | 벼과

한해살이풀로 질긴 뿌리를 많이 가지고 있다.
여러 대의 납작한 줄기가 뭉쳐 자라며 곧게 서거나 비스듬하게 자라 50cm 정도의 높이에 이른다. 약간의 질긴 가지를 치며 줄기 역시 매우 질기다.
잎은 좁은 줄 꼴이며 가장자리에는 잔털이 생겨나 있고 서로 어긋나게 자리한다. 잎 표면은 거칠고 잎의 밑동이 줄기를 감싼다.
줄기 끝에 3~7개로 갈라진 납작한 이삭이 생겨나는데 길이는 5~10cm이다. 이삭은 작고 많은 이삭이 두 줄로 배열되며 작은 이삭의 길이는 6mm 안팎이고 5~6송이의 꽃으로 이루어진다. 이삭의 빛깔은 푸르다.

개화기 8~9월

분포 중부 이남의 지역과 제주도 및 울릉도에 분포하며 들판의 양지바른 풀밭과 길가 등에서 난다.

약용법

생약명 천금초(千金草). 우근초(牛筋草), 첨자초라고도 한다.

사용부위 꽃과 열매를 포함한 모든 부분을 약재로 쓴다.

채취와 조제 8~9월에 채취하여 햇볕에 말린다. 쓰기에 앞서 잘게 썬다.

성분 함유 성분에 대해서는 연구된 것이 없다.

약효 해열과 이뇨 등의 효능을 가지고 있다. 열이 나는 경우나 더위를 먹은 경우를 비롯하여 간염으로 인한 황달, 방광결석, 소변이 잘 나오지 않는 증세를 다스리기 위해 쓰인다. 또한 어린아이가 경련을 일으키는 병(경풍)의 치료약으로도 사용한다.

용법 말린 약재를 1회에 3~7g씩 200cc의 물로 천천히 달여서 복용한다. 그 밖에 생풀을 짓찧어 즙으로 조금씩 복용하는 방법도 있다.

참고 일본에서는 약재를 달여 피부질환의 세척제로 쓴다.

왕승마 왜승마

Cimicifuga acerina TANAK | 미나리아재비과

여러해살이풀이며 줄기는 곧게 60cm 안팎의 높이로 자란다.
기다란 잎줄기 끝에는 3장의 잎이 함께 모여 있으며 단풍나무 잎처럼 넓고 얕게 갈라져 있다. 잎은 두텁고 약간의 윤기가 나며 잎 가장자리에는 크기가 고르지 않은 날카로운 톱니가 있다.
줄기 끝이 몇 갈래로 갈라진 부분에서 많은 꽃이 뭉쳐 이삭 모양으로 꽃차례를 구성한다. 꽃차례의 길이는 20~35cm쯤 된다. 꽃에는 꽃잎은 없고 많은 수술과 1~2개의 암술이 둥글게 뭉쳐 있을 뿐이다. 또한 꽃자루 없이 꽃대에 밀착하고 있으며 꽃의 빛깔은 희다.

개화기 7~8월

분포 제주도와 남부지방에만 분포하며 산지의 시냇가나 나무 그늘에 난다.

약용법

생약명 대엽승마(大葉升麻)

사용부위 뿌리줄기를 약재로 쓴다.

채취와 조제 가을 또는 이른봄에 뿌리줄기를 캐어 올려 깨끗이 씻은 다음 햇볕에 말린다. 쓰기 전에 잘게 썬다.

성분 승마의 뿌리줄기에는 키미키푸긴(Cimicifugin)이라는 염기성 성분이 함유되어 있으나 왕승마의 경우에는 분명하지 않다.

약효 진통, 지혈 및 뱃속의 가스를 없애는 효능을 가지고 있다. 적용 질환은 두통과 치통의 치료약으로 사용하며 또는 지혈작용을 활용하여 피를 토하거나 코피를 흘리는 증세를 다스리는 데에 쓴다. 또한 입안에 생기는 종기의 치료약으로 쓰이고 있으며 땀띠가 나거나 벌레에 물려 부어 오른 상처의 치료에 사용한다.

용법 내과 질환에 대해서는 말려서 썬 약재를 1회에 1.5~5g씩 200cc의 물로 절반 정도 되게 달여서 복용한다. 땀띠를 가라앉히기 위해서는 달인 물로 환부를 3~4차례 씻어주면 된다. 벌레에 물려 부어오른 상처에는 생잎을 짓찧어 헝겊에 싸서 붙인다.

왜현호색 산현호색

Corydalis ambigua CHM. et SCHL | 양귀비과

여러해살이풀로 땅 속에는 지름이 1.5m 정도가 되는 덩이줄기[塊莖]를 가지고 있다. 덩이줄기로부터 하나의 줄기가 나와 10~20cm의 높이로 자란다.
줄기의 윗부분에 2장의 잎이 달린다. 긴 잎자루를 가진 잎은 세 조각으로 2~3번 갈라진다. 갈라진 조각은 긴 타원 꼴이며 가장자리는 밋밋하며 끝이 둥그스름하다. 꽃은 길이 17~25mm 정도로 한쪽으로 넓게 입술처럼 퍼지는데 줄기 끝에 여러 송이가 이삭 모양으로 뭉쳐서 곧게 일어선다. 꽃잎의 뒤쪽에는 닭의 발톱처럼 생긴 조직이 달려 있으며 이것을 거(距)라고 한다. 꽃의 빛깔은 자줏빛이 도는 하늘색이다.

개화기 4~5월

분포 충북 이북의 지역에 분포하며 산의 양지바른 풀밭에 난다.

약용법

생약명 현호색(玄胡索). 현호(玄胡), 연호(延胡), 원호(元胡)라고도 부른다.

사용부위 덩이줄기를 약재로 쓴다. 애기현호색이나 댓잎현호색. 빗살현호색도 같은 내용으로 함께 쓰인다.

채취와 조제 5~6월에 잎이 말라죽는데 이때 캐내 깨끗이 씻은 뒤 햇볕에 말린다. 쓰기에 앞서 잘게 썰거나 또는 식초에 적셔 볶아서 쓰기도 한다.

성분 덩이줄기 속에 프로토핀(Protopin)과 코리달린(Corydalin), 게누이닌(Genuinin) 등의 염기가 함유되어 있다.

약효 진통, 진정, 진경(경련을 가라앉힘), 자궁수축 등의 효능이 있고 혈액 순환을 도와주며 멍든 피를 풀어주기도 한다. 적용 질환으로는 가슴과 배의 통증을 비롯하여 월경통, 월경불순, 산후의 어혈로 인한 복통 그리고 산후 출혈로 정신이 혼미해지는 증세, 허리와 무릎이 저리고 아픈 증세, 타박상으로 멍든 증세 등이다.

용법 1회에 2~4g의 약재를 200cc의 물로 달이거나 또는 곱게 가루로 빻아 복용한다.

용담 초용담·선용담

Gentiana scabra var. buergeri MAX | 용담과

개화기 8~10월

분포 제주도를 비롯한 전국 각지에 널리 분포하며 산지의 양지바른 풀밭에 난다.

여러해살이풀로 많은 수염과 같은 뿌리를 가지고 있다.
줄기는 곧게 서서 60cm 안팎의 높이로 자라고 가지를 치지 않는다.
잎은 마디마다 2장이 마주 나오며 잎자루는 없다. 피침 모양으로 끝이 뾰족하고 밑동은 둥그스름하다. 평행인 3개의 잎맥이 있고 잎 가장자리는 밋밋하게 보이지만 손으로 만져보면 깔깔한 느낌이다.
꽃은 줄기 끝의 잎겨드랑이에 생겨나는데 종 모양이고 끝이 다섯 갈래로 갈라진다. 갈라진 조각은 세모꼴에 가까운 계란 모양이다. 꽃은 보랏빛이고 길이는 4.5~6cm, 지름은 2.5cm 안팎이다. 꽃이 핀 뒤에 길쭉한 열매를 맺으며 익으면 두 갈래로 갈라져 날개를 가진 씨가 노출된다.

약용법

생약명 용담(龍膽). 담초(膽草), 지담초(地膽草), 고담(苦膽), 능유(陵遊)라고도 한다.

사용부위 뿌리를 약재로 쓴다. 큰용담(Gentiana axillariflora var. coreana KUDO)과 칼잎용담(G. uchiyamai NAKAI), 과남풀(G. triflora var. genuina HERD) 등도 같은 내용으로 함께 쓰이고 있다.

채취와 조제 가을에 굴취하여 흙을 씻어 없앤 다음 햇볕에 말린다. 쓰기에 앞서 잘게 썬다.

성분 뿌리에 고미배당체인 겐티오피크린(Gentiopicrin)과 삼당체(三糖體)인 겐티아노즈(Gentianose)를 함유하고 있다.

약효 건위와 해열, 소염, 담즙이 잘 나오게 하는 데에 효능을 가지고 있다. 적용 질환으로는 소화불량을 비롯하여 담낭염, 황달, 두통, 뇌염, 방광염, 요도염, 경간(驚癎, 어린아이들이 놀라서 발작하는 간질병), 음낭이 부어오르고 아픈 증세, 눈이 붉게 충혈되는 증세 등이다.

용법 말린 약재를 1회에 1~3g씩 200cc의 물로 달이거나 또는 곱게 가루로 빻아 복용한다.

이삭여뀌

Tovara filiformis NAKAI | 여뀌과

여러해살이풀로 온몸에 거친 털이 산재해 있다.
줄기는 약간의 가지를 치면서 1m 정도의 높이로 자란다.
잎은 넓은 타원 꼴 또는 계란 꼴의 모습이고 서로 어긋나게 자리잡고 있다. 5~15cm 정도의 길이인 잎의 양끝은 뾰족하며 다소 얇고 연하다. 잎 가장자리에는 톱니 대신 규칙적으로 털이 배열되어 있고 잎자루의 밑동은 칼자루와 같이 생긴 받침잎으로 이루어져 줄기와 함께 감싸져 있다.
가늘고 긴 꽃대 위에 작은 꽃이 간격을 두고 많이 배열되어 이삭 모양을 이룬다. 꽃대의 길이는 30cm 안팎이다. 꽃의 크기는 4mm 정도이고 꽃잎이 없으며 빛깔은 붉은빛이다.

개화기 7~8월

분포 제주도를 비롯해 전국 각지에 널리 분포하며 산지의 밝은 나무 그늘에 난다.

약용법 생약명 금선초(金線草). 모료(毛蓼), 야료(野蓼), 중양류(重陽柳)라고도 한다.

사용부위 풀 전체를 약재로 쓰는데 새이삭여뀌(Tovara neo-filiformis NAKAI)도 같은 내용으로 함께 쓰인다.

채취와 조제 여름에서 가을 사이에 채취하여 햇볕에 말리는데 때로는 생풀을 쓰기도 한다. 말린 것은 쓰기에 앞서 잘게 썬다.

성분 함유 성분에 대해서는 규명된 것이 없다.

약효 풍습(습기로 인하여 뼈마디가 저리고 아픈 병)을 없애주고 멍든 피를 풀어주며 진통, 지혈, 소종(종기를 가라앉힘) 등의 효능을 가지고 있다. 적용 질환은 풍습으로 인한 통증, 요통, 관절통, 타박상, 위통, 월경통, 산후 복통, 각혈, 코피, 혈변, 피부염 등에 쓰인다.

용법 내과적인 질환에는 말린 약재를 1회에 4~6g씩 200cc의 물로 천천히 달여 복용한다. 피부염인 경우에는 생풀을 짓찧어서 환부에 붙이거나 또는 말린 약재를 달여 환부를 자주 닦아낸다.

이질풀 개발초·쥐손이풀

Geraniumthunbergii SIEB. et ZUCC | 쥐손이풀과

온몸에 잔털이 나 있는 여러해살이풀이다.
줄기는 땅에 엎드리거나 비스듬히 자라 올라 길이 1m에 이른다.
잎은 손바닥 모양으로 세 갈래 내지 일곱 갈래로 갈라져 있고 마디마다 2장이 마주 자리잡고 있다. 갈라진 잎 조각은 길쭉한 타원 꼴이고 잎의 끝부분에 약간의 톱니를 가지고 있다. 일반적으로 잎 표면에는 검정빛을 띤 보라색 얼룩이 있다.
꽃은 잎겨드랑이로부터 자라오는 꽃대 위에 한두 송이 피며 5장의 꽃잎을 가진다. 꽃의 지름은 1~1.5cm이고 빛깔은 연분홍색이다.
꽃이 지고 난 뒤에 학의 부리처럼 생긴 긴 열매를 맺는다.

개화기 8~9월

분포 제주도를 포함한 전국 각지에 널리 분포하며 산과 들판의 양지바른 풀밭에 난다.

약용법

생약명 노학초(老鶴草), 노관초(老官草), 현초(玄草)라고도 한다.

사용부위 풀 전체를 약재로 쓴다. 선이질풀, 세잎쥐손이, 참이질풀, 둥근이질풀, 쥐손이풀 등도 함께 약재로 쓰이고 있다.

채취와 조제 열매를 맺기 시작할 무렵에 채취하여 햇볕에 말린다. 쓰기 전에 잘게 썬다.

성분 말린 약재 속에 15%를 넘는 다량의 타닌을 함유하고 있으며 그 밖에 몰식자산(沒食子酸)과 호박산도 들어 있다. 이러한 성분들이 수렴지사(收斂止瀉)작용을 한다.

약효 수렴작용과 함께 풍을 풀어주고 혈액 순환을 도우며 해독작용도 한다. 적용 질환은 풍습으로 인해 온몸이 쑤시고 아픈 증세를 비롯해 손발의 근육이 굳어져 감각이 없어지는 증세, 이질, 설사, 장염 등을 다스리는 약으로 쓰인다. 특히 이질, 설사에는 효능이 크다.

용법 말린 약재를 1회에 2~8g씩 200cc의 물로 달여서 복용한다. 다소 양이 많아도 부작용은 없다.

익모초 임모초

Leonurus sibiricus L | 꿀풀과

두해살이풀로서 줄기는 모가 나 있고 곧게 서서 1.5m 정도의 높이로 자란다. 밑동에서부터 가지를 쳐 나가며 잎은 마디마다 2장이 마주 자리한다. 뿌리로부터 자라난 잎은 계란 꼴이고 가장자리에는 결각과 같은 생김새의 톱니를 가지는데 줄기에 나는 잎은 깃털 모양으로 깊게 갈라진다. 갈라진 조각은 줄 꼴이고 가장자리에는 약간의 결각이 있다.

연보랏빛을 띤 분홍색의 꽃은 가지 끝에 가까운 잎겨드랑이마다 여러 송이가 둥글게 뭉쳐서 핀다. 꽃의 생김새는 입술 꼴이고 윗입술은 둥글고 약간의 털이 나 있으며 아랫입술은 세 갈래로 갈라진다.

개화기 7~8월

분포 전국 각지에 널리 분포하고 있으며 들판의 양지바른 풀밭에 난다.

약용법

생약명 익모초(益母草). 충울, 저마(豬麻), 익명(益明), 정울(貞蔚)이라고도 한다.

사용부위 잎과 줄기를 모두 약재로 쓴다.

채취와 조제 한창 자라는 여름철에 채취하여 햇볕에 말리는데 때로는 말리지 않은 생풀도 쓴다. 말린 것은 쓰기에 앞서 잘게 썬다.

성분 결정성고미질인 레오누린(Leonurin)과 지방유 및 수지를 함유한다.

약효 자궁을 수축시키고 월경을 조절하며 뭉친 피를 풀어준다. 그 밖에 이뇨작용을 하고 혈액의 순환을 돕기도 한다. 따라서 주로 부인병의 치료에 쓰이며 적용 질환은 월경불순을 비롯해 산후에 오로(惡露, 해산 후 흐르는 불그레한 물)가 내리지 않는 증세, 산후 어혈로 인한 복통, 월경통, 월경이 멈추지 않는 증세 등이 주된 것이다. 기타 급성신염이나 혈뇨, 식욕부진, 소변이 잘 나오지 않는 증세 등에 대해서도 쓰인다.

용법 말린 약재를 1회에 4~10g씩 200cc의 물로 달이거나 또는 가루로 빻아 복용한다. 때로는 생즙을 내어 복용하는 일도 있다.

참고 일본에서는 대하증이나 안질의 치료약으로 쓰인다고 하며, 안질은 달인 물로 세척한다.

일엽초

Lepisorus thunbergianus CHING | 고란초과

사철 푸른 잎을 가지는 여러해살이풀이다.
검정빛의 비늘에 뒤덮인 굵은 뿌리줄기를 가지고 있으며 이 뿌리줄기는 바위나 나무줄기에 붙어 길게 뻗어 나가면서 때때로 갈라진다.
잎은 뿌리줄기로부터 자라는데 서로 좁은 간격으로 서며 잎자루는 극히 짧다. 길이는 10~15cm가량의 잎은 줄 꼴이며 양끝이 뾰족하다. 잎몸이 두텁고 가죽처럼 빳빳하며 잎 가장자리는 밋밋하다. 잎 표면은 짙은 녹색이고 뒷면은 담녹색이다. 한가운데에 자리한 주된 잎맥만 보이고 작은 잎맥은 전혀 보이지 않는다. 홀씨주머니는 잎 뒤의 주된 잎맥의 양쪽에 규칙적으로 줄지어 생겨나며 둥글고 노랗다.

분포 제주도 및 울릉도와 남쪽의 따뜻한 지역에만 분포하며 산 속의 나무 줄기나 바위에 붙어산다.

약용법

생약명 와위(瓦韋). 칠성초(七星草) 또는 골비초(骨脾草)라고도 부른다.

사용부위 뿌리줄기를 포함한 모든 부분을 약재로 쓰는데 전국적으로 분포하는 산일엽초(Lepisorus ussuriensis CHING)도 함께 약재로 쓰인다.

채취와 조제 여름철에 채취하여 햇볕에 말린다. 쓰기에 앞서 협잡물을 제거하고 잘게 썬다.

성분 함유 성분에 대해서는 별로 밝혀진 바가 없다.

약효 이뇨와 지혈이라는 두 가지 효능을 가지고 있다. 적용 질환은 임질과 이질, 토혈 등에 효과가 있다.

용법 말린 약재를 1회에 4~7g씩 200cc의 물로 달여 복용한다. 어느 것이든 천천히 달여서 양이 반 정도 되게 하여 복용하는 것이 생약 이용의 원칙이다.

참고 일본에서는 감기와 임질 그리고 산기(疝氣), 고환과 음낭 등의 질환으로 생겨나는 신경통과 요통 및 아랫배와 음낭이 붓고 아픈 병 등의 치료약으로 뜨거운 물에 달여 복용한다고 한다.

자귀풀

Aeschynomene indica L | 콩과

한해살이풀로 줄기는 연하고 속이 비어 있으며 밋밋하다. 높이 80cm 정도로 자라는 줄기는 여러 개의 가지를 친다.
잎은 마디마다 서로 어긋나게 자리잡고 있으며 깃털 모양으로 갈라진다. 갈라진 조각은 좁은 간격으로 규칙적인 배열이 이루어지며 조각의 길이는 6~9mm이다. 잎 전체의 생김새는 줄 꼴에 가까운 피침 꼴이다.
꽃은 잎겨드랑이로부터 자라는 짤막한 꽃대 위에 1~4송이가 이삭 모양으로 달린다. 꽃의 생김새는 나비 꼴이고 길이와 너비가 1cm쯤 되며 노란빛이다. 꽃이 모두 지고 난 뒤에는 3~4cm 정도의 길이를 가진 꼬투리가 생겨나 여문다. 그 속에는 콩처럼 생긴 5~7개의 작은 씨가 들어 있다.

개화기 7~8월

분포 전국 각지에 널리 분포하고 있으며 양지바른 들판의 다소 습한 땅에 난다.

약용법

생약명 합맹(合萌). 수조각, 합명초(合明草), 수용각(水茸角), 해류(海柳)라고도 부른다.

사용부위 잎과 줄기와 뿌리 전체를 약재로 쓴다.

채취와 조제 여름에서 가을 사이에 채취하여 햇볕에 말리거나 또는 생풀을 쓰기도 한다. 말린 것은 쓰기 전에 잘게 썬다.

성분 함유 성분에 대해서는 밝혀진 것이 없다.

약효 이뇨작용을 비롯하여 해열, 해독, 소종 등의 효능을 가지고 있다. 적용 질환은 소변이 잘 나오지 않는 증세와 감기로 인한 신열, 간염, 황달, 위염, 임질, 배가 부푸는 증세, 악성종기, 습진 등이다.

용법 악성종기와 습진에 대해서는 생풀을 짓찧어서 환부에 붙이거나 또는 말린 약재를 달여 환부를 닦아낸다. 이외의 질환에는 말린 약재를 1회에 4~8g씩 200cc의 물로 천천히 달여서 복용하거나 또는 생풀의 즙을 내어 복용한다.

참고 일본에서는 강장약과 소화약으로도 쓴다고 한다. 용량은 한국의 경우와 같다.

자란

Bletilla striata REICHB | 난초과

여러해살이풀로서 높이 4cm쯤 되는 가덩이줄기(球莖)를 가지고 있으며 육질(肉質)이고 속이 희다.
5~6장의 잎이 가덩이줄기로부터 자라는데 밑동은 서로 감싸면서 줄기처럼 곧게 일어선다. 끝은 뾰족하고 세로로 많은 주름이 생겨나 있는 잎은 길이 20~30cm에 이르며 길쭉한 타원 꼴이다.
잎 사이로부터 50cm 정도의 길이를 가진 꽃대가 자라 6~7송이의 꽃이 이삭 모양으로 달린다. 꽃은 비스듬히 반쯤 벌어지고 맥이 있으며 지름은 3cm 안팎이다. 꽃의 빛깔은 연보랏빛을 띤 분홍색이다.

개화기 5~6월

분포 서남 해안과 남해의 여러 섬에 분포하며 야산의 양지 쪽 황토밭에 난다.

약용법

생약명 백급. 백근(白根), 자혜근(紫蕙根)이라고도 부른다.

사용부위 가덩이줄기를 약재로 쓴다.

채취와 조제 가을에 채취하여 잔뿌리와 잎을 제거하고 깨끗이 씻은 후 살짝 쪄서 껍질을 벗겨내 햇볕에 말린다. 쓰기에 앞서 잘게 썬다.

성분 가덩이줄기에 정유와 점질액 및 고미질 물질을 함유한다.

약효 폐를 보해주고 지혈, 수렴작용을 하며 종기를 가시게 하는 효능이 있다. 적용 질환은 폐의 농양(고름이 몰려 있는 병), 내출혈, 토혈, 코피, 외상으로 인한 출혈, 악성종기, 피부궤양, 습진 등이다.

용법 내과 질환에는 말린 약재를 1회에 1~3g씩 200cc의 물로 달이거나 또는 곱게 가루로 빻아 복용한다. 악성종기와 피부궤양, 또는 습진 등의 외과 질환에는 말린 약재를 가루로 빻아 환부에 뿌려주거나 또는 가루로 빻은 것을 기름에 개어서 바른다.

참고 일본에서는 곱게 가루로 빻아 기름(바셀린 등)에 갠 것을 화상이나 동상, 손발이 튼 곳에 바른다고 한다.

자리공

Phytolacca esculenta VAN HOUTT | 상륙과

개화기 5~6월

분포 제주도를 비롯해 전국 각지에 널리 분포한다. 인가 부근의 풀밭에 난다.

여러해살이풀로 독 성분을 함유하고 있어 과용하지 말아야 한다.

뿌리는 덩어리지고 살쪄 있다.

줄기는 곧게 서서 1.5m 안팎의 높이로 자라며 많은 가지를 쳐서 더부룩한 외모를 보인다. 잎은 계란 꼴 또는 타원 꼴로 매우 크며 양쪽 끝이 뾰족하고 가장자리는 밋밋하다. 질이 연하며 마디마다 서로 어긋나게 한 잎씩 자리한다.

희게 피는 꽃은 잎겨드랑이의 반대쪽으로부터 자라는 꽃대에 많이 뭉쳐 피며 이삭 모양을 이룬다. 꽃잎은 없고 5개의 꽃받침이 꽃잎처럼 보이며 꽃가루주머니는 연분홍색이다.

꽃이 핀 뒤에 물기 많은 검붉은 열매를 많이 맺는데 아래로 처진다.

약용법 **생약명** 상륙(商陸). 당륙(當陸), 창륙(昌陸), 백창(白昌), 야호(夜呼)라고도 부른다.

사용부위 뿌리를 약재로 쓴다. 울릉도에 나는 섬자리공과 귀화식물인 미국자리공의 뿌리도 함께 쓰인다.

채취와 조제 가을이나 봄에 굴취하여 깨끗이 씻은 다음 햇볕에 말린다. 잘게 썰어서 쓰는데 때로는 썬 것을 식초에 적셔 볶아서 사용하기도 한다.

성분 다량의 수지와 초석(硝石)을 함유하고 있으며 그 이외에 고미배당체인 사포닌(Saponin)과 히스타민(Histamine)도 함유하고 있다고 한다.

약효 이뇨 효과가 크며 종기를 가시게 하는 효능도 있다. 소변이 잘 나오지 않는 증세, 살갗에 돋는 물집(수종), 복부에 액체나 가스가 차서 배가 부르는 증세, 각기, 인후염, 악성종기 등을 치료하는 약으로 쓴다.

용법 말린 약재를 1회에 2~4g씩 200cc의 물로 달이거나 또는 곱게 가루로 빻아 복용한다. 악성종기에는 약재를 가루로 빻아 기름에 개어 붙이거나 또는 생잎을 짓찧어서 붙인다.

자주괴불주머니 자주현호색

Corydalis incisa PERS | 양귀비과

개화기 5월 중

분포 제주도와 전라도에 분포하며 산록의 그늘지고 습기가 많은 땅에 난다.

두해살이풀이다.

세로 방향으로 여러 개의 홈이 생겨 있는 줄기는 연해서 꺾이기 쉬우며 50cm 정도의 높이로 자란다.

대부분의 잎은 뿌리로부터 자라고 줄기에는 약간의 잎이 서로 어긋나게 자리하고 있다. 모든 잎이 2~3번 깃털 모양으로 갈라지는데 갈라진 조각은 계란꼴에 가까운 쐐기꼴이고 가장자리에는 결각과 같이 생긴 톱니가 나 있다.

줄기는 가지를 치지 않으며 줄기 끝에 많은 꽃이 이삭 모양으로 뭉쳐 핀다. 대롱 모양의 꽃은 한쪽은 입술처럼 갈라져 있고 반대쪽은 닭의 발톱처럼 생겼다. 꽃의 길이는 1.5cm 안팎이고 붉은빛을 띤 보라색이다.

꽃이 지고 난 뒤 1.5cm 정도의 길이에 꼬투리처럼 생긴 열매를 맺는다.

약용법

생약명 자근초(紫菫草). 단장초(斷腸草)라고도 한다.

사용부위 뿌리를 포함한 모든 부분을 약재로 쓴다.

채취와 조제 5~6월에 채취하여 햇볕에 말린 다음 적당한 크기로 썰어서 쓴다. 때로는 생풀을 쓰기도 한다.

성분 코프티신 클로라이드(Coptisinechloride), 상귀나린(Sanguinarine), 테트라 하이드로코프티신(Tetra hydrocoptisine), 테트라 하이드로코리사민(Tetra hydrocorysamine) 등의 성분이 함유되어 있다.

약효 살균과 해독의 효능을 가지고 있다. 적용 질환으로는 옴, 완선(피부병의 하나로서 헌 데가 둥글고 불그스름하며 가려운 증세), 종기 등이다.

용법 생풀을 짓찧어서 환부에 붙인다. 또는 말린 약재를 적당한 양의 물로 뭉근하게 달여서 그 물로 환부를 자주 닦아내는 방법을 쓰기도 한다.

전호 큰전호

Anthriscus sylvestris HOFFM | 미나리과

여러해살이풀로서 높이는 1m에 이른다.
줄기는 곧게 서서 여러 개의 가지를 치며 온몸이 밋밋하고 털이 없다.
잎은 두 번에 걸쳐 세 갈래로 갈라지며 갈라진 조각은 다시 깃털 모양으로 가늘게 갈라진다. 갈라진 조각의 끝은 뾰족하고 일반적으로 잎 가장자리는 밋밋한데 때로는 약간의 톱니가 나는 경우도 있다.
가지 끝에서 6~12대의 꽃대가 가지런히 자라 작은 꽃이 무수히 뭉쳐 우산 꼴을 이룬다. 5장의 꽃잎이 달린 흰색 꽃은 지름이 3~4mm 정도이다.
꽃이 핀 뒤에 길쭉한 생김새의 검고 윤기 나는 씨가 맺힌다.

개화기 5~6월

분포 제주도를 포함한 전국 각지에 분포하고 있으며 산지의 풀밭에 난다.

약용법

생약명 아삼(蛾蔘)이 올바른 명칭인데 흔히 전호(前胡)로 통한다. 즉 오용되고 있다.

사용부위 뿌리를 약재로 쓴다. 털전호도 함께 쓰이고 있다.

채취와 조제 봄에서 가을 사이에 채취하여 줄기와 잔뿌리를 제거하고 물로 씻은 다음 햇볕에 말린다. 쓰기 전에 잘게 썬다.

성분 뿌리에는 안스리틴(Anthritine), 이소안스리틴(Isoanthritine), 알파-피넨(α-Pinene), 디-리모넨(d-Limonene) 등의 성분이 함유되어 있다.

약효 해열, 거담, 진해, 진정 등의 효능이 있어 감기를 비롯하여 기침을 하거나 열이 나는 증세, 천식 등을 다스리는 데에 쓰인다. 그 밖에도 구역질이 심할 때나 가슴과 겨드랑이 밑이 붓고 거북한 증세가 있는 경우에도 치료약으로 사용한다.

용법 내복약으로 말린 약재를 1회에 2~4g씩 200cc의 물로 천천히 달이거나 또는 곱게 가루로 빻아 복용한다. 하루 용량은 6~12g이다.

조개나물

Ajuga multiflora BUNGE | 꿀풀과

여러해살이풀이며 온몸에 희고 긴 털이 빽빽하게 나 있다.
줄기는 곧게 일어서서 20cm 안팎의 높이로 자란다.
잎은 2장이 마주난다. 봄에 뿌리에서 자라난 잎은 피침 꼴로 잎자루를 가지고 있으며 10cm가 넘을 정도로 꽤 긴 것도 있다. 줄기에 자리하는 잎은 잎자루를 가지지 않으며 계란 꼴로 길이는 5cm 이내이다.
꽃은 잎겨드랑이에 둥글게 모여 피는데 꽃자루가 없어 잎과 밀착하고 있다. 꽃은 길쭉한 입술 모양으로서 끝부분이 아래위로 갈라져 있는데 아랫입술이 위의 것보다 넓고 크다. 꽃의 길이는 7mm 안팎이며 짙은 보라색으로 핀다.

개화기 5~6월

분포 전국적으로 분포하고 있으며 들판의 양지바른 곳에 난다. 무덤 근처에서 흔히 볼 수 있다.

약용법

생약명 백하초(白夏草). 백하고초(白夏枯草)라고도 한다.

사용부위 잎과 줄기와 뿌리 전체를 약재로 쓴다.

채취와 조제 꽃이 피는 5~6월에 채취하여 햇볕에 말린다. 쓰기에 앞서 잘게 썬다.

성분 함유 성분에 대해서는 별로 밝혀진 것이 없다.

약효 이뇨작용을 하며 피를 식혀주고 종기로 인한 부기를 가시게 한다. 따라서 소변이 잘 나오지 않는 경우 이를 다스리기 위해 쓰이며 기타 고혈압이나 임파선염 등의 치료약으로 사용한다. 또한 종기로 인해 생기는 부기를 가시게 하여 악성종기의 치료를 위해서도 쓰인다.

용법 내과 질환에 대해서는 내복약으로 쓴다. 즉 말린 약재를 1회에 4~6g씩 200cc의 물에 넣어 반 정도의 양이 되도록 달여서 복용한다. 악성종기에 대해서는 생풀을 짓찧어서 환부에 붙이거나 또는 말린 것을 가루로 빻아 기름에 개어서 붙이기도 한다.

조개풀

Arthraxon hispidus MAKINO | 벼과

개화기 8~9월

분포 전국 각지에 널리 분포하며 주로 풀밭이나 논두렁 등에 나는데 때로는 밝은 숲 속에 나는 것도 있다.

한해살이풀이다.

줄기의 아래쪽은 옆으로 누워 마디에서 뿌리가 내린다. 위쪽은 비스듬히 또는 곧게 서서 40cm 정도의 높이에 이른다.

잎은 서로 어긋나게 자리잡고 있으며 피침 꼴에 가까운 계란 꼴로 밑동이 줄기를 감싼다. 잎 끝은 뾰족하고 가장자리는 밋밋한데 아래쪽 3분의 1 정도의 부분에 속눈썹과 같은 잔털이 나 있다.

꽃은 가지 끝과 잎겨드랑이로부터 자라오는 꽃대 위에 이삭 꼴의 꽃차례가 5~10개씩 뭉쳐서 핀다. 꽃차례의 길이는 3cm 안팎이고 빛깔은 푸른색인데 간혹 보랏빛으로 물드는 것도 있다.

약용법 생약명 진초(盡草). 황초(黃草), 녹죽(菉竹)이라고도 부른다.

사용부위 꽃을 포함한 모든 부분을 함께 약재로 쓴다.

채취와 조제 꽃이 피었을 때에 채취하여 햇볕에 말리는데 생풀을 쓰기도 한다. 말린 것은 쓰기 전에 잘게 썬다.

약효 기침을 가라앉히고 천식을 다스려주며 종기로 인한 부기를 가시게 하는 등의 효능을 가지고 있다. 적용 질환은 심하게 기침을 하거나 천식을 앓고 있는 경우에 치료약으로 쓴다. 또한 종기로 인하여 생기는 부기를 가라앉혀 주므로 악성종기를 다스리는 데에도 쓰이며 피부에 옴이 생겼을 때에도 쓴다고 한다.

용법 기침과 천식에 대해서는 말린 약재를 1회에 4~5g씩 200cc의 물로 달여서 복용한다. 종기와 옴인 경우에는 생풀을 짓찧어서 환부에 붙이거나 또는 말린 약재를 달인 물로 환부를 닦아낸다.

참고 옛날에 조개풀은 물감으로 쓰였으며 이것으로 명주를 물들이면 아름다운 노란빛으로 물든다고 한다.

조름나물

Menyanthes trifoliata L | 용담과

물에 나는 여러해살이풀이다. 옆으로 기는 살찐 땅속줄기를 가지고 있으며 잎은 땅속줄기에서 자라고 줄기는 없다. 긴 잎자루를 가진 잎은 세 개로 갈라져 있으며 갈라진 잎 조각은 양끝이 뾰족한 타원 꼴로 가장자리에는 잔물결과 같은 둔한 톱니가 배열되어 있다. 잎의 길이는 5~10cm이다.
잎 사이에서 길게 자라난 꽃대 위에 많은 꽃이 이삭 모양으로 모여 곧게 선 상태로 아래로부터 차례로 피어 올라간다. 꽃은 짤막한 깔때기 꼴이고 끝이 다섯 갈래로 갈라져 꽃잎을 이룬다. 꽃잎 표면에는 흰털이 깔려 있다. 꽃의 지름은 1~1.5cm이고 흰빛으로 피는데 연보랏빛이 감도는 경우도 있다.

개화기 7~8월

분포 중부 이북의 지역에 분포하며 늪과 같은 곳에 난다.

약용법

생약명 수채엽(睡菜葉)

사용부위 잎을 약재로 쓴다.

채취와 조제 봄부터 여름 사이에 채취하여 햇볕에 말린다. 쓰기에 앞서 잘게 썬다.

성분 잎에 고미배당체인 멜리아틴(Meliatin)을 1%가량 함유하고 있으며 그 밖에 타닌과 지방유도 들어 있다. 지방유의 주성분은 세릴알코올(Cerylalcohol)과 피토스테롤에스테르(Phytosterolester)이다.

약효 건위작용을 하는 한편 잠을 재촉하는 최면작용도 한다. 적용 질환은 소화불량이나 위의 기능이 약한 경우 등에 쓰이며 또한 최면작용을 이용하여 불면증이나 신경쇠약 그리고 히스테리 등의 치료약으로도 쓴다. 학질을 다스리기 위해서도 쓰인다고 한다.

용법 말린 약재를 1회에 0.5~1g씩 200cc의 물로 달여서 복용하는데 생즙을 내어 복용해도 효과가 있다.

참고 독일, 프랑스, 스웨덴의 약방문에는 사용이 허용되는 약재에 준하는 것으로 기재되어 있다. 또한 맥주의 쓴맛을 내기 위해 호프의 대용품으로 쓰이는 일이 있다고 한다.

좀현호색 제주현호색

Corydalis decumbens PERS | 양귀비과

여러해살이풀로서 땅 속에 고르지 않은 생김새의 덩이줄기(塊莖)를 가지고 있다.

몇 대의 줄기가 함께 자라는데 매우 허약하여 다른 풀에 기대어 17cm 안팎의 높이로 자란다.

잎은 서로 어긋나게 자리하면서 두세 번 갈라지는데 갈라진 조각은 다시 세 갈래로 갈라진다. 갈라진 조각은 길쭉한 계란 꼴이고 가장자리는 밋밋하다.

가지 끝에 몇 송이의 꽃이 이삭 모양으로 모여 곧게 선다. 입술 모양으로 생긴 꽃은 뒤에 닭의 발톱과 같은 생김새의 거(距)를 가지고 있다. 꽃의 길이는 15~22mm이고 연보랏빛을 띤 분홍색으로 핀다.

개화기 4~5월

분포 제주도에만 분포하며 양지바른 풀밭에 난다. 토양이 깊고 수분이 윤택한 자리를 좋아하는 성질이 있다.

약용법

생약명 복생자근(伏生紫菫). 여름에는 잎이 말라 없어져 하천무(夏天無)라고도 한다.

사용부위 잎과 줄기 그리고 덩이줄기를 함께 약재로 쓴다.

채취와 조제 꽃이 필 때에 채취하여 햇볕에 말린다. 쓰기에 앞서 잘게 썬다.

성분 코리달린(Corydalin)과 프로토핀(Protopin)을 주성분으로 하며 카나딘(Canadin), 코리딘(Corydin) 등이 함유되어 있다. 코리달린과 프로토핀은 진통 겸 마취성의 염기이다.

약효 진통, 진경 등의 효능이 있으며 혈액 순환을 원활하게 하는 한편 혈압을 낮추어 준다. 적용 질환은 풍습성의 관절염, 신경통, 반신불수, 고혈압, 소아마비후유증 등이다.

용법 말린 약재를 1회에 2~6g씩 200cc의 물로 달이거나 또는 곱게 가루로 빻아 복용한다.

참고 일본에서는 산전 산후의 각종 증세와 산후요통, 월경통, 자궁출혈, 분만 후의 진통, 가슴앓이 등 각종 부인병을 다스려 주는 약으로 쓰고 있으며 1회 용량은 2~3g이다.

중대가리풀 땅꽈리

Centipeda minima AL. BRAUN et ASCHER | 국화과

한해살이의 키 작은 풀이다.
줄기는 땅에 붙어 가지를 치면서 뻗어나가 곳곳에서 새로운 뿌리를 내린다. 온몸에서 좋지 않은 약한 냄새를 은근하게 풍긴다.
잎은 좁은 간격으로 서로 어긋나게 자리하며 그 생김새는 길쭉한 타원 꼴로서 길이는 1cm 안팎이다. 잎자루는 없고 가장자리에는 약간의 작은 톱니를 가지고 있다.
꽃은 녹갈색이고 꽃잎을 가지지 않으며 잎겨드랑이에 둥글게 뭉쳐 핀다. 꽃의 지름은 2mm 안팎이다.

개화기 7~8월

분포 전국 각지에 널리 분포하고 있으며 밭 가장자리나 길가 등에 나는데 습지를 좋아하는 습성이 있다.

약용법

생약명 석호유. 식호유, 계장초, 지호초라고도 한다.

사용부위 잎과 줄기와 뿌리 전체를 약재로 쓴다.

채취와 조제 꽃이 피었을 때에 채취하여 햇볕에 말린다. 쓰기에 앞서 잘게 썬다.

성분 함유 성분에 대해서는 밝혀진 것이 없다.

약효 해열, 진통, 진해, 소염 등의 효능을 가지고 있으며 눈을 밝게 해주고 종기를 가라앉혀 주기도 한다. 적용 질환은 감기와 기침, 백일해, 학질, 코 속의 염증, 코 막힘, 백내장 등이다. 그 이외에 옴과 각종 피부염의 경우에도 치료약으로 쓴다.

용법 내과 질환에 대해서는 말린 약재를 1회에 2~4g씩 200cc의 물로 달이거나 또는 생풀로 즙을 내어 복용한다. 피부병에는 생풀을 짓찧어서 환부에 붙이고 코 속의 염증에는 말린 약재를 곱게 가루로 빻아 코 속에 살며시 넣는다.

참고 일본에서는 말린 약재를 달여서 위장약과 어린아이의 신경성 약으로 쓰고 멍든 자리를 달여낸 물로 찜질한다.

쥐꼬리망초

Justicia procumbens var. *leucantha* HONDA | 쥐꼬리망초과

한해살이풀로 온몸에 잔털이 산재하여 있다.
모가 져 있는 줄기의 밑동은 옆으로 눕고 윗부분은 곧게 서서 30cm 정도의 높이로 자란다. 줄기와 가지의 마디 부분은 약간 부풀어 있다. 가지는 마디 부분에서 반드시 두 개가 가지런히 자란다. 잎은 마디마다 2장이 마주 자리하며 모양은 계란 꼴이다. 잎 끝은 무디며 가장자리에는 톱니가 없고 밋밋하다.
꽃은 가지 끝에 이삭 모양으로 뭉쳐 곧게 서서 핀다. 꽃은 입술처럼 생겼으며 윗입술은 작고 두 갈래로 갈라져 있으며 아랫입술은 크고 세 개로 갈라져 있다. 꽃의 길이는 7~8mm 정도이며 일반적으로 연한 분홍빛으로 피는데 흰색의 꽃도 있다.

개화기 7~9월

분포 전국적으로 분포하고 있으며 산, 들, 길가에 난다.

약용법

생약명 작상(爵牀). 서미홍(鼠尾紅)이라고도 한다.

사용부위 꽃을 포함한 풀 전체를 약재로 쓴다.

채취와 조제 꽃이 필 때에 채취하여 햇볕에 말린다. 쓰기에 앞서 잘게 썬다.

성분 성분은 밝혀져 있지 않으나 같은 무리의 다른 풀에 바시신(Vasicin)이라는 성분이 함유되어 있는 것으로 보아 이 풀에도 바시신이 함유되어 있을 것으로 추측된다.

약효 진통, 소염작용을 하며 허리와 등의 통증을 비롯하여 류머티즘, 통풍(관절이 붓고 쑤시는 증세) 등의 치료약으로 쓴다.

용법 내복약보다는 외용약으로 쓰이며 생잎과 줄기를 약간의 소금과 함께 짓찧어서 짜낸 즙을 허리와 등의 쑤시고 아픈 부분에 바르면 통증이 가신다. 또한 말린 약재를 달여서 욕탕에 넣고 목욕을 하면 류머티즘과 통풍에 효과가 크다. 소염작용을 하기 때문에 달인 물을 멍든 자리에 바르면 통증과 함께 부기가 가신다.

지치

Lithospermum erythorhizon SIEB. et ZUCC | 지치과

여러해살이풀로 온몸에 빳빳한 털이 나 있다.

줄기는 곧게 서서 30~70cm 정도의 높이로 자라고 위쪽에서 몇 개의 가지를 친다. 피침 모양의 잎은 마디마다 서로 어긋나게 자리하며 두텁고 양끝이 뾰족하다. 잎자루를 가지지 않으며 가장자리는 밋밋하고 털이 있다.

가지 끝의 잎겨드랑이마다 여러 송이의 꽃이 뭉쳐 피며 전체적으로 이삭 모양의 꽃차례에 가깝다. 통 모양의 꽃은 끝이 다섯 갈래로 갈라지며 갈라진 조각은 둥그스름하다. 꽃의 지름은 4mm 안팎이고 희게 핀다.

개화기 5~6월

분포 전국 각지에 분포하며 산과 들판의 양지바른 풀밭에 난다.

약용법

생약명 자초(紫草). 자단(紫丹), 지초(芷草), 지혈(地血)이라고도 한다.

사용부위 굵은 뿌리를 약재로 쓴다.

채취와 조제 가을 또는 봄에 채취하여 햇볕에 말리거나 또는 불에 쬐어 말린다. 쓰기에 앞서 잘게 썬다.

성분 뿌리에 어두운 보라색 색소를 함유하고 있으며 이 색소는 결정성의 아세틸시코닌(Acetylshikonin)이다.

약효 해열, 강심, 해독, 소종 등의 효능을 가지고 있으며 혈액 순환을 돕는다. 적용 질환은 간염을 비롯하여 황달, 변비, 토혈, 혈뇨, 코피, 단독, 자반병(紫斑病, 살갗에 자줏빛 반점이 생기고 점막이나 내장에 피가 나는 병), 수두, 홍역, 습진, 종양, 화상, 동상 등을 들 수 있다. 또 상처의 살이 잘 아물지 않을 때에도 쓰인다고 한다.

용법 내과 질환에는 말린 약재를 1회에 2~5g씩 200cc의 물로 달이거나 곱게 가루로 빻아 복용한다. 외과질환에는 약재를 가루로 빻아 바셀린과 같은 기름에 개어서 환부에 바른다. 바셀린 대신 참기름을 써도 무방하다.

참고 옛날에는 이 뿌리를 가지고 보라색 물감으로 썼다고 한다. 햇볕에 쬐면 쉬 바래는 결점이 있기는 하나 색상이 매우 아름답다고 한다.

진돌쩌귀풀 서울투구꽃·서울바꽃

Aconitum seoulense NAKAI | 미나리아재비과

개화기 9월 중

분포 중부와 북부 지역에 분포하며 산 속 나무 그늘에 난다.

여러해살이풀로 줄기는 곧게 서서 1.2m 정도의 높이에 이른다.
잎은 마디마다 서로 어긋나게 자리잡고 있으며 잎몸은 손바닥과 같이 다섯 갈래로 깊게 갈라진다. 갈라진 조각은 마름모 꼴이고 끝이 뾰족하며 가장자리에는 결각이 있거나 또는 톱니를 가진다.
별로 가지를 치지 않으며 줄기 끝에 여러 송이의 꽃이 모여 이삭 모양을 이룬다. 꽃대에는 많은 털이 나 있다. 5장의 꽃받침이 꽃잎처럼 변해 있으며 위에 자리한 꽃받침은 투구 꼴이고 양가에 자리한 꽃받침은 둥그스름하다. 꽃잎은 2장이고 꽃받침 속에 숨어 있다. 꽃의 크기는 3cm 안팎이며 보랏빛을 띠고 있다.

약용법

생약명 초오(草烏). 토부자(土附子), 초오두(草烏頭), 계독(鷄毒), 오두(烏豆)라고도 한다.

사용부위 덩이뿌리[塊根]를 약재로 쓴다. 놋젓가락나물(Aconitum ciliare DC), 백부자(A. Koreanum R. RAYM), 참줄바꽃(A. neotortuosum NAKAI), 이삭바꽃(A. pulcherrimum NAKAI), 그늘돌쩌귀풀(A. uchiyamai NAKAI), 세잎돌쩌귀(A. triphyllum NAKAI)의 덩이뿌리도 함께 쓰인다.

채취와 조제 10월경에 채취하여 햇볕 또는 불에 말린다.

성분 맹독성의 아코니톤(Aconiton), 메사코니톤(Mesaconiton), 하이파코니톤(Hypaconiton) 등의 알칼로이드를 뿌리에 함유하고 있다.

약효 진통, 진경의 효능이 있고 습기로 인해 허리 아래가 냉해지는 증세를 다스려주며 종기로 인한 부기를 가라앉혀 주기도 한다. 적용 질환은 풍과 냉기로 관절이 쑤시는 증세를 비롯하여 관절염, 신경통, 두통, 위와 배가 차고 아픈 증세, 임파선염 등이다.

용법 독성이 매우 강해 잘못 사용하면 생명을 잃는 일도 있으므로 일반인은 쓰지 않도록 해야 한다. 옛날에 임금이 내리던 사약은 바로 이 약재를 달인 것이다.

진득찰 진동찰·찐득찰

Siegesbeckia glabrescens MAKINO | 국화과

한해살이풀로 온몸에 짤막한 털이 산재해 있다.
줄기는 가늘고 곧게 서서 가지를 쳐가면서 60cm 안팎의 높이로 자란다.
마디마다 2장의 잎이 마주 자리하며 둥근 계란 꼴을 한 잎 가장자리에는 크고 작은 톱니가 불규칙적으로 생겨 있다. 얇고 연한 잎 뒷면에는 세 개의 굵은 잎맥이 두드러지게 보인다.
꽃은 가지 끝에 한 송이씩 피는데 다섯 개의 길쭉한 주걱 모양의 꽃받침이 둘러싼다. 꽃의 크기는 5mm 안팎이고 노랗게 핀다. 꽃받침에는 점액을 분비하는 선모(腺毛)가 빽빽하게 있어서 만져보면 진득거린다.
열매가 익은 뒤에는 이 선모로 인하여 사람의 옷이나 짐승의 털에 달라붙어 사방으로 씨를 퍼뜨린다.

개화기 8~9월

분포 전국적인 분포를 보이며 산이나 들판의 양지바른 풀밭과 길가 등에 난다.

약용법

생약명 희염. 화염, 희선, 구고, 점호채, 풍습초라고도 한다.

사용부위 풀의 모든 부분을 약재로 쓴다.

채취와 조제 꽃이 피기 시작할 무렵에 채취하여 그늘에서 말린다. 병의 종류에 따라서는 생풀을 쓰기도 한다. 쓰기에 앞서 잘게 썰거나 또는 썬 것을 술에 적셔 볶은 다음 말려서 쓴다.

성분 고미질인 다루틴(Darutin)을 함유하는 것으로 추측되고 있다.

약효 진통, 혈압 강하, 소종 등의 효능을 가지고 있으며 적용 질환은 풍습동통(습한 곳에 기거함으로써 일어나는 뼈마디가 저리고 아픈 병), 팔다리의 근육이 굳어져 감각이 없어지는 증세, 허리와 무릎이 냉하고 아프거나 힘이 없는 증세, 류머티즘성 관절염, 고혈압, 간염, 황달 등이다. 종기에도 효과가 있다고 한다.

용법 말린 약재를 1회에 4~8g씩 200cc의 물로 달이거나 또는 가루로 빻아 복용한다. 때로는 생즙을 내어 복용하기도 한다. 종기에는 생풀을 짓찧어 헝겊에 싸서 환부에 붙인다.

참억새

Miscanthus sinensis ANDERS | 벼과

여러해살이풀로 곧게 서는 줄기는 1.5m 안팎의 높이로 자라며 굵고 빳빳하다. 잎은 서로 어긋나게 자리하여 밑동이 줄기를 감싸고 있다. 줄 꼴로 생긴 잎의 길이는 1m에 이른다. 잎의 끝은 점차적으로 뾰족해지고 한가운데에 자리한 잎맥은 흰 줄처럼 보인다. 잎 가장자리에는 잘 보이지 않는 작으면서도 날카로운 톱니가 있어서 만지작거리다가 잘못하면 손가락을 다치는 경우가 있다.
가을이 되면 줄기 끝에 술과 같은 생김새의 이삭이 나와 흰털이 자라면서 보랏빛을 띤 갈색에서 은백색으로 변해 간다. 이삭은 10여 줄의 작은 이삭으로 이루어져 있다.

개화기 9월 중

분포 제주도와 울릉도를 포함한 전국 각지에 널리 분포하고 있으며 산과 들판의 양지바른 풀밭에 난다.

약용법

생약명 망경, 파모, 파망, 두영이라고도 부른다.

사용부위 뿌리줄기를 약재로 쓴다.

채취와 조제 때를 가리지 않고 굴취하여 줄기와 잔뿌리를 제거한 다음 햇볕에 말린다. 쓰기 전에 잘게 썬다.

성분 함유 성분에 대해서는 규명된 것이 없다.

약효 이뇨, 진해, 해독 등의 효능을 가지고 있으며 소변이 잘 나오지 않는 증세를 비롯해 심하게 기침을 할 때, 대하증의 치료에 쓰인다.

용법 내복약으로 쓰는데 말린 약재를 1회에 3~6g씩 200cc의 물에 넣어 반 정도가 될 때까지 달여서 복용한다. 하루에 3회 복용하므로 하루의 생약 사용량은 9~18g이 된다.

참고 일본에서는 소갈(당뇨병으로 인해 목이 말라 자꾸 물을 마시고 싶어하며 소변이 나오지 않는 병)의 치료약으로 쓰이며 종기의 독을 풀어주기 위해서도 사용한다.

참이질풀

Geranium koraiense NAKAI | 쥐손이풀과

여러해살이풀로서 온몸에 짧고 거친 털이 산재해 있다.
줄기는 곧게 서서 가지를 쳐가면서 60cm 정도의 높이로 자란다.
뿌리로부터 자라난 잎은 일곱 갈래로 갈라져 있고 긴 잎자루를 가지고 있다. 줄기와 가지에 달리는 잎은 마디마다 2장이 마주 자리하며 3~5갈래로 갈라지고 짧은 잎자루를 가지거나 가지지 않는다. 잎 가장자리에는 큰 톱니가 드물게 생겨나 있다.
가지 끝마다 1~2개의 긴 꽃대가 자라 각기 한 송이의 꽃을 피운다. 지름이 1.5~1.8cm 정도인 꽃은 5장의 꽃잎으로 이루어지며 연분홍빛을 띤다.
꽃이 지고 난 뒤에 이질풀보다는 조금 짤막한 열매를 맺는다.

개화기 8월 중

분포 경기도 이북 지역에 분포하며 산과 들판의 풀밭에 난다.

약용법

생약명 노학초(老鶴草)

사용부위 뿌리를 제외한 모든 부분을 약재로 쓴다.

채취와 조제 열매를 맺기 시작할 무렵에 채취하여 햇볕에 말린다. 쓰기에 앞서 잘게 썬다.

성분 이질풀의 경우와 마찬가지로 다량의 타닌과 몰식자산, 호박산을 함유하고 있어서 강한 수렴작용을 한다.

약효 설사를 멈추게 하는 작용이 강하며 풍증을 없애주고 혈액 순환을 원활하게 돕는다. 그 밖에 해독작용도 하는 것으로 알려지고 있다. 적용 질환은 풍과 습기로 인한 팔다리의 통증을 비롯해 손발의 근육이 굳어져 감각이 없어지는 증세 등에도 쓰인다. 특히 설사와 이질, 장염 등에 가장 두드러지게 효과가 있다.

용법 말린 약재를 1회에 2~8g씩 200cc의 물로 양이 반 정도가 될 때까지 달여서 복용한다. 양이 다소 지나쳐도 아무런 부작용이 생겨나지 않으므로 안심하고 쓸 수 있다.

창포 향포·왕창포

Acorus asiaticus NAKAI | 천남성과

물가에 나는 여러해살이풀이며 온몸에서 향긋하고 시원한 향내를 풍긴다.
굵고 긴 뿌리줄기[根莖]를 가지고 있으며 빛깔은 적갈색이고 많은 마디가 있다.
길쭉한 칼과 같은 생김새의 잎이 뭉쳐서 자라며 높이는 60~90cm에 이른다. 서로 평행인 잎맥을 가지고 있는데 한가운데에 자리한 잎맥이 두드러지게 눈에 뜨인다. 잎의 밑동은 서로 감싸는 상태로 겹쳐져 있다.
꽃대는 잎과 비슷한 외모를 가지고 있으며 그 중간에 수많은 꽃이 뭉쳐 피어나 원기둥 꼴의 꽃차례가 생겨난다. 꽃차례의 길이는 5cm 안팎이고 굵기는 6~15mm 정도 된다. 꽃차례의 빛깔은 황록색이다.

개화기 6~7월

분포 제주도를 비롯한 전국 각지에 분포하며 물가에 난다.

약용법 생약명 창포(菖蒲). 백창(白菖), 수창(水菖), 경포(莖蒲), 수창포(水菖蒲)라고도 한다.

사용부위 뿌리줄기를 약재로 쓴다.

채취와 조제 8월부터 10월 사이에 언제든지 굴취하여 잔뿌리는 따버리고 물로 깨끗이 씻은 다음 햇볕에 잘 말린다. 쓰기에 앞서 잘게 썬다.

성분 피넨(Pinen), 캄펜(Camphen), 캄퍼(Campher), 칼라메놀(Calamenol) 등을 함유한 정유와 배당체인 아코린(Akorin)이 들어 있다.

약효 건위, 진정, 진경, 거담 등의 효능을 가지고 있다. 적용 질환으로는 소화불량, 설사, 간질병, 경계(놀라고 두려워서 마음이 몹시 두근거리는 증세), 건망증, 정신불안, 기침, 기관지염, 악성종기, 옴 등이다.

용법 악성종기나 옴의 경우에는 약재를 달인 물로 환부를 닦거나 곱게 가루로 빻은 것을 기름에 개어서 바른다. 이외에 내과적인 질환에는 말린 약재를 1회에 1~3g씩 200cc의 물로 달이거나 또는 가루로 빻아 복용한다.

천마 수자해좆

Gastrodia elata BLUME | 난초과

여러해살이 기생식물이며 참나무 종류의 썩은 그루터기에 나는 버섯의 균사에 붙어산다.
굵고 긴 덩이줄기를 가지고 있으며 덩이줄기로부터 높이 1m쯤 되는 줄기가 자란다. 줄기의 빛깔은 주황빛이고 전혀 잎을 가지고 있지 않다.
꽃은 줄기 끝에 곧게 선 이삭 꼴로 모여 핀다. 3장의 꽃잎이 서로 달라붙어 불룩한 단지 모양을 이루는데 주둥이 부분은 세 개로 갈라져 있다. 꽃의 길이는 2cm 안팎이고 빛깔은 노랗다.

개화기 6~7월

분포 제주도를 포함한 전국에 분포하며 다소 깊은 산의 숲 속에 난다.

약용법

생약명 천마(天麻). 적전(赤箭)이라고도 하는데 이 명칭은 줄기에 붙여진 것이다.

사용부위 덩이줄기를 약재로 쓰며 적전 즉 줄기도 약으로 쓰는 경우가 있다.

채취와 조제 늦가을에 굴취하여 줄기를 따버리고 물로 씻은 뒤 속이 흐무러질 정도로 쪄서 햇볕이나 불에 말린다. 쓰기 전에 잘게 써는데 때로는 잘게 썬 것을 볶거나 뜨거운 재 속에 묻어 구워서 쓰기도 한다.

성분 함유 성분에 대해서는 별로 밝혀진 것이 없다.

약효 진정, 진경의 효능이 있고 경락을 이어준다고 한다. 적용 질환은 두통이나 현기증을 비롯해 팔다리의 근육이 굳어지고 감각이 없어지는 증세, 반신불수, 언어장애, 고혈압, 어린아이의 간질병, 유행성 뇌수막염 등의 질환을 치료하는 데 쓴다.

용법 1회에 2~4g의 약재를 200cc의 물로 반 정도쯤 되게 달이거나 곱게 가루로 빻아서 복용한다.

참고 일본에서는 천마와 적전을 같은 목적으로 쓰고 있으며 달여서 복용하면 강장약으로서도 효과가 있고 신경쇠약에도 좋다고 한다. 사용량은 1회에 1~5g으로 되어 있다.

층꽃풀

Caryopteris incana MIQ | 마편초과

식물체의 온몸에 잔털을 뒤집어쓰고 있는 여러해살이풀이다.
줄기는 곧게 서서 자라며 높이는 60cm에 이른다. 나무와 비슷한 성질을 가지고 있다. 잎은 마디마다 2장이 마주 자리한다. 잎의 생김새는 계란 꼴 또는 길쭉한 타원 꼴로 잎자루를 가지고 있으며 길이는 3~6cm쯤 된다. 잎 가장자리에는 거친 톱니를 가지고 있다.
줄기와 가지 끝부분의 잎겨드랑이마다 많은 꽃이 둥글게 뭉쳐 피어 층상을 이루며 이로 인해 층꽃풀이라고 불린다. 꽃은 입술 꼴로 피어나고 끝이 다섯 갈래로 갈라져 있다. 길이 5~6mm 정도인 꽃의 표면에는 털이 있으며 빛깔은 보랏빛인데 때로는 희게 피는 것도 있다.

개화기 7~8월

분포 제주도와 남부의 따뜻한 고장에 분포하며 산골짜기의 양지바른 바위틈에 난다.

약용법

생약명 난향초(蘭香草). 야선초(野仙草), 가선초(假仙草), 석모초(石母草), 구층탑(九層塔)이라고도 부른다.

사용부위 꽃을 포함한 지상부의 모두를 약재로 쓴다.

채취와 조제 꽃이 필 때에 채취하여 햇볕에 말린다. 쓰기에 앞서 잘게 썬다.

성분 함유 성분에 대해서는 아직 밝혀진 것이 없다.

약효 기침을 멈추게 하고 풍을 다스려 주며 습기로 인해 생겨나는 병을 치유시키는 효능이 있다. 그 이외에도 멍든 피를 풀어주고 종기를 가시게 한다. 따라서 감기와 기침, 백일해, 기관지염, 인후염 등의 치료약으로 쓴다. 또한 풍이나 습기로 인한 팔다리의 동통과 관절염, 월경불순, 월경과다, 산후복통 등에도 복용한다. 피부질환인 악성종기와 습진, 간지러운 발진 등에 대해서는 외용약으로 쓴다.

용법 내과질환에는 1회에 3~6g의 약재를 물로 달이거나 술에 담가 우려내어 복용한다. 피부질환은 달여서 환부에 김을 쏘이고 그 물로 닦아낸다.

콩짜개덩굴 콩조각고사리

Lemmaphyllum microphyllum PRESL | 고란초과

사철 푸른 잎을 가지는 여러해살이풀이다.
뿌리줄기는 가늘고 길며 바위나 나무 줄기에 달라붙어 자라는데 어두운 갈색의 작은 비늘이 산재해 있다.
공의 반 조각과 같은 생김새의 두터운 잎이 뿌리줄기의 양쪽에 서로 어긋나게 자리한다. 잎의 길이는 1cm 안팎이고 가장자리는 밋밋하다. 잎의 빛깔은 윤기 나는 푸른빛이다.
잎 사이의 군데군데에 홀씨주머니가 달려 있는 잎이 자라고 있는데 이것을 홀씨잎(포자엽)이라고 한다. 홀씨잎의 생김새는 줄 꼴에 가까운 주걱 꼴로 끝이 무디고 길이는 2~3cm가량이다. 홀씨주머니는 줄 꼴이고 잎맥과 잎 가장자리 사이를 완전히 메워버린다. 홀씨주머니의 빛깔은 황갈색이다.

분포 제주도와 남쪽의 따뜻한 해변에 분포하며 산의 음지 쪽 바위나 나무 줄기에 붙어서 산다.

약용법

생약명 지연전(地連錢). 석과자(石瓜子), 과자초(瓜子草), 복석궐(伏石蕨), 라암초(螺庵草)라고도 한다.

사용부위 뿌리줄기를 포함한 모든 부분을 약재로 쓴다.

채취와 조제 여름부터 가을 사이에 채취하여 햇볕에 말린다. 쓰기에 앞서 협잡물을 제거하고 잘게 썬다.

성분 함유 성분에 대해서는 아직 밝혀진 것이 없다.

약효 진해, 해독, 소종의 효능이 있으며 피를 식혀 준다. 적용 질환은 기침을 비롯하여 각혈, 토혈, 코피 흐르는 증세, 폐 속에 생긴 종기(肺癰), 악성종기, 옴 등이다.

용법 내과 질환에는 말려서 잘게 썬 약재를 1회에 3~6 g 씩 200cc의 물에 달여서 복용한다. 하루 용량은 10~20g이다. 악성종기와 옴의 치료를 위해서는 일반적으로 생잎을 짓찧어서 환부에 붙이거나 즙을 내어 바른다. 생잎을 구하기 어려울 때에는 말린 약재를 곱게 가루로 빻아 참기름이나 바셀린을 섞어서 갠 후 환부에 바르는 방법을 쓴다.

큰개현삼

Scrophularia kakudensis FR | 현삼과

여러해살이풀로 많은 덩이뿌리가 엉켜 있다.
줄기는 모가 져 있고 보랏빛 기운이 감돌며 높이 1.3m에 이른다.
잎은 계란 꼴 또는 긴 계란 꼴이며 마디마다 2장이 마주 자리잡고 있다. 잎자루를 가지고 있으며 가장자리에는 작은 톱니가 규칙적으로 배열되어 있다.
작은 꽃이 줄기와 가지 끝에 뭉쳐 원뿌리 모양의 꽃차례를 이룬다. 꽃은 입술 꼴에 가까운 종 꼴이며 끝이 다섯 갈래로 갈라져 뒤로 말린다. 꽃 길이는 8~10mm이고 빛깔은 어두운 자줏빛이다.
꽃이 핀 뒤 계란 모양의 깍지와 같은 열매가 생기고 익으면 두 개로 갈라져 작은 씨가 쏟아진다.

개화기 8~9월

분포 제주도를 포함한 전국에 분포하며 산지의 풀밭에 난다.

약용법

생약명 현삼(玄蔘), 흑삼(黑蔘), 원삼(元蔘), 현대(玄臺), 야지마(野脂麻)라고도 한다.

사용부위 덩이뿌리를 약재로 쓴다. 올바른 현삼은 전국적으로 분포하는 현삼의 덩이뿌리인데 큰개현삼과 토현삼의 덩이뿌리도 함께 쓰고 있다.

채취와 조제 가을에 채취하여 불에 쬐어 빛이 검게 변한 것을 햇볕에 말린다. 꼭지를 파내고 잘게 썰어 쓰거나 썬 것을 볶아 쓰기도 한다.

성분 몸집 전체에 헤스페리딘(Hesperidin)과 디오스민(Diosmin)이라는 배당체를 함유하고 있으며 뿌리에 유독성의 염기물질이 함유되어 있다.

약효 해열, 해독, 소종 등의 효능이 있으며 가슴속의 화기를 풀어주고 가슴이 답답하고 목이 마르는 증세를 다스려 준다. 적용 질환으로는 열병으로 인해 속이 답답한 증세, 고혈압, 혈전증, 편도선염, 임파선염, 결핵성임파선염, 인후염, 기관지염, 식은땀, 토혈 등이다.

용법 말린 약재를 1회에 4~7g씩 200cc의 물로 달이거나 또는 곱게 가루를 내어 복용한다.

큰부들 참부들·넓적부들

Typha latifolia L | 부들과

물가에 나는 여러해살이풀이다.

옆으로 뻗어나가는 흰 뿌리줄기를 가지고 있으며 한자리에 여러 대가 모여 자란다. 줄기는 딱딱하고 1.5m 정도의 높이로 자란다. 줄기와 거의 같은 길이를 가진 잎이 서로 어긋나게 달린다. 잎의 가장자리는 밋밋하고 밑동은 칼자루 모양으로 줄기를 감싼다.

많은 꽃이 빽빽하게 뭉쳐 원기둥 모양을 이루는데 이것을 육수화서(肉穗花序)라고 부른다. 암꽃과 수꽃은 따로 뭉치는데 아래에 자리한 육수화서가 암꽃의 집단이고 그 위에 붙어 있는 작은 육수화서는 수꽃이 뭉친 것이다. 암꽃의 육수화서는 길이 6~12cm이고 빛깔은 노랗다.

개화기 7월 중

분포 중부 이남의 지역에 분포하며 늪이나 냇가 등에 난다.

약용법

생약명 포황(蒲黃). 감포(甘浦), 포화(浦花)라고도 한다.

사용부위 꽃가루를 약재로 쓴다. 애기부들(Typha angustata BORY. et CHAUF) 부들(T. orientalis PRESL)의 꽃가루도 함께 쓰인다.

채취와 조제 꽃이 필 때 수꽃의 육수화서를 채취하여 털어 쏟아지는 꽃가루를 거두어 모은다. 불순물을 제거하여 그대로 쓰거나 불에 검게 태워서 쓴다. 이것을 포황탄이라고 한다.

성분 꽃가루 속에 이소라미네틴(Isorhaminetin)과 10% 정도의 지방유를 함유한다.

약효 지혈과 통경, 이뇨 등의 효능이 있으며 멍든 피를 풀어준다. 적용 질환으로는 포황탄의 경우 각종 출혈(토혈, 코피, 혈변, 혈뇨, 월경과다 등)과 월경불순, 대하증, 음낭습진 등이다. 생꽃가루는 월경불순을 비롯하여 산후 어혈로 인한 통증, 복통, 소변이 잘 나오지 않는 증세, 악성종기 등에 쓰인다.

용법 내과질환에는 생꽃가루나 포황탄을 1회에 2~4g씩 물로 달이거나 또는 곱게 빻아서 복용한다. 음낭습진이나 악성종기에는 가루로 빻아 환부에 뿌리거나 기름에 개어서 바른다.

큰연영초 흰삿갓풀

Trillium tschonoskii MAX | 백합과

여러해살이풀로서 짧고 굵은 뿌리줄기와 많은 잔뿌리를 가지고 있다.
한자리에 한 대 내지 세 대의 줄기가 서서 30cm 안팎의 높이로 자라며 밑동은 비늘잎으로 둘러싸인다.
잎은 줄기 끝에 3장이 둥글게 배열되는데 넓은 계란 모양을 하며 잎자루는 없다.
잎의 길이와 너비는 15cm 안팎이며 끝이 뾰족하다.
잎 가운데로부터 하나의 꽃대가 자라 올라와 한 송이의 꽃을 피운다. 꽃은 옆으로 기울어져 피어나며 6장의 꽃잎을 가지고 있다. 바깥쪽에 자리한 3장의 꽃잎은 꽃받침이 변해 이루어진 것으로 피침 모양에 빛깔은 푸른색이다. 안쪽에 자리한 3장의 꽃잎은 넓게 펼쳐져 있으며 흰색이다. 꽃의 지름은 4cm 안팎이다.

개화기 5~6월

분포 울릉도와 중부 이북의 지역에 분포하며 깊은 산속의 나무 그늘에 난다.

약용법

생약명 연영초(延齡草). 옥아칠(玉兒七), 우아칠(芋兒七)이라고도 부른다.

사용부위 연영초(Trillium pallasii HULT)와 함께 뿌리줄기를 약재로 쓴다.

채취와 조제 여름에서부터 가을 사이에 굴취하여 줄기와 잔뿌리를 제거하고 물로 씻은 다음 햇볕에 말린다. 쓰기에 앞서 잘게 썬다.

성분 함유 성분에 대해서는 아직 밝혀진 것이 없다.

약효 풍을 다스려 주고 혈액순환을 도와준다. 또한 혈압을 낮춰주고 지혈과 진통 등에 효과를 나타낸다. 고혈압을 비롯하여 두통, 허리와 넓적다리의 통증, 타박상, 외상출혈 등의 증세를 치료하는 데 쓴다.

용법 말린 약재를 1회에 2~4g씩 200cc의 물로 달이거나 또는 가루로 빻아서 복용한다. 외상 출혈을 막기 위해서는 곱게 가루로 빻아 상처에 고루 뿌린다. 독성이 있음을 유의해야 한다.

참고 일본에서는 강장제나 건위제 또는 위장약, 최토제(토하게 함) 등으로 쓴다. 독성 식물이므로 과용하지 않도록 주의할 필요가 있다.

큰조롱 새박·은조롱

Cynanchum wilfordi HEMSL | 박주가리과

박주가리에 가까운 생김새를 가진 여러해살이 덩굴풀이다.
줄기는 시곗바늘과 같은 방향으로 돌아가면서 다른 물체를 감아 올라간다. 줄기는 가늘지만 꽤 질긴 편이며 길이 1~3m 정도로 자란다. 희고 살찐 덩이뿌리를 가지고 있으며 줄기를 자르면 흰색의 액이 흐른다.
마디마다 2장의 잎이 마주 자리하며 계란처럼 생겼다. 끝이 뾰족한 잎의 밑동은 심장 꼴로 깊게 패어 있다.
잎겨드랑이에 잎자루보다 짧은 꽃대가 생겨나 여러 송이의 꽃이 둥글게 뭉쳐 핀다. 꽃은 연한 초록빛이고 지름이 3~4mm이다.
꽃이 지고 난 뒤에 길이가 8cm쯤 되는 가느다란 열매를 맺는다. 열매는 익으면 갈라져서 길고 흰털이 붙어 있는 씨가 나온다.

개화기 7~8월

분포 제주도를 비롯하여 전국적으로 분포하고 있으며 산의 덤불 속에 난다.

약용법 생약명 백하수오(白何首烏). 백수오(白首烏) 또는 산백(山伯)이라고도 한다.

사용부위 덩이뿌리[塊根]를 약재로 사용한다.

채취와 조제 늦가을 또는 이른봄에 굴취하여 햇볕에 말린다. 쓰기에 앞서 잘게 썬다.

성분 함유 성분에 대해서는 아직 밝혀진 것이 없다.

약효 자양, 강장, 보혈, 정력 증진 등의 효능이 있고 종기를 가라앉히는 작용도 한다. 적용 질환은 빈혈증, 병후의 허약증세, 양기부족, 신경통, 만성풍비(뇌와 척수에 이상이 생겨 몸과 팔다리가 마비되고 감각과 동작에 장애가 있는 병), 허리와 무릎이 쑤시고 아픈 증세, 선질병(체질박약 · 임파선종양 · 습진 · 수포성결막염 등이 생겨나는 전신질환) 등이다. 기타 일찍 머리카락이 하얗게 되는 증세와 궤양이 오래도록 아물지 않을 때에도 쓰인다.

용법 말린 약재는 1회에 2~5g씩 200cc의 물로 뭉근하게 달이거나 또는 곱게 가루로 빻아 복용한다.

큰천남성 자주천남성·왕사두초

Ringentiarum ringens NAKAI | 천남성과

여러해살이풀이며 납작한 알줄기[球莖]를 가지고 있는데 알줄기에는 한두 개의 새끼알줄기가 달려 있다. 줄기는 굵고 짧으며 끝에서 2장의 잎이 마주 자란다. 긴 잎자루를 가지고 있고 잎몸은 세 개로 갈라진다. 갈라진 조각은 계란 꼴에 가까운 넓은 타원 꼴이다. 잎의 길이는 15~30cm나 되며 끝은 꼬리와 같이 뾰족하다. 잎 가장자리에는 톱니가 없고 밋밋하며 질이 연하고 윤기가 난다.
거꾸로 한 원뿌리 꼴의 통과 같이 생긴 꽃이 잎 사이에 피는데 이것은 꽃받침이 변한 것이고 참된 꽃은 그 속에 자리한 막대기 모양의 부분이다. 꽃받침의 빛깔은 초록빛이며 많은 보라색 줄이 들어 있고 길이는 5cm가량이다.

개화기 5~7월

분포 제주도와 다도해의 여러 섬에 분포하며 산의 나무 그늘에 난다.

약용법

생약명 천남성(天南星). 호장(虎掌), 남성(南星), 반하정(半夏精)이라고 부른다.

사용부위 알줄기를 약재로 쓰는데, 천남성(Arisaema amurense MAX)과 두루미천남성(Heteroarisaema heterophyllum NAKAI) 등 여러 천남성과의 알줄기도 함께 쓰인다.

채취와 조제 늦가을에 굴취하여 지상부와 잔뿌리를 따고 껍질을 벗긴 다음 햇볕에 말린다. 쓰기에 앞서 잘게 썬다. 때로는 썬 것을 강한 불에 볶아서 쓰기도 한다.

성분 사포닌(Saponin)과 녹말을 함유하고 있으며 독성이 강한 식물이다.

약효 거담, 거풍, 진경(경기를 가라앉힘) 등의 효능이 있으며 또한 암에 대한 저항력을 높여주고 종기를 다스리기도 한다. 적용 질환은 중풍, 반신불수, 안면신경마비, 간질병, 인후마비, 파상풍, 임파선종, 가래 등이다. 그 밖에 악성종기의 치료약으로도 쓰인다.

용법 말린 약재를 1회에 1~1.5g씩 200cc의 물로 달이거나 또는 곱게 가루로 빻아 복용한다. 악성종기에는 가루로 빻은 것을 기름에 개어서 환부에 붙인다. 과용하지 말아야 한다.

타래난초

Spiranthes amoena SPRENG | 난초과

여러해살이풀로 3~4개의 방추형의 살찐 뿌리와 몇 개의 거친 잔뿌리를 가지고 있다. 줄기는 곧게 일어서서 50cm 안팎의 높이로 자란다.
잎은 줄 꼴에 가까운 피침 꼴로 서로 어긋나게 자리하며 밑동은 줄기를 감싼다. 줄기 끝에 많은 꽃이 이삭 꼴로 모여 핀다. 꽃은 종처럼 생겼고 서로 밀착된 상태로 배열되어 옆을 향하여 핀다. 배열된 모양이 타래처럼 꼬여 있기 때문에 타래난초라고 부른다. 꽃의 길이는 5mm 안팎이고 입술 모양으로 생긴 2장의 꽃잎을 가지고 있다. 꽃의 빛깔은 연분홍빛인데 희게 피는 것도 있다.

개화기 6~7월

분포 전국적으로 분포하고 있으며 들판의 양지바르고 수분이 풍부한 풀밭에 난다.

약용법

생약명 용포(龍抱). 수초(綬草), 반용삼(盤龍蔘), 저편초(猪鞭草)라고도 한다.

사용부위 뿌리를 포함한 모든 부분을 약재로 쓴다.

채취와 조제 꽃이 피고 있을 때에 채취하여 햇볕에 말린다. 쓰기에 앞서 잘게 썬다.

성분 함유 성분에 대해서는 아직 밝혀진 것이 없다.

약효 양기(정력)를 증진시켜 주며 해열, 진해, 해독, 소종 등의 효능을 가지고 있다. 적용 질환은 신체허약, 유정(성행위 없이 모르는 사이에 정액이 흐르는 증세), 어지러움, 기침, 인후염, 편도선염, 대하증, 악성종기 등의 치료약으로 쓴다.

용법 내과적인 질환에는 말린 약재를 1회에 3~6g씩 200cc의 물로 달이거나 또는 생풀을 짓찧어 즙을 내어서 복용한다. 하루 용량은 10~20g이다. 악성종기의 경우에는 생풀을 짓찧어 베에 싸서 환부에 붙이거나 또는 말린 약재를 곱게 가루로 빻아 참기름이나 바셀린 등의 기름에 개어서 바른다.

타래붓꽃

Iris pallasii var. chinensis KOIDZ | 붓꽃과

포기로 자라는 여러해살이풀이며 높이 40cm에 이른다.
잎은 길쭉한 줄 꼴로 너비는 5mm 안팎이다. 질이 빳빳하고 끝이 날카로우며 2~3회 비틀어지는 특색을 가지고 있다. 잎은 흰빛이 감도는 연한 초록빛이다.
잎 사이에서 자라는 꽃대 위에 두세 송이의 꽃이 차례로 핀다. 좋은 향기를 풍기며 꽃잎은 매우 가느다랗다. 바깥쪽에 자리한 3장의 꽃잎은 넓게 펼쳐지고 있으며 한가운데에 자리한 3장의 꽃잎은 꼿꼿이 서서 서로 합쳐진다. 꽃의 지름은 4cm 안팎이고 하늘빛이 감도는 연보랏빛을 띠고 있다.

개화기 5~6월
분포 전국에 널리 분포하며 산지나 들판의 메마른 풀밭에 난다.

약용법

생약명 마린자(馬藺子). 여실, 마연자(馬連子)라고도 한다.

사용부위 씨를 약재로 쓴다. 꽃을 약재로 쓰기도 하는데 이것을 마린화(馬藺花)라고 부른다.

채취와 조제 9~10월이 되어 열매가 익으면 꼬투리째로 따서 햇볕에 말린다. 쓸 때에는 깍지를 제거하고 작게 부스러뜨린다. 마린화는 꽃이 피었을 때 꽃만 따서 햇볕에 말린다.

성분 함유 성분에 대해서는 아직 알려진 것이 없다.

약효 씨앗인 마린자는 열을 내리게 하고 피를 그치게 하며 간을 맑게 해준다. 또한 부기를 가시게 하는 작용도 한다. 따라서 간염과 황달, 골수염 등을 다스리는 데에 쓰이며 토혈이나 코피가 날 때 및 산후에 출혈이 멎지 않을 때에도 쓴다. 꽃을 말린 마린화는 해열, 이뇨, 지혈 등의 작용을 한다. 따라서 기관지염과 인후염, 소변이 잘 나오지 않을 때, 임질, 토혈, 코피가 흐를 때에 쓰인다.

용법 두 가지 약재 모두가 같은 방법으로 쓰인다. 1회에 1~3g을 200cc의 물로 뭉근하게 달여 복용한다. 악성종기의 경우에는 생잎을 짓찧어서 환부에 붙인다.

투구꽃

Aconitum jaluense KOMAROV | 미나리아재비과

맹독성 물질을 함유하고 있는 여러해살이풀이다.
줄기는 곧게 서거나 또는 다른 물체에 기대어 1.2m 정도의 높이로 자란다.
잎은 마디마다 어긋나며 줄기의 밑동에 가깝게 자리한 것은 다섯 갈래로 갈라지고, 위쪽에 자리한 것은 세 갈래로 깊게 갈라진다. 갈라진 조각은 마름모 꼴로 가장자리에는 거칠고 큰 톱니가 있다.
줄기 끝에 여러 송이의 꽃이 이삭 모양으로 모여 피며 꽃대에는 털이 나 있다. 5개의 꽃받침이 꽃잎 모양으로 변하고 있으며 위쪽에 자리한 꽃받침은 투구처럼 생겼다. 3cm 안팎의 꽃받침이 꽃을 감싸고 있으며 꽃의 빛깔은 하늘빛을 띤 보라색이다.

개화기 9월 중

분포 전국적으로 분포하고 있으며 깊은 산지의 다소 그늘지는 자리에 난다.

약용법

생약명 초오(草烏). 초오두(草烏頭), 오두(烏豆), 계독(鷄毒), 토부자(土附子)라고도 한다.

사용부위 덩이뿌리를 약재로 쓰는데, 놋젓가락나물, 백부자, 참줄바꽃, 세잎돌쩌귀 등의 덩이뿌리도 함께 쓰이고 있다.

채취와 조제 늦가을에 채취하여 햇볕에 말리거나 또는 불에 쬐어 말린다.

성분 덩이뿌리에 맹독성의 알칼로이드인 아코니틴(Aconitin), 메사코니틴(Mesaconitin), 하이파코니틴(Hypaconitin), 제사코니틴(Jesaconitin)을 함유하고 있다.

약효 진통, 진경의 효능이 있고 습기로 인해 허리 아래가 냉해지는 증세를 다스려주며 종기로 인한 부기를 가라앉힌다. 적용 질환은 풍증이나 냉기에 의해 관절이 쑤시고 아픈 증세를 비롯해 관절염, 신경통, 두통, 위와 배가 차고 아픈 증세, 임파선염 등을 치료하는 약으로 쓰인다.

용법 맹독성의 약재로 잘못 사용하면 생명을 잃는 일도 있다. 그러므로 절대로 처방 없이 직접 사용하는 일이 있어서는 안 된다.

파대가리

Kyllingia brevifolia var. leiocarpa HARA | 사초과

습지에 나는 여러해살이풀이며 온몸에서 특유한 향기를 풍긴다.
땅속을 옆으로 뻗는 뿌리줄기(根莖)를 가지고 있으며 가느다란 줄기는 세 개의 모가 있고 한자리에서 여러 대가 자라 20cm 정도의 높이에 이른다.
잎은 밑동에만 있고 3~4장이 서로 겹치면서 줄기를 감싼다. 잎은 끝이 뾰족한 좁은 선 꼴이고 연보랏빛을 띠는 경우가 많다.
줄기 끝에 수많은 작은 꽃이 둥글게 뭉쳐 피는데 뭉친 덩어리의 지름은 5~8mm 정도이다. 사초과의 풀이기 때문에 꽃잎은 없고 빛깔은 연한 초록색이다.

개화기 6~7월
분포 제주도를 비롯한 전국 각지에 분포하며 들판의 양지바르고 습한 자리에 난다.

약용법

생약명 수오공(水蜈蚣). 수천부(水泉附), 삼전초(三箭草), 한근초(寒筋草), 수오매(水烏梅)라고도 부른다.

사용부위 뿌리를 포함한 풀 전체를 약재로 쓴다.

채취와 조제 8~9월에 채취하여 햇볕에 말리는데 때로는 말리지 않은 생풀을 쓰기도 한다. 말린 것은 쓰기 전에 잘게 썬다.

성분 함유 성분에 대해서는 아직 밝혀진 것이 없다.

약효 열을 내리게 하고 기침을 그치게 하는 효능이 있으며 종기로 인한 부기를 가라앉혀 준다. 적용 질환으로는 감기, 한기가 나고 열이 나는 증세, 온몸의 근육과 뼈마디가 쑤시는 증세, 기침, 백일해, 간염, 황달병, 종기 등이다.

용법 말린 약재를 1회에 5~10g씩 200cc의 물로 달이거나 또는 생풀을 짓찧어 베에 싸서 환부에 붙인다.

참고 일본에서는 이 풀을 금뉴초(金紐草)라고 부르고 있으며 뿌리를 달여서 감기와 복통의 치료제로 쓴다.

파리풀 꼬리창풀

Phryma leptostachya var. asiatica HARA | 파리풀과

개화기 7~9월

분포 전국적으로 분포하고 있으며 산의 나무 그늘에 난다.

여러해살이풀로 온몸에 잔털이 산재해 있다.
줄기는 곧게 서서 60cm 안팎의 높이로 자라며 마디 사이의 아래쪽이 약간 부풀어 오른다.
잎은 마주나며 길쭉한 타원 꼴로 밑동은 둥글고 끝은 뾰족하다. 짧은 잎자루를 가지고 있으며 잎몸이 얇고 가장자리에는 규칙적으로 톱니가 나 있다. 줄기 끝에서 2~3개의 긴 꽃대가 자라 작은 입술형의 꽃이 이삭처럼 줄지어 핀다. 꽃의 길이는 4mm 안팎이고 아랫입술이 윗입술보다 크다.
꽃의 빛깔은 연한 보랏빛이다. 꽃이 지고 난 뒤에는 사람의 옷이나 짐승의 털에 달라붙기 쉬운 열매가 생겨나는데 익어가면서 아래쪽으로 처진다.

약용법 생약명 투골초. 약저, 독저초, 점인군이라고도 한다.

사용부위 뿌리를 포함한 풀 전체를 약재로 쓴다.

채취와 조제 여름이나 가을에 채취하여 햇볕에 말린다. 쓰기에 앞서 잘게 썬다.

성분 함유 성분에 대해 자세히 밝혀진 것이 없으나 파리를 죽이는 알칼로이드와 같은 성분이 함유되어 있다는 사실이 알려져 있다.

약효 해독과 살충의 효능을 가지고 있다. 적용 질환은 종기의 독기를 제거하는 데 쓰이며 옴이나 벌레에 물려 생긴 부스럼을 치유시키는 데에도 사용된다.

용법 종기의 독기를 제거하기 위해서는 말린 약재를 1회에 1~2g씩 200cc의 물로 달여서 복용한다. 옴이나 벌레에 물려 생긴 부스럼에는 생풀을 짓찧어서 붙이거나 말린 약재를 빻아 기름에 개어서 바른다.

참고 독성 식물의 하나이며 잎을 짓찧어서 밥알과 섞어 파리를 잡는 데 쓴다. 이로 인해 파리풀이라는 이름이 생겨났다.

패랭이꽃

Dianthus chinensis L | 석죽과

여러해살이풀로 온몸에 흰 가루를 뒤집어쓰고 있는 것처럼 보인다.
한자리에서 여러 대의 줄기가 서는데 높이는 30cm 안팎으로 자라고 위쪽에서 여러 개의 가지를 친다.
잎은 줄 꼴의 모습이고 마디마다 2장이 마주 자리한다.
가지 끝에 한 송이 또는 두세 송이의 꽃이 피는데 꽃받침은 2cm 안팎의 길이를 가진 원통 모양이고 그 위에 5장의 꽃잎이 수평으로 펼쳐진다. 꽃의 지름은 2.5cm 안팎이고 분홍빛으로 핀다.
꽃받침과 꽃잎이 이루어 놓은 생김새가 옛날 서민들이 쓰고 다니던 패랭이 모자와 흡사하기 때문에 패랭이꽃이라고 부른다.

개화기 6~8월
분포 전국 각지에 널리 분포하며 들판의 양지바른 풀밭이나 냇가 또는 강가의 둑에서 난다.

약용법 생약명 구맥(瞿麥), 석죽(石竹), 거구맥(巨句麥), 산구맥(山瞿麥)이라고도 한다.

사용부위 풀의 지상부 모두를 한꺼번에 약재로 쓴다.

채취와 조제 꽃이 피고 있을 때 채취하여 그대로 햇볕에 말린다. 쓰기 전에 잘게 썬다.

성분 함유 성분에 대해서는 아직 밝혀진 것이 없다.

약효 이뇨와 통경, 소염 등의 효능을 가지고 있으며 멍든 피를 푸는 작용도 한다. 적용 질환은 소변이 잘 나오지 않는 증세, 살갗에 물집이 돋는 증세, 임질 등을 치료하는 약으로 쓴다. 또한 월경이 막히는 증세에도 쓰이고 타박상에 의한 멍이나 눈이 빨갛게 부어 올라 아픈 증세, 악성종기 등을 다스리는 약으로도 사용된다.

용법 악성종기에는 말린 약재를 가루로 빻아 기름에 개어서 환부에 붙인다. 기타의 증세에는 말린 약재를 1회에 2~4g씩 200cc의 물로 달이거나 또는 가루로 빻아서 복용한다.

풀솜대 솜대·솜죽대

Smilacina japonica A. GRAY | 백합과

숲 속에 나는 여러해살이풀이다. 온몸에 잔털이 나 있으며 굵게 살찐 뿌리줄기가 길게 뻗어나간다. 뿌리줄기는 길게 옆으로 뻗어 나가는데 염주가 이어져 있는 것과 같이 생겼으며 둥글게 살찐 부분의 중심부에는 전에 줄기가 섰던 자국이 뚜렷이 남아 있다. 뿌리줄기의 빛깔은 갈색이다. 줄기는 곧게 서기는 하나 윗부분은 약간 기울어지면서 30~40cm 정도의 높이로 자란다.

잎은 서로 어긋나게 자라며 계란 꼴에 가까운 타원 꼴로 밑동과 끝이 동그스름하다. 잎 면에는 평행인 다섯 줄의 잎맥이 뚜렷하게 보인다. 잎의 길이는 5~10cm 안팎이다. 줄기 끝에 작은 꽃이 원뿌리 꼴로 모여 핀다. 꽃은 서로 밀착된 상태로 피어나며 피침 꼴의 6장의 꽃잎으로 이루어진다. 꽃의 지름은 7mm 안팎이고 빛깔은 희다.

꽃이 핀 뒤 물기 많은 둥근 열매를 맺고 익으면 붉게 물든다.

개화기 5~7월

분포 전국적으로 널리 분포하고 있으며 약간 깊은 산 속의 나무 그늘에 난다.

약용법

생약명 녹약(鹿藥)

사용부위 뿌리줄기를 약재로 쓰는데, 자주솜대, 민솜대, 왕솜대의 뿌리줄기도 함께 쓰인다.

채취와 조제 가을에 굴취하여 햇볕에 말린 다음 잘게 썰어서 쓴다.

성분 함유 성분에 대해서는 별로 밝혀진 것이 없다.

약효 강장, 조경, 활혈, 소종 등의 효능이 있고 풍습을 없애준다. 적용 질환으로는 신체허약증, 두통, 풍습으로 인한 통증, 발기부전, 월경불순, 유선염, 타박상 등이다.

용법 말린 약재를 1회에 3~6g씩 200cc의 물로 달이거나 가루로 빻아 복용한다. 타박상에는 생뿌리줄기를 짓찧어 환부에 붙이거나 말린 것을 가루로 빻아 기름에 개어서 바른다.

피막이풀

Hydrocotyle sibthorpioides LAMIM | 미나리과

사철 푸른 잎을 가지는 여러해살이풀이다. 땅을 기어 나가며 자라는 작은 풀이며 가는 줄기는 땅에 닿는 곳마다 뿌리를 내린다.

잎은 마디마다 서로 어긋나게 자리잡고 있으며 기다란 잎자루를 가지고 있다. 잎은 신장 꼴의 모습으로 7~9갈래로 얕게 갈라지며 약간의 작은 톱니를 가지고 있다. 잎의 지름은 8mm 정도이다.

잎겨드랑이로부터 긴 꽃대가 자라 끝에 3~5송이의 매우 작은 꽃이 둥글게 뭉쳐 핀다. 뭉친 꽃송이의 지름은 3mm도 채 안 되며 하나의 꽃은 5장의 꽃잎을 가지고 있다. 꽃의 빛깔은 희거나 또는 연보랏빛을 띤다.

꽃이 지고 난 뒤에 둥글고 납작한 녹갈색 빛의 열매를 맺는다.

개화기 7~8월

분포 제주도와 남쪽의 따뜻한 고장에 분포하며 토양 수분이 윤택한 풀밭에 난다.

약용법

생약명 천호유. 예초, 계장채, 변지금이라고도 한다.

사용부위 모든 부분을 약재로 쓰는데 큰피막이풀, 선피막이풀 등도 함께 쓰인다.

채취와 조제 꽃이 피고 있을 때에 채취하여 햇볕에 말리는데 병의 종류에 따라서는 생풀을 쓰기도 한다. 쓰기 전에 잘게 썬다.

성분 함유 성분에 대해서는 아직 밝혀진 것이 없다.

약효 이뇨, 해독, 소종 등의 효능이 있으며 피를 막아 준다. 원래 논에서 일하는 농부들이 거머리에 물려 피가 흐를 때 이 풀잎을 비벼서 지혈제로 썼기 때문에 피막이풀이라고 한다. 그러나 한방에서는 이와 같은 효능을 살려서 소변이 잘 나오지 않는 증세와 신장염, 신장결석, 간염, 황달, 인후염 등을 다스리는 약으로 쓰며 백내장이나 악성종기의 치료약으로도 사용한다.

용법 내과질환에는 말린 약재를 1회에 3~6g씩 달여서 복용한다. 악성종기에는 생풀을 짓찧어서 환부에 붙인다.

한련초

Eclipta prostrata L | 국화과

한해살이풀로서 온몸에 짧은 털이 나 있다.
줄기는 곧게 서거나 비스듬히 누우며 잎겨드랑이마다 가지를 치는 습성이 있다. 높이 15~30cm로 자라는 잎은 마디마다 2장이 마주 자리한다.
잎의 생김새는 피침 꼴로 양끝이 뾰족하며 가장자리에는 톱니가 있는데 간혹 없는 개체도 있다. 가지 끝마다 2~3송이의 작은 꽃이 피는데 꽃의 지름은 6mm 안팎이다. 짤막한 흰 꽃잎은 가늘게 갈라져 있다. 꽃이 지고 난 뒤 납작하고 둥근 열매를 맺는다.

개화기 8~9월

분포 제주도와 경기도 이남의 지역에 분포하며 논두렁이나 도랑 등 습한 자리에 난다.

약용법

생약명 한련초(旱蓮草). 연자초(蓮子草), 저아초, 수한련(水旱蓮)이라고도 한다.

사용부위 꽃을 포함한 모든 부분을 약재로 쓴다.

채취와 조제 꽃이 필 때에 채취하여 햇볕이나 그늘에서 말린다. 병에 따라서는 생풀을 쓰기도 한다. 말린 것은 쓰기에 앞서 잘게 썬다.

성분 함유 성분에 대해서는 별로 밝혀진 것이 없다.

약효 지혈작용을 비롯하여 보음(補陰), 보신(補腎, 정력을 도움) 등의 효능을 가지고 있으며 근육과 뼈[筋骨]를 튼튼하게 해준다고 한다. 적용 질환은 토혈과 코피를 비롯하여 혈변, 혈뇨, 외상출혈, 대장염, 이질, 디프테리아, 대하증, 소변이 희고 걸쭉한 증세, 머리카락이 세는 증세, 정력이 허해서 허리가 아픈 증세, 음부가 습하고 간지러운 증세 등을 다스리기 위해서도 쓰인다.

용법 외상을 입어 피가 흐르거나 또는 음부가 습하고 가려운 증세에는 생풀을 짓찧어서 환부에 붙이거나 또는 말린 약재를 가루로 빻아 뿌린다. 그 밖의 병에는 말린 약재를 1회에 5~10g씩 200cc의 물로 달이거나 또는 가루로 빻아 복용한다. 때로는 생풀을 짓찧어 즙을 내서 복용하는 것도 무방하다.

할미꽃

Pulsatilla koreana NAKAI | 미나리아재비과

온몸에 부드러운 흰털을 쓰고 있는 여러해살이풀이다.
굵고 긴 뿌리를 가지고 있다.
줄기는 없고 여러 장의 잎이 뿌리로부터 자라며 긴 잎자루를 가지고 있다. 잎몸은 깃털 모양으로 깊게 갈라지는데 갈라진 조각은 다시 얕게 갈라진다. 잎 가장자리에는 크고 작은 결각이 있다.
꽃이 핀 뒤 잎자루는 한층 더 길게 자라 30cm 안팎의 길이를 가진다.
잎 사이로부터 2~3대의 꽃대가 자라 각기 한 송이의 꽃이 핀다. 꽃 밑에 3~4장의 가늘게 갈라진 받침잎이 자리한다. 꽃잎은 없고 6장의 꽃받침이 꽃잎처럼 보인다. 꽃의 지름은 3cm쯤 되고 빛깔은 붉은빛을 띤 자주색이다.
꽃이 지고 난 뒤에 희고 긴 털이 달린 둥근 열매를 맺는다.

개화기 4~5월
분포 제주도를 제외한 전국 각지에 널리 분포하며 산과 들판의 양지바른 풀밭에 난다.

약용법

생약명 백두옹(白頭翁). 야장인(野丈人), 백두공(白頭公)이라고도 부른다.

사용부위 뿌리를 약재로 쓴다. 제주도에 나는 가는잎할미꽃 (Pulsatilla cernua BERCH. et PRESL)의 뿌리도 함께 쓰인다.

채취와 조제 가을 또는 이른봄에 굴취하여 깨끗이 씻은 다음 햇볕에 말린다. 쓰기에 앞서 잘게 썬다.

성분 뿌리에 항균성 물질인 아네모닌(Anemonin)을 함유하며 잎에는 강심작용을 하는 오키날린(Okinalin)이 함유되어 있다.

약효 해열, 수렴, 소염, 살균 등의 효능을 가지고 있으며 뜨거운 피를 식혀주는 작용도 한다. 적용 질환으로 학질, 신경통, 코피 흐를 때, 이질설사, 치질로 인한 출혈, 월경곤란, 임파선염 등이다.

용법 말린 약재를 1회에 2~5g씩, 200cc의 물로 달이거나 또는 곱게 가루로 빻아 복용한다.

해란초

Linaria japonica MIQ | 현삼과

해변의 모래밭에 나는 여러해살이풀로 온몸에 흰빛을 띤다.
줄기는 곧게 서거나 또는 비스듬히 자라 30cm 정도의 높이에 이른다.
마디마다 2장의 잎이 마주 나거나 3~4장의 잎이 둥글게 배열된다. 잎의 생김새는 주걱 모양에 가까운 길쭉한 타원 꼴 또는 피침 꼴이다. 잎자루는 없고 가장자리는 밋밋하다. 평행인 세 개의 잎맥을 가지고 있다.
줄기 끝에 여러 송이의 꽃이 뭉쳐 피는데 그 생김새가 사람 얼굴과 같다 하여 가면꼴(假面形)이라고 한다. 위쪽에 자리한 꽃잎은 두 개로 갈라지고 아래의 꽃잎은 세 개로 갈라지며 닭의 발톱과 같은 거(距)를 가지고 있다. 꽃의 길이는 1.5~1.8cm이고 빛깔은 노랗다.

개화기 7~8월

분포 전국적으로 분포하고 있으며 해변의 모래밭에 주로 난다.

약용법

생약명 유천어(柳穿魚)

사용부위 꽃을 포함한 지상부 전체를 약재로 쓴다.

채취와 조제 꽃이 피고 있을 때에 채취하여 햇볕에 말린다. 쓰기에 앞서 잘게 썬다.

성분 잎과 줄기 속에 배당체인 미황색의 디오스민(Diosmin)과 글리코시드(Glycosid), 벤즈알테히드(Benzaldehyd) 등을 함유하고 있다. 벤즈알데히드는 색소의 제조원료나 향료 등으로 쓰이는 물질로 고편도유라고도 한다.

약효 이뇨와 완하(緩下, 변을 무르게 함으로써 쉽게 배출시키는 작용)의 효능이 있다. 적용 질환은 소변이 잘 나오지 않는 증세와 살갗에 물집이 돋는 증세, 변비 등을 치료하는 약으로 쓰인다. 치질의 경우에도 배변을 도와 상처의 확대나 지속 현상을 막기 위한 목적으로 사용한다.

용법 말린 약재를 1회에 2~3g씩 200cc의 물로 천천히 달여서 절반 정도 되게 하여 복용한다.

향유 노야기

Elscholtzia ciliata HYSANDER | 꿀풀과

한해살이풀로 온몸에서 강한 향기를 풍긴다. 줄기에는 4개의 모가 나 있고 가지를 치면서 넓게 퍼져 60cm 정도의 높이로 자란다.
마디마다 2장의 잎이 마주 자리하며 긴 잎자루를 가지고 있다. 잎은 긴 계란 꼴 또는 긴 타원 꼴로 생겼고 양끝이 뾰족하며 가장자리에는 무딘 톱니가 규칙적으로 배열된다.
잔가지 끝에 작은 꽃이 무수히 뭉쳐서 이삭 꼴을 이루는데 이삭을 구성하는 모든 꽃은 같은 방향을 향하여 핀다. 꽃은 원통꼴이고 끝이 입술 모양으로 두 개로 갈라진다. 아래의 입술은 세 개로 갈라져 있고 잔털이 생겨나 있다. 꽃의 길이는 5mm 안팎이고 연한 자줏빛으로 핀다.

개화기 8~9월
분포 전국 각지에 널리 분포하며 산과 들판의 양지바른 풀밭과 길가 등에 난다.

약용법 생약명 향유. 향여(香茹), 야소(野蘇), 야어향(野魚香)이라고도 부른다.

사용부위 열매를 포함한 지상부 모두를 약재로 쓴다. 꽃이 아름다운 자줏빛으로 피는 꽃향유(Elscholtzia splendens NAKAI)와 가는잎향유(E. angustifolia KITAGAWA)도 함께 쓰인다.

채취와 조제 열매가 익을 무렵에 채취하여 햇볕에 말리거나 그늘에서 말린다. 쓰기에 앞서 잘게 썬다.

성분 온몸에 1% 정도의 정유를 함유한다. 그 주성분은 엘스콜치아케톤(Elscholtziaketon)이고 그 밖에 세스퀴테르핀(Sesquiterpen)도 함유한다.

약효 해열, 발한, 이수의 효능이 있고 위를 편하게 해준다. 적용 질환은 감기와 오한, 두통, 복통, 구토, 설사 등을 다스리는 약으로 쓴다. 또한 땀이 나지 않는 증세나 온몸에 부종이 생기는 증세, 각기, 종기 등의 치료 약으로도 쓰인다.

용법 말린 약재를 1회에 2~4g씩 200cc의 물로 달이거나 가루로 빻아 복용한다. 종기의 치료에는 생풀을 짓찧어 헝겊에 발라 환부에 붙인다.

현삼

Scrophularia burgeriana MIQ | 현삼과

약재용으로 가꾸기도 하는 여러해살이풀이다. 네모진 줄기는 곧게 1.5m 안팎의 높이로 자라며 윗부분에서 약간의 가지를 친다.
잎은 계란 꼴로서 마디마다 2장이 마주 자리한다. 잎 끝은 뾰족하고 밑동은 둥글며 잎자루를 가지고 있다. 잎 가장자리에는 날카로운 톱니가 규칙적으로 배열된다.
줄기 끝과 끝에 가까운 부분의 잎겨드랑이로부터 기다란 꽃대가 자라 많은 꽃이 피는데 꽃차례는 홀쭉한 원뿌리 꼴로 생겼다. 꽃은 단지와 같은 외모를 가지고 있으며 입술과 같은 모양으로 끝이 갈라지고 아래의 입술은 뒤로 말린다. 꽃의 길이는 6~7mm 정도이며 빛깔은 황록색이다.

개화기 8~9월

분포 제주도를 비롯한 전국에 분포하며 산과 들판의 양지바른 풀밭에 나는데 약재 생산을 위해 가꾸어지기도 한다.

약용법

생약명 현삼(玄蔘). 원삼(元蔘) 또는 흑삼(黑蔘)이라고도 부른다.

사용부위 뿌리를 약재로 쓴다. 개현삼(Scrophularia grayana MAX)과 큰개현삼(S. kakudensis FR), 토현삼(S. koraiensis NAKAI), 섬현삼(S. takesimensis NAKAI)의 뿌리도 함께 쓰인다.

채취와 조제 가을에 굴취하여 불에 쬐어 검게 변색한 것을 햇볕에 말린다. 쓰기 전에 뿌리 꼭지를 따 버리고 잘게 썰어서 쓰거나 썬 것을 볶아서 쓰기도 한다.

성분 식물체 전체에 헤스페리딘(Hesperidin)과 디오스민(Diosmin) 등의 배당체를 함유한다.

약효 자음(滋陰), 해열, 지번(止煩), 해독, 소종 등의 효능이 있다. 고열이 있어 가슴이 답답하고 목이 마르는 증세, 고혈압, 편도선염, 임파선염, 혈전증, 결핵성임파선염, 인후염, 기관지염, 토혈, 식은땀을 흘리는 증세 등의 치료에 쓴다.

용법 말린 약재를 1회에 4~7g씩 200cc의 물로 달이거나 가루로 빻아 복용한다. 하루 용량은 12~20g이다.

현호색

Corydalis turtschaninowii var. genuina NAKAI | 양귀비과

여러해살이풀로 지름 1cm쯤 되는 둥근 덩이줄기를 가지고 있다.
줄기는 밑동에서 두 갈래로 갈라져 20cm 정도의 높이로 자라는데 질이 연해서 꺾어지기 쉽다.
잎은 서로 어긋나게 자리하는데 깃털 모양으로 두 번 깊게 갈라진다. 갈라진 잎 조각의 생김새는 계란 꼴로 가장자리는 얕게 갈라져 있다. 잎 뒷면은 흰 가루를 쓰고 있는 듯 보인다. 가지 끝에 5~10송이의 꽃이 좁은 간격으로 매달려 핀다. 꽃은 원통꼴이고 한쪽이 입술모양으로 두 갈래로 갈라져 꽃잎을 이루고 반대쪽은 닭의 발톱과 같은 생김새의 거(距)로 변하고 있다. 꽃의 길이는 1.5cm 안팎이고 빛깔은 분홍빛을 띤 연보랏빛이다.

개화기 4~5월
분포 전국적으로 분포하며 산과 들판의 풀밭에 난다.

약용법 생약명 현호색(玄胡索). 현호(玄胡), 연호(延胡), 원호(元胡)라고도 부른다.

사용부위 덩이줄기를 약재로 쓴다. 왜현호색(Corydalis ambigua CHM. et SCHL), 섬현호색(C. filistipes NAKAI). 애기현호색(C. fumariaefolia MAX), 큰현호색(C. remata var. ternata MAKINO) 등의 덩이줄기도 함께 쓰이고 있다.

채취와 조제 5~6월에 잎이 말라죽을 무렵에 굴취하여 깨끗이 씻은 뒤 햇볕에 말린다. 쓰기에 앞서 잘게 썬다. 또는 썬 것을 식초에 적셔 볶아서 쓴다.

성분 덩이줄기에 코리달린(Corydalin)과 프로토핀(Protopin) 등의 알칼로이드를 함유한다.

약효 진통, 진정, 진경 등의 효능을 가지고 있으며 혈액의 순환을 돕고 자궁을 수축시키기도 한다. 적용 질환으로는 월경통, 월경불순, 산후 어혈로 인한 복통, 산후 출혈로 정신이 혼미해지는 증세, 허리와 무릎이 쑤시고 아픈 증세, 타박상으로 멍든 경우 등이다.

용법 말린 약재를 1회에 2~4g씩 200cc의 물로 달이거나 또는 가루로 빻아 복용한다.

혹난초 보리난초

Bulbophyllum inconspicuum MAX | 난초과

사철 푸른 잎을 가지는 여러해살이풀이다.
가늘고 길게 뻗어나가는 뿌리줄기를 가지고 있으며 빳빳하고 드물게 갈라진다.
뿌리줄기의 곳곳에 보리쌀과 같이 생긴 가덩이줄기[僞鱗莖]가 생겨난다.
가덩이줄기 위에 1장의 잎이 붙어 있다. 잎은 타원 꼴의 모습이며 두텁고 혁질(革質)이다. 길이는 1~2cm가량이고 가장자리는 밋밋하다.
가덩이줄기의 곁에서 잎보다 짧은 꽃대가 자라 1~2송이의 작은 꽃이 핀다. 꽃의 지름은 4mm 안팎이고 빛깔은 희다.

개화기 6~7월

분포 제주도와 다도해의 여러 섬에 분포하며 나무 줄기나 바위틈에 붙어산다.

약용법

생약명 맥곡(麥斛). 석연자(石蓮子), 과상엽(果上葉), 과자연(瓜子蓮)이라고도 한다.

사용부위 잎과 가덩이줄기, 뿌리줄기의 모든 부분을 약재로 쓴다.

채취와 조제 가을에 채취하여 햇볕에 말린다. 협잡물을 제거하고 그대로 쓴다.

성분 함유 성분에 대해서는 아직 밝혀진 것이 없다.

약효 해열작용과 거담(가래 삭힘)작용이 있으며 위를 편하게 해주고 침의 분비를 촉진시킨다. 또한 종기를 가시게 하는 작용도 한다. 적용 질환은 가래가 끓는 증세를 비롯하여 폐에 열이 있어 생겨나는 기침, 백일해 등을 치료하는 약으로 쓴다. 또한 입안이 몹시 마르는 증세나 가슴이 답답한 증세, 식욕부진, 어린아이가 경련을 일으키는 경우 등에도 쓰이며 종기에 대해서도 효과가 크다고 한다.

용법 내과적인 질환에는 말린 약재를 1회에 5~7g씩 200cc의 물로 절반 정도 되게 달여서 복용하거나 곱게 가루로 빻아 냉수로 복용한다. 종기에는 생잎을 짓찧어서 환부에 붙이거나 말린 약재를 가루로 빻아 기름에 개어서 환부에 붙인다.

혹쐐기풀 알쐐기풀

Laportea bulbifera WEDD | 쐐기풀과

숲 속에 나는 여러해살이풀이다.
몇 개의 방추형의 덩이뿌리를 가지고 있으며 사람의 피부에 닿으면 따갑고 아픈 느낌을 주는 털이 나 있다.
줄기는 곧게 서고 드물게 가지를 쳐서 50~60cm의 높이로 자란다. 잎은 마디마다 서로 어긋나게 자리하며 길쭉한 계란형으로 밑동은 둥글고 끝은 뾰족하다. 잎 가장자리에는 거친 톱니가 규칙적으로 배열되어 있고 잎자루는 길다.
줄기 끝과 잎겨드랑이에 꽃이 이삭 모양으로 뭉쳐 핀다. 꽃의 지름은 2mm 안팎이고 빛깔은 푸른색이다.
잎겨드랑이에 혹과 같은 생김새의 갈색 육아(肉芽)가 형성되어 이것이 땅에 떨어져 싹이 터 새로운 풀로 자란다.

개화기 8~9월

분포 주로 제주도와 중부 이북의 지역에 분포하며 산의 나무 그늘에 난다.

약용법

생약명 애마(艾麻). 야녹마(野綠麻)라고도 부른다.

사용부위 뿌리를 포함한 모든 부분을 약재로 쓴다.

채취와 조제 잎과 줄기는 7~8월에, 뿌리는 가을에 채취하여 햇볕에 말린다. 쓰기에 앞서 잘게 썬다.

성분 함유 성분에 대해서는 별로 밝혀진 것이 없다.

약효 풍증을 없애주고 혈액의 순환을 도우며 이뇨와 부기를 가시게 하는 효능을 가지고 있다. 적용 질환은 소변이 잘 나오지 않는 증세를 비롯하여 고혈압과 관절염, 풍이나 습기로 인해 팔다리의 근육이 굳어지면서 감각이 없어지는 증세 등을 치료하기 위한 약으로 쓰인다. 또한 종기(부스럼)를 다스리기 위해 쓰이기도 한다.

용법 말린 약재를 1회에 3~6g씩 200cc의 물로 달이거나 또는 가루로 빻아서 복용한다. 종기의 치료를 위해서는 생풀을 짓찧어서 환부에 붙이거나 또는 말린 약재를 달인 물로 환부를 씻어낸다.

홀아비꽃대 호래비꽃대

Chloranthus japonicus SIEB | 홀아비꽃대과

숲 속에 나는 여러해살이풀이다.
마디가 많이 나 있는 뿌리줄기를 가지고 있으며 물기 많은 줄기는 곧게 서서 25cm 안팎의 높이로 자란다. 줄기는 3~4개의 마디를 가지고 있고 보랏빛을 띤다. 줄기 끝에 4장의 잎이 모여 자라며 끝이 둥그스름한 타원 꼴이다. 잎 가장자리에는 날카롭게 생긴 톱니가 규칙적으로 배열되어 있다. 잎은 얇고 윤기가 난다. 잎 사이로부터 하나의 꽃대가 곧게 자라 작은 꽃이 이삭 모양으로 뭉쳐 핀다. 꽃잎은 없고 길이 6mm 정도 되는 흰 수술 3개를 가지고 있어서 이것이 꽃잎처럼 보인다.

개화기 6~7월

분포 제주도를 포함한 전국에 분포하며 산 속의 나무 밑에 난다.

약용법 생약명 은전초(銀錢草). 사엽초(四葉草), 독요초(獨搖草), 급기(及己)라고도 한다.

사용부위 잎과 줄기의 모든 부분을 함께 약재로 쓴다.

채취와 조제 봄부터 여름 사이에 채취하여 햇볕에 말린다. 쓰기에 앞서 잘게 썬다.

성분 함유 성분에 대해서는 아직 밝혀진 것이 없다.

약효 풍증을 없애주는 효능이 있고 멍든 피를 풀어주며 종기를 가시게 하는 이외에 해독작용을 한다. 적용 질환으로는 기침과 가래가 끓는 기침을 비롯하여 기관지염, 인후염, 월경불순, 월경이 막히는 증세 등 내과적인 질환을 우선 들 수 있다. 그 밖에 타박상으로 인해 멍든 것과 악성종기 등의 외과적인 질환의 치료제로도 쓰인다.

용법 내과적인 질환에는 말린 약재를 1회에 0.5~1g씩 200cc의 물로 달이거나 곱게 가루로 빻아 복용한다. 하루의 용량은 1.5~3g이다. 멍을 풀어주기 위한 경우에는 위와 같은 요령으로 내복하며 생풀을 짓찧어서 환부에 붙이는 것이 효과적이다. 종기는 생풀을 짓찧어서 환부에 붙여준다.

활나물

Crotalaria sessiliflora L | 콩과

한해살이풀로 가느다란 온몸에 부드러운 털이 덮여 있다.
줄기는 곧게 서서 20~40cm 정도의 높이로 자라며 거의 가지를 치지 않는다.
잎은 마디마다 서로 어긋나게 자리하며 피침 꼴 또는 줄 꼴로 끝이 뾰족하다. 잎자루를 가지지 않으며 잎 가장자리는 밋밋하고 털이 규칙적으로 배열되어 있다.
꽃은 줄기 끝에 이삭 모양으로 뭉쳐 곧게 핀다. 나비처럼 생긴 꽃은 거의 같은 크기의 털에 덮인 꽃받침으로 둘러싸여 있다. 지름이 1cm쯤 되는 꽃의 빛깔은 하늘빛을 띤 보라색이다.
꽃이 지고 난 뒤에 생겨나는 꼬투리는 털이 없고 매끄러우며 꽃받침에 싸여 있다.

개화기 7~9월

분포 전국 각지에 분포하며 산과 들판의 양지바른 풀밭에 난다.

약용법

생약명 야백합(野百合). 이두(狸豆), 구령초(狗鈴草), 야지마(野芝麻)라고도 부른다.

사용부위 잎, 줄기, 뿌리의 모든 부분을 약재로 쓴다.

채취와 조제 꽃이 피고 있을 때 채취하여 햇볕에 말린다. 쓰기에 앞서 잘게 썬다.

성분 함유 성분에 대해서는 별로 밝혀진 것이 없다.

약효 해열, 이뇨, 해독작용 등의 효능이 있으며 각종 종기를 다스려주기도 한다. 적용 질환은 각종 염증으로 인한 발열현상과 소변이 잘 나오지 않는 증세, 뱃속에 물이 차는 증세, 살갗에 물집이 돋는 증세, 각종 부스럼, 악성종양 등에 대한 치료약으로 쓰인다.

용법 위에 열거한 각종 증세 가운데 내과 질환에는 말린 약재를 1회에 5~10g씩 200cc의 물로 양이 반 정도가 될 때까지 천천히 달여서 복용한다. 살갗이 헐어서 생기는 각종 부스럼과 악성종양 치료를 위해서는 생풀을 짓찧어 헝겊에 발라 환부에 붙인다.

황금

Scutellaria baicalensis GEORG | 꿀풀과

여러해살이풀이다.
대체적으로 한자리에 여러 대의 빳빳한 줄기가 뭉쳐 많은 가지를 치면서 60cm 정도의 높이로 자란다.
마디마다 2장의 잎이 마주 자리하고 있으며 잎자루를 가지지 않는다. 잎은 피침처럼 생겼으며 양끝이 뾰족하며 가장자리는 밋밋하고 털이 배열되어 있다.
가지 끝에 많은 꽃이 두 줄로 모여 곧게 서서 이삭 꼴을 이루는데 꽃은 대체로 같은 방향으로 향한다. 꽃의 생김새는 원기둥 꼴로서 끝이 입술 모양으로 갈라져 있다. 윗입술은 굴곡이 있으며 투구 꼴을 이룬다. 꽃의 길이는 2.5cm 안팎이고 빛깔은 보랏빛이다.

개화기 7~8월

분포 경기도와 강원도 이북의 지역에 분포한다. 산지의 풀밭에 나는데 밭에 심어서 가꾸기도 한다.

약용법

생약명 황금(黃芩). 원금(元芩), 자금(子芩), 황문(黃文), 공장(空腸)이라고도 한다.

사용부위 뿌리를 약재로 쓴다.

채취와 조제 가을 또는 이른봄에 굴취하여 햇볕에 말린다. 쓰기에 앞서 잘게 썬다.

성분 뿌리에 우고닌(Woogonin)과 바이칼린(Baicalin)을 함유하는데 바이칼린은 황색 성분이다.

약효 해열, 이뇨, 소염, 소종 등의 효능을 가지고 있으며 설사로 인한 열을 다스려 주고 담낭을 보해준다. 또한 뱃속의 태아가 놀랐을 때에 이를 다스려 평안하게 해주는 작용도 한다. 적용 질환으로는 발열, 고혈압, 동맥경화, 담낭염, 황달, 위염, 장염, 이질, 태동불안 등이 주가 된다. 기타 가슴과 겨드랑이 밑이 답답한 증세와 속이 결리는 증세, 몸이 심하게 달아오르는 증세, 눈이 붉게 부어 올라 아픈 증세, 악성종기 등의 치료를 위해서도 쓰인다.

용법 내과질환에는 말린 약재를 1회에 2~4g씩 물로 달이거나 가루로 빻아 복용한다. 외과질환에는 약재를 빻아 환부에 뿌리거나 또는 달여서 환부를 닦아준다.

흰개수염

Eriocaulon sikokianum MAX | 곡정초과

물가에 나는 한해살이풀이다.
잎은 줄 꼴로서 한자리에 뭉쳐 자라며 길이는 15cm 안팎으로 평행인 9개의 잎맥을 가지고 있다. 또한 군데군데 얇은 잎몸이 있어서 마치 창문이 뚫려 있는 듯이 보인다.
5~6개 정도의 능선(稜線)을 가진 많은 꽃대가 함께 잎 사이로부터 자라 25cm 안팎의 높이에 이른다. 꽃대 끝에 작고 흰 꽃이 둥글게 뭉쳐 피는데 뭉친 모양은 반구형(半球形)이고 지름이 5~7mm쯤 된다. 꽃에는 흰털이 산재해 있다.

개화기 7~8월

분포 경기도와 강원도 이남의 지역에 분포하며 물가에 난다.

약용법 생약명 곡정초(穀精草)

사용부위 꽃을 약재로 쓴다. 이는 곡정초와 혼동하여 쓰고 있는 것인데 약효는 같다.

채취와 조제 꽃이 피었을 때에 채취하여 햇볕에 말려서 그대로 쓴다.

성분 함유 성분에 대해서는 아직 밝혀진 것이 없다.

약효 해열, 이뇨, 항균 등의 효능을 가지고 있다. 특히 항균작용은 녹농균(綠膿菌)과 면모상표피균(綿毛狀表皮菌), 철수색백선균(鐵銹色白癬菌)에 대해 뛰어나다. 적용 질환은 주로 안질 치료약으로 쓰이는데 유행성 결막염과 풍열로 인한 눈병 및 홍역을 앓은 뒤에 생겨나는 각막연화증(角膜軟化症) 등에 주로 사용한다. 또한 고열이나 소변이 잘 나오지 않을 때에도 치료약으로 쓴다.

용법 말린 꽃을 1회에 9~15g씩 200cc의 물로 달여서 복용한다.

참고 일본에서는 꽃을 쓰지 않고 잘 익은 열매를 약재로 쓴다. 적용 질환은 같으며 역시 달여서 복용하는데 때로는 달인 물로 눈을 씻으며(洗眼), 해열제나 이뇨제로 쓸 때는 잎도 함께 달여서 복용한다고 한다.

흰여뀌 보태기·이른흰꽃여뀌

Persicaria lapathifolia S.F. GRAY | 여뀌과

습한 땅에 나는 한해살이풀로 온몸에 거의 털이 없다.
줄기는 곧게 서서 드물게 가지를 치면서 50~60cm의 높이로 자란다.
질이 연한 잎은 마디마다 서로 어긋나게 자리하며 피침 꼴이다. 잎의 양끝은 뾰족하고 가장자리는 밋밋하며 털이 생겨나 있지 않다. 어린잎일 때에는 흰털이 잎 면에 산재하기도 한다.
가지 끝에 긴 꽃대가 자라 수많은 작은 꽃이 이삭 모양으로 모여 피는데 스스로의 무게로 인해 끝이 아래로 처진다. 꽃의 지름은 2~3mm가량이고 꽃잎이 없으며 전체적으로 연분홍빛을 띤 흰색이다.

개화기 5~9월

분포 제주도를 포함한 전국에 널리 분포하고 있으며 들판의 습한 땅에 난다.

약용법 생약명 수료(水蓼). 택료(澤蓼), 유료(柳蓼), 랄요(辣蓼)라고도 부른다.

사용부위 뿌리를 포함한 모든 부분을 약재로 쓰는데 여뀌(Persicaria hydropiper var. vulgaris NAKAI)도 함께 쓰인다.

채취와 조제 꽃이 필 때에 채취하여 햇볕에 말린다. 쓰기에 앞서 잘게 썬다.

성분 명백하게 밝혀지지는 않았으나 일종의 고미질(苦味質) 물질과 휘발성의 기름을 함유하고 있다.

약효 지혈과 풍을 없애주며 종기를 가시게 하는 효능이 있다. 적용 질환은 장출혈과 월경과다, 경혈이 머물지 않는 증세, 각기, 이질, 설사 등을 다스리는 약으로 쓰이며 타박상으로 인해 생겨난 멍을 풀어주는 약으로도 사용된다.

용법 멍든 자리에는 생풀을 짓찧어서 붙인다. 그 밖의 증세에는 말린 약재를 1회에 4~8g씩 200cc의 물로 달여 복용하거나 생즙을 내어 복용한다. 생즙을 내기 위해서는 30g 정도의 생풀을 쓴다.

참고 일본에서는 일사병이나 더위를 먹었을 때 및 복통 등에 복용한다.

가락지나물

Potentilla kleiniana var. robusta FR. et SAV | 장미과

땅에 엎드려 사방으로 뻗어나는 여러해살이풀로 온몸에 잔털이 비스듬히 누워 있다.
밑동에서 갈라진 여러 대의 줄기는 50cm 정도의 높이로 자란다.
뿌리줄기에서 자란 잎과 줄기에 나는 잎이 있는데 아래쪽의 잎은 손바닥 모양으로 다섯 갈래로 깊게 갈라진다. 줄기에 나는 잎은 서로 어긋나게 자리하면서 3~5갈래로 갈라진다. 갈라진 잎 조각은 길쭉한 타원형이며 끝이 무디고 가장자리에는 거친 톱니가 생겨나 있다.
지름이 1cm 안팎인 꽃은 줄기 끝에 여러 송이가 모여서 피는데 5장의 꽃잎을 가지고 있으며 빛깔은 노랗다.

개화기 5~7월

분포 전국 각지에 널리 분포한다. 들판의 풀밭과 논두렁, 밭 가장자리의 다소 습한 자리에서 난다.

약용법 생약명 사함(蛇含). 위사(威蛇), 지오가(地伍加), 오성초(伍星草)라고도 한다.

사용부위 뿌리를 포함한 모든 부분을 약재로 쓴다.

채취와 조제 꽃이 피고 있을 때에 채취하여 볕에 말리거나 생풀을 쓰는 경우도 있다. 사용 전에 잘게 썬다.

성분 함유 성분에 대해서는 아직 밝혀진 것이 없다.

약효 해열, 진해, 해독, 소종 등의 효능이 있다. 적용 질환은 열이 나는 경우 해열제로 쓰이며 기침과 인후염의 치료약으로도 사용한다. 어린아이가 놀라고 경련을 일으키는 증세를 다스리는 약으로도 쓰인다. 외과 질환인 종기와 습진 및 뱀이나 벌레에 물린 상처의 치료 등에도 효과가 있다.

용법 말린 약재를 1회에 2~4g씩 200cc의 물로 달여 복용한다. 외과질환의 경우에는 생풀을 짓찧어서 환부에 붙이거나 말린 약재를 달여낸 물로 환부를 닦아낸다.

식용법 봄에 일찍 갓 자란 연한 줄기와 잎을 캐어다가 나물로 먹는다. 쓴맛이 나므로 끓는 물에 데친 다음 3~4시간 찬물로 우려낸 뒤에 간을 맞추어야 한다.

가막사리 가막살

Bidens tripartita L | 국화과

60~90cm 정도의 높이로 자라는 한해살이풀로 물가의 습한 땅에 난다.
마디마다 2장의 잎이 마주 자리하며 3~5갈래로 깊이 갈라지는데 제일 위에 나는 잎은 갈라지지 않는다. 갈라진 잎 조각은 계란 꼴에 가까운 피침 꼴이고 가장자리에는 거친 모양의 톱니가 배열되어 있다.
줄기와 가지의 끝에 많은 꽃이 둥글게 뭉쳐서 핀다. 뭉친 꽃의 바로 밑에 잎과 같은 생김새의 꽃받침이 사방으로 배열되어 있다. 둥글게 뭉쳐 있는 꽃의 집단은 지름이 1.5cm쯤이고 빛깔은 노랗다.
꽃이 핀 뒤 가시와 같은 생김새의 씨가 생기는데 끝에 갈고리와 같은 털이 있어서 사람의 옷이나 짐승의 털에 붙어 이동된다.

개화기 9~10월

분포 전국 각지에 분포하며 논두렁이나 냇가 등 습한 자리에 난다.

약용법 생약명 낭파초(狼把草), 낭야초(郎耶草), 침포초(針包草), 오계(烏階)라고도 한다.

사용부위 모든 부분을 약재로 쓴다.

채취와 조제 꽃이 필 때에 채취하여 햇볕에 말리는데 증세에 따라 생풀로 쓸 때도 있다. 말린 것은 쓰기에 앞서 잘게 썬다.

성분 잎과 줄기에 정유와 고미질물질, 초석(硝石) 등을 함유한다고 하나 구체적인 것은 알 수 없다.

약효 폐를 맑게 해주며 살균과 소염 등의 효능이 있다. 적용 질환은 폐결핵, 기관지염, 인후염, 편도선염, 임파선염, 대장염, 이질 등이다. 외과질환으로서 습진과 옴의 치료에도 효과가 있다.

용법 말린 약재를 1회에 3~6g씩 200cc의 물로 달여 복용하는데 때로는 생즙을 내어 복용하기도 한다. 외과질환에는 생풀을 짓찧어 환부에 붙이거나 말린 것을 가루로 빻아 뿌린다.

식용법 어리고 연한 순을 꺾어 살짝 데쳐서 두어 시간 찬물로 우려낸 다음 나물로 무쳐 먹거나 국거리로 한다.

가시연 개연

Euryale ferox SALISB | 수련과

물에 나는 한해살이풀로서 온몸에 많은 가시가 돋아나 있다.
씨에서 싹터 나오는 잎은 작고 화살 모양을 하고 있지만 이어 싹트는 타원형의 큰잎은 자라면 지름이 20~120cm 정도나 되는 둥근 모양이 되는데 일부가 약간 패인다. 잎의 표면은 주름지고 윤기가 나며 뒷면은 보랏빛을 띤 검정빛으로 잎맥이 튀어나오고 양면의 잎맥 위에 가시가 돋는다.
여름에 가시가 돋친 긴 꽃줄기가 자라 지름이 4cm쯤 되는 보랏빛 꽃 한 송이가 핀다. 꽃은 낮에만 피고 밤에는 오므라진다.
꽃이 핀 뒤 지름이 5~7cm나 되는 많은 가시가 돋친 물기 많은 열매를 맺는다.

개화기 7~8월

분포 전주, 광주, 대구, 강릉 근처의 연못에 자라며 경기도의 서해안 일부 지역에도 난다.

약용법 생약명 감실. 감인, 감자, 안실이라고도 부른다.

사용부위 씨를 약재로 쓴다.

채취와 조제 늦가을에 열매를 거두어 씨를 꺼내 햇볕에 말린다. 쓰기 전에 작게 깨뜨린다.

성분 함유 성분에 대해서는 아직 밝혀진 것이 없다.

약효 자양강장, 진통, 지사 등의 효능이 있고 콩팥을 튼튼히 한다. 적용 질환은 신체허약, 유정(遺精), 임질, 허리 무릎의 마비통증, 만성설사, 임질, 대하증, 요실금 등이다. 그 밖에 신경쇠약에도 좋다.

용법 말린 약재를 1회에 3~8g씩 200cc의 물로 반 정도의 양이 되게 달이거나 가루로 빻아 복용한다.

식용법 앵두 만한 크기의 씨를 절구로 찧어 껍데기를 벗기고 가루로 빻아 떡을 만들어 먹는다. 또한 어린 잎줄기와 뿌리줄기를 나물로 먹기도 하는데 잎줄기는 가시가 있기 때문에 껍질을 벗겨서 데쳐야만 한다. 모두가 토란과 같은 맛이 난다.

각시원추리 꽃대원추리·가지원추리

Hemerocallis dumortierii MORR | 백합과

여러해살이풀이다. 잎은 좁은 줄 꼴이고 길이는 50cm쯤 되며 밑동에서 서로 겹쳐진다. 잎의 끝은 뾰족하고 가장자리는 밋밋하다.
겹쳐진 잎 사이로부터 60cm 정도의 길이를 가진 꽃대가 곧게 자라 끝에 2~3송이의 꽃이 핀다. 꽃은 넓은 종 모양으로 끝이 여섯 갈래로 갈라져 있다. 갈라진 부분은 뒤로 약간 말리는 경향이 있다. 수술 또한 6개이고 수술보다 긴 1개의 암술을 가진다. 원추리에 비해 잎이 짧고 꽃도 작다. 꽃의 빛깔은 노란색 바탕에 주황빛이 감돈다. 꽃이 핀 뒤에 세모꼴의 길쭉한 열매를 맺는다.

개화기 5~6월

분포 전국적인 분포를 보이며 산지의 양지 쪽 풀밭에 난다.

약용법 생약명 훤초근(萱草根). 원초(湲草), 의남(宜男), 지인삼(地人蔘)이라고도 한다.

사용부위 뿌리를 약재로 쓴다. 들원추리(Hemerocallis disticha DONN), 애기원추리(H. minor MILL), 향원추리(H. thunbergii BAKER)의 뿌리도 함께 쓰인다.

채취와 조제 가을에 굴취하여 햇볕에 말린다. 쓰기에 앞서 잘게 썬다.

성분 히도록시글루타민산과 호박산, 베타-시토스테롤, 아스파라긴 등을 함유한다.

약효 여성질환에 효과가 있으며 이뇨와 소종(消腫) 등의 효능도 있다. 적용 질환은 월경불순, 월경이 멈추지 않는 증세, 대하증, 유선염(乳腺炎), 유액분비불량 등을 다스리는 약으로 쓰인다. 또한 소변이 잘 나오지 않는 증세와 소변이 혼탁할 때, 살갗에 물집이 생기는 경우, 황달, 혈변, 코피 흐를 때 등의 치료약으로도 쓴다.

용법 말린 약재를 1회에 2~4g씩 200cc의 물로 서서히 달여 복용하거나 생즙을 내어서 복용한다.

식용법 봄철에 어린순을 나물로 하거나 국에 넣어 먹는다. 연한 맛이 나므로 가볍게 데쳐 물기를 짜낸 다음 그대로 간을 맞추면 된다. 특히 고깃국에 넣으면 맛이 훌륭하다.

갈퀴꼭두서니

Rubia cordifolia var. pratensis MAX | 꼭두서니과

여러해살이 덩굴풀이다.

줄기에는 네 개의 모가 나 있고 모 위에 갈고리와 같은 작은 가시가 있다. 다른 풀이나 나무에 기대어 자라 올라가며 많은 가지를 친다. 마디마다 5~9장의 잎이 둥글게 배열된다. 잎은 심장 꼴에 가까운 길쭉한 타원형으로 끝이 뾰족하고 가장자리는 밋밋하다. 잎자루와 잎 뒤에도 갈고리와 같은 가시가 생겨나 있다. 가지 끝이나 잎겨드랑이로부터 자란 꽃대 위에 작은 노란색의 꽃이 원뿌리 꼴로 모여 핀다. 5장의 꽃잎을 가지고 있으며 지름은 3.5mm 안팎이다.

개화기 6~7월

분포 제주도를 비롯한 전국 각지에 널리 분포하며 산의 숲 가장자리에 난다.

약용법 생약명 천초근. 활혈단(活血丹), 토단삼(土丹蔘), 천근이라고도 한다.

사용부위 뿌리를 약재로 쓰는데 꼭두서니(Rubia akane NAKAI), 쇠꼭두서니(R. chinensis var. glabrescens KITAGAWA)의 뿌리도 함께 쓰인다.

채취와 조제 가을 또는 봄에 굴취하여 햇볕에 말리거나 생것으로 쓴다. 말린 것은 잘게 썰어서 쓰거나 썬 것을 불에 볶아서 쓴다.

성분 뿌리에 푸르푸린과 문지스틴 등의 배당체를 함유한다. 푸르푸린은 보라색 물감으로 쓰인다.

약효 통경, 지혈, 소종(消腫) 등의 효능을 가지고 있으며 피를 식혀 준다고도 한다. 적용 질환은 관절염, 신경통, 간염, 황달, 만성기관지염, 월경불순, 자궁출혈, 토혈, 혈변, 악성종기, 코피가 날 때 등이다.

용법 말린 약재를 1회에 3~5g씩 200cc의 물로 달이거나 가루로 빻아 복용한다. 신경통에는 생뿌리를 소주에 담가 수개월 후에 마시면 효과적이다. 악성종기의 경우에는 생뿌리를 짓찧어서 환부에 붙인다.

식용법 어린순을 나물로 먹는다. 쓴맛이 강하므로 데친 다음 잘 우려내어 간을 맞출 필요가 있다.

갈퀴덩굴 수레갈퀴

Galium spurium L | 꼭두서니과

60~90cm의 높이로 자라는 두해살이 덩굴풀이다.
줄기에는 네 개의 모가 있고 그 모 위에 밑으로 꼬부라진 작은 가시털이 있어서 다른 물체에 붙어 올라간다.
마디마다 피침 꼴의 작은 잎이 6~8장씩 둥글게 배열된다. 잎 가장자리와 뒷면의 잎맥 위에는 작은 가시털이 나 있다. 잎겨드랑이마다 2~3개의 꽃대가 자라서 1~2송이의 작은 꽃이 핀다. 지름 3mm 안팎의 꽃은 4장의 꽃잎으로 이루어져 있다. 꽃의 빛깔은 초록빛을 띤 노란색이다.
열매는 작은 갈고리와 같은 잔털에 덮여 나란히 2개가 붙어 있다.

개화기 5~6월

분포 전국 각지에 분포하고 있으며 양지바른 풀밭이나 길가에 난다.

약용법 생약명 팔선초(八仙草). 소거등(小鋸藤), 납납등(拉拉藤), 소천초라고도 한다.

사용부위 씨를 포함한 모든 부분이 약재로 쓰인다.

채취와 조제 여름에 채취하여 햇볕에 말린다. 쓰기에 앞서 잘게 썬다.

성분 함유 성분에 대해서는 아직 밝혀진 것이 없다.

약효 진통, 이뇨, 해독, 소종 등의 효능을 가지고 있으며 멍이 든 피를 풀어주는 작용도 한다. 적용 질환은 타박상을 입어 멍이 들거나 통증이 있는 경우에 치료약으로 흔히 쓰인다. 또한 신경통, 임질, 혈뇨, 장염 등을 다스리는 약으로도 사용되며 기타 악성종기와 종양을 치료하기 위해서도 사용한다.

용법 말린 약재를 1회에 4~8g씩 200cc의 물로 달여 복용하거나 생즙을 내어 복용한다. 종기와 종양인 경우에는 생잎과 줄기를 함께 짓찧어서 환부에 붙인다.

식용법 이른봄에 갓 자란 연한 순을 꺾어다가 나물로 먹는다. 쓴맛이 심하므로 끓는 물에 데친 다음 하루 정도 흐르는 물에 담갔다가 간을 맞추어야 한다. 어느 정도 자라면 껄끄러워 먹기가 거북하다.

감국 섬감국·황국

Chrysanthemum indicum L | 국화과

여러해살이풀로 나무처럼 변한 딱딱하고 검붉은 줄기는 30~60cm의 높이로 자라며 약간의 가지를 친다.
계란 모양의 잎은 보통 깃털 모양으로 다섯 갈래로 깊게 갈라진다. 잎은 검푸르지만 얇고 연하다. 잎 가장자리에는 결각 모양으로 생긴 거친 톱니가 있다.
줄기와 가지 끝에 여러 송이의 꽃이 높이를 가지런히 해서 피는데 10여 장의 꽃잎이 둥글게 배열된 한가운데에는 수많은 수술과 암술이 함께 뭉쳐 있다. 지름은 2cm 안팎인 꽃은 산국보다 약간 크고 노랑빛이다.

개화기 10~11월

분포 전국 각지에 분포한다. 산과 들판의 양지바른 풀밭에 나는데 수는 적다.

약용법

생약명 야국화(野菊花). 고의(苦薏), 의화(薏花), 야황국(野黃菊)이라고 부른다.

사용부위 꽃을 약재로 쓴다.

채취와 조제 꽃이 필 때에 꽃 부분만 따서 햇볕에 말린다. 말린 것을 그대로 쓴다.

성분 꽃에 배당체의 하나인 크리산테민(Chrysanthemin)과 아스테린(Asterin) 및 정유를 함유하고 있다.

약효 해열, 진정, 해독, 소종의 효능이 있다. 적용 질환으로는 감기로 인한 발열, 폐렴, 기관지염, 두통, 현기증, 고혈압, 위염, 장염, 구내염, 임파선염 등이다. 그 밖에 눈이 붉게 충혈되거나 악성종기, 피부의 지방선이나 땀구멍으로 화농균이 침입하여 생기는 부스럼 등의 치료를 위해서도 쓰인다.

용법 말린 약재를 1회에 3~5g씩 200cc의 물로 달여서 복용한다. 종기나 부스럼은 생꽃을 짓찧어서 환부에 붙인다. 눈이 붉게 충혈 했을 때에는 달인 물로 눈을 씻어낸다.

식용법 꽃잎은 말려 두었다가 수시로 약주에 띄워서 마신다. 향기로우며 피로회복에 효과가 있다. 어린잎은 나물로 먹기도 하는데 데친 뒤에 잘 우려낼 필요가 있다.

강활 강호리

Ostericum koreanum KITAGAWA | 미나리과

두해 내지 세해살이풀로 굵은 뿌리를 가지고 있다.
줄기는 곧게 서고 위쪽에 가지를 치면서 2m 안팎의 크기로 자란다.
잎은 긴 자루를 가지고 있고 깃털 모양으로 두 번 갈라진다. 갈라진 조각은 계란꼴이며 끝이 뾰족하고 가장자리는 얕게 찢어지거나 날카롭게 생긴 톱니로 되어 있다. 잎자루에 있는 잎의 밑동은 줄기를 감싼다.
가지와 줄기 끝에 10~30개의 작은 꽃대가 자라 그 위에 작은 꽃이 둥글게 뭉쳐 전체적으로 우산 모양을 이룬다. 꽃마다 5장의 꽃잎을 가지고 있으며 우산 꼴로 뭉쳐서 집단을 이룬 꽃의 지름은 10여 cm이고 빛깔은 희다.

개화기 8~9월

분포 경상북도와 강원도 및 경기도 이북의 지역에 분포한다. 산지의 골짜기 등 습한 자리에서 자란다.

약용법 생약명 강활(羌活)

사용부위 뿌리를 약재로 쓴다.

채취와 조제 가을에 굴취하여 깨끗이 씻은 다음 햇볕이나 화력으로 말린다. 쓰기에 앞서 잘게 썬다.

성분 뿌리에 정유를 함유하고 있으나 자세한 것은 밝혀져 있지 않다.

약효 땀을 나게 하고 열을 내려주는 효능이 있으며 진통작용과 진경작용(경련을 진정시킴)을 한다. 한방에서는 풍증을 없애주는 약으로 다루어지고 있다. 적용 질환은 감기, 두통, 각종 신경통, 습성 관절염, 중풍 등이고 목뒤와 등이 심하게 아픈 경우에도 쓴다.

용법 말린 약재를 1회에 2~5g씩 200cc의 물로 달이거나 빻아 복용한다. 하루 용량은 6~15g이다.

식용법 봄에 어린순을 캐어 나물로 먹는다. 씹히는 느낌이 좋으나 쓴맛이 강하므로 끓는 물로 데친 다음 찬물로 여러 차례 우려내 간을 맞추는 것을 잊지 말아야 한다.

개갓냉이 쇠냉이

Rorippa sublyrata FR. et SAV | 배추과

여러해살이풀로 몸집이 크며 높이는 50cm에 이른다. 줄기는 곧게 서며 여러 갈래로 갈라져 나간다.
이른봄에 자라는 잎은 둥글게 뭉쳐 땅을 덮는다. 길이 15cm 안팎의 잎은 깃털 모양으로 크게 갈라진다. 줄기가 자라면서 생기는 잎은 길쭉한 타원 꼴로 가장자리에는 고르지 않은 톱니가 생겨난다. 서로 어긋나게 잎들이 자리하고 잎자루를 가지지 않는다. 꽃은 가지 끝에 술 모양으로 뭉쳐 바깥쪽 꽃부터 차례로 핀다. 4장의 꽃잎으로 이루어진 십자형 꽃의 지름은 4mm 안팎이고 빛깔은 노랗다.
꽃이 지고 난 뒤에 2cm가량의 길이를 가진 꼬투리가 생겨난다.

개화기 5~6월

분포 전국 각지에 널리 분포한다. 풀밭이나 밭가 등 양지바른 곳에 나는데 습지를 좋아하는 경향이 있다.

약용법 생약명 한채. 야개채(野芥菜), 산개채(山芥菜), 날미채(辣米菜)라고도 한다.

사용부위 꽃을 포함한 모든 부분을 약재로 쓴다.

채취와 조제 꽃이 필 때에 채취하여 햇볕에 말린다. 쓰기에 앞서 잘게 썬다.

성분 매운맛이 나는데 함유 성분에 대해서는 밝혀진 것이 없다.

약효 해열, 진해, 해독, 이뇨 등의 효능을 가지고 있으며 혈액의 순환을 돕는다. 적용 질환은 감기, 기침, 기관지염, 인후염, 간염, 황달, 각기 등이다. 또한 월경이 나오지 않는 증세나 살갗에 물집이 돋는 증세[水腫]를 치료하기 위해서도 쓴다. 타박상이나 피부의 지방 분비선이나 땀구멍으로 화농균이 침입하여 생겨나는 부스럼 등 외과 질환의 치료약으로도 사용된다.

용법 말린 약재를 1회에 6~10g씩 200cc의 물로 달여서 복용한다. 타박상이나 부스럼에는 생풀을 짓찧어서 붙인다.

식용법 이른봄에 나물로 먹으며 약간의 매운맛이 난다. 또한 김치를 담글 때 약간 섞으면 독특한 맛이 좋다.

개구릿대

Angelica anomala LALLEM | 미나리과

여러해살이풀이다.
높이 2m에 달하는 줄기는 굵고 길다. 줄기는 속이 비어 있으며 자줏빛이 돈다.
잎은 두세 번 깃털 모양으로 갈라지는데 전체적인 생김새는 세모꼴 모양이고 갈라진 잎 조각은 좁은 계란 꼴이다. 잎 뒤에는 털이 산재해 있고 흰빛이 돈다. 잎 가장자리에는 뾰족한 톱니가 있고 잎몸이 잎자루로 흘러 날개처럼 된다. 잎자루의 밑동은 계란 꼴로 부풀어 줄기를 감싼다.
가지 끝이 수많은 꽃대로 갈라져 작은 흰 꽃이 우산 꼴로 뭉쳐 핀다. 우산 꼴로 모인 꽃 집단의 지름은 15cm 안팎이다.

개화기 8월 중

분포 전국적으로 분포하며 산지의 골짜기 등 토양수분이 윤택한자리에 난다.

약용법 생약명 백지(白芷). 백초, 택분(澤芬), 삼려(三閭), 향백지(香白芷)라고도 한다.

사용부위 뿌리를 약재로 쓰는데 구릿대(Angelica dahurica BENTH. et HOOK)의 뿌리도 함께 쓰인다.

채취와 조제 늦가을에 굴취하여 햇볕에 잘 말린다. 쓰기 전에 잘게 썬다.

성분 뿌리에 베르가프텐, 안겔리콘, 움벨리페론 등의 성분이 함유되어 있다.

약효 진통, 소종 등의 효능이 있고 풍기를 없앤다고 한다. 적용 질환으로는 두통, 편두통, 각종 신경통, 복통, 치통, 안구의 통증 등을 들 수 있다. 또한 대장염이나 대하증, 걸찍한 콧물에 피나 고름이 섞이는 증세, 치루(痔漏, 항문 가에 구멍이 생기는 증세), 악성종기 등의 치료약으로도 쓰인다.

용법 말린 약재를 1회에 1~3g씩 물로 달이거나 또는 가루로 빻아 복용한다. 치루나 종기에는 가루로 빻은 것을 기름에 개어 환부에 바른다.

식용법 봄에 갓 자라는 순을 캐어다가 나물로 먹는다. 다소 매운맛이 있으므로 데친 뒤 찬물로 여러 차례 헹궈내야 한다.

개꽃무릇 개가재무릇·백양꽃

Lycoris sanguinea MAX | 수선과

계란 형태의 알뿌리를 가진 여러해살이풀로 독성 식물의 하나이다.
50cm 안팎의 기다란 줄 꼴의 잎 끝은 둥그스름하며 한가운데에 자리한 굵은 잎맥에는 흰빛이 감돈다. 잎 사이로부터 잎의 반 정도의 길이를 가진 납작한 원기둥 꼴의 꽃대가 자란다.
꽃대의 밑동은 적갈색이고 위로 올라가면서 푸른빛으로 변한다. 꽃은 꽃대의 꼭대기에 4~6송이가 우산 모양으로 핀다. 지름 7cm 안팎의 주황빛이 도는 꽃은 길쭉한 피침 꼴인 6장의 꽃잎을 가지고 있다.

개화기 9월 중

분포 원래 일본에만 분포하는 알뿌리식물로 알려져 왔으나 우리나라의 백양산에도 자생한다는 사실이 밝혀졌다.

약용법 생약명 철색전(鐵色箭)

사용부위 알뿌리를 약재로 쓴다.

채취와 조제 꽃이 진 뒤에 굴취하여 물로 깨끗이 씻은 다음 그늘에서 충분히 말린다. 때로는 말리지 않은 알뿌리를 쓰기도 한다. 말린 것은 쓰기에 앞서 잘게 썬다.

성분 알뿌리에 라이코린(Lycorin)이라는 알칼로이드를 함유하고 있으며 이 성분이 약효로 작용하고 있다.

약효 부기를 가시게 하는 작용을 하므로 종기와 유방염의 치료제로 쓰인다.

용법 종기에는 말린 약재를 달여 그 물로 환부를 씻어준다. 달이는 양은 1회에 0.5~1g이다. 유방염의 경우에는 말리지 않은 알뿌리를 강판에 갈아 적당량의 밀가루에 개어서 환부에 바른다.

식용법 유독식물이기는 하나 자생지에서는 끓는 물에 알뿌리를 삶아 며칠 동안 흐르는 물에 담가 유독성분을 우려낸 다음 건조시켜서 오래 저장했다가 다시 삶아 나물로 먹는다. 이러한 조리법을 묵나물이라고 하는데 유독식물이므로 가능한 먹지 않는 것이 좋다.

개미자리 수캐자리

Sagina japonica OHWI | 석죽과

길가와 같은 곳에 나는 두해살이풀이다.
줄기는 밑동에서 여러 갈래로 갈라져 비스듬히 자라 10cm 정도의 높이에 이른다. 줄기와 가지의 윗부분에는 짤막한 선모(腺毛)가 나 있다. 잎은 줄 꼴로서 마디마다 2장이 마주 자리한다. 잎 끝은 뾰족하고 잎자루를 가지지 않으며 밑동은 칼집처럼 생겨서 줄기를 감싼다.
줄기와 가지의 끝부분의 잎겨드랑이에서 긴 꽃대가 자라 각기 한 송이의 꽃을 피운다. 꽃대에도 짤막한 선모가 나 있다. 5장의 꽃받침과 꽃잎을 가지고 있는 꽃의 지름은 3mm 안팎이며 빛깔은 희다. 꽃잎의 생김새는 계란 꼴로 꽃받침보다 약간 작다. 열매는 넓은 계란 꼴의 모습으로 익으면 끝부분이 다섯 갈래로 갈라져 아주 미세한 갈색의 씨가 떨어진다.

개화기 6~8월

분포 거의 전국적으로 분포하고 있다. 밭가나 길가의 양지바르고 습기가 많은 자리에 난다.

약용법 생약명 칠고(漆姑). 지송(地松), 진주초(珍珠草)라고도 한다.

사용부위 꽃을 포함한 모든 부분을 약재로 쓴다.

채취와 조제 꽃이 필 무렵에 채취하여 햇볕에 말려 잘게 썰어서 쓴다. 때로는 생풀을 쓰기도 한다.

성분 함유 성분에 대해서는 아직 밝혀진 것이 없다.

약효 이뇨, 해독, 소종 등의 효능을 가지고 있다. 적용 질환은 소변이 잘 나오지 않는 증세, 인후염, 임파선염, 종기, 옻 오름 등이다.

용법 말린 약재를 1회에 3~8g씩 200cc의 물로 달이거나 가루로 빻아 복용한다. 종기나 옻 오름에는 생풀을 짓찧어서 환부에 붙이거나 즙을 내어 바른다.

식용법 이른봄에 어린 풀을 나물로 해서 먹는다. 약간 쓴맛이 있어 찬물로 우려내야 한다.

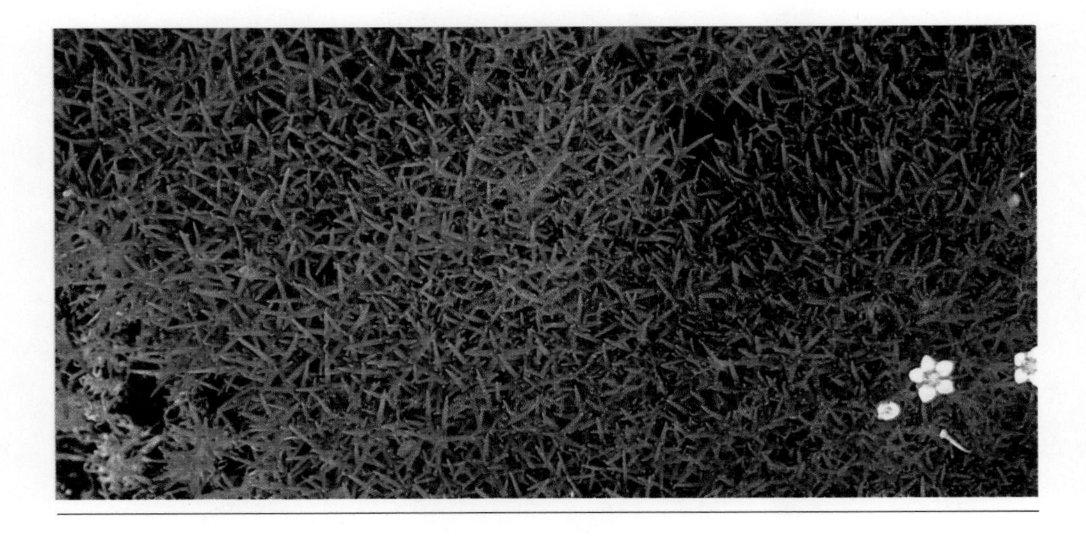

개미취 자원

Aster tataricus var. hortensis NAKAI | 국화과

키가 큰 여러해살이풀로 높이가 1.5m에서 2m에 이르는 것도 있다.
줄기는 곧게 서고 약간의 가지를 치며 온몸이 까칠까칠한 털에 덮여 있다.
봄에 뿌리로부터 자라나오는 잎은 크고 긴 타원형으로 한자리에서 여러 장 뭉쳐 나온다. 줄기에 달리는 잎은 좁고 작으며 서로 어긋나게 자리하고 있다. 잎은 모두 양끝이 뾰족하고 가장자리에는 드물면서도 날카로운 생김새의 톱니를 가진다. 꽃은 가지와 줄기 끝에 우산 모양에 가까운 형태로 여러 송이가 모여서 핀다. 꽃의 지름은 2~2.5cm 이고 꽃잎은 연한 보랏빛인데 꽃 가운데 부분은 노랗다.

개화기 8~10월
분포 전국 각지에 분포하며 산지의 양지바른 풀밭에 난다.

약용법 생약명 자완. 백완, 자영(紫英), 청완이라고도 한다.

사용부위 뿌리를 약재로 쓰는데 좀개미취(Aster maackii REGEL)의 뿌리도 함께 쓰인다.

채취와 조제 가을 또는 이른봄에 굴취하여 햇볕에 말린다. 쓰기에 앞서 잘게 썬다. 또는 썬 것에 꿀을 넣어 약한 불에 볶아서 말린 것을 쓰기도 한다.

성분 뿌리에 아스테르사포닌(Astersaponin), 시오논(Shionon), 퀘르세틴(Quercetin), 프리델린(Friedelin), 프로사포게닌(Prosapogenin) 등의 성분이 함유되어 있다.

약효 진해, 거담, 항균 등의 효능이 있으며 천식, 각혈, 폐결핵성 기침, 만성기관지염 등의 증세를 다스리는데 쓰인다. 또한 이뇨제로도 사용된다.

용법 말린 약재를 1회에 2~4g씩 200cc의 물로 달이거나 또는 가루로 빻아 복용한다.

식용법 취나물의 하나로서 흔히 채식되고 있으나 쓴맛이 강하므로 데쳐서 여러 날 흐르는 물에 우려낸 다음 말려 오래 동안 갈무리해 두었다가 조리한다. 오래도록 갈무리해 두는 것은 쓴맛을 없애기 위한 것이다.

개별꽃 나도개별꽃

Pseudostellaria heterantha PAX | 석죽과

여러해살이풀로 덩이뿌리를 가지고 있다. 가느다란 줄기는 곧게 서서 15cm 정도의 높이로 자란다.

잎은 마디마다 2장이 마주 자리잡고 있는데 아래쪽 잎은 주걱 모양이고 위쪽에 나는 잎은 피침 모양으로 이루어진다. 맨 위의 잎은 때때로 4장이 십자형으로 자리한다. 줄기 맨 위쪽의 잎겨드랑이로부터 1~2대의 가느다란 꽃대가 자라 각기 한 송이씩의 꽃을 피운다. 꽃은 5장의 흰 꽃잎으로 구성되어 있으며 지름은 1cm 안팎이다. 꽃잎 사이사이에 꽃잎과 비슷한 생김새의 꽃받침이 자리하고 있어 마치 10장의 꽃잎을 가지고 있는 것처럼 보이기도 한다. 꽃의 한가운데에는 10개의 보랏빛 꽃가루주머니가 자리하여 꽃을 아름답게 장식한다. 꽃이 지고 난 뒤에 작고 둥근 열매가 맺혀 익으면 네 개로 갈라져 검정 씨가 쏟아진다.

개화기 5월 중

분포 전국적으로 널리 분포하고 있으며 산지의 숲 속에 난다.

약용법 생약명 이름이 없다.

사용부위 잎과 줄기를 약으로 쓴다.

채취와 조제 꽃이 핀 뒤에 채취하여 햇볕에 말린다. 쓰기에 앞서 잘게 썬다.

성분 함유 성분에 대해서는 아직 밝혀진 것이 없다.

약효 한약재로는 별로 쓰이고 있지 않으며 약효도 미상이다. 다만 민간에서는 오랜 경험을 통하여 위장병 약으로 쓰이고 있을 뿐이다.

용법 말린 풀을 1회에 10~20g 정도씩 200cc의 물로 달여서 하루 세 번 복용한다.

식용법 순하고 부드러운 맛 때문에 즐겨 나물로 무쳐 먹는다. 담백하게 양념하여 맛을 돋우는 것이 좋다. 끓는 물에다 가볍게 데쳐 찬물로 한 번 헹군 후 무친다.

개비름

Euxolus ascendens HARA | 비름과

한해살이풀이다. 연한 줄기는 밑동에서 갈라져 높이 30cm 안팎에 이르게 비스듬히 자라 올라간다.
잎은 서로 어긋나게 자리하며 길이는 1~5cm로서 마름모에 가까운 계란형이다. 긴 잎자루를 가지고 있으며 잎 끝은 약간 패여 들어가고 가장자리는 밋밋하다. 꽃은 가지 끝과 잎겨드랑이에 짤막한 이삭 꼴로 뭉쳐 핀다. 꽃잎은 없으며 꽃받침이 꽃잎처럼 보인다. 꽃의 지름은 2mm 안팎이고 빛깔은 푸르다. 꽃이 핀 뒤에는 마름모에 가까운 타원형의 작은 열매를 맺는데 익으면 옆으로 갈라져 둥근 씨 한 알이 나온다. 외형상으로는 비름과 비슷하지만 식물학상으로는 전혀 다른 무리에 속한다. 이로 인해 개비름이라는 이름이 생겨났다.

개화기 6~7월

분포 전국적으로 분포하나 주로 경기도와 강원도 이남의 지역에 널리 자란다. 황폐된 밭이나 길가 등에서도 흔히 볼 수 있다.

약용법 생약명 야현

사용부위 꽃을 포함한 모든 부분을 약으로 쓴다.

채취와 조제 여름에 채취하여 햇볕에 말린다. 쓰기에 앞서 잘게 썬다.

성분 잎과 줄기에 초산칼리(硝酸加里)가 함유되어 있다.

약효 비름은 약재로 쓰고 있으나 이 풀은 쓰이지 않는다. 다만 민간에서 설사를 멈추게 하는 작용이 있다고 알려져 있다. 적용 질환은 설사를 머물게 하는 약으로만 쓰인다.

용법 말린 풀을 1회에 4~10g 정도씩 200cc의 물에 넣어서 반 정도가 될 때까지 달여서 복용한다.

식용법 맛이 순하고 부드러워 나물로 무쳐 먹거나 국거리로 이용하기에 좋다. 쓴맛이나 떫은 기운이 전혀 없으므로 살짝 데쳐서 찬물로 한 번 헹구기만 하면 곧바로 조리할 수 있다.

개사철쑥

Artemisia apiacea HANCE | 국화과

1m 정도의 높이로 자라는 두해살이풀로 좋지 않은 냄새를 풍긴다.
봄에 자라는 잎은 뿌리에서부터 직접 자라나오며 한자리에서 둥글게 뭉친다. 잎은 깃털 모양으로 두세 차례 가늘게 갈라진다. 줄기에서 자라는 잎은 서로 어긋나게 자리를 잡으며 역시 깃털 모양으로 갈라지는데 갈라진 조각은 실오라기처럼 가늘다.
줄기의 윗부분에서 많은 가지로 갈라져 꽃을 가지게 된다. 지름 5mm 안팎인 둥근 꽃은 꽃잎이 없으며 초록빛을 띤 노란색의 꽃이 모여 원뿌리 꼴의 꽃차례를 이룬다. 개똥쑥과 흡사하나 개사철쑥 꽃이 보다 크다.

개화기 7~9월

분포 중부 이남의 지역과 제주도에 분포하며 냇가나 강가의 모래밭에 난다.

약용법 생약명 청호(青蒿). 초호(草蒿), 흑호(黑蒿), 방궤(方潰)라고도 부른다.

사용부위 모든 부분을 약재로 쓴다.

채취와 조제 여름에 꽃이 필 때에 채취하여 그늘에서 말린다. 쓰기 전에 잘게 썬다.

성분 쿠마린류의 디메틸 다프네틴과 스티그마스테롤이 함유되어 있다.

약효 해열과 이담(利膽)의 효능이 있고 뜨거운 피를 식혀 준다고 한다. 감기를 비롯하여 결핵성의 열이나 원인불명의 열, 학질 등을 치료하기 위한 약으로 사용한다. 또한 담낭염이나 담도염, 황달, 간염, 코피, 혈변, 옴, 부스럼 등을 다스리는 약으로도 쓰인다.

용법 말린 약재를 1회에 2~4g씩 200cc의 물로 달이거나 또는 가루로 빻아 복용한다. 옴이나 부스럼에는 생풀을 짓찧어 환부에 붙인다. 때로는 가루로 빻아 환부에 뿌리거나 기름에 개어 바른다.

식용법 봄에 어린순을 캐어서 나물로 먹는다. 좋지 못한 냄새를 풍기므로 데친 다음 여러 번 헹구며 잘 우려낸 다음 조리하도록 해야 한다.

개산꿩의다리 개삼지구엽초

Thalictrum tuberiferum MAX | 미나리아재비과

여러해살이풀로 뿌리줄기와 방추형의 덩이뿌리를 가지고 있다. 줄기는 곧게 서서 가지를 쳐가면서 50cm 안팎의 높이로 자란다. 뿌리로부터 자라나는 잎은 마름모에 가까운 계란형의 잎이 긴 잎자루에 3장씩 모두 9장이 달린다. 줄기에 나는 잎은 짧은 잎자루에 3장의 작은 잎이 달린다. 뿌리로부터 자라나는 잎이 삼지구엽초처럼 9장의 작은 잎을 가지기 때문에 일명 개삼지구엽초라고도 한다.
가지 끝에 수술과 암술로만 이루어진 작은 꽃이 원뿌리 꼴로 모여 핀다. 하나의 꽃의 지름은 1cm가량이고 빛깔은 희다. 꽃이 지고 난 뒤 반달같이 생긴 가느다란 씨가 맺힌다.

개화기 6월~7월

분포 전국적으로 분포하고 있으며 산의 양지 쪽 풀밭에 난다.

약용법 생약명 마미연(馬尾連). 마미황연(馬尾黃連)이라고도 한다.

사용부위 뿌리줄기와 뿌리를 함께 약재로 쓴다. 꿩의다리(Thalictrum aquilegifolium var. japonica NAKAI), 긴잎꿩의다리(T. simplex var. affine REGEL), 좀꿩의다리(T. thunbergii var. hypoleucum NAKAI) 등도 쓰인다.

채취와 조제 가을 또는 봄에 굴취하여 지상부를 잘라버리고 햇볕에 말린다. 쓰기에 앞서 잘게 썬다.

성분 잎과 씨에 청산을 분리하는 배당체가 함유되어 있다. 기타 함유 성분으로는 베르베린(Berberin), 마그노플로린(Magnoflorin), 탈리크틴(Thalictiin), 타카토닌(Takatonin) 등이 알려져 있다.

약효 해열, 소염 등의 효능이 있다. 적용 질환은 감기, 홍역, 설사, 이질, 장염, 간염, 결막염, 악성종기 등이다. 건위 효과도 있다고 한다.

용법 약재를 1회에 1~3g씩 달여 복용한다. 종기에는 빻은 것을 기름에 개어 붙인다.

식용법 4월 하순경 연한 순을 따서 나물이나 국거리로 먹는다. 유독식물로 데쳐서 잘 우려야 한다.

갯기름나물 미역방풍 · 목단방풍

Peucedanum japonicum THUNB | 미나리과

사철 푸른 잎을 가지는 세해살이풀로 해변의 바위틈에 난다.
높이 60cm 정도로 자라는 줄기는 굵고 강하다. 여러 개의 가지를 쳐가며 곧게 자라 올라가는 습성을 가지고 있다.
잎은 깊게 세 개로 갈라지고 갈라진 조각은 다시 세 개로 얕게 갈라진다. 잎 가장자리에는 약간의 톱니가 생겨나 있고 잎몸이 두텁다. 잎 뒷면은 가루를 쓰고 있는 것처럼 희게 보인다. 서로 어긋나게 자리잡고 있는 잎은 긴 잎자루를 가지고 있으며 잎자루의 밑동은 줄기를 감싼다.
가지 끝마다 지름이 2~3cm쯤 되는 작은 꽃은 하얗게 우산 모양으로 뭉쳐 핀다. 산형꽃차례라고 하며 미나리과 식물의 공통적인 특징이다. 때로는 약용과 식용으로 이용하기 위해 가꾸기도 한다.

개화기 5~8월

분포 제주도와 울릉도를 비롯한 남쪽의 따뜻한 해변에 분포하며 바위틈에 난다.

약용법 **생약명** 목방풍(牧防風). 산방풍(山防風), 목단방풍(牧丹防風)이라고도 부른다.

사용부위 뿌리를 약재로 쓴다.

채취와 조제 가을에 채취하여 햇볕에 말린다. 쓰기에 앞서 잘게 썬다.

성분 함유 성분에 대해서는 아직 밝혀진 것이 없다.

약효 땀을 나게 하고 열을 내리게 하며 진통작용을 한다. 적용 질환은 감기로 인한 발열, 두통, 신경통, 중풍, 안면신경마비, 습진 등이다.

용법 말린 약재를 1회에 2~4g씩 200cc의 물로 달여서 복용한다. 습진은 달인 물로 환부를 닦아낸다.

식용법 어린순을 나물로 해먹는다. 씹는 느낌이 좋고 향긋한 맛을 가지고 있기는 하지만 독성분이 함유되어 있으며 떫고 매운맛이 있으므로 데친 다음 하루 동안 흐르는 물에 담가서 잘 우려낸 뒤에 조리해야 한다.

갯방풍 갯향미나리

Glehnia littoralis SCHMID | 미나리과

온몸에 흰 잔털이 빽빽하게 나 있는 여러해살이풀로 해변의 모래땅에 난다. 굵고 긴 곧은 뿌리를 가지고 있으며 키는 낮아서 20cm 정도밖에 되지 않는다. 잎은 서로 어긋나게 자리하는데 두 번 깃털 모양으로 갈라지고 살이 두터우며 끝이 뭉뚝하다. 잎의 가장자리에는 결각과 작은 톱니가 나 있다. 키가 작기 때문에 모든 잎이 지표 가까이 넓게 펼쳐진다.

줄기 끝에 작은 꽃이 뭉쳐 우산 꼴을 이룬다. 우산 꼴로 뭉쳐서 피어난 꽃차례의 지름은 15cm 안팎이다. 5장의 꽃잎을 가지고 있으며 빛깔은 희다. 꽃이 핀 뒤에 맺힌 열매는 계란형이고 5개의 날개와 같은 줄이 있으며 바닷물에 떠다닐 수 있게 코르크질로 되어 있다.

개화기 6~7월

분포 제주도를 비롯해 전국적으로 분포하고 있으며 바닷가의 모래땅에 난다.

약용법

생약명 해방풍(海防風), 북사삼(北沙參), 해사삼(海沙參)이라고도 부른다.

사용부위 뿌리를 약재로 쓴다.

채취와 조제 가을에 굴취하여 줄기와 잔뿌리를 따고 깨끗이 씻은 다음 껍질을 벗기고 햇볕에 말린다. 쓰기에 앞서 잘게 써는데 때로는 썬 것을 불에 볶아서 쓰기도 한다.

성분 뿌리에 베르가프텐(Bergapten), 임페라토린(Imperatorin), 펠로프테린(Phellopterin) 등이 있다.

약효 진해, 거담, 지갈(止渴) 등의 효능이 있고 폐를 맑게 해준다. 적용 질환은 폐에 열이 있어 마른기침이 나는 증세, 결핵성 기침, 기관지염, 감기, 입이나 목이 마르는 증세 등의 치료약으로 쓴다. 또한 온몸의 가려운 증세를 다스리기 위해서도 사용된다.

용법 말린 약재를 1회에 3~6g씩 200cc의 물로 달이거나 가루로 빻아 복용한다.

식용법

연한 잎자루로 생선회를 싸 먹으면 향긋한 맛이 입안에 퍼져 구미를 돋우며 살균작용도 있다고 한다.

갯완두

Lathyrus japonicus WILLD | 콩과

해변의 모래땅에 나는 여러해살이풀이다.
모래 위로 땅속줄기가 뻗어나간다. 모가 나 있는 줄기는 땅에 엎드려 60cm 정도의 길이로 자란다.
잎은 서로 어긋나게 자리하면서 3~6장의 작은 잎이 모여 깃털 모양을 이루고 잎 조각은 넓은 타원형이다. 전체적으로 흰 가루를 뒤집어쓰고 있는 듯이 보인다. 잎의 가장자리는 밋밋하고 잎 끝에는 덩굴손이 나 있다. 잎겨드랑이에는 2장의 큰 받침잎을 가진다. 꽃대는 잎겨드랑이로부터 길게 자라 3~5송이의 꽃이 이삭 모양으로 달린다. 나비 모양의 꽃은 길이가 2.5~3cm이고 자줏빛을 띤다.
꽃이 지고 난 뒤에 5cm 안팎의 길이를 가진 꼬투리가 생겨난다.

개화기 5~6월
분포 전국적으로 분포하며 해변의 모래밭에 난다.

약용법
생약명 대두황권(大豆黃卷)
사용부위 어리고 연한 싹을 약재로 쓴다.
채취와 조제 꽃이 피기 전에 어린 싹을 2~3cm 길이로 따서 햇볕에 말린다. 말린 것을 그대로 쓴다.
성분 함유 성분에 대해서는 밝혀진 것이 없다.
약효 한방에서는 청해표사, 분리습열, 통락, 제독, 익기 등의 효능이 있다고 한다. 감기로 인한 열, 살갗에 물집이 돋고 몸이 붓는 증세, 땀이 잘 나오지 않는 증세, 소변이 잘 나오지 않는 증세, 가슴속이 갑갑한 증세, 근육에 경련을 일으키는 증세, 뼈마디가 쑤시고 아픈 증세, 설사 등의 치료약으로 쓰인다.
용법 말린 약재를 1회에 3~6g씩 200cc의 물로 달이거나 또는 가루로 빻아 복용한다.

식용법
어린순을 나물로 해먹거나 또는 국거리로 쓴다. 맛이 순하고 달기 때문에 가볍게 데쳐 한 번 헹구기만 하면 된다. 기름으로 볶아 먹는 방법도 있다.

고비 가는고비

Osmunda japonica THUNB | 고비과

여러해살이의 양치식물이며 덩어리진 뿌리줄기를 가지고 있다.
어린잎은 아기 주먹처럼 둥글게 감겨 많은 털에 덮여 있는데 자라면서 서서히 풀려 길이 30cm를 넘는 큰잎으로 변한다. 여러 장의 큰 잎이 한자리에서 자라는데 50cm를 넘은 긴 잎줄기는 적갈색의 솜털에 덮여 있다가 자라면서 서서히 없어져 윤기 있는 노란색으로 변하면서 빳빳하게 굳어진다. 잎은 두 번 깃털 모양으로 갈라지는데 전체적인 생김새는 세모꼴에 가까운 넓은 계란형이다. 만져보면 종이와 같은 촉감이 난다.
홀씨는 따로 자라는 줄기의 끝에 깃털 모양으로 뭉치면서 생겨난다.

분포 중부 이남의 지역과 제주도 및 울릉도에 분포하며 산과 들판의 풀밭에 난다.

약용법 생약명 자기. 구척(狗脊)이라고도 한다.

사용부위 뿌리줄기를 약재로 쓴다.

채취와 조제 가을 또는 봄에 굴취하여 햇볕에 말려서 잘게 썬다.

성분 많은 양의 단백질과 펜토산, 비타민 A의 카로틴, 비타민 B_2, 비타민 C 등을 함유하고 있다.

약효 해열, 지혈, 구충(驅蟲) 등의 효능을 가지고 있다. 적용 질환은 감기, 토혈, 코피, 혈변, 월경과다, 대하증 등이다. 촌충을 구제하기 위한 약으로도 쓰인다.

용법 말린 약재를 1회에 2~4g씩 200cc의 물로 달여서 복용한다. 또는 가루로 빻아서도 복용한다.

식용법 4월 하순부터 5월 중순경까지 자라는 어린 잎줄기를 꺾어 나물로 먹는다. 또 육개장을 끓일 때에도 넣는다. 고비는 떫은맛이 매우 강하므로 보통 방법으로는 제대로 우려 나오지 않는다. 우선 그릇 속에 고비를 2~3겹 정도 깔고 나무 재를 가볍게 한줌 뿌린다. 이 방법을 되풀이한 다음 뜨거운 물을 붓고 들뜨지 않도록 돌을 얹어 놓는다. 이튿날 꺼내 연해질 때까지 삶아 물에 2~3시간 우려낸 다음 말려서 갈무리해 두었다가 데쳐서 조리하면 맛이 좋아진다.

고사리

Pteridium aquilinum var. latiusculum UNDERW | 고사리과

여러해살이의 양치식물이다.
연필 정도의 굵기를 가진 빳빳하고 긴 뿌리줄기를 가지고 있다.
굵고 긴 잎자루를 가지고 있는 잎이 갓 자라났을 때에는 장차 잎으로 자라날 부분이 주먹처럼 둥글게 감겨 있고 흰솜털로 덮여 있다. 잎이 완전히 펼쳐지면 60cm 이상의 길이를 가지며 세 번 되풀이해서 깃털 모양으로 갈라진다. 잎몸은 약간 딱딱해서 만져보면 가죽과 같은 촉감이 느껴진다. 잎 전체의 생김새는 계란 꼴에 가까운 세모꼴이다. 갈라진 잎 조각의 가장자리는 톱니가 없고 밋밋하다. 잎이 성숙하면 잎 조각의 가장자리가 뒤로 말려 그 자리에 홀씨주머니가 생겨난다.

분포 전국 각지에 널리 분포하며 산록지대의 양지바른 곳에 난다.

약용법 생약명 궐근(蕨根), 궐기근(蕨其根), 고사리근(高沙利根)이라고도 부른다.

사용부위 뿌리줄기를 약재로 쓴다.

채취와 조제 늦가을에 굴취하여 햇볕에 말린 후 잘게 썬다.

성분 아미노산 종류인 아스파라긴(Asparagine)과 글루타믹산(Glutamic acid), 플라보노이드(Flavonoid) 등이 함유되어 있으며 발암성의 물질도 들어 있다고 하나 분명치 않다.

약효 해열과 이뇨의 효능이 있다. 열이 나는 증세와 설사, 황달, 대하증 등의 치료에 효과가 있다.

용법 말린 약재를 1회에 4~8g씩 200cc의 물로 달여서 복용한다.

식용법 고비와 함께 대표적인 산채의 하나로 손꼽힌다. 가장 보편적인 식용법은 나물로 먹는 방법이고 그 밖에 육개장이나 지짐이 등에도 넣는다. 또 빈대떡을 부칠 때에 넣는 일이 있고 산적구이를 할 때 고기, 파 등과 함께 꽂기도 한다. 말린 것을 쓸 때에는 삶거나 더운 물에 담가 불려낸 다음 손으로 잘 주물러 찬물에 헹구어 조리하면 된다. 생고사리는 떫은맛이 매우 강해 잘 우려내야만 식용으로 할 수 있다.

골등골나물 벌등골나물 · 샘등골나물

Eupatorium lindleyanum DC | 국화과

온몸에 까실까실한 털이 있는 여러해살이풀로 짧은 뿌리줄기를 가지고 있다. 줄기는 곧게 서서 70cm 정도의 높이로 자라며 피침 모양으로 생겼다.
잎 가장자리에는 규칙적으로 거친 톱니가 배열되어 있다. 잎 표면은 까실까실하고 작은 점이 흩어져 있으며 뒷면은 흰빛이 감돈다.
줄기 끝에서 자라는 4~5개의 꽃대에 대롱 모양의 많은 꽃이 모여 우산 모양을 만든다. 우산 모양을 이룬 꽃차례의 지름은 6~9cm이고 한 송이 꽃의 길이는 1cm 안팎이다. 꽃잎은 없고 빛깔은 희거나 연분홍빛이다.

개화기 7~10월

분포 전국적으로 분포하고 있으며 산과 들판의 양지바른 풀밭에 난다.

약용법 생약명 평간초(枰杆草). 백승마(白升麻), 토승마(土升麻)라고도 부른다.

사용부위 뿌리를 포함한 모든 부분을 약재로 쓴다.

채취와 조제 여름부터 가을 사이에 채취하여 햇볕에 잘 말린다. 쓰기에 앞서 잘게 썬다.

성분 함유 성분에 대해서는 아직 밝혀진 것이 없다.

약효 해열, 진통, 소종 등의 효능을 가지고 있다. 적용 질환은 감기, 기침, 홍역이 잘 퍼지지 않는 증세, 신경통, 월경불순, 산후의 여러 증세(출혈이 멈추지 않거나 아랫배가 아픈 증세 등), 치질 등이다.

용법 말린 약재를 1회에 4~8g씩 200cc의 물로 달여서 복용한다. 이 용량은 어른의 경우에 해당되는 것이므로 어린아이의 경우에는 절반으로 감량할 필요가 있다.

식용법 봄철에 자라는 어린순을 나물로 무쳐 먹거나 국거리로도 쓰인다. 맵고 쓴맛이 나므로 데친 다음 잘 우려내어 조리해야 한다.

곰취 왕곰취

Ligularia fischeri TURCZ | 국화과

여러해살이풀이며 취나물로 다루어지는 풀 가운데서는 가장 큰 잎을 가지고 있다. 줄기는 1m 정도의 높이로 자라며 3장의 잎을 가지고 있고 나머지 잎은 모두 땅에 붙어 있다. 잎은 모두 심장 꼴이고 땅에 붙어 있는 잎은 길이와 지름이 모두 40cm 안팎으로 매우 크다. 줄기에 붙은 잎은 위쪽일수록 작아지며 잎자루는 줄기를 감싼다.

꽃은 줄기 끝에 5~6송이가 서로 어긋나게 자리하면서 길고 곧게 선 이삭 꼴을 이룬다. 거의 모든 꽃이 대롱 모양이며 약간의 꽃잎을 가진다. 꽃의 지름은 4~5cm이며 빛깔은 노랗다.

개화기 7~10월

분포 제주도를 비롯한 전국에 분포하나 깊은 산 속에만 난다.

약용법 생약명 호로칠(葫蘆七). 산자완, 대구가(大救駕)라고도 부른다.

사용부위 뿌리줄기와 잔뿌리를 함께 약재로 쓴다.

채취와 조제 가을에 굴취하여 줄기를 따버리고 깨끗이 씻은 다음 햇볕에 말린다. 쓰기 전에 잘게 썬다.

성분 함유 성분에 대해서는 알려진 것이 없다.

약효 진해, 거담, 진통 등의 효능을 가지고 있으며 혈액 순환을 원활하게 해주기도 한다. 적용 질환은 기침을 비롯해 백일해, 천식 등의 치료약으로 쓰이며 요통이나 관절통 등에도 효과가 있다.

용법 말린 약재를 1회에 2~4g씩 200cc의 물로 달이거나 곱게 가루로 빻아 복용한다. 때로는 자완(개미취(Aster tataricus var. hortensis NAKAI)의 뿌리)의 대용품으로 쓰이기도 한다.

식용법 취나물 가운데서 첫손 꼽히는 대표적인 산채이다. 어린잎을 나물이나 쌈으로 먹는데 나물로 할 때에는 데쳐서 말려 갈무리해 두었다가 필요에 따라 조리한다. 쌈으로 먹을 때는 가볍게 데쳐서 찬물에 잠시 우렸다가 물기를 뺀 다음 식탁에 올린다.

광대나물 코딱지나물

Lamium amplexicaule L | 꿀풀과

한해살이 또는 두해살이풀로 줄기에는 모가 나 있고 엎드리는 습성이 있다. 줄기는 밑동에서 여러 갈래로 갈라져 25cm 정도의 높이로 더부룩하게 자란다. 잎은 마디마다 2장이 마주 자리하고 있는데 아래쪽에 자리하는 잎은 둥글고 긴 잎자루를 가진다. 위쪽에서 자라는 잎은 반원형이고 잎자루를 가지지 않는다. 잎 가장자리에는 모두 결각과 같은 생김새의 무딘 톱니가 있다. 가지 끝의 일부 잎겨드랑이에 많은 꽃이 둥글게 뭉쳐 핀다. 꽃대는 없고 잎겨드랑이에 밀착된 상태로 배열된다. 꽃은 길쭉한 대롱 모양이며 끝은 입술처럼 두 갈래로 갈라진다. 꽃의 길이는 1.5cm 안팎이고 빛깔은 보랏빛이 감도는 분홍색이다.

개화기 4~5월

분포 전국 각지에 널리 분포한다. 경작지 주변이나 들판의 풀밭과 같은 자리에 난다.

약용법 생약명 보개초(寶蓋草). 등롱초(燈龍草), 연전초(連錢草), 풍잔(風盞)이라고도 한다.

사용부위 모든 부분을 약재로 쓴다.

채취와 조제 초여름에 채취하여 햇볕에 말리거나 생풀을 쓴다. 말린 것은 쓰기에 앞서 잘게 썬다.

성분 함유 성분에 대해서는 아직 밝혀진 것이 없다.

약효 풍을 없애주며 진통과 소종 등의 효능을 가지고 있다. 적용 질환은 신경통, 관절염, 손발이 굳어져 감각이 없어지는 증세, 반신불수, 인후염, 결핵성 임파선염 등이다. 그 밖에 지혈약으로도 쓰인다.

용법 말린 약재를 1회에 5~10g씩 200cc의 물로 달여 복용하거나 생즙을 내어 복용한다. 또한 생풀을 짓찧어서 환부에 붙이기도 한다.

식용법 이른봄에 어린 싹을 캐어 나물로 무쳐 먹는다. 맵고 쓴맛이 나는 성분이 함유되어 있으므로 데친 다음 찬물에 여러 시간 담가 잘 우려내어 조리한다.

광대수염

Lamium album var. barbatum FR. et SAV | 꿀풀과

여러해살이풀로 줄기는 가지를 치지 않는 상태로 곧게 자라 높이 60cm에 이른다. 잎은 마디마다 2장이 마주 자리하며 긴 잎자루를 가지고 있다. 잎은 계란처럼 생겼고 밑동은 심장 모양이며 끝은 뾰족하다. 잎의 표면은 주름이 약간 잡혀 있고 잎 가장자리에 거칠게 생긴 톱니가 있다.

꽃은 윗부분의 잎겨드랑이에 대롱처럼 둥글게 뭉쳐 피며 끝은 입술 모양으로 두 개로 갈라진다. 윗입술은 투구처럼 생겼고 안쪽에 잔털이 빽빽하게 나 있으며 아랫입술은 세 갈래로 갈라져 아래로 처진다. 꽃의 길이는 2.5cm 안팎이고 보랏빛을 띤 연분홍색으로 핀다.

개화기 4~6월

분포 전국 각지에 널리 분포하며 산과 들판의 양지바르고 다소 습한 땅에 난다.

약용법

생약명 야지마(野芝麻). 속단(續斷), 야유마(野油麻), 포단초(包團草)라고도 한다.

사용부위 뿌리를 포함한 모든 부분을 약재로 쓴다.

채취와 조제 꽃이 필 때에 채취하여 그늘에서 말린다. 쓰기에 앞서 잘게 썬다. 때로는 생풀을 쓰기도 한다.

성분 점액질인 슐레임(Schleim)과 타닌 및 염기인 라민(Lamin)을 함유하고 있으며 또한 휘발성의 기름을 함유하고 있다.

약효 해열, 소종, 활혈(活血) 등의 효능을 가지고 있다. 적용 질환은 감기, 각혈, 토혈, 혈뇨, 월경불순, 타박상, 종기 등이다.

용법 말린 약재를 1회에 4~6g씩 200cc의 물로 달이거나 가루로 빻아 복용한다. 타박상이나 종기에는 생풀을 짓찧어서 환부에 붙이거나 말린 약재를 빻아 가루를 기름에 개어서 환부에 붙인다.

식용법

나물이나 국거리로 한다. 맛이 삼삼하고 순하므로 국거리로는 생것을 그대로 넣는다. 나물의 경우에는 살짝 데쳐 찬물로 한 차례 헹군 다음 무친다. 또한 생것을 기름에 튀겨도 먹을 만하다.

괭이밥 시금초·괴승애

Oxalis corniculata L | 괭이밥과

키 작은 여러해살이풀이며 체내에 수산(蓚酸)이 함유되어 있어 씹어보면 신맛이 난다. 줄기는 땅에 엎드리거나 또는 비스듬히 10cm 안팎의 높이로 자라며 가지를 많이 쳐 땅을 덮는다. 노란빛이 감도는 초록색의 잎은 서로 어긋나는데 토끼풀의 잎과 같이 생겼고 가장자리는 밋밋하다.

잎겨드랑이로부터 잎자루보다 긴 꽃대가 자라나 그 끝에 1~6송이의 꽃이 차례로 핀다. 꽃은 5장의 꽃잎으로 이루어져 있고 지름이 8mm쯤 된다. 꽃의 빛깔은 노랗고 햇빛이 닿지 않을 때에는 오므라든다.

개화기 봄부터 가을까지 계속된다.

분포 전국 각지에 널리 분포하며 뜰이나 밭, 길가 등 양지바른 자리에 난다.

약용법 생약명 초장초(酢漿草). 산초(酸草), 산장(酸漿), 산지초(酸之草), 삼엽산(三葉酸)이라고도 한다.

사용부위 모든 부분을 약재로 쓴다.

채취와 조제 7~8월에 채취하여 햇볕에 말리거나 또는 생풀을 쓴다. 말린 것은 쓰기 전에 잘게 썬다.

성분 풀 전체에 수산(Oxalic acid)과 타닌이 함유되어 있다.

약효 해열, 이뇨, 소종 등의 효능이 있다. 또한 피를 식혀 준다고 한다. 적용 질환은 열로 인한 갈증, 이질, 간염, 황달, 인후염, 유선염, 대하증, 토혈 등이다. 그 밖에 옴이나 백선(白癬), 마른버짐, 부스럼, 종기, 치질 등에도 효과가 크다.

용법 말린 약재를 1회에 3~5g씩 200cc의 물로 달여 복용하는데 생즙을 내어 복용해도 같은 효과를 얻을 수 있다. 외과 질환에는 생풀을 짓찧어 환부에 붙이거나 달인 물로 환부를 자주 씻어낸다. 치질의 경우에는 찜질을 한다. 벌레에 물린 자리에도 생풀을 짓찧어서 바른다.

식용법 어린것을 캐어다가 나물로 해먹는다. 가볍게 데쳐 한 번 헹궈내어 조리를 한다. 수산으로 인한 신맛이 즐길 만하므로 생잎을 따서 심심풀이로 먹기도 한다.

구릿대 백지

Angelica dahurica BENTH. et HOOK | 미나리과

두해 내지 세해살이풀로 굵은 뿌리줄기를 가지고 있다.
줄기는 곧게 서고 가지를 치면서 1.5m 정도의 높이로 자란다.
잎은 깃털 모양으로 두 번 갈라지며 갈라진 조각은 타원 또는 피침 모양으로 끝이 뾰족하고 가장자리는 고르지 않게 갈라지거나 톱니로 되어 있다.
줄기와 가지 끝에서 40개에 가까운 꽃대가 우산살과 같은 모양으로 자라 많은 작은 꽃이 뭉쳐 우산 꼴을 이룬다. 우산 꼴로 생긴 꽃차례의 지름은 20cm에 가깝다. 한 송이의 꽃의 지름은 3cm 안팎이고 5장의 꽃잎을 가지고 있으며 빛깔은 희다.

개화기 6~8월

분포 전국적으로 분포하고 있으며 산 속의 시냇가 등 물기가 많은 곳에 난다.

약용법

생약명 백지(白芷). 백초, 두약(杜若), 향백지(香白芷)라고도 한다.

사용부위 뿌리줄기를 약재로 쓰는데, 개구릿대(Angelica anomala LALLEM)의 뿌리줄기도 함께 쓰인다.

채취와 조제 늦가을에 잎이 마르면 굴취해서 햇볕 또는 불에 말린다. 쓰기에 앞서 잘게 썬다.

성분 뿌리줄기에 안겔리칼(Angelical), 에둘틴(Edultin), 펠로프테린(Phellopterin) 등이 함유되어 있고 씨에는 통경작용을 하는 임페라트린(Imperatrin)이 함유되어 있다.

약효 진통, 소종의 효능이 있고 냉을 없애준다. 적용 질환은 두통, 편두통, 각종 신경통, 치통, 복통, 대장염, 대하증, 치루(痔漏), 악성종기 등이다.

용법 말린 약재를 1회에 1~3g씩 200cc의 물로 달이거나 가루로 빻아 복용한다. 치루(고름이 나오는 치질의 한 종류)와 악성종기에는 가루로 빻은 것을 기름에 개어 환부에 바른다.

식용법 봄에 자라는 연한 순을 나물로 먹는다. 매운맛이 있어 찬물로 우려 조리한다.

금란초 금창초·섬자란초

Ajuga decumbens THUNB | 꿀풀과

땅에 엎드려 자라는 여러해살이풀이다.
온몸이 흰솜털에 덮여 있고 밑동에서 여러 대로 갈라지는 줄기는 모가 져 있고 높이는 10cm쯤 된다.
잎은 2장이 마주 자리를 하며 계란형으로 밑동은 뾰족하고 끝은 무디다. 잎 가장자리에는 물결과 같은 얕은 톱니를 가지고 있다.
잎겨드랑이마다 여러 송이의 꽃이 둥글게 뭉쳐 피며 꽃대는 없고 잎겨드랑이에 밀착된 상태로 배열된다. 대롱 모양의 꽃은 끝이 입술처럼 두 갈래로 갈라진다. 윗입술은 짧고 두 개로 갈라져 있으며 아랫입술은 길게 세 갈래로 갈라진다. 꽃의 길이는 1cm 안팎이고 빛깔은 짙은 자줏빛을 띠고 있다.

개화기 5~6월

분포 제주도와 울릉도를 포함한 남쪽의 따뜻한 고장에 분포하며 양지바른 들판에 난다.

약용법 생약명 금창초(金瘡草). 근골초(筋骨草), 산혈초(散血草), 백혈초(白血草), 백후초(白喉草)라고도 한다.

사용부위 잎, 줄기, 꽃, 뿌리의 전체를 약재로 이용한다.

채취와 조제 꽃이 필 때에 채취하여 햇볕에 말린다. 쓰기에 앞서 잘게 썬다.

성분 휘발성의 기름(Eerulasaure)이 함유되어 있다는 이외에는 밝혀진 것이 없다.

약효 진해, 거담, 해열, 소종 등의 효능이 있으며 뜨거운 피를 식혀주는 작용도 한다고 한다. 적용 질환으로는 기침, 천식, 기관지염, 인후염, 장출혈, 코피, 각혈, 유선염, 중이염, 종기, 땀구멍으로 화농균이 침입하여 생기는 부스럼, 코 속의 종기 등이다.

용법 말린 약재를 1회에 3~6g씩 200cc의 물로 달이거나 생풀로 즙을 내어 복용한다. 유선염이나 종기, 부스럼에는 생풀을 짓찧어서 환부에 붙인다.

식용법 어린순을 나물로 무쳐 먹는다. 약간 쓴맛이 있지만 살짝 데쳐서 찬물에 한 번 헹구면 없어진다.

금불초

Inula britannica Subsp. japonica KITAM | 국화과

여러해살이풀로 온몸이 잔털에 덮여 있다.
줄기는 곧게 일어서서 60cm 안팎의 높이로 자라며 거의 가지를 치지 않는다.
잎자루를 가지지 않는 잎은 마디마다 서로 어긋나게 자리한다. 길쭉한 타원꼴의 잎은 양끝이 뾰족하고 가장자리에는 아주 작은 톱니가 드물게 나 있다.
줄기 끝에 지름이 3cm쯤 되는 노란색의 꽃 3~4송이가 가지런한 높이로 핀다.

개화기 7~9월
분포 전국 각지에 널리 분포하며 들판의 풀밭이나 경작지 주변 등에 난다.

약용법 **생약명** 선복화(旋覆花). 하국(夏菊), 금불화(金沸花), 금전화(金錢花), 황숙화(黃熟花), 도경(盜庚)이라고도 한다.

사용부위 꽃은 약재로 쓰는데 가는잎금불초(Inula britannica subsp. linariaefolia KITAM), 버들잎금불초(I. salicina var. asiatica KITAM)의 꽃도 함께 쓰인다.

채취와 조제 꽃이 한창 필 때에 채취하여 그늘에서 말린다. 그대로 쓰거나 살짝 볶아서 쓴다.

성분 고미질배당체(苦味質配糖體)가 함유되어 있으나 구체적인 성분은 밝혀져 있지 않다.

약효 진해, 거담, 건위, 진토, 이뇨의 효능이 있으며 흥분을 가라앉혀 준다고 한다. 적용 질환으로는 기침, 천식, 소화불량 등이고 그 밖에 트림이 심한 증세와 딸꾹질, 속이 결리는 증세, 액체나 가스가 차서 배가 부르는 증세 등도 다스려준다.

용법 말린 약재를 1회에 2~4g씩 200cc의 물로 반 정도의 양이 되게 달이거나 가루로 빻아 복용한다.

식용법 풀밭에 자라는 어린순을 채취하여 나물로 해 먹거나 국거리로 한다. 맵고 쓴맛이 강하므로 끓는 물로 데친 다음 찬물로 하루 정도 담갔다가 나물로 무치거나 된장국에 넣어 먹는다.

기름나물 참기름나물

Peucedanum terebinthaceum FISCH | 미나리과

높이 90cm에 이르는 여러해살이풀로 여러 개의 가지를 치며 가지의 끝부분에는 잔털이 나 있다.
잎은 서로 어긋나게 자리하며 깃털 모양으로 두 번 갈라지는데 전체적인 생김새는 세모 꼴이다. 잎의 표면에는 윤기가 흐르고 잎자루의 밑동이 줄기나 가지를 가볍게 감싼다.
5장의 흰 꽃잎으로 이루어진 작은 꽃이 뭉쳐서 우산을 펼쳐 놓은 것과 같은 꽃차례를 꾸민다. 꽃차례의 지름은 10cm 안팎이다.
꽃이 피고 난 뒤에 타원형의 납작한 씨를 많이 맺는데 표면에 기름기가 흘러 기름나물이라고 부른다.

개화기 7~9월
분포 전국적인 분포를 보이며 산과 들판의 양지바르고 약간 습한 땅에 난다.

약용법 생약명 석방풍(石防風). 산돌, 책호채(珊瑚菜)라고도 부르고 있다.

사용부위 뿌리를 약재로 쓴다.

채취와 조제 가을에 굴취하여 햇볕에 말린다. 쓰기에 앞서 잘게 썬다.

성분 정유를 함유하고 있으나 그것을 구성하는 성분에 대해서는 밝혀진 것이 없다.

약효 해열, 진해, 거풍(祛風)의 효능을 가지고 있다. 적용 질환은 감기를 비롯하여 기침, 기관지염, 임신 중의 기침, 중풍, 신경통 등을 치료하는 약으로 쓴다.

용법 말린 약재를 1회에 2~4g씩 200cc의 물로 달여서 복용한다.

식용법 봄에 자라는 새순을 캐어 나물로 하거나 생채로 먹는다. 나물로 할 때에는 살짝 데쳐야 향긋하고 맛이 좋다. 생채는 날 것을 그대로 양념장이나 막장으로 연하게 무쳐서 먹는 방법이다. 생채로 먹으면 향기로운 맛이 한층 더할 뿐만 아니라 씹히는 맛도 일품이다. 양념장은 맛을 내기 위해 여러 가지를 첨가하지 말고 담백하게 만드는 것이 좋다.

기린초

Sedum kamtschaticum FISCH | 돌나물과

다육질의 여러해살이풀이다. 여러 대의 줄기가 서서 포기로 자라며 높이는 20cm 안팎이다.
잎은 서로 어긋나게 자리하는데 자리하는 간격이 좁다.
계란형 또는 길쭉한 타원형으로 생긴 잎은 두텁게 살쪄 있으며 가장자리에는 무딘 톱니가 나 있다. 노란 기운이 감도는 푸른빛인데 불그스름한 갈색을 띠고 있을 때도 있다.
꽃은 5장의 뾰족한 노란 꽃잎으로 구성되어 별처럼 보이며 이것이 무수히 뭉쳐서 평면적인 꽃차례를 이룬다. 꽃의 지름은 7mm 안팎이다. 꽃이 지고 난 뒤에는 다섯 갈래로 갈라진 열매가 줄을 잇는다.

개화기 6~8월

분포 경북과 충북 이북의 지역에 분포하며 산지의 양지 쪽 바위틈에 난다. 잎이 기린초보다는 좁고 많은 꽃이 피는 가는기린초(가는꿩의비름)는 전국 각지에서 볼 수 있다.

약용법 **생약명** 비채(費菜). 백삼칠(白三七), 양심초(養心草)라고도 부른다.

사용부위 모든 부분을 약재로 쓰는데, 가는기린초, 속리기린초도 함께 쓰인다.

채취와 조제 꽃이 필 때에 채취하여 햇볕에 말리는데 때로는 생풀을 쓰기도 한다. 사용하기 전에 잘게 썬다.

성분 함유 성분에 대해서는 별로 밝혀진 것이 없다.

약효 지혈, 이뇨, 진정, 소종 등의 효능이 있으며 혈액 순환을 돕는다고 한다. 적용 질환은 토혈, 코피 흐르는 증세, 혈변, 월경이 멈추지 않는 증세, 가슴이 몹시 두근거리는 증세(심계항진), 이유 없이 가슴이 울렁거리는 증세 등이다. 기타 타박상과 종기의 치료에도 쓰인다.

용법 말린 약재를 1회에 2~4g씩 200cc의 물로 달여 복용하거나 생잎으로 즙을 내어 복용한다. 타박상, 종기에는 생풀을 짓찧어서 환부에 붙인다.

식용법 가볍게 데쳐서 나물로 해서 먹는다. 담백한 맛이 난다.

긴담배풀

Carpesium divaricatum SIEB. et ZUCC | 국화과

여러해살이풀로 온몸에 털이 산재해 있다.
줄기는 곧게 서서 30~60cm의 높이로 자라며 약간의 가지를 친다.
얇은 잎은 서로 어긋나게 자리한다. 아래의 잎은 넓은 계란 모양으로 끝이 뾰족하며 가장자리에는 고르지 않은 톱니가 생겨나 있다. 위로 올라갈수록 잎몸이 좁아지고 잎자루도 짧아지며 잎 가장자리도 밋밋해진다.
줄기 끝과 끝에 가까운 잎겨드랑이로부터 긴 꽃대가 자라 각기 한 송이의 꽃을 피운다. 꽃의 바로 밑에는 주걱 모양의 받침잎이 마치 꽃받침처럼 둥글게 배열된다. 꽃의 지름은 1.5cm 안팎이고 빛깔은 노랗다.
꽃이 옆으로 기울어져서 피어 있는 모양은 마치 담뱃대를 보는 듯하다.

개화기 8~10월
분포 전국적으로 분포하고 있으며 산의 나무 그늘에 난다.

약용법 생약명 야연(野烟), 도개국(倒盖菊), 철골소(鐵骨消)라고도 한다.

사용부위 잎, 줄기, 뿌리 등 모든 부분을 약재로 쓴다.

채취와 조제 꽃이 필 때에 채취하여 햇볕에 말린다. 말린 것은 쓰기에 앞서 잘게 썬다. 때로는 생풀을 쓰기도 한다.

성분 열매 속에 염기와 정유를 함유하고 있으나 자세한 것은 밝혀져 있지 않다.

약효 해열, 해독, 소종의 효능이 있다. 적용 질환으로는 감기, 인후종(咽喉腫), 결핵성임파선염, 대장염, 치질, 악성종기, 악성종양 등 각종 질병에 효과가 있다.

용법 말린 약재를 1회에 2~4g씩 200cc의 물로 천천히 반 정도의 양이 되게 달이거나 생즙을 내어 복용한다. 외과 질환에는 생풀을 짓찧어서 환부에 붙이거나 말린 약재를 달인 물을 솜에 적시어 환부를 씻어낸다.

식용법 어린순을 나물로 해먹거나 국거리로 쓴다. 맵고 쓴맛이 있어 우린 후 조리한다.

까마중 먹딸·강태·깜뚜라지

Solanum nigrum L | 가지과

한해살이풀이며 많은 가지를 치면서 70cm 안팎의 크기로 자란다.
잎은 서로 어긋나게 자리잡고 있으며 계란 꼴로 얇고 작다. 잎 가장자리는 밋밋하거나 약간의 무딘 톱니가 물결치듯 배열되기도 한다.
꽃은 마디 사이의 중간부에서 자란 꽃대에 3~8송이가 뭉쳐서 핀다. 다섯 갈래로 갈라진 꽃의 지름은 1cm 안팎이고 빛깔은 희다. 꽃이 핀 뒤에 지름이 6mm 쯤 되는 물기 많은 열매를 맺는데 익으면서 검게된다.

개화기 5~7월

분포 전국 각지에 널리 분포하며 양지바른 풀밭이나 길가 등에 난다.

약용법 생약명 용규(龍葵). 고채(苦菜), 수가(水茄), 흑성성(黑星星), 천천가(天天茄)라고도 한다.

사용부위 열매를 포함한 모든 부분을 약재로 쓴다.

채취와 조제 여름부터 가을 사이에 채취하여 햇볕에 말린다. 쓰기에 앞서 잘게 썬다.

성분 열매에 해열작용을 하는 솔라닌과 솔라마르신이라는 알칼로이드가 함유되어 있고 잎과 줄기에는 사포닌이 함유되어 있다.

약효 해열, 이뇨, 해독, 소종 등의 효능이 있고 혈액 순환을 왕성하게 한다고 한다. 적용 질환은 감기, 만성기관지염, 신장염, 고혈압, 황달, 단독, 종기, 종양 등이다.

용법 말린 약재를 1회에 5~13g씩 200cc의 물로 달여서 복용한다. 단독(丹毒), 종기, 종양 등의 외과 질환은 생풀을 짓찧어서 환부에 붙이거나 달인 물로 환부를 닦아낸다. 오랫동안 복용하면 모발이 검게 되고 건강해진다고 한다.

식용법 어린순을 나물로 먹으며 열매를 따먹기도 한다. 쓴맛이 나므로 나물로 할 때에는 데쳐서 충분히 우려낼 필요가 있다. 약간의 유독성분이 있어 어린 아이들이 열매를 따먹지 않도록 주의해야 한다.

까실쑥부쟁이 곰의수해

Aster ageratoides subsp. ovatus KITAM | 국화과

여러해살이풀로 높이는 30~60cm이고 온몸에 잔털이 나 있어 까실까실한 느낌이 든다.
줄기는 중간 이상에서 갈라져 여러 개의 가지를 형성한다. 서로 어긋나게 자리 잡고 있는 많은 잎은 넓은 피침 꼴로 생겼으며 가장자리에는 거칠게 생긴 톱니가 있다. 잎의 뒷면에는 뚜렷하게 잎맥이 보인다. 가지 끝이 술 모양으로 여러 갈래로 갈라져 각기 한 송이씩 꽃을 피운다. 지름이 2cm쯤 되는 꽃은 연한 보랏빛이다.

개화기 8~10월

분포 전국적으로 분포하며 양지 쪽을 좋아한다. 들판이나 야산, 산지의 길가, 둑, 숲 가장자리 등에서 흔히 찾아볼 수 있다.

약용법

생약명 산백국(山白菊). 소설화(小雪花), 야백국(野白菊), 팔월백(八月白)이라고도 한다.

사용부위 꽃을 포함한 모든 부분을 약재로 쓰는데 쑥부쟁이(Aster yomena HONDA)도 함께 쓰인다.

채취와 조제 여름부터 가을 사이에 채취하여 햇볕이나 그늘에서 말리는데 경우에 따라서는 생풀을 쓰기도 한다. 잘게 썰어서 쓴다.

성분 세스퀴테르펜카본(Sesquiterpencarbon), 디펜텐(Dipenten), 프라이마르 테르펜알콜(Primare Terpenalcohol), 보르닐포마이어트(Bornylformiat), 페놀(Phenol)성 물질 등이 함유되어 있다.

약효 해열, 진해, 거담, 소염, 해독 등의 효능을 가지고 있다. 적용 질환은 감기로 인한 열, 기침, 기관지염, 편도선염, 유선염, 종기 등이다. 뱀이나 벌레에 물린 경우에는 해독약으로 쓰인다.

용법 말린 약재를 1회에 4~10g씩 200cc의 물로 달이거나 생즙을 내어 복용한다. 유선염이나 종기, 뱀 · 벌레에 물렸을 때는 생풀을 짓찧어 환부에 붙인다.

식용법 어린순을 나물로 먹거나 튀겨서 먹는다. 튀김은 데치지 말고 그대로 튀겨야 하며 쑥갓과 비슷한 맛이 난다. 데쳐서 잘게 썰어 쌀과 섞어 나물밥으로 해서 먹기도 한다.

깨풀 들깨풀

Acalypha australis var. genuina NAKAI | 대극과

한해살이풀로 온몸에 잔털이 나 있다.
곧게 서는 줄기는 가지를 치면서 30cm 안팎의 높이로 자란다.
잎은 서로 어긋나게 자리잡고 있으며 계란 꼴에 가까운 길쭉한 타원 꼴이다. 잎의 양끝은 뾰족하고 가장자리에는 무딘 톱니가 규칙적으로 배열되어 있다.
꽃은 잎겨드랑이에 짤막한 이삭 꼴로 뭉치며 수꽃은 이삭의 위쪽에 자리하고, 암꽃은 아래쪽에 생겨난다. 꽃이삭은 조개껍데기처럼 생긴 갈색의 받침잎에 싸여 있고 이삭의 길이는 1.5cm 안팎이다. 꽃잎을 가지지 않으며 꽃의 빛깔은 붉은빛을 띤 갈색이다.

개화기 7~8월

분포 제주도를 포함한 전국에 분포하고 있으며 밭 가장자리나 길가 등에 난다.

약용법 생약명 철현채. 인현, 야황마(野黃麻), 야고마(野苦麻), 봉안초(鳳眼草)라고도 한다.

사용부위 뿌리를 제외한 모든 부분을 약재로 쓴다.

채취와 조제 여름에 꽃이 필 때에 채취하여 말린다. 사용 전에 잘게 썬다. 증세에 따라 생풀을 쓰기도 한다.

성분 함유 성분에 대해서는 아직 밝혀진 것이 없다.

약효 해열, 이뇨, 지혈 등의 효능이 있다. 적용 질환은 감기로 인한 발열, 설사, 이질, 소변이 잘 나오지 않는 증세, 토혈, 코피 흐를 때, 산후에 출혈이 멎지 않는 증세, 혈변, 피부염 등이다.

용법 말린 약재를 1회에 4~6g씩 200cc의 물로 달여서 복용한다. 피부염에는 생풀을 짓찧어서 환부에 붙이거나 말린 약재를 가루로 빻아 기름에 개어 환부에 바른다.

식용법 봄철에 연한 순을 따다가 나물로 해먹는다. 매우 쓰고 떫으므로 데친 다음 찬물에 오래도록 담가 잘 우려서 쓴맛을 없앤 후 조리한다.

꼭두서니 가삼자리

Rubia akane NAKAI | 꼭두서니과

여러해살이 덩굴풀로 주황색의 살찐 뿌리를 가지고 있다.
많은 가지를 치는 줄기는 모가 나 있으며 모 위에는 아래로 향한 작은 가시가 배열되어 있다.
마디마다 4장의 잎이 십자형으로 자리하는 잎은 심장 꼴로 생겼다. 잎은 긴 잎자루를 가지고 있으며 가장자리는 밋밋하다. 잎의 뒷면에는 3~7줄의 평행인 잎맥을 볼 수 있으며 잎자루와 함께 잎맥 위에도 갈고리와 같은 작은 가시가 나 있다.
지름 3.5mm 안팎으로 노랗게 피는 꽃은 가지 끝과 잎겨드랑이에 원뿌리 꼴로 뭉쳐 피는데 5장의 꽃잎을 가졌다. 꽃이 지고 난 뒤 2개가 서로 붙은 둥근 열매를 맺혀서 익어감에 따라 검게 물든다.

개화기 7~8월
분포 전국적으로 분포하고 있으며 산과 들판의 덤불 속에 난다.

약용법 생약명 천초근. 토단삼(土丹參), 지소목(地蘇木), 천근이라고도 한다.

사용부위 뿌리를 약재로 쓰는데 갈퀴꼭두서니, 덤불꼭두서니, 왕꼭두서니의 뿌리도 함께 쓰인다.

채취와 조제 봄 또는 가을에 굴취하여 햇볕에 말리거나 생풀을 쓴다. 말린 것은 쓰기에 앞서 잘게 썬다.

성분 뿌리에 푸르푸린(Purpurin)이라는 배당체 색소와 문지스틴(Munjistin), 루베리산(Ruberythric acid) 등이 함유되어 있다.

약효 통경, 지혈, 소종, 양혈의 효능을 가지고 있다. 적용 질환은 관절염, 신경통, 간염, 황달, 월경불순, 자궁출혈, 토혈, 혈변, 만성기관지염 등이다.

용법 말린 약재를 1회에 3~5g씩 200cc의 물로 달이거나 가루로 빻아 복용한다. 때로는 10배 정도의 소주에 담갔다가 20cc씩 아침저녁으로 복용하기도 한다.

식용법 어린순은 나물을 해 먹는데 쓴맛이 강하므로 데쳐서 하루 이틀 물에 잘 우려낸 후 조리해야 한다.

꽃다지 코딱지나물

Draba nemorosa L | 배추과

두해살이풀이며 초가을에 싹튼 어린 묘가 겨울을 지낸 다음 꽃이 피고 씨를 맺으면 죽어버린다.
줄기는 곧게 서서 약간의 가지를 치면서 15cm 정도의 높이로 자라는데 온몸에는 잔털이 빽빽하다.
겨울을 난 잎은 주걱 모양이며 둥글게 배열되어 땅을 덮는다. 줄기에 생겨나는 잎은 길쭉한 타원 모양이며 서로 어긋나게 자리잡고 가장자리에는 약간의 잔 톱니가 있다. 잎은 약간 두텁고 역시 잔털로 덮여 있다.
줄기와 가지 끝에 이삭 모양으로 뭉친 꽃망울이 아래로부터 차례로 피어 올라간다. 4장의 꽃잎으로 이루어진 꽃의 지름은 4mm 안팎이고 빛깔은 노랗다.

개화기 4~6월

분포 원래 외국에서 들여온 풀인데 지금은 전국 각지에 널리 퍼져 있다. 밭가나 들판, 길가 등에 난다.

약용법

생약명 정역자. 정역, 대실(大室)이라고도 한다.

사용부위 씨를 약재로 쓰는데, 다닥냉이(Lepidium micranthum LEDEB), 콩말냉이(L. Virginicum L), 재쑥(Descurainia sophia WEBB)의 씨도 함께 쓰인다.

채취와 조제 씨가 익는 것을 기다려 채취하고 햇볕에 말린다. 말린 것은 그대로 쓰거나 불에 볶아서 쓴다.

성분 함유 성분에 대해서는 별로 밝혀진 것이 없다.

약효 이뇨, 거담, 완하(緩下) 등의 효능이 있으며 기침을 가시게 하고 흥분을 가라앉히는 작용도 한다. 적용 질환은 기침, 천식, 심장질환으로 인한 호흡곤란, 변비, 각종 부기 등이다.

용법 말린 씨를 1회에 2~4g씩 200cc의 물로 달이거나 가루로 빻아 복용한다.

식용법 인가 주변에서 흔히 자라므로 이른봄에 나물로 해 먹거나 국거리로 한다. 맛이 담백하며 쓴맛이 없으므로 가볍게 데쳐 찬물에 한 번 헹궈내 조리할 수 있다.

꽃마리 잣냉이·꽃따지

Trigonotis peduncularis BENTH | 지치과

두해살이풀로 온몸에 아주 작은 털이 깔려 있다.
여러 대의 줄기가 한자리에서 비스듬히 돋아나 가지를 치면서 20cm 안팎의 높이로 자란다.
겨울을 난 잎은 여러 장이 함께 땅을 덮는데 계란 꼴에 가까운 둥근 모양이다. 줄기에 나는 잎은 긴 계란 꼴로 서로 어긋나게 자리하며 가장자리는 밋밋하다.
꽃은 가지 끝에 이삭 모양으로 모여 피는데 처음에는 둥글게 감겨 있다가 꽃이 피면서 풀려 나간다. 꽃의 생김새는 짧은 대롱처럼 생겼고 끝이 다섯 갈래로 갈라진다. 꽃은 매우 작아 지름이 2mm밖에 되지 않으며 빛깔은 연한 하늘색이다.

개화기 4~7월

분포 전국 각지에 널리 분포하며 들판의 풀밭이나 밭 가장자리, 길가 등에 난다.

약용법 생약명 부지채(附地菜). 계장(鷄腸)이라고도 한다.

사용부위 모든 부분을 약재로 쓴다.

채취와 조제 꽃이 피었을 때에 채취하여 햇볕에 말린다. 쓰기에 앞서 잘게 썬다. 생풀로도 쓰인다.

성분 함유 성분에 대해서는 아직 밝혀진 것이 없다.

약효 풍을 없애고 소변을 머물게 하며 종기를 가라앉힌다. 적용 질환은 팔다리가 굳어지고 마비되는 증세를 비롯해 야뇨증, 대장염, 이질 등을 다스리는 약으로 쓰인다. 또한 종기의 독을 푸는 데에도 사용된다.

용법 말린 약재를 1회에 7~10g씩 200cc의 물로 달여서 복용하거나 생풀로 즙을 내어 복용하기도 한다. 종기의 독을 풀기 위해서는 생풀을 짓찧어서 붙이거나 말린 약재를 가루로 빻아 기름에 개어 환부에 바른다.

식용법 이른봄에 어린 풀을 나물로 해 먹거나 나물죽을 쑤어 먹는다. 약간 맵고 쓴맛이 있어 데쳐서 3~4시간 찬물로 우려낸 다음 조리한다. 나물죽은 봄에 색다른 맛으로 즐길 만하다.

꽃무릇 가을가재무릇·석산

Lycoris radiata HERB | 수선과

여러해살이 알뿌리식물이다. 알뿌리는 넓은 타원 꼴이고 지름이 2.5~3.5cm이며 껍질은 검다. 길이 30cm 안팎의 잎은 줄 꼴이고 끝이 뭉뚝하다. 잎 한가운데의 굵은 잎맥이 희게 보인다.
가을에 잎이 없어진 뒤 알뿌리에서 30~50cm의 길이인 꽃줄기가 자라 여러 송이의 큰 꽃이 우산 모양으로 달린다. 지름이 7~8cm쯤 되는 꽃은 붉게 피며 길이 4cm쯤 되는 6장의 피침 꼴 꽃잎을 가지고 있다. 꽃잎은 뒤로 말리며 가장자리에는 주름이 잡힌다. 6개의 수술은 꽃잎보다 훨씬 길어 꽃 밖으로 길게 뻗어 나온다. 열매를 맺지 못하며 꽃이 말라죽은 뒤 짙은 녹색 잎이 자란다.

개화기 9~10월
분포 남쪽의 따뜻한 지방에 나며 주로 사찰 주변에서 볼 수 있다. 원래 일본에 나는 풀이다.

약용법 **생약명** 석산(石蒜). 오산(烏蒜), 독산(獨蒜)이라고도 한다.

사용부위 알뿌리를 약재로 쓴다.

채취와 조제 꽃이 진 뒤 굴취하여 꽃자루와 잔뿌리를 따버리고 깨끗이 씻은 다음 그늘에서 말린다. 때로는 알뿌리를 생으로 쓰기도 한다.

성분 알뿌리에 라이코린(Lycorin), 라이코레닌(Lycorenin), 세키사닌(Sekisanin), 세키사놀린(Sekisanolin), 호몰라이코린(Homolycorin), 슈돌라이코린(Pseudolycorin), 슈도호몰라이코린(Pseudohomolycorin) 등 여덟 가지의 알칼로이드가 함유되어 있다. 이 성분들은 구토 증세를 일으킨다.

약효 거담, 이뇨, 소종, 최토(催吐)의 효능이 있다. 적용 질환은 기침, 가래, 임파선염, 각종 종기 등이다.

용법 말린 약재를 1회에 0.5~1g씩 200cc의 물로 달여 복용한다. 종기에는 생알뿌리를 짓찧어 환부에 붙인다.

식용법 독성 식물이지만 알뿌리를 짓찧어 물 속에서 잘 주물러 찌꺼기를 걸러낸 다음 다시 물로 여러 차례 씻고 가라앉히는 방법을 되풀이하면 독성이 제거되고 질 좋은 녹말을 얻게 된다.

꿀풀 꿀방망이·가지골나물

Prunella vulgaris var. *lilacina* NAKAI | 꿀풀과

개화기 6~8월

분포 전국 각지에 분포하며 산지의 양지바른 풀밭에 난다.

여러해살이풀로서 온몸에 짧은 털이 나 있다.
줄기는 네 개의 모가 지어 있고 한자리에서 여러 대가 곧게 자라 올라와 30cm 정도의 높이로 자란다. 일반적으로 가지를 치지 않으나 간혹 치는 경우도 있다.
잎은 길쭉한 계란 꼴이고 마디마다 2장이 마주 자리한다. 잎자루를 가지고 있고 끝이 뾰족하며 가장자리는 밋밋하다.
줄기 끝에 짤막한 원기둥 꼴로 입술 모양의 꽃이 뭉쳐 핀다. 윗입술은 앞으로 굽어 투구처럼 생겼고, 넓은 아랫입술은 세 갈래로 갈라진다. 원기둥 꼴로 뭉친 꽃이삭의 길이는 3~8cm이며 꽃의 빛깔은 보랏빛이다.
꽃이 핀 뒤에 꽃이삭은 검게 말라죽어 버린다.

약용법

생약명 하고초(夏枯草). 동풍(東風), 철색초(鐵色草), 맥하고(麥夏枯), 근골초(筋骨草)라고도 한다.

사용부위 꽃을 포함한 줄기와 잎은 약재로 쓴다.

채취와 조제 꽃이 반쯤 마를 때에 채취하여 볕에 말린 후 잘게 썬다. 증세에 따라서 생풀을 쓰기도 한다.

성분 우르솔산(Ursolic acid)과 배당체인 프루네린(Prunerin), 이뇨작용을 하는 염화칼리 등이 있다.

약효 간을 맑게 해주며 이뇨, 소염, 소종 등의 효능이 있다. 적용 질환은 전염성간염, 폐결핵, 임파선염, 수종, 유선염, 임질, 소변이 잘 나오지 않는 증세, 고혈압 등이다. 그 밖에 악성종양이나 눈이 붉게 부어 통증이 있는 증세 등에도 쓰인다.

용법 말린 약재를 1회에 3~6g씩 200cc의 물로 달이거나 가루로 빻아 복용한다. 유선염과 종양에는 생풀을 짓찧어서 붙이고 안질은 달인 물로 환부를 씻어낸다.

식용법 어린순을 나물로 먹는다. 쓴맛이 강하므로 데쳐서 하루 정도 우려낸 다음 조리해야 한다.

나물승마 섬승마

Cimicifuga heracleifolia var. matsmurae NAKAI | 미나리아재비과

여러해살이풀이며 어린잎을 나물로 먹기 때문에 나물승마라고 한다.
굵고 살찐 뿌리를 가지고 있다. 줄기는 곧게 서서 1.5m 정도의 높이로 자라는데 가지는 거의 치지 않는다.
줄기 위의 서로 어긋나는 자리에 잎이 나는데 두세 번 세 갈래로 갈라진다. 갈라진 잎 조각은 계란 꼴 또는 타원 꼴로 생겼으며 끝이 뾰족하고 가장자리에는 크고 작은 결각이 있다.
줄기 끝에 작은 꽃이 많이 뭉쳐 30cm 정도의 길이를 가진 원기둥 꼴의 꽃차례를 꾸민다. 꽃잎은 없고 흰 수술만 뭉쳐 있다.

개화기 8~10월

분포 제주도에만 분포하며 한라산의 숲 속 기름진 땅에 난다.

약용법 생약명 승마(升麻). 주마(周麻), 주승마(周升麻), 녹승마(綠升麻)라고도 부른다.

사용부위 뿌리줄기를 약재로 쓰는데 승마, 눈빛승마, 개승마 등의 뿌리줄기도 함께 쓰이고 있다.

채취와 조제 봄 또는 가을에 굴취하여 줄기와 잔뿌리를 따버리고 물로 깨끗이 씻은 다음 햇볕에 말린다.

성분 뿌리줄기에 알칼로이드의 일종인 키미키푸긴(Cimicifugin)이 들어 있을 것으로 추측되나 상세히 밝혀진 것은 없다.

약효 땀을 나게 하며 해열, 해독, 소종 등의 효능이 있다. 적용 질환으로는 오한, 감기, 두통, 인후염, 구창, 홍역, 피부염, 월경이 머물지 않는 증세, 대하증, 자궁하수(子宮下垂), 악성종기, 종양 등이다.

용법 말린 약재를 1회에 1~4g씩 200cc의 물로 달이거나 가루로 빻아 복용한다. 외과 질환에는 가루로 빻은 것을 기름에 개어 환부에 바른다.

식용법 나물로서의 맛은 좋으나 알칼로이드가 함유되어 있을 가능성이 있으므로 잘 우려낸 다음 조리를 해야 한다.

냉이 나생이·나숭게

Capsella bursa Pastoris var. triangularis GRUN | 배추과

두해살이풀로 온몸에 잔털이 생겨나 있다. 줄기는 곧게 서서 가지를 치고 50cm 정도의 높이에 이른다.
겨울을 나고 자라는 잎은 둥글게 뭉쳐 땅을 납작하게 덮는다. 깃털 모양으로 반쯤 갈라지는 잎은 주걱 모양으로 생겼다. 줄기에 나는 잎은 피침 꼴로 서로 어긋나게 자리하며 잎자루는 없고 밑동이 줄기를 감싼다. 줄기와 가지 끝에 많은 꽃이 이삭 모양으로 뭉쳐 아래로부터 차례로 피어오른다. 꽃은 4장의 흰 꽃잎으로 이루어지며 완전히 피면 십자꼴을 이룬다. 꽃의 지름은 5mm 안팎이고 빛깔은 희다. 꽃이 지고 난 뒤에는 부채와 같은 생김새의 열매를 맺는다.

개화기 3~5월
분포 전국 각지에 분포하며 들판의 풀밭이나 반 가장자리, 길가 등에 난다.

약용법 생약명 제채(薺菜). 계심채(鷄心菜), 향선채(香善菜), 청명초(淸明草)라고도 한다.

사용부위 뿌리를 포함한 모든 부분을 약재로 쓴다.

채취와 조제 꽃이 필 때에 채취하여 햇볕에 말리거나 생풀로 쓴다. 말린 것은 쓰기에 앞서 잘게 썬다.

성분 콜린(Choline), 아세틸콜린(Acetylcholine), 브루신(Brucine), 디오스민(Diosmin) 등이 함유되어 있다.

약효 비장을 실하게 해주며 이뇨, 지혈, 해독 등의 효능이 있다. 비장과 위가 허약한 증세, 당뇨병, 소변이 잘 나오지 않는 증세, 수종, 토혈, 코피, 월경과다, 산후출혈, 안질 등의 치료약으로 사용한다. 특히 간장질환에 좋다고 한다.

용법 말린 약재를 1회에 4~8g씩 200cc의 물로 달이거나 가루로 빻아 복용한다. 안질에는 생풀을 짓찧어 낸 즙으로 씻는다.

식용법 봄철에 먹는 냉잇국은 봄의 별미로 첫손 꼽을 만하다. 냉잇국에는 뿌리도 함께 넣어야 참다운 맛이 생긴다. 또한 데쳐서 우려낸 것을 잘게 썰어 나물죽을 끓여먹기도 한다.

냉초 숨위나물

Veronicastrum sibiricum var. yezonense HARA | 현삼과

여러해살이풀로서 줄기는 홀로 서거나 여러 대가 한자리에 돋아나 1m 정도의 높이로 자라며 가지를 치지 않는다.
잎은 마디마다 3~8장 정도가 둥글게 배열된다. 기다란 타원 꼴 또는 피침 꼴로 생긴 잎은 끝이 뾰족하고 가장자리에는 날카로운 톱니를 가지고 있다.
꽃은 줄기 끝에 긴 꼬리 모양으로 뭉쳐 피며 아래로부터 차례로 피어 올라간다. 길이 7~8mm인 꽃은 대롱 꼴이며 끝이 네 개로 갈라졌다. 빛깔은 붉은 빛을 띤 보랏빛이고 대롱의 안쪽에는 잔털이 빽빽하게 나 있다.

개화기 6~8월

분포 경기도와 강원도 이북의 땅에만 분포하며 산의 풀밭에 난다.

약용법 생약명 산편초(山鞭草), 구절초(九節草), 초본위령선(草本威靈仙)이라고도 한다.

사용부위 모든 부분을 약재로 쓴다. 털냉초, 시베리아냉초도 함께 쓰인다.

채취와 조제 꽃이 필 때에 채취하여 햇볕에 말린다. 말린 것은 잘게 썬다. 때로는 생풀을 쓰기도 한다.

성분 플라본(Flavone)계의 루테올린(Luteolin)이 함유되어 있다.

약효 해열, 진통, 해독, 이뇨의 효능이 있고 풍습을 없애주기도 한다. 적용 질환으로는 감기, 근육통, 신경통, 풍습성의 통증, 변비 등이다. 또한 이뇨제, 통경제, 사하제, 각기약으로도 쓰이며 뱀이나 벌레에 물렸을 때에는 외용약으로 사용된다.

용법 말린 약재를 1회에 3~6g씩 200cc의 물로 천천히 달여서 복용한다. 근육통이나 뱀이나 벌레에 물린 상처에는 생풀을 짓찧어서 환부에 붙인다.

식용법 이른봄에 어린순을 나물로 해서 먹는다. 약간의 쓴맛이 있으나 데친 다음 잠깐 우려내면 쓴맛이 없어진다.

노랑하늘타리 흰꽃하눌수박

Trichosanthes quadricirra MIQ | 박과

여러해살이 덩굴풀로 굵게 살찐 덩이뿌리[塊根]를 가지고 있다. 줄기는 가늘고 길다. 마디에서 자라나는 서너 갈래의 갈라진 덩굴손으로 다른 물체를 감아 올라간다. 잎은 마디마다 서로 어긋나게 자리잡고 있으며 널따란 심장 꼴로 오이의 잎처럼 3~5갈래로 얕게 갈라진다. 암꽃과 수꽃이 따로 피는데 암꽃은 잎겨드랑이에 한 송이만 피고 별 모양으로 생긴 꽃잎의 끝이 가느다란 실오리처럼 갈라져 특이한 생김새를 보인다. 수꽃 역시 잎겨드랑이에 생겨나는데 10~20cm 길이의 꽃대에 이삭 모양으로 뭉쳐 핀다. 암꽃의 지름은 4cm 안팎이고 흰색이다. 꽃이 핀 뒤에 10cm 정도의 길이를 가진 넓은 계란 꼴의 열매를 맺어 노랗게 익는다.

개화기 7~8월

분포 제주도와 남부의 따뜻한 지방에 분포하며 산이나 밭 가장자리의 덤불 속에 난다.

약용법 생약명 뿌리를 천화분(天花粉), 씨를 괄누인이라 한다.

사용부위 씨와 뿌리를 약재로 쓰는데 하늘타리(Trichosanthes kirilowii MAX.)도 함께 쓰인다.

채취와 조제 뿌리와 씨를 모두 가을에 채취하여 말린다. 쓰기에 앞서 씨는 깨뜨려 부수고 뿌리는 잘게 썬다.

성분 루테올린(Luteolin)과 캠프페롤 디람노사이드(Kaempferol dirhamnoside)를 함유한다.

약효 씨는 거담, 진해, 소염 등의 효능이 있고 기침, 천식, 협심증, 변비 등의 치료약으로 쓰인다. 뿌리는 해열, 지갈(止渴), 배농, 소종 등의 효능이 있으며 적용 질환은 열로 인한 갈증, 기침, 각혈, 당뇨병, 인후염, 유선염, 악성종기 등이다.

용법 씨는 1회에 3~6g씩 200cc의 물로 달이거나 가루로 빻아 복용한다. 뿌리 역시 1회에 3~6g씩 물로 달이거나 가루로 복용한다. 종기의 치료에는 말린 뿌리를 가루로 빻아 기름에 개어 환부에 바른다.

식용법 어린순을 나물로 먹고 뿌리에서 녹말을 채취하여 식용으로 한다. 그러나 이 녹말을 고사리의 녹말과 섞어 먹으면 중독현상을 일으킨다.

노루귀

Hepatica asiatica form. acutiloba NAKAI | 미나리아재비과

이른봄에 꽃이 피는 여러해살이풀로 마디가 많이 있는 짤막한 뿌리줄기를 가지고 있다.
뿌리줄기로부터 여러 개의 잎이 자라며 심장 꼴로 얕게 세 갈래로 갈라져 있다. 잎은 약간 두텁고 표면에는 간혹 흰 무늬가 있고 뒷면에는 긴 털이 나 있다. 길이 25cm쯤 되는 긴 잎자루를 가진다.
이른봄 말라죽은 잎 사이로부터 긴 꽃대가 자라 각기 한 송이의 꽃을 피운다. 꽃은 꽃잎을 가지지 않으며 6~8장의 꽃받침이 꽃잎처럼 보인다. 꽃받침 한가운데에는 많은 수술과 암술이 둥글게 뭉친다. 꽃의 지름은 1.5m 안팎이고 빛깔은 일반적으로 흰빛인데 간혹 연분홍색인 것도 보이곤 한다.

개화기 3~5월
분포 전국적으로 분포하며 산지의 숲 속에 난다.

약용법 **생약명** 장이세신(樟耳細辛)

사용부위 뿌리를 포함한 모든 부분을 약재로 쓴다. 새끼노루귀(Hepatica insularis NAKAI)와 섬노루귀(H. maxima NAKAI)도 함께 쓰인다.

채취와 조제 여름에 채취하여 햇볕에 말린다. 쓰기에 앞서 잘게 썬다.

성분 잎에 배당체인 헤파트릴로빈(Hepatrilobin)과 삿카로즈(Saccharose), 인베르틴(Invertin)을 함유하고 뿌리에는 사포닌(Saponin)이 함유되어 있다.

약효 진통, 진해, 소종의 효능이 있다. 적용 질환은 두통, 치통, 기침, 장염, 설사 등이다.

용법 말린 약재를 1회에 2~6g씩 200cc의 물로 달여서 복용한다.

식용법 봄철에 자라는 잎을 캐어 살짝 양념을 하여 나물로 무쳐 먹는다. 뿌리에는 독성이 있는 사포닌이 함유되어 있어 뿌리 부분을 제거하여 나물로 먹어야 안전하다. 또한 약간 쓴맛이 있으므로 살짝 데쳐서 우려낸 후 간을 맞추는 것을 잊지 말아야 한다.

눈빛승마

Cimicifuga davurica MAX | 미나리아재비과

높이 2m가 넘는 키가 큰 여러해살이풀이다.
잎도 역시 크며 두 번 깃털 모양으로 갈라지는데 전체적인 생김새는 세모꼴이다. 갈라진 잎 조각은 계란형으로 끝이 뾰족하며 가장자리는 날카롭게 찢어졌거나 날카로운 생김새의 톱니를 가진다.
암꽃과 수꽃이 각기 다른 포기에 피는데 많은 꽃이 큰 원뿌리 꼴로 뭉쳐 핀다. 너무 많은 꽃이 피어 먼 곳에서 바라보면 마치 눈이 쌓인 것처럼 보이기 때문에 눈빛승마라고 부른다. 꽃잎은 3~4장밖에 없고 많은 수술이 뭉쳐 희게 보인다. 꽃의 지름은 8mm 안팎이다.

개화기 8월 중

분포 남해의 여러 섬과 전라도 지방을 제외한 지역에 분포하며 깊은 산의 숲 가장자리에 난다.

약용법 생약명 승마(升麻). 주승마(周升麻), 주마(周麻), 녹승마(綠升麻)라고도 부른다.

사용부위 뿌리줄기(根莖)를 약재로 쓰는데, 승마(Cimicifuga heracleifolia KOMAROV), 개승마(C. biternata MIQ), 황새승마(C. foetida L), 나물승마(C. heracleifolia var. matsmurae NAKAI)의 뿌리줄기도 함께 쓰인다.

채취와 조제 봄 가을에 굴취하여 줄기와 잔뿌리를 따버리고 햇볕에 말린다. 쓰기에 앞서 잘게 썬다.

성분 알칼로이드의 하나인 키미키푸긴(Cimicifugin)이 함유되어 있다.

약효 해열, 해독, 소종의 효능이 있으며 땀을 나게 한다. 적용 질환은 감기, 두통, 오한, 인후염, 입안의 부스럼, 홍역, 월경과다, 피부염, 대하증, 자궁하수, 악성종기 등이다.

용법 말린 약재를 1회에 1~4g씩 200cc의 물로 달이거나 가루로 빻아 복용한다. 외과 질환에는 가루로 빻은 것을 기름에 개어 환부에 발라준다.

식용법 어린순을 나물로 먹는다. 알칼로이드가 함유되어 있으므로 데친 뒤에 잘 우려내어 조리해야 한다.

다닥냉이

Lepidium micranthum LEDEB | 배추과

두해살이풀이며 높이 40cm 안팎으로 곧게 선 줄기는 윗부분에서 여러 갈래로 갈라져 많은 가지를 가지게 된다.
잎은 서로 어긋나게 자리하며 피침 또는 주걱 모양을 하고 약간 깊게 패인 톱니를 가진다.
3mm 안팎의 꽃은 가지 끝에 이삭 모양으로 뭉쳐 차례로 하얗게 피어 올라간다.
꽃이 지고 난 뒤에 둥근 부채 꼴의 열매가 다닥다닥 맺는다. 이로 인하여 다닥냉이라는 이름이 생겨났다.
전체의 생김새가 말냉이와 흡사하나 다닥냉이는 열매가 아주 작다는 점에서 말냉이와 쉽게 구별할 수 있다.

개화기 5~6월

분포 원래 미국에 나는 풀인데 우리나라 전역에 퍼져 자라는 귀화식물이다. 밭가나 황폐한 곳의 풀밭 등에서 흔히 볼 수 있다.

약용법 **생약명** 정역자. 정역, 대실(大室)이라고도 부르고 있다.

사용부위 씨를 약재로 쓴다. 꽃다지(Draba nemorosa var. hebecarpa LEDEB), 콩말냉이(Lepidium virginicum L), 재쑥(Descurainia sophia WEBB)의 씨도 함께 쓰인다.

채취와 조제 열매가 익는 것을 기다려서 채취하여 햇볕에 말린다. 그대로 쓰거나 불에 볶아서 쓴다.

성분 함유 성분에 대해서는 별로 알려진 것이 없다.

약효 이뇨, 거담, 완하(緩下) 등의 효능이 있고 흥분을 가라앉혀 주는 작용도 한다고 한다. 적용 질환은 각종 부기, 변비, 기침, 천식, 심장성 호흡곤란 등이다.

용법 말린 씨를 1회에 2~4g씩 200cc의 물로 달이거나 곱게 가루로 빻아 복용한다.

식용법 이른봄에 어린순을 뿌리와 함께 캐어서 나물로 해먹거나 국거리로 쓴다. 냉이와 비슷하지만 약간 맵고 쓴맛이 있으므로 데친 다음 알맞게 우려내어야 한다.

단풍마

Dioscorea quinqueloba THUNB | 마과

여러해살이 덩굴풀이며 굵고 단단한 뿌리줄기를 가지고 있다.
질긴 줄기는 길게 뻗어 나가며 다른 물체로 기어오른다.
잎은 서로 어긋나게 자리하는데 전체적으로 심장 꼴인 잎몸은 5~9갈래로 중간 정도까지 갈라진다. 갈라진 조각의 끝은 뾰족하며 가장자리는 밋밋하다. 잎의 길이는 6~12cm이다.
암꽃과 수꽃이 각기 다른 포기에 핀다. 꽃은 모두 잎겨드랑이로부터 자라는 긴 꽃대에 이삭 모양으로 달려 아래로 처진다. 수꽃 이삭은 여러 갈래로 갈라지는데 암꽃 이삭은 갈라지지 않는다. 대롱 모양인 꽃은 여섯 갈래로 끝이 갈라진다. 꽃의 지름은 4mm 안팎이고 빛깔은 초록빛이다.

개화기 7~8월
분포 전국적으로 분포하며 산지의 덤불 속에 난다.

약용법 생약명 천산룡(穿山龍). 황강(黃薑), 지용골(地龍骨), 구산약(狗山藥)이라고도 한다.

사용부위 뿌리줄기를 약재로 쓰는데, 부채마(Dioscorea nipponica MAKINO)의 뿌리줄기도 함께 쓰인다.

채취와 조제 가을에 굴취하여 잔뿌리와 껍질을 없애고 햇볕에 말린다. 쓰기에 앞서 잘게 썬다.

성분 야모게닌(Yamogenin), 크리프토게닌(Kryptogenin), 디오스게닌(Diosgenin) 등이 함유되어 있다.

약효 피의 흐름을 원활하게 하고 진해, 거담, 소종, 이뇨 등의 효능을 가지고 있다. 적용 질환은 풍습성의 관절염, 요통, 타박상, 기침, 천식, 만성기관지염, 갑상선질환 등이다. 또한 종기의 치료에도 쓰인다.

용법 썬 약재를 1회에 4~8g씩 200cc의 물로 달여서 복용한다. 종기의 치료를 위해서는 생풀을 짓찧어서 환부에 붙이거나 말린 약재를 가루로 빻아 기름에 개어서 바른다.

식용법 이른봄이나 늦가을에 뿌리줄기를 캐어서 삶아 먹는다. 자양 강장의 효과가 있다고 하지만 분명하지 않다.

달래 들달래

Allium monanthum MAX | 백합과

지름 1cm 안팎의 둥근 알뿌리를 가진 여러해살이풀로 온몸에서 마늘과 흡사한 냄새가 나고 매운맛을 지닌다. 2~3장의 둥글납작한 잎이 알뿌리에서 자라며 길이는 10~15cm이다. 질이 연하며 여름이 되면 말라죽어 버린다.
봄철에 잎 사이로부터 잎보다 짧은 꽃줄기가 자라 꼭대기에 1~2송이의 꽃을 피운다. 꽃잎은 6장이고 6개의 수술과 1개의 암술을 가지고 있다. 꽃의 지름은 5mm 안팎이고 빛깔은 연한 보랏빛을 띤 흰색이다.
꽃이 핀 뒤에 작고 둥근 열매를 맺는다.

개화기 4월 중
분포 전국적으로 분포하며 양지바른 들판에 난다.

약용법 생약명 야산(野蒜)

사용부위 알뿌리와 잎을 약으로 쓴다.

채취와 조제 알뿌리는 잎이 말라죽기 전에 굴취하여 마른 모래에 묻어 어둡고 찬 곳에 갈무리 해두었다가 필요에 따라 꺼내어 쓴다. 잎도 생것을 써야 하기 때문에 채취기간은 봄부터 초여름까지 사이로 한정된다.

성분 함유 성분은 밝혀져 있지 않으나 마늘에 가까운 것이 함유되어 있을 것으로 추측된다.

약효 보혈, 신경안정, 살균 등의 효능이 있다. 적용 질환은 위장카타르, 불면증, 자궁혈종, 월경불순, 신경항진(神經亢進) 등이다. 그 밖에 벌레에 물린 상처에 붙이면 가려움증이 가시는 효과도 있다.

용법 위장카타르나 불면증에는 1회에 잎 10~20g씩 200cc의 물로 달여서 복용한다. 자궁혈종과 월경불순 등에는 알뿌리를 적당량 생식한다. 신경이 날카로워지는 증세에는 알뿌리를 10배의 소주에 담갔다가 200cc씩 하루 두 번 복용한다. 벌레에 물렸을 때에는 알뿌리를 갈아 밀가루와 섞어서 상처에 바른다.

식용법 잎과 알뿌리를 함께 생채로 해서 먹으며 지짐이의 재료로도 애용된다.

달맞이꽃 왕달맞이꽃

Oenothera lamarckiana SERINGE | 바늘꽃과

높이 1m에 이르는 두해살이풀이다.
줄기는 곧게 서서 거의 가지를 치지 않는다. 온몸에 짧은 털이 나 있고 잎은 좁은 간격으로 서로 어긋나게 자리한다. 잎은 길쭉한 피침 모양이며 끝이 뾰족하고 가장자리에는 약간의 톱니를 가지고 있다.
꽃은 줄기 끝의 잎겨드랑이마다 한 송이씩 활짝 피며 아주 오래 핀다. 4장의 꽃잎을 가지고 있으며 지름은 6cm 안팎이고 빛깔은 노랗다. 해질 무렵이 되면 피었다가 다음날 해가 뜨면 시드는 습성이 있다.

개화기 7~8월. 9~10월의 가을철에 꽃이 피는 개체도 있다.

분포 본래 남미지방에 나는 풀인데 전국적으로 널리 퍼져 있다. 둑길에서 널리 자란다.

약용법

생약명 월하향(月下香)

사용부위 뿌리를 약재로 쓰는데 병에 따라서는 잎을 쓰기도 한다.

채취와 조제 뿌리는 가을에 굴취하여 햇볕에 말리고 쓰기에 앞서 잘게 썬다. 잎은 필요에 따라 그때그때 채취하여 생것을 쓴다.

성분 리놀산(Linoleic acid)과 리놀렌산(Linolenic acid), 올레익산(Oleic acid) 등의 각종 산 성분이 지방유 속에 함유되어 있다.

약효 해열과 소염 효능을 가지고 있다. 적용 질환은 감기, 인후염, 기관지염, 피부염 등이다. 최근 고혈압, 비만증 등에 달맞이꽃의 씨앗 기름이 좋다는 설이 있다.

용법 말린 약재를 1회에 4~6g씩 200cc의 물로 달여서 복용한다. 피부염에는 생잎을 짓찧어서 환부에 붙이거나 말린 약재를 가루로 빻아 기름에 개어서 바른다.

식용법 아직 줄기가 자라나기 전인 이른봄에 어린 싹을 캐어서 나물로 해먹는다. 매운맛이 있으므로 데쳐서 잠깐 찬물에 우려낸 다음 간을 맞출 필요가 있다. 갓 핀 꽃을 튀김으로 해서 먹는 것도 별미다.

닭의장풀 닭개비·닭의발씻개

Commelina communis L | 닭개비과

밭가나 길가에 흔히 나는 한해살이풀이다. 줄기는 땅에 엎드려 가지를 치면서 점차적으로 일어선다.
굵은 마디마다 잎이 어긋나게 자리하는데 그 생김새는 대나무 잎과 흡사하다. 잎자루는 없고 밑동이 줄기를 감싸며 가장자리는 밋밋하다. 잎몸은 연하고 부드럽다.
잎겨드랑이로부터 자란 짤막한 꽃대 끝에 조개 모양의 받침잎에 둘러싸여 한 송이의 하늘색 꽃이 핀다. 꽃잎은 3장인데 위쪽 2장은 크고 하늘색이며 아래쪽 1장은 작고 흰색이다. 6개의 수술을 가지고 있으나 이 가운데 2개만이 꽃가루주머니를 가지고 있다.

개화기 6~9월

분포 전국 각지에 널리 분포하고 있으며 길가나 밭가 등에서 흔히 볼 수 있다.

약용법

생약명 압척초. 벽죽초(碧竹草), 죽엽채(竹葉菜), 벽선화(碧蟬花), 압각초(鴨脚草)라고도 한다.

사용부위 잎, 줄기, 꽃, 뿌리 등 모든 부분을 약재로 쓴다.

채취와 조제 꽃이 필 때에 채취하여 햇볕에 말린다. 쓰기에 앞서 잘게 썬다.

성분 많은 점액을 함유하고 있으며 그 주성분은 플라보노이드(Flavonoid)인 아오바닌(Aobanin)이다. 꽃에는 푸른빛을 나타내는 델피닌(Delphinin)이 함유되어 있다.

약효 해열, 해독, 이뇨, 소종 등의 효능이 있다. 적용 질환은 감기로 인한 열, 간염, 황달, 볼거리, 인후염, 혈뇨, 수종, 소변이 잘 나오지 않는 증세, 월경이 멈추지 않는 증세, 종기. 당뇨병에도 효과가 있다고 한다.

용법 말린 약재를 1회에 4~6g씩 200cc의 물로 천천히 반쯤 되게 달이거나 생즙을 내어 복용한다. 종기의 치료에는 생풀을 짓찧어서 환부에 붙인다.

식용법 봄에 자라는 순을 꺾어 나물로 하면 상당히 연하고 맛이 좋다. 쓴맛이 없으므로 일반적인 채소와 같은 방법으로 다루면 된다. 닭고기나 조개와 함께 끓여도 맛이 좋고 튀김으로 해도 좋다.

대나물

Gypsophila Oldhamiana MIQ | 석죽과

여러해살이풀로 줄기는 곧게 서고 가지를 치면서 50~60cm의 높이로 자란다. 피침 꼴의 잎은 마디마다 2장이 마주 자리하며 끝이 뾰족하다. 3줄의 잎맥이 뚜렷하게 평행하고 있으며 가장자리는 밋밋하다.

줄기와 가지 끝에 작고 하얀 꽃이 많이 뭉쳐 피어 원뿌리 꼴을 이룬다. 길쭉한 타원 꼴인 5장의 꽃잎을 가지고 있으며 10개의 수술과 2개로 갈라진 암술을 가지고 있다. 꽃의 지름은 5mm 안팎이다.

꽃이 핀 뒤에 작고 둥근 열매를 맺는데 익으면 4개로 갈라져 씨가 쏟아진다.

개화기 6~7월

분포 원래 유럽에 나는 풀인데 귀화하여 전국에 분포하고 있다. 산이나 들판의 양지바른 풀밭에 난다.

약용법 생약명 은시호(銀柴胡), 은호(銀胡), 산채근(山菜根), 토삼(土參)이라고도 한다.

사용부위 뿌리를 약재로 쓴다.

채취와 조제 가을에 굴취하여 줄기와 잔뿌리를 따버리고 햇볕에 말린다. 쓰기에 앞서 잘게 썬다.

성분 뿌리에 유독성분인 사포톡신(Sapotoxin)이 약간 함유되어 있다.

약효 해열, 거담, 강장의 효능을 가지고 있다. 적용 질환은 몸이 허약하여 생겨나는 신열을 다스리는 데에 쓰인다. 그 밖에 자주 기침을 하는 증세와 어린아이의 간질병의 치료약으로도 사용된다.

용법 말린 약재를 1회에 2~4g씩 200cc의 물로 천천히 달이거나 가루로 빻아 복용한다. 이 분량은 성인에 해당되는 용량이므로 어린아이의 경우에는 어느 것이든 양을 반으로 줄이는 것을 잊지 말아야 한다.

식용법 어린순을 나물로 해서 먹는다. 뿌리에는 유독성분이 함유되어 있으나 잎에는 없으므로 어린잎을 식용으로 하는 데에는 아무런 문제가 없다. 맛이 담백하고 달기 때문에 가볍게 데쳐서 찬물에 한 번만 헹구고 난 후 양념하여 먹는다.

댑싸리 비싸리·공쟁이

Kochia scoparia SCHRID | 명아주과

중국 원산의 한해살이풀이다. 줄기는 나무처럼 빳빳하고 곧게 서며 많은 가지를 쳐서 1.5m 정도의 높이까지 자란다. 많은 잎은 서로 어긋나게 자리잡고 있으며 피침 꼴 또는 줄 꼴 모양을 하고 있다. 잎자루는 없고 가장자리는 밋밋하다. 암꽃과 수꽃이 각기 다른 포기에 피며 잎겨드랑이에 2~3송이의 꽃이 밀착한다. 꽃잎은 없으며 다섯 갈래로 갈라진 꽃받침이 꽃처럼 보인다. 꽃 바로 밑에는 잎처럼 생긴 받침잎이 붙어 있고 수꽃은 5개의 수술을 가지고 있다. 암꽃은 1개의의 암술을 가지고 있는데 암술대[花柱]는 두 갈래로 갈라진다. 꽃의 빛깔은 초록빛이고 지름은 3mm 안팎이다.

개화기 7~8월

분포 전국 각지에서 가꾸어지고 있다.

약용법 **생약명** 지부자(地膚子), 지맥(地麥), 지규(地葵), 죽추자, 익명(益明)이라고도 한다.

사용부위 열매를 약재로 쓴다.

채취와 조제 열매가 익을 때 베어서 햇볕에 말린 뒤 열매를 털어 모은다. 협잡물을 제거하여 그대로 쓴다.

성분 함유 성분에 대해서는 별로 밝혀진 것이 없다.

약효 강장, 이뇨, 소종 등의 효능을 가지고 있다. 또한 건위작용도 한다. 적용 질환으로는 신장염, 방광염, 임질, 고환·음낭 등으로 생겨나는 신경통, 복수(腹水), 소변이 잘 나오지 않는 증세, 옴, 음부가 습하고 가려운 증세 등이다. 그 밖에 성기의 위축을 치료하기 위해서도 쓰인다.

용법 말린 열매를 1회에 2~6g씩 200cc의 물로 달이거나 가루로 빻아 복용한다. 옴이나 음부가 습하고 가려운 증세를 치료하는 데는 열매를 달인 물로 환부를 닦아낸다.

식용법 늦봄에 어린잎을 나물로 해먹거나 국거리로 한다. 쓴맛이 거의 없으므로 살짝 데쳐서 찬물로 한 번 헹구기만 하면 조리할 수 있다. 명아주처럼 부드럽고 맛이 담백하다.

더덕

Codonopsis lanceolata TRAUT | 초롱꽃과

여러해살이 덩굴풀로 굵게 살찐 덩이뿌리를 가지고 있다. 덩굴은 2m 이상으로 자라며 다른 풀이나 나무를 감아 올라간다. 잎은 서로 어긋나게 자리하는데 3~4장의 잎 조각으로 이루어진다. 잎 조각의 생김새는 타원 꼴로 양끝이 뾰족하며 가장자리는 밋밋하다.
잔가지의 끝에 한 송이씩 꽃이 피는데 그 생김새는 얕은 종 모양으로 끝이 다섯 갈래로 갈라진다. 꽃 바로 밑에는 꽃을 받들고 있듯이 3~4장의 잎 조각이 배열되어 있다. 꽃의 지름은 2.5cm 안팎이고 겉은 초록빛이며 안쪽에 자갈색 반점이 있다. 꽃이 지고 난 뒤 원뿌리 꼴의 열매를 맺는다.

개화기 8~10월
분포 전국적으로 분포하고 있으며 깊은 산 속의 덤불 속에 난다.

약용법 생약명 양유(羊乳). 사삼(沙蔘), 노삼(奴蔘), 통유초(通乳草), 토당삼(土黨蔘)이라고도 한다.

사용부위 덩이뿌리(塊根)를 약재로 쓴다.

채취와 조제 가을에 굴취하여 줄기와 잔뿌리를 제거하고 물로 깨끗이 씻은 다음 햇볕에 말린다. 쓰기에 앞서 잘게 썬다.

성분 몸집 속에 함유되어 있는 흰 즙에 사포닌(Saponin)의 한 종류가 들어 있다는 사실 이외는 분명하지 않다.

약효 강장, 해열, 거담, 해독, 최유(젖을 분비하게 함), 배농, 소종 등의 효능이 있다. 적용 질환은 기침, 인후염, 폐농양, 임파선염, 유선염, 젖 분비부족, 종기 등이다. 그 밖에 뱀이나 벌레 물린 경우 해독약으로 쓰인다.

용법 말린 약재를 1회에 4~10g씩 200cc의 물로 달이거나 가루로 빻아 복용한다. 종기, 뱀이나 벌레에 물렸을 때에는 생뿌리를 짓찧어서 환부에 붙이거나 달인 물로 닦아낸다.

식용법 껍질을 벗긴 뒤 두들겨서 납작해진 것을 찬물에 담가 쓴맛을 우려낸 다음 고추장을 발라 구워 먹는다. 그 밖에 생뿌리를 반 정도 말린 뒤 고추장 속에 박아 장아찌를 담기도 한다. 건강식품으로 애용된다.

덤불꼭두서니 숲안꼭두서니

Rubia cordifolia var. sylvatica MAX | 꼭두서니과

여러해살이풀로 꼭두서니와 한 무리이기는 하나 덩굴로 자라지 않으며 80cm 정도의 높이로 자란다.
줄기 끝에서 약간의 가지를 치며 줄기와 잎자루에는 갈고리와 같이 생긴 작은 가시가 나 있다.
잎은 마디마다 4장이 십자형으로 자리한다. 잎은 계란 꼴에 가까운 길쭉한 타원 꼴로 생겼으며 밑동은 둥글고 끝은 뾰족하다. 잎 뒷면의 잎맥 위에 잔털이 나 있고 잎 가장자리는 밋밋하다.
가지 끝에 약간의 작은 꽃이 원뿌리 꼴로 모여서 핀다. 다섯 갈래로 갈라진 꽃의 지름은 3.5mm 안팎이고 빛깔은 희다.

개화기 6~7월
분포 전국 각지에 널리 분포하며 깊은 산의 숲 가장자리에 자리한 풀밭에 난다.

약용법 **생약명** 천초근. 천근, 토단삼(土丹蔘)이라고도 부른다.

사용부위 뿌리를 약재로 쓴다. 꼭두서니(Rubia akane NAKAI), 쇠꼭두서니(R. Chinensis var. glabrescens KITAG), 갈퀴꼭두서니(R. Cordifolia var. pratensis MAX), 왕꼭두서니(R. hexaphylla MAKINO)의 뿌리도 함께 쓰인다.

채취와 조제 봄 또는 가을에 굴취하여 햇볕에 말리거나 생뿌리로 쓴다. 쓰기에 앞서 잘게 썬다.

성분 뿌리에 푸르푸린(purpurin)과 문지스틴(Munjistin)이 함유되어 있다.

약효 통경, 지혈, 소종, 진통의 효능이 있다. 그 밖에 강장작용도 한다. 적용 질환으로는 관절염, 신경통, 토혈, 코피, 혈변, 월경불순, 자궁출혈, 만성기관지염, 황달, 간염 등이다.

용법 말린 약재를 1회에 3~5g씩 200cc의 물로 달이거나 가루로 빻아 복용한다. 또는 생뿌리를 10배의 소주에 담가 4~5개월 지난 후 하루에 두어 번 한 잔씩 복용하면 강장효과를 얻을 수 있다.

식용법 어린순을 나물로 먹는다. 쓴맛이 강하므로 데친 뒤 잘 우려야 한다.

덩굴광대수염 긴병꽃풀

Glechoma hederacea var. grandis KVDO | 꿀풀과

여러해살이풀로 약간 덩굴로 자라는 습성이 있다.
줄기는 모가 져 비스듬히 자라 올라가는데 땅을 기면서 마디마다 뿌리를 내리는 덩굴성의 줄기를 함께 가지고 있다. 잎과 줄기에서는 좋은 향기를 풍긴다. 온몸에 잔털이 나 있고 마디마다 긴 잎자루를 가진 2장의 잎이 마주 자리한다. 잎의 생김새는 신장 꼴이고 가장자리에는 물결 모양의 무딘 톱니를 가지고 있다.
초여름에 잎겨드랑이에 2~3송이의 대롱 모양의 꽃이 핀다. 꽃의 끝은 입술처럼 갈라져 있는데 윗입술은 좁고 아랫입술이 넓다. 꽃의 길이는 1.5cm 안팎이고 빛깔은 연보랏빛이다.

개화기 3~5월

분포 제주도와 남부지방에만 분포하며 들판의 풀밭에 난다.

약용법 생약명 연전초(連錢草), 마제초(馬蹄草), 적설초(積雪草)라고도 부른다.

사용부위 잎, 줄기, 꽃, 뿌리 등 모든 부분을 약재로 쓴다.

채취와 조제 꽃이 피고 있을 때에 채취하여 그늘에서 말린다. 쓰기에 앞서 잘게 썬다.

성분 줄기와 잎에 정유를 함유하고 있는데 주성분은 알칼로이드와 소량의 케톤(Keton)이다. 그 밖에 타닌, 고미질, 콜린(Cholin), 우르소올산(Ursolic acid) 등을 함유한다.

약효 강장, 해열, 진통, 진해, 지사, 이뇨의 효능이 있다. 적용 질환은 감기, 폐렴, 신장염, 각혈, 당뇨병 등이다. 프랑스의 약방문에는 강장약으로 기재되어 있다.

용법 말린 약재를 1회에 2~3g씩 200cc의 물로 달여서 복용한다. 당뇨병에는 장기 복용해야 효과가 있다.

식용법 어린순을 나물로 해먹는다. 강한 향기를 풍기므로 데쳐서 찬물로 잘 우려내어 향기를 없앤 다음 조리를 할 필요가 있다. 말린 약재를 4배 정도의 소주에 담가 3~4개월 동안 두었다가 하루 두세 번 알잔으로 한 잔씩 복용하면 건강을 증진하는 데 효과가 있다.

도고로마 왕마·큰마

Dioscorea tokoro MAKINO | 마과

여러해살이 덩굴풀로 굵게 살찐 뿌리줄기를 가지고 있다.
줄기는 가늘고 길게 뻗어나 다른 풀이나 나무로 기어오른다.
잎은 마디마다 서로 어긋나게 자리잡고 있으며 심장 꼴에 가까운 계란 꼴로 긴 잎자루를 가지고 있다. 잎몸은 얇고 끝이 뾰족하며 가장자리는 밋밋하다.
수꽃과 암꽃이 따로 피며 수꽃은 잎겨드랑이에서 자란 꽃대에 술 모양으로 뭉쳐 핀다. 암꽃은 다른 잎겨드랑이에 이삭 모양으로 뭉쳐 늘어져서 핀다. 꽃은 6장의 꽃잎으로 이루어지며 지름이 3mm쯤 되고 빛깔은 연한 초록빛이다. 꽃이 핀 뒤에 3개의 날개를 가진 열매를 맺는다.

개화기 6~7월

분포 전국적인 분포를 보이며 산지의 덤불 속에 난다.

약용법 생약명 초해. 적절(赤節), 산전서(山田薯), 백지(百枝), 죽목(竹木)이라고도 한다.

사용부위 뿌리줄기를 약재로 쓴다.

채취와 조제 봄 또는 가을에 굴취하여 잔뿌리를 따버리고 햇볕에 말린다. 쓰기에 앞서 잘게 썬다.

성분 뿌리줄기에 디오신(Diosin), 디오스게닌(Diosgenin), 요노게닌(Yonogenin), 토코로게닌(Tokorogenin), 코가게닌(Kogagenin) 등의 배당체를 함유한다.

약효 강장, 이뇨, 거풍(祛風), 소염 등의 효능이 있다. 적용 질환은 습기가 많은 곳에서 지내면 풍습이 생기는데 이로 인한 허리와 무릎의 통증, 류머티즘, 야뇨증, 소변이 잘 나오지 않는 증세 등이다.

용법 말린 약재를 1회에 4~5g씩 200cc의 물로 반 정도의 양이 되게 천천히 달이거나 가루로 빻아 복용한다.

식용법 뿌리줄기를 삶든지 쪄서 먹는데 맛이 대단히 쓰다. 이 쓴맛이 강장 또는 보정(補精)에 효과가 큰 것으로 민간에서는 믿고 있다. 묵은 뿌리줄기보다는 어린 뿌리줄기가 보다 효과가 크다고 한다.

도깨비바늘 참귀살이

Bidenes biternata MERR. et SHERFF | 국화과

몸에 거의 털이 없는 한해살이풀이다.
줄기는 곧게 서고 가지를 치면서 50~80cm 정도의 높이로 자란다.
마디마다 2장의 잎이 마주 자리잡고 있으며 한두 번 깃털 모양으로 깊게 갈라지는데 전체 생김새는 길쭉한 세모꼴이고 갈라진 조각은 길쭉한 타원형이다. 잎의 가장자리에는 비교적 큰 톱니가 나 있다.
위쪽의 잎겨드랑이마다 긴 꽃대가 자라 각기 한 송이의 꽃을 피운다. 5장의 꽃잎을 가지고 있으나 꽃받침 밖으로 나타나지 않으므로 꽃잎이 없는 것처럼 보인다. 꽃의 지름은 1.5cm 안팎이며 빛깔은 노랗다.
꽃이 핀 뒤 2cm가량의 가늘고 길쭉한 씨가 생겨나 사람 옷이나 짐승의 털에 잘 달라붙는다.

개화기 8~9월
분포 전국 각지에 분포하며 산과 들판의 풀밭에 난다.

약용법 생약명 귀침초(鬼針草). 귀황화(鬼黃花), 귀골침(鬼骨針), 고금황(苦芩黃)이라고도 한다.

사용부위 꽃을 포함한 줄기와 잎을 약재로 쓴다.

채취와 조제 꽃이 피고 있을 때에 채취하여 햇볕에 말리는데 생풀을 쓸 때도 있다. 쓰기 전에 잘게 썬다.

성분 함유 성분에 대해서는 아직 밝혀진 것이 없다.

약효 해열, 이뇨, 해독, 소종 등의 효능이 있으며 멍든 피를 풀어준다. 적용 질환은 감기, 학질, 열이 나는 현상, 간염, 황달, 신장염, 위통, 설사, 장염, 맹장염, 당뇨병, 인후염, 기관지염, 소변이 잘 나오지 않는 증세 등이다. 기타 타박상과 뱀이나 벌레에 물렸을 때에도 치료약으로 쓴다.

용법 말린 약재를 1회에 5~10g씩 200cc의 물로 달이거나 생즙을 내어 복용한다. 뱀이나 벌레에 물리거나 멍이 들었을 때에는 생풀을 짓찧어서 환부에 붙이거나 달인 물로 씻어낸다.

식용법 봄에 어린순을 따다가 나물로 해먹는다. 쓴맛이 강해 데쳐서 쓴맛을 우려낸 다음 조리한다.

도라지

Platycodon grandiflorum DC | 초롱꽃과

굵은 뿌리줄기를 가지고 있는 여러해살이풀이다.
줄기는 곧게 서고 40~80cm 정도의 높이로 자라며 가지를 거의 치지 않는다.
잎은 마디마다 서로 어긋나게 자리하거나 2~3장의 잎이 한자리에 나기도 한다.
잎은 길쭉한 계란 꼴 또는 타원 꼴로 생겼으며 잎자루라고 할 만한 것은 없다. 잎의 양끝이 뾰족하고 가장자리에는 날카로운 톱니를 가지고 있다. 잎 뒷면은 흰 가루를 쓰고 있는 것처럼 보인다.
줄기 끝에 종과 같이 생긴 여러 송이의 큰 꽃이 핀다. 꽃의 끝부분이 다섯 갈래로 갈라져 있고 5개의 수술을 가지고 있다. 꽃의 지름은 4cm 안팎이고 빛깔은 짙은 하늘빛이다. 간혹 흰색으로 꽃이 피는 것도 있다.

개화기 7~9월

분포 전국 각지에 널리 분포하고 있으며 산이나 들판의 양지 쪽 풀밭에 난다. 농가에서 널리 재배하고 있다.

약용법 생약명 길경(桔梗). 경초(梗草), 백약(白藥), 고경(苦梗), 이여(利如)라고도 부른다.

사용부위 뿌리줄기를 약재로 쓴다.

채취와 조제 가을에 굴취하여 껍질을 벗겨서 햇볕에 말린다. 쓰기에 앞서 꼭지를 따버리고 잘게 썬다.

성분 뿌리줄기에 사포닌(Saponin)의 일종인 플라티코딘(Platycodin)과 플라티코디게닌(Platycodigenin)이 함유되어 있다. 이 성분이 거담작용과 진해작용을 한다.

약효 거담, 진해, 배농, 소종의 효능을 가지고 있다. 적용 질환은 가래가 끓는 증세, 기침, 기관지염, 목구멍이 붓고 아픈 증세, 악성종기 등이다.

용법 말린 약재를 1회에 2~4g씩 물로 달이거나 가루로 빻아 복용한다.

식용법 가늘게 쪼개 물에 담가서 우려낸 다음 생채로 하거나 가볍게 데쳐서 나물로 해서 먹는다. 또는 고추장 속에 박아 장아찌로 먹기도 하고 고기, 파와 함께 꽂아 산적을 하기도 한다.

둥굴레 괴불꽃

Polygonatum japonicum MORR. et DECAIS | 백합과

여러해살이풀로 땅 속을 옆으로 뻗어 나가는 길고 살찐 뿌리줄기를 가지고 있다. 곧게 서는 줄기의 윗부분이 비스듬히 기울어지며 높이는 30cm쯤 되고 가지를 치지 않는다.

잎은 극히 짧은 잎자루를 가지며 타원 꼴로 양끝이 무디다. 잎몸이 약간 두터우며 가장자리는 밋밋하다.

중간 부분의 잎겨드랑이마다 1~2송이의 대롱 모양의 꽃이 늘어져 핀다. 꽃의 길이는 2cm이며 빛깔은 초록빛을 띤 흰색이다.

개화기 4~5월

분포 전국적으로 분포하며 산의 나무 그늘에 난다.

약용법 생약명 옥죽(玉竹). 위유라고도 한다.

사용부위 뿌리줄기를 약재로 쓴다. 통둥굴레(Polygonatum inflatum KOMAROV), 죽대(P. lasianthum MAX), 왕둥굴레(P. robustum NAKAI), 용둥굴레(P. involucratum MAX)의 뿌리줄기도 함께 쓰고 있다.

채취와 조제 가을 또는 이른봄에 굴취하여 그늘에 말리거나 쪄서 햇볕에 말린다. 쓰기에 앞서 잘게 썬다.

성분 뿌리줄기에 알칼로이드가 함유되어 있다고 하나 자세히 밝혀져 있지 않다.

약효 자양, 강장, 지갈(止渴)의 효능이 있고 침이 생겨나게 하는 작용을 한다. 적용 질환은 허약체질, 폐결핵, 마른기침, 구강건조증, 당뇨병, 심장쇠약, 협심증, 빈뇨증 등이다.

용법 말린 약재를 1회에 4~6g씩 200cc의 물로 달이거나 가루로 빻아 복용하며 오랫동안 복용할 필요가 있다. 말린 약재 200g을 300g의 설탕과 함께 2 l 의 소주에 6개월 동안 담가 3개월 정도 묵혀 두었다가 알잔으로 하루 세 번 복용하면 자양 · 강장에 큰 도움이 된다.

식용법 어린순을 나물로 해먹고 뿌리줄기는 된장이나 고추장 속에 박아 장아찌로 담가 먹는다. 나물은 가볍게 데쳐서 한 차례 찬물로 헹군 다음에 간한다.

들깨풀

Orthodon punctulatum OHWI | 꿀풀과

한해살이풀이며 온몸에는 잔털이 생겨나 있다. 모가 진 줄기는 보랏빛을 띠며 곧게 서고 많은 가지를 치면서 60cm 안팎의 높이로 자란다. 잎은 계란 꼴에 가까운 피침 꼴 또는 길쭉한 타원 꼴로 생겼으며 마디마다 2장이 서로 마주 자리잡고 있다. 잎의 밑동은 둥그스름하고 끝은 일반적으로 무딘 편이며 가장자리에는 낮은 톱니가 생겨나 있고 잎 뒷면에는 작은 점이 치밀하게 깔려 있다.
줄기와 가지 끝에 많은 꽃이 길게 모여 피는데 꽃의 생김새는 대롱 모양이다. 꽃의 길이는 3~4mm이고 끝이 입술 모양으로 두 갈래로 갈라진다. 아랫입술은 세 갈래로 갈라져 있다. 꽃의 빛깔은 연한 보랏빛이다.

개화기 8~9월
분포 전국 각지에 분포하며 낮은 산이나 들판의 풀밭에 난다.

약용법 **생약명** 향여초(香茹草). 야형개(野荊芥), 토형개(土荊芥), 오향초(伍香草)라고도 한다.

사용부위 꽃을 포함한 잎과 줄기 모두를 약재로 쓴다.

채취와 조제 꽃이 피고 있을 때에 채취하여 햇볕에 말린다. 쓰기에 앞서 잘게 썬다.

성분 잎과 줄기에 휘발성 기름이 함유되어 있으며 주성분은 알파 투욘(α-Thujon)과 세스키테르펜(Sesquiterpen)이다.

약효 진해, 지혈, 해열 등의 효능이 있으며 감기, 두통, 기침, 기관지염, 이질, 장염, 코피, 습진, 악성종기 등에 쓰인다.

용법 내과 질환에는 말린 약재를 1회에 2~5g씩 200cc의 물로 천천히 달여 복용한다. 습진과 종기의 치료를 위해서는 생풀을 짓찧어서 환부에 붙이거나 달인 물로 환부를 자주 씻어낸다.

식용법 4월경에 어린순을 뜯어다가 나물로 해서 먹는다. 휘발성 기름으로 인해 특수한 냄새가 나고 쓴맛이 있으므로 데쳐서 여러 시간 찬물에 담가 쓴맛과 냄새가 빠진 뒤에 나물로 무쳐서 먹는다.

등골나물

Eupatorium chinense var. simplicifolium KITAMURA | 국화과

높이 70cm 정도로 자라는 여러해살이풀이다.
줄기는 곧게 서고 거의 가지를 치지 않으며 잔털이 나 있고 보랏빛의 작은 점이 산재해 있다.
잎은 계란 꼴 또는 길쭉한 타원 꼴로 마디마다 2장이 마주 자리한다. 잎의 끝과 밑동은 뾰족하고 가장자리에는 날카롭게 생긴 톱니가 다소 넓은 간격으로 나 있다.
줄기 끝에 많은 꽃이 술 모양으로 뭉쳐 피는데 꽃잎은 없고 몇 개의 대롱 모양의 꽃이 함께 모여 있다. 꽃의 길이는 6mm 안팎이고 뭉친 꽃차례의 지름은 8~9cm이다. 꽃의 빛깔은 희거나 탁한 분홍빛을 띤 흰색이다.

개화기 8~10월
분포 전국 각지에 분포하며 산이나 들판의 양지 쪽 풀밭의 수분이 많은 곳에 난다.

약용법 생약명 산택란(山澤蘭). 난초(蘭草), 토우슬(土牛膝), 화택란(華澤蘭)이라고도 한다.

사용부위 뿌리를 포함한 모든 부분을 약재로 쓴다.

채취와 조제 꽃이 필 때에 채취하여 햇볕에 말리는데 때로는 생풀을 쓰기도 한다. 말린 것은 쓰기에 앞서 잘게 썬다.

성분 아야핀(Ayapin)이라는 성분이 함유되어 있다고 하나 보다 상세한 것은 아직 밝혀지지 않고 있다.

약효 해열, 해독, 소종, 활혈(活血), 거풍(祛風) 등의 효능을 가지고 있다. 적용 질환은 감기로 인한 열, 편도선염, 인후염, 디프테리아, 기관지염, 관절염, 월경불순, 종기 등이다. 그 밖에 뱀이나 벌레에 물린 상처의 치료에도 쓰인다.

용법 말린 약재를 1회에 4~8g씩 200cc의 물로 달이거나 생으로 즙을 내어 복용한다. 종기, 뱀이나 벌레에 물렸을 때에는 생풀을 짓찧어서 환부에 붙이거나 진하게 달인 물로 닦아낸다.

식용법 봄에 어린순을 나물로 조리하여 먹는다. 쓰고 매운맛이 있어 데쳐서 충분히 우려내야 먹을 수 있다.

등대풀

Galarhoeus helioscopia L | 대극과

독성이 있는 두해살이풀이다. 한자리에서 여러 대의 줄기가 자라 가지를 치며 30cm 안팎의 높이로 자란다. 잎은 서로 어긋나게 자리잡고 있으며 계란 꼴 또는 주걱 꼴의 모습이고 가장자리에는 무딘 톱니를 드물게 가진다. 잎과 줄기를 자르면 흰 즙이 스며 나온다. 줄기와 가지의 끝에는 5장의 잎이 둥글게 배열된다. 잎의 한가운데로부터 4~5대의 꽃대가 자라 그 끝에 몇 장의 작은 받침잎에 둘러싸여 꽃이 핀다. 한 송이의 꽃처럼 보이나 그 속에는 한 송이의 암꽃과 몇 송이의 수꽃이 함께 자리한다. 꽃 한 송이의 지름은 2mm 안팎이고 빛깔은 노란빛을 띤 초록빛이다.

개화기 4~5월

분포 전국적으로 분포한다. 수분이 풍부한 산이나 들판의 양지 쪽에 난다.

약용법 생약명 택칠(澤漆). 유초(乳草), 양산초, 녹엽녹화초(綠葉綠花草)라고도 한다.

사용부위 잎과 줄기를 함께 약재로 쓴다.

채취와 조제 꽃이 필 때에 채취하여 햇볕에 말린다. 쓰기에 앞서 잘게 썬다.

성분 잎과 줄기에 사포닌의 한 종류인 파신(Phasin)과 용혈작용이 강한 사우어 사포닌(Sauer saponin)이 함유되어 있으며 기타 다른 성분은 아직 밝혀진 것이 없다.

약효 이뇨, 거담, 해독, 소종 등의 효능이 있다. 적용 질환은 수종, 소변이 잘 나오지 않는 증세, 기침, 결핵성임파선염, 골수염, 이질, 대장염, 옴 등이다.

용법 말린 약재를 1회에 2~4g씩 200cc의 물로 달이거나 가루로 빻아 복용한다. 옴 치료에는 달인 물로 환부를 닦거나 가루로 빻아 기름에 개어서 바른다.

식용법 봄철에 연한 줄기와 잎을 나물로 먹는다. 독성분이 함유되어 있고 맵고 쓴맛이 나므로 데쳐서 여러 날 흐르는 물에 충분히 우려낸 뒤 조리한다. 일부 지방에서는 채식하나 먹지 않는 것이 좋다.

딱지꽃 딱지

Potentilla chinensis SERINGE | 장미과

굵은 뿌리를 가지고 있는 여러해살이풀이다.
한자리에서 여러 대 자란 줄기는 비스듬히 기울어져서 30cm 안팎의 길이로 자라며 전체적으로 거칠게 생겼다. 잎은 서로 어긋나게 나며 깃털 모양으로 갈라진다. 갈라진 조각은 다시 한 번 깃털 모양으로 갈라진다. 잎 표면에는 털이 없는데 뒷면에는 흰 솜털이 치밀하게 깔려 있다.
지름 1cm 안팎으로 노랗게 피는 꽃은 줄기 끝에 여러 송이가 모여 피며 5장의 둥근 꽃잎으로 구성되어 있다.

개화기 6월~7월

분포 제주도를 비롯하여 전국 각지에 널리 분포하고 있다. 강가나 해변 등 양지바른 곳에서 흔히 볼 수 있다.

약용법

생약명 위릉채(萎陵菜). 용아초(龍牙草), 번백채(飜白菜)라고도 부른다.

사용부위 뿌리를 포함한 모든 부분을 약재로 쓰는데 털딱지꽃(Potentilla chinensis var. concolor FR. et SAV)도 함께 쓰이고 있다.

채취와 조제 봄부터 가을 사이에 채취하여 햇볕에 말린다. 쓰기에 앞서 잘게 썬다. 병에 따라서는 생풀을 쓰기도 한다.

성분 함유 성분에 대해서는 아직 밝혀진 것이 없다.

약효 풍증을 없애주며 지혈, 해독, 소종 등의 효능이 있다. 적용 질환으로는 풍습성의 근골통증, 폐결핵, 자궁내막염, 월경과다, 토혈, 이질, 혈변, 마른버짐, 종기 등이다.

용법 말린 약재를 1회에 7~13g씩 200cc의 물로 달이거나 가루로 빻아 복용한다. 마른버짐이나 종기의 치료를 위해서는 생풀을 짓찧어서 환부에 붙이거나 말린 약재를 가루로 빻아 기름에 개어서 바른다.

식용법 이른 봄철에 갓 자라는 어린 싹을 나물로 해서 먹거나 국거리로 한다. 별로 쓰지 않으므로 오래도록 우려낼 필요는 없다. 털딱지꽃이나 당딱지꽃도 같은 요령으로 나물로 해서 무쳐 먹는다.

땅두릅나물 땃두릅나물 · 풀두릅

Aralia continentalis KITAGAWA | 오갈피나무과

여러해살이풀로 온몸에 짤막한 털이 약간 나 있고 좋은 냄새를 풍긴다.
줄기는 굵고 길며 높이는 2m에 이른다.
잎은 두 번 세 갈래로 갈라지며 갈라진 조각은 넓은 계란 꼴 또는 타원 꼴로 생겼다. 잎의 밑동은 둥글고 끝은 뾰족하다. 잎 조각의 가장자리에는 작은 톱니가 규칙적으로 배열되어 있다.
가지 끝에 작은 꽃이 많이 뭉쳐 원뿌리 꼴을 이룬다. 꽃은 5장의 꽃잎과 5개의 수술을 가지고 있으며 암술은 다섯 갈래로 갈라져 있다. 꽃의 지름은 3mm 안팎이고 빛깔은 연한 초록빛이다.
꽃이 지고 난 뒤 물기 많은 작은 열매를 맺고 익어감에 따라 검게 물든다.

개화기 7~8월
분포 전국적으로 분포하고 있으며 산의 음지 쪽에 난다.

약용법 생약명 독활(獨活). 강청(羌靑), 토당귀(土當歸), 독활(獨滑)이라고도 한다.

사용부위 뿌리를 약재로 쓰는데, 땃두릅나무(Oplopanax elatum NAKAI)의 뿌리도 함께 쓰인다.

채취와 조제 가을 또는 봄에 굴취하여 햇볕에 말린다. 쓰기에 앞서 잘게 썬다.

성분 뿌리에 다량의 펜토산(Pentosan)과 아스파라긴(Asparagin)을 함유하고 있으며 그 밖에 구아닌(Guanin), 크산신(Xanthin), 안겔리카산(Angelic acid)도 검출되어 있다.

약효 발한, 거풍, 진통의 효능이 있다. 적용 질환은 풍습으로 인한 마비와 통증, 반신불수, 수족경련, 두통, 현기증, 관절염, 치통, 부종 등이다.

용법 말린 약재를 1회에 2~4g씩 200cc의 물로 서서히 달이거나 가루로 빻아 복용한다.

식용법 어린순을 나물로 해서 먹거나 국거리로 한다. 또한 어린줄기의 껍질을 벗겨 생으로 된장이나 고추장을 찍어 먹는다. 산뜻한 맛과 씹히는 느낌이 좋다. 어린순을 튀김으로 해서 먹는 방법도 있다.

떡쑥 괴쑥·솜쑥

Gnaphalium affine D. DON | 국화과

두해살이풀로 온몸이 흰솜털로 덮여 있다.
줄기는 밑동에서 여러 갈래로 갈라져 곧게 서서 20~30cm의 높이로 자란다.
잎은 줄 꼴에 가까운 피침 모양으로 서로 어긋나게 자리한다. 잎자루는 없고 밑동이 줄기를 감싸며 끝은 무디다. 잎 가장자리에는 톱니가 없고 약간 물결처럼 굽이친다.
줄기 끝에 여러 송이의 꽃이 둥글게 뭉친다. 꽃잎은 없고 암술과 수술만이 대롱 모양으로 뭉쳐 하나의 꽃을 이룬다. 꽃의 지름은 3mm 안팎이고 빛깔은 노랗다.

개화기 5~7월
분포 전국적으로 분포하고 있으며 들판의 풀밭이나 경작지 주변에 난다.

약용법 생약명 서국초(鼠麴草). 서초(鼠草), 황호(黃蒿), 모이초(毛耳草), 사백초(絲棉草)라고도 한다.

사용부위 꽃을 포함한 부분을 약재로 쓰는데, 흰떡쑥(Gnaphalium luteo-album L)도 함께 쓰인다.

채취와 조제 꽃이 필 때에 채취하여 햇볕에 말린다. 쓰기에 앞서 잘게 썬다. 때로는 생풀을 쓰기도 한다.

성분 스티그마스테롤(Stigmasterol)과 루테올린모노글루코사이드(Luteolinmonoglucoside)를 함유한다.

약효 해열, 거담, 진해, 거풍 등의 효능이 있다. 적용 질환은 감기, 기침, 천식, 기관지염, 근육과 뼈의 통증, 습진 등이다.

용법 말린 약재를 1회에 4~8g씩 200cc의 물로 반 정도의 양이 되게 달여서 복용한다. 습진에는 생풀을 짓찧어서 환부에 붙인다. 또한 달인 물로 씻는 것도 좋다. 근육과 뼈의 통증에는 달여서 복용하는 한편 짓찧어서 아픈 부위에 붙이는 방법을 함께 실시하면 효과적이다.

식용법 어린순을 나물로 해서 먹거나 쑥처럼 떡에 넣어 먹기도 한다. 쓴맛이 있으므로 데친 다음 찬물로 잘 우려내야 한다. 물에 재를 타서 데치면 쓴맛과 떫은 것이 속히 빠져버린다.

뚜깔 뚝깔 · 흰미역취

Patrinia villosa JUSS | 마타리과

온몸에 짤막한 털이 깔려 있는 여러해살이풀이다.
곧게 서서 1.5m 정도의 높이로 자라는 줄기 끝부분에 가까운 자리에서 약간의 가지를 친다.
잎은 마디마다 2장이 마주 자리하며 3개의 작은 잎 조각으로 구성된다. 잎의 전체적인 생김새는 계란 꼴인데 줄기의 밑동 쪽에 나는 잎은 깃털 모양으로 깊게 갈라진다. 또한 잎자루를 가지는 경우와 가지지 않는 경우가 있다.
가지 끝에 지름이 4mm쯤 되는 작은 꽃이 무수히 뭉쳐 우산 모양을 이룬다. 빛깔이 흰 한 송이의 꽃은 종과 같이 생겼으며 끝이 다섯 갈래로 갈라진다. 꽃이 핀 뒤 둥근 부채 꼴의 납작한 씨를 맺는다.

개화기 7~9월

분포 전국 각지에 널리 분포하며 산과 들판의 양지 쪽 풀밭에 난다.

약용법

생약명 패장(敗醬). 녹장(鹿醬), 고채(苦菜), 택패(澤敗), 마초(馬草)라고도 부른다.

사용부위 뿌리를 약재로 쓰는데, 마타리(Patrinia scabiosaefolia FISCH)의 뿌리도 함께 쓰인다.

채취와 조제 가을에 굴취하여 햇볕에 말린다. 쓰기에 앞서 잘게 썬다.

성분 뿌리에 올레아놀릭산(Oleanolie acid)이 함유되어 있다는 사실만이 밝혀져 있다.

약효 진통, 해독, 배농(排膿), 소종의 효능이 있고 간을 보해준다고 한다. 적용 질환은 간기능장애, 간염, 간농양, 위궤양, 위장통증, 자궁내막염, 산후복통, 대하증, 유행성이하선염, 안질, 종기, 옴 등이다.

용법 말린 약재를 1회에 4~6g씩 200cc의 물로 달여서 복용한다. 외과 질환에는 생풀을 환부에 붙인다.

식용법 어린잎을 나물로 먹는다. 쓴맛이 있으므로 데친 다음 충분히 우려야 한다. 나물로 하는 경우에는 식초나 겨자를 약간 가미하면 맛이 더욱 좋다. 데쳐서 우려낸 것을 잘게 썰어 나물밥을 지어먹는 방법도 있다. 또한 기름으로 볶아 먹기도 한다.

뚱딴지 돼지감자

Helianthus tuberosus L | 국화과

미국이 원산인 여러해살이 귀화식물이다.
온몸에 짧고 빳빳한 털이 나 있고 뿌리에는 감자와 같이 생긴 덩이줄기[塊莖]가 생겨난다.
굵고 실한 줄기는 곧게 서서 가지를 치면서 2m 안팎의 높이로 자란다.
잎은 계란 꼴 또는 계란 꼴에 가까운 길쭉한 타원 모양으로 끝이 뾰족하고 가장자리에는 다소 넓은 간격으로 톱니가 나 있다. 줄기의 아래쪽에서는 2장의 잎이 한자리에 마주 나고 위쪽에서는 서로 어긋나게 자리한다. 가지 끝에 작은 해바라기처럼 생긴 노란색 꽃이 핀다. 꽃의 지름은 8cm 안팎이다.

개화기 9~10월

분포 전국적으로 뜰이나 밭 가장자리에 심어 가꾸고 있으며 때로는 야생상태로 자라는 것도 볼 수 있다.

약용법 생약명 우내(芋乃). 국우(菊芋)라고도 한다.

사용부위 덩이줄기를 약재로 쓴다.

채취와 조제 늦가을에 꽃이 지면 굴취하여 물로 깨끗이 씻은 다음 햇볕에 말린다. 쓰기에 앞서 잘게 썬다.

성분 덩이줄기에 녹말, 당분, 이눌린(Inulin), 루테인(Lutein), 헬레니엔(Helenien), 베타인(Betain) 등이 함유되어 있다.

약효 진통의 효능이 있다. 자양 강장의 효과도 있으며 민간에서는 신경통, 류머티즘의 치료약으로 쓴다.

용법 말린 약재를 1회에 10~20g씩 200cc의 물이 3분의 1의 양으로 줄어들 때까지 달여서 복용한다.

식용법 덩이줄기를 알코올이나 전분의 제조 원료로 사용하기 위해 한때 많이 가꾼 일이 있었다. 요즘에는 간혹 캐어서 감자처럼 삶아 먹기도 하나 그리 맛이 있는 것은 아니다. 돼지고기와 함께 끓여 먹기도 한다. 워낙 맛이 없어서 돼지의 먹이로 삼는 일이 많아 돼지감자라는 말이 생겨났다. 다른 가축동물의 사료로도 널리 쓰인다.

띠 삐비

Imperata cylindrica var. koenigii DURAND. et SCHINZ | 벼과

여러해살이풀로 가늘고 긴 뿌리줄기를 가지고 있다. 줄기는 밑동에서 굽었다가 곧게 서서 30~60cm의 높이로 자란다. 벼 잎과 같은 생김새의 좁고 긴 잎이 서로 겹치면서 포기를 이룬다. 잎 가장자리는 밋밋하게 보이나 만져보면 깔깔하다. 줄기 끝에 길이 6~15cm쯤 되는 이삭이 자란다. 이삭은 흰 털에 덮여 있고 곳곳에 갈색의 수술이 나타난다. 이삭의 생김새는 길쭉한 원뿌리 꼴이고 처음에는 곧게 서 있다가 흰 털이 길게 자라면서 점차 휘어진다.

개화기 5~6월

분포 전국에 널리 분포하고 있으며 산이나 들판의 양지바른 풀밭과 냇가 등에 난다.

약용법 생약명 백모근(白茅根). 모근(茅根), 여근(茹根), 지근근(地筋根)이라고도 하며 이삭을 백모화(白茅花)라고 부른다.

사용부위 뿌리줄기와 이삭을 약재로 쓰고 있다.

채취와 조제 뿌리줄기는 가을 또는 봄에 굴취하여 깨끗이 씻어 햇볕에 말린다. 이삭은 피기 시작할 때에 채취하여 햇볕에 말린다. 쓰기에 앞서 잘게 썬다.

성분 과당과 포도당, 자당, 트리테르펜(Triterpene) 등이 함유되어 있다.

약효 뿌리는 해열, 이뇨, 지혈 등의 효능이 있어 열병으로 인한 갈증, 천식, 신장염, 임질, 수종, 소변이 잘 나오지 않는 증세, 간염, 황달, 토혈 등의 치료약으로 쓰인다. 이삭 또한 지혈작용을 하여 토혈, 코피, 혈뇨, 혈변(피똥), 외상출혈 등을 다스리는 약으로 사용된다.

용법 뿌리줄기는 1회에 3~5g씩 200cc의 물로 달이거나 가루로 빻아 복용한다. 이삭은 1회에 3~7g씩 달여서 복용하고 외상출혈에는 짓찧어서 상처에 붙인다. 코피가 흐를 때는 둥글게 뭉쳐서 틀어막는다.

식용법 어린 이삭을 그대로 씹어 단물을 빨아먹는다. 또한 잘게 썰어 기름에 볶아 조리하기도 한다.

마디풀 옥매듭·돼지풀

Polygonum aviculare L | 여뀌과

한해살이풀로 가늘고 긴 줄기는 비스듬히 눕거나 곧게 서고 가지를 치면서 30cm 안팎의 높이로 자란다.
짤막한 잎자루를 가진 잎은 마디마다 서로 어긋나게 자리한다. 피침 꼴 또는 길쭉한 타원 꼴인 잎은 끝이 무디며 길이는 3~4cm이다. 잎 가장자리는 밋밋하다. 잎겨드랑이를 흰 칼자루와 같이 생긴 받침잎이 둘러싸고 있으며 그 속에서 좁쌀만한 크기의 꽃이 핀다.
꽃은 잎겨드랑이마다 1~3송이가 피며 꽃잎은 없다. 다섯 갈래로 갈라진 꽃받침이 붉은 빛을 띠기 때문에 꽃 전체가 분홍빛으로 보인다.

개화기 6~7월

분포 전국적으로 널리 분포하고 있으며 길가나 풀밭에 흔히 난다.

약용법 생약명 편축. 편죽, 노변초(路邊草), 분절초(粉節草)라고도 한다.

사용부위 잎과 줄기를 약재로 쓴다.

채취와 조제 여름철에 꽃이 피는 것을 기다려서 채취하여 햇볕에 말린다. 쓰기에 앞서 잘게 썬다. 때로는 생것을 쓰기도 한다.

성분 아비쿨라린(Avicularin), 하이페린(Hyperin), 퀘르시트린(Quercitrin), 이소퀘르시트린(Isoquercitrin), 레이노트린(Reynoutrin), 루틴(Rutin) 등을 함유한다.

약효 이뇨작용과 살균의 효능을 가지고 있다. 적용 질환으로는 임질, 소변이 잘 나오지 않는 증세, 황달, 장염, 대하증, 습진, 회충구제 등이다.

용법 말린 약재를 1회에 4~6g씩 200cc의 물로 달여서 복용한다. 경우에 따라서는 생풀을 짓찧어 즙을 내서 복용해도 같은 효과를 얻을 수 있다. 생즙을 낼 때에는 40~60g의 생풀을 이용한다.

식용법 4~5월에 연한 순을 따다가 나물로 무쳐 먹는다. 약간 쓴맛이 나므로 데친 뒤 잠시 찬물에 담가 쓴맛을 우려내어야 한다. 약간의 쓴맛은 위장을 좋게 하므로 때로는 우려내지 않고 그냥 먹어도 좋다.

마름 골뱅이

Trapa bispinosa ROXB | 마름과

물에 떠서 자라는 한해살이풀이다.
길쭉한 줄기를 가지고 있으며 마디마다 깃털 모양으로 갈라진 물속뿌리[水中根]를 형성하여 떠다닌다.
줄기 끝에 기다란 잎자루를 가진 잎이 둥글게 뭉치는데 잎자루의 중간부는 혹처럼 부풀어 부레의 구실을 한다. 잎의 생김새는 마름모에 가까운 세모 꼴로 길이는 6cm쯤 된다. 잎 가장자리에는 약간의 톱니가 있고 표면에 유난히 윤기가 난다. 잎겨드랑이로부터 자라는 꽃은 4장의 흰 꽃잎으로 이루어지는데 지름이 1cm 안팎이다. 꽃이 핀 뒤 2개의 가시를 가진 큰 열매를 맺는다.

개화기 7~8월

분포 제주도 및 전국 각지에 널리 분포하며 연못이나 늪 등 괴어 있는 물에서 자란다.

약용법 생약명 능실(菱實). 기실, 수율(水栗), 능각(菱角)이라고도 한다.

사용부위 열매를 약재로 쓰는데 애기마름(Trapa incisa SIEB. et ZUCC)의 열매도 함께 쓰인다.

채취와 조제 열매가 익는 것을 기다려서 채취하는데 그 시기는 9~10월경이다. 마르지 않도록 모래에 묻어 두었다가 필요에 따라 꺼내 쓴다.

성분 열매에 베타 시트스테롤(β-citsterol)이 함유되어 있다는 사실 이외에는 밝혀진 것이 없다.

약효 자양, 강장의 효능이 있어 신체가 허약한 사람에게는 좋은 영양제가 된다. 또한 해독과 지갈(止渴)작용을 하여 주독도 풀어준다.

용법 껍질을 벗겨서 날 것을 먹거나 삶아 먹는다. 그러나 과식하면 양기를 해쳐 발기력 부전과 같은 증세를 초래하므로 주의를 해야 한다. 말린 씨를 1회에 3~5g씩 달여서 복용하면 위암에 좋다고 하는 말이 있다.

식용법 어리고 연한 잎과 줄기를 데쳐서 말려 두었다가 때때로 나물로 먹는다. 또한 씨를 쪄서 가루로 빻아 떡이나 죽으로 해서 먹기도 한다.

마타리 가얌취·미역취

Patrinias cabiosaefolia FISCH | 마타리과

여러해살이풀로 온몸에 잔털이 산재해 있다.
줄기는 곧게 서서 약간의 가지를 치면서 1~1.5m 정도의 높이로 자란다.
뿌리로부터 자라나오는 잎은 계란 꼴 또는 길쭉한 타원 꼴로 여러 장이 한자리에 모여 둥글게 배열되며 땅을 덮는다. 가장자리에는 거친 톱니가 생겨나 있다.
줄기에서 자라나는 잎은 마디마다 2장이 마주 자리하며 잎자루는 극히 짧고 깃털 모양으로 깊게 갈라진다. 가장자리에 역시 거칠게 생긴 톱니를 가지고 있다.
줄기 끝에 넓은 종 모양의 작은 꽃이 많이 모여 피며 우산 형태를 이룬다. 꽃의 지름은 3mm 안팎이고 빛깔은 노랗다.

개화기 8~10월

분포 전국 각지에 널리 분포하며 산이나 들판의 양지바른 풀밭에 난다.

약용법 생약명 패장(敗醬). 택패(澤敗), 녹장(鹿醬), 고채(苦菜)라고도 부른다.

사용부위 뿌리를 약재로 쓰며 뚜깔(Patrinia villosa JUSS)의 뿌리도 함께 쓰이고 있다.

채취와 조제 가을철에 굴취하여 햇볕에 말린다. 쓰기에 앞서 잘게 썬다.

성분 뿌리에는 올레아놀릭산(Oleanolic acid)이 함유되어 있다.

약효 간을 보해주는 작용과 진통, 해독, 배농, 소종 등의 효능을 가지고 있다. 따라서 간기능 장애, 간농양, 간염, 위장통증, 위궤양, 유행성 이하선염, 자궁내막염, 산후복통, 대하증 등의 질병을 다스리는 약으로 쓰인다. 그 밖에 종기, 옴 등 피부질환을 치료하는 데에도 사용된다.

용법 말린 약재를 1회에 4~6g씩 200cc의 물로 달여서 복용한다. 피부질환에는 생풀을 짓찧어서 붙인다.

식용법 어린 싹을 나물로 해 먹거나 쌀과 섞어서 나물밥을 지어먹는다. 쓴맛이 있으므로 데쳐서 우려낸 뒤에 조리해야 한다. 나물에는 식초나 겨자를 가미하면 맛이 더욱 좋아진다. 볶아서 먹기도 한다.

맑은대쑥 개제비쑥·개쑥

Artemisia keiskeana MIQ | 국화과

여러해살이풀이며 줄기와 잎 뒷면에는 갈색의 솜털이 생겨나 있다.
가는 줄기는 곧게 서서 30~60cm의 높이로 자라며 가지를 치지 않는다.
뿌리로부터 자라는 잎은 계란 꼴이나 줄기에 나는 잎은 피침 꼴로 상반부가 몇 갈래로 얕게 갈라진다. 또한 줄기에 나는 잎은 서로 어긋나게 자리한다.
꽃은 줄기 끝에 이삭 모양으로 뭉쳐 피는데 꽃잎은 없고 수술과 암술이 3mm 정도의 굵기로 둥글게 덩어리져 있다. 제비쑥과 비슷하게 생겼는데 맑은대쑥의 꽃이 약간 큰 편이다. 꽃의 빛깔은 연한 노란빛이다.

개화기 7~9월

분포 전국 각지에 분포하고 있으며 산의 밝은 숲 속이나 숲가와 같은 자리에 난다.

약용법

생약명 암려. 회호(茴蒿), 복려, 취호(臭蒿), 구유화(狗乳花)라고도 한다.

사용부위 꽃을 포함한 줄기와 잎 모두를 약재로 쓴다.

채취와 조제 꽃이 피고 있을 때에 채취하여 햇볕에 말린다. 쓰기에 앞서 잘게 썬다.

성분 함유 성분에 대해서는 아직 밝혀진 것이 없다.

약효 강장, 통경(월경이 잘 나오게 함) 등의 효능이 있으며 멍든 피를 풀어주고 풍습을 없애주기도 한다. 적용 질환은 관절의 통증, 풍습으로 인한 마비와 통증, 월경폐지, 타박상 등이다.

용법 말린 약재를 1회에 5~10g씩 200cc의 물로 달이거나 생즙을 내어서 복용한다. 또한 씨를 말려서 갈무리해 두었다가 달여서 녹차를 마시듯이 복용하면 강장효과를 얻을 수 있다.

식용법 이른봄에 캐낸 어린 싹을 나물로 무쳐 먹으며 떡에도 넣는다. 그리고 쌀과 함께 죽을 끓여서 먹기도 한다. 쓴맛을 지니고 있으므로 데쳐서 잘 우려낸 다음 조리할 것을 잊지 말아야 한다. 때로는 쓴맛을 중화시킬 수 있도록 짙은 양념을 넣어 버무려 먹어도 좋다.

머위 머우

Petasites japonicus MAX | 국화과

암꽃과 수꽃이 각기 다른 포기에서 피는 여러해살이풀이다. 아주 짧은 뿌리줄기를 가지고 있다. 잎 역시 뿌리줄기로부터 자라며 둥근 모양에 가까운 신장 꼴로 길이가 60cm나 되는 굵은 잎자루를 가지고 있다. 잎 가장자리에는 고르지 않은 톱니가 배열된다.

잎이 나오기도 전인 이른봄에 꽃이 핀다. 꽃은 큰 비늘과 같이 생긴 받침잎에 둘러싸여 땅위로 나타나는데 꽃잎은 없고 여러 송이가 둥글게 뭉친다. 지름 7~8mm인 꽃은 대롱처럼 생겼다. 꽃자루는 꽃이 진 뒤 30cm 안팎의 길이로 자란다. 암꽃의 빛깔은 희고 수꽃은 연한 노란빛이다.

개화기 4~5월

분포 제주도와 울릉도를 포함한 남쪽 지역에 분포한다. 산지의 그늘에 나는데 주위에서 가꾸기도 한다.

약용법 생약명 봉두근(蜂斗根), 사두초(蛇頭草), 야남과(野南瓜)라고도 부른다.

사용부위 뿌리의 부분을 약재로 쓴다.

채취와 조제 가을에 채취하여 햇볕에 말린다. 사용 전에 앞서 잘게 썬다. 병에 따라서는 생풀을 쓰기도 한다.

성분 크산신(Xanthine), 콜린(Choline), 베타-사이토스테롤(β-sitosterol), 안겔리카산(Angelic acid), 발레리아닌산(Valerianic acid) 등이 함유되어 있다.

약효 거담, 진해, 해독의 효능이 있다. 적용 질환은 기침, 가래 끓는 증세, 인후염, 편도선염, 기관지염 등이다. 그 밖에 종기와 뱀이나 벌레에 물린 상처의 치료에도 쓰인다.

용법 말린 약재를 1회에 3~6g씩 200cc의 물로 달이거나 생즙을 내서 복용한다. 종기와 뱀이나 벌레에 물린 상처에는 생뿌리를 짓찧어서 붙인다.

식용법 줄기를 데친 후 껍질을 벗겨 조리를 한다. 잎도 우려서 나물로 하거나 기름에 볶아 먹기도 한다. 갓 자라나는 꽃을 덩어리째 생으로 된장 속에 박거나 튀김을 하면 맛이 대단히 좋다.

메꽃

Calystegia japonica form. vulgaris HARA | 메꽃과

여러해살이 덩굴풀이다. 땅속에 희고 살찐 긴 뿌리줄기를 가지고 있다. 줄기는 길게 자라면서 다른 풀이나 키가 작은 나무로 감아 올라간다. 긴 잎자루를 가진 잎은 마디마다 서로 어긋나게 자리잡고 있다. 그 생김새는 길쭉한 타원 꼴에 가까운 피침 꼴인데 끝은 뾰족하고 밑동의 양쪽은 귀처럼 벌어져 있다.
잎겨드랑이로부터 자라나는 긴 꽃대 끝에 나팔꽃처럼 생긴 분홍빛 꽃이 한 송이씩 핀다. 꽃의 지름은 5cm 안팎이고 낮에 피었다가 밤에는 오므라든다. 꽃이 지고 난 뒤에 일반적으로 씨를 맺지 않는다.

개화기 6~8월

분포 전국 각지에 널리 분포하며 풀밭과 길가 등에 난다.

약용법 생약명 선화(旋花). 고자화(鼓子花)라고도 한다.

사용부위 뿌리를 포함한 모든 부분을 약재로 쓴다. 큰메꽃도 함께 쓰이고 있다.

채취와 조제 꽃이 필 무렵에 채취하여 볕에 말리는데 때로는 생풀을 쓰기도 한다. 사용 전에 앞서 잘게 썬다.

성분 켐페롤(Kempferol) 배당체와 람노사이드(Rhamnoside)를 함유한다.

약효 이뇨, 강장, 피로회복, 항당뇨(抗糖尿) 등의 효능이 있다. 적용 질환은 방광염, 당뇨병, 고혈압 등을 다스리는 약으로 쓰인다. 그 밖에 신체가 허약한 경우와 소변이 잘 나오지 않을 때에도 복용한다. 피로회복을 위해서도 쓰는 경우가 있다.

용법 말린 약재를 1회에 7~13g씩 200cc의 물로 달여서 복용한다. 여름철에는 생풀을 짓찧어서 즙을 내어 복용해도 된다. 이 경우에 쓰는 생풀의 양은 50~90g 정도이다.

식용법 봄에 살찐 뿌리줄기를 찌거나 삶아서 먹는다. 단맛이 있어서 좋다. 또한 쌀과 함께 죽을 끓이거나 떡을 만들어 먹기도 한다. 어린순은 나물로 해서 먹을 수 있는데 쓴맛이 전혀 없으므로 데쳐서 찬물에 한 번 헹구기만 하면 된다.

메밀 모밀·매물

Fagophyrum esculentum MOENCH | 여뀌과

중앙아시아 원산의 한해살이풀이다.
줄기는 많은 가지를 치면서 40~70cm의 높이로 자란다. 줄기는 원래 연한 풀빛이지만 흔히 붉은빛을 띤다.
서로 어긋나게 자리한 잎은 심장 꼴로 생겼으며 끝과 밑동의 양쪽 날개 부분도 모두 뾰족하다. 아래쪽에 나는 잎은 긴 잎자루를 가지고 있으나 위쪽의 꽃대가 자라나는 부분의 잎은 잎자루가 없고 줄기를 감싸고 있다.
꽃은 가지 끝과 가지에 가까운 잎겨드랑이로부터 자라나는 꽃대 끝에 10여 송이가 둥글게 뭉쳐 핀다. 5장의 흰 꽃잎을 가지고 있으며 지름은 5mm 안팎이다.
꽃이 지고 난 뒤 세모꼴의 열매를 맺는다.

개화기 7~10월
분포 식용작물로 전국적으로 널리 가꾸어지고 있으며 간혹 야생하는 것도 볼 수 있다.

약용법 생약명 양맥(養麥), 교맥(蕎麥), 오맥(烏麥), 화양(花養)이라고도 한다.

사용부위 씨를 약재로 쓴다.

채취와 조제 씨가 익을 때에 채취하여 햇볕에 말린다. 쓰기에 앞서 잘게 썬다.

성분 파고피린(Fagophyrin), 퀘르세틴(Quercetin), 루틴(Rutin) 등이 함유되어 있다. 루틴은 플라보놀 글리코시드(Flavonol glycoside)로서 혈관 강화 작용을 한다.

약효 동맥경화를 막아주며 자양, 강장의 효과가 있다. 또한 체한 것을 내리게 해주며 완하작용(緩下作用)도 한다. 그 밖에 타박상을 입어 멍들었을 때 가루로 빻아 술에 개어 바르면 멍이 풀린다.

용법 가루로 빻아 복용하는데 그 양은 정해진 것이 없으며 1회에 가볍게 반 숟갈 정도를 복용하면 된다.

식용법 잘 아는 바와 같이 국수로 해서 즐겨 먹는 기호식품이다. 어린순은 나물로 해서 먹는데 쓴맛이 전혀 없으므로 가볍게 데쳐서 찬물에 한 번 헹구기만 하면 바로 간을 맞추어 먹을 수 있다. 또한 메밀은 중요한 밀원식물(蜜源植物, 꿀 식물) 중의 하나이며 건강식품으로 정평이 나 있다.

며느리밑씻개 가시메밀

Persicaria senticosa NAKAI | 여뀌과

덩굴성의 한해살이풀이다. 모가 진 줄기는 길이 2m에 달하며 가지를 많이 치는데 갈고리와 같은 잔가시를 지니고 다른 물체로 기어오른다. 긴 자루를 가진 잎은 마디마다 서로 어긋나게 자리한다.
잎은 세모꼴로 생겼으며 모진 부분은 모두 뾰족하다. 잎의 가장자리는 밋밋하고 뒷면의 주가 되는 잎맥 아래쪽에는 잎자루와 더불어 작은 가시를 가지고 있다. 잎겨드랑이에는 둥근 꼴의 작은 받침잎이 자리한다.
가지 끝에 여러 송이의 꽃잎을 가지지 않는 작은 꽃이 둥글게 뭉쳐 핀다. 꽃의 지름은 3mm 안팎이고 빛깔은 분홍빛이다.

개화기 5~8월
분포 전국 각지에 널리 분포하며 풀밭이나 길가에 흔히 난다.

약용법 **생약명** 자삼(刺蔘)

사용부위 잎과 줄기를 약재로 쓴다.

채취와 조제 여름에 채취하여 햇볕에 말린다. 쓰기에 앞서 잘게 썬다.

성분 이소퀘르시트린(Isoquercitrin)이라는 성분이 함유되어 있으며 그 이외에는 밝혀진 것이 별로 없다.

약효 멍든 피를 풀어주며 해독작용을 한다. 적용 질환은 멍이 들어 통증이 있는 경우, 타박상, 습진, 온몸이 가려운 피부병, 진물이 흐르고 허는 태독(胎毒) 등이며 치질이나 뱀과 벌레에 물린 상처의 치료에도 쓰인다.

용법 말린 약재를 1회에 6~10g씩 200cc의 물로 천천히 반 정도의 양이 되게 달이거나 곱게 가루로 빻아 복용한다. 치질과 뱀이나 벌레에 물린 상처를 치료하기 위해서는 약재를 진하게 달인 물로 환부를 씻거나 생풀을 짓찧어서 환부에 붙인다.

식용법 봄에 어린순을 그대로 먹거나 나물로 무쳐 먹는다. 쓴맛은 없고 약간의 신맛이 나기 때문에 생채로 먹으면 독특한 맛이 있어 좋다. 나물로 할 때에는 살짝 데쳐 찬물로 한 번 헹궈 조리하면 된다.

며느리배꼽 사광이풀

Persicaria perfoliata GROSS | 여뀌과

한해살이풀이다. 덩굴풀처럼 길게 자라나는 줄기는 갈고리와 같은 가시를 지니고 다른 풀이나 키 작은 나무로 기어오른다.

잎은 방패꼴에 가까운 세모꼴이고 가장자리는 밋밋하며 마디마다 서로 어긋나게 자리한다. 전체적으로 며느리밑씻개와 흡사한 외모를 가지고 있으나 마디에 생겨나는 받침잎의 지름이 1.5~3cm나 되는 넓은 접시 모양인 것과 꽃 피는 모양이 다르다. 꽃은 가지 끝에 이삭 꼴로 길이 3cm쯤 되게 뭉쳐 피며 꽃잎은 없고 둥글다. 꽃의 지름은 3mm 안팎이고 빛깔은 초록빛을 띤 흰색이다.

열매는 하늘빛 꽃받침에 둘러싸인다.

개화기 7~9월

분포 전국 각지에 널리 분포하며 풀밭, 길가, 집 주위 등에 난다.

약용법

생약명 자리두(刺梨頭). 호설초(虎舌草), 강판귀, 용선초(龍仙草), 자산장(刺酸漿)이라고도 한다.

사용부위 꽃과 열매를 포함한 모든 부분을 약재로 쓴다.

채취와 조제 여름부터 가을 사이에 채취하여 햇볕에 말리거나 생것을 쓴다. 사용에 앞서 잘게 썬다.

성분 함유 성분에 대해서는 밝혀진 것이 없으나 며느리밑씻개와 흡사할 것으로 추측된다.

약효 당뇨에 효과가 있으며 이뇨, 해독, 소종 등의 효능이 있다. 적용 질환은 당뇨병과 요독증, 소변이 잘 나오지 않는 증세, 황달, 백일해, 편도선염, 임파선염, 유선염 등이다.

용법 말린 약재를 1회에 3~6g씩 200cc의 물로 달여 복용하거나 생즙을 내어 마신다.

식용법

신맛과 향취가 있어 날 것을 그대로 먹거나 나물로 해서 먹는다. 잎자루와 잎 뒤에 가시가 있으므로 되도록 어린순을 따야 한다. 날 것을 그대로 먹는 것보다 버무려 먹는 것이 좋고 나물로 하는 경우에는 가볍게 데쳐 찬물에 한 번 헹구어내면 된다.

명아주 논장이

Chenopodium album var. centrorubrum MAKINO | 명아주과

줄기는 곧게 서고 가지를 치면서 기름진 땅에서는 2m 가까운 높이로 자란다. 잎은 서로 어긋나게 자리하고 있으며 마름모 꼴에 가까운 계란형 또는 세모꼴에 가까운 계란형이다. 기다란 잎자루를 가지고 있는 잎의 양끝은 뾰족하고 가장자리에는 물결과 같이 생긴 톱니를 가지고 있다. 얇고 연하며 생장점의 어린잎은 보랏빛을 띤 붉은빛의 가루와 같은 것에 덮여 있다.
가지 끝과 잎겨드랑이에 좁쌀만 한 작은 꽃이 이삭 모양으로 뭉쳐 핀다. 꽃잎은 없으며 5장의 꽃받침과 5개의 수술 및 2개로 갈라진 암술로 꽃이 이루어진다. 꽃의 빛깔은 연한 초록빛이다.

개화기 6~7월

분포 전국 각지에 널리 분포하며 풀이 적은 기름진 땅에 난다.

약용법 생약명 여(藜), 낙려(落藜), 회려(灰藜), 지연채라고도 한다.

사용부위 잎과 줄기를 약재로 쓰는데 같은 무리에 딸린 흰명아주도 함께 쓰이고 있다.

채취와 조제 꽃이 피기 전에 채취하여 햇볕에 말린다. 말린 것은 쓰기에 앞서 잘게 썬다. 생풀로도 쓰인다.

성분 정유와 함께 로이신(Leucin), 베타인(Betain) 등의 아미노산과 파라콜레스테린(Paracholesterin)이 함유되어 있다.

약효 건위, 강장, 해열, 살균, 해독 등의 효능이 있다. 적용 질환은 대장염, 설사, 이질 등이다. 기타 벌레에 물린 상처의 치료에도 쓴다.

용법 말린 약재를 1회에 7~10g씩 200cc의 물로 달여서 복용한다. 벌레에 물렸을 때에는 생풀을 짓찧어서 상처에 붙인다.

식용법 어린순을 나물 또는 국거리로 사용한다. 어린순에는 가루와 같은 물질이 붙어 있어 이것을 씻어낸 다음 데친다. 생즙을 계속 복용하면 동맥경화를 예방할 수 있다. 꿀을 타면 마시기가 수월하다.

모싯대 모시때

Adenophora remotiflora MIQ | 초롱꽃과

여러해살이풀로 줄기는 곧게 서고 90cm 안팎의 높이로 자라며 거의 가지를 치지 않는다.
잎은 서로 어긋나게 자리잡고 있으며 계란 꼴 또는 계란 꼴에 가까운 길쭉한 타원꼴이다. 밑동은 둥글고 끝이 뾰족한 잎은 얇고 연하며 가장자리에는 날카롭게 생긴 큰 톱니를 가지고 있다.
줄기 끝이 여러 개로 갈라져 각기 1~2송이의 종과 같은 생김새의 꽃을 피운다. 꽃의 끝이 5개로 갈라져 있으며 아래로 수그러지면서 핀다. 꽃의 길이는 2~3cm이고 빛깔은 보랏빛이다. 때로는 흰 꽃이 피는 것도 있는데 이것을 흰모싯대(A. remotiflora form. leucantha HONDA)라고 한다.

개화기 7~8월

분포 전국적으로 분포하며 산과 들판의 양지바른 풀밭에 난다.

약용법 생약명 제니. 행삼(杏蔘), 기니, 첨길경(甛桔梗)이라고도 한다.

사용부위 뿌리를 약재로 쓴다.

채취와 조제 봄 또는 가을에 채취하여 말리는데 병에 따라서는 생뿌리를 쓰기도 하며 사용 전에 잘게 썬다.

성분 사포닌(Saponin)의 한 종류와 다당류인 이눌린(Inulin)이 함유되어 있다.

약효 해독, 거담, 해열, 강장 등의 효능이 있다. 적용 질환은 기침, 기관지염, 인후염, 폐결핵, 종기 등이다. 또한 해독작용을 하므로 약물중독의 경우에 치료약으로 쓰인다.

용법 말린 약재를 1회에 2~4g씩 200cc의 물로 달여서 복용한다. 종기의 치료를 위해서는 생뿌리를 짓찧어서 환부에 붙이거나 말린 것을 가루로 빻아 기름에 개어서 바른다.

식용법 봄에 자라는 어린순을 나물로 먹고 뿌리는 봄가을에 캐어서 삶아 먹거나 날것을 된장이나 고추장 속에 박아 장아찌로 담가 먹는다. 나물로 무쳐먹는 경우에는 쓴맛이 전혀 없으므로 데쳐서 찬물에 한 번 헹구기만 하면 된다.

무릇 물구·물굿

Scilla sinensis MERR | 백합과

여러해살이풀로 2~3cm 정도 굵기의 알뿌리를 가지고 있다.
4~5장의 가늘고 길쭉한 잎이 알뿌리로부터 자라나는데 보통 2장씩 마주 보는 상태로 자리한다. 잎의 길이는 15~30cm이며 연하여 꺾어지기 쉽다.
꽃자루는 잎 사이로부터 길게 자라며 높이 50cm에 이른다. 꽃자루 끝에 많은 꽃이 이삭 모양으로 모여 피는데 6장의 꽃잎을 가지고 있으며 지름은 3mm 정도이다.
꽃의 빛깔은 보랏빛을 띤 연분홍색이다. 꽃이 지고 난 뒤에는 길이 3mm 정도의 타원 꼴 열매를 맺는데 익으면 갈라져서 파씨와 같은 검은 씨가 쏟아진다.

개화기 7~9월

분포 전국 각지에 널리 분포하고 있다. 산이나 들판의 풀밭 또는 둑과 같은 곳에 난다.

약용법 **생약명** 면조아(綿棗兒). 천산(天蒜), 지조(地棗), 지란(地蘭)이라고도 부른다.

사용부위 알뿌리를 약재로 쓴다.

채취와 조제 꽃이 피기 전인 초여름에 굴취하여 햇볕에 말린다. 병에 따라서는 생것을 쓰기도 한다.

성분 함유 성분에 대해서는 아직 밝혀진 것이 없다.

약효 진통효과가 있으며 혈액 순환을 원활하게 하고 부어오른 것을 가시게 하는 효능이 있다. 적용 질환은 허리나 팔다리가 쑤시고 아픈 증세를 비롯하여 타박상 등의 치료약으로 쓴다. 그 밖에 종기나 유방염, 장염 등의 치료를 위해서도 쓰이는 경우가 있다.

용법 말린 알뿌리를 1회에 3~4g씩 200cc의 물로 달여서 복용한다. 팔다리나 허리가 쑤시고 아픈 증세와 종기, 유방염 등에는 생알뿌리를 짓찧어서 환부에 붙인다.

식용법 4월 중순부터 5월 초순에 알뿌리를 캐어서 잎과 함께 약한 불로 장시간 고아 엿처럼 된 것을 먹는다. 단맛이 나기 때문에 농촌에서는 어린아이들의 간식거리로 소중히 여겨왔다.

물레나물

Hypericum ascyron var. ascyron HARA | 물레나물과

개화기 7~8월

분포 전국 각지에 널리 분포하며 산의 양지 쪽 풀밭에 난다.

여러해살이풀이다. 줄기는 모가 져 있고 나무처럼 딱딱하며 곧게 자라 높이 1m에 이른다.

계란 꼴에 가까운 길쭉한 타원 꼴 또는 피침 꼴의 잎은 마디마다 90도씩 방향을 바꾸어 가면서 2장이 마주나며 잎자루를 가지지 않는다. 잎 표면에는 작은 갈색 반점이 산재해 있고 끝이 뾰족하며 가장자리는 밋밋하다.

약간의 가지를 치며 가지 끝마다 3~12송이의 꽃망울이 생겨나 한 송이씩 차례로 피는데 햇볕이 직접 닿아야만 피는 습성이 있다. 꽃의 지름은 4~6cm 정도이고 5장의 노랗게 생긴 꽃잎을 가지는데 길쭉한 꽃잎은 약간 비뚤어져 팔랑개비처럼 보인다.

약용법 생약명 홍한련(紅旱蓮). 금계도(金系桃), 가연교(假連翹), 대황심초(大黃心草)라고도 한다.

사용부위 잎과 줄기를 약재로 쓴다. 큰물레나물(Hypericum ascyron var. longistylum MAX)도 함께 쓰이고 있다.

채취와 조제 가을에 채취하여 햇볕에 말린다. 쓰기에 앞서 잘게 썬다.

성분 타닌과 정유 그리고 배당체를 함유하고 있으나 그 상세한 내용은 밝혀져 있지 않다.

약효 지혈과 부기를 가시게 하는 효능이 있으며 간을 다스려 주기도 한다. 적용 질환은 두통, 임파선염, 토혈, 월경과다, 간염 등이다.

용법 말린 약재를 1회에 2~3g씩 200cc의 물로 달여서 복용한다. 약재를 10배 정도의 소주에 담가 2~3개월 묵혀 두었다가 하루 2회, 작은 잔으로 한 잔씩 복용하는 방법도 있다.

식용법 봄에 어린순을 나물로 해서 먹는다. 쓴맛이 전혀 없으므로 데쳐서 찬물로 한 번 정도 헹구기만 하면 되고 우려낼 필요는 없다. 큰물레나물도 같은 방법으로 해서 먹을 수 있다.

물봉선

Impatiens textori MIQ | 봉숭아과

습한 자리에 나는 한해살이풀이다. 질이 연하기 때문에 줄기가 곧게 서기 어렵다. 물기가 많고 털이 없는 줄기는 붉은빛을 띠며 마디 부분이 불룩하게 부풀고 있기는 하나 전체적으로 미끈하다.
잎은 마름모 꼴에 가까운 계란 꼴 또는 넓은 피침 꼴로 서로 어긋나게 자리하며 짧은 잎자루를 가지고 있다. 양끝이 뾰족하고 가장자리에는 고른 톱니를 가진다.
가지 끝마다 4~5송이의 꽃이 피는데 그 생김새는 봉숭화꽃과 비슷하게 생겼다. 꽃의 지름은 3cm 안팎이고 빛깔은 붉은빛을 띤 보랏빛이다. 열매는 익은 뒤에 스스로 터져 씨를 멀리 날려보낸다.

개화기 7~9월
분포 전국 각지에 널리 분포하고 있으며 산골짜기의 습한 땅에 난다.

약용법

생약명 야봉선(野鳳仙), 좌나초(座拏草), 가봉선(假鳳仙)이라고도 부른다.

사용부위 잎과 줄기를 약재로 쓰는데 때로는 뿌리를 쓰기도 한다.

채취와 조제 여름부터 가을 사이에 채취하여 햇볕에 말린다. 또한 생풀을 쓰기도 한다. 말린 것은 쓰기에 앞서 잘게 썬다.

약효 잎과 줄기는 해독과 소종 작용을 하기 때문에 종기의 치료나 뱀에 물렸을 때에 쓴다. 뿌리는 강장효과가 있고 멍든 피를 풀어준다.

용법 종기나 뱀에 물린 상처에는 말린 잎과 줄기를 달인 물로 환부를 닦아내고 생풀을 짓찧어서 붙인다. 강장효과와 멍든 피를 풀기 위해서는 말린 뿌리를 1회에 2~3g씩 200cc의 물로 달여 복용한다.

식용법

잎과 줄기가 연하기 때문에 봄에 어린순을 나물로 먹는다. 유독성분이 함유되어 있으므로 데친 뒤 흐르는 물에 오래 담가서 함유 성분을 충분히 우려낸 다음 조리해야 한다. 가능하면 특수한 맛이 있는 것은 아니므로 먹지 않도록 한다.

물쑥 뿔쑥

Artemisia selengensis var. serratifolia NAKAI | 국화과

여러해살이풀로 물기가 많은 땅에서만 자라나기 때문에 물쑥이라고 부른다. 줄기는 곧게 1.2m 정도의 높이로 자란다.
잎은 서로 어긋나게 자리잡고 있으며 세 갈래로 깊게 갈라진다. 갈라진 잎 조각은 피침 꼴 또는 줄 꼴이다. 끝이 뾰족하고 가장자리에는 작은 톱니가 규칙적으로 배열되어 있다. 잎 표면은 짙은 푸른빛이지만 뒷면에는 솜털이 치밀하게 깔려 있어서 희게 보인다. 줄기의 꼭대기와 그에 가까운 잎겨드랑이에서 꽃대가 자라나 꽃잎이 없는 작은 꽃이 이삭 모양으로 뭉쳐 핀다. 꽃의 지름은 3mm 안팎이고 빛깔은 노란빛을 띤 갈색이다.

개화기 8월~9월
분포 전국적으로 분포하고 있으며 풀밭이나 냇가의 습한 자리에 난다.

약용법 생약명 유기노(劉寄奴). 금기노(金寄奴)라고도 한다.

사용부위 잎과 줄기를 약재로 쓰는데, 외잎물쑥도 함께 쓰이고 있다.

채취와 조제 꽃이 피기 전에 채취하여 햇볕에 말린다. 쓰기에 앞서 잘게 썬다.

성분 함유 성분에 대해서는 아직 밝혀진 것이 없으나 쑥과 흡사한 성분이 있을 것으로 추측된다.

약효 간에 이로운 작용을 하는 한편 통경, 수렴(收斂), 소종 등의 효능을 가지고 있다. 따라서 간염, 간경화증, 간디스토마 등 각종 간질환을 다스리는 약으로 쓰인다. 또한 그와 함께 폐경이나 산후의 어혈로 인한 각종 증세의 치료약으로도 사용된다.

용법 말린 약재를 1회에 2~4g씩 200cc의 물로 반 정도의 양이 되게 달여서 복용한다. 여름철에는 생즙을 내어 복용해도 같은 효과를 얻을 수 있다.

식용법 이른봄에 어린 싹을 뿌리와 함께 채취하여 나물로 하거나 묵과 함께 무쳐 먹는다. 약간의 쓴맛이 있으므로 데친 뒤 잠시 우렸다가 조리하는 것이 좋다.

미나리

Oenanthe javanica DC | 미나리과

습지와 물가에 나는 여러해살이풀이다.
땅을 기는 가지줄기를 가지고 있으며 시원스런 향내를 풍긴다. 줄기는 곧게 서서 30cm 안팎의 높이로 자란다.
잎은 서로 어긋나게 자리하며 두 번 깃털 모양으로 갈라지는데 갈라진 조각은 계란 꼴이고 가장자리에 무딘 톱니를 가지고 있다.
줄기 끝에 가까운 잎겨드랑이의 반대쪽에서부터 꽃대가 자라나 작은 꽃이 무수히 뭉쳐 피어 우산 모양의 꽃차례를 이룬다. 지름이 3mm쯤 되는 꽃은 5장의 꽃잎과 5개의 수술을 가지고 있다. 꽃의 빛깔은 희다.

개화기 7~8월

분포 전국 각지에 널리 분포하고 있다. 들판의 습지와 물가에 나는데 곳곳에서 가꾸어지고 있다.

약용법 생약명 수근(水芹). 수근, 근채(芹菜), 수근채(水芹菜)라고도 부른다.

사용부위 잎과 줄기를 약재로 쓴다.

채취와 조제 가을에 채취하여 햇볕에 말리는데 생것을 쓰기도 한다. 말린 것은 쓰기에 앞서 잘게 썬다.

성분 주성분이 이소-람네틴(Iso-ramnetin)과 페르시카린(Persicarin)인 정유를 함유하고 있다.

약효 강장, 이뇨, 해열의 효능이 있다. 적용 질환은 이뇨제로 쓰이는 한편, 황달이나 대하증의 치료약으로 쓴다. 고혈압과 유행성이하선염에도 효과가 있다고 한다. 진하게 달인 것은 어린아이의 급성 장카타르(체하여 토하고 설사를 하는 급성 위장병)에 효과가 크다.

용법 말린 약재를 1회에 10~20g씩 300~400cc의 물로 달이거나 생즙을 내어 복용한다. 생즙을 내는 경우에는 1회에 80~150g의 생풀을 재료로 쓴다.

식용법 생채로 버무려 먹으며 김치에도 넣는다. 미나리김치의 향긋한 맛은 산채 가운데서도 일품으로 꼽을 만하다. 곳곳에서 재배하고 있어 언제든지 맛볼 수 있다.

미나리아재비 놋동우·자래초

Ranunculus japonicus THUNB | 미나리아재비과

물기가 많은 자리에 나는 여러해살이풀이다.
온몸에 짧고 거친 털이 생겨나 있다. 줄기는 곧게 서서 가지를 치며 60cm 정도의 높이로 자란다.
잎은 주로 뿌리로부터 자라며 줄기에는 약간의 잎이 서로 어긋나게 자리한다. 그 생김새는 둥근꼴인데 세 갈래로 깊게 갈라져 있다. 갈라진 잎 조각은 다시 두 갈래 또는 세 갈래로 얕게 갈라지고 가장자리에는 거친 생김새의 톱니가 있다.
줄기와 가지 끝에 지름 1.5~1.8cm 정도인 노란색 꽃이 몇 송이 피는데 5장의 꽃잎을 가지고 있다.

개화기 4~6월

분포 전국 각지에 널리 분포한다. 산과 들판의 물가에 가까운 양지바른 자리에 난다.

약용법 생약명 모간. 수간, 모근(毛菫), 학슬초(鶴膝草), 날자초(辣子草)라고도 한다.

사용부위 뿌리를 포함한 모든 부분을 약재로 쓴다.

채취와 조제 여름부터 가을 사이에 채취하여 햇볕에 말린다. 쓰기에 앞서 잘게 썬다.

성분 잎과 줄기의 즙액 속에 휘발성의 자극물질인 프로토아네모닌(Protoanemonin)이 함유되어 있는데 이 성분은 유독성이다. 그 밖에 플라보크산신(Flavoxanthin)이라는 물질도 함유되어 있다.

약효 해열, 진통, 소종의 효능이 있다. 적용 질환은 학질, 편두통, 위통, 관절이 쑤시고 아픈 증세 등이다. 그 밖에 고름을 빨아내는 작용이 강하며 옴에도 효과가 있다.

용법 말린 약재를 1회에 1~2g씩 200cc의 물로 달여서 복용한다. 종기나 옴에는 생풀을 짓찧어서 환부에 붙인다.

식용법 봄에 어린순을 나물로 해서 먹는 고장이 있다. 즙액이 피부에 닿으면 물집이 생길 정도로 독성이 강하므로 데쳐서 흐르는 물에 여러 날 담가 독성분을 잘 우려내야 한다. 위험하므로 먹지 않는 것이 좋다.

미역취 개미취 · 돼지나물

Solidago virgaurea subsp. *asiatica* KITAMURA | 국화과

높이 30~60cm로 자라는 여러해살이풀이다.
줄기는 어두운 보랏빛을 띠며 곧게 서서 자라는데 거의 가지를 치지 않는다. 이른봄에 자라나는 잎은 피침 꼴로 둥글게 배열되어 땅을 덮으며 잎자루에는 좁은 날개가 붙어 있다. 줄기에 나는 잎은 길쭉한 타원 꼴 또는 주걱 꼴로 서로 어긋나게 자리한다. 모든 잎의 가장자리에는 톱니를 가지고 있다. 줄기의 위쪽에 있는 잎겨드랑이마다 4~5송이의 꽃이 서로 밀착된 상태로 핀다. 5~6장의 노란 꽃잎을 가지고 있으며 꽃의 지름은 1cm 안팎이다.

개화기 8~10월
분포 전국 각지에 널리 분포하고 있으며 산의 양지 쪽 풀밭에 난다.

약용법 생약명 일지황화(一枝黃花). 토택란(土澤蘭), 야황국(野黃菊), 만산황(滿山黃)이라고도 한다.

사용부위 꽃을 포함한 줄기와 잎을 약재로 쓴다.

채취와 조제 꽃이 피고 있을 때 채취하여 햇볕에 말린다. 쓰기에 앞서 잘게 썬다.

성분 잎과 줄기에 배당체(配糖體)인 사포닌(Saponin)이 함유되어 있다.

약효 이뇨, 해열, 진해, 건위 등의 효능이 있다. 적용 질환은 신장염, 방광염 등 비뇨기계통의 질환을 치료하기 위한 약으로 쓰이며 그 밖에 감기, 두통, 백일해의 치료에도 사용된다. 황달이나 피부염에도 효과가 있다.

용법 말린 약재를 1회에 3~6g씩 200cc의 물로 뭉근하게 달여서 복용한다. 피부염의 치료를 위해서는 생풀을 잘게 짓찧어서 환부에 붙인다.

식용법 봄에 땅을 덮고 있는 잎을 캐어 나물로 해먹는다. 쓴맛이 강하므로 데친 뒤 잘 우려서 말려두었다가 나물로 해먹는 방법을 쓴다. 이러한 방법을 묵나물(陣菜)이라고 하는데 취나물류는 일반적으로 이 방법을 따른다. 취나물의 한 종류로 맛이 매우 좋다.

민들레

Taraxacum platycarpum DAHLST | 국화과

이른봄에 꽃이 피는 여러해살이 키 작은 풀이다. 뿌리는 굵고 길며 토막으로 잘려도 다시 살아난다. 뿌리에서만 자라나는 잎은 주걱 꼴에 가까운 길쭉한 타원꼴로 밑동 쪽보다 끝이 넓으며 깃털 모양으로 갈라져 있다. 갈라진 잎 조각은 세모꼴에 가깝게 생겼으며 끝이 뾰족하다.

잎이 뭉친 한가운데로부터 5~6대의 꽃자루가 자라나 각기 한 송이의 노란색 꽃을 피운다. 꽃자루의 길이는 20cm 정도이고 꽃의 지름은 3.5cm 안팎이다. 흰색의 꽃이 피는 것도 있는데 이것을 흰민들레라고 한다.

꽃이 지고 난 뒤에 흰 털을 가진 씨가 둥글게 처지는데 이것이 바람에 날려 사방으로 흩어진다.

개화기 4~5월과 10월

분포 전국 각지에 널리 분포하고 있다. 들판의 풀밭이나 길가, 경작지 주위 등에 난다.

약용법 생약명 포공영(蒲公英), 포공정(蒲公丁), 황화랑(黃花郞), 구유초(狗乳草), 황화지정(黃花地丁)이라고도 한다.

사용부위 뿌리를 포함한 모든 부분을 약재로 쓴다. 흰민들레, 노랑민들레, 사이민들레도 함께 쓴다.

채취와 조제 꽃이 피고 있을 때에 굴취하여 햇볕에 말린다. 쓰기에 앞서 잘게 썬다.

성분 흰 즙 속에 타라크세롤(Taraxerol)과 4 타라크사스테롤(4 Taraxasterol)이 함유되어 있고 꽃잎에는 루테인(Lutein)이 들어 있다.

약효 해열, 정혈, 건위, 발한, 이뇨, 소염 등의 효능이 있고 담즙의 분비를 촉진한다. 적용 질환으로는 감기로 인한 열, 기관지염, 늑막염, 간염, 담낭염, 소화불량, 변비, 유방염 등이다.

용법 말린 약재를 1회에 5~10g씩 200cc의 물로 달여서 복용한다. 유방염에는 생풀을 짓찧어서 환부에 붙이는 방법을 함께 사용한다.

식용법 봄에 어린것을 뿌리째 캐어 나물이나 국거리로 먹는다. 쓴맛이 강하므로 데쳐서 우려낸 후 조리한다.

밀나물

Smilax nipponica MIQ | 백합과

덩굴성의 여러해살이풀이다. 줄기는 연하며 잎겨드랑이로부터 자라나는 덩굴손으로 다른 풀이나 나무를 감아 올라간다. 서로 어긋나게 자리한 잎은 계란 꼴에 가까운 타원 꼴이며 짤막한 잎자루를 가지고 있다. 가장자리는 밋밋하고 평행인 상태로 배열된 잎맥이 뚜렷하다. 줄기의 위쪽 잎겨드랑이에서 꽃대가 자라나 여러 송이의 꽃이 우산 꼴로 뭉쳐 핀다. 황록색의 꽃은 길이 4mm 정도의 6장의 꽃잎으로 이루어지며 지름은 7mm 안팎이고 꽃 핀 뒤 둥근 열매를 맺어 늦가을에 검게 물든다.

개화기 5~7월

분포 전국적으로 분포하고 있으며 산의 덤불 속에 난다.

약용법 **생약명** 우미채(牛尾菜). 초발계, 과강궐(過江蕨), 노용수(老龍須)라고도 한다.

사용부위 뿌리를 약재로 쓴다.

채취와 조제 여름에서부터 가을 사이에 굴취하여 햇볕에 말린다. 쓰기 전에 잘게 썬다.

약효 근육을 펴주고 혈액의 순환을 활발하게 하며 기운을 돋워주는 효능이 있다. 적용 질환은 근골의 통증과 풍습성의 사지마비와 통증을 다스리는 데 쓰이며 결핵성 골수염에도 효과가 있다. 그 밖에 두통이나 현기증의 치료를 위해서도 사용되고 타박상에도 쓰인다.

용법 말린 뿌리를 1회에 3~6g씩 200cc의 물로 달여서 복용한다. 또한 말린 뿌리 200g을 같은 양의 설탕과 함께 2 l 의 소주에 담가서 3~4개월 묵혔다가 하루 3회 알잔으로 복용하면 피로회복과 기운을 돋우는 데 효과가 나타난다.

식용법 대단히 맛이 좋은 산채로서 봄에 연한 순을 나물이나 국거리로 해서 먹는다. 또 기름에 볶아 먹기도 하는데 그 맛이 일품이다. 쓴맛이 없고 담백하여 데쳐서 찬물로 헹구기만 하면 된다. 튀김으로 해서 먹는 방법도 있는데 간장을 찍어 먹는 것보다 소금을 찍어 먹는 쪽이 훨씬 더 맛이 좋다.

바위떡풀 대문자꽃잎풀

Saxifraga fortunei var. glabrescens NAKAI | 범의귀과

습한 바위에 붙어사는 여러해살이풀로 온몸에 잔털이 나 있다.
잎은 뿌리에서만 자라며 신장 꼴로 아주 얕게 손바닥 모양으로 갈라지고 기다란 잎자루를 가진다. 잎의 뒷면은 보통 흰빛을 띠며 가장자리에는 결각과 같은 톱니를 가지고 있다.
여름철에 잎 사이에서 30cm 정도의 높이로 꽃자루가 자라나 많은 꽃이 원뿌리 꼴로 모여 핀다. 5장의 꽃잎이 큰 대자 모양으로 배열되는데 아래쪽에 자리하는 꽃잎이 유난히 길다.
꽃의 크기는 1cm 안팎이고 빛깔은 희다.

개화기 8~9월

분포 전국 각지에 분포하며 주로 산속의 습한 바위틈에 붙어산다.

약용법 생약명 대문자초(大文字草)

사용부위 뿌리를 포함한 모든 부분을 약재로 쓴다.

채취와 조제 꽃이 필 무렵에 채취하여 햇볕에 말린다. 쓰기에 앞서 잘게 썬다.

성분 무기염류와 고미질인 베르게닌(Bergenin), 타닌, 글루코스(Glucose) 등이 함유되어 있다.

약효 여러 원인에 의한 신장병을 다스리는 데 쓰이고 있으며 콩팥의 기능을 원활하게 해준다.

용법 말린 약재를 1회에 2~3g씩 200cc의 물로 달여서 복용하는데 특히 뿌리 부분이 약효가 높다고 한다. 소변이 잘 나오지 않을 때에도 위와 같은 요령으로 자주 복용하면 효과를 얻을 수 있다.

식용법 6~7월경에 잎을 따서 쌈으로 해서 먹는다. 또한 밀가루를 입혀 튀김으로 하면 산뜻한 맛이 나서 먹을 만하다. 잎줄기는 살짝 데쳐서 나물로 하거나 기름으로 볶아서 먹는다. 데쳐서 말려 둔 것은 겨울철의 나물거리나 국거리로 요긴하게 이용할 수가 있다. 쓴맛이 없어 나물로 하는 경우 우려낼 필요는 없으며 가볍게 데치기만 하면 된다.

바위취 범의귀 · 겨우살이범의귀

Saxifraga stolonifera MEERB | 범의귀과

사철 푸른 잎을 가지는 여러해살이풀이다.
온몸이 털에 덮여 있으며 땅거죽을 기는줄기가 자라나 그 끝에 새로운 풀이 생겨남으로써 쉽게 번식된다.
잎은 뿌리에서 자라며 신장 꼴로 가장자리는 물결처럼 아주 얕게 갈라지고 작은 톱니를 가진다. 잎 표면에는 흰 얼룩무늬가 있고 잎 뒷면은 잎자루와 함께 어두운 붉은빛으로 물든다. 초여름에 잎사이에서 긴 꽃자루가 자라나 많은 꽃이 원뿌리 꼴로 모여 핀다. 5장의 꽃잎을 가지고 있는데 위쪽의 3장은 짧고 연분홍빛이며 아래쪽의 2장은 길고 희다. 꽃잎의 배열상태가 큰 대자와 흡사한 모양이며 크기는 1cm 안팎이다.

개화기 5~6월

분포 일본이 원산지로 도처에 관상용으로 가꾸고 있다. 서울에서도 추울 때 심은 것이 겨울을 잘 견딘다.

약용법 생약명 호이초(虎耳草). 불이초(佛耳草), 천하엽(天荷葉), 홍전초(紅錢草)라고도 한다.

사용부위 잎을 약재로 쓴다.

채취와 조제 생잎을 쓰는데 때로는 여름에 채취해서 볕에 말려 두었다가 쓰기도 한다. 사용 전에 잘게 썬다.

성분 타닌과 고미질인 베르게닌(Bergenin), 글루코스(Glucose) 등이 함유되어 있다.

약효 해열, 해독, 소종 등의 효능이 있다. 적용 질환은 감기, 고열, 습진, 종기, 중이염, 어린아이의 이질 · 경련 · 간질, 동상, 벌레에 물렸을 때 등이다.

용법 종기, 습진, 동상, 벌레에 물렸을 때에는 불에 쬔 생잎을 환부에 붙인다. 감기와 고열에는 4~5장의 생잎과 말린 지렁이 한 마리를 함께 달여서 복용한다. 어린아이의 이질이나 경련 · 간질 증세에는 생잎 7~8장을 약간의 소금과 함께 비벼 생즙을 내서 먹인다. 중이염은 2~3장의 생잎으로 짜낸 즙을 귓구멍 속에 떨어뜨린다.

식용법 바위떡풀과 같은 방법으로 조리해 먹을 수 있다.

박주가리

Metaplexis japonica MAKINO | 박주가리과

덩굴로 자라는 여러해살이풀이다. 온몸에 부드러운 잔털이 생겨나 있다. 땅속 줄기를 신장시켜 번식되어 나가며, 줄기는 다른 풀이나 관목으로 기어오르면서 3m 정도의 길이로 자란다. 잎은 길쭉한 심장 꼴로 마디마다 2장이 마주 자리잡고 있으며 끝이 뾰족하고 가장자리는 밋밋하다. 긴 잎자루를 가지고 있으며 잎 뒷면은 희다. 줄기와 잎을 자르면 흰 즙이 스며 나온다.

잎겨드랑이에서 긴 꽃대가 자라나 10여 송이의 작은 꽃이 둥글게 뭉쳐 핀다. 꽃은 얕은 종 꼴로 끝이 별 모양으로 다섯 갈래로 갈라져 있다. 꽃의 안쪽에는 잔털이 나 있고 지름은 1cm 안팎이며 연보랏빛을 띤다. 꽃이 지고 난 뒤에는 길이 10cm 정도의 피침 꼴 열매를 맺는데 속에는 솜털이 붙은 납작한 씨가 들어 있다.

개화기 7~8월

분포 전국적으로 분포하고 있으며 들판의 풀밭에 난다.

약용법 생약명 나마. 양각채(羊角菜), 백환등(白環藤), 작표(雀瓢)라고도 부른다.

사용부위 지상부 모두를 약재로 쓴다.

채취와 조제 꽃이 필 때에 채취하여 햇볕에 말리거나 생풀을 쓴다. 말린 것은 잘게 썬다.

성분 디 사이마로즈(D Cymarose), 사르코스틴(Sarcostin), 사이난초게닌(Cynanchogenin), 디 디기톡소즈(D Digitoxose) 등이 함유되어 있다.

약효 강정, 강장, 해독 등의 효능있고. 허약증, 발기부전, 폐결핵, 종기, 뱀 · 벌레에 물린 상처 등에 쓰인다.

용법 말린 약재를 1회에 5~10g씩 적당한 양의 물로 달여 복용한다. 종기와 뱀이나 벌레에 물린 상처에는 생잎을 짓찧어서 환부에 붙인다.

식용법 어린순을 나물로 먹는다. 흰 즙 속에 경련을 일으키는 독성분이 들어 있으므로 데쳐서 잘 우려낸 다음 나물로 무쳐야 하는데 맛은 대단히 좋다. 덜 익은 씨는 아이들이 심심풀이로 먹기도 한다.

방가지똥

Sonchus oleraceus L | 국화과

1m 안팎의 높이로 자라나는 두해살이풀이다.
가을에 싹이 터 겨울을 난 다음 줄기가 자라나 꽃이 핀 뒤 말라죽어 버린다. 전체적인 생김새는 엉겅퀴와 흡사하나 가시가 없으며 연하고 부드럽다. 잎이나 줄기를 자르면 흰 즙이 흘러나온다.
큰 잎이 깃털 모양으로 깊게 갈라지며 갈라진 잎 조각의 가장자리에는 약간의 크고 작은 톱니가 나 있다. 잎 뒷면은 희게 보이며 잎자루는 없고 잎의 밑동이 넓어지면서 줄기를 감싼다.
줄기 끝에 몇 송이의 꽃이 모여 피어 술 모양을 이룬다. 꽃의 지름은 2cm 안팎이고 빛깔은 노란빛이다.

개화기 5~9월

분포 제주도를 비롯한 전국 각지에 널리 분포하며 길가나 황폐지 등에서 흔히 자란다.

약용법 생약명 고거채. 고거, 청채(靑菜), 자고채(紫苦菜)라고도 한다.

사용부위 꽃을 포함한 모든 부분을 약재로 쓴다.

채취와 조제 여름에서 가을 사이에 채취하여 햇볕에 말리고 잘게 썰어서 쓴다. 병에 따라서는 생풀을 쓰기도 한다.

성분 함유 성분에 대해서는 별로 밝혀진 것이 없다.

약효 해열, 해독, 건위 등의 효능을 가지고 있다. 적용 질환으로는 소화불량, 이질, 어린아이의 빈혈증 등이다. 기타 뱀에 물렸을 때나 종기의 치료에도 쓰인다.

용법 말린 약재를 1회에 4~8g씩 200cc의 물로 달이거나 생즙을 내어 복용한다. 뱀에 물린 경우와 종기의 치료를 위해서는 생풀을 짓찧어서 환부에 붙인다.

식용법 늦가을 또는 이른봄에 어린 싹을 나물로 하거나 국에 넣어 먹는다. 맛이 쓴 성분을 지니고 있으므로 데쳐서 흐르는 물에 반나절가량 담가 우려낸 후 조리를 해야 한다.

방아풀 회채화

Isodon japonicus HARA | 꿀풀과

여러해살이풀로 모가 진 줄기는 곧게 서서 1m 정도의 높이로 자란다.
잎은 넓은 계란 꼴로 마디마다 2장이 마주 자리하고 있으며 기다란 잎자루를 가진다. 잎의 밑동은 둥그스름하고 끝은 꼬리 모양으로 뾰족하며 가장자리에는 치아와 같은 생김새의 톱니를 가지고 있다.
줄기의 끝과 잎겨드랑이로부터 자란 꽃대에 작은 꽃이 원뿌리 꼴로 모여 핀다. 꽃은 대롱 모양이고 끝이 입술 모양으로 갈라져 있다. 윗입술은 네 갈래로 얕게 갈라지고 위로 제쳐져 있다.
꽃의 길이는 6~7mm이고 빛깔은 연한 보랏빛이다.

개화기 8~9월
분포 전국적으로 널리 분포하고 있으며 산과 들판의 양지바른 풀밭에 난다.

약용법 생약명 연명초(延命草)

사용부위 꽃을 포함한 지상부 모두를 약재로 쓴다.

채취와 조제 꽃이 피고 있을 때에 채취하여 햇볕에 말린다. 쓰기에 앞서 잘게 썬다.

성분 잎과 줄기에 플렉토란틴(Plectoranthin)이 함유되어 있다.

약효 건위, 진통, 해독, 소종 등의 효능을 가지고 있다. 그러므로 복통이나 소화불량을 다스리는 약으로 쓰인다. 그 밖에 해독, 소종의 효능을 가지고 있기 때문에 종기의 치료와 뱀이나 벌레에 물렸을 때의 해독약으로도 사용된다.

용법 말린 약재를 1회에 4~8g씩 200cc의 물로 뭉근하게 달이거나 가루로 빻아서 복용한다. 때로는 생즙을 내어 마시기도 한다. 종기와 뱀이나 벌레에 물렸을 때에는 생풀을 짓찧어서 환부에 붙인다.

식용법 어린순을 나물로 무쳐 먹는다. 쓴맛을 지니고 있으므로 데친 뒤에 찬물로 여러 차례 우려낸 다음 조리할 필요가 있다. 너무 많이 우려내면 본래 지닌 향취가 모두 사라져버려 싱거워진다.

배초향 방아잎·중개풀

Agastache rugosa KUNTZ | 꿀풀과

여러해살이풀로 모가 진 줄기는 곧게 서고 많은 가지를 치면서 1m 이상의 높이로 자란다.
잎은 심장 꼴에 가까운 계란 꼴로 마디마다 2장이 마주 자리하고 있다. 잎의 끝은 아주 뾰족하고 밑동은 둥그스름하다. 잎 가장자리에는 무딘 톱니를 가지고 있다.
줄기와 가지 끝에 작은 꽃이 원기둥 꼴로 모여 꽃방망이를 이룬다. 꽃은 대롱 모양의 꽃받침 속에 반가량 묻혀 있다. 입술 모양인 꽃의 윗입술은 아래로 굽고 아랫입술은 세 개로 갈라져 있다. 꽃의 길이는 8mm 안팎이며 꽃이 뭉친 방망이의 길이는 5~15cm이다. 꽃의 빛깔은 보랏빛이다.

개화기 8~10월
분포 전국적으로 널리 분포하며 산과 들판의 양지 쪽 다소 습한 풀밭에 난다.

약용법 생약명 곽향(藿香)

사용부위 꽃을 포함한 지상부 모두를 약재로 쓴다.

채취와 조제 꽃이 피고 있을 때에 풀 전체를 채취하여 그늘에서 말린다. 쓰기에 앞서 잘게 썬다.

성분 에스트라골(Estragole), 피 메톡시신나말데하이드(P Methoxycinnamaldehyde), 엘 리모넨(L Limonene), 알파 피넨(α-Pinene) 등이 함유되어 있다.

약효 소화, 건위, 지사, 지토(止吐), 진통, 구풍(驅風) 등의 효능이 있다. 적용 질환은 감기, 어한(언 몸을 녹임), 두통, 식중독, 구토, 복통, 설사, 소화불량 등이다.

용법 말린 약재를 1회에 2~6g씩 200cc의 물로 뭉근하게 달이거나 가루로 빻아서 복용한다.

식용법 봄철에 어린순을 나물로 해 먹는다. 향기로운 냄새를 짙게 풍기면서 약간 쓴맛을 지니고 있다. 그러므로 가볍게 데친 다음 찬물로 서너 차례 헹궈 쓴맛을 우려낸 후 간을 해야 한다. 깻잎 냄새에 가까운 독특한 향취가 입맛을 돋운다.

백작약 산작약·강작약

Paeonia japonica var. pilosa NAKAI | 미나리아재비과

개화기 5~6월
분포 전국적으로 분포하며 깊은 산속의 나무 밑에 난다.

길고 살찐 뿌리를 가지고 있는 여러해살이풀이다.
줄기는 곧게 서고 50cm 안팎의 높이로 자란다.
잎은 서로 어긋나게 자리하는데 두 번에 걸쳐 3장의 잎 조각이 한자리에 합치거나 단 한 번 합치기도 한다. 잎 조각은 타원형이고 끝이 뾰족하며 가장자리에는 톱니가 없다.
줄기 끝에 한 송이의 꽃이 피는데 5~7장 정도의 꽃잎을 가지고 있다. 꽃은 활짝 피지 못하고 반쯤 벌어진 상태이며 그 지름은 4~5cm이다. 꽃의 빛깔은 흰빛이나 붉게 피는 것도 있다. 이것이 참된 산작약이다.

약용법 **생약명** 백작약(白芍藥). 백작(白芍)이라고도 한다.

사용부위 뿌리를 약재로 쓰는데, 분홍꽃이 피는 산작약(Paeonia obovata MAX)과 집에서 가꾸는 작약(P. albiflora var. hortensis MAKINO)의 뿌리도 함께 쓰인다.

채취와 조제 가을에 굴취하여 껍질을 제거하고 끓는 물에 가볍게 데친 다음 햇볕에 말린다. 쓰기에 앞서 잘게 써는데, 때로는 썬 것을 불에 볶아서 쓰기도 한다.

성분 뿌리에 안식향산(安息香酸)과 아스파라긴(Asparagin) 등을 함유한다.

약효 진통, 해열, 진경, 이뇨, 조혈, 지한(땀이 나지 않게 함) 등의 효능을 가지고 있다. 적용 질환은 복통, 위통, 두통, 설사복통, 월경불순, 월경이 멈추지 않는 증세, 대하증, 식은땀을 흘리는 증세, 신체허약증 등이다.

용법 말린 약재를 1회에 2~5g씩 200cc의 물로 반 정도의 양이 되도록 달이거나 가루로 빻아 복용한다.

식용법 봄에 어린잎을 나물로 해 먹는다. 쓰고 신맛이 있으므로 데쳐서 잘 우려내야 먹을 수 있다. 드물게 나는 풀이므로 이것만 가지고 나물로 하기는 어려우며 다른 풀과 함께 섞어서 먹는다.

뱀딸기

Duchesnea wallichiana NAKAI | 장미과

땅을 기면서 뻗어나가는 여러해살이풀이다.
온몸에 잔털이 산재해 있고 줄기는 땅위를 길게 뻗어나가면서 마디 부분에 어린 풀을 만들어 낸다.
잎은 마디마다 서로 어긋나게 자리하고 있으며 3장의 잎 조각으로 이루어져 있다. 잎 조각은 계란 꼴에 가까운 타원 꼴이다. 양끝이 둥그스름한 잎의 가장자리에는 거친 톱니를 가지고 있다. 잎겨드랑이에는 피침 꼴의 작은 받침잎이 자리한다. 잎겨드랑이에서 자란 긴 꽃자루 끝에는 1~2송이의 노란 꽃이 핀다. 꽃은 5장의 둥근 꽃잎으로 이루어지며 지름은 1.5cm 안팎이다.
꽃이 지고 난 뒤 지름 1.5cm 정도의 둥근 붉은 열매를 계속 맺는다.

개화기 4~6월

분포 전국 각지에 널리 분포하며 들판의 풀밭이나 밝은 숲 속에 난다.

약용법 **생약명** 사매. 지매, 야양매(野楊梅), 사표라고도 부른다.

사용부위 잎과 줄기를 약재로 쓴다.

채취와 조제 여름철에 채취하여 햇볕에 말리고 쓰기 전에 잘게 썬다.

약효 해열, 통경, 진해, 해독의 효능이 있다. 적용 질환은 감기, 어한(언 몸을 녹임), 기침, 천식, 디프테리아, 인후염, 월경불순 등이다. 그 밖에 종기와 뱀이나 벌레에 물린 상처에도 쓴다.

용법 말린 약재를 1회에 4~8g씩 200cc의 물로 달여서 복용한다. 종기와 뱀이나 벌레에 물린 상처에는 생풀을 짓찧어서 붙이거나 말린 약재를 가루로 빻아 기름에 개어 바른다. 또한 열매의 즙은 환부에 발라 치질약으로 쓰는 경우도 있다.

식용법 아이들이 재미로 어린순과 열매를 따먹는다. 열매는 먹어도 상관없으나 아무런 맛이 없다. 열매에 독성분이 함유되어 있다고 하나 낭설에 지나지 않는다. 잎으로 즙을 내어 마시기도 한다.

뱀무

Geum japonica THUNB | 장미과

온몸에 짧고 거친 털이 산재해 있는 여러해살이풀이다.
줄기는 곧게 서서 가지를 치며 1m 가까운 높이로 자란다.
이른봄에 자라나는 잎은 뿌리에서 나와 둥글게 땅을 덮으며 깃털 모양으로 갈라진다. 끝에 자리한 잎 조각은 넓은 타원 꼴로 크지만 곁에 자리한 것은 작고 가느다란 계란 꼴이다. 줄기에 나는 잎은 세 갈래로 갈라져 있고 가장자리에는 드물게 톱니가 나 있다. 줄기와 가지의 끝에는 3~4송이씩 노란 꽃이 핀다. 꽃은 둥근 꽃잎으로 이루어지고 있으며 지름이 1~1.5cm쯤 된다. 꽃이 지고 난 뒤에 많은 가시털을 가진 둥근 열매를 맺는다.

개화기 6월 중

분포 중부 이남의 지역과 울릉도에 분포하며 산과 들판의 양지 쪽 풀밭에 난다.

약용법 생약명 수양매(水楊梅)

사용부위 뿌리를 포함한 모든 부분을 약재로 쓰는데, 큰뱀무(Geum aleppicum JACQ.)도 함께 쓰이고 있다.

채취와 조제 여름부터 가을 사이에 채취하여 그늘에서 말린다. 쓰기에 앞서 잘게 썬다. 때로는 생풀을 쓰기도 한다.

성분 뿌리에는 가수분해에 의해 에우게놀(Eugenol)로 변하는 배당체가 함유되어 있는 것만 알려져 있다.

약효 강장, 진경, 이뇨, 거풍, 활혈(活血), 소염 등의 효능이 있다. 적용 질환은 관절염, 임파선염, 허리와 다리의 마비 및 통증, 자궁염, 대하증, 월경이 멈추지 않는 증세, 악성종기 등이다.

용법 말린 약재를 1회에 2~5g씩 200cc의 물로 달이거나 생즙을 내어 복용한다. 생즙을 내는 생풀의 양은 15~35g이다.

식용법 봄에 어린 싹을 나물로 먹는다. 쓴맛이 거의 없으므로 가볍게 데쳐 찬물에 한 번 헹궈 조리를 해서 먹을 수 있다. 뿌리는 생것을 그대로 된장이나 고추장에 박아 장아찌로 해서 먹기도 한다.

번행초 갯상추

Demidovia tetragonoides PALL | 번행과

해변의 모래땅에 나는 여러해살이풀이다.
온몸에 작은 점이 빽빽하게 나 있는 줄기는 땅에 엎드렸다가 점차 일어서며 50cm 정도의 높이로 자라나 약간의 가지를 친다. 두껍게 살이 찐 잎은 서로 어긋나게 자리하고 있으며 계란 꼴에 가까운 마름모이고 끝이 뾰족하다. 잎의 가장자리에는 톱니가 없고 밋밋하게 되어 있다.
꽃은 잎겨드랑이에 1~2송이가 꽃대도 없이 달라붙어서 핀다. 꽃잎은 없고 다섯 갈래로 갈라진 종 모양의 꽃받침이 꽃잎처럼 보인다. 노란색으로 피는 꽃의 지름은 6mm 안팎이다.

개화기 봄부터 가을까지

분포 제주도와 다도해의 여러 섬에 분포하며 해변의 모래땅이나 바위 틈에 난다.

약용법 생약명 번행(蕃杏)

사용부위 잎과 줄기를 약재로 쓴다.

채취와 조제 여름부터 가을 사이에 채취하여 햇볕에 말리는데 생풀을 쓰는 경우도 있다. 말린 것은 쓰기에 앞서 잘게 썬다.

약효 해열, 해독, 소종의 효능이 있다. 위장염과 위궤양, 위암, 자궁암, 피부의 땀구멍이나 기름구멍으로 화농균이 침입하여 생기는 부스럼 등을 치료하는 데 쓰인다. 또한 차로 끓여 장기 복용하면 만성위장병과 장질환을 고칠 수 있다. 이 방법으로 심장병에도 효과가 있다고 한다.

용법 말린 약재를 1회에 10~20g씩 적당한 양의 물로 달여서 복용하거나 생즙을 내어 마신다. 부스럼에는 생풀을 짓찧어서 환부에 붙이는 방법을 쓴다.

식용법 1년 내내 어린순을 뜯어다가 나물이나 국거리로 한다. 국거리는 생것을 그대로 써도 좋고 기름에 볶아 먹기도 한다. 가볍게 데쳐 나물로 하거나 국에 넣어 항상 먹으면 변비를 막아주고 강장효과도 있다.

벋음씀바귀 벋줄씀바귀·덩굴씀바귀

Ixeris japonica NAKAI | 국화과

땅 위를 기면서 자라는 여러해살이풀이다.
뿌리줄기는 땅 위를 기면서 마디마다 새로운 싹이 자라나 땅을 덮어버린다.
줄기는 10cm 안팎의 높이로 자라고 간혹 1~2개의 가지를 친다.
잎은 거의 모두가 뿌리로부터 자라며 피침 꼴 또는 주걱 꼴이다. 잎의 아래쪽 절반은 깃털 모양으로 찢어졌거나 또는 물결 무늬로 패여 있다. 위쪽 잎의 가장자리는 밋밋하고 기다란 잎자루를 가지고 있다.
줄기 끝에 2~3송이의 노란 꽃이 피는데 때로는 보랏빛을 띠는 경우도 있다. 꽃의 지름은 3cm 안팎이다. 잎과 줄기를 자르면 흰 즙이 흐른다.

개화기 5~7월

분포 제주도를 비롯한 전국 각지에 널리 분포한다. 들판의 풀밭이나 밭 가장자리 등에 나는데 약간 습한 자리를 좋아한다.

약용법 생약명 전도고(剪刀股)

사용부위 꽃을 포함한 잎과 줄기 모두를 약재로 쓴다.

채취와 조제 꽃이 피고 있을 때에 풀 전체를 채취하여 햇볕에 말려 쓰기 전에 잘게 썬다.

약효 건위, 신경안정, 소염 등의 효능이 있다. 적용 질환은 소화불량, 위염, 신경과민증, 안질, 외이염(外耳炎) 등이다.

용법 말린 약재를 1회에 3~4g씩 200cc의 물로 달여서 복용한다. 안질은 약재를 달인 물로 닦아내고, 외이염에는 잎이나 줄기에서 스며 나오는 흰 즙을 환부에 발라준다.

식용법 이른봄에 어린 싹을 뿌리와 함께 캐어서 나물 또는 국거리로 해먹는다. 흰 즙으로 인하여 쓴맛이 나므로 데쳐서 여러 차례 물을 갈아가면서 잘 우려낸 다음 조리한다. 뿌리만 따로 무쳐 먹어도 좋다.

벌등골나물 세잎등골나물

Eupatorium chinense form. tripartitum HARA | 국화과

곧게 서서 1m 안팎의 높이로 자라는 여러해살이풀이다.
거의 가지를 치지 않는 줄기에는 짧고 빳빳한 털이 약간 나 있다.
마디마다 잎이 마주 자리하고 있으며 잎자루는 없고 밑동에서 깊게 세 갈래로 갈라진다. 갈라진 잎 조각 중 가운데 잎 조각은 크고 양가에 자리하고 있는 잎 조각은 아주 작다. 잎 조각의 생김새는 피침 모양 또는 길쭉한 타원형이며 가장자리에는 드물게 톱니가 생겨나 있다. 잎의 앞뒷면이 모두 거칠다.
줄기 끝에 많은 꽃이 우산 모양으로 모여 핀다. 꽃잎은 없고 수술과 암술만 뭉쳐 있다. 지름 5mm 안팎의 꽃은 분홍색인데 때로는 희게 피는 것도 있다.

개화기 7~10월

분포 제주도를 비롯한 전국 각지에 분포하며 산과 들판의 풀밭에 난다.

약용법

생약명 난초(蘭草), 향초(香草), 대택란(大澤蘭), 천금초(千金草)라고도 한다.

사용부위 잎과 줄기를 약재로 쓴다.

채취와 조제 꽃이 피기 직전에 채취하여 그늘에서 말린다. 쓰기에 앞서 잘게 썬다.

성분 함유 성분에 대해서는 별로 밝혀진 것이 없다.

약효 해열, 이뇨, 각종 부인병 등에 효능이 있다. 적용 질환으로는 감기몸살, 어한(언 몸을 녹임), 두통, 당뇨병, 월경불순, 산전 · 산후의 여러 가지 부인병 등이다. 그 밖에 타박상이나 외상, 종기 등의 치료에도 쓰인다.

용법 말린 약재를 1회에 2~4g씩 200cc의 물로 뭉근하게 달이거나 가루로 빻아서 복용한다. 타박상이나 외상, 종기의 치료를 위해서는 생풀을 짓찧어서 환부에 붙인다.

식용법

봄철에 어린순을 나물로 해서 먹는다. 맵고 약간 쓴맛이 있으므로 데쳐서 여러 차례 물을 갈아 잘 우려낸다. 지나치게 우려내면 향취가 사라져버려 아주 싱거워진다.

벼룩나물 개미바늘

Stellaria uliginosa MVRR | 석죽과

몸에 전혀 털이 없는 두해살이풀이다.
비스듬히 넓게 퍼지는 많은 줄기는 높이 20cm 안팎으로 자라며 약간의 가지를 친다. 잎은 마디마다 2장이 마주 자리하며 길이는 5~10mm 정도이다. 질이 연한 잎은 길쭉한 타원형으로 생겼으며 끝이 뾰족하다. 잎 가장자리는 밋밋하고 잎자루는 없다. 몇 송이의 작고 흰 꽃이 가지 끝과 그에 가까운 잎겨드랑이에서 자란 꽃대에 핀다. 꽃은 5장의 꽃잎으로 이루어지고 있으며 지름은 3mm 안팎이다. 꽃잎은 두 갈래로 갈라져 있으며 5개의 수술과 3개로 갈라진 암술을 가지고 있다.

개화기 4~5월

분포 전국 각지에 널리 분포한다. 밭 가장자리와 길가 등에서 집단적으로 자란다.

약용법

생약명 작설초(雀舌草). 천봉초(天蓬草)라고도 한다.

사용부위 꽃을 포함한 모든 부분을 약재로 쓴다.

채취와 조제 꽃이 피고 있을 때에 채취하여 그늘에서 말려 잘게 썰어서 쓴다. 병에 따라서 생풀을 쓰기도 한다.

성분 함유 성분에 대해서는 아직 밝혀진 것이 없다.

약효 해열, 해독, 소종의 효능을 가지고 있다. 적용 질환으로는 감기, 간염, 타박상, 치루(치질의 한 종류), 피부의 땀구멍이나 기름구멍으로 화농균이 침입함으로써 생겨나는 부스럼 등이다. 그 밖에 뱀이나 벌레에 물린 상처의 치료에도 쓰인다.

용법 말린 약재를 1회에 10~20g씩, 적당한 양의 물로 달여서 복용한다. 타박상이나 부스럼, 치루, 뱀이나 벌레에 물린 상처에는 생풀을 짓찧어서 붙이거나 말린 약재를 가루로 빻아 기름에 개어서 바른다.

식용법 어린순을 캐어 나물로 하거나 국에 넣어 먹는다. 부드럽고 담백한 맛이 나므로 우려낼 필요는 없고 데쳐서 찬물로 한 번 헹구기만 하면 된다.

별꽃

Stellaria medica CYRIL | 석죽과

두해살이풀이며 줄기에는 털이 난 하나의 가느다란 줄이 있다. 한자리에서 여러 대의 줄기가 서는데 밑동은 옆으로 누워 비스듬하게 자라 올라가 30cm 정도의 높이에 이른다. 마디마다 2장의 잎이 마주 자리하는데 그 생김새는 넓은 계란 꼴이다. 잎자루는 없고 끝이 뾰족하며 가장자리는 밋밋하다.

가지 끝과 잎겨드랑이에서부터 자란 꽃대 위에는 여러 송이의 꽃이 느슨한 상태로 모여 핀다. 두 갈래로 깊게 갈라진 5장의 꽃잎으로 이뤄진 꽃의 지름은 7mm 안팎이고 빛깔은 희다.

개화기 5~6월

분포 전국 각지에 널리 분포하며 인가에 가까운 풀밭이나 길가 등에 난다.

약용법 생약명 번루(繁縷). 자초(滋草)라고도 한다.

사용부위 잎과 줄기를 약재로 쓰고 있는데 쇠별꽃(Stellaria aquatica SCOP)도 함께 쓰이고 있다.

채취와 조제 늦은 봄에서 여름 사이에 채취하여 햇볕에 말린다. 때로는 생풀을 쓰기도 하며 말린 것은 쓰기에 앞서 잘게 썬다.

성분 무기염류와 지방유가 함유되어 있다는 사실만 밝혀져 있을 뿐이다.

약효 혈액의 순환을 돕고 멍든 피를 풀어주며 젖의 분비를 촉진시키는 효능을 가지고 있다. 그 밖에 위장을 다스리고 각기병에도 좋다. 적용 질환은 위장염, 맹장염, 산후의 어혈로 인한 복통, 젖의 분비부족, 심장병, 각종 종기 등이다.

용법 말린 약재를 1회에 10~20g씩 알맞은 양의 물로 달여 복용한다. 종기의 치료를 위해서는 생풀을 짓찧어서 환부에 붙인다. 또한 불에 볶아서 가루로 빻은 약재에 소금을 섞어 다시 볶아 이를 닦으면 입안 냄새를 없앨 수 있다.

식용법 봄에 연한 순을 나물이나 국에 넣어 먹는다. 담백하며 쓰거나 매운맛이 없어 우려낼 필요가 없다.

붉은토끼풀

Trifolium pratense L | 콩과

목초용으로 유럽에서 도입된 여러해살이풀이다. 줄기는 땅에 붙어 가지를 치면서 뻗어나간다.
토끼풀은 전혀 털이 없는데 붉은토끼풀은 잎과 잎줄기에 약간의 털을 가진다. 마디마다 긴 잎자루를 가진 잎이 자라나는데 토끼풀과 마찬가지로 하나의 잎은 세 개의 계란 꼴 잎 조각으로 이루어진다. 잎 조각의 길이는 2~3cm이고 가장자리에는 아주 작은 톱니가 규칙적으로 배열되어 있다. 잎겨드랑이에서 자란 꽃대 끝에 많은 나비 모양의 분홍빛 꽃이 둥글게 뭉쳐 핀다. 뭉친 꽃의 지름은 2.5cm 안팎이다.

개화기 6~7월

분포 과거에는 사료 또는 거름으로 사용하기 위해 가꾸었는데 곳곳에 야생하고 있다.

약용법

생약명 이름은 없다.

사용부위 꽃을 약재로 쓴다.

채취와 조제 꽃이 필 때에 다시 햇볕에 말려 그대로 쓴다.

성분 꽃에 프라톨(Pratol), 프라텐졸(Pratensol) 등의 페놀성 물질과 트리폴린(Trifolin), 이소트리폴린(Isotrifolin) 등의 배당체 및 시토스테린(Sitosterin), 트리폴리아놀(Trifolianol) 등이 함유되어 있으며 미국에서는 약방문에 실려 있다.

약효 거담 효과가 있기 때문에 감기, 기침, 천식 등의 치료에 쓰인다. 또한 허약한 사람의 체질을 개선하는 목적으로도 쓰인다고 한다.

용법 말린 약재를 1회에 1~1.5g씩 200cc의 물로 달여서 복용한다. 하루 용량은 4g으로 되어 있다.

식용법

산뜻하고 감칠맛이 있어서 먹을 만하다. 봄부터 초여름 사이에 어린잎을 모아 나물로 먹거나 기름에 볶아 먹는다. 약간 데쳐서 잠시 우려낸 것을 초간장이나 겨자를 푼 간장에 찍어 먹어도 맛이 좋다. 너무 데치면 뭉그러져 버리며 담백한 양념으로 무쳐야 좋다.

비름 개비름·참비름

Amaranthus mangostanus L | 비름과

들판에 흔히 자라는 한해살이풀이다.
줄기는 곧게 서고 1m 안팎의 높이로 자라면서 약간의 가지를 친다.
잎은 마디마다 서로 어긋나게 자리하며 마름모 꼴에 가까운 계란 모양으로 생겼다. 긴 잎자루를 가지고 있으며 잎 끝은 무디고 가장자리는 밋밋하다. 잎의 표면은 약간 거칠게 느껴진다. 줄기, 가지의 끝, 가지의 끝에 가까운 잎겨드랑이에 작은 꽃이 꽃대를 완전히 덮어버리며 이삭 모양으로 뭉쳐 핀다. 꽃잎은 없고 3장의 송곳과 같은 꽃받침이 뭉쳐 있어서 만져보면 빳빳하고 약간 따가운 느낌이 든다. 빛깔은 푸르며 타원형의 모습을 지닌 열매는 익으면서 뚜껑처럼 옆으로 갈라져 1알의 검정 씨가 나타난다.

개화기 7~9월

분포 전국 각지에 분포하며 인가에 가까운 풀밭에 난다.

약용법 생약명 아현(野見). 백현(白見), 녹현(綠見)이라고도 한다.

사용부위 잎과 줄기를 약재로 쓴다. 때로는 씨를 쓰기도 한다.

채취와 조제 한여름에 채취하여 햇볕에 말리는데 생풀을 쓰기도 한다. 말린 것은 쓰기에 앞서 잘게 썬다.

성분 함유 성분에 대해서는 별로 밝혀진 것이 없다.

약효 해열, 해독, 소종의 효능을 가지고 있다. 적용 질환은 감기, 안질, 치질, 뱀이나 벌레에 물린 상처, 종기 등이다. 또한 씨는 이뇨, 지사, 통경 등에 효능이 있다고 한다.

용법 말린 약재를 1회에 4~10g씩 적당한 물로 뭉근히 달여서 복용한다. 안질은 약재를 연하게 달인 물로 닦아낸다. 치질, 종기, 뱀이나 벌레에 물린 상처에는 생잎을 짓찧어서 환부에 붙인다.

식용법 어린순을 나물로 하거나 국에 넣어 먹는다. 맛이 담백하며 시금치와 흡사하다. 꾸준히 먹으면 변비를 고칠 수 있고 안질에 좋은 결과를 얻을 수 있다. 쓴맛이 없으므로 데쳐서 찬물에 한 번 헹구기만 하면 된다.

뻐꾹채

Centaurea monanthos GEORGE | 국화과

여러해살이풀로 온몸에 솜털이 깔려 있다.
줄기는 곧게 서서 1.2m 안팎의 높이로 자라며 가지를 치지 않는다.
잎은 깃털 모양으로 깊게 갈라지고 가장자리에는 거친 톱니를 가지고 있다. 봄에 자라나는 잎은 길이가 50cm에 가까우며 땅거죽을 덮으면서 둥글게 배열된다. 줄기에서 자라나는 잎은 서로 어긋나게 자리하며 위로 올라갈수록 점차적으로 작아진다. 잎자루를 가지지 않는다. 아름다운 분홍빛으로 피는 꽃은 줄기 끝에 단 한 송이만 핀다. 꽃의 지름은 5cm 안팎이고 수술과 암술로만 이루어져 있다.

개화기 6~8월

분포 전국적으로 분포하고 있으며 낮은 산의 양지 쪽 풀밭에 난다.

약용법 생약명 누려, 야란(野蘭), 협호(莢蒿)라고도 한다.

사용부위 뿌리를 약재로 쓰는데, 절굿대(Echinops setifer ILJIN)의 뿌리도 함께 쓰이고 있다.

채취와 조제 가을에 굴취하여 햇볕에 말린다. 쓰기 전에 잘게 썬다.

성분 함유 성분에 대해서는 아직 밝혀진 것이 없다.

약효 해열, 해독, 최유(젖이 잘 분비되게 한다), 소종, 배농(고름을 빼냄) 등의 효능을 가지고 있다. 적용 질환으로는 풍습으로 인한 마비와 경련, 근육과 뼈의 통증, 임파선염, 유선염, 젖 분비불량 등이다. 그 밖에 습진과 종기, 치질의 치료약으로도 쓰인다.

용법 말린 약재를 1회에 2~4g씩 200cc의 물로 달이거나 가루로 빻아서 복용한다. 습진이나 종기, 치질의 치료를 위해서는 말린 약재를 가루로 빻아 환부에 뿌리거나 약재를 달인 물로 씻는다.

식용법 어린잎을 나물로 무쳐 먹는다. 쓴맛이 나므로 가볍게 데쳐서 서너 시간 동안 물을 갈아가며 잘 우려낸다. 우려낸 다음에도 약간의 쓴맛이 나는데 이는 소화를 돕는 역할을 한다.

뽀리뱅이 보리뱅이·박조가리나물

Youngia japonica DC | 국화과

두해살이풀이지만 경우에 따라서는 한해살이가 될 때도 있다.
줄기는 곧게 서서 20~100cm의 높이에 이르며 질이 연하고 가지는 거의 치지 않는다. 온몸에 잔털이 돋아나 있다. 줄기에 약간의 잎이 생겨나고 대부분의 잎은 땅거죽에 둥글게 배열된다. 땅거죽에 붙어 있는 잎은 잎자루를 가지고 있으나 줄기에 나는 잎에는 잎자루가 없다. 잎은 피침 꼴로 크고 작은 결각을 가지고 있으며 약간 보랏빛을 띤다.
지름 7~8mm 정도인 꽃은 여러 송이가 줄기 끝에 모여 피어 우산 꼴에 가까운 외모를 보인다. 꽃의 빛깔은 노랑 바탕에 약간의 붉은 빛이 감돈다.

개화기 5~6월

분포 제주도를 비롯한 전국 각지에 분포하며 길가나 밭 가장자리 같은 곳에 난다.

약용법 생약명 황과채(黃瓜菜), 산개채(山芥菜), 황화채(黃花菜), 작작초(雀雀草)라고도 한다.

사용부위 뿌리를 포함한 모든 부분을 약재로 쓴다.

채취와 조제 봄부터 가을 사이에 채취하여 햇볕에 말리는데 경우에 따라서는 생풀을 쓰기도 한다. 쓰기에 앞서 잘게 썬다.

성분 뿌리에 다당류의 하나인 이눌린(Inulin)이 함유되어 있다는 이외는 분명치 않다.

약효 해열, 진통, 해독 등의 효능이 있다. 적용 질환은 감기로 인한 열, 편도선염, 인후염, 관절염, 요도염, 유선염 등이다. 그 밖에 종기의 치료에도 쓰인다.

용법 말린 약재를 1회에 4~8g씩 200cc의 물로 달여서 복용한다. 종기의 치료에는 생풀을 짓찧어서 환부에 붙이는데 이 방법은 뱀이나 벌레에 물린 상처에도 효과가 있다.

식용법 이른봄에 어린 싹을 캐어서 나물로 먹거나 국에 넣어 먹는다. 데친 뒤에 잠깐 우려내는 것이 좋다.

사상자 진득개미나리

Torilis japonica DC | 미나리과

온몸에 잔털이 나 있는 두해살이풀이다. 줄기는 많은 가지를 치면서 곧게 60cm 안팎의 높이로 자란다.
잎은 마디마다 서로 어긋나게 자리하면서 두 번 깃털 모양으로 깊게 갈라진다. 갈라진 잎 조각은 쐐기 모양이며 가장자리에는 톱니가 있다.
줄기와 가지의 끝에 우산의 뼈대와 같은 모양으로 6~20개 정도의 꽃대가 서고 많은 꽃이 뭉쳐 피어 우산 모양을 이룬다. 꽃은 5장의 꽃잎으로 구성되어 있고 지름은 2mm 안팎으로 매우 작으며 빛깔은 희다.
꽃이 지고 난 뒤에 길이 2.5~3mm의 계란 꼴의 열매를 맺는데 가시와 같은 털이 나 있어 다른 물체에 잘 달라붙는다.

개화기 6~8월
분포 전국 각지에 분포하는데 들판의 풀밭에 난다.

약용법 생약명 사상자(蛇床子). 사상실(蛇床實), 사속(蛇粟), 사미(蛇米)라고도 부른다.

사용부위 열매를 약재로 쓰는데, 벌사상자(Cnidium monnieri CUSS)의 열매도 함께 약재로 쓰인다.

채취와 조제 열매가 익어갈 무렵에 채취하여 햇볕에 잘 말린다. 쓰기 전에 잘게 깨뜨린다.

성분 열매에 정유를 함유하고 있다. 주성분은 카디넨(Cadinen), 토릴렌(Torilen) 등의 세스키테르펜(Sesquiterpen)이다.

약효 강장과 수렴성소염(收斂性消炎)에 효능이 있다. 적용 질환은 발기력 부전, 불임, 여성의 음부 가려움증, 습진, 피부 가려움증 등이다. 또한 회충구제의 효과도 있다고 한다.

용법 말린 열매를 1회에 2~4g씩 200cc의 물로 뭉근하게 달여서 복용한다. 음부나 피부의 가려움증, 습진 등에는 약재를 달인 물로 환부를 세척하거나 가루로 빻아 뿌린다.

식용법 이른봄에 어린 싹을 뿌리와 함께 나물로 해 먹는다. 쓴맛이 강하므로 데쳐서 잘 우려내야 한다.

사철쑥 애탕쑥

Artemisia capillaris THUNB | 국화과

모래땅에 나는 여러해살이풀이다.
줄기의 밑 부분은 나무처럼 딱딱하고 가지를 치면서 50~60cm의 높이로 곧게 자란다.
뿌리에서 자라나는 잎은 두 번 깃털 모양으로 갈라지고 가는 솜털이 빽빽하게 나 있다. 줄기에서 나는 잎은 서로 어긋나게 자리하고 한 번만 깃털 모양으로 갈라지며 털이 없다. 갈라진 잎 조각은 모두 실오라기처럼 가늘다. 줄기와 가지 끝에 많은 꽃이 원뿌리처럼 모여 피는데 꽃잎은 없고 암술과 수술이 둥글게 뭉쳐 계란 모양을 이룬다. 꽃의 지름은 2mm 안팎이고 빛깔은 노랗다.

개화기 8~9월
분포 전국 각지에 널리 분포하며 강가나 냇가의 모래땅에 난다.

약용법 생약명 인진호(茵陳蒿). 인진(茵陳) 또는 취호(臭蒿)라고도 부른다.

사용부위 잎과 줄기를 약재로 쓴다.

채취와 조제 늦은 봄부터 초여름 사이에 채취하여 햇볕에 잘 말린다. 쓰기에 앞서 잘게 썬다.

성분 카필라린(Capillarin), 카필린(Capillin), 카필론(Capillon), 카필렌(Capillen) 등의 배당체를 함유한다.

약효 해열, 이뇨, 발한, 진통, 정혈(淨血) 등의 효능을 가지고 있다. 적용 질환은 황달, 요독증, 각종 급성열병, 간염, 담낭염, 담석증 등이다. 또한 두통이나 입안이 허는 증세에도 효과가 있다.

용법 말린 약재를 1회에 4~8g씩 200cc의 물로 반 정도의 양이 되도록 천천히 달여서 복용한다. 입안이 허는 증세에는 같은 방법으로 달인 물로 하루에 여러 차례 양치질한다.

식용법 봄에 어린 풀을 뜯어다가 나물로 해서 먹는다. 쓴맛이 있으므로 데쳐서 여러 차례 물을 갈아가며 잘 우려낸 다음 조리한다. 쓴맛을 우려낸 것을 잘게 썰어 쌀과 섞어서 쑥떡을 만들어 먹기도 한다. 구체적인 방법은 쑥을 이용하는 경우와 마찬가지다.

산달래 달래·달룽게

Allium grayi REGEL | 백합과

여러해살이 알뿌리식물이다. 둥근 알뿌리는 지름 1 .5cm 안팎이며 희다.
줄기는 곧게 서서 50cm 안팎의 높이에 이르며 3~4장의 잎을 가진다.
좁은 줄 모양의 잎은 안쪽에 얕은 홈이 있고 길이는 30cm 안팎이다. 잎의 밑동은 칼자루 모양으로 줄기를 감싼다. 줄기의 끝에 작은 꽃들이 둥글게 모여 핀다. 꽃은 6장의 꽃잎으로 구성되며 지름은 5mm 안팎이고 빛깔은 보랏빛을 띤 연분홍색이다.
꽃이 둥글게 뭉친 속에 연보랏빛의 작은 주아(곁눈)가 생겨나는 일이 많다. 이 주아는 땅에 떨어져 새로운 풀로 자란다.

개화기 5~6월
분포 전국 각지에 분포하며 산과 들판의 풀밭에 난다.

약용법 생약명 해백. 야산(野蒜), 소산(小蒜)이라고도 한다.

사용부위 알뿌리를 약재로 쓰는데, 산부추(Allium sacculiferum MAX)의 알뿌리도 함께 쓰이고 있다.

채취와 조제 봄이나 가을에 굴취하여 잎과 뿌리를 따버리고 햇볕에 말린다. 쓰기에 앞서 잘게 썬다.

성분 함유 성분에 대해서는 아직 밝혀진 것이 없다.

약효 진통, 보혈, 거담 등의 효능이 있다. 적용 질환은 소화불량, 위장카타르, 천식, 월경폐지, 협심증, 늑간신경통(肋間神經痛) 등이다. 그 밖에 벌레에 물린 상처에 치료와 수면제로도 쓰인다.

용법 말린 약재를 1회에 2~4g씩 200cc의 물로 뭉근하게 달이거나 가루로 빻아 복용한다. 벌레에 물린 상처에는 생알뿌리를 짓찧어서 상처에 붙인다. 또한 알뿌리와 잎을 함께 달인 것은 수면제 역할을 한다.

식용법 잎과 알뿌리에서 마늘과 흡사한 냄새를 풍긴다. 그러므로 달래와 마찬가지로 이른봄에 알뿌리와 잎을 함께 생채로 해서 먹는다. 지짐이의 재료로도 흔히 쓰인다.

산마늘 멩이풀·망부추

Allium victorialis subsp. platyphyllum MAKINO | 백합과

여러해살이풀로 온몸에서 부추 냄새와 비슷한 냄새를 풍긴다.
땅 속에 길쭉한 타원 꼴의 알뿌리를 가지고 있는데 봄에 알뿌리로부터 2~3장 정도의 크고 넓은 잎이 자란다
잎은 은방울꽃의 잎과 유사하게 생겼으나 보다 넓고 크며 부드럽다. 잎 가장자리는 톱니가 없고 밋밋하다.
초여름에 잎 사이로부터 길이 40~50cm쯤 되는 꽃자루가 곧게 자라나 파의 꽃처럼 작은 꽃이 둥글게 뭉쳐 핀다. 꽃은 6장의 꽃잎으로 이루어지고 있으며 꽃잎의 길이는 6mm 안팎이다. 꽃의 빛깔은 일반적으로 흰빛인데 간혹 연보랏빛으로 피는 것도 있다.

개화기 6~7월
분포 울릉도와 북한의 고산지대에만 분포하며 깊은 산 속의 나무 밑에 난다.

약용법 생약명 명총. 산총, 산산(山蒜)이라고도 한다.

사용부위 알뿌리를 약재로 쓴다.

채취와 조제 한여름에 굴취하여 볕에 말리거나 날것을 쓴다. 사용에 앞서 섬유질의 껍질을 벗긴다.

성분 함유 성분은 마늘에 함유되어 있는 것과 같은 아일린(Alliin)이 함유되어 있는 것으로 알려지고 있다.

약효 위장을 튼튼히 하는 작용과 해독 등의 효능을 가지고 있다. 적용 질환은 소화불량과 복통 등이다. 종기나 벌레에 물렸을 때에 해독약으로 쓰는 경우가 있다.

용법 소화불량이나 복통을 다스리기 위해서는 말린 알뿌리를 1회에 2~4g씩 200cc의 물로 달여서 복용한다. 벌레에 물렸을 때나 종기에는 말리지 않은 알뿌리를 짓찧어서 환부에 붙인다.

식용법 알뿌리는 1년 내내 기름에 볶거나 튀김으로 해서 먹는다. 잎은 6월경까지 나물 또는 쌈으로 먹는다. 감칠맛이 나는 산채로서 별미 중의 하나로 손꼽힌다.

산쑥 뜸쑥·왕쑥

Artemisia montana PAMPAN | 국화과

몸집이 큰 여러해살이풀로 2m에 가까운 높이로 자란다. 잎은 마디마다 서로 어긋나게 자리하고 있으며 깃털 모양으로 갈라진다. 갈라진 조각은 쑥보다 약간 넓고 잎 뒷면에는 잿빛을 띤 흰 털이 나 있다.
줄기 끝이 여러 개의 가지로 갈라져 둥글게 생긴 작은 꽃이 이삭 모양으로 뭉쳐 핀다. 꽃잎은 없고 수술과 암술만이 뭉쳐 있고 빛깔은 연한 노란빛이다. 꽃의 지름은 2.5mm 안팎이다.

개화기 8~9월
분포 전국 각지에 분포하며 산의 양지 쪽 풀밭에 난다.

약용법 생약명 산애(山艾)

사용부위 꽃을 포함한 잎과 줄기를 약재로 쓴다.

채취와 조제 꽃이 필 때에 채취하여 햇볕에 말리고 쓰기에 앞서 잘게 썬다.

성분 꽃에 시네올(Cineol), 유칼리프토르(Eucalyptor), 카제프톨(Cajeptol), 아르테미신(Artemisin)이 함유되어 있다. 잎에 함유된 정유 속에는 시네올 이외에 투욘(Thujon), 아데닌(Adenin), 세스키테르펜(Sesquiterpen) 등이 들어 있다. 이런 성분은 쑥과 거의 비슷한 것들이다.

약효 지혈, 진통, 해열, 거담, 통경, 소종, 해독 등의 효능이 있다. 적용 질환은 토혈, 직장출혈, 자궁출혈, 감기, 기관지염, 천식, 복통, 월경불순, 구토에 쓰이며 두통, 수족마비, 감기, 곽란, 토사, 위장병, 천식, 신경통, 류머티즘, 자궁병, 피로 등에 마른 잎을 부스러뜨려 잎 뒤에 붙어 있는 솜털을 모아 뜸쑥을 뜨면 효과가 있다.

용법 말린 약재를 1회에 1.5~2.5g씩 200cc의 물로 달여서 복용한다. 그 밖에 절상을 입거나 벌레에 물렸을 때에는 생잎을 짓찧어서 환부에 붙인다.

식용법 이른봄에 어린 싹을 나물 또는 국거리로 하고 쑥떡을 만들어 먹기도 한다. 쓴맛이 강하므로 데쳐서 흐르는 물에 하루 정도 우려내야 입맛에 당긴다.

삼지구엽초 음양곽

Epimedium koreanum NAKAI | 매자나무과

여러해살이풀로 딱딱한 뿌리줄기를 가지며 한자리에서 여러 대의 줄기가 자라나 30cm 안팎의 높이를 가진다. 뿌리에서 자라나는 잎과 줄기에 달리는 잎이 있는데 세 가닥에 3장씩의 잎이 붙어 모두 9장의 작은 잎으로 이루어져 있기 때문에 삼지구엽초(三枝九葉草)라고 한다.

작은 잎은 계란 꼴로 밑동은 심장 꼴이고 끝은 뾰족하며 가장자리에는 가시처럼 생긴 아주 작은 톱니가 규칙적으로 배열되어 있다. 작은 잎의 길이는 10cm쯤 된다. 줄기 끝에 4장의 꽃잎을 가진 꽃이 5~6송이 핀다. 꽃의 지름은 2cm 안팎이고 빛깔은 연보랏빛 또는 흰빛이다.

개화기 4~5월

분포 경기도와 강원도 이북의 지역에 분포하며 산의 나무 밑에 난다.

약용법

생약명 음양곽(淫羊藿). 선령비(仙靈脾), 폐경초(肺經草), 방장초(放杖草)라고도 한다.

사용부위 잎과 줄기를 약재로 쓴다.

채취와 조제 여름에서 가을 사이에 채취하여 햇볕에 말린다. 쓰기에 앞서 잘게 썬다.

성분 플라보놀(Flavonol) 배당체인 이칼린(Ikalin)이 함유되어 있다.

약효 최음, 강장, 강정, 거풍 등의 효능이 있다. 적용 질환은 발기력 부족, 임포텐츠, 건망증, 신경쇠약, 히스테리, 허리와 다리가 무력한 증상, 반신불수, 팔다리의 경련 등이다.

용법 말린 약재를 1회에 4~8g씩 200cc의 물로 달여서 복용한다. 술에 담가서 마셔도 같은 효과를 얻을 수 있다. 삼지구엽초를 넣은 술을 선령비주(仙靈脾酒)라 하여 강장 · 강정약으로 쓴다. 말린 약재 200g을 100g의 설탕과 함께 2 l 의 소주에 담가서 3개월간 묵혀 두었다가 매일 아침저녁으로 2번에 걸쳐 조금씩 복용한다.

식용법 봄에 어린잎과 꽃을 따다가 나물로 해 먹는다. 어린잎에는 쓴맛이 별로 없으므로 가볍게 데쳐서 찬물에 헹구기만 하면 된다.

삽주 일창출

Atractylodes japonica KOIDZ | 국화과

굵은 뿌리를 가지고 있는 여러해살이풀이다.
이른봄에 갓 자란 어린순은 희고 부드러운 털에 덮여 있다. 줄기는 곧게 서서 30~50cm의 높이로 자라며 위쪽에서 가지를 친다.
잎은 서로 어긋나게 자리하며 긴 잎자루를 가지고 있고 대개 세 개의 조각으로 깊게 갈라진다. 갈라진 잎 조각은 계란 꼴에 가까운 타원 꼴이고 잎몸이 빳빳하다. 잎의 가장자리에는 가시와 같은 작은 톱니를 가진다.
윗부분의 가지 끝에 수술과 암술로만 이루어진 둥근 꽃이 핀다. 꽃은 섬유질의 그물과 같은 외모를 가진 꽃받침으로 둘러싸여 있다. 꽃의 지름은 2cm 안팎이고 빛깔은 희다.

개화기 7~10월
분포 전국 각지에 분포하고 있으며 산지의 양지 쪽 풀밭에 난다.

약용법 생약명 창출(蒼朮). 선출(仙朮), 산계, 천정(天精)이라고도 한다.

사용부위 뿌리줄기를 약재로 쓰는데 참삽주, 가는잎삽주의 뿌리줄기도 함께 쓰이고 있다.

채취와 조제 봄 또는 가을에 채취하여 잔뿌리를 따낸 후 햇볕에 말린다. 사용 전에 잘게 썰어 불에 볶는다.

성분 뿌리줄기에 방향성정유(芳香性精油)가 함유되어 있는데 주성분은 아트락틸론(Atractylon)이다. 아트락틸론이 후각을 자극하여 반사적으로 위액의 분비를 촉진시킨다.

약효 발한, 해열, 이뇨, 진통, 건위 등의 효능이 있다. 적용 질환은 식욕부진, 소화불량, 위장염, 신장기능장애로 인한 빈뇨증, 팔다리통증, 감기 등이다.

용법 말린 약재를 1회에 2~3g씩 200cc의 물로 달여서 복용한다.

식용법 어린순은 나물로 해 먹는다. 쓴맛이 나므로 데쳐서 여러 번 물을 갈아가면서 잘 우려낸 후 조리한다. 산채 가운데서도 맛이 좋은 것으로 손꼽힌다. 때로는 생채로 먹기도 하는데 쓴맛이 입맛을 돋우어 준다.

삿갓풀 삿갓나물

Paris verticillata BIEB | 백합과

나무 그늘에 나는 여러해살이풀이다. 뿌리줄기가 땅 속에서 뻗어 나가며 증식된다. 줄기는 곧게 30~50cm 정도의 높이로 자라고 줄기 끝에 6~8장의 잎이 둥글게 배열되어 있다.
잎의 생김새는 길쭉한 타원 또는 넓은 피침 모양으로 양끝은 뾰족하고 가장자리는 밋밋하다. 둥글게 배열된 잎 한가운데로부터 하나의 길쭉한 꽃대가 자라나 한 송이의 꽃이 핀다. 4장의 꽃잎으로 구성되어 십자형을 이루는 꽃은 지름 4~6cm 정도로 빛깔은 노란빛을 띤 초록빛이다.
꽃이 지고 난 뒤에는 둥근 열매를 맺는데 가을에는 검게 물든다.

개화기 6~7월
분포 전국적으로 분포하며 깊은 산 속의 나무 그늘에 난다.

약용법 생약명 조휴(蚤休). 왕손(王孫), 중루(重樓), 삼층초(三層草)라고도 한다.

사용부위 뿌리줄기를 약재로 쓴다.

채취와 조제 가을에 굴취하여 햇볕 또는 불에 말린다. 쓰기에 앞서 잘게 썬다.

성분 함유 성분에 대해서는 밝혀진 것이 없으나 독성 식물의 하나로 알려져 있다.

약효 해열, 진해, 건위, 강장, 해독 등의 효능을 가지고 있다. 적용 질환은 기침, 천식, 기관지염, 편도선염, 후두염, 팔다리의 통증, 임파선염과 함께 종기와 뱀이나 벌레에 물린 상처를 다스리는데 쓰인다.

용법 내과질환에는 말린 약재를 1회에 1~3g씩 200cc의 물로 달이거나 가루로 빻아서 복용한다. 종기와 뱀이나 벌레에 물린 상처에는 생잎을 짓찧어서 환부에 붙이거나 말린 약재를 가루로 빻아 기름에 개어 바른다.

식용법 어린잎을 나물로 해 먹는다. 구토, 설사, 전신마비 등을 일으키는 유독성분이 함유되어 있어 데친 뒤 여러 날 흐르는 물에 우려내야 한다. 나물로 해먹는 고장이 있기는 하나 특별히 맛이 좋은 것도 아니므로 손을 대지 않도록 하는 것이 좋다.

선밀나물 새밀

Smilax oldhami MIQ | 백합과

외모는 밀나물과 흡사하지만 줄기는 덩굴로 자라지 않으며 곧게 서서 1m에 가까운 높이로 자란다. 잎은 마디마다 서로 어긋나게 자리하며 긴 잎자루를 가지고 있다. 그 생김새는 계란 꼴로 끝이 뾰족하고 밑동은 심장처럼 패여 있다. 평행으로 5줄의 잎맥이 있고 뒷면은 약간 희다.

중간 부분의 잎겨드랑이로부터 긴 꽃대가 자라 7~8송이의 작은 꽃이 우산 모양으로 뭉쳐 핀다. 지름 8mm 안팎인 꽃은 6장의 꽃잎으로 이루어졌으며 빛깔은 노란빛을 띤 초록빛이다.

꽃이 지고 난 뒤에는 둥근 열매가 5~6알씩 둥그스름하게 뭉쳐 맺는데 익으면 검게 물들고 흰 가루를 쓴다.

개화기 5~6월

분포 전국 각지에 분포하며 산지의 숲 속 등 그늘진 자리에 난다.

약용법

생약명 우미채(牛尾菜). 신근초(伸筋草), 우미절(牛尾節)이라고도 부른다.

사용부위 뿌리줄기를 약재로 쓴다.

채취와 조제 여름에 굴취하여 햇볕에 말린다. 쓰기에 앞서 잘게 썬다.

성분 함유 성분에 대해서는 아직 밝혀진 것이 없다.

약효 진통 효능이 있으며 혈액 순환을 도와준다. 적용 질환은 허리와 다리의 근골통증, 관절염 등이다. 그 밖에 월경이 멎는 것을 다스리기 위한 약으로도 쓰인다.

용법 말린 약재를 1회에 2~5g씩 200cc의 물로 달여서 복용한다. 또한 말린 약재를 10배 정도의 소주에 담가 4~5개월 묵혀 두었다가 아침저녁으로 한 잔씩 복용하는 방법을 써도 좋다.

식용법 밀나물과 흡사한 맛으로 담백하고 약간의 단맛이 난다. 산채 가운데서는 맛이 좋은 편이다. 이른봄에 어린 순을 따다가 나물로 무쳐 먹는데 우려낼 필요는 없다. 날 것을 그대로 기름에 볶거나 튀김으로 해도 먹을 만하다.

세잎양지꽃

Potentilla freyniana BORNM | 장미과

온몸에 약간의 거친 털이 생겨나 있는 여러해살이풀이다.
밑동에서 땅을 기는줄기가 자라나 끝에 새로운 풀이 생겨나는 습성을 가지고 있다. 줄기는 곧게 서거나 비스듬히 자라나 30cm 안팎의 높이에 이른다.
모든 잎이 세 갈래로 깊게 갈라지며 아주 긴 잎자루를 가지고 있다. 잎 조각은 계란 꼴에 가까운 타원 꼴로 길이는 4cm 안팎이고 가장자리에는 무딘 톱니를 가진다.
줄기 끝에 여러 송이의 꽃이 모여 피는데 그 수는 과히 많지 않다. 꽃은 5장의 둥근 꽃잎으로 이루어지고 있으며 지름이 1.5cm 안팎이고 빛깔은 노랗다.

개화기 3~5월
분포 제주도를 비롯해 거의 전국적인 분포를 보인다. 산과 들판의 풀밭에 나는데 약간 습한 자리를 좋아한다.

약용법 **생약명** 삼장엽(三張葉). 삼엽위릉채(三葉委陵菜), 지풍자(地風子)라고도 부른다.

사용부위 꽃과 줄기, 잎의 모든 부분을 약재로 쓴다.

채취와 조제 꽃이 피고 있을 때에 채취하여 햇볕에 말린다. 쓰기에 앞서 잘게 썬다.

성분 함유 성분에 대해서는 별로 밝혀진 것이 없다.

약효 해열, 지혈, 강장 등의 효능이 있다. 적용 질환으로는 각종 출혈, 학질 , 결핵성 임파선염, 결핵성 골수염 등이다. 그 밖에 외상에 의해서 다친 출혈이나 종기, 치질의 치료 등에도 쓰인다.

용법 말린 약재를 1회에 4~8g씩 200cc의 물로 달여서 복용한다. 외상출혈, 종기, 치질에는 생풀을 짓찧어서 환부에 붙인다.

식용법 이른봄 갓 자란 어린 싹을 나물로 해서 먹는다. 쓴맛이 있으므로 우려낼 필요가 있다. 땅 속에 밤 맛이 나는 새끼손가락 굵기의 덩이뿌리가 있으며 힘을 왕성하게 하는 데 좋다.

소루쟁이 긴잎소루쟁이

Rumex coreanus NAKAI | 여뀌과

굵은 뿌리줄기를 가지고 있는 여러해살이풀이다. 보랏빛을 띤 굵은 줄기는 곧게 서고 60cm 안팎의 높이에 이른다. 길이 30cm가 넘는 잎은 마디마다 서로 어긋나게 자리하며 길쭉한 타원 꼴에 가까운 피침 꼴이다. 잎의 밑동은 둥그스름하고 끝은 무디며 잎몸에 많은 주름이 잡혀 있다. 작은 꽃이 긴 원뿌리 꼴로 뭉쳐 피는데 층이 지면서 둥글게 배열되어 있다. 꽃잎은 없고 6장의 꽃받침과 6개의 수술 그리고 세 갈래로 갈라진 암술로 꽃이 구성된다. 꽃의 지름은 4mm 안팎이고 빛깔은 초록빛이다. 꽃이 핀 뒤 4개의 날개가 달린 씨를 맺는다.

개화기 6~7월

분포 전국 각지에 분포하며 들판의 약간 습한 땅에 난다.

약용법 생약명 양제(羊蹄). 야대황(野大黃), 독채(禿菜), 우설근(牛舌根)이라고도 한다.

사용부위 뿌리줄기를 약재로 쓰는데 참소루쟁이, 가는잎소루쟁이, 목밭소루쟁이의 뿌리줄기도 함께 쓰이고 있다.

채취와 조제 초가을에 굴취하여 잎, 줄기, 잔뿌리를 따버리고 햇볕에 말린다. 쓰기에 앞서 잘게 썬다.

성분 뿌리줄기에 안트라퀴논(Anthraquinon) 유도체인 크리소파놀(Chrysophanol)과 에모딘(Emodin)이 함유되어 있다.

약효 이뇨, 지혈, 변통 등의 효능이 있다. 적용 질환은 변비, 소화불량, 황달, 혈변, 자궁출혈 등이다. 기타 옴이나 종기, 류머티즘, 기계충, 음부습진 등의 치료에도 쓴다.

용법 말린 약재를 1회에 4~6g씩 200cc의 물로 달여서 복용한다. 옴, 종기, 류머티즘, 기계충, 음부습진에는 생뿌리줄기를 짓찧어서 환부에 붙인다.

식용법 어린잎을 나물 또는 국거리로 해서 먹는다. 감칠맛이 있으며 고깃국에 넣으면 그 맛이 일품이다.

속단

Phlomis umbrosa TURCZ | 꿀풀과

산의 풀밭에 나는 여러해살이풀이다. 온몸에 작고 부드러운 털이 산재해 있다. 모가 진 줄기는 곧게 서서 1m 안팎의 높이로 자라며 약간의 가지를 친다.
마디마다 2장의 잎이 마주 자리하며 심장 모양으로 생겼다. 잎의 밑동은 둥글고 끝은 뾰족하며 가장자리에는 거친 생김새의 톱니가 규칙적으로 배열되어 있다. 잎의 앞뒷면은 약간 깔깔하다.
줄기와 가지 끝에 층이 진 상태로 꽃이 뭉쳐 핀다. 대롱처럼 생긴 꽃은 끝부분이 입술 모양으로 갈라진다. 윗입술은 곧게 서고 아랫입술은 3개로 갈라져 있다. 꽃의 바깥 면에는 짧막한 털이 빽빽하게 자라 있다. 꽃의 길이는 8mm 안팎이고 빛깔은 분홍빛을 띤 흰색이다.

개화기 7월 중

분포 전국에 널리 분포하고 있으며 산의 양지 쪽 풀밭에 난다.

약용법 생약명 토속단(土續斷). 산소자(山蘇子)라고도 한다.

사용부위 뿌리를 약재로 쓴다.

채취와 조제 가을에 뿌리를 굴취하여 햇볕이나 밝은 그늘에서 잘 말린다. 쓰기에 앞서 잘게 썬다.

성분 함유 성분에 대해서는 별로 밝혀진 것이 없다.

약효 해열과 소종 등의 효능이 있다. 적용 질환은 감기, 중풍, 자궁질환, 외상출혈, 종기 등이다. 그 밖에 여성의 보정(補精)에도 효과가 있다.

용법 말린 뿌리를 1회에 2~6g씩 200cc의 물로 뭉근하게 달이거나 가루로 빻아서 복용한다. 외상출혈이나 종기의 치료에는 말린 뿌리를 가루로 빻아 환부에 뿌리거나 가루로 빻은 것을 기름에 개어서 바른다.

식용법 어린잎을 나물로 무쳐 먹는다. 약간 떫은맛이 있으므로 살짝 데친 뒤 찬물에 담가 우려낸 다음 조리를 한다. 나물무침과 함께 국을 끓여 푸짐하게 곁들여서 산내음 넘치는 식단을 만들어도 좋다.

솔나물

Glaium verum var. asiaticum NAKAI | 꼭두서니과

개화기 6~8월

분포 전국적으로 널리 분포하고 있으며 양지바른 풀밭과 둑에 난다.

한 곳에 여러 대의 줄기가 서서 더부룩하게 자라는 여러해살이풀이다.
약간의 잔털이 나 있는 줄기는 80cm 안팎으로 자라며 몸집이 빳빳하고 마디의 부분은 약간 굵게 살쪄 있다.
마디마다 8장의 잎을 가지는데 2장은 참된 잎이고 나머지는 받침잎이다. 잎과 받침잎의 생김새는 같으며 줄처럼 생겼으며 팔방으로 규칙적인 배열 상태를 보인다.
줄기 끝에 가까운 부분에서 잔가지가 갈라져 나와 지름 2.5mm 정도 되는 작은 꽃이 원뿌리 꼴로 뭉쳐 핀다. 꽃은 십자 꼴이고 빛깔은 노랗다.

약용법 생약명 봉자채(蓬子菜). 황미화(黃米花), 황우미(黃牛尾), 월경초(月經草)라고도 한다.

사용부위 꽃을 포함한 모든 부분을 약재로 쓰는데 꼬리솔나물, 털솔나물, 왕솔나물, 흰솔나물 등도 함께 쓰이고 있다.

채취와 조제 꽃이 필 때에 채취하여 햇볕에 말린다. 쓰기에 앞서 잘게 썬다.

성분 함유 성분에 대해서는 별로 밝혀진 것이 없다.

약효 해열, 해독, 조혈, 소종 등의 효능을 가지고 있다. 적용 질환은 감기, 인후염, 황달, 월경불순, 월경통 등이다. 또한 각종 피부염이나 종기의 치료약으로도 쓰인다.

용법 말린 약재를 1회에 7~10g씩 200cc의 물로 달여서 복용한다. 피부염과 종기에는 생풀을 짓찧어서 환부에 바르거나 말린 약재를 가루로 빻아 기름에 개어서 바른다.

식용법 봄철에 어린순을 나물로 먹는다. 약간 쓴맛이 나므로 데쳐서 우렸다가 조리를 해야 한다. 옛날에는 흉년일 때 구황식물(救荒植物)로 곡식과 섞어 먹었다고 한다.

솜방망이

Senecio pierotii MIQ | 국화과

습한 땅에서 나는 여러해살이풀이다. 온몸에 솜털이 깔려 있는 줄기는 곧게 서서 30~50cm 정도의 높이로 자라고 가지를 전혀 치지 않는다. 뿌리로부터 자란 잎과 줄기 아래쪽에 자리하는 잎은 계란 꼴에 가까운 타원 꼴이고 위쪽에 나는 잎은 피침 꼴로서 서로 어긋나게 자리한다.
잎자루는 없고 끝이 무디며 가장자리는 밋밋하거나 아주 작은 톱니를 가진다. 줄기 끝에서 5~6대의 짧은 꽃대가 자라 올라와서 각기 한 송이의 꽃을 피운다. 꽃의 지름은 3~4cm쯤이고 빛깔은 노랗다. 독성 식물의 하나로 알려져 있다.

개화기 5~6월

분포 전국 각지에 널리 분포하고 있다. 낮은 산의 양지 쪽 습한 풀밭이나 냇가 등에 난다.

약용법 생약명 구설초(狗舌草)

사용부위 꽃을 포함한 모든 부분을 약재로 쓴다.

채취와 조제 꽃이 필 때에 채취하여 햇볕에 말리고 쓰기 전에 잘게 썬다.

성분 카르사모이딘(Carthamoidine), 레트로르신(Retrorsine), 야코빈(Jacobine), 플라티필린(Platyphylline), 플라티네신(Platynecine), 이사티딘(Isatidine), 로즈마리닌(Rosmarinine) 등이 있다.

약효 이뇨, 해열, 거담, 소종 등의 효능을 가지고 있다. 적용 질환은 감기로 인한 열, 기침, 기관지염, 인후염, 신장염, 수종, 옴, 종기 등이다.

용법 말린 약재를 1회에 4~7g씩 200cc의 물로 달여서 복용한다. 옴과 종기의 치료에는 생풀을 짓찧어서 환부에 붙이거나 말린 약재를 가루로 빻아 기름에 개어서 바른다.

식용법 봄에 어린순을 나물로 먹는다. 쓴맛이 나고 유독성분이 함유되어 있으므로 데쳐서 흐르는 물에 하루가량 담가 충분히 우려낸 다음 조리해야 한다. 고장에 따라서는 데쳐서 잘 우려낸 것을 잘게 썰어 쌀과 섞어서 나물밥을 지어먹기도 한다. 독성 식물의 하나이므로 특히 조심해야 한다.

쇠뜨기 쇠띠기·준솔·뱀밥

Equisetum arvense L | 속새과

여러해살이풀로 마디에는 잎이 변한 칼자루와 같은 생김새의 얇은 막이 붙어 있다. 검고 긴 땅속줄기로부터 이른봄에 자라나는 홀씨줄기와 보통줄기로 두 종류의 줄기가 자란다. 홀씨줄기는 연한 갈색으로 잎이 없고 연하며 마디마다 치마와 같은 받침잎이 붙어 있다.
20cm 안팎의 길이를 가진 줄기 꼭대기에 여섯 모의 홀씨주머니가 뭉쳐 붓끝과 같은 모양을 이룬다. 보통줄기는 40cm 정도의 높이로 푸르며 잎 대신 마디마다 네모진 많은 가지가 둥글게 배열되어 사방으로 뻗는다.

분포 전국 각지에 널리 분포하며 들판과 둑, 밭가 등에 나는데 특히 양지바르고 메마른 경사진 땅에서 흔히 볼 수 있다.

약용법 생약명 문형(問荊), 절절초(節節草), 누접초, 필두채(筆頭菜)라고도 한다.

사용부위 가지가 사방으로 뻗고 있는 보통 줄기를 약재로 쓴다.

채취와 조제 여름에 채취하여 그늘에서 말리고 쓰기에 앞서 잘게 썬다.

성분 규산이 많이 함유되어 있으며 그 밖에 아코니트산(Aconitic acid), 아르티쿨라티딘(Articulatidin), 아르티쿨라틴(Articulatin), 갈루테올린(Galuteolin), 루테올린(Luteolin), 이소쿼르시트린(Isoquercitrin) 같은 성분이 함유되어 있다.

약효 진해와 이뇨 효능이 있고 뜨거운 피를 식혀준다. 적용 질환은 토혈, 장출혈, 기침, 천식, 임질, 소변이 잘 나오지 못하는 증세 등이다.

용법 말린 약재를 1회에 2~4g씩 200cc의 물로 반 정도의 양이 되게 천천히 달이거나 생즙을 내어 복용한다.

식용법 홀씨가 성숙되기 전에 어린 홀씨줄기를 꺾어 마디에 붙어 있는 치마와 같은 것을 따버리고 살짝 데쳐서 나물로 한다. 때로는 데친 것을 기름에 볶아 먹는 경우도 있다.

쇠무릅

Achyranthes japonica NAKAI | 비름과

살찐 잔뿌리를 가진 여러해살이풀이다. 모가 진 줄기는 많은 가지를 치면서 1m에 가까운 높이로 곧게 자란다. 소의 무릎처럼 부푼 마디마다 2장의 잎이 마주 자리하고 있으며 짧은 잎자루를 가지고 있다. 잎은 타원 꼴로 생겼으며 끝이 뾰족하다. 잎의 길이는 10~15cm 정도로 가장자리에는 톱니가 없고 밋밋하다.
꽃은 줄기와 가지의 끝과 끝에 가까운 잎겨드랑이로부터 자란 꽃대에 작은 꽃이 이삭 모양으로 뭉쳐 핀다. 꽃잎은 없고 가시와도 같은 뾰족한 5개의 꽃받침과 5개의 수술이 암술과 함께 꽃을 이룬다. 꽃받침 가운데 2~3개의 갈고리와 같은 것이 굽어 있어 씨가 익으면 다른 물체에 달라붙는다. 꽃은 초록빛이다.

개화기 8~9월

분포 전국에 널리 분포하며 산과 들판의 풀밭 및 길가 등에 난다.

약용법 생약명 우슬(牛膝). 우경(牛莖), 접골초(接骨草), 고장근(苦杖根)이라고도 한다.

사용부위 뿌리를 약재로 쓴다.

채취와 조제 이른봄 또는 늦가을에 굴취하여 잔뿌리를 따버리고 햇볕에 말린다. 쓰기에 앞서 잘게 썬다.

성분 뿌리에 우슬사포닌(Achiranthes-saponin)과 리놀릭산(Linolic acid)을 함유하고 있으며 우슬사포닌은 이뇨와 통경작용을 한다.

약효 이뇨, 통경, 진통 등의 효능이 있다. 적용 질환은 소변이 잘 나오지 않는 증세를 비롯하여 임질, 혈뇨, 폐경, 산후 어혈로 인한 복통, 무릎의 통증, 타박상 등이다.

용법 말린 뿌리를 1회에 2~6g씩 200cc의 물로 달이거나 가루로 빻아 복용한다. 또한 약재를 10배의 소주에 오래 담갔다가 하루 세 번 알잔에 한 잔씩 복용하는 것도 좋다.

식용법 봄에 어린순을 나물로 하거나 국에 넣어 먹는다. 약간 쓴맛이 나므로 데친 뒤 반나절가량 찬물에 우려야 한다. 맛은 담백해서 먹을 만하다.

쇠별꽃 콩버무리

Stellaria aquatica SCOP | 석죽과

두해살이풀이지만 따뜻한 고장에서는 여러해살이풀로 변하는 경우도 있다.
줄기는 땅을 기면서 끝부분이 비스듬히 일어서 높이 30~40cm에 이른다.
잎은 마디마다 2장이 서로 마주 자리하며 계란 꼴 또는 계란 꼴에 가까운 피침 꼴로 생겼다. 줄기의 아래쪽에 자리하는 잎은 잎자루를 가지고 있으나 위쪽의 잎에는 없다.
가지 끝에 여러 송이의 꽃이 생겨나는데 아래부터 차례로 피어오른다. 5장의 꽃잎을 가지고 있는데 두 갈래로 깊게 갈라지기 때문에 10장의 꽃잎을 가지고 있는 것처럼 보인다. 꽃의 지름은 8mm 안팎이고 빛깔은 희다.

개화기 5~7월

분포 전국 각지에 널리 분포하며 들판의 다소 습한 곳에 많이 모여 난다.

약용법 생약명 번루(繁縷). 자초(滋草), 아아장(鵝兒腸)이라고도 한다.

사용부위 잎과 줄기를 약재로 쓰는데 별꽃(Stellaria medica CYRIL)도 함께 쓰이고 있다.

채취와 조제 여름에 채취하여 햇볕에 말린다. 쓰기에 앞서 잘게 썬다.

성분 줄기와 잎에 무기염류가 함유되어 있고 씨에 지방유를 함유한다는 이외에는 밝혀진 것이 없다.

약효 정혈(淨血), 최유(젖을 잘 나오게 함), 이뇨, 진통 등의 효능이 있다. 적용 질환은 맹장염, 위장병, 젖분비 부족, 산후 어혈에 의한 복통, 자궁병, 각기, 심장병, 심계항진(心悸亢進) 등이다. 기타 타박상이나 종기의 치료에도 쓰인다.

용법 말린 약재를 1회에 10~20g씩 알맞은 양의 물로 달여서 복용한다. 타박상과 종기에 대해서는 생풀을 짓찧어서 환부에 붙인다.

식용법 봄에 어린순을 나물로 하거나 국에 넣어 먹는다. 맛이 담백하고 쓴맛이 없으므로 데쳐서 한 번 찬물에 헹구기만 하면 된다. 때로는 소금에 절여서 생채로 해 먹기도 한다. 주변에서 많이 자라 이용하기가 쉽다.

쇠비름

Portulaca oleracea L | 쇠비름과

다육질의 한해살이풀이다. 물기가 많은 줄기는 밑동에서 갈라져 땅에 엎드려서 30cm 정도의 길이로 자란다. 붉은빛을 띤 줄기는 털이 전혀 없이 미끈하다.
잎은 대체로 2장이 마주 자리하며 타원 꼴에 가까운 주걱 꼴로 두텁게 살쪄 있다. 잎자루는 없고 끝이 둥글며 가장자리는 밋밋하다. 잎의 길이는 2.5mm 안팎이다. 꽃은 줄기 끝에 4장의 잎에 둘러싸여 3~5송이가 뭉쳐 핀다. 길쭉한 타원으로 생긴 5장의 꽃잎이 있으며 지름은 4mm 안팎이고 빛깔은 노랗다.
꽃이 지고 난 뒤 계란 꼴의 열매를 맺는데 익으면 윗부분의 절반이 뚜껑처럼 떨어져 나가 미세한 검은 씨가 쏟아진다.

개화기 6월부터 가을까지

분포 전국 각지에 널리 분포하고 있으며 뜰이나 밭, 길가 등에 난다.

약용법 생약명 마치현. 마현, 마치초(馬齒草), 산현이라고도 한다.

사용부위 잎과 줄기를 약재로 쓴다.

채취와 조제 여름 또는 초가을에 채취하여 가볍게 데친 뒤 햇볕에 말리는데 때로는 생풀도 쓴다. 쓰기에 앞서 잘게 썬다.

성분 잎과 줄기에는 도파민(Dopamin)과 노라드레나린(Noradrenarin)이라는 성분이 함유되어 있다.

약효 해열, 이뇨, 소종, 산혈(散血) 등의 효능이 있다. 적용 질환은 소변이 잘 나오지 않는 증세, 임질, 요도염, 각기, 유종, 대하증, 임파선염, 종기, 마른버짐, 벌레에 물린 상처 등이다.

용법 말린 약재를 1회에 3~6g씩 200cc의 물로 뭉근하게 달여서 복용히가나 생즙으로 복용하는 방법도 있다. 종기, 마른버짐, 벌레 물린 상처에는 생풀을 짓찧어서 붙이거나 말린 것을 빻아 기름에 개어서 바른다.

식용법 봄부터 여름까지 계속 연한순을 나물로 해 먹는다. 흔하게 자라므로 데쳐서 말려 두었다가 겨울에 먹기도 한다.

수영 괴승애·시금초

Rumex acetosa L | 여뀌과

여러해살이풀로 약간 살찐 짧고 노란 뿌리를 가지고 있다.
줄기는 곧게 서서 50~70cm 정도의 높이로 자라며 붉은빛을 띤다. 뿌리로부터 자란 잎은 기다란 잎자루를 가졌으며 둥글게 땅을 덮는다. 줄기에서 자란 잎은 서로 어긋나게 자리하면서 짧은 잎자루를 가지거나 가지지 않는다. 잎의 생김새는 길쭉한 타원 꼴 또는 피침 꼴로 밑동은 깊게 패여 있고 끝은 일반적으로 뾰족하다. 잎의 가장자리는 물결처럼 약간의 주름이 잡혀 있고 톱니는 없다. 꽃잎이 없는 작은 꽃이 줄기 끝에 원뿌리 꼴로 모여 핀다. 꽃의 지름은 4mm 안팎이고 빛깔은 분홍빛 또는 초록빛이다.

개화기 5~6월

분포 전국 각지에 분포하며 마을에 가까운 풀밭에 난다.

약용법

생약명 산모근(酸模根). 산모(酸母), 산탕채(酸湯菜), 산양제(山羊蹄)라고도 한다.

사용부위 뿌리를 약재로 쓴다. 애기수영(Rumex acetosella L)의 뿌리도 함께 약재로 쓰이고 있다.

채취와 조제 여름에서 가을 사이에 굴취하여 햇볕에 말린다. 쓰기에 앞서 잘게 썬다.

성분 뿌리에 크리소판산(Chrysophanic acid)과 칼리움옥살레트(Kaliumoxalat), 수산(Oxalic acid), 타닌, 옥시메틸안스라치논(Oxymethylanthrachinon)이 함유되어 있다.

약효 해열, 지갈(止渴), 이뇨 등의 효능을 가지고 있다. 적용 질환은 방광결석, 토혈, 혈변, 소변이 잘 나오지 않는 증세 등이다. 옴이나 종기의 치료에도 쓰인다.

용법 말린 약재를 1회에 3~6g씩 200cc의 물로 달여서 복용한다. 옴이나 종기의 치료에는 생뿌리를 짓찧어서 환부에 붙인다.

식용법 어린순은 소금에 절여서 먹고 어린잎은 나물로 해 먹는다. 뿌리도 같은 방법으로 먹을 수 있는데 수산이 함유되어 있어 신맛이 난다. 많은 양을 먹으면 신진대사 기능이 저하되므로 주의해야 한다.

쉽싸리

Lycopus lucidus TURCZ | 꿀풀과

여러해살이풀로 물가에 나며 흰 땅속줄기(地下莖)를 가지고 있다.
모가 진 줄기는 곧게 서서 1m 안팎의 높이로 자라며 거의 가지를 치지 않는다. 마디마다 2장이 마주 자리하며 잎은 넓은 피침 꼴로 양끝이 뾰족하고 가장자리에는 거칠고 날카롭게 생긴 톱니를 가지고 있다. 잎자루는 아주 짧아 없는 것처럼 보인다.
꽃은 위쪽 잎겨드랑이에 들러붙은 상태로 여러 송이가 둥글게 뭉친다. 꽃의 생김새는 대롱 모양이며 끝이 입술 모양으로 갈라져 있다. 윗입술은 다소 넓고 아래의 입술은 두 갈래로 갈라진다. 꽃의 길이는 6mm 안팎이고 빛깔은 희다.

개화기 6~8월

분포 전국에 걸쳐 분포하고 있으며 습기 있는 물가에 난다.

약용법 **생약명** 택란(澤蘭). 지순, 풍약(風藥), 호란(虎蘭), 홍경초(紅梗草)라고도 한다.

사용부위 잎과 줄기를 약재로 쓴다. 애기쉽싸리(Lycopus maackianus MAKINO)도 함께 쓰인다.

채취와 조제 꽃이 필 때에 채취하여 햇볕에 말린다. 쓰기에 앞서 잘게 썬다.

성분 함유 성분에 대해서는 아직 밝혀진 것이 없다.

약효 혈액 순환을 원활하게 해주고 이뇨, 소종 등의 효능을 가지고 있다. 적용 질환은 월경불순, 폐경, 산후어혈로 인한 복통, 요통, 타박상 등이다. 그 밖에 종기의 치료를 위해서도 쓰인다.

용법 말린 약재를 1회에 2~4g씩 200cc의 물로 반 정도의 양이 되도록 뭉근하게 달이거나 가루로 빻아서 복용한다. 타박상과 종기에는 생풀을 짓찧어서 환부에 붙인다.

식용법 이른봄에 굵은 땅속줄기를 캐어 나물로 무치거나 가볍게 삶아 먹는다. 쓴맛이 있으므로 데쳐서 찬물에 잘 우려낸 다음 조리를 해야 한다. 어린순도 같은 방법으로 무쳐 먹을 수 있다.

쑥 약쑥·자재발쑥

Artemisia princeps var. orientalis HARA | 국화과

여러해살이풀이며 잎 뒷면에 흰 털이 빽빽하게 나 있다. 줄기는 90cm 안팎의 높이로 위로 곧게 자란다. 잎은 마디마다 서로 어긋나게 자리하고 있으며 길쭉한 타원 꼴로 1~2번 깃털 모양으로 중간 정도의 깊이까지 갈라진다. 갈라진 잎 조각은 타원 꼴로 생겼으며 좋은 냄새를 풍긴다. 줄기와 가지의 끝부분에 가까운 잎겨드랑이로부터 자란 꽃대마다 10여 송이의 작은 꽃이 이삭 모양으로 모여서 핀다. 꽃잎은 없으며 암술과 수술이 뭉친 꽃은 계란 꼴이고 지름은 3mm 안팎이다. 꽃의 빛깔은 붉은빛을 띤 연보라색이다.

개화기 7~9월

분포 전국 각지에 널리 분포하고 있으며 들판의 양지바른 풀밭에 난다.

약용법

생약명 애엽(艾葉). 애호(艾蒿), 황초(黃草), 구초(灸草), 애봉(艾蓬)이라고도 한다.

사용부위 잎과 줄기를 약재로 쓴다.

채취와 조제 예로부터 5월 단오에 채취하는 것으로 되어 있으며 햇볕 또는 그늘에서 말린다. 이때에 채취한 것이 유효성분의 함량이 가장 높다고 한다. 쓰기에 앞서 잘게 썬다.

성분 시네올(Cineol), 콜린(Choline), 유칼리프톨(Eucalyptol), 아데닌(Adenine), 모노기닌(Monogynin), 아르테미신(Artemisin) 등의 성분이 함유되어 있다.

약효 지혈, 온경(溫經), 이담, 해열, 진통, 거담, 지사 등의 효능이 있다. 적용 질환은 월경불순, 월경과다, 대하증, 토혈, 혈변, 감기, 복통, 소화불량, 식욕부진, 천식, 기관지염, 만성간염, 설사 등이다. 옴이나 습진을 다스리는 약으로도 쓰인다.

용법 말린 약재를 1회에 2~5g씩 200cc의 물로 달여 복용하며 옴이나 습진에는 생풀을 찧어서 환부에 붙인다.

식용법 어린순을 떡을 만들 때 넣거나 된장국에 넣어서 먹는다. 쓴맛이 있으므로 살짝 데쳐서 우려낸 다음에 넣어야 하며 때로는 나물로 무쳐 먹기도 한다.

쓴바귀 쓴귀물·싸랑부리

Ixeris dentata NAKAI | 국화과

여러해살이풀로 잎이나 줄기를 잘라보면 쓴맛이 강한 흰 즙이 나온다.
가느다란 줄기는 곧게 30cm 정도의 높이로 자란다.
뿌리에서부터 자라나는 잎과 줄기에서 생겨나는 잎이 있다. 뿌리에서 자란 잎은 둥글게 배열되어 땅을 덮고 피침 모양으로 생겨 가장자리에는 가시와 같은 작은 톱니를 가지고 있다. 줄기에서 자라는 잎은 계란 꼴이고 밑동이 줄기를 감싸며 밑동에 가까운 부분에 약간의 톱니를 가진다.
줄기 끝과 그에 가까운 잎겨드랑이로부터 자란 꽃대에 6~8송이의 꽃이 피는데 보통 5장의 꽃잎을 가진다. 꽃의 지름은 1.5cm 안팎이고 빛깔은 노랗다.

개화기 5~7월

분포 전국 각지에 분포하며 풀밭이나 밭 가장자리 등에 난다.

약용법

생약명 산고매. 고채(苦菜), 황과채(黃瓜菜), 소고거, 활혈초(活血草)라고도 한다.

사용부위 뿌리를 포함한 모든 부분을 약재로 쓴다. 선씀바귀, 벋음씀바귀도 함께 쓰인다.

채취와 조제 봄에 채취하여 햇볕에 말린다. 쓰기에 앞서 잘게 썬다.

성분 함유 성분에 대해서는 별로 밝혀진 것이 없다.

약효 해열, 건위, 조혈, 소종 등의 효능이 있으며 허파의 열기를 식혀 준다고 한다. 적용 질환은 소화불량, 폐렴, 간염, 음낭습진, 타박상, 외이염, 종기 등이다.

용법 말린 약재를 1회에 2~4g씩 200cc의 물로 달여서 복용한다. 타박상이나 종기에는 생풀을 짓찧어서 환부에 붙인다. 음낭습진은 약재를 달인 물로 환부를 닦아낸다.

식용법 이른봄에 뿌리줄기를 캐어서 나물로 무쳐 먹거나 지짐이로 해서 먹는다. 쓴맛이 강하므로 데쳐서 찬물에 오랫동안 우려내어 조리해야 한다. 어린잎도 같은 요령으로 나물로 해 먹을 수 있다.

애기똥풀 까치다리·젖풀

Chelidonium sinense DC | 양귀비과

주변에서 흔히 볼 수 있는 두해살이풀이다. 온몸에 길고 부드러운 털이 나 있는 줄기는 곧게 서서 자라기는 하나 꺾어지기 쉬우며 50cm 정도의 높이로 자라 여러 개의 가지를 친다.
잎은 서로 어긋나게 자리하여 깃털 모양으로 갈라지는데 갈라진 조각은 길쭉한 타원 꼴이다. 잎 가장자리에는 무딘 톱니가 생겨나 있고 표면은 초록빛이지만 뒷면은 가루를 쓴 것처럼 희게 보인다.
잎과 줄기를 자르면 주황색의 즙이 흘러 애기똥풀이라고 부른다. 잎겨드랑이로부터 자란 꽃대에 몇 송이의 꽃이 핀다. 4장의 꽃잎과 많은 수술을 가지고 있으며 지름은 2mm 안팎이고 빛깔은 노랗다.

개화기 5~7월

분포 전국 각지에 분포하며 인가와 가까운 양지바른 곳 또는 약간 그늘지는 자리에 난다.

약용법 생약명 백굴채(白屈菜)

사용부위 꽃을 포함한 줄기와 잎을 모두 약재로 쓴다.

채취와 조제 꽃이 피고 있을 때에 채취하여 그늘에서 말린다. 말린 것은 쓰기에 앞서 잘게 썬다. 병에 따라서는 생풀을 쓰기도 한다.

성분 진통작용을 하는 켈리도닌(Chelidonine)을 비롯하여 켈레리스린(Chelerythrine), 프로토핀(Protopine), 말릭산(Malic acid), 산구이나린(Sanguinarine) 등의 성분이 함유되어 있다.

약효 진통, 진해, 이뇨, 해독 등의 효능을 가지고 있다. 적용 질환은 기침, 백일해, 기관지염, 위장통증, 간염, 황달, 위궤양 등이다. 그 밖에 옴, 종기, 뱀이나 벌레에 물린 상처의 치료에도 쓴다.

용법 말린 약재를 1회에 1~2g씩 200cc의 물로 달여서 복용한다. 옴, 종기, 뱀이나 벌레에 물린 상처에는 생풀을 찧어 즙을 내어 바른다.

식용법 어린순을 나물로 해먹는 고장이 있다. 그러나 유독성분이 있어 먹지 않는 것이 좋다.

애기메꽃 좀메꽃

Calystegia hederacea WALL | 메꽃과

여러해살이 덩굴풀이다.
땅 속에 희고 살찐 뿌리줄기를 가지고 있다. 줄기는 다른 풀이나 관목으로 감아 올라간다.
잎은 서로 어긋나게 자리하며 방패처럼 밑동 양 가장자리가 귀처럼 벌어져 있다. 메꽃보다는 넓고 크다.
잎겨드랑이로부터 꽃대가 자라 올라와 각기 한 송이씩 나팔꽃과 똑같게 생긴 꽃을 피운다. 연분홍색으로 피는 꽃의 지름은 3~4cm 정도로 메꽃보다 약간 작다. 암술과 수술이 모두 갖추어져 있기는 하지만 일반적으로 열매는 맺지 않는다.

개화기 6~8월

분포 전국 각지에 널리 분포하고 있으며 들판의 양지바른 곳에 난다.

약용법 생약명 면근등(面根藤), 면근초(面根草), 앙자근(秧子根)이라고도 부른다.

사용부위 뿌리를 포함한 모든 부분을 약재로 쓴다.

채취와 조제 9월경에 채취하여 햇볕에 말린다. 쓰기에 앞서 잘게 썬다.

성분 메꽃은 어느 정도 함유 성분이 밝혀져 있으나, 애기메꽃에 대해서는 아직 밝혀진 것이 없다.

약효 이뇨, 조혈, 조경(調經) 등의 효능이 있다. 적용 질환은 소변이 잘 나오지 않는 증세를 비롯하여 임질, 월경불순, 대하증 등이다. 그 밖에 어린아이의 영양불량이나 기생충에 인한 빈혈의 치료에도 쓰인다.

용법 말린 약재를 1회에 7~10g씩 200cc의 물로 달여서 복용한다. 어린아이에게는 약재의 양을 반으로 줄여야 한다.

식용법 이른봄에 뿌리줄기를 캐어 쪄서 먹는다. 단맛이 있고 먹기가 좋아 아이들의 간식용으로 적합하다. 또한 어린순을 나물로 해 먹기도 한다. 쓴맛이 전혀 없으므로 데쳐서 한 번 헹구기만 하면 간을 맞추어 맛있게 먹을 수 있다.

애기수영 애기승애

Rumex acetosella L | 여뀌과

많은 뿌리줄기가 사방으로 뻗어나가며 빠른 속도로 증식되는 여러해살이풀이다. 줄기는 가늘게 곧게 서서 높이 45㎝ 정도에 이르며 많은 가지를 친다.
이른봄에 자라나는 잎은 땅거죽에 뭉치며 기다란 잎자루를 가지는데 줄기에서 나는 잎은 서로 어긋나게 자리하며 잎자루는 짧다. 잎의 생김새는 피침 꼴이고 밑동 좌우가 날개와 같이 뻗어 있어 갈라진 창(槍)과 같은 모습으로 보인다. 꽃잎을 가지지 않은 작은 꽃이 가지 끝에 이삭 모양으로 모여 핀다. 꽃의 크기는 3~4mm로서 푸른빛을 띤 붉은 색으로 핀다.

개화기 5~6월

분포 원래 유럽지방에 나는 풀인데 우리나라에 귀화한 것이다. 중부 이남의 지역에 주로 나며 길가의 풀밭에서 볼 수 있다.

약용법 생약명 산모근(酸模根). 당약(當藥), 산탕채(酸湯菜), 산대황(山大黃)이라고도 한다.

사용부위 뿌리를 약재로 쓴다. 수영(Rumex acetosa L)의 뿌리와 함께 쓰는 경우가 많다.

채취와 조제 여름에서 가을 사이에 뿌리를 채취하여 햇볕에 잘 말린다. 쓰기에 앞서 잘게 썬다.

성분 수영의 함유 성분에 대해서는 자세한 것이 알려져 있으나 애기수영은 밝혀진 것이 아직 없다.

약효 이뇨, 해열, 지갈의 효능이 있다. 적용 질환은 방광결석, 토혈, 혈변, 소변이 잘 나오지 않는 증세 등이다. 또한 종기와 옴의 치료약으로도 쓰인다.

용법 말린 약재를 1회에 3~6g씩 200cc의 물로 달여서 복용한다. 종기와 옴에는 생뿌리를 찧어서 환부에 붙인다.

식용법 어린순을 살짝 절여서 먹거나 데쳐서 나물로 먹는다. 뿌리도 같은 방법으로 먹을 수 있는데 신맛이 있다. 너무 많이 먹으면 신진대사의 기능이 떨어지는 것으로 알려져 있다.

애기풀 영신초

Polygala japonica HOUTT | 원지과

여러해살이풀로 뿌리는 가늘고 길다.
딱딱한 성질을 가진 줄기는 밑동에서 여러 갈래로 갈라져 약간 비스듬히 기울어 20cm 정도의 높이로 자란다. 온몸에 잔털이 나 있다. 잎은 서로 어긋나게 자리하며 계란 꼴로 밑동은 둥글고 끝이 뾰족하다. 잎의 가장자리는 밋밋하고 극히 짧은 잎자루를 가지고 있다.
꽃은 중간 부분의 잎겨드랑이에서 자란 꽃대에 3~5송이가 핀다. 꽃잎은 3장인데 꽃받침의 일부가 꽃잎과 비슷하게 생겨 마치 나비 모양의 꽃처럼 보이기도 한다. 지름이 약 1.5cm 안팎의 꽃은 보랏빛을 띤다.

개화기 5~6월
분포 전국적으로 분포하고 있으며 산지의 양지바른 경사면과 같은 자리에 난다.

약용법 생약명 과자금(瓜子金). 원지초(遠志草), 영신초(靈神草), 진사초(辰砂草)라고도 한다.

사용부위 뿌리를 포함한 모든 부분을 약재로 쓴다.

채취와 조제 여름에서 가을 사이에 채취하여 햇볕에 말린다. 쓰기에 앞서 잘게 썬다.

성분 거담작용을 하는 세네긴(Senegin)을 비롯하여 살리실산(Salicylic acid), 메틸살리실레이트(Methylsalicylate), 세네게닌(Senegenin), 사포게닌(Sapogenin) 등의 성분이 함유되어 있다.

약효 진해, 거담, 지혈, 해독, 소종 등의 효능을 가지고 있다. 적용 질환은 기침, 천식, 백일해, 기관지염, 편도선염, 소아 간질병, 토혈, 골수염 등이다. 그 밖에 종기와 뱀에 물린 상처의 치료에도 쓰인다.

용법 말린 약재를 1회에 3~6g씩 200cc의 물로 뭉근하게 달이거나 가루로 빻아서 복용한다. 종기와 뱀에 물린 상처에는 생풀을 찧어서 붙인다.

식용법 어린순을 나물로 해먹기는 하나 그리 많이 나는 풀이 아니므로 다른 풀과 함께 섞어서 조리한다. 쓴맛이 매우 강하므로 데쳐서 오랜 시간 우려내야 한다.

앵초 취란화

Primula sieboldii form. spontanea TAKEDA | 앵초과

여러해살이풀로 잎은 뿌리에서만 자란다.
잎은 길쭉한 타원 꼴 또는 계란 꼴로 생겼으며 부드러운 털이 나 있다. 잎보다 긴 잎자루를 가지고 있는데 잎의 밑동은 심장 꼴이고 끝은 둥그스름하다. 잎 가장자리에는 주름처럼 생긴 무딘 톱니를 가지고 있다.
잎 사이로부터 20cm 정도의 높이로 자라나는 꽃줄기 끝에 6~7송이의 꽃이 우산 모양으로 모여서 핀다. 지름이 2~2.5cm쯤 되는 짧은 대롱 모양의 꽃은 끝이 넓어져 다섯 갈래로 갈라진다.
연한 분홍빛으로 피는 꽃은 관상용으로 매우 좋다.

개화기 4~5월
분포 거의 전국적인 분포를 보인다. 산지의 풀밭 가운데 양지바르고 약간 습한 땅에 난다.

약용법 생약명 앵초(櫻草). 취란화(翠蘭花)라고도 한다.

사용부위 뿌리를 포함한 모든 부분을 약재로 쓴다.

채취와 조제 꽃이 필 무렵에 채취하여 햇볕에 말려 잘게 썰어서 쓴다. 때로는 생풀을 쓰기도 한다.

성분 거담작용을 하는 사쿠라소사포닌(Sakurasosaponin)을 비롯하여 프리물라베린(Primulaverin), 프리메베린(Primeverin) 등이 함유되어 있다.

약효 진해, 거담, 소종 등의 효능이 있다. 적용 질환은 기침, 천식, 기관지염, 종기 등이다.

용법 말린 약재를 1회에 3~5g씩 200cc의 물로 반 정도의 양이 되게 뭉근하게 달여서 복용한다. 종기의 치료를 위해서는 생풀을 짓찧어서 환부에 붙인다.

식용법 이른봄에 어린 싹을 캐어 나물로 해먹는다. 쓴맛이 없어 데쳐서 찬물에 한 번 헹구기만 하면 바로 간을 할 수 있다. 흔하게 한자리에서 많이 자라나는 풀이 아니므로 다른 풀과 함께 섞어서 나물로 해먹는 것이 보통이다. 일반적으로 많이 사용되는 나물은 아니다.

약모밀 십자풀

Houttuynia cordata THUNB | 삼백초과

습한 땅에 자라나는 여러해살이풀이다. 길게 뻗는 흰 땅속줄기를 가지고 있다. 줄기는 곧게 서서 20~50cm의 높이로 자라며 몇 개의 줄이 있다.
잎은 마디마다 서로 어긋나게 자리하며 긴 잎자루를 가진다. 잎의 생김새는 넓은 심장 꼴이고 5개의 뚜렷한 잎맥을 가지고 있다. 잎 가장자리에는 톱니가 없고 밋밋하다. 잎겨드랑이에는 세모꼴의 받침잎이 붙어 있다.
줄기 끝에서 몇 개의 짧은 꽃대가 자라나 지름 3mm 안팎의 꽃이 한 송이씩 핀다. 꽃잎은 없으나 4장의 흰 꽃받침이 꽃잎처럼 보인다.

개화기 6~7월

분포 제주도와 울릉도를 비롯한 남부의 따뜻한 지역에 분포한다. 산속의 음습한 나무 그늘에 난다.

약용법 **생약명** 중약(重藥). 십약(十藥), 잠채(岑菜), 저채(菹菜), 어성초(魚腥草)라고도 한다.

사용부위 뿌리를 포함한 모든 부분을 함께 약재로 쓴다.

채취와 조제 여름에서 가을 사이에 채취하여 볕에 말리는데 생풀을 쓰는 경우도 있다. 사용에 앞서 잘게 썬다.

성분 마이르센(Myrcene), 라우리알데히드(Lauryaldehyde), 쿠에르시트린(Quercitrin), 메틸 엔 노닐 케톤(Methyl N nonylketone), 카프릭 아시드(Capric acid) 등의 성분이 함유되어 있다.

약효 해열, 소염, 해독, 소종 등의 효능을 가지고 있다. 적용 질환은 폐렴, 기관지염, 인후염, 이질, 수종, 대하증, 자궁염, 치질, 습진, 종기 등이다.

용법 말린 약재를 1회에 4~6g씩 200cc의 물로 달여서 복용한다. 치질, 습진, 종기의 치료에는 생풀을 짓찧어서 환부에 붙이거나 달인 물로 닦아낸다.

식용법 연한 잎과 땅속줄기를 먹는다. 특수한 냄새가 나므로 데쳐서 우려낸 다음 나물로 하거나 기름으로 볶아 먹는다. 잎은 밀가루를 입혀 튀기면 냄새가 없어지고 맛있게 먹을 수 있다.

양지꽃

Potentilla fragarioides var. sprengeliana MAX | 장미과

여러해살이풀로 뿌리로부터 자란 잎이 한자리에 뭉쳐 포기를 이룬다.
작은 잎 조각이 모여 깃털과 같이 생긴 잎 모양을 이룬다. 잎 조각의 수는 홀수이며 크기는 고르지 않다. 잎 조각의 가장자리에는 무딘 톱니가 나 있고 잎 전체의 길이는 30cm 안팎이다.
잎 사이로부터 여러 대의 꽃자루가 자라나서 각각 몇 송이씩 노란색의 꽃을 피운다. 꽃은 5장의 둥근 꽃잎으로 구성되어 있으며 지름은 12~15mm 정도이다. 꽃자루에도 약간의 잎이 생겨나는데 이 잎들은 3장의 작은 잎 조각으로 이루어져 있다.

개화기 4~6월

분포 북한의 일부 지역을 제외한 전국 각지에 분포한다. 산과 들판의 양지바른 풀밭과 길가 등에 난다.

약용법

생약명 연위릉(莚萎陵). 치자연(雉子莚)이라고도 한다.

사용부위 뿌리를 포함한 모든 부분을 약재로 쓴다.

채취와 조제 여름에 채취하여 햇볕에 말린다. 쓰기 전에 잘게 썬다.

성분 함유 성분에 대해서는 별로 밝혀진 것이 없다.

약효 지혈작용을 하며 허약한 체질을 다스리는 효능이 있다고 한다. 따라서 신체가 허약한 사람을 건강하게 하기 위하여 복용시키는 경우가 많다고 한다. 그 밖에 코피가 흐르거나 토혈하는 경우 또는 월경이 지나치게 나오는 증세와 산후에 출혈이 멎지 않을 때 등에 치료약으로 쓴다.

용법 말린 약재를 1회에 4~8g씩 200cc의 물로 달여서 복용한다.

식용법 다른 풀에 비해 일찍 싹트기 때문에 이른봄에 일찌감치 새순을 따다 나물로 먹게 된다. 곳곳에서 자라나므로 국거리로도 쓴다. 담백하고 쓴맛이 없어 가볍게 데쳐 찬물에 한 번 헹구기만 하면 간을 맞추어 맛있게 먹을 수 있다.

얼레지 엘레지·가재무릇

Erythronium japonicum DECAIS | 백합과

땅 속 깊이 길쭉한 계란 모양의 알뿌리를 가지고 있는 여러해살이풀이다. 타원형인 2장의 잎이 알뿌리로부터 자란다. 잎의 양끝은 뾰족하며 가장자리에는 주름이 약간 잡혀 있고 톱니는 지니지 않는다. 연하고 두터운 길이 15cm 안팎의 잎 표면에는 보랏빛의 얼룩무늬가 곳곳에 그려져 있다. 잎 사이로부터 25cm 정도의 길이를 가진 가늘고 연한 꽃줄기가 자라 올라와 한 송이의 꽃이 핀다. 꽃의 지름은 4~5cm이고 피침 꼴인 6장의 꽃잎을 가지고 있다. 고개를 수그리고 피는 꽃이 완전히 피면 모든 꽃잎이 곧게 서서 불꽃이 피어오르는 것과 같은 특이한 형태를 갖춘다. 빛깔은 보랏빛이다.

개화기 4~5월

분포 전국적인 분포를 보이며 산의 숲 속 기름진 땅에 난다.

약용법

생약명 산자고(山慈姑). 차전엽(車前葉)이라고도 한다.

사용부위 알뿌리를 약재로 쓴다.

채취와 조제 봄부터 초여름 사이에 굴취하여 햇볕에 말리거나 생것을 쓴다. 말린 것을 그대로 쓴다.

성분 40~50% 정도의 질이 좋은 녹말이 함유되어 있다는 것 이외에는 별로 알려진 것이 없다.

약효 건위, 지사, 진토(鎭吐)의 효능을 가지고 있다. 적용 질환은 위장염을 비롯하여 설사, 구토 등이다. 그 밖에 화상을 입었을 때의 치료약으로도 쓰인다.

용법 말린 약재를 1회에 4~6g씩 200cc의 물로 달이거나 가루를 내어 복용한다. 화상을 입었을 때에는 생알뿌리를 짓찧어서 환부에 붙여준다.

식용법

알뿌리를 강판으로 갈아 물에 가라앉혀 녹말을 얻어 요리용으로 쓴다. 이 녹말은 영양가는 높으나 많이 섭취하면 설사를 일으키므로 주의해야 한다. 알뿌리는 조림으로도 요리를 할 수 있다. 어린잎은 나물이나 국거리로 사용할 수 있으며 맛이 담백해서 먹을 만하다.

엉겅퀴

Cirsium maackii MAX | 국화과

주변의 풀밭에서 흔히 볼 수 있는 여러해살이풀이다.
줄기는 곧게 가지를 치며 1m 안팎의 높이로 자란다. 봄에 일찍 자라나는 잎은 뿌리에서부터 올라와 둥글게 땅을 덮는다. 줄기에 생겨나는 잎은 서로 어긋나게 자리하고 있다. 모든 잎은 깃털 모양으로 중간 정도의 깊이로 갈라지며 가장자리에는 결각과 같은 생김새의 거친 톱니가 있고 가시가 나 있다. 잎 뒷면에는 흰 솜털이 깔려 있고 줄기에서 나는 잎은 밑동이 줄기를 감싼다.
줄기와 가지 끝에 수술과 암술로만 된 꽃이 한 송이씩 핀다. 꽃의 지름은 3mm 안팎이고 빛깔은 보랏빛을 띤 분홍색이다.

개화기 5~6월
분포 전국 각지에 널리 분포하며 들판의 풀밭에 난다.

약용법 생약명 대계. 자계, 야홍화(野紅花), 산우방(山牛蒡)이라고도 한다.

사용부위 뿌리 또는 잎과 줄기를 약재로 쓴다. 큰엉겅퀴, 가는엉겅퀴, 바늘엉겅퀴도 함께 쓰인다.

채취와 조제 뿌리는 가을에, 잎과 줄기는 꽃이 필 때에 채취하여 햇볕에 말린다. 쓰기에 앞서 잘게 썬다.

성분 함유 성분에 대해서는 아직 밝혀진 것이 없다.

약효 해열, 지혈, 소종 등의 효능을 가지고 있다. 적용 질환은 감기, 백일해, 고혈압, 장염, 신장염, 토혈, 혈뇨, 혈변, 산후에 출혈이 멎지 않는 증세, 대하증 등이다. 종기의 치료에도 쓰인다.

용법 말린 약재를 1회에 2~4g씩 200cc의 물로 달이거나 가루로 빻아서 복용한다. 종기의 치료에는 생뿌리나 생잎을 짓찧어서 환부에 붙인다.

식용법 어린잎을 나물 또는 국거리로 한다. 쓰지 않고 맛이 좋은 편이다. 연한 줄기는 껍질을 벗겨 된장이나 고추장 속에 박아 두었다가 먹는다. 특히 좋은 국거리로 사용된다.

여뀌 역꾸 · 버들여뀌

Persicaria hydropiper SPACH | 여뀌과

물가에서 자라나는 한해살이풀이다.
줄기는 곧게 일어서고 가지를 치면서 60cm 정도의 높이로 자라는데 털이 거의 없고 홍갈색 빛을 띤다.
잎은 마디마다 서로 어긋나게 자리하며 피침 꼴이다. 잎의 양끝은 뾰족하며 가장자리에는 톱니가 없고 잔털이 배열되어 있다. 잎을 씹어보면 매운맛이 난다. 잎겨드랑이에는 짤막한 원통 꼴의 받침잎이 있다.
가지 끝에 이삭 모양으로 꽃이 모여 피는데 꽃의 수는 그리 많지 않으며 이삭 끝이 약간 처진다. 꽃잎은 없고 4~5갈래로 깊게 갈라진 꽃받침이 꽃잎처럼 보인다. 꽃의 지름은 2mm 안팎이고 빛깔은 희다.

개화기 6~9월

분포 전국적으로 널리 분포하고 있으며 냇가나 풀밭 등의 양지바르고 물기가 많은 곳에 난다.

약용법 생약명 수료(水蓼). 택료(澤蓼), 날료(辣蓼), 유료(柳蓼)라고도 부른다.

사용부위 뿌리를 포함한 모든 부분을 약재로 쓰는데 흰여뀌도 함께 쓰인다.

채취와 조제 꽃이 필 때 채취하여 햇볕에 말린다. 쓰기에 앞서 잘게 썬다.

성분 이소라멘틴(Isorhamentin), 페르시카린-7-메틸에테르(Persicarin-7-methylether), 폴리고디알(Polygodial), 타데오날(Tadeonal) 등이 함유되어 있다.

약효 지혈, 소종의 효능이 있다. 따라서 적용 질환은 이질, 설사, 장출혈, 각기, 월경과다, 월경이 멈추지 않는 증세, 타박상 등이다.

용법 말린 약재를 1회에 4~8g씩 200cc의 물로 뭉근하게 달여서 복용한다. 타박상의 치료를 위해서는 생풀을 짓찧어서 환부에 붙인다.

식용법 재배한 어린 싹을 생선회에 곁들여 먹는다. 이것은 본래 지닌 매운맛이 일종의 향신료 역할을 하여 비린내를 느끼지 못하게 하는 것이다.

연꽃 연

Nelumbo nucifera GAERT | 수련과

물에서 자라나는 여러해살이풀이다. 흙 속에 많은 마디를 가진 길고 굵은 뿌리줄기가 있다.
잎은 뿌리줄기의 마디에서 자라며 긴 잎자루는 물위를 높게 솟아오른다. 잎의 생김새는 둥근 방패꼴로 지름이 40cm를 넘으며 가장자리는 밋밋하다. 잎 표면에는 눈에 보이지 않는 잔털이 빽빽하게 있어 물이 떨어지면 방울처럼 둥글게 뭉쳐 굴러다닐 뿐 전혀 젖지 않는다.
꽃 역시 뿌리줄기의 마디에서 긴 꽃자루가 자라나 한 송이씩 핀다. 계란 꼴의 많은 꽃잎을 가지고 있는 꽃은 지름 20cm 안팎으로 빛깔은 희거나 또는 연분홍색이다. 꽃이 지고 난 뒤 깔때기 모양의 큰 열매를 맺는다.

개화기 7~8월

분포 인도가 원산인 식물로 고대에 불교의 도래와 더불어 들어온 것으로 보이며 전국에서 가꾸어지고 있다.

약용법 생약명 연자육(蓮子肉). 연실(蓮實), 우실(藕實), 연자(蓮子)라고도 한다.

사용부위 씨를 약재로 쓴다.

채취와 조제 씨가 익는 것을 기다려서 채취하여 햇볕에 말린다. 쓰기에 앞서 분쇄한다.

성분 씨에 아르메파빈(Armepavine), 누키페린(Nuciferine), 레메린(Roemerine)이 함유되어 있다.

약효 자양, 익신(益腎), 진정, 수렴, 지사 등의 효능이 있다. 적용 질환은 신체허약, 위장염, 소화불량, 불면증, 유정(遺精), 이질, 산후출혈이 멈추지 않는 증세 등이다.

용법 말린 약재를 1회에 4~8g씩 200cc의 물로 달이거나 가루로 빻아 복용한다.

식용법 뿌리줄기를 알맞은 두께로 썰어 조리거나 또는 튀김으로 해서 먹는다. 약간 아리면서 특수한 맛이 난다. 식초를 넣어 조리기도 한다. 연실이라 하는 씨를 날것으로 먹는데 밤처럼 맛이 고소하다. 중국에서는 설탕으로 조린 연실을 관광지 등에서 토산품으로 판매하고 있다.

오이풀 수박풀·외순나물

Sanguisorba officinalis L | 장미과

굵고 딱딱한 뿌리를 가진 여러해살이풀이다.
줄기는 곧게 서고 약간의 가지를 치면서 1.5m 정도의 높이로 자란다.
잎은 마디마다 서로 어긋나게 자리하고 있으며 깃털 모양의 겹잎으로 홀수의 잎 조각을 가진다. 일반적으로 5~13장으로 구성된 잎은 길쭉한 타원형으로 생겼으며 끝이 무디다. 가장자리에는 거친 톱니를 가진다. 잎겨드랑이에는 받침잎이 있는데 잎 조각과 흡사하게 생겼다.
줄기와 가지 끝으로부터 자란 긴 꽃자루 끝에 수많은 꽃이 둥글게 뭉쳐 핀다. 꽃잎은 없고 네 갈래로 갈라진 꽃받침이 꽃잎처럼 보인다. 꽃이삭의 길이는 2.5cm 안팎이고 빛깔은 붉은빛을 띤 어두운 보라색이다.

개화기 7~10월
분포 전국 각지에 널리 분포하며 산과 들판의 양지바른 풀밭에 난다.

약용법 **생약명** 지유(地楡). 백지유(白地楡), 적지유(赤地楡), 삽지유(澁地楡)라고도 한다.

사용부위 뿌리를 약재로 쓴다. 긴오이풀, 가는오이풀의 뿌리도 함께 쓰이고 있다.

채취와 조제 늦가을 또는 이른봄에 굴취하여 햇볕에 말려 잘게 썬다.

성분 산구이소르비게닌(Sanguisorbigenin)이라는 배당체가 함유되어 있다.

약효 지혈, 수렴, 해독 등의 효능을 가지고 있다. 적용 질환은 대장염, 이질, 설사, 토혈, 월경과다, 출산 후 출혈이 멈추지 않는 증세, 습진, 외상출혈 등이다.

용법 말린 약재를 1회에 2~4g씩 200cc의 물로 달이거나 가루로 빻아 복용한다. 외상출혈이나 습진에는 약재를 가루로 빻아 환부에 뿌린다.

식용법 이른봄에 어린잎을 나물로 먹기도 하고 뿌리를 잘게 썰어 쌀과 섞어 밥을 짓기도 한다. 쓴맛이 강하므로 데쳐서 잘 우려낸 다음 조리를 하는 것이 좋다. 잎과 꽃은 차로 달여 마시기도 한다.

왕고들빼기

Lactuca indica var. laciniata HARA | 국화과

한해살이 또는 두해살이풀이다.
줄기는 곧게 서서 높이 1.5~2m로 자라며 가지를 치지 않는다.
봄에 자라나는 잎은 땅거죽에 붙어 둥글게 배열되며 길쭉한 타원 꼴로 깃털 모양으로 거칠게 갈라진다. 줄기에서 자라나는 잎은 마디마다 서로 어긋나게 자리하고 피침 꼴로 역시 깃털 모양으로 깊고 얕게 갈라진다. 잎은 전체적으로 흰빛이 감도는데 가장자리의 부분은 약간 보랏빛을 띤다.
줄기 끝부분의 여러 잎겨드랑이로부터 많은 꽃대가 자라 올라와 각기 1~2송이의 꽃을 피운다. 지름은 2cm 안팎이고 빛깔은 흰빛에 가까운 노란빛이다. 줄기와 잎을 자르면 흰 즙이 흘러나온다.

개화기 7~9월
분포 전국 각지에 분포하며 산이나 들판에서 흔히 볼 수 있다.

약용법 생약명 백룡두(白龍頭). 고개채(苦芥菜), 토와거, 고마채(苦馬菜)라고도 한다.

사용부위 뿌리를 약재로 쓴다.

채취와 조제 봄에서 여름 사이에 굴취하여 햇볕에 말리거나 생으로 쓴다. 말린 것은 쓰기 전에 잘게 썬다.

성분 함유 성분에 대해서는 별로 밝혀진 것이 없다.

약효 해열, 소종 등의 효능을 가지고 있다. 따라서 적용 질환은 감기로 인한 열, 편도선염, 인후염, 유선염, 자궁염, 산후 출혈이 멎지 않는 증세 등이다. 그 밖에 종기의 치료에도 쓰이고 있다.

용법 말린 약재를 1회에 5~10g씩 200cc의 물로 반 정도가 되게 달여서 복용한다. 종기의 치료에는 생뿌리를 찧어서 환부에 붙인다.

식용법 봄에 일찍 어린잎을 따다가 나물로 무쳐 먹거나 생채로 간장에 찍어 먹는다. 상추와 같은 무리에 속하는 풀이다. 약간 쓴맛이 나지만 생채로 먹으면 구미를 돋우고 소화에도 도움이 된다.

왕원추리 겹원추리

Hemerocallis fulva var. Kwanso REGEL | 백합과

여러해살이풀로 굵은 뿌리의 끝이 둥글게 살찌는 성질이 있다.
길이 60cm에 가까운 줄 모양의 잎이 4~5장 뿌리로부터 자라며 밑동이 서로 감싸면서 양쪽으로 휘어진다. 잎의 뒷면은 약간 희게 보이며 너비는 1~2cm가량 된다.
잎 사이로부터 1m에 가까운 높이를 가진 꽃줄기가 자라 6~12송이의 꽃이 원뿌리 끌로 모여 아래부터 차례로 피어오른다. 10장 안팎의 꽃잎을 가지고 있는데 안쪽에 자리한 꽃잎이 바깥쪽에 자리한 꽃잎보다 작고 좁다. 꽃의 지름은 10cm 안팎이고 겹으로 피며 빛깔은 주황빛인데 안쪽에 한층 더 짙은 얼룩이 있다.

개화기 7~8월

분포 제주도를 포함한 중부 이남의 지역에서 관상용으로 키우고 있는데 중국이 원산이라고 한다.

약용법 **생약명** 훤초근(萱草根). 원초(湲草), 의남(宜男), 여총이라고도 한다.

사용부위 뿌리를 약재로 쓴다. 들원추리(Hemerocallis disticha DONN), 큰원추리(H. middendorffii TRAUT. et MEYER), 애기원추리(H. minor MILL), 향원추리(H. thunbergii BAKER)의 뿌리도 함께 쓰이고 있다.

채취와 조제 가을에 굴취하여 햇볕에 말린다. 쓰기에 앞서 잘게 썬다.

성분 아데닌(Adenin), 콜린(Cholin), 아르기닌(Arginin) 등이 함유되어 있다.

약효 이뇨, 소종 등의 효능이 있으며 여성의 몸을 보해준다고 한다. 적용 질환은 소변이 잘 나오지 않는 증세를 비롯하여 수종, 황달, 월경불순, 대하증, 월경과다, 젖이 나오지 않는 증세, 유선염 등이다.

용법 말린 약재를 1회에 2~4g씩 200cc의 물로 달여서 복용한다. 생즙을 내어 복용하는 것도 좋다.

식용법 어린순을 나물로 하거나 국에 넣어 먹는다. 감칠맛이 있으며 달다. 특히 고깃국에 넣으면 맛이 일품이다. 조리에 앞서 가볍게 데쳐 찬물에 헹구기만 하면 된다.

용둥굴레

Polygonatum involucratum MAX | 백합과

여러해살이풀로 땅 속을 옆으로 뻗어나가는 굵은 뿌리줄기를 가지고 있다. 줄기는 곧게 서서 40~50cm의 높이로 자라는데 가지는 치지 않는다. 5~6장의 잎은 서로 어긋나게 자리하고 있으며 짧은 잎자루를 가지고 있다. 그 생김새는 타원 꼴이거나 길쭉한 타원 꼴로 양끝이 뾰족하다. 5줄의 뚜렷한 잎맥이 규칙적으로 배열되어 있으며 뒷면은 흰빛이 감돌고 가장자리는 밋밋하다. 꽃은 위쪽 잎겨드랑이에 2송이씩 피는데 조개껍데기처럼 생긴 널따란 받침잎에 둘러싸여 있어 마치 한 송이처럼 보인다. 종 모양의의 꽃은 길이가 2cm쯤 되고 빛깔은 흰빛을 띤 초록색이다.

개화기 5~6월

분포 전국적으로 분포하고 있으며 산의 나무 그늘에 난다.

약용법

생약명 위유. 여위(女萎), 지절(地節), 옥죽(玉竹), 옥출(玉朮)이라고도 한다.

사용부위 뿌리줄기를 약재로 쓴다.

채취와 조제 가을 또는 봄에 굴취하여 그늘에서 말리거나 수증기로 쪄서 햇볕에 말린다. 쓰기 전에 잘게 썬다.

성분 뿌리줄기에 프룩탄(Fructan)과 오드라탄(Odratan)이 함유되어 있다.

약효 자양과 갈증을 멈추는 효능을 가지고 있으며 폐에 이로운 작용을 한다고 한다. 적용 질환은 허약체질, 폐결핵, 당뇨병, 마른기침, 심장쇠약, 빈뇨 등이다.

용법 말린 약재를 1회에 4~6g씩 200cc의 물로 양이 반 되게 달이거나 가루로 빻아 복용한다.

식용법 이른봄 잎이 펼쳐지기 전인 어린순을 나물로 무쳐 먹는다. 용둥굴레의 어린순은 맛이 담백하며 살짝 데치는 것이 맛을 살리는 요령이다. 날것을 기름에 볶아 소금으로 간을 해서 먹는 것도 좋은 방법이다.

우산나물

Syneilesis palmata MAX | 국화과

산의 숲 속에 나는 여러해살이풀이며 우산과 같이 생긴 큰 잎을 가지기 때문에 우산나물이라 한다.
생육상태가 좋을 때에는 60~90cm 높이의 줄기가 곧게 자란다.
줄기에는 다섯 갈래로 갈라진 잎 2장이 달린다. 잎은 지름이 15~20cm쯤 되고 손가락을 펼친 것처럼 7~9 갈래로 깊게 갈라지고 우산대처럼 긴 잎줄기를 가지고 있다. 갈라진 잎 조각의 가장자리에는 거친 톱니가 있고 뒷면은 흰빛이 감돈다. 줄기의 끝부분에 여러 송이의 꽃이 원뿌리 꼴로 모여 핀다. 지름 8~10mm이며 흰빛으로 피는 꽃은 꽃잎을 가지지 않는다.

개화기 7~8월

분포 전국 각지에 분포하고 있으며 깊은 산의 비탈진 나무 그늘에 난다.

약용법 **생약명** 토아산(兎兒傘). 산파초(傘把草), 파양산(破陽傘), 우산채(雨傘菜)라고도 한다.

사용부위 뿌리를 포함한 모든 부분을 약재로 쓰는데 애기우산나물도 함께 쓰이고 있다.

채취와 조제 가을에 채취하여 햇볕에 말리는데 생풀을 쓰는 경우도 있다. 말린 것은 쓰기에 앞서 잘게 썬다.

성분 함유 성분에 대해서는 별로 밝혀진 것이 없다.

약효 진통, 거풍, 소종, 해독 등의 효능이 있다. 적용 질환으로는 관절염, 뼈마디가 쑤시는 증세, 근육이 굳어져 감각이 없어지는 증세, 악성종기 등이다. 그 밖에 독사에 물렸을 때 해독약으로 쓰기도 한다.

용법 말린 약재를 1회에 3~6g씩 200cc의 물로 달이거나 약재를 10배의 소주에 담가 두었다가 복용한다. 종기와 독사에 물렸을 때에는 생풀을 짓찧어서 환부에 붙인다.

식용법 어린잎을 나물로 먹는다. 약간 좋지 않은 냄새가 나고 쓴맛이 나나 데쳐서 잠깐 우려내면 없어진다. 외모와는 달리 맛이 좋아 나물로 해 먹을 만하다.

원추리

Hemerocallis fulva L | 백합과

산의 양지 쪽 풀밭에 나는 여러해살이풀이다. 뿌리 끝에 노랗게 살찐 덩어리가 붙는다. 줄기는 없으며 뿌리로부터 자란 4~5장의 잎이 밑동에서 겹치고 윗부분은 좌우로 갈라져 휘어진다. 길쭉한 줄 꼴의 모습으로 생긴 잎의 길이는 50cm 안팎이며 끝쪽으로 점차 가늘어진다.

여름철을 맞이하여 잎 사이로부터 1m 정도의 높이를 가진 꽃줄기가 곧게 자라 올라와 끝에 6~8송이의 꽃이 매일 차례로 핀다. 꽃은 6장의 꽃잎으로 이루어지며 지름이 10cm 안팎이고 주황빛으로 피는데 중심부는 노랗다. 꽃이 지고 난 뒤에 세 개의 모를 가진 넓은 타원형의 열매를 맺는다.

개화기 6~7월

분포 왕원추리의 원종(原種)으로서 중국이 원산이라고 하는데 널리 관상용으로 심고 있다.

약용법 **생약명** 훤초근(萱草根). 의남(宜男), 원초(湲草)라고도 한다.

사용부위 뿌리를 약재로 쓴다.

채취와 조제 가을에 굴취하여 햇볕에 말리고 쓰기에 앞서 잘게 썬다.

성분 뿌리에 아르기닌(Arginin), 아데닌(Adenin), 콜린(Cholin) 등 아미노산류와 단백질을 함유하고 있다.

약효 여성의 몸을 보해주며 이뇨, 소종 등의 효능을 가지고 있다. 적용 질환으로는 소변이 잘 나오지 않는 증세, 수종, 황달, 대하증, 월경과다, 월경불순, 유선염, 젖 분비 부족 등이다.

용법 말린 약재를 1회에 2~4g씩 200cc의 물로 달여서 복용한다. 경우에 따라서는 생뿌리로 즙을 내어 복용하기도 한다.

식용법 어린순을 나물로 하거나 국에 넣어 먹는다. 달고 감칠맛이 나며 산나물 가운데에서는 맛이 좋은 종류로 손꼽힌다. 특히 고깃국에 넣으면 더욱 맛이 좋다. 조리에 앞서 데쳐서 찬물에 한 번 헹구기만 하면 된다. 날것을 그냥 기름에 볶아 먹는 것도 좋은 조리법이다.

윤판나물 큰가지애기나리

Disporum sessile D. DON | 백합과

둥굴레와 비슷한 외모를 가진 여러해살이풀이나 식물학상으로는 애기나리와 한 무리가 되기 때문에 뿌리줄기는 가늘고 짧다. 줄기는 곧게 서서 50cm 정도의 높이로 자라나 1~2개의 가지를 친다.
잎은 넓은 타원 꼴로 서로 어긋나게 자리하며 끝이 뾰족하고 밑동은 둥글다. 잎 길이는 10cm 안팎이고 잎맥이 평행인 상태로 배열되어 있다. 잎 가장자리는 밋밋하다. 꽃은 줄기 끝에 1~2송이가 피는데 아래를 향해 고개를 수그린다. 꽃의 생김새는 대롱 꼴이고 6장의 꽃잎으로 이루어진다. 꽃의 길이는 2cm 안팎이고 빛깔은 노랗다.

개화기 4~5월
분포 거의 전국적으로 분포하고 있으며 산록의 숲 속에 난다.

약용법 생약명 석죽근(石竹根)

사용부위 뿌리줄기와 뿌리를 약재로 쓰는데 큰애기나리(Disporum viridescens NAKAI)도 함께 쓰인다.

채취와 조제 여름부터 가을 사이에 굴취하여 햇볕에 말려서 그대로 쓴다.

성분 함유 성분에 대해서는 아직 밝혀진 것이 없다.

약효 기침을 멈추게 하고 폐를 보해주며 체한 것을 내리게 하는 효능이 있다. 적용 질환은 기침, 가래가 끓는 증세, 폐결핵, 식체, 장염 등이다.

용법 말린 약재를 1회에 5~10g씩 200cc의 물로 뭉근하게 달여서 복용한다. 600cc의 물에 3회분의 약재를 넣어 한꺼번에 달여서 하루 3회로 나눠 복용하는 것이 편리하다.

식용법 봄철에 어린순을 나물로 무쳐 먹거나 국거리로 한다. 둥굴레와 마찬가지로 부드럽고 맛이 달다. 가볍게 데쳐 한 차례 찬물에 헹구기만 하면 바로 간을 하거나 국에 넣을 수 있다. 큰애기나리와 외모가 비슷하고 거의 같은 자리에서 자라기 때문에 민간에서는 같은 종류로 오인하고 함께 다루는 것이 보통이다.

은방울꽃 초롱꽃·영란

Convallaria keiskei MIQ | 백합과

산지의 숲 속에 나는 여러해살이풀이다.
옆으로 뻗어나가는 땅속줄기와 많은 잔뿌리를 가지고 있다.
2~3장의 넓은 타원 꼴의 잎이 뿌리로부터 자라나오며 길이는 20cm 안팎이고 기다란 잎자루를 가진다.
잎 곁에서 꽃줄기가 자라나 7~8송이의 꽃이 일정한 간격으로 같은 방향을 향해 핀다. 꽃의 생김새는 방울과 같고 빛깔이 희기 때문에 은방울꽃이라고 한다. 꽃의 지름은 5mm 안팎이고 끝부분이 여섯 갈래로 갈라진다. 꽃이 지고 난 뒤에 물기 많은 둥근 열매를 맺는데 익어감에 따라 붉게 물든다.

개화기 5~6월

분포 거의 전국적으로 분포하고 있으며 산의 숲 속에 자라나는데 소나무 숲에서 많이 볼 수가 있다.

약용법

생약명 영란(鈴蘭). 초옥란(草玉蘭), 초옥령(草玉鈴)이라고도 부른다.

사용부위 뿌리를 포함한 모든 부분을 약재로 쓴다.

채취와 조제 꽃이 피었을 때 채취하여 햇볕에 말린다. 쓰기에 앞서 잘게 썬다.

성분 콘발라마린(Convallamarin), 콘발라톡신(Convallatoxin), 콘발라린(Convallarin), 크산소필(Xanthophyll) 등의 알칼로이드를 함유하고 있으며 독성 식물의 하나이다.

약효 강심, 이뇨 등의 효능이 있고 혈액의 순환을 돕는다. 적용 질환은 심장쇠약, 부종, 소변 잘 나오지 않는 증세, 타박상, 발삠 등이다.

용법 말린 약재를 1회에 1~4 g 의 물로 달이거나 가루로 빻아 복용한다.

식용법

독성분이 함유되어 있어 과식할 때에는 중독현상이 일어나 심장이 마비된다. 그럼에도 불구하고 일부 지방에서는 이른봄에 어린잎을 나물로 해먹는다. 이 경우 데친 것을 흐르는 물에 하루 이틀 담가서 우려내야 하는데 먹지 않는 것이 현명한 일이다.

자운영

Astragalus sinensis L | 콩과

비료용으로 논에서 가꾸어지는 두해살이풀이다.
한 포기에서 여러 대의 줄기가 자라나 땅을 기면서 사방으로 뻗어나간다.
잎은 마디마다 서로 어긋나게 자리하고 있으며 깃털 꼴로 4~5짝의 잎 조각을 가진다. 잎 조각의 생김새는 계란 꼴로 끝이 약간 패여 있고 가장자리는 밋밋하며 뒷면에 부드러운 털이 나 있다.
잎겨드랑이에서 자란 꽃자루에 꽃이 뭉쳐 핀다. 토끼풀의 꽃과 비슷하게 생겼으나 꽃의 수는 7송이 안팎으로 매우 적으며 빛깔이 분홍색이라는 점은 다르다. 뭉친 꽃의 지름은 2.5cm 안팎이다.

개화기 4~5월

분포 과거에는 비료용으로 재배했으나 오늘날에는 남부지방의 논두렁이나 밭가 등에 야생하고 있는 것을 볼 수 있다.

약용법 **생약명** 자운영(紫雲英). 교요(翹搖), 연화초(蓮花草), 쇄미제(碎米薺), 홍화채(紅花菜)라고도 한다.

사용부위 잎과 줄기를 약재로 쓴다.

채취와 조제 이른봄에 연한 싹을 채취하여 햇볕에 말리거나 생풀을 쓴다. 말린 것은 쓰기에 앞서 잘게 썬다.

성분 아스트라갈린(Astragalin), 카나바닌(Canavanine) 등의 배당체가 함유되어 있는 것으로 알려져 있다.

약효 해열, 해독, 이뇨, 소종 등의 효능을 가지고 있다. 적용 질환으로는 기침, 인후염, 안질, 류머티즘, 임질, 종기 등이다.

용법 말린 약재를 1회에 5~10g씩 적당량의 물로 달여 복용한다. 때로는 생즙을 내어 복용하기도 한다. 종기에는 생풀을 찧어서 환부에 붙이는 방법을 쓴다.

식용법 이른봄에 연한 순을 나물로 해 먹는다. 쓴맛이 없으므로 데쳐서 찬물에 한 번 헹구기만 하면 간을 할 수 있다. 마요네즈로 무치면 독특한 맛이 난다. 연한 순은 데치지 않고 튀김으로 해서 먹을 수도 있다.

잔대 딱주

Adenophora triphylla var. japonica HARA | 초롱꽃과

여러해살이풀로 온몸에 털이 있다. 도라지와 같은 굵은 뿌리를 가지고 있다. 줄기는 곧게 서서 60~120cm 정도의 높이로 자라는데 거의 가지를 치지 않는다. 이른 봄철에 뿌리로부터 자라나는 잎은 둥글고 긴 잎자루를 가지고 있다. 줄기에 생겨나는 잎은 길쭉한 타원 또는 계란 모양으로 극히 짧은 잎자루를 가지고 있다. 가장자리에는 톱니가 생겨나 있고 마디마다 4~5장씩 둥글게 자리하고 있다. 줄기 끝에 짧은 꽃자루가 둥글게 생겨나 종처럼 생긴 꽃이 많이 핀다. 꽃의 끝이 다섯 갈래로 갈라져 있고 길이는 13~22mm이다. 꽃의 빛깔은 보랏빛을 띤 하늘색이다.

개화기 8~10월

분포 전국적으로 널리 분포하고 있으며 산과 들판의 풀밭에 난다.

약용법

생약명 사삼(沙蔘). 백사삼(百沙蔘), 남사삼(南沙蔘)이라고도 부른다.

사용부위 뿌리를 약재로 쓴다. 넓은잔대, 당잔대, 층층잔대의 뿌리도 함께 쓰인다.

채취와 조제 가을에 굴취하여 햇볕이나 불에 쬐어 말린다. 쓰기에 앞서 잘게 썬다.

성분 사포닌(Saponin)과 이눌린(Inulin)이 함유되어 있다는 것 외에는 별로 알려진 것이 없다.

약효 진해, 거담, 강장, 소종 등의 효능을 가지고 있으며 또한 폐를 맑게 해주는 작용도 한다. 적용 질환은 폐결핵성의 기침, 일반적인 기침, 종기 등이다.

용법 말린 약재를 1회에 4~8g씩 200cc의 물로 달이거나 가루로 빻아 복용한다. 종기에는 생뿌리를 찧어 환부에 붙인다.

식용법 어린순은 쓴맛을 우려내어 나물로 먹으며 뿌리는 더덕처럼 살짝 두들겨 쓴맛을 우려낸 다음 고추장을 발라 구워 먹는다. 또한 생것을 고추장 속에 박아 장아찌로 해서 먹기도 한다.

장구채

Melandryum firmum ROHRB | 석죽과

두해살이풀이며 일반적으로 마디 부분은 검정빛이 감도는 보랏빛으로 물든다. 줄기는 두세 대가 함께 곧추 서고 가지를 치며 50cm 안팎의 높이로 자란다. 잎사귀는 마디마다 2장이 마주 자리하며 피침 꼴 또는 길쭉한 타원형으로 끝이 뾰족하고 가장자리는 밋밋하다.
꽃은 가지 끝과 끝에 가까운 잎겨드랑이에 여러 송이가 둥글게 배열된다. 끝이 다섯 갈래로 갈라진 원기둥 꼴의 꽃받침 위에 5장의 흰 꽃잎이 펼쳐지는데 꽃잎은 피침 꼴이고 끝이 두 갈래로 약간 패인다. 꽃받침에는 보라색 줄이 10줄가량 그려져 있다.

개화기 7월 중

분포 전국 각지에 널리 분포하며 산과 들판의 양지바른 풀밭에 난다.

약용법 **생약명** 왕불유행(王不留行). 불유행(不留行), 전금화(剪金花), 금잔은대(金盞銀臺)라고도 부른다.

사용부위 잎과 줄기의 모든 부분을 약재로 쓴다.

채취와 조제 여름에서 가을 사이에 채취하여 햇볕에 말린다. 쓰기에 앞서 잘게 썬다.

성분 함유 성분에 대해서는 별로 알려진 것이 없다.

약효 혈액 순환을 원활하게 하고 월경을 조절해주며 젖의 분비를 촉진시킨다. 그 밖에 비장(주로 백혈구를 만들고 묵은 적혈구를 파괴하는 기능을 가진 내장의 하나)을 보해주고 이뇨작용도 한다. 적용 질환은 월경불순, 젖 분비 안 됨, 부종, 어린아이의 빈혈 등이다.

용법 말린 약재를 1회에 3~7g씩 200cc의 물로 뭉근하게 달이거나 가루로 빻아 복용한다.

식용법 봄에 갓 자라나는 어린 싹을 캐어 끓는 물에 데쳐 찬물로 한 번 우려낸 다음 갖가지 양념으로 간을 맞추어 먹는다. 때로는 국거리로도 쓰인다. 쓴맛이 전혀 없으므로 장시간 우려낼 필요는 없다.

젓가락나물 젓가락풀 · 좀젓가락풀

Ranunculus chinensis BUNGE | 미나리아재비과

두해살이풀이며 독성 식물로 알려지고 있다. 온몸에 거친 털이 있고 많은 잔뿌리를 가지고 있다. 줄기는 곧게 서고 많은 가지를 치면서 60cm 안팎의 높이로 자란다. 잎은 세 갈래로 깊게 갈라지며 갈라진 조각은 다시 갈라진다. 갈라진 잎 조각은 쐐기꼴이고 끝이 뾰족하며 가장자리에는 거친 톱니가 나 있다. 줄기와 가지 끝에 7~8개의 꽃대가 자라나 각기 한 송이의 매화꽃과 같은 노란 꽃을 피운다. 꽃은 5장의 꽃잎으로 이루어지고 있으며 지름이 6~8mm이다.

개화기 7월 중

분포 전국 각지에 널리 분포하고 있으며 들판의 습한 땅에 난다.

약용법 생약명 회회산(回回蒜). 황화초(黃花草), 수호초(水胡椒), 토세신(土細辛)이라고도 한다.

사용부위 잎과 줄기를 약재로 쓴다.

채취와 조제 꽃이 필 때에 채취하여 햇볕에 말리거나 생풀을 쓰기도 한다. 말린 것은 쓰기에 앞서 잘게 썬다.

성분 프로토-아네모닌(Proto-anemonin)이 함유되어 있다. 이 물질은 독성분으로서 피부에 닿으면 강한 자극으로 물집이 생긴다.

약효 소염, 소종 작용을 하며 간에 영향을 준다. 적용 질환은 간염, 간경화증, 황달, 학질, 종기 등이다. 기타 치통이나 류머티즘으로 인한 통증의 치료에도 쓰인다.

용법 말린 약재를 1회에 1~3g씩 200cc의 물로 달여서 복용한다. 종기와 치통, 류머티즘으로 인한 통증에는 생풀을 짓찧어서 환부에 붙인다.

식용법 독성 식물이기는 하나 일부지방에서는 이른봄에 어린순을 나물로 먹는 일이 있다. 독성분을 없애기 위해 데쳐서 흐르는 물에 이틀 정도 담가 충분히 우려내야 한다. 맛이 뛰어나게 좋은 것도 아니므로 식용으로 사용하지 않는 것이 바람직하다.

제비꽃 오랑캐꽃

Viola mandshurica var. mandshurica HARA | 제비꽃과

가장 일찍 봄소식을 전해주는 여러해살이풀이다. 줄기는 서지 않고 여러 장의 잎이 땅거죽에 뭉친다.
잎의 생김새는 길쭉한 세모꼴에 가까운 피침 꼴로 잎 끝은 무디고 가장자리에는 작은 톱니를 가지고 있다. 날개와 같은 조직이 붙은 긴 잎자루를 가지고 있는데 이 잎자루는 꽃이 핀 뒤 한층 더 길게 자란다.
잎 사이로부터 여러 대의 꽃대가 자라나 크고 작은 5장의 꽃잎으로 이루어진 꽃을 피운다. 꽃의 지름은 1.5cm 안팎이고 빛깔은 짙은 보랏빛이다.
여름철에는 꽃이 피지 않으며 열매를 맺는 특이한 성질을 가지고 있다.

개화기 3~5월
분포 전국에 널리 분포하고 있으며 들판의 풀밭이나 길가와 인가 주변 등에 난다.

약용법 **생약명** 지정(地丁). 근근채(菫菫菜), 지정초(地丁草), 자화지정(紫花地丁), 전두초(箭頭草)라고도 한다.

사용부위 뿌리를 포함한 모든 부분을 약재로 쓴다. 호제비꽃(Viola yedoensis MAKINO), 서울제비꽃(V. seoulensis NAKAI) 등도 함께 쓰인다.

채취와 조제 5~7월에 뿌리째 채취하여 햇볕에 말리거나 생것을 쓴다. 말린 것은 쓰기에 앞서 잘게 썬다.

성분 메틸헤프틴 카보네이트(Methylheptine carbonate)를 함유한다.

약효 해독, 소염, 소종, 지사, 최토, 이뇨 등의 효능이 있으며 최면작용도 한다. 적용 질환은 설사, 소변이 잘 나오지 않는 증세, 임파선염, 황달, 간염, 수종 등이다. 기타 종기와 독사에 물린 상처의 치료에도 쓰인다.

용법 말린 약재를 1회에 5~10g씩 적당한 양의 물로 달이거나 가루로 빻아 복용한다. 그리고 종기와 독사에 물린 상처에는 생풀을 짓찧어 붙인다.

식용법 이른봄에 어린순을 뿌리와 함께 나물로 먹는다. 약간 쓴맛이 나므로 데쳐서 우려야 한다. 약간 미끈거리면서 산뜻한 맛이 있다. 닭고기와 함께 삶아 먹는 것도 좋은 조리법이다.

제비쑥 자불쑥

Artemisia japonica THUNB | 국화과

거의 가지를 치지 않고 곧게 자라 높이 60~90cm에 이르는 여러해살이풀이다. 몸 전체에 거의 털이 없으며 이른봄에 생겨나는 잎은 땅거죽에 거의 들러붙는 상태로 둥글게 자리한다. 줄기가 자라면서 생겨나는 잎은 마디마다 서로 어긋나게 자리한다. 잎은 모두 쐐기 꼴로 밑동이 좁고 끝이 넓어지며 넓어진 부분이 다섯 갈래로 얕게 갈라진다. 잎 가장자리에는 톱니가 없고 밋밋하다. 줄기의 끝부분에 생겨나는 잎은 줄 모양으로 매우 작다. 줄기 끝에서 여러 대의 꽃대가 자라 올라와 지름이 2mm 정도 되는 작은 꽃이 뭉쳐서 원뿌리 꼴의 꽃차례를 이룬다. 꽃잎은 없으며 빛깔은 연한 황색이다.

개화기 7~9월
분포 전국 각지에 분포하며 산의 메마른 땅에 난다.

약용법 생약명 모호(牡蒿). 취애(臭艾), 청호(靑蒿), 백화호(白花蒿), 유호(油蒿)라고도 한다.

사용부위 잎과 줄기를 약재로 쓴다.

채취와 조제 여름에서 가을 사이에 채취하여 햇볕에 말리는데 병에 따라서는 생풀을 쓰기도 한다. 말린 것은 쓰기에 앞서 잘게 썬다.

성분 함유 성분에 대해서는 밝혀진 것이 없으나 쑥과 흡사한 성분이 함유되어 있을 것으로 추측된다.

약효 해열, 발한, 소종 등의 효능이 있으며 간에 이롭다고 한다. 적용 질환은 감기, 학질, 폐결핵, 주기적인 발열현상, 편도선염 등이다. 그 밖에 습진이나 옴 또는 외상출혈 등의 치료약으로도 쓰인다.

용법 말린 약재를 1회에 2~4g씩 200cc의 물로 뭉근하게 달여서 복용한다. 습진, 옴, 외상출혈에 대해서는 생풀을 짓찧어서 환부에 붙인다.

식용법 어린순을 나물로 먹으며 죽이나 밥에 넣기도 한다. 또한 쑥과 함께 쑥떡을 만드는 재료로 쓴다. 쓴맛이 있어 데쳐서 몇 차례 물을 갈아가면서 충분히 우려낸 다음 조리할 필요가 있다.

조뱅이 조병이·자리귀·조바리

Cirsium segetum BUNGE | 국화과

발 가장자리나 물가에 흔히 나는 두해살이풀이다.
줄기는 곧게 서기는 하나 여러 개의 가지를 쳐서 넓게 퍼지며 높이는 30~50cm 쯤 된다. 잎은 비교적 좁은 간격으로 서로 어긋나게 자리하며 길쭉한 타원형이다. 잎 가장자리에는 거친 톱니를 가지는데 톱니마다 따가운 가시가 돋쳐 있고 뒷면에는 흰 털이 깔려 있다.
가지 끝마다 한 송이의 꽃이 피는데 꽃잎은 없고 연분홍색의 수술과 암술이 술 모양으로 뭉쳐 있다. 그 생김새는 엉겅퀴의 꽃과 흡사하며 꽃의 지름은 2.5cm 안팎이다.

개화기 5~8월

분포 전국 각지에 널리 분포하며 밭 가장자리나 물가 등에 난다.

약용법 생약명 소계. 자계, 자계채, 자각채라고도 한다.

사용부위 뿌리를 포함한 모든 부분을 약재로 쓴다.

채취와 조제 생육기간 중에는 어느 때든 채취할 수 있으며 햇볕에 잘 말려서 쓴다. 때로는 생풀을 쓰기도 한다. 말린 것은 쓰기에 앞서 잘게 썬다.

성분 함유 성분에 대해서는 별로 밝혀진 것이 없다.

약효 지혈의 효능이 있으며 멍든 피를 풀어준다. 적용 질환은 토혈, 혈뇨, 혈변, 코피가 흐를 때, 산후에 출혈이 멎지 않는 증세, 급성간염, 황달 등이다. 그 밖에 종기와 외상으로 인한 출혈의 치료에도 쓴다.

용법 말린 약재를 1회에 4~8g씩 알맞은 양의 물로 달이거나 가루로 빻아서 복용한다. 종기와 외상출혈에는 생풀을 짓찧어서 환부에 붙이는 방법을 쓴다.

식용법 봄에 어린순을 나물로 해먹거나 국을 끓여 먹을 수 있다. 전혀 쓴맛이 없어 먹을 만하다. 데쳐서 기름으로 볶아 조리하는 방법도 있다.

졸방제비꽃 졸방나물

Viola acuminata LEDEB | 제비꽃과

제비꽃 무리에서는 드물게 줄기가 서며 높이 30cm에 이르는 여러해살이풀이다. 한자리에서 여러 대의 줄기가 서서 포기로 자라며 잎은 마디마다 서로 어긋나게 자리한다. 계란형에 가까운 심장 모양의 잎은 긴 잎자루를 가지고 있다. 잎 가장자리에는 무딘 톱니가 나 있고 잎겨드랑이에는 깃털 모양으로 갈라진 꽤 큰 받침잎이 자리한다.

꽃은 줄기 끝에 가까운 잎겨드랑이로부터 자라나는 긴 꽃대에 한 송이씩 핀다. 크고 작은 5장의 꽃잎으로 구성되어 있으며 지름이 1cm 안팎이다. 꽃은 희게 피는데 아래쪽에 자리한 넓은 꽃잎에는 연보랏빛 줄무늬가 들어 있다.

개화기 5~6월

분포 전국 각지에 널리 분포하고 있으며 산의 약간 그늘지는 자리에 난다.

약용법

생약명 산지정(山地丁)

사용부위 잎과 줄기 모두를 한꺼번에 약재로 쓴다.

채취와 조제 여름부터 가을 사이에 채취하여 햇볕에 말린다. 쓰기에 앞서 잘게 썬다. 경우에 따라서는 생풀을 쓰기도 한다.

성분 함유 성분에 대해서는 별로 밝혀진 것이 없다.

약효 해열, 이뇨, 소종 등의 효능이 있다. 적용 질환은 감기, 기침, 소변이 잘 나오지 않는 증세, 종기 등이다.

용법 말린 약재를 1회에 4~8g씩 200cc의 물로 달여서 복용한다. 종기의 치료에는 생풀을 짓찧어서 환부에 붙인다.

식용법 제비꽃처럼 어린순을 나물로 해먹는다. 이른봄에 따게 되어 뿌리도 함께 캐게 된다. 부드럽고 달며 쓴맛이 전혀 없다. 그러므로 데쳐서 찬물에 한 번 헹구기만 하면 된다. 국에 넣어 먹기도 한다.

좀꿩의다리

Thalictrum hypoleucum NAKAI | 미나리아재비과

여러해살이풀로 빳빳한 줄기는 곧게 많은 가지를 치면서 1.2m 안팎의 높이로 자란다.
잎은 마디마다 서로 어긋나게 자리하고 있으며 두세 번 깃털 모양으로 갈라져 작고 많은 잎 조각을 가진다. 잎 조각의 생김새는 타원형으로 끝이 세 갈래로 얕게 갈라지는데 뒷면은 흰가루를 쓰고 있는 것처럼 보인다. 일반적으로 잎몸이 두텁다. 줄기 끝과 가지 끝에 많은 꽃이 원뿌리 꼴로 모여 핀다. 꽃잎은 없고 3~4장의 작은 꽃받침이 꽃잎처럼 보이며 실오리와 같은 많은 수술이 둥글게 뭉친다. 뭉친 수술의 지름은 1cm 안팎이고 빛깔은 노란빛을 띤 흰색이다.

개화기 7~9월

분포 전국적으로 널리 분포하며 산록지대의 풀밭에 난다.

약용법 생약명 마미연(馬尾連). 마미황연(馬尾黃連)이라고도 한다.

사용부위 뿌리줄기와 뿌리를 함께 약재로 쓴다. 아세아꿩의다리, 꿩의다리, 긴잎꿩의다리 등의 종류도 함께 쓰이고 있다.

채취와 조제 봄 또는 가을에 굴취하여 햇볕에 말린다. 쓰기에 앞서 잘게 썬다.

성분 타카토닌(Takatonine), 탈리크베린(Thalicberin), 탈리크틴(Thalictin), 베르베린(Berberine) 등이 함유되어 있다.

약효 해열, 소염 등의 효능이 있으며 적용 질환은 감기, 홍역, 복통, 설사, 이질, 종기 등이다.

용법 말린 약재를 1회에 1~3g씩 200cc의 물로 달여서 복용한다. 종기의 치료에는 약재를 가루로 빻아 기름에 개어서 환부에 바른다.

식용법 어린순을 나물 또는 국거리로 해서 먹는다. 독성 식물의 하나이므로 데쳐서 흐르는 물에 오래도록 우려낸 다음 조리할 것을 잊지 말아야 한다.

좁쌀풀 가는좁쌀풀

Lysimachia davurica LEDEB | 앵초과

땅속줄기가 길게 자라 번식되는 여러해살이풀이다.
온몸에는 거의 털이 없으며 줄기는 곧게 1m 안팎으로 자라는데 전혀 가지를 치지 않는다.
일반적으로 잎은 마디마다 서로 어긋나게 자리하고 있지만 때로는 한자리에 3~4장이 둥글게 배열되어 있기도 한다. 잎자루는 없으며 피침 모양으로 양끝이 뾰족하고 가장자리는 밋밋하다. 잎 표면에는 전체적으로 아주 작은 점이 산재하여 있다.
줄기 끝에 노란 꽃이 원뿌리 꼴로 뭉쳐서 모여 피는데 꽃의 지름이 1.2~1.5cm이고 5장의 꽃잎을 가진다.

개화기 7~8월

분포 전국 각지에 분포하며 산과 들판의 약간 습한 풀밭에 난다.

약용법 생약명 황속채(黃粟菜), 황연화(黃連花)라고도 한다.

사용부위 뿌리를 포함한 모든 부분을 약재로 쓴다.

채취와 조제 꽃이 피고 있을 때에 채취하여 햇볕에 말린다. 쓰기에 앞서 잘게 썬다.

성분 함유 성분에 대해서는 아직 밝혀진 것이 없다.

약효 진정효과가 있으며 혈압을 낮추어주는 효능이 있다. 적용 질환은 고혈압, 불면증, 두통 등이다.

용법 말린 약재를 1회에 3~6g씩 200cc의 물로 뭉근하게 달여서 복용한다. 경우에 따라서는 생즙을 마시는 일도 있다. 생즙을 내기 위해서는 1회에 30~60g 정도의 생풀을 써야 한다. 이 정도의 양은 말린 약재 3~6g을 달여서 복용하는 것과 마찬가지의 효과를 얻을 수 있다.

식용법 줄기가 자라나기 전인 이른봄에 어린순을 뜯어 나물로 무쳐 먹는다. 쓴맛은 없고 약간 매우면서 신맛이 난다. 나물로 할 때에는 데쳐서 찬물에 잠깐 우렸다가 양념을 담백하게 곁들인다. 다른 산나물과 섞어 비빔밥으로 먹어도 좋다.

주름잎 고추풀·선담배풀

Mazus japonicus KUNTZ | 현삼과

밭 가장자리 같은 곳에서 흔히 볼 수 있는 키작은 두해살이 또는 한해살이풀이다. 줄기는 자라면서 몇 개의 가지를 쳐 10cm 정도의 높이에 이른다. 때로는 20cm의 높이로 자라는 것도 있으나 일반적으로 낮게 사방으로 퍼진다. 마디마다 2장의 잎이 마주 자리하고 있으며 끝부분이 넓은 계란형으로 생겼다. 잎 가장자리에는 톱니라기보다는 주름에 가까운 무딘 결각을 가진다.
가지 끝에 여러 송이의 꽃이 이삭 모양으로 모여 차례로 피어오른다. 꽃은 대롱처럼 생겼고 끝이 입술 모양으로 갈라졌는데 윗입술은 작고 아랫입술은 크고 넓다. 꽃의 지름은 5mm 안팎이고 빛깔은 연보랏빛이다.

개화기 5~8월

분포 전국 각지에 널리 분포하며 뜰이나 밭 가장자리 등 별로 풀이 나 있지 않은 양지바른 자리에 난다.

약용법 **생약명** 통천초(通泉草)

사용부위 잎과 줄기를 약재로 쓴다. 누운주름잎도 함께 쓰이고 있다.

채취와 조제 여름 또는 가을에 채취하여 햇볕에 말리거나 생풀을 쓴다.

성분 함유 성분에 대해서는 아직 밝혀진 것이 없다.

약효 소염, 해독, 소종의 효능이 있으며 월경이 잘 나오게 하는 통경작용도 한다. 적용 질환으로는 월경불순, 종기, 화상 등이다.

용법 월경불순을 다스리기 위해서는 말린 약재를 1회에 5~10g씩 200cc의 물로 뭉근하게 달여서 계속 복용한다. 종기의 치료를 위해서는 생풀을 짓찧어서 환부에 붙이고 화상을 입었을 때에는 말린 약재를 곱게 가루로 빻아 뿌린다.

식용법 이른봄 어린순을 나물로 하거나 김치에 넣어 먹는다. 쓴맛이 없으므로 나물로 할 때에는 데쳐서 찬물에 한 번 헹구기만 하면 된다. 김치에 넣을 때는 날것을 쓴다.

중나리 단나리

Lilium pseudotigrinum CARR | 백합과

지름이 3~4cm쯤 되는 비늘줄기를 가지고 있는 여러해살이풀이다.
줄기는 가지를 치지 않으며 1m 안팎의 높이로 자란다.
많은 잎이 줄기 주위를 돌아가면서 어긋나게 자리하는데 잎줄기는 없다. 잎의 생김새는 줄 꼴에 가까운 피침 꼴로 길이는 10cm 안팎이고 끝이 뾰족하다.
줄기 끝에서 자란 2~10개의 꽃대에 각기 한 송이씩 넓게 벌어진 종 모양의 큰 주황색 꽃이 핀다. 꽃은 6장의 피침 모양의 꽃잎으로 이루어지며 뒤쪽으로 감겨 있다. 꽃잎의 안쪽에는 검은빛에 가까운 자갈색 반점이 산재해 있고 수술과 암술은 길게 밖으로 돌출한다. 꽃의 지름은 10cm 안팎이다.

개화기 7~8월

분포 전국적으로 분포하며 산의 양지 쪽 풀밭에 난다.

약용법 생약명 백합(百合). 야백합(野百合), 중상(重箱), 권단(卷丹)이라고도 한다.

사용부위 비늘줄기 즉 알뿌리를 약재로 쓴다. 털중나리, 참나리의 비늘줄기도 함께 쓰이고 있다.

채취와 조제 가을에 굴취하여 시루에 찐 다음 햇볕에 말린다.

성분 비늘줄기에 많은 녹말과 단백질, 지방을 함유하고 있으며 캡산신(Capsanthin)이라는 성분이 있다.

약효 해열, 진해, 해독, 강장 등의 효능이 있으며 마음을 가라앉혀 주고 폐에 이롭다. 적용 질환은 폐결핵, 기침, 열병 뒤의 여열, 기력이 쇠약하여 신경이 날카로워져 가슴이 뛰는 증세, 놀라고 마음이 몹시 두근거리는 증세, 폐렴, 신체허약증 등이다.

용법 말린 약재를 1회에 3~10g씩 200cc의 물로 달이거나 죽을 쑤어 복용한다.

식용법 봄 또는 가을에 비늘줄기를 캐어 구워 먹거나 양념을 해서 조려 먹는다. 비늘줄기를 넣어 끓인 죽은 환자를 위한 자양 강장식품으로 좋다.

쥐손이풀 쥐소니풀

Geranium sibiricum L | 쥐소니풀과

여러해살이풀이며 꽃이 지고 난 뒤에 학의 부리와 같은 긴 열매를 맺는다.
한자리에 여러 대의 가늘고 긴 줄기가 자라나 포기를 이룬다. 곧게 서지 못하는 줄기는 눕거나 비스듬히 자란다. 자라면서 여러 개의 가지를 쳐 1m 정도의 길이에 이른다.
마디마다 2장의 잎이 마주 자리하는데 손바닥 모양으로 3~5갈래로 깊게 갈라진다. 잎 가장자리는 결각과 같은 모양을 이룬다.
잎겨드랑이로부터 자란 긴 꽃대에 꽃이 피는데 아래쪽 잎겨드랑이에서 자란 꽃대에는 2송이, 위쪽의 것은 한 송이씩 핀다. 꽃은 5장의 둥근 꽃잎으로 이루어지며 지름이 1~1.2cm이고 빛깔은 연분홍색이다.

개화기 6~8월

분포 전국 각지에 널리 분포하며 산이나 들판의 풀밭에 난다.

약용법

생약명 노학초(老鶴草). 노관초(老官草), 오엽초(伍葉草), 현초(玄草), 즙우아(汁牛兒)라고도 한다.

사용부위 잎과 줄기를 약재로 쓴다. 선이질풀, 세잎쥐손이, 둥근이질풀, 이질풀 등도 함께 쓰인다.

채취와 조제 열매를 맺기 시작할 무렵에 채취하여 햇볕에 말리며, 잘게 썰어 쓴다.

성분 퀘르세틴(Quercetin), 타닌, 호박산 등이 함유되어 있다.

약효 수렴, 지사, 거풍, 해독 등의 효능을 가지고 있다. 적용 질환으로는 풍과 습기로 인한 팔다리의 통증, 손발의 근육이 굳어져 감각이 없어지는 증세, 설사, 이질 등이다.

용법 말린 약재를 1회에 2~8g씩 200cc의 물로 달여서 복용한다.

식용법 봄에 어린순을 나물로 하거나 국에 넣어 먹는다. 쓴맛이 강하므로 데쳐서 여러 차례 잘 우려낸 다음 조리를 해야 한다. 잎과 줄기를 달여서 항상 차처럼 마시면 위장이 튼튼해진다.

쥐오줌풀

Valeriana fauriei var. fauriei HARA | 마타리과

특이한 냄새를 풍기는 여러해살이풀이다.
줄기는 곧게 1m 이상의 크기로 자란다. 뿌리줄기는 약간 살쪄 있으며 별로 가지를 치지 않는다.
마디마다 2장의 잎이 마주 자리하며 깃털 모양으로 깊게 갈라진다. 갈라진 잎 조각은 줄 꼴에 가까운 피침 꼴이다. 잎 조각의 양끝이 뾰족하거나 위쪽의 끝이 무디며 가장자리에는 무딘 톱니가 있다. 잎의 질은 부드러운 편이다.
줄기 끝에 작은 꽃이 우산 모양으로 모여 피는데 그 생김새는 마타리나 뚜깔과 흡사한 모습이다. 꽃은 넓은 쟁반 모양이고 끝이 다섯 갈래로 갈라져 있다. 꽃의 지름은 3mm 안팎이고 빛깔은 분홍빛이다.

개화기 5~8월
분포 전국적으로 분포하고 있으며 산 속의 다소 습한 곳에 난다.

약용법 생약명 힐초근. 길초(吉草), 향초(香草), 녹자초(鹿子草)라고도 한다.

사용부위 뿌리를 약재로 쓴다. 털쥐오줌풀, 섬쥐오줌풀, 광릉쥐오줌풀도 함께 쓰인다.

채취와 조제 가을에 굴취하여 햇볕에 말리며, 쓰기에 앞서 잘게 썬다.

성분 보르네올(Borneol), 캄펜(Camphene), 발레라논(Valeranone), 발레리아닌(Valerianin), 카티닌(Chatinine) 등이 함유되어 있다. 발레리아닌과 카티닌은 진정작용을 한다.

약효 진정, 진경의 효능이 있다. 적용 질환은 가슴이 두근거리는 증세, 불안감, 심장병, 고혈압, 위통, 월경불순 등이다.

용법 말린 약재를 1회에 1~2g씩 200cc의 물로 달이거나 가루로 빻아 복용한다. 또한 약재를 10배의 소주에 담가 두었다가 매일 아침저녁으로 소량씩 마시는 것도 좋다.

식용법 이른봄에 어린순을 나물로 해 먹는다. 쓴맛이 있으므로 데친 뒤 찬물에 담가서 우려내는 것이 좋다.

지느러미엉겅퀴 엉거시

Carduus crispus L | 국화과

두해살이풀로 줄기와 가지에 잔가시가 돋친 지느러미와 같은 날개가 붙어 있다. 줄기는 곧게 서고 가지를 치면서 1m 안팎의 높이로 자란다
잎은 마디마다 서로 어긋나게 자리하며 피침 모양으로 생겼다. 잎 가장자리에는 많은 가시가 돋쳐 있으며 물결처럼 생긴 결각이 중간 정도의 깊이로 패여 있다. 줄기와 가지의 끝에서 갈라져 나간 많은 꽃대 위에 둥근 꽃이 한 송이씩 핀다. 꽃은 수술과 암술로만 이루어져 있으며 꽃잎은 없다. 꽃의 지름은 2~2.5cm이고 빛깔은 보랏빛을 띤 분홍빛이다.

개화기 6~10월

분포 원래 유럽이 원산지인 풀인데 귀화하여 전국 각지에 분포하고 있다. 주로 들판의 풀밭에 난다.

약용법 생약명 비렴(飛廉). 비렴호(飛廉蒿), 자타초라고도 부른다.

사용부위 잎과 줄기를 약재로 쓰는데, 흰지느러미엉겅퀴도 함께 쓰이고 있다.

채취와 조제 꽃이 피고 있을 때에 채취하여 햇볕에 말린다. 쓰기에 앞서 잘게 썬다.

성분 함유 성분에 대해서는 아직 밝혀진 것이 없다.

약효 해열, 소염, 지혈, 거풍 등의 효능을 가지고 있다. 적용 질환은 감기, 머리가 아프고 자꾸 부스럼이 나는 증세, 가려움증, 관절염, 요도염, 대하증 등이다. 그 밖에 타박상이나 화상의 치료에도 쓰인다.

용법 말린 약재를 1회에 3~6g씩 200cc의 물로 달이거나 가루로 빻아 복용한다. 또한 약재를 10배의 소주에 담가서 아침저녁으로 소량씩 복용하는 것도 좋다. 타박상에는 생풀을 짓찧어서 붙이고 화상에는 말린 약재를 검게 태워 환부에 붙인다.

식용법 어린 싹을 나물로 해먹는데 연한 줄기도 껍질을 벗겨 기름에 볶아 먹는다. 또한 껍질을 벗긴 줄기를 된장이나 고추장 속에 박아 두었다가 먹기도 한다.

지칭개 지칭개나물

Hemistepta lyrata BVNGE | 국화과

두해살이풀로 줄기의 끝에서 여러 대의 꽃대가 평행으로 갈라져 나가며 거의 가지를 치지 않는다.
줄기는 곧게 60~90cm 정도로 자라는데 세로 방향으로 많은 홈이 나 있다.
겨울을 지내고 난 잎은 땅거죽에 둥글게 배열되며 긴 잎자루를 가지고 있다. 줄기에서 자라나는 잎은 서로 어긋나게 자리잡고 있으며 일반적으로 잎자루를 가지지 않는다. 모든 잎은 깃털 모양으로 깊게 갈라지는데 전체적으로 끝쪽이 넓고 밑동쪽이 좁다. 가장자리에는 날카롭게 생긴 톱니가 있고 뒷면에는 흰솜털이 깔려 있다. 꽃대마다 한 송이씩 꽃이 피는데 꽃잎은 없으며 지름이 2cm 안팎이다. 꽃의 빛깔은 분홍빛이다.

개화기 5~7월

분포 전국적으로 분포하고 있으며 들판의 풀밭, 밭 가장자리, 논두렁 등에 난다.

약용법 생약명 이호채(泥胡菜), 야고마(野苦麻), 고마채(苦馬菜), 나미채라고도 한다.

사용부위 꽃을 포함한 모든 부분을 약재로 쓴다.

채취와 조제 꽃이 필 때에 채취하여 햇볕에 말린 다음 잘게 썰어서 쓴다.

성분 함유 성분에 대해서는 밝혀진 것이 없다.

약효 지혈과 건위, 소종 등의 효능을 가지고 있다. 적용 질환은 소화불량, 위염, 종기, 치루, 외상출혈 등이다.

용법 말린 약재를 1회에 4~6g씩 200cc의 물로 달여서 복용한다. 종기와 외상출혈에 대해서는 생풀을 짓찧어서 환부에 붙인다. 치루인 경우에는 위와 같은 요령으로 약재를 달인 물로 자주 환부를 닦아준다.

식용법 이른봄에 겨울을 난 싹을 뿌리째 캐어 나물로 해먹는다. 쓴맛이 없으므로 데쳐서 찬물에 한 번 헹구기만 하면 맛있게 조리할 수 있다. 때로는 국거리로 쓰기도 한다.

진황정 대잎둥굴레

Polygonatum falcatum A. GRAY | 백합과

여러해살이풀로 산의 숲 속에서 자란다.
짧고 거칠면서도 굵게 살찐 뿌리줄기를 가진다.
줄기는 약간 기울어진 상태로 곧게 자라나 높이 50~70cm에 이르며 가지를 치지 않는다. 잎은 서로 어긋나게 좌우 두 줄로 배열되며 넓은 피침 꼴로 대나무잎처럼 생겼다. 양끝이 뾰족하고 극히 짧은 잎자루를 가졌으며 잎 뒷면은 가루를 쓰고 있는 것처럼 희게 보인다. 잎의 길이는 10cm 안팎이다.
푸른빛을 띤 흰색의 꽃은 잎겨드랑이에 3~5송이씩 피는데 길이 2cm 정도의 대롱 모양이고 끝이 여섯 갈래로 갈라져 꽃잎을 이룬다. 꽃이 지고 난 뒤에 생겨나는 둥근 열매는 어두운 푸른색으로 익는다.

개화기 5~6월

분포 제주도와 울릉도를 포함한 남부지방에만 분포하며 산지의 숲 가장자리에 난다.

약용법 생약명 황정(黃精). 황지(黃芝), 토죽, 위유, 옥죽황정(玉竹黃精)이라고도 한다.

사용부위 뿌리줄기를 약재로 쓴다.

채취와 조제 봄 또는 가을에 굴취하여 시루에 쪄서 햇볕에 말리거나 불에 쬐어 말린다. 때로는 생으로 햇볕에 그냥 말려서 써도 좋다. 쓰기에 앞서 잘게 썬다.

성분 알칼로이드가 함유되어 있다는 사실은 밝혀져 있으나 상세한 것은 아직 밝혀지지 않고 있다.

약효 자양, 강장의 효능이 있으며 폐에 이롭다. 적용 질환으로는 신체 허약증, 폐결핵으로 인한 기침, 가슴이 답답한 증세, 당뇨병에 의한 갈증 등이다.

용법 말린 약재를 1회에 4~8g씩 200cc의 물로 천천히 달여서 마시거나 가루로 빻아 복용한다.

식용법 둥굴레와 마찬가지로 4월 중순부터 5월 상순 사이에 어린순을 나물로 무쳐 먹는다. 달고 맛이 좋다. 뿌리줄기에 많은 녹말이 함유되어 있으므로 옛날에는 말려서 갈무리하여 흉년에 대비했다고 한다.

질경이

Plantago asiatica var. densiuscula PILG | 질경이과

주변에서 흔히 볼 수 있는 여러해살이풀이다. 줄기는 서지 않으며 잎은 뿌리에서만 자란다.
잎은 계란형 또는 넓은 타원형으로 생겼으며 긴 잎자루를 가지고 있다. 잎 끝은 무디고 밑동은 둥글다. 잎의 가장자리는 밋밋한데 때로는 뚜렷하지 않은 톱니를 가지는 일도 있다. 잎의 길이는 4~15cm이고 7줄 안팎의 평행인 잎맥을 가진다. 한 뼘 정도의 높이를 가진 꽃줄기가 잎 사이로부터 자라나 작은 꽃이 이삭 모양으로 뭉쳐 핀다. 지름 2.5mm 안팎의 깔때기 모양인 꽃은 끝이 네 개로 갈라져 있으며 빛깔은 희다.

개화기 6~8월

분포 전국 각지에 널리 분포하며 풀밭이나 길가 등에 흔히 난다.

약용법 생약명 잎을 차전(車前)이라 하고 씨를 차전자(車前子)라고 한다.

사용부위 잎과 씨를 약재로 쓴다. 털질경이(Plantago depress WILLD), 왕질경이(P. japonica FR. et SAV), 개질경이(P. camtschatica CHAM)도 함께 쓰이고 있다.

채취와 조제 잎은 여름에 채취하여 햇볕에 말려서 썬다. 씨는 익는 대로 채취하여 햇볕에 말려 그대로 쓴다.

성분 플란타기닌(Plantaginin)과 아우쿠빈(Aucubin)이 함유되어 있다.

약효 잎과 씨는 모두 이뇨, 해열, 거담, 진해의 효능을 가지고 있다. 잎은 소변이 잘 나오지 않는 증세를 비롯하여 감기, 기침, 기관지염, 인후염, 황달, 간염, 혈뇨 등의 치료에 쓰인다. 씨는 방광염, 요도염, 임질, 설사, 기침, 간염, 고혈압의 치료약이 된다.

용법 말린 잎을 1회에 4~8g씩 물로 달여서 복용하고 씨는 1회에 2~4g씩 달이거나 가루로 빻아 복용한다.

식용법 봄부터 초여름까지 잎과 뿌리를 나물 또는 국을 끓여 먹으며 생잎을 쌈으로 먹기도 한다. 대표적인 산나물이며 데쳐서 말려 두었다가 겨울철에 먹기도 한다. 옛날에는 흉년을 넘기는 나물로 중요하게 여겨왔다.

질경이택사

Alisma orientale JUZEP | 택사과

물에 나는 여러해살이풀이다.
극히 짧은 뿌리줄기에서 많은 잔뿌리가 돋고 있으며 줄기는 없고 잎은 뿌리줄기로부터 5~6장이 자란다.
잎은 타원형으로 생겼으며 긴 잎자루를 가지고 있다. 잎의 길이는 10~20cm, 너비는 6~13cm 정도이며 밑동은 둥글고 끝이 뾰족하다. 가장자리는 밋밋하며 7줄의 평행으로 된 잎맥을 가지고 있다.
잎 사이로부터 90cm가량의 꽃줄기가 높이 자라 많은 꽃이 둥글게 배열되면서 우산 모양에 가까운 큰 꽃차례를 이룬다. 지름 1cm 안팎의 꽃은 3장의 꽃잎으로 구성되어 있으며 빛깔은 희다.

개화기 7~8월
분포 울릉도를 비롯한 전국 각지에 널리 분포하며 얕은 물 속에 난다.

약용법 **생약명** 택사(澤瀉). 택지(澤芝), 수사(水瀉)라고도 한다.

사용부위 덩이줄기[塊莖]를 약재로 쓰는데 택사(Alisma canaliculatum AL BRAUN. et BOUCHE)의 덩이줄기도 함께 쓰이고 있다.

채취와 조제 잎이 말라죽은 뒤에 굴취하여 햇볕에 말리고 껍질을 벗긴다. 쓰기에 앞서 잘게 썬다.

성분 자극성의 즙이 함유되어 있으므로 피부에 닿으면 물집이 생긴다. 자세한 성분은 밝혀져 있지 않다.

약효 이뇨, 지사, 지갈의 효능이 있다. 적용 질환은 방광염, 요도염, 신장염, 각기, 설사, 당뇨병, 고혈압 등이다.

용법 말린 약재를 1회에 3~5g씩 200cc의 물로 뭉근하게 달이거나 가루로 빻아 복용한다.

식용법 여름에 연한 잎을 나물로 먹는 고장이 있다. 독성의 즙이 함유되어 있으므로 데쳐서 여러 차례 잘 우려낸 다음 조리를 해야 한다. 또한 가을에 덩이줄기를 캐어서 조려 먹기도 하는데 역시 유독 성분을 잘 우려낼 것을 잊지 말아야 한다.

짚신나물

Agrimonia pilosa var. *japonica* NAKAI | 장미과

여러해살이풀로 굵은 뿌리를 가지고 있다.
온몸에 거친 털이 있는 줄기는 가지를 치면서 1m에 가까운 높이로 크게 자란다.
잎은 마디마다 서로 어긋나게 자리하며 깃털 꼴로 5~7장의 잎 조각을 가지는데 그 사이사이에 아주 작은 잎 조각이 자리하는 일이 많다. 잎 조각의 생김새는 길쭉한 타원 꼴 또는 피침 꼴로 가장자리에는 고르지 않은 톱니를 가지고 있다. 잎겨드랑이에는 새의 날개처럼 생긴 받침잎이 자리한다.
가지와 줄기의 끝에 생겨난 긴 꽃대 위에 많은 꽃이 이삭 모양으로 모여 핀다. 꽃은 5장의 노란 꽃잎으로 이루어져 있으며 지름은 7mm 안팎이다.

개화기 6~7월

분포 전국 각지에 널리 분포하며 산이나 들판의 풀밭에 난다.

약용법

생약명 용아초(龍牙草). 황룡아(黃龍牙), 황룡미(黃龍尾), 초룡아(草龍牙)라고도 한다.

사용부위 잎과 줄기를 약재로 쓴다. 산짚신나물(Agrimonia coreana NAKAI), 큰골짚신나물(A. eupatolia L)도 함께 쓰이고 있다.

채취와 조제 꽃이 피기 직전에 채취하여 햇볕에 말려서 잘게 썬다.

성분 잎과 줄기에 정유와 타닌이 들어 있고 뿌리에는 아그리모놀라이드(Agrimonolide)라는 성분이 있다.

약효 지사, 수렴, 지혈, 소염, 해독 등의 효능을 가지고 있다. 적용 질환은 각종 내출혈, 설사, 이질, 위궤양, 장염, 월경이 멎지 않는 증세, 대하증 등이다. 그 밖에 뱀에 물리거나 종기가 났을 때에도 쓰인다.

용법 말린 약재를 1회에 4~7g씩 200cc의 물로 달이거나 가루로 빻아 복용한다. 뱀에 물리거나 종기가 났을 때에는 생풀을 짓찧어서 환부에 붙인다.

식용법 이른봄에 어린 싹을 나물로 먹는다. 쓴맛이 강하므로 데쳐서 우려낸 다음 양념해서 먹는다.

차즈기 차조기·소엽

Perilla frutescens var. *acuta* KVDO | 꿀풀과

중국에서 들어온 한해살이풀이다.
몸 전체가 짙은 보랏빛을 띠며 좋은 냄새를 풍기고 있다. 줄기는 모가 져 있고 곧게 가지를 치면서 70~80cm 정도의 높이로 자란다. 잎은 마디마다 2장이 마주 자리하는데 넓은 계란 모양으로 생겼다. 잎 밑동은 둥글고 끝은 뾰족하며 가장자리에는 날카롭게 생긴 톱니를 가진다.
줄기와 가지의 끝과 그에 가까운 잎겨드랑이로부터 자란 긴 꽃대에 작은 꽃이 이삭 모양으로 모여 핀다. 짤막한 대롱 모양으로 생긴 꽃의 끝은 입술 모양으로 두 갈래로 갈라졌는데 아랫입술이보다 넓고 크다. 꽃의 길이는 6mm 안팎이고 빛깔은 연한 보랏빛이다.

개화기 8~9월
분포 밭에 심어 가꾸는데 때로는 인가 주변에 야생상태로 자라고 있는 것을 볼 수 있다.

약용법 **생약명** 잎은 자소엽(紫蘇葉)이라 또는 자소(紫蘇)라 하고, 씨를 소자(蘇子)라 한다.

사용부위 잎과 씨를 약재로 쓴다.

채취와 조제 잎은 꽃이 필 무렵에 채취하여 그늘에 말려 잘게 썬다. 씨는 가을에 털어 볕에 말려 그대로 쓴다.

성분 페릴알데히드(Perillaldehyde), 리모넨(Limonene), 시아닌(Cyanin), 페릴라 케톤(Perilla ketone), 에르솔지아 케톤(Ersholzia ketone) 등이 함유되어 있다.

약효 잎은 해열, 거담, 건위, 해독, 발한, 안태(安胎) 등의 효능을 가지고 있다. 적용 질환으로는 감기, 오한, 기침, 구토, 소화불량, 생선에 의한 중독, 태동 불안 등이다. 씨는 거담의 효능이 있고 폐와 장에 이로운 작용을 하는데 기침, 천식, 호흡곤란, 변비 등에 쓰인다.

용법 잎은 1회에 3~5g씩 달여서 복용하고, 씨는 1회에 2~4g을 달이거나 가루로 빻아 복용한다.

식용법 차즈기의 떡잎은 향신료로 생선회에 곁들인다. 덜 익은 열매와 연한 잎은 소금에 절여 저장식품으로 사용하기도 한다.

차풀

Cassia nomame SIEB. et ZUCC | 콩과

물가에 나는 한해살이풀이다. 줄기는 곧게 서고 많은 가지를 치면서 30~60cm의 높이로 자란다. 잎은 마디마다 서로 어긋나게 자리하며 1cm 안팎의 길이를 가진 잎 조각이 깃털 모양으로 좁게 두 줄로 배열된다. 잎 조각의 생김새는 피침꼴이고 끝이 뾰족하며 가장자리는 밋밋하다. 잎겨드랑이에는 송곳과 같은 생김새의 받침잎이 나 있다.

꽃은 잎겨드랑이로부터 자란 짤막한 꽃자루에 1~2송이씩 핀다. 5장의 꽃잎으로 이루어진 나비 모양의 꽃은 크기가 6~7mm이고 빛깔은 주황빛을 띤 노란색이다.

꽃이 지고 난 뒤에 3cm 정도의 길이를 가진 꼬투리가 생겨난다.

개화기 7~8월

분포 전국 각지에 널리 분포하며 냇가나 강가 또는 둑이나 절개지 등에 난다.

약용법 생약명 산편두(山扁豆). 산다엽(山茶葉), 수조각이라고도 부른다.

사용부위 잎과 줄기를 약재로 쓴다.

채취와 조제 초가을에 채취하여 햇볕에 말려서 잘게 썬다.

성분 열매에 에모딘(Emodin)이라는 안트라퀴논(Anthraquinone) 유도체를 함유하고 있다.

약효 이뇨의 효능을 가지고 있으며 간장과 비장에 이롭다고 한다. 적용 질환으로는 소변이 잘 나오지 않는 증세를 비롯하여 수종, 각기, 소화불량, 황달, 만성변비 등이다.

용법 말린 약재를 1회에 3~6g씩 200cc의 물로 천천히 달이거나 가루로 빻아 복용한다.

식용법 초가을에 열매와 함께 잎과 줄기를 채취하여 말려 두었다가 달여서 차로 마신다. 말린 것을 검게 변할 정도로 불에 볶아 달이면 커피 못지 않은 향기와 맛이 난다. 초가을까지 어린순을 나물이나 국거리 또는 튀김으로 해서 먹어도 좋다. 쓰지 않으므로 나물로 할 때만 데치고 국거리나 튀김에는 날것을 쓴다.

참나리 나리·알나리

Lilium lancifolium THUNB | 백합과

여러해살이풀로 우리나라에 나는 백합류 가운데에서 가장 대표적인 종류이다. 땅 속에 지름이 5~8cm나 되는 큰 비늘줄기를 가지고 있다. 굵고 실한 줄기는 곧게 서서 1.5m 안팎의 높이로 자라며 전혀 가지를 치지 않는다. 줄기는 자갈색이며 위쪽 부분에는 흰 솜털이 산재한다.

피침 모양의 많은 잎이 좁은 간격으로 줄기를 돌아가면서 어긋나게 자리하는데 길이는 5~15cm가량이다.

줄기 끝에 3~10송이의 꽃이 피는데 지름이 10cm 안팎이고 꽃잎 안쪽에 검은 반점이 산재한다. 빛깔은 주황빛이다. 잎겨드랑이마다 검은 주아(珠芽)가 생겨 땅에 떨어지면 새로운 개체로 자란다.

개화기 7~8월

분포 전국 각지에 널리 분포하며 산지의 양지 쪽 풀밭에 난다.

약용법 생약명 백합(百合). 권단(卷丹), 야백합(野百合), 중상(重箱)이라고도 한다.

사용부위 비늘줄기(鱗莖)를 약재로 쓰는데 중나리의 비늘줄기도 함께 쓰이고 있다.

채취와 조제 가을에 굴취하여 시루에 쪄서 햇볕에 말린다.

성분 꽃에 카프산틴(Capsanthin)이라는 카로테노이드(Carotenoid) 계의 색소가 함유되어 있고 비늘줄기에는 많은 녹말과 글루코만난(Glukomannan), 비타민 C 등이 함유되어 있어서 영양가가 높다.

약효 강장, 진해, 거담, 건위 등의 효능을 가지고 있다. 적용 질환은 신체 허약증, 폐결핵, 산후의 회복 부진, 각기, 기침, 놀라고 두려워서 마음이 몹시 두근거리는 증세 등이다.

용법 말린 약재를 1회에 4~10g씩 200cc의 물로 달이거나 죽을 쑤어 복용한다.

식용법 봄이나 가을에 비늘줄기를 캐어 구워 먹거나 조려 먹기도 한다. 또 지짐이의 재료로도 쓴다. 비늘줄기를 넣어 끓인 죽은 허약한 사람이나 환자를 위한 자양 강장식품으로 매우 좋다.

참당귀

Angelica gigas NAKAI | 미나리과

비교적 습한 땅에 나는 두해살이 또는 세해살이풀이다.
살찐 뿌리에는 젖빛 즙을 함유하고 있으며 강한 향을 풍긴다.
줄기는 굵고 곧으며 2m 안팎의 높이로 자라면서 약간의 가지를 친다.
큰 잎은 마디마다 서로 어긋나게 자리하며 한 번 또는 두 번씩 세 갈래로 갈라진다. 갈라진 잎 조각은 3~5갈래로 다시 중간 정도의 깊이로 갈라진다. 잎 가장자리에는 날카로운 생김새의 톱니가 생겨나 있다. 잎자루의 밑동은 넓게 펴져 줄기를 완전히 감싼다.
줄기와 가지 끝에 달리는 작은 꽃이 무수히 뭉쳐 우산 모양을 이루면서 핀다. 보랏빛 꽃은 5장의 꽃잎을 가지고 있으며 지름은 3mm 안팎이다.

개화기 8~9월
분포 전국적으로 분포하며 산지의 계곡이나 습한 땅에 난다.

약용법 생약명 당귀(當歸). 문귀(文歸), 대근(大芹), 건귀(乾歸)라고도 부른다.

사용부위 뿌리를 약재로 쓴다.

채취와 조제 가을 또는 봄에 굴취하여 햇볕에 말려서 잘게 썬다.

성분 뿌리에 각종 배당체가 함유되어 있다고 하나 더 자세한 성분은 밝혀지지 않고 있다.

약효 보혈, 진정 그리고 월경을 고르게 하는 조경(調經) 등의 효능이 있으며 멍든 피를 풀어주기도 한다. 적용 질환은 신체허약, 두통, 현기증, 관절통, 복통, 변비, 월경불순, 타박상 등이다.

용법 말린 약재를 1회에 2~4g씩 200cc의 물로 천천히 달이거나 가루로 빻아 복용한다.

식용법 이른봄에 어린순을 나물로 해먹는다. 약간 매운맛이 있기는 하지만 향긋하며 씹히는 맛이 좋다. 쓴맛이 없으므로 조리할 때 데쳐서 찬물에 한두 번 헹구기만 하면 된다.

참마

Dioscorea japonica THUNB | 마과

여러해살이 덩굴풀이며 땅속에 굵고 긴 덩이뿌리[塊根]를 가지고 있다.
줄기는 가늘고 길며 다른 풀이나 나무를 감아 올라간다.
마디마다 2장의 잎이 마주 자리하며 길쭉한 계란 꼴로 생겼으며 밑동 부분은 넓게 퍼져 심장 꼴을 이룬다. 긴 잎자루를 가졌고 가장자리에는 톱니가 없이 밋밋하다. 암꽃과 수꽃이 따로 피며 잎겨드랑이에서 자란 꽃대에 이삭 모양으로 뭉친다. 암꽃이 모인 이삭은 아래로 늘어지고 수꽃 이삭은 곧게 선다. 꽃의 지름은 2mm 안팎이고 빛깔은 희다. 잎겨드랑이에 주아(珠芽)가 생겨 땅에 떨어지면 싹이 터서 새로운 풀로 자란다. 꽃이 지고 난 뒤에는 3개의 날개로 이루어진 열매가 달린다.

개화기 6~7월

분포 전국 각지에 분포하며 산지의 덤불 속이나 풀밭에 난다.

약용법 생약명 산약(山藥). 산여, 서여, 서약(薯藥)이라고도 한다.

사용부위 덩이뿌리를 약재로 쓴다.

채취와 조제 가을 또는 이른봄에 굴취하여 껍질을 벗긴 다음 햇볕이나 불에 쬐어 말린다. 쓰기에 앞서 잘게 썬다.

성분 덩이뿌리에 야모게닌, 크리프토게닌, 디오스게닌 등의 배당체가 함유되어 있다.

약효 자양, 익정(益精), 지사 등의 효능이 있고 폐와 비장에 이롭다. 적용 질환으로는 신체가 허약한 증세를 비롯하여 폐결핵, 당뇨병, 야뇨증, 정액고갈, 유정(遺精), 대하증, 빈뇨 등이다.

용법 말린 약재를 1회에 3~6g씩 200cc의 물로 달이거나 가루로 빻아 복용한다.

식용법 덩이뿌리를 강판에 갈아서 달걀 노른자와 약간의 간장을 곁들여 먹는다. 자양분이 많아 건강식으로 우수하다. 중국요리에는 이것을 알맞은 크기로 썰어 기름으로 튀겨서 물엿을 입힌 것이 있다.

참반디

Sanicula chinensis BUNGE | 미나리과

음지에 나는 여러해살이풀이다. 줄기는 곧게 서고 가지를 치면서 30~50cm의 높이로 자란다.
이른봄에 자라나는 잎은 뿌리에서부터 나오며 긴 잎자루를 가지고 있다. 줄기가 자라면서 생겨나는 잎은 짧은 잎자루를 가졌고 마디마다 서로 어긋나게 자리한다. 잎은 모두 세 갈래로 깊게 갈라진다. 줄기 아래쪽 양가에 자리한 잎 조각이 다시 깊게 두 갈래로 갈라지기도 한다. 잎 조각 가장자리에는 거친 생김새의 톱니가 있다. 잎 표면에는 주름이 많고 뒷면에는 잎맥이 뚜렷이 보인다.
가지와 줄기 끝에서 두세 대의 짧은 꽃대가 자라나 여러 송이의 작은 꽃이 둥글게 뭉쳐 핀다. 꽃의 지름은 3mm 안팎이고 빛깔은 희다.

개화기 7월 중

분포 전국적으로 분포하고 있으며 산의 나무 그늘에 난다.

약용법 생약명 변두채(變豆菜)

사용부위 뿌리를 약재로 쓴다.

채취와 조제 가을에 굴취하여 햇볕에 말린다. 쓰기에 앞서 잘게 썬다.

성분 함유 성분에 대해서는 아직 밝혀진 것이 없다.

약효 이뇨, 거담, 해열의 효능을 가지고 있다. 적용 질환은 감기, 기관지염, 천식, 소변이 잘 나오지 않는 증세 등이다.

용법 말린 약재를 1회에 2~3g씩, 200cc의 물로 뭉근하게 달이거나 가루로 빻아 복용한다.

식용법 이른봄에 어린순을 나물로 해서 먹는다. 참나물과 비슷한 모양이나 맛은 좀 떨어진다. 담백하며 쓴맛이 없으므로 가볍게 데쳐서 찬물에 담갔다가 조리를 하면 된다. 자생지에 따라서 많은 개체가 군락을 이루는 일이 있는데 이러한 경우 데쳐서 말려 두었다가 겨울철에 먹거나 흉년에 대비하는 식품으로 삼기도 한다.

참산부추 산부추

Allium sacculiferum MAX | 백합과

여러해살이풀로 땅 속에 계란 모양의 작은 알뿌리를 가지고 있다. 온몸에서 부추와 흡사한 냄새를 풍기며 줄기를 가지지 않는다. 알뿌리로부터 2~3장의 길쭉한 줄 모양의 잎이 자란다. 잎의 길이는 40~50cm 정도이고 단면이 둥글면서도 약간 편평하다. 잎 사이에서 길이 60cm쯤 되는 꽃줄기가 자라 올라와 그 끝에 많은 꽃이 파의 꽃과 같은 모양으로 둥글게 뭉쳐 핀다. 뭉친 꽃의 지름은 3~4cm이다. 꽃은 6장의 꽃잎을 가지고 있으며 빛깔은 분홍빛을 띤 보라색이다.

개화기 7~9월

분포 제주도를 비롯하여 전국 각지에 널리 분포한다. 낮은 산의 양지 쪽 풀밭에서 여러 포기씩 모여 자란다.

약용법 **생약명** 해백. 야산(野蒜), 소산(小蒜)이라고도 한다.

사용부위 알뿌리를 약재로 쓴다.

채취와 조제 봄 또는 가을에 굴취하여 잎과 뿌리를 제거한 후 햇볕에 말리거나 생것을 쓴다. 꽃이 피는 여름에 굴취해도 유용하며 말린 것은 쓰기에 앞서 잘게 썬다.

약효 몸 속을 따뜻하게 해주며 진통, 거담 등의 효능을 가지고 있다. 적용 질환은 천식, 소화불량, 늑간(肋間) 신경통, 가슴앓이, 협심증 등이다.

용법 말린 약재를 1회에 2~4g씩, 200cc의 물로 달이거나 가루로 빻아 복용한다. 신경통에는 생 알뿌리를 짓찧어 즙을 내어서 환부에 바른다.

식용법 이른봄에 갓 자란 어린잎을 알뿌리와 함께 캐어 생채로 해서 먹는다. 달래와 흡사한 맛으로 입맛을 돋우어 준다. 또한 달래와 함께 지짐이에 넣는 재료로 애용된다. 실부추 · 산달래 · 한라부추도 같은 방법으로 먹는데 입맛을 좋게 하는 향신료로 이용한다.

참소루쟁이 소루쟁이

Rumex japonicus HOUTT | 여뀌과

여러해살이풀로 누렇고 굵은 뿌리를 가지고 있다.
줄기는 곧게 서고 약간의 가지를 치면서 1m 안팎의 높이로 자란다.
이른봄에 자라나는 잎은 길쭉한 타원 꼴로 땅거죽에 둥글게 배열된다. 줄기에 생겨나는 잎은 길쭉한 타원에 가까운 피침 꼴로 마디마다 서로 어긋나게 자리하고 있으며 가장자리에는 약간의 물결과 같은 주름이 잡히면서 아주 작은 톱니가 나 있다. 잎이 매우 크지만 부드럽고 연하다. 줄기와 가지 끝에 작은 꽃이 둥글게 뭉쳐 층을 이루면서 핀다. 꽃잎은 없고 6장의 꽃받침을 가지며 지름은 3mm 안팎이고 빛깔은 초록빛이다.

개화기 5~7월

분포 전국 각지에 널리 분포하며 들판의 약간 습한 풀밭에 난다.

약용법 생약명 양제(羊蹄). 야대황(野大黃), 토대황, 양제대황, 우설근(牛舌根)이라고도 한다.

사용부위 뿌리를 약재로 쓴다. 소루쟁이, 가는잎소루쟁이의 뿌리도 함께 쓰이고 있다.

채취와 조제 초가을에 굴취하여 물로 씻은 다음 햇볕에 말려서 잘게 썬다.

성분 뿌리에 크리소파놀(Chrysophanol)과 프란굴라에모딘(Frangulaemodin), 수산(蓚酸, Oxalic acid) 등이 함유되어 있다.

약효 이뇨, 지혈, 통변, 소종 등의 효능이 있다. 적용 질환은 변비, 소화불량, 장염, 황달, 간염, 자궁출혈, 토혈 등이다. 또 종기와 옴, 류머티즘 등의 치료약으로도 쓰인다.

용법 말린 약재를 1회에 4~6g씩 200cc의 물로 달여서 복용한다. 종기와 옴, 류머티즘에는 생뿌리를 짓찧어서 환부에 붙인다.

식용법 어린잎을 나물로 하거나 국에 넣어 먹는다. 부드럽고 감칠맛이 있으며 특히 고깃국에 넣으면 맛이 훌륭하다. 국에 넣을 때에는 데치지 않아도 된다.

참취 취나물·암취

Aster scaber THUNB | 국화과

여러해살이풀로 온몸이 껄껄하다.
줄기는 곧게 서서 1.5m 정도의 높이로 자라며 약간의 가지를 친다.
잎은 마디마다 서로 어긋나게 자리하며 심장 꼴 또는 길쭉한 심장 꼴로 가장자리에는 고르지 않은 톱니를 가지고 있다. 줄기의 아래쪽에 자리한 잎은 날개와 같은 조직이 달린 긴 잎자루를 가진다. 위쪽에 나는 잎은 긴 계란 꼴 또는 피침 꼴로 잎자루는 아주 짧다. 줄기와 가지 끝에 많은 꽃이 우산 모양으로 모여 핀다. 꽃은 6~7장의 흰 피침 모양의 꽃잎으로 이루어지며 지름은 1.8~2.4cm이다.

개화기 8~10월
분포 전국 각지에 널리 분포하며 산록지대의 양지 쪽 풀밭에 난다.

약용법 **생약명** 동풍채근(東風菜根). 산백채(山白菜), 백운초(白云草)라고도 부른다.

사용부위 뿌리를 약재로 쓴다.

채취와 조제 늦가을 또는 이른봄에 굴취하여 햇볕에 말려서 잘게 썬다.

성분 함유 성분에 대해서는 별로 밝혀진 것이 없다.

약효 진통, 해독의 효능을 가지고 있으며 혈액순환을 촉진시키는 작용을 한다. 적용 질환은 근골통증, 요통, 두통, 장염으로 인한 복통, 인후염 등이다. 타박상이나 뱀에 물렸을 때에도 치료약으로 쓴다.

용법 말린 약재를 1회에 5~10g씩 200cc 정도의 물로 뭉근하게 달이거나 가루로 빻아 복용한다. 타박상이나 뱀에 물렸을 때에는 생뿌리를 짓찧어서 환부에 붙이거나 말린 약재를 가루로 빻아 기름에 개어서 바른다.

식용법 흔히 말하는 취나물로 대표적인 산나물이다. 어린잎을 나물이나 쌈으로 해서 먹는다. 쓴맛은 없고 다소 매운맛이 있어 가볍게 데쳐 찬물에 담갔다가 사용한다. 데쳐서 말려두었다가 수시로 나물로 무쳐 먹는데 이러한 방법으로 쓰이는 것을 묵나물[陳菜]이라고 한다. 정월 대보름날에 먹는 취나물이 바로 이것이다.

천남성 천사두초

Arisaema amurense var. serratum NAKAI | 천남성과

숲 속에 나는 여러해살이풀이다. 땅 속에 납작한 알뿌리를 가지고 있다.
굵은 줄기가 50cm 정도의 높이로 자라면서 크고 작은 2장의 잎을 펼친다. 줄기는 푸른빛인데 보라색 얼룩무늬가 들어 있다. 잎은 새 발가락 모양으로 5~11조각으로 갈라지고 갈라진 잎 조각은 긴 타원 꼴 또는 피침 꼴로 양끝이 뾰족하며 가장자리는 밋밋하다. 꽃잎을 가지지 않은 암꽃과 수꽃이 각기 아래위로 갈라져 막대기처럼 뭉쳐 있는데 대롱 모양의 큰 꽃받침으로 둘러싸여 있어서 잘 보이지 않는다. 꽃받침에는 푸르고 흰줄이 규칙적으로 배열되어 있으며 길이는 10cm 안팎이며 끝의 일부가 길게 자라 뚜껑처럼 꽃을 덮고 있다.

개화기 5~6월

분포 전국적으로 분포하고 있으며 산의 숲 속에 난다.

약용법

생약명 천남성(天南星). 남성(南星), 호장(虎掌), 반하정(半夏精)이라고도 한다.

사용부위 알뿌리를 약재로 쓴다. 둥근잎천남성, 점박이천남성, 넓은잎천남성, 두루미천남성의 알뿌리도 함께 쓰이고 있다.

채취와 조제 늦가을에 굴취하여 껍질을 벗긴 다음 햇볕에 말려서 잘게 썬다.

성분 알뿌리에 녹말과 유독성의 사포닌(Saponin)을 함유한다.

약효 거풍, 거담, 소종 등의 효능이 있다. 적용 질환은 중풍, 반신불수, 안면신경마비, 간질병, 임파선종양, 파상풍, 종기 등이다.

용법 말린 약재를 1회에 1~1.5g씩 물로 달이거나 가루로 빻아 복용한다. 종양이나 종기에는 약재를 가루로 빻아 기름에 개어서 환부에 바른다.

식용법

독성이 강하나 알뿌리에 많은 녹말이 들어 있기 때문에 일부 지방에서는 어린순과 함께 오랜 시간 끓여서 유독성분을 제거하여 먹고 있으나 위험하므로 피하는 것이 좋다.

춘란 보춘화

Cymbidium virescens LINDL | 난초과

여러해살이풀로 이른봄에 꽃이 피기 때문에 춘란 또는 보춘화(報春花)라고 한다. 줄기 대신 가덩이줄기[假球莖]를 가졌으며 여기에서 굵은 흰 뿌리가 사방으로 뻗는다.
밑동에서 서로 겹친 4~5장의 잎이 좌우로 길게 늘어진다. 잎은 줄 모양으로 빳빳하게 생겼으며 가장자리에는 아주 작은 거친 톱니가 나 있다.
꽃은 가덩이줄기의 곁에서부터 자란 연한 꽃줄기 끝에 한 송이씩 핀다. 5장의 피침 모양의 꽃잎과 혀처럼 살이 두터운 입술꽃잎[脣瓣]으로 구성된 꽃의 지름은 3~4cm쯤 된다. 꽃잎은 노랑빛을 띤 초록색인데 입술꽃잎은 희고 붉은 점이 있다. 이 춘란 중에는 입술꽃의 빛깔이 붉거나 노란 종류들이 있다.

개화기 3~4월
분포 전북, 경북, 이남과 남해안 지역에 주로 분포하며 숲 속의 약간 마른 땅에 난다.

약용법 생약명 춘란(春蘭)

사용부위 뿌리를 약재로 쓴다.

채취와 조제 늦가을이나 이른봄에 굴취하여 햇볕에 말려서 잘게 썰어 가루로 빻는다.

약효 지혈 작용을 한다. 적용 질환은 손발의 살갗이 트는 증세, 화상, 동상, 외상출혈 등이다.

용법 말린 뿌리를 곱게 가루로 빻아 기름에 개어 환부에 바른다. 때로는 열매 속의 덜 익은 씨를 꺼내 지혈약으로 쓰기도 한다.

식용법 꽃과 꽃줄기를 식용으로 한다. 꽃은 난차(蘭茶)의 원료가 되고 꽃줄기는 식초를 약간 넣은 물에 데쳐서 나물로 무치면 감칠맛이 있다. 난차는 끓여서 식힌 소금물에 꽃을 일주일가량 담가두었다가 다른 용기에 옮겨 소금을 살짝 뿌려서 저장한다. 이 꽃을 뜨거운 녹차에 한 송이 띄우면 향긋하고 보기도 좋다. 꽃을 3배의 소주에 담가서 난주(蘭酒)를 만들어 운치를 즐기기도 한다.

층층이꽃 층꽃

Clinopodium chinense var. parviflorum HARA | 꿀풀과

풀밭에 나는 여러해살이풀이다.
온몸에 짧은 털이 나 있으며 네모진 줄기는 곧게 서고 약간의 가지를 치면서 60cm 안팎의 높이로 자란다.
잎은 마디마다 2장이 마주 자리하며 계란 꼴로 생겼으며 짤막한 잎자루를 가지고 있다. 잎의 밑동은 둥글고 끝이 무디며 가장자리에는 비교적 큰 톱니가 규칙적으로 배열된다. 꽃은 줄기 끝에 이름 그대로 층을 지으면서 둥글게 뭉쳐 핀다. 꽃의 생김새는 대롱 모양이고 끝부분이 입술 모양으로 갈라진다. 윗입술은 움푹하고 아랫입술은 세 갈래로 갈라져 있다. 꽃의 길이는 8~12mm 정도이고 빛깔은 분홍빛이다.

개화기 6~9월
분포 전국 각지에 널리 분포하고 있으며 들판의 풀밭에 난다.

약용법 생약명 웅담초(熊膽草), 풍윤채(風輪菜), 구탑초(九塔草)라고도 부른다.
사용부위 잎과 줄기를 약재로 쓰는데 산층층이꽃도 함께 쓰이고 있다.
채취와 조제 여름부터 가을 사이에 채취하여 햇볕에 말리고 쓰기에 앞서 잘게 썬다. 생풀을 쓰기도 한다.
성분 함유 성분에 대해서는 아직 밝혀진 것이 없다.
약효 해열, 해독, 소종 등의 효능을 가지고 있다. 적용 질환은 감기, 편도선염, 인후염, 장염, 담낭염, 간염, 황달, 종기, 습진 등이다.
용법 말린 약재를 1회에 3~6g씩 200cc의 물로 달여서 복용한다. 종기와 습진에는 달인 물로 환부를 닦거나 생풀을 짓찧어서 붙인다.

식용법 봄철에 연한 순을 뜯어다가 나물로 해서 먹는다. 쓴맛이 강하므로 데쳐서 찬물에 하루 정도 담가서 잘 우려낸 다음에 간을 맞추어야 한다.

큰개별꽃 선미치광이풀

Pseudostellaria palibiniana OHWI | 석죽과

땅속에 살찐 계란 모양의 덩이뿌리를 가지고 있는 키 작은 여러해살이풀이다. 흔히 한자리에 여러 개체가 모여 자라며 줄기는 곧게 20cm 안팎의 높이로 자라고 가지를 치지 않는다.

잎은 마디마다 2장이 마주 자리하는데 줄기 끝에는 4장의 잎이 십자형으로 모여 있다. 줄기의 중간부에 나는 잎은 피침 모양으로 작은데 끝에 십자형으로 자리하는 잎은 계란 모양으로 아주 크다. 잎 끝은 뾰족하고 가장자리는 밋밋하다.

줄기 끝에 자리하고 있는 잎의 겨드랑이로부터 잎 길이 만한 두 대의 꽃대가 자라 올라와 각기 한 송이의 작은 흰 꽃이 핀다. 꽃은 5장의 꽃잎으로 이루어지고 있으며 지름이 1cm 안팎이다.

개화기 4~6월

분포 전국 각지에 널리 분포하고 있으며 산지의 밝은 나무 그늘에 난다.

약용법 생약명 태자삼(太子蔘). 동삼(童蔘)이라고도 한다.

사용부위 뿌리를 약재로 쓰는데 참개별꽃(Pseudostellaria coreana OHWI)의 뿌리도 함께 쓰이고 있다.

채취와 조제 꽃이 피고 난 뒤에 채취하여 햇볕에 말려 쓰기에 앞서 잘게 썬다.

성분 함유 성분에 대해서는 별로 밝혀진 것이 없다.

약효 강장의 효능을 가지고 있으며 폐와 위에 이롭다고 한다. 적용 질환은 신체허약, 식욕부진, 소화불량, 설사, 가슴이 뛰는 증세, 마른기침 등이다.

용법 말린 약재를 1회에 3~6g씩 200cc의 물로 뭉근하게 달이거나 가루로 빻아 복용한다.

식용법 이른봄에 어린순을 캐어 나물로 하거나 국에 넣어 먹는다. 약간 쓴맛이 있으나 단맛이 더 강해 데쳐서 찬물에 두세 번 헹구기만 하면 조리할 수 있다. 같은 무리에 달려 있는 참개별꽃이나 개별꽃(Pseudostellaria heterophylla PAX)도 같은 요령으로 식용할 수 있다.

큰까치수염 큰까치수영·홀아빗대

Lysimachia chlethroides DUBY | 앵초과

길게 뻗어나가는 뿌리줄기를 가진 여러해살이풀이다. 줄기는 곧게 서서 90cm 안팎의 높이로 자라며 가지를 치지 않는다. 줄기의 밑동은 불그스름한 빛을 띤다. 잎은 마디마다 서로 어긋나게 자리하며 길쭉한 타원 꼴로 양끝이 뾰족하고 잎 가장자리에는 톱니 대신 잔털이 나 있다. 줄기 끝에 작은 흰 꽃이 이삭 모양으로 모여 피며 중간 부분에서 갈고리 모양으로 휘어진다. 지름 8mm 안팎인 종 모양의 꽃은 다섯 갈래로 깊게 갈라져 있으며 꽃 이삭의 길이는 10~15cm 정도이다. 꽃이 지고 난 뒤에 둥근 열매가 많이 맺힌다.

개화기 6~7월

분포 전국적으로 분포하고 있으며 산과 들판의 풀밭에 난다.

약용법

생약명 진주채(珍珠菜), 황삼초(黃蔘草), 하수초(荷樹草), 대산미초(大酸米草)라고도 한다.

사용부위 뿌리를 포함한 모든 부분을 약재로 쓴다.

채취와 조제 여름부터 가을 사이에 채취하여 말리는데 생풀을 쓰기도 한다. 사용에 앞서 잘게 썬다.

성분 함유 성분에 대해서는 별로 밝혀진 것이 없다.

약효 이뇨, 소종의 효능이 있고 혈액의 순환을 촉진시킨다. 적용 질환은 소변이 잘 나오지 않는 증세를 비롯하여 이질, 임파선이 붓고 아픈 증세, 인후염, 수종, 월경불순, 대하증 등이다. 기타 종기와 타박상의 치료에도 쓰인다.

용법 말린 약재를 1회에 5~10g씩 200cc의 물로 달이거나 생풀로 즙을 내어 복용한다. 종기와 타박상에는 생풀을 짓찧어서 환부에 붙인다.

식용법

약간 시고 떫은 맛이 나나 어린순을 구미를 돋워주는 생채 또는 나물로 먹는다. 나물로 할 때에는 데쳐서 잠시 떫은 기운을 우려낸다. 같은 무리인 까치수염(Lysimachia barystachys BUNGE)도 동일한 방법으로 식용한다.

큰메꽃

Calystegia japonica form. major MAKINO | 메꽃과

여러해살이 덩굴풀로 땅속에 희고 살찐 뿌리줄기를 가지고 있다.
줄기는 길게 뻗어나가며 다른 풀이나 나무를 감아 올라간다.
기다란 잎자루를 가진 잎은 마디마다 서로 어긋나게 자리하고 있으며 세모꼴에 가까운 계란 또는 넓은 방패 모양이다. 밑동 양가는 귀처럼 펼쳐지기도 한다. 잎 가장자리에는 톱니가 없이 밋밋하다.
꽃은 잎겨드랑이로부터 길게 자란 꽃대에 한 송이씩 피는데 나팔꽃과 똑같이 생겼다. 꽃은 대낮에만 피며 지름이 5cm 안팎이고 빛깔은 분홍빛이다. 메꽃에 비하여 잎이 좀 크고 넓다.

개화기 6~8월

분포 중부 이남 지역에 분포하며 풀밭이나 밭 가장자리와 같은 자리에 난다.

약용법 **생약명** 선화(旋花)

사용부위 뿌리를 포함한 모든 부분을 약재로 쓰는데 메꽃(Calystegia japonica form. vulgaris HARA)과 함께 쓰이고 있다.

채취와 조제 꽃이 피고 있을 때에 채취하여 햇볕에 말리는데 때로는 생풀을 쓰기도 한다. 말린 것은 쓰기 전에 잘게 썬다.

성분 3-람노사이드(3-Rhamnoside)라는 성분이 함유되어 있으며 마음을 흥분시키는 작용을 한다.

약효 이뇨와 흥분 등의 효능을 가지고 있으며 당뇨를 다스리는 효과가 있다. 적용 질환으로는 신체가 허약하고 마음이 우울한 증세, 고혈압, 소변이 잘 나오지 않는 증세 그리고 당뇨병 등이다.

용법 말린 약재를 1회에 7~13g씩 200cc의 물로 뭉근하게 달이거나 생즙을 내어 복용한다.

식용법 어린순을 데쳐서 찬물에 한두 번 헹구어 나물로 해서 먹는다. 살찐 뿌리줄기를 잘게 썰어 쌀과 섞어서 밥을 짓거나 그대로 쪄서 먹으면 달고 감칠맛이 나며 어린순도 전혀 쓴맛이 없다.

큰원추리 금원추리

Hemerocallis middendorffii TRAUT. et MEYER | 백합과

산의 풀밭에 나는 여러해살이풀이다.
불그스름한 빛을 띤 뿌리의 군데군데에 둥글게 살찐 조직을 가지고 있다.
50cm를 넘는 긴 줄 모양의 잎을 5~6장 가지며 밑동은 서로 겹쳐져 있고 중간 부분에서 휘어져 아래로 늘어진다. 잎 끝은 점차적으로 가늘어지고 가장자리는 밋밋하다.
잎 사이로부터 높이 60cm를 넘는 긴 꽃줄기가 자라나 끝에 4~5송이의 꽃이 차례로 핀다. 지름 7cm 안팎의 깔때기 모양으로 생긴 꽃은 끝이 여섯 갈래로 갈라져 있다. 향기를 풍기며 빛깔은 짙은 노란색이다.
꽃이 지고 난 뒤에는 세 개의 모를 가진 넓은 타원 모양의 열매를 맺는다.

개화기 6월 중

분포 전국적으로 널리 분포하고 있으며 산의 양지 쪽 풀밭에 난다.

약용법 생약명 훤초근(萱草根). 원초(湲草), 의남(宜男), 지인삼(地人蔘)이라고도 한다.

사용부위 뿌리를 약재로 쓴다. 들원추리, 애기원추리, 향원추리의 뿌리도 함께 쓰인다.

채취와 조제 가을에 굴취하여 햇볕에 말려서 잘게 썬다.

성분 아데닌(Adenin), 콜린(Cholin), 아르기닌(Arginin) 등이 함유되어 있다.

약효 여성에게 갖가지 이로운 작용을 하며 이뇨, 소종 등의 효능이 있으며 피를 식혀준다고 한다. 적용 질환은 월경불순, 대하증, 월경이 멎지 않는 증세, 젖 분비부족, 유선염, 소변이 잘 나오지 않는 증세, 수종, 황달, 혈변 등이다.

용법 말린 약재를 1회에 2~4g씩 200cc의 물로 뭉근하게 달이거나 생즙으로 복용한다.

식용법 어린순을 나물로 하거나 국에 넣어 먹는다. 감칠맛이 있어서 국에 넣으면 일품이다. 전혀 쓴맛이 없으므로 데쳐서 찬물에 한 번 헹궈 양념을 한다.

털머위 갯머위

Farfugium japonicum KITAMURA | 국화과

해변의 바위틈에 나며 사철 푸른 잎을 가지는 여러해살이풀이다.
온몸에 연한 갈색의 솜털이 나 있으며 뿌리에서부터 잎이 자란다.
잎의 생김새는 신장 꼴 또는 심장 꼴에 가까운 신장 꼴로 긴 잎자루를 가지고 있으며 한자리에서 여러 장의 잎이 모여 난다. 잎 가장자리에는 물결과 같은 모양으로 넓은 간격을 두고 작은 톱니가 있다.
잎 사이로부터 높이 40cm 안팎의 꽃줄기가 자라나 끝부분에 여러 송이의 노란 꽃이 술 모양으로 모여 핀다. 꽃의 지름은 5cm 안팎이고 12~13장의 꽃잎을 가진다. 꽃잎의 생김새는 피침 꼴에 가까운 줄 꼴이다.

개화기 10~12월
분포 제주도와 다도해의 여러 섬 그리고 육지의 남쪽 해변에 분포하며 주로 바위틈에 난다.

약용법 **생약명** 연봉초(連蓬草). 탁오, 독각연(獨脚蓮)이라고도 부른다.

사용부위 뿌리를 포함한 모든 부분을 약재로 쓴다.

채취와 조제 여름부터 가을 사이에 채취하여 햇볕에 말려서 잘게 썬다.

성분 세네티오익산(Senetioic acid), 2-헥사놀(2-Hexanol), 레트로네신(Retronecine) 등이 함유되어 있다.

약효 해열, 지사, 해독, 소종 등의 효능을 가지고 있다. 적용 질환으로는 감기로 인한 열, 기관지염, 목이 붓고 아픈 증세, 임파선염, 설사, 어류로 인한 식중독 등이다. 기타 타박상과 종기의 치료에도 쓴다.

용법 말린 약재를 1회에 3~6g씩 200cc의 물로 달여서 복용한다. 타박상과 종기에는 생풀을 짓찧어서 환부에 붙인다.

식용법 4월부터 6월까지 연한 잎줄기를 나물로 하거나 튀김으로 해서 먹는다. 나물로 할 때에는 살짝 데쳐서 껍질을 벗겨 알맞은 길이로 잘라 간을 한다. 이것을 국에 넣어 먹을 수도 있다. 튀김은 날것을 알맞게 잘라 밀가루 반죽을 입혀 튀긴다.

털여뀌

Amblygonon pilosum NAKAI | 여뀌과

주변에서 흔히 볼 수 있는 한해살이풀이다.
굵은 줄기는 곧게 서고 2m에 가까운 높이로 자라며 약간의 가지를 친다.
온몸에 거친 털이 나 있으며 잎은 마디마다 서로 어긋나게 자리한다. 잎은 계란꼴의 외모를 지니고 있는데 길이는 20cm를 넘는다. 잎의 밑동은 둥글고 끝이 뾰족하며 가장자리에는 톱니가 없고 밋밋하다. 잎겨드랑이에는 칼자루와 같은 생김새의 짤막한 받침잎이 붙어 있다.
줄기와 가지 끝에 작은 꽃이 원기둥 꼴로 모여 피는데 그 길이는 5~12cm 정도이고 빛깔은 연분홍빛이다. 꽃잎은 없고 꽃받침이 다섯 갈래로 깊게 갈라져 있다.

개화기 7~8월

분포 동남아시아가 원산지이나 거의 전국적으로 야생하고 있으며 인가 근처의 풀밭에서 흔히 볼 수 있다.

약용법 생약명 홍초. 대료(大蓼), 천료(天蓼), 석룡(石龍)이라고도 한다.

사용부위 뿌리를 포함한 모든 부분을 약재로 쓴다.

채취와 조제 꽃이 필 무렵에 채취하여 햇볕에 말리고 쓰기에 앞서 잘게 썬다.

성분 함유 성분에 대해서는 밝혀진 것이 없으며 독성이 있다고 하나 분명하지 않다.

약효 이뇨, 해열, 진통, 소종 등의 효능이 있다. 적용 질환은 풍습성 관절염, 학질, 각기, 임질, 어린아이의 경부임파선 종기 등이다. 그 밖에 일반 종기의 치료에도 쓰인다.

용법 말린 약재를 1회에 4~8g씩 200cc의 물로 반 정도의 양이 되도록 달여서 복용한다. 종기에는 약재를 가루로 빻아 기름에 개어 환부에 바른다.

식용법 5월 초에 어린잎을 따서 나물이나 국거리로 해서 먹는다. 쓴맛이 없으나 매운맛이 있으므로 데쳐서 찬물에 반나절가량 담가 두었다가 조리하는 것이 좋다.

털질경이

Plantago depressa form. minor KOMAROV | 질경이과

줄기가 없는 여러해살이풀이다.
뿌리로부터 자란 잎이 둥글게 배열되면서 땅거죽을 덮는다. 길쭉한 타원 꼴의 잎은 긴 잎자루를 가지며 양끝이 뾰족하고 잎 가장자리는 밋밋하거나 뚜렷하지 않은 작은 톱니를 가지고 있다. 잎의 앞뒷면에 잔털이 나 있고 약간 껄껄하며 다섯 줄의 평행으로 된 잎맥을 가진다.
잎 사이로부터 4~5개의 꽃줄기가 자라나 많은 꽃이 이삭 모양으로 뭉쳐 핀다. 꽃줄기의 길이는 20cm 안팎이다. 꽃은 깔대기 모양이고 끝이 네 갈래로 갈라져 있다. 꽃의 지름은 2mm 안팎이고 빛깔은 희다.

개화기 5~7월

분포 울릉도와 중부 이남 지역에 분포하며 들판의 풀밭이나 길가에 난다.

약용법 생약명 잎을 차전(車前)이라 하고 씨를 차전자(車前子)라고 부른다.

사용부위 잎과 씨를 각기 약재로 쓰는데 질경이(Plantago asiatica var. densiuscula PILG)도 함께 쓰이고 있다.

채취와 조제 잎은 여름에 채취하고 씨는 8~9월에 거두어 각기 햇볕에 말린다. 쓰기에 앞서 잘게 썬다.

성분 플란타기닌(Plantaginin)과 아우쿠빈(Aucubin)이 함유되어 있다.

약효 잎과 씨 모두 이뇨, 해열, 거담, 진해의 효능을 가지고 있다. 적용 질환은 잎의 경우 감기, 기침, 기관지염, 후두염, 이질, 황달, 대하증, 소변이 잘 나오지 않는 증세 등이다. 씨는 임질, 방광염, 요도염, 설사, 고혈압 등의 치료에 쓰인다.

용법 잎은 1회에 4~8g씩, 씨는 2~4g씩 200cc의 물로 달여서 복용하는데 잎은 가루로 빻아 복용해도 된다.

식용법 이른봄에 어린순을 뿌리와 더불어 나물로 하거나 국에 넣어 먹는다. 쓴맛이 없고 흔하므로 다량으로 채식되며 묵나물로 해서 갈무리해 두었다가 수시로 먹기도 한다.

톱풀 가새풀·배얌채

Achillea sibirica LEDEB | 국화과

높이 50~80cm로 자라는 여러해살이풀이다. 온몸에 부드러운 털이 산재해 있는 가느다란 줄기는 곧게 일어서서 끝부분의 잎겨드랑이로부터 꽃대가 자라날 뿐 가지를 치지 않는다.

잎은 긴 줄 꼴로 마디마다 서로 어긋나게 자리하고 있으며 잎자루는 없고 깃털 모양으로 깊게 갈라진다. 갈라진 모양이 톱날과 같아서 톱풀이라고 한다. 꽃대 끝에 10여 송이의 흰꽃이 우산 모양으로 모여 핀다. 꽃은 계란 꼴의 5장의 꽃잎으로 구성되며 지름이 6~8cm쯤 된다. 꽃받침의 가장자리는 약간 적갈색을 띤다. 꽃이 지고 난 뒤 생겨나는 씨는 납작하고 털이 달려 있지 않다.

개화기 7~10월

분포 거의 전국적인 분포를 보이며 산과 들판의 풀밭에 난다.

약용법 생약명 시초(蓍草). 일지호(一枝蒿), 오공초(蜈蚣草), 영초(靈草)라고도 한다.

사용부위 잎과 줄기를 약재로 쓰는데 산톱풀(Achillea sibirica var. discoidea REGEL)도 함께 쓰이고 있다.

채취와 조제 꽃이 피고 있을 때에 채취하여 말려 쓰기 전에 잘게 썬다. 때로는 생풀을 쓰기도 한다.

성분 몸집 속에 기름이 함유되어 있다. 기름의 성분은 카마줄렌(Chamazulene), 시네올(Cineol), 루테올린(Luteolin), 아킬레인(Achillein), 아피게닌(Apigenin), 카페산(Caffeic acid) 등이다.

약효 진통, 거풍, 활혈, 소종 등의 효능이 있다. 적용 질환은 풍습으로 인한 마비통증, 관절염, 타박상, 종기 등이다.

용법 말린 약재를 1회에 1~2g씩 200cc의 물로 달여서 복용한다. 약재를 10배의 소주에 담가 두었다가 아침저녁으로 소량씩 복용하는 것도 좋다. 타박상과 종기에는 생풀을 짓찧어서 환부에 붙인다.

식용법 봄에 어린순을 나물로 먹는다. 쓰고 매운맛이 있으므로 데쳐서 여러 차례 물을 갈아가면서 잘 우려낸 다음 조리를 해야 한다.

피나물 노랑매미꽃·봄매미꽃

Hylomecon vernale MAX | 양귀비과

몸집에 붉은 액을 가지고 있는 여러해살이풀이다. 굵게 살찐 뿌리줄기를 가지고 있다. 잎은 5~7장의 잎 조각이 깃털 모양으로 배열되어 있으며 뿌리줄기로부터 자라나 긴 잎자루를 가진다. 잎 조각의 생김새는 마름모에 가까운 계란 꼴이고 가장자리에는 고르지 않은 톱니가 나 있다. 줄기에는 서로 어긋나게 2장의 잎이 자리하는데 3~5장의 잎 조각으로 이루어지고 잎자루도 짧다.
줄기 끝에 2~3송이의 노란 꽃이 피는데 4장의 꽃잎으로 이루어지고 있으며 꽃의 지름은 3cm가량 된다.
꽃이 핀 뒤에 길쭉한 원기둥 꼴의 열매를 맺는다.

개화기 4~5월

분포 중부 이북의 지역에 분포하며 산지의 숲 가장자리와 다소 그늘진 습한 땅에 난다.

약용법 생약명 하청화근(荷靑花根)

사용부위 뿌리를 약재로 쓰는데 매미꽃(Coreanomecon hylomecoides NAKAI)의 뿌리도 함께 쓰인다.

채취와 조제 봄부터 가을 사이에 굴취하여 햇볕에 말린 후 잘게 썬다.

성분 독성 식물의 하나로 알칼로이드(Alkaloid)를 함유하고 있을 것으로 추측되나 상세한 것은 밝혀져 있지 않고 있다.

약효 진통, 거풍, 활혈, 소종 등의 효능을 가지고 있다. 적용 질환으로는 풍습으로 인한 관절염, 신경통, 염좌(捻挫), 몸이 피곤한 증세, 타박상, 습진, 종기 등이다.

용법 말린 약재를 1회에 2~4g씩 200cc의 물로 달이거나 가루로 빻아 복용한다. 타박상, 종기, 습진에는 생뿌리를 찧어서 환부에 붙이거나 말린 약재를 가루로 빻아 기름에 개어 바른다.

식용법 독성 식물이기는 하나 일부 지방에서는 이른봄에 어린순을 나물로 먹고 있다. 맛이 쓰고 몸에 해로운 성분이 함유되어 있어 데쳐서 오래 흐르는 물에 잘 우려낸 다음 조리할 것을 잊지 말아야 한다.

한삼덩굴 환삼덩굴·범삼덩굴

Humulus japonicus SIEB. et ZUCC | 뽕나무과

황폐한 곳에서 자라는 한해살이 덩굴풀이다.
온몸에 갈고리와 같은 작은 가시가 돋쳐 있으며 여러 개의 모가 진 줄기는 가지를 치면서 길게 뻗어 다른 풀이나 나무를 감으며 올라간다. 길이 2~3m에 이르는 줄기가 무성할 때에는 가시덤불이 되어버린다.
잎은 마디마다 2장이 마주 자리하고 있으며 단풍나무의 잎처럼 5~7갈래로 깊게 갈라진다. 잎 가장자리에는 무딘 톱니가 있고 잎 뒷면은 까칠까칠하다.
잎겨드랑이로부터 자란 꽃대에 암꽃과 수꽃이 따로 원뿌리 꼴로 뭉쳐 핀다. 꽃은 노란빛을 띤 초록색이고 지름은 4mm 안팎이다.

개화기 5~7월

분포 전국적으로 분포하고 있으며 들판의 풀밭이나 황폐지에 난다.

약용법 생약명 율초. 갈율초, 갈률만, 흑초(黑草)라고도 부른다.

사용부위 꽃을 포함한 모든 부분을 약재로 쓴다.

채취와 조제 여름이나 가을에 채취하여 볕에 말리는데 때로는 생풀을 쓰기도 한다. 사용 전에 잘게 썬다.

성분 함유 성분에 대해서는 아직 밝혀진 것이 없다.

약효 해열, 이뇨, 건위, 소종 등의 효능을 가지고 있다. 적용 질환은 감기, 학질, 소화불량, 이질, 설사, 방광염, 임질성 혈뇨, 임파선염, 소변이 잘 나오지 않는 증세 등이다. 그 밖에 치질이나 종기의 치료에도 쓰인다.

용법 말린 약재를 1회에 3~8g씩 200cc의 물로 뭉근하게 달이거나 생즙을 내어 복용한다. 종기와 치질의 치료를 위해서는 생풀을 찧어 환부에 붙이거나 달인 물로 자주 씻어낸다.

식용법 이른봄에 싹튼 어린순을 나물로 먹는다. 쓴맛이 있으므로 데쳐서 찬물에 우려낸 다음 무쳐야 한다. 한자리에서 많은 개체가 함께 싹트기 때문에 모으기가 쉬워 농가에서는 흔히 채식하고 있다.

호장근 까치수영·싱아

Reynoutria japonica HOUTT | 여뀌과

속이 빈 굵은 줄기를 가진 여러해살이풀이다. 줄기는 곧게 서거나 비스듬히 자라 올라 높이 2m에 이른다. 어릴 때에는 줄기의 표면에 보랏빛을 띤 붉은 얼룩이 나 있다. 길이 5~6cm 정도의 잎은 서로 어긋나게 자리하며 넓은 계란 꼴이다. 잎의 가장자리에는 톱니가 없이 밋밋하다. 잎겨드랑이에는 칼집 모양의 짤막한 받침잎이 붙어 있으나 일찍 떨어져 버린다. 꽃잎을 가지지 않는 작은 꽃이 잎겨드랑이에서 자라나는 꽃대에 이삭 모양으로 모여 핀다. 암꽃과 수꽃이 따로 모여 피며 지름이 3mm 안팎이고 빛깔은 희다.
꽃이 지고 난 뒤 3개의 날개를 가진 넓은 계란 모양의 작은 열매를 맺는다.

개화기 7~9월

분포 전국 각지에 널리 분포하며 산과 들판이나 시냇가의 약간 습한 땅에 난다.

약용법

생약명 호장근(虎杖根). 산장(酸杖), 고장(苦杖), 반장(斑杖)이라고도 한다.

사용부위 뿌리줄기를 약재로 쓴다.

채취와 조제 이른봄 또는 늦가을에 굴취하여 햇볕에 말려서 잘게 썬다.

성분 하이페린, 폴리고닌, 크리소파놀, 안스론 등이 함유되어 있다.

약효 이뇨, 거풍, 소종 등의 효능이 있으며 어혈을 풀어준다. 적용 질환은 풍습으로 인한 팔다리 통증, 골수염, 임질, 황달, 간염, 수종, 월경불순, 산후에 오로가 잘 내리지 않는 증세, 타박상, 종기, 치질에 쓰인다.

용법 말린 약재를 1회에 4~10g씩 200cc의 물로 달이거나 가루로 빻아 복용한다. 타박상, 종기, 치질에는 말린 약재를 가루로 빻아 기름에 개어 환부에 바른다.

식용법 어린순을 나물로 하거나 생것을 먹기도 한다. 약간 미끈거리며 신맛이 나는 담백한 풀로 씹히는 느낌이 좋다. 데쳐서 나물로 하는 이외에 국거리나 기름으로 볶아 먹기도 한다. 신맛은 수산(蓚酸)에 인한 것이므로 날것을 많이 먹는 것은 좋지 않다.

황새냉이

Cardamine flexuosa WITHER | 배추과

습한 자리에 나는 두해살이풀이다.
줄기는 밑동에서 여러 갈래로 갈라져 곧게 자라 높이 30cm 정도에 이른다.
잎은 서로 어긋나게 자리하며 깃털 모양으로 갈라지는데 갈라진 잎 조각은 잎 끝쪽에 자리한 것일수록 길고 크다. 잎 조각의 생김새는 피침 꼴로 가장자리에는 고르지 않은 물결 같은 톱니를 가지고 있다.
줄기와 가지 끝에 지름 7mm 안팎의 많은 꽃이 이삭 모양으로 모여서 아래에서부터 차례로 피어 올라간다. 빛깔이 흰 꽃은 4장의 꽃잎이 십자형을 이룬다.
꽃이 지고 난 뒤 3cm 정도의 길이를 가진 가늘고 긴 열매를 맺는다.

개화기 5~6월

분포 전국 각지에 널리 분포하고 있으며 물가의 습한 땅에 난다.

약용법 생약명 정력자. 공제자(公薺子)라고도 한다.

사용부위 씨를 약재로 쓴다. 때로는 꽃다지(Draba nemorosa L)의 씨와 섞어 쓰기도 한다.

채취와 조제 여름철에 씨가 익는 대로 거두어 햇볕에 말려서 그대로 쓴다.

성분 배당체인 글루코코클레아린(Glucocochlearin)이 함유되어 있다.

약효 이뇨, 거담, 진통, 소염 등의 효능이 있다. 적용 질환은 부종, 수종, 방광염, 천식, 호흡곤란, 복통 등이다.

용법 말린 씨를 1회에 1.5~3g씩 200cc의 물로 뭉근하게 달이거나 가루로 빻아 복용한다. 달일 때에 대추를 함께 넣으면 더욱 좋다고 한다.

식용법 쓰거나 매운맛이 없으며 담백하고 씹히는 느낌이 좋아 어린순을 김치 담글 때에 넣으며 데쳐서 나물로 해 먹기도 한다. 또한 잘게 썰어 쌀과 섞어서 나물밥을 지어서 먹는 고장도 있다. 국에도 넣어 먹는데 이때에는 생것을 넣는다. 생것에다가 반죽한 밀가루를 입혀 기름에 튀긴 것도 봄의 미각으로 먹을 만하다.

흰민들레

Taraxacum albidum DAHLST | 국화과

양지바른 들판에서 자라는 여러해살이풀이다.
이른봄에 뿌리에서부터 여러 장의 잎이 자라나 둥글게 배열되면서 땅거죽을 덮는다. 잎은 피침 꼴이며 반 정도의 깊이까지 깃털 모양으로 갈라진다. 잎의 가장자리에는 약간의 크고 작은 톱니를 가진다. 잎몸이 얇고 부드러우나 민들레에 비해 갈라지는 모양이 고르지 않으며 다소 크고 조잡한 외모를 가진다.
잎이 뭉친 한가운데로부터 몇 대의 꽃줄기가 자라 각기 한 송이의 꽃을 피운다. 꽃줄기의 길이는 한 뼘쯤 되며 수많은 꽃잎이 겹쳐져 하나의 꽃을 이룬다. 꽃의 지름은 3.5cm 안팎이고 빛깔은 흰빛이다.

개화기 4~6월

분포 거의 전국적인 분포를 보이며 산과 들판의 양지바른 풀밭에 난다.

약용법 생약명 포공영(蒲公英). 지정(地丁), 포공정(蒲公丁), 구유초(狗乳草)라고도 한다.

사용부위 뿌리를 포함한 모든 부분을 약재로 쓴다. 민들레(Taraxacum platycarpum DAHLST), 사이민들레(T. albidum form. sulfureum KITAMURA), 노랑민들레(T. ohwianum KITAMURA), 큰민들레(T. formosanum KITAMURA), 서양민들레(T. officinale WEBER)도 함께 쓰이고 있다.

채취와 조제 꽃이 필 때에 채취하여 햇볕에 말린 다음 잘게 썬다.

성분 타락세롤(Taraxerol), 4 타락스테롤(4 Taraxasterol), 루테인(Lutein) 등이 함유되어 있다.

약효 해열, 이뇨, 건위, 소염, 최유(젖의 분비를 도와줌) 등의 효능이 있다. 적용 질환은 감기, 기관지염, 인후염, 임파선염, 늑막염, 소화불량, 변비, 유선염, 소변이 잘 나오지 않는 증세 등이다.

용법 말린 약재를 1회에 5~10g씩 200cc의 물로 달이거나 생즙으로 복용한다.

식용법 이른봄 꽃이 피기 전에 어린순을 캐어 나물로 하거나 국에 넣어 먹는다. 흰 즙으로 인해 쓴맛이 강하므로 데쳐서 찬물에 오래 담가 충분히 우려낸 다음 조리를 해야 한다.

흰바디나물 흰사약채

Angelica distans NAKAI | 미나리과

개화기 8~9월

분포 중부 이남의 지역에 분포하며 산지의 양지 쪽 습한 땅에 난다.

여러해살이풀로 산지의 양지 쪽 습한 곳에서 자란다.
줄기는 곧게 서서 약간의 가지를 치면서 1.2m 안팎의 높이로 자란다.
매우 큰 잎이 서로 어긋나게 자리하며 깃털 모양으로 갈라지는데 일반적으로 갈라진 잎 조각은 다시 세 갈래로 깊거나 또는 얕게 갈라진다. 그러므로 하나의 잎은 세 갈래로 갈라진 잎 조각 3장으로 구성되는 셈이 된다. 잎자루의 중간부분 양가에 각기 1장의 잎 조각이 자리하고 끝에 또 하나의 잎 조각이 자리한다. 그래서 전체적으로 볼 때 세모꼴에 가까운 외모를 갖춘다.
줄기와 가지 끝에 지름이 3mm도 채 안 되는 작은 흰 꽃이 우산 모양으로 모여 핀다. 바디나물과 흡사한 외모를 가지고 있으나 바디나물은 보라색 꽃이 핀다.

약용법 생약명 전호(前胡). 전호(全胡), 만호(滿胡)라고도 한다.

사용부위 뿌리를 약재로 쓰는데 바디나물(Angelica decursiva FR. et SAV)의 뿌리도 함께 쓰이고 있다.

채취와 조제 생육기간 동안 언제든지 뿌리를 굴취할 수 있으며 햇볕에 잘 말린 다음 잘게 썰어서 쓴다.

성분 함유 성분에 대해서는 밝혀진 것이 별로 없으나 바디나물과 거의 같은 것으로 추측된다.

약효 해열, 진해, 거담 등의 효능을 가지고 있다. 적용 질환은 감기, 기침, 열이 나는 증세, 천식, 가슴과 옆구리가 부풀어오르는 증세 등이다.

용법 말린 약재를 1회에 2~4g씩 200cc의 물이 반 정도의 양이 되도록 천천히 달이거나 가루로 복용한다.

식용법 봄철에 연한 순을 뜯어 나물로 무쳐 먹는다. 씹히는 느낌은 좋으나 쓰고 매운맛이 있어 데쳐서 흐르는 물에 담가 잘 우려낸 다음 조리하도록 한다.

흰제비꽃

Viola patrini DC | 제비꽃과

여러해살이풀로 줄기가 없다.
뿌리로부터 자란 잎은 둥글게 배열되어 땅거죽을 덮는다. 잎의 생김새는 피침꼴 또는 길쭉한 타원 꼴에 가까운 피침 꼴로 긴 잎자루를 가지고 있다. 잎의 밑동은 쐐기 꼴이고 끝은 무디다. 잎 가장자리에는 무딘 톱니가 배열되어 있다. 잎 사이로부터 여러 대의 꽃대가 자라 5장의 꽃잎으로 이루어진 좌우대칭형의 작은 꽃이 한 송이씩 핀다.
꽃의 지름은 1cm 안팎이고 빛깔은 흰빛이다. 같은 흰 꽃이 피는 흰젓제비꽃의 잎은 세모꼴에 가까운 길쭉한 타원 꼴인데 비해 이 흰제비꽃의 잎은 보다 가느다란 피침 꼴이다.

개화기 4~5월
분포 전국 각지에 널리 분포하며 들판의 풀밭에 난다.

약용법 생약명 백지정(白地丁)

사용부위 뿌리를 포함한 모든 부분을 약재로 쓴다.

채취와 조제 5~6월에 채취하여 햇볕에 말리고 쓰기에 앞서 잘게 썬다. 생풀을 쓰기도 한다.

성분 메틸헤프틴 카보네이트(Methylheptine carbonate)를 함유한다.

약효 해열, 해독, 소종의 효능을 가지고 있다. 적용 질환은 간염, 대장염, 황달, 각종 화농성 질환, 종기, 치질 등이다.

용법 말린 약재를 1회에 3~6g씩 200cc의 물로 반 정도의 양이 되게 달여서 복용하는데 경우에 따라서는 생즙으로 마시기도 한다. 기타 종기와 치질의 치료를 위해서는 생풀을 찧어서 환부에 붙인다.

식용법 4~5월경에 어린잎을 나물로 먹는다. 약간 쓴맛이 있으므로 데쳐서 두어 번 물을 갈아 우려낸 다음 양념을 한다. 이런 요령으로 처리한 것을 닭고기와 함께 졸여서 먹는 것도 한 방법이다. 약간 미끈거리면서 산뜻한 맛이 난다.

가는장대 꽃장대

Dontostemon dentatus LEDEB | 배추과

두해살이풀로 초가을에 땅에 떨어진 씨가 싹터 어린 묘의 상태로 겨울을 나고 이듬해 늦은 봄부터 초여름에 꽃이 핀다. 온몸에 잔털이 산재하며 이른봄에는 주걱 모양의 잎이 둥글게 배열되어 땅을 덮는다. 자라난 줄기에 달린 잎은 피침 꼴이고 끝이 무디며 가장자리에는 약간의 톱니가 생긴다. 잎의 길이는 5cm 안팎이다.

높이 60cm 정도로 꼿꼿이 자라 윗부분에서 많은 가지를 쳐서 4장의 꽃잎으로 이루어진 작은 꽃이 뭉쳐 핀다. 1cm 정도인 꽃의 빛깔은 연보랏빛을 띤 분홍색이다.

꽃이 피고 난 뒤에는 5cm 정도의 길이를 가진 꼬투리가 꼿꼿이 선다.

개화기 5~7월

분포 전국 각지에 나며 산기슭의 양지바른 풀밭이나 해변에 난다.

식용법 이른봄 줄기가 자라기 전인 어린 싹을 나물로 먹는다. 쓴맛이 없으므로 데쳐서 찬물에 헹구면 된다. 맛이 담백하므로 국에 넣어 먹어도 좋다.

가는참나물

Spuriopimpinella koreana KITAGAWA | 미나리과

여러해살이풀로 줄기는 가늘고 연하기는 하나 꼿꼿하게 자라 높이 60~100cm 정도에 이른다. 잎은 서로 어긋나게 나며 긴 잎자루의 밑 부분은 줄기를 약간 감싼다. 세 갈래로 갈라진 잔잎은 다시 깃털 모양으로 깊게 갈라지고 가장자리는 날카로운 톱니 모양을 이루고 있다.

가지 끝마다 아주 작은 꽃이 뭉쳐 우산 모양의 산형 꽃차례를 이룬다. 산형 꽃차례를 구성하는 꽃의 집단은 10송이 안팎이다. 5장의 꽃잎으로 이루어진 꽃의 지름은 3mm이며 희게 핀다.

꽃이 피고 난 다음 생겨나는 씨는 납작하며 넓은 타원 모양을 하고 있다.

개화기 8~9월

분포 전국 각지에 분포하며 북한지방에도 난다. 산기슭의 약간 그늘지고 토양의 수분이 윤택한 자리에서 흔히 볼 수 있다.

식용법 이른봄에 어린순을 나물이나 생채로 해먹는다. 향긋한 맛이 있기때문에 나물로 할 때에는 되도록 살짝 데쳐야만 그 맛을 유지할 수 있다.

가는층층잔대

Adenophora triphylla var. japonica form. lancifolia KITAM | 초롱꽃과

곧게 서서 80cm 정도의 높이로 자라는 여러해살이풀이다.
굵은 뿌리를 가지고 있으며 잎은 마디마다 4장씩 둥글게 배열된다. 잎의 생김새는 피침 꼴 또는 줄 꼴에 가까운 피침 꼴로 가늘고 길쭉하다. 양끝이 뾰족하고 잎자루는 매우 짧아서 없는 것처럼 보인다.
줄기 끝에 가까운 잎의 겨드랑이로부터 꽃대가 자라 올라와 각기 3~4송이의 종과 같은 생김새의 꽃을 피운다. 꽃이 층을 지어 배열되며 피어나고 고개를 수그린다. 보라색의 꽃은 2cm 안팎으로 핀다.

개화기 8~9월

분포 제주도와 중부 이북의 지역에 분포한다. 주로 산지의 풀밭에 난다.

식용법 잔대와 마찬가지로 연한순은 나물로 먹고 이른봄 또는 늦가을에 뿌리를 캐어 지짐이로 해서 먹거나 날것을 고추장에 찍어 먹는다. 뿌리는 약으로도 쓴다고 하나 자세한 것은 알 수 없다.

가새쑥부쟁이 버드생이나물

Aster incisus FISCH | 국화과

여러해살이풀로 높이 30~50cm 정도로 자란다.
온몸에 거의 털이 없으며 줄기는 곧게 자라 끝에 가까운 부분에서 약간의 가지를 친다.
잎은 서로 어긋나게 자리하고 있으며 피침 모양으로 생겼으며 가장자리에는 결각에 가까운 생김새의 톱니가 있는데 때로는 큰 결각만을 가지는 경우도 있다. 가지에서 자라는 잎은 위로 올라감에 따라 점차적으로 작아지고 일반적으로 톱니나 결각을 가지지 않는다. 쑥부쟁이에 비하여 결각이 두드러진다.
가지 끝에 한 송이씩 남색이 어린 연보라색 꽃이 핀다. 꽃의 지름은 3mm 안팎이다.

개화기 7~10월

분포 전국 각지에 분포하며 산과 들판의 양지바른 풀밭에 난다.

식용법 쑥부쟁이와 일가가 되는 풀로 떫거나 쓰지 않고 맛이 담백하다. 줄기가 자라기 전인 어린순을 뜯어 살짝 데쳐 찬물로 한 번 헹군 후 양념을 한다.

각시둥굴레 애기둥굴레

Polygonatum humile FISCH | 백합과

둥굴레와 일가가 되는 여러해살이풀이다.
땅 속에서 희고 가느다란 땅속줄기가 옆으로 뻗어나간다. 옆으로 뻗어나간 땅속줄기 끝에서 줄기가 30cm 안팎의 높이로 자란다. 줄기에서 길쭉한 타원형의 잎이 자라 7~8장이 서로 어긋난 상태로 자리잡고 있다. 잎의 길이는 5~10cm이다.
잎겨드랑이마다 한 송이의 푸른빛을 띤 흰 꽃이 핀다. 꽃은 길쭉한 종 모양을 하고 있으며 길이는 15mm 정도로 끝부분은 6개로 갈라진다.
가을에는 둥근 열매가 생겨나며 익어감에 따라 검게 물든다.

개화기 5~6월

분포 전국 각지에 널리 분포하나 깊은 산에서만 볼 수 있다. 나무 밑의 그늘진 자리, 특히 부식질(식물질의 부패로 생기는 갈색 또는 암흑색의 물질)이 풍부한 땅에 즐겨 난다.

식용법 갓 자라난 어린줄기와 잎을 나물이나 국거리로 한다. 워낙 부드럽기 때문에 아주 살짝 데쳐야만 나물다운 맛이 난다.

각시취 참솜나물

Saussurea pulchella FISCH | 국화과

크게 자라는 여러해살이풀이다.
줄기는 꼿꼿이 높이 120cm 안팎으로 자라며 굵기는 15mm나 된다. 줄기는 푸른빛을 띠며 보랏빛 기운이 감돈다. 줄기의 세로 방향으로 얕은 홈이 패이며 거친 털이 나 있다.
잎은 서로 어긋나 있으며 넓은 피침 꼴이다. 아래쪽의 잎은 깃털 모양으로 깊게 갈라지고 꽃이 필 무렵에는 말라 붙어버린다. 줄기의 윗부분에 나는 잎은 갈라지지 않고 가장자리가 밋밋하다.
줄기의 끝이 갈라져 여러 송이의 꽃이 술 모양으로 뭉쳐 피는데 꽃잎은 없고 암술과 수술이 짙은 보랏빛으로 물든다. 꽃의 크기는 1cm 안팎이다.

개화기 8~10월

분포 전국 각지에 분포한다. 낮은 산이나 들판의 양지바른 풀밭 속에 난다.

식용법 이른봄에 갓 자라난 어린 싹을 나물로 해서 먹는다. 각시취와 가까운 종류인 은분취 · 분취 · 그와취 · 서덜취 · 각시서덜취 등도 나물로 해서 먹을 수 있다.

갈퀴나물 갈퀴덩굴

Vicia amoena FISCH | 콩과

여러해살이 넝쿨풀이다.
줄기는 모가 나 있으며 길게 뻗어 1m를 넘고 약간의 털이 나 있다.
5~7짝의 잔잎으로 이루어진 잎 끝은 덩굴손으로 변하며 서로 어긋나게 자리잡는다.
윗부분의 잎겨드랑이마다 꽃대가 자라 나비와 같은 생김새를 가진 작은 꽃이 술 모양으로 뭉쳐 피어오른다. 꽃의 크기는 12mm 안팎으로 6cm 정도의 꽃대에 다닥다닥 뭉쳐 피어 아주 아름답다. 꽃의 빛깔은 분홍빛을 띤 보랏빛이다.
꽃이 피고 난 뒤에는 3~4개의 작은 씨가 들어 있는 꼬투리가 생겨난다.

개화기 6~9월

분포 전국 각지에서 찾아볼 수 있으며 주로 들판의 풀밭에 난다.

식용법 4월경에 어린순을 나물로 해먹는다. 부드럽고 맛이 좋으며 같은 무리인 등갈퀴나물 · 네잎갈퀴 · 벌완두 · 가는등갈퀴 · 나비나물 등도 훌륭한 나물감이다.

강아지풀 개꼬리풀 · 구미초

Setaria viridis BEAUV | 벼과

벼과에 딸린 한해살이풀로 높이는 40~70cm가량 된다.
포기로 자라며 줄기는 밑동에서 약간 굽고 위로 향해 꼿꼿이 자란다.
잎은 서로 어긋나게 나며 줄 모양 또는 피침 꼴로 길이는 10~20cm, 너비는 5~12cm 정도이다.
여름부터 가을에 걸쳐 길이 4~10cm쯤 되는 조와 같은 생김새의 이삭이 줄기 끝에 생겨나고 익어감에 따라 점차 고개를 숙인다. 이삭의 빛깔은 처음에는 녹색이었다가 익어가며 연한 갈색으로 변해간다. 그 생김새가 강아지의 꼬리와 흡사하므로 강아지풀이라 하며, 한자로 구미초(狗尾草)라고 한다.

개화기 7~10월

분포 전국 각지에서 흔히 볼 수 있으며 들판의 풀밭이나 길가 황폐지 등에 많이 난다.

식용법 전에는 흉년이 들면 식량으로 썼다고 한다. 수확과 도정법은 조의 경우와 같으며 쌀이나 보리와 섞어서 밥을 짓거나 죽을 끓여 먹는다.

개대황

Rumex domesticus L | 여뀌과

높이 1m 정도로 자라는 키 큰 여러해살이풀이다. 줄기는 꼿꼿이 일어서고 윗부분에서 여러 개로 갈라져 가지를 형성한다. 이른봄에 자라는 잎은 넓고 크며 길쭉한 계란 꼴로 긴 잎자루를 가졌으며 잎맥은 불그스름하게 물든다. 줄기 위쪽에 나는 잎은 타원 꼴에 가까운 피침 꼴로 가장자리가 약간 주름잡힌다. 때로는 작은 톱니를 가지는 일도 있으나 일반적으로 밋밋하다.
초여름에 연분홍빛을 띤 푸른 꽃이 가지 끝에 뭉쳐 큰 원추 모양을 이룬다. 꽃잎은 없고 6장의 꽃받침과 6개의 수술 및 세 갈래로 갈라진 암술로 구성된 작은 꽃이 핀다.

개화기 6~7월

분포 전국 각지에 난다. 주로 산록지대나 들판의 풀밭 속 물기가 많은 곳에 자란다.

식용법 소루쟁이와 일가가 되는 풀로 약간 미끈거리며 감칠맛이 난다. 나물로 하거나 국에 넣어 먹는데 국에 넣을 때에는 데치지 않고 알맞은 크기로 썰어 끓이면 된다. 특히 고깃국에 넣으면 맛이 일품이다.

개망초 버들개망초·망국초

Erigeron annuus PERS | 국화과

두해살이풀로 어린 묘의 상태로 겨울을 나고 이듬해 초여름에 꽃을 피운 다음 말라 죽어버린다. 줄기는 꼿꼿하게 서서 60cm 안팎의 크기로 자라며 위쪽에서 가지가 갈라진다. 온몸에 잔털이 생겨나 있다.
어린 묘의 잎은 과꽃의 잎 모양과 흡사하다. 줄기의 윗부분에 나는 잎은 피침 꼴로 서로 어긋나게 자리한다.
지름 2cm정도 되는 흰 꽃이 가지 끝에 뭉쳐 핀다. 꽃의 중심부는 노란빛이다.
원래 북미가 원산지인 귀화식물인데 금세기 초반에 우리나라에 들어와 각지에 야생으로 자라고 있다.

개화기 6~7월. 생장이 지연된 것은 가을에도 꽃이 피는 수도 있다.

분포 전국 각지에 나며 주변의 풀밭이나 갈기에서 흔히 볼 수 있다.

식용법 잎이 연하고 부드럽기 때문에 한창 자라는 초여름까지 새순을 뜯어 나물이나 국을 끓여 먹는다. 데쳐서 잠깐 우려내면 된다.

개발나물

Sium suave var. suave M. PARK | 미나리과

높이 1m 안팎으로 자라는 여러해살이풀이다. 줄기는 자라 올라가면서 몇 개의 가지를 친다. 뿌리줄기는 수염처럼 가늘고 희다.

잎은 홀수의 잎 조각으로 이루어져 깃털처럼 생겼으며 잎 조각의 수는 2~6짝 정도이다. 잎 조각의 생김새는 길쭉한 타원 꼴 또는 타원 꼴에 가까운 피침 꼴로 가장자리에는 날카로운 톱니를 가지고 있다.

가지 끝이 6~13개의 꽃대로 갈라져 각기 10송이 안팎의 희고 작은 꽃이 뭉쳐서 핀다. 전체적인 꽃의 생김새는 마치 우산을 펼쳐 놓은 것과 같으며 꽃 한 송이의 지름은 3mm 정도이다.

개화기 8월 중

분포 거의 전국적인 분포를 보이며 늪 가장자리나 도랑 근처 등 습한 자리에 난다.

식용법 나물로 먹기는 하나 마비를 일으킬 수 있는 독성분이 함유되어 있으므로 데친 다음 흐르는 물에 이틀 정도 우렸다가 조리해야 한다. 생것은 절대 식탁에 올려서는 안 된다.

개쇠스랑개비 숫쇠스랑개비

Potentilla paradoxa NUTT | 장미과

여러해살이풀이며 고장에 따라서는 개소시랑개비라고도 한다.

한자리에서 여러 개의 줄기가 자라 비스듬히 누우며 많은 가지를 친다. 크게 자란 것은 높이 50cm에 이른다.

서로 어긋나게 생겨나는 잎은 2~4짝의 작은 잎으로 구성되는 기수우상복엽(奇數羽狀複葉)이다. 잎 가장자리에는 결각처럼 생긴 예리한 톱니를 가지고 있다.

가지 끝과 잎겨드랑이에서 꽃대가 자라 각기 한 송이의 꽃을 피운다. 꽃은 가락지나물과 같게 생겼으며 역시 노란빛이다. 꽃이 피는 수는 과히 많지 않다.

개화기 5~7월. 개체에 따라서는 늦가을까지 꽃이 피는 것을 볼 수도 있다.

분포 주로 추운 고장에 나는 풀로 충청도와 경기도 이북지역에 분포하며 들판의 수분이 풍부한 풀밭에 난다.

식용법 이른봄에 갓 자라는 순을 나물로 해서 먹는다. 약간 쓴맛이 나며 특별한 맛은 없다.

개쑥부장이 개쑥부쟁이

Aster kantoensis KITAM | 국화과

건조한 땅에서 잘 자라는 여러해살이풀이다.
줄기는 곧게 서고 위쪽에서 가지를 치는데 높이는 40~60cm 정도이다. 온몸에 빳빳한 잔털이 생겨나 있어서 만져보면 껄끄럽게 느껴진다.
잎은 서로 어긋나게 나며 줄 꼴 또는 주걱 꼴에 가까운 피침 꼴로 가장자리는 밋밋하고 길이는 5cm 안팎이다.
작게 갈라진 가지 끝마다 한 송이씩 꽃이 피어나서 전체적으로 볼 때에는 술 모양을 이룬다. 꽃은 지름이 3.5cm 안팎이고 꽃잎은 남빛을 띤 보라색이고 중심부는 노랗다.
씨에는 갈색 관모(冠毛)가 붙어 있다.

개화기 7~10월

분포 전국 각지에 나며 산과 들판의 양지바른 풀밭에서 자란다. 약간 건조한 땅을 좋아하는 경향이 있다.

식용법 이른봄에 땅을 덮고 있는 어린 싹을 뿌리와 함께 나물로 하거나 국에 넣어 먹는다. 약간 쓴맛이 나므로 데쳐서 두세 시간 찬물에 담가서 우려낸 다음 조리한다.

갯장대

Arabis japonica var. stenocarpa NAKAI | 배추과

바닷가에 나는 두해살이풀이다.
거친 줄기는 곧게 서서 30cm 정도의 높이로 자라는데 때로는 약간의 가지를 치기도 한다. 줄기에는 짧고 거친 털이 생겨나 있다.
뿌리에서 많은 잎이 자라며 주걱 모양으로 생겨 끝이 무디고 가장자리에는 고르지 않은 무딘 톱니가 있다. 줄기에 나는 잎은 계란형 또는 길쭉한 타원형으로 서로 어긋나게 자리하며 밑동이 귀처럼 늘어져 줄기를 감싼다. 끝은 뾰족하고 가장자리에는 고르지 않은 무딘 톱니가 있다. 잎에도 짧고 거친 털이 나 있다. 줄기 끝에 많은 꽃이 이삭 모양으로 모여 핀다. 꽃은 4장의 꽃잎으로 이루어져 있으며 지름이 7mm 안팎이고 빛깔은 희다. 꽃이 지고 난 뒤 길이가 3~5cm쯤 되는 꼬투리와 비슷한 열매가 곧게 서서 맺는다.

개화기 4~5월

분포 제주도와 전라남도 지방에 분포하며 바닷가 모래밭에 난다.

식용법 이른봄 어린 싹을 나물로 먹는다. 국거리로 사용하기도 한다.

거북꼬리

Boehmeria tricuspis MAKINO | 쐐기풀과

여러해살이풀이며 한자리에서 여러 대의 줄기가 선다. 꼿꼿이 자라는 줄기는 커가면서 점차적으로 처지며 길이는 1m에 달한다. 줄기는 붉은빛을 띠며 단면은 마름모 꼴에 가깝다.
잎은 마디마다 2장이 서로 마주 생겨나고 계란 모양에 가까운 둥근 모양으로 끝부분이 세 갈래로 얕게 갈라진다. 잎 가장자리에는 톱니가 나 있고 3개의 잎맥이 뚜렷하다. 여름에 잎겨드랑이마다 길쭉한 꽃이삭이 자란다. 가지 위쪽에 피는 것은 암꽃이 모인 꽃이삭이고 수꽃은 가지 아래쪽에 역시 이삭 모양으로 뭉쳐 핀다. 꽃의 빛깔은 초록빛이다.

개화기 7~8월

분포 거의 전국에 널리 분포한다. 주로 산기슭의 숲과 풀밭이 이어지는 양지바른 자리에서 흔히 볼 수 있다.

식용법 키 작은 나무와 같은 생김새로 자라는 풀인데 봄철에 연한 순을 뜯어 나물로 해서 먹는다. 데친 뒤 반나절가량 찬물에 담가 두었다가 조리한다.

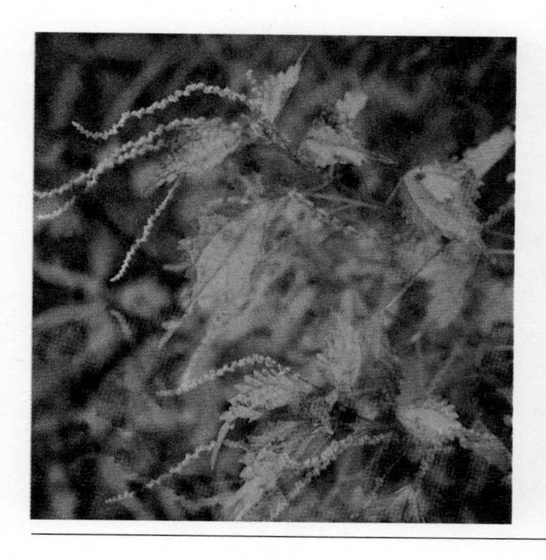

고들빼기 참고들빼기

Ixeris sonchifolia HANCE | 국화과

떫은맛이 나는 한해살이풀이다.
보랏빛을 띤 붉은빛으로 물든 줄기는 60cm 안팎의 높이로 곧게 자라면서 많은 가지를 친다.
잎은 길쭉한 타원 꼴 내지 주걱 꼴로 가장자리에는 고르지 않은 톱니가 있거나 밋밋하다. 잎의 밑동은 귀처럼 생겨 있어 줄기를 감싸고 있는 모습이 매우 독특하다. 가지 끝에 많은 꽃이 뭉쳐 술과 같은 생김새의 꽃차례를 이룬다. 노란 꽃잎으로 구성되는 꽃은 지름이 1.5cm 안팎이다.
씨가 맺히면 흰 솜털이 뭉쳐 자란다.

개화기 5~6월에 피는데 9월쯤 늦게 피는 것도 적지 않다.

분포 전국 각지에 분포하며 양지바른 들판을 비롯하여 인가 주위나 경작을 하지 않는 땅 등에서 흔히 자란다.

식용법 떫은맛이 강하나 이른봄에 어린 싹을 뜯어 나물로 무쳐 먹는다. 늦가을에는 뿌리를 캐어 여러 날 물에 담가 떫은맛을 우려낸 다음 김치를 담가 겨우내 밑반찬으로 삼는다.

고려엉겅퀴 도깨비엉겅퀴

Cirsium setidens NAKAI | 국화과

높이가 1.2m에 이르는 큰 여러해살이풀이다.
밑줄기는 곧게 자라는데 가지는 갈라지면서 사방으로 넓게 퍼진다.
잎은 피침 꼴 또는 계란 꼴에 가까운 타원 꼴이고 아래쪽의 잎은 기다란 잎자루를 가지고 있으나 위쪽에 생겨나는 잎에는 잎자루가 없다. 잎 가장자리는 밋밋하거나 가시와 같은 털이 돋아나 있다.
꽃은 가지 끝마다 한 송이씩 핀다. 꽃잎이 없고 암술과 수술로만 이루어져 있는 꽃은 붉은빛을 띤 보랏빛으로 물든다.
꽃이 지고 난 다음 생기는 씨에는 회갈색의 털이 붙어 있다.

개화기 8~10월

분포 전국 각지에 널리 분포하고 있다. 주로 산지의 약간 그늘진 풀밭에 난다.

식용법 4~5월에 연한 순과 잎을 나물로 먹는다. 겨자무침이나 기름에 볶아 소금간을 하면 그 맛이 훌륭하다. 순한맛이 나며 입맛을 돋우어 준다.

고마리 고만이·꼬마리

Persicaria thunbergii H. GROSS | 여뀌과

한해살이풀로 항상 많은 무리를 이루며 자란다.
줄기는 가지를 치면서 비스듬히 자라 길이 70cm에 이른다. 모가 진 줄기는 갈고리와 같이 생긴 작은 가시가 연이어 나 있다.
잎은 마디마다 서로 어긋나게 자리하며 밑부분이 날개처럼 벌어져 갈라진 창처럼 생겼다.
끝은 뾰족하고 잎자루를 가졌는데 잎자루와 잎맥에는 갈고리와 같은 가시가 나 있다.
가지 끝에 지름이 3mm 정도 되는 꽃이 10송이가량 둥글게 뭉쳐 핀다. 꽃잎은 없으며 분홍빛이다.

개화기 8월~9월

분포 제주도를 비롯한 전국 각지에 분포하며 냇가나 도랑 근처 등 습기가 많은 자리에 군락을 이루면서 자란다.

식용법 4월 하순께 많이 자라는 어린 싹을 캐어 데쳐서 나물로 해먹는다. 매운맛이 강하므로 잘 우려낸 다음 조리할 필요가 있다. 잎을 비벼서 상처에 붙이면 지혈의 효과가 있다고 한다.

곤달비

Ligularia stenocephala MATSUM. et KOIDZ | 국화과

여러해살이풀로 곧게 자라 줄기는 높이가 60~90cm에 이른다.
잎은 신장 꼴로 밑동은 깊게 패어 있으며 3~5개 정도의 두드러진 잎맥을 가지고 있다. 아래의 잎과 위의 잎이 모두 같은 외모를 가지고 있지만 아래쪽의 잎이 유별나게 커서 곰취와 흡사하게 보이므로 고장에 따라서는 이 풀을 곰취라고 부르기도 한다. 줄기에 나는 잎은 3장 안팎이다.
꽃은 1~3장의 노란 꽃잎으로 구성되어 피는데 독특한 외모를 가지고 있으며 줄기 끝에 총상 꽃차례를 형성한다.
곰취에 비해 매우 부드러운 잎을 가지고 있다.

개화기 8~9월

분포 제주도와 전라남도 지방에만 나며 높고 깊은 산의 숲 속 음습한 곳에서 자란다.

식용법 어린잎을 나물로 먹는데 워낙 부드러워서 꽃대가 자라기 전까지는 계속 먹을 수 있다. 또한 데쳐서 쌈으로 먹기도 한다.

광릉갈퀴

Vicia subcuspidata NAKAI | 콩과

높이 80cm 정도로 자라는 여러해살이풀이다. 다른 물체에 의지하지 않고 곧게 서서 자라는 줄기는 모가 져 있다.
잎은 아카시아처럼 3~4짝의 작은 잎으로 구성된다. 잎 가장자리는 밋밋하고 끝부분에는 덩굴손의 흔적이 남아 있으나 덩굴로 자라지는 않는다. 잎의 길이는 3~6cm쯤 된다.
잎겨드랑이에 나비처럼 생긴 작은 꽃이 뭉쳐 이루어지는 꽃이삭이 생겨나는데 피는 꽃의 수는 그리 많지 않다. 꽃의 크기는 1cm 안팎이고 빛깔은 남빛을 띤 보랏빛이다.

개화기 6~8월

분포 전국적인 분포를 보이나 북한지방에는 드물게 난다. 산록지대의 기름진 땅에 형성되는 풀밭 속에서 자란다.

식용법 4~5월경에 한창 자라는 순을 데쳐 나물로 해서 먹는다. 국거리로도 사용하며 튀김으로 만드는데 이 경우에는 날것을 그대로 조리한다. 맛이 산뜻해서 먹을 만하다.

궁궁이 토천궁(土川芎)

Angelica polymorpha MAX | 미나리과

높이 1.5m 정도로 곧게 자라는 여러해살이풀이다.
중간부분 이상에서 여러 개의 가지를 치며 가지의 끝부분에는 잔털이 산재한다.
잎은 전체적으로 큰 세모 꼴을 이루는데 깃털 모양으로 세 차례 되풀이하여 작게 갈라진다. 갈라진 조각은 길쭉한 타원 꼴이고 가장자리에는 결각 모양의 작은 톱니가 있다.
작은 꽃이 둥글게 뭉쳐 핀 것이 다시 뭉쳐져서 우산을 펼친 것 같은 산형의 꽃차례를 구성한다. 꽃은 5장의 흰 꽃잎에 의해 이루어지는데 그 크기는 매우 작다.

개화기 8~9월

분포 제주도를 비롯하여 전국 분포하고 있다. 주로 산골짜기의 시냇가 같은 물기가 많은 곳에 난다.

식용법 4월 상순이나 중순경에 갓 자라는 어린순을 뜯어 나물로 무치거나 국을 끓여도 좋다. 살짝 데쳐 잠깐 우려내면 된다. 독특한 향기가 있고 씹히는 맛이 좋아 먹을 만하다.

금강아지풀

Setaria glauca BEAUV | 석죽과

한해살이풀로 황폐한 곳에서 잘 자란다.
줄기는 가늘고 길며 포기로 자라는데 그 높이가 60cm 안팎으로 일가가 되는 강아지풀에 비해 약간 낮다.
잎은 길이 7~25cm로 강아지풀보다 약간 길기는 하나 너비는 반 정도밖에 되지 않는다.
강아지풀보다 약간 늦게 조와 같은 생김새의 작은 이삭이 자라며 익어가면서 고개를 숙인다. 이삭은 규칙적으로 배열된 잔털에 의하여 둘러싸여 있는데 익어감에 따라 황금빛으로 물든다.
이삭의 생김새가 강아지의 꼬리와 비슷하고 황금빛으로 물들기 때문에 금강아지풀이라고 부른다.

개화기 8월 중

분포 전국적인 분포를 보이며 들판의 풀밭에 나는데 특히 황폐된 땅을 좋아하는 경향이 있다.

식용법 전에는 흉년이 들었을 때 강아지풀과 함께 이삭을 거두어 식량으로 삼았다고 한다. 수확과 도정방법은 조의 경우와 같으며 쌀이나 보리와 섞어 밥을 짓거나 죽을 끓여 먹는다.

깨나물 큰산박하

Isodon inflexus var. macrophyllus KUDO | 꿀풀과

여러해살이풀로 온몸에 약간의 잔털이 나 있다. 줄기의 단면은 네모 꼴이고 곧게 서서 높이 1m에 이르며 약간의 가지를 친다.

마디마다 길쭉한 계란 꼴로 생긴 꽤 큰 잎이 마주 자라며 잎 가장자리에는 규칙적인 톱니가 자리한다.

잎겨드랑이마다 각기 하나의 긴 꽃대가 자라 이삭 모양으로 많은 꽃이 뭉쳐 핀다. 꽃대는 가늘고 허약하다. 꽃은 윗입술꽃잎과 아랫입술꽃잎으로 갈라지며 윗입술꽃잎은 다시 네 개로 갈라진다. 꽃의 빛깔은 보라색이다.

개화기 8~9월

분포 주로 중부지방의 산지나 들판의 양지바른 풀밭에서 자란다.

식용법 갓 자라는 어린 싹을 캐어 나물로 해서 먹는다. 이 무리의 풀은 특수한 냄새를 풍기는 정유를 함유하고 있어 나물로 할 때에는 데친 다음 잘 우려서 조리를 해야 한다.

께묵 실쇄채나물

Hololeion maximowiczii KITAMURA | 국화과

두해살이풀이며 줄기는 한자리에서 하나만 곧게 서고 50~100cm 높이로 자란다.

겨울을 지내고 난 잎은 길이 14~30cm로 땅거죽에 여러 개가 뭉치며 줄 꼴에 가까운 피침 꼴로 생겼다. 줄기에 나는 잎은 피침 꼴로 잎자루가 없으며 위로 올라갈수록 작아진다. 잎은 모두 가장자리가 밋밋하다.

줄기 끝에서 갈라져 나간 가지 끝에 각기 한 송이씩의 꽃을 피우는데 전체적으로 술과 같은 외모를 가진다. 8장의 꽃잎으로 구성되는 꽃은 지름이 3cm 안팎이고 노랗게 핀다. 꽃받침의 끝부분은 붉은빛을 띤 보랏빛으로 물든다.

개화기 7~9월

분포 전국 각지에 분포하며 들판의 습한 풀밭 속에 난다.

식용법 이른봄에 겨울을 난 잎과 뿌리를 함께 캐어 데친 다음 찬물에 우렸다가 나물로 먹는다. 뿌리만 살짝 익혀 무치기도 한다. 잎과 줄기를 말려서 진정제로 쓴다고 하나 자세한 것은 알 수 없다.

꽃황새냉이 털냉이

Cardamine amaraeformis NAKAI | 배추과

여러해살이풀이며 물기가 많은 곳에서 자란다. 땅을 기어가는 줄기는 곧게 서서 20cm 안팎의 크기로 자란다.

봄에 자라는 잎은 둥글게 뭉쳐 땅을 덮고 줄기가 자라남에 따라 생겨나는 잎은 서로 어긋나게 자리한다. 생김새는 두세 쌍의 작은 잎으로 구성되는 깃털 꼴로 가장자리는 밋밋하거나 약간의 톱니를 가진다.

줄기 끝에 작은 꽃이 많이 모여 이삭 모양을 이루면서 아래에서부터 차례로 피어 올라간다. 4장의 꽃잎으로 이루어지는 십자형의 꽃은 흰빛이나 때로는 연보랏빛이 감도는 것도 있다. 꽃의 지름은 1cm 안팎이다. 꽃이 지고 난 뒤에 길쭉하고 가느다란 꼬투리가 생겨난다.

개화기 5~7월

분포 거의 전국적인 분포를 보인다. 산 속의 시냇가 등 물기가 많은 곳에 난다.

식용법 냉이나 장대류와 일가가 되는 풀로 어린 싹을 캐어 나물로 먹거나 국에 넣는다. 데쳐서 잠깐 찬물에 담갔다가 조리한다.

꿩고비

Osmunda asiatica OHWI | 고비과

여러해살이이며 고사리와 같은 종류이다.

땅속에 지름 5~8cm 정도의 굵은 뿌리줄기를 가지고 있다.

뿌리줄기의 끝에서는 여러 장의 잎이 자란다. 잎은 곧게 서나 윗부분이 바깥쪽으로 휘어져 둥글게 퍼진다. 잎이 펼쳐지기 전에는 갈색 솜털이 붙어 있는데 잎이 펼쳐지면서 점차 떨어져버린다. 30~50cm나 되는 기다란 잎자루를 가졌으며 잎은 깃털 꼴로 길이 30~50cm, 너비 15~20cm로 매우 크다.

잎몸은 가죽과 같이 약간 빳빳하다. 꽃은 피지 않고 홀씨로 늘어나는데 홀씨를 가지는 잎은 별도로 자라며 정상적인 잎보다는 작다.

분포 제주도를 비롯한 전국 각지에 분포하며 산지의 약간 습한 땅에 난다.

식용법 4월 하순에서 5월 상순에 자라는 연한 줄기를 꺾어 나물로 하거나 국에 넣어 먹는다. 떫은맛이 강하므로 재를 넣은 물로 끓여 여러 날 우려낸 다음 조리해야 한다. 고사리처럼 말려서 저장하기도 한다.

나리난초 풍경벌레난초

Liparis makinoana SCHL | 난초과

여러해살이풀로 이름에서 나타나듯 난초의 한 종류이다. 땅속에 계란 모양의 푸른 가덩이줄기가 자리한다.
가덩이줄기에서 봄이 되면 넓고 부드러운 2장의 잎이 자라온다. 잎은 넓은 타원 꼴로 울릉도에서 나는 산마늘과 비슷한 외모를 가졌으며 잎 가장자리는 밋밋하여 톱니를 가지지 않는다.
잎 사이로부터 하나의 꽃대가 자라 그 끝부분에 10여 송이의 꽃이 이삭 모양으로 뭉쳐 피며 지름은 2.5cm 안팎이다. 아래쪽 꽃잎이 두드러지게 커서 특이한 외모를 보이며 빛깔은 검은 자갈빛이다.

개화기 5~7월

분포 제주도를 포함한 중부 이남의 지역에서 볼 수 있다. 산의 숲 속에 나며 양지바른 자리에서는 찾아볼 수 없다.

식용법 잎의 길이가 12cm나 되고 넓고 부드러워 난과 식물 가운데에서는 유일하게 나물거리로 쓸 수 있으나 자라는 양은 극히 적다. 맛이 담백하므로 가볍게 데쳐 무쳐 먹는다.

나비나물 참나비나물

Vicia unijuga var. typica NAKAI | 콩과

콩과에 딸린 여러해살이풀이다.
줄기는 곧게 서거나 비스듬히 기울어져 자라 높이 50cm에 이른다. 줄기는 모가 져 있고 딱딱하며 한자리에서 여러 개의 줄기가 자란다.
잎은 서로 어긋나게 생겨나는데 한자리에 2장씩 자리하는 버릇을 가지고 있다. 잎의 생김새는 계란 꼴 또는 넓은 타원 꼴로 끝이 뾰족하며 길이는 3~7cm이고 가장자리는 밋밋하다.
줄기 상부의 잎겨드랑이마다 꽃대가 자라 많은 꽃이 뭉쳐 이삭 모양을 이루면서 아래로부터 차례로 피어 올라간다. 꽃은 나비와 같은 외모를 가졌고 크기는 1.2cm 안팎으로 붉은빛을 띤 보랏빛이다. 꽃이 피고 난 뒤에 길이 3cm가량 되는 꼬투리가 생겨난다.

개화기 6~8월

분포 전국적으로 분포하며 산이나 들판의 양지바른 풀밭에 난다.

식용법 연한 순을 꺾어 데쳐서 나물로 해먹으며 국에도 넣을 수 있다. 워낙 연하기 때문에 초여름까지도 먹는다.

넓은잎갈퀴

Vicia japonica A.GRAY | 콩과

한자리에서 여러 개의 줄기가 자라는 여러해살이 덩굴풀이다. 덩굴은 1m 정도의 길이로 자라며 비스듬히 다른 물체를 감아 올라간다. 줄기는 모가 져 있고 많은 땅속줄기가 자라온다.
잎은 서로 어긋나게 자리하며 7~8쌍의 작은 잎으로 이루어진 깃털 모양이다. 작은 잎은 길쭉한 타원 꼴로 길이는 1~2cm이고 끝이 약간 오목하다. 잎의 뒷면은 흰빛을 띤 푸른빛이다.
줄기의 윗부분 잎겨드랑이마다 각기 하나의 길쭉한 꽃대가 자라 10여 송이의 꽃이 서로 밀착하여 꽃이삭을 이룬다. 꽃의 길이는 1cm 정도이며 모든 꽃이 같은 방향을 향해 배열된다. 꽃의 빛깔은 붉은빛을 띤 보랏빛이다.

개화기 6~8월

분포 전국 각지에서 볼 수 있으며 산록이나 들판의 양지바른 풀밭에 난다.

식용법 나비나물이나 광릉갈퀴와 같이 연한 순을 뜯어다가 데쳐서 나물로 먹으며 국에도 넣어도 좋다.

넓은잎옥잠화 삼옥잠화

Hosta japonica var. latifolia NAKAI | 백합과

희고 굵은 뿌리가 많은 여러해살이풀이다.
잎은 뿌리로부터 자라 많은 것이 뭉치며 넓은 타원 꼴 또는 계란 꼴에 가까운 타원 꼴이다. 긴 잎자루를 가지고 있으며 길이는 20cm를 넘는다. 잎 가장자리는 밋밋하고 수많은 잎맥이 평행해서 자리하고 있다. 잎의 표면은 윤기가 흐르고 짙은 녹색이다.
한여름에 잎 사이로부터 높이 60cm가량 되는 꽃대가 자라 10송이가량의 연보랏빛 꽃이 차례로 피어 올라간다. 꽃은 깔때기 모양으로 생겼으며 6장의 꽃잎으로 구성되어 있다.

개화기 7~8월

분포 중부지방에만 분포한다. 들판의 물기가 많은 풀밭 속에 난다.

식용법 담백하고 약간 미끈거리며 씹는 맛이 좋다. 날것을 쌈으로 먹기도 하고 기름에 볶아 약간 간을 해서 먹는 것도 좋다. 일반적으로는 가볍게 데쳐서 나물로 해먹으며 죽에 넣어 먹기도 한다. 산옥잠화와 비비추, 주걱비비추도 같은 방법으로 먹는다.

노랑물봉숭 노랑물봉선

Impatiens noli-tangere L | 봉숭아과

물기가 많은 곳에서 자라는 한해살이풀이다.
높이 60cm 정도로 자라며 여러 개의 가지를 치는 줄기는 곧게 서고 연하며 다즙질이다. 온몸이 밋밋하고 털이 전혀 없으며 마디의 부분은 부풀어오른다.
잎은 타원 꼴이고 끝이 뾰족하며 잎가에는 고르지 않은 톱니가 나 있고 잎자루를 가지고 있다. 잎의 뒷면은 가루를 뒤집어쓴 것처럼 희끄무레하게 보인다. 늦은 여름에 가지 끝마다 2~4송이의 봉숭아 같이 생긴 노란색 꽃이 핀다. 꽃의 크기는 2cm 안팎이다.
꽃이 지고 난 뒤에 생겨나는 열매는 익은 후 스스로 터져 사방으로 씨를 날려보낸다.

개화기 8~9월

분포 울릉도와 중부지방 그리고 북한지방에 분포한다. 산록지대의 시냇가나 습지 등에 난다.

식용법 어린순을 나물로 해서 먹는다. 유독성분이 함유되어 있기 때문에 끓는 물에 데친 다음 하루 이상 물을 갈아가면서 잘 우려낸 것을 조리해야 한다.

눈개승마

Aruncus americanus RAFIN | 조팝나무과

여러해살이풀로 1m 안팎의 높이로 자란다.
잎은 두 차례 갈라지며 갈라진 조각은 계란 꼴로 끝이 뾰족하고 가장자리에는 작게 갈라진 톱니를 가지고 있다. 긴 잎자루를 가졌으며 서로 어긋난 자리에 생겨난다.
꽃은 암꽃과 수꽃이 각기 다른 포기에 피며 수꽃이 암꽃보다 약간 크다. 작고 노란빛을 띤 흰 꽃이 많이 뭉쳐 큰 원추형을 이룬다. 꽃은 5장의 꽃잎으로 이루어지며 수꽃은 많은 수술을 가지고 있다.

개화기 5~6월

분포 전국 각지에 분포한다. 산지의 숲 가장자리에 형성되는 양지바른 풀밭에 난다.

식용법 잎이 펼쳐지기 전의 어린순을 뜯어 소금을 넣은 물에 데쳐 찬물로 잠시 우려낸 다음 양념장으로 간을 맞추어 나물로 해서 먹는다. 데쳐서 우려낸 것을 기름에 볶아 간장과 고춧가루로 양념한 것도 먹을 만하다. 지방에 따라서는 국에 넣어 먹기도 한다.

는쟁이냉이 주걱냉이

Cardamine komarovi NAKAI | 배추과

물가에 나는 여러해살이풀이다.
곧게 서는 줄기는 위쪽에서 가지를 치며 50cm 높이로 자란다. 잎은 둥근꼴 또는 계란 모양에 가까운 둥근꼴이다. 이른봄 뿌리에서부터 자라는 잎 가운데에는 간혹 깃털 모양으로 갈라지는 것도 있다. 줄기에 나는 잎은 서로 어긋나게 자리하며 잎자루의 밑동은 다소 넓어져 줄기를 감싼다. 또한 잎의 아래쪽은 심장 꼴로 약간 패여 있고 끝 부분은 뾰족하거나 둥글다. 잎 가장자리에는 고르지 못한 거친 톱니가 있다.
줄기와 가지의 꼭대기에서 갈라진 여러 대의 긴 꽃자루 끝에 한 송이씩 흰 꽃이 핀다. 꽃은 4장의 꽃잎으로 이루어져 있으며 지름이 1cm 안팎이다. 꽃이 핀 뒤 길이가 1.5~2.5cm쯤 되는 꼬투리처럼 생긴 열매를 맺는다.

개화기 6~8월

분포 거의 전국적으로 분포하며 산지의 물가에 난다.

식용법 어린잎과 줄기를 나물이나 생채로 먹는다. 약간 매운맛이 나며 구미를 돋우어준다.

덤불쑥 큰몽고쑥·왕참쑥

Artemisia rubripes NAKAI | 국화과

높이 1.5cm 안팎으로 자라는 여러해살이풀이다. 약간의 보랏빛 기운이 감도는 줄기는 곧게 서며 약간의 가지를 친다.
잎은 서로 어긋나게 자리하며 두 번 깃털 모양으로 깊게 갈라진다. 갈라진 조각은 피침 꼴이고 가장자리는 밋밋하여 톱니가 없다. 표면은 짙은 녹색이고 뒷면에는 흰 솜털이 빽빽하게 깔려 거의 희게 보인다.
갈라진 가지 끝에 꽃잎을 가지지 않은 둥그스름한 꽃이 많이 뭉쳐 원추형의 꽃이삭을 이룬다. 꽃한 송이의 지름은 2mm 안팎이고 솜털에 덮인 푸른 꽃받침에 둘러싸여 있다. 꽃의 빛깔은 엷은 갈색이다.

개화기 8~10월

분포 강원도와 경기도 이북의 지역에만 나며 산비탈이나 냇가 등의 양지바른 풀밭에서 흔히 볼 수 있다.

식용법 갓 자라는 어린 싹을 뜯어 데쳐서 찬물에 잘 우려낸 다음 나물로 무쳐 먹거나 떡에 넣어 쑥떡을 만들어 먹기도 한다.

덩굴꽃말이

Trigonotis icumae MAKINO | 지치과

여러해살이풀로 온몸에 약간의 털이 있다.
줄기는 여러 개가 서서 사방으로 퍼지며 덩굴의 습성이 있고 높이는 20cm 안팎으로 자란다. 약간의 가지를 치는데 매우 허약하다.
잎은 두텁고 빳빳하며 계란 꼴로 가장자리는 밋밋하다. 봄에 뿌리로부터 자라는 잎은 끝이 무디고 긴 잎자루를 가지고 있으나 줄기에 나는 잎은 끝이 뾰족하고 잎자루가 짧다.
줄기와 가지 끝에 5~9송이의 작은 꽃이 이삭 모양으로 뭉쳐 핀다. 꽃은 지름이 1cm가량이고 5장의 꽃잎을 가졌으며 연한 하늘빛이다.
꽃이 피고 난 뒤 줄기가 뻗어 땅에 닿으면 그 자리에 새로운 묘가 생겨난다.

개화기 5~6월

분포 남부와 중부지방에 분포한다. 산록지대의 숲 가장자리 등 약간 그늘지고 물기가 많은 곳에 난다.

식용법 이른봄 갓 자라는 어린순을 나물로 해서 먹는다. 좀꽃마리와 참꽃마리도 같은 방법으로 먹을 수 있다.

돌나물 돈나물 · 석상채(石上菜)

Sedum sarmentosum BUNGE | 돌나물과

다육질의 여러해살이풀이다.
줄기는 땅에 엎드려 자라면서 마디마다 뿌리를 내린다.
잎은 한자리에 3장씩 생겨나며 길쭉한 타원 꼴 또는 피침 꼴로 잎자루를 가지지 않는다. 잎 가장자리에는 톱니가 없고 밋밋하며 많은 물기를 갈무리하여 두텁게 살쪄 있다.
꽃대는 곧게 서서 높이 15cm 안팎에 이르며 지름이 6mm 정도 되는 노란 꽃이 평면적으로 뭉쳐 핀다. 꽃은 5장의 꽃잎으로 이루어지고 있으며 별과 같은 외모를 가지고 있다.

개화기 5~6월

분포 전국 각지에 널리 분포한다. 들판이나 산록의 양지바른 풀밭 속이나 바위틈 등에 난다.

식용법 잎에 많은 물기를 갈무리하고 있어 나물이나 국거리 등으로는 적합하지 않다. 그러나 담백한 맛이 있고 씹히는 느낌이 좋으므로 김치를 담가서 먹는다. 봄부터 초여름까지 김칫거리로 쓸 수 있으며 산채로서의 가치가 높다.

돌단풍 장장풍

Mukdenia rossii var. typica NAKAI | 범의귀과

바위에 붙어사는 여러해살이풀이다.
굵고 거친 줄기가 바위 표면에 붙어 자라며 곳곳에서 잎이 생겨난다.
한자리에서 여러 장의 잎이 자라는데 단풍나무의 잎과 같은 모양으로 잎은 5~7 갈래로 갈라지며 가장자리에는 작은 톱니가 자리하고 있다. 털이 전혀 없어 밋밋하고 윤기가 난다.
늦은 봄 잎 사이로부터 높이 20cm쯤 되는 꽃대가 자라 작고 흰 꽃이 많이 뭉쳐 원추형에 가까운 꽃차례를 구성하면서 핀다. 꽃의 크기는 매우 작아 지름이 2mm 안팎이고 6장의 꽃잎으로 이루어지고 있다. 꽃이 핀 뒤에 계란형의 열매가 생겨나 익으면 2개로 갈라져 씨가 쏟아진다.

개화기 5월 중

분포 경기도와 강원도 이북의 지역에 분포하며 산 속의 시냇가의 습한 암벽에 붙어산다.

식용법 어린잎과 꽃이 피기 전인 연한 꽃대를 데쳐서 나물로 해서 먹는다. 큰돌단풍도 같은 방법으로 먹을 수 있다.

둥근배암차즈기

Salvia japonica THUNB | 꿀풀과

여러해살이풀로서 온몸에 거친 털이 자라 있다. 모가 진 줄기는 곧게 서고 가지를 치면서 60cm 안팎의 높이로 자란다. 잎은 마디마다 2장이 마주 자리하며 긴 잎자루에 3~7장의 잎 조각이 깃털 꼴로 배열되어 있다. 줄기와 가지 끝에 달리는 잎은 간혹 깃털 꼴이 아닌 것도 있다. 잎 조각은 계란 꼴로 끝이 뾰족하며 가장자리에는 무딘 톱니가 규칙적으로 배열되어 있다.
줄기와 가지의 끝에 작은 꽃이 층을 이루며 이삭 모양으로 핀다. 각 층마다 5~6송이의 꽃이 둥글게 배열되며 층과 층 사이의 간격은 꽃의 길이 만하다. 꽃은 대롱 모양으로 끝이 입술처럼 갈라져 있다. 꽃의 길이는 1~1.3cm이고 빛깔은 연한 자줏빛이다.

개화기 6~8월

분포 전라남도와 경상남도에 분포하며 산지의 풀밭에 난다.

식용법 봄에 어린순을 나물로 해서 먹는다. 약간 쓴맛이 있으므로 데친 뒤 알맞게 우려낼 필요가 있다.

등갈퀴덩굴 등갈퀴나물

Vicia cracca var. vulgaris GAUD | 콩과

여러해살이 덩굴풀로 땅속줄기를 가졌다.
줄기는 다소 질기고 길이의 방향으로 많은 줄이 나 있다. 잎은 마디마다 서로 어긋나게 자리하고 있으며 깃털 모양으로 작은 잎 조각이 배열되어 있다. 잎 조각은 줄 꼴에 가까운 길쭉한 타원 꼴 또는 피침 꼴로 3~10짝이 붙어 있다. 길이 1.5~3cm인 잎의 양쪽 끝은 무디고 가장자리는 밋밋하다. 잎 끝에는 2~3갈래로 갈라진 덩굴손이 있고 잎겨드랑이에는 피침 꼴의 받침잎이 붙어 있다.
잎겨드랑이에서 자라난 꽃대에 많은 꽃이 이삭 모양으로 붙어 피는데 꽃의 생김새는 나비 모양이다. 길이 6mm 안팎의 꽃의 빛깔은 보라색이다.

개화기 6~7월

분포 전국 각지에 분포하며 들판의 양지바른 풀밭에 난다.

식용법 꽃이 피기 전까지는 연한 순을 나물로 하거나 국에 넣어 먹을 수 있다. 맛이 달고 부드러우며 쓴맛이 없으므로 가볍게 데쳐서 조리하면 되고 우려낼 필요는 없다.

띠등골나물

Eupatorium glehni SCHMIDT | 국화과

산지의 약간 습한 풀밭에 나는 여러해살이풀이다. 줄기는 곧게 서서 1m 정도의 높이에 이르며 거의 가지를 치지 않는다. 한자리에 여러 대의 줄기가 서는 습성을 가지고 있다. 잎은 마디마다 4장이 사방으로 펼쳐지고 있으며 잎자루는 아주 짧아 없는 것처럼 보인다. 잎의 생김새는 길쭉한 타원 꼴 또는 피침 꼴에 가까운 길쭉한 타원 꼴로 길이는 10~15cm, 너비는 3~4cm이다. 양끝이 뾰족하고 가장자리에는 거칠게 생긴 톱니가 배열되어 있다. 잎의 뒷면은 흰빛을 띤다. 줄기 끝에 많은 꽃이 우산 모양으로 모여 핀다. 대롱 모양의 꽃받침 속에 5송이의 꽃이 함께 자리한다. 꽃잎 또한 대롱 모양으로 길이는 7~8mm이다. 꽃의 빛깔은 보랏빛을 띤 연한 분홍빛이다.

개화기 8~9월

분포 거의 전국적으로 분포하고 있으며 깊은 산속의 양지 쪽 풀밭에 난다.

식용법 봄에 어린잎과 연한 순을 나물로 해 먹는다. 쓰고 떫은맛이 있으므로 데친 뒤 충분히 우려야 한다.

말나리

Lilium distichum NAKAI | 백합과

여러해살이풀로서 땅속에 비늘줄기를 가지고 있는 구근식물의 하나이다.
흔히 구근이라고 불리는 비늘줄기는 둥글고 희며 그것을 구성하는 비늘잎은 느슨한 상태로 결합하여 굵기가 그리 크지 않다. 줄기는 곧게 서서 80cm가량의 높이로 자란다.
줄기 중간부분에 4~9장이 둥글게 돌려나는 잎은 길쭉한 타원 꼴로 양끝이 뾰족하고 길이는 15cm 안팎으로 매우 크다. 줄기의 윗부분에는 작은 잎이 몇 장만 난다. 줄기 끝에는 6장의 꽃잎으로 이루어진 몇 송이의 꽃이 핀다. 꽃은 주황빛으로 물들여져 고개를 수그려서 피며 지름은 5mm 안팎이다. 꽃잎 안쪽에는 갈색을 띤 진한 보랏빛 반점이 산재한다.

개화기 6~8월

분포 전국적인 분포를 보이며 산지의 양지바른 풀밭에 난다.

식용법 비늘줄기를 쪄서 먹으며 어린잎은 데쳐서 우려낸 다음 나물로 조리한다. 하늘말나리도 같은 방법으로 식용한다.

망초 지붕초

Erigeron canadensis L | 국화과

어린 묘의 상태로 겨울을 지낸 이듬해 여름에 꽃을 피우고는 말라죽어 버리는 두해살이풀이다.
작고 거친 털이 나 있는 줄기는 곧게 자라 높이 1.5m에 이른다.
어린잎은 주걱 모양에 가까운 피침 꼴로 가장자리는 거친 톱니와 같은 상태로 갈라진다. 줄기에 나는 잎은 길쭉한 피침 꼴로 가느다란 톱니를 가졌으며 좁은 간격으로 서로 어긋나는 자리에 달린다.
꽃은 꽃잎을 가지고 있기는 하나 없는 것처럼 보이며 지름이 1cm 안팎으로 많은 것이 뭉쳐서 원추형의 꽃차례를 구성한다. 꽃의 빛깔은 푸른빛을 띤 흰빛이다.

개화기 7~9월

분포 북미가 원산지인 잡초이나 전국 각지에 퍼져 있다. 양지바른 풀밭이나 길가와 강변 등에 무성하게 자란다.

식용법 봄철에 어린 싹이 자라 올라가는 연한 순을 뜯어 데쳐서 우려낸 다음 나물로 무쳐 먹거나 국거리로 삼는다.

멸가치 개머위·명가지

Adenocaulon himalaicum EDGEW | 국화과

여러해살이풀로 줄기와 잎 뒷면은 흰 솜털로 덮여 있다. 짤막한 땅속줄기와 많은 뿌리를 가지고 있으며 꽃이 필 때에는 50cm 안팎의 높이에 이른다. 아래쪽에 뭉치는 잎은 세모 꼴에 가까운 신장 꼴로 머위와 흡사한 외모를 가지고 있으나 머위보다는 훨씬 작다. 잎 가장자리에는 고르지 않은 톱니가 생겨나 있고 긴 잎자루를 가진다. 위쪽에 나는 잎은 점차적으로 작아지면서 서로 어긋나게 자리한다.

줄기 끝에서 갈라져 나간 몇 개의 가지 꼭대기에 지름이 4mm 정도 되는 흰 꽃이 여러 송이 뭉쳐 원추형을 이룬다. 꽃이 핀 뒤에 생겨나는 씨는 옷에 잘 달라붙는 성질이 있다.

개화기 8~9월

분포 거의 전국 각지에 분포하며 산 속의 어둡고 습한 땅에 난다.

식용법 봄에 어린싹을 캐어 데쳐서 찬물에 우려낸 다음 나물로 무쳐 먹거나 국거리로 삼는다. 때로는 데쳐 말려서 갈무리해 두었다가 수시로 나물로 해 먹기도 한다.

모시물통이 푸른물통이

Pilea viridissima MAKINO | 쐐기풀과

한해살이풀로 줄기와 잎은 모두 연한 초록빛이다. 줄기는 곧게 서서 50cm 안팎의 높이로 자라고 질이 연하며 줄기에는 많은 물기를 지니고 있다. 마디마다 2장의 잎이 서로 마주 자리한다. 잎의 길이는 3~7cm가량이고 계란 꼴로 무딘 톱니가 생겨 있으며 긴 잎자루를 가진다. 온몸에 털이 전혀 없고 평행해서 자리하는 3개의 잎맥이 두드러져 보인다.

가을에 잎겨드랑이에 아주 작은 꽃이 뭉쳐 1~2cm 정도의 길쭉한 꽃차례를 형성한다. 꽃은 좁쌀보다 작으며 연한 초록빛으로 피기 때문에 거의 눈에 뜨이지 않는다.

개화기 8~9월

분포 제주도를 비롯한 전국 각지에 분포한다. 들판의 어둡고 습한 풀밭 속에 난다.

식용법 질이 연하고 다즙질이기 때문에 꽃이 피기 전에 수시로 순을 꺾어다 식용으로 할 수 있다. 가볍게 데쳐서 나물로 해 먹는다. 담백한 맛이 난다.

묏미나리

Ostericum sieboldii NAKAI | 미나리과

미나리와 흡사한 외모를 가진 여러해살이풀이다. 줄기는 곧게 높이 1~1.5m에 이르며 약간의 가지를 친다.
잎은 두 차례 깃털 모양으로 갈라진 겹잎인데 전체적으로는 큰 세모 꼴을 이룬다. 잎 조각은 계란꼴로 질이 연하고 가장자리에는 톱니를 가지고 있다. 봄에 땅속에서 자라는 잎은 여러 장이 한자리에 뭉쳐 있는데 줄기에서 자라는 잎은 넓은 간격으로 서로 어긋나게 달린다.
5장의 꽃잎으로 구성된 아주 작은 꽃이 무수히 뭉쳐 지름 6cm 안팎의 우산 모양 꽃차례를 이룬다. 꽃의 빛깔은 희다.

개화기 8~9월

분포 전국적인 분포를 보이며 산지의 시냇가 등 습한 땅에 난다.

식용법 4월부터 5월 사이에 어린줄기와 연한 잎을 살짝 데쳐서 나물로 먹는다. 미나리와 흡사한 향기를 지니고 있으며 그윽한 맛이 있다. 씹히는 느낌도 미나리와 같으며 때로는 김치에 넣어 먹기도 한다.

물냉이

Rorippa nasturtium BECK | 배추과

물 속에 나는 여러해살이풀이다.
줄기는 곧게 서서 50cm 안팎의 크기로 자라며 많은 가지를 친다. 속이 비어 있는 연한 줄기의 마디에 흰 수염과 같은 뿌리를 내려 증식해 나간다.
잎은 찔레나무의 잎처럼 3~7장의 작은 잎이 모여 깃털 모양의 겹잎을 이룬다.
늦은 봄에 가지 끝마다 냉이의 꽃과 같은 생김새를 가진 희고 작은 꽃이 이삭 모양으로 뭉쳐 아래로부터 차례로 피어 올라간다.
산 속의 맑은 물이 흘러내리는 양지바른 시냇가에 큰 군락을 이루며 일제히 꽃 피는 모양은 장관이라 아니할 수 없다.

개화기 4~5월

분포 원래 유럽지방에 나는 풀인데 지금은 귀화하여 전국적인 분포를 보이고 있다.

식용법 꽃이 피기 전에 연한 순을 뜯어 가볍게 데쳐서 나물로 해 먹는다. 약간 매운맛이 난다. 씨는 겨자의 대용품으로 쓸 수 있다. 일본에서는 줄기와 잎을 해열 및 진통약으로 쓴다고 한다.

물양지꽃 세잎딱지

Potentilla cryptotaeniae MAX | 장미과

여러해살이풀이며 양지꽃과는 달리 몸집이 커서 1m 정도의 높이로 자란다.
줄기는 곧게 서서 여러 개의 가지를 치며 온몸에 거친 털이 나 있다.
잎은 세 갈래로 갈라지며 마디마다 서로 어긋나게 생겨난다. 갈라진 잎 조각은 타원 꼴로 양끝이 뾰족하고 가장자리에는 크고 작은 톱니를 가지고 있다.
가지 끝의 잎겨드랑이마다 한 송이의 꽃이 핀다. 꽃은 노란 5장의 꽃잎으로 구성되며 지름은 1cm 안팎이다. 노란 꽃잎 한가운데에는 많은 수술과 암술이 자리해 있고 꽃받침에는 잔털이 나 있다.

개화기 8~9월

분포 전국적인 분포를 보이며 깊은 산 속의 약간 그늘진 습한 땅에 난다.

식용법 이른봄에 갓 자라는 어린 싹을 나물로 해먹는다. 쓴맛이 없으므로 데쳐서 오래도록 우려낼 필요는 없다. 봄에 뿌리를 캐어 날것을 그대로 먹는데 날밤과 비슷한 맛이 난다.

미나리냉이 승마냉이

Cardamine leucantha SCHULTZ | 배추과

여러해살이풀로 땅속줄기가 사방으로 뻗어 쉽게 불어난다.
온몸에 짧고 부드러운 털이 나 있는 줄기는 곧게 서서 높이 60cm에 이르고 약간의 가지를 친다.
잎은 서로 어긋나게 생겨나는데 5~7조각으로 갈라져 깃털 모양을 이루며 긴 잎자루를 가지고 있다. 갈라진 잎 조각은 계란 꼴 또는 피침 꼴로 끝이 날카롭게 뾰족하고 가장자리에는 고르지 않은 톱니가 나 있다. 꽃은 가지 끝에 많은 것이 술 모양으로 뭉쳐 위를 향해 차례로 피어오른다. 4장의 꽃잎이 십자형을 이루고 희게 피는데 지름은 1cm 안팎이다. 꽃이 지고 난 뒤에 생겨나는 꼬투리의 길이는 2cm쯤 된다.

개화기 6~9월

분포 전국 각지에 분포하며 산 속의 시냇가나 습한 땅에 난다.

식용법 어린순을 모아 데쳐서 찬물에서 우린 후 무쳐 나물로 먹거나 국에 넣어 먹는다. 한 무리가 되는 는쟁이냉이와 큰는쟁이냉이도 같은 방법으로 식용한다.

민박쥐나물 큰박쥐나물

Cacalia hastata subsp. orientalis KITAM | 국화과

높이 2m에 이르는 키가 큰 여러해살이풀이다. 잎은 세모 꼴로 매우 크며 가장자리에는 작은 톱니가 생겨나 있다. 줄기 위쪽에서 마름모 꼴로 잎의 생김새가 바뀌면서 서로 어긋나게 자리하고 있다. 잎 뒷면의 잎맥 위에 약간의 잔털이 있을 뿐 미끈하다. 잎의 크기는 가로 세로 모두 30cm 안팎이다.
줄기 끝에 지름이 1cm도 채 안 되는 작은 꽃이 원추형으로 모여 흰빛으로 피는데 꽃잎은 없다.

개화기 7~9월

분포 거의 전국적인 분포를 보이며 깊은 산 속의 나무 그늘에 난다.

식용법 어린잎을 따다가 데쳐서 찬물을 바꾸어가며 잘 우려낸 다음 나물로 해서 먹는다. 취나물과 함께 높이 평가되는 산채로 말려서 갈무리해 두었다가 수시로 조리하기도 한다. 이렇게 박쥐라는 이름이 붙어 있는 풀은 거의 모두 식용으로 쓰고 있다.

바보여뀌

Persicaria flaccida GROSS | 여뀌과

습한 자리를 좋아하는 한해살이풀이다.
줄기는 곧게 서거나 비스듬히 자라서 높이 40~80cm 정도에 이르고 있으며 온몸에 약간의 털이 있다.
불그스름한 빛을 띤 줄기 위에 넓은 피침 꼴의 잎이 어긋나게 자리하며 잎 표면에는 여덟 팔자와 같은 생김새의 검은 무늬가 자리한다. 잎의 양끝은 뾰족하고 가장자리는 밋밋하다. 다른 여뀌류는 잎을 씹어보면 매운맛이 나는데 이 풀은 맵지 않으므로 바보여뀌라고 한다.
가지 끝마다 적은 수의 꽃이 이삭 모양으로 모여 피며 꽃이삭의 길이는 5~10cm 정도이다. 꽃의 빛깔은 담홍색이다.

개화기 8~9월

분포 전국적인 분포를 보이며 주로 들판의 물가 등 습한 땅에 난다.

식용법 봄철에 어린 싹을 캐어 나물로 무쳐서 먹는다. 여뀌류는 대개 매운맛을 지니고 있는데 이 풀은 전혀 매운맛이 없다. 또한 5~6월경에 연한 줄기를 꺾어서 먹기도 한다.

배암차즈기 제령

Salviaplebeia R. BROWN | 꿀풀과

두해살이풀로 온몸에 짧은 털이 있다.
네모진 줄기는 곧게 자라 높이 50~80cm에 이르며 많은 가지를 친다.
잎은 서로 마주 자리하는데 길쭉한 타원 꼴로 끝이 무디며 가장자리에는 무딘 톱니가 나 있다. 줄기가 자라기 전에 생겨나는 잎은 앞뒷면이 두드러지게 주름잡힌다.
가지의 위쪽 잎겨드랑이로부터 긴 꽃대가 자라 일정한 간격으로 여러 송이의 꽃이 꽃대 주위에 둥글게 배열된다. 꽃은 입술 모양으로 길이는 4~5mm쯤 되며 연한 보랏빛이다. 아래의 꽃잎은 위 꽃잎보다 넓고 짙은 보라색 반점을 가지고 있다.

개화기 5~7월

분포 제주도를 비롯한 전국 각지에 분포한다. 다소 습한 풀밭이나 도랑 근처 등에 난다.

식용법 이른봄 줄기가 자라기 전에 지표에 뭉쳐 있는 어린잎을 캐어 나물로 해먹는다. 특수한 냄새가 나기 때문에 데친 다음 잘 우려서 조리해야 한다.

벌개미취 고려쑥부쟁이

Aster koreiensis NAKAI | 국화과

쑥부쟁이와 일가가 되는 여러해살이풀이다.
높이 60~90cm 정도로 자라는 줄기에는 거의 털이 나 있지 않고 곧게 서며 위쪽에서 약간의 가지를 친다. 잎은 서로 어긋나게 자리하며 길쭉한 타원 꼴이다. 아래쪽 잎은 길이 15cm를 넘으며 꽃이 필 무렵에는 말라 없어진다. 위쪽의 잎은 점차 작아지며 가장자리에는 작은 톱니를 가진다.
꽃은 가지 끝에 한 송이씩 피며 지름이 4cm쯤 된다. 꽃잎은 연한 보랏빛이고 한가운데는 노란빛이다. 개미취의 꽃보다 크다.
씨에는 털이 달려 있지 않다.

개화기 7~10월

분포 제주도와 중부 이남의 지역에만 분포하며 북한에서는 볼 수 없다. 산기슭이나 들판의 풀밭 속에 난다.

식용법 이른봄에 갓 자라난 어린 싹을 나물로 하거나 국에 넣어 먹는다. 떫은맛이 나므로 데친 다음 여러 차례 물을 갈아가면서 잘 우려낸 후 간을 맞추어야 한다.

벌깨덩굴

Meehania urticifolia MAKINO | 꿀풀과

여러해살이풀로 4개의 모가 난 줄기는 곧게 서서 높이 30cm 안팎에 이른다.
잎은 마디마다 2장이 서로 마주 나며 심장 꼴에 가까운 계란 꼴로 끝이 뾰족하다. 잎 가장자리에는 거친 톱니가 있다. 지표 가까이에 자리한 잎은 긴 잎자루를 가지고 있으며 줄기에 나는 잎의 잎자루는 짤막하다.
줄기의 끝에 가까운 잎겨드랑이에 4송이 정도의 큰 꽃이 같은 방향을 향해 핀다. 꽃은 입술 모양인데 길이는 3~4m쯤 되고 빛깔은 자줏빛이다. 꽃이 피지 않은 줄기는 옆으로 누워 뻗으며 마디에서 뿌리가 내려 이듬해에 꽃을 피울 준비를 한다.

개화기 5월 중

분포 전국 각지에 분포하며 산지의 맑은 나무 그늘에 난다.

식용법 4월 하순에서 5월 상순에 어린순을 뜯어 나물로 해서 먹는다. 꿀풀과의 식물이기는 하나 냄새가 나지 않으므로 별로 우려낼 필요는 없다. 씹히는 느낌이 좋고 맛이 담백하다.

벌씀바귀

Ixeris polycephala CASS. | 국화과

한해살이 또는 두해살이풀이다.
줄기는 곧게 자라 높이 15cm 안팎에 이른다. 온몸이 미끈하고 털이 전혀 없는 줄기는 자라면서 여러 개의 가지를 친다.
봄에 나는 잎은 땅을 덮으며 줄 꼴에 가까운 피침꼴이다. 잎의 가장자리는 밋밋하나 때로는 깃털 모양으로 갈라지기도 한다. 줄기와 가지에 나는 잎은 피침 꼴로 끝이 뾰족하고 밑동은 줄기나 가지를 완전히 감싼다. 가지 끝에 10여 송이의 꽃이 뭉쳐 피어나 우산 모양의 꽃차례를 이룬다. 꽃의 지름은 1cm 안팎이고 빛깔은 연한 황색인데 보랏빛 기운이 감돈다.

개화기 5~7월

분포 전국 각지에 널리 분포하며 산과 들판의 풀밭 속에서 흔하게 자란다. 양지바른 자리를 좋아한다.

식용법 봄에 어린잎과 연한 줄기를 꺾어 모아 나물이나 국거리로 해먹는다. 몸집 속에 흰 즙이 함유되어 떫은맛이 나므로 데친 후 잘 우려서 조리해야 한다.

벌왕두 들등갈퀴덩굴

Vicia pallida var. pratensis NAKAI | 콩과

여러해살이 덩굴풀이다.
땅속줄기가 사방으로 뻗어 한자리에서 여러 개의 줄기가 자란다. 줄기는 약간 질기고 비스듬히 자라 높이 1m에 이른다.
마디마다 잎이 어긋나게 나며 4~8쌍의 작은 잎으로 구성되며 깃털과 같은 외모를 가지고 있다. 잎 끝은 2~3갈래로 갈라진 덩굴손의 형태로 변한다. 잎 조각은 타원 꼴로 가장자리는 밋밋하고 길이는 1.5cm쯤 된다. 꽃은 줄기의 윗부분의 잎겨드랑이로부터 자라는 꽃대 위에 같은 방향으로 규칙적인 배열로 핀다. 꽃의 크기는 1cm 정도로 보랏빛으로 핀다. 꽃이 지고 난 뒤 길이 2cm의 꼬투리가 생겨난다.

개화기 6월~8월

분포 울릉도와 중부 및 북부 지방의 산지 풀밭에 난다.

식용법 4~5월경에 자라는 줄기의 끝부분을 꺾어 모아 데쳐서 나물로 조리해먹는다. 국거리로도 할 수 있다. 떫은맛이 없어 데친 뒤 가볍게 씻어서 무치면 된다.

벼룩이자리 좁쌀뱅이

Arenaria serpyllifolia L | 석죽과

두해살이풀로서 온몸에는 잔털이 산재해 있다. 줄기는 가늘고 길며 밑동에서 여러 개의 가지를 쳐서 비스듬히 기울어지는 상태로 사방으로 퍼져 높이 20cm 안팎에 이른다.
밑동에서 가지가 갈라져 나가기 때문에 원줄기와 가지를 분간하기가 어렵다.
잎은 길이 3~6mm로 마디마다 마주 나며 잎자루를 가지지 않는다. 잎의 생김새는 계란 꼴에 가까운 둥근 꼴로 끝이 뾰족하다.
가지 끝과 끝에 가까운 잎겨드랑이에 몇 송이의 작고 흰 꽃이 핀다. 5장의 꽃잎을 가지고 있으며 꽃의 지름은 3~4mm 정도이다.

개화기 4~5월

분포 전국 각지에 분포하며 들판의 양지바른 풀밭에 난다.

식용법 이른봄에 어린 싹을 캐어 가볍게 데쳐서 나물로 무쳐 먹거나 국거리로 한다. 벼룩나물과 흡사한 맛을 가지고 있으며 데친 뒤 오래도록 우려낼 필요는 없다.

붉은서나물

Erechtites hieracifolia RAF | 국화과

한해살이풀로 높이 0.5~1.5m로 곧게 자라며 별로 가지를 치지 않는다.
줄기에는 세로 방향으로 줄이 나 있고 골 속이 비어 있으며 붉은빛이 감돈다. 줄기가 연약하고 잎이 쇠서나물과 흡사하나 털이 없다.
잎은 2~3장이 가까이 접근하면서 서로 어긋나게 자리한다. 생김새는 피침 꼴로 끝이 뾰족하고 가장자리에는 예리한 톱니가 있으며 밑동은 줄기를 감싼다.
꽃은 줄기 끝과 끝에 가까운 잎겨드랑이에 여러 송이가 술 모양으로 뭉쳐 핀다. 꽃은 길이 1.5cm, 지름 0.5cm 정도의 크기로 꽃잎을 가지지 않으며 노란빛에 가까운 초록빛으로 핀다.

개화기 9~10월

분포 미국이 원산지인 잡초인데 곳곳에 널리 퍼져 있다. 산지와 들판의 양지바른 풀밭 속에서 난다.

식용법 아직 우리나라에서는 식용으로 사용한다는 이야기를 듣지 못했으나 일본에서는 어린순을 꺾어 모아 나물로 해서 먹는다고 전해지고 있다.

붉은털여뀌 털여뀌

Amblygonon orientale NAKAI | 여뀌과

한해살이풀이며 굵은 줄기가 곧게 서서 높이 2m에 이른다. 가지를 약간 치며 온몸에 거친 털이 산재하여 있다.
잎은 마디마다 서로 어긋나게 생겨나며 계란 꼴로 크게 자란 것은 길이 20cm, 나비 15cm에 이른다. 잎 가장자리는 밋밋하고 끝은 뾰족하며 긴 잎자루를 가지고 있다.
가지 끝에 많은 꽃이 이삭 모양으로 뭉쳐서 원기둥 꼴을 이루며 그 길이는 5~12cm이다. 한 송이의 꽃의 지름은 3mm 안팎으로 꽃잎을 가지지 않는다. 워낙 많은 꽃이 뭉치기 때문에 그 무게로 인해 이삭은 아래로 처진다. 꽃은 붉은빛으로 매우 아름답다.

개화기 7~8월

분포 인도와 중국에 나는 풀이라고 하며 관상용으로 가꾸던 것이 야생하여 인가 근처에서 자라고 있는 것을 보기도 한다.

식용법 어린순을 뜯어 나물로 해서 먹는다. 데쳐서 찬물에 반나절가량 우렸다가 간을 한다.

비쑥

Artemisia scoparia WALDST. et KIT | 국화과

여러해살이풀로 높이는 60~90cm 정도가 된다. 줄기는 거칠고 붉은빛을 띠고 있으며 윗부분에서 가지가 갈라지고 온몸에 회백색의 잔털이 생겨나 있다. 아래쪽 잎은 깃털 모양으로 두 번 가늘게 갈라지고 줄기에 나는 잎은 한 번만 깃털 모양으로 갈라진다. 갈라진 조각은 실오라기처럼 대단히 가늘다.

쑥의 한 종류이기는 하나 쑥 고유의 향기는 나지 않는다.

가을에 줄기와 가지 끝에 꽃잎을 가지지 않은 둥근 꽃이 무수히 뭉쳐 원뿌리형의 큰 꽃차례를 이룬다. 꽃의 지름은 3~4mm 정도이고 색채는 노란빛을 띤 갈색이다.

개화기 8~9월

분포 제주도와 중부지방에만 분포하는데 주로 해변의 모래밭에서 볼 수 있다.

식용법 이른봄에 어린 싹을 나물로 하거나 떡에 넣어 먹는다. 떫은맛이 강해 데쳐서 흐르는 물에 오래도록 우려야만 먹을 수 있다. 쑥과 같은 향기는 나지 않는다.

비짜루 닭의비짜루

Asparagus schoberioides KUNTH | 백합과

여러해살이풀로 굵고 푸른 줄기는 곧게 1m 안팎의 높이로 자라며 많은 가지를 친다.

한자리에 3~7장씩 뭉쳐 있는 가느다란 잎은 잎이 아니라 잔가지가 변한 것이다. 참된 잎은 비늘 또는 가시와 같은 생김새로 변해 줄기와 가지의 곳곳에 산재해 있다. 잎의 모습을 보이는 잔가지의 길이는 7~17mm이다.

꽃은 가지 겨드랑이에 2~6송이가 뭉쳐 피는데 꽃대가 아주 짧아 겨드랑이에 붙어 있는 것처럼 보인다. 꽃은 대롱 모양으로 끝이 여섯 갈래로 갈라지며 길이는 3mm 안팎이다. 꽃이 핀 뒤에 둥근 열매를 맺고 익으면 붉게 물든다. 꽃의 빛깔은 노란빛을 띤 흰빛이다.

개화기 5~6월

분포 전국 각지에 분포하고 있으며 산의 양지 쪽 풀밭에 난다.

식용법 이른봄에 갓 자라난 어린줄기를 꺾어 나물로 하거나 생채로 먹는다. 약간 쓴맛이 있지만 먹기 어려울 정도는 아니며 입맛을 돋우어 준다.

뻐꾹나리

Tricyrtis dilatata NAKAI | 백합과

여러해살이풀로 줄기는 곧게 50cm 안팎의 높이로 자라며 가지를 친다. 땅속줄기에서 지표를 기는줄기가 생겨나므로 결과적으로는 한자리에서 여러 개의 줄기가 서는 모습을 보이게 된다.
잎은 서로 어긋나게 자리하고 있으며 넓은 타원꼴 또는 계란 꼴로 잎자루는 없고 줄기를 감싼다. 얇고 연하며 가장자리에는 미세한 톱니를 가지고 있다.
꽃은 가지 끝과 끝에 가까운 잎겨드랑이에서 자라는 꽃대에 2~3송이가 핀다. 꽃의 지름은 3cm 안팎이고 연한 보랏빛이다. 6장의 꽃잎에는 자줏빛의 작은 반점이 산재한다.

개화기 7월 중

분포 제주도와 중부 이남의 지역에 분포하며 산지의 숲 속에 난다.

식용법 약간 미끈거리며 오이와 같은 맛이 나고 씹히는 느낌도 좋다. 날것을 그대로 국에 넣거나 튀김을 한다. 소금을 약간 넣은 물에 데쳐서 나물로 해먹기도 한다. 꽃이 피기 전이라면 줄기 끝의 연한 부분도 먹을 수 있다.

사데풀 사데나물·삼비물

Sonchus brachyotis DC | 국화과

땅속줄기가 사방으로 뻗어가며 증식되는 여러해살이풀이다. 높이 60~100cm에 이르는 줄기는 속이 비어 있으며 곧게 서서 가지를 친다.
잎은 마디마다 서로 어긋난 위치에 생겨나며 잎자루를 가지지 않는다. 생김새는 길쭉한 타원형이다. 잎의 뒷면은 흰빛이 감도는 초록빛을 띠고 있다. 잎 가장자리에는 크고 작은 톱니가 마치 물결치듯 배열되어 있다. 온몸에 전혀 털이 없고 밋밋하다.
줄기와 가지 끝에 지름이 2cm쯤 되는 노란 꽃이 몇 송이씩 뭉쳐 우산과 같은 모양을 이룬다.
씨가 익어가면서 흰 털이 자라 마치 솜뭉치처럼 보인다.

개화기 8~10월

분포 전국적으로 분포하고 있으며 해변과 들판의 풀밭에 난다.

식용법 이른봄에 갓 자라는 어린 싹을 캐어 나물로 무쳐 먹는다. 몸집 속에 떫은맛이 나는 흰 즙을 가지고 있어 데친 다음 물을 갈아가면서 잘 우려낸 다음 조리해야 한다.

산개고사리 산골뱀고사리

Athyrium vidalii NAKAI | 면마과

여러해살이로 고사리의 한 종류이다.
뿌리줄기는 짧고 굵으며 땅속에 비스듬히 누운 상태로 묻혀 있고 많은 잔뿌리를 가지고 있다.
한자리에서 여러 장의 잎이 자라 둥글게 배열된다. 잎자루의 길이는 한 뼘쯤 되고 밑동에는 바늘과 같이 생긴 갈색의 인편이 생겨 있다. 잎은 깃털 모양으로 두 번 갈라지는데 전체적인 생김새는 길쭉한 계란형이다. 잎의 끝은 현저하게 뾰족하고 갈라진 잎 조각은 줄 모양이다.
잎 뒷면에 많은 홀씨주머니가 생기는데 주된 맥 양쪽에 각기 한 줄씩 규칙적으로 배열된다. 홀씨주머니의 생김새는 갈고리 모양 또는 말굽 모양으로 포막에 둘러싸여 있다.

분포 중부 이남의 각 지역과 제주도를 비롯한 울릉도에 분포한다. 산지의 나무 및 습하고 윤택한 땅에서 난다.

식용법 잎이 펼치기 전인 어린줄기를 꺾어 나물 또는 국거리로 한다. 떫은맛이 강하므로 고사리의 경우와 같이 재를 푼 물로 잘 데쳐서 충분히 우려야 한다.

산기름나물 석방풍

Peucedanum terebinthaceum var. deltoideum MAKINO | 미나리과

3년 동안 살다가 죽어버리는 풀이다.
줄기는 여러 갈래로 갈라져 많은 가지를 치며 때때로 붉은빛을 띤다. 높이는 1m 안팎으로 자란다.
잎은 두 차례 깃털 모양으로 갈라져 작은 잎 조각을 많이 가지며 전체적인 외모는 세모 꼴을 이룬다. 작은 잎 조각은 계란 꼴이고 가장자리에는 고르지 않은 결각과 같은 작은 톱니를 가지고 있다.
잎자루는 매우 길고 밑동이 줄기를 감싼다.
지름이 3mm쯤 되는 희고 작은 꽃이 가지 끝에 무수히 모여 우산을 펼쳐 놓은 것처럼 보이는 꽃차례를 형성한다.

개화기 8월 중

분포 전국적으로 분포하고 있으며 산과 들판의 양지바른 풀밭 속에 난다.

식용법 4~5월에 연한 순을 뜯어 나물로 해 먹는다. 고장에 따라서는 날것을 그대로 양념장이나 막장으로 무쳐 생채를 해서 먹기도 한다. 향긋한 향기를 가지고 있으며 씹히는 느낌도 매우 좋다.

산박하 깻잎나물

Isodon inflexus KUDO | 꿀풀과

깨나물과 흡사한 외모를 가진 여러해살이풀이다. 네모진 줄기는 가늘며 곧게 높이 1m 안팎으로 자란다. 온몸에 잔털이 있고 약간의 가지를 친다. 긴 잎자루를 가진 잎은 마디마다 2장이 마주 자리하며 계란 모양으로 생겼다. 가장자리에는 무딘 톱니가 나 있다.

꽃은 가지 끝의 잎겨드랑이에서부터 하나씩 마주 자라는 꽃대 위에 층층이 뭉쳐 피어나며 전체적으로 볼 때에는 하나의 긴 이삭과 같은 외모를 가진다. 꽃잎은 입술 모양으로 위쪽 꽃잎은 5개로 갈라져 있다. 꽃은 길이 8~10mm로서 보랏빛을 띤다.깨나물에 비하여 잎은 작고 두터우며 꽃은 보다 많이 핀다.

개화기 6~8월

분포 전국 각지의 산지에 나며 양지바른 자리를 좋아한다.

식용법 깨나물과 마찬가지로 봄에 어린 싹을 캐어 나물로 조리한다. 특이한 냄새를 풍기므로 사람에 따라 싫어하는 경우 데친 다음 잘 우려서 조리한다.

산비장이

Serratula coronata subsp. insularis KITAM | 국화과

여러해살이풀로 엉겅퀴와 비슷한 외모를 가지고 있으나 엉겅퀴의 무리는 아니며 전혀 가시를 가지지 않는다.

높이 1~1.5m로 자라는 키가 큰 줄기는 곧게 서며 질이 딱딱하고 위쪽에서 약간의 가지를 친다. 잎은 서로 어긋난 자리에 나고 타원형으로 생겼으며 깃털 모양으로 깊게 갈라진다. 얇고 부드러운 잎의 가장자리에는 예리한 톱니가 나 있다.

가지 끝에 2~3송이의 꽃이 피는데 꽃잎은 가지고 있지 않다. 작은 비늘잎과 같이 생긴 많은 꽃받침에 둘러싸여 실오라기와 같은 분홍색 수술과 암술이 둥글게 뭉친다.

개화기 7~10월

분포 전국 각지에 분포하며 산지의 풀밭에 난다.

식용법 4월경에 어린 싹을 나물로 해먹는다. 약간 쓰고 떫은 맛이 나기 때문에 데쳐서 찬물에 반나절가량 담갔다가 조리한다. 국에 넣어 먹기도 하며 유럽과 일본에서는 명주헝겊을 물들이는 데도 쓰인다.

산씀바귀

Lactuca raddeana MAX | 국화과

두해살이풀로서 땅속에 굵은 뿌리를 가지고 있다. 다른 씀바귀는 모두 키가 작은데 산씀바귀만은 몸집이 매우 크고 높이가 1~1.5m에 이른다. 줄기는 곧게 일어서고 윗부분에서 약간의 가지를 친다.

몸에 거친 털이 약간 나 있고 짙은 보라색 얼룩이 산재한다. 잎은 크기가 고르지 않으며 일반적으로 계란 모양인데 때로는 타원 모양인 것도 있다. 잎 가장자리에는 고르지 않은 톱니를 가지며 깃털 모양으로 크게 갈라지는 경우도 있다.

가지 끝에 지름 1m쯤 되는 노란 꽃이 이삭 모양으로 뭉쳐 핀다. 꽃잎은 10장 안팎이다.

개화기 6~10월

분포 전국적으로 분포하며 산과 들판의 양지바른 풀밭에 난다.

식용법 봄에 어린 싹을 뿌리와 함께 나물로 해먹는다. 이름 그대로 매우 쓰고 떫은맛을 지니고 있다. 이것은 잎 속에 함유되어 있는 흰 즙 때문으로 데쳐서 오랫동안 우려내야 한다.

산오이풀

Sanguisorba hakusanensis MAKINO | 장미과

여러해살이풀로서 매우 굵은 뿌리를 가지고 있다. 줄기는 곧게 서서 1m 정도의 높이로 자라면서 가지를 친다. 마디마다 서로 어긋나게 자리하는 잎은 긴 잎자루 위에 홀수의 잎 조각이 붙어 깃털 모양을 이룬다. 잎 조각의 수는 3~6짝이다. 잎 조각의 생김새는 타원 꼴 또는 길쭉한 타원 꼴이며 가장자리에는 거친 톱니가 나 있다. 잎 조각의 끝은 둥글거나 약간 패여 있다.

가지 끝에 작은 꽃이 무수히 뭉쳐 피어서 이삭 모양의 꽃차례를 이루는데 꽃차례의 길이는 8cm 안팎이다. 붉은빛을 띤 보랏빛으로 대단히 아름다운 자태를 보인다. 꽃이삭은 무게로 인해 아래로 처진다.

개화기 8~9월

분포 전국의 높은 산 상봉의 약간 습한 풀밭에 난다.

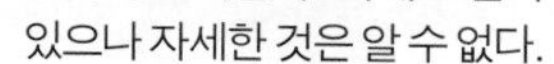

식용법 봄에 어린 싹을 데쳐서 나물로 해먹는다. 약간 쓰고 떫은맛이 나므로 두세 시간 동안 우렸다가 조리한다. 약재로 쓴다고 하는 말이 있으나 자세한 것은 알 수 없다.

산옥잠화

Hosta longissima HONDA | 백합과

습한 자리를 좋아하는 여러해살이풀이다.
잎은 땅속에서 자라 많은 것이 뭉쳐 포기를 이룬다. 잎의 생김새는 길쭉한 타원 꼴 또는 계란 꼴에 가까운 피침 꼴이다. 잎의 길이는 10cm 안팎이고 비슷한 길이의 잎자루가 있으며 짙은 녹색으로 윤기가 난다. 평행인 잎맥을 가진다.
여름철에 뭉친 잎 사이에서 길이 60~100cm쯤 되는 꽃대가 자라 끝에 10여 송이의 꽃이 이삭 모양으로 뭉쳐 핀다. 꽃은 6장의 꽃잎으로 구성되며 지름은 3cm 안팎이다. 꽃의 빛깔은 연한 보랏빛이다.

개화기 7~8월

분포 거의 전국적인 분포를 보이며 산과 들판의 약간 그늘진 습한 자리에 난다. 여름철에 시원스런 느낌을 풍겨 뜰에 심어 가꾸는 일이 많다.

식용법 맛이 담백하고 씹히는 느낌이 좋으며 약간 미끈거려 산채 중에서는 고급품에 속한다. 데쳐서 나물로 하는데 마요네즈나 케첩에 무쳐 먹어도 좋다. 그 밖에 국거리나 쌈으로도 먹을 수 있다.

산조밥나물 모련채아재비

Hieracium japonicum FR. et. SAV | 국화과

제주도 한라산의 자갈밭과 같은 자리에 나는 여러해살이풀이다. 줄기는 서지 않으며 굵은 땅속줄기로부터 많은 잎이 뭉쳐 자란다.
잎의 생김새는 넓은 피침 꼴 또는 길쭉한 계란 꼴의 모습으로 끝은 둥글거나 또는 무디다. 15cm 안팎의 길이를 가지고 있는 잎의 가장자리에는 뾰족한 톱니가 약간 생겨나 있다. 잎의 앞뒷면에 빳빳하고 거친 털이 빽빽하게 나 있는 특징이 있다. 여름철에 잎이 뭉쳐 있는 한가운데로부터 20~25cm 정도의 높이로 꽃줄기가 자라 여러 갈래로 갈라지면서 각기 한 송이의 꽃을 피운다. 꽃은 민들레꽃과 흡사하게 생겼다. 꽃의 지름은 3.5cm 안팎이며 선명한 노란빛이다. 꽃줄기와 꽃대에도 거친 털이 빽빽하게 나 있다.

개화기 7~8월

분포 제주도와 북부지방에만 분포하며 한라산의 높은 곳에 나는데 주로 자갈밭과 같은 곳에서 볼 수 있다.

식용법 어린잎을 나물로 먹는다. 흰 즙이 있어 쓴맛을 내므로 데친 뒤 잘 우려서 조리한다.

산층층이 개층꽃

Clinopodium chinense var. shibetchense KOIDZ | 꿀풀과

한자리에서 여러 대가 자라는 여러해살이풀이다.
곧게 서서 가지를 치는 줄기는 모가 져 60cm 정도의 높이로 자라며 온몸에 약간의 털이 나 있다. 마디마다 2장의 잎이 마주 자리한다. 잎의 생김새는 계란 꼴에 가까운 길쭉한 타원 꼴로 잎자루를 가졌으며 끝은 뾰족하고 가장자리에는 굵은 톱니가 나 있다.
가지 끝에 꽃이 층으로 뭉쳐 피고 산지에서 자라기 때문에 산층층이라고 한다. 꽃은 입술모양으로 길이는 8mm 정도가 된다. 꽃의 빛깔은 희다. 층층이꽃에 비해 꽃이 작으며 수도 적게 핀다.

개화기 7~8월

분포 경기도 이북의 땅에 분포하며 산지의 풀밭 속에 난다.

식용법 봄에 어린 싹을 나물로 해먹는다. 맛이 좋은 것은 아니지만 흔하기 때문에 나물거리로 삼는 것으로 생각된다. 뿌리는 찧어서 옴의 치료약으로 쓴다고 하는 말이 있으나 자세한 것은 알 수 없다.

새콩

Amphicarpaea trisperma BAKER | 콩과

한해살이 덩굴풀이다.
덩굴은 길이 1~2m 정도로 자라 다른 풀로 기어오르며 온몸에는 밑으로 향해 퍼진 털이 나 있다. 잎은 마디마다 서로 어긋나게 자리잡고 있으며 3장의 작은 잎으로 구성된다. 작은 잎은 길이 3~4cm 너비 2.5~3cm로 계란 모양이다. 잎의 가장자리는 밋밋하다.
꽃은 잎겨드랑이로부터 자라는 긴 꽃대 끝에 6송이 정도가 뭉쳐서 핀다. 꽃은 나비처럼 생겼으며 길이는 1.5~2cm로 피며 연한 보랏빛을 띠고 있다. 꼬투리는 길이 2~3cm로서 3~4개의 둥근 씨를 가진다. 줄기 밑동에서 생겨나는 땅속줄기는 땅속으로 들어가 피지 않는 꽃을 가지며 여기에도 씨가 생겨난다.

개화기 8~9월

분포 전국 각지에 분포하며 양지바른 풀밭에 난다.

식용법 흉년이 들었을 때에 곡식 대용으로 이용되던 풀이다. 가을에 익은 씨를 거두어 쌀이나 보리와 섞어 밥을 지었다고 한다.

선씀바귀 자주씀바귀

Ixeris chinensis subsp. strigosa KITAM | 국화과

여러 대의 줄기가 모여 사는 여러해살이풀이다.
높이 30cm 안팎으로 곧게 서는 줄기는 온몸에 흰가루를 쓰고 있는 것처럼 보이며 약간의 가지를 친다.
줄기 밑동에서 많은 잎이 뭉쳐서 자라며 줄기에는 2~3장의 잎이 생겨난다. 잎의 생김새는 줄 꼴에 가까운 피침 꼴이다. 잎의 가장자리는 일반적으로 밋밋한데 때로는 무딘 톱니를 가지며 또는 깃털 모양으로 다소 깊게 갈라지기도 한다.
가지 끝에 여러 송이의 꽃이 술 모양으로 모여서 피어나며 지름은 2~2.5cm이다. 꽃은 미색 바탕에 보랏빛 기운이 감돈다.

개화기 5~6월

분포 전국적인 분포를 보이며 밭 가장자리나 양지바른 풀밭에 난다.

식용법 이른봄에 어린 싹을 뿌리와 함께 나물로 하거나 국에 넣어 먹는다. 쓰고 떫기는 하나 우려내면 괜찮다. 산채의 참된 맛은 약간 쓰고 떫은맛이 있어야 식욕도 생겨나며 소화도 증진된다.

섬쑥부장이 섬쑥부쟁이

Aster glehnii var. hondoensis KITAMURA | 국화과

울릉도에만 나는 여러해살이풀이다.
많은 가지를 치는 줄기는 1m 정도의 높이로 자라며 온몸에 잔털이 있어서 깔깔하다.
잎은 마디마다 서로 어긋나게 자리하며 긴 잎자루를 가지고 있다. 잎은 넓은 피침 모양으로 생겼으며 밑동과 끝은 뾰족하다. 잎의 가장자리에는 거칠고 날카롭게 생긴 톱니가 규칙적으로 배열된다. 잎의 앞뒷면에도 잔털이 산재해 있다.
줄기와 가지 끝에 작은 꽃이 모여 우산 모양으로 핀다. 꽃은 참취와 흡사하게 생겼고 빛깔도 역시 희다. 지름 1.5cm 안팎이기는 하지만 많이 모여 피기 때문에 멀리에서도 쉽게 눈에 뜨인다.
잎의 생김새가 참깻잎과 흡사하기 때문에 호마채(胡麻菜)라고도 한다.

개화기 8~9월

분포 울릉도에만 분포하며 산의 양지 쪽 풀밭에 난다.

식용법 이른봄에 어린순을 나물로 하거나 국에 넣어 먹는다. 쑥부장이류와 마찬가지로 약간 쓰고 떫은맛이 나므로 데친 뒤 우려내야 한다.

섬초롱꽃

Campanula takesimana NAKAI | 초롱꽃과

울릉도에만 나는 여러해살이풀이다.
온몸에 잔털이 깔려 있는 굵은 줄기는 50cm 정도의 높이로 자란다.
잎은 마디마다 서로 어긋나게 자리하는데 생김새는 넓은 계란 꼴 또는 계란 꼴에 가까운 긴 타원 꼴이다. 잎의 가장자리에는 고르지 않은 거친 생김새의 톱니를 가지고 있다. 또한 줄기 아래쪽에 자리한 잎은 긴 잎자루를 가지고 있는데 줄기 끝에 가까운 자리에 붙어 있는 잎은 잎자루가 없고 줄기를 감싼다. 줄기 끝과 그에 가까운 잎겨드랑이에 각기 한 송이씩 길쭉한 종 모양의 꽃이 핀다. 꽃은 길이가 3~5cm이며 연한 보랏빛으로 피는데 짙은 보라색의 반점이 산재해 있다.
초롱꽃에 비해 몸집이 크며 잎에는 윤기가 난다.

개화기 6~7월

분포 울릉도에만 분포하며 해변의 바위틈과 같은 자리에 난다.

식용법 어리고 연한 순을 나물로 해 먹는다. 약간 쓰고 떫은맛이 나므로 데쳐서 충분히 우려낸 후 간을 해야 한다.

속속이풀 속속냉이

Rorippa palustris BESS | 배추과

몸에는 털이 없는 두해살이풀이다.
줄기는 곧게 서서 60cm 안팎의 높이로 자라 많은 가지를 친다. 뿌리로부터 자라난 잎은 많은 것이 뭉쳐 포기를 이루며 길이는 15cm가량이고 깃털 모양으로 깊게 갈라진다. 줄기에 나는 잎은 서로 어긋난 자리를 차지하며 잎자루를 가지지 않고 깃털 모양으로 깊게 갈라지거나 또는 얕게 갈라진다. 가지 끝에 가까운 자리에 나는 잎은 갈라지지 않고 피침 꼴을 이룬다.
가지 끝에 많은 꽃이 이삭 모양으로 뭉쳐 피어 올라간다. 4장의 꽃잎을 가지는 꽃은 지름이 4~5mm이며 노랗게 핀다.

개화기 5~6월

분포 전국 각지에 분포하며 논두렁이나 도랑 근처 등 습한 자리에 난다.

식용법 일반 채소보다 더 맛이 좋고 싱그럽다. 봄부터 가을까지 부드러운 잎을 먹을 수 있는데 생식이 더 좋다. 살짝 데쳐서 무쳐 먹거나 국거리로도 좋으며 생채절임이나 샐러드용으로도 좋다.

솜나물 부시깃나물·까치취

Leibnitzia anandria NAKAI | 국화과

여러해살이풀로 약간 그늘이 있는 곳에서 잘 자란다.
잎은 여러 장이 땅거죽에 뭉쳐나며 계란 꼴에 가까운 길쭉한 타원 꼴로 밑부분은 깊게 갈라진다. 잎 가장자리에는 크고 작은 톱니와 같은 결각이 있다. 잎자루와 잎의 뒷면에는 희고 부드러운 털이 치밀하게 깔려 있다.
잎 사이로부터 1~3개의 꽃대가 30cm 정도의 높이로 자라 각기 한 송이씩의 꽃을 가진다. 꽃받침은 송곳과 같이 생겨 기와를 덮은 것처럼 겹쳐진다. 꽃의 지름은 1.5cm 안팎이다. 꽃잎은 흰빛인데 뒷면은 불그스름한 빛을 띠고 있다. 가을에 꽃이 피는 개체는 몸집이 한층 더 크다.

개화기 5~10월

분포 전국 산야에 나는데 약간 그늘지는 자리를 좋아하는 경향이 있다.

식용법 어린 싹을 캐어 나물로 조리해먹는다. 떫은 맛이 있으므로 데친 뒤 물을 여러 차례 바꾸어 가면서 잘 우려낸 다음 조리할 것을 잊지 말아야 한다.

수강아지풀 왕강아지풀

Setaria viridis var. gigantea MATSUM | 벼과

강아지풀의 한 종류로 1m 정도 높이로 자라 그 무리 가운데에서는 가장 큰 한해살이풀이다.
줄 모양의 잎은 20~40cm의 길이로 자라며 일반적으로는 털이 나 있지 않지만 때로는 털을 가진 개체도 볼 수 있다.
줄기 끝에 수많은 꽃이 밀착하여 피어 원기둥 꼴의 이삭을 이룬다. 이삭의 길이는 10~15cm로 강아지풀에 비해 매우 크다. 꽃은 많은 긴 털이 감싸고 있으며 털의 빛깔은 푸른빛 또는 연보랏빛이다.
씨가 자람에 따라 그 무게에 의해 이삭은 깊숙이 고개를 수그린다.

개화기 6~7월

분포 거의 전국적인 분포를 보이며 밭 주위와 길가 등에 난다.

식용법 강아지풀이나 금강아지풀과 함께 흉년이 들었을 때 곡식 대용으로 사용했다고 한다. 조와 같은 요령으로 절구에 찧어서 껍데기를 벗겨 좁쌀이나 보리 또는 쌀과 섞어 밥을 지어먹는다.

수리취 개취

Synurus palmatopinnatifidus var. indivisus KITAM | 국화과

줄기 표면에 약간의 솜털이 있는 여러해살이풀이다.
줄기는 곧게 서서 높이 1m 안팎에 이르며 위쪽에서 약간의 가지를 친다.
잎은 타원형으로 우엉잎과 비슷하게 생겼으며 마디마다 서로 어긋나게 자리하고 있다. 아래쪽 잎일수록 크고 잎자루도 길다. 잎 가장자리에는 약간의 결각이 나타나 있는데 때로는 깊게 갈라져 단풍잎과 비슷한 생김새를 보일 때도 있다. 잎 뒷면에는 흰 솜털이 깔려 있어 희게 보인다.
가지 끝에 2송이 정도의 보랏빛 꽃이 핀다. 꽃잎은 없고 지름은 3cm 안팎이다.

개화기 9~10월

분포 전국의 산지에 나며 양지바른 풀밭에서 볼 수 있다.

식용법 취나물의 한 종류로 봄에 연한 잎을 따다가 가볍게 데친 뒤 잠시 물에 우렸다가 쌈으로 먹거나 나물로 조리한다. 고장에 따라서는 쑥처럼 떡에 넣어 먹기도 한다. 데친 것을 말려서 저장하기도 한다.

순채

Brasenia schreberi J.E. GMELIN | 수련과

물에 나는 여러해살이풀이다.
줄기는 물 속에 가라앉고 약간의 가지를 친다.
잎은 서로 어긋나게 생겨나며 물에 뜬다. 타원 꼴로 생긴 잎의 가장자리는 밋밋하다. 가늘고 긴 잎자루를 가지고 있으며 잎의 표면은 푸르고 윤기가 나는데 뒷면은 보랏빛을 띤다. 잎의 지름은 10cm 안팎이다. 잎과 줄기, 특히 어린잎은 투명한 점질물로 싸여 있다. 꽃은 잎겨드랑이에서 자라는 기다란 꽃대 끝에 한 송이씩 핀다. 물위에 떠 피는데 직경 1.5cm 정도로 3장의 꽃잎과 3장의 꽃받침을 가지고 있다. 꽃잎은 줄 모양이고 갸름하며 꽃받침과 구별하기가 어렵다. 빛깔은 붉은빛을 띤 보랏빛이다.

개화기 7~8월

분포 경기도와 강원도 이남의 지역에 분포하며 연못 속에 난다.

식용법 5~6월에 어린순을 따서 살짝 데쳐 막장에 무쳐 나물로 먹는다. 오이와 섞어 양념장으로 무쳐 먹어도 좋다. 순을 덮고 있는 점질물은 강장효과가 있다고도 한다.

싱아 승애

Pleuropteropyrum polymorphum NAKAI | 여뀌과

높이 1m가 넘는 키 큰 여러해살이풀이다.
곧게 서는 줄기는 여러 갈래로 갈라져 많은 가지를 친다.
잎은 마디마다 서로 어긋나게 나며 길이 18cm 안팎으로 매우 크다. 생김새는 타원 꼴 또는 피침 꼴로 양끝은 뾰족하며 가장자리는 밋밋하고 잎자루는 매우 짧다.
가지 끝에 꽃잎을 가지지 않는 지름 3mm쯤 되는 작은 꽃이 서로 이어 붙으면서 원뿌리 모양의 이삭을 형성한다. 꽃은 희게 핀다.
왜개싱아와 흡사한 외모를 가지고 있으나 잎이 보다 넓고 꽃이삭은 왜개싱아에 비해 약간 짧다.

개화기 6~8월

분포 전국 각지에 널리 분포하며 산과 들판의 양지바른 풀밭 속에 난다.

식용법 다소 신맛이 나며 씹히는 느낌이 좋다. 봄에 어린 싹을 끓는 물에 가볍게 데쳐 나물로 해서 먹는다. 또한 5~6월경 연한 줄기를 꺾어 날것을 그대로 먹기도 한다. 연한 줄기는 생채로 해도 좋다.

싸리냉이 수화채

Cardamine impatiens var. typica SCHULTZ | 배추과

두해살이풀로 온몸에 부드러운 털이 약간 생겨나 있다. 줄기는 가지를 치면서 곧게 자라 높이 40cm에 이른다.
잎은 마디마다 서로 어긋나게 자리하고 있으며 전체적인 생김새는 계란 꼴인데 깃털 모양으로 깊게 갈라진다. 잎 가장자리는 결각 모양으로 찢어진다. 줄기와 가지의 위쪽에서 자라는 잎은 작고 피침 꼴이며 결각과 같은 생김새의 톱니를 가지고 있다.
가지 끝에 많은 꽃이 이삭 모양으로 모여 차례로 피어 올라간다. 꽃은 4장의 꽃잎으로 구성되어 십자형을 이루고 있다. 지름 5mm 정도로 피는 꽃의 빛깔은 희다.

개화기 5~6월

분포 경기도와 강원도 이남의 지역에 분포하며 산지의 약간 습한 풀밭에 난다.

식용법 이른봄에 어린 싹을 뿌리째 캐어 흐르는 물에 잘 씻어낸 다음 가볍게 데쳐 잠시 우렸다가 나물로 무쳐 먹거나 국을 끓여 먹기도 한다.

쑥부쟁이 남쑥부쟁이

Aster yomena HONDA | 국화과

여러해살이풀로 땅속줄기가 사방으로 뻗어 증식되어 나간다.

약간의 가지를 치면서 높이 30~50cm로 자라는 줄기는 밋밋하고 푸른빛을 띠며 약간의 보랏빛 기운이 감돈다. 잎은 마디마다 서로 어긋나게 달리며 길쭉한 타원 꼴에 가까운 피침 꼴로 짤막한 털이 깔려 있다. 아래쪽에 나는 잎은 잎자루를 가졌고 결각과 같은 생김새의 톱니를 가진다.

가지 끝 가까이에 나는 잎은 작고 가장자리가 밋밋하다. 잔가지의 끝에 지름이 3cm쯤 되는 꽃이 한 송이씩 핀다. 꽃잎의 빛깔은 연한 보랏빛이고 중심부는 노랗다.

개화기 7~10월

분포 제주도를 비롯한 전국 각지에 분포하며 산기슭과 들판의 양지바른 풀밭 속에 난다.

식용법 떫지 않고 담백한 맛이 나므로 먹을 만하다. 일반적으로 어린 싹을 데쳐서 나물로 먹는데 기름에 볶아 조리를 해도 좋다. 또한 쌀과 섞어 밥을 지어먹기도 하고 튀김으로 조리하기도 한다.

앉은부채 지용금련

Symplocarpus renifolius SCHOTT | 천남성과

여러해살이 키 작은 풀이다.

끈과 같은 뿌리가 많이 달린 짧고 굵은 땅속줄기를 가지고 있다.

잎은 뿌리에서만 자라며 심장 꼴에 가까운 계란꼴로 길이는 30~40cm 정도에 이른다. 잎의 밑동은 심장 꼴이고 끝은 뾰족하며 긴 잎자루를 가지고 있다. 잎 가장자리는 밋밋하고 표면에서는 잎맥이 가라앉고 뒷면에서는 부풀어오른다.

잎 사이로부터 길이 10cm쯤 되는 꽃대가 자라 길이 8~20cm, 지름 1~12cm의 보트와 같은 생김새의 포엽으로 둘러싸인 꽃이 핀다. 포엽의 빛깔은 보랏빛을 띤 짙은 갈색이다.

개화기 5~6월

분포 전국 각지의 깊은 산 속 시냇가의 습한 땅에 난다.

식용법 독성분이 함유되어 있는 풀이기는 하나 어린 잎을 따다가 데쳐서 며칠 동안 흐르는 물에 담가서 유독 성분을 제거한 다음 다시 장기간 건조 저장해 두었다가 나물로 해 먹는다. 이러한 방법을 묵나물(진채)이라고 한다.

애기나리

Disporum smilacinum var. album MAX | 백합과

땅속줄기가 발달한 여러해살이풀로 빠른 속도로 증식되어 나간다.
줄기는 30cm 안팎의 높이로 곧게 자라 전혀 가지를 치지 않는다. 줄기의 밑동은 칼집과 같이 생긴 잎으로 둘러싸인다.
정상적인 잎은 줄기 위에 서로 어긋나게 자리하고 있으며 잎자루는 거의 없다. 계란 꼴에 가까운 타원 꼴로 생긴 잎은 끝이 뾰족하고 얇으며 길이는 4~5cm쯤 된다.
꽃은 줄기 끝에 1~2송이가 핀다. 지름 1.5cm 안팎으로 피는 꽃은 흰 빛깔을 띠며 6장의 꽃잎으로 이루어져 있다. 꽃이 지고 난 뒤에 생겨나는 둥근 열매는 가을에 검게 익는다.

개화기 4~5월

분포 경기도와 강원도 이남의 지역에 난다. 산지의 숲 속에 군락을 이루며 자란다.

식용법 봄철에 갓 자라는 어린 싹을 나물로 해 먹는다. 전국 각지에 분포하는 큰애기나리도 역시 나물로 해서 먹는다. 맛이 순하고 부드러워서 먹을 만하다.

야산고비 야산고사리

Onoclea sensibilis var. interrupta MAX | 면마과

여러해살이인 고사리의 하나로서 고비와 비슷한 외모를 가지고 있다.
검은 뿌리줄기가 옆으로 길게 자라면서 곳곳에서 잎이 자란다.
잎은 곧게 서서 30~60cm 정도의 높이로 자란다. 잎자루는 가늘고 길며 딱딱하다. 밑동에 연한 갈색의 인편이 드문드문 나 있다. 고비의 잎은 두 번 깃털 모양으로 갈라지는데 야산고비는 한 번만 갈라진다. 또한 고비의 잎은 비교적 얇고 양지(洋紙)와 같은 촉감을 가지고 있으나 야산고비는 두텁고 가죽을 만지는 듯한 느낌이 난다.
홀씨는 잎과는 별도로 자라난 긴 자루 끝에 둥근 홀씨주머니가 이삭 모양으로 달린다.

분포 충북 · 강원 · 경기 이북의 지역에 분포한다. 산과 들판의 습한 땅에 난다.

식용법 고사리나 고비처럼 어리고 연한 잎줄기를 나물로 해 먹거나 육개장 등에 넣는다. 떫은 맛이 강하므로 잿물로 우려내어서 조리할 것을 잊지 말아야 한다.

어수리

Heracleum moellendorffi HANCE | 미나리과

산야에서 흔히 자라는 여러해살이풀이다.
높이 1.5m에 이르는 줄기는 굵고 속이 비어 있으며 약간의 굵은 가지를 치며 온몸에 부드러운 털이 나 있다.
잎은 서로 어긋나게 자리하는데 매우 크고 깃털 모양을 이루며 3~5개의 잎 조각으로 구성된다. 잎 조각은 계란꼴로 3~5다섯 갈래로 깊이 갈라지거나 결각 모양으로 얕게 갈라진다. 잎줄기의 밑동은 칼집 모양으로 변하여 줄기를 감싼다.
가지 끝에 깊이 갈라진 4장의 꽃잎으로 구성된 작은 흰 꽃이 무수히 뭉쳐 지름 20cm쯤 되는 우산 모양의 꽃차례를 형성한다.

개화기 7~8월

분포 전국 각지의 산이나 들판의 풀밭에 나며 꽃차례가 크고 아름답기 때문에 쉽게 눈에 뜨인다.

식용법 봄에 연한 순을 뜯어 나물로 해먹는다. 맛이 산뜻하고 씹히는 느낌이 좋다. 떫은맛이 없으므로 데친 뒤 잠깐 우려내면 된다.

영아자 여마자

Asyneuma japonicum BRIQ | 초롱꽃과

굵은 뿌리를 가지고 있는 여러해살이풀이다.
줄기는 곧게 서서 60cm 안팎의 높이로 자란다. 줄기의 끝 가까이에서 약간의 가지를 치며 온몸에 거친 털이 산재해 있다.
잎은 마디마다 서로 어긋나게 자리하고 잎자루를 가진다. 잎의 생김새는 길쭉한 계란 꼴로 양끝이 뾰족하며 가장자리에는 날카롭게 생긴 톱니를 가지고 있다. 가지 끝이 꽃대로 변하여 10여 송이의 꽃이 이삭처럼 생긴 꽃차례를 구성하여 아래에서부터 차례로 피어오른다.
꽃은 다섯 갈래로 깊게 갈라져 있고 갈라진 조각은 비비 꼬이면서 뒤로 감긴다. 꽃의 크기는 2.5cm 안팎이고 빛깔은 보라색이다.

개화기 7~9월

분포 전국적인 분포를 보이며 산지의 흙이 깊고 약간 그늘지는 자리에 난다.

식용법 이른봄에 갓 자라는 어린 싹을 뿌리째 캐어 가볍게 데쳐 잠시 찬물에 우렸다가 나물로 조리해서 먹는다.

오리방풀

Isodon excisus KUDO | 꿀풀과

여러해살이풀로 양지바른 풀밭에 난다.
모가 진 줄기는 곧게 자라 높이 1m에 이르는데 거의 가지를 치지 않으며 온몸에 약간의 잔털이 난다. 마디마다 2장의 잎이 마주 자리하며 긴 잎자루를 가지고 있다. 잎의 생김새는 계란 꼴에 가까운 둥근 모양으로 끝부분은 거북꼬리와 같이 새겼다. 잎 가장자리에는 거칠게 생긴 톱니가 생겨나 있다. 줄기 끝과 잎겨드랑이로부터 꽃대가 자라 작은 꽃이 모여 원뿌리 모양을 이룬다. 꽃은 입술(순형) 모습으로 길이 8~12mm쯤 되고 꽃차례의 길이는 5~20cm 정도이다. 꽃의 빛깔은 보라색이다.

개화기 6~8월

분포 전국 각지에 널리 분포한다. 산비탈이나 들판의 양지바른 풀밭에 난다.

식용법 봄철에 어린 싹을 캐어 나물로 무쳐 먹는다. 오리방풀은 방아풀과 마찬가지로 대단히 쓴 성분을 함유하고 있어 데친 다음에 흐르는 물에 오래도록 우려낸 다음 조리하는 것이 좋다.

옹굿나물 옷굿나물·여완

Aster fastigiatus FISCH | 국화과

여러해살이풀로 땅속줄기가 자라며 증식되어 나간다. 줄기는 곧게 서서 60cm 안팎의 높이로 자라며 윗부분에서 약간의 가지를 친다. 가지 부분에는 약간의 잔털이 난다.
봄에 나온 잎은 줄 꼴에 가까운 피침 꼴로 길이 5~12cm이고 뒷면은 흰빛이 돈다. 가장자리에는 톱니가 드문드문 있고 흔히 뒤로 말린다.
줄기에서 어긋나게 나는 잎은 줄 꼴이고 뒷면에는 털이 깔려 있다.
지름이 7~9mm인 꽃은 가지 끝에 우산 모양으로 모여 핀다. 바깥쪽에 흰 꽃잎이 둥글게 배열되고 중심부는 노랗다.

개화기 8~10월

분포 전국적으로 분포하고 있다. 공터나 냇가 등에 형성되는 풀밭 속에 난다.

식용법 어린 싹을 나물로 먹는다. 다소 떫고 쓴맛이 나므로 데친 다음 반나절가량 찬물에 담가 두었다가 조리할 필요가 있다. 고장에 따라서는 데쳐서 우려낸 것을 잘게 썰어 쌀과 섞어서 나물밥을 지어먹기도 한다.

왜개싱아 왜개승애

Pleuropteropyrum divaricatum NAKAI | 여뀌과

여러해살이풀로 싱아와 흡사한 외모를 가지고 있다.
높이 1m 이상으로 자라는 가지는 자라면서 사방으로 퍼진다. 털은 거의 나지 않는다.
잎은 서로 어긋나게 자리하며 계란 꼴에 가까운 긴 타원 꼴 또는 피침 꼴이다. 잎의 양끝은 좁으며 가장자리는 밋밋하고 톱니 대신 잔털이 나 있다. 아래쪽에서 자라는 잎은 긴 잎자루를 가지고 있으나 위로 올라감에 따라 짧아지고 마침내는 없어지고 만다.
가지 끝에 지름이 2.5mm쯤 되는 작은 꽃이 이삭 모양으로 모여서 피는데 이삭의 길이는 싱아에 비하여 월등히 짧은 편이다.
꽃은 흰색으로 핀다.

개화기 5~6월

분포 전국 각지의 산지에 난다.

식용법 봄에 연한 순을 뜯어다가 나물로 먹는다. 신맛이 날 뿐 떫거나 쓰지 않아 가볍게 데쳐 찬물에 두 번 헹구기만 하면 된다. 싱아와 마찬가지로 연한 줄기를 씹어 신맛을 즐긴다.

은꿩의다리

Thalictrum actaefolium SIEB. et ZUCC | 미나리아재비과

여러해살이풀이며 독성 식물이다.
딱딱한 줄기는 곧게 서고 약간의 가지를 치면서 30~60cm의 높이에 이른다.
잎은 마디마다 서로 어긋나게 자리하며 긴 잎자루 끝에서 세 갈래로 갈라지고 다시 세 갈래로 갈라져 9장의 작은 잎 조각을 가진다. 잎 조각의 생김새는 넓은 계란 꼴이고 가장자리에는 결각과 같은 생김새의 거친 톱니를 가지고 있다. 잎의 뒷면은 가루를 쓴 것처럼 희다. 줄기와 가지 끝에서 자라난 긴 꽃대에 작은 꽃이 원뿌리 모양으로 뭉쳐 핀다. 꽃잎은 없고 많은 수술을 4장의 꽃받침이 받들고 있는데 분홍빛으로 마치 꽃잎처럼 보인다. 꽃 한 송이의 지름은 8mm 안팎이다.

개화기 7~8월

분포 제주도를 포함한 남부지방에만 분포하며 산지의 양지 쪽 풀밭에 난다.

식용법 독성 식물이기는 하나 이른봄에 연한 순을 나물로 무쳐 먹는다. 독성분이 함유되어 있으므로 데쳐서 흐르는 물에 오래도록 우려내야 한다.

이고들빼기 고매채

Paraixeris denticulata NAKAI | 국화과

두해살이풀로 털이 없다.
줄기는 여러 갈래로 갈라지며 높이 40~60cm 정도로 자란다. 줄기와 가지는 약간 빳빳하고 보라색 반점이 산재해 있다. 이른봄에 자라는 잎은 땅거죽에 뭉쳐 있고 줄기에 나는 잎은 서로 어긋나게 자리한다. 또한 줄기에 나는 잎은 잎자루가 없고 밑동이 줄기를 감싼다.
잎의 생김새는 길쭉한 타원 꼴 또는 주걱 꼴이고 뒷면은 흰빛을 띤다. 잎 가장자리에는 고르지 않은 톱니가 나 있다. 꽃대 밑에 나는 잎은 작거나 밋밋하다.
가지 끝에 노란 꽃이 술 모양으로 모여 피는데 지름이 1.5cm쯤 된다.

개화기 9~10월

분포 전국 각지에 산과 들판, 길가 등에서 흔히 볼 수 있다.

식용법 봄에 아직 줄기가 자라지 않은 어린 싹을 캐어 나물로 먹는다. 쓴맛이 대단히 강하므로 데친 다음 흐르는 물에 오래도록 우려낸 후 조리해야 한다.

자주꽃방망이

Campanula glomerata var. *dahurica* FISCH | 초롱꽃과

여러해살이풀로 온몸에 잔털이 깔려 있다.
줄기는 곧게 서서 1m에 가까운 높이로 자라고 거의 가지를 치지 않는다.
뿌리로부터 자라난 잎은 계란 꼴이고 밑동이 심장 꼴로 패여 있으며 긴 잎자루를 가진다. 줄기에서 자라는 잎은 피침 꼴이고 마디마다 서로 어긋나게 자리하며 잎자루는 없고 밑동과 끝이 뾰족하다. 잎 가장자리에는 고르지 않은 잔톱니를 가지고 있다.
종 모양의 꽃은 줄기 끝과 그에 가까운 잎겨드랑이에 여러 송이가 모여 위를 향해 핀다. 꽃의 지름은 3mm 안팎이고 빛깔은 하늘빛을 띤 짙은 보라색이다. 북한지방에는 꽃이 희게 피는 흰꽃방망이가 난다.

개화기 7~8월

분포 거의 전국적으로 분포하며 산비탈의 양지쪽 풀밭에 난다.

식용법 이른봄에 갓 자라난 어린 싹을 나물로 해 먹는다. 약간 쓰고 떫은맛이 있어 데쳐서 찬물에 담가서 잘 우려낸 다음 조리해야 한다.

잔잎바디 선바디나물

Angelica czernaevia KITAG | 미나리과

여러해살이풀로 산지의 음습한 곳에 난다.
줄기는 곧게 서고 가지를 쳐가면서 1m 안팎의 높이로 자란다.
잎은 서로 어긋나게 생겨나며 큰 세모 꼴로서 두세 번 깃털 모양으로 갈라진다.
수많은 잎 조각의 배열은 미나리와 흡사하며 가장자리에는 날카롭게 생긴 톱니가 고르지 않은 상태로 배열되어 있다. 지름이 3mm 안팎으로 아주 자그마한 흰 꽃이 10~30송이 모여 작은 우산 모양을 이룬 것이 다시 10여 개가 모여져서 큰 우산 모양의 꽃차례를 구성하고 있다. 한 송이의 꽃은 5장의 꽃잎으로 이루어진다.
꽃이 지고 난 뒤 생기는 열매에는 기름기가 스미는 구멍이 있어서 윤기가 난다.

개화기 7~8월

분포 강원도와 경기도 이북의 지역에 분포한다. 산지의 음습한 곳에 난다.

식용법 어린순을 뜯어 나물로 해서 먹는다. 맵고 쓴 맛이 나므로 데쳐서 잘 우려낸 다음 조리해야 한다.

장대나물

Turritis glabra L | 배추과

산지의 양지 쪽 풀밭에서 자라는 두해살이풀이다. 줄기는 1m 정도의 높이로 곧게 서서 전혀 가지를 치지 않는다. 그래서 장대나물이라는 이름이 생겨났다. 처음에 자라는 잎은 땅거죽에 뭉치는데 줄기가 자라면서 생겨나는 잎은 서로 어긋나게 자리한다. 잎의 생김새는 피침 꼴로 밑동이 줄기를 감싸며 가장자리는 밋밋하다. 앞뒷면에는 털이 없고 땅거죽에 뭉친 잎은 약간의 털을 가진다.
줄기 끝에 지름 3~6mm쯤 되는 흰 꽃이 모여 곧게 선 이삭 모양을 이룬다. 꽃잎은 4장으로서 십자형을 이룬다. 꽃이 지고 난 뒤 길이 4cm 안팎의 길쭉한 열매가 곧게 선다.

개화기 4~6월

분포 전국에 분포하며 산야의 양지바른 풀밭에 난다.

식용법 늦가을이나 이른봄에 땅거죽에서 뭉쳐 자라고 있는 어린잎을 뿌리째 캐어 데친 다음 나물로 무쳐 먹거나 국거리로 삼는다. 특히 이 풀은 엉겅퀴 등과 함께 국거리로 높이 친다.

재쑥 당근냉이

Descurainia sophia WEBB | 배추과

두해살이풀로 온몸에 잔털이 나 있다.
줄기는 곧게 서서 70cm 안팎의 높이로 자라는데 거의 가지를 치지 않는다.
잎은 마디마다 서로 어긋나게 자리하며 두세 번 깃털 모양으로 깊게 갈라진다. 갈라진 잎조각은 주걱 꼴 또는 줄 꼴이며 전체적인 생김새는 당근 잎과 흡사하다. 외모는 판이하게 다르나 냉이에 가까운 풀로 줄기 끝에 4장의 꽃잎으로 이루어진 작은 꽃이 이삭 모양으로 뭉쳐 차례로 피어 올라간다. 꽃의 지름은 3mm 안팎이고 빛깔은 노랗다. 꽃의 중심에 6개의 수술이 있는데 냉이와 마찬가지로 그 가운데에서 4개가 길고 크다.
꽃이 지고 난 뒤에 2.5cm 정도의 길이를 가진 꼬투리가 생겨난다.

개화기 5~6월

분포 원산지는 알 수 없으나 귀화하여 전국적으로 분포하고 있다. 주로 공터나 인가 근처에서 자란다.

식용법 봄에 어린순을 나물로 한다. 맛은 냉이류와 흡사하며 쓰거나 떫은맛이 없다.

조밥나물 버들나물

Hieracium umbellatum subsp. unbellatum var. japonicum HARA | 석죽과

여러해살이풀로서 몸집에는 거의 털이 나 있지 않다.
높이 60~90cm 정도에 이르는 줄기는 곧게 자라며 여러 개의 가지를 치고 있다.
잎은 줄기와 가지의 마디마다 서로 어긋나게 생겨나는데 그 생김새는 피침 꼴 또는 길쭉한 타원 꼴이다. 잎 가장자리에는 날카로운 모양으로 돌출한 약간의 톱니가 자리하거나 빳빳한 털이 배열되어 있다. 줄기와 잎이 모두 약간 빳빳하고 거칠다.
가지 끝에 2~3송이의 꽃이 피는데 많은 꽃잎이 겹쳐 있다. 노랗게 피는 꽃의 지름은 2.5~3cm 정도이다.

개화기 7~10월

분포 전국 각지에 널리 분포한다. 산록지대나 들판의 양지바른 풀밭에서 흔히 볼 수 있다.

식용법 봄철을 맞아 땅거죽에 뭉쳐 자라 있는 어린 싹을 뿌리째 캐어 데쳐서 잘 우려내어 나물로 무쳐 먹거나 국거리로 한다.

좀단풍취

Ainsliaea acerifolia var. subapoda NAKAI | 국화과

여러해살이풀로 한자리에 여러 포기가 모여 군락을 이루는데 때로는 한 포기만 외롭게 서 있기도 한다.
줄기는 곧게 서서 가지를 치지 않으며 높이 40~60cm 정도로 자란다. 줄기의 중간부분에 4~8장의 잎이 둥글게 돌아가면서 생겨난다. 잎은 15cm 안팎의 크기를 가졌으며 단풍나무 잎처럼 일곱 갈래로 얕게 갈라지고 가장자리에는 작은 톱니가 나 있다.
잎 사이에서 길이 30cm쯤 되는 긴 꽃대가 자라 지름이 1~1.5cm인 흰 꽃이 이삭 모양으로 뭉쳐 핀다. 꽃은 모두 옆을 향해 피어나며 꽃잎은 팔랑개비와 같이 배열된다.

개화기 8~10월

분포 중부지방과 남부지방의 약간 깊은 산 속의 나무 그늘에 난다.

식용법 봄에 자라는 연한 잎을 따다가 데쳐서 나물로 먹는다. 취나물의 한 종류로 맛이 담백하고 특이한 향취가 있어서 먹을 만하다. 데쳐서 말려 저장하기도 한다.

좀담배풀 표아채·금알이

Carpesium cernuum L | 국화과

두해살이풀로 온몸에 부드러운 털이 깔려 있어서 흰빛을 띤다.
줄기는 곧게 자라 높이 60~90cm에 이르며 약간의 가지를 친다. 처음에 자라는 잎은 타원 꼴로 매우 크며 약간의 톱니를 가지고 있다. 줄기가 자라면서 생겨나는 잎은 넓은 피침 꼴로 어긋나게 자리하며 위로 올라갈수록 작아진다.
가지 끝의 잎겨드랑이에서 꽃대가 자라 각기 한 송이의 푸르스름한 흰 꽃이 핀다. 꽃의 지름은 1cm 안팎이고 옆을 향해 피는 모양이 담뱃대와 흡사하다.
꽃이 피는 모양과 잎의 생김새 때문에 좀담배풀이라는 이름이 생겨난 것이다.

개화기 8~9월

분포 중부 이남 지역의 약간 깊은 산 속 나무 그늘에 난다.

식용법 봄에 줄기가 자라기 전인 어린 싹을 캐어 나물로 먹는다. 온몸에서 과히 좋지 않은 냄새를 풍기므로 데친 다음 여러 차례 물을 갈아가면서 잘 우려낼 필요가 있다.

좀둥근잔대

Adenophora coronopifolia var. angustifolia FISCH | 초롱꽃과

높은 산에 나는 여러해살이풀이다.
굵은 뿌리줄기를 가지고 있다.
줄기는 곧게 서서 20~40cm의 높이에 이르며 가지를 치지 않는다.
잎은 마디마다 서로 어긋나게 자리하고 있으며 줄 꼴 또는 줄 꼴에 가까운 피침 꼴로 매우 좁다. 잎 가장자리에는 작기는 하지만 날카롭게 생긴 톱니가 넓은 간격으로 나 있다. 잎의 앞뒷면에는 전혀 털이 없으며 길이는 3~7cm 정도이다.
줄기 끝이 여러 갈래로 갈라지면서 각기 1~2송이의 꽃을 가진다. 꽃이 달리는 모양은 이삭 모양인데 생육상태가 좋아져서 많은 꽃이 달릴 때에는 원뿌리 모양을 이루기도 한다. 꽃의 생김새는 종 모양으로 끝이 다섯 갈래로 갈라진다. 길이 2cm 안팎인 꽃의 빛깔은 보랏빛이다.

개화기 8~9월

분포 제주도에만 분포하며 한라산의 중턱 이상의 지대에 난다.

식용법 어리고 연한 순을 나물로 해 먹는다. 쓴맛이 없으므로 우려낼 필요가 없다.

좀명아주

Chenopodium bryoniaefolium BUNGE | 명아주과

한해살이풀로 60cm 안팎으로 자란다.
줄기는 곧게 일어서서 자라며 가지를 친다.
잎은 서로 어긋나게 자리하며 아래쪽에 나는 잎은 마름모 꼴에 가까운 길쭉한 타원 꼴이고 위쪽에 나는 잎은 줄 꼴에 가까운 피침 꼴이다. 잎 끝은 무디고 가장자리에는 약간의 톱니가 나 있으며 얇고 연하다. 갓 자라난 어린잎에는 흰 가루와 같은 물질이 덮여 있다.
줄기와 가지의 끝부분과 잎겨드랑이에서 지름이 2mm도 안 되는 작은 꽃이 원뿌리 꼴로 모여 핀다. 꽃잎은 없고 푸른빛으로 핀다.
명아주에 비해 잎이 좁고 보다 부드럽다.

개화기 7월 중

분포 전국 각지에 널리 분포하고 있으며 들판의 풀밭과 황폐한 곳에 난다.

식용법 어린순을 뜯어 나물로 하거나 국에 넣어 먹는다. 맛이 담백하며 떫은맛이 전혀 없으므로 데쳐 잠시 물에 담갔다가 조리한다. 기름으로 볶든지 튀김으로 해서 먹기도 한다.

줄

Zizania caudiflora HANA-MAZZ | 벼과

물가에 나는 여러해살이풀이다. 살찐 뿌리줄기는 굵고 짤막하다.
한자리에서 여러 대의 굵은 줄기가 곧게 서서 2m 정도의 높이로 자라며 몸집은 밋밋하고 푸르다. 길이 1m, 2~3m의 너비를 가진 길고 빳빳한 잎이 줄기와 평행해서 곧게 선다. 좁은 피침꼴로 생겼으며 잎의 밑동은 점차 좁아지면서 줄기를 감싼다. 잎 가장자리에 톱니를 가지고 있지 않으나 만져보면 매우 거친 촉감이 있다. 보랏빛 기운이 감도는 푸른 꽃이 줄기 끝에 모여 피어나 길이 30~50cm나 되는 큰 원뿌리형 꽃차례를 이룬다. 암꽃은 꽃차례의 위쪽에 일찍이 피고 수꽃은 아래쪽에 암꽃보다 늦게 피는 버릇이 있다.

개화기 6~8월

분포 황해도와 강원도 이남의 지역과 제주도에 분포한다. 늪 가장자리나 도랑 근처 등 물가에 난다.

식용법 흉년이 들었을 때 곡식으로 쓰였던 풀로 그 열매를 고미(菰米)라고 한다. 먹는 방법은 강아지풀이나 메귀리의 경우와 같다.

쥐깨 좀산들깨

Orthodon grosseseratum KUDO | 꿀풀과

한해살이풀로 온몸에 짤막한 털이 산재해 있다. 곧게 서는 줄기는 모가 져 있고 많은 가지를 치면서 60cm 정도의 높이로 자란다.
잎은 마디마다 2장이 마주해서 자리한다. 계란형으로 생긴 잎은 긴 잎자루를 가지고 있으며 양 끝이 뾰족하고 가장자리에는 큰 톱니가 드물게 배열되어 있다. 잎 뒤에는 기름기가 밴 것처럼 보이는 작은 점이 약간 흐트러져 있다.
가지 끝에서 긴 꽃대가 자라 올라와 일정한 간격을 두고 약간의 꽃이 뭉쳐 핀다. 그러므로 꽃차례는 이삭 모양이지만 층을 지어 핀다.
입술 꼴의 꽃은 길이가 4mm 정도이고 붉은빛을 띤 연보랏빛이다.

개화기 7~9월

분포 전국 각지에 분포하며 산과 들판의 풀밭에 난다.

식용법 봄에 어린 싹이나 연한 순을 캐어 데친 다음 찬물에 우렸다가 나물로 무쳐 먹는다. 꽃이 핀 뒤 잎과 줄기를 말려서 약으로 쓴다고도 하는데 자세한 것은 알 수 없다.

진퍼리까치수염

Lysimachia fortunei MAX | 앵초과

냇가나 습한 곳에 나는 여러해살이풀이다. 땅속줄기가 길게 자라기 때문에 군락을 형성하는 일이 많다. 굵고 실한 줄기가 40~80cm의 높이로 자라며 거의 가지를 치지 않는다. 잎은 마디마다 서로 어긋나게 자리하며 피침 꼴 또는 길쭉한 타원 꼴로 양끝이 뾰족하다. 줄기와 잎에는 전혀 털이 없고 잎 뒤에는 연한 빛의 작은 점이 산재해 있다. 잎 가장자리에는 톱니가 없고 밋밋하다. 줄기 끝에 10~20cm 길이의 꽃이삭을 형성하여 많은 꽃이 아래에서부터 위를 향해 차례로 피어올라간다. 꽃의 지름은 5mm 안팎이고 다섯 갈래로 갈라져 있으며 갈라진 끝은 둥글다. 꽃의 빛깔은 희고 중심에 노란 수술이 자리한다.

개화기 7~8월

분포 남부지방에 분포하며 냇가나 습한 풀밭에서 난다.

식용법 어리고 연한 순을 나물로 해먹는다. 큰까치수염과 함께 맛 좋은 나물거리의 하나로 손꼽을 수 있다. 시고 쓴맛이 있으므로 데친 뒤 잠시 우려야 한다.

참나물

Spuriopimpinella bracycarpa KITAGAWA | 미나리과

여러해살이풀로 온몸에 털이 없고 향긋한 냄새를 풍긴다.
줄기는 곧게 서서 50~80cm 높이로 자라며 약간의 가지를 친다. 잎은 서로 어긋나게 자리하며 잎자루의 밑동은 줄기를 약간 감싼다. 잎은 세 개로 갈라져 있으며 갈라진 잎 조각의 생김새는 계란 꼴 또는 넓은 타원 꼴로 끝이 뾰족하다. 잎 가장자리에는 고르지 않은 날카로운 톱니가 있다. 가지와 원줄기의 끝에서 10개 안팎의 작은 꽃대가 자라 올라와 각기 13송이 정도의 흰 꽃이 뭉쳐 피어 우산 꼴의 꽃차례를 이룬다. 꽃의 지름은 3mm 안팎이다. 꽃이 지고 난 뒤에 넓은 타원 꼴의 약간 비틀어진 열매를 맺는다.

개화기 6~8월

분포 제주도를 비롯하여 거의 전국 각지에 분포하며 산지의 나무 그늘에 난다.

식용법 4월경 어린잎을 따다가 가볍게 데쳐서 나물로 무쳐 먹는데 때로는 날것을 그대로 무쳐 생채로 해서 먹기도 한다. 이름 그대로 맛이 좋고 향긋하기 때문에 산채로 높이 친다.

참명아주 고려명아주

Chenopodium koraiense NAKAI | 명아주과

경기 이남 지역에서 자라는 한해살이풀이다.
줄기는 곧게 서서 60cm 안팎의 높이로 자라며 가늘고 긴 가지를 많이 쳐서 더부룩한 외모를 가진다.
잎은 서로 어긋나게 생겨나고 긴 잎자루를 가지고 있으며 세모 꼴에 가까운 계란 꼴로 끝이 뾰족하다. 얇고 부드러운 잎의 가장자리에는 고르지 않은 톱니가 드물게 나 있다.
꽃은 가지 끝과 가지의 끝에 가까운 잎겨드랑이에서 자라는 꽃대 위에 약간씩 간격을 두고 이삭 모양으로 모여 핀다. 꽃자루를 가지지 않으며 푸른빛으로 핀다. 꽃의 크기는 2mm 안팎으로 꽃잎을 가지지 않는다.

개화기 7~8월

분포 경기도 이남의 지역에 분포하며 들판이나 길가 등에 난다.

식용법 연한 순과 잎을 따서 나물로 먹거나 국거리로 한다. 잎의 뒷면과 순에 은가루와 같은 것이 많이 붙어 있는데 깨끗이 씻어 없앤 다음 가볍게 데쳐 조리한다. 떫거나 쓴맛이 없다.

참박쥐나물

Cacalia yakusimensis MASAMUNE | 국화과

여러해살이풀로서 온몸에 약간의 부드러운 털이 생겨나 있으며 줄기는 곧게 서서 높이 60~90cm 정도에 이른다. 가지는 거의 치지 않는다.
잎은 세모 꼴에 가까운 둥근꼴로서 길이보다 폭이 넓고 일곱 갈래 정도로 얕게 갈라진다. 그러나 줄기 끝에 생겨나는 잎은 길쭉하고 좁다. 잎 가장자리에는 고르지 않은 작은 톱니를 가지고 있다.
잎의 생김새가 날개를 펼친 박쥐와 흡사하다고 해서 이러한 이름이 붙여졌다.
줄기 끝에 20송이 안팎의 꽃이 이삭 모양으로 뭉쳐 핀다. 꽃은 꽃잎을 가지고 있지 않으며 연한 보라빛으로서 지름이 6mm 안팎이다.

개화기 7월~9월

분포 제주도를 비롯한 전국 각지에 분포한다. 깊은 산 속의 나무 그늘에 난다.

식용법 봄에 어린 잎을 따다가 데쳐서 우려낸 다음 나물로 먹거나 쌈을 싸서 먹는다. 때로는 데친 것을 말려서 갈무리해 두었다가 수시로 나물로 무쳐 먹기도 한다.

참배암차즈기 산뱀배추

Salvia chanroenica NAKAI | 꿀풀과

온몸에 갈색 털을 뒤집어쓰고 있는 여러해살이풀이다.

줄기는 모가 지어져 있고 곧게 일어서서 40~50cm의 높이로 자라는데, 전혀 가지를 치지 않는다.

잎은 마디마다 2매가 마주 자리잡고 있다. 잎의 생김새는 계란꼴에 가까운 넓은 타원꼴이다. 잎 끝은 둥글고 밑동은 심장꼴이다. 잎 가장자리에는 무딘 톱니가 규칙적으로 배열되어 있다. 잎자루의 길이는 잎몸의 길이와 같거나 또는 보다 길다. 줄기 끝에 몇 송이의 꽃이 모여 피는데 입술꼴이고 길이는 3cm 정도로서 노랗게 핀다.

개화기 8월 중

분포 경상북도의 가야산과 조령지역에만 분포하는 특생종이다. 산지의 약간 그늘지는 풀밭에 난다.

식용법 봄에 어린 싹이나 연한 순을 캐어다가 데쳐서 나물로 해 먹는다. 잎과 줄기를 말려서 약재로 쓴다고도 하는데 자세한 것은 알 수 없다.

참쑥 몽고쑥·부엉다리쑥

Artemisia mongolica var. tenuifolia TURCZ | 국화과

양지 쪽 풀밭에서 자라는 여러해살이풀이다.

줄기는 곧게 서서 1m 정도의 높이로 자라는데 약간의 가지를 친다. 줄기에는 약간의 털이 나 있다. 잎은 마디마다 서로 어긋나게 자리하는데 전체적인 생김새는 길쭉한 계란 꼴로 깃털 모양으로 갈라진다. 갈라진 조각은 피침 꼴이고 끝이 뾰족하며 가장자리는 밋밋하다. 가지 끝의 꽃이 생겨나는 자리에 나는 잎은 줄 꼴이다. 잎 뒤에는 모두 흰 솜털이 깔려 있다.

가지 끝에서 자라는 짤막한 꽃대에 꽃잎을 가지지 않는 작은 꽃이 모여 핀다. 꽃의 크기는 3mm 안팎이다. 붉은빛을 띤 갈색으로 핀다.

개화기 8~10월

분포 전국 각지에 널리 분포하며 들판의 양지바른 풀밭에 난다.

식용법 이른봄 어린 싹을 캐어 쌀가루와 섞어 쑥떡을 해 먹거나 나물로 무쳐 먹는다. 쓰고 떫은 맛을 지니고 있으므로 데쳐서 잘 우려내야 한다. 쑥떡을 만들 때에는 이것을 절구로 잘 짓찧은 쌀가루와 고루 섞는다. 바닷가에서 자란 것이 몸에 더욱 좋다.

처녀바디 처녀백지

Angelica cartilagino-marginata NAKAI | 미나리과

높이 50~80cm로 자라는 여러해살이풀이다.
굵은 뿌리를 가졌으며 털이 없다.
줄기는 곧게 서고 약간의 가지를 친다.
뿌리로부터 자라는 잎과 밑동에 달리는 잎은 길이 10~25cm로 9개 안팎의 잎 조각이 모여 깃털 모양을 이룬다. 잎 조각은 길쭉한 타원 꼴이거나 또는 불규칙하게 갈라진다. 잎자루는 홈통 모양으로 가장자리가 안으로 말린다.
가지 끝에 우산의 뼈대와 같은 생김새로 꽃대가 자라 작은 흰 꽃이 모여 피어나서 우산 모양을 이룬다. 꽃의 지름은 3mm 정도로 희게 핀다.
열매에는 기름기가 감돈다.

개화기 8~9월

분포 경상북도와 경기도 이북의 지역에 분포하며 산지의 음습한 자리에 난다.

식용법 봄에 연한 잎과 줄기를 함께 뜯어 나물로 무쳐서 먹는다. 끓는 물에 가볍게 데쳐 잠시 찬물에 우려낸 후 갖가지 양념으로 간을 맞춘다.

청나래고사리 포기고사리

Matteuccia struthiopteris TODARO | 면마과

겨울에는 잎이 말라 죽어버리는 여러해살이로 고사리와 같은 종류이다.
땅속에는 주먹과 같이 생긴 뿌리줄기가 곧게 서 있으며 이로부터 길이 1m에 이르는 잎이 여럿 자라 둥글게 배열된다. 잎자루는 짧으며 밑동에 황갈색의 인편이 있다. 잎은 두 번 깃털 모양으로 갈라지는데 전체적인 생김새는 넓은 피침 꼴이고 끝이 갑자기 가늘어진다.
일반적인 고사리 종류는 밑쪽에 자리한 잎 조각일수록 길이가 길어지는데 청나래고사리의 경우에는 아래로 갈수록 잎 조각이 작아지는 특징을 가지고 있다. 홀씨를 가지는 잎은 늦게 잎 한가운데로부터 자라는데 그 생김새는 홀씨를 가지지 않은 잎보다 가름하다. 홀씨주머니는 주름잡힌 잎 조각에 의해 감싸져 있다.

분포 제주도를 비롯한 전국 각지에 분포한다. 산속의 그늘진 곳에 난다.

식용법 어린 잎줄기를 나물로 하거나 국거리로 쓰인다. 고사리와 마찬가지로 조리한다.

초롱꽃 산소채

Campanula punctata LAM | 초롱꽃과

온몸에 약간 거친 털이 산재해 있는 여러해살이 풀이다.
줄기는 곧게 서고 40~100cm의 높이로 자라며 가지를 거의 치지 않는다.
잎은 마디마다 서로 어긋나게 자리하고 있다. 잎의 생김새는 길쭉한 계란 꼴로 끝이 뾰족하고 가장자리에는 고르지 않은 톱니가 생겨나 있다. 잎자루는 있는 경우도 있고 없는 경우도 있다. 잎의 길이는 5~8cm 정도 된다. 줄기 끝에 3~4송이의 종과 같은 생김새의 꽃이 밑으로 처지면서 핀다. 꽃의 색채는 흰빛 또는 연한 보랏빛이고 작고 짙은 보라색 반점이 산재해 있다. 꽃의 길이는 4~5cm이다.

개화기 6~8월

분포 전국 각지에 분포하며 약간 깊은 산 속의 풀밭에 난다.

식용법 봄에 줄기가 자라기 전인 어린순을 캐어 나물로 해먹는다. 약간 쓰고 떫은맛이 있으므로 데친 다음 흐르는 물에 우렸다가 조리한다. 산소채라는 이름이 있듯이 맛이 꽤 좋다.

층층둥굴레 수레둥굴레

Polygonatum stenophyllum MAX | 백합과

여러해살이풀로 굵게 살찐 땅속줄기가 길게 뻗어나가며 늘어난다.
줄기는 가늘고 길며 곧게 서서 30~60cm 정도의 높이로 자라며 온몸은 밋밋하고 털이 없다.
잎은 길쭉한 피침 꼴 또는 줄 꼴로 마디마다 4~5장이 둥글게 배열된다. 잎의 길이는 10cm 안팎이며 끝은 뾰족하다. 잎의 표면은 짙은 녹색인데 뒷면은 흰빛이 감돈다.
줄기 중간부분의 잎겨드랑이에 짤막한 2~3개의 꽃대가 자라 올라와 각기 2송이씩 꽃을 피운다. 꽃은 길쭉한 방울처럼 생겼으며 길이는 1.5cm 정도로 밑을 향해 핀다. 꽃의 색채는 연한 황색이다.

개화기 6~7월

분포 강원도와 경기도 이북에 나며 산록지대의 풀밭이나 밭 가장자리에서 볼 수 있다.

식용법 달콤한 맛이 나는 훌륭한 산채이다. 어린순을 그대로 튀겨 먹거나 데쳐서 나물로 무쳐 먹는다. 굵은 땅속줄기는 날것을 그대로 된장이나 고추장에 박아 장아찌를 담근다.

층층잔대 가는잎딱주

Adenophora radiatifolia NAKAI | 초롱꽃과

굵은 뿌리를 가진 여러해살이풀이다.
줄기는 곧게 서서 1m 정도의 높이로 자라며 몸에는 털이 없다.
잎은 마디마다 4장씩 둥글게 배열된다. 잎자루는 있지만 아주 짧아서 없는 것처럼 보인다. 잎은 길쭉한 타원 꼴 또는 계란 꼴에 가까운 피침 꼴로 생겼으며 양끝은 뾰족하고 거친 톱니를 가지고 있다.
줄기의 끝부분에서 층을 이루며 꽃대가 자라올라 작은 종과 같은 생김새의 꽃이 둥글게 핀다. 꽃의 길이는 2cm 안팎이고 연보랏빛으로 핀다. 꽃은 모두가 아래로 늘어지며 층지어 피고 잔대의 한 종류이기 때문에 층층잔대라고 한다.

개화기 7~9월

분포 전국 각지에 분포하며 산지의 양지바른 풀밭에 난다.

식용법 봄철에 연한 순과 뿌리를 캐어 날것을 고추장에 찍어 먹고 어린잎은 데쳐서 잘 우려낸 다음 나물로 무쳐 먹는다. 뿌리는 약재로도 쓴다고 하는데 자세한 내용은 알 수 없다.

콩제비꽃

Viola verecunda HARA | 제비꽃과

다소 습한 자리에 자라는 여러해살이풀이다.
높이 5~20cm로 자라는 줄기는 한자리에서 여러 개의 줄기가 자라 비스듬히 퍼진다.
잎의 생김새는 신장 꼴에 가까운 계란 꼴로 끝은 무디다. 뿌리에서부터 자라는 잎은 잎 길이의 4배쯤 되는 기다란 잎자루를 가지고 있다. 잎 가장자리에는 둔한 톱니가 있고 털은 전혀 돋아나지 않는다. 줄기에 생겨나는 잎은 서로 어긋나게 자리한다.
꽃은 줄기에 자리한 잎의 겨드랑이로부터 자라는 긴 꽃대 끝에 한 송이씩 핀다. 5장의 꽃잎으로 이루어지며 좌우가 같은 모양인 꽃은 지름 1cm 정도로 희게 핀다.

개화기 4~5월

분포 전국 각지에 널리 분포하며 산지와 들판의 약간 그늘지고 다소 습한 땅에 난다.

식용법 약간 미끈거리는 느낌이며 산뜻한 맛을 지니고 있다. 봄에 꽃이 피기 시작할 무렵에 싹을 캐어 데쳐서 나물로 조리하거나 국에 넣어 먹는다. 닭고기와 함께 조리해도 맛이 좋다.

큰개불알풀

Veronica persica POIR | 현삼과

두해살이풀로 부드러운 털이 나 있다.
줄기는 옆으로 누워 10~30cm의 길이로 자라고 많은 가지를 친다.
잎은 밑부분에서는 2장이 마주 자라고 윗부분에서는 서로 어긋나게 자리하고 있다. 잎의 생김새는 세모 꼴 또는 계란 꼴에 가까운 세모 꼴로 밑동이 둥글다. 잎의 가장자리에는 약간의 작은 톱니가 있다. 잎의 길이와 너비는 각각 1~2cm 정도이다.
잎겨드랑이로부터 길이가 4cm쯤 되는 꽃자루가 자라 각기 한 송이의 꽃을 피운다. 꽃은 접시 꼴이고 4개로 갈라져 꽃잎을 이룬다. 꽃의 지름은 8mm이고 빛깔은 하늘빛이다.

개화기 5~6월

분포 귀화식물의 하나로 제주도와 중부 이남의 지역에 분포한다. 길가나 빈터와 같은 곳에서 볼 수 있다.

식용법 봄에 어린순을 나물로 해 먹거나 국거리로 쓴다. 데쳐서 한두 시간 동안 찬물에 담가 두었다가 조리를 한다.

큰미역취 섬미역취

Solidago virga-aurea var. gigantea NAKAI | 국화과

울릉도에 나는 여러해살이풀이다.
15~70cm의 높이로 자라는 가지는 윗부분에서 약간의 가지를 치며 온몸에 잔털이 나 있다.
잎은 긴 타원 꼴 또는 계란 꼴의 모습으로 서로 어긋나게 자리하고 있다. 잎의 길이는 4~10cm 이고 끝이 뾰족하다. 밑동은 둥글면서 밑으로 흘러 잎자루의 날개로 된다. 잎 가장자리에는 뾰족한 톱니가 있는데 위로 올라가면서 점차 그 크기가 작아진다.
꽃의 윗부분의 잎겨드랑이마다 10여 송이가 원뿌리 꼴로 모여 핀다. 6장의 꽃잎을 가지고 있으며 지름이 1.2~1.5cm이고 빛깔은 노랗다.

개화기 8~9월

분포 울릉도에만 분포하고 있으며 산의 양지 쪽 풀밭에 난다.

식용법 어린순을 따다가 나물로 해서 먹는다. 맵고 쓴맛이 있으므로 데친 뒤 한나절 정도는 우려야 한다. 울릉도에서는 잎과 줄기를 말려 건위 및 이뇨제로 쓰기도 한다.

큰수리취

Synuruss excelsus MITAMURA | 국화과

온몸에 거미줄과 같은 털이 감겨 있는 여러해살이풀이다.
줄기는 곧게 서서 1~2m 높이로 자라며 끝부분에서 약간의 가지를 친다.
이른봄에 자라난 잎은 세모 꼴에 가까운 계란 꼴로 얕게 갈라지며 뒷면에 솜털이 깔려 희게 보인다. 줄기에 나는 잎은 계란 꼴에 가까운 타원 꼴이고 서로 어긋나 있다. 아래쪽 잎은 모두 긴 잎자루를 가지고 있으나 위로 올라감에 따라 점차적으로 짧아지고 마침내는 없어진다.
가지 끝에 지름이 4~5cm 되는 큰 꽃이 한 송이씩 핀다. 꽃받침은 가시와 같으며 빳빳하다. 꽃의 빛깔은 짙은 보랏빛이다.

개화기 9~10월

분포 전국 각지에 분포하며 산지의 풀밭에 난다.

식용법 어린잎을 데쳐서 잠시 우려낸 다음 나물로 무쳐 먹는다. 취나물의 한 종류로 맛이 훌륭하며 데친 것을 말려 갈무리해 두고 나물거리로 쓰기도 한다. 또한 쑥처럼 떡을 만들 때 넣기도 한다.

큰앵초

Primula jesoana var. glabra TAKEDA | 앵초과

높이 30cm 정도의 키가 작은 여러해살이풀이다. 줄기는 서지 않고 온몸에 잔털이 덮여 있다.
잎은 뿌리에서만 자라며 신장 꼴에 가까운 둥근 꼴로 얕게 갈라진다. 잎 가장자리에는 치아와 같은 결각이 있다. 잎자루의 길이는 25cm 안팎으로 매우 길다.
잎 사이로부터 긴 꽃대를 뽑아 올려 그 꼭대기에 10여 송이의 꽃이 2~3층으로 층을 지으면서 둥글게 배열된다. 꽃은 깔때기 모양으로 끝이 다섯 개로 갈라져 꽃잎을 이룬다. 꽃의 크기는 1.5~2.5cm이고 보랏빛 기운이 감도는 분홍색으로 핀다.

개화기 5~6월

분포 제주도를 비롯한 전국 각지에 널리 분포하고 있으나 깊은 산 속에서만 볼 수 있다. 숲 속이나 냇가의 습한 땅에 난다.

식용법 봄에 갓 자라난 어린잎을 나물로 해먹는다. 깊은 산 속에서 흔히 자라는 풀이 아니기 때문에 나물거리로 이용되는 경우는 극히 드물다.

큰엉겅퀴 장수엉겅퀴

Cirsium pendulum FISCH | 국화과

여러해살이풀로 온몸에 약간의 솜털이 나 있다. 줄기는 곧게 서고 30~100cm 높이로 자라며 위쪽에서 약간의 가지를 친다.
잎은 피침 꼴 또는 계란 꼴에 가까운 피침 꼴로 깃털 모양으로 갈라지며 가장자리에는 거의 톱니가 없다. 잎자루는 없으며 잎의 밑동이 줄기를 감싼다.
가지 끝에서 2~3개의 꽃대가 갈라져 각기 한 송이의 꽃을 가진다. 꽃잎은 없고 보랏빛의 수술과 암술이 술 모양으로 뭉쳐 피는데 꽃의 지름은 3~4cm이다. 꽃받침은 가시와 같은 것이 많이 뭉쳐 이루어져 있으며 거미줄과 같은 털이 감겨 있다.

개화기 7~10월

분포 경기도와 강원도 이북의 지역에 분포하며 양지바른 풀밭에 난다.

식용법 4~5월에 어린잎과 순을 따다가 가볍게 데쳐 나물로 해서 먹는다. 맛이 순하고 떫지 않다. 연한 줄기는 껍질을 벗겨 데친 다음 기름에 볶아 먹으면 맛이 좋다.

큰참나물 큰반디나물

Ostericum melanotilingia KITA | 미나리과

여러해살이풀로 온몸에 약간의 잔털이 나 있다. 높이는 60cm쯤 되고 줄기는 곧게 서서 약간의 가지를 친다.
잎은 어긋나게 생겨나며 긴 잎자루 끝에 붙어 있는 잎몸은 세 개로 갈라진다. 갈라진 조각의 생김새는 계란 꼴 또는 넓은 계란 꼴이다. 잎 끝이 뾰족하고 가장자리에는 큰 톱니를 가지고 있다. 잎몸은 두텁고 뒷면은 흰빛을 띤다.
작고 흰 꽃이 가지 끝에 뭉쳐 피어서 우산 모양을 이루는데 뭉치는 꽃의 수는 그리 많지 않다. 꽃의 지름은 3mm 정도이다.
참나물에 비하여 잎몸이 더 두텁고 뒷면이 희다는 점에서 쉽게 구별할 수 있다.

개화기 8월 중

분포 강원도와 경기도 이남의 지역에 분포하며 산지의 숲 속에 난다.

식용법 봄에 어린잎을 따다가 가볍게 데쳐서 나물로 해 먹거나 생채로 하기도 한다. 맛이 향긋하고 씹히는 느낌도 대단히 좋다.

털비름 푸른털비름

Euxolus caudatus MOQ | 비름과

빈터나 폐경지 등에 나는 한해살이풀이다.
온몸에 잔털이 산재하며 모가 진 줄기는 거칠며 곧게 서서 2m에 가까운 높이로 자라 많은 가지를 친다.
잎은 마디마다 서로 어긋나게 자리하며 마름모 꼴에 가까운 계란 꼴 또는 계란 꼴에 가까운 타원 꼴이다. 잎 밑동은 넓은 쐐기 꼴이고 끝은 뾰족하며 긴 잎자루를 가지고 있고 가장자리는 밋밋하면서 약간 주름이 잡힌다. 가지 끝과 그에 가까운 잎겨드랑이에 많은 꽃이 길쭉한 원뿌리 꼴로 모여 핀다. 암꽃과 수꽃이 따로 피며 꽃잎은 없다. 꽃의 지름은 2mm도 채 못 되며 빛깔은 푸르다. 검은 씨는 렌즈와 같은 형태를 가지고 있다.

개화기 8월 중

분포 경기도와 강원도를 중심으로 중부지방에 분포한다. 인가 근처의 빈터나 경작하지 않는 땅에 난다.

식용법 비름과 마찬가지로 연한 순을 나물로 하거나 국에 넣어 먹는다. 맛이 담백하고 쓴맛이 없으므로 많이 애용되고 있다.

털쇠소나물 참모련채

Picris hieracioides var. koreana KITAM | 국화과

높이 90cm 정도로 자라는 두해살이풀이다.
온몸에 갈색 털이 퍼져 있다.
겨울을 지내고 난 잎은 꽃이 필 무렵에 없어지고 줄기에서 자라는 잎은 피침 꼴로 서로 어긋나게 자리하고 있다. 위쪽에 나는 잎은 잎자루를 가지지 않는다. 잎의 뒷면에는 많은 털이 있어서 깔끔하다.
줄기 끝의 잎겨드랑이에서 꽃대가 자라 각기 3~4송이의 꽃을 가지는데 서로 뭉치지 않고 넓게 퍼져 핀다. 꽃은 완전히 꽃잎으로만 이루어져 있으며 지름은 2~2.5cm이다. 거의 흰빛에 가까운 노란색의 꽃이 핀다.

개화기 6~9월

분포 전국 각지에 분포하며 산과 들판의 양지바른 풀밭에 난다.

식용법 이른봄에 갓 자라는 어린 싹을 나물로 한다. 깔깔한 털이 있지만 데쳐 놓으면 아무렇지도 않다. 맛이 담백하고 쓰거나 떫은맛이 전혀 없다. 쌀과 섞어서 나물밥을 짓거나 튀김으로 하기도 한다.

토끼풀

Trifolium repens L | 콩과

여러해살이풀이며 밑동에서 가지가 갈라져 땅에 붙어 사방으로 뻗는다.
기다란 잎자루를 가지고 있는 잎은 곧게 일어서며 3개의 잎 조각으로 이루어진다. 잎 조각의 생김새는 계란 꼴이고 끝은 둥글거나 약간 움푹하게 패인다. 가장자리에는 잔톱니가 규칙적으로 배열된다.
잎겨드랑이로부터 20~30cm 길이의 꽃대가 자라 나비와 같은 생김새의 작은 흰 꽃이 둥글게 뭉쳐 핀다. 꽃 한 송이의 길이는 9mm 안팎이고 뭉친 덩어리의 지름은 1.5cm 정도이다.
일반적으로 클로버(clover)라고도 부른다.

개화기 6~7월

분포 원래 유럽이 원산지인데 한일합방 후 목초용으로 도입한 것이 지금은 곳곳에 퍼져 야생하고 있다.

식용법 콩과에 딸린 풀은 거의 모두 어린잎을 먹을 수 있다. 토끼풀도 산뜻하고 감칠맛이 있어서 나물로 무쳐 먹을 수 있다. 기름에 볶아 간을 해도 맛이 매우 좋다.

통둥굴레 통둥굴레

Polygonatum inflatum KOMAROV | 백합과

땅속을 옆으로 뻗어나가는 굵은 뿌리줄기를 가진 여러해살이풀이다.
줄기는 비스듬히 서서 높이 30~50cm 정도로 자라며 가지는 전혀 치지 않는다.
잎은 타원 꼴 또는 길쭉한 타원 꼴로 서로 어긋나게 자리하고 짧은 잎자루를 가지고 있다. 잎의 양 끝은 뾰족하고 뒷면이 희며 평행인 잎맥은 고르게 배열된다. 잎겨드랑이에서 꽃대가 자라는데 꽃대의 끝이 2~7개로 갈라져 각기 그 끝에 한 송이의 꽃이 늘어져 핀다. 꽃은 종 모양으로 끝이 6개로 갈라지며 길이는 2~2.5cm이다. 꽃의 빛깔은 흰빛을 띤 푸른색이다.

개화기 5~6월

분포 거의 전국 각지에 분포하며 산지의 숲 속에 집단으로 난다.

식용법 아직 잎이 펼쳐지지 않은 어린순을 나물로 하는데 부드럽고 단맛이 있어 살짝 데치기만 하면 된다. 살찐 땅속줄기는 무릇처럼 고아서 먹거나 잘게 썰어 쌀과 섞어 밥을 지어 먹기도 한다.

활량나물

Lathyrus davidii HANCE | 콩과

여러해살이풀로 줄기는 곧게 서거나 비스듬히 서서 높이 90cm에 이른다.
잎은 서로 어긋나게 나며 2~4장의 작은 잎으로 이루어진 깃털 모양의 겹잎이다. 잎 끝은 두 개로 갈라진 덩굴손으로 변하고 있다. 잎 조각의 생김새는 타원 꼴 또는 계란 꼴에 가까운 타원 꼴이고 길이는 4~7cm로서 매우 크다. 잎의 가장자리는 밋밋하고 뒷면은 흰빛을 띤다.
잎겨드랑이에는 나비처럼 생긴 큰 받침잎이 자리하고 있는데 이 잎겨드랑이로부터 자라는 기다란 꽃대에 많은 꽃이 뭉쳐 핀다. 나비 모양으로 생긴 꽃의 길이는 15mm 안팎이며 노랗게 피는데 시간이 지남에 따라 점차 갈색으로 변해 간다.

개화기 6~8월

분포 전국 각지에 널리 분포하며 산과 들판의 양지바른 풀밭에 난다.

식용법 봄에 연한 순을 뜯어 데쳐서 나물로 해먹는다. 꽃이 핀 줄기와 잎을 말려서 이뇨제와 강장제로 쓴다는데 자세한 것은 알 수 없다.

흰씀바귀

Ixeris dentata form. albiflora HARA | 국화과

높이 30cm 정도로 자라는 여러해살이풀이다.
줄기는 가늘고 곧게 일어서며 가지를 거의 치지 않는다.
봄에 자라는 잎은 피침 꼴로 땅거죽에 둥글게 뭉친다. 가장자리에는 약간의 뾰족한 톱니가 있다. 줄기에서 자라는 잎은 서로 어긋나게 자리하는데 생김새는 계란 꼴에 가까운 피침 꼴이다. 잎의 밑동이 줄기를 감싼다.
줄기 끝에서 여러 개의 꽃대가 갈라져 나가 여러 송이의 꽃이 뭉쳐 피면서 술 모양의 꽃차례를 이룬다. 지름 1.5cm 안팎의 꽃은 5장의 꽃잎으로 구성되며 희게 핀다.

개화기 5~7월

분포 중부 이남의 지역에 분포하며 들판의 풀밭이나 밭 가장자리 등 양지바른 곳에 난다.

식용법 봄에 어린 싹과 뿌리를 함께 캐어 나물로 한다. 몸 속에 흰 즙이 있어서 쓰고 떫은맛이 강하므로 데친 다음 하루이틀 찬물에 우렸다가 조리한다. 씀바귀처럼 약재로도 쓸 수 있다.

개나리 어사리 · 신리화

Forsythia koreana NAKAI | 물푸레나무과

낙엽관목으로 한자리에서 여러 대의 줄기가 선다.
줄기는 곧게 서지만 끝부분이 점차 휘어져 길이 2m를 넘는다. 잔가지는 처음에는 녹색이지만 회갈색으로 변한다. 잎은 마디마다 2장이 마주 자리하고 있으며 계란 꼴에 가까운 타원 꼴로 가장자리에는 작은 톱니가 규칙적으로 배열되어 있다. 그러나 새로 자라나는 줄기나 힘차게 뻗어나는 도장지(徒長枝)에서 자라나는 잎은 깊게 세 개로 갈라지는 것이 많다. 꽃은 잎겨드랑이마다 1~3송이씩 피는데 종 모양으로 끝이 깊게 네 개로 갈라지고 있다. 꽃의 지름은 2.5cm 안팎이고 빛깔은 산뜻한 노란빛이다.
꽃이 핀 뒤에 길이가 1.5~2cm쯤 되는 납작한 계란형의 열매를 맺는데 일반적으로 열매를 맺기가 쉽지 않다. 이 열매를 약용으로 쓴다. 경북 의성군 금곡면에서는 열매가 잘 맺어지기 때문에 대량으로 가꾸고 있다.

개화기 4월 중

분포 전국적으로 분포하며 양지 쪽 산비탈에 나는데 곳곳에 흔히 심고 있다.

약용법

생약명 연교(連翹). 황수단(黃壽丹), 대교자(大翹子)라고도 한다.

사용부위 열매를 약재로 쓴다.

채취와 조제 가을에 열매가 익는 대로 채취하여 햇볕에 말려서 그대로 쓴다.

성분 루틴(Rutin), 퀘르키톨(Quercitol), 람노글루코시드(Rhamnoglucoside), 퀘르세틴(Quercetin), 알파-람노스(α-Rhamnos) 등이 함유되어 있다.

약효 해열, 해독, 소염, 이뇨, 소종 등의 효능을 가지고 있다. 적용 질환은 오한과 열이 나는 증세, 소변이 잘 나오지 않는 증세, 신장염, 임파선염, 단독(丹毒) 등이며 각종 화농성질환과 습진의 치료약으로도 쓰인다.

용법 말린 약재를 1회에 4~6g씩 200cc의 물로 달이거나 가루로 빻아 복용한다. 화농성질환 즉 종기와 습진의 치료를 위해서는 약재를 달인 물로 환부를 닦아내는 방법을 쓴다.

개다래나무 말다래 · 쥐다래

Actinidia polygama MAX | 다래과

덩굴로 자라는 낙엽활엽수로 5m 정도의 길이로 뻗어나간다.
어릴 때에 잔가지에 연한 갈색 털이 생겨나는데 그 속에는 간혹 가시와 같이 빳빳한 털이 섞여 있다.
잎은 서로 어긋나게 자리하며 넓은 계란 꼴 또는 계란 꼴에 가까운 타원 꼴로 잎몸이 얇다. 잎 밑동은 둥글거나 또는 심장 꼴처럼 약간 패이고 가장자리에는 작은 톱니가 나 있다. 잎의 길이는 8~14cm이고 잎 뒷면의 잎맥겨드랑이에는 연한 갈색 털이 생겨나 있다. 가지 끝에 가까운 잎겨드랑이에 2~3송이의 꽃이 하나의 꽃대에 함께 달린다. 꽃은 5장의 흰 꽃잎으로 구성되어 있으며 지름은 1.5cm 정도이고 향기를 풍긴다.
꽃이 피고 난 뒤에 계란 꼴에 가까운 타원 꼴의 모습을 지닌 2~3cm 정도 되는 열매를 맺는데 익으면 노랗게 물든다. 열매는 혓바닥을 찌르는 듯한 맛이 있으며 달지는 않다.

개화기 6월 중

분포 전국적으로 분포하고 있으며 산골짜기의 냇가와 같은 곳에 흔히 난다.

약용법 생약명 목천요(木天蓼). 천요(天蓼)라고도 한다.

사용부위 벌레가 붙어서 이상한 모양으로 부풀어 오른 열매를 약재로 쓴다.

채취와 조제 초가을에 채취하여 끓는 물을 끼얹은 다음 햇볕에 말려서 그대로 쓴다.

성분 악티니딘(Actinidine), 마타타빌락톤(Matatabilactone) 등이 함유되어 있다.

약효 보온, 강장, 거풍 등의 효능이 있다. 적용 질환은 요통, 류머티즘, 복통, 월경불순, 중풍, 안면신경마비 등이다.

용법 말린 약재를 1회에 2~5g씩 200cc의 물로 뭉근하게 달이거나 가루로 빻아 복용한다. 벌레가 붙지 않은 열매를 잘게 썰어 6~7배의 소주에 담근 것을 천료주(天蓼酒)라고 하는데 보온과 강장효과가 있으며 신경통이나 류머티즘에도 좋다.

개머루

Ampelopsis brevipedunculata var. heterophylla HARA | 포도과

가을에 잎이 지는 덩굴나무로 길게 뻗어 다른 나무로 감아 올라간다.
가지는 갈색이고 마디가 굵게 부푼다. 넓고 큰 잎이 마디마다 서로 어긋나게 자리하며 3~5갈래로 갈라진다. 포도나무의 잎과 흡사하게 생겼다. 잎 밑동은 심장꼴로 패여 있고 가장자리에는 무딘 톱니를 가지고 있다. 잎겨드랑이의 반대편에서 두 줄로 갈라진 덩굴손이 자라나 다른 물체로 기어오른다.
꽃은 잎겨드랑이 옆에서 자라난 꽃대 끝에 작은 꽃이 우산 꼴에 가까운 상태로 뭉쳐 핀다. 꽃은 푸르고 매우 작으며 뭉친 꽃차례의 지름은 3~8cm가량이 된다.
꽃이 지고 난 뒤에 생겨나는 열매는 둥글거나 약간 납작하다. 지름이 8~10mm 정도인 열매는 짙은 남빛으로 익는데 그 수는 그다지 많지 않다. 어린 가지와 잎 뒷면에 짧은 털이 있는 것을 털개머루라고 한다.

개화기 6~7월

분포 전국 각지에 널리 분포하며 산의 숲가와 같은 곳에 난다.

약용법

생약명 사포도(蛇葡萄). 산포도(山葡萄), 야포도(野葡萄), 산고등(酸古藤)이라고도 한다.

사용부위 줄기와 잎을 약재로 쓴다.

채취와 조제 가을에 채취하여 햇볕에 말렸다가 쓰기에 앞서 잘게 썬다.

성분 유기산, 글리코시드(Glycosid), 오에닌(Oenin) 등이 함유되어 있다.

약효 이뇨, 해열, 거풍, 소염 등의 효능이 있다. 적용 질환은 소변이 붉고 잘 나오지 않는 증세를 비롯하여 만성신장염, 간염, 풍습성의 관절통 등이다. 그 밖에 종기의 치료를 위해서도 쓰인다. 또한 일본에서는 맹장염의 경우 열매를 빻아 식초와 밀가루를 넣어 잘 갠 것을 환부에 붙이면 큰 효과를 얻는다고 한다.

용법 말린 약재를 1회에 7~13g씩 알맞은 양의 물로 반 정도의 양이 되도록 뭉근하게 달여서 복용한다. 종기에는 약재를 달인 물로 환부를 자주 닦아준다.

겨우살이

Viscum coloratum var. *lutescens* form. *lutescens* KITAGAWA | 겨우살이과

참나무, 밤나무, 팽나무, 오리나무 등에 기생하고 있는 사철 푸른 잎을 가지는 키 작은 나무이다.
둥지처럼 둥글게 자라나면서 지름이 1m에 이르는 것도 있다. 마디마다 두 갈래로 갈라져 나가면서 많은 가지를 친다. 줄기와 가지의 빛깔은 황록색이고 미끈하며 털이 없다. 잎은 항상 2장이 마주 자리하며 피침 꼴로 생겼다. 길이는 3~6cm이고 끝이 둥글거나 무딘 잎은 밑동 쪽으로 점차 좁아지고 잎자루는 없다. 가죽과 같이 두텁고 빳빳하며 가장자리는 밋밋하다. 가지 끝마다 2~3송이의 작은 꽃이 핀다. 꽃대는 없고 가지 끝에 밀착되어 있으며 종 모양으로 끝이 네 개로 갈라진다. 지름 3mm 안팎으로 피는 꽃의 빛깔은 노랗다. 꽃이 지고 난 뒤에 지름이 6mm 되는 열매를 맺으며 익으면 연한 노란빛으로 물든다.

개화기 이른봄

분포 전국적으로 분포하고 있으며 참나무류, 팽나무, 오리나무 등의 키 큰 나무의 가지에 붙어산다.

약용법

생약명 상기생(桑寄生) 우목(寓木), 기동(寄童), 기생수(寄生樹)라고도 한다.

사용부위 가지와 잎을 약재로 쓰는데 참나무겨우살이(Scurrula yadoriki SIEB), 꼬리겨우살이(Hypear tanakae HOSOKAWA)도 함께 쓰이고 있다.

채취와 조제 겨울에서 봄 사이에 채취하여 햇볕에 말리고 쓰기에 앞서 잘게 썬다.

성분 루페올(Lupeol), 아세틸 콜린(Acetyl choline), 올레아놀릭산(Oleanolic acid) 등이 함유되어 있다.

약효 강장, 진통, 안태(安胎) 등의 효능이 있고 혈압을 낮추어준다. 적용 질환은 신경통, 관절통, 풍습으로 인한 통증, 고혈압, 태동(胎動)이 불안한 상태, 월경이 멈추지 않는 증세 등이다.

용법 말린 약재를 1회에 4~6g씩 200cc의 물로 달이거나 가루로 빻아 복용한다. 경우에 따라서는 생잎을 10배의 소주에 담가 두었다가 하루 2~3번 소량씩 복용하는 것도 좋다.

계뇨등 구렁내덩굴

Paederia scandens var. mairei HARA | 꼭두서니과

겨울에 잎이 떨어지는 덩굴나무로 5~7m의 길이로 자라지만 끝부분은 겨울동안 얼어죽는다.
마디마다 2장의 잎이 마주 자리하고 있으며 길이는 5~12cm 정도이다. 계란 꼴 또는 넓은 계란 꼴로 생겼으며 잎 끝은 뾰족하고 밑동은 둥글거나 심장 꼴로 패여 있다. 잎의 가장자리에는 톱니가 없이 밋밋하다. 잎 표면은 짙은 녹색이고 뒷면은 연한 녹색인데 잔털이 있다가 크게 자라나면서 없어진다.
꽃은 가지 끝과 그에 가까운 잎겨드랑이에서 자라나는 꽃대에 원뿌리 꼴로 뭉쳐서 핀다. 꽃의 생김새는 길쭉한 대롱 모양으로 끝이 5개로 갈라진다. 꽃은 지름이 4~6cm쯤 되고 흰빛이며 자주색 반점이 나타나 있다. 꽃의 바깥쪽 면에는 흰 잔털이 빽빽하게 나 있다.
꽃이 지면 지름 5~6mm 정도의 둥근 열매가 생기는데 익으면 황갈색으로 물든다.

개화기 8~9월

분포 남쪽의 따뜻한 지방과 제주도 및 울릉도에 분포하며 들판의 양지바른 풀밭에 난다.

약용법

생약명 계뇨등(鷄尿藤). 취피등(臭皮藤), 취등(臭藤)이라고도 한다.

사용부위 줄기와 잎을 약재로 쓴다. 가는잎계뇨등, 털계뇨등도 함께 쓰인다.

채취와 조제 여름철에 채취하여 햇볕에 말리고 쓰기에 앞서 잘게 썬다.

성분 일종의 지방산과 아르부틴(Arbutin)이라는 성분이 함유되어 있다.

약효 진통, 해독, 거풍, 소종 등의 효능을 가지고 있다. 적용 질환은 신경통, 관절염, 기침, 기관지염, 소화불량, 위통, 장염, 타박상, 종기 등이다.

용법 말린 약재를 1회에 3~6g씩 200cc의 물로 뭉근하게 달여서 복용한다. 경우에 따라서는 10배의 소주에 담가서 몇 개월 묵혔다가 하루 2~3차례 소량씩 복용하는 방법을 쓴다. 타박상과 종기에 대해서는 생풀을 짓찧어서 환부에 붙인다.

골담초

CAragana chamlagu LAM | 콩과

1m 안팎의 높이로 자라나는 키 작은 낙엽관목이다.
한자리에서 많은 줄기가 자라나며 약간의 가지를 치면서 사방으로 비스듬히 퍼진다. 회갈색의 줄기에는 5개의 줄이 나 있고 마디마다 받침잎이 변한 작은 가시를 가지고 있다.
잎은 마디마다 서로 어긋나게 자리하고 깃털 꼴이며 4장의 잎 조각으로 이루어진다. 잎 조각의 생김새는 계란 꼴 또는 타원 꼴로 길이는 2~3cm이다. 잎 끝이 패여 있으며 가장자리는 밋밋하다.
잎겨드랑이에서 1cm 정도의 길이를 가진 꽃대 2개가 자라나 각기 한 송이씩 꽃을 피운다. 꽃의 생김새는 나비 꼴로 길이는 2cm쯤 된다. 꽃이 핀 뒤에는 3~3.5cm의 길이를 가진 꼬투리를 맺는다.

개화기 5월 중

분포 중국이 원산지인 나무이며 꽃이 아름답기 때문에 중부 이남의 지역에서 흔히 관상용으로 심어 가꾸고 있다.

약용법

생약명 골담근(骨擔根). 금작근(金雀根), 토황기라고도 한다.

사용부위 뿌리를 약재로 쓴다.

채취와 조제 가을에 채취하여 잔뿌리를 따버린 다음 햇볕에 말린다. 쓰기에 앞서 잘게 썬다.

성분 고미배당체인 카라가닌(Caraganin)과 이노사이트(Inosit) 등이 함유되어 있다.

약효 진통, 활혈 등의 효능이 있다. 적용 질환은 신경통, 통풍, 기침, 고혈압, 대하증 등이다. 그 밖에 각기병과 습진을 치료하기 위한 약으로도 쓰인다.

용법 말린 약재를 1회에 5~10g씩 알맞은 양의 물로 서서히 달여서 복용한다. 습진에는 약재를 달인 물로 환부를 닦아준다. 꽃도 약재로 쓰는 경우가 있는데 자세한 것은 알 수 없다. 때로는 술에 오래 담갔다가 아침저녁으로 조금씩 마시면 신경통에 효험이 있다고 한다. 많이 마시면 위험하다.

광나무

Ligustrum japonicum THUNB | 물푸레나무과

사철 푸른 잎을 가지는 키 작은 나무이다.
높이는 3~5m에 이르는 나무는 많은 가지를 쳐서 더부룩한 외모를 가진다.
잎은 넓은 계란 꼴 또는 넓은 타원 꼴이며 마디마다 2장이 마주 자리한다. 잎의 길이는 3~10cm이고 혁질(革質)로 두터우며 윤기가 나고 가장자리는 밋밋하다. 잎 뒷면은 황록색이고 뚜렷하지 않은 작은 점이 산재해 있으며 잎맥은 흔히 적갈색을 띤다. 새 가지 끝에 작고 흰 꽃이 원뿌리 모양으로 모여 피는데 길이와 너비가 모두 5~12cm쯤 된다. 대롱 모양의 꽃은 끝이 네 갈래로 갈라져 있고 갈라진 부분은 뒤로 잦혀진다. 꽃이 지고 난 뒤에는 길쭉하고 둥근 열매가 많이 달리는데 길이가 7~10cm 정도이고 익으면 검정빛으로 물든다.

개화기 7~8월

분포 제주도와 남쪽의 따뜻한 지방에 분포한다. 주로 바다에 가까운 산지에 난다.

약용법

생약명 여정실(女貞實). 여정자(女貞子), 동청자(冬靑子)라고도 한다.

사용부위 열매를 약재로 쓰는데 당광나무(Ligustrum lucidum AIT.)의 열매도 쓰인다.

채취와 조제 열매가 검게 익는 대로 채취하여 햇볕에 말려서 그대로 쓴다.

성분 루페올(Lupeol), 베타-사이토스테롤(β-Sitosterol), 시린진(Syringin), 우르솔릭산(Ursolic acid), 올레아놀릭산(Oleanolic acid), 노나코사놀(Nonacosanol) 등이 함유되어 있다.

약효 뼈와 근육을 튼튼하게 해주고 눈을 밝게 하며 간장과 신장을 보해준다. 적용 질환은 신경쇠약, 가슴이 뛰는 증세, 허리와 무릎이 저리고 아픈 증세, 이명, 어지러움, 노인성백내장, 망막염, 식은땀, 일찍 머리카락이 희어지는 증세 등이다.

용법 말린 약재를 1회에 2~4g씩 200cc의 물로 달여서 복용한다. 생열매를 같은 양의 설탕과 함께 10배의 소주에 담근 것을 여정주(女貞酒)라 하며 매일 소량씩 복용하면 신체 강장에 큰 효과를 얻는다.

굴거리나무 청대동

Daphniphyllum macropodum MIQ | 대극과

따뜻한 고장에 나는 상록성의 나무로 크게 자라나는 것은 높이 10m에 이른다. 잔가지는 굵고 푸르지만 어린 가지는 붉은빛을 띤다.

잎은 가지 끝에 모여서 서로 어긋나게 자리하며 붉은빛의 기다란 잎자루를 가지고 있다. 잎의 생김새는 길쭉한 타원 꼴인데 밑동은 둥그스름하다. 길이 12~20cm인 잎은 끝이 갑자기 뾰족해지며 가장자리는 밋밋하다. 잎 뒷면은 회백색이다. 꽃은 잎겨드랑이에서 자라나는 2.5cm 정도의 길이를 가진 꽃대에 이삭 모양으로 뭉쳐서 핀다. 수꽃과 암꽃이 따로 피어나며 꽃잎이 없고 빛깔은 푸르다.

꽃이 지고 난 뒤에 생겨나는 열매는 길쭉한 타원 꼴이고 길이가 1cm쯤 되며 익으면 짙은 남빛으로 물든다.

개화기 4~5월

분포 따뜻한 고장에 나는 나무로 전라북도 내장산과 안면도가 분포의 북쪽 한계가 된다. 산지의 수림 속에 난다.

약용법 생약명 교양목(交讓木). 산황수(山黃樹) 또는 만병초(萬病草)라고도 한다.

사용부위 잎을 만병초(Rhododendron fauriae var. roseum form. rufescens HARA)의 대용품으로 쓴다.

채취와 조제 1년 내내 때를 가리지 않고 채취할 수 있으며 채취한 것은 햇볕에 말렸다가 잘게 썰어서 쓴다.

성분 퀘르세틴(Quercetin)과 다프니마크린(Daphnimacrin), 다프니필린(Daphniphyllin), 루틴(Rutin) 등을 함유하고 있다.

약효 진통, 이뇨, 강정, 거풍 등의 효능을 가지고 있다. 적용 질환은 허리와 등이 저리고 아픈 증세, 관절통, 요통, 두통, 발기력감퇴, 불임증, 월경불순 등에 효험이 있다.

용법 말린 약재를 1회에 2~4g씩 200cc의 물로 천천히 달여서 마시거나 가루로 빻아서 복용한다.

남오미자

Kadsura japonica DUNAL | 목련과

상록성의 덩굴나무이며 크게 자란 것은 길이 3m에 이른다.
잎은 가죽과 같이 빳빳하고 두꺼우며 마디마다 서로 어긋나게 자리하고 있다. 잎의 생김새는 넓은 계란 꼴 또는 긴 계란 꼴이고 길이는 5~10cm 정도이다. 잎 밑동은 둥그스름하고 끝은 점차적으로 뾰족해지며 가장자리에는 작은 톱니가 드물게 나 있다. 잎 표면은 윤기가 흐르고 뒷면에는 작은 점이 산재한다.
꽃은 암꽃과 수꽃이 다른 나무에 피거나 또는 하나의 꽃에 암술과 수술이 모두 갖추어지는 경우도 있다. 꽃잎은 6~8장이고 수술이 많다. 연한 노란빛을 띤 흰빛으로 피는 꽃의 지름은 2cm 안팎이다.

개화기 4~8월

분포 제주도와 다도해의 여러 섬에 분포하며 산지에 난다.

약용법 생약명 남오미자(南伍味子)

사용부위 열매를 약재로 쓴다.

채취와 조제 열매가 익었을 때에 채취하여 햇볕에 말려서 그대로 쓴다.

성분 점액 속에 갈락탄(Galactan)과 아라반(Araban)이 함유되어 있다.

약효 자양, 강장, 진해, 거담 등의 효능이 있으며 적용 질환은 신체허약, 기침, 땀이 많이 흐르는 증세 등이다.

용법 말린 약재를 1회에 2~5g씩 200cc의 물로 달이거나 가루로 빻아 복용한다. 또한 생잎의 즙은 절상(切傷)에 효과가 있다고 한다.

참고 한방에서는 이 나무의 열매를 오미자의 대용품으로 쓰고 있는데 효능은 오미자보다 떨어진다고 한다. 이런 이유로 오미자를 북오미자, 이 나무를 남오미자라고 부르는 듯하다. 줄기의 껍질 속에는 크실로글루쿠로니드(Xyloglucuronid)라는 성분이 들어 있는 끈기 있는 즙이 함유되어 있어 닥풀과 함께 종이를 만들 때 섬유를 점착시키는 풀로 쓰여 왔다.

노간주나무 노가지나무·노간주향

Juniperus utilis KOIDZ | 측백나무과

8m 안팎의 높이로 자라는 상록성의 침엽수이다.
가지가 무성하여 빗자루와 같은 외모를 보이며 가지 끝이 처진다. 나무 껍질은 세로의 방향으로 얇게 갈라지며 금년에 자라난 가지는 푸르지만 이듬해에는 다 갈색으로 변한다.
잎은 바늘처럼 생겼으며 한자리에서 3장씩 가지와 직각 방향으로 자라나온다. 세 개의 모가 진 잎의 길이는 12~20mm이다. 잎의 빛깔은 갈색을 띤 푸른색이고 모마다 가느다란 흰줄이 나 있다.
길이 4.5~6mm인 수꽃은 지난해에 자란 가지의 잎겨드랑이에 1~3개씩 뭉쳐 핀다. 20개 안팎의 녹갈색 비늘이 꽃을 둘러싸고 있으며 계란처럼 생겼다. 지름 7~8mm의 둥근 열매는 익으면 끝에서부터 3개로 갈라진다. 열매는 꽃이 핀 이듬해 가을에 익으며 흰 가루를 쓰고 있다.

개화기 5월 중

분포 전국 각지에 널리 분포하고 있다. 산과 들판의 양지 쪽에 나는데 특히 석회암 지대에서 많이 볼 수 있다.

약용법 생약명 두송실(杜松實)

사용부위 열매를 약재로 쓴다.

채취와 조제 늦가을에 채취하여 그늘에서 말린다. 그대로 쓰거나 또는 깨뜨려서 쓴다.

성분 카디넨(Cadinene), 사비넨(Sabinen), 히노키플라본(Hinokiflavone), 카야플라본(Kayaflavone) 등이 함유되어 있다.

약효 이뇨, 거풍, 제습 등의 효능을 가지고 있다. 적용 질환은 통풍, 풍과 습기로 인한 관절통증, 수종, 방광염, 요도염 등이다.

용법 말린 약재를 1회에 1~2g씩 200cc의 물로 반 정도의 양이 되도록 뭉근하게 달여서 복용한다. 열매에서 짜낸 기름은 자극을 유도하므로 류머티즘이나 통풍의 환부에 발라 치료한다.

노린재나무

Symplocos chinensis f. pilosa HARA | 노린재나무과

곳곳의 산에 자라는 키 작은 낙엽수로 보통 2m 안팎의 높이로 자란다.
많은 가지를 펼치며 잎은 서로 어긋나게 자리하는데 그 생김새는 계란 꼴 또는 타원 꼴이다. 잎 끝은 점차적으로 뾰족해지며 길이는 3~5cm이다. 잎 가장자리에는 아주 작은 톱니를 가지고 있는데 때로는 뚜렷하지 않은 것도 있다. 잎 표면에는 털이 없고 약간 윤기가 흐르며 뒷면은 회녹색이고 털이 나 있다.
가지 끝에 작은 꽃이 모여 길이 4~8cm쯤 되는 원뿌리 꼴을 이룬다. 5장의 길쭉한 타원 꼴의 꽃잎으로 이루어진 꽃은 지름이 8~10mm이며 향기를 풍기고 빛깔은 희다. 꽃이 지고 난 뒤에는 타원형의 작은 열매를 맺는데 익으면 짙은 남빛으로 물든다. 열매가 희게 익는 것이 있는데 이것을 흰노린재나무라고 한다.

개화기 5월 중

분포 전국 각지에 분포하며 산의 숲 속에서 난다.

약용법

생약명 가지를 화회목(華灰木)이라 하고 뿌리를 화회근(華灰根)이라 부른다.

사용부위 가지와 뿌리를 각기 별도로 약재로 쓴다.

채취와 조제 어느 때든지 채취할 수 있으며 햇볕에 말린 뒤 잘게 썰어서 쓴다.

성분 함유 성분에 대해서는 별로 밝혀진 것이 없다.

약효 가지는 수렴, 지혈 등의 효능이 있고 새살을 돋아나게 한다. 적용 질환으로는 설사, 이질, 옴, 화상, 외상출혈 등이다. 뿌리는 해열 효능이 있는데 특히 학질에 효력이 있다. 적용 질환으로는 감기, 오한, 학질, 뼈와 근육의 통증 등이다.

용법 가지는 1회에 5~10g씩 200cc의 물로 달여서 복용한다. 옴과 화상, 외상출혈의 치료를 위해서는 말린 가지를 가루로 빻아 기름에 개어 환부에 바른다. 뿌리는 1회에 2~4g씩 200cc의 물로 천천히 달여서 복용하면 된다.

녹나무

Cinnamomum camphora SIEB | 녹나무과

상록성의 키 큰 활엽수로 크게 자란 것은 높이 20m, 지름이 2m에 이르는 것도 있다. 잔가지는 황록색이고 윤기가 나며 잎은 서로 어긋나게 자리하고 있다. 잎의 생김새는 계란 꼴 또는 계란 꼴에 가까운 타원 꼴이다. 잎의 가장자리에는 톱니가 없으며 물결과 같은 모양으로 주름이 잡히고 뒷면은 회녹색이다. 길이가 1.5~2.5cm 되는 잎자루를 가지며 어린잎은 붉은빛이 감돈다.
꽃은 새 가지의 잎겨드랑이에서 자라나는 꽃대에 원뿌리 꼴로 모여서 핀다. 꽃은 매우 작으며 넓은 종모양으로 끝이 여섯 갈래로 갈라져 꽃잎을 이룬다. 빛깔은 희지만 시간이 지나면서 누렇게 변한다.
꽃이 지고 난 뒤에는 8mm 정도의 지름을 가진 둥근 열매를 맺는데 익으면 보랏빛을 띤 검정빛으로 물든다.

개화기 5월 중

분포 제주도와 남부의 해변가 일부 지방에 분포하며 야산에 난다.

약용법

생약명 장목(樟木). 향장목(香樟木)이라고도 한다.

사용부위 목질부를 약재로 쓰고 있다.

채취와 조제 겨울에 채취하여 햇볕에 말려서 잘게 썰어 쓴다.

성분 많은 정유를 함유하고 있으며 그 주성분은 캄퍼(Camphor)이다. 그 밖에 리날롤(Linalool), 사프롤(Safrole), 시네올(Cineol), 유칼리프톨(Eucalyptol), 캄페네(Camphene), 디펜텐(Dipentene), 알파·베타-피넨(α·β-Pinene) 등이 함유되어 있다.

약효 강심, 건위, 진통 등의 효능이 있다. 적용 질환은 신경통, 통풍, 치통, 배가 부르고 아픈 증세 등이다. 그 밖에 타박상이나 옴, 풍으로 인한 가려움증의 치료에도 쓰인다.

용법 말린 약재를 1회에 4~8g씩 200cc의 물로 달여서 복용한다. 또한 약재를 10배의 소주에 담갔다가 매일 아침저녁으로 소량씩 복용하는 것도 좋다. 타박상이나 옴, 가려움증은 약재를 달인 물을 환부에 바른다.

능소화

Campsis grandiflora SCHUM | 능소화과

중국이 원산지인 낙엽이 지는 덩굴나무이다.
크게 자라면 길이가 10m에 이르고 가지에 흡반(吸盤) 같은 것이 생겨서 벽에 붙어 올라간다.
마디마다 2장의 잎이 마주 자리하고 있으며 7~9장의 잎 조각에 의해 깃털 모양을 이룬다. 잎 조각은 계란 꼴 또는 계란 꼴에 가까운 피침 꼴로 생겼으며 길이는 3~5cm 정도이다. 잎 끝이 뾰족하며 가장자리에는 날카롭게 생긴 톱니와 함께 털이 생겨나 있다. 가지 끝에서 자라난 긴 꽃대에 5~10송이의 꽃이 원뿌리 모양으로 모여 핀다. 꽃은 깔때기처럼 생겼고 끝이 다섯 갈래로 갈라져 있다. 꽃의 지름은 6~8cm이고 빛깔은 주황색인데 바깥쪽이 한층 더 색이 짙다. 우리나라에서는 좀처럼 열매를 맺지 않는다.

개화기 8~9월

분포 중국이 원산지인 나무로 중부 이남지역의 절이나 정원에서 관상용으로 심어 꽃을 즐기고 있다.

약용법

생약명 능소화. 여위, 자위화, 타태화라고도 한다.

사용부위 꽃을 약재로 쓴다.

채취와 조제 꽃이 피는 대로 채취하여 햇볕에 말려서 그대로 쓴다.

성분 함유 성분에 대해서는 아직 밝혀진 것이 없다.

약효 어혈을 풀어주고 피를 식혀주며 이뇨 효과가 있다. 그 밖에 통경작용도 한다. 적용 질환은 월경불순을 비롯하여 무월경증, 월경이 멈추지 않는 증세, 산후 출혈, 대하증 등이다. 그 밖에 대소변을 보지 못하는 증세나 타박상, 주부코(주독이 올라 붉게 된 코)의 치료에도 쓰인다.

용법 말린 약재를 1회에 2~3g씩 200cc의 물로 달여서 복용한다. 타박상은 약재를 달인 물로 찜질해준다.

참고 뿌리를 능소근이라 하여 약재로 쓴다고 하는데 자세한 것은 알 수 없다. 또한 노인들의 말에 의하면 꽃에 코를 대고 냄새를 맡으면 뇌를 손상한다고 한다.

돈나무 섬음나무 · 갯똥나무 · 해동

Pittosporum tobira AIT | 섬음나무과

남쪽 섬에서 주로 자라나는 상록성의 활엽수로 크게 자라나면 높이 2~3m에까지 이른다.
잎은 가지 끝에 모여 서로 어긋나게 자리하며 두텁고 윤기가 나는데 마르면 가죽처럼 빳빳해진다. 잎의 생김새는 길쭉한 계란 꼴로 끝이 둥글며 짧은 잎자루를 가지고 있다. 잎 가장자리에는 톱니가 없고 뒤로 말려 있으며 잎의 길이는 4~10cm, 너비는 2~3cm이다.
주걱 꼴의 5장의 꽃잎을 가진 작은 꽃이 가지 끝에 우산처럼 모여 핀다. 꽃의 지름은 1cm 안팎이고 희게 피는데 시간이 지남에 따라 누렇게 변하며 향기를 풍긴다. 꽃이 지고 난 뒤에 둥글거나 넓은 타원형의 열매를 맺는데 길이가 1.5cm쯤 되고 짧은 털로 덮여 있다. 열매가 익으면 두 갈래로 갈라져 붉은 씨가 나타난다.

개화기 5~6월

분포 제주도와 다도해의 여러 섬에 분포하며 해변의 상록 활엽수림 속에 난다.

약용법

생약명 칠리향(七里香). 해동(海桐)이라고도 한다.

사용부위 가지와 잎을 껍질과 함께 약재로 쓴다.

채취와 조제 가을부터 겨울 사이에 채취하여 햇볕에 말려 쓰기 전에 잘게 썬다.

성분 정유를 함유하고 있다. 그 주성분은 리모넨(Limonen), 피넨(Pinen), 세스퀴테르펜(Sesquiterpen) 등이다.

약효 혈압을 낮추고 혈액의 순환을 도우며 종기를 가시게 하는 효능을 가지고 있다. 적용 질환으로는 고혈압, 동맥경화, 뼈마디가 쑤시고 아픈 증세 등이다. 그 밖에 습진과 종기의 치료약으로도 쓰인다.

용법 말린 약재를 1회에 2~6g씩 200cc의 물로 달여서 복용한다. 습진과 종기의 치료를 위해서는 생잎을 짓찧어서 환부에 붙이거나 약재를 달인 물로 환부를 닦아준다. 때로는 말린 약재를 가루로 빻은 것을 기름에 개어서 고약처럼 이용하기도 한다.

땅비싸리 논싸리 · 젓밤나무

Indigofera kirilowi MAX | 콩과

산비탈 아래쪽에서 흔히 자라나는 키가 작은 낙엽활엽수로 높이는 1m도 채 안 된다. 뿌리로부터 많은 줄기가 자라나 포기를 이룬다.
잎은 마디마다 서로 어긋나게 자리하고 있으며 7~11장 정도의 잎 조각이 모여서 깃털 모양을 이룬다. 잎 조각의 생김새는 계란 꼴 또는 타원 꼴로 1.5~3cm의 길이를 가지고 있으며 가장자리는 밋밋하다. 앞뒷면에 약간의 달라붙은 털이 돋아 있다.
가지 끝에 가까운 잎겨드랑이에서 12cm 정도의 길이를 가진 꽃대가 자라나 나비 모양의 많은 꽃이 이삭 모양으로 뭉쳐 핀다. 꽃의 길이는 2cm 안팎이고 빛깔은 연한 분홍빛이다. 꽃이 지고 난 뒤에는 길이가 3~5cm쯤 되는 원기둥 꼴의 열매를 맺는다. 꽃이삭의 길이가 잎 길이의 두 배가량 되는 것을 큰땅비싸리라고 한다.

개화기 5~6월

분포 전국 각지에 널리 분포하며 산록지대의 풀밭이나 밝은 나무 그늘에 난다.

약용법

생약명 산두근(山豆根). 고두근(苦豆根), 황결(黃結)이라고도 부른다.

사용부위 뿌리를 약재로 쓴다.

채취와 조제 가을 또는 이른봄에 뿌리를 굴취하여 햇볕에 잘 말린다. 쓰기에 앞서 잘게 썬다.

성분 캠프페리트린(Kaempferitrin)과 퀘르시트린(Quercitrin)이 함유되어 있다.

약효 진통, 해독, 소종 등의 효능을 가지고 있다. 적용 질환으로는 기침, 인후염, 구내염, 잇몸이 붓고 고름이 나오는 증세, 이질, 악성종양, 각종 종기 등이다. 그 밖에 개나 뱀에 물린 상처의 치료를 위해서도 쓰인다.

용법 말린 약재를 1회에 4~6g씩 200cc의 달여서 마시거나 곱게 가루로 빻아 복용한다. 개나 뱀에 물린 상처의 치료를 위해서는 생뿌리를 찧어 환부에 붙이거나 말린 약재를 가루로 빻아 기름에 개어 환부에 바른다.

때죽나무 노각나무·족나무

Styrax japonicus SIEB. et ZUCC | 때죽나무과

숲 속에서 흔히 보는 낙엽활엽수로 크게 자란 것은 높이 10m에 이른다.
어릴 때에는 가지에 털이 있으나 자라면서 점차 없어지고 껍질이 벗겨지면서 다갈색으로 변한다. 잔가지의 목질부는 연한 푸른빛을 띤다.
잎은 서로 어긋나게 자리하며 넓은 타원 꼴 또는 길쭉한 타원 꼴로 길이는 4cm 안팎이다. 잎 가장자리는 밋밋하거나 약간의 얕고 작은 톱니를 가지기도 한다.
잔가지의 잎겨드랑이에서 2~5대의 꽃대가 자라나 각기 한 송이의 꽃을 피우는데 때로는 1대의 꽃대가 자라기도 한다. 꽃은 5장의 꽃잎으로 구성되며 지름은 2.5cm 안팎이다. 초롱처럼 처지면서 피는 꽃의 빛깔은 희다. 꽃이 지고 난 뒤에 계란 모양의 작은 열매를 맺는다.

개화기 5~6월

분포 중부 이남의 지역과 제주도에 분포하며 산의 숲 속에 난다.

약용법 생약명 제돈과(齊墩果)

사용부위 열매와 씨를 약재로 쓴다.

채취와 조제 열매가 익는 대로 채취하여 햇볕에 말려서 그대로 쓴다.

성분 열매 껍질에 4% 정도의 에고사포닌(Egosaponin)을 함유하고 있다. 씨에는 여러 종류의 글리세리드(Glycerid)로 이루어진 지방유와 에고놀(Egonol)을 함유하고 있다. 에고사포닌은 매우 독성이 강한 것으로 열매를 찧어서 짜낸 즙을 냇물에 풀어 떠오르는 물고기를 잡는 데 쓴다. 또한 기름때를 없애주므로 옛날에는 비누나 잿물 대신 빨래를 하는 데 썼다고 한다. 또한 가축 실험에 의하면 각종 사포닌(Saponin) 가운데서도 적혈구에 대한 파괴작용이 가장 강한 것으로 나타나 있다.

약효 독성이 강한 물질이 함유되어 있음에도 불구하고 각종 서적에는 열매와 씨를 민간약으로 쓴다고 기재되어 있다. 그러나 그 실질적인 내용에는 언급이 없어 알 도리가 없다.

마가목

Sorbus commixta HEDL | 장미과

낙엽성의 활엽교목으로 높이는 6~8m에까지 이른다.
겨울눈은 끈적거리는 물질로 덮여 있으며 눈을 둘러싼 받침잎은 일찍 떨어져버린다. 잎은 9~13장의 잎 조각이 깃털 모양으로 모여 이루어지며 마디마다 서로 어긋나게 자리한다. 잎 조각의 생김새는 넓은 피침 꼴 또는 타원 꼴에 가까운 피침 꼴이고 가장자리에는 길고 뾰족한 톱니가 있다. 잎몸은 잎맥에 따라 깊이 패이고 주름이 잡힌다. 잔가지 끝에 희고 작은 꽃이 우산 꼴로 모여서 핀다. 꽃은 5장의 꽃잎으로 이루어져 있고 지름은 8~10mm이다. 꽃이 지고 난 뒤에는 팥배나무의 열매와 흡사한 열매를 맺는데 지름이 5~8mm이고 익으면 붉게 물들어 아름답다.

개화기 5~6월

분포 제주도와 전라남도 및 강원도에 분포하며 깊은 산 속의 꽤 높은 자리에 난다.

약용법 생약명 마가자(馬家子)

사용부위 씨를 약재로 쓴다. 당마가목, 흰털마가목, 찻빛마가목, 은빛마가목, 왕털마가목의 씨도 함께 쓰이고 있다.

채취와 조제 열매가 익는 대로 채취하여 햇볕에 말려서 그대로 쓴다.

성분 1-소르보스(1-Sorbose)와 알파-카로텐(α-Carotene)이 함유되어 있다.

약효 이뇨, 진해, 거담, 강장, 지갈 등의 효능을 가지고 있다. 적용 질환은 신체 허약을 비롯하여 기침, 기관지염, 폐결핵, 위염 등이다.

용법 말린 약재를 1회에 4~8g씩 200cc의 물로 달여서 복용한다. 장기 복용해야 할 때에는 약재를 5배의 소주에 담가서 반 년 이상 두었다가 매일 아침저녁으로 소량씩 복용한다. 이 술은 피로 회복과 강정에도 큰 효과가 있다. 약간 신맛이 있어 양주와 칵테일하면 술맛이 더욱 좋아진다.

마삭줄 마삭덩굴

Trachelospermum asiaticum var. intermedium NAKAI | 협죽도과

따뜻한 고장에서 자라는 상록성의 덩굴나무이다.
5m 이상의 길이로 자라며 줄기 곳곳에서 뿌리를 내리기 때문에 다른 물체에 잘 붙어 올라간다. 잎은 마디마다 2장이 마주 자리하고 있으며 타원 꼴 또는 계란 꼴이다. 잎의 끝은 무디고 가장자리에는 톱니가 없이 밋밋하다. 잎의 길이는 2~3cm이고 표면에는 윤기가 흐르며 잎몸이 두텁고 혁질이다.
가지 끝 또는 그에 가까운 잎겨드랑이에서 자라난 짤막한 꽃대에 5~6송이의 꽃이 우산 모양으로 모여서 핀다. 대롱 모양의 꽃은 끝이 다섯 갈래로 갈라져 꽃잎을 이룬다. 꽃의 지름은 2~3cm이고 희게 피었다가 점차 노랗게 변하는데 꽃이 피기가 매우 어렵다. 꽃이 지고 난 뒤 길이가 12~22cm나 되는 낫과 같이 휜 2개의 열매가 나란히 달린다.

개화기 6~7월

분포 충청도 이남의 지역과 제주도에 분포하며 주로 산지의 바위 위에 난다.

약용법

생약명 낙석등(絡石藤). 낙석(絡石), 내동(耐冬), 영석(領石), 운영(云英)이라고도 한다.

사용부위 잎과 줄기를 약재로 쓴다. 왕마삭줄(Trachelospermum asiaticum var. glabrum NAKAI), 털마삭줄(T. jasminoides var. pubescens MAKINO)도 함께 쓰인다.

채취와 조제 어느 때든지 채취할 수 있으며 채취한 것은 햇볕에 말려 잘게 썰어서 쓴다.

성분 트라첼로사이드(Tracheloside)라는 성분이 함유되어 있다.

약효 해열, 진통, 거풍, 소종 등의 효능이 있으며 또한 어혈을 풀어주고 강장의 효과도 있다고 한다. 적용 질환은 감기로 인한 발열, 임파선염, 관절염, 통풍, 풍과 습기로 인한 팔다리의 마비통증, 인후염, 산후의 어혈로 인한 통증, 토혈 등이다. 또 종기를 터지지 않게 가라앉히는 효과도 있다.

용법 말린 약재를 1회에 2~4g씩 200cc의 물로 달여서 복용한다. 종기에는 생잎을 짗어 환부에 붙인다.

멀구슬나무 말구슬나무·구주목

Melia azedrach L | 멀구슬나무과

높이 10m를 넘는 키가 큰 낙엽활엽수이다. 굵은 가지가 사방으로 퍼지며 나무껍질은 세로의 방향으로 좁게 갈라진다. 가지 끝에 달리는 잎은 서로 어긋나게 자리하고 있으며 두 번 깃털 모양으로 갈라진다.

잎의 길이는 80cm 정도에 이르며 이를 구성하는 잎 조각의 생김새는 계란 꼴 또는 타원 꼴로 길이는 2~5cm이고 끝이 뾰족하다. 잎 조각 가장자리에는 작은 톱니가 규칙적으로 배열되어 있다.

가지 끝의 잎겨드랑이에서 긴 꽃대가 자라나 수많은 연보랏빛의 작은 꽃이 원뿌리 꼴로 뭉쳐서 핀다. 5장의 길쭉한 꽃잎이 넓게 펼쳐지고 그 한가운데에 10개의 수술이 대롱처럼 뭉쳐 곧게 선다. 꽃이 핀 뒤에 지름이 1.5cm쯤 되는 계란형의 열매를 맺어 익으면 누렇게 물든다.

개화기 5월 중

분포 아시아의 따뜻한 지역에 널리 분포하는 나무이다. 우리나라에서는 경상남도와 전라남도 지방에서 심어 가꾸고 있다.

약용법 생약명 고련피. 연피라고도 한다.

사용부위 뿌리와 껍질을 약재로 쓴다.

채취와 조제 항상 채취할 수 있으나 초여름에 채취해야 질이 좋다. 채취한 것은 햇볕에 말려 잘게 썬다.

성분 나무껍질과 뿌리껍질 속에 카테킨(Catechin)과 마르고신(Margosin), 바닐릭산(Vanillic acid) 등의 성분이 함유되어 있다.

약효 살충, 해열, 이뇨의 효능이 있으며 피부의 습기를 제거해주는 기능을 가지고 있다. 적용 질환은 회충과 요충의 기생으로 일어나는 각종 증세와 열이 나는 증세 및 옴 등이다. 주로 구충제로 쓰이는 약재이다.

용법 말린 약재를 1회에 2~3g씩 200cc의 물로 달이거나 가루로 빻아 복용한다. 옴에는 가루로 빻은 약재를 기름에 개어 환부에 바른다. 독성이 있으므로 복용할 때에는 과용하는 일이 없도록 주의해야 한다.

모란 목단·부귀화

Paeonia suffruticosa ANDR | 미나리아재비과

꽃을 즐기기 위하여 주변에서 가꾸는 키 작은 낙엽활엽수이다.
크게 자라나면 2m 정도의 높이에 이르면서 여러 개의 굵은 가지를 친다.
잎은 깃털 꼴로 갈라지고 갈라진 잎 조각은 다시 3~5개로 얕게 갈라진다. 잎 가장자리는 밋밋하고 뒷면은 흰빛을 띠면서 약간의 잔털이 생겨나 있다. 잎 조각의 생김새는 계란 꼴 또는 피침 꼴이다.
가지 끝마다 지름이 15cm를 넘는 큰 꽃이 한 송이씩 핀다. 꽃은 15~16장의 꽃잎으로 이루어진 겹꽃이며 한가운데에 자리한 큰 씨방을 많은 수술이 둘러싼다. 꽃잎의 크기는 고르지 않으며 가장자리에 불규칙한 결각이 생겨나 있다. 꽃의 빛깔은 보랏빛을 띤 붉은빛이 많고 그 밖에 흰빛이나 분홍빛 꽃이 피는 개체도 있다.
꽃이 지고 난 뒤에는 세 갈래로 갈라진 열매를 맺게 된다.

개화기 5월 중
분포 중국이 원산지인 꽃나무로 전국 각지에 널리 심어지고 있다.

약용법

생약명 목단피(牧丹皮). 단피(丹皮)라고도 한다.

사용부위 뿌리껍질을 약재로 쓴다.

채취와 조제 봄 또는 가을에 굴취하여 속의 딱딱한 부분을 제거한 다음 햇볕에 말린다. 쓰기에 앞서 잘게 썬다. 경우에 따라서는 썬 것을 볶아서 쓰기도 한다.

성분 패오놀(Paeonol), 패오놀라이드(Paeonolide), 벤조익산(Benzoic acid) 등이 함유되어 있다.

약효 해열, 진통, 소염, 진경, 통경 등의 효능이 있으며 어혈을 풀어주기도 한다. 적용 질환으로는 각종 열병, 어린아이들의 간질병, 혈행장애, 월경불순, 월경이 막히는 증세 등이다.

용법 말린 약재를 1회에 2~4g씩 200cc의 물로 뭉근하게 달이거나 가루로 빻아 복용한다.

목련

Magnolia kobus DC | 목련과

높이 10m에 이르는 낙엽활엽수로 많은 가지를 친며 겨울눈에는 털이 없으나 꽃눈은 많은 잔털에 덮여 있다. 잎은 마디마다 서로 어긋나게 자리하고 있으며 넓은 계란 꼴로 끝이 갑자기 뾰족해지고 길이는 5~15cm가량이다. 잎자루의 길이는 아주 짧아서 1~2cm밖에 안 된다. 잎 뒷면에는 약간의 털이 있다.
가지 끝마다 한 송이씩의 큰 꽃이 피어나는데 백목련의 꽃과 흡사하다. 좋은 향을 풍기는 꽃은 지름이 7~10cm이며 꽃잎은 6~9장이고 길쭉한 타원 꼴이다. 백목련의 꽃잎에 비해 좁기 때문에 꽃이 풍만하지 못하다. 꽃잎의 빛깔은 젖빛인데 밑동은 분홍빛이고 수술 또한 붉다.
꽃이 지고 난 뒤에는 주먹과 같은 생김새의 굵고 길쭉한 열매를 맺는다.

개화기 4월 중

분포 제주도와 추자도에 분포하며 산지의 숲 속에 난다.

약용법 생약명 신이(辛夷). 목필화(木筆花), 보춘화(報春化), 후목(候木), 신치(辛雉)라고도 한다.

사용부위 꽃망울을 약재로 쓴다.

채취와 조제 꽃이 피기 직전에 채취하여 그늘에 말린다. 쓰기에 앞서 잘게 부순다.

성분 시트랄(Citral), 아네솔(Anethole), 에우게놀(Eugenol), 카프릭산(Capric acid) 등이 함유되어 있다.

약효 진통과 소염의 효능이 있으며 코 막힌 것을 뚫어준다고 한다. 적용 질환으로는 두통과 치통, 코와 관련된 각종 염증, 축농증 등이다.

용법 말린 약재를 1회에 2~4g씩 200cc의 물로 뭉근하게 달이거나 가루로 빻아 복용한다. 코 막힌 증세나 코 속의 염증, 축농증 등에는 말린 약재를 가루로 빻아 코 속에 뿌리는 방법을 쓴다. 씨를 4배의 소주에 담가 어둡고 찬 곳에 2~3개월 두면 붉은빛의 신이주(辛夷酒)가 된다. 꽃도 같은 방법으로 신이화주(辛夷花酒)를 만들 수 있으며 축농증에 효과가 있다.

무궁화 목근화

Hibiscus syriacus L | 무궁화과

키 작은 낙엽활엽수로 크게 자라도 3m 정도밖에 되지 않는다.
많은 가지를 치며 어린 가지에는 잔털이 많이 생겨나 있으나 점차 없어진다.
잎은 마디마다 서로 어긋나게 자리하고 있으며 계란 꼴 또는 마름모 꼴에 가까운 계란 꼴로 일반적으로 얕게 세 개로 갈라진다. 잎 끝은 뾰족하고 가장자리에는 무디게 생긴 톱니를 가지고 있다. 잎 표면에는 털이 없고 뒷면 잎맥 위에 잔털이 있다. 가지 끝과 그에 가까운 잎겨드랑이에 한 송이씩 꽃이 핀다. 계란 꼴의 모습을 지닌 5장의 꽃잎이 밑동에서 서로 붙어 있으며 꽃의 지름은 6~10cm 정도이다. 꽃의 빛깔은 일반적으로 연분홍빛이고 중심부가 붉게 물든다. 전체가 희고 중심부가 붉은 것도 있으며 다양한 빛깔의 변화를 보인다.
꽃이 지고 난 뒤 길쭉한 타원형의 열매를 맺어 익으면 다섯 갈래로 갈라진다.

개화기 8~9월

분포 소아시아 또는 중국이 원산지인 꽃나무라고 하며 나라꽃으로 사랑을 받고 있다.

약용법

생약명 근피(槿皮) 또는 근화(槿花). 조개모락화(朝開暮落花)라고도 한다.

사용부위 가지와 뿌리껍질 또는 꽃을 모두 약재로 쓴다.

채취와 조제 가지와 뿌리껍질은 4~6월에 채취하여 햇볕에 말려서 잘게 썬다. 꽃은 덜 피었을 때 채취하여 햇볕에 말려 그대로 쓴다.

성분 함유 성분에 대해서는 아직 밝혀진 것이 없다.

약효 가지와 뿌리껍질은 해열, 해독, 소종 등의 효능이 있다. 적용 질환은 기관지염, 인후염, 장염, 이질 등이다. 꽃은 급만성 대장염, 이질, 대하증 등을 다스려준다. 또 피부병의 치료약으로도 쓰인다.

용법 가지와 뿌리껍질은 1회에 2~4g씩 200cc의 물로 달여서 복용한다. 꽃은 1회에 5~8g씩 200cc의 물로 달이거나 가루로 빻아 복용한다. 피부병에는 생꽃을 찧어 붙인다.

물푸레나무

Fraxinus rhynchophyllus HANCE | 물푸레나무과

주변의 산지에서 자라나는 낙엽활엽수로 아주 크게 자라나면 10m를 넘지만 보통으로 볼 수 있는 것은 2~3m 정도의 작은 나무들이다.

잎은 마디마다 서로 어긋나게 자리하고 있으며 깃털 꼴로 5~7장의 잎 조각을 가지고 있다. 잎 조각의 생김새는 계란 꼴 또는 넓은 피침 꼴로 가장자리에는 잔 주름과 같은 톱니가 있는데 간혹 없는 경우도 있다. 잎 조각의 뒷면은 회녹색이고 굵은 잎맥을 따라 약간의 털이 생겨나 있다.

꽃은 새 가지의 잎겨드랑이에서 원뿌리 꼴로 뭉쳐 피는데 아주 작고 꽃잎이 없으며 빛깔은 노란빛이 감도는 초록빛이다. 꽃이 핀 뒤 2~4cm 정도의 길이를 가진 가늘고 길쭉한 날개가 달린 씨를 맺는다.

개화기 5월 중

분포 전국적으로 널리 분포하고 있으며 산기슭이나 골짜기 등 토양수분이 윤택한자리에 난다.

약용법

생약명 진피(秦皮). 잠피(岑皮), 진백피(秦白皮)라고도 한다.

사용부위 껍질을 약재로 쓴다. 좀쇠물푸레나무(Fraxinus sieboldiana var. angustata BLUME), 쇠물푸레나무(F. sieboldiana var. serrata NAKAI), 광릉물푸레나무(F. dentata NAKAI) 등도 함께 쓰이고 있다.

채취와 조제 생육기간 중 생나무에서 껍질을 직접 벗겨내어 햇볕에 말린 다음 쓰기에 앞서 잘게 썬다.

성분 에스쿨린(Esculin), 디-만니톨(D-Mannitol), 에스쿨레틴(Esculetin) 등이 함유되어 있다.

약효 해열, 진통, 소염, 수렴 등의 효능을 가지고 있다. 적용 질환으로는 류머티즘, 통풍, 기관지염, 장염, 설사, 이질, 대하증 등에 널리 쓰인다.

용법 말린 약재를 1회에 2~4g씩 200cc의 물로 달여서 복용하며 때로는 말린 약재를 곱게 빻아 복용하기도 한다.

미역순나무 메역순나무

Tripterygium regelii SPRAG. et TAKEDA | 노박덩굴과

산비탈에 나는 낙엽성의 덩굴나무로 2m 정도의 길이로 자란다.
잔가지는 적갈색이고 옴과 같은 돌기물이 많이 돋아나 있으며 5개의 부풀어 오른 줄이 있다. 묵은 가지는 흑갈색으로 빛이 변한다. 잎은 마디마다 서로 어긋나게 자리하며 넓은 계란 꼴 또는 타원 꼴로 끝이 갑자기 뾰족해진다. 밝은 녹색인 잎의 길이는 5~15cm이며 가장자리에는 작은 톱니가 생겨나 있다.
새 가지의 끝이나 잎겨드랑이에 지름이 5~6mm인 흰 꽃이 원뿌리 꼴로 모여 핀다. 꽃잎과 수술이 모두 5개씩이다. 꽃이 지고 난 뒤에 3개의 큰 날개가 달린 열매를 맺는다. 날개는 끝이 오목하고 길이와 너비가 1.2~1.8cm쯤 된다. 열매의 빛깔은 초록색이지만 흔히 붉은빛이 감돈다.

개화기 6~7월

분포 전국적으로 분포하고 있으며 산비탈의 숲 가장자리와 같은 자리에 난다.

약용법

생약명 뇌공등(雷公藤), 황약(黃藥), 황등(黃藤), 단장초(斷腸草)라고도 한다.

사용부위 줄기와 잎을 약재로 쓴다.

채취와 조제 여름부터 가을 사이에 채취하여 햇볕에 잘 말린 다음 쓰기에 앞서 잘게 썬다.

성분 프리스티메린(Pristimerin)이라는 성분이 함유되어 있다.

약효 살균과 소염의 효능을 가지고 있다. 적용 질환으로는 폐결핵, 임파선염, 관절염 등이다. 그 밖에 나병이나 각종 종기의 치료약으로도 쓰인다고 한다.

용법 말린 약재를 1회에 3~6g씩 200cc의 물로 달이거나 곱게 가루로 빻아 복용한다. 종기의 치료를 위해서는 생잎을 찧어 환부에 붙이거나 말린 약재를 가루로 빻아 기름에 개어 환부에 바른다.

참고 독성 식물의 하나이므로 과용하는 일이 없도록 주의를 해야 한다. 소량으로 복용해야 하며 장기적인 복용은 삼가야 한다.

바람등칡 풍등덩굴·후추등

Piper kadzura OHWI | 후추과

상록성의 덩굴나무로 3m 정도의 길이로 자란다.
줄기에는 세로로 많은 줄이 나 있고 짤막하게 마디가 지어 있다. 이 마디에서 뿌리가 자라나 나무나 바위로 기어오른다. 잎은 마디마다 서로 어긋나게 자리하는데 길게 뻗어나가는 줄기와 가지에 생겨나는 잎의 생김새는 넓은 계란 꼴 또는 심장 꼴이다. 꽃이 피게 될 짤막한 가지에 나는 잎은 넓은 피침 꼴이다. 잎 가장자리에 톱니가 없고 밋밋하며 길이는 5~10cm이다.
암꽃과 수꽃이 각기 다른 나무에 피는데 잔 꽃이 이삭 모양으로 뭉치는 꽃대는 잎겨드랑이의 반대쪽에서 자라난다. 꽃잎은 없고 꽃이삭의 길이는 2~10cm이다. 후추와 일가가 되는 나무로 꽃이 지고 난 뒤에 지름이 4~5mm 되는 둥근 열매가 많이 달리고 가을에서 겨울에 걸쳐 붉게 물든다.

개화기 6~7월

분포 제주도와 거문도에 분포하며 해변의 상록수림 속에 난다.

약용법

생약명 풍등(風藤). 해풍등(海風藤), 파애향(爬崖香), 석남등(石南藤)이라고도 한다.

사용부위 줄기와 잎을 약재로 쓴다.

채취와 조제 1년 내내 계속 채취할 수 있으며 채취한 것은 햇볕에 말리거나 생것을 쓴다. 말린 것은 쓰기에 앞서 잘게 썬다.

약효 진통, 건위, 해독 등의 효능을 가지고 있으며 풍(風)을 없애주기도 한다. 적용 질환은 신경통, 뼈와 근육이 쑤시고 아픈 증세, 풍과 습기로 인한 관절의 통증, 소화불량, 위가 차가운 증세(위냉증), 배가 부풀어 오르는 증세 등이다. 그 밖에 습진이나 뱀에 물린 상처의 치료약으로도 쓰인다.

용법 말린 약재를 1회에 4~6g씩 200cc의 물로 달여서 복용하거나 생즙을 내어 마신다. 습진과 뱀에 물린 상처에는 생잎을 찧어 환부에 붙인다.

배롱나무 목백일홍

Lagerstroemia indica L | 부처꽃과

흔히 정원이나 공원 등에 심어 꽃을 즐기는 낙엽활엽수로 높이는 5m 안팎이다. 줄기는 연한 보랏빛을 띤 붉은빛으로 미끈하며 껍질이 자주 벗겨지는데 벗겨진 자리는 희다. 많은 가지를 치며 잔가지는 4개의 모를 가지고 있다.
잎은 마디마다 2장이 마주 자리하는데 때로는 아주 가까운 거리로 어긋나게 자리하는 일도 있다. 잎의 생김새는 타원 꼴 또는 계란 꼴로 두텁고 윤기가 나며 가장자리는 밋밋하다. 잎자루는 짧아서 없는 것처럼 보인다. 꽃은 힘차게 자라난 새 가지 끝에 원뿌리 꼴로 여러 송이가 모여 핀다. 꽃의 지름은 3~4cm이고 보랏빛을 띤 짙은 분홍색인데 흰 꽃이 피는 것도 있다. 6장의 꽃잎에는 주름이 많고 꽃이 오래도록 피기 때문에 목백일홍(木百日紅)이라고도 부른다. 꽃이 지고 난 뒤에 둥근 열매를 맺고 익으면 여섯 갈래로 갈라진다.

개화기 7~9월

분포 중국이 원산지인 꽃나무라고 하며 겨울 추위에 약해서 경기도 이남의 지역에서만 자라고 있다.

약용법

생약명 자미화(紫薇花). 백일홍(百日紅), 만당홍(滿堂紅)이라고도 한다.

사용부위 꽃을 약재로 쓴다.

채취와 조제 꽃이 완전히 피었을 때에 따서 햇볕에 말려 그대로 쓴다.

성분 함유 성분에 대해서는 별로 밝혀진 것이 없다.

약효 지혈과 소종의 효능을 가지고 있으며 혈액순환을 활발하게 해준다고 한다. 적용 질환으로는 월경과다, 산후에 출혈이 멎지 않는 증세, 대하증, 설사, 장염 등이다. 기타 여러 가지의 외상으로 인하여 출혈이 있을 때에는 지혈약으로 쓰기도 한다.

용법 말린 약재를 1회에 2~4g씩 200cc의 물로 달여서 복용한다. 외상으로 인한 출혈을 멈추게 할 때에는 말린 약재를 가루로 빻아 상처에 뿌리거나 생꽃을 찧어서 붙인다.

배풍등

Solanum lyratum var. pubescens NAKAI | 가지과

풀처럼 보이지만 덩굴로 자라는 작은 나무로 3m 정도의 길이로 자란다. 해마다 겨울이 되면 밑동만 살아남고 나머지 부분은 모두 얼어죽는다.
줄기와 가지에는 잔털이 있고 잎은 마디마다 서로 어긋나게 자리한다. 잎의 생김새는 계란 꼴 또는 계란 꼴에 가까운 타원 꼴로 보통 아래쪽에서 1~2쌍의 잎 조각이 붙어 있는 것처럼 갈라진다. 잎의 길이는 3~8cm이고 가장자리에는 톱니가 없이 밋밋하다.
꽃대는 잎겨드랑이의 반대쪽에서 자라나 여러 갈래로 갈라지면서 각기 한 송이의 흰 꽃이 핀다. 꽃은 수레바퀴 모양으로 다섯 갈래로 갈라져 있고 지름은 1.5cm 안팎이다. 꽃이 지고 난 뒤에는 지름이 8mm쯤 되는 둥근 열매를 맺는데 붉게 물든 것과 푸른 것이 섞여서 아름다운 자태를 보인다.

개화기 7~9월

분포 중부 이남의 지역과 제주도 및 울릉도에 분포하며 산의 양지 쪽 바위틈에 난다.

약용법

생약명 배풍(排風). 촉양천(蜀羊泉), 백초(白草), 백영(白英), 천등롱(天燈籠)이라고도 한다.

사용부위 잎과 줄기를 약재로 쓰는데 좁은잎배풍등, 왕배풍등도 함께 쓰이고 있다.

채취와 조제 여름부터 가을 사이에 채취하여 햇볕에 말려서 잘게 썬다.

성분 솔라닌(Solanin)이라는 염기와 둘카마린(Dulcamarin)이라는 배당체를 함유하고 있다. 독성 식물의 하나이다. 어느 독성 식물이든지 항상 조심스럽게 다루어야 한다.

약효 해열, 이뇨, 거풍 등의 효능을 가지고 있다. 적용 질환으로는 감기, 학질, 풍습성 관절염, 황달, 수종, 소변이 잘 나오지 않는 증세, 종기, 습진 등이다.

용법 말린 약재를 1회에 5~10g씩 알맞은 양의 물로 반 정도의 양이 되도록 뭉근하게 달여서 복용한다. 종기와 습진에는 생풀을 짓찧어 환부에 붙여준다.

백당나무 불두화

Viburnum sargentii form. intermedium HARA | 인동과

3m 정도의 높이로 자라는 낙엽활엽수로 한자리에 여러 대의 줄기가 서며 껍질은 흔히 갈라지고 코르크질이 약간 발달한다.
잔가지의 목질부는 노란빛을 띤 연한 초록빛이고 골속은 네모꼴로 희다. 잎은 마디마다 2장이 마주 자리하며 넓은 계란 꼴 또는 타원 꼴에 가까운 둥근 꼴인데 끝이 3개로 갈라진다. 잎 가장자리에는 약간의 톱니를 가지고 있다. 긴 잎자루의 끝에는 2개의 밀선(蜜腺)이 자리한다. 꽃은 짧은 가지의 끝에 많은 것이 모여 피어나는데 한가운데에 자리한 꽃들은 꽃잎을 가지고 있지 않다. 가장자리에 자리한 것은 다섯 갈래로 얕게 갈라진 흰 꽃잎을 가진다. 이렇게 흰 꽃잎을 가진 꽃은 열매를 전혀 맺지 못한다. 모든 꽃이 흰 꽃잎을 가지고 있는 것을 불두화(佛頭花)라고 한다. 꽃이 핀 뒤에 둥근 열매를 맺는데 익으면 아래로 처지면서 붉게 물든다.

개화기 5~6월
분포 전국적으로 분포하며 산골짜기의 양지 쪽 습기 많은 땅에 난다.

약용법 생약명 불두수(佛頭樹)

사용부위 어린 가지와 잎을 약재로 쓴다.

채취와 조제 봄, 여름에 채취하여 햇볕에 말린 다음 잘게 썬다.

성분 껍질에 비부르닌(Viburnin), 피토스테롤린(Phytosterolin), 피토스테롤(Phytosterol), 타닌 등이 함유되어 있다.

약효 이뇨, 진통, 거풍, 통경, 소종, 진경 등의 효능을 가지고 있다. 적용 질환으로는 소변이 잘 나오지 않는 증세를 비롯하여 관절이 저리고 아픈 증세, 요통, 타박상과 히스테리 등이다. 그 밖에 옴의 치료에도 쓰인다.

용법 말린 약재를 1회에 4~5g씩 200cc의 물로 달이거나 가루로 빻아 복용한다. 옴의 치료를 위해서는 약재를 달인 물로 환부를 수시로 닦아낸다.

백목련 옥란

Magnolia grandiflora L | 목련과

이른봄에 피는 꽃을 즐기기 위해 흔히 심고 있는 낙엽활엽수이다. 줄기는 곧게 자라 높이 15m에 이른다. 어린 가지와 겨울눈에는 잔털이 덮여 있다.
잎은 마디마다 서로 어긋나게 자리하며 생김새는 계란 꼴 또는 계란 꼴에 가까운 타원 꼴로 끝에 가까운 쪽이 제일 넓고 밑동은 둥그스름하다. 잎의 길이는 10~15cm이고 가장자리에는 톱니가 없이 밋밋하다. 잎의 앞뒷면에 약간의 잔털이 생겨나 있다.
이른봄을 맞아 잎이 펼쳐지기 전에 가지 끝마다 희고 탐스러운 큰 꽃이 한 송이씩 핀다. 6장의 꽃잎과 3개의 꽃받침이 비슷하게 생겼으며 목련보다 꽃잎이 넓어서 풍만하고 대단히 아름답다. 꽃의 지름은 12~15cm이고 강한 향기를 풍긴다. 꽃잎의 겉쪽은 연한 보랏빛을 띤 분홍빛이 감돈다. 꽃잎의 안쪽에 흰빛을 띠고 있는 것은 비단목련 또는 자주목련이라고 한다.

개화기 3~4월

분포 중국이 원산지인 꽃나무로 꽃을 즐기기 위해 정원이나 공원 등에 흔히 심고 있다.

약용법

생약명 신이(辛夷). 옥란(玉蘭), 목필화(木筆花), 북향화(北向花)라고도 한다.

사용부위 꽃망울을 약재로 쓰는데 목련(Magnolia kobus DC), 자목련(M. liliflora DESR)도 함께 쓴다.

채취와 조제 꽃이 피기 시작할 때에 채취하여 그늘에서 말리고 쓰기에 앞서 잘게 부순다.

성분 에우게놀(Eugenol), 아네솔(Anethole), 시트랄(Citral), 카프릭산(Capric acid) 등이 함유되어 있다.

약효 진통과 소염의 효능이 있으며 막힌 코를 뚫어준다. 적용 질환은 두통, 치통, 코 막힘, 축농증, 코 속에 생겨나는 염증 등이다.

용법 말린 약재를 1회에 2~4g씩 200cc의 물로 달이거나 가루로 빻아 복용한다. 코 속의 염증이나 축농증에는 약재를 가루로 빻아 코 속에 뿌리는 방법을 쓴다.

비자나무

Torreya nucifera SIEB. et ZUCC | 주목과

따뜻한 고장에 나는 침엽수로 10여m의 높이로 자란다. 가지는 사방으로 퍼지고 원줄기도 갈라지는 것이 많다. 길이가 25mm, 너비는 3mm인 잎은 깃털 꼴로 배열되어 있으며 가죽과 같이 빳빳하다. 줄 모양으로 생긴 잎의 끝은 바늘과 같이 예리하고 털이 없다. 잎의 표면은 짙은 녹색이고 강한 윤기가 난다. 뒷면은 갈색이지만 굵은 잎맥만은 푸르며 잎의 수명은 매우 길어서 새로 생겨난 지 6~7년만에 떨어진다. 암꽃과 수꽃이 각기 다른 나무에 핀다. 수꽃은 계란 꼴에 가까운 둥근 꼴이고 길이가 1cm쯤 되는데 하나의 짤막한 꽃대에 10여 개가 피어서 달린다. 암꽃은 한 곳에 2~3개씩 달리며 5~6장의 비늘잎에 싸여 있는 불규칙한 계란 꼴로 길이는 6mm 정도이다. 꽃은 모두 새로 자라난 잔가지의 잎겨드랑이에서 피어나며 빛깔은 연한 갈색을 띤 노란빛이다. 열매는 이듬해 9~10월에 익는데 타원형으로 길이는 25~28mm로 크다.

개화기 4월 중

분포 전라북도와 경상북도 이남의 지역에 분포하며 산록지대의 골짜기와 같은 곳에 난다.

약용법

생약명 비자(榧子). 비자(枇子), 옥비(玉榧), 적과(赤果)라고도 부른다.

사용부위 씨를 약재로 쓴다.

채취와 조제 늦가을에 채취하여 껍질을 벗겨내어 햇볕에 말린다. 쓰기에 앞서 잘게 분쇄한다.

성분 타닌산과 카야플라본(Kayaflavon), 토레욜(Torreyol) 등이 함유되어 있다.

약효 구충작용을 하며 장의 움직임을 순조롭S게 해준다. 적용 질환으로는 십이지장충과 촌충의 구제, 변비 등이다.

용법 말린 약재를 1회에 3~8g씩 200cc의 물로 뭉근하게 달이거나 가루로 빻아서 복용한다.

참고 씨에서 짜낸 기름을 비유(榧油)라고 하며 식용, 약용 또는 등잔용으로 쓴다.

사시나무 사시버들·백양

Populus davidiana DODE | 버드나무과

개화기 4월 중

분포 전국적으로 분포하며 일반적으로 산 중턱의 양지 쪽에 집단적으로 난다.

높이 10m에 이르는 낙엽활엽수이다.

나무껍질은 잿빛을 띤 연한 푸른빛이고 오래도록 밋밋한 상태를 유지하지만 나이가 들어감에 따라 얕게 갈라지면서 검은빛을 띤 갈색으로 변한다. 겨울눈은 털이 없고 약간 끈적이는 물질에 덮여 있다. 잎은 마디마다 서로 어긋나게 자리하고 있으며 둥글거나 넓은 계란 꼴로 길이는 3~6cm 정도이다. 잎 가장자리에는 얕은 물결과 같은 톱니가 있고 뒷면은 흰빛이 감돈다. 잎보다 긴 잎자루를 가지고 있어서 약간의 바람에도 잎이 흔들려 은녹색(銀綠色)으로 보이기 때문에 백양(白楊)이라고도 한다. 암꽃과 수꽃이 각기 다른 나무에 피어나며 모두 긴 꽃대에 끄나풀처럼 뭉쳐 아래로 처진다. 꽃의 지름은 3mm도 채 안 되지만 뭉쳐 늘어진 꽃대의 길이는 10cm 정도나 되며 빛깔은 잿빛을 띤 노란색이다. 꽃이 지고 난 뒤 타원형의 작은 열매가 줄지어 매달렸다가 한 달쯤 뒤에는 솜털이 붙은 씨가 바람을 타고 날아가 버린다.

약용법 생약명 백양피(白楊皮)

사용부위 나무껍질을 약재로 쓴다.

채취와 조제 초여름에 채취하여 햇볕에 말려서 잘게 썬다.

성분 포풀린(Populin)이라는 배당체가 함유되어 있다.

약효 이뇨, 거풍의 효능이 있으며 멍든 피를 풀어주는 작용도 한다. 적용 질환은 풍과 습기로 인한 팔다리의 마비와 통증, 신경통, 각기, 설사, 대하증 등이다.

용법 말린 약재를 1회에 10~15g씩 알맞은 양의 물로 달여서 복용한다. 경우에 따라서는 약재를 10배의 소주에 담가서 3~4개월가량 묵혀 두었다가 하루 3번 소량씩 복용하는 방법을 쓰기도 한다.

사철나무 겨우살이나무 · 무른나무

Masakia japonica NAKAI | 노박덩굴과

3m 정도의 높이로 자라는 상록성 활엽수로 추위에 강하다.
잔가지는 푸르고 잎은 마디마다 2장이 서로 마주 자리하고 있으며 계란 꼴 또는 좁은 타원 꼴이다. 잎 끝은 둥그스름하고 가장자리에는 작은 톱니가 배열되어 있다. 가죽처럼 빳빳하고 길이는 3~6cm인 잎의 표면은 짙은 녹색이고 윤기가 난다. 뒷면은 노란빛을 띤 녹색으로 모두 털이 없다.
꽃은 잔가지의 잎겨드랑이에서 5~15송이가 넓은 우산 모양으로 모여 핀다. 꽃잎과 꽃받침, 수술이 모두 4개씩이며 꽃의 지름은 7mm 안팎이고 빛깔은 노란빛을 띤 초록색이다.
꽃이 지고 난 뒤 지름이 8~9mm 되는 둥근 열매를 맺는다. 익으면 4개로 갈라져 주황빛 껍질에 싸여 있는 씨가 노출된다. 잎에 희고 노란 무늬가 생기는 많은 품종이 있다.

개화기 6~7월

분포 남쪽의 따뜻한 고장에 널리 분포하며 주로 해변에 가까운 곳에 난다. 흔히 뜰에 심어 가꾸어지고 있으며 추위에 견디는 힘이 강해 서울 지방에서 심을 수 있는 유일한 상록 활엽수이다.

약용법

생약명 화두충

사용부위 나무껍질을 약재로 쓴다.

채취와 조제 생육기간 중에 채취하여 햇볕에 말려 잘게 썰어서 쓴다.

성분 예피프리델라놀(Epifriedelanol), 프리델라놀(Fridelanol), 클로로필란(Chlorophyllan), 크산소필리드린(Xanthophyllidrin) 등이 함유되어 있다.

약효 강장, 이뇨 등의 효능이 있어 두충나무(Eucommia ulmoides OLIV)의 대용품으로 쓰인다. 적용 질환은 신체허약, 히스테리, 임질, 소변이 잘 나오지 않는 증세, 요통 등이다.

용법 말린 약재를 1회에 2~4g씩 200cc의 물에 뭉근하게 달이거나 말린것을 곱게 빻아서 복용한다.

산다화 늦동백·서리동백·애기동백

Camellia sasanqua THUNB | 차나무과

개화기 10~12월

분포 일본이 원산지인 나무로 남쪽의 따뜻한 고장에서는 꽃을 즐기기 위해 흔히 뜰에 심어 가꾸고 있다.

상록성의 활엽수이다.
크게 자라면 5m를 넘기도 하나 일반적으로 밑동에서 줄기가 갈라져 2~3m 정도의 크기에 머무른다. 나무껍질은 회갈색이고 밋밋하며 많은 가지를 친다. 잎은 마디마다 서로 어긋나게 자리하며 타원 꼴 또는 길쭉한 타원 꼴로 가죽과 같이 빳빳하고 윤기가 난다. 잎 가장자리에는 아주 작은 톱니가 규칙적으로 배열되어 있다. 꽃은 가지 끝 또는 그에 가까운 잎겨드랑이에 한 송이씩 핀다. 꽃대는 없으며 반 정도만 벌어진다. 5~7장의 꽃잎이 밑동에서 합쳐져 얕은 종 모양을 이룬다. 지름 5cm 안팎의 꽃은 보통 붉은빛으로 피는데 분홍빛이나 흰빛 등 여러 가지 빛깔의 꽃이 피는 품종들이 있다. 겹꽃이 피는 것도 있다.
산다화는 동백과 거의 같은 외모를 가지고 있으나 늦가을부터 초겨울에 꽃이 피어나기 때문에 늦동백 또는 서리동백이라고 부른다. 꽃이 동백보다 작기 때문에 애기동백이라는 이름도 가지고 있다.

약용법

생약명 산다화(山茶花)

사용부위 꽃을 동백나무 꽃의 대용품으로 쓴다.

채취와 조제 꽃잎이 벌어지기 직전에 채취하여 햇볕이나 불에 말려 그대로 쓴다.

성분 카멜리아사포게닌(Camelliasapogenin), 케멜리아사포닌(Camelliasaponin) 등이 함유되어 있다.

약효 지혈, 소종의 효능과 함께 어혈을 풀어주는 효능도 가지고 있다. 적용 질환은 토혈, 코피 흐르는 증세, 장염으로 인한 하혈, 월경과다, 산후 출혈이 멈추지 않는 증세, 화상 등이다.

용법 말린 약재를 1회에 2~4g씩 200cc의 물로 달이거나 가루로 빻아 복용한다. 화상의 치료를 위해서는 약재를 가루로 빻아 기름에 개어 환부에 바른다.

산벚나무 개벚나무

Prunus leveilleana var. typica NAKAI | 벚나무과

산에서 자라는 낙엽활엽수로 높이 15m에 이르는 큰 나무도 있다.
줄기는 비교적 낮은 자리에서 여러 갈래로 갈라지며 많은 가지를 친다.
잎은 서로 어긋나게 자리하며 계란 꼴로 5~8cm의 길이를 가진다. 잎 밑동은 둥그스름하고 끝은 뾰족하며 가장자리에는 작은 톱니가 고르게 배열된다. 어린잎은 붉은빛을 띠며 양면에 잔털이 많이 나 있으나 자라면 잎맥 위에만 남는다.
꽃은 짧은 가지 끝에 잎과 함께 2~3송이씩 피는데 4cm를 넘는 기다란 꽃자루를 가진다. 지름 3.5cm 안팎인 꽃의 빛깔은 연분홍빛이다.
꽃이 지고 난 뒤에는 지름이 6mm쯤 되는 둥근 열매를 맺는데 익으면서 붉게 물들었다가 검은색으로 변한다.

개화기 4월 중

분포 전국 각지에 널리 분포하며 산록지대의 숲 속에 난다.

약용법 생약명 앵피(櫻皮). 화피(樺皮)라고도 한다.

사용부위 가지의 껍질을 약재로 쓴다. 털산벚나무, 왕산벚나무, 벚나무, 좀벚나무 등도 함께 쓰인다.

채취와 조제 생육기간 중에 채취하여 햇볕에 말린다. 거친 부분을 벗기고 잘게 썰어서 쓴다.

성분 텔리키닌(Thelykinine), 코우마린(Coumarin), 플로르리진(Phlorrhizin), 아미그달린(Amygdalin), 말릭산(Malic acid) 등이 함유되어 있다.

약효 진해, 해독의 효능을 가지고 있다. 적용 질환은 기침, 담마진(두드러기), 피부염, 가려움증 등이다.

용법 기침을 멈추게 하기 위해서는 말린 약재를 1회에 4~8g씩 200cc의 물로 달여서 복용하며 또는 약재를 가루로 빻아 복용한다. 피부 질환의 치료를 위해서는 약재를 달인 물로 환부를 수시로 닦아준다.

산수유

Macrocarpium officinale NAKAI | 층층나무과

7m 정도의 높이로 자라는 낙엽활엽수로 담갈색인 나무껍질은 때때로 일부분씩 들떠서 떨어진다.
줄기는 밑동에 가까운 곳에서 여러 갈래로 갈라져 사방으로 넓게 퍼진다. 많은 가지를 치며 어린 가지는 푸른빛이 돌고 겉껍질이 벗겨진다.
잎은 마디마다 2장이 마주 자리하고 있으며 계란 꼴 또는 타원 꼴로 끝이 길게 뻗어 나가면서 뾰족해진다. 잎 표면에는 윤기가 흐르고 평행인 잎맥이 뚜렷하며 가장자리에는 톱니가 없이 밋밋하다. 잎 뒷면의 잎맥겨드랑이에는 갈색 털이 많이 있다. 잎이 나오기 전에 잔가지 끝에 20~30개의 작은 꽃이 둥글게 뭉쳐 핀다. 꽃잎은 없으며 지름은 4~5mm 정도로 노랗게 핀다. 꽃이 핀 뒤에는 2cm 정도의 길이를 가진 길쭉한 타원형의 열매를 맺어 익으면 붉게 물든다.

개화기 3~4월

분포 씨를 약으로 쓰기 위해 중부 이남의 지역에 많이 심고 있다.

약용법

생약명 산수유(山茱萸). 석조(石棗), 촉조(蜀棗), 육조(肉棗)라고도 한다.

사용부위 씨를 둘러싸고 있는 붉은 살을 약재로 쓴다. 처녀가 입으로 씨를 빨아낸 것이라야 약효가 높다는 우스갯말이 있다.

채취와 조제 열매가 붉게 익은 다음 불에 약간 그을려 냉각시켜 씨를 뽑아내고 햇볕에 말린다.

성분 열매에 주석산, 몰식자산(沒食子酸), 능금산(林擒酸) 등이 함유되어 있다.

약효 강장, 강정, 수렴 등의 효능을 가지고 있다. 적용 질환은 남성 성기위축, 유정, 현기증, 식은땀, 허리와 무릎이 저리고 아픈 증세, 월경과다, 자궁출혈, 이명, 빈뇨 등이다.

용법 말린 약재를 1회에 2~4g씩 200cc의 물로 달이거나 가루로 빻아 복용한다. 약재를 같은 양의 설탕과 함께 10배의 소주에 담근 산수유주(山茱萸酒)는 피로 회복과 자양강장에 효과가 크다. 식후에 조금씩 마신다.

새모래덩굴

Menispermum dahuricum DC | 댕댕이덩굴과

덩굴로 자라는 풀처럼 보이는 작은 나무다.
줄기는 덩굴과 함께 뻗어 돌담과 같은 곳에 기어오른다. 줄기는 1~3m 정도의 길이로 자라난다.
잎은 마디마다 서로 어긋나게 자리하며 세모꼴 또는 다섯모 꼴로 길이와 너비가 같으며 가장자리에는 톱니가 없고 밋밋하다. 잎 표면은 짙은 녹색인데 뒷면은 흰빛이 돈다. 잎자루는 밑동 가장자리에서 6~10mm 정도 떨어진 자리에 방패의 받침나무와 같은 모양으로 달린다. 잎겨드랑이마다 짤막한 꽃대가 자라나 작은 꽃이 원뿌리 꼴로 뭉쳐 핀다. 연한 노란빛의 꽃잎을 6~10장 가지는데 지름은 3mm도 채 안 된다.
꽃이 핀 뒤에는 지름이 1cm쯤 되는 둥근 열매를 맺으며 익으면 검게 물든다.

개화기 6월 중
분포 전국적으로 분포하고 있으며 산록의 양지 쪽 풀밭이나 돌더미와 같은 곳에 집단적으로 난다.

약용법

생약명 편복갈근. 황등근(黃藤根), 만주방기(滿洲防己)라고도 한다.

사용부위 뿌리를 약재로 쓴다.

채취와 조제 가을에 굴취하여 햇볕에 말리고 쓰기에 앞서 잘게 썬다.

성분 댕댕이덩굴이나 방기에 가까운 식물로 다후리신(Dahuricine)과 테트란드린(Tetrandrine) 등의 성분이 함유되어 있다. 독성 식물의 하나로 알려져 있다.

약효 거풍, 이뇨, 소종 등의 효능을 가지고 있다. 적용 질환으로는 풍과 습기로 인한 팔다리의 마비통증, 팔다리의 근육이 굳어져 감각이 없어지는 증세, 신경통, 기관지염, 편도선염, 인후염, 위장염, 각기, 수종 등이다.

용법 말린 약재를 1회에 2~4g씩 200cc의 물로 뭉근하게 달이거나 가루로 빻아 복용한다. 독성 식물이므로 과용하지 않도록 주의해야 하며 또한 장기적으로 복용하지 말아야 한다.

생강나무 동백나무·아위나무

Lindera obtusiloba BLUME | 녹나무과

숲 속의 그늘진 곳에 자라는 키 작은 낙엽활엽수이다.
3m 정도의 높이로 자라고 가지를 적게 치며 굵은 겨울눈을 가진다.
잎은 마디마다 서로 어긋나게 자리하며 계란 꼴 또는 계란 꼴에 가까운 둥근 꼴인데 흔히 3~5개의 결각이 생긴다. 잎 가장자리에는 톱니가 없고 밋밋하다. 잎 끝은 무디고 밑동은 둥글거나 또는 심장 꼴로 패인다. 날이 풀리면 잎이 펼쳐지기 전에 다른 나무보다 앞서 꽃이 피는데 암꽃과 수꽃이 각기 다른 나무에 달린다. 잔가지의 끝과 그에 가까운 마디에 작은 노란 꽃이 꽃자루 없이 많이 뭉쳐 핀다. 꽃잎은 6장이고 지름은 4mm 안팎이다. 꽃이 지고 난 뒤에는 지름이 7~8mm의 둥근 열매를 맺고 가을에 검게 익는다. 열매에서 기름을 짜내 머릿기름으로 써왔기 때문에 동백나무라는 이름이 생겼다고 한다.

개화기 3월 중 · 하순경

분포 전국 각지에 널리 분포하며 산지의 숲 속에 난다.

약용법

생약명 황매목(黃梅木). 단향매(檀香梅), 산호초(山胡椒)라고도 부른다.

사용부위 잔가지를 약재로 쓴다.

채취와 조제 일년 내내 채취할 수 있으며 햇볕에 말려서 잘게 썬다.

성분 옵투실릭산(Obtusilic acid)이라고 하는 산 성분을 함유하고 있다.

약효 해열, 소종의 효능이 있으며 멍든 피를 풀어주는 작용도 한다. 적용 질환은 오한, 복통, 신경통, 멍든 피로 인한 통증, 타박상이나 발을 헛디뎌 삐었을 때 등이다.

용법 오한이나 복통, 신경통의 치료에는 말린 약재를 1회에 5~10g씩 200cc의 물로 달여서 복용한다. 멍든 피로 인한 통증이나 타박상 또는 삔 상처의 치료에는 생나무 가지를 찧어서 환부에 붙여준다.

참고 씨를 산후초(山胡椒)라 하여 약용으로 쓴다고 하며 가지를 달여서 차의 대용으로 마신다고 한다.

송악

Hedera rhombea SIEB. et ZUCC | 오갈피나무과

상록성의 덩굴나무로 가지에서 기근(氣根)이 나와 다른 나무의 줄기나 바위에 붙어 올라간다.
어린 가지에는 잔털이 나 있으나 시간이 지남에 따라 없어진다.
잎은 마디마다 서로 어긋나게 자리하며 윤기가 흐르고 가죽과 같이 두텁고 빳빳하다. 힘차게 뻗는 가지에 자란 잎은 세모꼴에 가깝게 생겼으며 3~5개로 얕게 갈라진다. 꽃이 필 정도로 성숙한 가지에 나는 잎은 계란 꼴 또는 마름모 꼴로 생겼다. 모든 잎의 가장자리에 톱니가 없고 밋밋하다.
꽃은 성숙한 가지 끝에 많은 것이 둥글게 뭉쳐 핀다. 한 송이의 꽃의 지름은 4~5mm이고 5장의 꽃잎을 가지고 있다. 꽃의 빛깔은 노란빛을 띤 푸른색이다.
꽃이 피고 난 뒤에는 지름이 8~10mm쯤 되는 여러 개의 둥근 열매가 한자리에 모여 달리는데 익으면 검게 물든다.

개화기 9~10월. 열매는 이듬해 5월에 익는다.

분포 남쪽의 따뜻한 곳에 분포한다. 산 속의 나무 그늘이나 인가 주위의 돌담 밑에 심어지는 일이 많다.

약용법

생약명 상춘등(常春藤). 삼각풍(三角風), 토풍등(土風藤), 백각오공(百脚蜈蚣)이라고도 한다.

사용부위 잎과 줄기를 약재로 쓰는데 열매도 약으로 쓰는 일이 있다고 한다.

채취와 조제 가을에 채취하여 햇볕에 말리고 쓰기에 앞서 잘게 썬다.

성분 알파-헤데린(α-Hederin), 헤데라게닌(Hederagenin), 클로로게닉산(Chlorogenic acid) 등이 함유되어 있다.

약효 거풍, 소종 등의 효능을 가지고 있으며 간을 맑게 해준다고 한다. 적용 질환은 풍습성의 관절염, 안면신경마비, 현기증, 간염, 황달 등이다. 그 밖에 종기의 치료약으로도 쓴다.

용법 말린 약재를 1회에 2~4g씩 200cc의 물로 달이거나 생즙을 복용한다. 종기의 치료에는 생잎이나 생줄기를 찧어서 환부에 붙인다.

수국

Hydrangea macrophylla var. otaksa MAKINO | 범의귀과

꽃을 즐기기 위하여 관상용으로 가꾸고 있는 키 작은 낙엽활엽수로 1m 정도의 높이로 자란다.
서울지방에서는 겨울동안 추위로 인해 흔히 줄기와 가지의 끝이 얼어죽는다.
잎은 마디마다 2장이 마주 자리하고 있으며 넓은 계란 꼴로 시원스럽게 큰 모습이다. 잎 끝은 갑자기 뾰족해지고 밑동은 서서히 좁아진다. 잎의 길이는 10~15cm나 되며 가장자리에는 예리한 생김새의 작은 톱니가 규칙적으로 배열되어 있다.
초여름에 줄기와 가지 끝에 많은 꽃이 우산 모양으로 모여 피는데 그 지름이 20cm나 된다. 꽃은 암술과 수술이 모두 퇴화되어 버린 무성화(無性花)로 4~5개의 꽃받침이 아름답게 물들어 꽃잎처럼 보인다.
꽃의 빛깔은 처음엔 연한 보랏빛으로 피고 남빛으로 변했다가 마지막에 분홍빛이 된다.

개화기 6~7월
분포 일본이 원산지인 꽃나무로 여름에 피는 탐스럽고 시원스러운 꽃을 즐기기 위해 곳곳에서 심고 있다.

약용법

생약명 용구화. 수구 또는 팔선화라고도 부른다.

사용부위 뿌리와 잎, 꽃 모두를 함께 약재로 쓴다.

채취와 조제 봄부터 가을 사이에 어느 때든지 채취하여 햇볕에 말려 쓰기에 앞서 잘게 썬다.

성분 필로둘신(Phyllodulcin), 하이드란게놀(Hydrangenol), 하이드란게아산(Hydrangeaic acid) 등의 성분이 함유되어 있다.

약효 강심 효능을 가졌으며 학질을 다스리는 작용을 한다. 적용 질환은 학질, 가슴이 두근거리는 증세, 이유 없이 가슴이 울렁거리는 증세 등이다. 또한 일반적인 해열약으로도 쓰인다.

용법 말린 약재를 1회에 3~4g씩 200cc의 물로 달여서 복용한다. 또는 말린 약재를 가루로 빻아 복용하는데 뿌리와 잎과 꽃을 함께 섞어서 이용하는 것이 효과적이다.

수양버들

Salix babylonica L | 버드나무과

20m에 가까운 높이로 자라나는 낙엽활엽수로 나무껍질은 회갈색이고 세로 방향으로 갈라진다.
가지는 길게 처지며 잔가지는 붉은빛을 띤 갈색이고 1년에 1m 이상 자란다.
잎은 마디마다 서로 어긋나게 자리하며 좁은 피침 꼴로 양끝이 뾰족하고 길이는 4~6cm이다. 가장자리에는 잔 톱니가 나 있으나 때로는 톱니가 거의 없고 밋밋한 것도 있다. 잎에는 전혀 털이 없고 뒷면은 흰빛이 돈다.
수꽃과 암꽃이 각기 다른 나무에서 따로 핀다. 꽃은 잎과 함께 잔가지의 끝에 붙어 아래로 처지면서 핀다. 꽃잎은 없고 수꽃은 2개의 수술이 비늘에 덮여 있으며 많은 꽃이 길이 2~4cm의 끄나풀 모양으로 뭉쳐서 핀다. 암꽃도 많은 것은 2~3cm 길이의 끄나풀 모양으로 모인다. 수꽃은 꽃자루에 털이 없고 암꽃의 꽃자루에는 털이 나 있다.

개화기 4월 중

분포 중국이 원산지인 나무라고 하며 길가나 강가와 같은 곳에 흔히 심어져 있다.

약용법

생약명 유지(柳枝). 유조(柳條)라고도 한다.

사용부위 잔가지를 약재로 쓰는데 개수양버들, 능수버들도 함께 쓰이고 있다.

채취와 조제 어느 때든지 채취할 수 있으며 채취한 것은 햇볕에 말린 다음 잘게 썰어서 쓴다.

성분 살리신(Salicin)과 살리니그린(Salinigrin)이 함유되어 있다.

약효 해열, 진통, 이뇨, 수렴, 거풍, 소염 등의 효능을 가지고 있다. 적용 질환으로는 감기로 인한 발열, 소변이 잘 나오지 않는 증세, 신경통, 풍으로 인한 마비통증, 황달, 습진 등이다.

용법 말린 약재를 1회에 10~20g씩 적당한 양의 물로 뭉근하게 달여서 복용한다. 또는 말린 약재를 가루로 빻아 복용한다. 습진 치료에는 약재를 달인 물로 환부를 자주 씻어준다.

순비기나무

Vitex rotundifolia L. fil | 마편초과

개화기 7~9월

분포 경상북도와 황해도 이남의 바닷가 또는 제주도 및 울릉도에 분포한다. 양지바른 모래밭에 난다.

바닷가에 자라는 상록성의 키 작은 활엽수이다.
줄기는 눕거나 비스듬히 자라며 온몸에 회백색의 잔털이 나 있다. 잔가지는 약간 모가 졌고 흰털이 빽빽하게 나 있어 마치 흰가루를 쓰고 있는 것처럼 보인다. 잎은 마디마다 2장이 마주 자리하며 계란 꼴 또는 넓은 타원 꼴로 두텁고 끝은 둥글거나 약간 패여 있다. 잎의 길이는 2~5cm이고 가장자리에는 톱니가 없이 밋밋하다. 잎 표면에는 잔털이 나 있어 회백색 빛을 띠고 뒷면은 은백색이다.
가지 끝에 작은 꽃이 이삭 모양으로 뭉쳐 핀다. 꽃이삭의 길이는 4~7cm이다. 꽃의 생김새는 대롱 모양이고 끝이 입술 모양과 비슷하게 갈라져 있다. 지름 1.5cm 안팎인 꽃의 빛깔은 보랏빛이다. 지름이 5~7mm인 열매는 둥글고 나무처럼 딱딱하며 익으면 흑갈색으로 물든다.

약용법

생약명 만형자(蔓荊子). 형자(荊子), 황형(黃荊), 만청자(蔓青子)라고도 한다.

사용부위 열매를 약재로 쓴다.

채취와 조제 가을에 열매가 익는 것을 기다려서 채취하여 햇볕에 말린다. 그대로 쓰거나 불에 볶아서 쓴다.

성분 열매에 함유되어 있는 정유 속에 캄페인(Camphein), 알파-피넨(α-Pinen), 디펜텐 알코올(Dipenten alcohol), 초산 테르피놀(Terpinylacetat) 등이 함유되어 있다.

약효 해열, 진통, 소염 등의 효능이 있다. 적용 질환으로는 감기, 두통, 어지럼증, 관절염, 풍증과 습기로 인한 마비와 통증, 월경이 멈추지 않는 증세 등이다.

용법 말린 약재를 1회에 2~5g씩 200cc의 물로 뭉근하게 반 정도의 양이 되도록 달여서 복용하거나 말린 약재를 가루로 빻아서 복용한다.

식나무 넓적나무·청목

Aucuba japonica THUNB | 층층나무과

키 작은 상록성의 활엽수로 높이는 3m 정도로 자란다.
잔가지는 굵고 푸르며 윤기가 난다.
잎은 마디마다 2장이 마주 자리하며 타원 꼴에 가까운 계란 꼴 또는 타원 꼴에 가까운 피침 꼴로 양끝이 뾰족하고 윤기가 난다. 잎 가장자리에는 약간의 작은 톱니가 있다. 잎의 길이는 10cm 안팎인데 때로는 20cm에 가까운 크기로 자라는 것도 보게 된다.
암꽃과 수꽃이 각기 다른 나무에서 핀다. 가지 끝에 가까운 잎겨드랑이에서 자라나는 5~10cm의 꽃대에 작은 꽃이 피어나서 원뿌리 모양으로 뭉친다. 지름이 8mm 안팎인 꽃의 빛깔은 보랏빛을 띤 연한 갈색이다.
꽃이 피고 난 뒤에 1.5cm쯤 되는 타원형 열매를 맺으며 가을이 되면 붉게 익어 겨우내 가지에 매달려 있다.

개화기 3~4월

분포 제주도와 울릉도를 비롯하여 다도해의 여러 섬에 분포하며 숲 속에 난다. 남쪽의 따뜻한 고장에서는 관상용으로 뜰에 심어 아름다운 잎을 즐긴다.

약용법

생약명 도엽산호(桃葉珊瑚). 청목(靑木)이라고도 한다.

사용부위 잎을 약재로 쓴다.

채취와 조제 1년 내내 채취할 수 있으며 볕에 말려 사용 전에 잘게 부서뜨린다. 때로는 생잎을 쓰기도 한다.

성분 잎과 줄기에 배당체인 아우쿠빈(Aucubin)이 함유되어 있으며 그 밖에 만난(Mannan), 갈락탄(Galactan), 펜토잔(Pentosan) 등도 검출되어 있다.

약효 소종의 효능이 있으며 습진, 종기, 화상, 절상출혈 등의 치료약으로 쓴다.

용법 말린 약재를 곱게 가루로 빻아 참기름에 개어 환부에 바른다. 또한 생잎을 찧어 환부에 붙이는 방법을 쓰기도 한다. 찰과상에는 생즙을 내어 자주 바른다.

신갈나무 돌참나무·물가리나무

Quercus mongolica FISCH | 참나무과

크게 자라는 낙엽활엽수로 참나무류 중에서 상수리나무에 이어 흔히 볼 수 있는 나무이다.
잎은 마디마다 서로 어긋나게 자리하지만 보통 가지 끝에 모여 달리는 것처럼 보인다. 잎은 참나무 가운데서 가장 일찍 피며 계란 꼴 또는 계란 꼴에 가까운 길쭉한 타원 꼴로 밑동보다 중간부분 이상인 부분에서 잎 너비가 넓어진다. 잎의 길이는 7~20cm이고 가장자리에는 물결처럼 생긴 큰 톱니를 가지고 있다.
수꽃과 암꽃이 하나의 가지 위에 따로 달린다. 수꽃은 새 가지의 밑동의 잎겨드랑이에 많은 것이 끄나풀 모양으로 뭉쳐 핀다. 암꽃은 새 가지의 위쪽에 한 개 또는 여러 개가 함께 곧게 달린다. 꽃의 빛깔은 연한 갈색을 띤 노란빛이다.
열매인 도토리는 상수리나무의 그것과 흡사한 외모를 가지고 있으나 보다 크고 지름과 높이는 거의 비슷하다.

개화기 5월 중

분포 전국적으로 널리 분포하고 있으며 산의 중턱 이상에 많이 난다.

약용법 생약명 작수피

사용부위 나무껍질을 약재로 쓴다.

채취와 조제 생육기간 중에 채취하여 거친 겉껍질을 벗겨버리고 햇볕에 말린다. 쓰기에 앞서 잘게 썬다.

성분 나무껍질에 퀘르세틴(Quercetin)이라는 성분이 함유되어 있으며 그 밖에 다량의 타닌이 들어 있다.

약효 수렴, 지사, 해독 등의 효능을 가지고 있다. 적용 질환으로는 설사, 이질, 장염, 치질 등이다.

용법 말린 약재를 1회에 2~4g씩 200cc의 물로 뭉근하게 달여서 복용하며 또는 말린 약재를 가루로 빻아 복용한다. 치질의 치료에는 약재를 달인 물로 환부를 닦아 내거나 나무 껍질을 생것으로 짓찧어서 붙이는 방법을 쓰기도 한다.

실거리나무 띠거리나무

Caesalpinia japonica SIEB. et ZUCC | 콩과

키가 작은 낙엽활엽수로 덩굴 모양으로 자란다.
가지는 길게 뻗어나가며 갈고리처럼 구부러진 예리한 가시가 돋쳐 있다.
잎은 마디마다 서로 어긋나게 자리하며 10~20장의 잎 조각이 깃털 모양으로 모여 다시 6~8쌍이 뭉쳐 이루어진다. 잎 조각은 길쭉한 타원 꼴이고 양끝이 둥글며 길이는 1~2cm로서 작은 점이 전면에 산재해 있다. 잎자루에도 줄기에서 보는 것과 같은 가시가 돋친다. 꽃은 가지 끝에서 자라나는 길이 20~30cm의 꽃대에 많은 것이 원기둥 꼴로 모여서 핀다. 5장의 노란 꽃잎으로 이루어진 꽃은 좌우대칭형으로 구성되어 있으며 10개의 붉은 수술을 가진다. 꽃잎의 일부에는 붉은 줄이 나 있다. 꽃이 지고 난 뒤에는 길이 9cm, 너비 3cm쯤 되는 길쭉한 타원형의 꼬투리를 맺는다. 꼬투리는 가죽처럼 빳빳하고 계란 모양인 6~8개의 씨가 들어 있는데 익어도 잘 벌어지지 않는다. 독성 식물의 하나이다.

개화기 6월

분포 제주도와 다도해의 여러 섬에 분포하고 있으며 해변에 가까운 곳에 난다.

약용법

생약명 운실(雲實). 운영(云英), 마두(馬豆), 황화자(黃花刺)라고도 부른다.

사용부위 씨와 뿌리를 약재로 쓰는데 뿌리를 운실근(雲實根)이라고 부른다.

채취와 조제 씨는 잘 익은 것을 채취하여 깨뜨려서 쓴다. 뿌리는 잘 말려 잘게 썰어서 쓴다.

성분 체불라직산(Chebulagic acid)이 함유되어 있다.

약효 해열과 진통의 효능을 가지고 있다. 씨는 학질, 어린아이의 빈혈, 설사, 이질 등의 치료에 쓰인다. 뿌리는 감기로 인한 열, 요통, 사지통, 치통 등을 다스리기 위하여 쓰인다.

용법 1회에 씨는 3~8g, 뿌리는 4~6g씩 200cc의 물로 달여서 복용한다. 씨는 기생충을 구제하는 효과도 있다고 한다.

싸리나무 싸리

Lespedeza bicolor var. japonica NAKAI | 콩과

개화기 8~9월

분포 전국 각지에 널리 분포하며 산이나 들판의 양지바른 곳에 난다.

높이 2m 안팎으로 자라나는 낙엽활엽수이다.
많은 가지를 쳐서 더부룩하게 자라며 잔가지에는 줄이 있고 어두운 갈색을 띠고 있다. 목질부는 연한 푸른빛이고 한가운데에 흰 골수가 자리한다. 잎은 서로 어긋나게 자리하며 계란 꼴인 3장의 잎 조각으로 구성된다. 잎 조각의 길이는 3cm 안팎이고 끝이 둥글거나 약간 패였으며 잎맥의 연장인 짧은 침상돌기(針狀突起)를 가지고 있다. 잎 가장자리에는 톱니가 없이 밋밋하다. 잔가지의 끝이나 그에 가까운 잎겨드랑이에서 자라난 4~8cm 길이의 꽃대에 여러 송이의 꽃이 이삭 모양으로 모여서 핀다. 지름이 6mm 안팎의 크기인 꽃은 나비 꼴로 생겼으며 보랏빛을 띤 분홍빛이다. 꽃이 지고 난 뒤에는 넓은 타원형의 씨를 많이 맺게 된다.

약용법 생약명 형조(荊條), 호지자(胡枝子), 모형(牡荊)이라 한다.

사용부위 잎과 가지를 약재로 쓴다. 참싸리(Lespedeza cyrtobotrya MIQ), 풀싸리(L. intermedia NAKAI), 조록싸리(L. maximowiczi SCHNEID), 좀싸리(L. virgata DC) 등도 함께 쓰이고 있다.

채취와 조제 7~8월에 새로 자라난 가지 부분을 채취하여 햇볕에 말린다. 쓰기에 앞서 잘게 썬다.

성분 에리오딕티올(Eriodictyol), 엔-엔-디메틸 트리프타민(N-N-Dimethyl tryptamin) 등이 함유되어 있다.

약효 해열, 이뇨의 효능이 있으며 폐에 이롭다고 한다. 적용 질환은 기침, 백일해, 소변이 잘 나오지 않는 증세, 임질 등이다.

용법 말린 약재를 1회에 5~10g씩 200cc의 물로 달여서 복용한다.

참고 뿌리도 약재로 쓴다고 하며 이것을 호지자근(胡枝子根)이라고 부른다.

예덕나무 시닥나무

Mallotus japonicus MULEE-ARGOV | 대극과

남쪽지방에 자라나는 낙엽활엽수이다. 크게 자라면 10m 높이에 이르기는 하지만 일반적으로 볼 수 있는 것은 키가 낮아서 관목성의 나무처럼 느껴진다. 어릴 때에는 잔털에 덮이고 붉은빛이 돌지만 점차 회백색으로 변하며 가지는 굵다.
잎은 마디마다 서로 어긋나게 자리하며 계란 꼴 또는 계란 꼴에 가까운 둥근 꼴로 길이는 10~20cm나 된다. 잎 가장자리에는 톱니가 없이 밋밋하거나 또는 세 개로 얕게 갈라지기도 한다. 잎 표면에는 대개 붉은 잔털이 생겨나 있고 잎자루는 매우 길다.
새로 자라난 가지 끝에는 많은 작은 꽃이 원뿌리 꼴로 모여서 피어나는데 암꽃과 수꽃은 각기 다른 나무에 달린다. 꽃잎을 가지지 않으며 수꽃은 50~80개나 되는 많은 수술을 가지고 있다. 꽃의 지름은 6mm 안팎이고 빛깔은 노란빛을 띤 푸른빛이다. 꽃이 지고 난 뒤에는 많은 털에 덮인 세모꼴의 열매를 맺는다.

개화기 6월 중

분포 제주도와 남쪽의 따뜻한 고장에 분포하며 주로 해변의 산지에 난다.

약용법

생약명 야동피(野桐皮). 적아백(赤芽柏), 적아추(赤芽楸)라고도 부른다.

사용부위 나무껍질을 약재로 쓴다.

채취와 조제 봄 또는 가을에 껍질을 벗겨내어 햇볕에 말려서 거친 외피는 제거하고 잘게 썬다.

성분 지방유와 베르게닌(Bergenin)이 함유되어 있다.

약효 진통과 염증을 없애는 효능이 있으며 항궤양작용을 한다. 적용 질환으로는 위궤양, 십이지장궤양, 위염, 소장염, 대장염, 담석증 등이다.

용법 말린 약재를 1회에 3~8g씩 200cc의 물로 반 정도의 양이 되도록 달여서 복용하거나 말린 약재를 가루로 빻아 복용한다. 피부에 염증이 생길 경우에는 생즙을 내어 발라도 효과가 있다.

오동나무 붉동나무

Paulownia coreana UYEKI | 능소화과

높이는 15m, 지름은 60~90cm에 달하는 낙엽활엽수이다.
참오동나무와 겉모양이 비슷하나 잎 뒷면에 다갈색 털이 있고 꽃잎에 자줏빛이 도는 점선이 없다는 점에서 참오동나무와 쉽게 구별할 수 있다.
마디마다 2장의 잎이 마주 자리하며 둥글거나 계란형에 가까운 둥근 꼴이지만 흔히 다섯모 꼴이 되기도 한다. 잎의 길이는 15~25cm, 너비 12~29cm로 끝은 뾰족하고 밑동은 심장 꼴로 패여 있다. 잎 가장자리에는 톱니가 없고 밋밋하다. 잎 표면에는 거의 털이 없고 뒷면에는 갈색의 잔털이 있다.
꽃은 지난해 자란 가지 끝에 원뿌리 꼴로 많이 모여 피는데 그 생김새는 대롱 모양이고 끝이 다섯 갈래로 갈라져 종 모양을 이룬다. 꽃의 길이는 6cm 안팎이고 자줏빛이다.
꽃이 지고 난 뒤에는 길이 3cm쯤 되는 계란형 열매가 많이 달린다.

개화기 5~6월

분포 전국적으로 널리 분포하고 있으며 참오동나무는 울릉도가 원산지이다.

약용법

생약명 동피(桐皮). 백동피(白桐皮), 동목피(桐木皮)라고도 한다.

사용부위 줄기와 가지의 껍질과 뿌리의 껍질을 함께 약재로 쓰는데 참오동나무도 함께 쓰이고 있다.

채취와 조제 어느 때나 채취할 수 있으며 햇볕에 말려서 잘게 썬다.

성분 시린진(Syringin), 파울로우닌(Paulownin), 알파-세사민(α-Sesamin), 엘라에오스테아릭산(Elaeostearic acid) 등의 성분이 함유되어 있다.

약효 소종과 혈액을 식혀주는 효능을 가지고 있다. 적용 질환은 단독, 치질, 타박상, 삔 상처, 악성종기 등이다.

용법 단독(丹毒)의 치료를 위해서는 말린 약재를 1회에 5~10g씩 물로 달여서 복용한다. 기타 질환에는 생껍질(생피)을 짓찧어서 환부에 붙인다.

옻나무 참옻나무

Rhus verniciflua STOK | 옻나무과

중국이 원산지인 낙엽활엽수이며 지금은 전국에 걸쳐 야생되고 있다.
크게 자라는 것은 높이가 15m에 이르는 것도 있다. 잔가지는 굵고 잿빛을 띤 노란빛이며 처음에는 잔털이 있으나 곧 없어진다. 길이 25~40cm 정도의 잎은 서로 어긋나게 자리하며 9~13장의 잎 조각으로 이루어진 깃털 꼴이다. 잎 조각의 생김새는 계란 꼴 또는 타원 꼴에 가까운 계란 꼴로 길이는 10cm 안팎이고 끝은 뾰족하며 밑동은 둥글다. 가장자리에는 톱니가 없이 밋밋하다.
잎겨드랑이에서 자라난 15~20cm 길이의 꽃대에 많은 꽃이 뭉쳐 아래로 처진다. 암꽃과 수꽃이 하나의 꽃대에 섞여 피며 5장의 꽃잎을 가졌고 빛깔은 노란빛을 띤 푸른빛이다. 꽃의 지름은 5mm 안팎이다.
꽃이 피고 난 뒤에는 지름이 6~8mm의 둥근 열매를 맺고 익으면 연한 노란빛으로 물들면서 윤기가 난다.

개화기 6월 중
분포 전국적으로 가꾸어지고 있으며 야생상태인 것도 적지 않다.

약용법 생약명 건칠(乾漆). 칠사(漆渣)라고도 한다.

사용부위 나무껍질을 약재로 쓰는데 개옻나무(Rhus trichocarpa MIQ) 껍질도 함께 쓰이고 있다.

채취와 조제 여름철에 채취하여 한지를 깐 질그릇에 마른 것을 넣고 한지로 덮어 한지가 누렇게 탈 정도로 가열한 것을 쓴다.

성분 껍질 속에 우루시올(Urushiol)이라는 성분이 함유되어 있다. 피부에 닿으면 심한 염증을 일으키는데 이런 현상을 옻을 탄다고 한다. 체질에 따라 염증을 일으키는 등 정도에 차이가 있다.

약효 뭉친 피를 풀어주며 살균효능이 있다. 적용 질환은 어혈로 인한 각종 증세, 월경이 멎어버리는 증세, 음식물에 심하게 체한 증세 등이다.

용법 약재를 1회에 1~2g씩 부드럽게 가루로 빻아 복용한다.

인동덩굴 눙박나무

Lonicera japonica var. japonica HARA | 인동과

덩굴로 자라는 반상록성의 활엽수이다. 줄기는 오른쪽으로 감아 올라가며 잔가지는 적갈색이며 털이 나 있고 속이 비어 있다.
잎은 마디마다 2장이 마주 자리하고 있으며 넓은 피침 꼴 또는 계란 꼴에 가까운 타원 꼴로 끝이 둔하면서도 약간 뾰족하다. 잎 가장자리에는 톱니가 없고 밋밋하며 앞뒷면에 약간의 털이 생겨나 있다. 꽃은 2~3송이씩 끝부분 잎겨드랑이에 피는데 흔히 가지 끝에 모여 피는 것처럼 보인다. 꽃은 대롱 모양으로 3cm 안팎의 길이를 가졌으며 끝이 다섯 개로 갈라져 있다. 그중 아래에 자리한 하나는 다른 것보다 더 길게 갈라져 뒤로 말린다. 꽃은 처음에는 희게 피었다가 시간이 지나면서 누렇게 변한다. 그래서 금은화(金銀花)라고도 한다. 꽃이 지고 난 뒤 지름이 7~8mm의 둥근 열매가 2개씩 나란히 달려 익으면 검게 물든다.

개화기 6~8월

분포 전국 각지에 널리 분포하며 산비탈의 덤불 속에 난다.

약용법

생약명 꽃을 금은화, 줄기와 잎을 인동등(忍冬藤) 또는 금은등(金銀藤)이라고 한다.

사용부위 꽃과 줄기 및 잎을 각기 다른 질환의 약재로 쓴다.

채취와 조제 꽃은 6~7월에 채취하여 그늘에서 말려 쓰고 잎과 줄기는 가을에 채취해 볕에 말린 후 잘게 썬다.

성분 루테올린(Luteolin), 이노사이톨(Inositol), 로니세란(Loniceran), 타닌(Tannin) 등이 함유되어 있다.

약효 꽃은 해열, 해독, 소종, 수렴의 효능이 있다. 적용 질환은 감기, 이질, 장염, 임파선염, 각종 종기 등이다. 잎과 줄기는 해열, 이뇨, 해독, 소종의 효능을 가지고 있으며 근골통증, 소변이 잘 나오지 않는 증세, 황달, 간염, 각종 종기 등이다.

용법 말린 약재를 1회에 4~10g씩 200cc의 물로 달여서 복용한다. 잎과 줄기는 10배의 소주에 담가 복용해도 좋다. 종기에는 꽃이나 잎을 가루로 빻아 개어서 바른다.

자귀나무

Albizzia julibrissin DUREZ | 콩과

원래 키가 크게 자라는 나무지만 보통 3~5m 정도로 자라는 낙엽활엽수이다. 굵은 가지를 드물게 치면서 넓게 퍼지는 성질이 있다.

잎은 마디마다 서로 어긋나게 자리하고 있으며 두 차례 깃털 모양으로 갈라진다. 잎 전체의 길이는 30cm를 넘는데 갈라진 잎 조각은 약간 구부러진 길쭉한 타원 꼴로 길이는 1.5cm 정도밖에 되지 않는다. 잎 조각의 가장자리는 톱니가 없고 밋밋하다. 꽃은 가지 끝과 그에 가까운 잎겨드랑이로부터 긴 꽃대가 자라나 15~20송이의 꽃이 술처럼 뭉쳐 핀다. 꽃잎은 없고 길이 3cm쯤 되는 많은 수술과 암술로만 이루어져 있는데 명주실을 모아 묶어 놓은 것처럼 보인다. 수술의 위쪽 반은 분홍빛이고 아래쪽 반은 흰빛이다.

꽃이 지고 난 뒤에는 15cm 정도의 길이를 가진 납작한 꼬투리가 생기고 그 속에 5~6알의 씨가 들어 있다.

개화기 6~7월

분포 중부 이남의 지역과 제주도에 분포하며 낮은 산의 양지 쪽 풀밭에 난다.

약용법

생약명 합환피. 야합피(夜合皮) 또는 합환목피(合歡木皮)라고도 하고 꽃은 합환화(合歡花)라 한다.

사용부위 껍질과 꽃을 각기 다른 목적으로 쓴다.

채취와 조제 껍질은 여름부터 가을에 채취하여 햇볕에 말리고 잘게 썬다. 꽃은 그늘에 말려 그대로 쓴다.

성분 퀘르시트린(Quercitrin)이라는 성분이 함유되어 있다.

약효 껍질에는 활혈, 진정, 소종, 구충 등의 효능이 있다. 적용 질환은 신경쇠약, 불면증, 임파선염, 인후염, 골절상, 종기, 회충구제 등이다. 꽃은 건망증, 불면증, 가슴이 답답한 증세, 타박상에 의한 통증, 허리와 다리의 통증 등에 쓰인다.

용법 껍질은 1회에 4~8g씩 200cc의 물로 달이거나 가루로 빻아 복용한다. 꽃은 1회에 1~4g씩 달여서 복용하며 종기에는 말린 껍질을 가루로 빻아 기름에 개어서 바른다.

자금우

Bladhia japonica var. japonica NAKAI | 자금우과

15~20cm 정도의 높이로 자라는 상록성의 활엽수이다.
땅속줄기가 길게 뻗어나 땅위로 올라와 새로운 줄기로 자라나간다. 그러므로 한 자리에서 많은 개체가 모여 자라나 군락을 이루는 경향이 있다. 잎은 여러 장이 한자리에 둥글게 배열되거나 마디마다 2장이 마주 자리한다. 잎은 타원 꼴 또는 계란 꼴로 생겼으며 양끝이 뾰족하고 가장자리에는 아주 작은 톱니가 나 있다. 잎의 길이는 6~8cm이고 잎 표면에는 윤기가 흐른다. 가지 끝에 가까운 잎겨드랑이에는 2~3송이의 꽃이 짤막한 꽃대에 매달려 핀다. 꽃은 수레바퀴 모양으로 다섯 갈래로 갈라져 있고 지름은 4mm 안팎이다. 꽃의 빛깔은 흰색인데 검고 작은 점이 있다. 꽃이 지고 난 뒤에는 지름이 1cm 정도 되는 둥근 열매를 맺게 되는데 익으면 붉게 물들어 아름답다. 이 붉은 열매는 다음해 꽃이 필 때까지도 남아 있다.

개화기 6월 중

분포 제주도와 남쪽 해변가에 분포하며 낮은 산의 상록수림 속에 난다.

약용법

생약명 자금우(紫金牛)

사용부위 잎과 줄기를 약재로 쓴다.

채취와 조제 1년 내내 어느 때든지 채취할 수 있으며 채취한 것은 햇볕에 말렸다가 쓰기에 앞서 잘게 썬다. 때로는 생잎을 짓찧어서 쓰기도 한다.

성분 라파논(Rapanon)이라는 성분이 함유되어 있다.

약효 해독, 이뇨 및 진해 거담에 효능을 가지고 있다. 적용 질환은 기침, 기관지염, 소변이 잘 나오지 않는 증세, 신장염, 고혈압, 각혈, 간염 등이다. 그 밖에 종기를 다스리는 약으로도 쓰인다.

용법 말린 약재를 1회에 3~8g씩 200cc의 물로 달이거나 가루로 빻아 복용한다. 종기에 대해서는 생잎을 찧어서 환부에 붙이거나 말린 약재를 가루로 빻아 기름에 개어 바른다.

자작나무 봇나무

Betula platyphylla var. latifolia NAKAI | 자작나무과

깊은 산 속에 나는 낙엽활엽수이다. 높이는 20m가 넘으며 비교적 곧게 자라 올라가며 나무껍질은 희고 수평방향으로 벗겨지기 쉽다. 잔가지는 처음에는 보랏빛을 띤 갈색이나 시간이 지나면서 점차 흰빛으로 변한다. 잎은 서로 어긋나게 자리하고 있으며 세모꼴에 가까운 계란 꼴로 길이는 5~7cm이다. 잎 끝은 점차 뾰족해지고 잎맥이 뚜렷하며 가장자리에는 크고 작은 톱니가 배열되어 있다. 작고 많은 꽃이 원기둥 꼴로 뭉쳐 늘어진다. 꽃잎은 없고 수술과 암술만이 뭉쳐 있으며 빛깔은 노란빛을 띤 초록빛이다. 꽃이 뭉친 꽃대의 길이는 7cm 안팎이다. 꽃이 지고 난 뒤에는 날개가 달린 씨가 원기둥 꼴로 뭉쳐 아래로 처지는데 그 길이는 4cm 정도로 많은 비늘이 겹쳐 있는 것과 같은 외모를 가지고 있다.

개화기 4~5월

분포 중부 이북 지역에 분포하며 깊은 산의 양지바른 곳에 군락을 이룬다.

약용법

생약명 백화피(白樺皮). 화피(樺皮) 또는 화목피(樺木皮)라고도 한다.

사용부위 껍질을 약재로 쓴다.

채취와 조제 1년 내내 언제든지 채취할 수 있으나 여름철에 작업하기가 쉽다. 거친 외피를 제거하여 햇볕에 말린다. 쓰기에 앞서 잘게 썬다.

성분 베툴린(Betulin), 트리테르페노이드(Triterpenoid), 가울테린(Gaultherin), 베헤닉산(Behenic acid) 등이 함유되어 있다.

약효 이뇨, 진통, 해열, 해독 등의 효능을 가지고 있다. 적용 질환은 편도선염, 폐렴, 기관지염, 신장염, 요도염, 방광염 등이다. 그 밖에 류머티즘이나 통풍, 피부병의 치료약으로도 쓰인다.

용법 말린 약재를 1회에 8~10g씩 200cc의 물로 달여서 복용한다. 류머티즘이나 통풍, 피부염은 약재를 달인 뜨거운 물로 찜질하는 방법을 쓴다.

조릿대 산죽·갓대

Sasamorpha purpurascens var. *borealis* NAKAI | 대나무과

높이 1m 안팎으로 자라는 대나무이다.
지름이 3~6mm에 이르고 포엽은 2~3년 동안 줄기를 감싼 채 남아 있다.
처음에는 마디 사이에 잔털과 흰 가루로 덮여 있으나 4년째 되는 해에 포엽이 벗겨지면서 잔털과 흰 가루가 없어진다.
잎은 길쭉한 타원 꼴에 가까운 피침 꼴로 생겼으며 길이는 15cm 안팎으로 끝이 매우 뾰족하다. 잎 가장자리는 밋밋하게 보이지만 만져보면 가시처럼 아주 작은 톱니가 치밀하게 배열되어 있음을 알 수 있다.
꽃은 아주 드물게 피며 잔가지 끝에 벼이삭과 흡사한 생김새로 뭉치며 꽃잎은 없다. 작은 이삭이 여러 개 뭉쳐져서 하나의 이삭을 이루는데 작은 이삭은 3~6송이의 꽃과 2장의 포엽으로 구성되어 있다. 하나의 꽃의 길이는 6mm 안팎이다. 꽃을 둘러싸고 있는 포엽은 보랏빛이 돌고 꽃이 피고 나면 노란 수술 6개가 늘어진다.

개화기 4월에 피는데 꽃이 핀 포기는 극도로 쇠약해진다.

분포 거의 전국적으로 분포하고 있으며 산지의 나무 밑에 난다.

약용법

생약명 담죽엽(淡竹葉). 지죽(地竹), 임하죽(林下竹), 토맥동(土麥冬)이라고도 한다.

사용부위 잎과 줄기를 약재로 쓴다.

채취와 조제 꽃이 피지 않은 포기는 어느 때든지 채취할 수 있으며 햇볕에 말린 다음 잘게 썰어서 쓴다.

성분 함유 성분에 대해서는 별로 밝혀진 것이 없다.

약효 해열, 이뇨, 갈증을 멈추게 하는 효능을 가지고 있다. 적용 질환은 가슴이 답답하고 열이 나는 증세, 소변이 잘 나오지 않는 증세, 소변이 붉으며 상태가 시원스럽지 못한 증세, 구내염, 입안이 마르는 증세 등이다.

용법 말린 약재를 1회에 3~8g씩 200cc의 물로 달여서 복용한다. 또는 말린 약재를 가루로 빻아 복용한다.

주목

Taxus cuspidata SIEB. et ZUCC | 주목과

높은 산의 숲 속에 자라는 키 큰 침엽수이다.
가지는 넓게 퍼지며 굵은 가지와 줄기가 붉은빛을 띠기 때문에 주목(朱木)이라고 부르고 있다. 잎은 잔가지에 나선형으로 달리는데 옆으로 뻗은 가지의 경우에는 햇빛을 많이 받기 위해 수평으로 방향을 바꿔 마치 깃털 모양으로 자리하고 있는 듯이 보인다. 잎의 생김새는 약간 넓은 줄 꼴로 끝이 갑자기 뾰족해지며 길이는 2cm 안팎이다. 잎 가장자리는 밋밋하고 표면은 짙은 녹색인데 뒷면에는 연한 노란 줄이 2개 있다. 한 가지에 암꽃과 수꽃이 따로 피어나며 수꽃은 8~10개의 수술이 6장의 비늘잎에 싸여져 여러 송이가 함께 핀다. 암꽃은 잎겨드랑이에 한 송이씩 피어나는데 수꽃, 암꽃 모두 꽃잎을 가지지 않으며 지름은 4~5mm로서 빛깔은 연한 노란빛이다. 열매는 붉게 물들며 씨는 한가운데가 움푹 패인 다즙질의 연한 열매살(과육)에 둘러싸여 있다. 열매살은 단맛이 나기 때문에 아이들이 즐겨 따서 먹는다.

개화기 4월 중

분포 거의 전국적으로 분포하며 높은 산의 숲 속에 난다.

약용법

생약명 주목(朱木). 적백송(赤柏松)이라고도 한다.

사용부위 가지와 잎을 약재로 쓴다.

채취와 조제 가을에 채취하여 그늘에서 말려 쓰기에 앞서 잘게 썬다.

성분 안히드로탁시니놀(Anhydrotaxininol), 아우크빈(Aucubin), 로독산신(Rhodoxanthin), 시아도피티신(Sciadopitysin), 탁시닌(Taxinine) 등이 함유되어 있다.

약효 이뇨, 지갈, 통경의 효능이 있고 혈당을 낮추는 역할을 한다. 적용 질환은 소변이 잘 나오지 않는 증세, 신장염, 부종, 월경불순, 당뇨병 등이다.

용법 말린 약재를 1회에 3~8g씩 200cc의 물로 뭉근하게 달이거나 생즙을 내어 복용한다.

중국굴피나무 당굴피나무

Pterocarya stenoptera D. DC | 호도나무과

10m 정도의 높이로 자라나는 낙엽활엽수이다. 토양 수분이 윤택한자리에서 잘 자라며 줄기는 곧게 자라 올라간다. 잔가지의 골속은 계단처럼 층을 이루고 있다. 겨울눈은 비늘잎에 덮여 있지 않고 아주 어린잎이 서로 겹친 상태로 있다.

잎은 9~25장의 잎 조각이 깃털 모양으로 이루어져 있으며 잎 전체의 길이는 20~40cm정도나 된다. 잎 조각의 생김새는 길쭉한 타원 꼴 또는 계란 꼴에 가까운 타원 꼴로 길이는 4~10cm이고 가장자리에는 작은 톱니가 규칙적으로 배열되어 있다. 잎겨드랑이에서 자라난 긴 꽃대에 암꽃과 수꽃이 따로 달리며 작고 많은 꽃이 끄나풀 모양으로 뭉쳐 꼬리처럼 늘어진다. 꽃의 빛깔은 노란빛이 감도는 초록빛이다. 열매는 길이가 20~30cm나 되는 기다란 열매 줄기에 20개 이상이 달리며 모양은 계란 꼴로 양가에 굽은 큰 날개가 붙어 있다. 열매의 길이는 1.5cm 안팎이다.

개화기 4월 중

분포 중국이 원산지인 나무로 경기도 이남 지역에 심고 있다.

약용법 생약명 풍양피(楓楊皮)

사용부위 수피(껍질)를 약재로 쓴다.

채취와 조제 1년 내내 어느 때든지 채취할 수 있으며 채취한 것은 햇볕에 말린다. 쓰기에 앞서 거친 부분을 제거하고 잘게 썬다.

성분 상세히 밝혀진 것이 없이 주글론(Juglon)이 함유되어 있을 것으로 추측되고 있다.

약효 진통, 소종의 효능을 가지고 있다. 적용 질환은 치통과 옴 등이다. 그 밖에 화상의 치료약으로도 쓰인다.

용법 말린 약재를 가루로 빻아 기름에 개어서 환부에 바른다.

참고 외국에서는 함유 성분을 추출하여 임산부의 입덧을 치료하는 약을 만든 일이 있다고 한다.

쥐똥나무 백당나무·남정실

Ligustrum obtusifolium SIEB. et ZUCC | 물푸레나무과

주변의 산야에 흔히 자라는 키 작은 낙엽활엽수이다.
한자리에서 여러 대의 줄기가 서며 회백색의 잔가지가 많이 갈라진다.
마디마다 2장의 잎이 마주 자리하고 있다. 잎의 생김새는 길쭉한 타원 꼴로 끝이 둥그스름하고 가장자리에는 톱니가 없고 밋밋하다. 잎의 빛깔은 연한 초록빛이고 잎 뒷면의 잎맥 위에는 잔털이 생겨나 있다. 잎의 길이는 2~5cm 정도이다.
그 해에 자라난 가지 끝에 희고 작은 꽃이 이삭 모양으로 뭉쳐서 핀다. 꽃은 대롱 모양인데 끝이 네 갈래로 갈라져 십자형을 이룬다. 꽃의 길이는 7mm 안팎이다.
꽃이 지고 난 뒤에는 길쭉한 타원형의 열매를 많이 맺는다. 가을이 되면서 검게 물드는데 그 생김새와 크기가 쥐똥과 흡사하기 때문에 쥐똥나무라고 부른다.

개화기 5~6월
분포 전국 각지에 널리 분포하며 낮은 산의 양지 쪽 풀밭이나 냇가 등에 흔히 난다.

약용법 생약명 수랍과(水蠟果)

사용부위 열매를 약재로 쓴다. 털쥐똥나무(Ligustrum obtusifolium var. regelianum REHD), 왕쥐똥나무(L. ovalifolium HASS), 청쥐똥나무(L. obtusifolium var. glabrum NAKAI) 등도 함께 쓰이고 있다.

채취와 조제 열매가 익는 대로 채취하여 햇볕에 말려서 그대로 쓴다.

성분 열매에 배당체인 이보틴(Ibotin)과 세로틱산(Cerotic acid)을 함유하고 있다.

약효 강장, 지혈, 지한(止汗)의 효능을 가지고 있다. 적용 질환은 신체허약, 유정, 식은땀, 토혈, 혈변 등이다.

용법 말린 약재를 1회에 3~5g씩 200cc의 물로 달여서 복용한다. 약재를 10배의 소주에 담가 5개월 정도 묵힌 것은 강장과 강정에 효과가 있으며 피로 회복에도 도움이 된다. 꿀이나 설탕을 넣으면 더욱 좋다.

참꽃나무겨우살이 꼬리진달래

Rhododendron micranthum TURCZ | 철쭉과

키 작은 상록성 활엽수로 크게 자라도 2m 정도밖에 되지 않는다.
마디마다 2~3개의 가지를 치며 잔털에 덮여 있다. 묵은 가지에는 갈색이 감돌고 골속도 갈색이다.
잎은 서로 어긋나게 자리하고 있지만 주로 가지의 끝부분에 3~4장씩 모여 달린다. 잎의 생김새는 타원 꼴 또는 피침 꼴로 끝이 무디고 가장자리는 밋밋하다. 잎의 길이는 2~3.5cm이고 가죽과 같이 빳빳하다. 잎 표면은 녹색으로 흰 점이 산재해 있으며 뒷면에는 갈색의 비늘조각이 빽빽하게 있다.
가지 끝에 20송이 안팎의 작은 꽃이 원뿌리 꼴로 모여 핀다. 지름이 1cm 안팎의 깔때기 모양의 꽃은 끝이 다섯 갈래로 갈라지며 희게 핀다.
꽃이 지고 난 뒤에는 타원형의 모습을 지닌 물기 없는 열매를 맺는다.

개화기 6~7월

분포 경상북도 중부지방 및 충청북도 단양과 강원도 이북지방에 분포하며 양지 쪽의 산비탈에 난다.

약용법

생약명 조산백(照山白)

사용부위 꽃을 포함한 가지와 잎을 약재로 쓴다.

채취와 조제 꽃이 필 때에 채취하여 햇볕에 말려 쓰기에 앞서 잘게 썰어 놓는다.

성분 함유 성분에 대해서는 별로 밝혀진 것이 없다.

약효 혈액 순환을 도와주며 거풍, 소종 등의 효능을 가지고 있다. 적용 질환은 풍증과 습기로 인한 관절의 통증, 온몸이 쑤시고 아픈 증세, 현기증, 기관지염, 장염, 이질 등이다. 그 밖에 골절이나 종기의 치료약으로도 쓰인다.

용법 말린 약재를 1회에 1~3g씩 200cc의 물로 반 정도의 양이 되도록 서서히 달여서 복용한다. 종기와 골절상에는 생잎과 가지를 찧어서 환부에 붙인다. 가루로 빻아 복용하거나 기름에 개어 발라도 된다.

참빗살나무 물뿌리나무

Euonymus sieboldianus BLUME | 노박덩굴과

키 작은 낙엽활엽수로 크게 자라면 8m 정도의 높이에 이르는 것도 있으나 보통 2~3m 정도이다.
나무껍질은 회갈색으로 밋밋하다.
잎은 마디마다 2장이 마주 자리하며 피침 꼴에 가까운 길쭉한 타원 꼴로 끝은 뾰족하고 밑동은 둥글다. 잎의 길이는 5~10cm이고 가장자리에는 잔 톱니가 규칙적으로 배열되어 있다.
꽃은 잔가지의 잎겨드랑이에서 자라나는 긴 꽃대에 10여 송이의 작은 꽃이 둥글게 뭉쳐 핀다. 4장의 꽃잎을 가지고 있는 꽃은 지름이 1cm 안팎이고 빛깔은 연한 초록빛이다. 꽃이 핀 뒤에 네모꼴 열매가 생기며 분홍빛으로 물들었다가 완전히 익으면 모가 진 줄에 따라 4개로 갈라져서 붉은 씨가 생긴다.

개화기 5~6월

분포 전국적으로 분포하며 산록지대의 냇가와 같은 자리에 난다.

약용법 생약명 사면목(絲棉木)

사용부위 잔가지와 잎을 약재로 쓴다. 회잎나무, 좀참빗살나무, 좁은잎회나무, 버들회나무 등도 함께 쓰이고 있다.

채취와 조제 생육기간 중에는 언제든지 채취할 수 있으며 채취한 것은 햇볕에 말려 쓰기에 앞서 잘게 썬다.

성분 씨에 에보니민(Evonymin)이라는 성분이 함유되어 있으며 이는 약간의 독성을 지닌다.

약효 혈액을 식혀주고 풍을 없애주며 소종의 효능도 가지고 있다. 적용 질환으로는 풍습으로 인한 관절염, 풍습성의 마비통증, 요통, 혈전증(血栓症), 정맥에 혹이 생기는 증세 등이다.

용법 말린 약재를 1회에 7~10g씩 200cc의 물로 달여서 복용한다.

참고 좀참빗살나무나 회잎나무, 버들회나무의 어린잎은 나물로 먹는다. 참빗살나무의 잎은 설사를 일으키기 때문에 먹지 않는다.

측백나무

Biota orientalis ENDL | 측백나무과

키가 크게 자라는 상록성 침엽수이지만 잎은 향나무처럼 부드럽고 관목과 같은 생김새로 자란 것이 많다. 나무껍질은 회갈색이고 세로의 방향으로 길게 갈라진다. 가지는 불규칙하게 퍼져 계란 꼴의 수관(樹冠)을 이룬다. 푸른빛의 잔가지는 깃털 모양을 지닌 채 평면으로 갈라지면서 손바닥을 세운 것처럼 수직으로 자란다. 굵은 가지는 적갈색을 띤다.
잎은 작은 비늘과 같은 생김새로 4줄로 배열되어 잔가지를 완전히 덮어 버린다. 암꽃과 수꽃이 각각 지난해에 자란 잔가지의 끝에서 핀다. 꽃의 크기는 모두 2mm 안팎이고 꽃잎이 없이 비늘에 싸여 있다. 꽃의 빛깔은 연한 자갈색이다. 열매는 딱딱한 섬유질로 8개의 비늘이 어긋나게 마주 자리하고 있다. 씨가 익으면 비늘이 보랏빛을 띤 갈색으로 변하며 벌어지면서 씨를 떨어뜨린다.

개화기 4월 중

분포 중국이 원산지이나 충청북도 단양군과 경상북도 영양군에 자생하고 있다. 산록지대의 양지 쪽에 난다.

약용법

생약명 측백엽(側柏葉). 백엽(柏葉)이라고도 하며 씨를 백자인(柏子仁)이라고 부른다.

사용부위 잎과 씨를 각각 약재로 쓴다.

채취와 조제 잎은 여름이나 가을에 채취하여 그늘에서 말리고 잘게 썬다. 씨는 성숙기에 거두어 햇볕에 말려서 그대로 쓴다.

성분 잎에 정유와 히노기티올(Hinokitiol)이 함유되어 있고 씨에는 지방유(脂肪油)를 가지고 있다.

약효 잎은 지혈, 수렴, 이뇨의 효능이 있다. 적용 질환은 토혈, 혈뇨, 대장염, 이질, 고혈압, 월경이 멈추지 않는 증세 등이다. 씨는 자양, 진정, 완하(緩下) 등의 효능이 있으며 식은땀, 신경쇠약, 신체허약, 불면증, 변비 등이다.

용법 잎은 1회에 3~5g씩, 씨는 2~4g씩 200cc의 물로 달이거나 가루로 빻아서 복용한다.

큰꽃으아리 개미머리

Clematis patens MORR. et DECAIS | 미나리아재비과

산록지대의 숲 속이나 숲 가장자리의 양지 바른 곳에서 자라나는 덩굴성의 낙엽 활엽수이다. 줄기는 가늘고 길며 2~4m의 길이로 자라나 다른 풀이나 키 작은 나무로 기어오른다.
잎은 3장의 잎 조각이 모이거나 5장의 잎 조각이 깃털 모양으로 모여서 이루어진다. 마디마다 2장의 잎이 마주 자리하고 있으며 잎 조각의 생김새는 계란 꼴 또는 계란 꼴에 가까운 피침 꼴이다. 끝은 뾰족하고 밑동이 둥글며 길이 4~10cm 정도의 잎 가장자리에는 톱니가 없이 밋밋하다. 잎 조각 표면은 털이 없고 뒷면에는 잔털이 생겨나 있다. 지름 10~15cm인 꽃은 잔가지 끝에 한 송이씩 피어나며 8장의 꽃잎을 가진다. 꽃잎의 생김새는 길쭉한 타원 꼴이고 끝이 뾰족하다. 꽃은 일반적으로 흰빛이지만 때로는 연보랏빛으로 피는 것도 있다.
열매에는 갈색의 긴 털이 달려 있어 할미꽃의 열매와 흡사한 외모를 가진다.

개화기 5월 중

분포 거의 전국적으로 분포하고 있으며 산록지대의 양지바른 숲 가장자리에 난다.

약용법

생약명 철전련(鐵轉蓮). 전자연(轉子蓮)이라고도 한다.

사용부위 뿌리를 포함한 모든 부분을 약재로 쓴다.

채취와 조제 가을에 굴취하여 햇볕에 말리고 쓰기에 앞서 잘게 썬다.

성분 독성 식물의 하나로 뿌리에 아네모닌(Anemonin), 아네모놀(Anemonol) 등의 알칼로이드를 함유한다.

약효 진통, 해독, 이뇨, 거풍 등의 효능을 가지고 있다. 적용 질환으로는 중풍, 통풍, 류머티즘, 안면신경마비, 수족마비, 편두통, 치통, 황달, 요산증(尿酸症) 등이다.

용법 말린 약재를 1회에 2~3g씩 200cc의 물로 뭉근하게 달이거나 가루로 빻아 복용한다. 독성이 있으므로 여러 날 계속 복용해서는 안 된다.

탱자나무

Poncirus trifoliata RAFIN | 산초과

경기도 이남의 지역에서 가꾸고 있는 낙엽활엽수로 귤나무에 가까우며 높이는 3m 정도이다. 가지는 푸르고 약간 납작하며 마디마다 2cm 안팎의 길이를 가진 예리한 가시가 돋친다.

잎은 가시 옆에서 자라나며 3장의 잎 조각으로 이루어져 있다. 잎 조각의 생김새는 계란 꼴 또는 타원 꼴의 모습이다. 가장자리에 무딘 톱니가 있는 잎 조각은 가죽과 같이 빳빳하며 윤기가 나고 끝은 약간 패여 있다.

꽃은 잔가지의 가시겨드랑이에 1~2송이씩 핀다. 5장의 흰 꽃잎을 가지고 있으며 한가운데에는 암술과 함께 수많은 수술이 뭉쳐 있다. 꽃의 지름은 1cm 안팎이다. 꽃이 핀 뒤 지름이 3cm쯤 되는 귤과 같은 생김새의 열매를 맺고 익으면 노랗게 물들어 좋은 향기를 풍기는데 먹지는 못 한다.

탱자나무의 묘목은 귤나무를 접붙이는 대목으로 쓰인다. 남쪽지방에서는 울타리용으로 흔히 심어 가꾼다.

개화기 5월 중

분포 중국이 원산지인 나무라고 한다. 예로부터 열매를 약용으로 쓰거나 산울타리를 꾸미기 위해 경기도 이남의 지역에서 널리 심어왔다.

약용법

생약명 지실(枳實). 지각(枳殼), 구귤(枸橘)이라고도 한다.

사용부위 익기 전인 열매를 약재로 쓴다.

채취와 조제 6월경에 채취하여 적당한 두께로 썰어 햇볕에 말려서 그대로 쓴다.

성분 이소사쿠라네틴(Isosakuranetin), 스킴미아닌(Skimmianine), 키코쿠틴(Kikokuetin), 네오헤스페리딘(Neohesperidin), 폰키린(Poncirin) 등이 함유되어 있다.

약효 건위, 이뇨, 거담, 진통, 이담 등의 효능을 가지고 있다. 적용 질환으로는 소화불량, 변비, 위통, 위하수, 황달, 담낭질환, 가슴과 배가 부풀어오는 증세, 자궁하수 등이다. 그 밖에 건위제나 지사제로도 쓴다.

용법 말린 약재를 1회에 2~4g씩 200cc의 물로 뭉근하게 달이거나 가루로 빻아 복용한다.

팔손이나무

Fatsia japonica DECAIS. et PLANCH | 오갈피나무과

상록성으로 남쪽 섬에서 자라며 높이 1.5m 안팎인 키 작은 활엽수다.
어린잎의 뒷면과 꽃대에는 다갈색의 솜털이 깔려 있으나 자라면서 점차 없어진다. 약간의 굵은 가지를 치면서 자라나는 잎은 마디마다 서로 어긋나게 자리하는데 주로 줄기와 가지 끝에 모여 있다. 둥근 잎은 반 정도의 깊이로 손바닥처럼 7~9 갈래로 갈라진다. 잎 밑동은 심장 꼴에 가까운 상태로 패여 있고 갈라진 조각의 끝은 뾰족하다. 잎의 지름은 20~30cm 정도이고 윤기가 나며 가장자리에는 무딘 톱니가 생겨나 있다.
꽃은 줄기와 가지 끝에 원뿌리 꼴로 갈라진 꽃대마다 지름이 5mm쯤 되는 많은 꽃이 우산 꼴로 모여 핀다. 꽃은 5장의 작은 꽃잎과 5대의 수술 및 끝이 다섯 갈래로 갈라진 하나의 암술로 이루어지고 있으며 빛깔은 희다. 열매는 둥글고 이듬해에 검게 익는다.

개화기 10~11월
분포 남해섬과 거제도에 분포하고 있으며 바다에 가까운 산의 숲 속에 난다.

약용법 생약명 팔각금반(八角金盤). 팔금반(八金盤), 금강찬(金剛纂)이라고도 한다.

사용부위 잎을 약재로 쓴다.

채취와 조제 1년 내내 채취할 수 있으며 햇볕에 말려 쓰기에 앞서 잘게 썬다.

성분 잎에 파트시아 사포톡신(Fatsia sapotoxcin)과 파트신(Fatsin)이라는 두 가지 사포닌(Saponin)이 함유되어 있다. 독성 식물의 하나이다.

약효 거담, 진해, 진통의 효능이 있다. 적용 질환은 기침, 천식, 가래가 끓는 증세, 통풍, 류머티즘 등이다.

용법 기침과 천식에는 말린 잎 1~2g씩 200cc의 물로 달여서 하루 세 번 복용한다. 통풍과 류머티즘의 치료를 위해서는 말린 잎 200~500g을 목욕물에 넣어 목욕하는 방법을 쓴다. 독성이 있으므로 복용할 때 조심해야 한다.

풀명자나무 애기명자나무

Chaenomeles maulei LAVAL | 배나무과

높이 1m 정도로 자라는 낙엽활엽수로 한자리에 여러 대의 줄기가 자란다. 흔히 줄기의 밑 부분은 반쯤 눕는다. 잔가지는 가시로 변하는 것이 많고 어린 가지에는 털이 나 있다.
잎은 서로 어긋나게 자리하며 넓은 계란 꼴로 끝은 둥글거나 약간 패여 있다. 잎의 길이는 2~5cm 정도이며 가장자리에는 작은 톱니가 규칙적으로 배열된다.
꽃은 짧은 가지에 한 송이 또는 2~4송이씩 피어나는데 짧은 꽃자루를 가지고 있으나 직접 가지에 붙어 있는 것처럼 보인다. 5장의 꽃잎을 가지고 있으며 지름이 2.5cm 안팎이고 빛깔은 주홍빛이다.
꽃에 자웅성이 있어서 암술과 씨방이 발달한 자성(雌性)의 꽃만이 열매를 맺는다. 열매는 둥글고 2~3cm의 굵기를 가졌으며 노랗게 익으면 향기를 풍기지만 신맛이 강하므로 먹을 수는 없다.

개화기 4월 중

분포 일본에 나는 나무라고 하나 우리나라 남부지방에도 분포하고 있으며 산지의 밝은 숲 속에 난다.

약용법

생약명 목과(木瓜). 목과실(木瓜實)이라고도 한다.

사용부위 열매를 약재로 쓴다.

채취와 조제 열매가 익는 대로 채취하여 2~3개로 쪼개서 햇볕에 말린다. 쓰기에 앞서 잘게 썬다.

성분 열매에 아미그달린(Amygdalin)과 2~3%의 능금산(林檎酸)이 함유되어 있다.

약효 진경, 진해, 이뇨, 건위, 거풍 등의 효능이 있다. 적용 질환은 더위를 먹은 증세, 기침, 각기, 빈혈증, 수종, 근육통, 풍과 습기로 인해 팔다리가 저리고 쑤시는 증세, 복통, 위염, 설사 등이다. 그 밖에 류머티즘의 치료에도 쓰인다.

용법 말린 약재를 1회에 2~4g씩 200cc의 물로 달이거나 가루로 빻아 복용한다. 류머티즘에는 진하게 달인 물을 환부에 되풀이해서 바른다.

피나무

Tilia amurensis var. barbigera NAKAI | 피나무과

20m 정도의 높이로 크게 자라는 낙엽활엽수이다.
줄기는 곧게 자라 가지를 넓게 펼친다. 나무껍질은 검은빛이 나는 갈색이고 비교적 밋밋하다. 잎은 마디마다 서로 어긋나게 자리하며 넓은 계란 모양으로 생겼다. 잎 끝은 길게 뻗어 나가면서 급격히 뾰족해지고 밑동은 심장 꼴로 패인다. 길이는 3~9cm인 잎 가장자리에는 날카롭게 생긴 톱니가 규칙적으로 배열되어 있다. 잎 표면에는 털이 없고 뒷면 잎맥 겨드랑이에 갈색 털이 빽빽하게 자라 있다. 꽃은 잎겨드랑이에서 길게 자라난 꽃대 끝에 10~20 송이가 둥글게 뭉쳐 아래로 처져서 핀다. 지름 1.5cm 안팎으로 피는 꽃은 5장의 꽃잎을 가지고 있으며 빛깔은 초록빛을 띤 흰빛이다. 꽃대의 중간부분에는 피침 꼴의 주걱과 같은 날개가 달려 있다.
열매는 둥글거나 계란 꼴이고 흰빛 또는 갈색의 털에 덮여 있다.

개화기 6월 중

분포 중부 이북의 지역에 분포하며 산의 중턱이나 골짜기에 난다.

약용법

생약명 피목화(皮木花). 가수화라고도 한다.

사용부위 꽃을 약재로 쓴다. 참피나무(Tilia amurensis var. glabrata NAKAI), 찰피나무(T. mandshurica RUPR. et MAXIM), 염주나무(T. megaphylla NAKAI)의 꽃도 함께 쓰이고 있다.

채취와 조제 꽃이 피기 시작할 무렵에 채취하여 햇볕에 말린다. 꽃가루를 제거하여 그대로 쓴다.

성분 정유인 파네졸(Farnesol)과 납질(蠟質), 당분, 타닌 등이 함유되어 있다.

약효 해열, 진경 등의 효능이 있으며 땀을 나게 한다. 적용 질환은 감기로 인해 열이 나는 증세이다.

용법 말린 약재를 1회에 3~5g씩 200cc의 물로 반 정도의 양이 되도록 뭉근하게 달여서 복용한다. 유럽에서는 열매를 지혈약으로 쓰고 있으며 잎은 궤양(潰瘍)과 종기의 치료약으로 쓰고 있다.

향나무 노송나무

Juniperus chinensis L | 측백나무과

키가 큰 상록 침엽수로 많은 가지를 친다.
잎은 아주 작은 비늘 또는 바늘처럼 생겼으며 잔가지들을 완전히 덮어버린다. 1~2년생의 가지는 잎이 변한 비늘 또는 바늘에 덮여 푸르고 3년이 지나면 비늘 또는 바늘이 말라붙어 어두운 갈색으로 변한다. 어린 나무의 경우에는 바늘 모양으로 생긴 잎을 가지고 있으나 7~8년생 정도만 되면 바늘처럼 생겼던 잎이 비늘 모양으로 변해 버린다. 따라서 어린 잔가지는 완전히 비늘로 덮여 미끈해지고 부드러워진다. 새로 자라난 잔가지 끝에 수꽃과 암꽃이 따로 핀다. 꽃은 타원 꼴로 길이는 3mm로 보랏빛을 띤 갈색이다. 4~6개의 꽃밥이 14개의 비늘로 둘러 싸여져 있고 암꽃은 둥글고 지름은 1.5mm이며 황록색의 4개의 비늘로 이루어진다. 꽃이 지고 난 뒤에는 지름이 1cm 안팎인 둥근 열매를 맺는다. 익으면 보랏빛을 띤 검정빛으로 물든다.

개화기 4월 중

분포 울릉도와 중부 이남의 지역에 드물게 분포하며 정원수로 많이 가꾸어지고 있다.

약용법

생약명 회백엽(檜柏葉). 회엽(檜葉), 향목엽(香木葉)이라고도 한다.

사용부위 어린 가지와 잎을 약재로 쓴다.

채취와 조제 언제든지 채취할 수 있으며 햇볕에 말려서 잘게 썬다. 때로는 생잎을 쓰기도 한다.

성분 사비놀(Sabinol), 카르바크롤(Carvacrol), 세드롤(Cedrol), 히노키티올(Hinokitiol), 카야플라본(Kayaflavone), 노트카틴(Nootkatin) 등이 함유되어 있다.

약효 해독, 거풍, 소종 등의 효능을 가지고 있다. 적용 질환은 감기, 관절염, 풍과 습기로 인한 통증, 습진, 종기, 습성 두드러기 등이다.

용법 말린 약재를 1회에 4~8g씩 200cc의 물로 달여서 복용한다. 종기와 두드러기의 치료에는 생잎을 찧어서 환부에 붙인다.

호랑가시나무 묘아자

Ilex cornuta form. typica LOESN | 감탕나무과

높이 2~3m 정도로 자라는 상록성의 활엽수로 많은 가지를 친다.
잎은 마디마다 서로 어긋나게 자리하며 타원 꼴에 가까운 여섯 모 모양이며 모가 진 부분은 가시로 변한다. 가죽처럼 빳빳하고 윤기가 흐르는 잎의 표면은 짙은 푸른빛이고 뒷면은 회녹색이다. 잎의 길이는 3.5~7cm쯤 된다. 꽃은 잔가지의 잎겨드랑이에 5~6송이씩 뭉쳐 피며 꽃자루는 5~6mm의 길이를 가지고 있다. 4장의 꽃잎을 가지고 있는 꽃은 지름이 7mm 안팎으로 향기를 풍긴다. 4개의 수술을 가지고 있으며 암술머리도 네 갈래로 갈라져 있다. 꽃이 핀 뒤에 4개의 씨가 들어 있는 둥근 열매를 맺는데 지름은 8mm 안팎이고 익으면 붉게 물들어 대단히 아름답다.

개화기 4~5월
분포 전라북도 변산반도 이남의 지역에 분포한다. 해변 가까이 낮은 산의 양지 쪽 기슭에서 자란다.

약용법 생약명 잎을 구골엽(枸骨葉) 또는 묘아자(猫兒刺)라 하고 열매를 구골자(枸骨子)라 한다.

사용부위 잎과 열매를 각각 약재로 쓴다.

채취와 조제 잎은 가을에, 열매는 겨울에 채취하여 햇볕에 말린다. 잎은 쓰기에 앞서 잘게 썰고 씨는 그대로 쓴다.

약효 잎은 거풍, 강장 등의 효능을 가지고 있으며 적용 질환은 허리와 무릎이 저리고 아픈 증세, 풍으로 인한 마비통증, 결핵성의 기침 등이다. 열매는 강정 효능을 가지고 있으며 혈액 순환을 돕는다. 적용 질환으로는 신체허약, 양기부족, 유정, 뼈와 근육이 쑤시고 아픈 증세 등이다.

용법 잎은 말린 것을 1회에 2~5g씩 200cc의 물에 달여 복용한다. 열매는 1회에 2~4g을 200cc의 물로 달여서 복용하는데 10배의 소주에 담가서 복용하기도 한다. 이것을 구골주(枸骨酒)라고 하며 피로 회복에도 효과가 크다.

홍만병초 붉은만병초

Rhododendron fauriae var. roseum NAKAI | 철쭉과

높이 4m 정도로 자라는 상록성의 활엽수이며 철쭉이나 진달래와 한 무리가 된다. 어린 가지에는 잿빛 털이 빽빽하게 있으나 곧 없어지고 갈색으로 변한다.
길이 20cm 정도의 매우 큰 잎은 가죽과 같이 빳빳하다. 잎의 가장자리는 밋밋하고 뒷면 쪽으로 약간 말려든다. 길쭉한 타원 꼴에 가까운 피침 꼴로 생긴 잎은 서로 어긋나게 자리하고 있지만 일반적으로 5~7장이 가지 끝에 모여 달린다. 잎 표면은 짙은 푸른빛이고 주름이 진 것처럼 보이고 뒷면에는 회갈색의 잔털이 빽빽하게 나 있다. 꽃은 지름 5cm 안팎의 넓은 깔때기 꼴로 10~20 송이가 가지 끝에 둥글게 피며 분홍빛이다. 흰빛 또는 연한 노란빛의 꽃이 피는 것이 있는데 이것은 만병초라고 한다.

개화기 7월 중

분포 홍만병초는 울릉도에만 나고 만병초는 울릉도와 지리산, 강원도 및 북한지방에 분포한다. 깊은 산의 골짜기에 난다.

약용법

생약명 만병초(萬病草). 석남엽(石南葉) 또는 풍약(風藥)이라고도 한다.

사용부위 잎을 약재로 쓰는데 만병초의 잎도 함께 쓰이고 있다.

채취와 조제 1년 내내 채취할 수 있으며 햇볕에 말려 쓰기에 앞서 잘게 썬다.

성분 로도톡신(Rhodotoxin), 마니톨(Manitol), 소르비토르(Sorbitor) 등의 성분이 함유되어 있다.

약효 강장, 강정, 최음, 진통, 해열, 이뇨, 거풍 등의 효능을 가지고 있다. 적용 질환은 감기, 두통, 발기력부전, 관절통, 신장이 허해서 허리가 아픈 증세, 신장염, 월경불순, 불임증 등이다. 여성이 이 약재를 오래 복용하면 정욕이 높아진다고 한다.

용법 말린 약재를 1회에 2~4g씩 200cc의 물로 달여 복용한다. 그러나 함유 성분인 로도톡신에 독성이 있으므로 과용하는 일이 없도록 주의해야 한다.

황매화 죽도화 · 죽단화 · 수중화

Kerria japonica DC | 장미과

크게 자라도 2m 정도의 높이밖에 되지 않는 키 작은 낙엽활엽수이다.
한자리에 더부룩하게 많은 줄기가 자라 무성하며 줄기와 가지는 푸르고 털이 없다. 잎은 서로 어긋나게 자리하며 길쭉한 타원 꼴 또는 길쭉한 계란 꼴이다. 잎 끝은 매우 뾰족하고 밑동은 둥글며 길이는 4~7cm 정도이다. 잎의 가장자리에는 예리한 생김새의 이중으로 된 톱니가 있으며 표면에는 잎맥이 두드러지게 나타나 있다. 잎겨드랑이에는 작고 길쭉한 2장의 받침잎이 자리한다.
꽃은 작은 곁가지 끝에 잎과 함께 한 송이씩 핀다. 5장의 노란 꽃잎을 가졌으며 지름은 3cm 안팎으로 핀다. 매화나무꽃과 흡사한 외모를 가지고 있다.
정원에 심어 가꾸는 것은 일반적으로 겹꽃이 피는 종류인데 이것을 겹황매화 또는 겹죽도화라고 한다.

개화기 4월 중

분포 일본이 원산지인 꽃나무이다. 우리나라에는 고려시대에 도입되었으며 강원도 춘성군 청평사(淸平寺) 주변에 무성하게 자라고 있다.

약용법 생약명 체당화. 지당, 봉당화라고도 부른다.

사용부위 꽃을 포함한 잎과 가지를 약재로 쓰는데 겹황매화(Kerria japonica var. pleniflora WITT)도 함께 쓰인다.

채취와 조제 꽃이 필 때 잔가지를 따서 말린다. 쓰기에 앞서 잘게 썬다.

성분 함유 성분에 대해서는 별로 밝혀진 것이 없다.

약효 진해, 이뇨, 거풍의 효능이 있다. 적용 질환은 오래 지속되는 기침, 풍으로 인한 관절의 통증, 수종, 산욕기나 월경기 또는 갱년기에 생겨나는 각종 증세(두통, 현기증, 어지러움, 온열, 한랭감 등) 등이다.

용법 말린 약재를 1회에 3~8g씩 200cc의 물로 달여서 하루 세 번 복용한다.

황벽나무 황경피나무

Phellodendron amurense var. sachalinense FR SCHMIDT | 산초과

낙엽활엽수로 높이는 10m에 이른다. 굵은 가지가 사방으로 퍼진다. 나무껍질은 연한 회갈색이며 코르크질이 두껍게 발달하여 세로 방향으로 깊게 갈라진다. 속껍질(내피)은 선명한 노란빛이다. 마디마다 2장의 잎이 마주 자리하고 있으며 5~13장의 잎 조각이 깃털 모양으로 배열된다. 잎 조각의 생김새는 계란 꼴 또는 피침 꼴에 가까운 계란 꼴이며 끝은 꼬리처럼 뾰족하고 밑동은 둥글다. 표면은 짙은 푸른빛으로 광채가 나지만 뒷면은 흰빛을 띤다. 잎 조각의 가장자리에는 톱니가 없이 밋밋하다. 꽃은 잎겨드랑이로부터 자라난 기다란 꽃대에 작은 꽃이 원뿌리 꼴로 모여서 피어나는데 암꽃과 수꽃이 각기 다른 나무에 피고 있다. 5~8장의 연한 노란빛의 꽃잎을 가지고 있으며 지름은 6mm 안팎이다.
둥근 열매는 검게 물드는데 겨울에도 떨어지지 않고 그대로 남는 것이 많다.

개화기 5~6월

분포 전라남도를 제외한 전국 각지에 분포하며 깊은 산의 나무 속에 난다.

약용법

생약명 황백(黃柏). 황벽(黃檗), 황목(黃木)이라고도 한다.

사용부위 나무껍질을 약재로 쓴다. 큰황벽나무(Phellodendron amurense var. latifoliolatum NAKAI), 섬황경피나무(P. insulare NAKAI), 우단황벽나무(P. molle NAKAI)의 껍질도 함께 쓰이고 있다.

채취와 조제 여름철에 속껍질을 채취하여 햇볕에 말려서 잘게 썬다.

성분 베르베린(Berberine), 오바쿠논(Obacunone), 베타-사이토스테롤(β-Sitosterol), 칸디신(Candicine), 구아니딘(Guanidine) 등이 함유되어 있다.

약효 건위, 정장, 수렴, 지사, 해열, 해독, 진통 등의 효능을 가지고 있다. 적용 질환은 소화불량, 설사, 복통, 황달, 간염, 간경화증, 소변이 잘 나오지 않는 증세, 자궁출혈 등이다.

용법 말린 약재를 1회에 2~4g씩 200cc의 물로 반 정도의 양이 되게 서서히 달이거나 가루로 빻아 복용한다.

회양목 화양목·도장나무

Buxus koreana NAKAI | 회양목과

키 작은 상록성의 활엽수이지만 때로는 7m 정도의 높이로 자라는 것도 있다. 푸르고 모진 잔가지를 많이 쳐서 흔히 더부룩한 외모를 보인다. 잎은 마디마다 2장이 마주 자리하는데 워낙 마디 사이가 좁기 때문에 잎이 잔가지들을 완전히 덮고 있는 것처럼 보인다. 잎의 길이는 1cm 안팎인데 가죽처럼 빳빳하고 윤기가 난다. 타원 모양으로 생긴 잎은 끝이 약간 패여 있다. 잎 가장자리에는 톱니가 없이 밋밋하며 뒷면 쪽으로 약간 말려든다. 꽃은 가지 끝이나 그에 가까운 잎겨드랑이에 수꽃과 암꽃이 함께 몇 송이씩 뭉쳐 피는데 한가운데에 암꽃이 자리한다. 꽃의 지름은 3mm도 채 안 되며 빛깔은 연한 노란빛이다.
꽃이 지고 난 뒤에 맺는 열매는 계란 꼴로 길이 1cm쯤 되며 익으면 갈색으로 물든다.

개화기 4~5월

분포 전라북도를 제외한 남한 전역과 북한 지방에 분포하는데 주로 석탄이 나는 석회암 지대에 많으며 산 중턱과 골짜기 등에 난다.

약용법

생약명 황양목(黃楊木)

사용부위 잔가지와 잎을 약재로 쓴다. 긴회양목, 좀회양목, 섬회양목도 함께 쓰이고 있다.

채취와 조제 어느 때든지 채취할 수 있으며 햇볕에 말려 쓰기에 앞서 잘게 썬다.

성분 북신(Buxin), 파라북신(Parabuxin), 북시니딘(Buxinidin), 파라북시니딘(Parabuxinidin), 북시나민(Buxinamin) 등의 알칼로이드가 함유되어 있다.

약효 진통, 진해, 거풍 등의 효능을 가지고 있다. 적용 질환은 풍과 습기로 인한 통증, 백일해, 고환이나 부고환의 질환으로 인한 신경통, 치통 등이다. 또 통풍이나 류머티즘, 매독의 치료약으로도 쓴다.

용법 말린 약재를 1회에 5~10g씩 200cc의 물로 달여서 복용한다. 과용하면 구토, 설사, 현기증 등의 증세가 일어난다.

회화나무

Styphnolobium japonicum SCHOTT.=Sophora japonica L | 콩과

높이 20m가 넘는 낙엽활엽수이다. 많은 가지를 쳐서 넓게 퍼지며 새로 자란 잔가지는 푸른빛이고 잘라보면 특수한 냄새가 난다. 잎은 마디마다 서로 어긋나게 자리하고 있으며 7~17장의 잎 조각으로 이루어진 깃털 꼴이다. 잎의 생김새는 계란 꼴 또는 계란 꼴에 가까운 피침 꼴이다. 길이 3~5cm 정도 되는 잎의 끝은 뾰족하고 밑동은 둥글며 가장자리에는 톱니가 없이 밋밋하다. 표면은 푸르고 뒷면은 잿빛이며 잔털이 생겨나 있다. 새로 자라난 가지 끝에 나비 꼴의 작은 흰 꽃이 원뿌리 꼴로 모여서 핀다.

꽃의 생김새는 아카시아꽃과 흡사하나 약간 작아 1cm 안팎의 길이를 가지고 있다. 꽃이 핀 뒤에 염주알이 이어져 있는 것과 비슷한 생김새를 가진 꼬투리가 생겨나는데 빛깔은 초록빛이고 약간 살이 두껍다.

개화기 8월 중

분포 원래 중국에 나는 나무인데 예로부터 마을 어귀와 같은 자리에 흔히 심어왔다.

약용법

생약명 꽃을 회화(槐花), 열매를 회실(槐實)이라고 부른다.

사용부위 꽃봉오리와 열매를 함께 약재로 쓴다.

채취와 조제 꽃은 피기 직전에 채취하여 말려서 그대로 쓴다. 열매는 완전히 익은 뒤에 채취하여 햇볕에 말리고 꼭지를 따서 쓴다.

성분 퀘르세틴(Quercetin), 루틴(Rutin), 소포라비오사이드(Sophorabioside), 소포리코사이드(Sophoricoside) 등이 함유되어 있다.

약효 꽃에는 지혈, 진경, 소종 등의 효능이 있다. 적용 질환은 토혈, 혈변, 월경이 멈추지 않는 증세, 대하증, 임파선염 등이다. 열매에는 지혈, 양혈 등의 효능이 있으며 토혈, 각혈, 혈변, 혈뇨, 장염, 월경이 멈추지 않는 증세, 가슴이 답답한 증세 등이다.

용법 꽃은 1회에 3~8g, 열매도 3~8g씩 200cc의 물로 달이거나 생열매를 즙으로 복용하기도 한다.

후박나무

Machilus thunbergii SIEB. et ZUCC | 녹나무과

20m 가까운 높이로 자라는 상록성의 활엽수로 큰 나무는 지름이 1m까지 이르는 것도 있다. 잎은 서로 어긋나게 자리하고 있지만 일반적으로 가지 끝에 모여서 붙어 있는 것처럼 보인다. 잎몸이 두껍고 윤기가 나며 생김새는 계란 꼴에 가까운 타원 꼴이다. 길이는 7~15cm이고 깃털 꼴로 배열된 잎맥이 뚜렷하다. 잎 끝은 둥글고 첨단부가 꼬리처럼 길게 뻗어난다. 가장자리에는 톱니가 없고 밋밋하며 표면은 짙은 푸른빛인데 뒷면은 회녹색이다.
새 잎이 나올 때 함께 잎겨드랑이에서 자라난 꽃대에 많은 꽃이 원뿌리 꼴로 모여 핀다. 꽃은 6장의 꽃잎을 가지고 있으며 지름이 4mm 안팎이고 노란빛을 띤 초록빛이다. 꽃이 핀 뒤에 붉은빛의 열매자루에 둥근 열매가 달리는데 이듬해 여름에 보랏빛을 띤 검은빛으로 익는다.

개화기 5~6월

분포 제주도와 울릉도를 비롯하여 다도해의 여러 섬에 분포하며 해변에 가까운 낮은 지대에서 난다.

약용법 생약명 후박(厚朴)

사용부위 껍질을 약재로 쓰는데 왕후박나무의 껍질도 함께 쓰인다.

채취와 조제 어느 때든지 채취할 수 있으나 보통 여름에 채취한다. 햇볕에 말려서 쓰기에 앞서 잘게 썬다.

성분 에우게놀(Eugenol)을 주성분으로 하는 정유가 함유되어 있다.

약효 건위, 정장, 거담 등의 효능을 가지고 있다. 적용 질환은 소화불량, 복통, 구토, 설사, 기침, 가슴과 배가 부풀어 거북하고 아픈 증세 등이다.

용법 말린 약재를 1회에 2~4g씩 200cc의 물로 뭉근하게 달이거나 가루로 빻아 복용한다.

참고 과거에는 일본목련(Magnolia obovata THUNB)을 후박나무라 하여 참된후박나무의 대용품으로 써왔던 일이 있다.

개쉬땅나무 쉬나무·밥쉬나무

Sorbaria stellipilla var. typica SCHNEID | 조팝나무과

높이 2m 정도로 자라는 키 작은 낙엽활엽수이다.
뿌리는 땅속줄기처럼 뻗어나가며 한자리에서 많은 줄기가 일어선다.
잎은 서로 어긋나게 자리하고 있으며 13~23장의 작은 잎 조각이 깃털 꼴로 모여 있다. 잎 조각의 생김새는 피침 꼴로 끝이 뾰족하고 밑동은 둥글다. 잎 조각의 길이는 6~10cm이고 뒷면에는 별처럼 생긴 잔털이 생겨나 있다. 가장자리에는 크고 작은 톱니가 배열되어 있으며 잎자루에도 잔털이 난다.
가지 끝에 작은 꽃이 원뿌리 꼴로 모여서 피어나며 지름은 5~6mm의 꽃은 많은 수술을 가지며 흰빛을 띤이다.

개화기 6월 중

분포 중부 이북 지역에 분포하며 산골짜기의 냇가에 큰 군락을 이루는 경우가 많다.

약용법 생약명 주마진. 진주매라고도 한다.

사용부위 껍질을 약재로 쓴다. 청쉬땅나무(Sorbaria stellipilla var. glabra NAKAI), 점쉬땅나무(S. stellipilla var. glandulosa NAKAI), 털쉬땅나무(S. stellipilla var. incerta SCHNEID)도 함께 쓰인다.

채취와 조제 가을에 채취하여 햇볕에 말려 쓰기에 앞서 잘게 썬다.

성분 함유 성분에 대해서는 아직 밝혀진 것이 없다.

약효 진통 효과가 있으며 멍든 피(어혈)를 풀어주는 작용을 한다. 적용 질환은 신경통, 골절로 인한 통증, 삐거나 타박상으로 인한 통증 등이다.

용법 말린 약재를 1회에 0.3~0.7g씩 알맞은 양의 물로 달이거나 가루로 빻아 복용한다.

식용법 어리고 연한 순을 나물로 해서 먹는다. 쓰고 떫은맛이 나므로 데친 다음 흐르는 찬물에 담가 잘 우려서 나물로 무쳐야 한다. 산채로서의 가치는 별로 없으나 흔히 큰 군락을 이루어 쉽게 구할 수 있어 그러한 고장에서는 흔하게 사용한다.

개암나무 갬나무·깨금나무

Corylus heterophylla var. japonica KOIDZ | 자작나무과

높이 3m 정도로 자라는 낙엽활엽수로 잔가지에는 털이 나 있다.
서로 어긋나게 자리하고 있는 잎은 넓은 계란 꼴이며 끝은 뾰족하고 밑동은 둥글거나 심장 꼴로 약간 패여 있다. 잎의 길이는 6~12cm 정도이고 가장자리에는 불규칙한 크고 작은 톱니가 나 있다. 잎 뒷면은 노란빛이 감도는 초록빛으로 약간의 털을 가진다. 어린잎의 표면에는 붉은 얼룩이 든다.
빛깔이 누런 수꽃은 가지 끝에 끄나풀처럼 뭉친 것이 2~3개가 늘어지며 뭉친 길이는 4~5cm이다. 암꽃 역시 가지 끝에 피며 겨울눈처럼 생겼다. 열매는 도토리처럼 생겼으며 2장의 포엽(包葉)으로 싸인다.

개화기 3월 중

분포 전국 각지에 널리 분포하며 산지의 양지 쪽에 나는데 특히 불이 났던 곳에 많다.

약용법 생약명 진자(榛子)

사용부위 열매를 약재로 쓴다. 난티잎개암나무(Corylus heterophylla FISCH), 참개암나무(C. sieboldiana BLUME), 물개암나무(C. mandshurica MAX) 등의 열매도 함께 쓰인다.

채취와 조제 열매가 익는 대로 채취하여 햇볕에 말려 껍질을 벗겨서 쓴다.

성분 지방유, 단백질, 당분 등이 함유되어 있다.

약효 강장 효과가 있으며 눈을 밝게 해준다. 적용 질환은 신체허약, 식욕부진, 안정피로(眼睛疲勞), 눈이 어두운 증세 등이다.

용법 1회에 10g씩 적당한 물에 넣어 뭉근하게 달이거나 가루로 빻아서 복용한다. 때로는 날 것을 먹어도 마찬가지의 효과를 얻을 수 있다.

식용법 도토리처럼 생긴 열매를 먹는다. 껍질을 벗기지 않은 채 불에 볶아서 까먹으면 아주 고소하다. 그러나 알맹이가 작고 밤처럼 대량으로 산출되는 것이 아니기 때문에 심심풀이로 먹는 데 지나지 않다.

구기자나무

Lycium chinense MILL | 가지과

키 작은 낙엽활엽수이다. 줄기는 비스듬히 자라 끝이 휘어지며 땅에 닿으면 그 곳에서 다시 새로운 나무가 자라난다. 많은 가지를 치는데 가지에는 흔히 가시가 돋친다.

잎은 서로 어긋나게 달리지만 때로는 여러 장이 한자리에 모여 달리는 일도 있다. 잎의 생김새는 넓은 계란 꼴 또는 계란 꼴에 가까운 피침 꼴로 길이는 3~5cm 정도이다. 잎 끝은 무디고 가장자리에는 톱니가 없이 밋밋하다. 가지의 잎겨드랑이마다 1~4 송이의 꽃이 핀다. 다섯 갈래로 갈라진 꽃은 1cm 안팎의 지름을 가지고 있으며 빛깔은 연보랏빛이다. 꽃이 지고 난 뒤에는 길쭉한 계란 모양의 붉은 열매를 맺는다.

개화기 6~9월

분포 전국적으로 야생하고 있다. 마을 부근의 들이나 냇가의 언덕과 같은 곳에서 자라며 심기도 한다.

약용법

생약명 구기자(枸杞子). 지골자(地骨子)라고도 한다.

사용부위 열매를 약재로 쓴다. 뿌리껍질도 지골피(地骨皮)라 하여 약으로 쓴다.

채취와 조제 붉게 물든 열매를 채취하여 햇볕에 말려서 그대로 쓴다.

성분 스코폴레틴(Scopoletin), 베타-사이토스테롤(β-Sitosterol), 베타-글루코시드(β-Glucoside) 등이 함유되어 있다.

약효 강장, 보양 등의 효능이 있으며 간에 이롭다. 적용 질환으로는 신체가 허약한 증세, 양기부족, 신경쇠약, 폐결핵, 당뇨병, 만성간염, 현기증, 시력감퇴 등이다.

용법 말린 약재를 1회에 4~8g씩 200cc의 물로 달이거나 가루로 빻아 복용한다. 약재를 같은 양의 설탕과 함께 10배의 소주에 담근 것을 구기주(枸杞酒)라고 하는데 하루 반 컵씩 마시면 허약한 사람도 튼튼해진다.

식용법 연한 순을 나물 또는 나물밥으로 해 먹는다. 쓰거나 떫은맛이 없으므로 가볍게 데쳐 찬물에 한 번 헹구면 바로 조리할 수 있다. 나물밥은 연한 순을 잘게 썰어 쌀과 섞어서 밥을 지으면 된다.

귀룽나무

Prunus padus L | 벚나무과

산골짜기에 자라는 낙엽활엽수로 높이 15m에 이른다.
어린 가지를 꺾으면 냄새가 난다. 잎은 마디마다 서로 어긋나게 자리하며 계란꼴 또는 타원 꼴로 끝은 뾰족하고 밑동은 둥그스름하다. 벚나무 잎과 흡사한 잎의 길이는 6~12cm이고 뒷면은 잿빛을 띤 푸른빛이다. 잎맥에는 털이 나 있고 가장자리에는 작은 톱니가 규칙적으로 배열되어 있다.
꽃은 잔가지 끝에 이삭 모양으로 뭉쳐 피어서 약간 아래로 처지는데 길이는 10~15cm이다. 꽃대 아래쪽에는 2~3장의 작은 잎이 달린다. 지름 1~1.5cm인 꽃은 5장의 꽃잎으로 구성되며 빛깔은 희다.
꽃이 핀 뒤에는 하나의 꽃대에 4~5개의 둥근 열매가 달리고 익으면 검게 물든다.

개화기 5월 중

분포 전국 각지에 분포하며 깊은 산의 골짜기와 하천 유역에 난다.

약용법 생약명 구룡목(九龍木). 조리(稠梨)라고도 한다.

사용부위 잔가지를 약재로 쓴다. 흰귀룽나무, 서울귀룽나무도 함께 쓰이고 있다.

채취와 조제 어느 때든지 채취할 수 있으며 햇볕에 말려 쓰기에 앞서 잘게 썬다.

성분 프룰라우라신(Prulaurasin), 프루나신(Prunasin), 프루네틴(Prunetin) 등의 성분이 함유되어 있다.

약효 진통, 지사, 거풍 등의 효능이 있다. 적용 질환은 풍과 습기로 인한 통증, 관절염, 허리와 대퇴부의 통증, 설사 등이다.

용법 말린 약재를 1회에 7~10g씩 200cc의 물로 반 정도의 양이 되게 뭉근하게 달이거나 또는 10배의 소주에 담가서 오래 묵혔다가 매일 아침저녁으로 소량씩 복용한다.

식용법 잎이 펼쳐지기 시작하는 어린순을 뜯어다가 나물로 하거나 기름으로 볶아 간을 해서 먹는다. 가볍게 데쳐서 잠시 찬물에 우렸다가 조리한다. 반죽한 밀가루를 입혀 튀김으로 해서 먹기도 한다.

꾸지나무

Broussonetia papyrifera VENT | 뽕나무과

종이 원료로 쓰기 위해 곳곳에 심어 가꾸고 있는 낙엽활엽수이다.
크게 자라면 10m를 넘는데 보통 볼 수 있는 것은 관목과 같은 상태로 자란 것들이다.
잔가지는 갈색 또는 자줏빛이 돌고 잔털이 빽빽하지만 곧 없어진다. 잎은 서로 어긋나게 자리하며 계란 꼴로 2~3개의 결각을 가지고 있다. 길이가 5~15cm인 잎의 끝은 뾰족하고 밑동은 심장 꼴로 패여 있다. 가장자리에는 작은 톱니가 배열된다. 수꽃은 새로운 가지의 밑 부분에 대롱과 같은 모양으로 뭉치고 암꽃은 윗부분의 잎겨드랑이에서 둥글게 뭉쳐 핀다. 빛깔은 연한 푸른빛이다. 꽃이 진 뒤에 나무딸기의 열매 같은 둥근 열매를 맺고 붉게 물든다.

개화기 5월 중

분포 우리나라와 일본, 중국, 인도 등지에 분포하며 양지 쪽 산비탈이나 밭 가장자리같은 곳에심어가꾼다.

약용법 생약명 저실(楮實). 곡실(穀實)이라고도 한다.

사용부위 열매를 약재로 쓰는데, 닥나무(Broussonetia kazinoki SIEB.)의 열매도 함께 쓰인다.

채취와 조제 열매가 붉게 물든 뒤 채취하여 햇볕에 말려서 그대로 쓴다.

성분 함유 성분에 대해서는 밝혀진 것이 없으나 세로틴(Cerotin)이라는 성분이 함유되어 있다는 설이 있다.

약효 자양, 강장의 효능이 있으며 적용 질환으로는 신체허약, 정력감퇴, 음위(남자 성기가 위축되는 병), 불면증, 시력감퇴 등이다.

용법 말린 약재를 1회에 2~4g씩 200cc의 물로 달이거나 가루로 빻아 복용한다.

식용법 어린잎을 나물로 하거나 쌀과 섞어 밥을 지어 먹는다. 열매는 붉게 물든 뒤 채취하여 말려 두었다가 먹는다. 옛날에는 주로 흉년이 들었을 때에 먹었으며 건강하게 장수하는 효과가 있다. 속껍질에서 녹말을 채취할 수 있다.

노박덩굴 노방덩굴·노팡개덩굴

Celastrus orbiculatus THUNB | 노박덩굴과

덩굴로 길게 자라나는 낙엽활엽수로 10m 정도의 길이로 자란다.
잎은 서로 어긋나게 자리하고 있으며 계란 꼴 또는 계란 꼴에 가까운 둥근 꼴의 모습이다. 잎 끝은 뾰족하거나 둥글고 가장자리에는 작은 톱니가 규칙적으로 배열되어 있다. 잎의 길이는 5~10cm 정도이다.
암꽃과 수꽃이 각기 다른 나무에 달리는데 때로는 한 나무에 달리는 일도 있다. 꽃은 잔가지의 잎겨드랑이에서 자라나는 짤막한 꽃대에 1~10송이의 작은 꽃이 뭉쳐 핀다. 노란빛을 띤 초록ㄴ빛이 나는 5장의 꽃잎을 가졌으며 지름은 4mm 안팎이다.
둥근 황갈색의 열매를 맺으며 익으면 붉은 씨가 나타난다.

개화기 5~6월
분포 전국 각지에 널리 분포하며 산의 양지 쪽에 흔히 덤불을 형성한다.

약용법 생약명 남사등(南蛇藤). 지남사(地南蛇), 금홍수(金紅樹)라고도 부른다.

사용부위 줄기와 가지를 한꺼번에 약재로 쓴다.

채취와 조제 늦가을에나 겨울에 채취하여 햇볕에 말리고 쓰기에 앞서 잘게 썬다.

성분 함유 성분에 대해서는 별로 밝혀진 것이 없다.

약효 거풍, 해독, 소종의 효능이 있으며 혈액의 순환을 활발하게 해준다. 적용 질환으로는 뼈와 근육의 통증, 팔다리가 굳어지고 마비되는 증세, 요통, 이질, 장염, 치질 등이다.

용법 말린 약재를 1회에 4~5g씩 200cc의 물로 반 정도의 양이 되도록 뭉근하게 달여서 복용한다.

식용법 갓 자라나는 어린순을 나물로 해서 먹는다. 약간 쓴맛이 나기는 하지만 가볍게 데쳐 찬물에 헹구면 없어진다. 감칠맛이 있어 산채 가운데서는 먹을 만한 것 중의 하나로 꼽힌다.

누리장나무 개나무 · 구린내나무

Clerodendron trichotomum THUNB | 마편초과

개화기 8~9월

분포 강원도와 황해도 이남의 지역에 널리 분포하며 양지 쪽 산비탈에 떼를 지어 자란다.

키 작은 낙엽활엽수로 2m 정도의 크기로 자란다.
줄기는 여러 갈래로 갈라져 옆으로 넓게 퍼지며 어린 가지에는 털이 생겨나 있다. 잎은 마디마다 2장이 마주 자리한다. 계란 꼴 또는 타원 꼴로 생긴 잎의 밑동은 둥글고 끝은 뾰족하며 길이는 8~20cm이다. 잎 가장자리에는 일반적으로 톱니가 없는데 때로는 큰 톱니를 가지는 것도 있다. 가지 끝의 잎겨드랑이에서 자라나는 기다란 꽃대에 많은 꽃이 우산 꼴로 모여서 핀다. 꽃의 지름은 3cm 안팎이고 끝이 다섯 갈래로 갈라지며 흰빛이다. 열매는 짙은 남빛으로 익는데 밑 부분이 분홍빛의 꽃받침으로 둘러싸인다.

약용법

생약명 취오동(臭梧桐). 해동(海桐), 해주상산(海州常山), 명목단수(冥牧丹樹)라고도 한다.

사용부위 어린 가지와 잎을 약재로 쓴다.

채취와 조제 꽃이 핀 뒤에 채취하여 햇볕에 말린다. 쓰기에 앞서 잘게 썬다.

성분 마이리스틱산(Myristic acid), 팔미틱산(Palmitic acid), 스테아릭산(Stearic acid), 몬타닉산(Montanic acid), 올레익산(Oleic acid), 리놀레익산(Linoleic acid) 등의 성분이 함유되어 있다.

약효 거풍, 소종의 효능이 있으며 혈압을 낮추는 작용을 한다. 적용 질환은 고혈압, 중풍, 반신불수, 풍과 습기로 인한 마비통증, 각종 종기 등이다.

용법 말린 약재를 1회에 4~6g씩 200cc의 물로 뭉근하게 달이거나 가루로 빻아 복용한다. 종기의 치료에는 생잎을 찧어서 환부에 붙인다.

식용법

봄부터 6월 사이에 어린잎을 나물로 무쳐 먹는다. 약간의 독성분이 함유되어 있으므로 데쳐서 잘 우려내야 한다. 특이한 냄새가 나지만 데치면 없어지고 부드러운 맛이 나 먹을 만하다.

대추나무

Zizyphus jujuba MILL | 갈매나무과

낙엽활엽수로 키는 5m 안팎이다.
잔가지는 한 군데에서 여러 개가 자라나지만 일부는 크게 자라지를 못 하고 말라 떨어져 버린다. 잎은 서로 어긋나게 자리하며 계란 꼴로 윤기가 난다. 잎 끝은 뾰족한 편이고 밑동은 둥글다. 잎의 밑동에서 3개의 굵은 잎맥이 갈라져 나가며 가장자리에는 작고 무딘 톱니가 규칙적으로 배열되어 있다. 잎의 길이는 2~6cm이다. 잎겨드랑이에는 받침잎이 나는데 흔히 예리한 가시로 변한다.
지름 5~6cm의 꽃은 새로 자라난 가지의 잎겨드랑이에 2~3송이씩 달리는데 5장의 꽃잎을 가지고 있으며 빛깔은 초록빛이다. 꽃이 핀 뒤에 살이 두터운 타원형의 열매를 맺어 붉은빛을 띤 갈색으로 익는다.

개화기 5~6월
분포 원산지는 명백하지 않으며 전국적으로 가꾸어지고 있다.

약용법 생약명 대조(大棗)

사용부위 열매를 약재로 쓴다.

채취와 조제 익는 대로 채취하여 햇볕에 말린다. 그대로 쓰거나 씨를 빼내고 쓴다.

성분 당분과 트리테르페노이드(Triterpenoid)가 함유되어 있다.

약효 자양, 강장, 진해, 진통, 완하(緩下), 해독 등의 효능이 있으며 기력부족, 가슴이 울렁거리는 증세, 전신통증, 흉복부 통증, 불면증, 근육의 경련, 목이 쉬는 증세, 목이 붓고 아픈 증세, 입안이 마르는 증세, 변비, 약물중독 등에 쓰인다.

용법 말린 약재를 1회에 4~8g씩 200cc의 물로 달여서 복용한다. 때로는 말린 열매를 가루로 빻아 복용한다.

식용법 시루떡이나 약식을 만들 때 들어가는 재료이기도 하며 제사상에는 반드시 올려야 하는 과일의 하나다. 잘 게 썬 것을 수정과나 식혜에 띄우거나 날것으로 먹기도 한다. 말려서 저장하며 오래도록 식용한다.

댕댕이덩굴 댕담이덩굴·댕강넝쿨

Cocculus trilobus DC | 댕댕이덩굴과

덩굴로 자라며 풀처럼 보이는 나무로 길이 3m에 이르며 숲 가장자리와 같은 곳에서 흔히 자란다.
줄기는 가늘고 약간의 가지를 치며 잔털이 생겨나 있다.
잎은 서로 어긋나게 자리하며 계란 꼴 또는 계란 꼴에 가까운 둥근 꼴로 간혹 3개의 결각을 가지기도 한다. 잎 끝은 무디고 밑동은 심장 꼴로 약간 패이며 가장자리에는 톱니가 없이 밋밋하다. 잎의 길이는 5~10cm이다.
암꽃과 수꽃이 각기 다른 그루에 피는데 모두 잎겨드랑이로부터 자라난 짤막한 꽃대에 원뿌리 꼴로 뭉쳐서 핀다. 지름 3mm 안팎으로 피는 꽃은 6장의 꽃잎을 가지고 있으며 노란빛을 띤 흰빛이다.
열매는 둥글고 살이 두터우며 검게 익으면 흰 가루로 덮인다.

개화기 5~6월
분포 전국적으로 분포하고 있으며 들판이나 숲 가장자리의 양지바른 곳에 난다.

약용법 생약명 목방기(木防己). 방기(防己)라고도 한다.

사용부위 뿌리를 약재로 쓴다.

채취와 조제 봄 또는 가을에 굴취하여 거친 껍질을 벗겨 햇볕에 말린다. 쓰기에 앞서 잘게 썬다.

성분 사이노메닌(Sinomenine), 튜보쿠라린(Tubocurarine), 트릴로빈(Trilobine), 트리보바민(Tribobamine) 등이 함유되어 있다.

약효 해열, 진통, 이뇨의 효능이 있고 혈압을 낮추어준다. 적용 질환으로는 관절염, 신경통, 류머티즘, 방광염, 수종, 고혈압, 감기, 변비, 소변이 잘 나오지 않는 증세 등이다.

용법 말린 약재를 1회에 2~4g씩 200cc의 물로 달이거나 말린 약재를 가루로 빻아 복용한다.

식용법 이른봄에 갓 자라나는 연한 순을 나물로 무쳐서 먹는다. 쓴맛이 나므로 데친 뒤 찬물에 담가서 잘 우려낼 필요가 있다.

동백나무

Camellia japonica L | 차나무과

상록성의 활엽수이며 크게 자라면 7m 정도의 높이가 된다.
나무껍질은 회갈색이고 크게 자라도 밋밋하다.
잎은 서로 어긋나게 자리하며 타원 꼴 또는 길쭉한 타원 꼴로 양끝이 뾰족하다.
잎의 길이는 5~12cm이고 가장자리는 잔 톱니가 물결치듯이 배열되어 있다. 잎 표면은 짙은 녹색이고 윤기가 나며 뒷면은 황록색이다.
꽃은 잔가지의 끝이나 잎겨드랑이에 한 송이씩 피며 꽃대는 없다. 5~7장의 꽃잎이 밑동에서 합쳐지며 반쯤 벌어진다. 한가운데에는 많은 수술이 뭉쳐 있다.
꽃의 지름은 5cm 안팎이고 빛깔은 붉다.
꽃이 지고 난 뒤에 지름이 3~4cm 되는 둥근 열매를 맺는데 속에 3개의 굵고 어두운 갈색의 씨가 들어 있다.

개화기 3~4월

분포 제주도와 울릉도를 비롯하여 남쪽의 따뜻한 고장에 분포하며 해변의 상록수림 속에 난다.

약용법

생약명 산다화(山茶花)

사용부위 꽃을 약재로 쓴다.

채취와 조제 꽃이 피기 직전에 채취하여 햇볕에 말려서 쓴다. 또는 불에 말려서 그대로 쓰기도 한다.

성분 두바키사포닌(Tubakisaponin), 올레익산(Oleic acid), 리놀레익산(Linoleic acid), 팔미틱산(Palmitic acid), 스테아릭산(Stearic acid) 등이 함유되어 있다.

약효 지혈, 소종 등의 효능이 있고 멍든 피를 풀어주며 피를 식혀주기도 한다. 적용 질환은 토혈, 장염으로 인한 하혈, 월경과다, 산후의 출혈이 멎지 않는 증세, 화상, 타박상 등이다.

용법 말린 약재를 1회에 2~4g씩 200cc의 물로 달이거나 가루로 빻아 복용한다. 화상과 타박상 또는 삔 경우에는 약재를 가루로 빻아 기름에 개어서 환부에 바른다.

식용법 씨에서 짜낸 기름을 식용으로 한다. 참기름이나 콩기름과 같은 용도로 쓸 수 있으며 맛도 괜찮다.

두릅나무

Aralia elata var. elata HARA | 오갈피나무과

3~4m 정도의 높이로 자라는 키 작은 낙엽활엽수이다. 줄기는 별로 갈라지지 않고 굳센 가시가 많이 돋쳐 있다. 잎은 서로 어긋나게 자리하는데 주로 줄기와 가지의 끝부분에 몰려나며 40~100cm의 길이를 가지고 있다. 거대한 잎이 두 번 깃털 모양으로 갈라지는데 잎 조각은 넓은 계란 꼴 또는 타원 꼴에 가까운 계란 꼴이며 끝은 뾰족하고 밑동은 둥글다. 잎 조각의 길이는 5~10cm이고 가장자리에는 큰 톱니가 배열되어 있다. 잎자루와 잎 조각에도 작은 가시가 돋쳐 있다.
꽃은 가지 끝에서 자라난 꽃대에 큰 우산 꼴로 뭉쳐 핀다. 5장의 꽃잎을 가지고 있는 꽃은 지름이 3mm 정도이고 빛깔은 희다. 열매는 둥글고 크기는 3mm 안팎인데 가을에 익으면 검게 물든다.

개화기 9월 중

분포 전국적으로 분포하고 있으며 산의 양지 쪽 골짜기에 난다.

약용법 생약명 총목피

사용부위 껍질과 뿌리를 약재로 쓴다.

채취와 조제 봄에 채취하며 껍질의 경우에는 가시를 제거하여 햇볕에 말린다. 쓰기에 앞서 잘게 썬다.

성분 스티그마스테롤(Stigmasterol), 알파-타랄린(α-Taralin), 베타-사이토스테롤(β-Sitosterol), 리놀레닉산(Linolenic acid), 페트로셀리디닉산(Petroselidinic acid) 등이 함유되어 있다.

약효 건위, 이뇨, 진통, 수렴, 거풍, 강정 등의 효능이 있다. 적용 질환은 위궤양, 위경련, 신장염, 각기, 수종, 당뇨병, 신경쇠약, 발기력부전, 관절염 등이다.

용법 말린 약재를 1회에 5~10g씩 200cc의 물로 달여서 복용한다.

식용법 4월 상 · 중순에 돋아나는 순을 뜯어다가 살짝 데쳐서 초고추장에 찍어 먹거나 약간 자란 것은 찢어서 나물로 먹기도 한다. 산채 가운데서도 고급에 속하며 최근에는 온상 재배로 계절에 상관없이 즐길 수 있다.

딱총나무

Sambucus williamsii var. coreana NAKAI | 인동과

3m 정도의 높이로 자라는 키 작은 낙엽활엽수이다.
한자리에 여러 대의 줄기가 서며 골속은 어두운 갈색이고 비어 있다.
마디마다 2장의 잎이 마주 자리하고 있으며 5~7장의 잎 조각이 깃털 꼴로 모여 하나의 잎을 이룬다. 잎 조각의 생김새는 타원 꼴 또는 타원 꼴에 가까운 계란 꼴로 길이는 5~12cm 정도이다. 잎 조각의 끝은 뾰족하며 밑동은 둥글다. 가장자리에는 아주 작은 톱니가 규칙적으로 배열되어 있다.
가지 끝에서 긴 꽃대가 자라나 수많은 작은 꽃이 원뿌리 꼴로 뭉쳐 핀다. 꽃의 지름은 3mm 안팎이고 5장의 꽃잎을 가졌으며 빛깔은 황록색이다.
꽃이 핀 뒤에 작고 둥근 열매가 원뿌리 꼴로 뭉치는데 익으면 어두운 붉은빛으로 물든다.

개화기 5월 중

분포 거의 전국적으로 분포하고 있으며 습도가 높은 산골짜기에서 난다.

약용법 생약명 접골목(接骨木)

사용부위 줄기와 가지를 약재로 쓴다. 넓은잎딱총나무, 지렁쿠나무, 청딱총나무도 함께 쓰이고 있다.

채취와 조제 어느 때든지 채취할 수 있으며 알맞은 길이로 잘라 햇볕에 말린다. 잘게 썰어서 쓴다.

성분 에스트론(Estrone), 삼부니그린(Sambunigrin) 등이 함유되어 있다.

약효 이뇨, 진통, 거풍, 소염 등의 효능이 있다. 적용 질환은 관절염, 풍과 습기로 인한 통증, 통풍, 신장염, 각기, 산후에 오로가 잘 나오지 않는 증세, 골절상 등이다.

용법 말린 약재를 1회에 4~6g씩 200cc의 물로 달이거나 가루로 빻아 복용한다.

식용법 움직이기 시작하는 순을 나물이나 튀김으로 해 먹는다. 나물로 할 때에는 데쳐서 가볍게 우려야 하나 튀김은 날것을 그대로 조리한다. 산채 가운데서는 맛이 좋은 편에 속한다.

매자나무

Berberis koreana PALIB | 매자나무과

2m 정도의 높이로 자라는 키 작은 낙엽활엽수로 많은 가지를 친다.
잔가지에는 홈이 패여 있고 2년 묵은 가지는 붉은빛이 돈다. 5~10mm 정도의 길이를 가진 많은 가시가 돋친다. 보통 마디마다 5~6장의 크고 작은 잎이 함께 뭉쳐 자라나며 가죽과 같이 빳빳하다. 잎은 계란 꼴 또는 타원 꼴의 모습이고 끝은 둥글다. 잎의 길이는 3~7cm 정도이며 가장자리에는 크기가 고르지 않은 가시와 같이 생긴 톱니가 배열되어 있다. 뒷면에는 주름이 많고 회백색이다.
꽃은 잎겨드랑이에서 자란 긴 꽃대에 노란 꽃 10여 송이가 이삭 모양으로 달려 아래로 처지면서 핀다.
꽃이 지고 난 뒤에는 둥근 열매가 많이 달리고 가을에는 붉게 물든다.

개화기 5월 중

분포 중부 이북의 지역에 분포하며 양지 쪽 산비탈에 난다.

약용법

생약명 소벽(小蘗). 자황백(刺黃柏)이라고도 한다.

사용부위 가지와 뿌리를 약재로 쓴다. 매발톱나무, 당매자나무, 왕매발톱나무도 함께 쓰인다.

채취와 조제 가을 또는 이른봄에 채취하여 햇볕에 말리고 잘게 썬다.

성분 베르베린(Berberine), 옥시아칸신(Oxyacanthine), 베르바민 메틸에테르(Berbamine methyl-ether)가 함유되어 있다.

약효 건위, 해열, 살균 등의 효능이 있고 습기를 없애주기도 한다. 적용 질환으로는 소화불량, 복통, 이질, 급성장염, 황달, 임파선염, 폐렴 등이다. 그 밖에 결막염과 음낭습진에 쓰인다.

용법 말린 약재를 1회에 1~4g씩 200cc의 물로 달이거나 가루로 빻아 복용한다. 결막염에는 달인 물로 눈을 씻어주고 음낭습진에는 가루로 빻아 뿌린다.

식용법 어린순을 나물로 먹는다. 쓴맛이 강하므로 데쳐서 잘 우려야 한다.

매화나무 매실나무

Prunus mume SIEB. et ZUCC | 벚나무과

5m 정도의 높이로 자라는 낙엽활엽수로 많은 가지를 치며 잔가지는 푸르다. 잎은 서로 어긋나게 자리하며 계란 꼴 또는 긴 계란 꼴로 끝은 뾰족하고 밑동은 둥글다. 잎의 길이는 3~7cm로 가장자리에는 작으면서도 예리한 생김새의 톱니가 있다.
이른봄 잎눈이 움직이기 전에 꽃이 피는데 지난해에 잎이 붙어 있던 자리에서 1~2송이씩 거의 가지에 들러붙은 상태로 핀다. 지름이 2~3cm 정도인 꽃은 5장의 둥근 꽃잎으로 이루어지며 흰빛으로 피어나는데 분홍빛으로 피는 종류도 있다. 꽃이 피면 강한 향기를 풍긴다.
꽃이 지고 난 뒤에는 둥근 열매를 맺고 익으면 노랗게 물든다. 맛은 매우 시다.

개화기 2~3월

분포 중국이 원산지인 꽃나무로 널리 들에 심어 가꾸고 있다.

약용법 생약명 매실(梅實). 오매(烏梅), 훈매(熏梅)라고도 한다.

사용부위 덜 익은 열매를 약재로 쓴다.

채취와 조제 푸른 열매를 채취하여 약한 불에 쬐어 색이 노랗게 변한 것을 햇볕에 말려 그대로 쓴다. 말린 것은 빛이 흑갈색으로 변하므로 오매라고도 한다.

성분 아미그달린(Amygdalin), 청산, 능금산, 구연산 등을 함유하고 있다.

약효 해열, 진해, 수렴, 지사, 구충 등의 효능이 있다. 적용 질환으로는 기침, 토사, 목이 붓고 아픈 증세, 설사, 이질, 혈변, 산후 출혈이 멎지 않는 증세, 입안이 심하게 마르는 증세, 회충으로 인한 복통 등이다.

용법 말린 약재를 1회에 1~3g씩 200cc의 물로 뭉근하게 달이거나 가루로 빻아 복용한다.

식용법 덜 익은 열매를 같은 양의 설탕과 함께 10배의 소주에 담가 매실주(梅實酒)를 만든다. 매실주는 식욕부진이나 더위를 먹었을 때 효과가 있다. 중국에서는 익은 열매를 꿀이나 설탕에 조려서 먹는다.

멍석딸기 번둥딸·멍두딸·멍딸기

Rubus parvifolius var. triphyllus NAKAI | 장미과

산비탈의 낮은 자리에 자라는 키 작은 낙엽활엽수이다.
줄기는 처음에 곧게 서는 듯하지만 점차 옆으로 기어간다. 줄기와 가지에는 짧은 가시와 털이 나 있다.
잎은 3장의 잎 조각으로 구성되어 서로 어긋나게 자리하고 있다. 그러나 땅속으로부터 힘차게 자라 오르는 맹아(萌芽)의 경우에는 5장의 잎 조각을 가진다. 잎 조각의 생김새는 넓은 계란 꼴 또는 둥근 꼴의 모습으로 가장자리에는 고르지 않은 톱니가 있고 뒷면에는 흰털이 깔려 있다.
잔가지 끝에 여러 송이의 꽃이 우산 꼴로 모여 피어나며 5장의 분홍빛 꽃잎을 가지고 있다. 꽃의 지름은 8mm 안팎이다. 열매는 둥글고 한여름에 붉은빛으로 익으면 맛이 좋다.

개화기 5~6월

분포 전국적으로 분포하고 있으며 낮은 지대의 양지바른 풀밭에 난다.

약용법 생약명 산매. 홍매소라고도 한다.

사용부위 열매를 포함한 모든 부분을 약재로 쓴다.

채취와 조제 열매가 익어갈 무렵 모든 부분을 한꺼번에 채취하여 햇볕에 말려 쓰기에 앞서 잘게 썬다.

성분 능금산, 구연산, 포도당 등의 산과 당분을 함유하고 있다.

약효 진해, 거담, 진통, 해독, 소종 등의 효능이 있다. 적용 질환으로는 감기, 기침, 천식, 토혈, 인후염, 풍증과 습기로 인한 통증, 임파선종, 월경불순, 이질, 치질, 옴 등이다.

용법 말린 약재를 1회에 4~10g씩 200cc의 물로 달여서 복용한다. 치질과 옴에는 약재를 달인 물로 환부를 씻거나 생잎을 찧어서 붙인다.

식용법 잘 익은 열매에는 당분과 산이 알맞게 함유되어 있어 맛이 좋으므로 아이 어른 할 것 없이 잘 따먹는다. 열매를 잼으로 가공해서 먹기도 한다.

모과나무 모개나무

Cydonia sinensis THOUIN | 배나무과

높이 10m에 이르는 낙엽활엽수로 꽃과 열매를 즐기기 위해 흔히 뜰에 심어 가꾸고 있다. 나무껍질은 보랏빛을 띤 갈색으로 윤기가 나며 묵은 나무껍질은 봄마다 들떠 일어나 떨어지고 떨어진 자리는 푸른빛을 띤다. 잎은 서로 어긋나게 자리하고 있으며 타원 꼴에 가까운 계란 꼴 또는 길쭉한 타원 꼴의 모습으로 양 끝이 무디며 가죽과 같이 빳빳하다. 잎 가장자리에는 아주 작은 톱니가 규칙적으로 배열되어 있다.

5장의 둥그스름한 꽃잎을 가지고 있는 꽃은 5월이 되면 잔가지의 끝에 한 송이씩 핀다. 꽃의 빛깔은 연한 분홍빛이고 지름은 2.5cm 안팎이다. 열매는 타원 꼴로 매우 딱딱하며 지름은 8~15cm 정도이다. 가을에 노랗게 물들어 좋은 향기를 풍긴다. 그러나 맛은 시다.

개화기 5월 중

분포 중국이 원산지인 나무로 중부 이남의 지역에 널리 심어져 있다.

약용법 생약명 목과(木瓜). 목계, 명로라고도 한다.

사용부위 열매를 약재로 쓴다.

채취와 조제 열매가 익을 무렵에 채취하여 적당한 크기로 썰어 햇볕에 말리고 쓰기에 앞서 잘게 썬다.

성분 다량의 타닌을 함유하고 있다.

약효 진해, 거담, 지사, 진통 등의 효능이 있다. 적용 질환으로는 백일해, 천식, 기관지염, 폐렴, 늑막염, 각기, 설사, 신경통, 근육통, 빈혈증 등 여러 가지이다.

용법 말린 약재를 1회에 2~3g씩 200cc의 물로 뭉근하게 달이거나 가루로 빻아 복용한다.

식용법 얇게 썰어 설탕에 조려 두었다가 뜨거운 물을 부어 모과차를 만들어 마신다. 또한 얇게 썬 모과 1kg을 200g의 설탕과 함께 2 l 의 소주에 담가서 모과주(木瓜酒)를 만든다. 모과주는 피로 회복에 효과가 있으며 식욕을 증진시키는 데도 좋다.

박쥐나무 누른대나무

Marlea platanifolia var. triloba MIQ | 박쥐나무과

키가 작은 낙엽활엽수이다.
어린 가지에는 잔털이 나 있으나 자라남에 따라 쉬 없어진다.
잎은 마디마다 서로 어긋나게 자리하며 네모꼴에 가까운 둥근 꼴로 끝이 3~5개로 얕게 갈라진다. 길이와 너비가 7~15cm가량인 잎의 가장자리에는 톱니가 없고 밋밋하다. 잎 밑동은 심장 꼴로 약간 패여 있으며 뒷면의 잎맥에는 잔털이 생겨나 있다. 잔가지 끝의 잎겨드랑이에서 1~4송이의 꽃이 핀다. 줄 꼴인 8장의 꽃잎을 가지고 있는 꽃은 길이 2.5cm쯤 되는 대롱 모양으로 완전히 피면 꽃잎이 뒤로 말려든다. 꽃의 빛깔은 흰데 누런빛이 돈다.
꽃이 지고 난 뒤에 계란 꼴에 가까운 둥근 열매를 맺어 가을에 짙은 남빛으로 물든다.

개화기 5~7월

분포 전국적으로 분포하고 있으며 바위가 많이 쌓인 산지의 숲 속에 난다.

약용법 생약명 과목근(瓜木根). 팔각풍근(八角楓根)이라고도 한다.

사용부위 뿌리를 약재로 쓴다. 단풍잎박쥐나무(Marlea platanifolia var. platanifolia HARA), 털박쥐나무(M. platanifolia form. velutina HARA)의 뿌리도 함께 쓰인다.

채취와 조제 1년 내내 언제든지 채취할 수 있으며 햇볕에 말린 다음 쓰기에 앞서 잘게 썬다.

성분 함유 성분에 대해서는 밝혀진 것이 없다.

약효 거풍, 진통의 효능이 있고 관절통, 근육통, 요통, 근육이 굳어져 감각이 없어지는 증세 등에 쓰인다.

용법 말린 약재를 1회에 2~4g씩 200cc의 물로 달여서 복용한다. 또한 약재를 10배의 소주에 담가서 오래 두었다가 아침저녁으로 소량씩 마셔도 좋다.

식용법 봄에 어린잎을 뜯어 나물로 해서 먹는다. 쓴맛이 없으므로 가볍게 데치기만 해서 조리한다.

밤나무

Castanea crenata SIEB. et ZUCC | 참나무과

높이 15m에 이르는 낙엽활엽수이다. 껍질은 흑갈색이고 세로의 방향으로 갈라진다. 많은 가지를 치며 잔가지에는 잔털이 나 있으나 곧 없어진다. 잎은 마디마다 서로 어긋나게 자리하고 있으나 옆으로 뻗은 가지에는 두 줄로 배열된다. 잎의 생김새는 타원 꼴에 가까운 피침 꼴로 길이는 10~15cm가량이다. 잎 끝은 뾰족하고 밑동은 둥글며 가장자리에는 물결과 같은 생김새의 톱니가 있다.
수꽃과 암꽃이 있는데 수꽃은 새로 자라난 가지의 밑동 잎겨드랑이에서 자라나는 긴 꽃대에 많은 것이 끄나풀 모양으로 뭉쳐 핀다. 뭉친 길이는 10cm 안팎이고 꽃의 빛깔은 노란빛을 띤 흰빛이다. 암꽃은 수꽃의 꽃차례 바로 밑에 3송이씩 피는데 눈에 잘 띄지 않는다. 가을철 밤송이가 떨어져야 완전히 익는다.

개화기 5~6월
분포 전국 각지의 산이나 강가 등에 널리 심어 가꾸어지고 있다.

약용법 생약명 율자(栗子). 율과(栗果)라고도 한다.

사용부위 밤알을 약재로 쓴다.

채취와 조제 잘 익은 밤알을 채취하여 껍질을 벗겨서 그대로 쓴다.

성분 녹말, 포도당, 자당(蔗糖), 펜토산(Pentosan) 등이 함유되어 있다.

약효 자양, 강장, 지혈 등의 효능이 있으며 신체허약, 설사, 혈변, 뼈마디가 쑤시고 아픈 증세, 구역질이 나고 토하는 증세 등에 쓰인다.

용법 적당한 양의 밤을 날것으로 먹거나 삶아 먹는다.

식용법 날것을 먹거나 삶아 먹는 이외에 밤밥을 해 먹기도 하며 또한 약식을 만들 때 꼭 필요한 재료이다. 제사상에는 반드시 올려야 하는 제물의 하나이며 제과 원료로도 쓰인다. 프랑스에서는 밤알을 설탕으로 진하게 조려서 과자를 만든다. 이것을 마롱글라세(Marrons glaces)라고 부르는데 세계적인 명과 중의 하나다.

보리수나무 보리똥나무 · 볼네나무

Elaeagnus umbellata THUNB | 보리수나무과

3~4m 정도의 높이로 자라는 낙엽활엽수이다.
줄기는 흔히 굽으며 가시가 나 있고 어린 가지는 은백색 또는 갈색이다. 잎은 서로 어긋나게 자리하며 타원 꼴 또는 길쭉한 타원 꼴이다. 잎 끝은 무디고 밑동은 둥글다. 길이는 3~6cm로 가장자리에는 톱니가 없이 밋밋한 잎의 표면은 짙은 푸른빛이고 뒷면에는 은백색의 짧은 털이 빽빽하게 자라고 갈색 털도 섞여 있다. 꽃은 새 가지의 잎겨드랑이에 1~7송이씩 뭉쳐서 피어나며 흰빛으로 피었다가 점차 연한 노란빛으로 변한다. 향기가 나며 겉은 비늘과 같은 작은 털로 덮여 있다. 꽃의 끝은 다섯 갈래로 갈라진다. 작고 둥근 열매는 가을에 붉게 익으며 비늘과 같은 잔털에 덮여 있다.

개화기 5~6월

분포 중부 이남의 지역과 제주도에 분포하며 산비탈의 풀밭에 난다.

약용법 생약명 우내자. 양내자, 첨조라고도 부른다.

사용부위 열매를 약재로 쓴다.

채취와 조제 익은 열매를 채취하여 햇볕에 말려서 그대로 쓴다.

성분 타닌과 당분이 함유되어 있다.

약효 자양, 진해, 지혈, 지사 등의 효능이 있으며 기침, 천식, 설사, 이질, 대하증, 월경이 멈추지 않는 증세 등에 좋다.

용법 말린 약재를 1회에 3~8g씩 200cc의 물로 뭉근하게 달여서 복용한다. 열매를 약간의 설탕에 조려 두었다가 달여서 마시면 천식 치료에 효과가 크다.

식용법 잘 익은 열매는 약간 떫으면서도 달다. 그러므로 어린아이들이 즐겨 따먹는다. 그러나 타닌이 많이 함유되어 있으므로 덜 익은 것을 많이 먹으면 심한 변비 현상이 생겨난다. 뿌리껍질을 설탕에 조려 두었다가 먹으면 자양 강장효과를 얻을 수 있다.

복분자딸기

Rubus coreanus MIQ | 장미과

개화기 5~6월

분포 중부 이남의 지역과 제주도에 분포하며 양지 쪽 산골짜기의 토양 수분이 윤택한자리에 난다.

높이 3m 정도로 자라는 키 작은 낙엽활엽수이다.
줄기가 구부러져 땅에 닿으면 뿌리가 내려 새로운 나무가 자라난다. 줄기는 붉은빛인데 완전히 흰 가루로 덮어버리며 갈고리와 같은 가시가 돋쳐 있다.
잎은 5~7장의 잎 조각이 깃털 꼴로 배열되어 있으며 서로 어긋나게 자리하고 있다. 잎 조각의 생김새는 계란 꼴 또는 타원 꼴로 끝이 뾰족하고 밑동은 둥글다. 잎 조각의 길이는 3~6cm이고 가장자리에는 고르지 않은 톱니가 있다. 잎은 처음에 솜털에 덮여 있다가 자라면 잎 뒷면의 잎맥 위에만 남는다.
꽃은 새로 자라난 가지 끝에 10여 송이가 우산 꼴로 모여 핀다. 5장의 꽃잎을 가진 꽃의 지름은 1cm 안팎이고 분홍빛이다. 열매는 붉게 물들었다가 나중에 검게 변한다.

약용법 생약명 복분자(覆盆子). 복분(覆盆), 결분(缺盆)이라고도 부른다.

사용부위 덜 익은 열매를 약재로 쓰는데 청복분자딸기, 산딸기의 열매도 함께 쓰이고 있다.

채취와 조제 초여름에 푸른 열매를 채취하여 햇볕에 말려서 그대로 쓴다.

성분 능금산, 구연산 등의 유기산과 포도당, 과당, 자당(蔗糖) 등의 당분이 함유되어 있다.

약효 자양, 강장, 강정 등의 효능을 가지고 있다. 적용 질환은 신체허약, 음위, 유정, 빈뇨 등이다. 그 밖에 몸을 따뜻하게 하고 피부를 부드럽게 해주는 효과도 있다.

용법 말린 약재를 1회에 2~4g씩 물로 달이거나 가루로 빻아 복용한다.

식용법 상쾌한 맛이 있어서 그대로 먹거나 복분자주를 담가 마신다. 복분자주는 익은 열매를 3배의 소주에 담근 것으로 피로 회복과 식욕 증진 효과가 있다.

복숭아나무 복사나무 · 복상나무 · 복송나무

Prunus persica BATSCH | 벚나무과

곳곳에서 과일나무로 심고 있는 낙엽활엽수이며 높이는 6m에 이른다. 잔가지에는 털이 없지만 겨울눈[冬芽]에는 털이 생겨나 있다.
잎은 마디마다 서로 어긋나게 자리하고 있으며 피침 꼴 또는 타원 꼴에 가까운 피침 꼴의 모습으로 양끝이 뾰족하다. 잎의 길이는 8~15cm 정도이고 가장자리에는 작고 무딘 톱니가 규칙적으로 배열되어 있다.
꽃은 잎보다 앞서 잔가지의 잎이 붙어 있던 자리에서 1~2송이씩 핀다. 꽃잎은 5장이고 연한 분홍빛으로 피어나며 지름이 3cm쯤 된다. 지름이 6cm 안팎인 열매는 계란 꼴에 가까운 둥근 꼴로 많은 잔털로 덮여 있다. 씨와 살[果肉]이 잘 떨어지지 않는 성질이 있다. 개량된 많은 품종들이 있다.

개화기 4월 중

분포 중국의 황하 상류지역을 원산지로 하는 나무로 예로부터 과일나무로 널리 심어왔다.

약용법

생약명 도인(桃仁). 도핵인(桃核仁)이라고도 한다.

사용부위 씨를 약재로 쓴다.

채취와 조제 잘 익은 열매에서 씨를 분리하여 햇볕에 말린 다음 물에 넣어 씨의 껍데기를 불려서 제거하고 다시 말려서 쓴다.

성분 벤잘데하이드(Benzaldehyde), 코우마린(Coumarin), 말릭산(Malic acid), 아미그달린(Amygdalin), 트리폴린(Trifolin) 등의 성분이 함유되어 있다.

약효 통경 효능이 있고 어혈을 풀어주며 장의 활동을 순조롭게 해준다. 적용 질환은 월경불순, 월경이 나오지 않는 증세, 자궁혈종, 어혈로 인한 복통, 맹장염, 변비 등이다.

용법 말린 약재를 1회에 2~4g씩 200cc의 물로 뭉근하게 달이거나 가루로 빻아 복용한다.

식용법 여름철의 대표적인 과일로 소비량이 많으며 그 밖에 잼이나 통조림 등으로 가공된다.

붉나무 뿔나무·오배자나무

Rhus javanica L | 옻나무과

7m 정도의 높이로 자라는 낙엽활엽수이다.

굵은 가지를 드물게 치며 잔가지는 노란빛이 감돈다. 잎은 서로 어긋나게 자리하며 길이 40cm 안팎이고 7~13장의 잎 조각이 깃털 모양으로 배열된다. 잎 조각의 생김새는 계란 꼴 또는 계란 꼴에 가까운 길쭉한 타원 꼴로 끝은 뾰족하고 밑동은 둥글다. 잎맥이 뚜렷하며 뒷면에는 갈색 털이 생겨나 있고 가장자리에는 물결과 같은 생김새의 톱니를 가지고 있다. 잎 조각의 길이는 5~10cm이다. 또한 잎 조각 사이의 대에는 날개와 같은 부속물이 붙어 있다. 가지 끝에 수많은 꽃이 원뿌리 꼴로 모여 피며 빛깔은 노란빛을 띤 흰빛이다. 열매는 둥글고 납작하며 시고 짠맛이 나는 흰 가루로 덮여 있다. 잎에는 흔히 굵은 벌레집이 달리는데 이것을 오배자라고 한다.

개화기 8~9월

분포 전국에 널리 분포하고 있으며 산의 양지 쪽 메마른 비탈에 난다.

약용법

생약명 염부자(鹽赴子). 염부자(鹽膚子), 염매자(鹽梅子)라고도 부른다.

사용부위 열매를 약재로 쓴다.

채취와 조제 익는 대로 채취하여 햇볕에 말린다. 쓰기에 앞서 작게 깨뜨린다.

성분 엠-디갈릭산(M-Digallie acid)이 함유되어 있다.

약효 거담, 지한, 소종 등의 효능이 있다. 적용 질환은 기침, 인후염, 황달, 식은땀, 이유 없이 많은 땀이 흐르는 증세, 옴, 종기 등이다.

용법 말린 약재를 1회에 4~6g씩 200cc의 물로 달이거나 가루로 빻아 복용한다. 옴과 종기에는 약재를 가루로 빻아 기름에 개어서 환부에 바른다.

식용법

봄에 갓 자라나는 순을 따서 데쳐낸 다음 말려서 오래 갈무리해 두었다가 묵나물로 해서 먹는다. 또한 열매를 덮고 있는 흰 가루를 모아 두부를 만들 때에 간수 대신으로 쓰기도 한다.

뽕나무 당뽕나무

Morus alba L | 뽕나무과

누에의 먹이로 널리 가꾸어지고 있는 낙엽활엽수이다. 원래 크게 자라는 나무지만 보통은 작게 가꾸어진 것들이다. 잎은 서로 어긋나게 자리하며 계란 꼴에 가까운 둥근 꼴로 3~5개로 얕거나 깊게 갈라진다. 잎 끝은 뾰족하고 밑동은 심장 꼴로 얕게 패이며 길이는 10cm 안팎이다. 잎 가장자리에는 무딘 톱니가 규칙적으로 배열되어 있으며 뒷면의 잎맥 위에는 잔털이 있다.

꽃은 새로 자라난 가지의 밑 부분의 잎겨드랑이에서 피어나는데 암꽃과 수꽃이 각기 다른 나무에 달린다. 모두 꽃잎을 가지지 않으며 수꽃은 많은 것이 짧은 끄나풀 모양으로 뭉쳐서 밑으로 처진다. 암꽃 역시 여러 송이가 5~10mm 정도의 길이로 뭉친다.

열매는 초여름에 검게 익는데 이것을 오디라고 하여 즐겨 먹는다.

개화기 6월 중

분포 중국이 원산지인 나무로 전국적으로 널리 심어 가꾸어지고 있다.

약용법 생약명 상백피(桑白皮). 상근피(桑根皮)라고도 한다.

사용부위 뿌리껍질을 약재로 쓴다.

채취와 조제 가을에 굴취하여 속껍질(내피)만을 취해서 햇볕에 말린다. 쓰기에 앞서 잘게 썬다.

성분 베타-아미린(β-Amyrin), 알파-헥세놀(α-Hexenol), 크리산세민(Chrysanthemin), 쿠드라린(Cudrarin), 이소쿼르시트린(Isoquercitrin), 모린(Morin) 등이 함유되어 있다.

약효 해열, 진해, 이뇨, 소종 등의 효능을 가지고 있다. 적용 질환은 폐 질환으로 인한 기침, 기관지염, 각기, 수종, 소변이 잘 나오지 않는 증세 등이다.

용법 말린 약재를 1회에 4~8g씩 200cc의 물로 달이거나 가루로 빻아 복용한다.

식용법 잎을 달여서 차 대신 마시면 고혈압과 동맥경화를 고칠 수 있고 강장효과도 있다. 오디를 적은 양의 설탕과 함께 소주에 담근 것은 자양강장 효과가 있고 냉증에도 좋다. 어린잎은 나물로 먹는다.

사위질빵

Clematis apiifolia DC | 미나리아재비과

덩굴로 자라는 낙엽활엽수로 길이는 3m쯤 되며 어린 가지에는 잔털이 있다.
잎은 마디마다 2장이 마주 자리하는데 3장의 잎 조각으로 구성되어 있다. 때로는 9장의 잎 조각을 가지는 일도 있으며 잎 조각의 생김새는 계란 꼴 또는 계란 꼴에 가까운 피침 꼴로 끝은 뾰족하고 밑동은 둥그스름하다. 잎의 가장자리에는 결각과 같은 큰 톱니가 드물게 배열되어 있다. 잎 조각의 길이는 4~6cm이고 표면에 털이 있으나 점차 없어지고 뒷면의 잎맥 위에는 잔털이 생겨나 있다.
꽃을 마주 자리한 잎의 겨드랑이에서 각기 한 대씩 꽃대가 자라나 여러 송이의 꽃이 우산 꼴로 모여서 핀다. 4장의 흰 꽃잎을 가지고 있는 꽃의 지름은 1.5~2.5cm이다.
꽃이 지고 난 뒤에는 털이 달린 5~10개의 열매가 한데 뭉쳐 달린다.

개화기 8~9월
분포 전국 각지에 널리 분포하고 있으며 산의 양지 쪽에 형성되는 덤불 속에 난다.

약용법 생약명 여위(女萎). 산목통(山木通), 만초(蔓楚)라고도 한다.

사용부위 덩굴로 뻗어나는 줄기를 약재로 쓴다.

채취와 조제 가을에 채취하여 거친 껍질을 벗겨 알맞은 길이로 잘라 햇볕에 말려 잘게 썬다.

성분 성분에 대해서는 밝혀진 것이 없고 잎에 강한 자극성의 성분이 함유되어 독성 식물로 알려져 있다.

약효 진통, 진경, 수렴, 이뇨 등의 효능을 가지고 있다. 적용 질환은 근골통증, 어린이의 간질병, 대장염, 설사, 소변이 잘 나오지 않는 증세, 임신으로 인한 유종(乳腫) 등이다.

용법 말린 약재를 1회에 5~8g씩 200cc의 물로 뭉근하게 달이거나 가루로 빻아 복용한다.

식용법 어린순을 데쳐서 잘 우려낸 다음 말려서 오래 갈무리해 두었다가 나물로 한다. 독성분이 덜 빠진 것을 먹으면 입 안이 붓고 치아가 빠지며 구토, 설사를 일으킨다.

산딸기 곰딸·참딸·나무딸

Rubus crataegifolibus BUNGE | 장미과

높이 2m 정도로 자라는 키 작은 낙엽활엽수이다.
뿌리에서 싹이 나오므로 한자리에 여러 대의 줄기가 선다. 줄기는 적갈색이고 윗부분에서 가지를 치며 갈고리와 같은 가시가 돋는다. 잎은 서로 어긋나게 자리하며 넓은 계란 꼴로 3~5갈래로 갈라지지만 꽃이 피는 가지에 나는 잎은 때로는 갈라지지 않는다. 잎의 가장자리에는 크고 작은 톱니가 겹쳐 있다.
꽃은 여러 송이가 잔가지 끝에 우산 꼴로 모여 피는데 때로는 2송이씩 모일 때도 있다. 5장의 타원 꼴 꽃잎을 가지며 꽃의 지름은 2cm 안팎이고 빛깔은 희다. 꽃이 지고 난 뒤 생겨나는 열매는 1.5cm 정도의 지름을 가지고 있으며 주황빛으로 물든다. 적당히 달고 신맛이 있어 먹을 수 있다.

개화기 6월 중

분포 전국적으로 널리 분포하고 있으며 산의 양지 쪽 비탈에 난다.

약용법 생약명 복분자(覆盆子). 복분(覆盆)이라고도 한다.

사용부위 덜 익은 열매를 약재로 쓴다. 원래 복분자는 복분자딸기의 열매를 가리키는 이름인데 산딸기의 열매도 같은 이름으로 함께 쓰이고 있다.

채취와 조제 열매가 붉게 물들기 전에 채취하여 햇볕에 말려서 그대로 쓴다.

성분 유기산인 능금산과 구연산 및 포도당, 과당, 자당 등의 당분이 함유되어 있다.

약효 자양, 강정, 강장 등의 효능을 가지고 있다. 적용 질환은 신체허약, 유정, 음위, 빈뇨 등이다. 또한 피부를 부드럽게 해주고 몸을 따뜻하게 해주는 효과도 있다.

용법 말린 약재를 1회에 2~4g씩 200cc의 물로 달이거나 가루로 빻아 복용한다. 10배의 소주에 담가 두었다가 매일 소량씩 마시는 방법도 있다.

식용법 아이들이 즐겨 따먹는데 익은 열매를 잼으로 가공해서 먹을 수 있다.

산사나무 아가위나무·애광나무

Crataegus pinnatifida var. typica SCHNEID | 배나무과

6m 정도의 높이로 자라는 낙엽활엽수이다. 가지에는 가시가 돋치고 있으나 그 수는 과히 많지 않다.
잎은 서로 어긋나게 자리하며 세모꼴에 가까운 계란 꼴 또는 마름모 꼴에 가까운 계란 꼴로 깃털처럼 5~9 갈래로 갈라진다. 잎의 밑동은 둥글고 양면의 잎맥을 따라 약간의 털이 나 있다. 잎의 길이는 5~8cm이고 가장자리에는 크기가 고르지 않은 톱니가 배열된다.
새로 자라난 잔가지 끝에 6~8송이의 흰 꽃이 우산 꼴로 모여서 핀다. 꽃은 5장의 둥근 꽃잎으로 구성되어 있으며 지름은 1.8cm 안팎이다.
꽃이 지고 난 뒤에 지름이 1.5cm쯤 되는 둥근 열매를 맺는데 익으면 붉게 물든다. 작은 흰 점이 산재해 있다.

개화기 5월 중
분포 전국적으로 분포하고 있으며 산골짜기의 냇가와 같은 자리에 난다.

약용법 생약명 산사. 산로, 산사라고도 한다.

사용부위 열매를 약재로 쓴다. 좁은잎산사나무(Crataegus pinnatifida var. psilosa SCHNEID) 털산사나무(C. pinnatifida var. pubescens NAKAI)의 열매도 함께 쓰인다.

채취와 조제 붉게 물든 열매를 채취하여 반으로 쪼개 햇볕에 말린다. 말린 것은 씨를 제거해서 그대로 쓴다.

성분 함유 성분에 대해서는 아직 밝혀진 것이 없다.

약효 건위, 소화, 진통, 지사, 이뇨 등의 효능을 가지고 있다. 적용 질환은 소화불량, 식중독, 식체, 장염, 요통, 월경통, 산후의 하복통 등이다.

용법 말린 약재를 1회에 2~5g씩 200cc의 물로 뭉근하게 달이거나 가루로 빻아 복용한다.

식용법 아이들이 열매를 즐겨 따먹는다. 중국에서는 물엿으로 조려서 과자를 만들며 육류를 먹고 난 뒤에 산사나무 열매를 넣어 끓인 죽을 먹는 풍습이 있다. 이것은 소화를 돕기 위한 것이다.

산초나무 산추나무 · 분지나무

Fagara mantchurica HONDA | 산초과

2~3m의 높이로 자라는 작은 낙엽활엽수이다. 줄기와 가지에는 군데군데 가시가 돋쳐 있다.
잎은 서로 어긋나게 자리하고 있으며 13~21장의 잎 조각이 깃털 모양으로 배열된다. 잎 조각의 생김새는 피침 꼴 또는 타원 꼴에 가까운 피침 꼴로 길이는 1.5~2cm이다. 잎의 가장자리에는 물결과 같은 작은 톱니를 가지고 있으며 표면은 윤기가 흐르고 잎자루에는 잔가시가 돋쳐 있다. 잎을 따서 비벼보면 시원한 향기가 풍긴다.
새로 자란 가지 끝에 작은 꽃이 우산 꼴로 많이 모여서 핀다. 꽃은 연한 푸른빛이고 지름이 3mm 안팎이다. 5장의 작은 꽃잎과 5개의 수술을 가지고 있다.
꽃이 핀 뒤에 검은 씨가 들어 있는 열매를 맺는다.

개화기 6월 중

분포 전국 각지에 널리 분포하며 산의 숲 가장자리와 같은 곳에 난다.

약용법 생약명 천초(川椒). 산초(山椒), 촉초(蜀椒)라고도 한다.

사용부위 열매의 껍질을 약재로 쓰는데 초피나무(Zanthoxylum piperitum DC)의 것도 함께 쓰이고 있다.

채취와 조제 열매가 익어 갈라질 무렵에 채취하여 햇볕에 말려서 씨를 털어 그대로 쓴다.

성분 베르가프텐(Bergapten), 아에스쿨레틴 디메틸 에테르(Aesculetin dimethyl ether), 베르베린(Berberine), 스킴미아닌(Skimmianine) 등이 함유되어 있다.

약효 건위, 정장, 구충, 해독 등의 효능을 가지고 있다. 적용 질환은 소화불량, 식체, 위하수, 위확장, 구토, 이질, 설사, 기침, 회충구제 등이다.

용법 말린 약재를 1회에 0.7~2g씩 200cc의 물로 달이거나 말린 것을 가루로 빻아 복용한다.

식용법 열매를 잘게 썰어 후추 대신에 조미료로 쓰이며 씨에서 짜낸 기름을 식용으로 하기도 한다.

살구나무

Prunus ansu KOMAROV | 벚나무과

5m 정도의 높이로 자라는 낙엽활엽수이다. 껍질은 두텁게 발달하지 않는다. 잎은 마디마다 서로 어긋나게 자리하고 있으며 넓은 계란 꼴이다. 잎 끝은 뾰족하고 밑동은 둥그스름하며 양면에 털이 없다. 길이 6~8cm 정도인 잎 가장자리에는 불규칙한 작은 톱니를 가지고 있다.

꽃은 잎보다 먼저 피어나며 지난해 잔가지에 잎이 붙어 있던 자리에 1~2송이씩 달린다. 둥근 5장의 꽃잎을 가지고 있는 꽃은 지름 25~35mm이고 거의 대가 없다. 꽃의 빛깔은 연한 분홍빛이다. 꽃받침도 5개이고 붉은빛을 띤 보랏빛으로 뒤로 제쳐진다. 열매는 둥글고 많은 털에 덮여 있으며 7월에 노란빛 또는 노란빛을 띤 붉은빛으로 익는다. 열매의 지름은 3cm 안팎이다.

개화기 4월 중

분포 중국 북부지방이 원산지라고 하며 과일나무의 하나로 전국적으로 널리 심어 가꾸어지고 있다.

약용법 생약명 행인(杏仁). 행자(杏子), 행핵인(杏核仁), 고행인(苦杏仁)이라고도 한다.

사용부위 씨 속의 살을 약재로 쓰는데 개살구나무(Prunus mandshurica var. glabra NAKAI)도 함께 쓰인다.

채취와 조제 잘 익은 열매를 채취하여 씨의 껍데기를 제거한 다음 햇볕에 말려서 쓴다.

성분 아미그달린(Amygdalin), 올레인(Olein), 아만딘(Amandin), 벤잘데하이드(Benzaldehyde) 등이 함유되어 있다.

약효 진해, 거담, 윤장(潤腸) 등의 효능을 가지고 있다. 적용 질환은 기침, 천식, 기관지염, 인후염, 급성폐렴, 변비 등이다.

용법 말린 약재를 1회에 2~4g씩 200cc의 물로 서서히 반가량 되게 달이거나 가루로 빻아서 복용한다.

식용법 초여름의 과일로 즐겨 먹는다. 때로는 말려서 저장해 두었다가 먹기도 한다.

상수리나무 참나무·도토리나무

Quercus acutissima CARR | 참나무과

20m 안팎의 높이로 자라는 키가 큰 낙엽활엽수이다. 나무껍질은 검은 잿빛이고 많이 갈라진다.
서로 어긋나게 자리한 잎은 넓은 피침 꼴 또는 긴 피침 꼴로 밤나무 잎과 흡사하게 생겼다. 잎의 길이는 10~15cm로 끝이 뾰족하고 밑동은 둥글다. 잎 가장자리에는 바늘과 같은 생김새의 톱니가 규칙적으로 배열되어 있고 잎맥이 뚜렷하다. 수꽃과 암꽃이 한 나무에 핀다. 수꽃은 새로 자란 가지 밑 부분의 잎겨드랑이에 많은 꽃이 끄나풀 모양으로 뭉쳐 피어서 길게 아래로 처진다. 암꽃은 새 가지의 윗부분 잎겨드랑이에 1~3송이가 뭉쳐 핀다. 꽃의 빛깔은 노랑빛을 띤 초록빛이다. 열매를 소위 도토리라고 하는데 많은 비늘로 구성된 접시와 같은 포린(包鱗)에 싸여 있다.

개화기 5월 중
분포 전국 각지에 널리 분포하며 산의 양지 쪽에 집단적으로 난다.

약용법 생약명 상실(橡實). 상자, 작자라고도 한다.
사용부위 열매를 약재로 쓴다.
채취와 조제 열매가 익어 떨어질 무렵에 채취하여 햇볕에 말린다. 쓰기에 앞서 작게 분쇄한다.
성분 많은 타닌과 함께 녹말이 함유되어 있다.
약효 지사, 수렴의 효능을 가지고 있다. 적용 질환은 설사, 장출혈, 치질로 인한 출혈, 탈항(脫肛) 등이다.
용법 말린 약재를 1회에 10~20g씩 200cc의 물로 반 정도의 양이 되도록 뭉근하게 달여서 복용한다.

식용법 잘 익은 열매로 도토리묵을 만들어 먹는다. 도토리의 껍데기를 벗기고 절구에 찧어 분쇄한 다음 물에 여러 번 우려서 떫은맛을 없애고 맷돌에 갈아 자루에 넣어 짜서 묵을 만든다. 때로는 위와 같은 방법으로 얻은 녹말을 쌀가루와 섞어 떡을 만들어 먹기도 한다. 옛날에 흉년이 들었을 때에는 구황식물로 연한 잎도 따먹었다고 한다.

소나무 솔 · 적송 · 육송

Pinus densiflora SIEB. et ZUCC | 소나무과

높이 20m가 넘는 상록침엽수이다.
윗부분의 나무껍질이 적갈색이기 때문에 적송(赤松)이라고도 하며 겨울눈도 적갈색을 띤 비늘로 덮여 있다.
길이 10cm 정도의 잎은 바늘 꼴로 약간 비틀어지면서 2개씩 겹쳐나며 밑동은 담갈색의 피막에 의해 둘러싸여 있다. 수꽃과 암꽃이 따로 피는데 수꽃은 새로 자라나는 잔가지의 아래쪽에 20~30송이가 원기둥 꼴로 뭉쳐 핀다. 꽃잎은 없고 수술이 비늘에 덮여 있을 뿐이고 연한 황갈색을 띤다. 암꽃은 자라나는 잔가지의 끝에 하나씩 달리며 붉은빛을 띤 작은 비늘이 솔방울과 같은 모양으로 겹쳐 있으며 길이는 5mm 안팎이다. 솔방울은 계란 꼴로 많은 비늘이 규칙적으로 겹쳐져 있고 비늘마다 길쭉한 날개를 가진 씨가 두 알씩 들어 있다.

개화기 5월 중

분포 전국적으로 널리 분포하고 있으며 산마루와 양지 쪽 비탈에 군락을 이룬다.

약용법 생약명 송엽(松葉). 송침(松針)이라고도 한다.

사용부위 잎을 약재로 쓰는데 곰솔 즉 해송(Pinus thunbergii PARL)의 잎도 함께 쓰이고 있다.

채취와 조제 가을부터 이듬해 봄 사이에 채취하여 그늘에서 말린다. 쓰기에 앞서 잘게 썬다.

성분 살리니그린(Salinigrin), 코니페린(Coniferin), 터펜틴 오일(Turpentine oil), 피-사이멘(P-Cymen), 덴시피마릭산(Densipimaric acid), 레텐(Retene) 등이 함유되어 있다.

약효 이뇨, 거풍, 소종 등의 효능이 있으며 적용 질환은 고혈압, 부종, 불면증, 풍과 습기로 인한 마비통증, 습진, 옴 등이다.

용법 말린 약재를 1회에 4~8g씩 200cc의 물로 달이거나 가루로 빻아 복용하며 10배의 소주에 담가 마시기도 한다. 옴과 습진은 달인 물로 환부를 닦는다.

식용법 송엽주(松葉酒)를 담가 마시며 꽃가루는 꿀이나 설탕과 섞어 송화병(松花餠)을 만들어 먹는다.

솜대 분죽·담죽

Sinoarundinaria nigra var. henonis HONDA | 대나무과

높이 10m 이상, 지름 5~8cm로 자라나는 대나무이다.
처음에는 줄기에 흰 가루가 붙어 있는데 점차 황록색으로 변한다. 잎은 잔가지 끝에 2~3장, 많을 때에는 5장씩 방사형으로 자란다. 길쭉한 피침 꼴로 생긴 잎의 길이는 6~10cm이다. 잎 끝은 뾰족하고 밑동은 둥글며 가장자리에는 아주 작은 톱니를 가지고 있다. 잎 뒷면은 담록색이고 잎맥에 따라 잔털이 생겨나는 경우가 있다. 꽃잎을 가지지 않는 이삭 꼴의 꽃이 어쩌다가 피는 일이 있다. 꽃은 땅속줄기로 서로 연결되어 있는 모든 대에 함께 피어나며 꽃이 핀 대는 모두 말라죽어 버린다. 4~5월에 자라나는 죽순은 연한 적갈색의 껍질로 덮여 있으며 껍질에는 죽순대에서 볼 수 있는 것과 같은 얼룩이 없다.

분포 중국이 원산지인 나무로 중부 이남의 따뜻한 고장에서 대를 쓰기 위하여 심어 가꾸고 있다.

약용법 생약명 죽여(竹茹). 죽피(竹皮)라고도 한다.

사용부위 대의 중간피층을 약재로 쓴다.

채취와 조제 언제든지 채취할 수 있으며 겉껍질을 벗기고 가운데층은 얇게 깎아내어 그늘에서 말린다. 쓰기에 앞서 잘게 썬다.

성분 디-글루코스(d-Glucose), 엘-크실로스(l-Xylose), 규산, 석회, 칼리 등의 성분이 함유되어 있다.

약효 해열, 진해, 진토, 거담, 지갈 등의 효능을 가지고 있다. 적용 질환은 기침, 구토, 신열, 황달, 담도염, 입덧, 어린이의 간질병, 정신불안 등이다.

용법 말린 약재를 1회에 2~4g씩 200cc의 물로 뭉근히 달여서 복용한다.

식용법 죽순을 먹는다. 솜대의 죽순은 왕대의 죽순처럼 쓰지는 않다. 조려서 먹거나 잡채, 전골 등에 넣어 먹는다. 다만 죽순대에 비해 가는 것이 흠이다. 뿌리줄기의 잔뿌리를 뜯어다가 말린 다음 잘게 썰어서 차로 우려 마시면 건강에 좋다.

아카시나무 개아카시아·가시다름나무

Robinia pseudo-acacia L | 콩과

북미가 원산지인 키가 큰 낙엽활엽수로 높이는 20m를 넘는다.
나무껍질은 흑갈색이고 세로의 방향으로 길게 갈라진다. 잔가지에는 받침잎이 변한 굵고 예리한 가시가 돋쳐 있다. 잎은 9~19장의 잎 조각이 깃털 꼴로 모여 이루어져 있으며 마디마다 서로 어긋나게 자리한다. 잎 조각의 생김새는 타원 꼴 또는 계란 꼴로 길이는 2.5~3.5cm이고 끝이 약간 패어 있다. 가장자리에는 톱니가 없고 밋밋하다. 꽃은 새로 자라난 잔가지의 잎겨드랑이에서 자란 기다란 꽃대에 많은 것이 이삭 모양으로 뭉쳐 피어 등나무꽃처럼 아래로 처진다. 나비 모양의 꽃은 희게 피며 길이는 1.5~2cm로 향기를 강하게 풍긴다. 꽃이 핀 뒤에는 5~10cm의 길이를 가진 납작한 꼬투리가 달려 익으면 연한 갈색으로 물든다.

개화기 5~6월

분포 북미가 원산지인 나무로 전국에 널리 심어져 있다.

약용법 생약명 침괴(針槐)

사용부위 뿌리껍질을 약재로 쓴다.

채취와 조제 가을 또는 봄에 굴취하여 목질부를 제거하고 햇볕에 말린다. 쓰기에 앞서 잘게 썬다.

성분 아카세틴(Acacetin), 아카신(Acacin), 로비닌(Robinin), 로빈(Robin), 로비네틴(Robinetine), 헬리오트로핀(Heliotropin) 등이 함유되어 있다.

약효 이뇨, 완하의 효능을 가지고 있다. 적용 질환은 소변이 잘 나오지 않는 증세, 수종, 임질, 변비 등이다.

용법 말린 약재를 1회에 3~6g씩 200cc의 물로 반 정도의 양이 되도록 뭉근하게 달여서 복용한다. 사용량이 지나치면 구토, 설사 등의 증상이 생겨난다.

식용법 잎을 가볍게 찐 다음 솥에 넣어 가열하면서 두 손으로 비벼 말리면 차의 대용품을 만들 수 있다. 풀 냄새가 나기는 하나 가벼운 이뇨작용이 있어서 건강상 이롭다.

앵도나무 앵두나무

Prunus triloba var. tomentosa THUNB | 벚나무과

크게 자라도 3m 정도밖에 되지 않는 키 작은 낙엽활엽수이다.
한자리에 여러 대의 줄기가 서며 많은 가지를 친다. 나무껍질은 흑갈색이고 껍질이 일어나기 쉬우며 어린 가지에는 잔털이 깔려 있다. 잎은 서로 어긋나게 자리하고 있으며 계란 꼴 또는 타원 꼴로 길이는 5~7cm이다. 잎 끝은 갑자기 뾰족해지고 밑동은 둥글다. 잎 표면에는 잔털이 있고 뒷면에는 흰솜털이 깔려 있다. 잎 가장자리에는 작은 톱니가 규칙적으로 배열된다. 꽃은 잎보다 먼저 또는 같이 피며 잔가지의 마디마다 1~2송이씩 핀다. 5개의 꽃잎을 가지고 있는 꽃은 지름이 1.5cm 안팎이고 흰빛 또는 연한 분홍빛으로 핀다.
지름 1cm 안팎의 열매는 잔털이 있으며 6월경에 붉게 물들면 맛이 좋다.

개화기 4월 중

분포 중국과 티베트가 원산지인 키 작은 열매나무로 예로부터 뜰에 심어 가꾸어왔다.

약용법 생약명 욱이인(郁李仁). 욱자, 체인 산매자라고도 한다.

사용부위 씨를 약재로 쓰는데 산앵도나무(이스라지나무)의 씨도 함께 쓰인다.

채취와 조제 열매가 붉게 익었을 때에 채취하여 과육을 제거한 다음 씨의 속살을 꺼내 햇볕에 말린다. 쓰기에 앞서 잘게 분쇄한다.

성분 함유 성분에 대해서는 별로 밝혀진 것이 없다.

약효 이뇨, 완하, 윤장 등의 효능을 가지고 있다. 적용 질환은 소변이 잘 나오지 않는 증세, 변비, 각기, 사지의 부종 등이다.

용법 말린 약재를 1회에 2~4g씩 200cc의 물로 뭉근하게 달이거나 가루로 빻아서 복용한다.

식용법 초여름의 과일로 즐겨 먹는다. 잘 익은 열매를 3배의 소주에 담가서 2개월가량 두면 아름다운 빛깔의 앵도주가 된다. 피로 회복과 식욕 증진에 효과가 있다.

엄나무 음나무·멍구나무

Kalopanax pictum var. typicum NAKAI | 오갈피나무과

키가 크게 자라는 낙엽활엽수이다. 가지에는 많은 가시가 돋아 있다.
잎은 서로 어긋나게 자리하며 둥글고 5~9갈래로 반 정도의 깊이까지 갈라지는데 팔손이나무의 잎과 흡사한 외모를 가지고 있다. 그러나 매우 커서 길이와 너비가 모두 20~30cm나 된다. 잎 표면에는 털이 없고 윤기가 나며 뒷면의 잎맥 겨드랑이에는 담갈색의 털이 많다. 잎의 밑동은 심장 꼴로 패여 있다.
꽃은 새 가지의 끝에서 자라난 10대 안팎의 긴 꽃대 끝에 각기 작은 꽃이 우산 꼴로 뭉쳐 핀다. 꽃의 지름은 5mm쯤 되며 노란빛을 띤 녹색으로 일찍 떨어져 버리는 4~5장의 작은 꽃잎을 가지고 있다.
꽃이 지고 난 뒤에는 많은 열매가 뭉쳐 달리며 가을에 검게 익는다.

개화기 7월~8월
분포 전국 각지에 널리 분포하며 산의 숲 속에 난다.

약용법 생약명 해동피(海桐皮). 자추피(刺楸皮), 해동피(海東皮)라고도 부른다.

사용부위 나무껍질을 약재로 쓴다. 당엄나무, 털엄나무, 가는잎엄나무의 껍질도 함께 쓰인다.

채취와 조제 봄 또는 여름에 채취하여 거친 겉껍질을 벗기고 햇볕에 말린다. 쓰기에 앞서 잘게 썬다.

성분 칼로톡신(Kalotoxin), 칼로사포닌(Kalosaponin) 등의 성분이 함유되어 있다.

약효 거풍, 진통, 소종 등의 효능을 가지고 있다. 적용 질환은 풍습으로 인한 마비통증, 신경통, 요통, 관절염, 타박상, 옴, 종기 등이다.

용법 말린 약재를 1회에 3~8g씩 200cc의 물로 뭉근하게 달여서 복용한다. 옴과 종기에는 약재를 가루로 빻아 기름에 개어서 환부에 바른다.

식용법 이른봄에 갓 자라나는 순을 두릅나무의 순과 같은 방법으로 조리해서 먹는다.

오갈피나무 참오갈피나무

Acanthopanax sessiliflorum SEEM | 오갈피나무과

키 작은 낙엽활엽수이다. 높이 3~4m에 이르며 지표 가까이에서 줄기가 갈라져 넓게 퍼진다. 잔가지는 잿빛을 띤 갈색으로 가시는 거의 없다.
잎은 서로 어긋나게 자리하며 3~5장의 잎 조각에 의해 손바닥 모양을 이룬다. 잎 조각은 계란 꼴 또는 계란 꼴에 가까운 타원 꼴로 길이는 6~15cm이다. 잎 표면에는 털이 없고 뒷면의 잎맥 위에만 잔털이 있다. 가장자리에는 큰 톱니와 작은 톱니가 서로 겹치면서 배열된다.
꽃은 새로 자라난 가지 끝에 우산 꼴로 뭉쳐 핀다. 꽃은 연한 보랏빛이고 5장의 꽃잎을 가지고 있으며 지름은 3mm 안팎이다. 꽃이 지고 난 뒤 길쭉한 타원 꼴의 물기 많은 열매가 뭉쳐 달리며 가을에 검게 물든다.

개화기 8~9월
분포 전국적으로 분포하고 있으며 산의 골짜기에 가까운 숲 속에 난다.

약용법 생약명 오가피(伍加皮)

사용부위 뿌리 또는 나무껍질을 약재로 쓴다. 섬오갈피나무, 털오갈피나무, 가시오갈피나무, 서울오갈피나무도 함께 쓰이고 있다.

채취와 조제 여름 또는 가을에 채취하여 거친 겉껍질을 벗겨내어 햇볕에 말린 다음 잘게 썬다.

성분 정유와 다량의 수지 및 녹말 등이 함유되어 있다.

약효 강장, 진통, 거풍 등의 효능을 가지고 있다. 적용 질환은 풍과 습기로 인한 마비통증, 류머티즘, 요통, 음위, 각기 등이다.

용법 말린 약재를 1회에 2~4g씩 200cc의 물로 서서히 달이거나 가루로 빻아서 복용한다. 약재를 설탕과 함께 10배의 소주에 담근 오갈피주(伍加皮酒)는 강정, 강장, 피로 회복 등의 효과가 있다고 한다.

식용법 어린순을 나물이나 생채로 먹는다. 또한 순을 잘게 썰어 쌀과 섞어 오가반(伍加飯)을 지어먹기도 한다.

오미자

Maximowiczia chinensis var. typica NAKAI | 목련과

덩굴로 자라나는 낙엽활엽수이다.
잎은 마디마다 서로 어긋나게 자리하며 넓은 타원 꼴 또는 계란 꼴로 길이는 7~10cm이다. 잎의 양끝은 뾰족하고 가장자리에는 작은 톱니가 규칙적으로 배열되어 있으며 잎 뒤의 잎맥 위에만 잔털이 있다.
암꽃과 수꽃이 각기 다른 나무에 피고 길쭉한 타원 꼴의 꽃잎을 6~9장 가지고 있다. 꽃의 지름은 1.5cm 안팎이고 빛깔은 붉은빛이 감도는 황백색이다. 꽃이 피는 자리는 새로 자라난 잔가지의 밑동인데 3~5송이의 꽃이 각기 한 송이씩 꽃대 끝에 매달려 아래로 처진다. 열매는 여러 개가 이삭 모양으로 모여 달리고 길게 늘어지는데 지름이 6~12cm이고 익으면 붉게 물든다. 신맛이 강하다.

개화기 6~7월

분포 중부 이북에 분포하며 산의 양지 쪽에 난다. 약재로 쓰기 위하여 가꾸는 일이 많다.

약용법 생약명 오미자(伍味子). 북오미자(北伍味子), 오매자(伍梅子), 북미(北味)라고도 한다.

사용부위 열매를 약재로 쓴다.

채취와 조제 열매가 붉게 물든 뒤 채취하여 햇볕에 말려서 그대로 쓴다.

성분 많은 점액을 함유하고 있으며 그 주성분은 갈락탄(Galactan)과 아라반(Araban)이라고 한다.

약효 자양, 강장, 진해, 거담, 지사, 지한 등의 효능을 가지고 있다. 적용 질환은 폐질환에 의한 기침, 유정, 음위, 식은땀, 이유 없이 땀이 흐르는 증세, 입안이 마르는 증세, 급성간염 등이다.

용법 말린 약재를 1회에 1~4g씩 200cc의 물로 반 정도의 양이 되도록 뭉근히 달이거나 가루로 빻아 복용한다. 약재를 10배의 소주에 담가 묵힌 오미자주도 같은 효과를 얻을 수 있다.

식용법 어린순을 나물로 해서 먹는다. 쓰고 떫은맛이 강하므로 데친 뒤 잘 우려내야 한다. 잘 익은 열매는 차로 우려 마신다.

월귤나무 땃들쭉·땅들쭉나무

Vaccinium vitis-idaea var. minus LODD | 철쭉과

키 작은 상록성의 활엽수로 크게 자라도 30cm 정도밖에 되지 않는다.
땅속줄기가 뻗어나가며 증식되기 때문에 작은 군락을 이루는 경우가 많으며 온몸에 잔털이 생겨나 있다.
잎은 서로 어긋나게 자리하고 있으며 가죽과 같이 빳빳하다. 잎의 생김새는 계란 꼴이며 잎 끝에 가까운 쪽은 넓고 끝이 약간 패여 있다. 잎 길이는 1~3cm이고 가장자리에는 톱니가 없이 밋밋하다. 잎 표면에는 윤기가 흐르고 뒷면에는 검은 작은 점이 산재해 있다. 가지 끝에 가까운 잎겨드랑이에는 2~3송이의 방울과 같이 생긴 연한 분홍빛 꽃이 5~6월에 핀다. 꽃의 길이는 6mm 안팎이고 끝이 네 개로 갈라져 있다.
꽃과 비슷한 크기의 둥근 열매를 맺어 붉게 물드는데 익으면 신맛이 강하다.

개화기 6~7월

분포 제주도와 중부 이북 지역에 분포하며 높은 산 정상 부근의 바위틈에 난다.

약용법 생약명 월귤(越橘).

사용부위 잎과 열매를 약재로 쓴다.

채취와 조제 잎은 초가을에 채취하고 열매는 붉게 물든 뒤에 채취한다. 모두 햇볕에 말려 그대로 쓴다.

성분 우르솔릭산(Ursolic acid), 알부틴(Albutin), 하이페린(Hyperin), 이다에인(Idaein), 이소-퀘르시트린(Iso-quercitrin), 캠프페롤(Kaempferol) 등이 함유되어 있다.

약효 잎은 수렴(점막이나 다친 데 작용하여 혈관조직을 수축시키는 것), 이뇨, 방부 등의 효능이 있어 요도염이나 임질의 치료약으로 쓰이고 열매는 감기, 편도선염, 구강 통증 등에 효과가 있다.

용법 말린 약재를 1회에 0.5~1.5g씩 200cc의 물로 달여서 복용한다.

식용법 열매를 그대로 먹거나 잼으로 가공한다. 또한 열매 200g을 같은 양의 설탕과 함께 2 *l* 의 소주에 담가서 월귤주를 만든다.

유자나무

Citrus junos SIEB | 산초과

상록성의 활엽수로 4~5m의 높이로 자란다.
가지의 군데군데에 길고 뾰족한 가시가 돋친다. 잎은 서로 어긋나게 자리하며 생김새는 계란 꼴에 가까운 타원 꼴로 끝은 뾰족하고 밑동은 둥글다. 잎 가장자리는 밋밋하게 보이지만 작고 무딘 톱니가 나 있다. 잎자루에는 넓은 날개와 같은 것이 붙어 있다. 꽃은 잔가지의 잎겨드랑이에 한 송이씩 피는데 때로는 밑으로 처지면서 핀다. 5장의 흰 꽃잎을 가졌고 20개 정도의 수술은 밑에서 둥글게 합쳐져서 대롱 모양을 이룬다. 꽃의 지름은 2cm 안팎이다.
열매는 둥글고 납작하며 지름은 6cm 안팎이다. 겉껍질이 우툴두툴하게 생겼고 익으면 노랗게 물들어 좋은 향기를 낸다. 귤나무와 한 무리가 되며 이 무리 가운데서는 제일 추위에 강하다.

개화기 6월 중

분포 중국이 원산지인 나무로 경상남도 남해의 섬이나 전라남도 고흥군 등지에 많이 심어 가꾸고 있다.

약용법 생약명 유자(柚子). 등자(橙子), 황등(黃橙)이라고도 한다.

사용부위 열매 또는 열매껍질을 약재로 쓰며 열매껍질을 등자피(橙子皮)라고 한다.

채취와 조제 열매는 잘 익은 것을 채취하여 그대로 쓰고 껍질은 햇볕에 말려 잘게 썰어서 쓴다.

성분 열매껍질에 시트랄(Citral)과 고미질이 함유되어 있다.

약효 건위, 거담, 진토, 해독 등의 효능을 가지고 있다. 적용 질환은 기침, 소화불량, 구토, 주독 등이다.

용법 열매는 생것을 적당량 그대로 먹거나 물로 달여서 복용한다. 껍질은 1회에 4~8g씩 200cc의 물로 달이거나 가루로 빻아 복용한다.

식용법 신맛이 강하기 때문에 그대로 먹기는 어렵고 보통 유자차로 해서 신맛과 향기를 즐긴다. 유자차는 열매를 얇게 썰어 충분한 양의 설탕에 조려 두었다가 끓는 물을 부어 우려서 마신다.

으름덩굴

Akebia quinata DENCAISN | 으름덩굴과

낙엽성의 덩굴나무로 5m 정도의 길이로 자라나며 흔히 덤불을 구성하는 한 요소가 되고 있다. 잎은 새로 자라나는 가지의 경우 어긋난다. 묵은 가지에서는 마디마다 여러 장의 잎이 뭉쳐 자라난다. 5~6장의 잎 조각이 손바닥 꼴로 모여 하나의 잎을 구성한다. 잎 조각의 생김새는 넓은 계란 꼴 또는 타원 꼴로 길이는 3~6cm이고 끝이 약간 패여 있다. 잎 표면에는 윤기가 흐르고 가장자리에는 톱니가 없고 밋밋하다. 꽃은 묵은 가지에 뭉쳐 있는 잎의 틈에서 자라난 긴 꽃대에 여러 송이가 뭉쳐 아래로 처지면서 핀다. 수꽃은 작고 많이 달리며 암꽃은 크고 적게 달린다. 꽃잎은 없고 3장의 꽃받침만 있으며 빛깔은 자갈색이다. 암꽃의 지름은 2.5cm 안팎이다. 6~10cm의 길이를 가진 열매는 자갈색이고 익으면 세로의 방향으로 갈라진다.

개화기 4~5월

분포 전국적으로 분포하며 산의 숲 가장자리에 난다.

약용법 생약명 목통(木通). 통초(通草)라고도 한다.

사용부위 줄기를 약재로 쓰는데 팔손으름(Akebia quinata var. polyphylla NAKAI)도 함께 쓰인다.

채취와 조제 가을 또는 봄에 채취하여 겉껍질을 벗기고 햇볕에 말려 쓰기에 앞서 잘게 썬다.

성분 이뇨작용을 하는 아케빈(Akebin)이란 성분이 함유되어 있다.

약효 이뇨, 진통의 효능이 있다. 적용 질환은 소변이 잘 나오지 않는 증세, 수종, 신경통, 관절염, 월경이 잘 나오지 않는 증세, 젖 분비 부족 등이다.

용법 말린 약재를 1회에 2~6g씩 200cc의 물로 달이거나 가루로 빻아 복용한다.

식용법 열매를 먹는데 씨를 감싸고 있는 흰 살이 달다. 어린순은 좋은 국거리가 되며 어린잎을 볶아 말려서 차의 대용으로 한다. 때로는 어린순을 나물로 해먹기도 한다.

으아리 응아리 · 위령선

Clematis mandshurica MAX | 미나리아재비과

덩굴로 자라는 낙엽수로 2m 정도의 길이로 자라며 줄기는 매우 가늘다.
잎은 마디마다 2장이 마주 자리하고 있으며 5~7장의 잎 조각이 깃털 꼴로 모여 있다. 잎 조각의 생김새는 계란 꼴로 끝은 뾰족하고 밑동은 둥글다. 잎 가장자리에는 톱니가 없고 밋밋하다. 잎자루는 흔히 구부러져서 덩굴손의 구실을 한다.
꽃은 가지 끝 또는 끝에 가까운 잎겨드랑이로부터 자라난 긴 꽃대에 여러 송이가 우산 꼴로 모여서 핀다. 꽃잎은 없고 4개의 희고 길쭉한 꽃받침이 꽃잎처럼 보인다. 꽃의 지름은 2cm 안팎이다.
열매에는 2cm 정도의 길이를 가진 꼬리처럼 생긴 흰털이 붙어 있다.

개화기 6~8월
분포 전국에 널리 분포하고 있으며 산의 숲 가장자리에 덤불을 형성한다.

약용법 생약명 위령선(威靈仙)

사용부위 뿌리를 약재로 쓴다. 외대으아리(Clematis brachyura MAX), 좀응리(C. mandshurica var. lancifolia NAKAI), 참으아리(C. maximowicziana var. paniculata NAKAI)의 뿌리도 함께 쓰이고 있다.

채취와 조제 가을 또는 이른봄에 채취하여 햇볕에 말려 쓰기에 앞서 잘게 썬다.

성분 프로트아네모닌(Protanemonin)이라는 강한 자극을 주는 성분이 함유되어 있다.

약효 진통, 거풍 등의 효능을 가지고 있다. 적용 질환으로는 수족마비, 언어장애, 각종 신경통, 관절염, 통풍, 각기, 편도선염, 유행성이하선염, 황달 등이다.

용법 말린 약재를 1회에 4~6g씩 200cc의 물로 뭉근하게 달이거나 가루로 빻아 복용한다.

식용법 독성분이 함유되고 있으나 농촌, 산촌에서는 묵나물로 해서 먹는다. 데쳐서 잘 우려낸 다음 말려서 오래도록 저장하여 두었다가 독성이 약화된 뒤에 나물로 해 먹는 것을 묵나물이라고 한다.

은행나무 행자목

Ginkgo biloba L | 은행나무과

흔히 서원이나 향교 또는 마을 어귀 등에 심어지던 낙엽교목으로 매우 크고 우람하게 자란다. 잎은 서로 어긋나게 자리하지만 짧은 가지에서는 뭉쳐 나는 것처럼 보인다. 잎의 생김새는 합죽선을 펼친 것과 같으며 평행인 상태로 고르게 배열된 잎맥이 뚜렷하다. 기다란 가지에 달리는 잎은 깊게 두 갈래로 갈라지지만 짧은 가지에 자라나는 잎은 갈라지지 않는 것이 많다. 암꽃과 수꽃은 각기 다른 나무에서 핀다. 수꽃은 짧은 가지에서 자라나는 3~4cm 길이의 꽃대에 많은 것이 끄나풀 모양으로 뭉쳐 핀다. 암꽃 또한 짧은 가지로부터 자라난 6~7개의 꽃대에 각기 2개의 배주(밑씨)가 달리는데 워낙 작고 풀빛이기 때문에 눈에 잘 띄지 않는다. 열매는 누렇게 익는데 악취가 난다.

개화기 5월 중

분포 원산지는 알 수 없으며 전국 각처에 널리 심어지고 있다.

약용법 생약명 은행엽(銀杏葉). 백과엽(白果葉)이라고도 한다.

사용부위 잎을 약재로 쓴다.

채취와 조제 잎이 누렇게 물들기 시작할 무렵에 채취하여 햇볕에 말린다. 쓰기에 앞서 잘게 썬다.

성분 긴크게틴(Ginkgetin), 빌로볼(Bilobol), 긴크고익산(Ginkgoic acid), 글로불린(Globulin) 등이 함유되어 있다.

약효 수렴, 거담, 진경 등의 효능을 가지고 있다. 적용 질환으로는 동맥경화, 고혈압, 가슴이 울렁거리는 증세, 협심증, 기침, 천식, 간염, 설사, 대하증 등 여러 가지이다.

용법 말린 약재를 1회에 2~4g씩 200cc의 물로 뭉근하게 달이거나 가루로 빻아 복용한다.

식용법 은행 열매의 껍데기를 벗긴 다음 참기름을 발라 구워 먹거나 신선로에 넣는 재료로 쓰인다. 많이 먹으면 설사를 일으키는 수가 많다. 구수한 맛이 아주 좋아 술안주로 삼는 경우가 많다.

자두나무 자도나무 · 오얏나무

Prunus salicina var. typica NAKAI | 벚나무과

과일을 따기 위하여 곳곳에 심어 가꾸고 있는 낙엽활엽수이다.
크게 자라면 10m에 이르지만 보통 볼 수 있는 것은 3~4m 정도 되는 것들이다. 잔가지는 적갈색으로서 윤기가 난다. 서로 어긋나게 자리하는 잎은 길쭉한 계란꼴의 모습으로 양끝이 뾰족하며 길이는 5~7cm이고 가장자리에는 무딘 톱니를 가지고 있다. 꽃은 잎보다 먼저 피며 한자리에 보통 3송이씩 달린다. 꽃의 지름은 2cm 안팎이고 5장의 꽃잎을 가지고 있으며 빛깔은 순백색이다.
야생나무의 열매는 지름이 2.5cm 정도밖에 되지 않으나 개량된 나무의 열매는 7cm에 이른다. 노란빛 또는 보랏빛을 띤 붉은빛으로 익는데 속살은 노랗다. 열매의 한쪽에 세로로 깊게 홈이 파여져 있다.

개화기 4월 중

분포 중국이 원산지인 과일나무로 예로부터 곳곳에 널리 심어왔다. 과거에 서울의 자하문 밖 평창동 일대는 명소로 알려져 있었다.

약용법 생약명 뿌리를 이근(李根), 씨를 이핵인(李核仁)이라고 부른다.

사용부위 뿌리껍질과 씨를 약재로 쓴다.

채취와 조제 뿌리껍질은 가을 또는 봄에 채취하여 햇볕에 말려서 잘게 썬다. 씨 역시 말려서 분쇄해서 쓴다.

성분 씨에 아미그달린(Amygdalin)이 함유되어 있다.

약효 뿌리껍질은 가슴이 답답한 증세나 당뇨병으로 인한 갈증 등에 쓰인다. 씨는 기침, 변비, 어혈 등을 치료하는 약으로 쓰인다.

용법 뿌리껍질은 1회에 3~4g, 씨는 2~5g씩 200cc의 물로 반 정도 양이 되게끔 뭉근하게 달여 복용한다.

식용법 잘 익은 열매를 초여름의 과일로 즐겨 먹는다. 단맛과 신맛이 알맞아 잠시 더위를 잊게 한다. 여러 가지의 개량된 종류가 조금씩 다른 맛을 지닌다.

잣나무

Pinus koraiensis SIEB. et ZUCC | 소나무과

상록성의 침엽수로 주로 추운 지방에 난다. 결이 고운 목재와 잣씨를 얻기 위해 흔히 심고 있는 나무이다. 아주 크게 자라나고 있는 것은 높이 20m를 넘으며 껍질은 어두운 갈색이다.

한 곳에 5장씩 뭉쳐 자라는 잎은 길이 7~12cm로 3개의 모가 있다. 즉 잎의 단면이 세모꼴인데 2개의 면에는 흰 기공선(氣孔線)이 있기 때문에 은록색으로 보인다. 잎 가장자리에는 아주 미세한 톱니를 가지고 있다.

새 가지의 아래쪽에는 수꽃이 덩어리처럼 피어 뭉친 것이 5~6개 달리고 암꽃은 가지 끝에 2~5개씩 생긴다. 솔방울은 꽃이 핀 이듬해 가을에 익으며 길쭉한 타원 모양으로 길이는 12~15cm 정도가 된다. 씨는 일그러진 세모꼴이고 양면에 얇은 피막이 붙어 있다.

개화기 5월 중

분포 중부 이북의 지역에 분포하며 산의 중턱 이상에 난다. 중요 조림수종의 하나로 널리 심고 있다.

약용법 생약명 해송자(海松子). 송자인(松子仁)이라고도 한다.

사용부위 씨를 약재로 쓴다.

채취와 조제 잘 여문 것을 채취하여 씨의 껍데기를 제거하여 그대로 쓴다.

성분 크립토스트로빈(Cryptostrobin), 피노반크신(Pinobanksin), 피니톨(Pinitol), 디하이드로피노실빈(Dihydropinosylvin), 크리신(Chrysin), 피노셈브린(Pinocembrin) 등이 함유되어 있다.

약효 자양, 강장 효능이 있으며 폐와 장을 다스려준다. 적용 질환은 신체허약, 마른기침, 폐결핵, 머리 어지러운 증세, 변비 등이다.

용법 약재를 1회에 2~5g씩 200cc의 물로 뭉근하게 달여서 복용하거나 그대로 소량씩 계속해서 먹는다.

식용법 수정과나 식혜에 띄우고 약식에 얹어 먹으며 잣죽(실백죽)을 쑤어 먹기도 한다. 그 밖에 신선로에도 넣고 제과용으로 쓰이는 양도 적지 않다.

조팝나무

Spiraea prunifolia var. simpliciflora NAKAI | 조팝나무과

키가 작은 낙엽활엽수로 크게 자라도 2m 정도밖에 되지 않는다.
땅속줄기가 뻗어가면서 새로운 줄기가 자라나기 때문에 곳곳에 군락을 이루는 일이 많다. 줄기는 갈색을 띠고 윤기가 나며 부풀어 오른 줄이 있다.
잎은 서로 어긋나게 자리하며 타원 꼴로 양끝이 뾰족하다. 잎 가장자리에는 작은 톱니가 규칙적으로 배열되어 있고 털이 없다. 지난해에 자라난 가지의 윗부분은 온통 꽃으로 뒤덮인다. 4~5월에 위쪽 짧은 가지에서 4~6송이의 꽃이 뭉쳐 핀다. 5장의 타원형 꽃잎을 가지는 꽃은 지름이 8mm 안팎이고 빛깔은 순백색이다. 열매는 둥글고 9월이 되면 누렇게 익는데 좀처럼 달리지 않는다.
일본에 자생하는 겹꽃이 피는 겹조팝나무가 기본종으로 되어 있다.

개화기 4~5월

분포 전국적으로 널리 분포하고 있으며 산록이나 들판 등 양지바른 곳에 난다.

약용법 생약명 목상산(木常山)

사용부위 뿌리를 약재로 쓴다.

채취와 조제 늦가을 또는 이른봄에 뿌리를 굴취하여 햇볕에 잘 말린다. 쓰기에 앞서 잘게 썬다.

성분 함유 성분에 대해서는 아직 밝혀진 것이 없다.

약효 해열, 수렴(혈관조직의 수축과 설사 멈춤) 등의 효능을 가지고 있다. 적용 질환은 감기로 인한 열, 신경통, 목이 붓고 아픈 증세, 학질(매일 일정한 시간이 되면 오한이 나고 열이 오르는 증세), 설사 등이다.

용법 말린 약재를 1회에 5~10g씩 200cc의 물에 넣어 반 정도의 양이 되게 뭉근하게 달여서 복용한다.

식용법 곳곳에서 자생하므로 이른봄에 자라난 연한 순과 어린잎을 나물로 해서 먹는다. 시고 쓴맛이 있으므로 데쳐서 여러 차례 물을 갈아가면서 잘 우려낸 다음에 조리를 해야 맛이 순하고 좋다.

주엽나무 주염나무·조각자나무

Gleditsia japonica var. koraiensis NAKAI | 콩과

높이 10m가 넘는 키 큰 낙엽활엽수이다.

커다란 가지가 사방으로 퍼지며 새 가지는 군데군데 자갈색의 얇은 막이 벗겨지는 일이 많다. 작은 가지처럼 생긴 납작한 가시가 많이 돋치지만 나무가 늙으면 없어지고 만다. 잎은 서로 어긋나게 자리하는데 마디마다 2~3장의 잎이 함께 자리하는 일도 있다. 잎의 생김새는 깃털 꼴로 10~16장의 길쭉한 타원 꼴의 잎 조각을 가지고 있다. 잎 조각의 가장자리에는 물결과 같은 작은 톱니가 배열된다. 꽃은 잎겨드랑이로부터 자라난 기다란 꽃대에 이삭 모양으로 뭉쳐서 핀다. 5장의 꽃잎을 가지고 있으며 연한 푸른빛이고 지름은 7mm 안팎이다. 꽃이 지고 난 뒤 길이 20cm, 너비 3cm쯤 되는 큰 꼬투리가 달리는데 비틀려서 꼬여진다.

개화기 6월 중

분포 전국적으로 분포하고 있으며 산의 골짜기나 낮은 야산 등에 난다.

약용법 생약명 가시를 조각자, 열매를 조협이라고 한다.

사용부위 가시와 열매를 각기 다른 용도의 약재로 쓴다.

채취와 조제 가시는 가을에 채취하여 볕에 말려 썰어 쓰거나 열매는 잘 익은 것을 말려 분쇄해서 사용한다.

성분 글레디닌(Gledinin), 글레딧신(Gleditsin), 푸스틴(Fustin), 노나코산(Nonacosan), 세릴알코올(Cerylalcohol) 등이 함유되어 있다.

약효 가시는 소종, 배농(排膿) 등의 효능이 있어서 각종 종기에 쓴다. 열매는 거풍, 거담 등의 효능이 있어서 중풍, 두통, 기침, 기관지염, 편도선염 등의 치료에 쓴다.

용법 가시는 가루로 빻아 기름에 개어 환부에 바른다. 열매는 1회에 0.3~0.8g을 가루로 빻아 복용한다.

식용법 10월경 농촌의 어린아이들이 꼬투리 안에 붙어 있는 단맛이 나는 물질을 핥아먹는다. 어리고 연한 잎은 나물이나 국거리로 한다.

진달래 참꽃나무

Rhododendron mucronulatum TURCZ | 철쭉과

크게 자라도 2~3m밖에 되지 않는 키 작은 낙엽활엽수다.
잔가지는 담갈색이고 작은 비늘에 덮여 있다.
잎은 서로 어긋나게 자리하고 있으며 타원 꼴 또는 길쭉한 타원 꼴에 가까운 피침 꼴이다. 길이는 4~6cm이고 양끝이 뾰족한 잎의 뒷면은 연한 녹색이고 작은 비늘이 깔려 있다. 잎 가장자리에는 톱니가 없고 밋밋하다. 꽃은 잎에 앞서 피어나며 지난해에 자라난 잔가지 끝에 3~5송이가 함께 뭉쳐 피어나는데 한 송이만 피어나는 경우도 있다. 깔때기 모양이며 다섯 갈래로 갈라지는 꽃은 지름이 3~4.5cm이고 분홍빛이다.
열매는 원기둥 꼴이고 길이 2cm 안팎이다. 세로의 방향으로 5개의 줄이 있어서 익으면 이 줄에 따라 갈라진다.

개화기 3~4월

분포 전국에 널리 분포하며 산의 양지 쪽에 나는데 때로는 동북 쪽이나 서북 쪽 사면에 나는 경우도 있다.

약용법 생약명 두견화(杜鵑花). 만산홍(滿山紅) 또는 영산홍(映山紅)이라고도 한다.

사용부위 꽃을 약재로 쓴다.

채취와 조제 꽃이 피었을 때에 채취하여 햇볕에 말려서 그대로 쓰는데 생것을 쓰는 경우도 있다.

성분 함유 성분에 대해서는 별로 밝혀진 것이 없다.

약효 진해, 조경(調經)의 효능이 있고 혈액의 순환을 활발하게 한다. 적용 질환은 기침, 고혈압, 토혈, 월경불순, 폐경, 월경이 멈추지 않는 증세 등이다.

용법 말린 약재를 1회에 5~10g씩 200cc의 물로 달여서 복용한다. 때로는 생꽃을 10배의 소주에 담가서 아침저녁으로 소량씩 마시기도 한다. 이것을 두견주라 한다.

식용법 찹쌀가루를 소금물로 반죽하여 얇게 빚어 꽃잎을 붙이고 둥글게 오린 후 지져서 화전을 만들어 먹는다. 특히 진달래꽃이 필 때의 화전놀이는 예로부터 풍류 놀이의 하나로 유명하다.

집보리수나무 참당보리수나무

Elaeagnus multiflora THUNB | 보리수나무과

높이 2m 안팎으로 자라는 낙엽활엽수로 뜰보리수나무라고도 한다.
어린 가지에는 적갈색을 띠고 있는 비늘처럼 생긴 작은 털이 생겨 있으나 자라면서 점차 없어진다.
잎은 마디마다 서로 어긋나게 자리하며 타원 꼴로 두터운 편이다. 잎 끝은 둥그스름하나 때로는 약간 뾰족해지며 밑동은 점차 가늘어진다. 잎의 길이는 3~7cm이고 어릴 때 표면에 비늘과 같은 털이 있으나 점차 없어진다. 잎의 뒷면에는 흰색의 비늘털에 갈색 털이 섞여 있다. 잎 가장자리는 밋밋하다.
잔가지의 잎겨드랑이에 연한 노란색의 꽃이 많이 뭉쳐 핀다. 꽃은 대롱 꼴로 끝이 4개로 갈라져 있으며 길이는 1.5cm 안팎이다. 길쭉한 타원 꼴의 열매를 맺어 붉게 물든다.

개화기 4~5월

분포 일본이 원산지인 나무로 열매를 얻기 위해 가꾼다. 충남 서산지방에서 많이 볼 수 있다.

약용법 생약명 목반하(木半夏). 야앵도(野櫻桃)라고도 한다.

사용부위 열매를 약재로 쓴다.

채취와 조제 붉게 물든 약재를 채취하여 햇볕에 말려서 그대로 쓴다.

성분 타닌과 당분이 함유되어 있다.

약효 수렴, 지사, 진해의 효능이 있으며 기침, 천식, 설사, 이질, 풍과 습기로 인한 마비통증 등에 쓰인다.

용법 말린 약재를 1회에 4~8g씩 200cc의 물로 반 정도의 양이 되게 서서히 달여서 복용한다. 천식을 치료하기 위해서는 말리지 않은 열매를 설탕에 조려 적당한 양을 약한 불로 가급적 오랜 시간 뭉근하게 달여서 복용한다.

식용법 열매가 굵고 단맛과 신맛이 알맞아 하나의 과일로 먹는다. 다만 타닌의 함량이 높아 많이 먹으면 변비 증상이 생겨나므로 주의를 해야 한다.

찔레나무 찔룩나무 · 새비나무

Rosa polyantha var. genuina NAKAI | 장미과

높이 2m 정도로 자라는 키 작은 낙엽활엽수이다. 한자리에 여러 대의 줄기가 자라난다. 일반적으로 줄기와 가지가 활처럼 휘어지기 때문에 비스듬하게 선다. 잎은 5~9장 정도의 잎 조각으로 구성된 깃털 꼴로 어긋나게 자란다. 잎 조각의 생김새는 타원 꼴 또는 계란 꼴이며 양끝이 뾰족하고 길이는 2~3cm이며 가장자리에는 작은 톱니가 규칙적으로 배열되어 있다. 받침잎에는 빗살 같은 톱니가 있고 아래쪽의 절반은 잎자루와 합쳐진다. 새로 자라난 가지 끝에 많은 꽃이 우산 꼴로 모여서 핀다. 5장의 둥근 꽃잎은 지름이 2cm 안팎이다. 흰빛으로 피는데 때로는 연분홍빛으로 피는 것도 있다. 지름이 8mm 정도 되는 둥근 열매가 뭉쳐 달리며 가을을 맞아 익으면 붉게 물든다.

개화기 5월 중

분포 전국 각지에 널리 분포하며 산의 숲 가장자리와 들판의 풀밭 양지쪽에 또는 하천 유역에 난다.

약용법 생약명 영실(營實). 장미자(薔薇子), 석산호(石珊瑚)라고도 한다.

사용부위 열매를 약재로 쓴다.

채취와 조제 반 정도 붉게 물들 무렵에 채취하여 햇볕에 말려서 그대로 쓴다.

성분 시아닌(Cyanin), 물티플로린(Multiflorin), 헤네이코산(Heneicosane), 디코산(Dicosane), 헥사코산(Hexacosane), 펠라르곤알데히드(Pelargonaldehyde), 트리코산(Tricosane) 등의 성분이 함유되어 있다.

약효 이뇨, 사하(瀉下), 해독 등의 효능을 가지고 있다. 적용 질환은 신장염, 각기, 수종, 소변이 잘 나오지 않는 증세, 변비, 월경불순, 월경통 등이다.

용법 말린 약재를 1회에 2~4g씩 200cc의 물로 달이거나 가루로 빻아 복용한다. 때로는 열매를 술에 담가서 3개월 이상 묵혔다가 조금씩 복용하기도 한다.

식용법 연한 순을 따 먹는다. 연한 순을 가볍게 데쳐서 무쳐 먹기도 한다.

참으아리

Clematis maximowicziana var. paniculata NAKAI | 미나리아재비과

덩굴로 자라는 키 작은 나무로 5m 정도의 길이로 자라며 풀처럼 보인다.
잎은 3~7장의 잎 조각이 깃털 꼴로 모여 구성되어 있으며 마디마다 2장이 마주 자리하고 있다. 잎 조각의 생김새는 계란 꼴 또는 넓은 계란 꼴이다. 잎의 길이는 3~7cm이고 밑동은 둥글거나 심장 꼴로 약간 패어 있다. 잎 조각의 가장자리에는 톱니가 없고 밋밋하다.
꽃은 잎겨드랑이 또는 가지 끝에서부터 자라나는 꽃대에 여러 송이가 우산 꼴로 모여서 핀다. 길쭉한 4장의 꽃잎이 십자형으로 배열되고 있으며 지름은 3cm 안팎이다. 꽃의 빛깔은 희고 향기를 풍긴다.
으아리의 경우와 마찬가지로 꽃이 지고 난 뒤에는 길이 2cm나 되는 꼬리와 같은 털이 달린 열매를 맺는다.

개화기 7~9월

분포 중부 이남의 지역에 자라며 산야의 양지 쪽에 덤불을 형성한다. 바다에 가까운 산과 들에도 난다.

약용법

생약명 위령선(威靈仙)

사용부위 으아리(Clematis mandshurica MAX)와 함께 뿌리를 약재로 쓴다.

채취와 조제 가을 또는 봄에 굴취하여 햇볕에 말려 쓰기에 앞서 잘게 썬다.

성분 프로타네모닌(Protanemonin)이라는 자극성 성분이 함유되어 있다.

약효 진통, 거풍 등의 효능을 가지고 있다. 적용 질환은 신경통, 관절염, 근육통, 수족마비, 언어장애, 각기, 편도선염, 유행성 이하선염 등이다.

용법 말린 약재를 1회에 4~6g씩 200cc의 물로 뭉근하게 달이거나 가루로 빻아서 복용한다.

식용법 으아리와 마찬가지로 이른봄에 연한 순을 따서 묵나물로 해서 먹는다. 유독 성분이 함유되어 있으므로 데쳐서 우려낸 다음 말려서 오래도록 저장해 두었다가 나물로 조리할 필요가 있다. 여하튼 식용으로 하는 데에는 세심한 주의를 기울여야 하므로 많이 먹는 일이 없도록 해야 한다.

청가시덩굴 청가시나무 · 종가시나무

Smilax sieboldii MIQ | 백합과

덩굴로 자라는 낙엽활엽수로 길이 5m에 이른다.
줄기는 푸른빛이고 곳곳에 곧은 잔가시가 돋쳐 있다. 가지에는 검은 얼룩이 있고 잎은 막질(膜質)로 서로 어긋나게 자리한다. 잎의 생김새는 계란 꼴에 가까운 둥근 꼴 또는 계란 꼴에 가까운 심장 꼴의 모습이다. 잎 가장자리에는 톱니가 없고 밋밋하지만 때로는 주름이 잡힐 때도 있다. 5~7줄의 잎맥이 거의 평행인 상태로 배열되어 있으며 잔 잎맥에 의하여 그물눈처럼 연결된다. 잎겨드랑이에 붙은 받침잎은 덩굴손으로 발달하여 나무를 기어오르는 데 도움을 준다. 암꽃과 수꽃이 각기 다른 나무에 피며 잎겨드랑이에서 자라난 꽃대 끝에 우산 꼴로 모여서 핀다. 지름이 3mm 안팎인 종 모양의 꽃은 6장의 꽃잎을 가지고 있으며 빛깔은 노란빛을 띤 초록빛이다. 둥근 열매는 가을에 검게 물든다.

개화기 6월 중

분포 전국적으로 분포하고 있으며 산의 숲 가장자리에 난다.

약용법 생약명 점어수(粘魚鬚). 도구자(倒鉤刺)라고도 한다.

사용부위 뿌리줄기와 잔뿌리를 함께 약재로 쓴다.

채취와 조제 가을이나 봄에 굴취하여 햇볕에 말린다. 쓰기에 앞서 잘게 썬다.

성분 함유 성분에 대해서는 별로 밝혀진 것이 없다.

약효 진통, 거풍, 소종 등의 효능을 가지고 있으며 혈액의 순환을 도와준다. 적용 질환은 관절염, 요통, 풍과 습기로 인한 관절의 통증, 종기 등이다.

용법 말린 약재를 1회에 2~4g씩 200cc의 물로 뭉근하게 달이거나 가루로 빻아 복용한다.

식용법 밀나물과 마찬가지로 5월경에 연한 순을 나물로 해서 먹는다. 맛이 좋으며 쓰거나 떫은맛이 없으므로 가볍게 데치면 바로 조리할 수 있다.

청미래덩굴 명감나무

Smilax china L | 백합과

덩굴로 자라는 낙엽활엽수이다. 줄기는 딱딱하고 마디에서 좌우로 굽으며 3m 정도의 길이로 자란다. 땅속줄기는 굵고 살쪄 있으며 꾸불거리면서 옆으로 뻗어나간다. 줄기와 가지의 마디에는 갈고리처럼 생긴 예리한 가시가 돋쳐 있다. 잎은 마디마다 서로 어긋나게 자리하며 둥근 꼴 또는 넓은 타원 꼴로 가죽과 같이 빳빳하고 윤기가 난다. 잎의 양끝은 모두 둥글고 가장자리에는 톱니가 없으며 약간의 주름이 잡힌다. 잎의 길이는 5~8cm이다. 5~7줄의 거의 평행으로 배열된 잎맥을 가진다. 잎겨드랑이에 생겨나는 받침잎은 끝이 덩굴손으로 변해 있다. 암꽃과 수꽃이 각기 다른 나무에 피고 있는데 모두 잎겨드랑이에서 자라 올라온 꽃대 끝에 우산 꼴로 모여서 핀다.
꽃은 6장의 꽃잎으로 구성되어 있으며 지름은 2mm 안팎이고 노란빛을 띤 초록빛이다. 둥근 열매는 늦가을에 붉게 물든다.

개화기 5월 중
분포 전국적으로 분포하고 있으며 산의 양지 쪽 숲 가장자리와 같은 자리에 난다.

약용법 생약명 토복령(土茯苓). 우계라고도 한다.

사용부위 뿌리줄기를 약재로 쓴다.

채취와 조제 가을 또는 이른봄에 굴취하여 햇볕에 잘 말린 다음 쓰기에 앞서 잘게 썬다.

성분 파릴린(Parillin), 스밀라신(Smilacin), 사포닌(Saponin)이 함유되어 있다.

약효 이뇨, 해독, 거풍 등의 효능을 가지고 있다. 적용 질환으로는 근육이 굳어져 감각이 없어지는 증세, 관절통증, 장염, 이질, 수종, 임파선염, 대하증 등이다.

용법 말린 약재를 1회에 4~8g씩 200cc의 물로 뭉근하게 달이거나 가루로 빻아서 복용한다.

식용법 봄에 연한 순을 나물로 먹는다. 옛날에는 흉년에 뿌리줄기를 캐어서 녹말을 만들어 먹었다고 한다. 이 녹말을 계속 먹으면 뒤가 막히는 현상이 생겨난다.

치자나무

Gerdenia jasminoides form. grandiflora MAKINO | 꼭두서니과

상록성의 키 작은 활엽수로 남쪽의 따뜻한 지방에서 열매를 따기 위하여 흔히 심고 있다.
마디마다 2장이 마주 자리하는 잎은 길쭉한 타원 꼴 또는 넓은 피침 꼴이다. 잎의 길이는 3~10cm로 양끝이 뾰족하고 윤기가 나며 가장자리에는 톱니가 없고 밋밋하다. 잎자루는 아주 짧아서 없는 것처럼 보인다.
꽃은 새로 자라난 가지 끝에서 한 송이씩 핀다. 6~7개의 수술이 꽃의 목에 해당되는 곳에 붙어 있으며 주위에 좋은 향기를 풍긴다. 꽃은 희게 피어나는데 시일이 지나면 누렇게 변한다.
길이가 3.5cm쯤 되는 열매는 6-7개의 두드러진 줄이 있고 9월에 붉은빛을 띠는 노란빛으로 익는다.

개화기 6~7월

분포 중국, 일본, 필리핀 등지에 나는 나무인데 제주도에서 자라나며 따뜻한 고장에서는 꽃을 즐기기 위해 뜰에 심어 가꾸고 있다.

약용법 생약명 치자(梔子). 황치자(黃梔子), 수치자(水梔子)라고도 부른다.

사용부위 열매를 약재로 쓴다.

채취와 조제 잘 익은 열매를 채취하여 햇볕에 말린다. 쓰기에 앞서 잘게 분쇄한다.

성분 벤질 알코올(Benzyl alcohol), 크로세틴(Crocetin), 크로틴(Crotin), 사이글릭산(Siglic acid) 등이 함유되어 있다.

약효 해열, 진통, 지혈, 이뇨 등의 효능을 가지고 있다. 적용 질환으로는 감기, 두통, 황달, 각기, 토혈, 불면증 등이다.

용법 말린 약재를 1회에 2~5g씩 200cc의 물로 뭉근하게 달이거나 가루로 빻아서 복용한다.

식용법 열매는 노랗게 음식물을 물들이는 물감으로 쓴다. 열매를 물에 담그면 노란 색소가 녹아 나오므로 이 물을 빈대떡이나 튀김 또는 단무지를 아름답게 보이게 하는 물감으로 쓴다.

칡

Pueraria thunbergiana BENTH | 콩과

길게 뻗어 감아 올라가는 덩굴성의 나무로 긴 것은 10m를 넘는 것도 있다. 줄기는 가늘고 많은 잔털이 나 있는데 끝부분은 겨울에 말라죽어 버린다. 잎은 마디마다 서로 어긋나게 자리하며 긴 잎자루에 3장의 잎 조각이 붙어 있다. 잎 조각의 생김새는 마름모 꼴 또는 계란 꼴이다. 잎의 가장자리에는 톱니가 없고 밋밋한데 때로는 얕게 셋으로 갈라지기도 한다. 잎 조각의 길이와 너비는 5~10cm이고 양면에 잔털이 있다. 잎겨드랑이에서 곧게 자라나는 꽃대에 많은 나비 꼴의 꽃이 이삭 모양으로 뭉쳐 핀다. 꽃이삭의 길이는 10~25cm 정도나 되며 꽃은 보랏빛을 띤 분홍빛이다. 꽃이 핀 뒤에 길이가 4~9cm쯤 되는 꼬투리가 여러 개 달리는데 갈색 털로 덮여 있다.

개화기 8월 중

분포 전국 각지에 널리 분포한다. 산의 양지 쪽에 나며 흔히 나무 줄기를 감아 올라간다.

약용법

생약명 뿌리를 갈근(葛根), 꽃을 갈화(葛花)라고 부른다.

사용부위 뿌리와 꽃을 각기 약재로 쓴다.

채취와 조제 뿌리는 가을 또는 봄에 굴취하여 물에 담갔다가 햇볕에 말려 잘게 썰어서 쓴다. 꽃은 완전히 피었을 때 채취해서 햇볕에 말려 그대로 쓴다.

성분 다이드제인(Daidzein), 다이드진(Daidzin) 등의 성분이 함유되어 있다.

약효 뿌리는 고열, 두통, 고혈압, 뒤통수가 당기는 증세, 설사, 이명 등의 치료약으로 쓴다. 꽃은 식욕부진, 구토, 장출혈, 주독으로 인한 여러 증세 등을 다스리는 약으로 쓰인다.

용법 뿌리는 1회에 4~8g, 꽃은 2~4g을 200cc의 물로 달이거나 가루로 빻아 복용한다.

식용법 뿌리로부터 녹말을 채취하여 식용으로 하며 연한 순을 나물로 하거나 쌀과 섞어 칡밥을 지어먹는다. 또한 뿌리로 즙을 내어 마시기도 한다. 잎을 말리거나 볶듯이 익혀 차 대용으로 해도 좋다.

팽나무 폭나무·평나무·달주나무

Celtis japonica PLANCH | 느릅나무과

높이 20m에 이르는 키가 큰 낙엽활엽수이다. 어린 가지에는 잔털이 치밀하게 깔려 있다.
잎은 서로 어긋나게 자리하며 계란 꼴 또는 타원 꼴로 양끝이 뾰족하다. 잎의 길이는 4~8cm이고 아래쪽 가장자리는 밋밋하지만 위쪽 절반에는 작은 톱니가 있다. 처음에는 잎 양면에 잔털이 있으나 자라면서 점차 없어진다. 잎의 표면은 다소 거칠다. 수꽃은 새 가지 밑동의 잎겨드랑이에서 여러 송이가 둥글게 뭉쳐 피어나고 암꽃은 새 가지 윗부분의 잎겨드랑이에 1~3송이씩 핀다. 모두 4장의 꽃잎을 가지고 있으며 빛깔은 연한 노란빛이고 지름은 3mm 안팎이다. 둥근 열매는 가을에 주황빛으로 물든다.

개화기 5월 중

분포 거의 전국적으로 분포하고 있으며 들판에 많이 난다.

약용법 생약명 박유지(樸楡枝). 박수피(樸樹皮)라고도 한다.

사용부위 잔가지를 약재로 쓴다. 좀팽나무(Celtis bungeana BLUME), 섬팽나무(C. japonica var. magnifica NAKAI), 둥근잎팽나무(C. japonica form. rotundata NAKAI)의 가지도 함께 쓰인다.

채취와 조제 어느 때든지 채취할 수 있으며 햇볕에 말려 잘게 썰어서 쓴다.

성분 스카톨(Skatol), 인돌(Indol) 등이 함유되어 있다.

약효 진통, 소종의 효능을 가지고 있으며 혈액의 순환을 활발하게 한다. 적용 질환은 요통, 관절통, 심계항진, 월경불순, 습진, 종기 등이다.

용법 말린 약재를 1회에 7~10g씩 200cc의 물로 달여서 복용한다. 약재를 10배의 소주에 담근 것을 오래 묵혀 마시면 효과를 얻을 수 있다. 습진과 종기는 약재를 달인 물로 환부를 자주 닦는다.

식용법 잘 익은 열매를 먹으며 식용유도 짜낼 수 있다. 어린잎을 나물로 먹기도 하는데 재를 푼 물로 데쳐서 잘 우려낸 뒤에 나물로 무쳐야 한다.

해당화

Rosa rugosa var. typica REGEL | 장미과

1.5m 정도의 높이로 자라는 낙엽활엽수로 바닷가에서 흔히 자란다.
줄기와 가지에는 날카로운 가시와 함께 빳빳한 털이 빽빽하게 돋쳐 있다. 7~9장의 잎 조각이 깃털 꼴로 배열되어 있는 잎은 마디마다 어긋나게 자란다. 잎 조각은 타원 꼴 또는 계란 꼴로 두텁고 많은 주름이 있다. 잎 조각의 길이는 2~4cm 정도이고 끝은 둥그스름하며 밑동은 서서히 좁아진다. 잎의 가장자리에는 작은 톱니가 규칙적으로 배열되어 있다.
꽃은 새로 자라난 가지 끝에서 1~3송이씩 핀다. 지름이 6~9cm가량인 꽃은 보랏빛을 띤 진한 분홍색이며 꽃잎의 수는 5장이다. 꽃이 지고 난 뒤 지름이 2cm쯤 되는 납작하고 둥근 열매를 맺어 붉게 익는다.

개화기 6~7월

분포 전국적으로 분포하며 바닷가 모래밭이나 바다에 가까운 산비탈의 낮은 곳에 난다.

약용법 생약명 매괴화

사용부위 꽃을 약재로 쓴다.

채취와 조제 꽃잎이 벌어지기 시작할 때 채취해서 햇볕에 말린다. 꽃자루와 꽃받침을 제거하여 그대로 쓴다.

성분 벤질 알코올(Benzyl alcohol), 벤질 포르매이트(Benzyl formate), 시트로넬롤(Citronellol), 에우게놀(Eugenol), 게라니올(Geraniol), 헤프틸 알코올(Heptyl alcohol), 페닐에틸아세테이트(Phenylethylacetate) 등이 함유되어 있다.

약효 수렴, 지사, 지혈, 진통 등의 효능을 가지고 있다. 적용 질환은 대장카타르, 각혈, 토혈, 풍과 습기로 인한 마비, 옆구리가 결리는 증세 월경불순 등이다.

용법 말린 약재를 1회에 1~3g씩 200cc의 물로 뭉근하게 달여서 복용한다.

식용법 열매는 비타민C를 다량으로 함유하고 있으며 배와 같은 맛이 있어서 그대로 먹을 수 있다. 그러나 그대로 먹는 것보다 잼으로 가공해서 먹는 것이 이용 가치가 높고 맛도 훨씬 좋다.

화살나무 참빗나무 · 홑잎나무

Euonymus alatus SIEB | 노박덩굴과

개화기 5월 중

분포 전국 각지에 널리 분포하며 산의 양지 쪽에 난다. 아름다운 단풍을 즐기기 위해 정원이나 공원 등에 흔히 심고 있다.

높이 3m 정도로 자라나는 키가 작은 낙엽활엽수이다.

가지는 사방으로 퍼지며 잔가지에는 2~4줄로 발달한 코르크질의 날개가 붙어 있다. 잎은 마디마다 2장이 마주 자리하며 타원 꼴 또는 계란 꼴로 양끝이 뾰족하다. 잎의 길이는 3~5cm이고 가장자리에는 작으면서도 날카롭게 생긴 톱니가 규칙적으로 배열되어 있다. 잎 뒷면은 잿빛을 띤 푸른빛이다.

잔가지의 중간 부분 잎겨드랑이에서 자라난 짧은 꽃대에 3송이 정도의 꽃이 핀다. 꽃은 4장의 꽃잎으로 구성되어 있으며 지름은 1cm 안팎이고 노란빛을 띤 초록빛이다.

열매는 가을을 맞아 붉게 물든 뒤 갈라져서 주황색 씨를 노출시킨다.

약용법 생약명 귀전우(鬼箭羽), 위모(衛矛), 신전(神箭)이라고도 부른다.

사용부위 잔가지에 생겨나는 날개를 약재로 쓴다.

채취와 조제 어느 때든지 채취할 수 있으며 말린 다음 잘게 썰어서 쓴다.

성분 퀘르세트린(Quercetrin)과 둘시톨(Dulcitol)이 함유되어 있다.

약효 멍든 피를 풀어주고 월경을 통하게 하는 등의 효능을 가지고 있으며 거담작용도 한다. 동맥경화, 혈전증, 가래가 끓는 기침, 월경불순, 폐경, 산후의 어혈로 인한 복통 등이나 풍에도 효력이 있다고 한다.

용법 말린 약재를 1회에 2~4g씩 200cc의 물로 뭉근하게 달이거나 가루로 빻아 복용한다.

식용법 어린잎을 나물로 하거나 잘게 썰어 쌀과 섞어서 밥을 지어 먹는다. 먹을 만하나 약간 쓴맛이 나므로 데쳐서 잠시 흐르는 물에 우렸다가 조리한다.

갯버들 솜털버들

Salix gracilistyla MIQ | 버드나무과

2m 정도의 높이로 자라는 낙엽활엽수로 한자리에 많은 줄기가 선다.

어린 가지는 노란빛을 띤 푸른빛이고 처음에는 털이 있으나 곧 없어진다.

잎은 마디마다 서로 어긋나게 자리하고 있으며 넓은 피침 꼴로 양끝이 뾰족하고 뒷면에는 일반적으로 잔털이 빽빽하여 희게 보인다. 잎의 길이는 5~10cm 정도로 가장자리에는 털과 같은 작은 톱니가 있다. 꽃은 잎에 앞서 지난해에 자란 가지의 잎이 붙었던 자리에서 원기둥 꼴로 많이 뭉쳐서 피는데 수꽃과 암꽃이 각기 다른 나무에 핀다. 수꽃은 3~35cm 길이로 뭉쳐 피고 암꽃이 뭉친 것은 2~5cm의 길이를 가진다. 모두 은빛 솜털에 덮여 있다.

열매에도 역시 털이 있고 길이는 3cm 안팎이다.

개화기 3~4월

분포 전국 각지에 널리 분포하며 냇가나 산골짜기 등 물기가 많은 땅에 난다.

식용법 덜 익은 열매를 그대로 따먹는다.

고광나무 쇠영꽃·오이순

Philadelphus schrenckii RUPR | 범의귀과

2~4m 정도의 크기로 자라는 낙엽활엽수로 한해 묵은 잔가지는 잿빛을 띠며 껍질이 벗겨진다.

잎은 마디마다 2장이 마주 자리하며 계란 꼴이다. 잎의 끝은 몹시 뾰족하고 밑동은 둥글다. 잎 가장자리에는 뚜렷하지 않은 톱니가 나 있고 뒷면 잎맥 위에는 잔털이 나 있다.

새로 자라난 가지 끝에 5~7송이의 꽃이 이삭 모양으로 뭉쳐서 피어나며 간혹 그 밑의 잎겨드랑이에도 2송이씩 피는 일이 있다. 꽃은 4장의 꽃잎을 가지고 있으며 지름 3cm 안팎이고 흰빛이다.

열매는 타원 꼴로 끝이 뾰족하고 위쪽에 꽃받침이 그대로 달려 있다.

개화기 5월 중

분포 전국적으로 분포하고 있으며 산의 양지 쪽 골짜기에 난다.

식용법 봄에 연한 순을 나물로 먹는다. 가볍게 데쳐서 잠시 흐르는 물에 우렸다가 간을 한다. 때로는 같은 요령으로 데친 것을 국거리로 삼기도 한다.

고추나무 고칫대나무

Staphylea bumalda var. typica NAKAI | 고추나무과

3~5m 정도의 높이로 자라는 낙엽활엽수로 회갈색의 잔가지를 많이 친다.
잎은 마디마다 2장이 마주 자리하며 3장의 잎 조각으로 구성되어 있다. 잎 조각의 생김새는 계란 꼴 또는 계란 꼴에 가까운 타원 꼴로 양끝이 뾰족하다. 뒷면의 잎맥 위에 잔털이 나 있고 가장자리에는 바늘처럼 생긴 작은 톱니가 규칙적으로 배열되어 있다. 새로 자라난 가지 끝에 10여 송이의 꽃이 원뿌리 꼴로 모여서 핀다. 꽃은 흰빛이며, 1cm 안팎의 길이를 가진 5장의 꽃잎은 완전히 펼쳐지지 않는다.
열매는 반원형이고 공기주머니처럼 부풀고 있으며 윗부분이 2개로 갈라져 있다. 9~10월에 익는 열매의 크기는 2cm 내외이다.

개화기 5~6월

분포 전국적으로 널리 분포하고 있으며 산골짜기에서 흔히 볼 수 있다.

식용법 봄에 연한 순을 나물로 하거나 또는 국에 넣어 먹는다. 부드럽고 먹을 만한 맛을 지니고 있다.

곰딸기 붉은가시딸기

Rubus phoenicolasius MAX | 장미과

토양 수분이 윤택한자리에 나는 낙엽활엽수로 길이 3m 정도로 자라며 윗부분이 밑으로 처진다. 잎은 서로 어긋나게 자리하며 3~5장의 잎 조각이 깃털 꼴로 모여 있다. 잎 조각은 넓은 계란 꼴이고 뒷면에는 흰털이 빽빽하게 자라고 있으며 가장자리에는 크고 작은 톱니가 고르지 않게 배열된다. 잎 조각의 길이는 4~8cm이다. 잎자루에는 불그스름한 선모(線毛)가 빽빽하게 자라 있다. 새로 자라난 가지의 끝에 8~10송이의 꽃이 뭉쳐서 핀다. 꽃의 지름은 1cm 안팎으로 꽃받침 지름의 3분의 1 정도이다. 꽃의 빛깔은 연한 보랏빛이다. 꽃자루와 꽃받침에도 선모가 빽빽하게 자라 있다. 열매는 지름이 1.5cm 정도이고 둥근 모양이며 7월에 붉게 물든다.

개화기 6월 중

분포 전국적으로 분포하고 있으며 약간 깊은 산의 양지 쪽에 난다.

식용법 잘 익은 열매는 신맛과 단맛이 알맞아 그대로 먹는데 잼으로 가공하면 더욱 맛이 좋다.

국수나무 뱁새더울·거랑방이나무

Stephanandra incisa ZABEL | 조팝나무과

산지에 흔히 자라는 키 작은 낙엽수로 1~2m의 높이로 자란다.
한자리에서 여러 대의 줄기가 일어서며 가지에는 잔털이 나 있다.
잎은 서로 어긋나게 자리하며 넓은 계란 꼴로 가장자리에는 결각처럼 생긴 크고 작은 톱니가 나 있다. 잎 끝은 뾰족하고 밑동은 심장 꼴로 얕게 패여 있다. 잎의 길이는 3~5cm이고 뒷면의 잎맥 위에는 잔털이 나 있다.
새로 자라난 잔가지의 끝에 많은 꽃이 원뿌리 꼴로 뭉쳐서 핀다. 꽃의 지름은 4~5mm이고 5장의 꽃잎을 가지고 있으며 빛깔은 흰빛이다.
꽃이 피고 난 뒤에는 잔털에 덮인 작고 둥근 열매를 맺어 가을에 익는다.

개화기 6월 중

분포 전국 각지에 널리 분포하며 산과 들판의 양지바른 곳에 난다.

식용법 어리고 연한 순을 나물로 하거나 국에 넣어 먹기도 한다.

까치수염꽃나무

Clethra barbinervis SIEB. et ZUCC. | 까치수염꽃나무과

숲 속에 자라는 낙엽활엽수로 나무껍질은 밋밋하며 흑갈색이다.
가지는 여러 개가 한자리에서 사방으로 뻗는다.
잎은 서로 어긋나게 자리하는데 대부분 가지 끝에 모여 있다. 잎은 길쭉한 타원 꼴로 생겼으며 양끝은 뾰족하고 뒷면 잎맥 겨드랑이에는 많은 털을 가진다.
가지 끝에 여러 개로 갈라진 꽃대가 자라나 작고 많은 꽃이 이삭 모양으로 뭉쳐 피는데 뭉친 길이는 8~15cm 정도이다.
지름이 6~8mm로 희게 피는 꽃은 매화나무 꽃처럼 생겼다.
열매는 지름이 4~5mm로 둥근 모양이며 긴 털이 생겨나 있고 밑에 꽃받침이 그대로 붙어 있다.

개화기 6월 중

분포 한라산의 숲 속에 나며 드물게 볼 수 있다.

식용법 어린순을 나물로 하거나 쌀과 섞어 밥을 지어먹는다. 쓰고 떫은맛이 강하므로 데쳐서 충분히 우려낸다. 국거리로 하거나 볶아 먹기도 한다.

꼬리조팝나무

Spiraea salicifolia var. lanceolata TOREY et GRAY | 조팝나무과

1~1.5m 정도 높이로 자라는 낙엽활엽수이다. 일반적으로 한자리에서 여러 대의 줄기가 선다.
잎은 마디마다 서로 어긋나게 자리하고 있으며 길이 4~8cm로 피침 꼴 또는 넓은 피침 꼴이다. 잎의 양끝은 뾰족하고 뒷면 잎맥 위에는 잔털이 생겨 있으며 가장자리에는 작은 톱니가 규칙적으로 배열되어 있다.
줄기 끝에 많은 꽃이 원뿌리 꼴로 모여서 피는데 그 길이가 20cm 가까이 되며 줄기와 함께 곧게 선다. 꽃대에는 갈색 털이 빽빽하게 나 있다. 꽃의 지름은 5~8mm이고 5장의 꽃잎을 가지고 있으며 아름다운 분홍빛이다. 수술은 꽃잎보다 길고 붉은빛이다. 이로 인해 꽃이 한층 더 부드럽게 보인다.

개화기 6~7월

분포 중부 이북의 지역에 분포하며 산이나 들판의 다소 습한 땅에 난다.

식용법 4월에 어린순을 나물로 해 먹는다. 밀원식물 즉 꽃과 꿀이 많은 식물로서도 중요하다.

나무딸기 참나무딸기

Rubus idaeus var. concolor NAKAI | 장미과

키 작은 낙엽활엽수로 크게 자라도 1m밖에 되지 않는다.
줄기와 가지에는 바늘과 같은 가시가 돋쳐 있다.
잎은 서로 어긋나게 자리하며 3장의 잎 조각으로 이루어져 있는데 잎 조각의 생김새는 길쭉한 계란 꼴이다. 잎 조각의 끝은 뾰족하고 밑동은 둥글다. 가장자리에는 고르지 못한 톱니가 나 있으며 잎 뒤에는 전혀 털이 없다.
꽃은 새로 자라난 잔가지의 끝이나 그에 가까운 잎겨드랑이에 여러 송이가 우산 꼴로 모여 핀다. 꽃은 지름이 1.5cm 안팎이고 5장의 꽃잎을 가지고 있으며 빛깔은 희다. 꽃이 지고 난 뒤에는 지름이 2cm쯤 되는 둥글고 납작한 열매를 맺는다.

개화기 6~7월

분포 중부 이북 지역에 분포하며 양지 쪽 산비탈의 비교적 낮은 자리에 난다.

식용법 여름철에 붉게 익은 열매를 따먹으며 잘 익은 것은 단맛과 신맛이 알맞게 들어 있어서 입맛을 돋운다. 잼으로 가공해도 좋다.

느티나무 귀목 · 규목

Zelkowa serrata MAKINO | 느릅나무과

섬세한 가지를 크게 확장하여 20m 이상의 높이로 자라는 낙엽활엽수이다.
흔히 마을 어귀에 심어져 정자 구실을 하기 때문에 정자나무라고도 불린다.
줄기는 비교적 낮은 곳에서 여러 갈래로 갈라지며 껍질은 오래도록 밋밋하지만 군데군데 비늘처럼 일어나 떨어진다. 잎은 서로 어긋나게 자리하고 있으며 길쭉한 타원 꼴 또는 길쭉한 계란 꼴로 가장자리에는 작은 톱니가 규칙적으로 배열되어 있다. 잎의 길이는 3~8cm 정도이다. 수꽃은 새 가지의 밑쪽에 둥글게 모여 피며 4~6개로 갈라진 초록빛 꽃잎을 가진다. 암꽃은 새 가지의 위쪽에 1개씩 달리는데 수꽃, 암꽃 모두 눈에 잘 띄지 않는다.

개화기 5월 중

분포 황해도 이남의 지역에 분포하며 널리 심어지고 있다. 마을 부근의 공터에 운치 있는 오래된 거목으로 흔히 자라고 있다.

식용법 봄에 어린 잎을 따서 데쳐 우려낸 다음 떡에 넣거나 나물로 먹는다.

들쭉나무

Vaccinium uliginosum L | 철쭉과

높은 산에 나는 키 작은 낙엽활엽수이다.
고산식물의 하나로 돌과 모래가 쌓여 있는 비탈이나 습지에 자라난다. 이런 자리에서는 줄기가 서지 않고 옆으로 기어나가는 경향을 보인다.
잎은 서로 어긋나게 자리하고 주로 잔가지 끝에 달리며 계란 꼴에 가까운 둥근 꼴 또는 계란 꼴이다. 잎 끝은 둥글며 약간 패이기도 한다. 잎 길이는 1.5~2.5cm이고 가장자리에는 톱니가 없이 밋밋하다. 잎 뒷면은 흰빛이 감돈다.
꽃은 지난해 자란 가지의 끝에 1~4송이씩 피어나며 단지 꼴로 길이는 4mm 안팎이고 분홍빛이 감도는 흰빛이다.
둥근 열매는 지름 6~7mm로서 익으면 보랏빛을 띤 검정빛으로 물들고 흰 가루로 덮인다.

개화기 5~6월

분포 제주도와 중부 이북의 높은 산의 정상에 난다.

식용법 잘 익은 열매는 단맛과 신맛이 알맞아 맛이 좋다. 일제 때에는 청량음료수의 원료로 쓰였다.

떡느릅나무 뚝나무

Ulmus davidiana var. japonica NAKAI | 느릅나무과

10m 안팎의 높이로 자라는 낙엽활엽수이나 대개는 3~4m 정도의 높이로 자라는 것들이다.
잔가지에는 갈색 솜털이 있고 잎은 서로 어긋나게 자리하고 있다.
잎의 생김새는 계란 꼴에 가까운 타원 꼴 또는 길쭉한 타원 꼴로 위쪽이 아래보다 넓다. 잎 밑동은 어긋난 상태로 합쳐진다. 잎의 길이는 4~8cm이고 가장자리에는 날카로운 이중톱니가 있다. 잎의 뒷면 잎맥 위에는 잔털이 난다.
꽃은 찾아보기 어렵고 4~5월에 종이 같이 얇은 날개가 달린 계란 꼴의 열매를 맺는다. 열매는 지난해에 자란 가지의 잎이 붙었던 자리에 7~8개가 뭉쳐 달린다. 열매의 길이는 1~1.5cm이고 1알의 작은 씨가 들어 있다. 열매의 빛깔은 흰빛을 띤 푸른빛이다.

개화기 3월 중

분포 전국에 널리 분포하며 산의 골짜기나 냇가에 난다.

식용법 어린잎과 익지 않은 열매는 국거리로 쓰이며 연한 순은 나물로 먹는다.

산딸나무 쇠박달나무

Dendrobenthamia japonica form. typica NAKAI | 층층나무과

7m 정도의 높이로 자라는 낙엽활엽수로 층층나무처럼 층을 지어 옆으로 넓게 퍼진다.
잔가지에는 털이 있으나 쉬 없어지고 둥근 피목(皮目)을 많이 가지고 있다.
잎은 마디마다 2장이 마주 자리하고 있으며 계란 꼴 또는 타원 꼴에 가까운 계란 꼴로 가장자리는 밋밋하고 윤기가 나며 길이는 5~10cm 정도이다. 잎의 뒷면 잎맥 겨드랑이에는 갈색 털이 빽빽하게 나 있다. 잔가지 끝에 한 송이씩 꽃이 핀다. 잔가지를 많이 치기 때문에 한자리에 여러 송이의 꽃이 모여 피는 듯이 보인다. 4장의 꽃받침이 꽃잎처럼 발달하여 있으며 지름은 4~6cm로 푸른빛을 띤 노란빛이다.
지름 2.5cm 안팎인 열매는 가을에 붉게 익는다.

개화기 6월 중

분포 중부 이남의 지역에 분포하며 산의 양지 쪽 숲 가장자리에 난다.

식용법 잘 익은 열매를 그대로 먹는데 생즙을 내어 마시기도 한다. 또 10배의 소주에 담가서 마시기도 한다.

섬나무딸기 왕곰딸기

Rubus takesimensis NAKAI | 장미과

낙엽활엽수로 산딸기와 흡사한 외모를 가지고 있으나 줄기가 2배 이상의 길이로 길게 자라며 가시가 전혀 없다.
뿌리로부터 싹이 자라나므로 군락을 형성하여 꽤 넓은 자리를 덮는다. 잎은 3~5갈래로 손바닥 모양으로 갈라지지만 열매를 맺는 가지의 잎은 세 갈래로 갈라진다. 갈라진 잎 끝은 뾰족하고 밑동은 심장 꼴에 가깝다. 잎 가장자리에는 드물게 톱니가 있으며 잎자루와 잎 뒷면의 굵은 잎맥 위에 갈고리 같은 가시가 나 있다.
꽃은 10송이에 가까운 것이 가지 끝에 둥글게 뭉쳐서 핀다. 5장의 타원형 꽃잎을 가지고 있는 꽃의 지름은 2~3cm로 산딸기의 꽃보다 약간 크다. 꽃의 빛깔은 희다. 열매는 둥글고 한여름에 붉게 익는다.

개화기 6월 중

분포 울릉도에만 분포하며 산의 양지 쪽 숲 가장자리에 난다.

식용법 열매는 맛이 산뜻해 먹을 만하며 잼으로 가공하여 저장할 수 있다.

야광나무 동배나무·아그배나무·돌배나무

Malus baccata var. genuina NAKAI | 배나무과

6m 정도의 높이로 자라는 낙엽활엽수로 꽃이 아름답다.
잎은 서로 어긋나게 자리하고 있으며 타원 꼴 또는 계란 꼴이다. 잎 끝은 뾰족하고 밑동은 둥그스름하며 길이는 4~8cm가량이다. 잎의 가장자리에는 아주 작은 톱니가 규칙적으로 배열되어 있다. 잎의 양면에는 처음에는 잔털이 있으나 곧 없어지고 표면에는 윤기가 난다.
꽃은 잔가지 끝에 3~4송이씩 뭉쳐서 피어나며 5장의 길쭉한 타원 꼴 꽃잎으로 구성된다. 꽃의 지름은 3cm 안팎이고 빛깔은 희거나 또는 연분홍빛이다.
열매는 둥글고 지름 8~12mm로 가을에 붉게 물드는데 노랗게 물드는 것도 있다.

개화기 5월 중

분포 전국적으로 분포하나 중부 이북의 지역에 많으며 산의 양지 쪽 숲 가장자리와 같은 자리에 난다.

식용법 잘 익은 열매를 그대로 먹는데 잼의 원료로도 훌륭하다.

왕벚나무 큰벚나무

Prunus yedoensis MATSUM | 벚나무과

15m 정도의 높이로 자라는 낙엽활엽수이다.
나무껍질은 밋밋하고 회갈색인데 가로 방향으로 많은 줄이 있다.
잎은 서로 어긋나게 달리며 계란 꼴 또는 타원 꼴에 가까운 계란 꼴로 길이는 6~12cm 정도이다. 잎 끝은 뾰족하고 밑동은 둥글며 가장자리에는 예리한 톱니가 이중으로 배열되어 있다. 잎 표면에는 털이 없으며 뒷면과 잎자루에 잔털이 약간 난다.
이른봄에 잎보다 먼저 온통 나무를 덮듯이 아름답게 피어나는 꽃은 짧은 가지에 5~6송이가 뭉쳐 핀다. 꽃은 5장의 꽃잎을 가지고 있으며 지름은 3cm 안팎이고 희거나 연한 분홍빛이다.
꽃이 지고 난 뒤에는 7~8mm의 지름을 가진 둥근 열매를 맺어 6~7월에 검게 익는다.

개화기 4월 중

분포 한라산의 중턱에 자생하고 있으며 꽃의 아름다움을 즐기기 위해 널리 심어 가꾸어지고 있다.

식용법 버찌라고 부르는 잘 익은 열매를 따먹는다.

종덩굴

Clematis ianthina subsp. violacea NAKAI | 미나리아재비과

덩굴로 자라는 낙엽활엽수로 어린 가지에는 약간의 털이 나 있다.
잎은 마디마다 2장이 마주 자리하는데 5~7장의 잎 조각이 넓은 간격으로 깃털 모양을 이룬다. 잎 조각 중 맨 위에 자리한 것은 덩굴손으로 변하는 경우가 많다. 잎 조각은 계란 꼴 또는 계란 꼴에 가까운 타원 꼴로 길이는 3~6cm이고 끝은 뾰족하며 밑동은 둥글다. 잎의 가장자리에는 톱니가 없고 밋밋하나 때로는 2~3개로 얕게 갈라지는 것이 있다.
꽃은 잎겨드랑이에 한 송이씩 피어나는데 종처럼 생겼고 길이는 2~2.5cm이다. 꽃은 4장의 두텁고 어두운 보랏빛 꽃잎으로 구성되어 있으며 밑을 향하여 핀다. 꽃이 지고 난 뒤에는 3~4cm 정도의 긴 털이 달린 열매가 둥글게 뭉쳐 달린다.

개화기 7~8월

분포 경상북도와 경기도 이북의 지역에 분포하며 산의 숲 속에 난다.

식용법 연한 순을 나물로 먹는다. 독성 식물이므로 데쳐서 오래도록 우려내야 한다.

2장
몸에 좋은 산야초

산야초와 관련한 건강 속설

산야초의 영양과 효능

산야초의 효과적인 식용법

야초차 덖어 마시는 방법

민간약으로서의 약초 이용법

산야초를 쉽게 찾는 방법

산야초의 배양과 관리법

산야초와 관련한 건강 속설

○ 이 책은 독특한 구성으로 엮었다

야생하는 식물을 이용하면 건강 증진과 성인병 등 각종 질환 예방에 매우 효과적이라는 것을 확신한 나머지 산야초를 중심으로 건강을 지키는 방향을 색다르게 탐색하여 보았다. 그렇다고 해서 새로운 학설을 주장하는 것은 아니다. 현대의학이 밝혀낸 최신의 정보를 바탕으로 하여 영양학적인 면에서 야생식물의 활용이 가장 효율적이라는 점을 제시한 것이다. 다시 말하자면 산야초 가꾸기의 취미생활을 즐겁게 누리면서 아울러 그것을 이용하노라면 가장 보람 있는 건강생활을 유지할 수 있다는 것을 강조했으며 이것은 아마도 처음 체계화시킨 분야라고 생각한다.

현대의학에서 21세기의 '제3의 의학'이라고 불려지는 자연요법이 이 산야초에 모두 포함되어 있다는 것을 주목해주었으면 한다.

이 글은 7가지의 큰 주제를 설정하고 58개의 작은 항목으로 나누어 다양하게 구성하였다. 각 항목마다 어느 것이든 하나씩 따로 택해서 읽어도 되도록 독립된 성격을 갖게 꾸몄다. 이런 특이한 체계를 갖추도록 하기 위해서는 어쩔 수 없이 중복되는 내용이 때때로 나타나게 되었다. 이렇듯 중복되는 이야기는 그만큼 중요하다는 것을 의미하는 것이 된다. 다시 이야기하지만 대중적인 계몽을 위한 구성을 다채롭게 엮기 위하여 서론, 본론, 결론의 순서를 무시했기 때문에 반복되는 구절이 이따금 나타나게 된 것을 너그럽게 이해할 것을 부탁드린다.

이 글을 집필하는 동안에 살펴본 참고서적들 중에서 인용한 대목들이 많으며 참작하기만 한 책도 꽤 있다. 고전 문헌에서 인용한 것은 번거로움을 피하기 위하여 '옛 글에서' 또는 '고대의서에서'라는 용어로 간단히 대신하기도 하였다. 고전을 살펴보며 옛 사람들의 지혜가 현대의학과 일치

되는 부분들을 접할 때마다 그 고전에 찬탄하지 않을 수 없었으며 그러한 나머지 군데군데에 옛글을 인용하게 되었다.

이 책을 활용하는 데 있어서 보다 간명한 이해를 돕고 보다 특이한 구성으로 꾸미기 위해 이론 전개를 마련해준 소중한 책들의 제목과 그 저자들의 이름을 내용 속에서는 대부분 밝히지 않았다. 이것은 단지 문장을 간소화시키고 이야기를 간단명료하게 끌어가기 위한 것일 뿐 그 저자들로부터 받은 도움을 과소평가하려는 의도는 전혀 없다. 가끔 문장의 구성과 흐름에 리듬을 갖게 하고 읽는 분들의 맛을 돋우기 위한 뜻으로 저서명과 작자의 이름을 때때로 곁들이곤 했다는 점을 밝혀둔다. 이 책을 집필하는 동안에 살펴본 책들은 다음과 같다.

- 동의보감 : 허준 저·김의건 역·대성출판사
- 허균의 한정록 : 허균전집·성균관대학교 대동문화연구원
- 황제내경소문해석 : 홍원식 역·고문사
- 황제내경운기해석 : 백윤기 역·고문사
- 부생육기 : 심복 저·지영재 역·을유문화사
- 도연명 : 장기근 편저·대종출판사
- 채근담 : 조지훈 역해·현암사
- 초의선집 : 장의순 저·김봉호 역·문성당
- 다경 : 육우 선·김명배 역·태평양박물관
- 동차송 다신전 : 장의순·전두만 역·태평양박물관
- 식물생리학 : Salisbury & Ross 저·강영희 외 공역·아카데미서적
- 토양비료학개론 : 심상칠 저·선진문화사
- 식물생리학 : 차종환 외 공저·선진문화사
- 이우주의 약리학강의 : 홍사석 엮음·선일문화사
- 천연물과학 : 강삼식 외 공편·서울대학교출판부
- 천연물로부터 신물질 창출방안연구 : 한국과학기술원 과학기술정책연구평가센터·과학기술처
- 의약의 세계 : 권순경 저·계축문화사
- 영양화학 : 채예석 외 공저·집현사
- 천연약물대사전 : 김재길 저·남산당
- 한약임상응용 : 이상인 외 역·성보사

- 식물 : 프리츠 W. 웬트 해설·한국일보타임–라이프
- 산야초여행 : 윤국병 외 공저·석오출판사
- 한국동식물도감(식물편) : 정태현 저·문교부
- 대한식물도감 : 이창복 저·향문사
- 한국동식물도감(계절식물) : 이영로 저·문교부
- 천연향신료와 식용색소 : 이춘녕 외 공저·향문사
- 분재가꾸기 12개월 : 장준근 편저·석오출판사
- 한국의 기후 : 김광식 외 공저·일지사
- 고반여사 : 屠隆 저·권덕주 역·을유문화사
- 심리학 : 김태우 저·동국문화사
- 심리학개론 : 김명훈 외 공저·박영사
- 미학개론 : 김태오 저·정음사
- 미학 : 今道友信 저·백기수 역·정음사
- 물의 역사 : G·F·화이트 외·최영박 역·중앙일보사
- 하나뿐인 자연 : M·바티세 외·권숙표 역·중앙일보사
- 한방식료해전 : 심상룡 저·창조사
- 고문진보 : 노태준 역해·홍신문화사
- 식품보감 : 유태종 저·문운당
- 신약초: 김일훈 저·나무출판사
- 한국민간요법대전 : 문화방송 편저·금박출판사
- 약이 되는 자연식 : 심상룡 저·창조사
- 약차와 생즙 : 심상룡 저·창조사
- 자연건강교실 : 기준성 저·보성사
- 식사혁명과 자연식문답 : 森下敬一 저·이환종 외 편역·도서출판 가리내
- 건강교실 : 홍문화 저·청림출판
- 잘못된 식생활이 성인병을 만든다 : 미국상원영양문제특별위원회 원저·원태진 편역·영양과 건강사
- 셀레늄과 성인병 : 增山吉成 저·원태진 역·생명과학사
- 한국인의 건강 : 이상구 저·문학세계사
- 자연식과 건강식 : 노덕삼 편저·하서출판사

•마음의 의학과 암의 심리치료 : 칼 사이몬트 외·박희준 역·정신세계사
•건강과 성인병 : 남산당 편저 발행
•철인들의 작품 : 김홍호 저·도서출판 풍만
•철학의 즐거움 : 듀란트 저·현암사
•바디워칭 : 데즈먼드 모리스 저·이규범 역·범양사출판부
•생활의 발견 : 林語堂 저·김병철 역·을유문화사
•영원한 사상의 발자취 : 듀란트 저·최혁순 역·휘문출판사
•에밀 : J. J. 루소 저·김봉수 역·박영사
•고독한 산보자의 몽상 : 루소 저
•휴식의 고향 : 장준근 저·석오출판사
•행복론 : 아랑 저·유정 외 공역·학우사
•젊은이들을 위하여 : 스티븐슨 저·성찬경 역·문학사
•숲 속의 생활 : 소로우 저·민재식 역·문학사
•베이컨 수상록 : 김영철 역·서문당
•原色 洋種山草 (日書)
•身近で 藥草 (日書)
•藥草小事典 (日書)
•藥草全科 (日書)
•ベランダ藥草園 (日書)
•家庭で藥しめゐ藥草栽培 (日書)
•食べられゐ山野草 (日書)
•기타 신문 잡지 등의 각종 기록 인용 또는 참고

○ 음식 섭취를 잘못 인식하고 있다

우리들이 일반적으로 알고 있는 건강에 대한 기본과 개념, 그 방향이 아주 잘못 인식되고 있는 경향이 있다. 우선 생각해볼 것으로 '이 음식은 몸에 좋으니 많이 먹어야 한다' 하는 것은 잘못된 것이다. '이 음식은 건강에 좋지 않으니 피해야 한다' 하는 말도 물론 틀린 생각이다. '무엇을 먹어야 할까?' 하고 고민하는 것은 더욱 나쁘다.

사람의 몸에 소용되는 음식은 모두 이로운 것이며 골고루 섭취할 때 유익한 것이 된다. '골고루 먹어라' 하는 이야기를 어린 시절부터 귀따갑게 들어왔지만 이런 '음식의 철학'을 깜빡 잊고 있다는 것은 정말 어처구니없는 노릇이다. 이것이 좋고 저것은 나쁘다 하는 생각에 의한 음식 섭취는 편식이며 이런 편식은 나쁜 결과를 가져온다. 몸에 좋다는 음식만을 섭취하면 영양결핍이 생겨나 신체의 균형을 잃게 되고 따라서 건강을 해친다.

'고기(육류)를 먹으면 좋지 않다' 하는 단순한 이야기는 잘못이다. '고기를 너무 지나치게 많이 먹으면 이롭지 않다' 라고 표현해야 옳은 말이 된다. 육류는 신체의 힘을 돋우어주는 중요한 구실을 한다. 그런데 이것을 아예 먹지 말라고 하는 것은 그릇된 건강지침이다. 주로 육류가 지니고 있는 풍부한 단백질과 지방에 의존하여 신체를 지탱해가면 육류를 계속 섭취하고자 하는 습관이 붙게 된다. 쇠고기를 자주 먹던 사람이 그 음식을 섭취하지 않으면 힘이 떨어지고 허전해진다. 그래서 다시 쇠고기를 찾게 된다. 이렇게 육류를 과다하게 먹다 보면 육류의 기름기가 동맥경화증, 당뇨병, 심장병…… 등등의 성인병을 일으키는 원인이 된다. 그러므로 육류를 습관적으로 편식하는 것이 나쁜 것이지 육류 섭취 자체가 잘못된 것은 아니다.

일주일에 한 번 정도 쇠고기나 돼지고기 한 근을 사다가 온 가족이 둘러앉아 맛있게 먹는다는 것은 대단히 즐거운 일이며 또한 체력 증진을 다지는 데에 유익하다. 더욱이 오늘날의 사회구조는 에너지를 훨씬 많이 소모시키는 환경이기 때문에 더 질 좋은 음식이 필요하다. 우유로 양육된 어린아이는 성장해서도 육류를 많이 먹는다는 조사보고가 있다. 그 이유는 우유가 모유에 비하여 단백질을 3.5배나 더 많이 포함하고 있기 때문에 진한 단백질로 자라난 어린이의 체질은 계속 단백질이 풍부한 음식을 찾게 된다. 이것은 마치 짠 음식에 습관이 붙은 사람이 싱거운 음식으로는 만족하지 않는 것과 마찬가지이다. 다시 말하면, 단백질이 많은 음식을 먹던 사람이 단백질 함량이 낮은 음식을 취하면 허기를 느껴 배겨내기 어려운 체질로 변하게 된다. 그래서 육류를 자꾸 찾게 되고, 결국 육류로 치우치는 편식을 하게 되어 과도하게 축적된 기름기가 신체에 이상을 가져오고 있는 것이다. 따지고 보면 어느 정도의 기름기 섭취는 반드시 필요하다. 과거에 어린이들의 피부에 많이 번졌던 버짐과 습진은 요즈음엔 찾아보기 힘들다. 이것은 지방(기름기) 섭취량이 많아져 필수지방산의 결핍 현상이 감소했기 때문이다.

우리 몸의 피부는 기름기를 먹지 않으면 그 기능을 제대로 유지할 수 없다. 피부의 세포막을 구성하고 있는 것이 바로 지방이며, 그 지방은 지용성 비타민의 흡수 보조, 호르몬 기능과 번식 기능의 촉진, 또 성장을 촉진하며 질병에 대한 면역기능의 강화 등 인체 내에서 담당하고 있는 역할이 아주 다양하다. 이렇게 중요한 지방질 섭취를 중단하는 것 역시 편식에 속한다. 식물성 식품에서도 지방질은 얻어질 수 있으나 복잡하게 살아가는 현대인에게는 그것만으로는 충족되지 않는다. 유치원 시절부터 편식하지 말라는 간절한 당부를 어른이 되어서 망각하고 있다는 사실이 심각한 문제이다. 왜 이 음식을 먹어야 하는가? 왜 이 음식은 피해야 하는가? 그 이유를 단순하게 생각하고 음식투정을 부리는 것 자체가 잘못이다. 자연섭리에 의하여 인간에게 주어진 온갖 식품은 모두 유익한 것이고 이 좋은 것을 고루 찾아 먹는 것이야말로 하늘이 내린 선물을 감사하게 받아들이는 의무요, 감사의 표시가 된다.

우리가 곰곰이 생각해봐야 할 것이 있다. 음식을 맛으로 먹는가, 건강을 위해서 먹는가 하는 것이다. 구미가 당기는 대로 두루 맛있게 먹는 것은 몸에 자양이 되어 건강을 염려하지 않아도 절로 건강이 증진된다. 맛있게 먹지 못하고 억지로 먹는 음식은 몸에 이롭지 못하다. 입맛이 좋아서 먹는 것은 즐거운 음식이요, 즐겁게 먹는 식사는 보약이다. 오로지 건강을 위해서 맛이 없어도 억지로 먹는 것은 즐거운 식사가 되지 못한다. '이것을 먹으면 오래 살겠지' 하는 생각으로 억지로 음식을 취하지 말고 우선 즐거운 식사가 되어야 한다는 것이 중요하다.

예로부터 '식사 중에는 아이들에게 야단을 치지 말라' 하는 어른들의 이야기가 있다. 야단을 맞으며 불쾌한 기분으로 식사를 하면 밥이 잘 먹히지 않을 뿐만 아니라 언짢은 기분은 소화력을 감퇴시킨다. 즐거운 식사가 되도록 하기 위해서는 우선 식사 중에 편안한 마음이 들어야 한다. 자연이 생산해낸 음식은 즐겁게 먹어야 유익하다. 어떤 음식이 먹고 싶어진다는 것은 그 음식 속에 들어 있는 영양분이 우리 몸에 필요하기 때문이다. 어떤 음식이 싫어지면 그 음식에 함유된 영양소가 몸에 충분하다는 신호이다. 이러한 자연 순리를 지키는 것이야말로 건강에 가장 효과적이다. 음식의 영양가를 까다롭게 따지면 건강하지 못하다. 이 음식은 비타민 C가 적으므로 피해야 하고, 비타민 B가 많으니 먹어야 한다는 등 영양소를 꼬치꼬치 따지는 사람, 건강에 좋다는 식품만 찾아다니는 사람, 들어보기 어려운 이상스런 식품(?)에 눈독을 들이는 사람, 어떤 음식을 먹으면 당장에 병이 낫고 곧장 몸이 튼튼해질 것으로 아는 사람…… 이런 사람들은 겉으로는 멀쩡해 보여도 신체의 영양 균형을 이루지 못하는 것으로 보아야 한다.

음식의 성분을 지나치게 따져 가려서 먹다 보면 자신도 모르게 음식 스트레스(노이로제)에 얽매이는 현상까지 일으킨다. 심하게 표현하면 개가 음식을 먹기 전에 먼저 냄새를 맡아보듯이 음식 앞에서 떨떠름한 생각을 가지고 망설인다면 정말 재미없는 세상을 사는 것이다.

● 건강생활을 그릇되게 생각하고 있다

우리는 때때로 뻔히 알고 있는 건강법을 자꾸 망각하고 있다. 이미 다 알려진 사실을 놀라운 발견처럼 새삼스럽게 떠드는 것을 보면 무지한 사람들이 아직도 많구나 하는 탄식이 절로 나온다. 상식으로 알고 있는 건강지침만을 다시 상기한다면 바로 '건강백과사전'이 될 것이다. 굳이 건강에 관련된 책을 읽을 필요가 없다. 특수한 질병에 한하여 전문가의 지도가 필요할 뿐이다.

현미나 잡곡을 섞어 먹어라, 음식을 골고루 잘 씹어 먹어야 한다, 편식하면 병에 걸리기 쉽다, 운동을 해야 한다, 맑은 공기가 좋다, 채소나 과일을 많이 먹어라…… 등의 너무나 기본이 되는 상식을 흔한 이야기다 싶어 소홀히 여긴다면 절대로 건강하게 장수할 수 없다. 이런 상식을 바탕으로 하여 해설을 추가하고 보다 과학적인 근거를 제시하며 새로운 지식을 첨가하고 있는 것이 오늘날의 건강지침일 뿐이다. 오늘날의 건강법은 이미 선조의 지혜를 바탕으로 하고 있다는 점을 간과해서는 안 된다. 고대 의서가 실증·분석적인 것이 아니고 관념적인 성향을 띠고 있기는 하지만 그것은 기나긴 세월에 걸친 수많은 생명의 희생과 숱한 임상적인 체험을 통해 정착된 것이므로 지극히 존중받아야 한다.

이렇듯 옛 조상들이 남긴 지혜의 축적과 핵심을 오늘날의 과학이 다시금 상세하게 확인해주고 있는 것들이 수두룩하다. 분석과 실증을 신뢰하는 현대인들에게 고대의 것을 깨우쳐 주고 있다는 점은 매우 고무적인 성과이다. 하지만 그런 고전의 내용을 외면하고 또 그것이 자신의 최초 발견인 것처럼 여기는 것은 시정되어야 한다. 그래서 이 책에서는 고전의 기록을 자주 인용하였다. 희망 속에서 즐겁고 기쁜 생활을 하면 저항력이 강해진다는 주장은 이미 옛날에 규명된 생활철학이다. 특히 맛있게 먹을 수 있는 식품을 먹지 말라 하는 따위는 자연스러운 인간 생리에 역행하는 잘못이다. 첨단의 의학지식을 동원하여 건강생활을 해설한 지침을 보고 있으면 옛날의 지혜를 상기해 볼 때에 좀 우스운 면이 많다. 첨예한 과학으로 부분적이고 세부적인 분석은 빠르게 이해를 돕고 있다. 하지만 지나치게 꼬치꼬치 따지는 나열 규명은 학술적으로는 중요할지 몰라도 보통 사람들에게는 오히려 불안감을 안겨주는 요소가 다분히 포함되어 있다고 본다.

서점에 꽂혀져 있는 수많은 건강서적들을 보면 모두 옳고 바른 이야기가 쓰여 있다. 그러나 아주 친절하고 자상하게 건강의 길을 안내하고 있지만 다시 한 번 검토해보면 지나치게 늘어놓아 갈피를 잡지 못하게 하고, 때로는 두려움까지 느끼게 하여 멀쩡한 사람을 불안한 상태에 빠지게 하는 경우도 있다. 아픈 사람은 제일 먼저 병원으로 달려가야 한다. 무슨 병은 어떻게 처치하고, 어떤 음식을 섭취해야 하며, 무엇은 피해야 한다는 도식적인 친절한 지침은 병원으로 달려가야 할 사람을 머뭇거리게 하여 병세를 악화시킬 수도 있지 않을까 하는 걱정마저 들게 한다.

우리나라는 국민 건강에 관한 통계조사자료가 넉넉하지 못한 탓으로 외국의 자료에 의존하여 우리 실정에 맞추려는 폐단이 있어 당황하는 일이 있다. 사실 건강지침서에 낱낱이 서술된 것을 생활화하기에는 대단히 어렵다. 장수를 위한 어느 외국인의 식사처방을 여기에 옮겨 본다.

어른이 하루에 2,200칼로리를 내기 위해 섭취해야 할 음식재료로서 생선 1점·육류 40g·두부 5분의 1모·된장 한 숟가락·계란 1개·우유 한 병·치즈 한 조각·밥 6공기·감자 1개 반·설탕 2숟가락·버터 2분의 1숟가락·시금치 두 포기·당근 4분의 1개·양배추잎 한 장·오이 한 개·밀감 두 개·김 한 장(미역 다시마도 무방하다).

이것저것 여러 가지를 골고루 섭취하라는 의도이나 이런 식의 식사 처방을 실제로 실천하기란 곤혹스러운 일이다. 하루에 30가지의 식품재료를 섭취해야 좋다는 말이 있는데 역시 그대로 식단을 차리는 것은 쉽지 않은 일이다. 그러다 보면 이것도 저것도 안 되는 처지에 놓이고 만다.

어떤 종류의 특수한 식품이 건강에 좋다는 설명을 장황하게 늘어놓은 것을 보면 그런 것들을 어디에서 어떻게 구하나 하는 어려운 문제에 부딪히고 경제적인 비용도 만만치 않을 것 같다. 낯선 식품을 찾아다니다 세월만 보내겠다는 난감한 생각이 떠오른다. 그 식사에 관한 처방은 분명히 옳은 방향을 제시하고는 있으나 대체적으로 사람을 혼란스럽게 만들고 있다. 질병 치유에 대한 세부적인 나열도 역시 잘못 이해시킬 소지가 있는 것이다. 우선 건강의 목적 그리고 왜 장수하려 하는지 하는 깊은 의미부터 찾아야 한다. 다시 말하면 우리는 이 짧은 생애를 어떻게 살아갈 것인가 하는 목표를 세우고 나면 자신의 건강 실천은 자연스럽게 합리적으로 이뤄진다고 생각한다.

갑작스럽게 새로운 건강용어가 유행하면 눈이 번쩍 뜨이고 무슨 음식이 좋다 하면 신들린 듯이 달려드는 행위는 건강의 개념을 애초부터 망각하고 있기 때문이다. 진정으로 건강해지기 위해서는 어렸을 때부터 건강해야 한다. 이미 쇠약해진 몸을 청춘으로 돌려놓는다는 것은 불가능한 일임에도 이것이 가능할 것이라는 맹신을 하는 사람들이 많다.

◘ 건강과 장수의 목적에 가치를 부여하자

우리는 무엇보다도 먼저 왜 건강해야 하는가, 왜 장수하려 하는가 하는 목적을 자신에게 물어보지 않으면 안 된다. 이것은 하나의 큰 고민이 될 수도 있다. 한 달이 걸리든, 일 년이 걸리든 이 고민을 풀면 저절로 건강으로 가는 길을 터득하게 된다고 생각한다.

건강하게 장수하는 것만이 최대의 목표가 아니라 생애를 어떻게 살아야 하는가 하는 문제가 더 중요하다. 성실한 삶의 목표를 수행하기 위해서 건강이 중요하고 장수에 의미가 부여된다. 이런 근본을 무시한 건강생활은 허울일 뿐이다. 삶의 목표가 없는 허수아비 생활이 지속되는 한 생의 의미는 없어지며 장수의 의의도 무너지고 만다. 방탕한 생활을 즐기기 위한 건강은 그다지 중요한 의미를 갖지 못한다. 개인의 향락을 누리기 위해 건강이 필요할 수는 있지만 인간 가치의 권위를 도외시한다면 저속하기 짝이 없는 노릇이다.

인생을 사랑하는 생활을 위해 건강은 더욱 중요하다. 다시는 되돌아오지 못할 인생을 사랑하기 위해서 어떻게 해야 하는가? 이것은 나름대로 결정할 과제이다. 좋은 음식을 섭취하여 몸의 영양을 충실하게 하지만 실제 영양의 결핍보다 정신의 결핍이 주는 피해는 훨씬 더 위험하다. 정신이 결핍되어 있으면 살아가는 의미를 상실하기 십상이다. 그러므로 신체를 튼튼히 다지려는 노력만큼 정신도 건강하게 성숙시키도록 힘써야 한다. 따라서 건강과 장수의 조화가 성립되는 것이며 인생을 사랑하는 방법도 개선된다.

정신의 결핍 즉 정신의 영양부족에 걸린 사람들은 온갖 욕망을 충족시키는 것으로 문제를 해결하려 한다. 때로는 남을 누르려는 지배의식이나 무분별한 소비 형태로 공허감을 메우려고도 한다. 이것은 사는 철학이 없는 빈곤한 정신이다. 부를 이룬 사람들이 병에 걸려 신음하는 경우, 좋다는 것만 찾아 먹는 편식과 과잉섭취로 인한 영양 결핍이 그 원인인 것을 종종 보아왔다. 대개의 경우 각종 영양소를 충분하게 섭취하는 것 같은데 건강이 부실하다는 점에 대해 필자는 처음에 의문을 가졌다. 그러나 그 사람의 표정과 언어, 행동을 관찰하다 보면 그보다 더 심각한 것은 정신의 결핍증이라는 사실을 발견할 수 있었다. 정신이 빈곤한 탓으로 불안과 갈등을 다스리는 능력이 부족하여 병을 가라앉히지 못하는 것이다. 마음은 사막처럼 메마르고 생활의 멋이나 아름다움이 없다면 애써 쌓은 재산은 겉치레일 뿐이다.

건강하기를 바란다면 먼저 자신의 마음을 가다듬어 자신의 인생을 어지럽히지 않게 해야 한다. 비록 온몸이 병들었을지언정 편안한 마음을 갖는다면 그 병의 치료는 어렵지 않은 일이라고 선인들은 얘기해왔다. 육체적인 영양은 충족되었으나 정신이 건강하지 못하면 허튼소리를 많이 한다. 이런 정신의 영양이 결핍된 사람들이 사회를 지배한다면 사람들의 마음을 병들게 하고 세상을 혼돈으로 몰아 넣게 된다. 나라의 경제발전이 참되게 이뤄지려면 국민의 정신적 향상에 의존해야 한다고 말한다. 그런 정신적 자본이 없으면 화려하게 성장했던 경제는 허무하게 무너질 수밖에 없다고 한다. 정신의 결핍은 이렇게 무서운 것이다. 참으로 정신의 영양부족은 인생의 허무이고 비극이다. 정신이 윤택한 사람은 죽는 순간까지도 인생을 감격적으로 살게 된다. 아무 의미 없이 방황을 하는 인생의 자취는 남기지 말아야 한다.

경제의 발전을 인간성의 발전으로 착각하는 것 역시 정신 결핍증에서 생겨나는 것이다. 살아가는 데 이상이 있는가? 그것은 어떤 이상인가? 이상이 있으면 늙어서도 청춘이라는 말이 있다.

이상이란, 지적·도덕적·미적·사회적으로 생각할 수 있는 가장 바람직한 조건을 완전히 갖춘 우리가 가야 할 방향이다. 이런 이상을 가지고 살아갈 때, 건강과 장수의 목적은 더욱 찬란한 것으로 빛이 난다. 혼란스런 10년을 살겠는가? 자랑스러운 1년을 살겠는가? 후자의 것을 선택할 경우 건강과 장수의 목적은 위대한 가치를 지니게 된다.

자부심에 가득 찬 생활은 고달픔을 겪어도 피로하지 않다. 인생의 자부심은 경제력에 좌우되지 않으며 생동감에 넘쳐 언제나 건강한 모습으로 활동하게 한다. '왜 건강해야 하는가, 왜 장수하려 하는가' 하는 목적이 확고하고 건전할수록 건강하게 장수하는 지름길이 된다.

이 책의 중간에 인용한 두 글귀를 서두에서 미리 강조해 둔다.

루소는 이렇게 말했다. "산다는 것은 호흡한다는 것이 아니라 활동한다는 것이다. 장수한다는 것은 긴 세월을 산다는 것이 아니고 가장 강하게 생을 느끼는 데에 있는 것이다. 세상에는 백 년의 장수를 누리면서도 출생 후 곧 사망한 것과 같은 생활을 하는 사람이 있다. 어려서 무덤 속에 들어가더라도 훌륭하게 산 사람은 오래 산 사람인 것이다."

듀란는 이렇게 말했다. "운명의 장난을 일소에 붙이며 죽음의 부름도 미소로 응하기를 배우고자 한다."

살아갈 방향을 잃었을 때 텅 빈 가슴속은 병을 불러들인다.

○ 적게 먹어도 오래 산다

사람은 음식의 노예가 되어서는 안 된다. 또 음식만 푸짐하게 잘 먹으면 오래도록 산다는 생각을 버려야 한다. 소문난 음식점을 가보면 대부분은 어찌나 먹성이 좋은지 저렇게 먹고서도 소화가 되는가 싶은 의아심이 들 때가 한두 번이 아니다. 모두들 건강하게 장수하려고 열심히 먹는다.

음식을 적게 먹으면 흉을 보는 사람들이 많다. 저렇게 적은 양을 먹고 어떻게 험한 세상을 살아가겠나 하는 안쓰러운 시선을 보낸다. 많이 먹어야 한다는 욕심 때문에 음식이 낭비되고 공연히 약국의 소화제가 불티난다. 사실 음식을 적게 먹든, 많이 먹든 생명을 유지하고 활동하는 데에는 별 차이가 없다. 많이 먹어봤자 별 효용 없이 배설되는 양만 늘어날 뿐이다. 사람의 배설물을 받아먹고 사는 제주도의 돼지가 살이 찌는 것은 사람의 탐욕으로 먹어치운 배설물에 낭비되는 영양분이 많았기 때문이다. 몸에는 더 이상 필요 없는 음식물을 과다 섭취하는 식생활은 신체의 기능에 막중한 부담만 줄 뿐이다.

하루에 한 끼씩 식사를 하면서 89세의 장수를 누린 실례를 들어본다.

1989년 2월 4일에 영면하신 함석헌 선생은 1947년부터 40여 년간 하루에 한 끼 식사를 하며 89세까지 사셨다. 풍족한 음식만이 장수하는 비결은 아니며 바로 정신이 장수의 길이라는 것을 우리들에게 깨우쳐 주고 있다. 필자는 함 선생께서 자택에 초대하여 두 번쯤 함께 식사를 한 적이 있었다. 미국에 거주하는 필자의 동생이 함 선생과 깊은 인연을 맺고 있어 조카들이 한국을 익히기 위해 귀국했던 참이라 함께 초대를 받았던 것이다. 큼직한 상에 갖가지 음식을 특별히 차려 놓아 조카들을 즐겁게 하였다. 이 식사에서 함 선생은 여러 가지 맛있는 반찬에는 손대지 않고 아주 간소하게 잡수시는 것을 보았다. 이렇게 검소하게 하루에 한 끼를 40여 년간 지켜오면서 강연과 저술 등 왕성한 활동을 하셨다. 차차 연로하여 간단한 간식을 곁들이곤 하셨다 한다. 한때는 땅콩을 조금씩 먹기도 했고 우유도 곁들이기도 하였지만 주로 과일을 자주 드셨으며 그것도 극히 소량이었다 한다.

함 선생은 생에 대하여 상당한 애정을 갖고 있었다 하는데 그러면서 일관된 일일일식의 식습관을 가지고 활동을 계속하셨다. 그러던 중 평생 병원신세를 지지 않았던 함 선생은 87년에 위장의 절반 정도를 잘라내고 십이장을 떼어내는 등 큰 수술을 받고 1개월 만에 퇴원했던 적이 있었다. 당시에 집도했던 의사들은 함 선생의 신체기능이 청년처럼 건강했다고 술회했다.

퇴원 후 곧 건강이 회복되자 계속 강연과 각종 모임으로 분주한 나날을 보냈으며 그 과로로 인하여 88년 8월에 수술 후유증이 재발하여 다시 입원하였고, 88올림픽 행사에 참여한 다음 10월로 접어들어 다시는 기동을 하지 못했다.

함 선생이 영양 좋은 음식 섭취에만 의존하여 활동력을 얻었다거나 투병한 것은 아니다. 간소한 일일일식으로는 신체의 영양 공급을 원만하게 이룰 수 없는 것이다. 일식으로 활동을 하면서 건강을 유지할 수 있었던 것은 바로 정신이 그 핵심이었다. 식욕은 모든 욕심의 근원이요, 그 욕심은 죄를 낳는다. 일식에는 욕심을 끊는다는 의미가 부여되어 있다. 또 일식은 가장 짧은 금식으로서 하나님께 기도하는 산 예배요, 성찬인 것이다. 함 선생은 그런 정신 속에서 노장사상의 경지에 묻혀 참 자유인으로 맑고 바르게 살았다. 함 선생은 의로움 속에서 힘을 내었고, 신앙으로 거룩하게 살았으며, 진리 속에서 기쁨을 마음껏 누렸다. 이러한 정신생활로 하여금 40여 년 동안 일일일식을 실천했지만 아주 건강하게 좋은 일을 하면서 사셨다. 이 이야기는 풍요로운 음식에 앞서 먼저 정신이 건강해야 튼튼한 몸으로 오래도록 활동할 수 있다는 증거를 제시해주는 것이다.

일일일식은 애초에 힌두교에서 생겨나 불교로 옮겨졌으며 이것이 뜻있게 살려는 사람들에게 널리 번져 나갔다. 우리나라에서도 일일일식을 지키는 분들이 꽤 있는 것으로 알려지고 있다. 일일일식의 진면목을 더욱 성공시키려면 죄의 근원인 성욕을 끊어버려야 하며, 항상 무릎 꿇어 정좌하고, 걸어다니기를 실천해야 한다. 이로써 욕망을 끊는 도 즉 욕심이 없는 무위자연을 터득하였을 때, 진리의 세계로 들어가 생애를 꽃 피울 수 있다는 것이다.

좋은 음식이 반드시 필요하지만, 동시에 순박, 무사(無邪), 무욕하여 마음속이 편안해야 장수한다는 상식적인 이야기를 흔한 이야기라 하여 잊어버려서는 안 된다. 적게 먹으면서 빛나는 생애를 장식하고 있음에 비하여 좋은 것을 많이 먹으면서도 생애를 흐트러지게 사는 것은 대단히 부끄러운 노릇이다.

○ 우리 몸은 영양을 스스로 조정한다

아래의 글은 필자가 1981년에 발표한 『신체의 음식조절』이라는 수필이다. 끝에는 1978년에 발표한 『문명의 음식』이라는 수필의 일부를 덧붙였다. 가볍게 쓰여진 수필이므로 내용이 미약하지만, 우리의 몸은 음식의 영양 성분을 스스로 조절하여 섭취하는 자동제어 기능이 절묘하게 작용한다는 것을 실례로 들기 위하여 여기에 재수록하였다.

퍽 오래 전 일이다.

푹푹 찌는 무더운 여름날에 완행열차를 타고 한가로운 여행을 즐기고 있었다. 점심때가 되었으나 시장기는 느껴지지 않고 공연스레 눈이 아뜩하고 머리가 띵하며 자꾸 어지럽기만 하였다. 비틀거릴 정도로 현기증이 일어났다. 혼자 객지에 나와서 무슨 변이라도 당할 것 같아 불안스러웠다. 그러면서 문득 짭짤한 음식이라도 아니 소금을 한 움큼 먹고 싶은 갈증과 같은 충동이 일어났다. 이때 계란장수가 지나가기에 삶은 계란 한 알을 사고 소금봉지 서너 개를 달라고 하였다. 계란 하나로 그 소금을 다 찍어 먹었다. 그런데 이게 웬 일인가? 10분도 안 되어서 정말 거짓말처럼 정신이 말짱해지고 생기가 돌았다. 언제 쓰러질 듯이 어지러웠던가 싶은 의아심이 느껴졌다.

땀을 많이 흘리다 보니 몸에 염분이 부족했던 탓인 듯싶다. 염분이 부족하니 어지러움이 생기면서 저절로 소금이 먹고 싶어졌던 것이다. 이 자연스러운 생리적 기능에 대한 체험은 나의 음식을 취하는 방법에 큰 변화를 일으켰다. 낮에 직원들이 사과를 먹음직스럽게 깎아 접시에 받쳐 내밀기에 집었다가 도로 놓고 말았다. 구미가 당기지 않는 것이다. 문득 생각하니 아침에 사과를 먹고 나온 기억이 떠올라 지금은 사과가 몸에 필요치 않다는 신호임을 알았다.

하루는 친구가 찾아왔으므로 불고기를 대접했다. 친구는 어찌나 겁나게 먹어 치우는지 주머니 걱정을 해야 할 정도였다. 그래 넌지시 요새 생활이 어떠냐 물었더니 쌀 걱정하느라 바쁘다 했다. 이 친구의 몸은 단백질 등 영양 부족이구나 판단했다. 나는 몸에 좋은 음식이라 해서 억지로 먹지 않는다. 무엇인가 먹고 싶다하는 충동이 생기는 것을 먹는다. 몸에서 그 음식의 영양소가 필요해서 미각을 통하여 충동이 일어나는 것이다. 먹다가 싫으면 수저를 놓는다. 그만 먹어도 몸의 영양 균형은 이뤄졌다는 신호로 신경은 중지 명령을 내리는 것이다. 먹고 싶은 것이 있으면 반드시 찾아 먹어야 체력 증진에 도움이 된다. 먹고 싶다 하는 욕구는 그 음식의 영양분이 몸에 절실히 필요하다는 증거이다. 이 자연스러운 생리적 기능은 참 오묘하다.

이러한 문제에 대해서는 이미 생리학자들의 연구가 활발하게 이루어졌다. 야생의 동물은 여기저기 뛰어다니면서 마음에 드는 것을 먹고 자라는데 영양부족을 일으키지 않고 잘 성장하고 있다. 이것은 본능적으로 자신에게 영양이 균형 있게 공급되는 것만을 선택하고 있기 때문이라 한다. 비슷한 사례로 돼지를 훌륭하게 양육하기 위해서는 먹고 싶어하는 것을 먹이기만 하면 된다는 것을 조사한 사람이 있다.

아이를 키워보면 자신이 먹고 싶은 음식을 선택하고자 하는 의사를 반드시 표현한다. 내가 밥상 위에 소주 한 잔을 놓고 있으면 아이는 자꾸 그 술을 마시겠다고 손을 내민다. 이것은 술이 아니라 물을 먹고 싶어하는 의사전달이다. 아내는 이걸 모르고 "벌써부터 술에 손대려고 해. 애비를 닮아서……" 한다. 철모르는 아이지만 신체에 알맞도록 영양학으로 계산한 것 같은 음식을 저절로 취하는 것이다. 어린아이의 편식으로 인한 영양실조는 그 근원이 부모가 조성한 환경에 잘못된 점이 있기 때문이다. 칼슘이 부족한 상태에 있는 아이는 화로의 재 속에 손가락을 집어넣고 핥기도 하며 또는 벽의 흙을 파서 먹기도 한다고 한다. 이것을 영양의 욕구라 보지 않고 못된 버릇으로만 여겨 매질까지 하는 사람이 있다. 몸에 칼슘이 부족하면 역시 신경에도 칼슘 부족 현상이 전달되어 칼슘을 향하여 친화성을 가지는 것이다.

어린아기는 자기가 필요로 하는 것을 먹으면 곧 음식을 거부한다. 누가 시키지 않아도 먹고 싶지 않거나 먹고 싶은 것을 스스로 조정한다. 이것은 자연스러운 조화이다. 모자라는 것과 필요 없는 것이 생김으로 몸의 평형이 상실되었을 때, 그 부족한 것을 곧 보충하고 필요 없는 것은 저절로 배척하여 평형상태를 회복하는 작용을 '호메오스타스'라 한다. 이 생리적 작용은 하나의 법칙과 같은 자연의 조화이다. 이 자연의 조화에 순응하는 것으로 식생활의 조화를 이루는 것이 이상이다. 장수하는 분들은 다 자연의 조화라는 순리에 따랐기 때문이리라. 자연의 조화를 깨뜨리고 거역하며 그릇되게 나가면 쉬이 병들고 빨리 늙어버린다.

목에 차도록 모이를 잔뜩 주워먹은 닭을 배고픈 닭들이 열나게 모이를 쪼아먹는 닭장 속에 집어넣으면 그 닭은 덩달아 입맛이 돋아 또 먹기 시작한다고 한다. 이런 무리한 식욕, 그리고 혀끝의 단맛에만 유혹되어 자기 생리기능을 깜박 잊어버리는 과식, 또한 습관적인 편식으로 인하여 자연의 조화를 거역한다면 필시 무슨 이상이 생기고 만다.

나는 음식을 취하는 데 있어서 자연스러운 생리적 기능 즉 자연의 조화에 순종해야 한다는 것을 고집스럽게 신봉한다. 무, 배추가 입맛에 당기면 다만 그것을 먹을 것이다. 우리의 신체는 내부의 기관을 움직이는 데 필요한 영양소를 밖에서 들어오도록 자연스럽게 요구하고 있으며 오직 그

것에 순응하면 된다.

우리의 신체를 소우주라고 한 말을 한낱 동양적인 사고방식에 의한 표현이라고만 단순하게 생각할 것이 아니다. 천체 우주의 공간질서가 자연법칙에 의해 움직이듯 우리 신체도 그렇게 움직이고 있는 것이다. 삼복더위에 목이 타서 수분이 있는 과일을 먹고 싶으면 그것을 찾아 먹어야 한다. 여름철에는 땀을 많이 흘리게 되니 자연은 물기 많은 수박과 참외와 오이를 내주어 수분을 흡수하게 한다.

자연의 섭리는 적절한 시기와 장소에 우리 몸에 적당한 자연양식(결실)을 보내주어 생명을 부드럽고 자연스럽게 유지하도록 후덕을 베풀고 있는 것이다. 때맞추어 나오는 자연산물을 가장 보배롭게 여겨 즐길 때에 음식을 섭취하는 기쁨과 더불어 건강이 찾아온다. 그러함에도 오늘날 '문명의 음식'들이 자꾸 나타나 자연산물의 유익함을 잊어버리게 하곤 한다.

○ 스스로 병을 고치자

남의 힘을 빌려 병을 치유하기보다는 스스로 마음을 다스려 질병을 미리 예방해야 한다. 현대의학이 예방의학으로 치중하고 있는 것처럼 우선 스스로의 힘으로 질병이 나를 공격하지 못하도록 대책을 세워야 한다. 따라서 이 책에서는 심각해진 질병을 치료하는 방법을 제시하는 것이 아니라 예방의 문제를 중점적으로 다루고 있다.

약 2천년 전에 만들어진 중국의 가장 오래 된 의서인『황제내경(黃帝內徑)』에 이런 글귀가 있다. '대저, 병에 걸린 다음에 좋은 약을 주거나 혹은 난세가 된 다음에 선정을 베푸는 것은 마치 목이 말라 견딜 수 없게 된 연후에 당황해서 우물을 파는 것과 같다. 또는 전투가 시작된 연후에 병기를 만드는 것과도 같으니 이것이 질환 처치의 실기가 아니라 말할 수 있겠는가?'

또 중국 청나라의 심복이 지은『부생육기(浮生六記)』에 이런 글귀가 있다.

'사람이 늙은 뒤에 섭생하려고 생각하는 것은 마치 가난해진 뒤에 저축하려는 것과 같아서 이때에는 비록 힘을 써도 소용이 없다. 그리하여 병이 나서 다스리는 것보다는 병이 나기 전에 다스리는 것이 낫고 몸을 고치는 것보다는 마음을 고치는 것이 나으며 남을 시켜서 고치는 것보다는 먼저 스스로 고치는 것이 더 낫다.'

예방의학에 대해서는 옛날부터 이처럼 명쾌한 표현으로 강조하고 있다. 건강을 지키고 질병을 예방하기 위해서 또한 치료를 위해서도 '억지'가 통하지 않는다는 점을 인식해야 한다. 특정한 건강식품이나 보약을 먹어서 단숨에 활력을 얻겠다는 것은 그야말로 '억지'이다. 한탕주의 사고방식과 같은 것이다.

그런 특정한 식품이 효과를 나타내지 못한다는 것은 아니다. 어떤 식품이든지 다 몸에 좋은 것이다. 허약한 병자가 약초 대신에 소고기 한 근을 볶아 먹으면 힘을 얻는 경우도 있다. 하지만 손쉬운 방법으로 건강을 얻고 빠르고 간단하게 병을 치료하겠다는 생각이 잘못됐다는 것이다. 이 그릇된 잠재의식 때문에 소문난 건강식을 과도하게 활용하여 오히려 피해를 입는 경우가 있다. 이 피해는 자각하지 못한 상태에서 서서히 일어난다. 그 피해에 대해 의식하는 순간은 이미 건강은 악화된 상태에 이르게 된다.

운동을 하는 것도 정도가 지나치면 이롭지 못하다. 흑염소가 좋다 하여 그것만 먹어서도 좋지 않다. 한쪽으로 치우쳐 지나친 것은 모두 피해를 불러일으킨다는 너무 상식적인 이야기를 잊고 있는 것이 문제이다. 이렇게 되면 정상적인 신체기능이 비정상적으로 변하여 몸에 고장이 생기는 소리가 나게 된다. 몸의 각 세포들이 정상적인 환경에 놓여 있지 않으면 비정상적인 세포로 변하여 다시는 정상세포로 회복되기가 어렵다는 것을 현대의학에서 밝히고 있다.

무엇이든지 빠르다고 좋은 것은 아니다. 건강한 신체의 작용이란 알맞은 생리적 속도를 가지고 있는 법이다. 신체의 정교하고 신비스러운 움직임은 몸에 필요한 것을 저절로 자체 생산하고, 몸에 소용되는 영양소를 자연스럽게 미각을 통하여 흡수하도록 작용하고 있다. 내 몸의 자연스런 생리에 따르는 섭생을 해야 신체의 기능이 정상으로 움직인다.

영양학자들은 영양소의 균형과 상호작용에 관하여 많은 연구를 거듭하고 있다. 비타민 A를 과잉 섭취하면 비타민 C를 배설하는 양이 많아진다고 한다. 따라서 비타민 C의 결핍이 생겨나 다시 비타민 C를 더 많이 섭취해야 건강이 유지된다는 것이다. 한편 비타민 A가 너무 많아질 경우 비타민 E의 필요량을 더 늘려주기 때문에 비타민 E를 따로 더 섭취해야 하는 결과가 생기게 된다는 것이다. 또한 우리 몸에서 가장 중요한 구실을 하는 단백질을 지나치게 섭취하면 뼈 속의 칼슘을 쉽게 빠져나가게 한다고 지적하고 있다. 그러면 칼슘을 더 많이 공급하지 않으면 안 된다. 그래서 칼슘을 더 많이 섭취하게 되면 다른 여러 가지 무기질 성분의 흡수에 차질을 가져오게 된다고 한다. 음식 섭취의 편견에 의하여 각종 부작용이 발생하여 신체의 영양 분배가 평형을 잃게 된다. 하나의 영양소가 좋다 하여 그것만을 선호한다는 것은 아무 의미가 없으며 더 복잡한 영양의 불균형을 일으킨다는 것이 밝혀지고 있다. 각종 영양소는 서로 도와가면서 효과를 나타내고 있는 것이다.

술을 마시면 비타민 B_1이 더 필요하다는 의학정보가 알려지면 애주가들은 덩달아 비타민 B_1을 더 많이 복용하고자 한다. 그래서 이 비타민 B_1이 과잉 섭취되어 비타민 B6의 결핍증이 생겨 지방질을 과잉 섭취하지 않더라도 동맥경화증에 걸리는 확률이 높아진다고 영양의학은 밝히고 있다. 그러므로 동녘 하늘에서 태양이 더 빨리 떠오르기를 기대하는 식의 음식섭취는 화를 자초한다. 때가 되면 봄이 돌아오는 순리를 자연스럽게 기다리는 자세로 건강 증진을 도모해야 한다. 이것이 질병 예방의 바른 길이며 남에게 병을 고치게 하는 일을 피하는 방법이다.

유방암이 생겼을 경우 그 암세포가 8년이나 12년 정도 자라지 않으면 권위 있는 전문가라도 진단하기 어렵다고 한다. 폐암 역시 20년이 지나야 그 증상을 포착할 수 있다고 한다. 이러한 불행을 당하지 않기 위한 최선의 방법은 균형 있는 즐거운 식사이다. 하물며 혹시 병에 걸리지 않을까, 또는 죽은 뒤의 일까지 근심하는 초조한 생각을 버리고 그저 안락한 사람처럼 근심스러운 일이 없어야 한다. 마음이 편안한 가운데 열심히 좋은 일을 하노라면 병이 날 틈이 없다. 이때 비로소 온순한 심기에 오장(五臟)의 조화가 이루어져 음식을 골고루 맛있게 먹을 수 있으며 약의 효험도 크게 나타난다.

○ 자연 속에서 건강이 살아난다

독일의 시골에서는 문명의 혜택이 오히려 생활에 번거로움을 가져오고 또한 행복한 옛 전통을 깨뜨린다고 하여 승용차나 전화를 갖지 않는 집들이 늘어나고 있다 한다. 일본의 경우 과거에는 농촌을 떠나는 젊은이들이 많았으나 이제는 도시의 중압감을 훌훌 털어버리고 텅텅 비었던 시골로 사람들이 다시 몰리고 있다 한다.

먼 훗날에 현재의 문명사회는 농경사회로 변천해가게 될 것이라고 주장하는 학자도 있다. 문명의 이기는 생활의 편익을 제공하고 도시생활은 짜릿한 잔재미가 있다. 하지만 결국 그것들은 사람답게 살지 못하게 한다는 폐단이 있음을 깨닫게 되는 시대로 서서히 변해가고 있다.

문명과 도시는 온화한 생활의 기쁨과 마음의 평화를 갖지 못하게 하는 요인이 있어 전원의 자연을 찾게 된다. 특히, 우리는 서양의 문화를 무분별하게 받아들이고 있어 점점 그에 대한 권태감을 갖게 되는 시기를 맞게 될 것이다. 아무래도 전통적인 생활방식이 가장 편안하고 한가로우며 또한 인간의 가치를 되찾는 것이라 생각하는 사람들이 날로 증가하리라 본다. 도시의 뿌연 하늘, 가중되는 스트레스 그리고 메마른 정서가 생활에 아무런 이로움이 없다는 것을 깨닫기 시작한 사람들은 자연이 인간의 진정한 고향이라는 사실을 배우게 된다.

떠돌이 새는 옛 숲을 그리워하고
연못의 물고기는 옛 물을 생각하되

나도 황량한 남쪽 들에서 농사짓고자
전원으로 돌아와 자연에 묻혀 살리라.
반듯하니 삼백여 평 되는 대지에
조촐한 초가집은 여덟아홉 칸
뒤뜰의 느릅과 버들은
그늘지어 처마를 시원히 덮고
앞뜰의 복숭아, 오얏꽃들 집 앞에 줄지어 피었다.
저 멀리 아득한 마을 어둑어둑 깊어가고
허전한 인가의 저녁 연기, 길게 피어오르는데
골목 깊은 안에서 개 짖는 소리
뽕나무 위에서는 닭이 울어옌다.
뜰 안에는 잡스런 먼지 하나 없고
텅 빈 방안은 한가롭기만 하다.
너무나 오랜 세월 새장 속에 갇혔다가
이제야 다시 고향으로 돌아왔노라.

이것은 도연명의 시 귀절이다. 그는 초가집 밑에 살면서 참된 삶을 누리며 착한 일을 하며 스스로 이름을 내리라 하였다.

우리는 얽힌 생활의 구속 때문에 쉽게 툭툭 털고 초가집 전원을 찾아 나설 용기를 내지 못한 채 머뭇거리고 있지만 그래도 틈틈이 자연을 벗삼을 기회는 가질 수 있다. 야외로 나가 숲과 강을 둘러보며 더불어 기묘한 산야초를 관찰하는 순간은 이미 자연 속에 파묻힌 풍류이다. 그리고 뜰 안에서 키우고 있는 청초한 야생화를 들여다보고 기쁨을 누리는 시간은 바로 자연을 마음속에 흠뻑 담고 있는 때이다. 채근담에 이런 글이 있다.

풍정(風情)을 얻는 것은 많음에 있지 않다.
좁은 못, 작은 돌 하나에도 구름 안개가 깃든다.
훌륭한 경치는 먼 곳에만 있지 않다.
오막살이 초가에도 시원한 바람, 밝은 달이 있다.

우리는 아주 보잘것없는 풀 한 포기에서도 자연의 섭리를 배운다. '하나의 꽃잎과 풀빛은 모두

진리의 깨달음[悟道]을 주는 명문'이라 하였다.

임어당은 날씨의 변화, 시시각각으로 변천하는 창공의 빛, 계절에 따라 나오는 과물(果物)의 묘한 풍미, 달이 바뀔 때마다 피는 꽃들에서 기쁨의 만족을 느낄 수 없는 사람이라면 차라리 죽는 편이 낫다고 하였다. 그리고 인간은 자기가 있어야 할 곳에 있지 않으면 안 되는데, 자연을 배경으로 삼고 있으면 항상 그 있어야 할 곳에 있는 셈이 된다고 하였다. 이렇듯 있어야 할 장소, 즉 자연 속에 있을 때 정신의 건강을 찾게 된다. 정신의 영양분[滋養]을 충족시키는 자리가 바로 자연이고, 그 자연에 의해 정신의 결핍이 충족되어서야 신체의 건강을 순조롭게 지킬 수 있다.

자연이 안겨주는 아름다움의 세계는 고통의 벽을 벗어나는 해방 속에서 체험된다. 아름다움이 주는 기쁨은 언제나 우리의 주변을 감싸고 있는 번민과 고통을 소멸시킨다. 삶의 괴로움을 벗어날 때에 자유롭고, 평화가 깃든다. 이로써 아름다움에 대한 감격이 더 강하게 나를 황홀하게 한다. 비로소 심신의 건강이 나를 찾아오는 것이다. 특히, 이 시대는 보다 풍부한 영양식품을 섭취해야 하는 환경에 놓여져 있다. 갖가지 가공식품, 화학비료와 농약에 의한 채소와 과일, 정백한 백미 등등 영양소가 현저하게 떨어진 식품을 먹음으로써 우리 몸이 요구하는 자양을 제대로 조달하지 못하고 있다. 게다가, 식품의 각종 화학물질(첨가물), 오염된 공기와 물, 담배와 술, 격한 스트레스 등은 영양소의 소모를 더욱 부채질하고 있다. 달리 말하면 영양소의 함량이 적은 음식을 섭취하면서 그 소모량은 훨씬 많아짐에 따라 영양의 수요 공급에 차질이 생겨나 마침내는 갖가지 성인병을 유발하고 있다.

우리는 이런 기이한 현상을 극복하는 길을 찾아야 한다. 그 한 가지 방법으로 야생하는 식물을 활용하여 충분한 영양 성분을 공급받아야 한다는 점을 강조하고 있다. 또한 야생식물들은 질병을 예방 치료하는 약효성분이 있어서 건강에 보다 효과적인 것이다.

그러한 야생식물(산나물)을 이용하기 위해서는 당연히 자연을 찾아 나서야 하고 그러다 보면 저절로 자연 속에서 정신의 자양을 얻어내는 성과를 올리게 된다. 야생의 산나물을 찾아 나들이를 떠나서 아름다운 산천을 바라보면 영혼을 구제 받은 것 같은 후련함을 체험한다. 산간의 나무 한 그루, 풀 한 포기가 감동스럽게 받아들여질 때 천지의 유구한 생명을 깨우치는 것이다. 이로써 삶의 괴로운 멍에에 짓눌렸던 속박에서 해방되는 기쁨을 누리게 된다.

산야초의 영양과 효능

● 식물의 영양소는 무궁한 세계이다

지구상에 분포하고 있는 식물의 종류는 38만 종이 훨씬 넘는 것으로 알려지고 있다(또는 50만 종이라는 설도 있음). 이 수많은 식물들은 모두 인간생활에 유익한 자원으로 여러 방면으로 이용되고 있지만 현재 활용되고 있는 종류는 불과 수천 종에 지나지 않는다. 아직도 식물계의 신비스런 비밀이 대부분 미궁 속에 파묻혀 있으며 그 연구 영역은 무진장하고 그 효용의 가능성은 한이 없을 정도이다.

지금 이 시간에도 끊임없이 온갖 식물을 이용한 식품개발 및 약품, 향료, 염료, 공업용 자재 등 각 방면에 걸친 새로운 연구개발이 진행되고 있는 가운데 인류는 무궁무진한 지구의 식물자원에 커다란 희망을 걸고 있는 것이다. 그런데 현재 식물이 함유한 영양소의 성분과 효능에 대한 대체적인 해명은 약 1천 수백 종밖에 되지 않고 있다. 이것은 일상생황에서 흔히 사용되고 있는 농작물과 일반 채소, 과일 등 재배 생산물 위주로 규명된 것이다. 또 야생식물의 경우 일부분에 대해서만 해명되어 있을 뿐이다. 그리고 옛날부터 약효가 있는 것으로 전해져온 식물의 종류는 대단히 많이 있지만 그것은 오랜 세월에 걸친 체험을 바탕으로 한 것일 뿐, 과학적인 실증분석에 의한 것은 아니다. 현재, 약품자원 식물들 중에서 한의사가 한약재의 처방으로 쓰고 있는 종류는 약 250종 내외이며, 그중에서도 중요하게 상용되는 것은 100여 종에 불과하다. 그러므로 각종 식물의 영양소나 효능 분석은 아직 요원한 단계이고 그 연구될 범위는 헤아릴 수 없이 넓다.

오늘날에 와서 중요하게 여기고 있는 비타민, 미네랄 등의 필수영양소에 대한 의학적인 연구도 그 역사가 매우 짧다. 19세기까지만 해도 우리 몸에 중요한 영양분은 단백질, 지방, 탄수화물과 약간의 무기질 및 물이라고만 알고 있었다. 그런데 이것들만을 배합하여 조제한 사료를 동물에게 먹여본 결과 정상적인 성장이나 생존을 유지하지 못한다는 것을 깨닫게 되었다. 이것이 계기가 되어 생명 유지에 필수적인 비타민 종류를 하나씩 찾아내게 됐는데 20세기로 접어들어서부터였다. 20여 종의 비타민을 다 찾아내는 데도 1913년에 처음 비타민 A가 발견된 이후 40년이란 세월이 걸렸다.

건강 증진에 아주 중요한 역할을 한다는 미네랄(무기질)에 대하여 관심을 모으게 된 것은 20세기 후반으로 넘어서면서부터이다. 옛날에는 철이나 요오드에 대해서만 인정되었을 뿐이다. 현재 각종 성인병 예방과 질병 치유에 매우 효과적이라고 화제를 모으는 셀레늄(무기질)은 1956년까지만 해도 해로운 미량원소 또는 독극물로만 인정하였고 각국의 교과서에도 그렇게 기재되어 있었다. 신체의 기능을 균형 있게 유지하는 데에 없어서는 안 될 비타민과 무기질(미네랄)은 식물체에서 가장 다양하게 섭취되고 있다. 그럼에도 오늘날 식물의 영양소에 대한 분석은 40만 종에 가까운 식물군과 비교할 때 극히 적은 일부분일 뿐이다. 하지만 분명한 것은 수많은 미지의 식물들이 우리 몸에 썩 유익한 갖가지 영양소를 듬뿍 함유하고 있다는 사실이며, 또 질병 퇴치에 효능이 탁월한 성분도 미지의 식물군에서 얼마든지 발견될 수 있다는 사실이다.

식물은 스스로의 성장과 생명 유지를 위해 여러 가지 필요한 물질을 만들고 저장하는데, 이 식물의 생장물질은 거의 우리 몸에 유익한 영양소가 된다. 식물을 구성하고 있는 세포는 퍽 미세하긴 하지만 상상도 할 수 없을 정도로 복잡하고 완벽한 화학공장이라고 말한다. 식물은 수천 가지 화학반응을 일으키고 있고, 수백 가지에 달하는 물질이 쉴 새 없이 생산되고 있다. 이것들이 우리 몸에 유익한 효능을 나타내게 된다.

그동안 새로운 식물의 성분을 분석 연구한 결과가 하나씩 밝혀질 때마다 그 모두가 풍부한 영양소를 함유하고 있으며 약효 성분을 지니고 있어 건강 증진에 효능이 크다는 것으로 알려지고 있다. 이것은 바로 모든 식물이 우리 몸에 썩 유익한 요소를 듬뿍 품고 있다는 증거이다. 이 때문에 어떤 식물의 성분이 밝혀지고 나면, 그것이 대단한 영양식물로 인식되어 '하늘이 베푼 생명의 약초', '신비의 약초'라는 등 과장되게 선전되는 경향이 나타나고 있다. 그 이유는 워낙 풍부한 영양소를 갖가지로 포함하고 있어서 다소 결핍되어 있던 신체의 영양 균형에 도움을 줌으로 건강 향상에 효과가 나타나기 때문이다. 또 우리 몸에서 더욱 필요로 하는 미량 영양소가 공급됨에 따라 질병 치유에도 효과가 나타나는 일이 있기 때문이다.

근년에 우리들이 두려워하는 독성 식물에서 난치병에 큰 효험이 있다는 성분을 발견하여 의학계의 큰 관심을 모은 바가 있다. 신경을 마비시키고 생명을 앗아가는 식물의 강한 독성을 적절히 추출, 이용하면 난치병을 치료할 좋은 약이 만들어진다는 사실이다. 이처럼 독성 식물도 인간에게 중요한 자원이 되고 있는 것이다.

사실, 식물의 독성은 이미 옛날부터 이용해왔다. 영국의 황실에서는 독극물을 상비약으로 보관해 두었다가 위급한 환자가 생기면 조금씩 사용했다는 기록이 있다. 전통적인 한방의학에서도 예로부터 독성 식물은 고질적인 질병을 치료하는 데 자주 처방전에 포함시켜오고 있었다.

○ 식물은 양분을 선택하여 흡수한다

식물들은 저마다 갖고 있는 성분과 그 품고 있는 양이 종류에 따라 각기 다르다. 어떤 식물은 (가) (다) (마) (바)를 많이 품고 있는가 하면, 어떤 것은 (가) (나) (라) (바)의 요소를 주로 많이 지니고 있는 등 각 식물의 종류와 환경 조건 및 연령과 계절에 따라서 함유 성분과 그 농도가 달라지게 된다. 식물은 봄에 새싹이 트여 성장하고 꽃 피우며 열매를 맺었다가 겨울잠에 이르기까지의 변화에 적응하면서 여러 가지 생장물질을 생산하고 있다. 변화되는 환경에 적응하기 위해서는 다시 새로운 물질을 생산하게 되며 그때그때의 환경 변화에 의하여 성분의 종류와 농도가 달라지게 된다.

식물은 공기 중의 탄산가스와 동화하여 갖가지 유기물을 합성하고, 한편 토양으로부터 수분과 양분을 흡수하면서 생육한다. 뿌리로부터 양분을 흡수할 때에 어느 성분이든 가리지 않고 마구 빨아들이는 것이 아니라 자신의 생장생리에 필요한 것만을 빨아들이고 필요하지 않은 것은 별로 흡수하지 않는다. 이러한 뿌리의 선택적인 양분 흡수로 각 식물체마다 지니는 영양 성분이 저마다 달라진다는 사실을 알아야 한다. 그래서 한 가지 식물만을 먹지 말고 여러 종류의 식물을 고루 먹음으로 온갖 영양소를 균형 있게 섭취할 수 있게 되고 따라서 우리의 신체를 유지하는 영양분은 균형을 이루게 된다.

각 식물마다 자신에게 좋지 않은 불필요한 것을 억제하기 때문에 식물은 각기 고유한 영양 성분만을 함유하고 있다. 따라서 그 식물 한 가지만을 장기적으로 섭취하게 된다면 우리 몸에는 어떤 부분의 영양결핍이 나타난다. 이 결핍은 중독현상까지 일으켜 독성 식물을 먹지 않았나 하는 의구심까지 갖게 되는 경우가 있다. 식물학자들이 여러 종류의 식물들을 조사하여 대략 60여 가지의 원소를 발견했다. 여기에는 금, 납, 수은, 비소, 우라늄까지도 포함되어 있다. 목본식물을 제외한 모든 초목식물은 갖가지 구성물질 중에서 15~20퍼센트는 그러한 원소들로 이루어져 있고 나머지는 수분이 차지한다. 그런데 한 종류의 식물체가 그 60여 종의 원소를 모두 포함하고 있는 것이 아니라 식물체의 개성에 따라 자신에게 필요한 종류만을 다량 또는 소량씩, 때로는 극히 적은 양의 원소를 여러 가지로 지니고 있는 것이다.

대체적으로 고등식물에게 없어서는 안 될 필수원소는 16가지이다. 이중에서 산소, 탄소, 수소는 공기 중의 탄산가스와 그리고 식물이 흡수한 물에서 얻어지며, 나머지의 원소들은 모두 토양으로부터 흡수하고 있다. 이들 중에서 단 한 가지가 부족해도 식물은 정상적인 생육을 하지 못한다. 그러나 반드시 16가지의 원소만을 필수적인 양분으로 삼지 않는 경우가 있으며, 다른 종류의 것이 필수원소가 되는 식물도 있다. 또 16가지 필수원소 중에서 한두 가지는 필요로 하지 않는 식물도 있다. 예를 들면, 일부 식물에서는 셀레늄이 필수원소인 것이 있다. 인산을 싫어하는 예민한 그런 식물의 경우, 인산의 흡입을 억제해주는 셀레늄을 필수적으로 받아들여 인산의 독성을 방지하여 스스로의 생장을 촉진하고 있는 것이다.

식물이 주로 이용하는 16가지 필수원소는 몰리브덴, 구리, 아연, 망간, 붕소, 철, 염소(미량원소임), 황, 인, 마그네슘, 칼슘, 칼륨, 질소, 산소, 탄소, 수소(대량원소임)인데 이것들이 대부분 우리 인체의 건강 유지에 중요한 것들이다.

○ 식물의 화합물은 좋은 영양소이다

식물은 각종 원소를 흡수하고 아울러 햇볕에 의하여 스스로 필요로 하는 화합물을 합성한다. 여러 가지 복잡한 물질들을 합성하는 것은 세포기관이나 체내의 다른 구조들을 만들기 위한 것인데 이것은 곧 생존의 원칙이다.

특히 거칠고 냉엄한 환경에서 자라나는 야생식물은 여러 가지 악조건을 극복하며 생명을 유지하기 위해서는 더욱 복잡한 화학반응(물질대사)이 끊임없이 일어나지 않으면 안 된다. 이러한 생리과정에 의하여, 야생식물은 우리들에게 보다 유익한 영양소를 다양하게 함유하고 있다. 예를 들면, 야생상태에서 환경의 악조건을 이겨내는 것은 물론, 곤충이나 세균, 균류 및 다른 병원체의 침입으로부터 자신을 보호하기 위해서는 힘찬 저항력을 키워야 하며, 이를 위해 보다 복잡한 생장물질을 합성하지 않으면 안 된다. 이렇듯 식물체 자신을 위하여 합성하는 물질은 우리 인간들에게 유익한 영양소로서의 효능을 발휘하게 된다.

일반 재배채소는 인위적인 농약살포로 해충과 병균을 방지해주고, 또한 일정량의 양분을 계속 공급해주기 때문에 항상 안일한 환경에서 자란다. 그래서 식물 자체의 생리작용은 그렇게 복잡해질 필요가 없게 되며 허약한 상태에 놓이고 만다. 이로 인하여 재배채소는 야생식물에 비해 화합물질(생장호르몬)이 다양하지 못하게 되고, 따라서 풍부한 영양소를 갖가지로 지니지 못하게 된다. 그리고 많은 식물들은 초식동물에 대한 방어기구를 갖추고 있다. 장미의 날카로운 가시처럼 동물이 근접 못하도록 구조적인 형태를 갖춘 것이 있는가 하면, 어떤 것은 초식동물에 대하여 유독성분을 나타내거나 맛을 나쁘게 하는 여러 가지 화합물(대사산물)을 함유하고 있다. 그러한 방어구조로 만들어내는 화합물은 대개 니코틴, 테르펜, 몰핀, 카페인, 박하유, 타닌, 페놀류와 불포화 락톤과 같은 것들이다.

식물은 잎이 없으면 생장할 수 없다. 그러므로 초식동물이나 곤충들이 자꾸 잎을 뜯어 먹어치우면 생존에 위협을 받게 되고, 이 피해로부터 자신을 지키기 위해서는 동물의 입맛에 나쁜 물질을 합성하여 잎 속에 함유하지 않으면 안 된다. 동물이나 곤충에게 먹히지 않고 살아남기 위한 수단으로 만들어지는 식물의 온갖 화합물질도 우리 인간들에게는 유익한 영양소가 되는 것들이다.

한편, 어떤 식물의 경우 영양물질의 함유량을 잎의 위치에 따라 각기 아주 다르게 갖는 것이 있다. 이것은 곤충으로 하여금 가장 양분이 많은 잎을 찾아먹기 위해 활발히 돌아다니도록 해서 보다 많은 에너지(체력)를 낭비하게 하기 위한 수단인 것이다.

일반 기호식품인 녹차의 재료가 되는 차나무의 경우를 실례로 들어본다. 차나무의 새 잎이 돋아나는 4월 말쯤 되면 그 새순을 따내 녹차를 만든다. 그리고 다시 새 잎이 돋아나고 또 뜯어내기를 몇 차례 계속한다. 이렇듯 사람의 손에 의해 잎이 손실되는 것을 차나무는 초식동물이 자꾸 뜯어먹는 피해로 여기게 된다. 그래서 초식동물의 입맛에 나쁜 물질을 합성하여 잎 속에 타닌이나 카페인 등을 함유하게 되고 계속 자꾸 잎이 없어지니 더 강한 화합물질을 새 잎으로 보낸다.

이러한 이유 때문에 두 번째, 세 번째로 따낸 차나무 잎일수록 쓴맛이 더 짙어지는 것이다. 녹차는 뒤늦게 따낸 것일수록 쓴맛이 짙다 하여 낮은 품질로 치고 있는데 이것은 타닌 성분이 많아졌기 때문이다. 차나무는 자신의 생명을 보호하기 위해 잎 속에 타닌을 강화시킨다. 타닌은 초식동물의 위장에서 소화효소를 침전시키는 작용을 한다. 이런 잎을 동물이나 곤충이 여전히 계속 먹을 경우 다음에 자라나는 잎에는 더 뜯어먹지 못하도록 타닌의 농도를 높이고 있는 것이다. 이 타닌은 사람에게 있어서 위장을 튼튼히 하는 효능이 있고 해독작용을 하며, 차의 색깔과 맛을 조성한다. 또 차나무는 초식동물의 피해로부터 자신을 보호하기 위해 카페인이란 물질도 합성하는 것으로 짐작된다. 그래서 차나무 잎으로 만든 녹차에는 카페인이 함유되어 온화한 각성 흥분작용이 생겨나 피로회복과 지구력이나 기억력을 증진시키는 효능이 나타나는 것이다.

위에서 살펴보았듯이 식물의 방어구조에 의해 만들어진 합성물질은 우리 인간들에게 영양 공급의 원천이 되고 있으며 야생식물(산야초)일수록 우리 몸에 미치는 효력이 대단히 높다는 것을 짐작할 수 있다. 그리고 생장환경에 따라 각 식물마다 화합물질의 종류를 달리 품게 되므로 갖가지 종류를 골고루 섭취해야 한다는 이유도 짐작할 수 있다.

○ 토양에 따라 식물 성분이 다르다

사람의 몸을 구성하고 있는 원소는 약 54종으로 알려져 있다. 그중에서 산소(65퍼센트), 탄소(18퍼센트), 수소(10퍼센트), 질소(3퍼센트)를 제외한 나머지 50종의 원소는 모두 미네랄(무기질)이다. 이 미네랄은 무게로 볼 때 체중의 20분의 1 정도인 3kg을 차지하고 있으며, 신체 구성 물질의 5퍼센트에 불과하다. 그리고 인체를 구성하는 미네랄 중에서 7가지(칼슘, 인, 칼륨, 유황, 나트륨, 마그네슘, 염소)를 제외한 나머지 43종이 차지하는 비율은 불과 전체 원소의 0.04퍼센트밖에 되지 않지만 이 미량의 미네랄이 수행하는 역할은 신비스러울 정도로 다양하다. 이 미네랄은 대부분의 비타민과 함께 우리 몸 안에서 만들어지는 것이 아니라 모두 외부에서 공급받지 않으면 안 된다. 즉 식품에서 섭취해야만 한다. 그 많은 미네랄을 아주 풍부하게 함유하고 있는 것이 바로 야생식물이라는 점이다. 그리고 그 식품 속에 어느 정도의 영양소를 함유하고 있는가 하는 문제는 그 식품(식물)이 자라나는 토양 속에 어떤 종류의 성분이 함유되어 있는지에 관계가 있다. 다시 말하면 토양의 많은 광물질 속에 포함되어 있는 미네랄이 물에 녹아 있는 상태를, 식물은 뿌리를 통하여 흡수하게 된다.

흔히 생수를 마시면 좋다고 하는 이유는 토양에 온갖 광물질이 함유되어 풍부한 미네랄이 녹아 있기 때문이다. 각종 미네랄이 풍부하게 함유된 물을 마시고 사는 지역에서는 암이나 심장병 등으로 죽는 사람이 적다는 사실이 보고된 바 있다. 산골짜기에 위치한 장수촌에서 마시는 식수가 모두 미네랄이 풍부한 물이라는 것이다. 크롬이라는 미네랄이 적은 음료수를 마시고 있는 사람들은 질병에 걸리고 사망률이 더 높다는 사실이 연구된 바도 있다. 여기서 유의해야 할 것은 토양 속의 광물질 성분이 각 지역마다 다르다는 점이다. 이것은 지역마다 광물질 분포가 다르기 때문에 그 지역의 지하수 역시 내포하고 있는 미네랄 종류가 제한적으로 각기 달리 나타난다. 따라서 식물이 포함하고 있는 미네랄은 생장 지역의 토양에 따라 그 함유량이나 종류가 조금씩 달라지게 마련이다. 다시 말하면 특히 칼슘, 철, 아연, 크롬, 셀레늄, 게르마늄 등 건강에 지대한 영향을 미치는 미네랄들은 다 원소이므로 식물체 내에서는 합성이 불가능하기 때문에 토양에서 부족하면 자연히 식물(식물)에서도 부족한 것이다.

건강 증진과 성인병 예방에 놀라운 효과를 나타낸다는 셀레늄은 토양 속에 함유되는 양에 따라 암 발생률이 달라진다는 통계가 미국에서 발표된 것이 있다. 토양 속의 각종 미네랄 함유량은 지역적으로 큰 차이가 나타나는데, 예를 들어 토양 중 셀레늄 함유량이 낮은 지역에 사는 주민들은 심장병과 암에 걸리는 율이 높고 어린이의 사망률도 높다는 것이다. 반대로 토양 중의 셀레늄 함유량이 높은 지역에 사는 주민은 심장병과 암에 걸리는 비율이 낮으며 수태율도 높다는 것이다.

그러니까 토양 중에 각종 미네랄 함유량이 낮은 지역에 살고 있는 사람들은 필연적으로 그런 영양소가 적은 음료수나 곡물, 야채, 과일, 육류, 우유 등을 섭취하게 되는 결과가 된다. 그러므로 토양 속에 미네랄이 풍부한 지역에 사는 사람은 저절로 영양가 높은 식품을 섭취하여 건강을 증진하게 된다. 특히 바닷가의 토양은 모두 무기질(미네랄)이 아주 풍부하다. 미네랄은 본래 토양 중에 존재하여 이것이 오랜 세월에 걸쳐 비에 의해 씻겨서 비닷속으로 흘러 내려와 바닷물은 풍부한 영양소를 품게 된다. 뿐만 아니라 바다 밑에는 광대하게 깔려 있는 광물질이 바닷물에 다양하게 녹아 있다. 그래서 소금이나 해조류가 건강에 좋다고 하는 것이다.

바닷고기가 상처를 입으면 미역을 뜯어먹는다는 이야기는 그러한 이유 때문이다. 옛날부터 해조류(해)와 천연적인 소금을 식용하는 습관을 갖게 된 것은 아주 풍부한 영양 성분을 다양하게 함유하고 있음을 체험으로 터득했기 때문이다. 해조류의 경우 비타민 A가 시금치나 무잎보다 수십 배나 들어 있으며, 알칼리성은 채소보다 몇 배나 강하다. 바닷물에는 칼슘을 비롯한 여러 가지 성분이 가장 풍부하다. 그래서 복통, 위장병, 요통, 천식, 신경통, 부인병, 고혈압 등에 효험이 있다는 쑥은 산중에서 자란 것보다 바닷가나 섬에서 자생한 것이 더 약효가 탁월하다는 이야기가 전해오고 있다. 바닷가의 쑥은 향기가 순하고 육지의 것보다 독한 기운이 적으며 각종 비타민과 미네랄이 다른 식물에 비해 훨씬 풍부하다. 바닷가의 쑥을 으뜸으로 여기는 이유도 바닷물의 영향을 받고 있기 때문이다.

바닷물로 심하게 절어버린 식물은 손상될 수 있지만 토양의 짙은 소금기가 어느 정도 여과된 바다 근처의 식물들은 썩 건실하게 자란다. 이런 바닷가 식물들은 어느 것이든지 내륙의 식물보다 영양 성분이 훨씬 풍부하고 강하게 함유되어 있다는 사실을 유념해야 한다. 이것은 바닷물의 영향을 받은 토양성분 탓이다. 또 심산계곡에서 흘러내리는 물을 빨아들여 자라나는 식물도 영양소가 풍부하다. 이유는 긴 골짜기를 굽이쳐 흘러내리면서 갖가지 광물질이 물에 녹아 있기 때문이다.

식물 또한 미량원소의 극히 적은 양이나마 흡수하지 못하면 정상적으로 생장하지 못한다. 식물이 영양소로서 흡수 가능한 토양의 여러 가지 광물질은 사람에게도 필수적인 것이며, 소위 인체에 긴요한 16가지의 미량 원소가 식물에서도 부족하면 식물의 생장, 생존, 번식 중에서 어느 것이든지 완성되지 않는다.

대체로 식물 생육에 관련 있는 광물질은 다음과 같다.

규산, 철, 망간, 칼슘, 마그네슘, 칼륨, 소디움, 인산, 황, 붕소, 구리, 아연, 몰리브덴, 코발트, 니켈, 티타늄, 염소, 옥소, 셀레늄, 바나듐, 크롬.

식물체 내에서는 미량 미네랄인 철, 아연, 크롬, 셀레늄, 니켈, 망간 등이 보효소가 됨으로써 생합성이 가능한 물질을 만드는데, 이것들이 부족되면 생화학적인 합성에 지장을 초래하여 식물 자체의 영양학적 가치를 떨어뜨릴 수 있다. 여하튼 토양에서 흡수한 식물의 양분은 인간들에게 중요한 식품으로 환원시켜주고 있으므로 기름진 토양에서 자라는 식물일수록 풍부한 영양소를 제공해준다.

○ 재배채소의 영양가는 높지 않다

채소나 과일을 많이 먹어야 신체의 영양 균형이 이뤄지고 질병을 예방하는 데 효과적이라는 이야기는 상식이다. 그래서 재배된 상치, 쑥갓, 깻잎…… 등을 1년 내내 즐겨 먹는 사람들이 증가하고 있다. 밭이나 온상에서 재배된 일반 채소류가 건강 증진에 얼마나 큰 효과가 있는지 생각할 때 사실은 영양소의 함유량이 그다지 높지 않다는 점에 유의하지 않으면 안 된다.

화학비료와 농약에 의존한 화학농법으로 재배한 채소는 퇴비나 객토에만 의존하여 자연농법으로 재배한 것에 비하여 영양학적으로 크게 떨어진다. 더욱이 거친 산야에서 자연적으로 자라난 산나물(산야초) 종류는 자연농법의 재배채소와 비교하여 볼 때 훨씬 더 영양가가 높다. 그것은 강한 생명력으로 자라난 식물일수록 영양 성분이 더욱 풍부하기 때문이다.

온상에서 속성 재배한 채소는 충분한 햇볕을 받지 못하여 연약해질 뿐만 아니라 특히 토양의 이용 회전이 너무 빨라 토양 속의 무기질이 물에 녹아 식물체에 흡수될 여유가 없게 된다. 그러므로 계절에 관계없이 계속 산출되는 속성 재배한 채소는 영양 성분이 빈약하다.

화학농법과 자연농법으로 재배한 채소를 비교해 본다면 같은 시금치라도 화학비료로 키울 경우 철분은 3분의 1 이하로 떨어진다. 토마토의 비타민 C도 화학비료를 사용할 경우 자연농법으로 키운 것보다 절반 이하로 떨어져버린다. 이처럼 재배 방법에 따라 미네랄, 비타민, 효소 등의 성분 조성에 큰 차이가 나타나며 맛과 질에 있어서도 다르다. 현재 재배되고 있는 대부분의 농작물은 화학비료와 농약에 의해 생산된 것이라는 점에 대해 우리는 경계심을 갖지 않으면 안 된다.

퇴비나 객토를 외면하고 화학비료만을 투입하게 되면 칼슘, 마그네슘 등 여러 가지 중요한 영양소의 흡수를 감소시킨다. 또 화학비료에 의존하다보면 농작물은 날로 약화되고 이에 따라 병충해의 피해가 심해져 더욱 농약초사용이 많아지게 된다. 그 농약은 토양 속에서 농작물에 이익을 주는 유용한 미생물의 활동과 번식을 곤란하게 만들어 차차 죽은 땅으로 변하게 하고 있다. 토양균은 흙을 분해하여 식물에게 양분 공급을 좋게 하고 비타민 종류도 활발히 합성하게 된다. 그런데 화학농법은 그런 유용한 미생물을 소멸시키는 동시에 기타 여러 가지 피해가 생겨나 질이 나쁜 농작물이 산출된다. 화학농법에 의존할 경우 지력(地力)을 떨어뜨리고 생태계의 균형을 무너뜨리며 연약한 작물이 산출된다. 이에 따라서 맛이 나쁘고 부패하기 쉬워지며 또한 영양이 낮은 농작물을 우리 몸이 섭취하게 된다. 그 결과 우리의 몸은 영양결핍 증상이 생겨나기 마련이고 점점 체력이 저하되어 질병에 걸리기 쉬운 체질로 변해가게 된다.

우리는 건강을 유지하기 위해 주로 식물을 식량자원으로 삼고 있다. 그 식물의 질이 나쁜 경우에는 오히려 건강을 해치는 결과를 가져온다. 그 식물의 질을 떨어뜨리는 주범은 바로 화학비료와 농약을 주로 사용하는 화학농법이다. 그렇듯 영양소가 현저히 떨어진 식물을 가지고 다시 가공한 식품은 더욱 질이 떨어질 것은 당연하며 이런 가공식품을 주로 섭취하면 영양결핍에 곧잘 걸리기 쉽다. 이런 여러 가지 점을 감안할 때 보다 충분한 영양소를 공급받기 위해서는 자연농법으로 키우는 농작물 재배에 눈을 돌려야 한다. 하지만 이보다 더 효과적인 것은 공기 맑은 산야에서 신선하게 자라나는 산야초(산나물) 애용이다.

여기서 한 가지 첨부해야 할 것은 막대한 양의 석유와 석탄 소비로 발생하는 대기오염이다. 그 오염물질(아황산가스, 산화질소)이 대기층의 수분에 혼합되어 산성비가 내려 토양에 남아 있는 유용한 무기질이 쉽게 용해되어 강과 바다로 씻겨 내려가게 한다. 그리하여 밭이나 논의 소중한 광물질 성분은 점점 사라져가게 된다. 더불어 재배 농작물은 충분한 양분을 토양에서 골고루 얻을 수 없게 되어 열악한 농작물이 되어버리는 것이다. 하지만 수풀이 우거진 산야에서 수북하게 쌓인 낙엽과 두껍게 깔린 부엽토는 그 더러워진 산성비의 유해성분을 여과시키는 구실을 하기 때문에 식물은 신선한 물과 양분을 흡수하게 된다. 아울러 낙엽이 분해되고 온갖 미생물에 의한 자연적인 양분을 공급받아 식물은 강건한 몸체를 지니게 되고 천연적인 영양소가 듬뿍 들어 있게 되며, 이것이 건강 증진에 이로운 결과를 가져오게 된다. 그러므로 아무쪼록 자연스러운 방법으로 재배된 것, 이보다는 야생하는 식물을 이용하게 되면 질병 예방에 효과를 가져오게 된다. 예방에 좋은 것은 치료에도 좋다는 것에 유념해야 한다.

또 한 가지 첨부해둘 것은 아무리 야생의 것이라 해도 산야에서 자란 것과 뜰에서 저절로 생육된 것에도 차이가 있다는 점이다. 질경이를 예로 들어본다. 뜰에서 자란 것과 들판에서 자란 것을 비교해보면 그 맛과 향취가 다르게 나타난다. 뜰에서 잡풀처럼 저절로 번식했고 인공으로 키운 것이 아님에도 들판에서 제멋대로 자라난 것은 훨씬 더 향취가 있고 짙은맛을 낸다.

이처럼, 자연적으로 생장했다는 같은 조건임에도 집안 뜰의 것과 들판의 것이 다르다는 점으로 보아 재배채소의 열악함을 가히 짐작할 수 있을 것이다.

태양을 마시자, 자연을 마시자 하는 이유를 뜻깊게 음미해 볼 수 있으리라 믿는다.

○ 식물의 절정인 꽃가루의 효능은 높다

식물이 가장 아름다운 자태를 돋보이는 시기는 꽃을 피울 때이며 이때야말로 식물이 가장 절정을 이루는 전성기이다. 이 꽃 속에 담겨 있는 미세한 꽃가루(화분)가 오늘날 건강식품으로 각광을 받고 있다. 온갖 꽃들이 피어 있는 산과 들에는 꿀벌들이 부지런히 모여들고 있는데, 그 활동하는 목적은 꽃 속에서 식량을 얻기 위해서이다.

꿀벌은 꿀을 빨아들이며 꽃가루를 묻혀다가 벌집 속에 저장한다. 일벌은 태어나서 약 50일 정도밖에 살지 못하지만, 여왕벌은 3~5년 동안 오래 살면서 하루에 2,000마리까지 산란하고 있다. 그 원동력은 로열젤리 때문이며 이 로열젤리의 비밀은 꽃가루 속에 있다고 한다. 이로 미루어 보아 꽃가루는 우리 몸에도 대단히 유익하며 효과가 있는 것으로 알려지고 있다. 꽃가루 속에는 35퍼센트의 단백질, 22종의 필수아미노산, 12종의 비타민, 16종의 미네랄을 함유하는 외에 인체의 생명현상에 불가사의한 작용을 하는 R인자를 가지고 있다 한다.

이렇게 활력을 넘치게 하는 온갖 영양소를 듬뿍 지닌 성분들이 종합적으로 작용하여 꽃가루 특유의 효능을 갖게 된다. 그래서 꽃가루를 상품화시키고 있는 사람들은 요람에서 무덤까지의 모든 사람들에게 생명의 불꽃을 타오르게 하는 신비의 자연식품이라고 주장한다. 꽃가루의 효능에 대해 선전하고 있는 바를 살펴보면 놀라울 정도로 광범위하며 이것을 요약하면 다음과 같다.

1. 장의 기능을 정상화시키며 따라서 변비나 이질에 효과가 있다.
2. 혈액 내의 헤모글로빈을 크게 증가시킴으로써 빈혈에 대한 효과가 있다.
3. 회복기의 환자가 복용하면 보다 빨리 체중이 늘며 체력도 증강된다. 그래서 질병 치료 후의 영양 회복에 유효하다는 것이다.
4. 신경안정제의 작용이 있으므로 신경정신면에 효과가 나타난다.
5. 부작용이 없으므로 안전한 식품이 된다는 점이다.

그 밖에도 전립선질환, 간염, 기관지염, 동맥경화 등에도 효과가 나타나며 생리불순, 혈압, 성인병 예방, 어린이의 두뇌발달, 질병에 대한 저항력 증강, 더욱이 남성에게는 성기능이 강화되어 회춘제가 되고 식욕증진에도 효과가 있다. 여성에게는 미용에 효과가 있다고 알려져 있다. 이렇게 꽃가루의 효능을 살펴보면 만병통치의 특효약이다 싶은 착각이 생긴다. 하지만 꽃가루는 결코 만병통치라든가 불로장생하는 묘약인 것은 아니다.

꽃가루에는 갖가지 영양 성분의 함유량이 높으므로, 다른 식품에 비교하여 효능이 크다는 것으로만 인식되어야 한다. 현대 문명 사회에서는 영양결핍이 생기는 요인들이 많아서 그 부족되기 쉬운 영양소를 보충하지 않으면 질병의 원인을 가져오므로, 농도 짙은 영양물질을 공급받아 신체의 영양 균형을 이뤄 건강생활을 지킬 수 있다는 점이다. 이런 점에서 꽃가루의 효능을 평가해야 한다. 여하튼, 그렇게 몸에 좋다는 꽃가루를 우리들이 일일이 꿀벌처럼 수풀 속을 날아다니며 받아내기에는 여간 어려운 일이 아니다. 그러므로 굳이 미세한 꽃가루만을 받아내려고 애쓸 필요가 없다. 꽃가루의 입자가 가장 큰 것은 0.1~0.3mm이고, 작은 것은 0.01mm 이하인 것도 있다. 이런 미세한 가루를 받아내려고 굳이 신경을 쓸 필요 없이 꽃송이 전체를 그대로 따도록 하는 것이 훨씬 수월하고 능률적이다. 꽃가루뿐만 아니라 꽃잎 자체에도 갖가지 영양소가 들어 있기 때문이다.

꿀벌들이 꽃을 찾아 한창 활동하고 있을 무렵에 그 지역에서 따낸 꽃이 효과가 있다. 꽃잎에 앉은 이슬이 증발되어버릴 무렵에 따내야만 보다 효능이 크다. 오후에는 수많은 벌들이 거쳐 지나간 것이어서 아침에 따낸 것보다 뒤떨어진다.

산야초를 찾는 야외생활 중에서 잠시 한가한 틈을 내어 꽃을 따내는 재미는 특별하다. 꽃의 아름다운 구조를 자세히 관찰하면서 그 향기를 근접해서 맡을 수 있는 것은 하나의 행복이기도 하다. 다만 욕심을 부리지 말고 야생화를 보존한다는 의무를 다해야 한다.

이렇게 채취한 꽃을 햇볕에 잘 건조시켜서 밀폐된 용기에 갈무리해 두었다가, 수시로 녹차를 달이듯이 뜨거운 물로 우려내어 마신다면 음료로도 좋고 꽃가루 섭취를 아주 쉽게 실천할 수 있다. 건조와 뜨거운 물로 인하여 꽃 속의 미생물은 사라지게 된다. 습도가 높은 장마철에 건조시키면 꽃 속의 해로운 미생물과 함께 부패되어, 어떤 독소가 생겨날 염려가 있다는 점을 주의해야 한다. 역시 한 종류의 꽃만을 채취하지 말고 여러 종류의 것을 섞어야 좋다는 것은 두말할 나위가 없다. 그리고 꽃가루가 몸에 썩 좋다 하여 너무 다량을 이용하지 말고 차주전자의 10분의 1 정도가 되도록 넣어 뜨거운 물을 붓도록 해야 한다. 또는 다른 식물의 잎을 말린 것과 섞어서 우려 마시면 보다 향기가 그윽한 음료가 된다.

꽃가루의 영양 성분이 우월하다 하여 그것에만 너무 치중할 것이 아니라 각종 식물체를 광범위하게 혼용함으로써 건강에 더 효과가 있다고 믿는다. 온갖 야생식물은 어느 것이든지 풍부한 영양소가 각양각색으로 담겨 있기 때문이다.

● 산야초는 영양소가 아주 풍부하다

우리의 몸을 구성하고 생명활동의 기능에 관여하는 물질은 물을 비롯하여 단백질, 지방질, 탄수화물, 무기질과 비타민이며, 여기에 섬유질도 필요하다. 이와 같은 모든 것들을 식물에서 충분히 공급받아 생명의 사슬을 지탱해가고 있는 것이다.

식물체 속에는 수백 종류의 화합물이 쉴 새 없이 생산되고 있다. 이것들은 우리들에게 중요한 영양 성분이 된다. 동물이나 인간의 세포는 생화학적으로 식물과 대단히 비슷하기 때문에 식물이 필요로 하여 저장한 물질을 곧바로 인체에 이용할 수 있다. 지방질이나 단백질은 식물체 속에서 생성되고 탄수화물은 식물 속에 가장 널리 분포되어 있다. 비타민 역시 식물체에서 합성되고 무기질은 토양에서 흡수된다. 섬유질은 식물세포의 막을 형성하는 물질로 몸체의 각 부분을 지탱하는 바탕이 된다.

초식동물이 들판의 메마른 풀만 뜯어먹고 살아도 살이 찌고 기름기가 흐르며 활기 있게 생존하는 것은 그와 같은 영양분이 식물체에 골고루 들어 있기 때문이다. 특히 여기서 다시 강조하고자 하는 것은 야생식물 속에 각종 비타민과 미네랄(무기질)이 아주 풍부하게 함유되어 있다는 점이다. 이들 영양소는 신체 내에 존재하는 300만 종류의 효소활동과 깊은 관계가 있다. 비타민과 미네랄은 신체 내의 영양대사에 있어서 아주 중요한 역할을 하는 물질이므로 이것이 부족하면 대사활동이 저하되어 건강장애가 일어난다.

비타민은 예외를 제외하고는 체내에서 합성되지 않으므로 외부에서 섭취하지 않으면 안 된다. 비타민 역시 생명현상 유지에 불가결한 영양소로 우리 몸의 각종 기능을 돕고 몸의 상태를 원활하게 조절한다. 비타민의 역할은 미네랄과 더불어 기계의 윤활유에 비유할 수 있다. 아무리 기계가 우수하고 에너지가 충분히 공급된다 하더라도 윤활유가 없으면 기계의 능력이 제대로 발휘되지 않을 뿐만 아니라, 기계 자체의 마모가 심해져서 쉽게 고장이 나고 만다. 20세기의 전반에는 비타민에 대한 연구가 활발했으나 최근에는 미네랄의 연구로 그 핵심이 옮겨진 상태이다.

미네랄은 신체조직의 구성 성분으로 뼈와 피의 재료가 되며 면역기구에도 관계된다. 또 몇 가지 호르몬 합성의 필수적인 원료가 되며, 세포 내외의 체액을 언제나 약알칼리성으로 유지시켜주는 데에 반드시 필요하다. 뿐만 아니라 수많은 신진대사의 생화학반응을 가능하게 하는 효소의 많은 종류가 미네랄에 의해 활성화된다. 이 영양소는 외부에서 받아들이지 않으면 안 된다. 인체에 들어 있는 미네랄은 약 3kg밖에 되지 않는 극히 미량이며 그 83퍼센트는 뼈의 성분으로 이뤄져 있지만 비타민보다 더 중요하게 여기는 경향이 있다. 미량의 미네랄이 건강에 얼마나 중요한 것인가 하는 것은 인체를 구성하고 있는 54종의 원소 가운데서 50종이 모두 미네랄이라는 사실이다.

미네랄은 토양 속의 광물질이 물 속에 녹아 있는 것을 식물이 뿌리로 흡수하고, 이 식물을 먹음으로써 인체에 필요한 다양한 성분을 공급받는다. 식물 또한 미네랄을 흡수하지 않으면 생장하기가 어려워진다.

미네랄을 품고 있는 토양이나 해수에는 그 지역에 따라 함유량에 차이가 있다. 그러므로 이 원소들에 대한 깊은 지식을 갖고 있지 않으면 인류는 미량의 미네랄 결핍증에 빠져 생존마저 위협당할 염려가 있다고 주장하는 사람도 있다. 이러한 주장이 나오게 된 이유는 미네랄이 아주 미량이기는 해도 생명의 사슬에 중요한 역할을 하며 어떤 좋지 않은 증상이 나타나면 간단하게 비타민의 결핍으로만 결론지어버리는 일이 많기 때문이다.

오늘날에는 20세기의 가장 빛나는 영양원소로 새롭게 탄생했다고 하는 셀레늄이 주목을 끌고 있다. 미량 미네랄인 셀레늄이 바르게 사용된다면 모든 암에 의한 사망률을 80~90퍼센트 정도로 떨어뜨릴 수 있다는 말까지 나오고 있다. 토양 속에 셀레늄이 결핍되어 있는 지역에 사는 주민의 심장병에 의한 사망률은 셀레늄이 풍부한 지역에 살고 있는 주민과 비교하면 3배가 넘는다는 연구보고가 있다. 이처럼 미네랄에 대한 관심이 날로 높아져 활발한 연구가 이루어지고 있다.

토양 속에 각종 미네랄이 부족하면 그곳의 식물체 역시 미네랄이 부족하기 마련이고, 이런 식물을 먹는 동물 또한 미네랄이 결핍되어 있는 것이다. 이런 동물의 고기를 먹고 그런 토양에서 자라난 식물을 식량자원으로 삼을 경우 자연적으로 우리의 몸은 미네랄이 결핍되게 된다. 그러므로 좋은 토양, 기름진 땅에서 자라난 식물을 섭취해야 하는데 이러한 식물은 야생의 것일 때에 가장 적절하다. 식물 역시 어떤 양분의 결핍이 생기면 그만큼 식물체내의 각종 화합물 생산에 균형을 잃어 풍부한 영양소를 우리들에게 공급하지 못하게 된다. 재배식물을 계속 생산해내는 토양은 식물이 원하는 양분이 고갈되어가는 죽은 땅이다. 그러므로 산야에서 저절로 자라나는 산야초에 대해 관심을 모으게 된다.

인체에 중요한 16가지의 필수 미네랄은 칼슘, 철, 망간, 셀레늄, 아연, 칼륨, 마그네슘, 구리, 크롬, 염소, 나트륨, 니켈, 코발트, 바나듐, 인, 요오드 등이다. 사람이 건강하게 살아가기 위해서는 일상적인 식사를 통해서 8가지의 필수아미노산, 16가지의 미네랄, 20가지의 비타민 등 모두 44종의 필수영양소를 공급받아야 한다. 이중에서 한두 가지만이라도 부족하면 생명의 사슬이 망가지고 마침내 질병에 걸리는 불운을 맞이하게 된다. 이러한 점을 미루어 볼 때 비타민, 미네랄, 효소 등을 풍부하게 공급해주는 재료가 바로 산야초이다. 또 산야초에 몰두함으로 자연섭리에 따르는 법칙을 배우게 되고 자연식에 대한 지식도 쌓는 좋은 기회를 맞이하게 된다.

고기를 먹을 때는 2~3배 이상의 야채를 먹는 것이 좋다고 한다. 지방질을 많이 먹으면 혈관에 지방이 쌓여 혈액을 혼탁하게 하고 혈액 순환을 방해하게 되며, 그러면 산소 운반이 원활하지 못하여 체내에 산소가 결핍된다. 산소가 불결하거나 결핍되면 결국 체내에 유독물질이 쌓이게 되고 이것은 심장이나 다리에 그 증후가 먼저 나타난다. 그러므로 고기를 먹을 때 야채를 많이 섞어 먹으면 피해를 줄일 수 있다고 말한다. 야채 속의 풍부한 미량 영양소를 충분히 섭취하여 신진대사를 원활하게 진행시키기 때문이다. 미량 영양소가 부족하면 대사장애가 일어나 비만 등의 좋지 못한 체질로 변하게 된다. 비만은 만병의 근원이라는 것은 누구나 알고 있는 일반적인 상식이다.

동물이나 미생물에서는 대부분의 최종 대사물을 몸 밖으로 배출하고 있으나 식물에서는 배설되지 않은 채 대부분이 몸체에 축적되어 있으며 그 자체가 식물의 성분이 된다. 이 풍부하게 축적된 성분들이 우리의 몸에 중요하고도 훌륭한 생리활성물질이 된다. 그것은 다양한 영양소인 동시에 약효를 발휘하기도 한다.

약초의 효능은 다양하게 나타난다

식물체 내에서 쉴 새 없이 생산해내고 있는 수많은 물질들은 사람에게 중요한 영양소가 되는 동시에 신비스러운 약으로서의 작용도 한다. 대부분의 약물은 거의 식물계에 존재하고 있다. 그러므로 옛날부터 동·서양을 막론하고 식물의 잎, 줄기, 뿌리, 껍질, 열매를 약물로 사용해왔고 오늘날에는 그러한 성분을 화학적으로 추출, 합성하여 중요한 약품을 생산해내고 있다.

식물의 뿌리, 잎, 껍질, 열매 등을 자연 그대로 이용하는 것을 생약이라고 하는데 이것은 단순히 말려서 잘게 썰어 달이는 등의 조작을 가하는 원시적인 약물이라 할 수 있다. 생약은 순수한 성분만을 추출하여 이용할 수 없다는 것을 결함이라고 여기는 경우가 있지만 오히려 식물체가 본래 지니고 있는 각종 영양소와 약초 성분을 동시에 이용하게 된다는 커다란 장점이 있다.

다시 말하면 각종 영양소를 섭취하여 신진대사의 균형을 이루면서 이와 함께 약효도 볼 수 있다는 점 때문에 신비스러운 효험이 나타나는 경우가 얼마든지 있다. 여러 가지 종류의 생약을 섞어서 사용할 경우 각종 다양한 성분들이 상승 작용을 하여 보다 큰 효력을 나타내는데 이것이 바로 한방약초처방이다.

생약으로 쓰이는 약초는 예로부터 민간요법으로 널리 이용되면서 그 효력은 알고 있으면서도 아직 유효성분을 과학적으로 분석하여 규명하지 못한 것들이 대단히 많다. 심지어 인삼의 비밀조차 아직 밝혀내지 못하고 있는 실정이다. 식물의 일반성분으로는 비타민과 미네랄이 풍부하고 탄수화물, 단백질, 지방질 같은 영양분도 포함하고 있음을 말하고 있다. 이것은 일차대사산물이다.

특수성분으로는 알칼로이드, 배당체, 정유, 수지 등이 있으며 이것이 약효를 나타내는 이차대사산물이다. 이 식물의 특수성분은 의학계에서 새로운 약품을 개발하기 위한 목적으로 끊임없이 연구되고 있는 대상이다. 수많은 미지의 식물군들 가운데서 어쩌다가 그 특수성분이 규명되어 새로운 약효가 알려지면 화제를 불러일으키곤 한다.

양의학의 역사를 살펴보면 언제나 중요한 약물이 발견될 때마다 의학의 획기적인 발전이 이루어졌고 때로는 위대한 의학자가 탄생한 것으로 추앙받는 경우를 볼 수 있다.

아직도 산과 들에서 아무의 관심도 못 받고 외롭게 자라는 식물들 중에는 어느 집요한 학자에 의하여 빛을 보게 될 종류들이 헤아릴 수 없이 많을 것이다. 우리나라에서 4,000여 종이나 되는 자생식물 중에서 약초로 알려진 것은 900여 종에 이르고 있으며, 이것들조차 특수성분을 밝혀내지 못한 종류가 허다하다. 또 독성 식물이 몇 가지이며 어떤 종류라는 것도 아직 연구된 목록이 나오지 않고 있는 실정이다. 심지어는 약초의 바른 이름조차 정립되지 않은 경우가 많다.

이렇듯 갖가지 약용식물에 대한 해명이 미개의 상태로 놓여 있지만 그렇더라도 아주 효율적으로 이용할 수 있는 방법은 얼마든지 있다. 그 간단한 혁신적인 방법을 이 책에서 밝히고자 하는 것이다.

우선, 모든 질병은 영양 불균형에 뿌리를 내리고 있다. 영양의 균형에 대한 연구가 활발해진 것은 20세기 후반기에 들어와서부터이다. 우리 몸에 필요한 영양소들 중에서 어떤 한두 가지만이라도 결핍되면 곧 이상한 증상이 나타난다. 이런 문제에 대해서는 영양학이나 의학계에서 거의 해명되고 있으며, 이에 따라 영양 균형이라는 과제를 중시하게 된 것이다.

(A)나 (B)의 영양소가 결핍되어 몸이 좋지 않을 때 (A)나 (B)의 성분이 특별히 풍부한 식물을 섭취하면 영양 균형이 이루어져 신체는 정상으로 돌아오게 된다. 우선 이런 점에서 식물의 약효가 발휘되고 있다. 민간약이라는 것은 거의 이런 점에서 효력이 나타나는 것이며, 또 어떤 식물은 항암성이나 살균성을 갖고 있어서 질병 퇴치에 효과가 나타나기도 한다.

우리 몸에 비타민 B_1이 결핍되면 성격이 신경질적으로 변하고 피로가 겹치며 변비 등 여러 가지 증상을 일으킨다. 이때 비타민 B_1을 보충해주면 그런 증상이 사라진다.

이런 각종 영양소의 생리작용과 결핍증상에 대해서는 거의 규명되어 있다. 그러므로 치료에 종사하는 사람은 음식의 영양학에 대한 새로운 지식을 갖고 환자의 치료에 임해야 한다. 만일 오늘의 의사가 내일의 영양학자로 되지 않는다면 오늘의 영양학자가 내일의 의사로 될 것이라고 강조하는 학자도 있다. 정신질환자나 난폭한 행동을 일삼는 사람의 경우 거의 영양 결핍증에 의한 결과라는 사실이 밝혀지고 있다. 외국에서는 그 부족한 영양소를 찾아내 그것을 대량 공급하여 정신의 안정과 행동의 순화를 가져오는 성과를 올리고 있다.

그렇다면 우선은 내 몸에 어떤 영양소가 부족한가를 찾아내려고 안간힘을 부릴 필요 없이 먼저 신체의 영양 균형을 이루는 일에 최선을 다해야 한다. 이 최선의 방법은 야생의 식물을 고루 섭취하는 것이며 이는 질병 침입을 방지하는 길이다. 어떤 풀을 먹었더니 병세가 가라앉았다고 하는 이야기는 일차적으로 일반성분인 영양소의 공급에 의한 것이다.

어느 식물은 어떤 특정한 증상에만 쓰인다는 관념을 일단 떨쳐버려야 한다. 어떤 질병에 효험이 있다고 하는 식물인 경우 여러 가지 함유된 영양소 중에서 그 질병을 완화시킬 수 있는 성분이 다소 강하게 섞여 있기 때문에 효과를 나타내는 것이다. 그러므로 하나의 종류가 만병통치를 할 수 있는 것처럼 오해해서는 안 된다. 다시 강조하지만 야생식물에는 각종 영양소가 풍부하여 효능이 강력하게 나타난다는 것뿐이다.

한 가지 예를 들어본다. 구기자나무는 옛날부터 탁월한 약효가 있는 것으로 알려져 오늘날에도 귀하게 여겨오고 있다. 구기자나무 잎의 성분을 보면 비타민 C를 비롯한 비타민류, 단백질(시금치의 2배), 메티오닌, 루틴, 초산, 칼리 등 갖가지 성분을 듬뿍 함유하고 있어서 강장효과가 있다. 그중에서 비타민 C가 현저하게 많으므로 동맥경화증, 감기바이러스, 간염바이러스, 또 암의 확장을 억제하고 뼈조직의 노화를 억제하는 데 효과가 있다고 한다. 뿐만 아니라 오염물질의 체외 배설을 돕고 지능을 높이는 데에도 효과가 있는 등 효능이 크다. 그리고 구기자나무에 함유되어 있는 루틴은 모세혈관을 강화하는 작용을 하며 고혈압과 저혈압에 효과가 있다. 이처럼 구기자나무의 다양한 영양소는 건강 증진에 효과를 나타내고 아울러 어떤 질병을 억제시키는 영양소가 다량으로 함유되어 있으므로 치료약으로 탁월하다고 인정한다. 다시 말하면 식물이 함유한 영양소가 바로 약효를 나타낸다.

약초를 이용한 민간요법에서 효과가 나타나지 않는 이유는 그 증상에 적합한 재료가 되지 못했다는 것이 첫째 이유이고 다음은 어처구니없게 잘못 전해져 온 탓이다. 셋째는 환자가 필요로 하는 영양소가 그 식물에는 적게 포함되어 즉 영양의 수용 공급에 차질이 생겼기 때문이다. 그리고 민간요법으로 전해지고 있는 약초 가운데는 특수성분이 함유되어 있어서 약효를 나타내는 경우가 허다하다. 특정한 성분이 생체 내에 들어오면 많은 화학적 변화를 가져오고 또 그 대사물이 변화를 받는 가운데 본래의 물질과는 아주 다른 성질을 가지면서 약효를 발휘하게 된다. 그런데 이렇게 약효가 있다는 식물이 질병치료에 별로 신통치 않은 결과를 가져오는 수 있다. 그 이유는 채취와 시기와 쓰이는 부위가 잘못되었기 때문이다.

약용식물은 천연물인 관계로 유효성분의 양이 항상 일정하지 않다는 점을 유의해야 한다. 예를 들면 양귀비에서 채취하는 아편은 모르핀(Morphine) 함량이 최저 1퍼센트 정도에서 최고 24퍼센트까지 그 지니는 정도가 다르게 나타난다. 그러므로 심한 복통이 있을 때 어떤 아편을 소량 복용하면 곧 효과가 나타나는가 하면, 어떤 것은 별로 효과가 없는 경우도 있다. 이 후자의 경우는 아주 소량의 모르핀이 함유된 아편을 복용했기 때문이다.

식물체가 지니는 유효성분은 그 식물의 생장이 부실했다든지 채취 시기가 적합하지 않았을 때 함유량이 떨어진다. 또한 유효성분이 식물체의 각 기관에 골고루 분포되어 있는 때도 있으나 어떤 성분은 뿌리, 잎, 열매, 줄기 중에서 어느 특정한 기관에만 다량 포함되어 있는 것들이 있다. 그래서 씨앗을 이용해야 효과가 있는데 뿌리를 달여 마시면 별 성과를 보지 못한다. 그러므로 식물의 부위에 따라 필요 부분을 선택하여 사용하는 것이 바람직하다.

위에 지적한 여러 가지 약초의 효능을 종합하면 한 종류의 식물이 왜 다방면의 여러 증상에 두루 효과가 있는가에 대한 궁금증을 풀 수 있다.

윤국병 박사께서 컬러사진을 제시하고 각 식물이 지닌 약효를 나타내는 여러 적용 질환에 대한 기록을 대강 훑어보면 만병통치약 같은 착각을 일으킬 수 있다. 각종 부인병, 위장병, 염증, 피부병(종기, 부스럼), 통증, 신경통, 심장질환, 풍증, 그리고 해열, 해독, 이뇨, 거담 등등이 각 약초마다 반복해서 민간약의 효과로 기록되어 있다. 그렇듯이 동일한 치료에 쓰이는 식물 종류들이 대단히 많고 여러 증상에 효능이 있는 것에 대해 의아스럽기까지 하다. 하지만 그것은 오랜 세월에 걸친 옛 조상들의 축적된 체험에 의한 결과로서 긍정적으로 받아들여야 한다.

식물체는 다양한 영양소를 품고 있으므로 효과적인 영양 균형을 이루게 하여 질병을 완화시킨다. 또 특수성분이 인체 속에서 효소 등에 의해 대사과정을 거치는 동안에 특정 화합물들이 많은 화학적 변화를 받아 다방면으로 약효를 나타내기 때문이다. 이는 앞에서 이미 자세히 설명했으며 이점을 특히 유념해두지 않으면 안 된다.

여기서 또 유의해야 할 점은 약초의 독성에 대해서다. 전통약물인 한약재와 민간약으로 전해져온 약초 이용에 있어서 돌연변이의 유발작용 등이 나타나 이것이 독성으로 되는 수 있다. 그러므로 동일한 종류를 너무 오랜 기간 동안 복용하지 않는 것이 우선 안전하다.

대부분의 사람들은 약초란 수천 년 동안 사용해온 임상적 체험에서 정착된 안전한 효능이라는 생각으로 오래 복용해도 독성이 없는 약이라는 개념을 갖고 있다. 물론 약초는 양약에 비교하여 훨씬 안전하기는 하지만 그래도 약인 이상은 독성학적 측면에서 재고해야 할 여지가 있다. 따라서 너무 오랫동안, 많은 양의 약초를 한꺼번에 복용하는 일이 없도록 유의해야 함을 강조한다.

○ 식물의 살균력이 건강을 지킨다

식물의 우월한 영양소는 우리 몸의 건강을 지키는 중요 원천이 되는 동시에 살균성, 방향성이 있어서 사람에게 또 다른 도움을 주고 있다. 예로부터 우리 선조들은 솔잎이나 떡갈나무의 잎을 깔고 시루떡을 쪄서 먹었다. 또는 그 잎 위에 떡을 싸놓곤 했다. 그 잎에는 인체에서 병의 원인이 되는 장내의 세균을 죽이는 성분이 들어 있다는 것을 일찍이 터득했던 것이다. 실제의 실험에 의

하여 식물의 잎에는 살균 효과와 방부 효과가 있다는 것이 판명되어 있다.

이러한 살균성을 식물이 가지고 있기 때문에 산에서 상처를 입으면 언제라도 각기 다른 나뭇잎이나 풀잎을 서너 종류 섞어 찧어서 그 환부에 붙이면 곪지 않고 상처도 잘 낫는다는 이야기가 전해오고 있다. 이미 1930년경 토핑 교수에 의해 식물에 상처를 주면 그 주위의 균류, 세균, 원생동물을 죽이는 어떤 휘발성 물질이 분비된다는 사실이 발견된 바가 있다.

귀룽나무의 잎을 문질러 유리 속에 넣고 파리를 집어넣으면 1분이 지나기 전에 그 파리가 죽어버린다는 실험 결과가 있다. 이렇게 살균성이 강한 식물의 잎에다 세균을 놓아두면 몇 시간 지나서 다 죽어버린다. 마늘을 찧은 것과 파를 찧은 것이 박테리아를 죽인다는 사실이 밝혀졌으며 이러한 것을 식품으로 사용하여 장내의 유해균을 없앤다는 것도 이미 잘 알려진 사실이다. 특히, 마늘즙은 1m 주위의 세균을 죽이는 위력을 갖고 있다. 또 수박풀의 뿌리즙은 이질, 장티푸스, 파라티푸스의 병균을 5분 이내에 살균시킨다는 보고도 나와 있다. 이미 외국에서는 자작나무, 떡갈나무, 노간주나무, 잣나무 등의 잎이나 열매를 잘게 썰어 놓고 몇 센티미터 떨어진 곳에 아메바와 같은 원생동물을 접근시킨 결과, 20분 이내에 죽어가는 것이 관찰되었다는 보고서가 나와 있다.

지난날, 시골 농가의 어수룩했던 화장실에 오동나무 잎이나 고삼(苦蔘)의 뿌리를 뿌려 넣어 구더기를 없앤 것도 식물의 살균성 때문이다. 이러한 식물의 살균물질은 '피톤치드'라고 불려지고 있다. 백일해에 걸린 어린 아기가 있는 탁아소 방에다가 분비나무의 가지를 놓으면 공기 중의 세균류은 10분의 1로 줄어든다고 한다. 또 껍질을 벗긴 삶은 달걀을 30년간 보존한 실험이 있었는데 이 비결은 그 삶은 달걀을 담은 그릇 아래에 소량의 겨자를 깔아 놓았기 때문이다. 겨자가 살균, 방부제의 구실을 수행한 것이다.

산새들은 봄철의 산란기를 맞이하면 마른 풀과 마른 가지를 모아서 둥지를 짓는다. 집이 완성되어 알을 낳기 직전이 되면 푸른 잎을 물어다가 깔아 놓는다. 이것은 푸른 잎에서 발산되는 물질의 효력, 즉 곧 알에서 깨어날 새끼를 해충, 병원균으로부터 지켜줄 어떤 휘발성 물질을 새들이 알고 있었기 때문이 아닌가 한다. 노송나무만으로 집을 지으면 3년간은 모기가 없으며 기둥에 박은 쇠못이 녹슬지 않는다는 말도 있다.

깊은 산 속에서 일을 하다 보면 건강상태가 나빴던 사람이 저절로 나아버린다는 이야기는 흔히 있다. 이러한 사례들은 공기가 맑고 물이 좋은 탓도 있겠지만, 온갖 식물의 잎에서 발산하는 여러 가지 성분이 공기 속에 섞여 몸에 흡수되어 인체의 생리에 좋은 영향을 미치고, 신경활동에도 좋은 효과를 나타냈기 때문이다.

시험 공부를 하는 사람이나 수도자들이 깊은 숲 속에 기거하는 동안, 통일된 정신으로 성과를 얻을 수 있는 것은 이런 이유에서다. 자연환경이 좋은 곳으로 휴양 가는 사람, 등산, 하이킹, 산에서의 극기훈련 등은 모두 숲을 통하여 자연의 혜택을 받고 새로운 힘을 얻는 방법이다. 그래서 최근 삼림욕이 큰 관심을 끌고 있는 것이다. 건강을 유지하는 데는 자연환경이 참으로 중요하다는 것이다. 그러므로 아이들이 나무에 오르는 것도 크게 말릴 일은 아니다.

굳이 산 속을 찾지 않더라도 수목이 많은 공원이나 거목의 그늘 같은 곳에서 심호흡을 해도 좋다. 더욱이 뜰에 가득히 각종 산야초를 키우고 듬성듬성 나무를 심어 놓은 정원일 경우, 여기서도 삼림욕에 진배 없는 건강 증진을 얻을 수 있다.

그런데 여러 종류의 나무에서 살균력을 나타내고 있는 것을 밝혀내긴 했지만 아직 밝혀내지 못한 것들이 허다하다. 어떤 경우는 살균력이 거의 나타나지 않는 종류도 있다고 한다. 또 어떤 나무의 잎이 어떤 균에 대해서 살균력을 갖는가 하는 것은 아직 충분히 알려져 있지 않으며, 그 구체적인 성분은 꽤 다양하여 완전히 해명되고 있지 않다. 그러나 건강 증진에 효과적이라는 것은 확실하다. 그것은 숲 속의 방향, 즉 나무 숲에서 발산하는 향긋한 향기와 풀 냄새가 살균의 주된 성분이 되기 때문이다. 결국 한방약이나 민간요법 등은 식물의 '피톤치드'를 이용하는 방법이라고도 할 수 있다. 식물의 신묘한 효능에 대하여『천연약물대사전』의 저자인 김재길 씨의 체험 기록을 실례로 들어본다.

내가 어렸을 때의 일이다. 담장 아래서 비명소리가 나기에 달려가 보니 커다란 구렁이가 족제비 새끼를 잡아먹고 있지 않는가? 힘센 놈에게 잡아먹히는 약한 놈을 구하려고 돌을 들어 구렁이를 때리니 구렁이는 입에 물고 있던 새끼 족제비를 버리고 도망을 쳤지만 새끼 족제비는 꼼짝 못하고 죽은 듯이 누워 있었다. 나는 안타까운 마음에 속을 태우고 있는데 어미 족제비가 나타나서 제 새끼를 둘러보더니 어디론지 가서 은행잎을 물어다가 죽은 제 새끼에게 덮어주고 있었다. 하도 이상하여 계속 지켜보노라니까 얼마 후에 그 새끼는 숨을 쉬고 조금씩 움직이게 되었다. 이때 어미는 제 새끼를 물고 어디론지 사라져 버렸다. 나는 이때 은행잎의 신비함이 대단함을 느꼈고 그런 약물을 찾아다가 제 새끼를 구하는 족제비의 예지에도 경탄한 바가 있다.

이처럼 하나의 흔한 잎이 생명을 소생시키는 놀라운 광경은(그 식물이 지닌 수수께끼는) 현대 과학으로도 풀기 어려운 신비의 세계이다. 흔히 알려지고 있는 이야기로 뱀에게 담배 진을 쏘이면 그 유독성분 때문에 죽게 되는데 이 경우 복숭아 잎을 갖다 대면 다시 원기를 찾는다. 이 역시 식물의 신묘함을 여실히 알려주는 예이다.

동물원에서 오랫동안 동물을 사육해온 사람의 말에 의하면 동물이 병에 걸렸을 때 무슨 병인지 진단하지 못하는 경우가 가끔 있다고 한다. 그럴 때에는 동물이 야생 상태에서 생활을 할 당시에 접했을 듯싶은 식물이나 열매 따위의 먹이를 여러 종류 채집하여 준다고 한다.

동물은 그 여러 종류의 먹이 중에서 특정한 것만을 선별하여 먹게 되는데 이것이 바로 병 치유에 필요한 약에 해당되는 것으로 그런 후에는 병이 저절로 나았다고 한다. 이것은 동물 스스로의 몸에 영양이 결핍되어 있는 것을 다른 식물 먹이에서 보충하여 치유된 실례이다. 이때 영양을 공급해준 어떤 식물이 바로 약효를 나타내었다고 말하게 된다.

동물이 어떤 일정한 식물만을 먹어 중독에 걸리는 일이 있는데 그 식물을 조사해보면 중요한 영양소가 아주 부족하여 영양결핍이 된 것이라고 밝혀진 사례가 있다. 약효를 나타내는 것은 첫째 식물의 영양소이고 다음에 이차대사에서 생기는 특수성분이다.

산야초의 효과적인 식용법

○ 먹을 수 있는 식물은 너무 나 많다

우리나라에서 자생하고 있는 식물은 4,000여 종으로 헤아려지고 있다. 지구상에 현존하고 있는 식물은 약 38만 종으로 추산되고 있으며, 원시적인 모습을 갖고 있는 종류들도 허다하다. 이 수많은 식물들은 하나도 빠짐없이 인간을 위하여 유익하게 이용될 소중한 자원이다. 장래에 여러 분야의 과학이 더욱 발달함에 따라 그 이용가치가 하나씩 규명되리라 믿고 있다.

현재, 식용으로 이용되는 식물은 지구상에 자생하는 식물의 수에 비하면 그렇게 많은 것은 아니지만 선조들의 끊임없는 노력과 희생을 무릅쓴 경험에 의하여 꽤 많은 식용식물을 우리들에게 알려주고 있다. 약보는 식보보다 못하다고 하는 옛말이 있듯이 한방의학에서는 약과 음식을 굳이 구분하지 않았다. 일상생활에서 흔히 먹는 채소나 과일과 열매는 모두 훌륭한 음식이며 훌륭한 약재이다.

옛 의서에서는 독성이 없는 것을 상약이라 했고, 중약은 약간의 독성이 있는 것과 없는 것을 뜻하며, 독성이 많은 것을 하약이라 하여, 식물을 삼품으로 구분하였다.

고전의 내용을 쉽게 풀이해보면 다음과 같다.

'독성이 없는 상약은 많이 먹거나 오래 먹어도 사람에게 해롭지 않으며, 몸이 경쾌하고 정력을 증진하여 늙지 않게 하므로 장수할 수 있는 식물이다. 이런 약은 천도에 응하는 것으로 임금이라는 높은 의미를 부여했다. 중약은 독성이 있는 것과 없는 것이 있으며, 이를 잘 참작하여 병을 치료하고 허약한 몸을 보양하는 데 쓴다. 이런 약은 하늘과 땅 사이의 사람이라는 중간 의미로 표현하면서 신하라는 벼슬에 비유했다. 하약은 독성이 많으므로 오래 먹지 말아야 하며 다만 구급약으로 쓰이는 식물이다. 병이 나으면 곧 먹기를 중단해야 한다. 이런 약에는 땅이라는 낮은 의미를 부여했고, 좌리라는 낮은 벼슬에 비유했다.'

상약으로 지정되는 식물은 몸에 가장 유익한 음식이 되며, 흔히 식용하는 곡물, 열매, 산나물, 채소 따위가 이에 속한다. 중약에 속하는 종류도 좋은 음식으로 널리 식용하고 있다. 다소 독성이 있는 것은 삶아서 오래 우려낸 다음 얼마든지 맛있게 무쳐 먹을 수 있다. 이렇게 보면 식용하는 식물은 대단히 많은 숫자에 이르고 있으며 모두 약효를 나타내는 성분을 지니고 있다. 다만 하약에 속하는 독성 식물은 조심스럽게 다루어야 한다.

우리나라에 자생하는 독성 식물은 50여 종 내외가 되지 않을까 짐작되는데 아직 그 종류는 확실하게는 밝히지 못하고 있다. 여기서 유의해야 할 사항은 독성 식물에 대한 개념과 그 정의에 대한 인식이다. 독성물을 한마디로 정의한다면 소량으로도 우리의 건강을 해치거나 생명에 위험을 일으키는 물질이다. 이렇게 정의한다면 약물과 독물은 별개의 것으로 생각될지 모르지만 실제 사용하는 데 따라서 약물이 되기도 하고 독물이 되기도 한다.

약리학의 시조라는 파라켈수스(1493~1541)는 다음과 같이 약물과 독물을 정의했다.

'독성이 없는 물질은 존재하지 않으며 모든 물질은 바로 독물이다. 다만 용량에 따라서 어떤 것이 독물로 간주될 뿐이다.'

그렇다면 모든 독한 약초는 그것을 적절히 사용하면 좋은 약이 되지만 그렇지 않으면 독성물이 될 수 있으며 궁극적으로는 약물과 독물은 동일한 것이라 할 수도 있다.

사실, 아무리 몸에 좋은 상약이라 할 식물이라도 그것만을 계속 먹게 되면 반드시 중독 증상 같은 것이 나타날 수 있다. 어떤 한 가지의 종류에는 우리 몸에 중요한 영양소를 골고루 함유하고 있지 못하므로 계속 그 종류만 먹으면 영양결핍이 생겨 독성물을 섭취한 것과 같은 이상이 나타나는 것이다. 이렇게 볼 때에 모든 음식은 그 하나하나를 따질 경우 완전한 것이 되지 못한다. 또 독성이 별로 없는 식물이 체내에 들어오면 생화학적 변화를 거쳐서 강력한 작용을 일으켜 몸에 해로운 경우가 있다. 반대로 자극이 있는 물질이라도 소변으로 배설되어 어떤 증상을 나타내지 않는 경우도 있다.

다시 말하면 독성을 지니고 있는 약초라도 어떤 독의 작용은 경미하고 어떤 독의 작용은 치명적이기도 하다. 또 어떤 경우 독성이 즉시 나타나기도 하고 때로는 천천히 나타나기도 하며, 어떤 사람에게만 부작용이 나타나는가 하면, 다른 약물과 함께 사용하였을 때에만 나타나는 것도 있다. 이처럼 식물의 독성작용은 각양각색으로 나타나며 체질에 따라서, 용량과 사용법에 따라서도 다르게 나타난다. 여하간 독성이 있는 식물을 약용으로 할 경우 적은 양을 사용하여 효과를 보는 것이 바람직하다.

산야초를 처음 식용으로 하고자 할 때에 반드시 상식적으로 잘 알려진 것만을 채취해야 하며 다소 의심스러운 것은 피하는 것이 안전하다. 독초를 잘못 먹어 사망하거나 중독증상을 일으킬 수도 있기 때문이다. 나물로 무쳐 먹을 경우 여름철의 성숙한 식물은 맛이 좋지 않고 함유 성분이 강해 다량으로 섭취할 때에 속탈이 생길 수 있으므로 여름철에 채취해도 좋은 것이 있지만 주로 봄철에 채취하는 것이 상식이다.

특히 주의할 사항은 버섯에 대한 경계심을 가져야 한다. 버섯이 몸에 좋다 하지만 전문가의 지도가 없으면 위험하며 순하게 생긴 것이라도 독성을 지닌 것들이 꽤 있다. 약간의 예비지식이 있다 하여 함부로 손을 대서는 안 된다. 그리고 식물을 씹든지 혹은 데쳐 먹어서 흥분이 일어나거나 환각작용이 생기는 것은 절대 피해야 한다. 심하면 신경의 마비상태에까지 이르게 된다. 또 구토증, 호흡곤란, 복통, 설사 및 피부에 염증이 생기는 등의 증상이 나타나면 독성 식물이므로 먹은 것을 토해내는 등 곧 대책을 강구해야 한다.

식물의 꽃이나 잎의 색깔과 모양을 보아서 독성이 있는지에 대한 판단은 대단히 어려운 일이다. 뱀딸기 같은 것은 독성이 있는 것 같은 느낌을 주고 있으나 사실은 독성이 없으며 먹을 수 있는 식물이다. 잎이나 줄기를 잘라보아 흰 즙(유즙)이 나오는 것은 독성을 지닌 것들이 많지만 민들레는 독성이 없다. 이렇게 외견상으로 독성 여부를 식별한다는 것은 어려운 일이므로 반드시 식물도감을 정확히 판독하여 분별해야 한다. 독초 이외의 산야초는 어느 것이든지 여러 방법으로 활용하여 먹을 수 있는 식물들이다. 열매가 먹음직스럽다든지, 아주 연하고 순한 외형을 지녔다든지, 잎을 씹어보아 자극성이 없다고 하여 예비지식 없이 함부로 식용한다면 뜻밖의 위험이 따른다는 점을 명심해야 한다.

여러 종류를 섞어 먹어야 좋다

이 책의 다른 항목에서도 산야초는 여러 가지를 섞어 먹어야 좋다는 것을 몇 차례 강조하고 있다. 각 식물체는 저마다 특수한 생리기능을 가지고 있다. 이에 따라, 자신에게 필요한 양분만을 흡수하므로 각 식물마다 품고 있는 영양 성분은 각기 저마다 그 함유량이나 성분이 조금씩 다르다.

그리고 식물이 붙박아 사는 토양의 질에 따라서도 미량 영양소의 성분과 함량에 차이가 생겨나며 환경 변화와 계절과 나이에 따라서도 영양 성분이 달리 나타난다. 그러므로 한 가지 식물 위주로 계속 먹게 되면 그 식물이 지닌 성분만을 받아들이게 되고 그 식물에는 희소한 또는 전혀 없는 다른 중요한 영양소는 받아들이지 않게 된다. 따라서 여러 가지 다른 종류들을 섞어 먹어야만 갖가지 성분들을 골고루 한꺼번에 받아들이게 되어 영양소의 결핍을 방지하게 된다.

그렇게 섞어 먹어야 한다는 필요성에 대한 이유를 실례로 들어본다.

칼슘이 뼈 조직에 침착되기 위해서는 마그네슘을 비롯하여 구리, 아연, 크롬, 망간, 철, 규소, 니켈, 붕소 등 여러 가지 미량 영양소가 필요하다. 이처럼 각종 성분이 서로 도와가며 성과를 나타내고 있다. 다양하게 섭취하지 않으면 영양대사의 불균형 또는 장애가 일어나 이로 인하여 생기는 질환의 종류는 대단히 많다. 그러므로 균형 있는 영양 섭취를 위해서는 여러 가지를 섞어 먹어야 한다.

또 다른 실례를 들어본다.

소와 말이나 다른 가축들이 성숙한 고사리를 많이 먹게 되면 중독증상이 나타난다는 사실은 오래 전부터 알려져 오고 있다. 고사리 중독에 걸리면 출혈이나 궤양증상이 생기고 다른 병에도 걸리기 쉬워진다. 그래서 많은 학자들이 고사리의 독성을 찾아내 병에 걸리는 원인을 규명하려고 노력했지만 처음에는 신통한 결과를 얻지 못했다. 결국은 비타민 결핍증이라는 사실을 밝혀냈다. 고사리에는 비타민 B_1을 비롯하여 비타민 K나 P 또는 B콤플렉스 같은 성분이 결여되어 있어 그런 결핍증상이 나타나 중독 상태를 보이게 된다. 이러한 증상은 그 결여된 비타민을 투여하면 없어진다는 것이 실험으로써 입증되었다.

말에게 먹일 사료에 자연 건조시킨 고사리를 40퍼센트 섞어서 계속 먹여 보았더니 10일이 지나자 체중이 감소하기 시작했으며, 20일 후에는 비타민 B_1 결핍 증상이 생겨 죽고 말았다. 그러나 결핍증이 많이 진행되지 않았을 때에 비타민 B_1을 투여했더니 완쾌되었다고 한다. 또 흰쥐에 고사리 가루를 33퍼센트 섞은 사료를 먹인 결과 백혈구의 수가 감소되었다는 것도 알아냈다.

이후에는 비타민 B_1을 분해하는 효소(지아미나제)와 암 유발 물질도 들어 있다는 것을 규명해 냈다. 이것은 여름철 성숙하게 자라난 고사리를 실험 대상으로 삼았던 것인데, 봄에 나오는 어린 고사리 순에는 그런 물질이 별로 많지 않으리라 여겨진다. 다소 있더라도 식용 고사리는 삶아 말린 후 조리하기 전에 물에 우리는 과정에서 유해물질은 모두 제거되어 버린다. 고사리의 예를 들어 봤듯이 어떤 음식이든지 한 가지 종류만 치우쳐 먹는 것은 위험 부담을 안고 있다는 사실에 유의하지 않으면 안 된다.

여러 가지 종류를 섞어 먹는 것이 좋다는 또 다른 이유가 있다. 하나의 식품을 먹는 사이에 포만감을 채우기 위해 그것만을 다량으로 섭취하는 일이 생긴다. 그렇게 되면 간혹 그 식물에 들어 있을 수도 있을 유해물질이 다량으로 받아들여져 급속히 신체에 피해를 입게 된다. 그러므로 여러 가지를 두루 혼합하면 혹시 유독물질이 함유된 식물일지라도 소량만을 받아들이게 되어 별로 피해가 생기지 않는다.

산야초로 녹차를 덖어서 식음할 경우 여러 종류를 섞으라는 이야기도 위에서 지적한 몇 가지 이유 때문이다. 더욱이 여름철에 왕성하게 자라난 식물을 이용할 때에는 여러 성분들이 보다 짙게 함유되어 있고 그것이 인체 내에서 어떤 작용을 일으켜 해로운 요소가 될 수도 있다는 점을 무시하면 안 된다. 그래서, 특정한 여름 식물만을 한두 종류 달여 마실 경우 고사리 사례와 마찬가지로 결핍증이 나타날 수도 있다. 여기서 유해물질을 이야기하는 것은 계절에 따라서 또 나이에 따라서 함유 성분이 달라질 수 있고, 또 녹차로 덖을 재료가 되는 모든 식용식물에 대한 전반적인 성분 분석이 완전하게 알려져 있지 않기 때문이다.

간혹, 어떤 유해물질이 다소 들어 있는 식물을 이용할 가능성도 있을 것이라는 이유로 언급하고 있다. 그러나 그 유해물질에 대하여 지나치게 불안해 할 필요는 없다. 여러 종류를 섞어 연하게 달여 마시는 것으로 위험은 따르지 않는다. 단지, 여러 종류를 섞더라도 종류가 항상 일정하지 않아야 하며 수시로 다른 종류들로 바꿔가며 혼합하는 것이 유익하다. 이것은 또한 다른 식물의 유효성분을 인체에 새롭게 받아들인다는 이익도 있게 된다.

산나물로 무쳐 먹을 때에 수시로 새로운 재료를 섞어서 먹어야 건강 증진에 효과적임을 다시 강조해둔다. 쑥이나 냉이가 좋다고 그것만 계속 식단에 올리지 말 것이며, 다른 산나물들도 다각적으로 섞어 먹는 것이 바람직하다. 어떤 식물이든 완벽한 식품이 될 수는 없다. 또 사람마다 인체의 생리작용에 따라서 그 요구하는 성분이 각기 다르게 나타난다는 것도 알아야 한다.

● 산야초로 만들면 맛있게 조리된다

산나물은 생명력을 선사한다

산야초는 보통의 재배채소와는 비교도 안 되는 강한 생명력을 가지고 있다. 이 생명력을 섭취하여 인체 생리의 기능을 보다 활성화시키게 된다. 산야초는 혈액 정화력이 있는 가장 훌륭한 식품이다. 풍부한 미네랄이나 비타민이 장을 비롯한 내장의 여러 기능을 활발하게 하고 신진대사를 왕성하게 하여 혈액을 깨끗하게 한다. 그러므로 여러 가지 만성질환을 고칠 수 있게 되고 갖가지 증상이 해소된다.

민간요법이나 한약재로 쓰이고 있는 식물들 중에는 식용하는 종류가 대단히 많다. 이것을 여러 가지로 조리하여 먹는다면 약을 먹는다는 느낌이 아니라 고귀한 음식으로 맛있게 즐기면서 자연스럽게 병의 예방이나 치료도 곁들일 수 있다.

일반적으로 산야초 요리는 별로 맛이 없는 것이라고 생각하는 사람들이 꽤 있다. 그 이유는 재배채소를 먹는 데에만 익숙해졌으므로 야생식물의 풀 냄새가 강하게 느껴질 수도 있고 조리법이 제대로 연구되어 있지 않기 때문이다. 조리를 잘 하면 누구든지 약초 본래의 향취가 그윽하고 소박한 맛과 자연의 풍미를 즐길 수 있게 된다.

생식이 가장 좋은 건강식이다

산야초 음식은 될 수 있는 대로 자연에 가까운 상태로 먹어야 유익하다. 그러나 종류에 따라서는 쓰고, 떫고, 아리고, 너무 짙은 향취 때문에 입맛에 거슬리는 경우가 있다. 또 풀 냄새 때문에 입맛이 당기지 않는다. 이런 경우는 조리의 방법을 달리하면 맛있게 먹을 수 있다. 대개 날것(생)으로 먹는 종류로 널리 알려져 온 산야초는 맛이 담백하고 부드러워서 구미에 적합한 것들이다. 이런 종류부터 날것으로 먹는 습관을 들이도록 권한다. 하지만 날것으로 먹기 위해서는 익숙해져야 한다.

우선, 날것으로 쉽게 먹는 방법은 흔히 깻잎에 양념장을 발라먹듯이 산야초도 그런 방식으로 먹으면 과히 거부감이 생기지 않는다. 각자의 기호에 따라 다르겠지만 간장을 비롯하여 마늘, 고추, 참기름, 깨, 파, 양파 따위를 소량씩 알맞게 썰고 다져서 양념장을 만들어 생식에 곁들인다. 인공조미료(화학조미료)는 될 수 있는 대로 피하는 것이 좋다. 그 양념장을 생잎에 발라 차곡차곡 재었다가 꺼내 먹어도 좋고 때로는 식초를 몇 방울 떨어뜨려 버무리는 방법도 있으며, 초고추장이나 된장을 이용해도 맛이 좋아진다. 아주 편하게 생식하는 방법으로는 배, 사과, 무, 당근을 잘게 썰어놓고 산나물의 날것을 잘게 찢어서 함께 버무려 무친다. 여기에 양념장으로 연하게 간을 맞추어야 하며 그래도 역겨운 듯하면 참기름을 더 첨가한다.

생식이 가장 뛰어난 영양식이지만 날것으로 먹기가 거북하면 영양의 손실을 극소화시키는 방법으로 더운 김에 살짝 찌거나 튀김을 하거나 끓는 물에 살짝 데치는 것도 좋다.

생식 다음은 튀김으로 먹는 것이 좋다

튀김을 할 경우 전분이나 밀가루를 살짝 묻혀 기름에 튀기면 떫고 쓴맛이 어느 정도 제거되고 고소한 맛이 생긴다. 산나물을 채취하여 어떻게 조리해야 할까 망설이지 말고 튀김으로 하면 손쉽고 무난하다. 튀김은 모든 사람들의 구미에 적합하며 야외에서 채취 즉시 조리하기에도 간편한 방법이다. 튀길 때는 튀김옷을 입혀서 180도 정도의 식용유에 넣어 단시간 내에 튀겨 고유의 맛과 향기가 없어지지 않도록 유의해야 한다. 잎이 두텁다든지 향기가 강하더라도 튀김으로 하면 훌륭한 음식이 된다. 이렇게 튀긴 것을 초간장이나 양념장에 찍어 먹으면 누구든지 그 감칠맛에 구미를 당기게 된다.

살짝 데쳐서 무쳐 먹는다

다음으로는 끓는 물에 가볍게 데쳐서 나물로 무쳐 먹는다. 이 방법은 튀김에 비하여 영양 손실이 증가되지만 맛이 좋아 여러 방법에 의해 조리할 수 있다. 끓는 물에 지나치게 데친다든지 삶으면 고단위의 각종 영양소는 대부분 물에 녹아버리고 만다. 살짝 데치더라도 비타민이 빠져 나오므로 그 물을 조리할 때 다시 이용하는 것이 유익하다. 그런데 너무 쓴맛이 우러나온 물은 맛을 감소시킨다. 그러나 다소 쓴맛은 소화력을 증진시킨다는 점을 생각하여 지나치게 기피할 필요가 없다. 데칠 때에 소금을 약간 넣으면 푸른 색깔이 선명하게 살아나 더욱 입맛을 돋운다. 그리고 잎과 줄기가 담백하고 부드러운 것은 그 산뜻한 맛이 사라지지 않게 해야 하며 다시 강조하거니와 고유한 맛과 향이 충분하게 살아나도록 유의해야 한다.

가볍게 데쳤으면 물기를 제거한 뒤에 기호에 따라 양념을 곁들여 무친다. 음식을 조리하면서 조심할 일은 양념을 갖가지로 넣는다고 맛이 좋아지는 것은 아니라는 점이다. 음식점에서도 소문난 집은 탕을 끓일 때 무, 미나리 등 첨가하는 종류가 간단하다. 하물며 산나물의 경우에는 너무 짙은 양념을 갖가지로 곁들이지 말고 담백한 맛이 나도록 해야 한다. 그래야 산나물의 고유한 맛이 살아난다.

데치는 요령을 다시 정리해 본다. 먼저 끓는 물에 소금을 조금 넣은 다음 굵은 부분과 단단한 부분부터 담그는데 이것은 시간이 다소 걸려도 되지만 부드러운 잎은 짧은 시간 내에 살짝 데쳐지도록 한다. 특히 부드러운 산나물은 물이 끓는 것을 가라앉힌 뒤에 데쳐도 좋으며 구석구석 철저하게 데치려고 하지 말아야 한다. 데쳤으면 찬물에 담그는데 지나치게 우려내지 않도록 한다. 잠시 후 꺼내어 물기를 없애고 조리에 들어간다.

머위, 미나리, 으름의 순, 민들레, 민박쥐나물, 쑥 종류, 거지덩굴 따위는 데쳐낸 후 천천히 흐르는 물에서 한동안 헹구어야 한다. 그 시간은 종류에 따라 다르지만 짧게는 20분, 길게는 2~3시간이다. 그러므로 가끔씩 꺼내어 씹어보아 떫고 쓴맛을 감별하여 독특한 풍미가 없어지지 않았을 정도에서 조리를 한다.

떫은 기운을 없애야 좋다

산나물로 쓰이는 산야초는 향기가 강하고 쓴맛, 신맛, 떫은맛 등 각각 맛의 개성을 지니고 있다. 그중에는 맛이 담백하여 그대로 먹을 수 있는 것도 있으나 조리하기 전에 떫은 기운을 제거해야 할 종류들이 꽤 있다. 떫은 것이 강하면 입 속을 견디기 어렵게 하고 다량을 먹으면 입안이 헐어버리는 경우도 있다. 그래서 예로부터 식용하는 산야초를 입맛에 좋도록 처리하는 방법을 강구해왔다. 그 대표적인 방법이 떫은맛을 제거하는 것인데 떫은 기운을 지나치게 없애버리면 오히려 산나물의 풍미를 죽이게 된다. 떫은 것이 전혀 없으면 산나물의 매력이 사라진다.

두릅나무의 순, 밀나물, 갯방풍, 청나래고사리, 얼레지, 별꽃 따위는 비교적 떫은맛이 적으므로 살짝 데치기만 하면 떫은 기운이 없어진다. 고사리, 고비처럼 떫은 것이 특히 강한 종류는 나뭇재나 중조(重曹)로 떫은 기운을 제거한다.

재를 사용할 경우 물 2*l*에 재를 반 줌 정도 넣어 잘 휘저은 다음 잿가루가 가라앉으면 위의 맑은 물을 떠서 끓인다. 불을 끄고 이 잿물을 산나물에 부은 다음 산나물이 떠오르지 않게 뚜껑을 덮는다. 더운 기운이 다 식으면 꺼내어 찬물로 헹구어서 물기를 빼고 조리를 한다. 여기에 쓰이는 재는 나무나 볏짚을 태운 것이어야 한다. 또한 잿물에 담갔어도 떫고 쓴맛이 제대로 우려나지 않는 것은 다시 데쳐서 흐르는 물로 헹구어야 한다.

도시에서는 나뭇재를 구하기 어려우므로 중조를 흔히 사용한다. 2*l*의 끓는 물에 차 수저로 하나를 넣는다. 역시 불을 끄고 여기에 산나물을 넣는다. 뚜껑을 덮은 다음 다 식었으면 찬물로 헹군다. 중조를 사용했을 경우엔 산나물이 아주 부드러워져서 다시 데칠 필요는 없다.

여러 가지로 조리해서 먹는다

산나물을 미리 썰어두거나 물에 그냥 담가두면 영양분과 특유의 향취가 빈약해진다. 조리하기 직전에 썰어야 하며 될수록 크고 굵게 끊어야 한다. 잘게 끊으면 공기와 접촉하는 면이 많아져 비타민 등의 영양 손실이 크다. 칼로 썰어도 영양 손실이 생기므로 손으로 적당히 끊든지 찢는 것이 좋다.

그리고 쓴맛을 철저하게 제거하려고 애쓰지 않는 편이 좋다. 쓴맛은 위장의 소화력을 돕는 약효가 있기 때문이다. 그 성분을 어느 정도 살리는 데에는 튀김이 적당하다. 튀김을 하면 쓴맛이 담겨 있으면서도 그것을 별로 느끼지 않게 된다. 또한 잎이 큰 것은 생것이나 살짝 데친 것으로 간을 하여 상추처럼 쌈으로 싸서 먹기도 한다. 또 된장에 멸치나 조개를 첨가하여 나물국으로 조리한다. 더덕처럼 뿌리를 먹는 종류는 잘게 찢어서 고추장에 무치거나 꼬치에 꿰어 산적으로 한다. 뿐만 아니라, 산나물을 위주로 하여 당근, 파, 양파, 미나리 등을 색색으로 가미하여 전골을 만들기도 한다. 참기름으로 산나물을 볶은 다음 간장과 고춧가루와 다진 마늘을 첨가하여 담백하게 먹는 방법도 있다. 이 외에도 여러 가지 방법을 연구하여 조리하다 보면 맛있게 즐길 수 있을 것이다.

산나물은 대부분 봄철에 산출되고 있다. 그 이유는 식물의 새순이나 어린잎이 가장 먹기 좋고 향취가 그윽하며 영양이 높기 때문이다. 식물에 있어서 세포의 활동이 특별히 활발하게 일어나는 곳은 줄기의 끝에 있는 생장점인 새순과 어린잎이다. 이 생장점에서는 매우 어린 세포가 왕성하게 분열하고 있으며 다른 부분의 성숙한 세포에 비하여 가장 젊고 활기에 넘쳐 있다. 얇은 세포막으로 싸여 있는 이 생장점은 거의 원형질로 가득 차서 세포의 주체를 이루고 있으며 식물의 모든 생활현상을 영위하고 있다. 그래서, 새순, 새잎을 선택하게 된다. 특히, 봄철에 생기는 춘곤증(피로현상)에는 산나물이 매우 효과적이다. 봄철에는 체내 대사작용이 왕성해져 비타민의 필요량이 3배 내지 10배까지 증가되는데 이에 대한 공급은 산나물이 적격이다. 또 여름철에 기온이 높아지면 비타민 등의 영양 소비가 많아져 소위 여름을 탄다거나 몸이 노곤한 증세가 나타난다. 이때에도 역시 소금으로 간을 약간 맞춘 산나물이 효력을 발휘한다.

부드러운 재배채소에 비하여 산야초는 맛과 향기가 특이하고 좀 뻣뻣한 느낌이 들지만 이런 것을 다 별미로 생각해야 한다. 독특한 향취에서 산 냄새, 들 냄새 등 자연의 섭리를 익힌다는 고마운 마음으로 즐겨야 한다. 그러다보면 해마다 그 산나물이 나올 시기가 간절히 기다려지는 향수에 젖게 된다.

◎ 산나물의 채취와 보존은 이렇게 한다

식용하는 산야초를 찾아 들로 산으로 갈 때에 가장 중요한 것은 경험이 풍부한 사람과 동행해야 한다는 점이다. 식물 가운데는 색깔이나 모양이 비슷한 종류가 많으므로 전혀 다른 것임에도 동일한 종류로 오인하는 수가 있다. 식물도감에서 익힌 지식만 가지고 산야의 실물을 판별한다는 것은 난감한 노릇이다. 먹을 수 없는 것, 약효가 없는 것을 채취했다면 아무런 의미가 없다. 특히 독성 식물을 구분하지 못하고 채취했다면 위험스러운 일이다. 그러므로 경험자의 가르침을 받으면서 체험을 통해 하나씩 지식을 쌓아가는 것이 이상적이다. 자연스럽게 생육 장소와 식물 분포의 환경도 배워갈 수 있다.

출발에 앞서 경쾌하게 활동할 수 있는 복장을 갖춰야 한다. 여름엔 독충과 뱀의 위험을 방지하기 위해 긴 소매, 긴 바지를 입고 장갑, 고무장화, 모자도 잊지 말아야 한다. 또 채취에 필요한 전정가위, 칼, 삽, 신문지, 비닐봉지, 구급약초 등을 배낭 속에 준비한다. 자연보호 지역에서는 절대로 채취하지 말아야 하고 입산 금지지역과 채취 금지지역 및 농경지에 들어가지 않도록 주의해야 한다. 또한 자신이 필요한 분량만 채취해야 한다. 어느 정도 채취하였다 해서 멸종되는 것은 아니지만 모든 사람들도 자연이 선사한 혜택을 즐길 수 있도록 배려해야 한다. 특히 알맞은 계절에 따라 채취해야 맛있는 음식으로 먹을 수 있는데 시기를 분간하지 않고 마구 채취했다가 맛이 떨어진다 하여 버리는 일이 없도록 해야 한다.

뿐만 아니라 채취한 자리는 곱게 흙을 메워야 하고 필요한 부분만을 채취해야 한다. 덩이뿌리를 채취할 경우 몽땅 굴취하지 말고 일부분을 남겨 땅속에 묻어두면 이것이 크게 증식되어 2~3년 뒤에는 다시금 풍부한 자원이 된다. 물론 도시락, 통조림, 음료병 및 식사 후의 찌꺼기 따위를 마구 버리지 않는 것은 너무나 당연한 일이다.

가장 맛좋은 산나물은 봄철에 돋아난 어린잎이다. 또 가장 영양이 좋은 것은 아침 이슬이 증발된 오전 10시 전에 채취한 산나물이다. 산나물의 채취 시기는 대부분 봄철이고 이 시기를 지나면 산나물로 맛있게 먹을 종류는 그리 많지 않다. 봄철에 한번 맛본 후 시기가 지나면 다시 그 미각을 즐기지 못하게 되므로 봄철의 산나물을 오래 보존하여 언제든지 이용할 수 있도록 연구할 필요가 있다.

보존하는 방법은 일주일 정도(단기간) 갈무리하는 것과 6개월에서 1년 정도(장기간) 저장하는 두 가지가 있다. 단기간 보존하는 방법으로는 냉장고 이용이다. 고사리, 머위 같은 종류는 잘 말라 굳어지는 경향이 있으며 그러면 맛이 떨어진다. 따라서 살짝 데쳐내어 약간의 소금물을 보존액으로 뿌린 다음 비닐봉지 속에 넣어 공기가 들어가지 않도록 밀폐해서 냉장고에 넣어둔다.

두릅(두릅나무의 새순)처럼 잘 말라버리지 않는 종류는 날것 그대로 비닐봉지에 넣어 공기가 통하도록 몇 군데에 구멍을 뚫은 다음 냉암소에 보존하면 일주일 정도 이상은 싱싱하게 살아 있다. 단, 수분의 증발과 부패에 주의해야 한다.

채소는 물론 산나물도 실온에 오래 놔두면 맛과 영양이 크게 떨어지므로 신선도를 보존하는 것으로는 냉장고 이용밖에 없다.

시금치의 경우, 25℃의 실온에서 하루 동안 놔두면 비타민 C가 20퍼센트가량 손실된다. 10℃의 냉장고에서는 8퍼센트, 0℃에서는 3퍼센트가량이 상실된다. 그러나 너무 낮은 온도에 보관하면 맛이 떨어질 수 있다.

이런 단기적 저장 방법은 채취하여 일주일 정도 계속 맛보기 위한 것이다. 여름을 지나 겨울까지 조리해 먹기 위해서는 장기적으로 보존하는 방법을 강구해야 한다. 그 요령은 다음과 같다.

첫째, 건조시켜 갈무리해 둔다. 얼레지, 명아주, 고비, 고사리, 쇠비름, 으름의 열매와 껍질, 쑥 종류, 약모밀, 이질풀 따위는 건조시켜 보존하도록 한다.

반드시 깨끗이 씻은 다음 끓는 물에 한 번 살짝 데쳐서 부드럽게 한다. 데칠 때 소금을 약간 넣기도 한다. 데쳤으면 공기가 잘 통하고 햇볕이 잘 닿는 장소에 널어놓아 건조시키면서 수시로 들춰 주어 이튿날에 완전히 골고루 마르도록 한다.

비가 오든지 햇볕이 들지 않아 천천히 마르게 되면 곰팡이가 생길 염려가 있으며 상할 수 있다. 난로(스토브)에다 말리는 것은 좋지 않다. 단시간 내에 자연스럽게 건조시키는 것이 요점이며, 건조되었으면 비닐봉지에 건조제와 함께 넣어 습기가 들어가지 않도록 단단히 밀폐시킨다.

다음은 소금절임으로 갈무리한다. 개갓냉이, 미나리, 방가지똥, 돼지감자(뚱딴지), 산달래, 산마늘, 고사리, 황새냉이, 호장근 등은 소금으로 절여서 보존하도록 한다. 약 30~40퍼센트의 소금으로 골고루 절여서 2개월 정도 지나면 모두 꺼낸다. 너무 오래 놔두면 떫은 성분으로 인하여 빛깔이 검게 변하므로 일단 꺼내 우러나온 소금물을 제거하고 절임통을 깨끗이 씻은 다음 다시 차곡차곡 쟁여 넣어 들뜨지 않도록 놓는다.

소금절임 외에 산달래 등을 식초절임으로 한다든지 명아주, 머위 등은 고추장절임이나 된장절임으로 한다든지 민들레뿌리, 고사리, 고비 등을 간장절임으로 하는 방법도 있는데 모두 풍미를 돋우어 주는 장기적인 보존 방법이다.

일반적으로 가볍게 데쳐서 절임을 하지만, 잎줄기가 부드럽고 향이 좋은 종류는 그냥 날것으로 절임하여도 오랫동안 갈무리할 수 있으며 썩 좋은 맛을 낸다. 이렇게 오래 보존하노라면 쓰고 떫은맛이 모르는 사이에 어느 정도 사라져 버린다.

○ 식물의 녹즙(생즙)을 내어 마신다

식용식물을 녹즙(청즙), 생즙으로 내어 먹는 것은 양생법으로 대단히 좋다. 채소나 산나물은 생으로 먹는 것이 가장 효과적이라는 점에서 볼 때 이 녹즙 또한 생으로 맛있게 먹는 아주 좋은 방법이다. 녹즙의 장점은 가공하지 않은 상태로 식물체 속에 포함되고 있는 엽록소와 비타민, 미네랄, 효소 그 이외에 미지의 성분들을 싱싱하게 살아 있는 그대로 섭취한다는 점에 있다. 그리고 어떤 특정한 재료가 아닌 식용하는 풀이라면 계절에 따라 나오는 새잎을 수시로 이용한다는 점에 가치가 있다.

오늘날 질이 낮은 식품, 화학물질이 섞인 가공식품 등이 범람하여 우리들의 식생활은 반자연적인 경향이 증대되고 있다. 이런 환경에서 건강 향상을 위한 녹즙요법은 각광을 받고 있다.

녹즙을 만드는 채소 재료는 우선 무잎, 소엽, 상추, 미나리, 양배추, 파셀리, 케일, 당근과 그 잎 등등의 녹색이 있는 종류들이다. 녹색이 짙고 수분이 많은 것일수록 좋은 재료가 된다. 나무 종류로는 감나무잎, 매화나무잎 등 봄부터 초여름 사이에 수분이 많이 포함된 푸른잎이 좋다. 소나무잎으로 짜낸 녹즙은 특히 약효가 높은 것으로 알려지고 있다.

재배채소류보다는 야생의 식물이 더욱 효과적임은 두말할 나위도 없다. 식용하는 산나물 종류라면 어느 것이든지 녹즙의 재료가 되지만 데쳐서 찬물에 오랫동안 우려내야 하는 종류와 우려내어 말리는 묵나물에 해당되는 종류는 삼가는 것이 좋다. 호장근, 참소루쟁이, 수영 등 수산(蓚酸)을 함유하고 있는 종류는 생으로 많이 먹을 경우 결석의 원인이 될 수 있으므로 피하는 것이 좋다. 시금치에도 수산 성분이 들어 있는 것으로 알려져 있다.

생즙의 재료로 삼을 야생초는 일반적으로 널리 애용되고 있는 산나물을 위주로 삼아야 한다. 그 이외의 생소한 식물은 식용이 되는 것이라도 다른 사람들의 경험을 통한 것을 하나씩 선택하는 것이 안전하다. 때로는 약용식물(생약)의 잎을 이용하여 녹즙을 내는 경우에는 강장효과가 뛰어난 것을 위주로 반드시 유효성분이 밝혀진 것과 다른 사람의 경험을 토대로 삼아야 한다. 생약의 재료는 체질에 맞지 않아 역반응이 일어날 수 있음을 유의해야 한다.

녹즙은 식물체의 성분이 농축되어 있는 진한 상태의 것을 먹는 것이므로 산야초의 경우에는 소량씩 먹어야 하며 몸에 좋다고 해서 지나치게 많은 양을 한꺼번에 먹지 말아야 한다. 또 한 가지 종류만 너무 오래 먹으면 중독증상이 일어나는 경우가 있다.

산야초를 덖어서 차로 마시는 경우는 물의 10분의 1 정도로 재료를 넣어 우려내는 것이어서 음료 대용으로 자주 마셔도 괜찮지만 녹즙은 아주 진한 것이기 때문에 소량씩 먹어야 한다. 재배채소는 본래 열악한 것이므로 한 컵씩 마셔도 별 탈이 없다. 더욱 효과를 보려면 한두 종류의 재료로 녹즙을 하지 말고, 가끔 새로운 재료로 바꾸는 일이 중요하다. 또 여러 종류의 재료를 한데 섞어서 녹즙을 만들어야 효능이 크게 나타난다는 점을 유의해야 한다.

녹즙의 재료를 선택했으면 흐르는 물로 깨끗이 세 번 이상 씻어야 한다. 생것을 이용하는 것이므로 푸른 잎에는 해충의 알이라든가 잡균이 묻어 있는 것이 있다. 이때 세제나 살균제의 사용은 피해야 더 좋다. 잎에 붙어 있는 세균을 죽이기 위해서는 클로르칼키(칼크·석회) 따위의 액체에 잠깐 담갔다가 물로 씻어내면 목적을 달성할 수 있다. 그러나 해충의 알은 퇴치가 되지 않으므로 끓는 물에 데치지 않으면 안 되는데 그러면 살아 있는 녹즙의 가치는 살리지 못한다.

결국, 세균과 해충의 알을 제거하는 데는 흐르는 물로 철저하게 씻어내는 것만이 가장 안전하다. 이 경우 물길을 세게 하여 하나하나의 잎을 앞뒤로 세심하게 씻어야 한다.

요즈음 녹즙을 만드는 기계가 여러 종류 시판되고 있는데 수동식과 자동식이 있다. 수동식 녹즙기는 값이 싸고 오래 쓸 수 있으며 영양 손실이 적다. 다만 녹즙을 낼 때 착즙기나 베 헝겊으로 다시 짜야 하는 번거로움이 있으며 힘이 들고 시간이 걸린다. 자동식 녹즙기는 시간이 절약되고 간편하다. 다만 값이 비싸고 고장나기가 쉽다. 그러한 기구가 없을 경우 돌절구 같은 데에 넣어 찧는다든지 당근처럼 덩어리로 된 재료는 강판에 갈아서 즙을 낸다. 그리고 베 헝겊으로 짜내어 마신다. 이 방법은 힘이 들고 시간이 걸린다는 단점이 있다.

녹즙을 만들었으면 걸러낸 즉시 신선한 것을 마시는 것이 이상적이다. 녹즙을 그냥 놔둘수록 영양 손실이 생긴다. 부득이 몇 차례에 나눠 마셔야 할 경우에는 반드시 냉장고에 보존해야 한다. 보존 기간은 2일 정도를 넘지 않아야 좋으며 시간이 지날수록 특히 비타민 C의 손실이 많아진다.

처음에는 아주 소량씩 마셔야 한다. 그리고 천천히 양을 늘리면서 하루에 2~3회 마시도록 한다. 한꺼번에 많은 양을 먹게 되면 설사를 하든지 위장에 해를 입는 역효과가 일어날 수도 있다.

산야초의 녹즙을 먹는 습관이 붙지 않은 사람은 풀 냄새 등으로 구역질이나 역겨움을 느낄 수 있다. 이것을 참을 수 없는 사람은 감귤, 사과 따위를 함께 섞어 녹즙을 내면 맛이 순해진다. 또는 소금, 우유, 꿀, 현미식초를 약간 첨가하여 마셔도 괜찮다. 다만 백설탕이나 주스 등의 인공감미료를 첨가하는 일은 피하는 것이 좋다. 처음 마실 때는 다소 거북하더라도 일주일쯤 습관을 들이면 독특한 맛에 호감을 갖게 된다.

이런 녹즙은 요즘 관심의 대상이 되고 있는 질병인 심장병, 동맥경화, 고혈압, 신장병, 간염, 당뇨병, 위염, 신경통 등등에 탁월한 효과를 나타내고 있으며 또한 몸을 튼튼하게 하고 힘을 왕성하게 하는 데 효능이 크다.

○ 야초차를 덖어내어 우려서 마신다

산야초를 아주 간편하게 장기적으로 항상 섭취하는 좋은 방법은 야초차를 만들어 음료 대신으로 늘 마시는 일이다. 산나물은 나오는 계절에만 먹을 수 있어 제철이 지나면 싱싱한 산나물의 그윽한 향취는 맛보지 못한다. 때로는 삶아서 말려 저장해 놓은 묵나물을 계절에 관계없이 먹을 수도 있으나 이것은 생각처럼 영양가가 높지 않으며 생생한 산나물의 맛은 느낄 수 없다.

일년 내내 영양소가 듬뿍 들어 있는 산야초를 섭취하는 간편한 방법은 산야초로 차(녹차)를 만들어 저장했다가 수시로 마시는 것이다. 이것은 건강 증진에 가장 효과적이다. 우리는 날마다 물을 마시지 않으면 살아갈 수 없다.

물을 마시는 대신에 차를 우려 마신다면 물도 보충하고 식물이 품고 있는 각종 영양소도 동시에 공급 받는 일석이조의 성과를 얻게 된다. 물은 모든 생물체를 구성하는 성분 중 가장 많이 차지하고 있다. 인간의 체중도 약 3분의 2가 물이다. 물을 마시지 않으면 다른 영양식품을 아무리 많이 섭취해도 5일에서 10일 사이에는 사망하고 만다. 단식할 경우도 물만은 마셔야 하는 이유가 여기에 있다. 사람이 건강을 유지하는 데 필요한 물은 하루에 2~3l 정도이다. 이 양은 다만 생리적인 요구이며, 여러 가지 사회생활을 영위하는 가운데 훨씬 다량의 물이 필요해지기도 한다.

자연요법을 전공한 의학자들은 물을 많이 마시기를 권장한다. 아침에 일어나 공복에 두 컵, 식사와 식사 중간에 두 컵씩, 그리고 잠자기 전에 두 컵씩 마시는 습관을 규칙적으로 지킨다면 물을 마시는 것만으로도 7~8년은 더 오래 살 수 있다고 강조한다. 이것은 수분을 충분히 섭취하면 노폐물의 분비가 원활해지고 혈액 순환에도 큰 도움이 되기 때문이다.

옛날부터 물을 많이 마시는 것, 특히 새벽에 냉수를 마시는 것이 건강 비결의 한 방법이라고 했다. 위장병과 변비는 생수 하나만으로도 치료된다고 가르쳐왔다. 아침에 일어나 사과를 한 알 먹는 것을 금이라 했는데 이 역시 수분 흡수의 한 단면을 말해주는 것이다.

물은 생명을 유지하는 데 공기 다음으로 중요하다. 물도 중요한 영양소로 인식해야 한다. 몸속에서 자그마한 콩팥은 1시간 30분마다 5~6l 정도의 피를 순환시키면서 노폐물을 걸러내어 정화시키는 일을 끊임없이 계속한다. 그리하여 24시간 만에 콩팥은 피에서부터 180l의 물을 여과시키는데 그 물의 대부분은 조직 속으로 다시 흡수되고 나머지는 1.5l 이상이 소변으로 배설되며 호흡과 땀과 대변으로도 수분이 빠져나간다. 이때 물이 부족하면 피 속의 노폐물이 축적되어 건강에 좋지 못한 증상(변비, 요통, 두통)을 일으킨다. 그러므로 물을 많이 마셔 피를 맑게 하는 데 도움을 주어야 한다. 더욱이 노화현상이 생기게 되면 신체의 수분이 감소된다는 것은 과학적으로 증명되었다. 나이가 들어 주름살이 생기면 수분을 원활히 보충해야 노화를 지연시킬 수 있다고 한다. 이런 점에서 수분 공급은 아주 중요하다.

갈증을 느낄 때에만 물을 마시면 잃어버린 수분을 충분히 보충하지 못한다. 그러므로 때때로 차가운 물을 한두 컵씩 마시며 수시로 야초차를 우려 마시면 체내에서 물의 순환을 활발하게 촉진시키는 작용이 이루어진다. 특히 산야초에는 소변을 잘 나오게 이뇨 작용을 하는 성분이 많이 들어 있어 야초차를 만들어 마시면 콩팥의 기능을 활성화시켜 몸 전체를 더욱 깨끗하게 하는 효과를 가져온다.

먼 옛날, 신농이 백초를 맛보며 그 효능을 찾아내는 과정에서 독초의 기운이 몸에 들어오면 차를 달여 마셔 몸을 풀었다는 이야기가 있다. 만일, 콩팥에 고장이 생겨 소변의 배설이 어렵게 되면 생명을 잃게 된다. 이런 경우 일주일에 두세 번씩 몇 시간씩 걸려 혈관에 주사바늘을 넣고 인공적으로 핏속의 노폐물을 걸러내야 한다. 야초차는 이 중요한 콩팥이 제 역할을 하도록 도와주는 데에 매우 효과적이다. 사실, 물을 많이 섭취하는 방법으로 차가운 물을 두어 컵씩 꿀꺽꿀꺽 마셔야 한다는 것은 억지로 습관이 들여져야 한다. 이보다는 물을 더 맛있게 하여 즐겁게 마시는 것이 썩 자연스러운 길이다. 맛이 좋은 물은 입맛을 당기게 하여 자꾸 마시게 되고 자연스럽게 몸 속에 들어오는 물의 양은 저절로 늘어나게 된다. 이렇게 물을 맛있게 하는 방법은 차를 우려내어 일상의 음료로 삼는 것이다. 더구나 산야초를 식용하여 건강 증진을 도모하는 방법 중에서 가장 뛰어난 효과를 얻을 수 있는 것이 야초차라는 점에서 특히 권장할 만한 방법이다.

덖음차로 만들어 놓으면 오래 저장하더라도 본래 지닌 영양소는 그대로 유지되며 덖고 저장하는 사이에 다소 짙은 기운은 사그라진다. 일반 산나물은 제철이 지나면 맛볼 수 없으며 계절에 따라 조리해야 하는 번거로움이 따르지만 일단 녹차를 한 번 덖어내고 나면 조리의 번거로움이 없다. 뿐만 아니라 식용식물이라면 철을 가리지 않고 어느 때든지 채취하여 차의 재료로 삼을 수 있다는 이점이 있다. 식물이 왕성하게 자라는 시기에는 대부분 맛이 좋지 않아 산나물로서의 이용가치가 떨어지므로 음식으로서 활용하지 않는다.

영양학적으로 하루의 식탁에 30여 종 이상의 식품 재료가 올려져야 영양 균형이 이루어진다고 말하고 있다. 30종을 날마다 골고루 채운다는 것은 대단히 번거로운 일이며 그 뜻은 여러 가지를 고루 섭취하라는 것이다. 그런데 여러 종류의 식물로 차를 덖어내어 대여섯 가지 이상을 혼합하여 수시로 우려내어 마신다면 그와 같은 영양 균형을 이루는 데 큰 도움이 된다. 더구나 야생식물에는 온갖 비타민, 미네랄 등이 풍부하므로 이것을 야초차로 덖어 보리차 대신 마실 경우 미량영양소의 결핍을 충분히 방지할 수 있다. 이런 물을 계속 마시면 노인반(검버섯)이 사라지는 등 노화 방지에 효과적이라는 것이 실증되고 있다.

독한 기운이 있는 식물일지라도 여러 종류를 섞으면 아무래도 소량만이 들어가게 되어 인체에 별다른 해가 되지 않는다. 이런 이유로 차를 만드는 요령을 별도의 항목에서 상세히 해설하였으므로 특별히 참고하기를 바란다. 산야초의 취미와 더불어 식용의 절정이 야초차라는 것을 다시 강조한다. 그 이유는 보약이 되기도 하고 질병의 예방과 치료 효과를 나타내기 때문이다.

○ 산야초로 약술을 담근다

일반적으로 사과, 포도, 딸기 등의 과실로 술을 담그고 있지만 산야초로 술을 담가보면 훨씬 효과 있는 건강주가 된다. 재배식물이 아닌 야생의 식용 열매로 술을 담그는 것을 과실주라고 하는데 효과가 있으며 감칠맛이 난다. 하지만 열매 이외의 잎과 뿌리를 이용하여 술을 담가보면 부위에 따라 그 효능이 크게 달라진다. 이렇게 식물체의 부위에 따라 약효 성분이 달리 나타나므로 그 약효가 있는 부분을 위주로 이용하는 것이 좋다. 이런 술을 약용주, 건강주라 해서 널리 애용되고 있으며 실제로 효험을 얻고 있다.

과실주로서는 매실주가 오랜 역사를 가지고 있으나 야생하는 나무나 풀의 열매를 재료로 삼아 담근 술이 날로 인기를 끌고 있다. 야생의 나무 열매로 술을 담글 수 있는 것은 구기자, 개다래, 다래, 오미자, 소귀나무, 아그배나무, 가막살나무, 들쭉나무, 월귤, 넌출월귤, 풀명자, 주목, 초피나무 등 여러 가지가 있다. 이외에도 식용, 약용으로 쓰이는 나무 열매는 모두 술로 담글 수 있다. 또 산야초의 열매로 술을 담글 수 있는 것은 독성이 없는 한 어느 것이든지 가능하다.

기본적으로 이용하는 술은 소주이며, 35도 내외의 무색투명한 것이 좋다. 여기에 열매나 잎과 뿌리를 넣어 몇 개월 지나면 그 재료의 유효 성분이 모두 추출되어 우러나오며 각기 특색 있는 빛깔로 물들여진다. 때로는 알코올의 비율이 높은 위스키, 진, 브랜디, 보드카 따위도 이용할 수 있다. 도수가 낮은 술에 물기 많은 열매나 꽃으로 술을 담그면 부패되는 일이 많아 저장하기 어렵다는 단점이 있다.

대개, 열매로 술을 담글 경우 설탕을 넣는 것이 일반적인데 가능하면 설탕 첨가를 삼가고 열매의 독특한 맛이 산뜻하게 우러나도록 과실주를 담는 것이 바람직하다. 굳이 설탕을 넣으려면 소량으로 하고 이보다는 꿀을 넣는 것이 훨씬 좋은데 역시 단맛이 진하지 않도록 소량을 넣는 것이 좋다. 이는 식물체에 너무 쓰고 역겨운 성분이 함유되어 있어 마시기에 거북할 경우에 입맛을 부드럽도록 하기 위해 첨가하며 식물이 지닌 고유한 맛을 그대로 살려 독특한 향기와 특별한 맛이 살아나야 한다. 단맛이 진해 열매 본래의 맛과 향기가 사라진다면 약술로서의 가치는 떨어진다.

열매나 꽃은 가능한 한 신선한 것이어야 한다. 흙과 먼지로 더럽혀진 것은 물로 씻어내야 하는데 씻어낸 열매의 경우 한 알 한 알 헝겊으로 닦아 물기를 제거해야 하는 번거로움이 따른다. 물기가 남아 있으면 곰팡이가 생길 수 있으며 술이 약해진다.

말린 한약재(생약)로 술을 담글 경우, 물에 씻을 필요는 없지만 먼지나 때 같은 것은 완전히 제거해야 한다. 곰팡이가 생긴 재료는 햇볕에 잘 말려서 곰팡이를 말끔히 털어낸다. 곰팡이가 많이 생긴 것은 변질될 수 있고 효능이 떨어지므로 피해야 한다. 산야에서 직접 채취해온 잎이나 뿌리는 원칙적으로 그늘에 잘 말린 다음 잘게 썰어서 술에 담근다. 하지만 뿌리나 잎을 채취해 물로 청결하게 씻은 다음 물기를 제거한 후 날것 그대로 썰어서 담가도 아주 좋다.

술을 담는 용기는 일반적으로 투명한 유리병을 이용하며 입구가 넓어야 이용하기가 편리하다. 투명한 그릇은 술이 익어 가는 정도를 색깔로 판별하기에는 편리하지만 아무래도 항아리를 사용해야 술맛이 좋아진다. 재료를 넣기 전에 그릇을 깨끗이 씻고 물기를 완전히 제거해야 한다.

술의 양보다 재료를 더 많이 넣으면 성분이 너무 독하여 부작용이 생길 우려가 있다. 그러므로 술의 양에 비하여 3분의 1 정도가 되는 재료를 넣는 것이 적당하며, 4분의 1의 재료를 넣어도 좋다. 굳이 설탕이나 꿀을 넣고자 할 경우 재료의 3분의 1 정도 이하로 섞도록 한다. 이렇게 술과 재료를 용기에 넣어 뒤섞은 다음에는 섞은 재료의 이름과 담근 날짜를 기록하여 용기 바깥에 붙이는 것을 잊지 말아야 한다. 재료에 따라 우러나오는 숙성기간이 다르지만 대개 2~3개월 이상 경과되어야 한다. 이것은 최저 기간이고 오래 묵힐수록 좋아진다.

술을 담갔으면 가급적 서늘하고 햇볕이나 열을 받지 않는 어두운 곳에 보존해야 한다. 아무리 두꺼운 항아리라 해도 햇볕을 오래 받으면 숙성이 잘 안 되고 맛이 떨어진다. 그리고 잘 우러나오도록 가끔 젓가락으로 재료를 휘저어주어야 한다. 몇 개월 지나서 유효 성분이 추출되어 농익으면 베 헝겊을 두어 겹으로 하여 재료를 건져 걸러내어 다른 병에 옮긴다. 너무 오래도록 방치해두면 쓰고 떫은맛이 우러나와 맛이 나빠지고 탁해지는 원인이 된다. 애써 빚어놓은 약술을 취하도록 거듭 마시면 오히려 역효과를 내는 수가 있다. 귀하게 보존하면서 작은 소주잔으로 한두 잔씩 아침저녁으로 1일 2회 정도 마시는 것이 건강 증진에 효험이 있다. 골담초의 뿌리는 신경통 치료에 효능이 있으므로 이것을 술에 담가 마시는 일이 많은데 이 골담초 술을 너무 많이 마셔 그날 저녁에 생명을 잃은 예가 있다. 이처럼 약으로 마시는 술은 항상 소량이어야 한다는 것을 명심해야 한다.

필자는 진달래 꽃잎을 술에 담가 열흘도 안 되어 그 빛깔이 하도 아름다워 한 컵을 들이켰는데 10여 분이 지나자 현기증이 나며 몸이 휘청거리는 증상을 경험한 바가 있다. 익지 않은 술을 성급히 마시면 위험하다는 것을 경고한다.

술을 담을 재료는 독성 식물을 피하고 체질이나 건강의 목적에 맞추어 식용, 약용의 재료를 선택하는 것이 원칙이다. 우선 강장제 등 자신의 몸에 이롭다고 생각되는 식물을 여러 종류 함께 섞어서 담그면 상승 효과가 나타나 건강주로서의 큰 효과가 있다. 비록 술을 담갔더라도 어떤 식물은 자신의 체질에 맞지 않는 경우가 간혹 생길 수 있으므로 잘 익은 약술을 처음 마실 때에는 일단 부작용 여부를 살피기 위해 소량으로 시음을 몇 번 해보는 것이 안전하다.

● 산야초로 훌륭한 양념을 만든다

음식은 영양 섭취만을 위해서 먹는 것이 아니라 즐겁고 맛있게 먹는 데에 뜻이 있다. 맛있는 음식을 즐겁게 먹기 위해서는 갖가지의 맛과 향기가 조화되어야 하며 보기에도 아름다워야 한다.

따라서 음식 조리의 연구가 발달되어온 것이다.

구미가 당기는 음식을 조리하기 위해서는 기본적으로 소금, 간장, 식초, 설탕, 조미료 등이 있어야 하고 보다 훌륭한 음식을 만들기 위해 맛을 돋우는 양념으로 향신료, 착색료를 첨가하게 된다. 그런데 현재 식품공업의 발달로 만들어내는 수많은 식품 첨가물들은 화학물질이 대부분을 차지하고 있으며 이것들은 인체에 이롭지 못한 작용을 일으켜 건강생활에 문제를 안겨주고 있다.

그래서 화학물질이 아닌 자연산물을 이용한 천연첨가물을 이용해야 한다는 과제가 새로이 대두되고 있으며 이것은 영양학적으로도 가치가 높게 평가된다. 그러므로 식품공업의 발달에 의해 밀려난 조상들이 애용해왔던 재료를 되살릴 필요가 있는 것이다.

식물의 열매, 씨앗, 잎, 줄기, 뿌리 등을 자연 그대로 활용하여 음식에 색다른 풍미를 느끼게 하는 방법은 연구할 분야가 퍽 넓다. 우리는 옛날부터 수백 가지의 야생하는 산나물을 즐겨 먹어왔으며 현재에도 적지 않은 종류의 산나물을 채취하거나 재배하여 식용하고 있다. 이러한 식물들을 향미 향신료로 이용하는 것은 퍽 재미있는 연구과제가 된다. 문헌상에 향신료의 성분을 포함하고 있는 한국의 식물은 180여 종인데 이것들은 의약품, 화장품 각 방면의 첨가물로 개발할 경우 경제성이 높다고 평가하고 있다.

식용 신미료(매운 양념거리)

식욕을 돋우어주는 음식을 조리하는 데에 가장 요긴한 것은 매운맛[辛味]이다. 이 매운맛은 재료에 따라 각기 다르게 나타나고 또 식물 특유의 향기와 조화를 이뤄 맛의 변화가 매우 다양하다. 재배식물로 흔히 사용하고 있는 신미료는 무, 순무, 파, 부추, 마늘, 생강, 양파, 고추, 후추 등인데 대표적인 양념거리이다. 하지만 영양소가 보다 풍부한 야생식물에서도 매운맛을 지닌 것들이 많으며 이런 것을 하나씩 개발하여 이용한다면 음식의 풍미는 훨씬 훌륭해질 것이다. 여기서는 식용하는 야생식물로서 신미료로 쓰일 수 있는 몇 가지만 예로 들어본다.

갓(배추과) 널리 심어지고 있는 채소로 곳곳에 야생하기도 한다. 갓의 씨는 겨자를 만드는 재료가 된다. 씨를 물에 불려 맷돌에 갈아서 꿀이나 소금 및 식초를 넣은 다음 자꾸 저어 겨자를 만든다. 무성하게 자란 잎과 줄기로 나물을 무치거나(갓나물) 김치를 담글 때 넣는다(갓김치). 겨자무라는 다년초의 뿌리로도 겨자와 같은 향신료를 만든다.

섬고추냉이(배추과) 울릉도의 계곡에 자라는 특산식물로 뿌리줄기는 매운 향취가 강하므로 신미료로 사용한다. 근래에 이 식물을 재배하여 가루제품을 생산해내고 있다.

산부추(백합과) 산지의 풀밭에 자라는 다년초이며 산부추와 일가가 되는 종류들이 많다. 모두 향긋한 마늘 냄새를 풍기고 있어 덩이뿌리를 양념으로 쓰기에 좋다. 잎을 나물로 무쳐 먹으며 향미가 그윽하다. 옛날부터 향신료로 흔히 쓰여왔지만 다른 향신료가 개발되면서 현재는 별로 이용하지 않고 있다.

산달래(백합과) 전국 산야의 양지에 자라는 다년초로 이른봄에 달래무침, 달래장아찌, 달래적 등을 만들어 먹으며 된장국에 넣어 먹기도 한다. 강한 향신미를 지니고 있다. 이와 한 무리인 달래, 돌달래도 마찬가지로 식용한다.

초피나무(산초과) 중부 이남에서 자라는 낙엽관목으로 높이 3m에 달한다. 황록색으로 익은 열매에서 매운맛을 풍기므로 향미료로 사용하며 약용으로도 쓴다. 옛날부터 써오던 양념이며 어린잎은 나물로 해서 먹는다.

양하(생강과) 열대아시아가 원산지이며 남부지방의 절에서 흔히 심는 다년초이다. 어린잎과 꽃이삭을 나물로 무쳐 먹거나 국에 넣어 먹는다. 향기가 짙으며 어린순과 뿌리를 향미의 양념으로 섞어 먹으면 그 풍미가 좋다.

한련(한련과) 페루가 원산지인 덩굴성인 1년초인데 정원에 화초로 많이 심는다. 어린잎은 야채로, 씨앗은 향미료로 써왔는데 연한 잎과 줄기 및 마르지 않은 씨를 고추장에 찍어 먹기도 했다. 한련김치를 만들어 먹곤 했다.

여뀌(여뀌과) 습지 또는 시냇가에서 자라는 1년초로 이와 한 무리가 되는 종류가 많다. 민물고기를 잡는 데 쓰이는 유독식물로 알려져 있지만 인체에는 해가 없다고 한다. 어린잎은 옛부터 나물이나 향신료로 이용하였다. 하지만 많은 종류의 여뀌 무리 중에서는 향미가 별로 없는 것도 있다.

식용 향미료(향기로운 양념)

향미료(향기로운 맛을 더하는 조미료) 중에서는 매운맛은 별로 없지만 독특한 향기를 그윽히 풍기는 종류들이 대단히 많다. 이런 식물을 나물로 무쳐 먹으면 향기로운 맛이 뛰어나며 때로는 조금씩 양념으로 다른 음식에 섞어 넣어도 좋은 별미를 나타낸다. 참깻잎이나 유자나무, 귤나무의 열매 따위도 청향제로서 좋다. 특히 약초로서 식용하는 종류는 그윽한 한약초 냄새를 풍기기 때문에 거의 모두 향미료로서 적합하다.

백리향이나 배초향 같은 종류는 냄새가 너무 짙으므로 사람에 따라서는 역겨운 느낌을 가지기도 한다. 이런 냄새가 짙은 것은 어린순을 이용해야 적당한 향미를 즐길 수 있다. 식품의 향기는 그것들이 함유하고 있는 정유분에 의한 것이다. 이런 방향성인 휘발성 물질을 추출했을 때 향료라고 총칭한다. 천연향료의 대부분은 식물성 향료이며 현재 약 1,500종의 식물향이 알려져 있으나 가공하여 시판되는 것은 약 150종이라고 한다. 꽃이나 열매, 껍질, 뿌리 등에서 향료를 얻어내는 데 이것을 향미료로 널리 이용한다. 향취 좋은 식용식물을 몇 가지만 예로 들어본다.

신감채(미나리과) 산지에 자라는 다년초로 높이 1~3m에 달한다. 한약재로 쓰이는 당귀 냄새와 비슷하므로 당귀 대용품으로 쓰이기도 했던 것 같다. 한약초 냄새를 풍기므로 떡이나 병과류에 넣어 독특한 맛을 내는 데에 쓰이곤 했다.

미나리(미나리과) 습지나 냇가에서 자라는 다년초로 야생하기도 하고 재배하기도 한다. 특이한 향기가 그윽하여 입맛을 돋우는 식물이며 그대로 무쳐 먹든지 양념으로 애용되어 오고 있다. 미나리볶음, 미나리쌈, 미나리국 등에 이용하고 또 김치류에 양념으로 많이 이용하고 있다.

고수(미나리과) 지중해 동쪽이 원산지인 1년초로 절에서 많이 심는다. 고려 때에 들어온 것으로 짐작되는 고수는 냄새가 특이하며 어류와 육류에 섞으면 좋다. 열매는 양념, 착향, 조미용으로 광범위하게 쓰이고 빵과 과자류에도 이용되며 술의 기를 높이는 데에도 쓰인다. 또한 열매의 향유는 화장품에도 쓰이고 약용으로도 이용된다.

회향(미나리과) 유럽 남쪽이 원산지로 재배되고 있으며 야생하는 것도 있다. 특별한 맛이 나는 야채로 이용되지만 씨앗은 향미료와 약재로 쓰이며 건강 증진에 효과가 있다. 생선과 곁들여 먹으면 비린내를 없애주고 떡에 넣거나 술을 담가도 별미가 있다.

파드득나물(미나리과) 숲 속의 습지에 자라는 다년초이다. 어린 잎줄기를 나물이나 국거리로 이용하고 생선회에 곁들이기도 하는데 향기가 좋다. 요즘에는 수경재배하여 채소로 이용한다. 가는참나물, 큰참나물도 이와 비슷하다.

들깨(꿀풀과) 흔히 재배되는 1년초로 야생하는 것도 발견된다. 잎에서 풍기는 강한 향기가 그윽하여 생으로 즐겨 먹으며 나물, 쌈, 장아찌로 식용하는 등 양념용으로 널리 쓰이는 서민적인 식물이다. 또 씨에서 기름을 짜내 독특한 향미와 맛을 즐기는 보편적인 식용유로 쓰인다. 떡을 만들 때 넣어도 향기롭다.

차즈기(꿀풀과) 밭이나 인가에 야생하며 재배도 하는 1년초이다. 잎, 줄기는 약용으로 하며 어린잎과 씨앗은 식용한다. 짙고 그윽한 향기가 좋아 들깨 이상으로 귀하게 여기고 있다. 들깨와 거의 비슷하지만 잎이 보라색을 띠고 있으며 역시 들깨처럼 여러 방면으로 쓰인다. 술을 담그면 강장효과가 있다.

박하(꿀풀과) 풀밭 습지에 자라는 다년초로 시원하게 풍기는 향취가 훌륭하여 진통, 건위, 통경 등에 쓰이는 약용식물로 평가되고 있다. 사탕, 과자류에 넣어 화사한 맛을 내며 수프나 음료의 향미료로 가치가 있다.

식용 착색료(빛깔 내는 재료)

음식 조리에는 모양이 있어야 하는 동시에 빛깔을 아름답게 조화시켜야 볼품이 나타난다. 특히 잔칫상이나 제사상을 차릴 때에 음식의 빛깔과 배열은 대단히 중요하다. 음식의 빛깔을 곱게 내는 데에는 자연식물이 품은 색소를 이용하는 것이 가장 자연스럽고 격조가 생긴다. 여러 종류의 과일을 싱싱한 그대로 배열해도 모양과 빛깔이 자연스럽게 조화를 이룬다. 또는 붉게 익은 식용열매를 말려 저장했다가 잘게 썰어서 고명으로 이용해도 음식상이 돋보인다.

팥 종류를 삶아서 떡고물로 쓰든지 붉은 빛깔이 우러나온 물을 색소로 이용한다. 당근이나 딸기의 붉은 빛깔을 즙으로 내어 색소로 사용한다. 포도 껍질을 짜내 보랏빛의 액체를 얻어내고 엽록소가 짙은 잎을 빻아 얻은 초록빛 즙액을 식품의 착색용으로 쓴다.

옛날부터 이런 방법에 의해 음식의 빛깔을 아름답게 장식했으며 우리는 이러한 전통을 활용하여 보다 나은 천연 착색료를 다방면으로 연구해야 한다. 야생식물로 착색료가 되는 종류를 몇 가지만 예로 들어본다.

쑥(국화과) 전국 각지에 걸쳐 산과 들에 흔히 자라고 있으며 한 무리가 되는 종류가 많다. 이른봄의 새잎을 나물로 하든지 또는 쑥탕, 쑥떡 등으로 만들어 예로부터 널리 애용되고 있다.

푸른 빛깔과 함께 쑥의 독특한 향기가 훌륭하여 이 향기를 살린 용도가 매우 다양하며 한국 전통 음식에 없어서는 안 될 대표적인 식물이다.

수리취(국화과) 산지에 자라는 다년초로 키가 큰 편이다. 어린잎을 살짝 데쳐서 푸른 색깔을 살려낸 수리취떡은 쑥떡처럼 보기가 좋으며 야취의 특이한 향기 또한 좋아서 명절 음식으로 인기를 끌고 있다.

꼭두서니(꼭두서니과) 산지의 숲 가장자리에서 자라는 다년생의 덩굴식물로 길이가 1m에 달한다. 뿌리는 황적색이며 진통의 약재로도 쓰이지만 옛날부터 세계 각처에서 뿌리의 즙을 짜거나 가루로 하여 붉은색 염료로 썼다. 이 색소는 음식을 예쁘게 조리하는 데에 유용하다.

치자나무(꼭두서니과) 남부지방에서 흔히 자라는 상록관목이다. 이 치자열매는 옷에 물을 들이고 약으로 썼지만 음식에 물들이는 색소로서도 중요하게 사용되었다. 단무지나 기타 빈대떡 같은 부침개류에 황색의 색소를 나타내는 데에 쓰이고 엿을 고을 때도 우려내어 써왔다.

지치(지치과) 전국 산야의 풀밭에서 자라는 다년초이다. 지치의 뿌리를 적절히 처리하면 보랏빛, 홍색 등의 영롱한 색깔을 나타내므로 옷감이나 음식을 물들이는 데 사용했다. 또한 자초라 하여 약으로 쓰이고 화장품의 원료로도 개발한 예가 있다. 김치에 섞어 넣으면 색깔이나 맛이 훌륭하다.

검은재나무(노린재나무과) 제주도에서 자라는 상록성 교목이다. 옛날에 이 나무의 잎과 줄기를 태운 재에서 황색의 식용착색료를 얻는 방법이 개발되었으며 일본에까지 전했다 한다. 태운 재를 찹쌀밥에 넣어 묵혔다가 과자를 만드는 등 그 선명한 노란 색깔이 무척 아름답다.

갈매나무(갈매나무과) 전국 산지의 골짜기에 자라는 낙엽관목이다. 나무껍질을 뜯어다가 오래 우려내어 염료로 이용하는데 짙은 초록색을 나타낸다. 이것으로 음식을 조리할 때 가미하면 그 아름다움이 돋보인다. 또 씨앗을 짓찧어 우려내어도 예쁜 색깔이 돋아 나온다.

오미자(목련과) 각처의 산골짜기나 바위 사이에서 자라는 덩굴성나무이다. 초가을에 빨갛게 익은 열매를 따서 건조해두었다가 강장제로 쓰는 동시에 이것을 물에 담가 우려낸 붉은 액체를 화채의 빛깔을 내는 데에 쓰고, 녹말다식의 색깔을 붉게 하는 데에도 쓰인다.

○ 산나물로 담근 김치는 독특한 맛이 난다

온갖 산나물들 중에서도 김치로 담가 먹을 수 있는 종류가 꽤 많으리라 짐작된다. 식용하는 식물이라면 거의 모두 김칫거리가 되지 말라는 법은 없겠지만 풀의 성질과 맛이 김치다워지겠는가 하는 것이 문제이다.

재배채소인 부드럽고 순한 배추와 향미를 보태주는 무로 김치를 담가 먹어온 우리의 습관은 산나물(산야초) 김치가 별로 구미에 당기지 않게 된다. 산나물 중에는 김치의 양념 재료로 쓰이는 종류가 여러 가지 있을 뿐, 아직 산나물김치란 말은 생소한 것이다. 미나리, 고들빼기, 산달래와 갓을 썰어서 김치에 넣으면 별미로운 맛과 향기를 나타내므로 즐겨 이용한다. 또는 지치(지초)를 넣어서 불그레하게 고운 색깔로 물들이는 방법도 널리 이용한다. 또 여름철 논, 밭가에 흔히 자라는 돌나물을 뜯어다가 물김치를 담가 역시 별미를 즐기기도 한다.

그 이외의 산나물을 이용한 김치는 특별한 것이 없는 셈이다. 그러나 필자가 과거에 산간지방을 여행하면서 생소한 산나물김치를 먹어본 경험이 있었다. 어떤 종류의 야초인지는 알 수 없으나 독특한 맛이 있었다. 그래서 무, 배추의 김치 맛만을 굳이 고집하지 않고 별다른 미각을 찾는 뜻에서 산나물로 김치를 담근다면 얼마든지 맛좋은 별식이 가능하다고 본다. 다만 쓰고 떫은맛이 강하지 않은 부드럽고 순한 성질을 가진 종류를 찾아내는 것이 중요하다.

또 산나물김치는 무, 배추의 김치와 아주 다른, 김치답지 못한 맛이 나도 그것이 김치라기보다 양념으로 무친 것으로 여긴다면 이상할 것이 없다. 산나물을 데쳐서 무쳐 먹거나 생으로도 먹는 바에야 김치의 양념감으로 버무려 발효시킨다면 결국 생으로 익힌 것이 된다. 그러므로 김치라는 말을 쓰지 말고 양념을 하여 발효시키는 색다른 조리 방법이라 하여도 좋다. 산나물김치는 재료의 선택에 따라 맛이 좌우될 뿐이다. 어떤 종류는 물크러지고 또 미끈거리기도 하며 어떤 것은 쓰고 떫어서 역겨움을 안겨준다. 향취가 야릇해져서 내버리는 경우도 있다. 이것은 새우젓 같은 젓갈을 가미한 탓으로 발효 중에 변해버렸기 때문이다. 본래 산나물 자체가 독특한 맛과 향취를 지니고 있어 김치를 담가도 그런 특이한 맛이 있기 마련이다. 이것이 바로 산나물김치의 독특한 맛이다.

앞으로 산나물김치를 여러 가지로 담가 보면 그중에서 입맛을 당기는 훌륭한 김치 재료들이 나타나 주위 사람들의 호감을 얻게 될 것이다. 필자의 경험에 의하면 대중적으로 가장 흔하게 먹는 산나물이 김칫감으로 우선 적절하다. 생으로 그냥 무쳐 먹는 냉이를 김치로 담가 반찬으로 삼으면 손님들이 너무나 좋아한다. 보리순으로 김치를 담그면 풋냄새가 그윽하고 맛이 별미롭다. 씀바귀로 김치를 담가도 맛있게 먹을 수 있다. 산달래로 담근 김치는 그지없이 훌륭하다. 산부추나 무릇으로 담근 김치 역시 그 뛰어난 향취에 매혹되고 만다.

식물체 그대로 담가도 좋고 굵직굵직하게 썰어도 좋다. 하지만 다소 질긴 성질을 가진 것은 잘게 찢거나 썰어서 담그는 것이 먹기에 좋다. 이렇게 하면 진한 맛이 배어 나와 또 다른 맛이 생긴다. 이렇게 김치를 담그고 보면 냉이김치, 씀바귀김치, 달래김치, 산부추김치, 무릇김치…… 등등으로 그 이름도 다채롭고 매력적이어서 흥겨움까지 불러일으킨다. 그런 김치 이름만 들어도 구미가 당긴다. 특히 대여섯 가지의 산나물을 두루 섞어 물김치를 담가보면 싫다 하는 사람이 없다. 갖가지 산나물의 독특한 맛이 우러나오고 양념으로 넣은 파, 마늘, 고추, 생강 등이 우러나와 뒤섞인 국물의 맛은 일품이다. 김장김치의 국물 맛보다 훨씬 앞선다. 이것을 냉장고에 넣어 두었다가 먹으면 더욱 좋다. 이때 역시 식물체를 잘게 찢거나 썰어서 성분이 잘 우러나오도록 담글 것을 잊지 말아야 한다.

이렇게 담근 물김치는 여러 가지 산나물의 좋은 성분이 고루 혼합되었고 일반적인 양념의 성분도 우러나왔으므로 결국은 10여 가지의 유효성분이 집합된 음식인 것이다. 따라서 이 물김치는 뛰어난 영양 성분으로 가득 담긴 건강식품이 된다. 다소 쓴맛을 내는 산나물이 섞였더라도 희석되어 맛을 떨어뜨리지 않는다. 김치가 된 산나물이 먹기에 뻣뻣하다면 국물만 먹으면 된다. 국물이 더욱 영양가가 높다. 아무쪼록 그러한 물김치를 자주 담가보기를 권한다.

야초차 덖어 마시는 방법

◎ 야초차는 녹차와 동일한 것이다

산나물은 제철에 나는 것을 먹어야 좋으며 때가 지나면 잎이 세어지고 맛이 떨어져 식용하기에 거북하다. 그러나 몸에 좋은 산야초(산나물)를 1년 내내 저장해두고 수시로 섭취하는 가장 좋은 방법이 있는데 바로 야초차를 덖어 만드는 것이다. 야초차를 음료 대용으로 1년 내내 언제든지 식물의 좋은 영양소를 우리 몸에 공급한다는 것은 경제적이면서도 효과적인 건강 증진 방법이다. 아울러 몸에 좋지 않은 가공음료를 피하는 방법이 되기도 한다.

야초차 역시 녹차의 범위에 속하며 야초차와 녹차를 별개의 것으로 보면 안 된다. 녹차가 곧 차나무 잎으로 덖은 것이라고만 생각하면 잘못이다. 녹차라는 용어의 근본 의미는 덖은 차 잎을 더운물로 우려냈을 때에 식물 본연의 푸른(녹색) 빛깔인 엽록소가 생생하게 살아나는 것을 뜻한다. 이렇게 덖은 잎이 더운물에 풀어지면서 녹색을 띠고 있어야만 잎 자체에 함유되어 있는 풍부한 영양소가 파괴되지 않은 채 살아 있게 된다. 따라서 어떤 종류의 잎으로 덖음차를 만들었더라도 우려냈을 때 녹색을 띠는 것은 모두 녹차로 불려지게 된다. 차나무 잎으로 녹차를 덖어내었으면 그것을 다시 월출차니 설록차니 하는 고유한 상표 이름을 붙이게 된다. 다른 야생식물의 잎으로 녹차를 덖었으면 그 식물 이름을 따서 민들레차, 질경이차, 꿀풀차…… 등등으로 분류한다.

다시 되풀이하지만 어떤 식물의 잎으로 차를 만들었든지 우려내었을 때 녹색 잎이 살아나면서 본래의 영양소가 재생될 수 있는 것이면 모두 넓은 의미의 녹차이다. 그런데 어떤 차는 녹색의 잎이 살아나지 않는 것이 있다. 이것은 발효하여 만든 차이다. 녹차는 덖어서 만드는 것으로 그 방법이 다르다. 일반적으로 녹차로 만드는 재료는 거의 차나무 잎이다. 그런데 오늘날에는 야생식물의 영양가가 높고 약효도 있어 야초차의 애용이 날로 증가하고 있는 추세이다.

차나무 잎을 재료로 삼는 제다(製茶)는 오랜 역사와 전통을 가지고 있다. 중국 당나라의 육우(陸羽)가 최초로 『다경(茶經)』을 저술함으로써 그 이전부터 즐겨 마셔왔던 차의 세계를 정립시켜 발전의 계기가 되었다. 우리나라는 신라시대에도 차를 마셨다는 기록이 있는데 당나라에 사신으로 갔던 김대겸이 828년에 귀국하면서 차의 씨앗을 갖고 와 지리산에 심었다는 것이 시초이다. 일본에 차가 전해지기는 그로부터 100년 이후가 된다.

차를 마시는 데 차나무 잎의 재료가 주종을 이루게 된 것은 여타의 식물에 비하여 건강상 효능이 있고 맛이 썩 좋은 것으로 정평을 받았기 때문이다. 차나무 잎에는 카페인이 평균 1~3퍼센트 정도 함유되어 있으며 신경흥분, 혈액순환 촉진, 이뇨작용, 피로회복, 각성작용이 있어서 더욱 기호품으로 삼게 되었다. 차는 본래 약의 일종으로 애용해왔으며 중국에서는 물맛이 나빠 다른 식물의 잎이나 열매를 첨가하여 마시기 시작한 것이 차의 유래라는 이야기가 있다. 여하튼 약용의 효과를 보기 위해서 또는 감칠맛 있는 물을 마시기 위하여 여러 가지 식물의 잎과 뿌리와 열매, 씨앗을 활용해왔다. 그러면서 차나무의 잎이 가장 좋다는 것으로 선조들의 오랜 경험에 의해 정착되어진 것이다. 그래서 일반적으로 녹차 하면 곧 차나무 잎으로 만든 것을 항상 내세우게 되고 기타의 식물 재료로 만들어진 차는 대용차로 인지하고 있는 것이다. 따라서 야초차 역시 대용차로 여기고 있다. 하지만 산야초로 만드는 차는 차나무 잎으로 만드는 제다법과 동일한 순서에 의해 덖어진다는 것도 인식해야 한다. 이 야초차는 건강차로 그 효능이 차나무 잎으로 만든 녹차에 비해 조금도 손색이 없다. 오히려 건강 증진과 성인병 예방을 위해 훨씬 효과적이다.

차나무 잎의 녹차는 야생의 것으로 덖은 것이 일부 있기는 하지만 대부분 시판되고 있는 녹차는 재배된 것이라는 점에 유의해야 한다. 재배식물과 야생식물은 영양 성분을 따질 때 현격한 차이가 있다. 재배된 것으로 만든 녹차를 가지고 두뇌활동 촉진, 피로회복, 알칼리성 체질로 개선, 항암작용, 당뇨병·고혈압 예방, 니코틴 및 주독 해소, 피부미용 효과, 머리를 맑게 하고 기억력 향상, 치아 보호 구취 제거, 노화 방지, 중금속 해독…… 등등에 효과가 있다는 과장 선전은 도저히 이해할 수 없다. 그러한 효과를 얻으려면 식용하는 야생식물로 녹차를 덖어 마시는 것이 가장 적합하다. 다만, 야초차는 입맛에 생소하여 거부감이 생기는 경우가 있다. 차나무 잎의 녹차에 맛을 붙였다가 야초차를 마시면 기분이 썩 내키지 않는다. 이를 해결하기 위해서 야초차에 차나무 잎의 녹차를 혼합하든지 또는 생강을 첨가하여 마시면 구미를 돋운다. 그러나 야초차를 마시는 습관이 들면 그 독특한 향기와 맛이 썩 좋은 것으로 여겨지게 된다.

산야초 가꾸기의 취미를 즐기면서 산간에 야생하는 식용식물의 잎으로 손수 녹차를 덖어내어 온 식구들이 좋은 음료로 애용하는 과정은 참으로 보람된 일이다. 그러면서 다도의 경지를 깨닫게 된다. 손수 녹차를 덖어보지 않으면 다도의 경지를 터득하기는 무척 어렵다는 것을 말해두고 싶다.

○ 덖음차와 발효차는 성분이 다르다

중국에서는 차나무의 잎을 발효 또는 반발효한 차를 많이 만들고 있으며 우롱차, 재스민차 등 독특한 향과 맛을 나타내는 종류들이 대단히 많다. 여기서 이야기하고 있는 녹차는 발효한 것이 아니다. 발효는 일단 산소의 공급을 받아서 유기물질을 분해, 변화시켜 특유한 산물을 만들어내는 것을 말한다. 김치, 된장, 고추장 등은 모두 발효의 과정을 통하여 독특한 맛을 갖는다. 이렇듯 차도 발효시켜서 독특한 맛를 내는 종류가 많으며 발효의 방법과 비법이 다양하다고 한다.

녹차는 덖어낼 때에 산소의 공급을 억제하여 발효되지 않도록 하면서 건조시키는 제다법으로 만들어진다. 산소 공급을 제거하고 신속하게 건조시킴으로써 발효를 일으킬 수 있는 원인을 제거하여 식물이 지닌 비타민, 미네랄 등의 각종 영양소를 그대로 유지시킨 것이 녹차이다. 발효의 조짐을 중단시키기 위하여 아주 빨리 건조시켜야 하는 것이 중요하다. 다시 말하면 녹차 덖음질은 살짝 데치는 과정을 밟아 신속히 건조시켜 발효를 못하게 해야 영양소의 파괴를 방지하게 된다. 데치고 건조시키는 과정이 늦어져 발효가 이루어지면 영양소가 감소되어 버린다.

간장을 담는 재료를 준비하기 위하여 콩을 삶아 찧어서 뭉친 다음 메주를 띄우는 과정은 일정한 온도를 지속시켜 주어 발효를 돕는 것을 말하는데 녹차를 이런 식으로 만들면 발효차로 변한다. 또 식물의 잎을 잔뜩 쌓아 중압을 가하면 여기서 열이 생겨 띄우는 발효의 시초가 이뤄진다. 그래서 차나무 잎을 자루에 눌러 담아서 물기를 끼얹은 다음 발로 자꾸 밟아 발효차를 만든다는 이야기도 있다. 그러나 녹차는 이런 식으로 만드는 것이 아니다.

생잎을 따서 솥과 같은 그릇을 불에 달구어 여기에 생잎을 넣어서 살짝 데치듯이 덖는다. 덖는다는 말의 뜻은 가볍게 익힌다는 것인데 볶는다든지 태우는 것과는 아주 다르다. 손을 대어보아 뜨거울 정도가 되도록 덖어내면 산화효소를 파괴하며 이것을 얼른 건조시켜 엽록소의 분해를 막아야 한다. 그래야 우리 몸에 유익한 녹색을 유지하게 된다. 특히 식물을 가공, 조리하는 중에 쉽게 파괴되는 수용성 비타민류를 고스란히 함유하게 되어 이것을 수시로 달여 마시면 신체기능의 활성에 대단히 중요한 구실을 한다. 살짝 데치듯이 덖지 않고 지나치게 익힌다든지 볶아버리면 녹차로서 가치를 지녀야 할 본연의 성분이 함유되지 않는다.

옛날에는 생잎을 덖어내어 두 손으로 비벼대곤 했다. 그리하여 생잎의 즙액을 세포 밖으로 스며 나오게 하여 빠른 건조 효과를 도모했다. 또 비벼대면 잎의 표피가 파괴되므로 더운물에 넣을 경우 그 식물의 성분이 빨리 충분하게 우러나온다. 이로써 차의 향기와 맛을 만족스럽게 즐길 수 있다. 잎을 홍차로도 만들 수 있다. 홍차는 발효시킨 것으로 차나무의 잎을 뒤늦게 따낸 재료를 반 정도의 무게로 시들고 말라들게 한 다음 적당히 비벼서 발효실에서 발효시킨 것이다. 이 홍차를 만드는 식으로 산야초를 차로 만들면 대단히 수월하다. 또한 덖어서 만든 녹차를 다시 불에 달군 그릇에 넣어 타는 연기가 흐늘거릴 정도로 볶으면 유명한 영국의 홍차 못지 않은 훌륭한 맛과 향기를 자아낸다. 이렇게 볶은 차를 보리차 대신에 물에 넣어 끓일 경우 누구나 감탄하는 일상 음료로 항상 맛있게 마실 수 있다.

다른 방법은 살짝 데쳐서 몇 차례 비벼낸 다음 습기 있는 채로 그냥 말리면 저절로 절반 정도 발효되어 또 다른 별미를 나타낸다. 간단하게 차를 만들고자 할 경우에 이런 방법이 자주 쓰인다. 또는 생잎을 따다가 그냥 밝은 그늘에 말려서 차의 재료로 삼기도 한다. 그런가 하면 습기가 많고 기온이 20도 정도 되는 곳에 저장하여 발효적인 분해 변화를 일으킨 다음 나중에 한 번 덖어내어 풀 냄새를 없애는 방법도 있다. 이렇듯 여러 가지의 제다법에 따라서 차의 맛이 각각 달라지게 되며 각기 독특한 맛을 느껴보는 것도 재미있는 일이다.

옛날 식으로 덖은 것을 두 손으로 비틀며 비비는 작업은 정말 번거롭기는 하다. 그러므로 가정에서의 효율적인 제다를 위해서는 멍석같이 표면이 꺼칠한 것을 마련하여 그 위에 덖은 잎을 놓고 두 손바닥으로 비벼대면 즙액이 잘 솟아나고 잎의 표피도 쉽게 파괴된다. 더 편리한 기구로는 울퉁불퉁하게 골이 패인 빨래판 위에 놓고 비비면 훨씬 능률적이다. 대량 생산을 위해서는 기계설치로 가열하여 수분을 제거하고 비비는 공정을 갖춘 기계를 작동하는 방법도 있지만 이것은 전문업자들이 필요로 하는 설비이다. 오히려 자신의 손바닥으로 땀을 흘리며 빚어내는 기쁨과 보람이 있으며 따라서 차 세계의 깊은 정신을 앞서 터득하게 된다.

차나무는 키가 2~3m의 관목과 30m의 높이로 자라는 교목이 있는데 열대지방에 가까울수록 키가 크며 중국산, 인도산이 중심을 이루고 있다. 우리나라에는 중국산의 소엽종과 이 소엽종을 개량한 일본산 야브키타종이 재배되고 있으며 남부지방에 널리 분포한다. 차나무의 잎은 따는 계절과 풍토 환경에 따라서 맛과 향이 달라진다. 그리고 잎을 딸 때에 손끝을 이용해야 비타민 파괴를 극소화시킬 수 있다. 차나무를 재배하면서 화학비료와 농약 살포를 일삼는 소수의 몰지각한 사람도 있는데 다도의 순수성을 저해하는 행위로 삼가야 할 일이다. 육우가 그의 다경에서 지적했듯이 야생차엽이 으뜸이며 차밭에서 재배된 것은 하등품이라 했다.

이런 점에서 야초차는 자연의 생명력을 그대로 간직한 것이며 그 재료가 풍부하여 언제 어디서든지 쉽게 채취할 수 있는 장점이 있다.

○ 녹차 덖는 자세가 중요하다

맛있는 차를 덖어 만들어 보려면 차의 세계로 들어가는 자세가 갖춰져 있어야 한다. 차를 만드는 과정에 따라 맛의 차이가 있음을 자주 겪게 된다. 본래 품질 좋은 고급의 차를 만들려면 차를 만드는 날짜를 미리 정해 놓아 그날만은 번거로운 일을 제쳐놓고서 잡념 없는 고요한 마음으로 가다듬어야 한다. 어떤 사람은 차를 만드는 전날에 몸을 깨끗이 씻고 마음도 정결하게 가라앉혀 거룩한 날을 맞이하듯이 대비를 한다. 이것은 결코 허례가 아니다. 고급차를 만들기 위해 심혈을 기울이다 보면 신묘한 여러 가지 요소들을 느끼게 되는데 이러한 느낌은 말로 표현하기가 어렵다.

그래서 옛 글에 차는 현미(玄微)하다고 했다. 즉 알기 어려울 정도로 이치가 매우 아득하고 깊은 미묘한 점이 있어서 그 묘를 말로 나타내기가 어렵다고 하였다. 또 차의 좋고 나쁨을 가름하는데 있어서 차 만드는 비법은 구전으로만 가능하며 붓으로는 표현할 수 없다고 하였다.

사실, 실제로 녹차를 직접 만들어 보면 제다의 횟수가 늘수록 녹차의 미묘한 요소를 많이 체득하게 된다. 덖는 그릇에 따라서, 덖을 때의 불길에 따라서, 슬쩍 데치듯이 덖었다가 꺼내는 순간에 따라서, 잎을 비벼서 맛과 향의 차이가 조금씩 달리 생겨난다. 보다 중요한 것은 얼마만큼 정성을 들이느냐 하는 점이다. 여기에는 얼마나 정결한 마음을 갖고 몰두하느냐 하는 것이 포함된다.

녹차를 많이 만들어 볼수록 『동다령(東茶頌)』에서 표현한 '다신(茶神)'이란 용어의 뜻을 어렴풋하게 느끼게 된다. 그리고 『다경』에 일컬은 '차에는 아홉 가지의 어려움이 있다[茶有九難]' 하는 말도 이해할 듯 싶어진다. 한마디로 말하면 스스로 녹차를 덖는 경험을 쌓지 않고서는 차의 아련한 진수를 터득하지 못한다는 점이다. 녹차를 몸소 자기 손으로 만들어 보지도 않고 차 이론을 전개시킨다는 것은 수박의 겉만 보고 맛을 표현하는 것과 같다.

차를 끓이고 마시는 법에 의해서 제다의 경험을 쌓음으로 자연적으로 그 예절과 성의가 속으로부터 우러나오는 것이다. 제다의 경험을 쌓지 않은 사람이 다도를 갖추려 하는 것은 의관만 갖추는 것일 뿐이다. 그런 사람들은 참다운 마음을 담지 못하는 것을 역력히 볼 수 있다. 차는 우선 마음으로 마셔야 한다는 것은 제다의 실제 경험 가운데서 성숙되어지는 것이다.

다례(茶禮)라 하여 여러 가지 형식을 취하는 광경을 자주 보게 되는데, 일반적으로 너무 외형의 격식에 치우치고 있다. 제다의 경험을 쌓은 사람이 마시는 차는 허울좋은 다례 형식에 치우치지 않는다. 끓이고 마시는 과정에서 눈에 보이지 않는 성의와 정성어린 자세가 고아하게 나타나는 동시에 모름지기 다신을 느끼게 하는 분위기를 감돌게 한다. 차 덖기의 현미(玄微)를 모르고는 제다의 어려운 노고를 겪어본 사람의 진정한 성의가 살아나지 않는 법이다.

요즘 유행하는 다례의 형식을 보면 임금님을 받드는 듯 엄숙한 격식에 얽매이는 인상을 받는다. 이런 식의 번거롭고 까다로운 방법이라면 어찌 푸근한 마음으로 차를 즐길 수 있겠는가.

옛 글에 차를 조용히 정숙하게 받쳐 모신다 하는 내용이 있다. 이것은 대접하는 입장에서 당연히 갖춰야 할 자세이다. 쟁반에 차를 받쳐들고 덜렁거려서는 찻물이 쏟아질 것이므로 아무래도 조용한 걸음으로 우려낸 차를 옮겨 놓지 않으면 안 된다. 이런 상식적인 것에다가 궁중의 격식 같은 것을 가미하여 고상한 품위를 나타내려는 억지는 오히려 다도의 참다운 경지를 손상시킬 우려가 있다. 차는 보편적인 일상생활로 항상 손쉽게 즐길 수 있어야 한다. 이런 가운데 『동의보감』에 밝혔듯이 '차는 머리와 눈을 밝게 하고, 변(소변)을 이롭게 하며, 갈증을 덜어주고, 잠을 적게(각성)하며, 모든 독을 풀어준다' 하는 건강상의 도움을 항상 취할 수 있다.

위에서 간단히 열거한 차의 세계를 대강 인지하고 나서 녹차 덖기에 입문하는 것이 좋다. 그리고 처음으로 녹차 덖기의 깊은 진수를 곧장 맛볼 수는 없으므로, 일단은 간단히 덖어내는 방법부터 시작하는 것이 순서이다.

처음에는 야초차를 쉽게 만들어 본다

녹차를 덖는 과정에서 마음을 쏟아 정성을 바치면 모름지기 어떤 신비스러움마저 느끼게 하는 미묘한 요소가 생긴다. 이런 경지를 체험하려면 오랜 기간에 걸쳐 덖는 실습을 쌓으면서 힘겨운 노력을 기울이지 않으면 안 된다. 그러나 복잡한 환경에서 분주하게 생활하는 사람들은 그런 여유를 내기가 어렵다. 이 점을 감안하여 우선은 간단하게 녹차를 덖는 방법을 습득하는 것으로부터 시작하는 것이 좋다. 간단하게 만들어낸 녹차라 해서 효능이 떨어지는 것은 아니다. 효과적인 영양 성분은 유지하지만 단지 향취와 맛이 고급화되지 못한다는 결함이 있을 뿐이다.

녹차를 처음 덖어 만들어 보고자 하는 초심자를 위해서, 항상 분주하게 활동하는 사람들의 편의를 위해서 간단하게 만드는 녹차의 방법을 설명해본다.

첫번째, 잎에 내린 아침 이슬이 증발한 직후에 녹차 재료가 될 생잎을 따다가 곧 덖는 것이 이상적이다. 오전 10시 이전에 식용하는 산야초의 잎을 채취하는 것이 좋은데 이 시간대를 맞추기 위해서는 노력하지 않으면 안 된다. 그러나 일단은 식용이 되는 풀이라면 아무 때이든 무난하다. 반드시 어린순만을 따내려고 애쓸 필요는 없다. 식용할 수 있는 풀이라면 여름철에라도 깨끗하고 여린 것을 따서 녹차의 재료로 삼는다. 여름의 잎은 많은 햇볕을 받으면서 성숙한 것이므로 봄철의 새순보다 약리적인 효능은 좋다. 다만, 봄철의 것은 맛이 은은

하고 순하여 입맛에 좋지만, 여름철의 것은 맛이 짙고 부드럽지 못하다는 차이가 있다. 하지만 쑥과 같은 종류의 경우는 그 맛과 향이 아주 강하므로 새로 돋아난 순만을 따내야 맛이 거슬리지 않는다. 그래서 쑥잎은 새롭게 돋아나는 무렵에 미리 다량으로 채취하여 1년 내내 마실 수 있도록 준비해 두는 것이 좋다.

두 번째, 거친 산야에서 제멋대로 자라난 풀이므로 채취하자마자 잎에 붙은 여러 가지 이물질들을 깨끗이 씻어야 한다. 그리고 물기를 털어낸 다음 밝은 그늘에 널어놓아 나머지의 물기를 증발시킨다. 물에 담가 씻을 때에 세제를 사용하지 않도록 한다. 세 번째, 가정에서 흔히 쓰고 있는 프라이팬을 불에 올려 뜨거운 열기가 달아오르면 생잎을 넣어 덖는다. 생잎을 계속 들추어 대면서 살짝 데쳐 숨을 죽인다. 물은 절대로 첨가하지 말고 생잎 그대로 가볍게 데친다.

네 번째, 약간 익을 듯이 데쳐졌으면 쟁반 위에 꺼내어 놓고 잠시 식힌 후 두 손바닥으로 비빈다. 계속 비벼대는 동안에 데워진 잎이 식으면 다시 프라이팬에 넣어 들추어 가면서 생잎에 열기가 오르도록 한다. 이때부터 불길을 약하게 조정한다. 볶듯이 태우면 녹차의 효능이 떨어진다.

다섯 번째, 위와 같은 방법으로 살짝 데쳤다가 비벼대는 작업을 몇 차례 되풀이하는 사이에 잎의 표피로 스며나온 수분이 메말라진다. 어느 정도 잎의 수분이 말라버렸으면 온기 있는 그늘에 널어놓아 완전히 건조시킨다. 통풍이 좋으면 빨리 건조된다.

여섯 번째, 완전히 건조되었으면 깡통이나 병 따위의 용기에 담아 밀폐시켜서 갈무리해 둔다. 이때 갖가지 가공식품에 들어 있는 방습제를 모아 두었다가 한두 봉지를 함께 넣으면 더욱 좋다. 이렇게 갈무리한 것을 수시로 꺼내어 뜨거운 물에 우려서 마신다.

위와 같은 방법을 덖어낸다고 말하며 이런 녹차(야초차)는 '덖음차'라고 불려진다. 덖음차를 만드는 절차가 성가실 경우, 데쳐서 손바닥으로 비벼대고 더운 기운이 사라지면 다시 데워서 또 비벼대는 횟수를 줄여도 괜찮다. 생잎의 수분이 덜 증발되었어도 그냥 그늘에 말려서 갈무리해 두어도 좋다. 이런 덖는 작업을 실시할 시간 여유조차 없는 사람에게는 더 간략하게 야초차를 만드는 방법이 있다. 음건제다법으로 그 순서를 간단히 요약하면 다음과 같다.

첫번째, 채취한 생잎을 물에 씻은 다음 통풍이 좋은 밝은 그늘에다 그냥 말린다. 될수록 빨리 건조하여 녹색이 살아나도록 유의해야 한다. 엽록소가 살아 있어야 영양 성분이 보존된다. 너무 천천히 건조되면 누런 색깔을 띠게 되어 영양소의 손실은 물론 맛이 떨어진다. 건조가 신속하지 못하면 햇볕에 내놓아 건조시켜도 괜찮으나 햇볕을 받은 것은 영양 성분이 감소된다는 결점이 있다.

두 번째, 어느 정도 건조되었으면 가위로 1센티미터의 크기가 되도록 자른 다음 프라이팬에 살짝 익히듯이 열을 가한다. 이렇게 익히지 않으면 풀 냄새가 나서 역겨운 맛이 난다. 익힐 때 누런빛으로 변한다든지 타지 않도록 하여 항상 녹색이 유지되도록 해야 한다.

세 번째, 너무 건조되어 익힐 수 없으면 그대로 더 건조시켜서 용기에 갈무리해 둔다.

네 번째, 때로는 생잎을 먼저 절반 정도 익도록 데쳐서 건조시키면 풀 냄새가 어느 정도 사라진다. 지나치게 데쳐서 말리면 녹색이 흐려지는 경우가 있다는 점을 주의해야 한다. 여기서 데친다는 뜻은 뜨거운 물에 넣어 데치는 것이 아니라 생잎 그대로를 덖는 것을 말한다.

다섯 번째, 또는 생잎을 줄기째로 채취하여 다발로 묶어서 바람이 잘 통하는 그늘진 처마 밑이나 천장에 매달아 놓아 자연 건조시키는 쉬운 방법이 있다. 완전 건조가 되었으면 1센티미터 길이로 썰어서 갈무리해 둔다. 이 경우엔 데치는 과정이 생략된 것이다. 자연 건조된 것 중에서는 몇 개월 지나서 누렇게 색깔이 변하기도 하는데 이런 것은 보관해 둘 필요가 없다.

위에서 예시한 몇 가지 방법으로 간단하게 야초차를 만들어 음료 대신에 수시로 마시면 건강차의 효과를 보게 된다. 아무쪼록 여러 가지의 식물 종류로 차를 만들어서 대여섯 가지 이상을 조금씩 혼합하여 마시면 맛과 향이 보다 독특하고 좋으며 상승 효과가 나타나 몸에 이로움을 가져온다.

◎ 고급차를 덖어내는 것이 원칙이다

힘이 덜 드는 간단한 방법으로 녹차를 만들어 마시다 보면 마침내는 품질이 좋은 것을 갈구하게 된다. 더 맛있고 더욱 향취가 그윽한 것을 찾게 된다. 이로부터 녹차의 참다운 경지로 접어들게 된다. 여기서 해설하고 있는 야초차 만드는[造茶] 방법은 차나무 잎을 덖어 녹차를 만드는 방법과 똑 같은 과정이며 그 재료가 다를 뿐이다. 참으로 정성 들여 다신을 살려낸 녹차는 그윽한 향기가 온 방안에 자욱히 넘쳐흘러 기분을 상쾌하게 하고 정숙한 분위기를 자아낸다.

보다 품질 좋은 고급의 녹차를 덖어내는 방법은 아래와 같다.

계획이 앞서야 한다

녹차를 덖어 만들기 위해서는 미리 계획을 세워야 한다. 아무 때이든 휴일이 돌아오면 그냥 야외로 나갔다가 심심풀이로 생잎을 채취하여 마음 내키는 대로 덖어내는 방법은 졸속이며 품질이 크게 떨어진다. 먼저 녹차를 덖어낼 좋은 날을 잡아야 한다. 2~3일 전부터 청명한 날씨가 계속 이어지는 시기라야 이상적이다. 이러한 시기에 어느 맑은 하루를 정했으면 그날만은 아무 잡념 없이 녹차 덖는 일에만 정성을 다하여 전념할 수 있는 조용한 하루여야 한다. 이 역시 마음을 가다듬어 수양하는 길이라고 여겨야 한다. 좋은 날을 잡았으면 대사를 치르듯이 보조해줄 사람을 선택하고 일의 순서 및 필요한 도구 등을 미리 갖추어 놓아야 한다.

잎 따기의 시기를 맞춰야 한다

잎 따는 시간은 오전 10시 이전이 가장 좋다. 쾌청한 날씨에 이슬을 흠뻑 머금으면서 휴식을 취한 식물의 잎을 따야만 고급의 품질이 이뤄지는 재료가 된다. 다시 말하면 잎에 촉촉하게 젖은 이슬이 아침 햇살을 받아 증발하고 난 직후가 잎 따기의 효과적인 시간이다. 이때의 잎에는 영양 성분이 듬뿍 농축되어 있기 때문이다. 한낮이나 오후에 따낸 잎은 광합성과 생장활동으로 인하여 영양 소모가 많아졌으므로 향과 맛부터 달라지게 된다. 긴 밤중에 충분히 휴식을 취한 식물이어야만 효능이 좋다. 사람도 푸근한 잠을 자고 나면 이튿날 아침에 활력이 생기는 것과 마찬가지이다.

옛 다서(茶書)에서도 밝히기를 흐린 날씨이거나 비오는 날에 따낸 잎은 좋지 않다고 하였다. 햇볕을 받지 못한 잎으로 차를 만들면 맛이 달라지기 때문이다. 여러 날 햇볕을 받은 식물일수록 활발한 광합성 작용에 의하여 풍부한 자양이 온 식물체에 감돌기 때문에 이러한 잎이 차 맛을 좋게 한다. 차나무 잎의 채취는 대개 4월 말이나 5월 초순경이 가장 좋은 시기로 되어 있다. 봄에 새순이 터서 식물이 어느 정도 성장하여 한창 싱그러워지기 시작하는 시기에 생장점의 잎을 따야만 향기와 맛이 가장 알맞게 살아난다.

그런데 야초차를 덖어본 경험에 비추어 볼 때, 시기에 관계없이 싱싱한 새잎을 따기만 하면 큰 차이가 나타나지 않는다. 차나무의 경우에는 새잎을 계속 따낼수록 타닌 성분이 새 잎에 자꾸 생성되어 점점 쓴맛이 우러나오지만, 대부분의 산야초는 그런 성질이 별로 없는 편이다. 다만 엽록소가 풍부한 잎으로 생장점이 되는 싱싱한 새순을 따기만 하면 야초차의 독특한 맛이 언제든지 살아난다. 시든 잎, 늙은 잎, 너무 뻣뻣한 잎, 누런 잎, 초록색이 연한 것은 맛과 향이 좋지 않으며 영양 성분도 떨어진다.

잎을 땄으면 곧 귀가해야 한다

야초차(녹차)의 재료가 되는 잎을 채취했으면 곧 집으로 돌아와서 덖어내기 준비를 해야 한다. 따온 잎에 섞인 늙은 것, 시든 것, 상처 입은 것, 잡풀 등을 골라내고 깨끗한 찬물에 헹구어 낸다. 야생상태에서 먼지와 잡물이 묻어 있기 마련이므로 이것을 청결하게 씻어야 한다. 씻을 때 세제를 사용하면 안 된다.

씻어낸 다음 물기가 빨리 없어지도록 조치해야 한다. 물기가 있는 채로 덖으면 작업이 더디어지고 무척 번거로운 일이 생긴다. 뿐만 아니라 건조가 지연되면서 향과 맛이 떨어진다. 보다 정성을 다하여 물기를 털어 낸 다음 깨끗한 마른 헝겊으로 잎 표면의 물기를 일일이 닦아야 한다. 여러 사람이 매달려 한꺼번에 물기를 제거하는 것이 좋다. 잎이 생생하게 살아 있어야 품질이 좋아지며 시들어 가는 듯한 기운이 있으면 좋지 않으므로 신속하게 물기를 없애야 한다.

이것이 번거로우면 물기를 여러 차례 털어낸 다음 온기 있는 밝은 그늘에 널려 그냥 수분을 증발시켜도 괜찮다. 단, 잎이 시들 듯 생기를 잃는다든지 너무 말라버리면 품질이 떨어질 염려가 있으므로 물기가 골고루 빨리 증발되도록 수시로 헤쳐 뒤집어주면서 지켜보아야 한다. 반드시 싱싱한 상태여야 한다는 것을 유의해야 한다. 과수원에서 사과를 금방 따서 먹는 것과 구멍가게에서 묵은 사과를 사다가 먹었을 때의 맛에는 큰 차이가 있다. 이 점을 생각한다면 따온 생잎을 묵히지 말고 지체없이 곧 덖어야 한다는 의미를 이해할 수 있을 것이다.

따온 잎을 몇 시간씩 방치해둔다든지, 밤을 재우면 잎이 시들어버리고 또 누렇게 변하는 종류도 있다. 시간이 오래 지날수록 영양 성분이 떨어지고 품질이 나빠진다. 채취한 잎을 묵히지 말고 빠른 시간 내에 덖어야 하는 것이 최선책이다.

곧 덖는 작업을 착수한다

미리 말해 두거니와 장마철에는 녹차 만들기를 중지하는 것이 좋다. 비오는 날이 계속되면 생잎의 영양 성분이 저하되고 건조시키는 데에 애로가 생긴다. 장마철에는 습도가 높아 건조가 더디어지면서 곰팡이가 생길 염려도 있다. 따라서 품질도 변해버리고 위생상 좋지 않다.

먼저 덖어낼 그릇이 준비되어 있어야 한다. 가장 알맞은 그릇은 두꺼운 무쇠솥이다. 이런 솥은 구하기가 어려우므로 될수록 쇠가 두꺼운 전골냄비나 프라이팬을 이용하는 것이 편리하다. 두께가 얇은 그릇으로 덖으면 불길을 은근하게 조절하기가 불편하고 자칫하면 잎이 누런빛으로 볶아지기 쉬우므로 좋지 않다. 구하기 쉬운 이상적인 그릇은 돌솥(쑥돌을 깎아서 만든 것)인데, 큰 것을 구입하기가 어렵다는 점과 달구는 데 시간이 걸린다는 불편이 있다.

그릇이 준비되었으면 각 가정마다 갖추고 있는 가스레인지에 올려놓아 처음엔 불길을 세게 하여 달군다. 충분히 달아올랐으면 그릇(솥)의 절반 정도쯤 차도록 생잎을 넣는다. 수북하게 채우면 골고루 덖어내기가 어렵다는 점에 유의해야 한다. 덖는다는 뜻은 살짝 데쳐지는 상태로서 가볍게 익히는 것이며 볶는다는 뜻과는 전혀 다르다. 볶는다는 것은 누런빛이 난다든지 약간 타도록 익히는 것인데, 볶으면 잎에 함유한 비타민 등의 영양소가 파괴되어 버린다.

뜨거워진 그릇에 생잎을 넣었으면 계속 휘저어 뒤집으면서 골고루 덖는다. 한손엔 나무주걱을 쥐고 계속 들추어대면서 다른 손은 맨손으로 휘저어 뒤집는 것을 돕는다. 한쪽이 맨손이어야 한다는 것은 생잎이 어느 정도 덖어졌고, 데워졌는가를 느끼기 위한 것으로 이 맨손이 대단히 중요한 구실을 한다.

처음 덖을 때에는 완전히 데치거나 아주 익혀버리면 안 된다. 1차 덖음에서는 절반 정도 이내로 데치는 것으로 끝내야 한다. 2차, 3차…… 여러 차례 덖는 사이에 저절로 모두 데쳐지게 된다. 가볍게 덖으면 생잎은 숨을 죽이게 되는데 약간 데쳐진 상태에서 이것을 대바구니나 쟁반 같은 곳에 부어놓고 두 손바닥으로 골고루 비벼댄다. 그렇지 않으면 거친 멍석 위에 꺼내놓고 원을 그려가며 비빈다. 마치 빨래 주무르듯이 비벼대는 것이다. 방석만한 크기의 멍석이 준비된다면 가정용으로 이용하기가 썩 편리하다. 또는 대나무를 잘게 쪼개어 엮은 것도 좋으며 때로는 요철이 있는 빨래판에 놓고 비비는 것도 아주 효과적이다.

비볐으면 다시 덖어내고, 또 다시 비벼서 덖어내기를 적어도 대여섯 차례 이상 반복한다. 살짝 덖어 숨이 죽은 상태이면 생잎에 함유된 본래의 유익한 영양 성분을 그대로 유지하게 되며 이것이 발효가 되어 변질되지 않도록 속히 건조시켜야 한다. 덖어 비벼대는 것은 빨리 건조시키기 위한 방법이다. 비비면 잎 속의 즙액이 밖으로 스며나오게 되며, 이것을 다시 덖으면 그 즙액은 데워진 열기로 인하여 증발된다. 비비다 보면 즙액에 뭉쳐 덩어리가 되는 것이 대부분인데 이것을 풀어헤치면 그 사이에도 즙액이 증발된다. 그리고 이렇게 대구 비벼대노라면 잎의 표피가 파괴되므로 녹차로 마실 때 영양 성분과 향과 맛이 잘 우러나오는 효과도 아울러 얻게 된다.

더운 기운이 사라지면 두 번째 덖음으로 들어간다. 두 번째 덖음부터는 불길을 좀 약하게 한다. 이 불길 조절에 따라서 녹차의 맛이 달라지게 된다. 불길이 강하면 지나치게 익어 맛이 달라진다. 처음 덖어서 비빈 것을 고루 헤쳐서 다시 뭉근하게 달아오른 그릇(솥)에 넣어 덖는다. 골고루 휘저어 뒤집으면서 데우면 잎의 즙액은 계속 증발되기 마련이다.

한쪽의 맨손에 뜨거움이 느껴지면 곧 꺼내어 놓고 헤쳐 약간 식힌 다음 또 비빈다. 비비면 다시 즙액이 겉으로 솟아 나온다. 이것을 고루 헤쳐 다시 덖는다. 이렇게 덖어내기를 반복하면 점점 말라 가는 것을 감지할 수 있다. 적어도 대여섯 번 이상 덖고 비비고 해야 건조의 느낌이 생긴다. 때로는 물기를 많이 품은 식물의 잎은 몇 차례 더 덖어야 즙액이 메말라간다.

덖고 비비기를 반복하는 과정에서 즙액이 더 이상 스며나오지 않을 듯 싶은 건조 상태가 이뤄지면 완전히 건조되지 않았더라도 덖음질을 중지한다. 그리고 온기 있는 밝은 실내에 깨끗한 종이를 깔고 널어놓아 자연 건조가 되게 한다. 실내의 환경에 따라 다르겠지만 1시간 정도 지나면 바삭바삭하게 완전한 건조가 이뤄진다. 덖을 때에 그리고 덖음질이 끝난 후에도 반드시 풀잎의 녹색 빛깔이 항시 살아 있어야만 정상적인 녹차가 만들어진다. 이 녹차를 뜨거운 물에 우려서 마른 잎이 풀어지면 다시 싱그러운 풀빛을 띠게 되는데 이것이 바로 녹차이다.

완전히 건조된 녹차 낱개비의 모양은 여러 가지로 비비 틀려 있어야 좋다. 이것은 비비기를 충분히 했다는 표시이다. 기이하게 비비 틀린 모양을 갖도록 하기 위해서는 멍석 같은 데에서 비빌 때 원을 그려가며 틀면서 비벼대는 것이 효과적이다. 그래야 잎 속의 즙액이 빨리 충분하게 솟아나는 것이다. 완전 건조된 녹차는 그 색깔이 녹색을 은은히 띠고 있어야 상품으로 친다고 하지만 야초차는 각 식물의 품성에 따라 건조되면 검은 색깔을 띠는 것이 대부분이다. 다만 엽록소가 풍부한 것만이 녹색 기운을 띤다. 그러므로 야초차는 건조 후의 색깔에 대해서는 신경을 쓸 필요가 없다. 뜨거운 물로 우려내고 나서 차잎이 풀어져 본연의 짙은 풀빛(녹색)을 드러낸다면 일단은 잘 만들어진 녹차인 셈이다. 뜨거운 물에서 풀어진 잎이 누런 색깔을 띠고 있으면 하품이다. 또 마실 때에 풀 냄새를 풍기면 보다 최하품이다.

야초차는 한 가지 종류로만 만드는 것이 아니라 식용하는 여러 가지 각기 다른 식물 종류를 선택하여 제다하는 것이므로 식물체의 개성에 따라서 덖는 과정이 조금씩 달라진다. 특히 물기를 너무 많이 품은 것은 덖어내기에 힘겹기만 하다. 닭의장풀(달개비)이나 밀나물 같은 종류는 처음 덖어내고 손에 꽉 쥐어보면 손가락 사이로 물기가 스며나온다. 이렇듯이 물기를 흠뻑 품은 것을 덖고 비벼서 곧 건조시키기에는 땀이 흐른다. 이러한 식물은 일단 그늘에서 좀 말렸다가 덖어야 수월해진다.

어떤 식물은 잎맥이 거세어 덖을 때에 애를 먹인다. 어린순으로 제다할 경우에는 별 불편이 없지만 성숙한 잎은 잎자루를 깊이 따내야 한다. 칡잎처럼 넓은 잎을 가진 것은 몇 조각으로 뜯어서 덖어야 수월하다. 따라서 야생식물을 재료로 삼아 녹차를 만들 경우에는 그 식물의 개성에 맞추어서 덖는 기교를 조금씩 달리해야 한다. 위의 설명에서 고루, 골고루라는 말이 자주 나오고 있는데, 이 '골고루'가 더 완전할수록 녹차의 가치를 높여주는 중요한 구실을 한다는 것을 유념해 두길 바란다. '불길'과 '골고루'가 조화를 이룸으로써 색깔과 향과 맛이 좋아진다.

사실, 품질 좋은 녹차를 만드는 방법은 말로 표현하기가 대단히 어렵다. 단지 오랜 경험과 육감에 의해서만 성립된다. 정성이 좀 모자란 듯 싶으면 품질이 떨어지는 것을 얼마든지 경험하게 된다. 덖는 과정에서 정신이 한 곳에 모아지지 않고 잡념을 갖게 되면 당연히 품질이 떨어진다. 참으로 녹차의 덖음은 불가사의하다는 생각이 떠오르곤 한다. 그래서 옛 다서에 일컫기를 '그 현미함을 말로 표현하기는 퍽 어렵다' 하였다. 또한 『동다령(東茶領)』에서 읊기를 '밤이슬을 듬뿍 마셨다가, 삼매경에 접어든 손에 기이한 향이 스며드는구나' 하였다.

○ 모든 산나물은 야초차의 재료가 된다

거친 산과 들에서 마구 자라나는 풀들을 녹차로 만들어 상용하고자 할 때에 경험 없는 사람은 가끔 의문점을 갖기도 한다. 과연, 이 풀을 먹을 수 있을까, 혹시 몸에 독 기운이 퍼져서 위험한 사태가 일어나지 않을까 하는 의구심이다. 안심하고 먹을 수 있는 풀임을 확인하고서도 떨떠름해하는 사람들이 있다.

이 지구상에 자생하고 있는 식물들 중에서 독성이 있는 것 외에는 모두 식용할 수 있다. 비록 독성이 있더라도 그것대로 유용하게 쓰이고 있다. 강한 독성을 품고 있는 투구꽃의 뿌리는 간장 치료에 효과가 있으며 역시 독성이 있는 복수초 뿌리는 심장병을 예방하는 데 효험이 있는 것으로 알려지고 있다. 한의학에서는 여러 가지 독성 식물을 고질적인 질병 치료에 효과적으로 이용하고 있다. 현대의학은 식물의 독성을 추출하여 난치병을 치유하는 좋은 의약품을 생산하고 있다.

산야초를 식용하는데, 특히 녹차를 만들 때에 독성 식물을 제외하고는 모두가 훌륭한 재료가 된다. 다만 그 맛이 구미에 맞는가, 안 맞는가 하는 것만이 문제가 될 뿐이다. 좀더 안심하고 녹차를 만들고자 하면 봄부터 초여름 사이에 채소시장에서 판매하는 온갖 산나물 종류를 찾으면 다 훌륭한 녹차의 재료로 이용된다. 하나의 식물이 나물로 해서 먹기까지에는 옛 선조들의 희생이 컸다. 가뭄이 들었다든지 태풍이 휩쓸어 흉년을 만났을 때, 온갖 식물들을 양식의 대용으로 삼았다. 수천 년의 긴 세월에 걸쳐서 각종 식물들을 이용하는 가운데 어떤 풀은 사람의 목숨을 앗아갔고 어떤 풀은 건강을 해쳤고 어느 것은 해롭지는 않으나 맛이 없으며…… 이런 체험을 숱하게 쌓아오는 동안 그중에서 썩 맛있게 먹을 수 있는 이로운 산나물이 선택되어진 것이다. 현재 우리들의 식단에 올려놓아 즐겨 먹는 산나물들은 오랜 세월 동안 수많은 희생을 겪으면서 선별된 것이므로 이런 산나물을 녹차의 재료로 삼는 것이 가장 안전하고 효과적이다.

널리 애용하는 산나물로 녹차 만들기의 경험을 서서히 쌓아가다 보면 문득 다른 종류의 식용 식물을 하나씩 찾아서 새로운 녹차 만들기를 시도하게 된다. 그러면 어떤 풀이 자신의 입맛에 맞으며, 어떤 종류들을 혼합해 우려 마셔야 감칠맛이 있다는 것을 차차 익히게 된다.

채소시장에 나오는 산나물 외에도 산야에서 흔히 발견되는 질경이, 꿀풀, 민들레, 수송나물, 약모밀, 칡잎, 차풀, 고비, 닭의장풀 등등 기타 갖가지의 식물들을 널리 활용하게 된다. 이런 야생 식물들은 각각 특수한 약효와 성분을 나타내면서 건강과 미용에 효과적이라는 것을 터득하게 된다. 풀잎만을 녹차의 재료로 삼을 것이 아니라 구기자나무, 감나무, 오갈피나무, 으름 등의 나뭇잎도 맛과 향이 좋은 영양 녹차로 만들 수 있다. 여기서 중요한 것은 식용이 되는 것이라도 각 식물마다 약효의 특징이 따로 있는데 녹차의 재료 선택을 잘못하여 몸에 해로울 수 있지 않을까 하는 또 다른 의문이다. 이 의심스러움을 풀지 않으면 항상 꺼림칙한 노릇이다. 한 가지 예를 들어본다.

도라지 뿌리는 염증으로 생긴 고름을 빼내고, 가래를 삭히며, 종기를 삭여주고, 기관지염, 인후통증 등등에 효과 있는 성분이 있다고 옛 한의서에 기록되어 있다. 또한 민간요법에서는 도라지 뿌리가 감기, 기침, 가래삭힘, 폐결핵, 산후복통, 오줌싸게, 편도선염, 허리 아플 때에 쓰이며, 기타 다른 약초와 조합하여 여러 가지 증상에 쓰여오고 있다. 이렇듯 도라지 뿌리는 온통 병자에게만 쓰여지는 것으로만 인식되기 쉬우며 그런 거북스러운 병이 없는 사람에게는 입맛이 떨어지는 식물이다. 그렇지만 우리는 수시로 도라지 뿌리를 식탁에 올려놓고 맛있게 식도락을 즐긴다. 그 끔찍스러운 질병에 쓰이는 뿌리를 맛있는 반찬으로 항상 먹고 있는 것이다. 그 이유는 몸에 좋은 영양 식물이기 때문이다.

우리가 식용할 수 있는 식물로 어떤 질병에 효과가 있다는 것은 일차적으로 그 질병의 증상을 완화시킬 만한 영양 성분이 다량 함유되어 있다는 것뿐이다. 식물이 품고 있는 성분은 양약처럼 단순하지 않다. 갖가지 영양소가 풍부하게 함유된 가운데 약리적 성분이 복합적으로 작용하곤 한다. 치질이나 습진에 효력이 있다는 성분이 다소 들어 있다고 해서 그것이 우리 몸에 해를 주지 않는다. 혹시 고약한 질병에 특효를 나타내는 성분을 다량 포함하고 있다 하더라도 그 식물의 잎으로 녹차를 만들어 마실 경우, 연하게 우려낸 음료이기 때문에 어떤 지장은 생기지 않는다. 식물의 성분은 양약처럼 국소적인 속효성을 나타내는 것이 아니며 일단은 풍부한 영양소를 함유하고 있는 것으로 인지해야 한다.

그런데 녹차로 치료 효과를 보기 위해 특별한 약초를 선택해서 덖음차를 만드는 사람이 있는데 녹차는 건강 증진을 위한 영양음료의 한계를 넘어서면 안 된다. 녹차는 물의 양의 10분의 1 정도를 넣어 우려 마시는 것이 일반적이므로 치료 효과를 얻기에는 미흡하다. 녹차는 입맛에 좋은 향취와 맛을 중요시하는 일상 음료인 것이다. 질병의 치료 효과를 보기 위해서는 탕약으로 이용해야 하며 이 경우에는 은은한 맛과 향을 도외시하게 된다. 여하튼, 산나물로서 식탁에 올려놓을 수 있는 것은 모두 녹차의 재료가 되며 그것은 어떤 약효의 성분을 가지고 있더라도 별로 문제가 되는 것이 아니다.

옛 의서에서 상약으로 치고 있는 식물을 지적한 것이 있는데, 이것은 독성이 전혀 없는 식물로 많이 먹거나 오래 먹어도 사람의 몸에 해로움이 없으며 몸이 경쾌하고 늙지 않으므로 장수할 수 있는 것이라 했다. 이런 종류들은 즐겨 먹는 산나물이 주종을 이루고 있으며 녹차의 훌륭한 재료가 되는 것들이다.

약용이면서도 식용(산나물)이 되는 것도 다 녹차의 재료가 된다. 항시 즐겨 먹는 재배채소 중에서도 약효 성분이 들어 있는 것들이 흔한데 이것을 일상적으로 식용하여도 특별한 징후는 나타나지 않는다. 특히 야초차는 대여섯 종류를 함께 섞어서 우려내는 것을 가장 바람직한 것으로 여기고 있다. 이것은 각종 식물의 성분이 우러나와 상승작용이 일어나서 건강 증진에 높은 효능이 나타나기 때문이다. 이 경우, 여러 가지 종류를 섞어 우려내노라면 혹시 특별한 약효가 다소 강하게 나타나는 것이 들어 있다 하더라도 소량만이 섞이게 되므로 역기능은 생겨나지 않는다. 오히려 좋은 효과가 있을 가능성이 더 높다. 오직 독성 식물을 주의하고 맛과 향이 입맛에 맞지 않는 역겨운 종류를 피하여 구미에 맞는 것을 찾으면 된다.

● 건강차를 마시는 요령이 있다

야초차를 가장 맛있게 먹는 기본은 정성스레 덖어야 하고 보관을 철저히 해야 하며 물이 좋아야 하고 물을 끓이는 요령이 익숙해야 한다.

덖는 요령은 앞에서 설명했고 이것을 잘 보관해야 한다. 깨끗한 깡통이나 빈 병에 넣어서 습기와 공기가 통하지 않도록 밀폐시켜야 한다. 공기가 통하면 향기가 약해지면서 맛이 변하는 경향이 있다. 옛 글에서 바람을 쏘이지 말라 하는 이유가 여기에 있다. 그리고 1개월에 한두 번씩 건조 상태를 관찰하여 다소 습기가 있는 듯 싶으면 다시 꺼내어 건조시켜야 한다. 습기가 있으면 곰팡이가 생길 염려가 있으며 곰팡이가 끼면 품질이 떨어지고 위생상 해롭다. 그래서 녹차통에 건조제(건습제)를 넣는 것은 상식으로 되어 있다. 때문에 처음 덖어 건조시켜서 알맞은 용기에 갈무리한 다음, 며칠 뒤에 건조 상태 여부를 확인해 보는 것이 좋다. 이렇게 저장(갈무리)함으로써 녹차의 정기가 밖으로 흐트러지지 않게 해야 한다. 뿐만 아니라 열기가 있는 곳에 가까이 놔두면 녹차가 누렇게 변질될 수 있으므로 햇볕을 받지 않게 하고 겨울철 난방기구 근처에 두지 말아야 한다.

덖음과 보관도 중요하다. 하지만 이것이 아무리 철저했더라도 물의 선택과 끓이는 요령이 서툴면 제 맛이 우려나지 않는다. 일반적으로 우려 마시는 요령이 까다롭다고 하여 이 절차를 기피하는 경향이 많은데 실상은 이것이 심오한 경지이다. 소위 다인이라 불려지는 분들 중에는 녹차를 직접 덖어보는 과정을 체득하지 못한 탓으로 차의 미묘한 진수를 깨닫지 못하는 경우가 있다. 직접 덖어본 체험이 쌓여야 물과 끓이는 온도를 알게 된다. 물의 선택과 끓이는 요령에 따라서 녹차의 맛과 향이 조금씩 달라지는데 이것은 체험을 통한 육감으로 이루어진다.

물은 흔히 생수라고 불려지는 자연수, 지하수가 좋다. 그러나 그 물이 함유하고 있는 성분에 따라서 차맛이 약간씩 달라진다. 수돗물을 사용하면 소독한 냄새 등으로 인하여 차맛이 떨어진다. 옛 글에서 젖샘(유천)의 물이 좋다고 한 기록은 바위틈에서 졸졸 흐르는 깨끗한 석천(돌샘)의 물을 일컫는 것인데 이 샘터에 고인 물을 가만히 들여다보면 뽀얀 기운을 띠고 있는 것을 느낄 수 있다. 그래서 유천이라 표현한 것으로 여겨진다. 이러한 물이 찻물로서 가장 좋다고 하지만 쉽게 구해지지 않는다.

다음에는 차 끓이는 그릇(다관)이 정결해야 한다. 녹차를 우려내어 마신 뒤에 남아 있는 찻잎이 아깝다 하여 그대로 놔뒀다가 거기에 새 녹차를 첨가하는 경우, 또는 우려낸 찻잎을 적당히 털고 씻어내지 않은 채로 뒀다가 녹차를 넣는 것은 차의 정기를 소멸시키는 원인이 된다. 그러므로 다관을 한 번 사용하고 나면 깨끗이 헹구어 씻어 놓는 습관을 가져야 한다. 그리고 물을 끓일 때 어느 정도까지 끓여야 좋은가 하는 것이 퍽 중요하다. 지나치게 오래 끓으면 물기운[水氣]이 쇠잔해지고 이는 노수라 하여 차 맛이 떨어지는 물이다. 그래서 물이 알맞게 끓는 정도를 가늠해야 한다.

주전자의 물이 뜨겁게 데워지는 지글지글하는 소리가 끓는 듯이 한동안 이어지는 것은 아직 끓는 상태가 아니다. 이 뜨거워지는 소리가 가라앉아 조용해지는 순간에 물방울이 끓어오른다. 이것이 곧 온통 뒤집혀질 정도로 펄펄 끓으면서 물 끓는 소리가 힘있게 울린다. 펄펄 끓는 소리가 계속되면 노수가 되어버린다. 물이 끓는 과정에서 어느 순간이 차 맛을 좋게 하는 것인가를 알아야 한다. 끓는 소리를 듣고 이것이다 하고 판단될 때 불길을 끄고 주전자를 옮겨 놓는다.

물이 끓는 과정에서 어느 순간이 가장 좋은가에 대해서는 두 가지 견해가 있다. 첫째 뜨거워지는 지글지글 소리가 가라앉아 조용해지면서 물방울이 끓어오르는 순간, 둘째는 곧 이어서 온통 뒤집혀질 정도로 펄펄 끓는 소리가 힘있게 울리는 순간, 이 두 가지의 시각에 대해서는 각자 기호대로 선택할 일이다. 필자의 경우는 첫번째 것을 택하고 있다.

물이 끓는 정도를 감지하기 위하여 끓고 있는 은은한 소리를 귀담아 듣는 시간이야말로 차 세계의 묘미이다. 물이 끓는 소리가 아름다운 선율처럼 즐겁게 들리는 단계에 이르게 되면 차 맛을 제대로 음미할 줄 아는 사람이 된다.

물이 알맞게 끓은 시각에 불을 끈 다음 주전자를 옮겨 놓고 뚜껑을 열어 잠시 식힌다. 또는 끓인 물을 다른 그릇에 부어서 잠시 식힌다. 약 80도 정도로 식으면 찻물로 사용한다. 통상적으로 끓인 물이 3분 정도 경과하면 80도 정도이다. 한편 주전자의 뚜껑을 열고 잠시 식혔다가 다관에 부으면 붓는 사이에 식으며 다관 속에서도 절로 식게 되어 자연스럽게 80도의 온도가 된다. 끓자마자 아주 뜨거운 그대로 부으면 쓴맛이 거세져서 진미가 나타나지 않으며 너무 식히면 찻잎이 온전하게 우려나지 않아 향과 맛이 싱거워진다.

미리 다관에 녹차를 넣어 준비해둬야 할 것은 물론이다. 이 찻잎의 양은 물의 양의 10분의 1 정도 넣는 것이 보통이다. 그러니까 찻잎의 10배 되는 양에 80도의 물을 부으면 맛과 향이 가장 적절하다. 하지만 찻잎의 분량은 각자의 입맛과 기호에 따라서 조절할 수 있다.

이렇듯 물을 끓이는 것, 식히는 단계, 찻잎의 분량 등은 다 느낌으로 알맞게 조절하는데 이 느낌이라는 것이 차의 묘취인 것이다. 이런 차 마시기에 대해서 까다롭고 귀찮은 것으로 여기는 사람들도 있지만 차 마시기를 오래 지속하다 보면 저절로 하나의 즐거움으로 승화된다. 이 무렵에 이르면 차 마시기는 바로 수양하는 길과도 통한다는 것을 느끼게 된다. 마침내는 자신도 모르게 다도의 품격이 갖춰지기 시작한다.

찻잔에 부어진 찻물의 빛깔이 아름답게 느껴질 때에 다흥이 일어난다. 녹차를 빚어낸 과정에 따라서 찻잎이 우려낸 물빛이 각기 다르게 나타나는 것을 보고 흥겨움을 느끼고 고운 찻물에서 기쁨을 찾을 때, 바로 다인이 된다.

여기까지 기술한 내용은 차를 즐겨 마시는 바른 기본이 무엇인가를 알리기 위한 것이다. 그러나 차 마시는 기본을 떠나서 대중적으로 물을 더 맛있게 또 영양이 좋은 물을 마신다는 뜻에서 야초차를 즐겨 보라고 권하고 싶다. 우선은 까다롭지 않게 보리차를 끓여 마시듯이 출발하면 된다.

갈증이 심한 여름철에 여러 종류의 야초차를 섞어 보리차 끓이듯이 한꺼번에 우려서 냉장고에 넣어두고 수시로 물 대신에 마시는 것도 좋다. 물을 다량 끓여서 잠시 식힌 후, 물의 10분의 1 정도 되는 야초차를 여러 종류 넣고 나서 물이 어느 정도 식을 때까지 내버려둔다. 처음에는 찻잎이 떠올라 있다가 나중에는 밑으로 다 가라앉는다. 이때 찻잎을 걸러내어 냉장고에 보관한다. 이렇게 하면 온 식구들이 즐길 수 있는 음료수가 된다.

야초차는 각 식물의 특성에 따라 싱겁다든지 진하다든지 갖가지로 맛이 다르다. 그래서 몇 종류 섞으면 독특한 맛이 난다. 뿐만 아니라 대여섯 종류 이상을 적절히 섞어 우려내면 각 식물마다 지닌 고유한 유효 성분들이 상승작용을 일으켜 몸에 썩 좋은 영양음료가 만들어진다. 그래서 야초차를 우려 마시는 방법은 반드시 여러 가지 종류를 섞는다는 것이 상식으로 되어 있다. 이것은 건강 증진에 효력을 얻자는 이유 때문이다. 그러려면 10여 종의 식용식물의 잎을 따다가 미리 녹차로 덖어 놓는 준비가 필요하다. 될수록 많은 종류를 마련해두면 더욱 좋다. 그리고 쑥, 익모초, 배향초 같은 맛과 향이 아주 짙은 것도 채취하여 소량씩 첨가하면 야초차의 맛이 독특하게 나타난다. 몸에 좋다는 특별한 식물을 한두 가지만 녹차로 덖어 계속 복용하지 말아야 한다. 또 대여섯 종류만 동일하게 계속 혼합하지 말고 가끔씩 다른 종류를 바꾸어 혼합하는 것이 효과적이다. 그러기 위해서 10여 종류 이상의 것을 준비해야 하는 것이다.

하나의 종류를 덖어냈으면 반드시 한 번 우려 마셔 보고 그 맛과 향을 알아두어야 한다. 이렇게 해서 10여 종류의 고유한 맛과 향을 다 알아두고 나면 어떤 종류는 어느 만큼의 분량으로 섞어야 훌륭한 야초차가 된다는 것을 헤아리게 된다. 즉 혼합하는 묘미를 터득하게 된다. 각 종류의 혼합 비율에 따라서 맛과 향이 달라지는데, 이것이야말로 야초차의 독특한 경지이며 독특한 맛이다.

오늘은 어떻게 마시고 싶다 하는 생각대로 혼합하는 즐거움이란 겪어보지 않고서는 모른다. 그리고 우려내는 시간이 3분 경과했을 때와 5분 경과했을 때의 맛과 향이 달리 나타나므로 우려내는 시간 조절로 색다르게 마시는 흥취 또한 겪어보지 않고서는 모른다. 이렇게 야초차를 몇 개월 이상 1년 정도 계속 즐기면 자신도 모르게 몸의 움직임이 부드러워지고 활력이 넘치게 되는 것을 은근히 느끼게 된다. 그래서 야초차를 건강차라 부르는 것이다.

민간약으로서의 약초 이용법

○ 약초는 부작용이 없는 건강약이다

문명이 발달함에 따라서 갖가지의 공해가 생겨나고 있는데, 그중에는 양약에 의한 해로움도 포함되어 있다. 약물의 중독, 뜻하지 않은 부작용, 기형아의 탄생, 쇼크사 등 회복되기 어려운 비참한 약물의 피해가 가끔 발생하여 많은 사람들에게 불안을 안겨주고 있으며 신약요법에 대한 불신과 회의를 불러일으키고 있다. 뿐만 아니라 화학요법제라든가 항생물질 등을 계속 사용하여 병균에 대한 내성이 생겨나 결국은 더욱 강력한 약제를 사용해도 효과가 나타나지 않는 어려움도 생기고 있다.

그럼에도 의약품의 이용률은 날로 높아가고 그 생산량의 신장도 엄청나게 증가하고 있는 실정이다. 양약을 많이 이용함에 따라서 그 해로움도 그만큼 많아지게 된다는 점을 염두에 두어야 한다. 건강을 지키고 질병을 고치기 위해 많은 양의 신약을 복용함으로써 오히려 질환을 어렵게 만든다는 현상이 생긴다면 그야말로 넌센스이다. 그렇기 때문에 신약이 갖고 있는 모순을 한 번쯤 돌이켜보면서 옛날부터 조상들이 이용해왔던 부작용이 별로 없는 산야의 약초에 대한 것을 생각해 볼 필요가 있다.

신약 가운데는 여러 가지 식물에서 필요한 성분을 추출하여 만들어진 것이 상당히 많이 있다. 예컨대, 강심제는 금작나무로부터, 촌충 구제약은 석류나무의 껍질에서, 고혈압이라든가 뇌일혈의 예방 치료제는 메밀로 만드는 등 헤아리자면 얼마든지 있다. 식물에서 중요한 성분을 순수하게 추출하여 제조한 신약은 목적하는 질환에 효과가 있는 것은 사실이지만 아울러 부작용도 따른다는 것을 생각하지 않으면 안 된다.

약초에는 하나의 성분만이 있는 것은 아니고 여러 가지의 성분이 함유되어 있으며 또한 우리가 아직 알지 못하고 있는 성분도 많이 혼합되어 있다. 그 많은 성분들은 서로 영향을 미치면서 식물체 스스로의 생명을 유지하기 위한 균형을 이룬다. 특정한 하나의 성분만으로는 그 식물이 정상적인 생장이 유지되지 못하는 것이다. 식물체에 포함되어 있는 여러 가지 성분들은 스스로의 생장을 위하여 다 필요하기 때문에 존재하는 것이다.

약초로부터 하나의 성분만을 추출하여 정제한 신약을 복용하면 부작용이 나타나지만 약초를 달여서 마신다면 부작용이 일어나지 않는 것도 그와 같은 데 이유가 있는 것으로 생각된다. 하물며 석유 따위로부터 어떤 성분을 뽑아내어 만들어낸 약을 이용하면서 부작용이 나오지 않는다면 오히려 이상한 노릇이다.

신약은 특정한 병에만 효과가 있는, 말하자면 국소적인 치료제이다. 예컨대 설사를 멈추는 약은 설사를 멈출 뿐이고 또한 변비의 약은 통변을 양호하게 할 뿐이다. 그러나 약초가 되는 이질풀은 이질설사(하리)가 있는 사람이 달여 마시면 설사를 멈추게 하고, 변비인 사람이 복용하면 변이 잘 나오게 된다. 이처럼 약초 가운데에는 상반된 작용이 각각 있어 모자란 것은 늘려주고 남아도는 것은 줄여주는 특유한 작용을 하기 때문에 인체기능의 균형을 바르게 유지시키는 불가사의한 일을 하는 성질이 있다. 이와 같은 작용을 신약으로는 기대할 수 없다.

사람의 몸은 정상적이거나 병환 중인 때라도 나름대로 어떤 균형이 보전되어지고 있다. 예컨대, 고혈압 증상이 있는 사람은 그에 따른 여러 기능이 균형을 취하고 있는데, 만일 갑자기 혈압을 떨어뜨리는 약을 쓰면 갖가지의 다른 이상이 일어난다. 약은 건강상 가장 바람직한 상태로 균형이 이루어지도록 유도해야 하는데, 효험이 썩 좋은 약일수록 기능의 변화를 크게 일으키면서 동시에 부작용도 현저하게 드러나는 일이 종종 있다. 대부분의 약초는 일반적으로 신약처럼 단시간 내에 효과를 나타내지는 못 한다고 하지만 그 대신 부작용이 없기 때문에 장기간에 걸쳐 복용할 수 있다는 것이 장점이다. 그리하여 건강상 신체기능의 균형을 바람직한 방향으로 순조롭게 조정하게 된다.

이러한 점진적인 효능은 체질을 바르게 개선해나가는 것이 되고 따라서 병자를 양호한 상태로 다스리게 된다. 이런 전신적인 치료는 약초를 사용하는 하나의 방법이다. 다시 말하면 질병 그것만을 고치기보다는 병자를 다스리는 일이 중요하다는 점이다. 현대의학에서 흔히 질병은 고치되 병자를 다스리지 못한다고 일컫고 있는 까닭을 생각해보았으면 한다. 약초에는 인동덩굴, 구기자나무, 차풀 등 차 대용으로 충분히 이용할 수 있는 종류가 대단히 많다. 그런 식물로 약초차를 만들어 마시기에 익숙해지면 약용의 효과도 있는 동시에 질병의 예방 효과도 있으며 차차 좋은 맛을 느끼게 된다.

건강한 사람일지라도 차차 나이가 들어가면서 변비가 생긴다든지 불면증, 신경통, 고혈압 등 어딘가에 이상이 나타나는 것이 보통이다. 이 경우 알맞은 약초를 차 대신으로 항상 마시면 통변이 양호해지고 잠도 잘 자게 되어 쾌적한 나날을 보낼 수 있게 된다.

석창포의 뿌리줄기[根莖]는 강장효과가 있으므로 이것을 차 대용으로 오래도록 달여 마시노라면 정기가 붙고 쉽게 피로가 오지 않는다고 한다. 또한 기억력의 쇠퇴도 회복되므로 중년이 지나서도 학문에 힘쓰고 있는 사람들의 귀를 솔깃하게 한다.

문명사회에서 특히 대도시에서는 콘크리트에 둘러싸인 채, 자연과 접촉하는 기회가 적음으로 마음이 메말라 있는 사람들이 많다. 이것은 인간 본연의 모습이 아니다. 여가가 있을 때에 야외로 나가서 숲 속의 좋은 공기를 마시고 푸른 산야와 친근해지는 것은 정신과 육체의 건강상 매우 소중한 일인데, 특별한 목적이 없으면 야외 나들이를 하지 않는 사람들이 많다. 그렇지만 약초가 우선 건강에 뛰어난 것이며 과거에 흔히 보았던 풀들도 약초가 된다는 것을 알고 나면 나들이가 저절로 빈번해지게 된다. 약초의 사진을 보고 이 풀을 언젠가 본 적이 있는 듯 싶어 채집해야겠다고 마음을 먹으며 은연중에 큰 재미를 느끼게 될 것이다.

○ 흔한 잡초 속에 좋은 약초가 많다

약초라고 한다면 일반적으로 한의원에서 첩약을 조제하여 달인다든지 약초 도매상에서 몇 종류 구입하여 이용한다는 생각을 갖는다. 야외에서 직접 채취하여 이용한다는 생각을 하는 사람은 흔치 않다. 또 주변에서 흔하게 발견되는 잡초 중에도 유익한 약초가 많이 있다는 것을 알고 있는 사람 역시 많지 않다. 하지만 주변을 잘 살펴보면 가까운 곳에 좋은 약초들이 얼마든지 자라고 있음을 발견하게 된다. 뜰을 청소하면서 뽑아버렸던 잡초가 약초인 경우도 있고 또한 개울가의 돌담에 휘감겨서 우거져 있는 잡초 중에서도 의외로 약초로 쓰이는 종류가 자주 발견된다. 그러므로 약초를 채취하기 위해서 험준한 산악을 힘겹게 올라야 하고 우거진 숲 속을 헤매면서 고초를 겪어야 하는 것으로 여긴다면 큰 잘못이다. 도시의 빈터(공지)라든가, 시골의 길가 등 어디서나 자라고 있는 냉이는 이른봄의 대표적인 산나물로서 즐겨 먹고 있는데 이것은 이뇨제가 되고 고혈압이나 변비, 건강 증진 등에 효력을 나타내는 약초이기도 하다.

옛 글에서 냉이의 약효에 대해 여러 가지로 기록하고 있다. 또 냉이가 포함하고 있는 영양소는 갖가지로 풍부하여 건강식품으로 종합적인 효능을 나타내는 것으로 정평이 나 있다. 마음만 먹는다면 얼마든지 쉽게 채취할 수 있는 산나물이다.

현대 영양학이 분석한 냉이의 일반성분을 살펴보자. 수분 81.5퍼센트, 단백질 7.3g, 지방 0.9g, 당질 4.6g, 섬유 2g, 회분 2.7g, 칼슘 116mg, 인 104mg, 철분 2.2mg 그리고 비타민 A, B_1, B_2, C……등 중요한 영양소가 다양하게 함유되어 있다. 이러한 성분들이 모두 약효를 나타내는 데에 큰 도움을 주고 있다. 비타민이나 미네랄은 약품으로 받아들이는 것보다 식품으로 섭취해야 몸 안에서의 이용률이 높고 부작용도 없다.

민들레 역시 어디에서나 자라고 있으며 누구든지 잘 아는 흔한 풀이다. 한방에서는 보공영이라 부르고 있는데 건위, 이뇨, 강장, 해열, 천식, 거담 등에 효과가 있으며 젖이 잘 나오게 하는 데에도 쓰인다. 민들레에도 갖가지 영양 성분이 함유되어 있고 이것이 특수성분과 함께 약효를 발휘하는 것이다. 옛부터 민들레잎을 오랫동안 먹으면 정력이 강해지고 위궤양과 만성위장병에 효험이 있는 것으로 알려져 있다. 잘 여문 옥수수의 껍질을 벗길 때, 그 수많은 털을 귀찮은 듯 쥐어뜯어 버리고 만다. 이 털(수염)은 정확히 말한다면 암술의 꽃대(화주)인데 이것은 이뇨제의 역할을 하여 달여서 마시면 방광염 등에 효능이 있고 신장염, 당뇨병에도 잘 듣는 약이 된다. 이처럼 쓸데없다고 내버리곤 하던 것일지라도 약용으로서 가치가 있는 것들이 대단히 많다.

아주 흔한 질경이는 산과 들 어느 곳에서든지 자라고 있다. 차바퀴가 지나간 자리에서도 다시 솟아나 자라는 강인한 성질을 가지고 있다. 이 질경이에는 강한 생장력이 있는 것만큼 다른 식물보다 더 많은 유익한 성분들이 함유되어 있어 약용으로도 하며 나물로 무쳐 먹거나 쌈으로도 먹는다. 옛 글에 질경이는 사람의 몸을 가볍게 하고 능히 언덕을 뛰어넘게 하며 불로장수한다고 기록한 부분이 있다.

고방(古方)을 보면 효험이 있는 용도가 대단히 많다. 질경이씨는 이뇨제로 쓰이며 분말해 두었다가 설사약으로도 사용한다고 한다. 질경이는 체내의 분비신경을 자극하여 흥분시켜 기관지의 점액과 소화액 분비를 촉진시키는 작용이 있다. 또 기침을 멎게 하고 각종 궤양 증상에도 효능이 있다. 어깨가 결릴 때 생잎에 소금을 넣어 짓찧어서 바르면 효과가 나타나며, 다른 상처에도 생잎을 비벼 부치기도 한다.

사람에게 아무런 소용도 되지 않는 귀찮은 것이라 여겼던 식물들을 잘 조사해보면 의외로 효험이 좋은 약이 아주 많다는 점을 염두에 두어야 한다. 그러므로 부작용을 일으키는 신약(양약)에만 의존하지 말고 가까운 주변에 눈을 돌려 몸에 좋은 풀들을 살펴보는 것은 재미도 있으려니와 건강 증진의 효과를 보게 된다. 한가로운 시간에 집 뜰이나 길가 가까운 산기슭을 살펴보면 옛날부터 우리 조상들이 실용적으로 식용해왔던 약초 종류들이 눈에 뜨인다. 냉이, 민들레는 물론 질경이, 개갓냉이, 다닥냉이, 쑥, 별꽃, 괭이밥, 개여뀌, 쇠비름, 쇠뜨기, 바위취, 나팔꽃, 도라지, 속새, 맨드라미 등 기타 여러 가지를 주변에서 발견하게 되는데 이것들이 모두 건강 증진에 좋은 약초가 된다. 쉽게 눈에 띄는 주위의 약초부터 이용하기 시작하면 차차 취미로 변하면서 약초에 대한 지식이 저절로 넓어지게 된다. 흔한 풀일지라도 한방에서는 어려운 한자 이름을 붙이고 있어 생활과 관련이 없는 것처럼 생각하기 쉽지만 사실은 빈터라든가 들판에서 얼마든지 자라고 있어서 간단히 채취할 수 있는 종류들인 것이다. 어디에나 있는 일반적인 잡초를 조사해보면 3분의 1 정도의 종류가 약초로 이용될 수 있는 것이므로 얼마나 약초의 종류가 많은지를 짐작할 수 있다.

현재, 우리나라의 약용식물은 900여 종으로 밝혀지고 있지만 중요한 약초로서 많이 이용되고 있는 식물은 300~400종(한약재, 민간약초 포함) 정도로 보여지고 있다. 그중에서는 관상용으로 아끼는 식물, 아주 멀고 험한 곳에서나 구할 수 있는 식물, 업신여기던 잡초더미 속에서 약용의 가치가 높은 식물들…… 여러 가지가 있다. 약초는 어디에서나 자라고 있으며 누구라도 채집할 수 있다는 생각을 지녔으면 한다.

○ 약초 채취의 요령을 알아야 한다

약초를 채집할 때에 첫째로 유의할 사항은 그 종류와 특징을 정확하게 판별할 줄 알아야 한다는 것이다. 식물에는 비슷하게 닮은 종류가 많아서 전문가들도 쉽게 식별하지 못하는 것들이 있다. 그러므로 약초의 각 특징을 잘 터득하고 나서 목적하는 바에 맞는 종류를 바르게 선택해서 채집해야 한다. 약초의 특징을 습득하는 데 있어서는 자생하고 있는 모양[性狀], 꽃이 피는 시기, 꽃이나 잎이 달리는 형태, 줄기, 뿌리, 열매, 씨앗의 모양, 털의 유무, 향기와 맛에 대해서도 알아두는 것이 중요하다.

고등식물의 종류를 구별하는 데는 꽃이 제일 중요한 실마리가 된다. 마편초의 근생엽과 쑥의 잎은 서로 많이 닮았는데 꽃이 달리면 분명하게 그 차이를 알게 된다. 대체로 식물이 어릴 때에는 서로 비슷해 보이는 것이 많으므로 분간하기가 어려운 경우가 있지만 꽃이 달리기 시작하면 특징이 확실해져서 종류를 제대로 파악할 수 있다.

종류에 따라서 식물이 자생하는 장소도 대략 정해져 있다. 골짜기의 개울가 습지에는 석창포나 염주 따위가 자라고 숲 속 등의 그늘에는 족도리풀이나 천남성 따위, 햇볕이 잘 드는 강변에는 사철쑥과 딱지꽃 그리고 해안에는 천문동이나 갯방풍 따위가 자생한다. 또한 들판이나 산지의 초원 등에 널리 자생하는 것도 대단히 많다. 그러므로 약초 종류가 즐겨 자생하는 장소를 찾아가서 살펴보지 않으면 많이 채취할 수 없다.

약초에는 종류에 따라 채집하는 적절한 시기가 있다.

1. 약모밀이나 이질풀 등 잎과 줄기의 모든 부분을 이용하는 것은 성장이 충실해져서 성분이 풍부하게 함유되어 있을 때가 가장 좋다. 즉 꽃이 피어나기 시작할 때에 채집해야 좋다.
2. 도라지나 더덕처럼 뿌리를 이용하는 것은 뿌리에 성분이 충실해진 가을철에 잎이 시들어 떨어지는 무렵부터 겨울 사이에 파내는 것이 좋다.
3. 인동덩굴 등 꽃을 활용하는 것은 꽃이 피기 시작할 무렵에 채집하는 것이 중요하며, 꽃잎이 시들기 시작하는 것은 채취하지 않도록 한다. 정기가 있는 꽃을 따야 하기 때문이다.
4. 씨앗이나 열매를 채취할 경우는 말할 필요 없이 충실하게 성숙되었을 때를 기다려 채집하는데 씨앗이 흩어지기 직전이어야 한다.
5. 어린잎을 이용하는 쑥과 같은 종류는 높이 30센티미터 정도로 무성하게 자라난 시기에 싱싱한 잎을 뜯어야 좋으며 그 이상 크게 자라나면 효과가 떨어진다. 즉, 꽃이 필 무렵이 되어 뿌리잎(근생엽)이라든가 줄기의 잎이 말라버리기 전이어야 한다.
6. 두릅나무 등 껍질을 약으로 쓰게 되는 것은 껍질이 벗겨지기 쉬운 봄철이 좋다.

과수원이나 논가, 밭가에서 자라는 식물의 주변에 있는 식물은 농약으로 오염되어 있을 가능성이 많으므로 약초를 채집할 때에는 가급적 피해야 한다. 부득이할 경우 농약을 뿌린 지역으로부터 적어도 20m 이상 떨어진 곳에서 채집해야 한다. 그리고 약초의 종묘를 구입하여 재배하고자 할 때, 농약을 뿌려서 키운 것인지의 여부도 조사해야 안전하다. 농약을 뿌린 지 오래되었더라도 이미 농약을 흡수한 상태이므로 이것 역시 주의해야 한다. 때로는 농약을 잎에 뿌리지 않고 뿌리로부터 흡수시켜 살충시키는 경우도 있다는 점을 유의해야 한다.

무엇보다도 약초를 채취하기 위한 준비가 선행되어야 한다. 뿌리를 캐기 위한 꽃삽과 휴대용 삽(야전삽), 전정가위 등이 필요하다. 채취물을 담을 배낭과 비닐봉지도 역시 필요하며 도시락과 음료수도 있어야 한다. 약초를 찾아 헤매다보면 먼 곳까지 보행하게 되므로 아무쪼록 피로가 생기지 않도록 휴대물과 복장이 간편해야 한다. 특히, 살무사와 같은 독사의 위험도 도사리고 있다는 점에 유의하여 안전한 운동화나 고무장화를 신도록 한다. 숲 속에서 자라는 약초를 뜯기 위해 손을 내밀었다가 독사가 달려드는 경우도 있다는 점을 상기해두기 바란다. 또 독충에 쏘일 염려도 있으므로 약국에서 암모니아수를 구입하여 호주머니에 넣고 다닐 것을 잊지 말아야 한다.

들로 산으로 약초를 채취하러 갈 경우 곤충 채집이나 소풍을 가는 기분으로 즐거운 놀이처럼 여길 때 좋은 취미생활로 연결된다. 운동을 하고 아름다운 자연을 접하는 기쁨이 생기며 아울러 약초로 건강 증진을 도모한다는 일석삼조의 이점이 있는 취미가 된다.

아주 쾌청하고 습도가 낮은 날씨에 채취한 것이어야 가장 효과가 있는 질이 좋은 약초이다. 이슬이 증발한 오전 중에 빨리 채취하여 그날로 곧 건조시켜야 성분이 좋은 생약을 만드는 요령이라는 점도 잊어서는 안 된다. 그러나 꼭 그런 날과 시간을 지키지 않더라도 약효는 충분히 나타난다.

○ 약초의 종류는 다양하다

약용으로서 효과가 있는 식물을 넓은 의미에서 약초라 부르고 있으며 고등식물에서 하등식물에 이르기까지 그 범위는 매우 넓고 종류도 대단히 많다. 약초 중에서도 가장 일반적으로 널리 이용되고 있는 것은 씨앗식물(종자식물)이다. 이런 식물은 으레 꽃이 피게 되므로 일명 꽃(현화)식물이라고도 불리며 대체로 고등식물이라 할 수 있으며 약초 가운데에서도 그 종류가 제일 많다.

종자식물에는 목본성(나무)인 것과 초본성(풀)인 것이 있다. 그중에서도 약용 효과가 높은 것은 초본성이며 이것은 채취하기가 수월하고 처리하기도 쉬우므로 일반적으로 많이 이용되고 있다.

약초 종류는 산야에서 자생하고 있는 것이 대부분이다. 약초로서 인공적으로 재배되고 있는 것과 관상을 위해 가꾸고 있는 종류는 그다지 많지 않다. 때로는 각종 채소나 과수 중에도 약용 효과가 높은 것들이 꽤 있다. 약초로 재배되고 있는 것으로는 참당귀, 작약, 석결명, 율무 등 여러 가지가 있다.

관상을 위해 가꾸면서 약으로도 쓰이게 되는 것 가운데에는 나팔꽃, 국화, 사프란, 석곡, 꽈리, 잇꽃, 털여뀌, 만년청, 들매화, 해바라기, 데이지, 봉선화, 무궁화, 개나리 등등이 있다. 채소로 항상 즐겨 먹는 것 중에서는 호박, 오이, 참깨, 토란, 차즈기(소엽), 감자, 생강, 수박, 메밀, 고추, 옥수수, 가지, 부추, 당근, 무, 마늘, 파, 연뿌리 등이 약효를 나타낸다. 과일나무(과수)로 약효 성분이 있는 것으로는 살구, 무화과, 매화, 감, 금감, 석류, 대추, 비파 등이 있다.

보통 산야에 자라는 약초로 일반에게 알려져 있는 것으로는 질경이, 고추나물, 쑥, 삼지구엽 (음양곽), 약모밀, 이질풀, 도라지, 바위취, 용담, 구기자, 두릅 등이 있다. 이런 식물들은 산야에 저절로 자라는 씨앗식물이며 유익한 약초가 되는 종류는 수백 종 이상을 헤아릴 수 있다.

약초에 대한 최초의 한의서는 『신농본초경』으로 365종의 약초 종류가 수록되어 있다. 이것은 6세기 초에 양나라 도홍경(陶弘景)에 의해 교정된 책으로 가장 높게 평가받고 있다. 중국 청나라 때에 와서는 본 약품 1,890종을 수록한 『본초강목』이 이시진에 의해 저술되었다. 동방의학의 백과사전 격으로 명저로 꼽히고 있는 『동의보감』이 뒤늦게 1613년에 우리나라에서 발간되었다. 조선 중엽에 의성 허준에 의해 저작된 이 한의학서는 1,400종의 약물수재를 수록한 아주 방대한 것으로 한국적 의학의 순수성을 과시한 쾌거라는 평가를 받고 있다. 요즘에도 세계적으로 각광받는 특효약인 우황청심환은 허준의 창안인 것이다.

중국의 약초 그리고 우리나라에서 일본에 전파한 약초, 또 우리들이 이용하고 있는 약초는 각 나라마다 기후, 풍토, 관습, 체질의 차이에 따라 쓰이는 방법에 조금씩 차이점이 있다. 하지만 본초학의 근본에는 큰 변화가 없다. 약초 중에는 서양으로부터 전해져온 것도 있다. 예컨대 컴푸리는 서양에서 만병의 약으로 쓰여지고 있는데 최근에 우리나라에서도 많이 애용하고 있다. 기타 디기탈리스, 판지(삼색제비꽃) 등은 모두 서양으로부터 전해져 온 것이다. 그리고 한방의 약초와는 별도로 예로부터 민간에 전해져 온 종류가 상당수에 이르고 있다.

하나의 약초라도 뿌리, 줄기, 잎의 전초, 꽃, 열매, 씨앗 등 사용하는 부분에 따라서 적용하는 질병이 달라지는 경우가 많다. 예컨대 머위의 어린 꽃(또는 새순)은 기침에 쓰이고, 뿌리는 복어 요리의 중독에 걸렸을 때 해독약이 된다. 민간약에서는 전초를 이용하는 경우가 많고 한방약에서는 뿌리를 사용하는 경우가 흔하다.

○ 풍부한 영양소가 약의 효능이다

약초가 갖가지 질병에 효력이 있다는 것은 그 치료 효과를 나타낼 수 있는 특수성분을 지녔기 때문이다. 만일 사람의 몸에서 독성작용을 일으키는 성분을 함유하고 있다면 그것은 독초이다. 약초 성분은 화학적으로 규명되어 있는 것이 많이 있지만 어느 정도 분명하게 알려져 있는 성분은 1천 수백 종으로 헤아려지고 있다. 그중에는 아직 알 수 없는 성분들이 달리 함유되어 있는 것도 있으리라 생각된다. 그리고 앞으로 그 수많은 식물의 유익한 성분이 과학자들에 의해 계속 해명되어져 인간생활에 큰 혜택이 주어지리라 믿는다.

중풍의 예방약으로는 메밀가루를 이겨서 먹으면 좋다고 한다. 이것은 모세혈관을 튼튼히 하고 혈압을 내려주는 작용을 하는 루틴(rutin)이 함유되어 있기 때문이라는 것을 과학자들이 밝혀내었다. 이처럼 각 식물마다 어떤 질병에 특히 효과가 있는 성분이 다분히 함유되어 있어서 오랫동안 먹노라면 자연적으로 효능을 발휘하게 된다. 그렇다고 해서 그 식물이 어떤 특정한 질병에만 특효가 있다고 보면 안 된다. 식물체에는 여러 가지 성분이 포함되어 있으므로 다른 방면에서도 유익한 경우가 대단히 많다.

메밀의 경우를 본다면 조단백질 13.1퍼센트, 지방 2.7퍼센트, 전분 68.6퍼센트, 섬유 1.1퍼센트, 회분 1.4퍼센트, 열량은 100g당 233칼로리이다. 메밀의 단백질에는 지아미노산이 풍부하며 식물 단백질 중에서 가장 우수하다. 비타민류로 A는 전혀 없으나 B_1, B_2는 풍부하고 D도 있다. 또 칼리와 인산도 많아 영양식품으로서 아주 좋다. 이러한 성분들이 다양하게 포함된 메밀은 몸에 좋은 건강식품으로 예로부터 즐겨 먹고 있는 것이다. 옛날부터 메밀은 장과 위를 실하게 하고 통변을 잘 시키며 고혈압에 좋다고 했다. 또 기력을 증강시키고 정신을 맑게 하며 오장의 부페물을 제거한다 하였다. 뿐만 아니라, 감기, 설사, 산후복통, 심지어는 임질에도 쓰인다고 했다. 이와 같은 경험에 의한 치료 효과의 기록들은 오랜 세월에 걸쳐 전해져온 무시할 수 없는 내용인 것이다.

그러니까 식물 속에 함유된 풍부한 영양 성분이 건강을 이롭게 하여 질병 침입을 예방하는 효과를 나타내는 동시에 특수성분도 포함되어 그것이 약효를 발휘하여 종합적인 치료의 효능을 보게 된다. 이와 같이 이중적인 상승 효과를 나타내는 것이 약초의 장점이며 특성이다.

어떤 질병에 대해 치료만을 목적으로 하고 영양을 돕지 않는다면 효력이 크게 나타나지 않는다. 우선 질병에 시달리는 몸을 건강하게 보호하여 주면서 아울러 치료를 겸해야 하는 것이다. 그러므로 하나의 식물이 어떤 약효를 나타낸다 해서 그것에 관한 유용식물만은 아니며, 우리 몸에 여러 가지로 유익한 영양 성분이 다양하게 함유되어 있다는 점을 고려하여 약용식물은 건강보약이라는 점에서부터 출발해야 한다. 다시 말하면 약용식물이 몸 속에 섭취함으로써 일차적으로 건강 증진에 효과를 나타내고 아울러 이차적인 약효가 발생한다는 점을 강조한다.

건강식품으로 흔히 채소와 과일을 많이 먹어야 한다고 하는데 우리는 채소, 과일을 일상생활에서 즐겨 먹고 있다. 채소와 과일이 몸의 영양을 돕는 동시에 약효의 구실도 한다. 즉 무, 양파, 오이, 토란, 당근, 배, 감…… 등은 영양을 도우면서 약효도 나타내는 것이다.

무는 소화를 돕고 기침에 특효가 있어 무를 많이 먹으면 속병이 없어진다는 말이 있다. 양파의 껍질을 달여 마시면 유전성의 고혈압에 특효가 있으며, 양파를 생으로 즙을 내어 먹으면 통풍, 숙취, 두통, 관절염, 신장염, 장염 등등 여러 방면에 효능이 있다. 토란은 해열작용이 있으며 동상, 타박상, 삔 데 등 약용으로 쓰이는 범위가 넓다. 오이는 신장병과 이뇨효과가 있다. 과일인 배는 소화를 돕고 기침과 변비에 좋고 이뇨작용이 있으며 어린아이의 홍역에도 효과가 있다. 감은 설사, 배탈, 기침, 기관지염, 고혈압에 효능이 있으며 지혈작용도 있다. 이렇게 몇 가지 실례를 들어보았지만 한결같이 몸의 영양을 돕는 좋은 식품들은 동시에 약효를 지니고 있는 것이다.

온갖 약초나 영양식품 중에는 아직 성분을 잘 알지 못하고 쓰이는 종류가 매우 많으며, 또한 현재의 과학적 분석으로 어느 정도 밝혀졌더라도 아직 포착되지 않은 미지의 성분이 많으리라 생각된다. 예를 들면, 바위솔의 경우 일반적으로는 한약재에서 간염, 습진, 혈리, 화상, 해열 증상에 조제하여 쓰이는 것으로만 알려져 왔는데 근래에는 암 치료에 상당한 효과가 있다는 새로운 실험

결과가 발표되는 등 여타의 식물성분에 대한 연구가 계속되어 새로운 약효성분이 하나하나씩 계속 밝혀지고 있다. 위암에 효험이 있다는 약초로는 번행초, 소엽, 예덕나무 등이 민간약으로 쓰이고 있는데, 이들 식물에는 어떤 성분이 들어 있고 어떠한 작용을 하는지 충분히 알려져 있지 않다. 하지만 이것들을 일률적으로 비과학적이라고 넘긴다면 잘못이다.

앞으로 약초에 대한 연구가 깊이 진행될수록 갖가지 질병에 대하여 더 한층 효험이 뛰어난 약초가 개발되어질 가능성은 충분히 있다. 오늘날, 전통의약인 민간약이나 한방약의 유효성은 인정받고 있으며, 약효가 있다는 식물자원에 대한 연구가 세계 각국에서 활발히 진행되고 있다.

일본의 경우 1973년에 의약의 0.2퍼센트만이 생약이었으나 그 비율이 1988년에는 62퍼센트로 증가하였으며 어느 나라보다 앞서서 꾸준히 약초의 활성 성분을 찾아내고 있다. 중국 역시 광범위한 임상실험을 통하여 전통약물의 연구 개발에 대단한 성과를 올리고 있다. 특히 열대지역의 풍부한 식물자원을 활용하여 신약 개발을 창출하려는 노력이 각국에서 벌어지고 있다.

○ 민간약과 한방약은 차이점이 많다

약초를 이용하는 데는 민간약과 한방약의 두 가지가 있다. 민간약은 의사의 진단과 처방 지시에 의존하지 않고 예로부터 치료 효과가 있다고 전해져오는 것을 민간에서 간단하게 사용하는 것을 말한다. 다시 말하면 독특하게 알려진 묘약이나 향약이 과학적인 실증을 거치지 않은 채 전래적으로 약효를 발휘한다고 하는 것들이다. 이러한 민간약이 약효가 증명되어 우수한 의약품으로 개발되는 경우가 많다.

사람들은 온갖 질병을 방지하기 위해 여러 가지 수단을 강구해오면서 경험에 의해 특정한 증세가 경쾌하게 치유되는 것을 터득해왔다. 복통이 일어나면 손바닥으로 배를 눌러 쓸어주며, 두통일 때 관자놀이를 문지르고, 생강을 먹으면 구역질이 멎고, 땀띠에는 복숭아나무 잎이 좋으며, 종기엔 털머위의 생잎을 짓찧어 바르면 효과가 있는 등 오랜 세월에 걸친 경험에 의해 얻어진 것이 전해져 내려와 이를 기초로 하여 민간요법으로 이용되고 있는 것이다.

보통 일반 가정에서 뱃속이 불편하고 설사를 할 때에 가죽나무, 감나무, 꽈리풀, 달맞이꽃, 대추나무잎, 도토리, 마늘, 맨드라미꽃, 무, 미나리, 물방아풀, 밤나무, 볏짚, 사철쑥, 삽주, 생강, 소나무잎, 쑥, 애기똥풀, 진달래, 질경이, 칡뿌리, 옻나무, 이질풀…… 등등 기타 여러 가지 식물들을 증상에 따라서 사용해 치유하는 방법은 여러 가지로 전해져오고 있다. 이것은 체질에 따라서 또 쓰이는 방법에 따라서 효과를 보는가 하면 효과를 보지 못하는 수도 있다.

원칙적으로 민간약은 한 종류의 약초를 사용하며 두세 종류 이상의 약초를 섞어서 사용하는 일은 흔하지 않다. 약초를 몇 가지 혼합해서 달인다면 서로의 성분이 상쇄된다든지 변화되어버리는 경우도 있으므로 전문가가 아닌 이상 마음대로 혼합해서 사용하는 것은 좋다 할 수 없다.

한방의학은 고대 중국에서 발달한 전통의약으로 오늘날 전 세계의 관심의 초점이 되고 있다. 한방의학은 동양철학적인 방법에 근거를 두고 종합적인 생명현상의 동적인 관찰에 치중하여 내적 생명력을 근본적으로 배양하고 건강을 증진하는 데에 특징이 있다.

서양의학은 자연과학에 근거하여 분석적이고 실증적으로 세포조직을 통한 국소적인 치료 효과를 노리고 있다. 하지만 한방은 전신적, 생리적인 조정으로 일부의 병징을 적절히 치료하는 것이다. 즉 몸에 하나의 이상한 변화가 생겼다 하면 병을 앓는 그 사람의 전신을 조정함으로써 일부의 증상을 치유하는 것이다. 그래서 이 치료법은 양약처럼 단기간의 효과를 나타내기보다는 천천히 시간을 두고 자연스러운 변화로 지효성의 치료 효과를 가져오는 것이다.

한방약은 민간약과는 달리 여러 종류의 약초라든가, 때로는 약효가 있는 동물, 광물 등의 재료를 혼합시켜 조제한 것으로 한 종류만의 약초를 사용하는 일은 극히 드문 일이다. 민간약이 한 종류의 약초를 주로 사용하는 것이라 하면 한방약은 많은 종류를 합쳐서 사용하는 복합약이다. 또한 한방약은 증상을 분명하게 알아내어 그것에 적합한 것들을 섞어 조제하는 것으로 전문 한의사의 처방에 의한 것이다. 예컨대, 약모밀이 들어가는 저령탕 같은 한방약은 신장염에만 쓰여지지만, 약모밀(삼백초)을 민간약으로 사용할 때는 독성분 제거, 신장염, 두통, 변비, 늑막염, 축농증 등 갖가지의 증상에 쓰여진다.

이처럼 한방약에서는 특정한 증상에 대해서 특정한 처방전이 있는 것이다. 기본이 되는 한방 약초처방은 대략 250종 내외의 약초를 중심으로 쓰여지고 있는데 각각의 적응 질병이 정해져 있으며 각 증상에 맞는 것을 골라서 사용하므로 전문가가 아닌 사람이 마음대로 이용할 성질의 것이 아니다. 약초는 조상들이 대대로 기나긴 세월 동안 여러 가지 관찰과 체험을 쌓으면서 숱한 생명의 희생을 치르는 가운데 획득한 지식의 축적이다. 주로 민간약으로 사용되다가 그것이 확실하게 치료 효과를 발휘함으로써 한방의 조제법으로 발달된 것이다.

옛날은 약초의 유효 성분과 그 약리작용에 대해 전혀 모르던 시대였지만 수많은 사람들에게 쓰여지는 과정에서 효과가 확실한 것만이 인정을 받게 된 약초임을 생각해볼 때, 약초의 가치를 신뢰하게 된다. 현대의학이 발달되기 이전에는 주로 한방이 의료의 중심이 되었으며 이와 아울러 민간약으로 약초가 널리 쓰여져 온 것이다. 현재 널리 일반 가정에서 쓰여지고 있는 약초의 사용법은 주로 민간약의 입장에 의한 것이다.

◐ 약초의 보존과 용법도 중요하다

약초의 보존 방법

채집해온 약초는 흙과 먼지, 티끌 따위를 깨끗이 씻은 다음에 될 수 있는 대로 변질되지 않게 하루 만에 건조되도록 하는 것이 중요하다. 말릴 경우, 초본(풀)으로서 지상부의 줄기와 잎(전)을 사용하는 것은 원칙적으로 통풍이 양호한 그늘진 곳에서 말리게 되지만, 햇볕에 그대로 내놓아 말리는 것이 좋을 경우도 있다. 잎이나 줄기가 다육질이거나 다즙질로 여간해서 그늘에서는 잘 마르지 않는 것은 햇볕에 직접 말린다. 일단 햇볕에서 어느 정도 건조시킨 뒤에 밝은 그늘에서 말리면 훌륭하게 건조된다.

통풍이 양호한 곳에서 말리기 위해서는 잘라낸 부분을 가지런하게 추려 잎자루를 끈으로 묶어서 그늘진 처마 밑 같은 곳에 매달아 놓는 것이 가장 적절하다. 뿌리는 대개 햇볕에 말리지만 굵은 것은 썰거나 절반으로 갈라내어 말린다. 껍질이나 열매 종류는 그대로 또는 썰어서 햇볕에 말린다. 잘 건조된 약초는 길이 1센티미터 정도 크기로 썰어서 습기가 침입하지 않는 용기에 넣어 어둡고 서늘한 곳에 보관한다. 또는 종이봉지에 넣어서 통풍이 잘 되는 1m 이상 높이의 그늘진 곳에 매달아 놓으면 곰팡이와 벌레에 의한 피해가 적고 오래도록 보존할 수 있다. 단 잘 마르지 않은 것을 비닐봉지에 넣어 밀폐하면 물크러져 변해버리고 만다.

보존에서 제일 중요한 일은 습기를 방지하는 일이다. 만일 습기를 머금게 되면 성분이 변하게 되며 동시에 곰팡이와 벌레가 생겨 약용 효과를 감소시켜버린다. 그래서 특히 장마철의 보존에 주의해야 한다. 보존할 때 건조제를 넣는 것은 괜찮지만 살충제는 쓰지 말아야 한다.

보존기간은 약효상 1년 정도가 알맞으며 이듬해에 새로이 채취하게 되므로 너무 오래 보관하는 것은 바람직하지 않다. 보존할 때 잊지 말아야 할 것은 약초의 이름과 약효 내용을 반드시 기록해야 한다. 혼동을 일으켜 엉뚱한 약초를 복용함으로써 잘못되는 일이 생길 수 있다.

약초의 용법

약초는 달여서 복용하는 것이 원칙으로 민간에서 가장 보편적으로 실행되고 있는 방법이다. 달이는 그릇으로 쇠(철제)나 구리(동제)로 된 것은 약초에 화학적 변화를 일으킨다. 특히 타닌이 많이 함유된 약초는 쇠그릇에 달일 경우 타닌이 산화되고 약효가 떨어진다. 그러므로 달이는 그릇은 약탕관이나 오지그릇, 법랑, 유리그릇 등을 이용하면 가장 적절하겠지만 일반 가정에서 쓰이고 있는 알루마이트 그릇이라도 지장은 없다. 불길을 받아 천천히 달아오르는 그릇이 가장 좋다.

1일분의 약초를 반 줌 정도 그릇에 넣는데 지정된 양을 지키는 것이 좋으며, 물은 약 600cc(

약 3홉)가 적당하다. 이 양은 1일 3회로 나누어 복용하는 분량이므로 1회분은 200cc의 물로 달이는 양이 된다. 그런데 하루에 세 번씩 일일이 달인다는 것은 너무 번거로우므로 1일분을 한꺼번에 달여 냉장고에 보관해서 나누어 마시는 것이 보통이다.

달이는 용기에 약초를 넣었으면 젓가락으로 가볍게 휘저어 약초가 물에 푹 젖게 하여 20~30분간 방치해둔다. 이것을 뭉근한 불로 가열하여 계속 천천히 조리는데 40~50분쯤 지나면 거의 반 정도의 양까지 졸아든다. 이것을 약간 식혀서 마신다. 뭉근한 불로 오래 데우는 것이 중요하며 그렇게 함으로써 성분이 잘 우러나오는 것이다. 한꺼번에 많은 양을 끓이기 위해 강한 불길로 급히 끓이면 안 된다.

뼈가 삐었다든지 타박상, 종기 등의 상처에는 약초로 생즙을 내어 발라서 치료하는 방법이 있다. 이 경우 다육질인 것은 강판에 갈아서 사용하고, 쑥잎과 같이 얇은 것은 짓찧어서 찌끼와 함께 상처에 붙인다. 생즙을 발라 붙일 경우 옷에 묻지 않도록 붕대나 기름종이로 감싸야 한다. 약의 성질이 너무 강해서 쑤시는 통증이 생기면 물로 가볍게 씻어내도록 한다. 진하고 걸쭉하게 끓여 상처에 바르는 종류가 있다. 또한 생약을 가루로 만들어 이것을 물이나 기름에 이겨서 바르기도 한다. 이 경우 마르면 새로 이긴 것으로 계속 갈아 붙여야 한다.

목욕을 할 때 목욕물에 쑥과 같은 약초를 풀어서 이용하는 경우가 있다. 이 경우 베 헝겊 따위로 만든 주머니에 약초를 알맞은 길이로 잘라 꼭꼭 집어넣고 아가리를 졸라맨 다음 뜨거운 물에 넣어 우려낸 후 목욕을 한다. 또는 큰그릇에 진하게 끓인 다음 이것을 목욕물에 풀어 넣고 목욕을 해도 된다.

약초는 달여서 마시는 것이 주가 된다. 달인 액체는 다른 그릇에 부어 적당한 온도로 식혀서 식전이나 식간에 마신다. 공복 시에 마시면 약의 흡수가 양호하기 때문이다. 달여낸 약은 그날에 마시는 것이 원칙이지만 여름철 이외에는 하루이틀 정도 놔두고 마셔도 괜찮다. 오래 놔두면 공중의 산소가 성분을 변화시키고 맛도 나빠지며 심하면 썩는 경우도 생긴다. 또 냉장고에 오래 보관한다는 것도 좋지 않다.

한방약은 1일 양을 3회로 나누어 공복 시에 마시는 것이 원칙이나 민간약에서는 차 대신으로 마시는 것이 많이 있다. 이 경우 달이는 물의 양을 좀 많이 넣고 연하게 하여 갈증이 날 때마다 여러 차례에 걸쳐서 마시면 좋을 것이다. 또는 녹차를 마시는 방법처럼 말린 약재를 용기의 10분의 1가량 다관에 넣고 끓인 물을 부으면 약초 성분이 우러나오게 되며 이것을 조금씩 수시로 마신다. 타닌 성분이 많이 함유되어 너무 쓴맛이 나는 것은 이런 방식으로 복용하는 것이 좋다.

약초는 일상적으로 계속 먹을 수 있는데, 이것은 부작용이 없다는 점 때문이다. 그렇다고 해서 계속 복용하면 좋지 않은 종류가 있다. 예를 들면 마늘의 경우이다. 마늘은 장 속의 나쁜 균을 없애는 강한 성분이 있어서 약의 가치가 있는 것인데 동시에 장 속에 있는 유익한 세균 따위를 억제시키는 작용도 한다. 화학요법제나 항생물질과 마찬가지로 효능이 있으면서도 부작용이 나타나는 것과 같은 것이다. 장 속의 유익한 세균들이 공격을 받으면 여러 가지 소중한 영양소가 소멸되면서 간장의 해독기능을 떨어뜨리고 입안이 허는 염증도 생긴다. 이런 특수한 사례도 한 번쯤 염두에 두는 것이 좋다.

○ 약초에 대한 맹신은 금물이다

약초를 이용한 민간약으로 갖가지 질병을 치료한 실례는 너무나 많다. 심지어는 난치병으로 가망이 없다고 진단을 받은 환자가 민간약초를 이용하여 놀라운 효과를 본 실례도 많다. 수술을 받아야 한다는 선고가 내려진 다음 민간약에 의존하여 보양한 다음 다시 병원을 찾아갔더니 수술을 받을 필요가 없다는 진단을 내리면서 깜짝 놀라는 의사들도 가끔 있다. 이러한 실례를 들자면 매우 많지만 유의해야 할 사항이 있다.

어떤 약초에 의해 질병이 치유되었다 하여 그것을 만병통치약으로 여겨서는 안 된다는 점이다. 그리고 어떤 약초를 이용한다 해서 같은 증상이라도 누구에게나 꼭 효험이 있는 것은 아니다. 그러한 이유로 민간약으로서 효과를 보지 못하는 경우도 매우 많다는 점에 유의하지 않으면 안 된다.

민간약으로서 효과를 보지 못하는 중요한 원인은 여러 가지가 있다.

첫째, 주술적인 것으로 약효가 없는 데도 예로부터 근거 없는 미신적인 환상으로 전해진 것을 그대로 이용했을 때 효과가 없다. 때로는 치료 효과에 대한 전달이 잘못 표현되어 엉뚱한 증상에 쓰여지는 경우도 있다. 붉은 색깔이 나오는 식물의 즙액은 월경통의 약으로 좋다는 이야기가 있는데 이 묘한 요법은 진실과 혼동된 곡해이다. 붉은 색깔이면 무조건 조혈에 좋다고 하는 것은 미신적인 것임을 구분해야 한다. 따라서 아직 확실하게 알려진 것이 아닌 이상한 요법은 손대지 말아야 한다.

둘째, 가장 중요한 것은 각자의 체질 문제이다. 같은 증상으로 동일한 약초를 이용했음에도 효과가 있는 사람과 전혀 효과를 보지 못하는 경우가 있다. 당뇨병에 닭의장풀(달개비)을 달여 마신 결과 경이적인 효과를 보는가 하면 같은 당뇨병 환자임에도 닭의장풀이 효험을 나타내지 못하는 것은 각자 나름대로의 생리적 현상과 체질이 다르기 때문이다.

썩 좋은 신약의 영양제라는 알브민 정제(알약)가 외국에서 많은 종류가 생산되고 있다. 이 여러 종류 가운데서 어떤 것은 아무리 먹어도 효과가 없는 것이 있는데 일부 제약회사의 것은 자신의 몸에 큰 효험이 나타나는 실례가 있다. 동일한 제재인 것 같은데도 제약회사에 따라 약간씩 달리 처방되는 이유도 있겠으나 각 개인의 생리적인 체질에 중요한 원인이 있다고 본다. 이처럼 체질에 맞는 약초가 있는 것이다.

셋째, 중요한 것은 자신의 증상에 알맞은 재료를 이용하지 못하여 효과를 보지 못한다는 점이다. 즉 자신의 증상을 스스로 잘못 판단하여 그릇된 약초를 사용하는 것이다. 혈압이 높은 사람이 혈압을 높이는 약초를 달여 마시는 경우, 다시 말하면 고혈압 환자가 고려인삼의 제재를 마신다면 효과를 보지 못한다. 근래에 정력에 좋다는 인삼드링크제 등 이용하기 좋은 종류가 여럿 있다. 그중에는 카페인이나 알코올이 함유되어 있는 경우도 있어서 일시적인 흥분에 소용될 뿐 남용하는 것은 오히려 해롭다. 예로부터 고려인삼이라 하면 한방제의 보양 특효약이므로 전혀 해롭지 않다고 잘못 생각하는 경우가 있다. 몸이 쇠약하고 냉으로 고통받는 병자나 저혈압이라면 사용해도 좋지만 고혈압에는 효과가 없으며 오히려 혈압이 높아가고 알레르기성에는 한층 과민성이 늘어난다.
이질풀은 이질설사에 효험이 있는데 무조건 배탈이 났다 하여 이질풀을 오랫동안 매일 달여 마시면 역효과를 나타낼 수도 있다. 이질설사도 배가 아픈 법이며, 소화불량으로 고통을 겪을 때에도 배가 아플 수 있는 것이므로 이런 배앓이를 동일하게 판단하여 이질풀을 달여 마셔서는 안 된다. 배앓이의 경우도 각 원인이 다르므로 이런 것을 확실히 구분하지 않고 적당히 재료를 선택하여 효과를 보지 못하는 경우가 대단히 많다. 약초의 적응이 확실해야 효과를 보게 된다는 점을 유의해야 한다.

넷째, 한약제도 마찬가지지만 민간약도 장기적인 복용에 의해 효과가 나타난다는 특징이 있다. 간혹 5~6일 복용하여 효과가 나타나는 경우도 있지만 생체의 전반적인 균형을 이루는 가운데서 점차 효력이 나타나는 것이므로 지속적인 복용이 필요하다.

오늘날 신약(양약)에 의해 단기적으로 빠른 효과를 보던 습관이 몸에 배어서 약초를 잠깐 이용했다가 효험이 없으면 중단하기 때문에 효과를 보지 못하는 실례가 많다. 신약으로는 고치기 어려운 질병이 있는 동시에 약초로서도 고치기 어려운 것이 많다. 염증을 일으키는 세균성 질환은 약초로서 불가능하며, 또 산모가 급속한 진통을 겪는 위기를 약초로 구하지 못하며, 급성질환 종류나 뼈가 으스러진 골절은 약초로 신속히 고치지 못한다. 이런 질병은 곧 현대의학의 외과적인 수술로 치료를 해야 한다. 그럼에도 병원비의 절약을 위해, 때로는 약초에 대한 맹신으로 급속한 치료가 요구되는 질환임에도 무조건 약초만 믿고 있다가 피해를 입는 경우가 있다.

약초는 국소적이고 단기적인 치료가 이루어지는 것이 아니며 장기적인 복용에 의한 지효성이 있다는 점을 알아두고 예방적인 측면에서 널리 활용해야 한다. 약초 이용이 좋은 방법이라 하여 무엇이든지 치료할 수 있다는 맹신은 버려야 한다. 좋은 약초를 이롭게 쓰면 효과적이지만 치료가 불가능한 것도 있다는 점을 다시 강조해둔다.

그러나 약초의 효능이 아주 좋아서 예방과 치료에 놀라운 성과를 나타내는 경우를 결코 도외시해서는 안 된다.

○ 약초로 병을 고친 실례

약초를 사용해서 병을 고친 실례는 수없이 많이 있지만 그러한 얘기 가운데서 일부만을 소개한다. 여기 소개하는 것은 한방약이 아니라 민간약을 이용한 경우이다.

나이 60세가 된 부인에게 저녁식사 후 석창포 뿌리줄기를 달여서 차 대신에 2~3잔 권한 적이 있었다. 그 부인은 두통이 너무 심해 날마다 진통제를 3~4알씩 먹어야 하루를 견뎌낼 수 있고 저녁이면 수면제를 먹어야 잠을 청하는 고질적인 질환을 가지고 있었다. 그런데 석창포 끓인 차를 마신 날은 두통이 아주 가셔버렸고 잠도 잘 와서 몇 년 만에 양약을 먹지 않고 하루를 편히 지낼 수 있었다.

한 할머니가 아침에 일어나 보니 입이 왼쪽으로 돌아가 버렸다. 큰 걱정이었는데 마침 이웃에서 비방을 가르쳐 주었다. 피마자 열매 15알 정도와 미나리아재비의 뿌리를 3~4개를 함께 짓찧어서 둥글게 뭉친 다음 오른쪽 볼에 붙였다. 하루가 지나자 비뚤어졌던 입이 제자리로 돌아왔고 약이 붙은 자리가 좀 부풀어 있을 뿐이었다.

한 노모는 아들의 축농증에 약모밀을 써 보았다. 이 아들은 축농증으로 고통스런 나날을 지내다가 약모밀을 10여 일 달여 마신 뒤에 다시 의사의 진찰을 받았는데, 어떻게 이렇듯 좋아졌는지 의아스러워했다 한다. 한편 약모밀의 잎을 불에 쪼여 말려 치질의 환부에 갖다 대기를 계속하는 사이에 치질을 고쳤다고 하는 실례도 있다. 약모밀(어성초)은 여러 가지 병에 쓰이고 있으므로 십약이라고 일컬어지는 대표적인 민간약이다.

채석장에서 일하는 한 중년남자는 자고 나면 이불이 땀에 젖어 물을 쏟아 놓은 듯이 축축해지곤 했다. 가끔 가슴이 쓰리고 호흡도 부드럽지 못했다. 여러 가지 약도 먹어보고 병원을 다녔으나 별 효과가 없었다. 우연히 어떤 책에서 본 대로 토종닭 한 마리에 껍질 벗긴 은행 1홉을 넣어 푹 고아서 5일에 한 번씩 네 마리를 먹었다. 동시에 은행을 달여서 설탕을 넣어 수시로 마셨다. 그러고는 건강이 회복되었다고 한다. 또한 그의 아들이 9세가 되도록 자주 이불에 오줌을 싸곤 하였다. 역시 은행을 구워서 먹이고 달여 마시게 했더니 야뇨증이 고쳐졌다 한다.

오늘날 암의 치료에 대해서는 계속 연구 중에 있다. 그러나 약초로 치유되었다고 하는 사례는 많이 있다. 청소엽(잎이 청색이고 흰 꽃이 핀다) 잎을 갈아 찧어서 생즙을 받아낸 뒤, 술잔으로 한 잔씩 날마다 공복에 4회씩 마셔 위암, 간암, 자궁암을 고친 사례가 있다. 10일 후에 위암 수술을 예정하고 있었던 모씨가 이런 얘기를 듣고 열흘 동안 청소엽 생즙을 계속 먹었던 결과, 수술 직전의 재진단 때에는 암의 조직이 완전히 허물어져 없어졌다고 하는 거짓말 같은 실화도 있다.

이 청소엽으로 간암을 고친 사람의 경우 위암이라면 몰라도 간암에 효과가 있었다는 것은 정말로 불가사의하다고 주위에서 놀라고 있다. 청소엽에 함유되어 있는 어떤 성분이 암세포를 궤멸시켰는지는 현재로서 알 수 없으나 약초의 실용에서는 귀중한 얘기이다. 일상적으로 청소엽의 잎 위에 생선회를 늘어놓는가 하면 그 잎에 생선회를 싸서 먹는 일이 많은데 이것은 소엽에 살균과 방부 작용을 하는 성분이 있다는 것으로 이치에 맞는 얘기가 된다. 또한 생선회를 싸서 먹으면 중독을 막을 수 있게 된다. 이것은 일본에서 일어났던 일로 오랜 경험에서 온 생활의 지혜라고 말할 수 있다.

청소엽의 잎 300~500장에 설탕 100g을 첨가하고 한 되의 소주에 담근 술로 신경통이나 류머티스를 고친 예도 일본에서 수백 건이 넘는다고 한다. 이 술은 여름철 청량음료로 사용되며, 이 술을 취침 전에 한 잔씩 마시면 신경통이나 류머티스로 인해 아픈 부위가 후끈후끈하고 따뜻해지며 1개월쯤 지나면 상당한 중병일지라도 경쾌해진다고 한다.

구기자는 불로장생의 약이라 하여 관심을 모으고 있다. 한 노부인이 여러 해 동안 고혈압으로 고생하고 있었는데 구기자를 차 대신으로 자주 마시기 시작하고부터는 어느 사이에 정상적인 혈압으로 되돌아왔고 그 후로는 혈압을 걱정한 일이 없었다는 얘기가 있다.

어떤 여자가 간장병으로 7~8년간이나 자리에 누워 있으면서 재차 기운을 회복하기는 어렵겠다고 스스로 포기하고 있었던 중에 구기자의 뿌리를 달여서 마시면 약이 된다는 이야기를 듣고 그대로 실천한 결과 6개월이 지나서 기운을 되찾은 예도 있다 한다.

매자나무과의 남천은 남부지방에서 관상용으로 재배하고 있는데 이 잎은 식중독에 효험이 있으므로 일본에서는 음식물을 선물로 보낼 때 그 잎사귀를 같이 보내는 관습이 있다. 또한 남천의 열매를 달여 마시면 백일해나 천식에 효험이 있다고 하며 실제로 천식이나 백일해를 고친 예도 많이 있다 한다.

남천 열매의 표층엔 유독성분이 있으므로 처음에는 가볍게 달여서 그 즙을 버리고 다시 물을 부어 천천히 달이는 것이 좋다고 한다.

쑥잎을 짓찧어 베인 상처에 바르면 묘약이 된다는 사실을 아는 사람을 꽤 많을 것이다. 산행에서 베인 상처가 생기면 곧장 쑥의 잎을 짓찧어서 상처 위에 붙여두면 피도 신속히 멎고 치유도 빠르다는 것을 확인할 수 있다.

또한 잘 말린 쑥을 달여서 마시면 빈혈이 치유되고 체질도 개선되어 튼튼한 몸으로 만들어진다고 한다. 학교 조회 때 곧잘 쓰러지곤 하는 어린이들에게 쑥을 달여 마시게 했더니 몇 개월 후부터는 조회 때 쓰러지는 아이가 없어졌다고 하는 보고가 있다.

한 중년 남자가 B형 간염에 걸려 1년 이상 무척 고생했다. 별의별 좋다는 한약, 양약을 두루 복용하고 유명하다는 병원도 많이 찾아다녔으나 별 효과를를 거두지 못한 채 체념에 빠졌다. 그러던 중 이웃의 권유로 사철쑥(인진쑥)을 달여서 마시기로 했다. 대황 40g과 치자 40g씩 넣어(10일분·사철쑥의 30분의 1씩) 짙게 달여서 3개월간 장복한 결과 획기적인 효과를 보았다고 한다.

민들레는 이른봄의 산나물로 구미를 돋우는 훌륭한 식물인데, 강장, 활력증진, 위장병, 기타 병의 치유에 쓰인다. 위의 상태가 좋지 않아 울적한 나날을 보내던 10명의 사람들이 민들레의 뿌리가 몸에 좋다는 얘기를 듣고 굵은 뿌리를 모아 뜨거운 물에 잠시 담갔다가 껍질을 벗겨 데친 다음 네모나게 잘라 햇볕에 말린 후 끈적하게 잘 달여서 얼마 동안 함께 마셔 모두 건강을 회복할 수 있었다는 얘기가 전해지고 있다.

무화과나무의 잎을 잘게 찢으면 젖빛 즙이 나오는데 이것으로 사마귀를 떼버렸다고 하는 예도 곧잘 전해진다. 하루에 2~3회씩 바르면서 10~15일 경과했더니 사마귀가 썩은 것처럼 되더니 없어졌다는 것이다.

뜨거운 물에 데었다든지, 불에 달구어진 쇠붙이에 데었을 때 지체없이 알로에의 잎을 잘게 찢어서 즙액을 발라두면 잘 듣는다. 불에 덴 것을 그냥 놓아두면 수일 후엔 물집이 생기고 통증이 오게 마련이지만 알로에 잎을 이용하면 물집도 생기지 않고 통증도 없어지게 된다. 효험이 좋으므로 의사를 울리는 풀이라고 불리기도 한다.

아이들의 몸에 좁쌀 같은 물집이 생겼는데 너무 가려워 밤잠을 못 이룰 정도였다. 병원에서는 진균성 피부병이라 했는데 병원을 부지런히 다녀도, 온천을 다녀도, 별의별 약을 써봐도 낫지 않았다. 1년 가깝게 고생하던 중 이웃 할머니의 권유로 뱀딸기의 줄기와 잎을 진하게 달여서 소금을 약간 친 다음 수시로 몸을 씻어 주었다. 하루 이틀 지나자 벌써 효과가 나타나기 시작하더니 며칠이 지나서는 신기하게도 완치되었다 한다.

이상 언급한 것 외에 두릅나무의 껍질로 당뇨병을 고친 얘기도 있고, 심장이 약한 사람이 만년청의 뿌리를 써서 건강해진 얘기, 사철쑥으로 황달을 치유한 얘기 등 헤아리기 시작하면 끝이 없다. 이들 약초 중에는 성분이 분명하고 또한 그 성분이 어떻게 인체에 작용하는지 밝혀진 것도 있지만 성분이나 작용이 어떤 것인지 아직 확실히 알려지지 않은 것이 대단히 많이 있다. 비록 성분과 작용이 해명되지 않은 풀일지라도 이것들은 아주 기나긴 세월에 걸쳐서 수많은 사람들의 체험을 통하여 전해져온 것이므로 귀중하게 여기지 않으면 안 된다.

산야초를 쉽게 찾는 방법

○ 산야초 찾는 길은 신선놀음이다

거친 산과 들로 꽃식물을 찾아 나서는 일을 무척 힘겹고 번거로운 것으로 잘못 생각하는 사람들이 있다. 그래서 꽃가게를 기웃거리며 신기한 야생화를 쉽게 구할 수 있을까 탐문하는 사람들도 있다. 산야초의 취미는 직접 들과 산으로 찾아 나서는 과정에 커다란 의미가 있다. 꽃가게에서 구입할 돈이 있으면 산야초 여행에 경비로 보태 쓰는 것이 훨씬 재미있고 유익하며 소득도 높다.

향토적인 산야초를 찾는 길은 결코 어려운 일이 아니다. 휴일을 이용하여 관광여행이나 야외의 놀이터를 찾는 일보다는 훨씬 간편하고 수월하다. 근교의 어느 풀밭에서든 이름 모를 청초한 야생의 꽃들이 우리를 반겨주고 있다.

야외로 나가 오락을 즐기거나 술타령이나 노래 가락으로 흥을 부리고 나면 나중에는 축 처져서 피로가 겹칠 뿐이다. 법석을 떨고 나면 스트레스 해소가 되어 속이 후련해진다고도 하지만 돌아올 때의 피로와 허전한 마음속은 걷잡을 수 없이 공허하다. 스트레스의 해소가 반드시 시끌시끌한 것만으로 이루어지는 것은 아니다.

싱그러운 숲 속의 곳곳을 천천히 오르내리면서 마음을 식히고 꽃의 아름다움에 몰두하다 보면 잡다한 세상일을 망각해버리는 신선놀음에 잠기게 되고 이때에 그동안 쌓였던 우울증, 열등감, 근심, 불만 등에서 해방된다.

소로우의 숲 속 이야기를 여기에 잠깐 소개한다.

'내가 숲 속으로 들어간 이유는 사려 깊은 생활을 하고 싶었기 때문이다. 즉 인생의 본질적인 사실만을 대하고, 인생이 나에게 가르쳐주어야 할 바를 내가 배워낼 수 있을 것인가를 확인하기 위해서이며, 동시에 내가 이 세상을 하직하게 될 때에 나는 여태까지 헛세상을 살았구나 하는 허망함을 뉘우치지 않으려 했기 때문이다.

나는 인생이 아닌 생애를 살고 싶지 않았다. 산다는 것은 그만큼 값진 일이다. 또한 나는 정말 불가피하지 않은 한, 세상을 등진 생활을 하고 싶지가 않았다. 나는 인생을 깊이 살고 인생의 모든 정수를 소화시키며, 인생이 아닌 모든 것을 무찔러낼 만큼 굳세게 스파르타 인들처럼 살아나가고 싶었다.

잡초를 베어 길 폭을 넓히되 뿌리 밑까지 말끔히 베어내어 인생을 구석으로 몰고가 그것을 본질로 환원시키고자 했다. 그 이후, 만일 인생이 무가치하다는 것이 드러난다면 그 인생의 모든 있는 그대로의 무가치함을 확인하여 그 무가치함을 세상에 공표하고, 혹은 만일 인생이 숭고한 것이라면 그 숭고함을 몸소 체험하여 저 세상에 가서도 참되게 보고할 수 있도록 되어보자는 것이었다.'

기왕에 야외로 나섰으면 자유인이 되어야 한다. 그러기 위해서는 혼자라야 이상적이며 여의치 않은 사정이라면 두세 명 정도 어울리는 것이 좋다. 십여 명이 떼를 지어 몰려다니면 번잡스러운 아이들의 소풍놀이처럼 되어 숲 속의 분위기가 난장판으로 변하기 쉽다. 아무쪼록 마음의 평화를 얻을 수 있는 고요 속에서 지극히 자유스러워야 한다. 숲 속에서는 자유가 그 본질이라는 자각 속에서 거슬리는 것이 전혀 없는 안락을 취해야 한다.

자유롭게 숲 속을 살피노라면 자연스럽게 멈출 수도 있고, 갈 수도 있고, 마음 내키는 대로 저 오솔길을 향해 돌아갈 수도 있고, 저 언덕을 오를 수도 있다. 그것은 자기 본래의 걸음걸이로 걷는 것이어야 한다. 육상선수의 뒤를 뛰어가듯이 따라가는 것도 아니며, 아리따운 소녀의 걸음에 맞출 필요조차 없다. 수풀 주변에 대한 깊은 인상을 자유롭게 받아들이고, 자기의 생각을 자신이 보는 그대로 채색할 수 있어야 한다. 곁에서 떠들썩한 소리가 울려 고요한 명상을 깨뜨려서는 안 된다.

시골길을 걸을 때에는 시골 그것처럼 스스로 한적해져야 하며, 원시림 속에 당도했으면 원시림이 품은 태고의 숨결을 마음속에 간직해야 한다. 골짜기의 물길을 만나면 그 물처럼 맑아져야 하고 산새들의 우짖음이 하늘에 울려 퍼지면 그 노래가 스스로의 가슴속에 촉촉하게 젖어들어야 하며 아울러 새처럼 하늘을 나는 기분이 들어야 한다.

그러면 자신이 꽃으로 화해버리는 환상 속으로 파묻히게 된다. 마침내는 뭐라 말할 수 없는 안식으로 젖어드는 도취 속에 온 심신을 맡길 수 있게 된다.

소로우는 다시 이렇게 말했다.

'자연의 한 복판에 살면서 자기의 모든 감각을 조용히 간직하는 사람에게는 암담한 우울증은 존재할 여지가 없다. 어떠한 폭풍도 건전하고 순진한 귀로 들으면 그 거센 바람은 신의 노랫소리로만 들린다. 소박하고 용감한 인간을 천한 슬픔으로 몰아넣을 권리를 가진 어떠한 존재도 이 세상엔

없다. 내가 사계절을 벗으로 삼고 있는 동안에는 나에게 짐이 되는 생활이란 전혀 없다고 믿는다.'

이렇게 자연과 그 숲 속의 향락을 누리다 보면 임어당의 말처럼 여름철 지평선에 떠 있는 뭉게구름을 무대의 배경으로 삼으며 주위의 산림을 자신의 정원으로 여기고 파도의 울부짖음은 아름다운 연주로 들리는가 하면 산바람을 냉방장치로 생각하는 경지로 도달하게 된다.

산간 숲 속의 평탄한 자리에 본거지를 정하고 휴식을 취하면서 주변 숲 속의 산야초를 살피는 사이에 저절로 삼림욕의 효과도 얻게 된다. 삼림욕은 심폐기능을 활성화하고 힘을 왕성하게 하는 강장효과가 있을 뿐만 아니라 대기의 비타민이라 불리는 깨끗한 공기를 흠씬 마실 수 있는 좋은 기회가 된다. 또한 신체 단련을 위한 스포츠로서도 적합하다.

산야초를 찾는 길은 온갖 자연의 신비와 묘미를 배우는 동시에 자연과의 합일에 도달하는 경지인 것이다.

○ 꽃을 중심으로 찾아야 성과가 있다

산야초 채취에 있어서 가장 중요한 것은 꽃 모양 관찰이다. 꽃 모양과 식물체의 구조가 관상가치를 지닌 것일 때에 우선 소중하게 여기게 된다. 물론 식용이나 약용으로 이용할 목적일 경우에는 관상 가치를 따지지 않는다.

수많은 식물군들 중에서 그 특성을 구별하는 기초는 꽃의 관찰에서부터 시작해야 한다는 점을 유의해야 한다. 전문가들도 꽃의 구조를 모르면 그 식물의 종류를 판별하지 못하는 경우가 있다. 그러므로 꽃 모양에 대한 기초적인 상식이 우선되어야 하며 이 때문에 산야초에 관한 서적들은 꽃이 개화한 상태를 위주로 꾸며지고 있다.

식물에 대한 지식을 바르게 쌓으려면 산과 들로 직접 찾아 나서는 것이 중요하다. 즉 현장학습이 산야초 취미에 매우 중요하다. 풀밭에서 하나의 식물을 발견했을 때, 식물체의 구조를 실제로 터득하게 되고 동시에 그들의 자생상태와 환경을 관찰하면 배양 기술을 배우는 지름길이 된다. 식물이 자라나는 환경에 비슷하게나마 맞추어 배양함으로써 건강하게 키울 수 있게 된다.

처음 산야초에 관심을 갖기 시작한 사람은 꽃이 피어 있는 것이라면 모두 신기하게 보여져 어느 것이든 마구 채취하기 마련이다. 사실, 이 과정을 거치지 않으면 식물 관찰의 지혜는 단시간 내에 쌓여지질 않는다. 다만 자연 훼손이라는 병폐가 염려된다. 그러므로 앞선 사람의 지도를 받아야 한다는 것을 유념하여 지나고 보니 별 것 아니었구나 하는 후회가 없도록 해야 한다. 여하튼 취미의 초기에 어떤 꽃식물이든 채취하는 과정은 온갖 식물의 생태와 그 이름 및 자생상태를 공부하는 유익한 기초가 된다는 것은 확실하다.

일단 흔한 것이라도 채취하여 마당에 심어 가꾸어 가면 그것이 건강 증진에 유용한 식용이 되고 약용으로도 이롭게 쓰여질 수 있는 식물일 수도 있다. 무엇이든지 소중하게 배양한다는 것이 중요하다. 이러한 마음가짐이 없다면 산야초를 떠나야 한다.

어쨌든, 꽃을 모르고 아무거나 채취할 수는 없는 노릇이다. 꽃 모양을 중심으로 하여 식물의 특성을 터득해가는 사이에 나중에는 꽃이 피어 있지 않은 상태에서도 각 종류를 식별하는 단계에 이르게 된다. 자라나는 몸집의 구성과 잎의 모양새만 보고서도 식물의 종류를 알아낼 수 있는 수준에 이르면 산야초를 찾는 즐거움은 극치에 도달하게 된다.

종류를 모르더라도 화사하게 피어난 꽃이 좋아 여하튼 캐어다가 마당가에 옮겨 심은 후에는 반드시 산야초 사전이나 식물도감에 의거하여 그 꽃식물의 이름과 특징을 밝혀내는 습관을 가져야 한다. 꽃 이름을 알아냈으면 곧 명찰에 식물명을 적어 꽂아놓는 마무리를 잊어서는 안 된다. 이것은 겨울이 지나 이듬해 봄에 새싹이 돋아나올 무렵에 어린 식물의 생김새와 생장과정을 공부하는 좋은 기회를 만들어준다.

그리하여 새순이 돋아나는 모습만 보고서도 식물의 종류를 식별할 수 있는 능력이 생긴다면 산나물을 채취하여 건강 증진을 도모하는 데 큰 도움이 되며 이것은 여간 즐거운 일이 아니다. 새순만 보고서도 무슨 식물이라는 것을 식별한다는 것은 대단한 지식이다.

수많은 식물들 중에는 비슷한 것이 꽤 많으므로 혼동되는 경우가 자주 나타난다. 이런 실수를 범하지 않기 위해서는 기초적으로 식물에 관련된 서적을 몇 권 정도 갖추는 것이 유익하다. 한 권만 가지고 해결하려 할 때에 혼란스런 일이 번번이 생긴다.

예를 들면, 어떤 식물을 위쪽에서 촬영한 것과 측면에서 촬영한 상태가 달리 보일 수 있다. 또 처음 꽃이 피어나기 시작할 때와 꽃의 절정에 이르렀을 무렵에 촬영한 사진 그리고 꽃이 시들어 가는 시기일 때…… 이렇듯 각각으로 촬영한 사진들이 있는데, 절정의 개화상태를 보고 초기의 꽃 사진과 비교하여 보면 어리둥절해지는 일도 자주 생기게 된다. 이런 착오를 해결하기 위한 길은 참고 서적을 몇 권쯤 갖춰야 한다는 것이다. 또 그러한 착오를 모면하기 위해서는 자생상태의 꽃 구조를 항상 면밀하게 세부적으로 관찰해야 한다.

아랑의 좋은 이야기를 여기에 참고로 소개한다.

'내 취미로 말하자면, 한 번에 1미터나 2미터쯤 걸어가다가는 잠시 멈추고, 또 걷다가는 멈추고 하는 동안 동일한 것에서 새로운 모습들을 이모저모 다시금 바라보게 된다. 그저 조금만 오른편이나 왼편으로 가서 걸터앉기만 해도 전체가 아주 변화해 버린다. 100킬로미터나 걸어가는 것 이상으로 변화하는 일이 흔히 있는 법이다.'

이와 같은 방식으로 들꽃들을 그냥 멀리서 바라보며 지나치지 말고 가까이 접근하여 요모조모로 그 구조의 특징을 관찰하여 익혀 둔다면 식물을 구별하는 데 실수가 없게 된다. 특히, 식물 분류에 있어서는 같은 무리이지만 잎이 약간 가늘다든지 좀 넓다든지 하는 부분적인 차이점만 가지고도 따로 구분해버리는 식물학상의 까다로운 요소가 있다. 이에 따라서 식물의 이름도 다르게 붙여지고 있다.

그러나 식물학자가 아닌 취미라면 굳이 그런 까다로운 분류에 구속받을 필요가 없다. 관상 가치에 심미안을 두고서 어떻게 하면 건실하게 배양하느냐에 신경을 쓰는 것이 좋다. 그러면서 우리 몸에 유익한 식물을 잘 활용할 수 있는 방법을 모색하는 방향이 바람직하다.

○ 간편한 준비물을 갖추도록 한다

산야초를 채취하기 위하여 이웃에 나들이하듯 평상복으로 나선다면 여러 가지 불편이 따르게 된다. 또한 살아 있는 식물을 손상시키지 않는 조치가 필요하므로 편리하고 안전하게 채취할 수 있는 준비물이 있어야 한다.

1. 들과 산의 숲 속을 헤치고 다니려면 보행에 불편이 없어야 한다. 일반적으로 등산화를 신거나 운동화에 스타킹을 착용하기도 하지만 이것은 가끔 불편하고 곤혹스러울 때가 있다. 산야초를 찾는 데는 고무장화가 최적이다. 산야초를 찾으면서 개울을 건너야 하고 습지를 밟고 수풀을 헤칠 때, 꽃을 관찰하고 채취한다든지 또는 사진 촬영을 할 경우 물 속에 들어가야 할 경우가 있다. 또 넝쿨과 가시에 찔리는 일도 자주 만난다. 더 중요한 것은 살무사와 같은 독뱀의 피해를 방지하는 데는 고무장화만큼 안전한 것은 없다. 독뱀은 이슬이 증발한 뒤의 오전 중에 활동하는 일이 많으며, 또 대낮의 뜨거운 햇볕을 피해 돌무더기 밑에 도사리고 있는 경우가 많다. 그리고 동남향의 양지바른 경사지에서 자주 발견된다고 한다. 으슥한 곳에서 또아리고 있던 독뱀은 침입자가 다가와도 도망가지 않는다. 근접해오면 방어태세로 달려들기 일쑤이다. 그래서 시골에서는 아이들에게 뱀은 사람을 피하지 않는다며 주의를 일깨워주곤 한다. 밭에서 김을 매다가 뱀에게 물리는 일도 있으며, 갯둑을 지나다가 불시에 침해를 받는 일이 있다. 더욱이 꽃에만 정신을 집중하노라고 주위를 살피지 못하는 사이에 독뱀에게 피해를 입어 뜻밖에 고통을 받는 사례들이 나타나곤 한다. 독뱀에 물렸을 경우 즉시 병원으로 가야 함은 당연하며, 자칫 어물어물하다가는 생명에 위험이 따른다. 하지만 독뱀을 자주 만나는 것은 아니다. 어쩌다가 일어날 수 있는

위험을 방지하기 위해 주의를 할 뿐이다. 건강에 좋다 하여 뱀을 너무 많이 잡고 있기 때문에 요즘에는 뱀이 사람을 피하는 경향이 있다. 하지만 깊숙한 숲 속에 돗자리를 펴고 있을 때에는 주위에 백반을 뿌려놓는 안전한 방법을 취하는 것이 좋다. 스타킹을 착용했을 경우 그 발목에 백반가루를 넣어두는 것도 어느 정도 효과가 있다.

2. 어쩌다가 독충이나 벌에 쏘이는 일이 있다. 이에 대비한 응급치료를 위하여 암모니아수를 준비하도록 한다. 그 이외에 간단한 구급약을 준비하는 것도 잊지 말아야 한다. 이것은 며칠씩 야영할 경우에 더욱 필요하다. 희귀한 좋은 꽃을 만나러 갔다가 불상사(?)가 생긴다는 것은 유쾌한 일이 못 된다.
3. 특히 삼복더위라도 피부가 노출되지 않도록 소매가 긴 옷을 입어야 안전하다. 숲 속을 다니다 보면 갖가지 풀잎에 살갗이 상하는 수가 있으며 작고 큰 온갖 벌레들이 달라붙어 가려움증이 생기는 일이 있다는 점을 유의해야 한다.
4. 산야초 여행을 떠나기 전에 도착 지점을 미리 선정해 놓고 그 지역에 대한 지도를 준비하도록 한다. 계획 없이 꽃만 보고 다니는 도중에 길을 잃어 방황하는 경우가 흔히 있다. 상세한 지도에는 오솔길이나 논밭, 계곡, 벼랑 등의 지형이 밝혀져 있으므로 찾아야 할 장소와 돌아오는 길을 정확하게 짚을 수 있다. 대개 2만 5천 분의 1, 5만 분의 1로 축소된 지도가 있으며 시중에서 얼마든지 구입할 수 있다. 좀더 세심한 사람은 나침반이나 쌍안경까지 준비하기도 하는데 짐스럽지 않다면 편리하게 이용된다.
5. 전정가위는 반드시 필요하며 카메라도 준비한다. 숲 속을 헤치다 보면 덩굴이나 나뭇가지들이 엉켜 앞을 가로막는 일이 있는데 이것을 전정가위로 제거하고 나아갈 수 있다. 또 어떤 식물을 채취하고자 할 때 주위에 무성한 풀들이 덮여져 있어 장애가 될 경우 역시 전정가위가 요긴하게 쓰인다. 전정가위는 사진 촬영에서도 요긴하다. 촬영하고자 하는 식물체의 실상을 돋보이려면 주변을 가리고 있는 다른 풀들을 제거해야 한다. 잎의 성상, 줄기가 뻗어나간 모습, 꽃의 모양을 완전하게 드러냄으로써 식물 사진의 가치가 살아난다. 사진 촬영에 있어서 꽃의 구조만을 촬영하는 사람들이 있는데 이것만으로는 부족하다. 꽃과 잎과 줄기의 전체를 촬영해야 한다. 다음에 꽃식물이 자리하고 있는 분위기가 썩 좋다든지, 화려하게 군생하고 있는 광경이 있으면 이것도 전체적으로 촬영해두면 요긴한 자료가 된다. 그러므로 꽃식물의 사진 촬영은 위에서 지적한 세 가지의 장면을 항상 염두에 두어야 한다. 잎의 성상, 줄기의 상태, 꽃의 모양을 하나의 장면으로 포착해야 한다는 점을 잊어서는 안 된다. 이러한 사진이 식물을 공부하는 데 중요한 자료가 되기 때문이다.
6. 식물 채굴에 필요한 도구가 있어야 한다. 흔히 화초 가꾸기에 쓰이는 작은 꽃삽 하나만을 준비

하는 사람이 있는데 이것만으로는 어려움이 있다. 군대에서 전투 시에 쓰이는 야전삽도 꽃삽과 함께 갖추어야 편리하다. 이 야전삽은 민간용으로도 제조하여 판매하고 있으므로 쉽게 구할 수 있다. 식물체를 뿌리째 파려고 하면 그 주위의 억센 잡초 뿌리가 뒤엉켜 있어서 작은 꽃삽으로는 애를 먹는 경우가 허다하다. 이때 야전삽을 이용하면 수월할 뿐만 아니라 뿌리를 상하지 않게 깊이 팔 수 있다. 그렇다고 꽃삽이 필요 없다는 것은 아니다. 조심스럽게 흙을 헤쳐야 할 경우와 돌덩이들이 끼어 있을 경우 작은 꽃삽이 썩 긴요하게 쓰인다.

7. 신문지, 비닐주머니, 고무줄을 준비해야 한다. 식물을 캐면 뿌리에 흙이 붙은 채 신문지로 둘러싸고 이것을 고무줄로 칭칭 감아서 흐트러지지 않도록 한다. 신문지는 흙의 습기를 유지해주는 데 효과적이다. 이것을 다시 비닐주머니에 넣어서 안전하게 운반할 수 있게 보호해야 한다.
8. 그 이외에도 장갑, 수건, 물통, 모자, 휴대용 우비, 그리고 간단한 음식 등도 곁들이게 되는데 이것들의 소용되는 바는 굳이 설명할 필요가 없을 것이다.

너무 힘들고 복잡한 준비물은 피해야 한다. 돌아올 때 몇 종류의 꽃식물을 가져와야 하는 부담을 감안해야 한다. 꼭 필요한 여러 가지의 준비물을 한 군데에 모아보면 별로 부피가 많지 않으며 두세 사람이 동행할 경우 조금씩 나누어 휴대하면 아주 가벼운 나들이가 될 수 있다. 경쾌한 복장으로 유쾌한 산행이 되도록 간편한 출발을 할 수 있어야 한다.

○ 채굴의 기초상식을 알아야 한다

우선 진귀한 식물만을 구할 생각은 하지 말고 가까운 들판이나 촌락의 야산, 언덕이나 개울가에 흔히 있는 것을 채굴하는 일에 더 힘을 기울여야 한다. 그러면 귀한 고산식물에서도 발견하기 어려운 절묘한 맛을 얻게 된다. 비록 하찮은 것 같지만 키우다 보면 의외로 끊임없는 애착심을 갖게 하는 훌륭한 모습을 발견하게 된다. 공연히 진기한 것에만 마음을 빼앗기지 말고 넓은 들판이나 논밭, 또는 산기슭에서 흔하게 자라나는 풀에 시선을 돌리다 보면 의외의 성과를 올릴 수 있다.

하지만 하나의 식물을 발견했을 때에 그것이 관상 가치가 있는 존재인가를 생각해봐야 한다. 관상 가치가 별로 없는 것이라면 채굴해도 천덕꾸러기가 되기 십상이며 아까운 생명만 저버리는 결과밖에 되지 않는다.

이렇게 관상 가치가 있는 풀에 관심을 갖는 과정에서 저절로 식용·약용의 식물에 관한 지식을 쌓아가게 된다. 식물의 생태나 생김새를 제대로 파악하지 못한 채 몸에 좋다는 산야초에만 열중하면 식물의 고귀함을 망각해버릴 염려가 있다. 산야초의 아름다움에 애착을 갖는 것부터 시작하여 차차 식용·약용의 유익함을 터득해 가는 것이 정도임을 강조해둔다.

다음으로 중요한 것은 예쁜 꽃을 피우고 있는 식물을 캐어다가 충분히 잘 살릴 수 있을 것인가 하는 문제를 생각해보아야 한다. 채굴하여 마당에 심으면 저절로 잘 살아나겠지 하는 막연한 생각이라면 오히려 자연상태에서 제멋대로 자라도록 내버려두는 것이 도리이다. 어떻게 관리해야 보다 아름답게 키워낼 수 있을 것인가 하는 구체적인 계획과 정성이 갖춰져 있을 때에 비로소 채굴에 임해야 한다는 자세의 정립이 우선되어야 한다. 이런 마음가짐이 준비되어 있지 않으면 결코 식물을 사랑할 수 없다. 식물을 사랑하는 것은 곧 생명의 존귀함을 아는 것이며, 식물의 생명과 나의 생명을 동일한 것으로 여겨야 한다.

이러한 자세가 확립되었으면 자유롭게 채굴 작업에 착수한다. 이 식물을 채굴해야겠다는 결론이 내려지면 식물체의 그루터기가 되는 밑둥을 먼저 살핀다. 밑둥의 생김새를 알아야 삽이 들어갈 자리를 가늠하게 된다. 밑둥 근처에 잡풀이 우거졌으면 전정가위로 정리한다. 키가 크고 무성한 것일지라도 뿌리의 규모가 작은 것이 있긴 하지만 식물 몸체의 크기만큼 뿌리의 덩치도 크다는 것을 헤아려 두는 것이 좋다. 무엇보다도 뿌리를 상하지 않게 하는 방도를 강구해야 한다.

이러한 준비가 갖춰졌으면 밑둥치의 둘레를 넓게 잡고 사방으로 깊게 삽을 넣는다. 그리고는 흙 속에 깊이 찔러 넣은 삽을 급하지 않게 살며시 떠올려본다. 뿌리덩치를 떠올릴 때, 뿌드득 하고 뿌리가 끊어지는 것 같은 느낌이 들면 둥치의 둘레를 더 깊이 파야 한다.

파냈으면 뿌리 자체에 될수록 많은 흙이 붙어 있게 하여 이 뿌리덩어리를 신문지로 감싼다. 뿌리의 흙이 너무 건조한 상태이면 물기를 적셔준다. 신문지로 감싼 다음 고무줄로 감아 비닐주머니에 넣는 과정은 앞에서 이미 설명하였다.

그런데 물기가 축축하게 적셔져 있어야 시들지 않는다는 생각으로 비닐 속에 물을 흥건히 부어넣는 것은 식물을 괴롭히는 결과가 된다. 물 속에 흠뻑 담가져 있으면 뿌리의 호흡이 곤란하게 되어 오히려 빨리 시들게 된다.

파낼 때 어쩌다가 뿌리의 흙이 거의 흐트러져 있으면 바위이끼나 물이끼를 물에 적셔 뿌리를 감싼 다음에 고무밴드로 감아 안정시켜서 비닐봉지에 넣는다. 혹은 흙이 모두 떨어져나가 뿌리만 앙상하게 되면 뿌리를 물에 적힌 후에 그대로 비닐봉지에 넣어도 그대로 살아난다. 물에 적신 뿌리를 비닐봉지 속에 넣고 묶어 놓으면 그 속에서 습도가 유지되므로 2~3일 동안은 식물의 생명이 유지된다.

이렇게 하여 마당에 옮겨 심었을 경우에는 줄기와 잎이 쉽게 시들어버려 죽어가는 것은 아닌가 하는 의구심이 생기곤 한다. 하지만 뿌리는 강인하게 살아가고 있으며 시간이 지나면 새로운 잎이 서서히 살아나기 시작한다.

이런 재생력이 돋보이지 않더라도 겨울을 지나 이듬해 봄이 다가오면 그 자리에서 새싹이 싱싱하게 돋아나온다. 간혹 봄철에 소생이 되지 않는 것은 채굴할 때에 잔뿌리의 손상이 심했다든지 또는 관리의 잘못이라든지 하는 어떤 문제가 있었기 때문이다.

산야초의 채취 시기는 봄부터 가을까지 계속된다. 가능하면 봄철에 새잎이 돋아나는 어린 시절에 떠다가 분에 옮겨 심으면 알맞은 키에 청결하고 고아한 모습으로 키울 수 있지만 초보자는 새로 돋아난 잎만 보고 어떤 식물인지 분간하기 어렵다. 그러므로 꽃이 한창 피어날 무렵을 기준 삼아서 꽃의 모양새를 보고 선별하여 채굴하는 것이 정확하다. 이 시기에는 뿌리의 신장이 건강하므로 옮겨 심어서 죽는 잎은 거의 없다.

채취의 시기 같은 것에는 구애받지 말고 뿌리를 손상시키지 않도록 성의를 다하는 것이 가장 중요하다. 다만, 산나물이나 약초 채취는 그 이용하는 부위와 가장 효과적인 시기를 선택해야 한다는 것에 유념해야 한다.

● 한 포기씩 채취한다

처음 산야초 나들이를 나선 사람들 중에는 욕심이 생겨 한 가지 종류를 마구 캐어오는 경향이 있다. 마치 귀한 물건을 만난 듯이 허겁지겁 캐는 사람도 있다. 그렇게 대량으로 캐낼 수 있는 흔한 것이라면 값이 나갈 이유가 없다.

한 가지 종류를 10여 포기씩 채굴하여 마당에 가득 심어놓거나 화분에 같은 종류의 식물을 나란히 옮겨 심어 놓으면 운치가 살아나지 않는다. 처음에는 그런 대로 보며 즐기다가 1년쯤 지나고 보면 온통 쓰잘것없다는 생각이 들게 된다. 결국에는 지겨워서 아까운 생명들을 쓰레기통에 버리기 십상이다. 그러므로 한 포기씩만 캐어 증식시킨다는 생각을 가져야 한다.

거칠고 험한 곳에서 살아남아 꽃을 피우고 있는 식물들은 그만큼 생장 번식력이 강하다. 허약한 것들은 소멸되기 마련이며 강한 생존력을 가진 것들만이 산야에서 생명을 부지할 수 있는 것이다.

꽃식물의 밑둥치와 주변을 살펴보면 강인하게 살아가는 온갖 잡초들이 뒤엉켜 있다. 이런 환경 속에서 경쟁하며 번식하고 때가 되면 꽃을 피우는 생장과정을 계속 이어가고 있다. 만일 식물체 자신이 흡수할 양분을 빼앗는 다른 잡풀들이 없다면 꽃식물의 번식은 놀라울 정도로 확대될 것이다.

험하고 엄격한 생존경쟁의 틈바구니에서 자라던 식물을 뜰 안의 안온한 곳으로 옮겨 놓으면 번식력은 엄청난 위력을 나타내게 된다. 자신의 생존을 방해하는 억척스런 잡풀들이 사라졌기 때문이다. 또 중요한 양분을 나눠 먹자고 덤벼드는 몹쓸 풀이 주위에 돋아나면 사람이 다 뽑아주어 편안하게 살도록 돌보므로 번식력이 확장되지 않을 수 없다.

민들레 한 포기를 뜰에 심어놓으면 씨앗이 날려 그 해에 벌서 10여 포기 이상의 어린잎이 자라나고, 이듬해에는 그 몇 배로 증식된다. 민들레꽃이 지고 나면 씨앗들이 솜털 모양으로 둥글게 뭉쳐 있다가 바람을 타고 사방으로 날아간다. 기류가 좋을 때에는 씨앗이 8~40킬로미터까지 퍼져 가고, 높이 6킬로미터 이상까지도 비상할 수 있다고 한다.

질경이의 번식력 또한 대단히 강하다. 수레바퀴가 지나간 자리에서도 사람의 발에 밟히면서도 들판에서 고산지대에 이르기까지 엄청나게 번식되어간다. 우기를 맞아 질경이가 성숙기가 되면 빗방울이 떨어질 때에 그 힘으로 씨앗이 땅에 뿌려지는데 40~80센티미터까지 퍼뜨려져 나간다고 한다.

이처럼 모든 식물은 여러 가지 방법에 의하여 힘찬 번식을 진행시킨다. 게다가, 아무 방해꾼이 없는 안온한 뜰에서는 얼마나 신바람 나게 번식하겠는가.

갖가지 종류들을 뜰에 옮겨 심은 후 이듬해 봄이 돌아오면 새순이 돋아나는 광경이 마치 잔디를 깔아놓은 듯 싶게 보인다. 여름철을 맞이하면 산 속의 우거진 잡초 수풀처럼 어지러움을 느낄 정도로 각종 식물들은 엉켜져서 무성해진다. 한 포기만 떠다 심었는데도 다섯 포기, 열 포기 이상으로 불어나 쑥쑥 자라나는 것이다. 따라서 종류마다 한 포기씩 100종을 뜰에 심었다면 이듬해에는 오백 포기, 일천 포기로 무성해지고 만다. 물론 배양 관리의 여하에 따라 증식이 부실할 수 있고 더 풍성해질 수도 있으며 또 증식이 잘 안 되는 종류도 있다.

마침내 이제는 불어난 풀들을 솎아내어 쓰레기통에 버리기에 바빠진다. 운치 있고 정갈하게 다듬어졌던 뜰 안은 온통 잡초밭처럼 되어버려 뱀이라도 숨어 있을 듯 싶은 음산한 기운마저 감돈다. 그 많은 양을 이웃에 나누어주는 것도 한계가 있으며 주체를 할 수 없게 된다. 그러므로 산야초 채취는 한 종류마다 한 포기 이상을 가져오지 말아야 나중에 혼란이 생기지 않는다.

다음에 유의할 사항은 아무것이나 마구 캐오지 말아야 한다는 점이다. 초심자의 경우 처음에는 종류가 많아야 자랑스러운 것 같아서 아무 꽃이든 눈에 띄는 대로 캐오는 일이 흔히 있다. 이것은 식물의 생태를 익히는 데에는 도움이 되겠지만 결국은 도태시켜 버리는 결과를 빚게 된다. 때문에 관상 가치가 높은 것만을 선별해서 작은 포기 하나씩만 가져오도록 명심해야 한다. 보기 좋은 꽃들이 번식되면 이것을 이웃에 나눠주면 받는 사람도 기쁘고 주는 사람도 흐뭇한 법이다.

그렇다고 해서 고산식물 등의 희귀종만을 찾는 작업에 몰두할 필요는 없다. 희귀종의 채취를 위해 험준한 산악을 헤매야 하는 모진 고생을 겪지 않더라도 가까운 거리의 들이나 산기슭에서 고귀한 자태를 지닌 산야초를 얼마든지 발견할 수 있다.

굳이 희귀종을 키우고 싶다면 이웃 동호인들로부터 번식된 것을 분양받는 편이 좋다. 사람의 손길에 의해 배양되고 번식된 것은 이미 일반적인 환경에 적응하는 힘이 키워진 것이므로 누구든지 조금만 신경을 쓰면 잘 가꿀 수 있다.

고산의 희귀종을 직접 채취하여 배양하려 한다면 그 식물에 관한 전문지식을 익혀야 하고 특수한 배양시설을 갖춰야 한다. 보통의 산야초와 동일하게 키워서는 살려내기가 무척 어렵다. 그러므로 희귀종을 마구 채취하여 멸종시키는 일은 절대로 없어야겠다.

그런데 식용·약용으로 하고자 할 때에는 관상 가치에 중점을 둘 필요는 없다. 다만 지나친 채취로 인하여 불쾌한 인상을 남기지 않아야 하며 뜰에서 증식시켜 이용하는 방법을 택하는 것이 바람직하다.

그리고 국립공원 등의 보호지역과 입산 금지구역에서는 사시사철 새롭고 수려한 풍경이 보존되도록 자연보호를 하는 배려를 아끼지 말아야 한다.

○ 옮겨심기와 배양에 신경 써야 한다

썩 마음에 드는 산야초를 채굴했으면 뜰에 심거나 분에 옮겨 심는다. 또 뿌리의 흙을 다 털어내고 심는 것과 본래의 흙을 붙여서 심는 방법이 있다. 뿌리의 흙을 털어내고 분에 심을 경우 잔뿌리가 상하지 않도록 주의해야 하며, 기다란 곧은뿌리[直根]는 잘라버린다.

흙[用土]은 대개 녹두알 크기의 산모래를 사용하는데, 이보다 다소 굵은 알갱이 흙을 분 바닥에 깔아주어 물이 고여지는 일이 없도록 한다. 뿌리 끝이 흙에 닿을 만큼 줄기를 잡고 산모래를 뿌리 사이로 조금씩 채워 넣는다. 뿌리 사이에 공간이 생기지 않도록 가는 막대로 산모래를 다져 넣어도 좋다. 분 심기에 쓰이는 흙은 마당의 흙이나 밭의 흙이어서는 안 되며 산모래에 부엽토를 20퍼센트 정도 섞은 것이 합당하다. 이때 젖은 산모래는 물기로 인한 접착력 때문에 뿌리 사이에 채우기가 불편하므로 마른 흙을 사용해야 한다.

심은 후 줄기의 밑둥 부분을 가볍게 눌러준 다음 흙이 흐트러지지 않게 물을 흠뻑 주면 물이 잠겨드는 힘에 의하여 흙과 뿌리가 잘 밀착되어진다. 물을 줄 때에 연약하여 쓰러질 염려가 있을 경우에는 분채로 물 속에 담갔다가 들어올리면 흙이 안정되고 식물체가 제자리를 잡는다.

마당에 그대로 심을 때에는 구덩이를 깊이 파서 흙과 섞어 부엽토와 깻묵가루를 한 줌 정도 넣는다. 그 위에 다시 흙을 덮고 심는데 파내었던 흙을 부드럽게 비벼서 뿌리 사이로 차곡차곡 채운다. 심고 나서 발로 밟아 다지는 일은 좋지 않다. 손바닥으로 가볍게 눌러준 후 물을 흠뻑 부으면 뿌리와 줄기가 안정된다.

이렇게 뿌리의 흙을 다 털어내고 심은 것은 일주일 정도 그늘이 지도록 해야 생장이 양호해진다. 그렇더라도 옮겨 심은 초기에는 시들어버리는 현상이 곧잘 나타나는데 이것은 식물이 죽어가는 것이 아니라 환경 변화로 인한 몸살이다.

어떤 종류는 옮겨 심은 그 해엔 완전히 시들어버려 줄기만 남아 있는 것이 있는데 이런 것은 대부분 이듬해에 싱싱한 모습으로 살아나기 마련이다. 흙을 다 털어 내고 심으면 이듬해의 생장력이 매우 좋아진다는 장점이 있다.

뿌리의 흙을 붙인 채로 옮겨심기도 한다. 이때 자생지의 흙덩어리가 뭉쳐 있는 그대로 심으면 생장이 좋지 않다. 그러므로 붙어 있는 흙을 절반 이상 털어내어 잔뿌리들을 어느 정도 노출시켜서 분이나 땅에 심어야 한다. 이렇게 본래의 흙을 붙여서 심는 이유는 줄기와 뿌리의 안정을 위해서다. 나무가 아니라 풀이기 때문에 연약한 것일수록 흙을 몽땅 털어내어 심으면 제자리를 잡기가 어려워진다. 흙을 붙여 심으면 자생지에서 자라던 모습 그대로 정착하게 되며 그 해의 성장은 썩 양호하다.

그러나 본래의 흙을 붙여서 분에 심은 것은 이듬해에 꼭 분갈이를 하여 묵은 흙은 다 털고 새로운 산모래 흙으로 심어야 앞으로의 생장이 좋아진다. 1년쯤 지나고 보면 환경 변화에 적응력이 생기고 뿌리 퍼짐이 안착되어 있으므로 별 어려움은 따르지 않는다.

옮겨 심어 곧 시들어버리는 것이 있는가 하면 옮겼더라도 잘 자라는 종류가 있다. 시들어 축 처졌다가 10여 일 지나서 점차적으로 원기를 회복하는 것이 있는가 하면, 시들고나서는 아예 제 모습을 갖추지 못한 채 겨우 생명을 부지해가는 것도 있다. 그러나 시들어 버리더라도 포기하지는 말아야 한다.

제비꽃과 호제비꽃은 그 외모가 거의 같아서 분간하기 어렵다. 다만 호제비꽃은 잎의 뒷면에 갈색 기운을 띠고 있어 쉽게 구분된다. 거의 같은 외모를 가지고 있음에도 제비꽃을 분에 심으면 곧 시들어 축 처지면서 꽃도 제대로 피우지 못한다. 이듬해에 봄이 돌아와서야 싱싱한 모습으로 짙은 보랏빛 꽃을 피운다. 그러나 호제비꽃을 분에 옮겨 심으면 시들지 않고 본래의 제 모습 그대로 자라면서 꽃도 잘 피운다.

이처럼 식물마다 각기 생장하는 성격이 다르다는 점을 유의하여 옮겨 심은 그 해에 꼭 만족하려는 성급한 생각은 갖지 말아야 한다.

기린초 같은 종류는 분에 올렸든 땅에 심었든 환경이 변해 조금도 원기를 잃지 않고 잘 자라나며 예쁜 노란 꽃을 계속 피운다. 이런 종류는 옮겨 놓자마자 만족스럽게 감상할 수 있다.

그리고 초심자들 중에서는 옮겨 심은 것이라 하여 하루에 몇 차례씩 물을 흠뻑 주는 사람이 있는데 이것은 역효과를 가져온다. 갈증을 느꼈을 때에 물을 마셔야 그 물의 참다운 맛을 알게 된다. 어린아이를 더 튼튼하게 키운답시고 하루 종일 계속 음식을 먹이면 소화불량에 걸린다.

이와 마찬가지로 식물이 계속 축축한 물기에 젖어 있으면 뿌리의 활동이 게을러지고 활기를 잃는다. 특히 과습 상태가 계속 이어지면 공기 부족으로 뿌리의 호흡이 곤란하게 되어 썩어 죽는 원인이 된다.

그러므로 뜨거운 여름철이라도 분에 올린 것은 하루에 두 번, 땅에 심은 것은 아침에 한 번만 물을 흠뻑 주는 것이 일반적이다. 식물에 따라서 물을 주는 횟수에 차이가 있다. 밭에서 자라는 농작물을 보면 가뭄이 들어도, 물을 주지 않아도, 흙먼지가 날리는 가운데서도 끈기 있게 자란다는 점을 염두에 두고 흙의 표면이 좀 건조되었다고 물을 자주 주는 일이 없도록 해야 한다.

분에 심은 경우 분토의 속까지 건조되었다 싶을 때에 물 주기를 실시해야 한다. 오후의 물을 줄 때는 너무 늦은 저녁은 피하는 것이 좋다. 잎에서의 광합성 작용이 활발한 시간에 물의 소모가 많아지며 밤중에는 물이 그렇게 필요하지 않다. 밤중에는 어느 정도 건조된 상태가 유지되도록 했다가 아침에 물을 주면 온갖 식물들은 맛있는 음식을 만난 듯이 반겨하는 것이다.

식물은 물만 충분하면 잘 산다는 생각은 잘못이다. 주기적인 거름주기가 필요한 것은 당연하다.

특히 명심해야 할 사항은 통풍이다. 공기 소통이 잘 되어야 한다는 것은 우리 몸의 영양소와 같은 것이라고 생각해야 한다. 그만큼 공기의 흐름은 식물 생장에 중요한 구실을 한다. 산야초를 키우고 있는 장소는 공기 이동이 원활해야 하며 마치 바람이 가볍게 부는 듯한 통풍이 이루어져야 식물들이 좋아한다. 이 통풍에 의하여 될수록 서늘한 기운이 감돌아야 산야초는 더욱 좋아한다. 이런 점을 소홀히 여겨 가두어 놓은 장소에서 배양하면 생장이 좋지 않게 된다.

고산식물이거나 예민한 산야초인 경우 공기의 흐름이 없는 가두어진 장소에서 키우다가 공기의 흐름이 시원스럽게 이루어지는 장소로 옮겨 놓으면 30분 이내로 잎이 일어서면서 생기가 넘치는 모습을 관찰할 수 있다. 이런 점에 비추어 볼 때 통풍이 식물 생장에 얼마나 중요한 것인가 하는 것을 넉넉히 헤아릴 수 있다.

○ 계절따라 꽃나들이 장소가 다르다

봄의 꽃나들이 장소

우리나라의 봄 계절은 3~5월의 3개월 동안이다. 얼어붙었던 땅이 녹기 시작하면서 남쪽 지방의 산야로부터 서서히 꽃을 피우는 식물들이 나타나기 시작한다. 아직 추위가 가시지 않은 환경에서도 낙엽이 쌓인 틈바구니에서 새움이 솟아 꽃망울을 드러내는 모습에서 삶의 희열을 느낄 수 있다.

화사한 봄은 찾아왔지만 기온이 상승되지 않아 산 속의 숲은 마냥 서늘하기만 하므로 산중턱이나 높은 지대는 꽃이 필 환경이 되지 못한다. 따라서 봄철에 등산하는 중에서 꽃을 찾으려 한다면 헛걸음치기 십상이다. 간혹 산 속이라 할지라도 아늑한 양지바른 곳에서 꽃이 피어 있는 모습을 발견할 수 있으나 흔한 일은 아니다.

봄철엔 아무래도 산기슭이나 언덕, 논두렁, 밭가, 개울의 둑 같은 낮은 지대에서 온갖 꽃들이 많이 피어난다. 봄의 볕이 많이 비쳐 기온이 올라 있는 저지대는 꽃이 피기에 알맞은 환경이 이뤄지고 있다. 얼어붙었던 땅이 가장 빨리 녹아 흙 속이 윤택하고 또한 봄비가 자주 내려 알맞은 습도도 유지하고 있다. 봄기운을 즐기면서 들로 꽃 나들이를 나서는 산책은 별로 힘들지 않은 신바람 나는 일이다.

봄에는 할미꽃이나 민들레처럼 꽃송이가 큰 식물이 보이고는 하지만 대체적으로 거의 모든 풀들은 가련하게 작은 꽃송이 모습을 갖고 있다.

4월을 지나 5월로 접어들면서 봄꽃은 날로 화창하게 많은 종류가 번성한다. 특히 5월에는 꽃이 가장 많이 피는 것처럼 여겨지는데 이것은 아카시아꽃, 밤꽃 등 나무 종류의 꽃들이 가장 많이 피는 시기이기 때문이다.

4월에는 주로 논밭이나 갯가의 들에서 꽃을 만날 수 있지만 5월로 접어들면 산기슭 쪽으로 눈을 돌리는 것이 좋다. 이 시기는 반드시 양지바른 곳에서만 찾을 것이 아니라 서늘하게 그늘진 곳에서도 아리따운 꽃들을 자주 발견할 수 있다.

봄철은 굳이 높은 산 속을 찾을 필요가 없다. 평지에서 힘들이지 않고 갖가지 꽃들을 만날 수 있다는 것이 봄꽃 나들이의 이점이다.

여름의 꽃 나들이 장소

여름은 대개 6~8월을 말한다. 6월로 접어들면 봄철의 귀여운 꽃들이 사라져가면서 동시에 여름꽃이 피기 시작하는 중간 무렵을 맞이한다. 그래서 꽃들이 번성하게 활짝 피어 있는 자리가 흔하게 보이지 않는 편이다.

더욱이 6월은 장마철을 앞두고 있어 대개 비가 별로 내리지 않고 때로는 가뭄으로 목이 타는 시기이므로 땅의 습기가 메말라 식물 생장이 활기를 띠지 못하고 있다. 그래서 6월엔 꽃식물을 흔하게 볼 수 없게 된다. 기온은 상승하는데 토양의 습기가 부족한 상태로 더러 피어 있는 꽃식물들은 목이 말라 가엾은 모습을 띠고 있는 광경을 자주 발견하게 된다. 그러나 어떤 해에는 6월에 비가 많이 와서 온갖 꽃들이 화사하게 피는 광경을 볼 때도 있다.

가뭄을 해갈하는 장마기간이 지나서 7월을 맞이하면 땅속의 습기가 충분해진 가운데 기온이 아주 높아지면서 온갖 꽃들이 다투어 피기 시작한다. 그리하여 7월과 8월에 가장 많은 종류의 꽃들이 전성기를 이루게 되는데 식물의 3분의 2 정도가 이 기간에 꽃을 피우고 있다.

여름에는 산기슭에서부터 산꼭대기로 꽃이 피어오르기 시작한다. 산악의 숲은 다소 서늘한 듯하지만 기온 상승으로 인하여 식물 생장에 알맞은 환경이 이뤄진다. 기온이 가장 높은 시기가 7월에서 8월로 이어지며 이 시기엔 아주 높은 산꼭대기에서 아름다운 교태를 돋보이는 고산식물이 절정을 이뤄 평지의 꽃과는 다른 개성을 지닌다.

그래서 여름에는 산으로 꽃 나들이를 나서야 한다. 저지대에서도 꽃을 볼 수 있으나 산 속으로 오를수록 새로운 꽃들을 만날 수 있다.

산 속으로 들어가 꽃을 찾는다고 우거진 수풀 속을 헤치고 들어가는 사람들이 있는데 그러면 별 성과를 얻지 못한다. 바람이 잘 통하고 햇볕이 많이 비치는 지역을 살펴야 한다. 힘겹게 어두운 수풀 속을 헤맬 것이 아니라 길이 트여 있는 곳을 걸어 오르면서 주변을 살펴보면 반가운 꽃들을 자주 만나게 된다. 길이 트여 있는 곳은 다른 수목들로 가려져 있지 않고 훤히 트여서 햇볕을 잘 받고 바람이 시원스럽게 통하는 지역이다.

그러니까 산간으로 들어서면 확 트인 평지에서 꽃들이 많이 발견된다. 이때 저지대에서도 이런 꽃들이 많이 피는구나 하는 착각을 하는 경우가 있다. 하지만 산간으로 들어섰다 하면 이미 해발 높이가 달라진 위치이며 벌써 산 중턱에 들어선 셈이 된다.

산기슭으로 신작로가 트여 있는 곳을 좀 오르다 보면 저도 모르게 200고지 이상 올라와 있는 것이며, 이것을 착각하여 길가 숲에 꽃이 피어 있는 것을 저지대의 들판에서 자라고 있는 것으로 오해할 수 있다. 산간의 다소 높은 지대의 논이나 밭도 따지고 보면 이곳 역시 해발 200미터 이상의 높이이며, 이런 지역은 저지대의 들판이 아니고 산 속인 것이다.

가을의 꽃 나들이 장소

9~11월이 가을 기간이다. 9월에도 여름 꽃이 계속 피어 있지만 10월로 접어들면서 기온이 뚝 떨어져 산간지방의 꽃들은 사라지기 시작한다. 식물 생장에 중요한 기온이 떨어짐으로써 높은 산 속은 냉기가 휩싸이고 이에 따라 가을의 꽃식물은 산기슭에서만 피게 된다. 이 무렵에 흔히 발견되는 온갖 국화 종류는 모두 산기슭이나 들판에서 피기 마련이다. 가을철에 산꼭대기로 올라가 꽃식물을 보려 한다면 헛걸음치기가 십상이다.

그러니까 봄에는 들에서, 여름에는 산간에서, 가을에는 산기슭에서 꽃을 찾아야 한다는 원칙 아래 꽃 나들이 계획을 세워야 한다.

11월로 접어들면 추운 지방에서는 분에 심은 것들을 보호하기 위해 온실이나 얼지 않을 지하실로 옮기거나 흙 속에 묻어준다. 마당에 심은 것은 강추위를 막기 위해 볏짚을 덮어주어 보호하는 작업을 해야 한다. 볏짚을 구하기 어려우면 신문지를 두세 겹으로 덮어주어도 강추위의 피해를 방지할 수 있다. 그러나 과히 춥지 않은 겨울이라면 그런 보호를 하지 않아도 괜찮다. 또 추위를 겪게 하여 겨울잠을 재운 것을 해토 직후 온실로 옮겨 따뜻하게 보호해주면 남보다 일찍 꽃을 감상하는 기쁨을 맛보기도 한다.

겨울은 지난 1년 동안의 꽃 나들이에서 잘못되었던 점을 되새겨 보고 또한 식물에 대한 지식을 쌓는 조용한 기간이다. 뿐만 아니라 다가올 봄부터 시작될 꽃 나들이에 대한 계획을 세우는 기회가 된다.

그리고 봄부터 가을까지 촬영했던 많은 꽃 사진들을 정리하고 이것을 재음미하며 관찰하는 즐거움은 겨울철의 멋진 꽃 나들이이기도 하다.

○ 꽃들이 많은 지역을 찾아야 한다

꽃을 많이 보려면 계절에 따라 꽃 나들이의 장소가 달라져야 할 것은 물론이지만 또 꽃이 많이 피는 지역의 조건을 알아둬야 한다. 특히 꽃이 가장 많이 피는 여름철에 광대한 산간을 정처 없이 헤맨다는 것은 무척 난감한 노릇이다. 산가의 식생 환경에 대해 몇 가지 살펴보기로 한다.

첫째, 산 속의 토양은 검은 빛깔을 띨수록 식물 생장이 양호하다. 이 검은빛의 토양은 오랜 기간에 걸쳐 낙엽이 쌓여 이것이 썩어 토양으로 변했기 때문이다. 이런 지역은 습기를 다량으로 오래도록 품고 있으며 또 거름기가 있어 식물 생장에 썩 좋은 조건을 갖추고 있다. 이런 토양에서는 실하게 자라며 식물의 종류도 많아 꽃식물을 찾기가 수월하다.

둘째, 숲 속을 보아서 원시림과 같은 분위기에 싸여 있으면 식물 분포가 다양하여 꽃식물을 곧잘 만날 수 있다. 다시 말하면 사람의 발길이 별로 거치지 않은 우거진 숲이어야 한다. 그렇다고 그늘로 덮인 우거진 숲 속을 헤쳐 다닐 것이 아니라 그런 지역에서 바람이 잘 통하고 햇볕이 많이 닿는 곳을 주로 찾아야 한다는 점은 앞에서 이미 밝힌 바 있다.

셋째, 토양의 색깔이 황색을 띠고 있으면서 12.5~39.5퍼센트(20퍼센트 내외)의 점토를 함유한 토양이 식물 생장에 알맞은 곳이므로 이런 지역을 찾으면 수많은 식물들을 접촉할 수 있다. 우리나라는 70퍼센트 이상이 화강암, 화강편마암으로 덮여 있다. 이 화강암류는 약간의 운모와 석영질과 많은 양의 장석이 혼합되어 있는 것이 일반적인데 때로는 석영질이 다량 포함되어 있는 종류도 있다. 장석류는 누렇거나 붉은 기운을 띠고 있는데 이 광물질은 연약하여 물에 잘 씻겨 내려간다. 석영질이 다량 함유되어 있거나 장석류가 씻겨져 딱딱한 산모래로만 이루어진 토양은 수분을 품는 보수력이 미약하므로 식물 생장에 유익한 장소가 되지 못하며 이런 토양은 주로 모래알갱이로만 이루어져 토양이 허옇게 보인다. 반드시 화강암이 잘 풍화되어 있는 상태에서 부드러운 장석류가 씻겨 내려가지 않은 토양으로 조성된 곳이어야 식물 생장이 원활해진다.

장석류가 삭아서 모이면 점토질로 이루어지며 이런 점토질이 모래 성분으로 된 토양(사질)에 20퍼센트 정도는 포함되어야 한다. 장석류는 수분을 오래 품고 있어서 뿌리에 수분 공급을 지속시킨다. 모래 성분은 물을 잘 빠지게 하면서 새로운 수분을 받아들여 뿌리에 신선한 공기를 공급하게 된다. 그러므로 석영에 장석이 혼합된 흙일 때 분에서 키우는 산야초도 잘 자라게 된다.

이상 지적한 토양을 유의하여 산 속을 찾아야 하며 산의 형세가 다양한 곳을 찾아야 한다. 골짜기가 있고, 양지바른 곳이 있으며, 가파른 지형도 있는 변화 많은 곳이어야 많은 종류의 식물들이 생성한다. 다시 말하면 골짜기의 습지를 좋아하는 식물, 메마른 벼랑을 좋아하는 식물, 양지를 좋아하는 식물, 음지를 좋아하는 식물 등이 변화 있게 분포한다.

특히 유의할 것은 오솔길조차 없는 울창한 숲 속의 덤불을 헤쳐 들어가는 것은 힘든 일이며 위험하다는 점이다. 그러므로 오솔길이라도 만들어져 있는 곳을 따라서 좌우의 숲을 살피도록 해야 한다. 그러다가 몇 가지 종류의 꽃식물이 피어 있는 장소를 만나 그 주변을 살펴보면 성과가 있다.

가장 효과적인 것은 물이 흐르는 평탄한 골짜기를 따라 오르는 일이다. 골짜기 주변에는 습기가 유지되어 있어서 많은 종류의 식물들이 분포한다. 여기에서는 습기를 좋아하는 것, 시원한 그늘을 좋아하는 것을 발견하게 되며, 습윤한 환경이어서 다른 종류들도 곧잘 생성한다. 역시 바람이 잘 통하고 햇볕이 닿는 장소가 있어야 재미있는 꽃 나들이가 된다. 골짜기를 오르면서 좌우의 등성이를 바라보면 거기에 또 다른 꽃들이 자라나고 있는 것도 발견하게 된다.

승용차를 이용하여 산악 중간으로 자동차 길이 나 있는 곳을 찾아 오르면 힘들게 산악 등반을 하지 않으며 드라이브 삼아 꽃을 찾는 나들이가 퍽 재미있다. 산길을 따라 승용차를 몰고 오르면 100고지에서 잘 자라는 식물, 500고지에서 자생하는 식물 등을 고루 구경할 수 있으며 길가의 좌우를 살피면 어여쁜 꽃들이 나타난다. 그러다가 휴식 삼아서 잠시 멈추어 골짜기나 양지바른 곳을 답사해본다.

그런데 아무리 찾아 다녀봐도 꽃구경 하기가 어려운 지역이 있다. 우리들이 선호하는 산야초가 아무 장소에서나 번성하게 자라는 것이 아니기 때문이다. 봄에는 어느 들판에서든지 자주 꽃을 만날 수 있으나 여름의 산 속은 그렇지 못한 지역이 꽤 있다. 이렇게 꽃이 흔하지 않은 지역을 보면 다음과 같다.

1. 땅거죽이 벌거숭이처럼 노출되어 있으며 풀들이 많이 자라지 않는 곳, 달리 말하면 흙 빛깔을 띠고 있는 면적이 넓은 곳이다.
2. 벌채를 하여 식생 상태가 변화되어가는 과정에 놓여 있는 산등성이는 세월이 오래 지나야 꽃들이 정착한다.
3. 사람들이 많이 모여들어 놀고 가는 지역은 숱한 식물들이 손상을 입어 멸종되어가는 것들이 많다.
4. 아카시아나무들이 울창한 숲에는 꽃들이 귀하다.
5. 화강암이 아직 풍화되지 않은 바위덩어리인 채로 드러나 있는 면적이 많은 곳은 풀이 제대로 자라지 않는다.
6. 산 속의 분위기를 보아 땅이 메말라 있고 낙엽이 별로 쌓여 있지 않은 지역은 식물이 번성할 장소가 아니다.
7. 나이가 어린 키 낮은 수목들이 즐비한 지역은 식목한 지 오래지 않은 곳으로 바라는 종류의 꽃들이 드물다.
8. 억세풀 따위의 강인한 잡풀들이 가득 덮인 지역은 꽃식물들이 견디어내지 못한다.

위에 열거한 지역에는 꽃이 많이 피지 않으므로 소득이 적다. 그렇더라도 어쩌다가 진귀한 것들을 만날 수 있다.

산야초의 배양과 관리법

○ 산모래로 심어야 보기 좋게 자란다

식물이 붙박아 사는 고향은 대지의 토양이듯이 산야초를 키우는 화분 속은 생육의 모태가 된다. 분에 담아 식물을 키울 흙은 수분과 양분 공급의 원천인 동시에 뿌리의 공기 흡수에 중요한 구실을 한다. 그러므로 재배 용토를 잘못 쓰면 식물 생장에 지장을 준다. 더욱이 한정된 작은 분에서 키울 경우 용토의 선택은 신중을 기하지 않으면 안 된다.

일반적으로 산야초의 분 재배에서 가장 적절한 용토는 산모래인 것으로 알려져 있다. 유럽이나 일본에서도 산모래의 효용성을 크게 인정하고 있으며 경험상으로도 적절한 것으로 여겨진다. 여기서 말하는 산모래는 화강암이 풍화되어 삭은 것을 말한다. 이런 흙은 주변의 산이나 평지에 노출되어 있어 얼마든지 찾아낼 수 있다. 이것보다는 풍화된 화강암덩어리를 떼어내 잘게 부숴 용토로 사용하는 것이 식물 생장에 더 좋다. 이 산모래는 다행히도 우리나라 전역에 널리 분포하고 있으므로 누구든지 쉽게 구할 수 있다. 단지, 화강암이 풍화된 산모래라 할지라도 지역에 따라 그 구성 성분에 각각 차이가 있으므로 과연 어떤 성질을 지닌 것이 분 재배에 적합한 것인가 하는 것을 먼저 알아두지 않으면 안 된다.

분의 맨 밑바닥에 까는 굵은 알갱이는 지름 6밀리미터 이상의 것, 그 위에 다량으로 넣게 되는 중간 알갱이는 3~6밀리미터의 것, 위쪽에 덮는 작은 알갱이는 3밀리미터 이하의 용토라야 한다는 것이 일반적이다. 하지만 분의 크기나 식물의 몸체에 따라서 흙 알갱이의 굵기가 조금씩 달라질 수 있다. 이 알갱이(입자) 용토에 흙가루가 섞여 있는 것을 그냥 사용하면 물 주기를 거듭함에 따라 흙가루가 덩어리로 엉겨붙어 밑구멍을 막히게 한다거나 용토 알갱이의 공간을 메우고 다져버려 물

빠짐과 공기의 드나듦을 불량하게 만든다. 물을 주면 시원스럽게 곧 빠져버리는 용토라야 한다. 그래서 체로 쳐내어 자잘한 가루 흙을 빼내고 난 알갱이만을 선별하여 사용해야 한다.

식물이 자라는 데에는 전혀 거름을 주지 않고 물만 주어도 80퍼센트의 생장은 도모할 수 있다. 이런 점에서도 용토의 알갱이는 물을 품는 성질(보수력)이 있어야 한다. 보수력이 좋은 용토는 공기를 품으면서 거름기도 동시에 지니게 된다. 뿌리가 흡수하는 거름(비료) 성분은 물에 녹아서 물과 함께 뿌리로 흡수되므로 보수력이 좋은 용토는 거름을 품는 힘(보비력)도 좋아지기 마련이다. 또한 식물의 뿌리는 공기를 호흡해야 하므로 일정량의 산소가 분토 내에 포함되어 있어야 정상적인 생장활동을 하며 적당한 크기의 흙 알갱이 틈[空隙] 사이에 공기가 넉넉히 포함되어 있으면 통기성이 좋다고 한다. 그런데 흙가루가 많이 섞여 있으면 흙 알갱이 사이의 틈이 비좁아져서 공기를 많이 품지 못하게 되어 심하면 뿌리의 호흡 곤란을 가져오기도 한다. 산소의 양이 적어지면 이에 따라 양분이나 수분의 흡수도 현저하게 줄어들어 식물이 쇠약해지는 원인이 된다.

앞에서 물 빠짐이 좋아야 한다는 점을 지적한 바 있는데 물 빠짐이 잘 이루어지는 가운데서 흙 사이에 공기를 충분히 품을 수 있다는 이점이 있다. 물 빠짐이 불량하면 물기가 흙 사이에 가득 차서 공기를 품을 자리가 적어져 뿌리의 산소 공급이 나빠지게 된다.

갈아 심을 때에 새로운 용토를 사용해야 하는데 그 이유는 여러 가지가 있다. 묵은 흙은 미량 요소가 결핍되어 죽은 흙이다. 아울러 흙 알갱이가 부스러져 물 빠짐을 불량하게 하고 여기에 병원균이 침투했을 가능성도 높다. 때문에 갈아 심을 때에는 새 용토를 써야 한다. 비록 새로운 용토라 하더라도 만일을 염려하여 뜨거운 햇볕이 고루 쪼이도록 얇게 펴서 소독하여 사용하기도 한다. 이것은 청결한 용토를 사용하기 위한 것이다. 청결한 용토라도 진한 거름기가 함유되어 있는 것은 좋지 않다. 거름기 없는 청결한 용토를 사용하여 적절한 시기에 적당한 양의 거름을 줌으로써 산야초의 아름다운 생육을 도모할 수 있다. 이와 같이 여러 가지 조건들을 다 갖춘 용토를 구하기란 쉬운 일이 아니다. 그러므로 일단 용토의 장단점을 살펴서 이에 대응하는 배양 관리를 해야 한다.

무엇보다 중요한 것은 물리적인 기능인 물 빠짐(배수)과 통기성에 대해서 반드시 유의해야 한다. 그러려면 물 주기를 되풀이하더라도 흙 알갱이가 부서져 엉겨붙지 않는 성질이어야 하며 그래야 생육이 원활해진다.

산야초 재배에 있어서 산모래의 사용은 위와 같은 점에 가장 큰 목적을 두고 있다. 그리고 여름철에 급격히 기온이 상승하여 분 속의 물이 뜨거워져 뿌리를 상하게 하는 일이 있는데 산모래는 물 빠짐이 잘 이루어져 그런 폐단을 방지해준다. 따라서 산모래는 까다로운 고산식물 재배에 적합한 성질을 갖고 있다. 또한 산모래는 증식에 좋은 성과가 있으며 작게 키우는 데에도 효과적이다. 이를 위해서는 큰 분에 심지 말고 좀 작다 싶은 분에 심어 키우면 증식이 빨라지면서 식물체가 왜

소하게 자라나게 된다. 식물 중엔 부엽토나 물이끼를 섞은 거름기 있는 용토를 좋아하는 종류가 많이 있다. 그래서 부엽토 등을 30퍼센트 내외로 산모래에 섞어서 심는 경우가 흔히 있다. 부엽토는 다공질이어서 용토 내에 공기를 많이 품게 하고 물지님(보수력)에도 효과가 있어서 식물 생육에 대단히 좋다. 또한 부엽토와 같은 부식질은 일종의 호르몬이나 비타민과 같은 작용을 하며 꽃과 열매를 잘 맺게 하는 거름 효과도 다소 나타나는 이점이 있다.

부엽토는 낙엽이 된 나뭇잎이 땅위에서 썩어 있는 것을 말하는데, 대개 1년 정도 묵은 것으로 잎의 형태가 어느 정도 남아 있는 반숙된 낙엽이 적당하다. 대개 침엽수보다 활엽수류 낙엽의 분해된 부엽토가 효과적이다. 너무 오랜 세월 사이에 흙 속에서 완전히 분해된 것은 배합용토로서의 효능을 제대로 발휘하지 못한다. 이러한 부엽토를 모아 왔으면 불을 지펴 철판 위에서 볶은 다음 이를 체로 쳐서 지나치게 가는 가루나 너무 굵은 것은 제거하여 사용한다. 부엽토가 비록 다소의 영양분을 지니고 있다 하더라도 이것은 거름으로 치지 않고 일종의 배합용토로 취급되며 일반 용토와 혼합하여 보수력, 통기성을 양호하게 하는 구실을 한다. 부엽토는 분해가 빠르므로 용토 사이의 공간을 메워주는 구실을 하기 때문에 갈아심기를 게을리 하면 식물 생장이 불량해진다.

용토를 비롯하여 여러 가지의 배양 관리에 대해 설명하고 있는 것은 모두 분에 심어 가꾸는 것을 중심으로 한 요령이다. 본래, 산야초를 운치 있게 가꾸고 감상하는 취미는 분에 심어 배양하는 것을 기본으로 삼고 있기 때문에 분과 식물과의 관계를 항상 언급하게 된다. 따라서 분에 대한 심미안도 곁들여져야 한다.

산야초를 마당에 심어 키우는 것은 정원 꾸미기의 기법으로 취급하게 되며 이 경우의 배양은 분에서 가꾸는 요령과는 다르다. 하지만 분에 심어 키우는 여러 가지 지식은 마당에 심어 배양하는 일에 많은 도움이 된다는 것은 두말할 나위 없다.

● 물주기를 쉽게 여기면 실패한다

산야초도 일반 화초를 키우듯 심심할 때마다 생각나는 대로 물을 주면 되는 것이라 여기는 사람들이 예상외로 많다. 물론 아무렇게나 불규칙적으로 물을 주어도 식물 자체의 생명력에 의해 살긴 하지만 한정된 작은 분 속에서 산야초의 특유한 아름다움을 돋보이려면 그 식물의 성질에 맞추어 면밀한 물 관리가 요구된다. 더군다나 분에서 키우는 것을 그냥 땅에 심어 키우는 것처럼 관리하면 거의 실패하게 된다.

물주기에 관하여 생각해 보면 아무래도 배양 용토를 다시 거론하지 않으면 안 된다. 물주기와 용토는 불가분의 관계에 놓여 있기 때문이다. 물주기의 목적은 전적으로 물의 공급이며 아울러 공기의 유통 및 거름의 농도를 조절하는 데 있다. 물을 흠뻑 주고 나면 용토 속에 잠겨 있는 거름이 유실되더라도 흙 알갱이는 거름기가 그냥 흡착되어 있어 식물에 이용된다. 그런데 물이 적으면 용토 중의 거름농도는 짙어져 있어 뿌리에 장해를 일으키게 된다. 그런데 충분한 물주기를 하면 거름기가 엷어져서 뿌리에 알맞은 농도로 남게 되는 이점이 있다. 거름 농도가 짙은 상태로 남아 있으면 우선 외견상으로 잎 끝이 갈색으로 변하는 일이 생기며 이런 현상은 물 부족에 의해서도 발생한다.

물이 용토를 통과하면서 신선한 공기가 새로 보급되면 뿌리가 활기를 찾게 되는데 여기에는 분토 내의 온도 조절이라는 것이 뒤따르게 된다. 한여름에 기온이 30도 이상의 고온이 계속되면 식물은 호흡이 곤란해지고 광합성도 멈칫해지는 현상이 일어나 시들어 죽는 일까지 생길 수 있다. 일반적으로 식물은 7~8도에서 광합성이 일어나며, 15도를 넘으면 왕성해지고, 27~28도쯤이면 최고로 되다가 30도가 넘으면 반대로 광합성작용이 떨어지는 경향이 있다. 그리하여 30도 이상의 기온으로 상승하여 분토 안이 뜨거워졌을 때 물주기를 실시하면 온도가 낮아지면서 정상적인 활기를 찾게 된다. 간혹 잎이 타는 현상이 일어날 경우 물을 흠뻑 주어 분 속의 온도를 낮추면 잎이 타는 것이 멈추어지기도 한다. 그렇다고 불볕더위라 하여 우물물과 같은 너무 차가운 물을 주면 오히려 뿌리가 위축되어 뿌리털의 흡수작용이 움츠러들게 된다. 그러므로 분토 내의 온도와 큰 차이가 없는 물을 주어야 한다.

또한 분토가 너무 뜨거운가 싶어 아무 때나 물을 자주 주어 온도를 낮추려 하지 말아야 한다. 용토가 항상 과습 상태에 놓여 있으면 뿌리는 호흡 곤란으로 인하여 썩을 염려가 있으며 뿌리 자체가 과습한 곳을 싫어한다. 때문에 반드시 용토가 충분히 건조된 후에 물주기를 실시해야 한다. 그리고 햇볕이 강한 한낮에 분 속에 물기가 축축하게 남아 있을 경우에는 기온의 급상승으로 인하여 물기가 더워져 뿌리를 찌들게 하는 위험이 따르게 된다. 또 건조한 상태로 계속 내버려두면 물 부족으로 인하여 역시 시들어 죽는 원인이 됨은 당연한 일이다.

이러한 점에 유의해서 여름의 물주기는 시원한 아침에 해야 생리상 좋으며 저녁 3~4시쯤에 또 물주기를 하여 분토의 온도를 떨어뜨리는 효과를 얻어야 한다. 식물의 상태와 환경에 따라 조금씩 다르겠지만 대체적인 평균치로 본다면 봄·가을에는 1~2일에 1회, 겨울에는 5~6일에 1회, 여름에는 1일에 2회씩 물을 주는 것이 좋다.

물은 반드시 플라스틱 물통 같은 곳에 받아두었다가 사용하는 것이 좋다. 수돗물은 3~4시간 동안 햇볕을 받게 하여 수돗물을 소독하는 데 쓰인 염소를 없앤 후 사용해야 하며 햇볕을 받지 못할 경우에는 하루 정도 묵힌 다음에 물주기를 해야 한다. 우물물, 샘물 등은 너무 차가운 기운이 어느 정도 사라진 다음에 사용해야 하며 반드시 수압이 높은 물뿌리개를 이용하여 물이 뿜어질 때 공기 중의 산소가 주입되도록 해야 한다. 물뿌리개는 물구멍이 되도록 가는 것을 사용하여 분 위의 흙 알갱이가 흩어지는 일이 없도록 해야 한다.

물은 맑고 깨끗한 것이라야 하며 빗물을 받아서 주는 것이 제일 좋다. 너무 오래 묵혀 해감 같은 불순물이 생겨난 물은 사용하지 말아야 한다. 산야초 재배에 있어서 소홀히 여기지 말아야 할 것은 엽수(잎물·잎적시기)와 기타의 다른 방법으로 습기를 유지시켜 줘야 한다는 점이다.

대개 산야초 키우기에서 고산식물을 많이 다루게 되는데 그 이유는 저지대의 식물보다 고산에서 자라는 꽃이 독특한 아름다움을 지니고 있으며 또한 왜소한 자태를 지닌 매력이 있기 때문이다. 이 고산식물들은 거의 구름과 안개 속에 파묻혀 습기 있는 환경에서 자라는 특수성이 있다. 안개는 미세한 물방울이 대기 속에 떠 있는 것으로 이런 안개 속의 습도는 보통 95퍼센트 정도라고 한다. 산의 높이가 높아질수록 보다 높은 습도를 가지게 된다. 그리고 식물은 항상 햇볕을 받아 증산작용을 하는데 숲 속에서의 증산량은 숲 밖의 증산량에 비하여 3분의 1 내지 4분의 1밖에 안 된다고 한다.

산야초의 재배가 다소 어렵다고 일컬어지는 것은 이러한 환경의 특수성 때문이다. 특수한 곳에서 자라던 것을 환경 조건이 아주 다른 저지대나 도시로 옮겨와 키우려 하니 당연히 까다로워지기 마련이다. 그러므로 저지대의 도시 공간에서의 재배 번식이 연구되어야 한다.

도시나 평지에서 고산식물을 가꾸기 위해서는 고산의 환경과 비슷한 조건을 조성해줘야 한다. 즉 항상 습도가 높은 곳에서 자라난 식물이므로 주위의 공기가 메말라 있는 상태이면 생육 상태가 좋지 못하다. 잎으로부터 안개 따위의 수분을 흡수하여 그것으로 생명을 유지해가는 습성이 있으므로 수시로 분무기를 사용하여 물안개를 뿌려주는 엽수 공급이 요구된다. 엽수는 메마른 공기 속에서 식물을 보호하고 생육을 돕는 구실을 한다. 그리고 마당이 콘크리트로 덮여 있으면 주위의 공기가 극도로 건조해지므로 이러한 자리는 피하고 축축한 흙으로 이루어진 밝은 그늘에서 키워야 하며 습기의 증발을 풍부하게 하는 연못이나 물줄기의 흐름이 조성되어 있으면 더욱 좋다. 인위적으로 습도를 유지시켜 주는 방법은 다소 번거롭기는 하지만 자주 엽수를 뿌려주는 것이 최선이다. 엽수도 물주기의 한 방법이다.

물주기를 계속 행하는 사이에 반 년이나 1년쯤 지나면 분에서의 물의 흐름은 차차 변한다. 즉 용토의 가운데로 스며드는 물의 양은 적어지고 분의 바깥 벽둘레(측면) 사이로 흘러내리는 양이 많아진다. 뿐만 아니라 물이 빠지는 속도가 늦어진다. 이것은 시일이 지남에 따라 왕성하게 자라난 뿌리가 엉켜버리고 또 용토가 점점 삭아서 흙의 알갱이가 잘게 부서졌기 때문이다. 게다가 유기질(거름, 깻묵가루 등)이 혼입되어 흙 알갱이 틈 사이를 촘촘하게 메웠기 때문이다. 다시 말하자면 흙 알갱이 사이가 비좁아져 흙눈이 막혀버리는 현상이 일어난다.

이러한 상태에 이르면 공기를 품어야 할 흙 알갱이의 사이도 좁아져버려 뿌리의 호흡에 필요한 산소의 부족을 일으키게 된다. 또한 흙 알갱이의 크기가 작아지면서 수분이 용토 위로 젖어 올라가는 모관현상이 활발하게 일어나 용토의 건조 속도가 빨라진다. 흙 알갱이가 부서져 작아지면 모관현상이 활발해져서 밑바닥에 고인 물은 거의 위로 스며 올라와 계속 증발하게 된다. 흙 알갱이가 미세할수록 이런 현상이 급격히 일어나 건조를 빨리 겪게 된다.

언뜻 생각할 때 활발한 모관현상에 의하여 분토 표면이 계속 축축한 듯이 보여 물이 충분한 것으로 여겨지지만 이것은 물을 과다하게 준 탓이 아니라 곧 건조상태에 이르게 된다는 징조이다. 이것을 모르고 물주기를 기피하는 일이 생겨나 더욱 물 부족이 생기는 악순환이 이루어진다. 물을 준 시간이 오래 지났음에도 불구하고 흙의 표면이 마르지 않고 있다는 것은 건조의 위험신호라고 보아야 한다. 흙의 가루를 쳐내지 않고 그냥 심었을 때에도 이런 현상이 일어난다.

우선 물을 충분히 듬뿍 주는 습관을 길러야 한다. 물은 아무리 듬뿍 주어도 지나친 것이 아니며 나머지는 모두 밑구멍으로 빠져나가기 마련이다. 갈아심기를 실시한 후 오랜 기간이 지난 것은 흙눈(용토 사이의 공간)이 막혀 물이 스며들지 않는 일이 많다는 것을 염두에 둬야 한다. 다음, 물을 주어도 잘 스며들지 않는 분을 빨리 찾아내어 구분해 놔야 한다. 물의 흡수가 나쁘고 흙의 표면에 물이 그냥 고인다거나 건조가 더디어지는 것은 물주기에서 더 신경을 써야 한다. 그러한 분은 다량의 물을 한꺼번에 주어 끝낼 것이 아니라 한 번 적셔주고 나서 잠시 후 다시 반복해서 물을 주어야만 용토 속에 충분한 물기가 스며든다. 그리고 분 밑바닥에 물이 항상 고여 있지 않도록 해야 한다. 그러기 위해서는 반드시 밑바닥에 굵은 알갱이의 용토를 깔아야 한다는 원칙을 잊어서는 안 된다.

○ 가벼운 거름주기가 생장을 돕는다

흔히 '산야초에는 거름이 필요 없다' 하고 말하는 사람이 있다. 또 '거름을 주면 너무 크게 자라나 관상 가치가 떨어진다'고 하는 선입관 때문에 거름주기를 억제하며 재배하는 사람들이 더러 있다. 하지만 이런 생각으로는 좋은 성과를 얻을 수 없다. 특히 분 재배에서는 한정된 용토 속에서 생장하므로 기름 성분이 극히 적은 상태이다. 특히 물 빠짐이 좋은 산모래(화강암이 풍화된 모래흙)에 주로 심게 되므로 물을 충분히 주면서 키우면 양분의 유실이 많아진다. 따라서 식물의 생육에 필요한 3대 요소(질소, 인산, 칼리)를 중심으로 하여 칼슘, 마그네슘, 효소, 기타의 미량요소를 보충해주지 않으면 순조로운 생육을 기대할 수 없다. 그러한 거름 성분을 충족시켜 주는 재료는 여러 종류 있으며 또 그 거름주기의 요령도 터득해두지 않으면 안 된다.

가장 흔히 쓰이는 거름은 깻묵덩이거름(옥비·구슬거름)이다. 이 거름을 주게 되면 천천히 분해되면서 거름 효과를 나타내게 되므로 거름으로 인한 피해를 입을 염려가 없고 또한 미량요소도 함유되어 있어 누구나 산야초 재배에 안심하고 쓸 수 있는 이상적인 거름이다. 기름을 짜내고 난 찌꺼기인 깻묵을 가루로 대강 빻은 다음 나뭇잎이나 볏짚을 검게 태운 재를 20퍼센트 정도 섞어 물에 이겨서 그대로 둔다. 며칠 지나서 20퍼센트의 뼛가루를 섞어 다시 물에 골고루 이겨서 엄지손가락 끝마디만한 굵기로 구슬처럼 덩어리를 빚는다. 말린 다음에도 아주 단단해지도록 하기 위해서 밀가루 풀을 섞어 빚기도 한다. 이렇게 빚어서 말린 다음 이내 부서지는 것이면 안 되고, 부닥치면 딱딱 소리가 날 정도로 단단해야 한다. 그리고 습기가 흡수되지 않도록 비닐주머니에 갈무리해두고 사용한다. 직접 만들어 쓰기가 성가시면 시중에서 팔고 있으므로 쉽게 구할 수 있다.

이것을 분토 위의 가장자리에 몇 개씩 놓아주는데 분의 크기에 따라 놓아주는 개수가 달라지게 된다. 약 1개월 이상 지나면 거름기가 거의 없어지므로 새로운 것으로 바꾸어 놓아야 한다. 이때에는 전에 놓았던 자리가 아닌 새로운 자리에 놓아서 거름기가 골고루 퍼지게 한다. 봄부터 가을까지 이 덩이거름을 계속 놓아주는데 더위가 심한 8월 중엔 중단하고 초가을에는 거두어 버려야 한다.

다음은 깻묵가루를 이용하기도 한다. 이것은 참기름이나 들기름을 짜내고 난 찌꺼기인 깻묵을 가루로 적당히 빻아서 분토 위에 뿌려주는 거름이다. 특히 깻묵가루를 용토와 혼합하여 식물을 심는 일은 위험성이 있으며 굳이 섞으려면 완전히 발효된 것을 아주 소량으로 섞어야 한다.

깻묵과 같은 유기질거름을 분해시키는 균은 호기성이므로 흙 속의 산소를 소모하면서 늘어나고 유기질을 분해하게 된다. 이때 흙 속에 탄산가스를 배출하면서 상당한 열을 발산하여 뿌리를 질식시킨다. 뿌리도 산소 호흡을 해야 하는데 흙 속의 깻묵가루가 발효되면서 산소를 소모함으로써 뿌리는 호흡 곤란을 겪다가 나중에는 시들어 죽는 결과까지 발생하게 된다. 그러므로 깻묵가루는 물론 깻묵덩이거름도 흙 속에 묻어주지 말고 반드시 분토 위에 따로 놓아주도록 해야 안전하며 깻묵가루를 생으로 주지 말아야 한다. 그리고 가끔 잿물을 주는 것이 좋다. 나뭇잎이나 볏짚을 검게 태워 물에 타서 잿물을 만든다. 볏짚을 태운 것이 더 좋으며 나뭇잎의 경우는 침엽수보다 활엽수의 재 속에 칼리성분이 더 많이 들어 있다. 흰 색깔이 되도록 완전히 태운 것은 효과가 없으며 낮은 온도에서 검게 태운 것이라야 한다. 이 검은 재 한 되를 한 말의 물에 타서 찌꺼기를 가라앉힌 다음 위의 맑은 부분만 떠내어 다시 10배 이상의 물로 희석하여 분토 위에 부어준다. 지나치게 짙은 것을 주면 뿌리가 상하기 쉽다는 점을 유의하여 될수록 연하게 주어야 한다. 이 검은 재는 흙의 산성을 교정하는 데에 큰 효과가 있다.

또 물거름으로 식물의 성장을 돕는 방법이 있다. 깻묵덩어리를 구해 가루로 빻은 다음 항아리에 넣고 10배의 물을 붓는다. 여기에 볏짚(나뭇잎)을 검게 태운 재와 뼛가루를 20퍼센트 정도씩 섞으면 좋다. 기온이 높은 계절엔 1개월 지나면 완전히 썩어 물거름으로 쓸 수 있게 된다. 바닥에 가라앉은 찌꺼기가 일어나지 않도록 하여 거의 위의 물만 떠내어 여기에 다시 20배 이상의 물을 타서 물주는 대신 분토에 부어준다. 깻묵의 찌꺼기가 섞이면 흙 알갱이 사이의 공간을 메우게 되어 식물의 생리에 좋지 못한 영향을 주게 된다. 이 깻묵의 물거름은 값이 싸고 빠른 효과가 나타난다는 장점이 있으나 고약한 썩은 냄새를 풍긴다는 결점이 있다. 오랜 세월 썩힌 것일수록 냄새는 좀 덜해진다. 그리고 일반적으로 널리 쓰이는 하이포넥스라는 물거름이 있다. 미국에서 생산하는 화학거름이다. 거름의 세 가지 중요 성분 이외에 몇 가지의 미량요소와 식물 호르몬이 고루 포함되어 있어서 거름 효과가 크다. 흰 가루로 되어 있는 것을 2,000배 정도의 물에 잘 섞어 일주일에 한 번씩 물주는 대신에 부어준다. 이 거름은 잎에서도 잘 흡수되므로 잎 전체와 분토에 함께 준다. 이 하이포넥스는 원래 영양생장을 도모하는 즉 묘의 생장을 돕기 위한 것으로 질소분이 많이 들어 있기 때문에 봄부터 여름 사이에 주는 것이 좋으며, 가을에는 주지 않는 것이 좋다. 그리고 꽃이 피기 1개월 전과 너무 쇠약해진 식물에도 주지 않아야 한다.

하이포넥스 등으로 잎에 거름을 주는 것은 식물에 미량요소 결핍 증상이 나타났을 때, 또는 뿌리가 장해를 받아 양분 흡수 기능이 저하됐을 때 효과적이다. 그리고 화초용으로 만들어진 화학거름(무기질)이 여러 곳에서 제조되고 있다. 질소, 인산, 칼리 등을 알맞은 비율로 섞어 물에 녹인 거름이다. 산야초인 경우 설명서보다 배 이상 더 연하게 물에 타서 물주기 요령으로 주면 된다. 때로는 가루로 되어 있는 거름도 있다.

물주기, 거름주기 때에 항상 식물을 관찰하여 거름으로 인한 피해 등 식물에 이상이 생겼음을 발견하면 즉시 거름주기를 중단해야 한다. 경우에 따라서는 물을 흠뻑 몇 차례 부어서 거름기를 씻어낸다든지 심한 경우엔 거름기가 없는 새로운 용토로 바꾸어 주는 조치를 해야 한다. 잎에 거름주기는 식물의 신진대사작용이 왕성하고 흡수량이 많은 오전 중에 행해야 좋다. 또한 잎의 뒷면에서 흡수가 더욱 잘 되므로 뒷면에 뿌려주는 일을 잊지 말아야 한다. 그러나 잎에 거름주기는 한계가 있으며 뿌리로부터의 양분 공급을 기본으로 삼아야 한다. 한꺼번에 많은 양을 계속 잎에 뿌려주면 농도 장해를 일으키게 된다.

어린 묘일 때는 생육이 왕성하더라도 거름의 농도가 짙은 것에는 매우 약하다. 그러므로 될수록 연한 물거름으로 자주 주는 것이 바람직하다. 짙은 거름을 주어 한꺼번에 효과를 보려 하지 말아야 한다. 일년초는 개화 후 씨앗을 채취하고자 하는 경우 이외에는 별로 거름을 줄 필요가 없다. 숙근 (다년생)는 포기가 충실하고 다음해를 대비해서 거름주기를 계속한다. 구근(알뿌리)을 가진 종류는 씨앗을 채취할 때 이외에는 일찌감치 꽃자루를 솎아내고 충분한 거름주기를 한다.

봄철은 모든 식물을 분갈이하는 시기이다. 이때에 거름기가 천천히 풀리는 완효성(효력이 느린 성질)의 거름을 분 밑바닥에 약간 넣어준다. 분갈이를 하지 않는 것은 눈이 움직이기 시작하면서 옅은 물거름을 주기 시작한다. 기온이 상승하면서 생육이 활발해지면 깻묵덩이거름과 물거름을 병용해서 덧거름을 충분히 주어야 한다.

장마철로 접어들면 햇볕 부족으로 식물이 연약해지기 쉽다. 또 과습과 온도의 상승에 의해 덩이거름은 급격히 분해되어 뿌리를 손상시킬 염려가 있으므로 8월 중엔 덩이거름을 거두어야 한다. 특히, 뿌리가 썩기 쉬운 고산식물 등은 기온이 높아지면 덩이거름을 절대 삼간다. 그러나 들국화 종류는 여름에 충분히 거름을 주어야 가을에 좋은 꽃을 볼 수 있다.

가을이 되면 기온이 내려가고 더위에 시달렸던 식물은 다시 생기를 찾게 된다. 그리하여 다시 거름주기를 실시하여 여름철의 피로와 영양 소모를 회복시켜 주도록 힘쓴다. 가을철의 거름은 질소분을 억제시키고 인산, 칼리분이 많은 거름으로 바꾸어주면서 충실한 겨울눈[冬芽] 만들기에 힘쓴다. 늦가을을 맞아 추위가 더해 가면 거름주기를 중지한다. 겨울은 식물의 휴면기(겨울잠)로 거름주기를 중지해야 한다. 단 복수초와 같이 겨울에도 활동하는 식물은 옅은 물거름을 가끔씩 주도록 한다.

거름주기의 목적은 분토 내에 부족한 영양분을 보급하고 식물의 순조로운 생육을 유지시키는 데에 있다. 그러나 거름이 때로는 해로움을 줄 수도 있다는 점을 명심해야 한다.

○ 갈아심기로 생장력을 키워야 한다

산야초를 한정된 분 속에 심어 오래 가꾸면 말라서 시들어 죽는 일이 가끔 발생한다. 그 원인은 여러 가지가 있지만 그중에서 중요한 것은 적절한 시기에 갈아심어 주지 않은 데에 있다. 산야초를 분에서 잘 키우려면 정기적으로 갈아심어 주어야 하는 작업이 필요한데 이것을 분갈이라고도 말한다. 그러면 왜 갈아심기가 필요한가 하는 이유부터 생각해봐야 한다.

식물의 뿌리는 그 끝부분(뿌리털)에서 제일 활발하게 수분과 양분을 흡수한다. 그런데 분에 심어 가꿀 경우 분이라는 한정된 작은 공간에서만 뿌리가 활동해야 하므로 어느 기간이 지나면 뿌리가 뒤엉켜 분 속에 가득 차게 되어 갈아심어 주는 일을 게을리 할 경우 새로운 뿌리가 뻗어갈 여유가 없게 된다. 이런 상태에서는 생육에 필요한 수분과 양분이 충분히 흡수되지 못하여 점점 쇠약해져 간다. 이때에는 거름을 주어도 효과가 나타나지 않는다.

물주기나 거름주기를 계속하면 용토가 잘게 부스러져 흙 알갱이의 틈 사이가 막혀버려 통기성과 물빠짐이 나빠진다. 이렇게 되면 분속의 흙이 신선한 공기를 품지 못하게 되어 뿌리가 호흡을 할 수 없게 되며 마침내는 뿌리가 썩게 된다. 새로운 용토는 식물 생육에 중요한 여러 가지 미량요소를 함유하고 있지만 이것들은 세월의 흐름에 따라 쇠퇴해지면서 용토는 강한 산성으로 변한다. 그리고 불순물도 늘어나 분 속의 환경이 나빠진다. 용토가 강한 산성으로 변하면 식물은 세균에 약해지고 곰팡이가 활발하게 번져가게 된다. 분 가꾸기를 계속하면 위에서 지적한 몇 가지 이유로 인하여 뿌리의 생육과 기능이 불량하여 날로 쇠약해져가기 마련이다. 이렇게 쇠약해진 포기를 회복시키려면 상한 뿌리를 제거하고 지나치게 자란 뿌리도 잘라주고 새로운 용토로 갈아심어 새 뿌리가 정상적으로 생기 있게 자라도록 해야 한다.

이 갈아심기 때에 포기나누기를 실시함으로써 증식한다. 그래서 많이 자라난 뿌리를 잘라내어 갈아심고 나면 한동안은 산야초의 성장이 멈칫한다. 번번이 자주 갈아심으면 몹시 약화되는 것도 있다. 그러므로 산야초의 종류와 생육 습성에 맞추어서 갈아심는 작업을 실시해야 한다는 것이 중요하다.

일반적으로는 1년에 한 번씩 갈아심는다. 생육이 왕성하고 뿌리가 잘 자라는 종류는 뿌리가 엉켜서 가득 차는 현상이 빨리 일어나므로 이런 것은 1년에 2회씩 갈아심는 경우가 있다. 한편 포기가 충실치 않아 훌륭한 꽃이 잘 피지 않는 종류 등 포기의 상태를 보아가면서 2~3년에 1회씩 갈아심는 것도 있다. 일반적으로 분을 잘 관찰하는 동안에 다음과 같은 변화가 일어난다면 될수록 일찍 갈아심기를 실시해야 한다.

1. 물주기를 하여도 곧장 분 밑구멍으로 빠져나가지 않고 얼마 동안 분토 위에 물이 고여 있을 때
2. 흰 잔뿌리가 분 밑구멍 밖으로 뻗어 있을 때
3. 포기는 커졌지만 꽃의 달림이 불량할 때
4. 새순이 자라남이 불량하고 활기가 없을 때
5. 병충해의 피해를 입었을 때

갈아심기의 적기는 따뜻한 봄을 맞이하여 아직 눈[芽]이 돋아 나오기 전이나 아직 포기가 휴면 상태인 때는 눈[芽]에 상처를 입힐 염려가 없으므로 안심하고 갈아심기를 할 수 있는 알맞은 시기이다. 다만, 갈아심기 직후에는 새로운 용토와 뿌리가 친숙해지지 않은 상태이므로 이른봄의 된서리로 인하여 포기가 들떠 올라와 뿌리를 상하게 될 염려가 있다. 때문에 분갈이 직후 한동안 온화

한 곳에서 관리하여 분토가 얼지 않도록 해야 한다. 또 큰 포기에 많은 꽃이 한창 피어 있는 것을 갈아심으면서 포기나누기를 하면 관상 가치가 떨어지게 된다. 이와 같은 것은 봄에 꽃이 지고 난 다음에 갈아심기를 한다.

여름에는 특별한 일이 없는 한 갈아심기는 하지 않는다. 다만, 뿌리가 가득히 엉켜 통기성과 물빠짐이 극도로 불량하여 더위에 말라버릴 염려가 있는 것은 응급처치로서 용토의 일부를 제거하고 갈아심어서 가을의 본격적인 갈아심기 시기까지 지탱해나갈 수 있도록 한다.

가을을 맞이하여 여름 더위가 누그러지고 아침저녁이 선선해질 무렵이면 여름 더위로 상한 것, 봄에 갈아심지 않았던 것도 이 시기에 분갈이하여 추위에 견디어낼 튼튼한 포기로 만들어서 겨울철을 대비한다.

겨울철의 갈아심기는 적절하지 못한 종류가 많으므로 갈아심기는 거의 하지 않는다. 겨울에는 이른봄의 갈아심기를 생각해서 분이나 용토를 미리 준비해두어야 한다.

갈아심기(분갈이)에 있어서 우선 산야초의 분 재배에 알맞은 용토를 선택해야 한다. 산야초 재배에 있어서는 우리나라의 산모래가 가장 적합하다. 즉 화강암이 풍화하여 삭은 용토로 누런 색깔을 지닌 것이 좋다. 산야초의 종류가 많고 그 성질도 여러 가지지만 이 모두를 산모래로 써도 아주 무난하게 잘 자란다. 용토는 반드시 새로운 것을 써야 하며 한 번 사용했던 묵은 용토는 중요한 미량요소의 거름기가 쇠퇴해졌을 뿐만 아니라 병균이 번식되어 있다든지, 해충이나 뿌리 부스러기가 섞여 있어 좋을 까닭이 없다. 때로는 시중에서 판매하는 용토를 입수해보면 흙 알갱이에 가루흙이 잔뜩 붙어 있는 경우가 있는데 이런 것은 물에 씻어 그 가루흙을 없애야 한다.

갈아심기의 요령은 우선 갈아심기를 실시해야 할 포기를 분에서 뽑아낸다. 그리고 뿌리가 상하지 않게 묵은 흙을 모두 털어버린다. 상해서 시꺼멓게 된 뿌리는 모두 잘라버린다. 잔뿌리가 많이 나오는 일반적인 산야초는 3분의 1쯤 잘라낸다. 그런 후 분 밑구멍에 방충망을 덮고 굵은 알갱이 용토를 넣은 다음, 그 위에 작은 알갱이 용토를 절반쯤 넣으면서 중심 부분을 무덤처럼 쌓아 올리듯이 수북하게 한다. 굵은 알갱이 용토를 밑바닥에 까는 것은 물이 고이지 않도록 하고 물빠짐을 좋게 하기 위함이다. 거친 흙일수록, 두껍게 넣을수록 물빠짐이 잘 이루어진다. 건조를 좋아하는 것에는 거친 것을 많이 넣으며 물기를 좋아하는 것은 고운 알갱이 용토를 사용하는 등을 연구할 필요가 있다. 그 위에다가 뿌리를 넓게 펴서 앉히고 뿌리 사이에 용토가 충분히 들어가도록 하면서 나머지 용토를 천천히 부어 넣는다. 용토는 분의 가장자리에서 1센티미터쯤 낮아지게 넣는다. 특히 포기 밑동이 물크러져서 썩기 쉬운 것에는 용토의 표면에다가 콩알 크기의 산모래를 깔아 놓아 포기 밑동의 통기가 잘 이뤄지도록 조치한다.

갈아심기(분갈이)가 끝나면 분 밑구멍으로부터 흙물이 나오지 않을 때까지 물주기를 충분히 한다. 그리고 2~3일 동안, 어떤 종류는 1주일 정도 강한 바람을 맞지 않도록 하면서 직사광선이 닿지 않는 밝은 그늘 밑에 놓는다. 그리하여 천천히 햇볕에 익숙해지도록 관리한다. 갈아심은 지 2~3주 지난 뒤부터 엷은 물거름을 주기 시작한다. 반드시 뿌리가 끊어지지 않도록 신경을 쓰면서 가는 막대로 뿌리 사이 사이에 용토를 잘 밀어 넣는 것이 중요하다.

● 증식시키는 길은 자연보존이다

볼품 있는 산야초를 번식시킨다는 것은 즐거운 일이다. 자기 스스로 증식시켜 가꾼 식물에는 훨씬 애정을 쏟게 된다. 산야초의 대부분은 그 요령만 알면 간단하게 번식시킬 수 있기 때문에 자연 보존의 차원에서도 대단히 유익하다.

꺾꽂이에 의한 증식 요령

꺾꽂이는 식물의 재생력을 이용해서 줄기, 가지, 잎, 뿌리 등의 일부를 잘라내어 용토에 꽂은 다음 뿌리와 눈이 자라도록 하여 새로운 개체를 얻어내는 방법이다. 꺾꽂이에서는 어미포기와 동일한 형질의 묘를 다량 증식할 수 있다. 포기나누기를 싫어하는 종류나 실생(씨뿌림)이 어려운 종류라도 꺾꽂이로 쉽게 증식할 수 있는 것이 적지 않다. 또한 꽃의 색상이나 모양이 좋은 개체, 무늬가 생긴 것 등 돌연변이를 일으킨 것을 증식하는 데에 적합하다.

냉이 종류처럼 포기가 노화되기 쉬운 종류는 포기나누기보다 꺾꽂이로 포기를 갱신하는 편이 생육에 좋다. 또 뿌리가 잘 썩는 것이나 네마토오다(뿌리에 기생하는 선충류)가 붙은 것을 회복시키는 데에도 이용될 수 있다. 가을에 꽃이 피는 용담이나 까실쑥부쟁이 등을 작게 피우기 위하여 순따기를 했을 때 그 따낸 순을 꽂으면 이듬해에 꽃을 볼 수 있다.

꺾꽂이의 시기는 봄부터 자란 새순이 굳어질 무렵인 5~6월경이 적기이다. 종류에 따라서는 장마철이 끝나는 무렵이나 가을에 꽂을 수 있는 것도 있다.

꽂이묘판(삽상)으로 사용하는 그릇은 양이 적을 경우 토분이 적합하고 양이 많을 때에는 나무상자 또는 스티로폼 상자의 밑바닥에 물빠짐 구멍을 만들어 사용한다. 발근이 잘 되는 종류는 직접 분에 꽂을 수도 있다. 물지님(보수력)이 좋으면서 통기와 물빠짐이 좋은 1~3밀리미터의 가는 산모래를 사용한다. 병균, 해충, 불순물이 섞이지 않은 청결하고 거름기가 없는 용토를 사용해야 한다. 묵은 흙을 다시 재활용하는 것은 피해야 한다.

삽상에 꽂을 삽수(꽂이순)는 지금껏 잎에 저축된 영양분에 의하여 뿌리를 내리게 되므로 왼기 있고 충실한 것을 사용한다. 병해나 해충의 피해를 입지 않은 것, 또는 꽃이나 꽃봉오리가 붙어 있는 것은 사용하지 않아야 하며 반드시 좋은 꽂이순을 골라야 한다. 꽂이순(삽수)을 자를 때는 기온이 낮은 오전 중에 행한다.

줄기를 예리한 칼로 3~6센티미터 정도 길이로 자른다. 숫잔대처럼 줄기가 길게 뻗는 종류는 줄기를 몇 토막씩 잘라서 꽂을 수 있다. 이때 조잡하게 자르면 조직이 뭉개져 발근이 안 되며 썩는 원인이 되므로 주의한다. 잘라낸 꽂이순은 자른 자국이 마르지 않도록 즉시 물에 담근다. 물 대신 발근촉진제 수용액을 사용하는 것도 좋다. 꽂이순은 위쪽의 잎을 몇 개만 남기고 아래쪽의 다른 잎을 제거한다. 남긴 잎이무 크면 절반 정도 잘라버려 잎면에서의 수분증산을 줄이도록 한다. 적절한 크기로 잘랐으면 물 속에 30분~1시간 정도 담가둔다.

순을 꽂는 방법으로 미리 물을 뿌려놓은 용토에 가느다란 꼬챙이로 구멍을 뚫고 거기에 꽂이순을 꽂는데 자른 자국에 상처가 나지 않도록 주의해야 한다. 삽수(꽂이순)는 잎이 약간 스칠 정도의 간격으로 떼어서 길이의 반 정도가 모래 속에 묻히게 꽂는다. 꽂은 다음 순이 움직이지 않도록 주위의 용토를 손가락으로 눌러주고 분무기로 조용히 물주기를 한다.

꺾꽂이 후에는 비나 강한 바람을 피하고 직사광선을 받지 않는 밝은 그늘에 놓아 알맞은 습기를 유지하며 관리한다. 강한 바람이나 햇볕에 닿으면 잎에서의 수분증산이 많아져 순이 시든다. 관리 장소에 따라 차광막이나 바람막이를 설치해주고 공중습도를 높이도록 강구한다. 그러나 기린 나 돌나물처럼 종류에 따라서는 일찌감치 햇볕을 받아야 발근성적이 좋아지는 것도 있다.

물주기는 특히 신경을 써야 한다. 용토가 건조하면 순이 말라버려 실패하기 쉬우며 반대로 물의 양이 많으면 하루종일 과습되어 발근이 늦어지면서 썩어버리는 일이 있기 때문에 항상 적당한 습도를 유지하도록 유념한다. 가끔씩 분무기로 엽수를 주는 방법도 바람직하다. 엽수는 잎으로부터의 수분 증산을 억제하고 주변의 공중 습도를 높여준다.

거름은 발근할 때까지 일체 주어서는 안 된다. 발근 상태를 보기 위해 꽂은 순을 뽑아보는 일을 해서도 안 된다. 꺾꽂이를 한 다음 빠른 것은 2~3주 사이에 발근한다. 무한정 묘판에 내버려 두어 자라게 하면 좋지 않으므로 충분히 발근되면 옮겨 심어 서서히 어미그루 키우듯 관리한다. 그러나 한여름에는 옮겨심기를 삼가고 통풍이 잘 되는 곳에서 관리하다가 가을에 옮겨 심도록 하는 것이 좋다.

다음 잎꽂이와 뿌리꽂이의 요령이 있다. 바위떡풀, 처녀치마, 꿩의비름, 제비꽃 등속들은 잎꽂이로 증식이 가능하다. 잎꽂이 하는 시기와 용토 및 관리 방법은 꺾꽂이와 마찬가지이지만 종류에 따라서는 공중습도를 보다 높이는 연구가 필요하다. 잎꽂이는 대체적으로 6월경에 잎의 기부(밑동)를 다치지 않게 따내어 용토의 3분의 1쯤 꽂는다. 밝은 그늘 밑에서 관리를 계속하면 가을에는 작은 묘가 생기게 된다. 분갈이는 이듬해 봄에 한다.

뿌리꽂이 하는 방법도 있는데 고산성의 앵 류, 성주풀, 제비꽃 등에 실시되며 분갈이할 때에 굵은 뿌리를 2~3센티미터 길이로 잘라내어 부드러운 용토에 눕혀 심듯이 꽂으면 많은 묘를 만들 수 있다. 뿌리를 비스듬히 눕혀 꽂을 때에는 상하가 헛갈리지 않도록 주의해야 한다. 그 이외에 증식하는 방법으로 나리 종류는 9월경에 비늘조각을 떼어 용토에 3분의 2쯤 묻는 경우가 있다. 또한 설앵초 종류는 분갈이할 때에 뿌리줄기(근경)를 2~3매듭 잘라내어 용토 위에 놓고 가볍게 흙을 덮어 그늘 밑에 두면 순이 나온다.

포기나누기의 증식 요령

산야초를 가꿀 때에는 보통 분에 심어 키운다. 분에서 키우면 뿌리가 자라날 수 있는 공간에 한도가 있기 마련이다. 따라서 새로 심어 3년쯤 지나면 분 속에 뿌리가 꽉 차버리고 눈[芽]의 수도 필요 이상으로 많아져 경합이 생겨나기 때문에 점차 생육 상태가 불량해진다. 심한 경우엔 여름철의 더위로 인하여 썩어 죽어버리기도 한다.

이런 좋지 못한 현상을 방지하기 위해서는 주기적으로 알맞은 수로 눈[芽]을 갈라 새로운 흙으로 고쳐 심는데 이것이 포기나누기이다. 이 포기나누기는 번식을 위한 수단인 동시에 식물에 새로운 활력을 일으켜 주는 길이기도 하다. 몇 년이고 갈아심기를 하지 않았던 것은 꽃피는 상태가 불량해지고 아래쪽 잎이 말라버리곤 하는데 이 경우 분갈이를 겸해서 포기나누기를 한다. 포기나누기는 실패가 적은 가장 확실한 증식 방법이다. 포기를 나누어 증식하면 어미포기와 동일한 형질의 것을 얻을 수 있다. 포기나누기의 시기는 갈아심기(분갈이)를 하는 적기와 동일한데 봄철의 눈[芽]이 돋기 시작하기 전이 알맞다.

대부분의 종류는 포기에 붙어 있는 오래된 흙을 떨어버리고 양손으로 눈이 상하지 않도록 좌우로 살며시 잡아당기면 포기가 갈라진다. 종류나 포기의 상태에 따라 다르겠지만 2~3개의 눈[芽]을 한 단위로 보고 나눈다. 포기를 너무 작게 나누면 약화되는 것도 있으며 회복하는 데에 시간이 걸린다. 그러나 증식하는 것만이 목적인 경우는 1개의 눈만 붙여서 나누기도 한다.

삼지구엽초, 도깨비부채, 돌나리, 오이풀, 진황정 등의 딱딱한 뿌리줄기(근경), 또 덩이뿌리[塊根]와 땅속줄기[地下莖]로 증식되는 것은 가위로 잘라서 포기나누기를 나눈다. 잘려진 부위에는 숯이나 유황가루를 뿌려서 썩지 않도록 한다.

알뿌리를 나누는 방법이 있는데 이것은 알뿌리[球根]에 따라서 차이가 있다. 나비난초, 해오라비난초 등은 갈아 심을 때에 알뿌리가 많이 늘어나 있으면 알뿌리 나누기를 실시한다. 큰천남성은 어미 알뿌리의 둘레에 작은 알뿌리가 붙어 있을 경우 이것을 떼어내어 옮겨 심는다.

씨뿌림의 번식 요령

실생(씨뿌림)은 꿈을 부풀게 하는 즐거운 증식 방법이다. 실생에서는 다른 증식법에 비해 묘를 대량으로 한꺼번에 가꾸어낼 수 있다. 또 대부분의 종류는 실생으로 증식할 수 있으므로 포기나누기를 싫어하는 종류나 포기나누기가 까다로운 종류는 실생에 의해 증식하는 것이 좋다.

가꾸기가 까다로운 고산식물도 종류에 따라 차이가 있기는 하나 실생을 반복하는 동안에 새로운 토양에 길들여지면서 건강한 포기로 자라나는 경우도 있다. 또한 꽃다지, 봄구슬붕이, 쓴풀 등의 1~2년초는 영양번식이 안 되므로 해마다 씨뿌림에 의해 가꾸어나가야 한다.

실생은 번거롭다거나 어렵게 생각하지 말고 쉽게 육성되는 것부터 시작해본다. 산야초의 씨앗은 대체로 너무 작아서 채취할 즈음이면 이미 바람에 날려가 버리는 일이 많다. 그러므로 씨앗이 완전히 익어서 저절로 날려가기 직전에 채취해야 한다.

열매를 맺는 종류는 그 열매가 벌어져서 저절로 씨앗이 흩어지기 전에 채취해야 하며, 종류에 따라 그 채취 시기는 여러 가지이다. 그러므로 열매가 가벼운 충격에도 힘없이 떨어지는 시기이거나 깃털[冠毛]을 가볍게 잡아당겨 뽑힐 때를 표준으로 씨앗을 채취한다. 액과(물과실)인 월귤, 천남성 종류는 성숙하면 채취해서 물에 씻어 과육을 제거한다. 열매가 벌어지는 것은 열매가 누렇게 변할 때나 벌어지기 시작할 무렵에 채취해서 종이봉지 속에 넣어두면 열매 속에서 씨앗들이 저절로 쏟아져 나온다.

산야초의 씨뿌림(파종)은 대부분의 씨앗을 채취한 즉시 파종하는 것이 좋다. 단지 어린 묘는 여름철의 더위에 약하여 물크러진다든지 병해나 물 부족으로 전멸해버리는 일이 있기 때문에 채취 시기에 따라 씨앗을 보존해두고 가을이나 이듬해 봄에 파종할 때가 있다.

봄에는 춘분 이후, 가을은 추석 무렵이 적기이다. 가을 파종은 너무 늦어지지 않도록 해서 겨울까지 큰 포기로 자라도록 한다. 또 가을까지 씨앗을 채취한 것 중 이듬해 봄에 발아되는 것과 또 초가을에 채취한 것은 이듬해 봄에 파종할 수 있다. 그러나 씨앗의 성질을 모르면 보존방법이 문제가 되고 발아율이 떨어진다든지 발아하지 않는 것도 있다. 채취 즉시 파종하지 않은 씨앗이라든지 파종시기를 놓친 것은 씨뿌림의 알맞은 시기까지 보존해야 한다.

채취한 씨앗은 먼지를 깨끗이 털어내고 종이 봉지 속에 넣은 다음 건조제와 함께 깡통 따위에 갈무리해서 냉장고에 보존한다. 건조를 싫어하는 씨앗은 습한 모래와 섞어 비닐주머니에 넣어 냉장고에 보존한다. 씨앗은 수분, 온도, 공기(산소)의 세 가지 조건이 구비되면 발아한다. 그러나 빨리 발아하는 것, 발아 상태가 고르지 못하고 하나씩 순차적으로 발아하는 것, 발아까지 오랜 시일이 걸리는 것 등 여러 가지 성질이 있다. 씨앗에 따라 겨울 추위를 겪지 않으면 발아하지 않는 것도 있다. 이런 성질을 지닌 씨앗은 겨울의 서리를 맞힌 다음 얼지 않을 정도의 보호조치로 씨앗을 습한 상태로 0~5℃의 추위에 일정기간 겪게 하는 저온처리를 하면 겨울을 경과했다는 느낌을 가져 이듬해에 발아하게 된다.

우선 파종모판을 준비해야 하는데 토분, 육묘상자, 나무상자 등을 사용하며 크기나 깊이는 씨앗의 종류나 파종량에 따라 선택한다. 용토는 꺾꽂이와 동일하게 사용한다. 산모래에다가 부엽토나 물이끼를 잘게 썰어 30퍼센트 정도 섞은 것을 사용하거나 낮은 지대에서 자란 야초는 산모래에 부엽토를 섞은 용토를 사용하는데 이 혼합 비율은 관리 장소나 관리 방법에 따라 달라진다.

씨앗의 파종 방법은 물빠짐을 좋게 하기 위하여 묘판 바닥에 알갱이가 굵은 용토를 깔고 그 위에 가는 용토를 덮은 다음 충분히 물주기하여 용토를 고른다. 씨앗은 얕게 골고루 뿌린다. 작은 씨앗은 엽서 등을 반으로 접어 그 위에 씨앗을 놓고 가볍게 흔들어주면서 뿌린다. 보다 미세한 씨앗은 겹쳐지지 않도록 가는 모래에 섞어서 뿌려준다. 파종이 끝나면 씨앗의 배 정도 되는 두께로 흙을 덮어준다. 미세한 씨앗은 흙을 덮어서는 안 된다.

씨앗을 뿌린 후 가늘게 뿜어지는 물뿌리개로 천천히 가볍게 물주기 한다. 물살이 세면 씨앗이 떠올라 흩어지므로 주의해야 한다. 아주 미세한 씨앗을 뿌렸을 때는 물뿌리개를 사용하지 말고 넓은 물통에 분채로 살며시 넣어 바닥으로부터 물을 흡수시킨다. 파종 후 발아할 때까지는 비를 맞지 않는 그늘이나 반그늘에서 관리한다. 씨앗을 뿌린 후에 용토를 말려서는 안 되므로 용토의 건조상태를 수시로 살피면서 용토 표면이 마르기 전에 물주기를 실시한다. 용토가 빨리 마르는 경향이 있으면 신문지 등을 용토 위에 덮어놓으면 건조상태가 더디어진다. 오랫동안 흙 이외에 아무것도 보이지 않는 묘판을 관리하다 보면 흔히 물주기를 잊을 수도 있음을 각별히 유의해야 한다. 빠른 것은 일주일 정도 지나면 싹이 터져 나온다. 덮었던 신문지를 제거하고 가득히 눈이 터져 나온 것을 핀셋으로 솎아낸다. 그냥 내버려두면 헛자라면서 연약한 묘로 자란다. 발아된 것은 각기 그 성질에 맞추어 반그늘이나 햇볕이 드는 곳에 옮겨 놓으며 비에 맞거나 묘판을 말리지 않도록 관리해서 건실한 묘를 가꾼다.

여름에는 나무 그늘이나 바람이 잘 통하는 시원한 곳에 둔다. 또 차광막을 설치하여 반그늘을 만들어주는 방법도 좋다. 가을을 맞아 서늘해지면 햇볕을 좋아하는 것은 서서히 햇볕에 내놓는다. 겨울철에는 묘가 크게 자랐을 경우 어미포기(친수)와 마찬가지로 관리하며 작은 묘의 경우 용토를 얼게 하면 포기가 솟아올라 뿌리에 상처를 입혀 말라죽기 쉬우므로 온실 속에서 보호해준다. 봄에 파종한 것은 늦서리에 주의한다. 씨앗의 눈트기나 생장의 속도는 각각 달리 나타나므로 그 생장하는 특성을 잘 관찰하면서 키워나가야 한다.

어느 정도 자라난 작은 묘는 다른 분에다 옮겨심기를 실시하면 잔뿌리가 많이 생겨 건강한 묘로 자란다. 옮겨심기에 약한 것이라도 어린 묘는 비교적 실패가 적은 편이다. 옮겨심을 때(예외가 있지만) 뿌리를 3분의 1 정도 잘라서 심는다.

본 잎이 2~3개로 자라난 시점에 첫번째 옮겨심기를 한다. 용토는 어미포기와 같은 종류의 것이나 또 다소 가는 것을 사용해서 잎이 자라나 겹쳐지지 않을 간격으로 심는다. 단 여름이나 초가을에는 옮겨심기를 하지 않는 것이 안전하다. 옮겨심은 후 당분간은 밝고 그늘진 곳에 두고 10일 정도 지난 후에 천천히 햇볕을 보인다. 거름은 2주일 정도 지난 후 아주 엷은 물거름(하이포넥스)을 10일에 한 번 정도 준다. 잎들이 겹칠 정도로 크게 자라면 두 번째로 옮겨심거나 분에 올린다. 이후는 어미포기와 같은 요령으로 관리한다.

○ 여름과 겨울의 관리가 중요하다

여름철의 산야초 관리

산야초 배양은 여름철에 어떻게 관리해야 하는가 하는 점이 중요 과제이다. 특히 배양이 어려운 것 중의 대부분은 여름에 뿌리가 썩어 시들어 죽는 경우가 곧잘 나타난다. 배양이 어렵다는 산야초는 거의 고산성 식물이다. 고산대 환경은 평지와 비교할 수 없을 정도로 특수하다. 식물은 그 특수한 환경에 적응하고 생육하기 위하여 제법 특수한 구조로 되어 있다. 특히 여름철에는 평지와 고산의 환경이 크게 달라진다. 그래서 고산식물이 평지로 내려오면 원기 있게 생육하지 못하는 것은 당연하다. 따라서 배양장의 환경을 가급적 자생지, 즉 고산의 환경에 가깝도록 조성해주지 않으면 안 된다.

고산식물의 자생지에서는 여름철 밤의 기온이 평균 5℃ 정도로 떨어진다. 이에 비해 도시에서는 여름밤에 25℃ 전후일 때가 많으므로 자생지와의 온도 차이가 20℃ 이상에 이른다. 밤중에도 식물은 몸 전체가 호흡을 한다. 대기 속에서 또 뿌리 주변의 공간에서 산소를 흡수하여 탄산가스를 배출한다. 이 호흡 반응은 온도가 10℃ 상승하면 2배로, 20℃ 오르면 산소 호흡량이 4배의 속도로 증가하여 진행된다. 예를 들어, 자생지에서는 한 포기의 고산식물이 하룻밤에 100밀리리터의 공기를 호흡한다고 하면 도시에서는 300~400밀리리터의 공기를 필요로 한다는 계산이 된다. 이러한 많은 양의 공기가 제대로 공급될 수 없다면 고산식물은 호흡 곤란에 빠져 뿌리가 썩어드는 현상을 일으키게 된다. 그러므로 고산식물을 평지에서 가꾸는 경우에는 이러한 환경 변화에 대하여 인위적으로 대책을 세워주지 않으면 안 된다.

그 중요한 대책은 우선 뿌리에서 활발한 호흡을 할 수 있도록 분 속의 공기를 늘려주기 위해 용토 사용에 유의해야 한다. 즉 분토 속의 공극률(흙 사이의 공간)을 늘려 뿌리에 충분한 산소가 공급되도록 하기 위하여 낙엽송 또는 해송의 낙엽(잎의 형태가 아직 남아 있을 정도로 분해된 것)이나 쌀겨 등을 산모래(화강암이 삭은 알갱이 용토)에 30퍼센트 내외를 혼합하여 심으면 고산식물의 밤중 호흡이 충분하게 이루어진다. 이로써 건강한 뿌리로 도시에서의 무더운 여름을 안전하게 넘길 수 있게 된다. 대부분의 고산초는 뿌리에 대한 공기의 공급이 원활하게 이루어질 수 있도록 해주면 모든 배양관리가 용이해진다. 즉 용토 내의 통기성 개선에 주력한다.

다음으로 고산지대의 공중습도는 수시로 끼는 안개와 풍부한 이슬 등으로 평지인 도시에 비해 몇 배나 높다. 또한 평지는 고산보다 습도는 퍽 낮으면서 수분 증발량은 매우 높다. 그런데 산야의 숲 속에서 식물의 수분 증발량은 숲 밖의 평지보다 3분의 1 정도밖에 되지 않는다. 그러므로 산야초 재배에 있어서 다량의 습도를 인위적으로 공급해주지 않으면 생육에 지장을 주게 되는 일이 적지 않다. 또한 시원한 숲 속에서 생육하던 산야초가 평지로 내려오면 따가운 햇볕을 많이 받아 활발한 증산작용이 전개되는데 이 때문에 식물이 피로해지기 쉬우므로 통풍이 잘 이루어지는 시원한 반그늘에서 가꾸어야 하는 것이 많다.

산야초 배양에 있어서 특히 고산식물은 그 자생지의 하루 평균기온이 10℃를 좀 웃도는 정도라는 것을 감안할 때 여름철 한낮의 강한 햇볕은 가려주는 것이 마땅하다. 이상의 지적사항에 유의한다면 여름철 관리를 수월하게 넘길 수 있다. 다시 간추려 말하자면 배양이 까다로운 산야초의 여름나기는 온도를 낮추고 공중 습도를 높이는 두 가지 요점이 중요하다는 것을 이해할 수 있다. 이 해결을 위해서 여러 가지 다른 방법을 효과적으로 이용하는데 몇 가지를 소개해본다.

1. 스펀지로 분을 싸고 끈으로 묶는다. 스펀지에 물을 적셔두면 그 수분이 증발할 때 열을 빼앗아 분의 온도가 내려가며 동시에 공중습도를 높이게 된다. 간단한 방법이지만 의외로 효과가 크다.
2. 방충망 등을 원통형으로 만들어 그 속에 물이끼를 넣은 다음 그 위쪽에 식물을 심는다. 다시 이 원통은 큰 알갱이 용토를 담은 분 위에 놓는다. 그러면 뿌리 부분의 통기성이 좋아지고 수분 증발량이 많기 때문에 온도도 내려간다. 배양이 까다로운 야생란도 이 방법으로 잘 키우는 사람들이 많다.
3. 분을 이중으로 겹쳐 쓰면 분토의 온도 상승을 억제하고 공중습도도 유지할 수 있다. 또한 바깥 분과 속에 든 분 사이의 공간을 굵은 알갱이흙으로 채워 물 빠짐도 좋게 하고 뿌리의 싱싱함을 유지시킬 수 있다.
4. 바구니에 굵은 용토를 담고 그 속에다 더위에 약한 식물의 뿌리를 물이끼로 싸서 묻는다. 이것을 바람이 잘 통하는 나무 그늘에 매달아 놓으면 까다로운 식물도 여름을 넘길 수 있다.

5. 작은 식물이면 깊은 분에 용토를 절반 정도 넣어 심어 놓으면 분벽이 그늘을 지게 하면서 어느 정도의 공중습도를 유지할 수 있다.
6. 마당이 넓은 주택의 경우라면 담을 따라 잡목들을 심어 시원한 나무 그늘을 조성한다. 그리고 물이 흐르도록 수로를 만든 다음 이 물줄기 위나 가장자리에 분을 놓는 시설을 갖추면 효과적이다. 이 수로로 하루종일 물이 흐르도록 하면 무더운 여름 기온이 5℃ 정도는 내려가게 되며 공중습도도 올라가게 된다. 고산식물은 뿌리를 서늘하게 해줘야 생육이 좋아지므로 아무쪼록 선들바람이 부는 시원한 환경을 만들어서 더위의 시달림을 방지해야 한다.

이상은 고산식물을 비롯하여 배양이 까다로운 종류에 한한다. 하지만 고산이 아닌 저지대에서 자라는 산야초는 그토록 까다롭게 관리하지 않아도 생육이 양호하다.

겨울철의 산야초 관리

겨울철이 되면 높은 산악지대는 온통 눈에 덮이며 이 눈은 식물을 보호해주고 있다. 눈이 적은 곳은 낙엽이나 마른풀로 덮인 토양 속에서 실하게 내린 뿌리는 수분을 흡수하면서 추운 겨울을 견디고 있다. 온갖 산야초는 주어진 환경 조건에 잘 적응하면서 엄동설한을 넘긴다.

한편, 분에 심어져 살아가고 있는 산야초들은 자생지와는 전혀 다른 어려운 환경 속에서 겨울을 지나게 된다. 차갑고 메마른 바람에 시달리며 서리를 맞고 얼기도 하며 잎줄기가 말라 시들어 있기 때문에 수분 공급이 여의치 않은 여러 가지 악조건에 놓여져 있다. 이러한 산야초의 월동은 가급적 자생지의 자연환경에 가깝도록 조치해주는 연구가 필요하다. 월동대책에 있어 가장 중요한 요점은 온도와 습도의 두 가지 관리이다.

우선 온도는 가급적 일정하게 유지시켜주어야 한다. 일반적으로는 섭씨 5~10도 정도가 이상적이지만 이렇게 할 수 없을 경우에는 일교차가 적어지도록 조치해야 한다. 즉 낮의 온도가 높았다가 밤의 온도가 뚝 떨어지는 급격한 변화는 좋지 않으므로 분의 관리 장소를 따로 마련해야 한다. 얼어붙는(동결) 일은 절대 피해야 한다. 특히 얼어붙었다가 녹아버리는 일이 반복되면 뿌리나 눈[芽]을 상하게 할 뿐만 아니라 말라죽을 위험이 크다.

다음은 습도 관리이다. 이것도 온도 유지와 마찬가지로 가급적 일정한 습도를 유지시켜야 한다. 또 산야초의 생장활동이 둔화되었을 시기나 휴면기에는 활발한 생장기에 비해 말려서 관리하는 편이 안전하다. 이렇게 함으로써 내한성을 높이게 된다.

산야초의 지상부(잎, 줄기)가 시들어 말라버린 상태라도 직접 추운 바람을 받지 않도록 바람막이가 필요하다. 햇볕은 상록의 것을 제외하고는 문제가 없다. 겨울철 보호를 위한 준비는 약간의 서리가 내릴 시기(11월 하순에서 12월)에 마무리짓는다. 일반적으로 가벼운 서리를 몇 번 맞혀 산야초에 계절감을 느끼게 한 다음 겨울 관리에 접어들도록 한다.

추운 지방에서는 분채로 흙 속에 묻어 볏짚이나 낙엽 등으로 덮어주거나 또는 지하에 움집을 만들어서 월동시키는데 이것은 자생지의 눈[雪] 속에 가까운 환경으로 가장 이상적인 월동 방법이 된다. 강인한 성질을 가진 산야초는 추운 곳에 그냥 방치해두어도 겨울을 지나 봄을 맞으면 어김없이 새싹이 돋는다. 양지꽃 같은 것도 그러한 종류이다. 분의 수가 적을 경우엔 큰 스티로폼 상자에 넣어 보호한다. 바닥에 젖은 신문지를 깔고 그 위에 분을 넣어 밀폐시켜 어두운 곳에서 보관한다. 또는 나무판자로 울타리를 쳐서 그곳에 분을 넣고 볏짚을 덮어준다.

잊어서는 안 될 것은 겨울철의 물주기이다. 겨울이라 하여 물을 아주 안 주면 안 된다. 겨울철은 잎줄기가 없는 것이 대부분이므로 잎의 상태를 보아가며 물을 줄 수는 없다. 또 분의 종류나 용토의 재료에 따라서 건조상태가 달라진다. 완벽한 물주기를 하려면 분토의 가장자리를 조금 파보아 메말라 있는지 습기가 있는지를 파악해야 한다. 일반적인 물주기의 기준을 삼는다면 1주일에 한 번 정도가 되겠지만 겨울철의 물주기는 무엇보다도 관리 장소와 기후 등에 의해 조금씩 달라진다. 썰렁한 겨울철이라도 조금만 연구를 하면 화사한 꽃을 즐길 수 있다. 특히 얼레지나 복수초 등 이른봄의 산야를 물들이는 종류는 이동식 작은 온실을 만들어 따뜻하게 키우면 한 걸음 앞서서 꽃을 피게 할 수 있다. 이 작은 온실(미니프레임)을 햇볕이 잘 드는 따뜻한 마루에 옮겨 놓아 밤과 낮의 온도 차이를 가급적 적게 해준다. 햇볕이 너무 내리쪼이면 얇은 커튼을 쳐주어 반그늘이 되도록 한다. 용토가 말라버리면 차갑지 않은 물을 충분히 주어야 한다. 그러고 나면 누구보다도 일찍 아름다운 꽃을 즐길 수 있게 된다.

◎ 작게 키워야 운치가 돋보인다

산야초를 분에 올려 키울 때에는 어느 정도 작은 몸집으로 가꾸어야 운치가 살아난다. 건강하게 키우기 위하여 제멋대로 자라나도록 배양하게 되면 줄기와 가지가 복잡하게 얼크러져 엉성한 모습이 되어 관상 가치가 떨어진다.

기름진 땅에서 힘차게 생장하여 키가 크고 가지들이 마구 뻗쳐나간 상태대로 분에서 자라면 분에 올리는 의미가 없어진다. 분에 올려 키운다는 것은 다듬어서 분과 조화를 이루게 하면서 본래 지닌 고상한 품위를 돋보이게 하기 위함이다. 그래서 분에서는 키를 낮추고 몸체를 작게 가꾸어야 한다. 분에서 작게 키우기 위해서는 몇 가지 방법을 유의하지 않으면 안 된다.

1. 물주기의 조절이다. 분토가 완전히 건조되어 물을 기다리고 있는 상태에 이르러 물주기를 해야 하며 물기가 어느 정도 남아 있을 때 물을 주면 안 된다. 즉 잎이 시들 기미가 보인다고 판단될 때에 이르러 물을 준다. 이 경우, 물의 양은 흠뻑 주어 분 밑구멍으로 물이 흘러나올 정도가 되어야 한다. 물의 양이 적으면 분토가 고루 젖지 않아 뿌리 중에서 가장 중요한 작용을 하는 뿌리털[毛根]이 말라버려 죽을 염려가 있다. 다시 말하면 물의 양은 충분하게 하되, 한 번 주고 다음에 줄 때까지의 시간 간격을 가능한 한 길게 연장시키는 방법이다. 그러나 습지 등에서 자라는 식물에는 적용시킬 수 없으며 이런 종류에 물을 적게 주어 가꾸면 잎의 가장자리가 말라버리는 현상이 나타난다. 또한 들국화 종류의 경우에도 아랫잎이 말라죽어 관상 가치가 떨어지고 만다. 그러므로 잎이 곧잘 말라버리는 종류에는 물주기의 적기를 너무 연장시키지 말아야 한다.

2. 거름을 푸짐하게 주지 말아야 한다. 꽃을 피우거나 생장을 돕기 위하여 거름은 주어야 하지만 거름의 양을 적게 하고 주는 횟수를 줄여서 몸집을 작게 가꾸어야 한다. 또한 거름기가 천천히 흡수되도록 해야 한다. 그러기 위해 깻묵의 덩이거름[玉肥]가 필요하다. 이 덩이거름을 분토 위에 몇 개씩 놔두면 적은 양의 거름을 천천히 흡수시키면서 생장력도 돕게 된다. 약 40일이 지나면 덩이거름의 효과가 없어지게 되며 이때 새로운 덩이거름으로 바꾸어 놓는다. 이로써 거름주기의 횟수를 연장시키는 결과를 얻는다.

3. 짜임새 있게 가꾸자면 식물의 몸집에 비하여 다소 작다고 보여지는 분에 심어야 한다. 그러면 분 속의 공간이 적고 흙의 양도 많지 않아 새로운 뿌리가 번성하게 자랄 수 있는 여지가 없게 된다. 따라서 수분과 양분의 흡수가 여의치 않아 생육 상태가 둔화되는 경향을 보인다. 생육이 둔화되면 필연적으로 정상적인 생육을 한 것에 비하여 다소 작아지기 마련이다. 분이 다소 작아야 한다는 것은 분의 운두 역시 좀 낮아야 하며 깊은 분은 적합하지 않다는 것에 유의해야 한다. 얕은 분에 흙을 수북히 쌓아올려 가급적 얕게 심어야 뿌리가 무성해져도 제대로 호흡할 수 있도록 돕는 것이 된다. 몸집을 작게 하기 위하여 여러 해 동안 갈아심지 않은 채 그대로 가꾸어 뿌리의 기능을 둔화시키는 방법도 있지만 들국화 종류처럼 뿌리가 지나치게 무성해지는 것은 해마다 갈아심기를 실시해야 한다.
4. 햇볕을 충분히 받도록 해야 한다. 그늘을 좋아하는 음지식물도 있지만 강한 햇볕을 좋아하는 식물들이 대부분이다. 이 양지식물이 햇볕을 충분히 받지 못하는 그늘에 놓여지면

부족한 햇볕의 양을 보충하기 위하여 정상적인 잎보다 한층 더 넓고 큰 잎을 가지게 된다. 이와 함께 마디 사이가 길어지는 현상이 생겨난다. 이런 헛자람[徒長] 현상이 지속되면 식물의 몸집 전체가 커지고 짜임새가 흩어질 뿐만 아니라 조직 자체가 연약해진다. 이와 반대로 햇볕을 충분히 쪼이면 잎이 약간 작아지고 마디 사이가 짧아져 짜임새 있는 외모를 갖추게 된다. 양지바르고 바람이 잘 통하는 장소에서 키우면 몸집 속의 수분이 잎의 숨구멍을 통해 공중으로 빠져나가는 양이 많아진다. 이런 심한 수분증발을 방어하기 위하여 식물의 잎은 작아지고 또한 조직이 두꺼워진다. 그러므로 반드시 햇볕을 충분히 받도록 하고 바람이 잘 통하는 장소에서 가꾸어야 몸집을 작게 키워 볼품 있는 운치를 살리게 된다. 그러나 나무 그늘을 좋아하는 식물은 강한 햇볕을 계속 받을 경우 잎이 타는 현상을 보인다. 이런 식물을 가꿀 때에는 봄과 가을에 햇볕을 충분히 받도록 하되 햇볕이 강한 무더운 여름철에는 나무 그늘이나 반 정도 그늘지는 자리로 옮겨서 키워야 싱싱한 모습으로 자라게 된다.

5. 몸집을 작게 하는 방법으로 가장 중요한 것이 순따기[摘心]이다. 새로 자라나는 연한 잎을 수시로 따주어 키를 낮춘다.

풀의 잎겨드랑이에는 나무의 숨은눈[潛芽]과 같은 성질을 가진 눈[芽]이 자리하고 있다. 그래서 윗부분이 꺾여 말라죽거나 풀베기 등에 의해 줄기와 가지가 절단되면 남은 부분의 숨은눈이 움직여 생장을 계속해나간다. 이 경우 정상적인 생장에 의해 형성되었던 줄기와 가지의 대부분이 없어지고 이를 대신하기 위한 숨은눈이 생장활동을 시작하는 데에는 적지 않은 시일이 걸린다. 그래서 피해를 입은 뒤에 재차 자라나는 줄기와 가지는 자연적으로 길이가 짧아지기 마련이다.

이러한 원리를 활용한 순따기(적심)로 몸집을 작게 가꾼다. 다만 이 방법은 여름부터 가을에 꽃이 피는 식물에 대해서만 실시할 수 있으며 봄철에 꽃이 피는 종류에는 적용시킬 수 없다.

봄철에 꽃피는 산야초는 싹이 돋아나올 때 이미 생장점에 꽃눈을 가지고 있다. 그러므로 순따기를 할 때에는 꽃눈도 함께 따버리는 결과가 되어 꽃을 보지 못하고 만다. 그런데 꽃이 듬성듬성 피어야 운치가 살아나는 경우와 꽃이 너무 많이 달려 식물이 약해질 염려가 있을 경우에는 약간의 순따기를 실시하여 일부의 꽃눈을 제거하는 방법을 이용한다.

여름부터 가을에 꽃이 피는 것은 몸집이 성숙하여 완성 단계로 접어들어야만 비로소 꽃눈이 생겨나는 습성을 가지고 있다. 따라서 시간적인 여유가 많기 때문에 이 순따기의 방법을 실시할 수 있다. 그 구체적인 방법은 다음과 같다.

30~40센티미터의 몸집을 가지고 여름이나 가을에 꽃이 피는 식물은 새싹이 10~15센티미

터 정도의 높이로 자라났을 때에 아래의 잎 3~4장을 남기고 위쪽의 새잎을 따버린다. 그러면 남은 부분의 잎겨드랑이에 자리하고 있는 두세 개의 숨은눈이 서서히 움직여 새로운 줄기와 가지를 형성한다. 따라서 정상적인 생장을 계속해온 것에 비하여 3분의 2 정도의 크기로 축소되어 꽃을 피우며 보다 많은 가지를 가지게 되어 짜임새 또한 좋아진다.

높이가 1미터 정도로 크게 자라는 것은 순따기를 거듭한다. 즉 처음 순따기에 의해 자란 새로운 줄기와 가지가 다시 10~15센티미터 정도의 크기를 가지게 될 무렵에 두 번째로 같은 요령으로 순따기를 한다. 단, 마지막 순따기는 그 식물의 정상적인 개화기를 2개월 가량 앞두고 실시해야 하며 그보다 늦게 순따기를 하면 꽃을 피우지 못하고 마는 경우가 생겨난다. 이 2개월이라는 기간은 순따기에 의해 생장활동을 시작하는 눈[芽]이 충실한 줄기와 가지를 구성하여 꽃을 피울 수 있는 상태에 도달하는 데 소요되는 기간이다. 그런데 초가을에 꽃을 피우는 종류라 하여 너무 뒤늦게 순따기를 하면 꽃망울이 한창 자라나는 과정에서 서리나 추위를 맞아 꽃을 피우지 못하는 일이 생기므로 뒤늦은 순따기는 삼가야 한다.

순따기를 너무 심하게 실시하여 식물 생장을 허약하게 하는 일이 없도록 유의해야 한다.

○ 산야초로 정원을 아름답게 꾸민다

산야초 키우기의 즐거움은 분에 올려 가꾸는 데에만 있는 것이 아니다. 멋진 분에 화사한 꽃식물을 올려 가꾸면서 동시에 뜰의 공간에 갖가지로 심어서 배양하고 증식시키는 작업 역시 아주 기쁜 취미생활로 이어진다. 산야초로 아름다운 정원을 꾸며 온 뜰 안을 신선한 수풀로 조성하여 자연미의 정취를 누림으로써 온 가족들의 마음을 화평하게 한다.

'전능하신 하나님은 처음에 정원을 만드셨다. 이것은 실제로 인간의 즐거움 가운데서 가장 순수한 것이다. 그것은 인간의 정신에 대해서 최대의 위안인 것이다. 이것이 없이는 건물도, 궁전도 조잡한 수공품에 지나지 않는다.'

베이컨의 이야기이다.

산악지대를 오르다 보면 바위틈이나 크고 작은 돌무더기가 쌓인 자리 또는 양지바른 둔덕에서 산야초가 자라는 멋진 장면을 자주 만나게 된다. 거친 바위와 산야초가 어울려 자아내는 독특한 분위기는 자연미의 극치라 할 수 있으며 자연을 사랑하는 사람들의 마음을 사로잡는다. 특히 산야초에 관심을 가진 사람이라면 그러한 광경을 정원에서 아침저녁으로 즐길 수 있다면 얼마나 행복할까 하는 간절한 염원을 갖게 된다.

정원을 꾸미는 데 있어서 나무나 풀만 가지고는 아무래도 미흡하다. 여기에는 바위와 돌무더기를 섞어 배치하여 고풍스럽고 자연스러운 분위기를 만들어낸다. 암석과 식물의 조화는 동양적인 정원 구성의 요체이며 여기에 물(수로)까지 곁들여진다면 극치의 자연미가 나타난다. 이러한 정원을 뜰 안에 가득히 전체적으로 조성하는 것보다는 적당한 자리의 일부분에만 꾸며서 자연적인 아름다움을 돋보이는 노력을 기울이는 것이 바람직하다. 정원을 꾸민다는 것은 자연생활을 구가하면서 정신의 윤택을 얻는 데에 도움이 클 뿐만 아니라 꾸미고 가꾸는 과정에서 신체의 건강을 도모하는 지름길이 되기도 한다.

이러한 심신의 건강에 중점을 두고 처음에는 어떤 정원의 양식에 구애받지 말고 나름대로의 심미안에 의해 자유자재로 꾸미다 보면 저절로 격조 높은 형식을 갖추게 된다. 일단은 마당가에 크고 작은 암석을 적당히 놓고 그 사이 사이에 갖가지 종류의 산야초를 심어보기 시작한다. 약간 경사진 둔덕을 만들어 심어도 좋다. 아무쪼록 산악지대에서 피는 꽃밭 광경과 같은 자연스러운 분위기를 자아내는 데에 신경을 써야 한다는 점을 잊지 말아야 한다.

다음, 유념해야 할 사항은 마당 전체에 바람이 시원스럽게 잘 통해야 한다. 통풍이 이뤄지지 않으면 식물 생장에 지장이 생긴다. 공기의 흐름이 정체되어 있는 마당에 배추나 콩 따위의 작물을 심어 재배하면 건강하게 자라지 못한 채 병충해의 피해가 늘어난다. 이런 실례를 보아서도 통풍의 효과가 식물 생장에 얼마나 큰 영향을 미치고 있는가를 짐작할 수 있을 것이다. 그러나 우리나라의 주택 사정은 대부분 공간이 비좁고 또 자그마한 마당이 담으로 에워싸여져 있어 공기의 시원스런 흐름을 차단하는 구조로 되어 있다. 이런 답답한 구조 속에서 자라는 산야초는 항시 숨막히는 듯한 생활을 하게 되며 배양의 효과가 바라는 대로 이뤄지지 않는다.

이것을 해결하는 손쉬운 방법은 담 벽에 구멍을 많이 뚫어 공기가 시원스럽게 소통되도록 하는 일이다. 담 벽의 일부를 무너뜨려 구멍을 뚫는 것이 아니라 애초에 담을 쌓을 때부터 벽돌 크기의 공간을 군데군데에 많이 남겨 놓는 독특한 디자인으로 담 벽을 구성하도록 한다. 이런 방식으로 보다 세련된 미적 감각으로 담 벽을 쌓는다면 주택의 외형도 멋지게 보일 것이다. 그리고 양지바른 곳에는 햇볕을 좋아하는 종류를 심고 서늘한 환경을 좋아하는 것은 그늘지는 곳에 심는 안배가 필요하다. 그늘을 좋아하는 식물이라도 어느 정도의 햇볕은 받아야 하므로 주로 오전 중에 햇볕이 닿았다가 오후에는 그늘지는 장소에 심는 것이 적합하다.

겨울이 돌아와 강추위가 몰아쳐오면 흙 속에 묻힌 것이라도 보호해주어야 한다. 추위가 심하지 않은 남부지방은 괜찮지만 강추위를 맞는 산간지대나 중부지방에서는 반드시 마당에 심은 것을 따뜻하게 해줘야 한다. 자연상태의 산야에서 자라는 풀들은 겨울이 되면 잎과 줄기가 다 시들어버려 뿌리만 땅속에 남아 있는데 이 뿌리는 저절로 따뜻한 보호를 받고 있다. 산야의 풀들은 겨울에 추위를 극복하고 이듬해에도 건강하게 잘 자라는데 마당에 심은 것도 내버려두면 역시 잘 자랄 것이다 생각하는 것은 잘못이다.

야생상태에서는 주위의 우거진 풀들이 누렇게 시들어 땅을 덮어주고 있으며 또 낙엽이 쌓인다. 게다가 눈이 내려 그 위를 덮는다. 이렇게 되면 자연적으로 보온상태가 이뤄져 흙 속의 뿌리는 안전하게 겨울을 지낸다. 더욱이 야생의 풀들은 대부분 뿌리를 땅속 깊이 내리고 있어서 강추위를 이겨내는 효과를 가져오기도 한다. 그러나 마당에 심은 것은 그런 야생의 환경과 마찬가지의 보호를 받지 못하고 있다. 벌거벗은 듯이 흙거죽만 드러나 있는 마당은 강추위가 몰아치면 곧 냉기가 땅속으로 스며들기 마련이다. 그러므로 겨울에도 볏짚을 덮어주고 보호해야 한다. 볏짚이 없으면 신문지를 서너 장씩 겹쳐 놓아도 효과가 있다.

이렇듯 산야초를 심은 장소에 볏짚을 덮어 구획해 놓으면 밟고 다니는 일이 없게 되어 땅을 굳히지 않게 된다. 잎과 줄기가 모두 시들어 없어진 상태에서는 심은 자리가 분간되지 않으므로 아이들이 마구 밟고 다녀 땅을 굳히게 되고 단단하게 다져진 흙에서는 봄에 새싹이 돋아나는 데 어려움이 있는 것이다. 이듬해 봄이 돌아와 볏짚을 거두어내면 파릇파릇한 싹들이 일제히 솟아난 모습들을 발견하게 되는데 이것은 가슴속 뿌듯하게 환희를 안겨준다. 이 시기부터 새싹이 자라나 가을까지 성장하는 변화를 관찰하는 재미와 가꾸는 즐거움은 마음을 평화와 안식으로 적셔준다. 이 평안한 마음이 또한 건강을 지키는 묘약이 된다.

옛 시에 이런 글귀가 있다.

마음이 편안하면 병들 틈이 어디 있으랴? [心安那有病來時]

자연미에 묻히는 생활은 공해와 오염으로 더럽혀진 이 지상을 깨끗하고 아름답게 다스리는 지혜를 익혀준다. 참된 자연생활은 물질의 노예, 숨가쁜 나날, 공허감…… 이 모든 우울한 생활에서 마음을 밝게 해방시켜 준다. 우리의 심령을 정화시키기 위해, 풍요한 마음을 지니기 위해 우리에게는 지금 자연생활이 필요하다.

3장

몸에 좋은 산야초 찾아보기

우리말 식물 이름 찾아보기

ㄱ

ㄴ

ㄷ

ㅁ

ㅂ

ㅅ

ㅈ

ㅊ

ㅋ

ㅌ

ㅍ

ㅎ

식물의 학명 찾아보기

A

B

C

D

E

F

G

H

I

J

K

L

M

N

O

P

R

S

T

U

V

Y

Z

병증에 맞는 약초명 찾아보기

각기병의 질환

간염의 치료

간장 질환과 황달

간질병(어린이의 간질병)

감기(감기 예방)

강장, 강정, 자양
(신체 허약증, 피로 회복)

건망증(기억력 쇠퇴)

결막염(결막의 염증)

경련이 일어날 때

경풍 경기의 증세

고혈압 증세

골수염(뼛골의 염증)

관절염 관절통

구토와 구역질

귓병의 여러 가지

근골통(근육과 뼈의 통증)

근육마비와 통증

기관지염의 여러 증상

기침의 일반 증세

뇌염 증세

뇌척수막염의 증세

눈병의 여러 가지

늑막염 질환

담낭염과 담석증

당뇨병의 여러 증세

대하증 냉증

동맥경화 혈전증

두통의 여러 가지 질병

류머티스의 증상

맹장염(만성 증세)

목이 마를 때(갈증)

문둥병(나병)

방광염(방광 카타르)

백내장(눈병)

백일해(어린이병)

변비와 통변

복수(뱃속에 물이 고임)

복통(배앓이)

불면증과 정신 불안

불임증의 완화

비만증의 완화

비장(지라의 기능 저하)

빈뇨증과 야뇨증

빈혈증의 치유

산전 산후의 여러 증세

상처 입었을 때

설사와 이질

소아마비의 치료

소화불량 증세

습관성 유산

식욕이 없을 때

식중독의 여러 가지

신경쇠약 증세

신경통의 여러 증세

신장염과 신장결석

심장병 협심증

안면신경마비의 치료제

암의 여러 가지 증상

약물중독의 완화

양기 부족의 회복

언어장애

요도염의 갖가지 질환

요통(허리 아플 때)

요혈(피오줌이 나올 때)

위궤양을 가라앉힐 때

위장병의 여러 증세

위통(위장의 통증)

월경불순의 여러 증상

월경통의 습관성

유방염(젖의 염증)

유선염(젖샘의 질환)

유정, 몽정이 있을 때

이뇨(오줌 잘 나오게 함)

임파선염의 증세

인후염(목구멍의 병세)

자궁출혈일 때

장염과 장출혈

주독(술의 중독증)

중풍 반신불수

천식 거담(가래 기침)

축농증(코병의 증세)

치질과 탈항

치통 풍치 충치

타박상을 치료할 때

토혈(피를 토하는 증세)

폐결핵의 증상(폐병 각혈)

폐렴(폐에 생기는 병증)

편도선염의 치료

피부 질환의 여러 가지

학질(말라리아)

해열(열기를 풀어냄)

현기증(어지럼증)의 치유

혈변(피똥이 나올 때)

홍역(어린아이의 급성 병세)

히스테리(신경 증세)